ON

수학이 쉬워지는 완벽한 솔루션

완쏠 유형

공통수학 1

공통수학1

발행일	2024년 10월 28일
펴낸곳	메가스터디(주)
펴낸이	손은진
개발 책임	배경윤
개발	김민, 오성한, 신상희, 성기은, 김건지
디자인	이정숙, 윤재경
마케팅	엄재욱, 김세정
제작	이성재, 장병미
주소	서울시 서초구 효령로 304(서초동) 국제전자센터 24층
대표전화	1661.5431(내용 문의 02-6984-6901 / 구입 문의 02-6984-6868,9)
홈페이지	http://www.megastudybooks.com
출판사 신고 번호	제 2015-000159호
출간제안/원고투고	메가스터디북스 홈페이지 <투고 문의>에 등록

메가스터디BOOKS

'메가스터디북스'는 메가스터디㈜의 교육, 학습 전문 출판 브랜드입니다.
초중고 참고서는 물론, 어린이/청소년 교양서, 성인 학습서까지 다양한 도서를 출간하고 있습니다.

수학 실력을 완성하는

완쏠 유형은
이렇게 만들었습니다!

새 교육과정에 충실한
중요 개념 설명

유형 완벽 마스터를 위한
유형별 1쪽 5문제 시스템

수학이 쉬워지는 **완**벽한 **솔**루션
완쏠

최신 내신 및 수능을
철저히 분석한
유형 선별

정확한 답과
자세하고 친절한 해설

내신 고득점 및 수능에 대비하는
기출문제 및 고난도 문제 수록

이 책의 짜임새

STEP 1 개념 체크

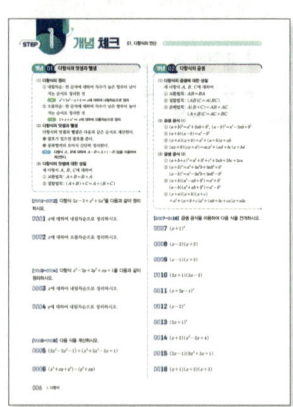

핵심 개념 정리

교과서의 핵심 개념을 한번에 학습할 수 있는 분량으로 나누어 제공하여 학습량에 대한 부담을 줄였습니다.

개념 확인 문제

각각의 핵심 개념을 바로 적용하여 해결할 수 있는 확인 문제를 제시하여 개념에 대한 이해도를 확인해 볼 수 있도록 했습니다.

STEP 2 유형 마스터

* 유형별 1쪽 5문제 시스템
교과서의 '예제-유제-변형 문제'의 3단계 문제 흐름과 유사하게 1쪽 5문제 '대표예제-유제-변형-활용1-활용2'로 구성함으로써 각각의 유형을 완벽하게 마스터할 수 있도록 했습니다.

유형별 해결 전략

내용적으로 같은 개념 또는 접근 방법으로 유형을 분류하고, 각각의 유형에 따른 해결 전략 또는 실전 풀이 방법 등을 제시하여 유형 학습에 도움이 될 수 있도록 했습니다.

대표 예제 한 번 더!

대표 예제의 쌍둥이 문제를 한 번 더 제시하여 유형에 대한 이해력과 문제 해결 능력을 높일 수 있도록 했습니다.

수능 , 평가원 , 교육청

해당 유형의 문제로 출제된 수능, 평가원, 교육청 기출문제를 제시하여 수능 및 모의고사까지 대비할 수 있도록 했습니다.

선생님과 함께 푸는 대표 예제

현직 선생님의 첨삭과 코멘트를 포함한 대표 예제 해설을 제시하여 대표 예제의 중요성 및 출제 의도를 파악할 수 있도록 했습니다.

UP

해당 유형에서 나올 수 있는 다소 난도가 높은 문제를 마지막 문제로 선별적으로 제시했습니다.

STEP 3 실전 업

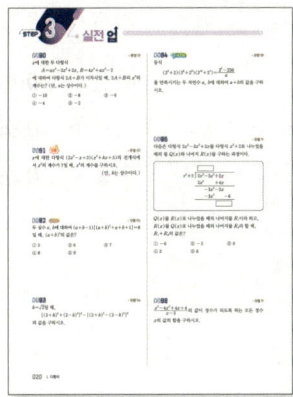

중단원 실전 문제

· **STEP 2**에서 학습한 유형을 변형 또는 통합한 문제를 제시하여 문제 해결 능력을 높일 수 있도록 했습니다.

· 학교 시험 및 모의고사를 분석하여 구성한 문제를 통해 실전 감각을 기를 수 있도록 했습니다.

· 시험에 자주 출제되는 문제, 수학적 사고력을 요구하는 문제, 고난도 문제를 각각 빈출, 사고력, 상위 1% 도전으로 표시하여 중요 문제를 특성에 맞게 분류했습니다.

서술형 문제

서술형 답안지 작성 시 꼭 사용해야 하는 개념 및 공식을 '핵심 개념 및 공식'으로 제시하여 학교 시험을 더욱 완벽하게 대비할 수 있도록 했습니다.

정답 및 해설

문제 이해에 필요한 자세하고 친절한 해설과 여러 가지 도움이 되는 개념, 팁 등을 제시했습니다.

해설 속 칠판

실제 수업 시 선생님이 다루는 추가적인 내용을 '해설 속 칠판'으로 제시하여 학교 수업과 같은 친숙함을 더했습니다.

선생님 톡톡

선생님이 직접 전하는 실전에서 유용한 팁 또는 주의 사항 등을 제시했습니다.

One Point Lesson

'**STEP 3**' 문제 풀이는 'One Point Lesson'을 제시함으로써 문제 풀이의 핵심 전략을 짚어 주었습니다.

＊ 본책 뒤에 제시된 '빠른 정답'을 이용하여 정답을 빠르게 확인할 수 있습니다.

이 책의 차례

Ⅰ 다항식

Ⅱ 방정식과 부등식

Ⅲ 경우의 수

Ⅳ 행렬

다항식

개념 **01** 다항식의 덧셈과 뺄셈

(1) **다항식의 정리**
① 내림차순: 한 문자에 대하여 차수가 높은 항부터 낮아지는 순서로 정리한 것
> 예 x^3+2x^2-x+3 ➡ x에 대하여 내림차순으로 정리

② 오름차순: 한 문자에 대하여 차수가 낮은 항부터 높아지는 순서로 정리한 것
> 예 $2+x+x^2$ ➡ x에 대하여 오름차순으로 정리

(2) **다항식의 덧셈과 뺄셈**
다항식의 덧셈과 뺄셈은 다음과 같은 순서로 계산한다.
❶ 괄호가 있으면 괄호를 푼다.
❷ 동류항끼리 모아서 간단히 정리한다.
> 참고 다항식 A, B에 대하여 $A-B=A+(-B)$임을 이용하여 계산한다.

(3) **다항식의 덧셈에 대한 성질**
세 다항식 A, B, C에 대하여
① 교환법칙: $A+B=B+A$
② 결합법칙: $(A+B)+C=A+(B+C)$

[0001~0002] 다항식 $2x-3+x^2+5x^3$을 다음과 같이 정리하시오.

0001 x에 대하여 내림차순으로 정리하시오.

0002 x에 대하여 오름차순으로 정리하시오.

[0003~0004] 다항식 $x^2-2y+3y^2+xy+1$을 다음과 같이 정리하시오.

0003 x에 대하여 내림차순으로 정리하시오.

0004 y에 대하여 내림차순으로 정리하시오.

[0005~0006] 다음 식을 계산하시오.

0005 $(2x^3-2x^2-1)+(x^3+3x^2-2x+1)$

0006 $(x^2+xy+y^2)-(y^2+xy)$

개념 **02** 다항식의 곱셈

(1) **다항식의 곱셈에 대한 성질**
세 다항식 A, B, C에 대하여
① 교환법칙: $AB=BA$
② 결합법칙: $(AB)C=A(BC)$
③ 분배법칙: $A(B+C)=AB+AC$
$\qquad\qquad (A+B)C=AC+BC$

(2) **곱셈 공식 (1)**
① $(a+b)^2=a^2+2ab+b^2$, $(a-b)^2=a^2-2ab+b^2$
② $(a+b)(a-b)=a^2-b^2$
③ $(x+a)(x+b)=x^2+(a+b)x+ab$
④ $(ax+b)(cx+d)=acx^2+(ad+bc)x+bd$

(3) **곱셈 공식 (2)**
① $(a+b+c)^2=a^2+b^2+c^2+2ab+2bc+2ca$
② $(a+b)^3=a^3+3a^2b+3ab^2+b^3$
$\quad (a-b)^3=a^3-3a^2b+3ab^2-b^3$
③ $(a+b)(a^2-ab+b^2)=a^3+b^3$
$\quad (a-b)(a^2+ab+b^2)=a^3-b^3$
④ $(x+a)(x+b)(x+c)$
$\quad =x^3+(a+b+c)x^2+(ab+bc+ca)x+abc$

[0007~0016] 곱셈 공식을 이용하여 다음 식을 전개하시오.

0007 $(x+1)^2$

0008 $(x-2)(x+2)$

0009 $(x-1)(x+3)$

0010 $(2x+1)(3x-2)$

0011 $(x+2y-z)^2$

0012 $(x-2)^3$

0013 $(2x+1)^3$

0014 $(x+2)(x^2-2x+4)$

0015 $(3x-1)(9x^2+3x+1)$

0016 $(x+1)(x+2)(x+3)$

개념 03 곱셈 공식의 변형

(1) $a^2+b^2=(a+b)^2-2ab=(a-b)^2+2ab$
(2) $(a+b)^2=(a-b)^2+4ab$
$(a-b)^2=(a+b)^2-4ab$
(3) $a^3+b^3=(a+b)^3-3ab(a+b)$
$a^3-b^3=(a-b)^3+3ab(a-b)$
(4) $a^2+b^2+c^2=(a+b+c)^2-2(ab+bc+ca)$
(5) $a^2+b^2+c^2+ab+bc+ca$
$=\dfrac{1}{2}\{(a+b)^2+(b+c)^2+(c+a)^2\}$
$a^2+b^2+c^2-ab-bc-ca$
$=\dfrac{1}{2}\{(a-b)^2+(b-c)^2+(c-a)^2\}$

[0017~0018] $x+y=3$, $xy=2$일 때, 다음 식의 값을 구하시오.

0017 x^2+y^2

0018 x^3+y^3

[0019~0020] $a-b=2$, $ab=1$일 때, 다음 식의 값을 구하시오.

0019 a^2+b^2

0020 a^3-b^3

[0021~0022] $a=\sqrt{3}+1$, $b=\sqrt{3}-1$일 때, 다음 식의 값을 구하시오.

0021 a^2+b^2

0022 a^3-b^3

0023 $x+y+z=2$, $xy+yz+zx=1$일 때, $x^2+y^2+z^2$의 값을 구하시오.

0024 $a+b+c=-1$, $ab+bc+ca=-5$일 때, $a^2+b^2+c^2$의 값을 구하시오.

개념 04 다항식의 나눗셈

(1) 다항식 A를 다항식 $B(B \neq 0)$로 나누었을 때의 몫을 Q, 나머지를 R라 하면
$$A=BQ+R \quad (단, (R의 차수)<(B의 차수))$$
$R=0$일 때, A는 B로 나누어떨어진다고 한다.

(2) (다항식)÷(다항식)의 계산
각 다항식을 내림차순으로 정리한 후 자연수의 나눗셈과 같은 방법으로 계산한다.

참고) 다항식의 나눗셈을 할 때는 차수를 맞춰서 계산한다.
이때 해당되는 차수의 항이 없으면 그 자리를 비워둔다.

예) $(2x^3-3x^2+5) \div (x^2-x+2)$를 계산하면 다음과 같다.

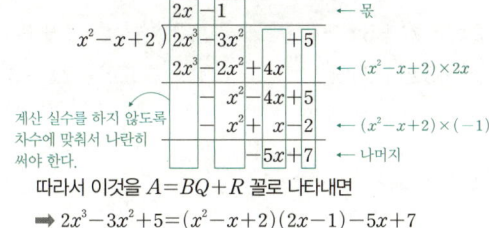

따라서 이것을 $A=BQ+R$ 꼴로 나타내면
➡ $2x^3-3x^2+5=(x^2-x+2)(2x-1)-5x+7$

0025 다음은 다항식 x^3-x^2-6x+7을 $x+2$로 나누는 과정이다. □ 안에 알맞은 것을 써넣으시오.

$$\begin{array}{r} x^2-\square x \\ x+2 \overline{)\ x^3-x^2-6x+7} \\ x^3+\square x^2 \\ \hline \square x^2-6x \\ \square x^2-\square x \\ \hline 7 \end{array}$$

0026 다항식 $4x^3-2x^2+6x+1$을 $2x$로 나누었을 때의 몫과 나머지를 각각 구하시오.

0027 다항식 $x^4+6x^3+10x+12$를 x^3+2x+2로 나누었을 때의 몫과 나머지를 각각 구하시오.

[0028~0029] 다음 다항식 A를 다항식 B로 나누었을 때의 몫을 Q, 나머지를 R라 할 때, $A=BQ+R$ 꼴로 나타내시오.

0028 $A=x^3+2x^2-x+3$, $B=x+1$

0029 $A=3x^3+5x^2-4x+2$, $B=x^2+x+1$

유형 01 다항식의 덧셈과 뺄셈

다항식의 덧셈과 뺄셈은 다음과 같은 순서로 계산한다.
❶ 괄호가 있으면 괄호를 푼다.
❷ 한 문자에 대하여 내림차순으로 정리한다.
❸ 동류항끼리 묶어서 간단히 정리한다.

0030 ✔ 대표 예제

두 다항식
$$A=3x^3+x^2-2x+1,\ B=-x^3+2x^2-2$$
에 대하여 $A+2B$는?

① $2x^3-x^2+3x+1$　　② $2x^3+x^2-x+3$
③ x^3-5x^2+2x+5　　④ x^3+5x^2-2x-3
⑤ x^3+5x^2+2x+3

완쏠 해설

$A+2B$
$=(3x^3+x^2-2x+1)+2(-x^3+2x^2-2)$　　괄호를 풀어 정리한다.
$=3x^3+x^2-2x+1-2x^3+4x^2-4$
$=(3x^3-2x^3)+(x^2+4x^2)-2x+(1-4)$　　x에 대한 내림차순으로 정리
하여 동류항끼리 묶는다.
$=(3-2)x^3+(1+4)x^2-2x-3$
$=x^3+5x^2-2x-3$

식을 간단히 정리해야 하므로 최종적으로 동류항끼리 묶을 수 있도록 내림차순을 유지하면서 계산해야 해.

답 ④

0031 대표 예제 한 번 더! 교육청

두 다항식
$$A=3x^2+2xy,\ B=-x^2+xy$$
에 대하여 $A+2B$를 간단히 하면?

① x^2+3xy　　② x^2+4xy　　③ x^2+5xy
④ $2x^2+4xy$　　⑤ $2x^2+5xy$

0032

두 다항식
$$A=2x^2-3xy-y^2,\ B=x^2+5xy+3y^2$$
에 대하여 $2A+B$는?

① $3x^3-xy+y^2$　　② $3x^3+xy+y^2$
③ $5x^2-xy+y^2$　　④ $5x^2-xy+2y^2$
⑤ $5x^2+xy+y^2$

0033

두 다항식
$$A=2x^2+xy-2y^2,\ B=-x^2+2xy+y^2$$
에 대하여 $A-2(A-B)$는?

① $-4x^2+3xy-2y^2$　　② $-4x^2+3xy+4y^2$
③ $4x^2-xy-3y^2$　　④ $4x^2+xy+y^2$
⑤ $4x^2-3xy+4y^2$

0034

세 다항식
$$A=2x^2+xy+2x-y^2,$$
$$B=x^2-2xy+y^2+2y,$$
$$C=-x^2-xy-3x+2y$$
에 대하여 $2(A+C)+A-2B$는?

① $x^2+5xy+x-2y^2$　　② $x^2-5xy+y^2$
③ $2x^2-xy+x-5y^2$　　④ $2x^2+5xy-5y^2$
⑤ $2x^2+5xy+x-5y^2$

유형 02 방정식을 활용한 다항식 구하기

(1) 구하고자 하는 다항식 X가 등식으로 주어진 경우
다항식 X에 대한 일차방정식을 푼 후, 구한 X의 식에 다항식을 대입하여 다항식 X를 구한다.
(2) 주어진 다항식이 A, B에 대한 일차식 꼴인 경우
두 다항식 A, B를 각각의 미지수로 보고 A, B에 대한 연립일차방정식을 풀어서 다항식 A, B를 구한다.

0035 ✓ 대표 예제

두 다항식
$$A=3x^2-xy+3y^2, \ B=x^2+3xy-y^2$$
에 대하여 $2X-B=A$를 만족시키는 다항식 X는?

① x^2-xy+y^2　　　② x^2+xy+y^2

③ $2x^2-xy+y^2$　　　④ $2x^2+xy+y^2$

⑤ $2x^2+2xy+y^2$

완쏠 해설

$2X-B=A$에서　→ 다항식 X에 대하여 정리한다.

$2X=A+B$ ∴ $X=\dfrac{1}{2}(A+B)$ ······ ㉠

㉠에 $A=3x^2-xy+3y^2$, $B=x^2+3xy-y^2$을 대입하여 풀면

$X=\dfrac{1}{2}\{(\underbrace{3x^2-xy+3y^2}_{A})+(\underbrace{x^2+3xy-y^2}_{B})\}$

$=\dfrac{1}{2}\{(3+1)x^2+(-1+3)xy+(3-1)y^2\}$

$=\dfrac{1}{2}(4x^2+2xy+2y^2)$

$=2x^2+xy+y^2$

> 구하고자 하는 다항식 X가 등식으로 제시되어 있을 때는 우선 X에 대하여 정리해야 해.

(답) ④

0036 대표 예제 한 번 더!

두 다항식
$$A=-x^2+xy-2y^2, \ B=2x^2-2xy+y^2$$
에 대하여 $B-X=A$를 만족시키는 다항식 X는?

① $x^2-xy+3y^2$　　　② $x^2+3xy+y^2$

③ $3x^2-3xy+3y^2$　　④ $3x^2+xy+3y^2$

⑤ $3x^2+3xy+y^2$

0037

두 다항식
$$A=x^2-x+2, \ B=3x^2-x-2$$
에 대하여 $2X+B=X+A$를 만족시키는 다항식 X는?

① $-2x^2-x-2$　　　② $-2x^2-x+2$

③ $-2x^2+4$　　　　④ $-x^2-x$

⑤ $-x^2+2$

0038

두 다항식 A, B에 대하여
$$A+2B=5x^2-xy-3y^2, \ 2A-B=-7xy+4y^2$$
일 때, $A-B$는?

① $-x^2-3xy+3y^2$　　② $-x^2-4xy+3y^2$

③ $-x^2-4xy+4y^2$　　④ $x^2+3xy-3y^2$

⑤ $x^2+4xy+4y^2$

0039

세 다항식 A, B, C에 대하여
$$2A+B=x^2+2xy+y^2,$$
$$2B+C=3xy-2y^2,$$
$$2C+A=2x^2+xy-5y^2$$
일 때, $A+B+C$는?

① x^2+2xy　　　　② x^2+xy

③ $x^2+2xy-y^2$　　④ $x^2+xy-2y^2$

⑤ $x^2+2xy-2y^2$

유형 03 다항식의 전개식에서 계수 구하기 🌟중요

다항식의 전개식에서 특정 항의 계수를 구할 때는 주어진 식의 모든 항을 전개하지 않고, 문제에서 구해야 하는 항이 나오는 부분만 선택하여 전개한다.

예 다항식 $(x^2+2x-3)(x-1)$의 전개식에서 x^2항은
$x^2 \times (-1) + 2x \times x = x^2$
따라서 x^2의 계수는 1이다.

0040 ✔대표 예제

다항식 $(x^2-3x+3)(2x^2+2x+1)$의 전개식에서 x^3의 계수는?

① -4 ② -2 ③ 0
④ 2 ⑤ 4

완쏠 해설

주어진 다항식의 전개식에서 x^3항은 x항과 x^2항의 곱으로 만들어진다.

(i) x^2-3x+3에서 $-3x$를 선택하고
$2x^2+2x+1$에서 $2x^2$을 선택하여 곱하면
$(-3x) \times 2x^2 = -6x^3$

(ii) x^2-3x+3에서 x^2을 선택하고
$2x^2+2x+1$에서 $2x$를 선택하여 곱하면
$x^2 \times 2x = 2x^3$

(i), (ii)에서 x^3항은 $\underset{\text{(ii)}}{\overset{\text{(i)}}{(x^2-3x+3)(2x^2+2x+1)}}$
$-6x^3+2x^3 = -4x^3$
따라서 주어진 다항식의 전개식에서 x^3의 계수는 -4이다.

답 ①

0041 대표 예제 한 번 더! 교육청

다항식 $(4x-y-3z)^2$의 전개식에서 yz의 계수를 구하시오.

0042

x에 대한 다항식 $(3x^2-x+2)(x^2+kx+4)$의 전개식에서 x^2의 계수가 8일 때, 상수 k의 값은?

① 2 ② 4 ③ 6
④ 8 ⑤ 10

0043

x에 대한 다항식 $(2x^2+ax-3)(bx^2+2x+5)$의 전개식에서 최고차항의 계수가 2이고, x^2의 계수가 11이다. 두 상수 a, b에 대하여 ab의 값은? (단, $b \neq 0$)

① 2 ② 4 ③ 6
④ 8 ⑤ 10

0044

다항식 $(1+2x+3x^2+4x^3+\cdots+10x^9)^2$의 전개식에서 x^3의 계수를 구하시오.

유형 04 곱셈 공식을 이용한 다항식의 전개

(1) $(a+b+c)^2=a^2+b^2+c^2+2ab+2bc+2ca$
(2) $(a+b)^3=a^3+3a^2b+3ab^2+b^3$
  $(a-b)^3=a^3-3a^2b+3ab^2-b^3$
(3) $(a+b)(a^2-ab+b^2)=a^3+b^3$
  $(a-b)(a^2+ab+b^2)=a^3-b^3$
(4) $(x+a)(x+b)(x+c)$
  $=x^3+(a+b+c)x^2+(ab+bc+ca)x+abc$

0045 ✓ 대표 예제

다항식 $(2x+a)^3$을 전개한 식이 $8x^3+12x^2+bx+1$과 같을 때, 두 상수 a, b에 대하여 $a+b$의 값을 구하시오.

완쏠 해설

곱셈 공식 $(a+b)^3=a^3+3a^2b+3ab^2+b^3$에 의하여
$(2x+a)^3=(2x)^3+3\times(2x)^2\times a+3\times 2x\times a^2+a^3$
$=8x^3+12ax^2+6a^2x+a^3$
주어진 조건에서 다항식 $(2x+a)^3$을 전개한 식이
$8x^3+12x^2+bx+1$이므로
$12a=12$, $6a^2=b$, $a^3=1$
따라서 $a=1$, $b=6$이므로
$a+b=1+6=7$

답 7

0046 대표 예제 한 번 더!

다항식 $(x+ay-2)^2$을 전개한 식이
$x^2+a^2y^2+4+4xy+bx+cy$와 같을 때, 세 상수 a, b, c에 대하여 $a+b+c$의 값은?

① -10 ② -8 ③ -6
④ -4 ⑤ -2

0047

$a^2=3\sqrt{2}$, $b^2=\sqrt{2}$일 때,
$(a-b)(a+b)(a^2-ab+b^2)(a^2+ab+b^2)$의 값은?

① $36\sqrt{2}$ ② $40\sqrt{2}$ ③ $44\sqrt{2}$
④ $48\sqrt{2}$ ⑤ $52\sqrt{2}$

0048

다항식 $(x^3-x+1)(x^2-x+1)^2$의 전개식에서 x의 계수는?

① -1 ② -2 ③ -3
④ -4 ⑤ -5

0049

$x+y+z=1$, $xy+yz+zx=4$, $xyz=-2$일 때,
$(x+y)(y+z)(z+x)$의 값은?

① 5 ② 6 ③ 7
④ 8 ⑤ 9

유형 05 공통부분이 있는 다항식의 전개

(1) 공통부분을 하나의 문자로 치환하여 전개한다.
> **예** $(x^2-2x+1)(x^2-2x-2)$는 $x^2-2x=t$라 하고 $(t+1)(t-2)$에서 곱셈 공식을 이용한다.

(2) $(\ )(\ )(\ )(\ )$ 꼴의 다항식은 공통부분이 생기도록 두 개씩 짝을 지어 전개한 후 치환하여 곱셈 공식을 이용한다.
> **예** $(x+1)(x+2)(x+3)(x+4)$
> $=\{(x+1)(x+4)\}\{(x+2)(x+3)\}$
> $=(x^2+5x+4)(x^2+5x+6)$
> 과 같이 두 개씩 짝을 지어 전개한 후 $x^2+5x=t$라 하고 $(t+4)(t+6)$에서 곱셈 공식을 이용한다.

0050 ✓ 대표 예제

$(x^2+3x+1)(x^2+3x-3)$을 전개하면?

① $x^4-6x^3+7x^2-6x-3$
② $x^4-6x^3+7x^2-6x+3$
③ $x^4+6x^3+7x^2-6x-3$
④ $x^4+6x^3+7x^2-6x+3$
⑤ $x^4+6x^3+7x^2+6x+3$

완쏠 해설

$(x^2+3x+1)(x^2+3x-3)$에서
x^2+3x+1과 x^2+3x-3의 공통부분은 x^2+3x이다.
$x^2+3x=t$라 하면
$(x^2+3x+1)(x^2+3x-3)$
$=(t+1)(t-3)=t^2-2t-3$
$=(x^2+3x)^2-2(x^2+3x)-3$
$=x^4+6x^3+9x^2-2x^2-6x-3$
$=x^4+6x^3+7x^2-6x-3$

> 식의 공통부분이 있을 때 공통부분을 하나의 문자로 치환하면 복잡한 식을 곱셈 공식을 이용할 수 있는 간단한 형태로 바꿀 수 있어.

답 ③

0051 대표 예제 한 번 더!

$(x^2-2x-1)(x^2+x-1)$을 전개하면?

① $x^4-x^3-4x^2+x-1$
② $x^4-x^3-4x^2+x+1$
③ $x^4+x^3-4x^2+x-1$
④ $x^4+x^3-4x^2-x+1$
⑤ $x^4+x^3-4x^2-x-1$

0052

다항식 $(x+1)(x+3)(x+5)(x+7)$을 전개한 식이 $x^4+ax^3+bx^2+cx+105$와 같을 때, $c-b-a$의 값은?
(단, a, b, c는 상수이다.)

① 71 ② 72 ③ 73
④ 74 ⑤ 75

0053

다항식
$(x-1)(x+2)(x-3)(x+4)+16$
의 전개식에서 x^2의 계수를 a, 상수항을 b라 할 때, $a+b$의 값을 구하시오.

0054 ⓊP

x에 대한 다항식
$\{(x+a)^2-2a^2\}\{(x-a)^2-2a^2\}$
의 전개식에서 x^2의 계수가 -12일 때, 상수항은?
(단, a는 상수이다.)

① 0 ② 1 ③ 2
④ 3 ⑤ 4

유형 06 $(a+b)(a-b)=a^2-b^2$을 이용한 다항식의 전개

주어진 식을 간단히 할 수 있도록 식을 변형한 후, 곱셈 공식을 이용하여 식을 계산한다.
(1) $(a+b)(a-b)=a^2-b^2$
(2) $(a-b)(a+b)(a^2+b^2)=a^4-b^4$

참고 차수가 같은 두 식이 합과 차로 연결되어 있을 때,
곱셈 공식 $(a+b)(a-b)=a^2-b^2$을 이용하면 쉽게 풀 수 있다.

0055 ✔ 대표 예제

$(x-y)(x+y)(x^2+y^2)(x^4+y^4)$을 전개하면?

① x^4-y^4 ② x^4+y^4 ③ x^8-y^8
④ x^8+y^8 ⑤ $x^{16}+y^{16}$

완쏠 해설

$(x-y)(x+y)(x^2+y^2)(x^4+y^4)$
$=\{(x-y)(x+y)\}(x^2+y^2)(x^4+y^4)$
$=\{(x^2-y^2)(x^2+y^2)\}(x^4+y^4)$
$=(x^4-y^4)(x^4+y^4)$
$=x^8-y^8$

답 ③

0056 대표 예제 한 번 더!

$(a-2)(a+2)(a^2+4)(a^4+16)$을 전개하면?

① a^4-64 ② a^4+64 ③ a^8-64
④ a^8-256 ⑤ a^8+256

0057

$(a-1)(a+1)(a^2+1)(a^4+1)=255$일 때, 양수 a의 값은?

① 1   ② $\sqrt{2}$ ③ 2
④ $2\sqrt{2}$ ⑤ 4

0058

$a^3=b^2=\sqrt{2}$일 때, $(a^3+b)^3(a^3-b)^3$의 값은?

① $20-16\sqrt{2}$ ② $20-14\sqrt{2}$ ③ $20-12\sqrt{2}$
④ $20-10\sqrt{2}$ ⑤ $20-8\sqrt{2}$

0059

두 실수 a, b에 대하여 $a^2-b^2=1$일 때,
$$\{(a+b)^{10}+(a-b)^{10}\}^2-\{(a+b)^{10}-(a-b)^{10}\}^2$$
의 값은?

① 1   ② 2   ③ 3
④ 4   ⑤ 5

유형 07 곱셈 공식의 변형; 문자가 2개 ⭐중요

두 문자에 대한 합(차)과 곱 조건을 확인한 후, 다음과 같은 합(차)과 곱에 대한 곱셈 공식의 변형식을 이용한다.
(1) $a^2+b^2=(a+b)^2-2ab$
$\qquad =(a-b)^2+2ab$
(2) $(a+b)^2=(a-b)^2+4ab$
$\qquad (a-b)^2=(a+b)^2-4ab$
(3) $a^3+b^3=(a+b)^3-3ab(a+b)$
$\qquad a^3-b^3=(a-b)^3+3ab(a-b)$

0060 ✓대표 예제

$ab=1$, $\dfrac{1}{a}+\dfrac{1}{b}=4$일 때, $a-b$의 값은? (단, $a>b$)

① 2 ② $2\sqrt{2}$ ③ $2\sqrt{3}$
④ 4 ⑤ $2\sqrt{5}$

┌ 완쏠 해설

$\dfrac{1}{a}+\dfrac{1}{b}=4$에서 $\dfrac{a+b}{ab}=4$이므로

$\dfrac{a+b}{1}=4$

$\therefore a+b=4$

$(a-b)^2=(a+b)^2-4ab$이므로
$(a-b)^2=4^2-4\times1$ → 두 문자의 합과 곱을 알 때 차를 구할 수 있다.
$\qquad\qquad =16-4=12$

$\therefore a-b=2\sqrt{3}\ (\because a>b)$

─── 답 ③

0061 대표 예제 한 번 더!

$xy=2$, $\dfrac{1}{x}-\dfrac{1}{y}=-2$일 때, $x+y$의 값은?

(단, x, y는 양수이다.)

① $2\sqrt{5}$ ② $2\sqrt{6}$ ③ $2\sqrt{7}$
④ $4\sqrt{2}$ ⑤ 6

0062

$x=1-\sqrt{2}$, $y=1+\sqrt{2}$일 때, xy^4+x^4y의 값은?

① -16 ② -14 ③ -12
④ -10 ⑤ -8

0063 교육청

$x-y=3$, $x^3-y^3=18$일 때, x^2+y^2의 값은?

① 7 ② 8 ③ 9
④ 10 ⑤ 11

0064

$a+b=4$, $ab=2$일 때, $\dfrac{a^2}{b}-\dfrac{b^2}{a}$의 값은? (단, $a>b>0$)

① $10\sqrt{2}$ ② $11\sqrt{2}$ ③ $12\sqrt{2}$
④ $13\sqrt{2}$ ⑤ $14\sqrt{2}$

유형 08 $x \pm \dfrac{1}{x}$ 꼴의 식의 값

주어진 식을 $x \pm \dfrac{1}{x}$ 꼴로 정리하고 $x \times \dfrac{1}{x}=1$임을 이용하여 구하고자 하는 식을 다음과 같이 변형한다.

(1) $x^2 + \dfrac{1}{x^2} = \left(x + \dfrac{1}{x}\right)^2 - 2 = \left(x - \dfrac{1}{x}\right)^2 + 2$

(2) $x^3 + \dfrac{1}{x^3} = \left(x + \dfrac{1}{x}\right)^3 - 3\left(x + \dfrac{1}{x}\right)$

$x^3 - \dfrac{1}{x^3} = \left(x - \dfrac{1}{x}\right)^3 + 3\left(x - \dfrac{1}{x}\right)$

참고 $x^2 - kx + 1 = 0$ 꼴은 양변을 x로 나누어 $x + \dfrac{1}{x} = k$ 꼴로 변형한다.

0065 ✓ 대표 예제

$x + \dfrac{1}{x} = 4$일 때, $x^3 + \dfrac{1}{x^3}$의 값을 구하시오.

완쏠 해설

$x^3 + \dfrac{1}{x^3} = \left(x + \dfrac{1}{x}\right)^3 - 3 \times x \times \dfrac{1}{x} \times \left(x + \dfrac{1}{x}\right)$

$\qquad = \left(x + \dfrac{1}{x}\right)^3 - 3\left(x + \dfrac{1}{x}\right)$

$\qquad = 4^3 - 3 \times 4$

$\qquad = 64 - 12$

$\qquad = 52$

> $x \times \dfrac{1}{x} = 1$이기 때문에 $x + \dfrac{1}{x}$의 값만 알고 있어도 $x^3 + \dfrac{1}{x^3}$의 값을 구할 수 있어.

답 52

0066 대표 예제 한 번 더!

$x - \dfrac{1}{x} = 2$일 때, $x^3 - \dfrac{1}{x^3}$의 값은?

① 10   ② 11   ③ 12
④ 13   ⑤ 14

0067

$x^2 + 3x + 1 = 0$일 때, $x^3 + \dfrac{1}{x^3}$의 값은?

① -18 ② -16 ③ -14
④ -12 ⑤ -10

0068

$x + \dfrac{1}{x} = 3$일 때, $x^4 - \dfrac{1}{x^4}$의 값은? (단, $x > 1$)

① $20\sqrt{5}$ ② $21\sqrt{5}$ ③ $22\sqrt{5}$
④ $23\sqrt{5}$ ⑤ $24\sqrt{5}$

0069

$x^2 + \dfrac{1}{x^2} = 7$이고 $x > 0$일 때, $x^3 + \dfrac{1}{x^3}$의 값은?

① 14   ② 16   ③ 18
④ 20   ⑤ 22

유형 09 곱셈 공식의 변형; 문자가 3개

여러 가지 조건(세 문자의 합, 두 문자의 곱의 합, 세 문자 중 두 문자끼리의 합 등)을 확인하여 세 문자에 대한 곱셈 공식의 변형식을 이용한다.

(1) $a^2+b^2+c^2=(a+b+c)^2-2(ab+bc+ca)$

(2) $a^2+b^2+c^2+ab+bc+ca$
$=\dfrac{1}{2}\{(a+b)^2+(b+c)^2+(c+a)^2\}$

$a^2+b^2+c^2-ab-bc-ca$
$=\dfrac{1}{2}\{(a-b)^2+(b-c)^2+(c-a)^2\}$

0070 ✓ 대표 예제

$a+b+c=-2$, $a^2+b^2+c^2=12$, $abc=8$일 때, $\dfrac{1}{a}+\dfrac{1}{b}+\dfrac{1}{c}$의 값은?

① $-\dfrac{1}{2}$ ② $-\dfrac{1}{4}$ ③ 0

④ $\dfrac{1}{4}$ ⑤ $\dfrac{1}{2}$

완쏠 해설

→ abc의 값을 알고 있으므로 $ab+bc+ca$의 값을 구해야 한다.

$\dfrac{1}{a}+\dfrac{1}{b}+\dfrac{1}{c}=\dfrac{bc}{abc}+\dfrac{ac}{abc}+\dfrac{ab}{abc}=\boxed{\dfrac{ab+bc+ca}{abc}}$

$a^2+b^2+c^2=(a+b+c)^2-2(ab+bc+ca)$에서

$12=(-2)^2-2(ab+bc+ca)$

$2(ab+bc+ca)=-8$

$\therefore ab+bc+ca=-4$

$\therefore \dfrac{1}{a}+\dfrac{1}{b}+\dfrac{1}{c}=\dfrac{ab+bc+ca}{abc}=\dfrac{-4}{8}=-\dfrac{1}{2}$

답 ①

0071 대표 예제 한 번 더!

세 실수 a, b, c가

$a^2+b^2+c^2=2$, $a+b+c=\sqrt{6}$

을 만족시킨다. $(a-b)^2+(b-c)^2+(c-a)^2$의 값은?

① 0 ② 1 ③ 2

④ 3 ⑤ 4

0072

$a+b+c=5$, $a^2+b^2+c^2=11$, $\dfrac{1}{a}+\dfrac{1}{b}+\dfrac{1}{c}=\dfrac{7}{3}$일 때,

$\dfrac{1}{a^2}+\dfrac{1}{b^2}+\dfrac{1}{c^2}$의 값은?

① $\dfrac{5}{3}$ ② $\dfrac{17}{9}$ ③ $\dfrac{19}{9}$

④ $\dfrac{7}{3}$ ⑤ $\dfrac{23}{9}$

0073

세 실수 a, b, c가

$a^2+b^2+c^2-ab-bc-ca=0$

을 만족시킨다. $a=3$일 때, $b+c$의 값은?

① 6 ② 7 ③ 8

④ 9 ⑤ 10

0074

$a-b=4$, $b+c=-2$일 때, $a^2+b^2+c^2-ab+bc+ca$의 값은?

① 10 ② 11 ③ 12

④ 13 ⑤ 14

유형 10 곱셈 공식을 이용한 수의 계산

(1) 반복되는 수를 문자로 바꾸고 곱셈 공식을 적용할 수 있도록 식을 변형한다.
(2) 하나의 숫자를 문자로 바꾸고 다른 숫자를 같은 문자로 나타내어 적용할 곱셈 공식을 찾는다.

0075 ✔ 대표 예제

$\dfrac{1000^2-994\times1006}{999^2-997\times1001}$ 의 값을 구하시오.

완쏠 해설

$1000=a,\ 999=b$ 라 하면

$\dfrac{1000^2-994\times1006}{999^2-997\times1001}$

• 994, 1006은 1000에 각각 -6, 6을 더한 수이므로 1000을 치환하여 표현한다.

$=\dfrac{1000^2-(1000-6)(1000+6)}{999^2-(999-2)(999+2)}$

• 997, 1001은 999에 각각 -2, 2를 더한 수이므로 999를 치환하여 표현한다.

$=\dfrac{a^2-(a-6)(a+6)}{b^2-(b-2)(b+2)}$

$=\dfrac{a^2-(a^2-36)}{b^2-(b^2-4)}$

$=\dfrac{a^2-a^2+36}{b^2-b^2+4}$

$=\dfrac{36}{4}$

$=9$

답 9

0076

다음 중 $29\times31\times(30^2-29)\times(30^2+31)$을 계산한 값과 같은 것은?

① 30^6-29 ② 30^6-1 ③ 30^6
④ 30^6+1 ⑤ 30^6+31

0077

$\left(1+\dfrac{1}{2}\right)\left(1+\dfrac{1}{2^2}\right)\left(1+\dfrac{1}{2^4}\right)\left(1+\dfrac{1}{2^8}\right)=2-\dfrac{1}{2^m}$ 을 만족시키는 자연수 m의 값은?

① 12   ② 13   ③ 14
④ 15   ⑤ 16

0078

다음 식의 값을 구하시오.

$$\dfrac{320\times(219^2-219\times101+101^2)-101^3}{180\times(73^2-73\times107+107^2)-107^3}$$

0079 ⬆️

$297^2+199\times201$이 n자리의 자연수일 때, n의 값을 구하시오.

유형 11 다항식의 나눗셈

각 다항식을 내림차순으로 정리한 후, 다항식의 나눗셈을 계산한다.

참고 나머지가 상수가 되거나 나머지가 나누는 식보다 차수가 낮아지면 몫과 나머지가 결정된다.

0080 ✓ **대표 예제**

두 다항식

$$A=2x^3-x^2+2x-1, \quad B=x^2+2$$

에 대하여 A를 B로 나누었을 때의 몫을 $Q(x)$, 나머지를 $R(x)$라 할 때, $Q(1)-R(1)$의 값을 구하시오.

완쏠 해설

A를 B로 나누면

$$
\begin{array}{r}
2x-1 \quad\leftarrow \text{몫} \\
x^2+2\overline{\smash{\big)}\,2x^3-x^2+2x-1} \\
\underline{2x^3+4x}\quad\leftarrow (x^2+2)\times 2x \\
-x^2-2x-1 \\
\underline{-x^2-2}\quad\leftarrow (x^2+2)\times(-1) \\
-2x+1\quad\leftarrow \text{나머지}
\end{array}
$$

$-2x+1$의 차수가 x^2+2의 차수보다 낮으므로

(나누는 식보다 차수가 낮아지므로 나머지가 된다.)

$Q(x)=2x-1, \ R(x)=-2x+1$

$\therefore Q(1)-R(1)$

$=(2\times 1-1)-\{(-2)\times 1+1\}$

$=1-(-1)$

$=2$

계수가 0인 경우는 빈 곳으로 두면 돼!

답 2

0081 **대표 예제** 한 번 더!

두 다항식

$$A=3x^3-x^2+2x-1, \quad B=x^2-x+1$$

에 대하여 A를 B로 나누었을 때의 몫을 $Q(x)$, 나머지를 $R(x)$라 할 때, $Q(2)+R(4)$의 값을 구하시오.

0082

다항식 x^3+x-2를 $x+1$로 나누었을 때의 몫이 x^2+ax+b이고, 나머지가 c일 때, $ab-c$의 값은?

(단, a, b, c는 상수이다.)

① 1 　　　② 2 　　　③ 3

④ 4 　　　⑤ 5

0083

다항식 $x^4-x^3+3x^2+2x+1$을 다항식 X로 나누었을 때의 몫이 x^2-x+2이고, 나머지가 $3x-1$이다. X는?

① x^2+1 　　② x^2-x+1 　　③ x^2+x+1

④ x^2-x+2 　　⑤ x^2+x+2

0084

$x^2-x-1=0$일 때, $2x^4-x^3-4x^2+5$의 값은?

① -4 　　②-2 　　③ 0

④ 2 　　⑤ 4

유형 12 다항식의 연산의 도형에의 활용

주어진 길이, 넓이, 부피 등을 문자로 나타내어 표현한 후, 다항식의 연산을 이용한다.

0085 ✔ 대표 예제

오른쪽 그림과 같이 모든 모서리의 길이의 합이 16인 직육면체 ABCD−EFGH가 있다. $\overline{AG}=\sqrt{6}$일 때, 직육면체 ABCD−EFGH의 겉넓이를 구하시오.

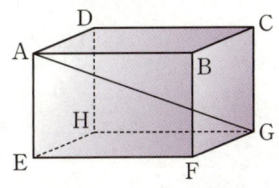

완쏠 해설

직육면체 ABCD−EFGH의 밑면의 가로와 세로의 길이, 높이를 각각 a, b, c라 하자.

모든 모서리의 길이의 합이 16이므로
$4(a+b+c)=16$ ∴ $a+b+c=4$
$\overline{AG}=\sqrt{6}$이므로
$\sqrt{a^2+b^2+c^2}=\sqrt{6}$
∴ $a^2+b^2+c^2=6$
$(a+b+c)^2=a^2+b^2+c^2+2(ab+bc+ca)$에서
$4^2=6+2(ab+bc+ca)$ ∴ $2(ab+bc+ca)=10$
따라서 직육면체 ABCD−EFGH의 겉넓이는
$2(ab+bc+ca)$이므로 10이다.

> 겉넓이를 구하려면 가로와 세로의 길이, 높이를 알아야 하므로 그것을 먼저 미지수로 나타내야 해.

> 가로와 세로의 길이, 높이가 각각 a, b, c인 직육면체의 대각선의 길이는 $\sqrt{a^2+b^2+c^2}$이다.

답 10

0086 대표 예제 한 번 더!

오른쪽 그림과 같이 모든 모서리의 길이의 합이 32인 직육면체 ABCD−EFGH가 있다. 직육면체 ABCD−EFGH의 겉넓이가 28일 때, 선분 AG의 길이는?

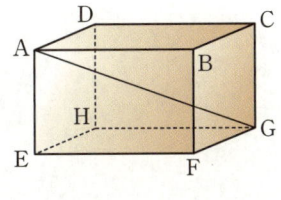

① 3
② 4
③ 5
④ 6
⑤ 7

0087

오른쪽 그림과 같이 길이가 8인 선분 AB 위의 점 C에 대하여 선분 AC를 지름으로 하는 원과 선분 BC를 지름으로 하는 원을 그린다. 두 원의 넓이의 합이 14π일 때, $\overline{AC}\times\overline{BC}$의 값을 구하시오.

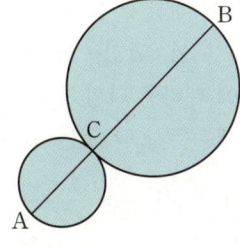

0088

오른쪽 그림과 같이 밑면의 넓이가 a^2-a+3이고 부피가 $2a^3-3a^2+7a-3$인 삼각기둥이 있다. 이 삼각기둥의 높이를 $f(a)$라 할 때, $f(49)+f(51)$의 값을 구하시오.

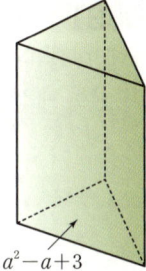

a^2-a+3

0089 ⬆

서로소인 두 자연수 a, b에 대하여 세 모서리의 길이가 각각 $a+b$, $2a+b$, $2a+b$인 직육면체가 있다. 이 직육면체를 그림과 같이 각 모서리의 길이가 a 또는 b가 되도록 18개의 작은 직육면체로 나누었을 때, 부피가 45인 직육면체는 8개이다. $a+b$의 값을 구하시오. (단, $1<a<b$)

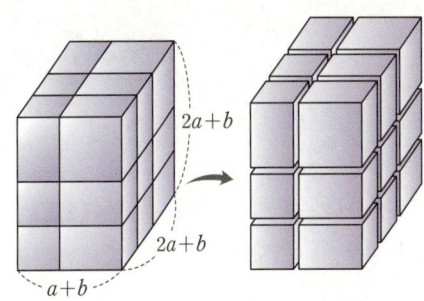

0090 • 유형 01

x에 대한 두 다항식

$$A=ax^3-3x^2+2x, \quad B=4x^3+ax^2-2$$

에 대하여 다항식 $2A+B$가 이차식일 때, $2A+B$의 x^2의 계수는? (단, a는 상수이다.)

① -10　　　② -8　　　③ -6

④ -4　　　⑤ -2

0091 • 유형 03

x에 대한 다항식 $(2x^2-x+3)(x^2+kx+5)$의 전개식에서 x^3의 계수가 7일 때, x^2의 계수를 구하시오.

(단, k는 상수이다.)

0092 교육청 • 유형 05

두 실수 a, b에 대하여 $(a+b-1)\{(a+b)^2+a+b+1\}=8$ 일 때, $(a+b)^3$의 값은?

① 5　　　② 6　　　③ 7

④ 8　　　⑤ 9

0093 • 유형 06

$k=\sqrt{2}$일 때,

$$\{(2+k)^3+(2-k)^3\}^2-\{(2+k)^3-(2-k)^3\}^2$$

의 값을 구하시오.

0094 • 유형 10

등식

$$(3^3+2)(3^6+2^2)(3^{12}+2^4)=\frac{3^b-256}{a}$$

을 만족시키는 두 자연수 a, b에 대하여 $a+b$의 값을 구하시오.

0095 • 유형 11

다음은 다항식 $2x^3-3x^2+2x$를 다항식 x^2+2로 나누었을 때의 몫 $Q(x)$와 나머지 $R(x)$를 구하는 과정이다.

$$
\begin{array}{r}
\boxed{} \\
x^2+2\,\overline{)\,2x^3-3x^2+2x} \\
\underline{2x^3+4x} \\
-3x^2-2x \\
\underline{-3x^2-6} \\
\boxed{}
\end{array}
$$

$Q(x)$를 $R(x)$로 나누었을 때의 나머지를 R_1이라 하고, $R(x)$를 $Q(x)$로 나누었을 때의 나머지를 R_2라 할 때, R_1+R_2의 값은?

① -6　　　② -3　　　③ 0

④ 3　　　⑤ 6

0096 • 유형 11

$\dfrac{x^3-4x^2+4x+4}{x-3}$의 값이 정수가 되도록 하는 모든 정수 x의 값의 합을 구하시오.

0097

• 유형 11

$x=\dfrac{1-\sqrt{5}}{2}$일 때, x^5-5x+5의 값은?

① 2   ② 4   ③ 6

④ 8   ⑤ 10

0098

• 유형 01 + 유형 03 + 유형 05 + 유형 07

두 다항식

$\quad A=x^2+x+2,\ B=x^2-x+2$

에 대하여 A^3+B^3의 전개식에서 x^2의 계수를 구하시오.

0099

• 유형 12

그림과 같은 직육면체 ABCD-EFGH가 다음 조건을 만족시킨다.

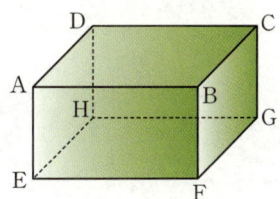

（가） $\overline{AE}+\overline{EF}+\overline{EH}=4x+3y$
（나） $\overline{CG}+\overline{CD}=2x+5y-3$

$\overline{AE}=x+1$일 때, $2\overline{AB}+\overline{AD}$를 x, y에 대한 식으로 나타낸 것은?

① $4x+4y-5$ ② $4x+8y-5$
③ $8x+4y-5$ ④ $8x+8y+5$
⑤ $10x+4y+5$

0100

• 유형 08

$x^2=2x+1$을 만족시키는 양수 x에 대하여

$$x^3+2x^2+3x+\dfrac{3}{x}+\dfrac{2}{x^2}-\dfrac{1}{x^3}$$

의 값은 $a+b\sqrt{2}$일 때, $a+b$의 값을 구하시오.
（단, a, b는 유리수이다.）

0101

• 유형 10

$N=(51^2-49^2)(51^3-49^3)$일 때, N은 n자리의 자연수이다. n의 값을 구하시오.

0102 교육청

• 유형 12

그림과 같이 직육면체 ABCD-EFGH에서 단면 AFC가 생기도록 사면체 F-ABC를 잘라내었다. 입체도형 ACD-EFGH의 모든 모서리의 길이의 합을 l_1, 겉넓이를 S_1이라 하고, 사면체 F-ABC의 모든 모서리의 길이의 합을 l_2, 겉넓이를 S_2라 하자. $l_1-l_2=28$, $S_1-S_2=61$일 때, $\overline{AC}^2+\overline{CF}^2+\overline{FA}^2$의 값을 구하시오.

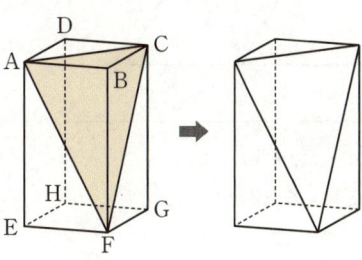
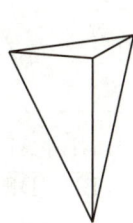

0103
· 유형 09

다음은 세 수 a, b, c에 대하여
$$3(ab+bc+ca)=(a+b+c)^2-2$$
일 때, $(a-b)(b-c)+(b-c)(c-a)+(c-a)(a-b)$의 값을 구하는 과정이다.

> $3(ab+bc+ca)=(a+b+c)^2-2$에서
> $a^2+b^2+c^2-ab-bc-ca=2$
> $a-b=X$, $b-c=Y$, $c-a=Z$라 하면
> $X+Y+Z=$ [(가)] , $X^2+Y^2+Z^2=$ [(나)]
> $(X+Y+Z)^2=X^2+Y^2+Z^2+2(XY+YZ+ZX)$
> 에서 $XY+YZ+ZX=$ [(다)]
> 따라서 $(a-b)(b-c)+(b-c)(c-a)+(c-a)(a-b)$
> 의 값은 [(다)] 이다.

위의 과정에서 (가), (나), (다)에 알맞은 수를 각각 l, m, n이라 할 때, $l+m+n$의 값은?

① -4 ② -2 ③ 0
④ 2 ⑤ 4

0104
사고력
· 유형 12

그림과 같이 정삼각형 ABC와 두 마름모 CDEF, FGHA로 이루어진 도형이 다음 조건을 만족시킨다.

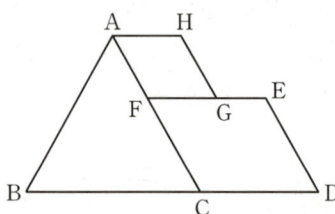

> (가) $\overline{AB}+\overline{AF}=2x^2-xy+5y^2$
> (나) $\overline{BD}+\overline{DE}+\overline{GE}=4y^2+2xy$

$\overline{AH}=ax^2-\dfrac{3}{4}xy+by^2$일 때, 두 상수 a, b에 대하여 $a+b$의 값을 구하시오. (단, 점 C는 선분 BD 위의 점이고, 점 G는 선분 FE 위의 점이다.)

0105
교육청
· 유형 12

그림과 같이 길이가 $2a$인 선분 AB를 지름으로 하는 반원이 있다. 호 AB 위의 두 점 C, D가 $\overline{AC}=\overline{CD}=a-1$, $\overline{BD}=8$을 만족시킬 때, $a^3-\dfrac{1}{a^3}$의 값은?

(단, a는 $a>4$인 상수이다.)

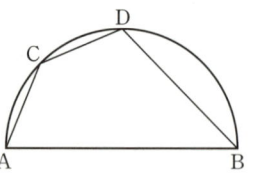

① 231 ② 232 ③ 233
④ 234 ⑤ 235

0106
· 유형 05 + 유형 07

$2a+b=3$, $ab=\dfrac{1}{2}$일 때, $64a^6-kab+b^6=0$을 만족시키는 상수 k의 값은?

① 640 ② 644 ③ 648
④ 652 ⑤ 656

0107
상위 1%   도전
· 유형 09

세 양수 a, b, c에 대하여 $a+b+c=\sqrt{6}$, $a^2+b^2+c^2=2$일 때, abc의 값은?

① $\dfrac{\sqrt{6}}{9}$ ② $\dfrac{\sqrt{6}}{6}$ ③ $\dfrac{2\sqrt{6}}{9}$
④ $\dfrac{5\sqrt{6}}{18}$ ⑤ $\dfrac{\sqrt{6}}{3}$

서술형 문제

0108
• 유형 09

$a+b+c=0$, $a^2+b^2+c^2=4$일 때, $a^4+b^4+c^4$의 값을 구하시오.

☑ 필요 개념 및 공식
□ $a^2+b^2+c^2=(a+b+c)^2-2(ab+bc+ca)$

0109
• 유형 03

다항식 $(1+2x-3x^2+4x^3)^2$의 전개식에서 x^3의 계수를 a, 다항식 $(1+2x-3x^2+4x^3-5x^4)^2$의 전개식에서 x^3의 계수를 b라 할 때, a^2+b^2의 값을 구하시오.

☑ 필요 개념 및 공식
□ 다항식의 곱셈　　　　　□ 다항식의 전개식에서 계수 구하기

0110
• 유형 05 + 유형 10

곱셈 공식을 이용하여 다음 식의 값을 구하시오.
$$\sqrt{7\times9\times11\times13+16}$$

☑ 필요 개념 및 공식
□ 곱셈 공식　　　　　□ 공통부분이 있는 다항식의 전개

0111
• 유형 07

$x+y=3$, $x^2+y^2=7$일 때, $x^4+x^6+y^4+y^6$의 값을 구하시오.

☑ 필요 개념 및 공식
□ $a^2+b^2=(a+b)^2-2ab$　　　□ $a^3+b^3=(a+b)^3-3ab(a+b)$

0112
• 유형 12

오른쪽 그림과 같이 한 변의 길이가 10인 정사각형 ABCD에 내접하는 원이 있다. 원 위의 점 P에서 선분 AB에 내린 수선의 발을 Q, 선분 BC에 내린 수선의 발을 R라 하자. 직사각형 PQBR의 둘레의 길이가 26, 넓이가 32일 때, $\overline{DP}^2$의 값을 구하시오.

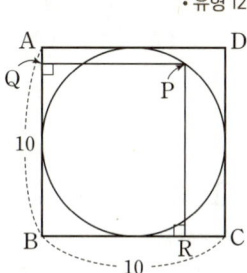

☑ 필요 개념 및 공식
□ $a^2+b^2=(a+b)^2-2ab$　　　□ 피타고라스 정리

0113 빈출
• 유형 07

두 실수 a, b에 대하여
$$ab+a-b+4=0,\ a^2+b^2-7=0$$
일 때, a^3-b^3의 값을 구하시오. (단, $a<b$)

☑ 필요 개념 및 공식
□ 치환을 이용한 이차방정식의 풀이　□ $a^3-b^3=(a-b)^3+3ab(a-b)$

개념 01 항등식의 뜻과 성질

(1) **항등식의 뜻**

주어진 식의 문자에 어떤 값을 대입해도 항상 성립하는
등식 → 등호(=)를 사용하여 수나 식이 서로 같음을 나타낸 식

> **참고** ① 방정식: 주어진 식의 문자에 특정한 값을 대입했을 때만
> 성립하는 등식
> ② 다항식의 곱셈 공식, 인수분해 공식은 모두 항등식이다.

(2) **항등식의 성질**

① 등식 $ax^2+bx+c=0$이 x에 대한 항등식이면
$a=b=c=0$이다.

② 등식 $ax^2+bx+c=a'x^2+b'x+c'$이 x에 대한 항등식
이면 $a=a'$, $b=b'$, $c=c'$이다.

③ 등식 $ax+by+c=0$이 x, y에 대한 항등식이면
$a=b=c=0$이다.

> **참고** 항등식의 성질은 차수에 관계없이 모든 다항식에 대하여 성립
> 한다.

0114 x에 대한 항등식인 것만을 ⌐보기⌐에서 있는 대로
고르시오.

┌─── 보기 ───┐
ㄱ. $2x=1$ ㄴ. $x^2+2x=x^2-2x$
ㄷ. $(x-1)^2=x^2-2x+1$ ㄹ. $2x^2-x=x(2x-1)$

[0115~0116] 다음 등식이 x에 대한 항등식일 때, 세 상수
a, b, c의 값을 각각 구하시오.

0115 $(a+2)x+b=0$

0116 $(a-2)x^2+bx+c-1=0$

[0117~0118] 다음 등식이 x에 대한 항등식일 때, 세 상수
a, b, c의 값을 각각 구하시오.

0117 $ax^2+bx+c=x^2+3$

0118 $ax^2+(b-1)x+5=3x^2+x+c$

[0119~0120] 다음 등식이 x, y에 대한 항등식일 때, 세 상
수 a, b, c의 값을 각각 구하시오.

0119 $ax+by+c-4=0$

0120 $(a+1)x+(b+1)y+c+1=2x+1$

개념 02 미정계수법

항등식의 뜻과 성질을 이용하여 주어진 등식에서 미지의 계수
를 정하는 방법

(1) **계수비교법**: 항등식의 양변에서 동류항의 계수를 비교하
여 계수를 정하는 방법

(2) **수치대입법**: 항등식의 문자에 적당한 수를 대입하여 계수
를 정하는 방법

> **예** 등식 $a(x+1)+b(x-1)=3x+1$이 x에 대한 항등식일 때, 두
> 상수 a, b의 값을 각각 구해 보자.
> (ⅰ) [계수비교법]을 이용하는 방법
> 좌변을 전개하여 정리하면 $(a+b)x+(a-b)=3x+1$
> 양변의 동류항의 계수를 비교하면
> $a+b=3$, $a-b=1$
> 위의 두 식을 연립하여 풀면
> $a=2$, $b=1$
> (ⅱ) [수치대입법]을 이용하는 방법
> 양변에 $x=1$을 대입하면
> $a(1+1)+b(1-1)=3\times1+1$, $2a=4$ ∴ $a=2$
> 양변에 $x=-1$을 대입하면
> $a\{(-1)+1\}+b\{(-1)-1\}=3\times(-1)+1$
> $-2b=-2$ ∴ $b=1$

[0121~0124] 다음 등식이 x에 대한 항등식일 때, 좌변 또는
우변을 전개하여 세 상수 a, b, c의 값을 각각 구하시오.

0121 $x(ax+b)+2x+c-3=x^2+x+1$

0122 $(x-2)(x+3)=ax^2+bx+c$

0123 $x^3+2x+3=(x+1)(ax^2+bx+c)$

0124 $x^3+ax^2-4x+b=(x^2-4)(cx+3)$

[0125~0128] 다음 등식이 x에 대한 항등식일 때, x에 적당
한 값을 대입하여 세 상수 a, b, c의 값을 각각 구하시오.

0125 $ax+b(x-1)=2x-3$

0126 $x^2+2x+3=(x-1)^2+a(x-1)+b$

0127 $ax(x+1)+b(x+1)(x-1)+cx(x-1)$
$=x^2+x+2$

0128 $ax^2-2x+9-a=3(x-1)^2+b(x-1)+c$

개념 03 나머지정리와 인수정리

(1) **나머지정리**
   ① 다항식 $P(x)$를 일차식 $x-a$로 나누었을 때의 나머지를 R라 하면
   $$R=P(a)$$
   ② 다항식 $P(x)$를 일차식 $ax+\beta$로 나누었을 때의 나머지를 R라 하면
   $$R=P\left(-\frac{\beta}{a}\right)$$

(2) **인수정리**
   다항식 $P(x)$에 대하여
   ① $P(a)=0$이면 $P(x)$는 $x-a$로 나누어떨어진다.
   ② $P(x)$가 일차식 $x-a$로 나누어떨어지면
   $$P(a)=0$$
   이때 $x-a$를 $P(x)$의 인수라 한다.

   참고 다음 표현은 모두 같은 표현이다.
   (1) 다항식 $P(x)$는 $x-a$로 나누어떨어진다.
   (2) 다항식 $P(x)$를 $x-a$로 나누었을 때의 나머지가 0이다.
   (3) $P(a)=0$
   (4) 다항식 $P(x)$는 $x-a$를 인수로 갖는다.

[0129~0130] 다항식 $P(x)=x^3-3x^2+4x+1$을 다음 일차식으로 나누었을 때의 나머지를 구하시오.

0129 $x-2$

0130 $x+3$

[0131~0132] 다항식 $P(x)=2x^3-3x^2-6x+3$을 다음 일차식으로 나누었을 때의 나머지를 구하시오.

0131 $2x+1$

0132 $3x-2$

0133 다항식 $2x^3-x^2+ax+3$을 $x+2$로 나누었을 때의 나머지가 7일 때, 상수 a의 값을 구하시오.

0134 다항식 x^3-2x^2+ax+4가 $x+1$로 나누어떨어질 때, 상수 a의 값을 구하시오.

0135 다항식 $2x^3-x^2+ax-1$이 $2x-1$을 인수로 가질 때, 상수 a의 값을 구하시오.

개념 04 조립제법

다항식을 일차식으로 나눌 때, 계수만을 이용하여 몫과 나머지를 구하는 방법

예 $3x^3-8x^2+7x-3$을 $x-2$로 나눌 때, 다음과 같이 조립제법을 이용하면 몫은 $3x^2-2x+3$이고 나머지는 3임을 알 수 있다.

참고 조립제법을 이용할 때는 차수가 높은 항의 계수부터 차례대로 적고, 계수가 0인 것도 반드시 표시해야 한다.

0136 다음은 조립제법을 이용하여 다항식 x^3-3x^2+5x+2를 $x-1$로 나눈 몫과 나머지를 구하는 과정이다. (가)~(바)에 알맞은 것을 구하시오.

(가)	1	-3	(나)	2
		1	-2	3
(다)	-2	3	(라)	

따라서 구하는 몫은 (마), 나머지는 (바) 이다.

[0137~0139] 조립제법을 이용하여 다음 나눗셈의 몫과 나머지를 구하시오.

0137 $(x^3-x^2+x+2)\div(x+1)$

0138 $(x^3-3x^2+5)\div(x-2)$

0139 $(2x^3-3x^2-3x+1)\div\left(x-\dfrac{1}{2}\right)$

0140 다음은 조립제법을 이용하여 다항식 $2x^3+3x^2-6x+3$을 $2x-1$로 나눈 몫과 나머지를 구하는 과정이다. (가)~(바)에 알맞은 것을 구하시오.

$\frac{1}{2}$	2	(가)	-6	3
		1	2	-2
(나)		4	-4	1

$$\therefore 2x^3+3x^2-6x+3=\left(x-\frac{1}{2}\right)(\boxed{(다)})+\boxed{(라)}$$
$$=(2x-1)(\boxed{(마)})+\boxed{(바)}$$
따라서 구하는 몫은 (마), 나머지는 (바) 이다.

유형 01 항등식에서 미정계수 구하기; 계수비교법

계수비교법은 다음과 같은 경우에 이용한다.
(1) 양변을 내림차순으로 정리하기 쉬운 경우
(2) 식이 간단하여 전개하기 쉬운 경우

참고 다음은 모두 x에 대한 항등식을 의미한다.
(1) 모든 x에 대하여 성립하는 등식
(2) 임의의 x에 대하여 성립하는 등식
(3) x의 값에 관계없이 항상 성립하는 등식
(4) 어떤 x의 값에 대하여도 성립하는 등식

0141 ✔ 대표 예제

등식
$$x^3+4x^2+c=(x+a)(x^2+2x+b)$$
가 실수 x에 대한 항등식일 때, 세 상수 a, b, c에 대하여 abc의 값은?

① 16　　　　② 30　　　　③ 36
④ 48　　　　⑤ 64

완쏠 해설 → 0 또는 1과 같은 수를 넣어도 a, b에 대한 간단한 식이 나오지 않으면 전개하여 계수를 비교하는 것이 좋다.

$(x+a)(x^2+2x+b)=x^3+ax^2+2x^2+2ax+bx+ab$
$\qquad\qquad\qquad\quad=x^3+(a+2)x^2+(2a+b)x+ab$

이므로
$x^3+4x^2+c=x^3+(a+2)x^2+(2a+b)x+ab$
이 등식은 x에 대한 항등식이므로 양변의 계수를 비교하면
$a+2=4$, $2a+b=0$, $ab=c$
$\therefore a=2$, $b=-4$, $c=-8$
$\therefore abc=2\times(-4)\times(-8)$
$\qquad\quad=64$

식을 전개할 때는 실수가 발생하지 않도록 꼼꼼하게 다 적는 습관을 갖도록 하자.

답 ⑤

0142 대표 예제 한 번 더!

등식
$$x^3+bx^2+cx+2=(x+1)(x+2)(x+a)$$
가 실수 x에 대한 항등식일 때, 세 상수 a, b, c에 대하여 abc의 값은?

① 12　　　　② 15　　　　③ 20
④ 24　　　　⑤ 28

0143

모든 실수 x, y에 대하여
$$x+5y+c=a(x+2y)+b(x-y)+2$$
가 성립할 때, 세 상수 a, b, c에 대하여 $a+b+c$의 값은?

① 1　　　　② 2　　　　③ 3
④ 4　　　　⑤ 5

0144

등식
$$(k+1)x-(2k-1)y=kx+y+4k$$
가 k의 값에 관계없이 항상 성립할 때, 두 상수 x, y에 대하여 $x+y$의 값은?

① -5　　　　② -4　　　　③ -3
④ -2　　　　⑤ -1

0145

x, y의 값에 관계없이 $\dfrac{ax+by+2}{x-y+4}$의 값이 항상 일정할 때, 두 상수 a, b에 대하여 $a-b$의 값을 구하시오.

(단, $x-y+4\neq0$)

유형 02 항등식에서 미정계수 구하기; 수치대입법

수치대입법은 다음과 같은 경우에 이용한다.
(1) 적당한 값을 대입하면 식이 간단해지는 경우
(2) 식이 길고 복잡하여 전개하기 어려운 경우

0146 ✓ **대표 예제**

등식

$$x^2+ax+4=bx(x-1)+c(x-1)(x-2)$$

가 실수 x에 대한 항등식일 때, 세 상수 a, b, c에 대하여 $a+b+c$의 값은?

① -5 ② -4 ③ -3

④ -2 ⑤ -1

완쏠 해설

주어진 등식의 양변에 $x=0$을 대입하면
$0^2+a\times0+4=b\times0\times(0-1)+c\times(0-1)\times(0-2)$
$4=2c$ ∴ $c=2$
주어진 등식의 양변에 $x=1$을 대입하면
$1^2+a\times1+4=b\times1\times(1-1)+c\times(1-1)\times(1-2)$
$1+a+4=0$
∴ $a=-5$
주어진 등식의 양변에 $x=2$를 대입하면
$2^2+a\times2+4$
$=b\times2\times(2-1)+c\times(2-1)\times(2-2)$
$4-10+4=2b$ ($\because a=-5$)   ∴ $b=-1$
∴ $a+b+c=(-5)+(-1)+2=-4$

> 우변에서 곱셈의 식이 0이 되게 하는 x의 값부터 찾아봐!
> 0, 1, 2를 바로 찾을 수 있지!

답 ②

0147 **대표 예제** **한 번 더!**

등식

$$x^2+ax-2=bx(x+1)+c(x+1)(x+2)$$

가 실수 x에 대한 항등식일 때, 세 상수 a, b, c에 대하여 abc의 값을 구하시오.

0148

등식

$$(x+1)^4=x^4+4x^3+ax^2+bx+1$$

이 실수 x에 대한 항등식일 때, 두 상수 a, b에 대하여 a^2-b^2의 값은?

① 3   ② 5   ③ 9

④ 20   ⑤ 24

0149 **교육청**

다항식 $P(x)$가 모든 실수 x에 대하여 등식

$$x(x+1)(x+2)=(x+1)(x-1)P(x)+ax+b$$

를 만족시킬 때, $P(a-b)$의 값은? (단, a, b는 상수이다.)

① 1   ② 2   ③ 3

④ 4   ⑤ 5

0150

다항식 $P(x)$에 대하여 등식

$$(x^2-2)^4-(ax^2+b)=(x+1)(x^2-3)P(x)-x^2$$

이 실수 x에 대한 항등식일 때, $P(2)$의 값은?

(단, a, b는 상수이다.)

① 3   ② 4   ③ 5

④ 6   ⑤ 7

(1) 조건이 등식으로 주어진 경우
조건을 한 문자에 대하여 간단히 정리한 후 항등식에 대입하여 계수비교법을 이용한다.
(2) 조건이 등식으로 주어지지 않은 경우
조건에 맞는 값을 찾은 후 항등식에 대입하여 수치대입법을 이용한다.

0151 ✔대표 예제

$x-2y=2$를 만족시키는 모든 실수 x, y에 대하여 $2ax+by=28$이 항상 성립할 때, 두 상수 a, b에 대하여 $a-b$의 값을 구하시오.

완쏠 해설

$x-2y=2$에서 $x=2+2y$
$x=2+2y$를 주어진 등식에 대입하면
$2a(2+2y)+by=28$
$(4a+b)y+4a=28$
이 등식은 y에 대한 항등식이므로
$4a+b=0$, $4a=28$ → 모든 실수 x, y에 대하여 항상 성립하므로 주어진 등식은 x, y에 대한 항등식이다.
$\therefore a=7$, $b=-28$
$\therefore a-b=7-(-28)=35$

다른 풀이

$x-2y=2$를 만족시키는 x, y의 값으로 적당한 것을 찾으면
$x=0$, $y=-1$과 $x=2$, $y=0$이 있다.
각각의 값을 등식 $2ax+by=28$에 대입하면
$-b=28$, $4a=28$ $\therefore a=7$, $b=-28$
$\therefore a-b=7-(-28)=35$

답 35

0152 대표 예제 한 번 더!

$\dfrac{x-3}{3}=y+2$를 만족시키는 모든 실수 x, y에 대하여 $ax+by-9=0$이 항상 성립할 때, 두 상수 a, b에 대하여 $a-b$의 값은?

① 1 ② 2 ③ 3
④ 4 ⑤ 5

0153

x에 대한 이차방정식
$$x^2+(2k-3)x+(k+2)m+n+1=0$$
이 실수 k의 값에 관계없이 항상 1을 근으로 가질 때, 두 상수 m, n에 대하여 $m+n$의 값은?

① 1 ② 2 ③ 3
④ 4 ⑤ 5

0154

$x-2y=1$을 만족시키는 모든 실수 x, y에 대하여
$$ax^2-2ax+by^2+cy+1=0$$
이 항상 성립할 때, 세 상수 a, b, c에 대하여 $a^2+b^2+c^2$의 값은?

① 11 ② 13 ③ 15
④ 17 ⑤ 19

0155

모든 실수 x, y에 대하여 등식
$$P(x+y)=P(x)+P(y)+k$$
가 성립하고 $P(1)=3$, $P(2)=4$일 때, $P(0)$의 값은?
(단, k는 상수이다.)

① 1 ② 2 ③ 3
④ 4 ⑤ 5

유형 04 항등식에서 계수의 합 구하기

등식 $P(x)=a_nx^n+a_{n-1}x^{n-1}+\cdots+a_1x+a_0$에서

(1) $a_0+a_1+\cdots+a_{n-1}+a_n$
➡ $x=1$을 대입, 즉 $P(1)$의 값을 계산한다.

(2) $a_0-a_1+\cdots+(-1)^{n-1}a_{n-1}+(-1)^na_n$
➡ $x=-1$을 대입, 즉 $P(-1)$의 값을 계산한다.

(3) 상수항과 짝수차수 항의 합
$a_0+a_2+\cdots+a_{2k-2}+a_{2k}$ $(n-1\leq2k\leq n)$
➡ $\frac{1}{2}\times\{P(1)+P(-1)\}$의 값을 계산한다.

(4) 홀수차수 항의 합
$a_1+a_3+\cdots+a_{2k-3}+a_{2k-1}$ $(n-1\leq2k-1\leq n)$
➡ $\frac{1}{2}\times\{P(1)-P(-1)\}$의 값을 계산한다.

0156 ✓ 대표 예제

등식
$$(x-3)^6=a_6x^6+a_5x^5+a_4x^4+\cdots+a_1x+a_0$$
이 x의 값에 관계없이 항상 성립할 때, 상수 a_0, a_1, a_2, a_3, a_4, a_5, a_6에 대하여 $a_0+a_1+a_2+a_3+a_4+a_5+a_6$의 값을 구하시오.

완쏠 해설

•우변에 모든 계수와 상수항만 남는다.

주어진 등식의 양변에 $x=1$을 대입하면
(좌변)$=(1-3)^6=(-2)^6=64$
(우변)$=a_6\times1^6+a_5\times1^5+a_4\times1^4+a_3\times1^3+a_2\times1^2$
$\qquad\qquad\qquad\qquad\qquad\qquad +a_1\times1+a_0$
$\qquad\quad =a_6+a_5+a_4+a_3+a_2+a_1+a_0$
$\therefore a_0+a_1+a_2+a_3+a_4+a_5+a_6=64$

답 64

0157 대표 예제 한 번 더!

등식
$$(x^2+2)^4$$
$$=a_8(x+1)^8+a_7(x+1)^7+\cdots+a_1(x+1)+a_0$$
이 x의 값에 관계없이 항상 성립할 때, 상수 a_0, a_1, a_2, $\cdots$, a_7, a_8에 대하여 $a_0+a_1+a_2+\cdots+a_7+a_8$의 값은?

① 12   ② 14   ③ 16
④ 18   ⑤ 20

0158

등식
$$(2x+1)^6=a_6x^6+a_5x^5+a_4x^4+\cdots+a_1x+a_0$$
이 x의 값에 관계없이 항상 성립할 때, 상수 a_0, a_1, a_2, a_3, a_4, a_5, a_6에 대하여 $a_0-a_1+a_2-a_3+a_4-a_5+a_6$의 값은?

① 1   ② 2   ③ 3
④ 4   ⑤ 5

0159 교육청

$(2+6x-x^3)^2=a_0+a_1x+a_2x^2+a_3x^3+a_4x^4+a_5x^5+a_6x^6$
이 x에 대한 항등식일 때, $a_0+a_2+a_4+a_6$의 값을 구하시오.

0160

모든 실수 x에 대하여 등식
$$x^{20}+1$$
$$=a_{20}(x-1)^{20}+a_{19}(x-1)^{19}+\cdots+a_1(x-1)+a_0$$
이 성립할 때, 상수 a_0, a_1, a_2, $\cdots$, a_{19}, a_{20}에 대하여 $a_1+a_3+a_5+\cdots+a_{17}+a_{19}$의 값은?

① $2^{18}+1$ ② 2^{19} ③ $2^{19}+1$
④ 2^{20} ⑤ $2^{20}+1$

유형 05 다항식의 나눗셈과 항등식

다항식 $A(x)$를 다항식 $B(x)$ $(B(x) \neq 0)$로 나누었을 때의 몫을 $Q(x)$, 나머지를 $R(x)$라 하면
$$A(x) = B(x)Q(x) + R(x)$$
가 성립하고, 이 등식은 x에 대한 항등식이다.

참고 ▶ 최고차항의 계수가 1인 삼차식을 최고차항의 계수가 1인 이차식으로 나누었을 때
➡ 몫은 $x+a$ (a는 상수), 나머지는 $bx+c$ (b, c는 상수)라 하고 항등식의 성질을 이용한다.

0161 ✓ 대표 예제

다항식 $x^3 + ax + b$를 $x^2 + x + 1$로 나누었을 때의 나머지가 $2x+4$일 때, 두 상수 a, b에 대하여 $a+b$의 값을 구하시오.

완쏠 해설

$x^3 + ax + b$를 $x^2 + x + 1$로 나누었을 때의 몫을 $x+c$ (c는 상수)라 하면 나머지가 $2x+4$이므로
$x^3 + ax + b$

▶ 삼차식을 이차식으로 나누면 몫은 일차식이고, x^3의 계수가 1이므로 몫의 최고차항의 계수도 1이다.

$= (x^2 + x + 1)(x + c) + 2x + 4$
$= x^3 + x^2 + x + cx^2 + cx + c + 2x + 4$
$= x^3 + (c+1)x^2 + (c+3)x + c + 4$
이 등식은 x에 대한 항등식이므로
$0 = c+1$, $a = c+3$, $b = c+4$
$\therefore a = 2$, $b = 3$, $c = -1$
$\therefore a + b = 2 + 3 = 5$

답 5

0162 대표 예제 한 번 더!

다항식 $x^3 + ax^2 - x + b$가 $x^2 - x + 2$로 나누어떨어질 때, 두 상수 a, b에 대하여 ab의 값은?

① 11   ② 12   ③ 13
④ 14   ⑤ 15

0163

다항식 $x^3 + ax^2 + b$를 어떤 일차식 $P(x)$로 나누었더니 몫이 $x^2 - 2x + 2$이고 나머지가 2이었다. $P(1)$의 값은?
(단, a, b는 상수이다.)

① 1   ② 2   ③ 3
④ 4   ⑤ 5

0164

x에 대한 다항식 $x^3 + ax - 4$를 $x^2 + x + b$로 나누었을 때의 나머지가 $x-2$가 되도록 하는 두 상수 a, b에 대하여 $a+b$의 값은?

① 0   ② 1   ③ 2
④ 3   ⑤ 4

0165

다항식 $x^4 + ax^2 + bx + 9$를 $x^2 + 2x + 3$으로 나누었을 때의 나머지가 $x-3$일 때, 두 상수 a, b에 대하여 $a-b$의 값은?

① -4 ② -2 ③ 0
④ 2   ⑤ 4

유형 06 나머지정리; 일차식으로 나누었을 때의 나머지

(1) 다항식 $P(x)$를 $x-a$로 나누었을 때의 나머지는
$P(a)$
(2) 다항식 $P(x)$를 $ax+b$로 나누었을 때의 나머지는
$P\left(-\dfrac{b}{a}\right)$

참고 다항식 $P(x)$를 일차식으로 나누었을 때의 나머지는 항상 상수이다.

0166 ✔ 대표 예제

다항식 $P(x)$를 $x-3$으로 나누었을 때의 나머지가 2이고, 다항식 $Q(x)$를 $x-3$으로 나누었을 때의 나머지가 -1일 때, 다항식 $2P(x)+3Q(x)$를 $x-3$으로 나누었을 때의 나머지는?

① 1 　　　　② 2 　　　　③ 3
④ 4 　　　　⑤ 5

완쏠 해설

다항식 $P(x)$를 $x-3$으로 나누었을 때의 나머지가 2이므로
$P(3)=2$
다항식 $Q(x)$를 $x-3$으로 나누었을 때의 나머지가 -1이므로
$Q(3)=-1$
따라서 다항식 $2P(x)+3Q(x)$를 $x-3$으로 나누었을 때의 나머지는
$2P(3)+3Q(3)$
$=2\times2+3\times(-1)$
$=4-3=1$

> 다항식을 일차식 $x-a$로 나누었을 때의 나머지는 나머지정리에 의하여 다항식에 $x-a=0$을 만족시키는 a의 값을 대입했을 때의 값과 같으므로 문제에서 구하는 나머지는 $2P(3)+3Q(3)$의 값과 같아.

답 ①

0167 대표 예제 한 번 더!

다항식 $P(x)$를 $2x-1$로 나누었을 때의 나머지가 5이고, 다항식 $Q(x)$를 $2x-1$로 나누었을 때의 나머지가 -2일 때, 다항식 $3P(x)-2Q(x)$를 $2x-1$로 나누었을 때의 나머지는?

① 13 　　　　② 15 　　　　③ 17
④ 19 　　　　⑤ 21

0168

다항식 $P(x)$를 $3x-2$로 나누었을 때의 나머지가 $\dfrac{1}{2}$일 때, 다항식 $(3x^2+x-4)P(x)$를 $3x-2$로 나누었을 때의 나머지는?

① -2 　　　　② -1 　　　　③ 0
④ 1 　　　　⑤ 2

0169

다항식 $x^2P(x)+3x$를 $x+2$로 나누었을 때의 나머지가 6이고, 다항식 $x^2Q(x)+3x$를 $x+2$로 나누었을 때의 나머지가 -2일 때, 다항식 $P(x)+Q(x)$를 $x+2$로 나누었을 때의 나머지는?

① 1 　　　　② 2 　　　　③ 3
④ 4 　　　　⑤ 5

0170

두 다항식 $P(x)$, $Q(x)$에 대하여 $P(x)+Q(x)$는 $x+1$로 나누었을 때 나머지가 2이고, $P(x)-Q(x)$는 $x+1$로 나누어떨어진다. 다항식 $P(x)Q(x)$를 $x+1$로 나누었을 때의 나머지는?

① -2 　　　　② -1 　　　　③ 0
④ 1 　　　　⑤ 2

유형 07 나머지정리를 이용하여 미정계수 구하기

다항식 $P(x)$를 $x-a$로 나누었을 때의 나머지가 R이면 다음과 같은 순서로 미정계수를 구한다.
❶ $P(a)=R$임을 이용하여 미정계수가 포함된 조건식을 얻는다.
❷ 조건식을 활용하여 미정계수를 구한다.

0171 ✓ 대표 예제

다항식 x^3+ax^2+bx-1을 $x+1$로 나누었을 때의 나머지가 2 이고 $x-1$로 나누었을 때의 나머지가 6일 때, 두 상수 a, b에 대하여 ab의 값은?

① 4   ② 5   ③ 6
④ 7   ⑤ 8

완쏠 해설

$P(x)=x^3+ax^2+bx-1$이라 하면
$P(x)$를 $x+1$로 나누었을 때의 나머지가 2이므로
$P(-1)=(-1)^3+a\times(-1)^2+b\times(-1)-1=2$
$\therefore a-b=4$ …… ㉠
$P(x)$를 $x-1$로 나누었을 때의 나머지가 6이므로
$P(1)=1^3+a\times1^2+b\times1-1=6$
$\therefore a+b=6$ …… ㉡
㉠, ㉡을 연립하여 풀면
$a=5$, $b=1$
$\therefore ab=5\times1=5$

답 ②

0172 대표 예제 한 번 더! 교육청

다항식 x^2+ax+4를 $x-1$로 나누었을 때의 나머지와 $x-2$ 로 나누었을 때의 나머지가 서로 같을 때, 상수 a의 값은?

① -3 ② -1 ③ 1
④ 3   ⑤ 5

0173

다항식 $P(x)=x^3+ax^2+bx-4$를 $x-2$로 나누었을 때의 나머지가 4일 때, $P(x)$를 $x+2$로 나누었을 때의 나머지가 양수가 되도록 하는 자연수 a의 최솟값은?

① 1   ② 2   ③ 3
④ 4   ⑤ 5

0174

다항식 $x^{11}+ax^7+bx^3+x+1$을 $x-1$로 나누었을 때의 나머지가 -5일 때, 이 다항식을 $x+1$로 나누었을 때의 나머지는? (단, a, b는 상수이다.)

① 4   ② 5   ③ 6
④ 7   ⑤ 8

0175 UP

다항식
$$P(x)=ax(x-1)+b(x-1)(x+1)+cx$$
를 $x-k$ ($k=1$, 2, 3)로 나누었을 때의 나머지가 $2k-1$ 일 때, 세 상수 a, b, c에 대하여 $a+b+c$의 값은?

① -2 ② -1 ③ 0
④ 1   ⑤ 2

유형 08 나머지정리; 이차식으로 나누었을 때의 나머지

(1) 다항식 $P(x)$를 이차식으로 나누었을 때의 나머지는 일차식이거나 상수항이므로 나머지를 $ax+b$ (a, b는 상수)라 하고 등식을 세운다.
(2) 다항식 $P(x)$를 $(x-\alpha)(x-\beta)$로 나누었을 때의 나머지는 일차식이거나 상수항이므로 나머지를 $ax+b$ (a, b는 상수)라 하면 $P(\alpha)$, $P(\beta)$의 값을 이용하여 a, b에 대한 식을 얻을 수 있다.

0176 ✓ 대표 예제

다항식 $P(x)$를 $x+1$로 나누었을 때의 나머지가 -4이고, $x-2$로 나누었을 때의 나머지가 5이다. $P(x)$를 $(x+1)(x-2)$로 나누었을 때의 나머지는?

① $x-1$ ② $2x-1$ ③ $3x-1$
④ $4x-1$ ⑤ $5x-1$

완쏠 해설

다항식 $P(x)$를 $x+1$로 나누었을 때의 나머지가 -4이고, $x-2$로 나누었을 때의 나머지가 5이므로
$P(-1)=-4$, $P(2)=5$
$P(x)$를 이차식 $(x+1)(x-2)$로 나누었을 때의 몫을 $Q(x)$, 나머지를 $ax+b$ (a, b는 상수)라 하면
$P(x)=(x+1)(x-2)Q(x)+ax+b$
이 등식의 양변에 $x=-1$, $x=2$를 각각 대입하면
$P(-1)=\{(-1)+1\}\times\{(-1)-2\}\times Q(-1)$
$\qquad\qquad\qquad\qquad +a\times(-1)+b=-4$
$P(2)=(2+1)\times(2-2)\times Q(2)+a\times2+b=5$
∴ $-a+b=-4$, $2a+b=5$
위의 두 식을 연립하여 풀면 $a=3$, $b=-1$
따라서 $P(x)$를 $(x+1)(x-2)$로 나누었을 때의 나머지는 $3x-1$

답 ③

0177 대표 예제 한 번 더!

다항식 $P(x)$를 $x+2$로 나누었을 때의 나머지가 6이고, $x-3$으로 나누었을 때의 나머지가 1이다. $P(x)$를 x^2-x-6으로 나누었을 때의 나머지는?

① $-x+2$ ② $-x+3$ ③ $-x+4$
④ $-x+5$ ⑤ $-x+6$

0178

다항식 $(x-1)^5$을 x^2-2x로 나누었을 때의 나머지를 $R(x)$라 할 때, $R(1)$의 값은?

① -2 ② -1 ③ 0
④ 1 ⑤ 2

0179

다항식 $P(x)$를 $x-2$로 나누었을 때의 나머지가 3이고, $(x+2)(x-1)$로 나누었을 때의 나머지가 $x+1$이다. $P(x)$를 $(x-1)(x-2)$로 나누었을 때의 나머지는?

① $x-1$ ② $x+1$ ③ $x+3$
④ $2x-1$ ⑤ $2x+1$

0180

다항식 $P(x)-x$는 x^2-1로 나누어떨어지고, 다항식 $P(x)+x$는 x^2-4로 나누어떨어진다. 다항식 $P(x)$를 x^2-x-2로 나누었을 때의 나머지를 $R(x)$라 할 때, $R(5)$의 값은?

① -5 ② -4 ③ -3
④ -2 ⑤ -1

유형 09 나머지정리; 삼차식으로 나누었을 때의 나머지

다항식 $P(x)$를 삼차식 $Q(x)$로 나누었을 때의 나머지는
ax^2+bx+c (a, b, c는 상수) 꼴이고,
$Q(x)=(x-\alpha)(x-\beta)(x-\gamma)$이면 $P(\alpha)$, $P(\beta)$, $P(\gamma)$의 값을
이용하여 a, b, c에 대한 식을 얻을 수 있다.

0181 ✓ 대표 예제

다항식 $x^6-x^4+x^3+x-1$을 x^3-x로 나누었을 때의 나머지는?

① $2x-1$ ② $2x-3$ ③ x^2-2

④ $2x^2+x+1$ ⑤ $2x^2-x+1$

완쏠 해설

다항식 $x^6-x^4+x^3+x-1$을 x^3-x로 나누었을 때의 몫을
$Q(x)$, 나머지를 ax^2+bx+c (a, b, c는 상수)라 하면
$x^6-x^4+x^3+x-1$
$=(x^3-x)Q(x)+ax^2+bx+c$
$=x(x^2-1)Q(x)+ax^2+bx+c$
$=x(x+1)(x-1)Q(x)+ax^2+bx+c$

> x^3-x를 인수분해하는 이유는 수치대입법을 이용하기 위한 것이다.

이 등식의 양변에 $x=0$, $x=1$, $x=-1$을 각각 대입하면
$0^6-0^4+0^3+0-1=0\times(0+1)\times(0-1)\times Q(0)$
$\qquad\qquad\qquad\qquad +a\times0^2+b\times0+c$
$1^6-1^4+1^3+1-1=1\times(1+1)\times(1-1)\times Q(1)$
$\qquad\qquad\qquad\qquad +a\times1^2+b\times1+c$
$(-1)^6-(-1)^4+(-1)^3+(-1)-1$
$=(-1)\times\{(-1)+1\}\times\{(-1)-1\}\times Q(-1)$
$\qquad\qquad\qquad\qquad +a\times(-1)^2+b\times(-1)+c$
$\therefore -1=c$, $1=a+b+c$, $-3=a-b+c$
$\therefore a+b=2$, $a-b=-2$ ($\because c=-1$)
위의 두 식을 연립하여 풀면
$a=0$, $b=2$
따라서 구하는 나머지는 $2x-1$이다.

─── 답 ①

0182 대표 예제 한 번 더!

다항식 $x^7+x^5+x^2-x$를 x^3-x로 나누었을 때의 나머지를 $R(x)$라 할 때, $R(2)$의 값을 구하시오.

0183

다항식 $P(x)$를 x^2+x로 나누었을 때의 나머지가 $2x+1$이고, $x-2$로 나누었을 때의 나머지가 -1이다. $P(x)$를 $(x^2+x)(x-2)$로 나누었을 때의 나머지는?

① $-2x^2-2x+1$ ② $-2x^2+2x+1$

③ $-x^2+x-1$ ④ $-x^2+x+1$

⑤ $-x^2+2x+1$

0184

다항식 $P(x)$를 $x-1$로 나누었을 때의 나머지가 2이고, x^2+x+1로 나누었을 때의 나머지가 $3x+2$이다. $P(x)$를 $(x-1)(x^2+x+1)$로 나누었을 때의 나머지를 $R(x)$라 할 때, $R(2)$의 값은?

① 1   ② 2   ③ 3

④ 4   ⑤ 5

0185 교육청

다항식 $f(x)$가 다음 조건을 만족시킨다.

> (가) $f(x)$를 x^3-1로 나눈 몫과 나머지는 서로 같다.
> (나) $f(x)-x$는 x^2+x+1로 나누어떨어진다.

$f(x)$를 $x-2$로 나눈 나머지가 72일 때, $f(1)$의 값은?

① 4   ② 7   ③ 10

④ 13   ⑤ 16

유형 10 나머지정리; 다항식 $P(ax+b)$를 $x-\alpha$로 나누었을 때의 나머지

다항식 $P(ax+b)$를 $x-\alpha$로 나누었을 때의 나머지는 x 대신 α를 대입한 값, 즉 $P(a\alpha+b)$와 같다.

0186 ✓ 대표 예제

다항식 $P(x)$를 $(3x+1)(x-3)$으로 나누었을 때의 나머지가 $2x-3$일 때, 다항식 $P(2x+1)$을 $x-1$로 나누었을 때의 나머지는?

① 1 ② 2 ③ 3
④ 4 ⑤ 5

완쏠 해설

다항식 $P(x)$를 $(3x+1)(x-3)$으로 나누었을 때의 몫을 $Q(x)$라 하면 나머지가 $2x-3$이므로
$P(x)=(3x+1)(x-3)Q(x)+2x-3$
따라서 다항식 $P(2x+1)$을 $x-1$로 나누었을 때의 나머지는
$P(2\times1+1)=P(3)$
$\qquad\qquad\quad=(3\times3+1)\times(3-3)\times Q(3)+2\times3-3$
$\qquad\qquad\quad=3$

답 ③

0187 대표 예제 한 번 더!

다항식 $P(x)$를 $2x^2+9x-5$로 나누었을 때의 나머지가 $3x-4$일 때, 다항식 $P(3x+1)$을 $x+2$로 나누었을 때의 나머지는?

① -19 ② -17 ③ -15
④ -13 ⑤ -11

0188 교육청

다항식 $f(x+3)$을 $(x+2)(x-1)$로 나눈 나머지가 $3x+8$일 때, 다항식 $f(x^2)$을 $x+2$로 나눈 나머지는?

① 11 ② 12 ③ 13
④ 14 ⑤ 15

0189

다항식 $P(x)$를 $3x^2-4x+1$로 나누었을 때의 나머지가 $ax-3$이고, 다항식 $P(2x+3)$을 $x+1$로 나누었을 때의 나머지가 2일 때, 상수 a의 값은?

① 1 ② 2 ③ 3
④ 4 ⑤ 5

0190

다항식 $3P(x)+Q(x)$를 $x-3$으로 나누었을 때의 나머지가 10이고, 다항식 $P(x)-Q(x)$를 $x-3$으로 나누었을 때의 나머지가 2이다. 다항식 $P(4x+1)$을 $2x-1$로 나누었을 때의 나머지는?

① 1 ② 2 ③ 3
④ 4 ⑤ 5

유형 11 나머지정리; 몫을 나누었을 때의 나머지

다항식 $P(x)$를 $x-p$로 나누었을 때의 몫을 $Q(x)$라 하자.
이때 $Q(x)$를 $x-\alpha$ ($\alpha \neq p$)로 나누었을 때의 몫을 $Q_1(x)$라 하면 나머지는 $Q(\alpha)$이므로 다음의 관계식을 활용한다.
$$Q(x) = (x-\alpha)Q_1(x) + R \text{ (단, } R \text{는 상수)}$$

0191 ✔ 대표 예제

다항식 $P(x)$를 $x-2$로 나누었을 때의 몫이 $Q(x)$, 나머지가 3이고, $Q(x)$를 $x+2$로 나누었을 때의 나머지가 2이다. 이때 $P(x)$를 $x+2$로 나누었을 때의 나머지를 구하시오.

완쏠 해설

다항식 $P(x)$를 $x-2$로 나누었을 때의 몫이 $Q(x)$, 나머지가 3이므로
$$P(x) = (x-2)Q(x) + 3$$
이때 $Q(x)$를 $x+2$로 나누었을 때의 몫을 $Q_1(x)$라 하면 나머지가 2이므로
$$Q(x) = (x+2)Q_1(x) + 2$$
$$\therefore P(x) = (x-2)\{(x+2)Q_1(x) + 2\} + 3$$
따라서 $P(x)$를 $x+2$로 나누었을 때의 나머지는
$$\begin{aligned} P(-2) &= \{(-2)-2\} \times [\{(-2)+2\} \times Q_1(-2) + 2] + 3 \\ &= (-4) \times 2 + 3 \\ &= -8 + 3 \\ &= -5 \end{aligned}$$

─────────────── (답) -5

0192

다항식 $P(x)$를 $x-1$로 나누었을 때의 몫이 $Q(x)$, 나머지가 3이고, $Q(x)$를 $x-3$으로 나누었을 때의 나머지가 -3이다. $P(x)$를 $(x-1)(x-3)$으로 나누었을 때의 나머지는?

① $-3x$ ② $-3x+2$ ③ $-3x+4$
④ $-3x+6$ ⑤ $-3x+8$

0193 교육청

x에 대한 다항식 $x^3 + ax^2 + bx - 4$를 $x+1$로 나누었을 때의 몫은 $Q(x)$이고 나머지가 3이다. $(x^2+a)Q(x-2)$가 $x-2$로 나누어떨어질 때, $Q(1)$의 값은?
(단, a, b는 상수이다.)

① -15 ② -13 ③ -11
④ -9 ⑤ -7

0194

다항식 $x^{100} + 2x^{99} - x$를 $x-1$로 나누었을 때의 몫을 $Q(x)$라 할 때, $Q(x)$를 $x+1$로 나누었을 때의 나머지는?

① -2 ② -1 ③ 0
④ 1 ⑤ 2

0195

다항식 $P(x)$를 $x^2 - x + 1$로 나누었을 때의 몫이 $Q(x)$, 나머지가 $2x-3$이고, $Q(x)$를 $x+1$로 나누었을 때의 나머지가 3이다. $P(x)$를 x^3+1로 나누었을 때의 나머지를 $R(x)$라 할 때, $R(2)$의 값은?

① 6 ② 7 ③ 8
④ 9 ⑤ 10

유형 12 나머지정리를 활용한 수의 나눗셈

자연수 A를 자연수 B로 나누었을 때의 나머지를 구할 때는 A를 x에 대한 다항식으로, B를 x에 대한 일차식으로 나타낸 후 나머지정리를 이용한다.

0196 ✓ 대표 예제

31^{99}을 30으로 나누었을 때의 나머지는?

① 1　　　　② 2　　　　③ 3
④ 4　　　　⑤ 5

완쏠 해설

$31^{99} = (30+1)^{99}$
이므로 $(x+1)^{99}$을 x로 나누었을 때의 몫을 $Q(x)$, 나머지를 R라 하면 　나머지정리를 이용하기 위해 나누는 수가 x가 되도록 식을 변형한 것이다.

$(x+1)^{99} = xQ(x) + R$　　　……　㉠
와 같이 나타낼 수 있다.
㉠의 양변에 $x=0$을 대입하면
$(0+1)^{99} = 0 \times Q(0) + R$　　∴ $R=1$
㉠의 양변에 $x=30$을 대입하면
$(30+1)^{99} = 30 \times Q(30) + R$
즉, $31^{99} = 30Q(30)+1$이므로 31^{99}을 30으로 나누었을 때의 나머지는 1이다.

답 ①

0197 대표 예제 한 번 더!

48^{55}을 47로 나누었을 때의 나머지는?

① 1　　　　② 2　　　　③ 3
④ 4　　　　⑤ 5

0198

$(101+1)(101^2-101+1)$을 99로 나누었을 때의 나머지는?

① 1　　　　② 3　　　　③ 5
④ 7　　　　⑤ 9

0199

102^{10}을 100으로 나누었을 때의 나머지를 구하시오.

0200

24^5을 11로 나누었을 때의 나머지는?

① 2　　　　② 4　　　　③ 6
④ 8　　　　⑤ 10

유형 13 인수정리

다항식 $P(x)$가
(1) $x-\alpha$로 나누어떨어지면 $P(\alpha)=0$
(2) $(x-\alpha)(x-\beta)$로 나누어떨어지면 $P(\alpha)=0$, $P(\beta)=0$
임을 이용한다.

0201 ✓ 대표 예제

다항식 x^3+ax^2+bx-6이 $x+1$, $x-3$으로 각각 나누어떨어질 때, 두 상수 a, b에 대하여 $a+b$의 값은?

① -6 ② -7 ③ -8
④ -9 ⑤ -10

완쏠 해설

$P(x)=x^3+ax^2+bx-6$이라 하면
$P(x)$가 $x+1$, $x-3$으로 각각 나누어떨어지므로
$P(-1)=0$, $P(3)=0$에서
$(-1)^3+a\times(-1)^2+b\times(-1)-6=0$
$3^3+a\times3^2+b\times3-6=0$
$\therefore a-b=7$, $3a+b=-7$
위의 두 식을 연립하여 풀면
$a=0$, $b=-7$
$\therefore a+b=0+(-7)=-7$

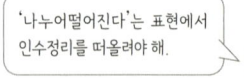

'나누어떨어진다'는 표현에서 인수정리를 떠올려야 해.

━━ 답 ②

0202 대표 예제 한 번 더!

다항식 x^3+ax^2+x+b가 x^2+x-2를 인수로 가질 때, 두 상수 a, b에 대하여 $a-b$의 값은?

① 6 ② 7 ③ 8
④ 9 ⑤ 10

0203 교육청

x에 대한 다항식 $(kx^3+3)(kx^2-4)-kx$가 $x+1$로 나누어떨어지도록 하는 모든 실수 k의 값의 합은?

① 5 ② 6 ③ 7
④ 8 ⑤ 9

0204

다항식 $(x+3)(x^2+ax+2)$가 $(x+1)(x-b)$로 나누어떨어질 때, 정수 b의 최댓값은? (단, a, b는 상수이다.)

① -2 ② -1 ③ 0
④ 1 ⑤ 2

0205

이차식 $P(x)$에 대하여 $P(2-x)$는 $x-2$로 나누어떨어지고, $P(x)+2x+1$은 x^2+x+1로 나누어떨어진다. 이때 $P(3)$의 값을 구하시오.

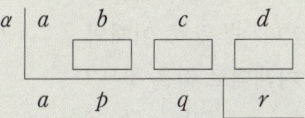 **유형 14** 조립제법; 일차항의 계수가 1일 때

x에 대한 다항식 ax^3+bx^2+cx+d를 $x-a$로 나누었을 때의 몫과 나머지는 다음과 같은 조립제법을 이용하여 구할 수 있다.

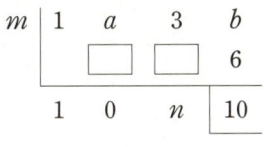

따라서 다항식 ax^3+bx^2+cx+d를 $x-a$로 나누었을 때의 몫은 ax^2+px+q, 나머지는 r이다.

0206 ✓ 대표 예제

x에 대한 다항식 x^3+ax^2+3x+b를 $x-2$로 나누었을 때의 몫과 나머지를 오른쪽과 같이 조립제법을 이용하여 구하려고 한다. 상수 a, b, m, n에 대하여 $a+b+m+n$의 값은?

m	1	a	3	b
				6
	1	0	n	10

① 5   ② 6   ③ 7
④ 8   ⑤ 9

> **완쏠 해설**
>
> 다항식 x^3+ax^2+3x+b를 $x-2$로 나누었을 때의 몫과 나머지를 구하는 조립제법을 완성하면 다음과 같다.
>
> | 2 | 1 | a | 3 | b |
> |---|---|---|---|---|
> | | | 2 | $2a+4$ | $4a+14$ |
> | | 1 | $a+2$ | $2a+7$ | $4a+b+14$ |
>
> 따라서 $2=m$, $a+2=0$, $2a+7=n$, $4a+b+14=10$이므로
> $a=-2$, $b=4$, $m=2$, $n=3$
> $\therefore a+b+m+n$
> $\quad =(-2)+4+2+3=7$
>
> > 조립제법은 다항식을 일차식으로 나눌 때, 계수만을 사용하여 몫과 나머지를 쉽게 구할 수 있지만 다항식을 일차식으로 나누는 경우에만 사용할 수 있음에 주의해야 해.
>
> 답 ③

0207 대표 예제 한 번 더!

x에 대한 다항식 x^3+2x^2+ax+b를 $x+1$로 나누었을 때의 몫과 나머지를 오른쪽과 같이 조립제법을 이용하여 구하려고 한다. 상수 a, b, m, n에 대하여 $am+bn$의 값을 구하시오.

m	1	2	a	b
			-1	2
	1	n		5

0208 교육청

다음은 조립제법을 이용하여 다항식 $2x^3+3x+4$를 일차식 $x-a$로 나누었을 때, 나머지를 구하는 과정을 나타낸 것이다.

a	2	0	3	4
		2		
	2			b

위 과정에 들어갈 두 상수 a, b에 대하여 $a+b$의 값은?

① 8   ② 9   ③ 10
④ 11   ⑤ 12

0209

x에 대한 다항식 x^3+ax^2+bx-5를 $x-1$로 나누었을 때의 몫이 x^2-x+3일 때, 나머지는? (단, a, b는 상수이다.)

① -2 ② -1 ③ 0
④ 1   ⑤ 2

0210

다항식 $x^n+x^{n-1}+x^{n-2}+\cdots+x^2+x+1$을 $x-1$로 나누었을 때의 몫을 $Q(x)$라 하자. 다항식 $Q(x)$의 x^2의 계수가 28일 때, n의 값을 구하시오.
(단, n은 3 이상의 자연수이다.)

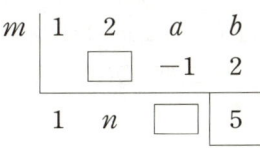
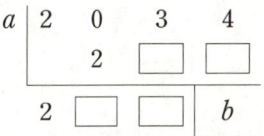

유형 15 조립제법; 일차항의 계수가 1이 아닐 때

x에 대한 다항식 ax^3+bx^2+cx+d를 $mx+n$으로 나누었을 때의 몫과 나머지는 다음과 같은 조립제법을 이용하여 구할 수 있다.

$-\dfrac{n}{m}$	a	b	c	d
		☐	☐	☐
	a	p	q	r

따라서 다항식 ax^3+bx^2+cx+d를 $mx+n$으로 나누었을 때의 몫은 $\dfrac{1}{m}(ax^2+px+q)$, 나머지는 r이다.

0211 ✓ **대표 예제**

x에 대한 다항식 x^3+ax^2-5x+b를 $2x-1$로 나누었을 때의 몫과 나머지를 오른쪽과 같이 조립제법을 이용하여 구하려고 한다. 상수 a, b, m, n에 대하여 $a+b+m+n$의 값을 구하시오.

m	1	a	-5	b
		☐	☐	-2
	1	2	n	-1

완쏠 해설

x^3+ax^2-5x+b를 $2x-1$로 나누었을 때의 몫과 나머지를 구하는 조립제법을 완성하면 다음과 같다.

$\dfrac{1}{2}$	1	a	-5	b
		$\dfrac{1}{2}$	$\dfrac{a}{2}+\dfrac{1}{4}$	$\dfrac{a}{4}-\dfrac{19}{8}$
	1	$a+\dfrac{1}{2}$	$\dfrac{a}{2}-\dfrac{19}{4}$	$\dfrac{a}{4}+b-\dfrac{19}{8}$

일차항의 계수가 1이 아닐 때는 조립제법을 이용하여 구한 결과가 몫이 아니라는 것에 주의한다.

따라서 $m=\dfrac{1}{2}$, $2=a+\dfrac{1}{2}$, $n=\dfrac{a}{2}-\dfrac{19}{4}$, $-1=\dfrac{a}{4}+b-\dfrac{19}{8}$

이므로 $a=\dfrac{3}{2}$, $b=1$, $m=\dfrac{1}{2}$, $n=-4$

$\therefore a+b+m+n=\dfrac{3}{2}+1+\dfrac{1}{2}+(-4)=-1$

답 -1

0212 **대표 예제** 한 번 더!

x에 대한 다항식 x^3-5x^2+ax+b를 $2x-4$로 나누었을 때의 몫과 나머지를 오른쪽과 같이 조립제법을 이용하여 구하려고 한다. 상수 a, b, m, n에 대하여 $am+bn$의 값을 구하시오.

m	1	-5	a	b
		☐	-6	-2
	1	n	☐	2

0213

x에 대한 이차식 ax^2+bx+c를 $2x-3$으로 나누었을 때의 몫과 나머지를 오른쪽과 같이 조립제법을 이용하여 구하였다. 다음 중 이때의 몫과 나머지를 차례대로 적은 것은?

(단, a, b, c, p, q, r는 상수이다.)

$\dfrac{3}{2}$	a	b	c
		☐	☐
	p	q	r

① $\dfrac{1}{2}px+\dfrac{1}{2}q$, $\dfrac{1}{2}r$
② $\dfrac{1}{2}px+\dfrac{1}{2}q$, r
③ $px+q$, r
④ $2px+2q$, r
⑤ $2px+2q$, $2r$

0214

다항식 $3x^3-4x^2+ax+1$을 $3x-1$로 나누었을 때의 몫이 x^2+bx+1일 때, 두 상수 a, b에 대하여 $a+b$의 값을 구하시오.

0215

상수항이 4인 삼차다항식 $P(x)$를 $x-\dfrac{1}{3}$로 나누었을 때의 몫과 나머지를 오른쪽과 같이 조립제법을 이용하여 구하였다. 다항식 $xP(x)$를 $3x-1$로 나누었을 때의 몫을 $Q(x)$, 나머지를 R라 할 때, $Q(3)+R$의 값을 구하시오.

	☐	☐	☐	☐	4
		☐	☐	☐	
	3	-6	-3	☐	

유형 16 조립제법을 이용한 항등식의 미정계수 정하기

x에 대한 다항식 ax^3+bx^2+cx+d가
$$ax^3+bx^2+cx+d=a'(x-\alpha)^3+b'(x-\alpha)^2+c'(x-\alpha)+d'$$
일 때 조립제법을 연속적으로 이용하면 다음과 같이 d', b', c', d'을 쉽게 얻을 수 있다.

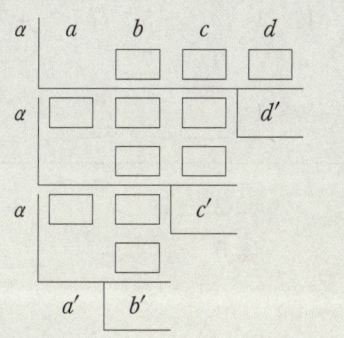

0216 ✓ 대표 예제

등식
$$x^3-2x^2+3x+1=a(x-1)^3+b(x-1)^2+c(x-1)+d$$
가 x에 대한 항등식이 되도록 하는 상수 a, b, c, d에 대하여 $ab+cd$의 값을 구하시오.

완쏠 해설

조립제법을 연속으로 이용하여 x^3-2x^2+3x+1을 $x-1$로 나누면 오른쪽과 같으므로

$$x^3-2x^2+3x+1$$
$$=(x-1)(x^2-x+2)+3$$
$$=(x-1)\{(x-1)x+2\}+3$$
$$=(x-1)$$
$$\quad\times[(x-1)\{(x-1)+1\}+2]+3$$
$$=(x-1)^3+(x-1)^2+2(x-1)+3$$
따라서 $a=1$, $b=1$, $c=2$, $d=3$이므로
$$ab+cd=1\times1+2\times3=7$$

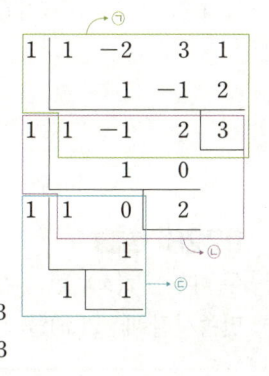

답 7

0217 대표 예제 한 번 더!

등식
$$x^3+4x^2+3x+3=a(x+2)^3+b(x+2)^2+c(x+2)+d$$
가 x에 대한 항등식이 되도록 하는 상수 a, b, c, d에 대하여 $abcd$의 값을 구하시오.

0218

등식
$$ax^3+bx^2+cx+d=(x+2)^3-(x+2)^2-3(x+2)+6$$
이 x에 대한 항등식일 때, $ab+cd$의 값은?
(단, a, b, c, d는 상수이다.)

① 5 　　　② 10 　　　③ 15
④ 20 　　　⑤ 25

0219

삼차식 $P(x)$에 대하여
$$P(x+1)=x^3+2x^2+2x-1$$
일 때, 다음 중 $P(x)$를 $x-1$로 나누었을 때의 몫은?

① x^2+1 　　　② x^2+x+1
③ x^2+2 　　　④ x^2+2x+1
⑤ x^2+2x+2

0220

등식
$$8x^3-2x^2+3x-1=a(2x-1)^3+b(2x-1)^2+c(2x-1)+d$$
가 x에 대한 항등식일 때, $ab+cd$의 값을 구하시오.
(단, a, b, c, d는 상수이다.)

0221 교육청 · 유형 02

다항식 $Q(x)$에 대하여 등식

$$x^3-5x^2+ax+1=(x-1)Q(x)-1$$

이 x에 대한 항등식일 때, $Q(a)$의 값은?

(단, a는 상수이다.)

① -6 ② -5 ③ -4
④ -3 ⑤ -2

0222 · 유형 04

$x(x^2+1)(x^3+2)(x^4+3)$을 전개했을 때, 상수항을 포함한 모든 항의 계수의 합은?

① 21 ② 24 ③ 27
④ 30 ⑤ 33

0223 · 유형 07

다항식 $P(x)=x^3+(a-1)x^2+x+b+3$을 $x+1$로 나누었을 때의 나머지가 2이고, $x-2$로 나누었을 때의 나머지가 5이다. 다항식 $P(x)$를 $x-3$으로 나누었을 때의 나머지는? (단, a, b는 상수이다.)

① 6 ② 7 ③ 8
④ 9 ⑤ 10

0224 · 유형 14

다음은 조립제법을 이용하여 다항식 $x^4+ax^3-5x^2+bx+4$를 $x-1$로 나누었을 때의 몫과 나머지를 구하는 과정의 일부이다. 나머지가 9일 때, $a-b$의 값은? (단, a, b는 상수이다.)

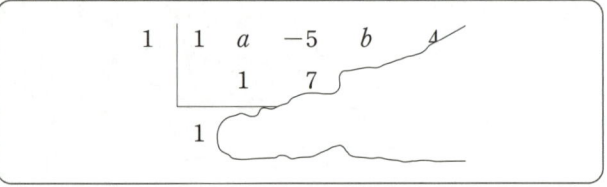

① 1 ② 2 ③ 3
④ 4 ⑤ 5

0225 🔍 사고력 · 유형 03

다항식 $P(x)$가 모든 실수 x에 대하여

$$P(x+2)-2P(x+1)+P(x)=2x$$

를 만족시킬 때, $P(x)$는 n차식이다. 자연수 n의 값은?

① 1 ② 2 ③ 3
④ 4 ⑤ 5

0226 교육청 · 유형 02 + 유형 06

두 다항식 $f(x)$, $g(x)$가 모든 실수 x에 대하여 다음 조건을 만족시킬 때, $g(x)$를 $x-4$로 나눈 나머지는?

(가) $g(x)=x^2f(x)$
(나) $g(x)+(3x^2+4x)f(x)=x^3+ax^2+2x+b$

(단, a, b는 상수이다.)

① 16 ② 18 ③ 20
④ 22 ⑤ 24

0227
• 유형 01 + 유형 13

이차항의 계수가 1인 두 이차식 $f(x)$, $g(x)$가 모두 $x-1$로 나누어떨어지고
$$f(x)g(x)=x^4+ax^3-7x^2+bx-6$$
이 성립할 때, $f(3)g(3)$의 값은?

① 20   ② 22   ③ 24
④ 26   ⑤ 28

0228
• 유형 06

다항식 $P(x)=x^2+ax+b$를 $x-p$로 나누었을 때의 나머지가 q^2이고, $x-q$로 나누었을 때의 나머지가 p^2이다. $P(x)$를 $x-p-q$로 나누었을 때의 나머지는?
(단, a, b, p, q는 상수이고, $p \neq q$이다.)

① -2 ② -1 ③ 0
④ 1   ⑤ 2

0229
• 유형 04

모든 실수 x에 대하여 등식
$$(x+2)^{10}$$
$$=a_0+a_1(x+1)+a_2(x+1)^2+\cdots+a_{10}(x+1)^{10}$$
이 항상 성립할 때, $a_2+a_4+a_6+a_8+a_{10}$의 값은?
(단, a_0, a_1, a_2, $\cdots$, a_{10}은 상수이다.)

① 257   ② 511   ③ 513
④ 1023   ⑤ 1025

0230
• 유형 12

2^{2517}을 31로 나누었을 때의 나머지는?

① 1   ② 2   ③ 3
④ 4   ⑤ 5

0231
• 유형 06 + 유형 13

최고차항의 계수가 1이고 $P(3)=Q(3)=0$인 두 이차다항식 $P(x)$, $Q(x)$가 있다. 다항식 $P(x)+Q(x)$를 $x-1$로 나누었을 때의 나머지가 2일 때, $P(4)+Q(4)$의 값은?

① 1   ② 3   ③ 5
④ 7   ⑤ 9

0232
• 유형 13

x에 대한 다항식 $P(x)=3x+k$에 대하여 $P(x^2)-2k$가 $P(x)$로 나누어떨어질 때, $P(1)$의 값은? (단, $k \neq 0$)

① 3   ② 6   ③ 9
④ 12   ⑤ 15

0233 · 유형 02

자연수 n에 대하여
$$P_n(x)=(x-1)(x-2)\cdots(x-n)$$
이라 하자. 모든 실수 x에 대하여
$$x^3-x+1=a_0+a_1P_1(x)+a_2P_2(x)+a_3P_3(x)$$
가 성립할 때, $a_0+a_1+a_2+a_3$의 값은?

(단, a_0, a_1, a_2, a_3은 상수이다.)

① 14   ② 15   ③ 16
④ 17   ⑤ 18

0234 · 유형 05 + 유형 13

최고차항의 계수가 1인 사차다항식 $f(x)$가 다음 조건을 만족시킬 때, $f(4)$의 값은?

(가) $f(x)$를 $x+1$로 나눈 나머지와 $f(x)$를 x^2-3으로 나눈 나머지는 서로 같다.
(나) $f(x+1)-5$는 x^2+x로 나누어떨어진다.

① -9 ② -8 ③ -7
④ -6 ⑤ -5

0235 🔍 사고력 · 유형 06 + 유형 13

사차식 $P(x)$를 x, $x-1$, $x-2$, $x-3$으로 나누었을 때의 나머지가 각각 1, 4, 9, 16이고, $P(4)=49$일 때, $P(x)$를 $x+1$로 나누었을 때의 나머지를 구하시오.

0236 · 유형 08 + 유형 09

삼차식 $P(x)$를 $(x-1)^2$으로 나눈 몫과 나머지를 각각 $Q(x)$, $R_1(x)$라 하고, $P(x)$를 $(x-1)^3$으로 나눈 나머지를 $R_2(x)$라 할 때, 세 다항식 $Q(x)$, $R_1(x)$, $R_2(x)$는 다음 조건을 만족시킨다.

(가) 모든 실수 x에 대하여 $Q(x)=R_1(x)-2$이다.
(나) $R_1(2)+R_2(2)=5$

$P(1)=1$일 때, $R_1(5)+R_2(3)$의 값은?

① 10   ② 11   ③ 12
④ 13   ⑤ 14

0237 🔍 사고력 · 유형 03

x에 대한 삼차식 $P(x)$와 이차식 $Q(x)$에 대하여 등식
$$Q(x)\{Q(x)-1\}\{Q(x)-3\}=x(x-1)(x-3)P(x)$$
가 항상 성립하도록 하는 다항식 $Q(x)$의 개수는?

① 20   ② 21   ③ 22
④ 23   ⑤ 24

0238 상위 1% 도전 ✏️ · 유형 13 + 유형 14

x에 대한 다항식
$$x^3-(k+2)x^2+(3k+7)x-2(k+7)$$
이 세 개의 일차식 $x-a$, $x-b$, $x-c$로 모두 나누어떨어질 때, 세 자연수 a, b, c가 다음 조건을 만족시킨다.

(가) $a<b<c$
(나) a, b는 연속된 두 자연수이다.

$a+b+c+k$의 값을 구하시오.

서술형 문제

0239
• 유형 11

다항식 x^5+9를 $(x-1)^2$으로 나눈 몫을 $Q(x)$, 나머지를 $R(x)$라 하자. $Q(x)$를 $R(x)$로 나눈 나머지를 구하시오.

☑ **필요 개념 및 공식**
☐ 다항식의 나눗셈　　　　☐ 나머지정리

0240 빈출
• 유형 08 + 유형 11

다항식 $P(x)$를 x^2-4로 나누었을 때의 몫이 $Q(x)$, 나머지가 $3x-5$이다. $Q(x)$를 $x-3$으로 나누었을 때의 나머지가 7일 때, $P(x)$를 $x-3$으로 나누었을 때의 나머지를 구하시오.

☑ **필요 개념 및 공식**
☐ 다항식의 나눗셈과 항등식　　☐ 나머지정리

0241
• 유형 06 + 유형 08 + 유형 09

다항식 $P(x)$를 $x+1$로 나눈 나머지가 1이고, $2x^2+1$로 나눈 나머지가 $3x-2$이다. $P(x)$를 $(x+1)(2x^2+1)$로 나눈 나머지를 $R(x)$라 할 때, $R(2)$의 값을 구하시오.

☑ **필요 개념 및 공식**
☐ 다항식의 나눗셈과 항등식　　☐ 나머지정리

0242
• 유형 06 + 유형 13

최고차항의 계수가 1인 삼차식 $P(x)$에 대하여 $P(1)=1$, $P(2)=2$, $P(3)=3$일 때, $P(x)$를 $x-5$로 나누었을 때의 나머지를 구하시오.

☑ **필요 개념 및 공식**
☐ 인수정리　　　　　　　☐ 나머지정리

0243
• 유형 03

모든 실수 x, y에 대하여 등식
$$f(x)=f(-x),\ f(x+y)+f(y-x)-2f(y)=2x^2$$
이 성립할 때, $f(1)f(2)$의 값을 구하시오. (단, $f(0)=1$)

☑ **필요 개념 및 공식**
☐ 항등식의 성질

0244
• 유형 02 + 유형 08

$P(2)=5$인 삼차식 $P(x)$가 모든 실수 x에 대하여 등식
$$P(x-2)-P(x+2)=x^2-x+4$$
를 만족시킨다. $P(x)$를 x^2-4로 나눈 나머지를 $R(x)$라 할 때, $R(3)$의 값을 구하시오.

☑ **필요 개념 및 공식**
☐ 항등식의 성질　　　　　☐ 나머지정리

개념 01 인수분해

(1) **인수분해**: 하나의 다항식을 두 개 이상의 다항식의 곱으로 나타내는 것

> 참고 인수분해의 기본은 $mx+my=m(x+y)$와 같이 공통인수를 찾아 묶는 것이다.

(2) **인수분해 공식 (1)**

① $a^2+2ab+b^2=(a+b)^2$
   $a^2-2ab+b^2=(a-b)^2$
② $a^2-b^2=(a+b)(a-b)$
③ $x^2+(a+b)x+ab=(x+a)(x+b)$
④ $acx^2+(ad+bc)x+bd=(ax+b)(cx+d)$

(3) **인수분해 공식 (2)**

① $a^2+b^2+c^2+2ab+2bc+2ca=(a+b+c)^2$
② $a^3+3a^2b+3ab^2+b^3=(a+b)^3$
   $a^3-3a^2b+3ab^2-b^3=(a-b)^3$
③ $a^3+b^3=(a+b)(a^2-ab+b^2)$
   $a^3-b^3=(a-b)(a^2+ab+b^2)$

> 참고 (1) 인수분해 공식은 곱셈 공식의 좌변과 우변을 바꾸어 얻는다.
> (2) 일반적으로 다항식을 인수분해할 때는 계수가 유리수인 범위까지 인수분해한다.

[0245~0252] 다음 식을 인수분해하시오.

0245 $3x^3-6xy$

0246 $2x^3y^2+4x^2y^3$

0247 x^2+4x+4

0248 $9x^2-12x+4$

0249 x^2-25

0250 $9a^2-16b^2$

0251 $x^2-7x+10$

0252 $2x^2+7x-4$

[0253~0262] 다음 식을 인수분해하시오.

0253 $a^2+b^2+c^2-2ab+2bc-2ca$

0254 $x^2+4y^2+z^2-4xy-4yz+2zx$

0255 $x^3+6x^2+12x+8$

0256 $27x^3+27x^2+9x+1$

0257 $x^3-9x^2+27x-27$

0258 $8x^3-12x^2+6x-1$

0259 x^3+27

0260 $27x^3+8$

0261 $8x^3-1$

0262 $64x^3-27$

개념 02 복잡한 식의 인수분해 (1)

(1) **공통부분이 있는 다항식**
공통부분을 하나의 문자로 치환하여 인수분해

(2) **x^4+ax^2+b 꼴의 다항식**

① $x^2=X$로 치환하여 인수분해

예 x^4+3x^2-4에서 $x^2=X$라 하면
$$x^4+3x^2-4=X^2+3X-4$$
$$=(X+4)(X-1)$$
$$=(x^2+4)(x^2-1)$$
$$=(x+1)(x-1)(x^2+4)$$

② 이차항 ax^2을 분리하여 A^2-B^2 꼴로 변형한 후 인수분해 → ①의 방법이 되지 않는다면 ②의 방법으로 인수분해한다.

예 $x^4+3x^2+4=(x^4+4x^2+4)-x^2$
$$=(x^2+2)^2-x^2$$
$$=\{(x^2+2)+x\}\{(x^2+2)-x\}$$
$$=(x^2+x+2)(x^2-x+2)$$

[0263~0269] 다음 식을 인수분해하시오.

0263 $(x+y)^2+4(x+y)+4$

0264 $(x-2)^2+2(x-2)-3$

0265 $3(x+1)^2-5(x+1)+2$

0266 $(2x+1)^2-3(2x+1)+2$

0267 x^4-5x^2+4

0268 x^4+x^2+1

0269 x^4+5x^2+9

개념 03 복잡한 식의 인수분해 (2)

(1) **문자가 여러 개인 다항식**
차수가 낮은 한 문자에 대하여 내림차순으로 정리한 후 인수분해 → 모든 문자의 차수가 동일한 경우는 그 계수가 1이나 양수인 문자에 대하여 내림차순으로 정리하는 것이 편리하다.

(2) **인수정리를 이용한 인수분해**
다항식 $P(x)$에 대하여 다음과 같은 순서로 인수분해한다.

❶ $P(a)=0$을 만족시키는 상수 a의 값을 찾는다.

❷ 조립제법을 이용하여 $P(x)$를 $x-a$로 나누었을 때의 몫을 구한 후 $P(x)=(x-a)Q(x)$ 꼴로 나타낸다.

❸ $Q(x)$가 더 이상 인수분해되지 않을 때까지 인수분해한다.

참고   계수가 모두 정수인 다항식 $P(x)$에 대하여 $P(a)=0$을 만족시키는 a의 값은
$$\pm\frac{(P(x)\text{의 상수항의 약수})}{(P(x)\text{의 최고차항의 계수의 약수})}$$
중에서 찾을 수 있다.

[0270~0273] 다음 식을 인수분해하시오.

0270 $xy-3x+2y-6$

0271 $a^2+ab-a-b$

0272 $x^2+4xy+4y^2-2x-4y+1$

0273 $a^2+3ab+2b^2+a+3b-2$

[0274~0277] 다음 식을 인수분해하시오.

0274 x^3+x^2-2

0275 x^3+x^2-x-1

0276 x^3-x^2-x-2

0277 x^4+x^3+x+1

03
인수분해

유형 01 공통인수가 있는 다항식의 인수분해

(1) 각 항의 공통인수가 있으면 공통인수로 묶은 후 인수분해한다.
(2) 인수분해 공식 (1)
   ① $a^2+2ab+b^2=(a+b)^2$
     $a^2-2ab+b^2=(a-b)^2$
   ② $a^2-b^2=(a+b)(a-b)$
   ③ $x^2+(a+b)x+ab=(x+a)(x+b)$
   ④ $acx^2+(ad+bc)x+bd=(ax+b)(cx+d)$

0278 ✓ 대표 예제

$x^3y+2x^2y^2+xy^3$을 인수분해하면?

① $xy(x^2+xy+y^2)$　　② $(x-y)(x+y)^2$
③ $(x-y)^2(x+y)$　　④ $xy(x+y)^2$
⑤ $(x+y)(x^2+y^2)$

완쏠 해설

다항식 $x^3y+2x^2y^2+xy^3$의 모든 항은 xy를 인수로 가지므로
$x^3y+2x^2y^2+xy^3$
$=xy\times x^2+xy\times 2xy+xy\times y^2$
$=xy(x^2+2xy+y^2)$
$=xy(x+y)^2$

공통인수가 잘 보이지 않는 경우 인수분해 공식을 적용하여 문제를 해결해야 하는 때가 많으므로 공식을 꼭 외워두도록 해.

답 ④

0279 대표 예제 한 번 더!

$a^4+a^3b-2a^2b^2$을 인수분해하면?

① $a(a-b)^2(a+2b)$　　② $a^2(a-b)(a+2b)$
③ $a(a-b)(a+2b)^2$　　④ $a^2(a-b)^2$
⑤ $(a-b)^2(a+b)^2$

0280

$x^3-xy^2-y^2z+x^2z$를 인수분해하면?

① $(x-y)(x+z)^2$
② $(x-y)^2(x+z)$
③ $(x+y)(x-y)(x+z)$
④ $(x+y)(y-z)(x-z)$
⑤ $(x+y)(x+z)(x-z)$

0281

다음 중 $a^6-a^4+2a^3-2a^2$의 인수인 것은?

① a^3+1　　　　② a^3+2
③ a^3+a+1　　④ a^3+a^2+1
⑤ a^3+a^2+2

0282

다항식 $x^3-2x^2y+xy^2+2x-2y^3-4y$를 인수분해하면 $(x^2+ay^2+b)(x+cy)$일 때, $a+b+c$의 값은?
（단, a, b, c는 상수이다.)

① -2　　　② -1　　　③ 0
④ 1　　　　⑤ 2

유형 02 공식을 이용한 인수분해 〔중요〕

다항식의 인수분해는 다음과 같은 인수분해 공식을 이용한다.

(1) $a^2+b^2+c^2+2ab+2bc+2ca=(a+b+c)^2$

(2) $a^3+3a^2b+3ab^2+b^3=(a+b)^3$
$a^3-3a^2b+3ab^2-b^3=(a-b)^3$

(3) $a^3+b^3=(a+b)(a^2-ab+b^2)$
$a^3-b^3=(a-b)(a^2+ab+b^2)$

이때 공식을 바로 이용할 수 없는 경우는 공식을 이용할 수 있도록 식을 적당히 변형한다.

0283 ✓ 대표 예제

x^4y+8xy^4을 인수분해하면?

① $xy(x+y)(x^2-2xy+4y^2)$

② $xy(x-y)(x^2+2xy+4y^2)$

③ $xy(x-2y)(x^2+2xy+4y^2)$

④ $xy(x+2y)(x^2-2xy+4y^2)$

⑤ $xy(x+y)(2x^2-xy+4y^2)$

〔 완쏠 해설 〕

다항식 x^4y+8xy^4의 모든 항은 xy를 인수로 가지고 있으므로

x^4y+8xy^4

$=xy\times x^3+xy\times 8y^3$

$=xy(x^3+8y^3)$ ⟵ $a^3+b^3=(a+b)(a^2-ab+b^2)$

$=xy(x+2y)(x^2-2xy+4y^2)$

（답） ④

0284 〔대표 예제〕 한 번 더!

$x^4y-6x^3y^2+12x^2y^3-8xy^4$을 인수분해하면?

① $2xy(x+y)^3$

② $xy(x+2y)^3$

③ $xy(x-2y)^3$

④ $(x+y)(x-y)^3$

⑤ $(x+y)^2(x-2y)^2$

0285

$a^2+4b^2-4ab+2a-4b+1$의 인수인 것은?

① $a-2b-1$ ② $a-2b+1$ ③ $a+2b-1$

④ $a+2b+1$ ⑤ $a+4b-1$

0286

$x^3y^3-8x^3-8y^3+64$를 인수분해하면?

① $(x-2)(y-2)(x^2-x+4)(y^2-y+4)$

② $(x-2)(y-2)(x^2+x+4)(y^2+y+4)$

③ $(x-2)(y-2)(x^2+2x+4)(y^2+2y+4)$

④ $(x+2)(y+2)(x^2-2x+4)(y^2-2y+4)$

⑤ $(x+2)(y+2)(x^2+2x+4)(y^2-2y+4)$

0287

다음 중 $a^4+2a^3+a^2+b^2-2ab-2a^2b$의 인수인 것은?

① a^2+a+b ② a^2+a-b

③ a^2-a+b ④ a^2-a-b

⑤ a^2-a+b^2

유형 03 공통부분이 있는 다항식의 인수분해

공통부분이 있는 다항식의 인수분해는 다음과 같은 순서로 한다.
❶ 공통부분을 X로 치환한다.
❷ ❶의 식을 인수분해 공식을 이용하여 인수분해한다.
❸ ❷의 식에 X 대신 공통부분을 대입한다.

참고 ( )( )( )( )$+k$ (k는 상수) 꼴은 공통부분이 생기도록 짝을 지어 전개한 후 공통부분을 X로 치환하여 인수분해한다.

0288 ✓ 대표 예제

다항식 $(x^2-3x)^2-5(x^2-3x)+4$가
$(x+a)(x+b)(x^2+cx+d)$로 인수분해될 때, $a+b+c+d$의
값은? (단, a, b, c, d는 유리수이다.)

① -7 ② -3 ③ 0
④ 3 ⑤ 7

완쌤 해설

$x^2-3x=X$라 하면
(주어진 식)$=X^2-5X+4$
$=(X-1)(X-4)$
$=(x^2-3x-1)(x^2-3x-4)$
$=(x-4)(x+1)(x^2-3x-1)$
따라서
$a=-4$, $b=1$, $c=-3$, $d=-1$
또는
$a=1$, $b=-4$, $c=-3$, $d=-1$
이므로
$a+b+c+d=(-4)+1+(-3)+(-1)$
$=-7$

답 ①

0289 대표 예제 한 번 데! 교육청

다항식 $(x^2+x)(x^2+x+1)-6$이
$(x+2)(x-1)(x^2+ax+b)$로 인수분해될 때, 두 상수 a,
b에 대하여 $a+b$의 값은?

① 1 ② 2 ③ 3
④ 4 ⑤ 5

0290

다음 중 $(x-3)(x-2)(x+1)(x+2)-5$의 인수인 것은?

① $x+1$ ② $x+3$ ③ x^2-x-1
④ x^2+x-3 ⑤ x^2+x+7

0291

다항식 $(x-1)(x+3)(x^2-x-3)-4x^2$이
$(x-a)(x-b)(x^2+cx+d)$로 인수분해될 때, $abcd$의
값은? (단, a, b, c, d는 유리수이다.)

① 18 ② 21 ③ 24
④ 27 ⑤ 30

0292

다항식 $(x^2-4)(x^2-4x)+a$가 x에 대한 이차식의 완전
제곱식으로 인수분해될 때, 상수 a의 값은?

① 12 ② 13 ③ 14
④ 15 ⑤ 16

유형 04 x^4+ax^2+b 꼴의 다항식의 인수분해

(1) $x^2=X$로 치환하여 인수분해한다.
(2) 이차항 ax^2을 적당히 분리하여 $(x^2+m)^2-(nx)^2$ 꼴로 변형한 후 인수분해한다.

0293 ✓대표 예제

다항식 x^4-17x^2+16을 인수분해하면
$(x+a)(x+b)(x+c)(x+d)$일 때, 상수 a, b, c, d에 대하여
$ad-bc$의 값은? (단, $a<b<c<d$)

① -19 ② -17 ③ -15
④ -13 ⑤ -11

완쏠 해설

$x^2=X$라 하면
x^4-17x^2+16
$=X^2-17X+16$
$=(X-1)(X-16)$
$=(x^2-1)(x^2-16)$
$=(x+1)(x-1)(x+4)(x-4)$
이때 $a<b<c<d$이므로 $a=-4$, $b=-1$, $c=1$, $d=4$
$\therefore ad-bc=(-4)\times 4-(-1)\times 1=-15$

> x^4+ax^2+b (a, b는 상수)
> 꼴과 같이 차수가 짝수인 항과
> 상수항으로만 이루어진 다항식을
> 복이차식이라고 해.

다른 풀이

x^4-17x^2+16
$=(x^4-8x^2+16)-9x^2$
$=(x^2-4)^2-(3x)^2$
$=(x^2+3x-4)(x^2-3x-4)$
$=(x+4)(x-1)(x+1)(x-4)$
이때 $a<b<c<d$이므로 $a=-4$, $b=-1$, $c=1$, $d=4$
$\therefore ad-bc=(-4)\times 4-(-1)\times 1=-15$

답 ③

0294 대표 예제 한 번 더!

다항식 x^4-18x^2+81을 인수분해하면 $(x+a)^2(x+b)^2$일
때, 두 상수 a, b에 대하여 $2a-b$의 값을 구하시오.

(단, $a>b$)

0295

다음 중 다항식 x^4+64의 인수인 것은?

① x^2-2x+4 ② x^2-2x+8 ③ x^2+2x+8
④ x^2+4x+2 ⑤ x^2+4x+8

0296

다항식 $x^4-7x^2y^2+9y^4$을 인수분해하면
$(x^2+axy+by^2)(x^2-axy+by^2)$일 때, 두 상수 a, b에
대하여 a^2+b^2의 값은?

① 2 ② 5 ③ 10
④ 13 ⑤ 25

0297

이차다항식 $P(x)$가 모든 실수 x에 대하여
$$P(x)\{P(x)-4x\}-4=x^4$$
을 만족시킬 때, $P(1)$의 값은?

① -3 ② -1 ③ 1
④ 3 ⑤ 5

유형 05 문자가 여러 개인 다항식의 인수분해

(1) 차수가 가장 낮은 한 문자에 대하여 내림차순으로 정리한 후 공통인수로 묶어서 인수분해한다.
(2) 차수가 모두 같을 때는 한 문자에 대하여 내림차순으로 정리한 후 인수분해한다. → 계수가 1이나 양수인 문자에 대하여 정리하는 것이 좋다.

0298 ✓ 대표 예제

다항식 $2x^2-xy-y^2-3x-3y-2$를 인수분해하면 $(x+ay-2)(bx+cy+1)$일 때, 세 상수 a, b, c에 대하여 $a+b+c$의 값은?

① 1   ② 2   ③ 3
④ 4   ⑤ 5

〔 완쏠 해설 〕

주어진 식을 x에 대하여 내림차순으로 정리한 후 인수분해하면
$2x^2-xy-3x-y^2-3y-2$ → x의 차수 : 2, y의 차수 : 2, x^2의 계수 : 2, y^2의 계수 : -1 이므로 x에 대하여 정리하는 것이 좋다.
$=2x^2-(y+3)x-(y^2+3y+2)$
$=2x^2-(y+3)x-(y+1)(y+2)$
$=\{x-(y+2)\}\{2x+(y+1)\}$ → $-(y+2)$, $(y+1)$, x의 계수임을 주의한다.
$=(x-y-2)(2x+y+1)$
따라서 $a=-1$, $b=2$, $c=1$이므로
$a+b+c=(-1)+2+1=2$

답 ②

0299 대표 예제 한 번 더!

다음 중 다항식 $3x^2+5xy-2y^2-8x+5y-3$의 인수인 것은?

① $3x-y+1$ ② $3x-y+3$
③ $3x+y+1$ ④ $x+2y-1$
⑤ $x+2y+3$

0300

다항식 $a^2b+ab^2+b^2c-bc^2-a^2c-ac^2$을 인수분해하면?

① $(a+b)(b+c)(c+a)$
② $(a+b)(b-c)(c+a)$
③ $(a+b)(b-c)(c-a)$
④ $(a-b)(b+c)(c+a)$
⑤ $(a-b)(b-c)(c+a)$

0301

다항식 $x^2+y^2+2xy-4x+ay+b$가 x, y에 대한 일차식의 완전제곱식으로 인수분해될 때, $b-a$의 값을 구하시오.
(단, a, b는 상수이다.)

0302

다항식 $x^2-3xy+2y^2-kx-5y-3$이 x, y에 대한 두 일차식의 곱으로 인수분해될 때, 정수 k의 값은?

① -2 ② -1 ③ 0
④ 1   ⑤ 2

유형 06 인수정리를 이용한 다항식의 인수분해 중요

인수정리를 이용한 삼차 이상의 다항식의 인수분해는 다음과 같은 순서로 한다.

❶ $P(a)=0$을 만족시키는 a의 값을 구한다.
❷ 조립제법을 이용하여 $P(x)$를 $x-a$로 나눈 몫 $Q(x)$를 구한 후 $P(x)=(x-a)Q(x)$ 꼴로 나타낸다.
❸ $Q(x)$가 더 이상 인수분해되지 않을 때까지 인수분해한다.

참고 a의 값은 $\pm\dfrac{(P(x)\text{의 상수항의 약수})}{(P(x)\text{의 최고차항의 계수의 약수})}$ 중에서 찾는다.

0303 ✔ 대표 예제

x^3-2x^2-5x+6을 인수분해하면?

① $(x-1)^2(x+6)$

② $(x-1)(x-2)(x+3)$

③ $(x-1)(x+2)(x-3)$

④ $(x+1)(x^2-3x+6)$

⑤ $(x+1)(x+2)(x+3)$

완쏠 해설

상수항을 포함한 계수의 총합이 0이면 $a=1$이다.

$P(x)=x^3-2x^2-5x+6$이라 하면
$P(1)=1^2-2\times1^2-5\times1+6=0$
이므로 $P(x)$는 $x-1$을 인수로 갖는다.

$P(x)$의 상수항의 약수는 1, 2, 3, 6이고 최고차항의 계수의 약수는 1이므로 인수정리를 이용하기 위하여 대입해 볼 수 있는 a의 값은 ±1, ±2, ±3, ±6의 8개이다.

조립제법을 이용하여 $P(x)$를 인수분해하면

$x-1$을 만족 ─① 시키는 x의 값

	1	−2	−5	6
		1	−1	−6
x^2-x-6 ─	1	−1	−6	0

$\therefore P(x)=(x-1)(x^2-x-6)$
$\qquad\quad\ =(x-1)(x+2)(x-3)$

답 ③

0304 대표 예제 한 번 더!

다음 중 다항식 x^3-3x^2+x+2의 인수인 것은?

① $x-1$ ② $x+1$ ③ $x+2$

④ x^2-x-1 ⑤ x^2-x+1

0305

x에 대한 다항식 $x^3+(1-a)x^2-(a+2)x+2a$의 인수인 것만을 ⟨보기⟩에서 있는 대로 고른 것은?

┌─────── 보기 ───────┐
ㄱ. $x+1$ ㄴ. $x-a$
ㄷ. $x+2$ ㄹ. $x+2a$
└────────────────────┘

① ㄱ   ② ㄱ, ㄴ   ③ ㄴ, ㄷ

④ ㄴ, ㄹ   ⑤ ㄷ, ㄹ

0306

이차식 x^2+ax+b가 다항식 $2x^3-5x^2+3x+3$의 인수일 때, a^2+b^2의 값을 구하시오. (단, a, b는 상수이다.)

0307 🔼 UP

이차항의 계수가 1인 두 이차식 $f(x)$, $g(x)$의 곱이 $x^4+x^3-8x^2-12x$이다. $f(x)$가 x에 대한 완전제곱식일 때, $g(4)$의 값은?

① 1   ② 2   ③ 3

④ 4   ⑤ 5

유형 07 순환하는 꼴의 다항식의 인수분해

순환하는 꼴의 다항식의 인수분해는 다음과 같은 순서로 한다.
❶ 주어진 식을 전개한 후 한 문자에 대하여 내림차순으로 정리한다.
❷ 공통부분을 묶거나 공식을 이용하여 인수분해한다.

참고 순환하는 꼴의 다항식은 다음과 같은 특징을 갖는다.
(1) 문자들의 위치를 바꾸면 식의 부호만 달라진다.
(2) 인수분해한 식도 순환하는 꼴이다.

0308 ✔ 대표 예제

$a^2(b-c)+b^2(c-a)+c^2(a-b)$를 인수분해하면?

① $-(a+b)(b+c)(c+a)$
② $(a+b)(b-c)(c+a)$
③ $(a-b)(b+c)(c-a)$
④ $(a+b)(b-c)(c-a)$
⑤ $-(a-b)(b-c)(c-a)$

완쏠 해설

→ 순환하는 꼴이기 때문에 어떤 문자로 정리해도 과정이 비슷하다.

주어진 식을 a에 대하여 내림차순으로 정리하면
$a^2(b-c)+b^2(c-a)+c^2(a-b)$
$=(b-c)a^2+b^2c-b^2a+c^2a-bc^2$
$=(b-c)a^2-(b^2-c^2)a+b^2c-bc^2$
$=(b-c)a^2-(b+c)(b-c)a+bc(b-c)$
$=(b-c)\{a^2-(b+c)a+bc\}$
$=(b-c)(a-b)(a-c)$
$=-(a-b)(b-c)(c-a)$ → 보통 보기 좋게 순환하는 꼴로 나타낸다.

답 ⑤

0309 대표 예제 한 번 더!

$a^2(b+c)+b^2(c+a)+c^2(a+b)+2abc$를 인수분해하시오.

0310

$(a+b+c)(bc+ac+ab)-abc$를 인수분해하면?

① $(a-b)(b+c)(c-a)$
② $(a-b)(b+c)(c+a)$
③ $(a+b)(b-c)(c-a)$
④ $(a+b)(b+c)(c-a)$
⑤ $(a+b)(b+c)(c+a)$

0311

다항식 $(a-b)^3+(b-c)^3+(c-a)^3$이 $(a-b)\times A$ 꼴로 인수분해될 때, a, b, c에 대한 다항식 A는?

① $(b-c)(c-a)$
② $2(b+c)(c-a)$
③ $2(b-c)(c-a)$
④ $3(b-c)(c-a)$
⑤ $3(b+c)(c-a)$

0312

서로 다른 세 실수 a, b, c에 대하여
$$\frac{ab}{(b-c)(c-a)}+\frac{bc}{(a-b)(c-a)}+\frac{ca}{(a-b)(b-c)}$$
의 값은?

① -3
② -1
③ 0
④ 1
⑤ 3

유형 08 인수분해를 이용한 삼각형의 모양 판단

삼각형의 세 변의 길이가 a, b, c일 때, 주어진 식을 인수분해하여
등식을 만족시키는 a, b, c의 조건을 구한다.
(1) $a=b$이면 $a=b$인 이등변삼각형
(2) $a=b=c$이면 정삼각형
(3) $a^2+b^2=c^2$이면 빗변의 길이가 c인 직각삼각형

0313 ✔ 대표 예제

삼각형의 세 변의 길이 a, b, c에 대하여
$$b^2-c^2+ab-ca=0$$
이 성립할 때, 이 삼각형은 어떤 삼각형인가?

① $a=b$인 이등변삼각형
② $b=c$인 이등변삼각형
③ $c=a$인 이등변삼각형
④ 빗변의 길이가 a인 직각삼각형
⑤ 빗변의 길이가 b인 직각삼각형

완쏠 해설

주어진 식의 좌변을 인수분해하면
$b^2-c^2+ab-ca$
$=(b^2-c^2)+a(b-c)$
$=(b+c)(b-c)+a(b-c)$
$=(b-c)(a+b+c)$ → a, b, c가 삼각형의 세 변의 길이이므로 모두 양수이다.
즉, $(b-c)(a+b+c)=0$이고 $a+b+c\neq0$이므로
$b-c=0$ ∴ $b=c$
따라서 주어진 조건을 만족시키는 삼각형은 $b=c$인 이등변삼각형이다.

(답) ②

0314 대표 예제 한 번 더!

삼각형의 세 변의 길이 a, b, c에 대하여
$$a^3+a^2c-ab^2-abc=0$$
이 성립할 때, 이 삼각형은 어떤 삼각형인가?

① 정삼각형
② $a=b$인 이등변삼각형
③ $b=c$인 이등변삼각형
④ 빗변의 길이가 a인 직각삼각형
⑤ 빗변의 길이가 b인 직각삼각형

0315

삼각형의 세 변의 길이 a, b, c에 대하여
$$a^2b+a^2c+ab^2-ac^2-b^2c-bc^2=0$$
이 성립할 때, 이 삼각형은 어떤 삼각형인가?

① $a=b$인 이등변삼각형
② $b=c$인 이등변삼각형
③ $c=a$인 이등변삼각형
④ 빗변의 길이가 a인 직각삼각형
⑤ 빗변의 길이가 c인 직각삼각형

0316

x에 대한 다항식 $x^3+ax^2-(a^2+b^2)x-a^3-ab^2$이 $x-c$로
나누어떨어질 때, 세 변의 길이가 a, b, c인 삼각형은 어떤
삼각형인가?

① 정삼각형
② $a=b$인 이등변삼각형
③ $b=c$인 이등변삼각형
④ 빗변의 길이가 a인 직각삼각형
⑤ 빗변의 길이가 c인 직각삼각형

0317

삼각형의 세 변의 길이 a, 2, 3에 대하여
$$a^3-5a^2-5a+25=0$$
이 성립할 때, 이 삼각형의 넓이는?

① 1   ② $\sqrt{2}$ ③ $\sqrt{3}$
④ 2   ⑤ $\sqrt{5}$

유형 **09** 인수분해를 이용한 식의 값 구하기

먼저 인수분해 공식을 이용하여 식을 변형한 후 주어진 조건을 이용하여 값을 계산한다.

0318 ✓ 대표 예제

$x=\sqrt{5}+1$, $y=\sqrt{5}-1$일 때, $x^3y-x^2-xy^3+y^2$의 값은?

① $4\sqrt{5}$ ② $6\sqrt{5}$ ③ $8\sqrt{5}$
④ $10\sqrt{5}$ ⑤ $12\sqrt{5}$

완쏠 해설

$$x^3y-x^2-xy^3+y^2=(xy-1)x^2-(xy-1)y^2$$
$$=(xy-1)(x^2-y^2)$$
$$=(xy-1)(x-y)(x+y)$$

이때 $x-y=(\sqrt{5}+1)-(\sqrt{5}-1)=2$,
$x+y=(\sqrt{5}+1)+(\sqrt{5}-1)=2\sqrt{5}$,
$xy=(\sqrt{5}+1)\times(\sqrt{5}-1)=4$
이므로
$$x^3y-x^2-xy^3+y^2=(4-1)\times2\times2\sqrt{5}$$
$$=12\sqrt{5}$$

주어진 식에 직접 조건을 대입하여 값을 구하기에 계산이 복잡한 경우, 식을 인수분해하여 간단하게 만들 수 있는지를 확인해 봐!

답 ⑤

0319 대표 예제 한 번 더! 교육청

$x=\sqrt{3}+\sqrt{2}$, $y=\sqrt{3}-\sqrt{2}$일 때, x^2y+xy^2+x+y의 값은?

① $\sqrt{3}$ ② $2\sqrt{3}$ ③ $3\sqrt{3}$
④ $4\sqrt{3}$ ⑤ $5\sqrt{3}$

0320

$x=3+\sqrt{5}$일 때, $x^3-7x^2+12x-6$의 값은?

① $4-2\sqrt{5}$ ② $2-\sqrt{5}$ ③ $\sqrt{5}$
④ $2+\sqrt{5}$ ⑤ $4+2\sqrt{5}$

0321

연속된 두 자연수 m, n에 대하여
$$-m^2-n^2+2mn+4m-4n$$
의 값은? (단, $m<n$)

① -9 ② -7 ③ -5
④ -3 ⑤ -1

0322

$b-c=1-\sqrt{3}$, $c-a=1+\sqrt{3}$일 때,
$-a^2b+a^2c+ab^2-ac^2-b^2c+bc^2$의 값을 구하시오.

유형 10 인수분해를 이용한 수의 계산

인수분해를 이용한 수의 계산은 다음과 같은 순서로 한다.
❶ 숫자를 문자로 치환한 후 인수분해를 이용하여 정리한다.
❷ 문자에 숫자를 대입하여 값을 계산한다.

0323 ✔대표 예제

$\dfrac{999^3+1}{998 \times 999+1}$의 값은?

① 998 ② 999 ③ 1000
④ 1001 ⑤ 1002

완쏠 해설

$999=a$라 하면

$\dfrac{999^3+1}{998 \times 999+1} = \dfrac{999^3+1}{(999-1) \times 999+1}$

$= \dfrac{a^3+1}{(a-1) \times a+1}$

$= \dfrac{a^3+1}{a^2-a+1}$

$= \dfrac{(a+1)(a^2-a+1)}{a^2-a+1}$

$= a+1$

$= 999+1$

$= 1000$

> 998=a라 하고 식을 정리해도 답은 같게 나오지만 999를 치환했을 때보다 계산이 복잡해지므로 식이 간단히 정리될 수 있는 값을 찾는 것이 중요해!

답 ③

0324 대표 예제 한 번 더!

$\dfrac{73^3-1}{74^3+1}$의 값은?

① $\dfrac{24}{25}$ ② $\dfrac{25}{26}$ ③ $\dfrac{71}{72}$
④ $\dfrac{72}{73}$ ⑤ $\dfrac{73}{74}$

0325

$\dfrac{499^2-2^2}{501^2} \times \dfrac{499^3+2^3}{499^2-2 \times 499+2^2}$의 값은?

① 497 ② 498 ③ 499
④ 500 ⑤ 501

0326 교육청

2 이상의 세 자연수 p, q, r에 대하여
$42 \times (42-1) \times (42+6)+5 \times 42-5 = p \times q \times r$일 때, $p+q+r$의 값은?

① 131 ② 133 ③ 135
④ 137 ⑤ 139

0327 Up

$20 \times 21 \times 23 \times 24+2 = n(n+1)$을 만족시키는 자연수 n의 값은?

① 478 ② 479 ③ 480
④ 481 ⑤ 482

0328 · 유형 05

다음 중 다항식
$$a^2b^2 - a^2b + ab^2 - 2a^2 - ab - 2b^2 - 2a + 2b + 4$$
의 인수가 <u>아닌</u> 것은?

① $a-1$ ② $a+2$ ③ $b-2$
④ $b-1$ ⑤ $b+1$

0329 · 유형 10

$6^6 - 1$이 두 자리의 자연수 n으로 나누어떨어질 때, 모든 자연수 n의 값의 합을 구하시오.

0330 · 유형 05

x, y에 대한 다항식 $x^2 + kxy - 2y^2 + x + 5y - 2$가 x, y에 대한 두 일차식의 곱으로 인수분해되도록 하는 자연수 k의 값을 구하시오.

0331 · 유형 06

x에 대한 다항식 $x^3 + 5x^2 + (k+6)x + 2k$가 서로 다른 두 실수 a, b에 대하여 $(x+a)(x+b)^2$ 꼴로 인수분해되도록 하는 모든 상수 k의 값의 곱은?

① $\dfrac{7}{2}$ ② 4 ③ $\dfrac{9}{2}$

④ 5 ⑤ $\dfrac{11}{2}$

0332 🔍 사고력 · 유형 01 + 유형 02

서로 다른 두 자연수 x, y에 대하여
$$(x+3)(y^3+27) = (y+3)(x^3+27)$$
을 만족시키는 x, y의 순서쌍 (x, y)의 개수는?

① 2 ② 3 ③ 4
④ 5 ⑤ 6

0333 · 유형 03

x, y에 대한 다항식 $(x-2)^2 + 4(y+1)^2 - 4xy - k$가 계수가 모두 정수인 x, y에 대한 일차식의 완전제곱식으로 인수분해될 때, 정수 k의 값은?

① 4 ② 6 ③ 8
④ 10 ⑤ 12

0334 교육청 · 유형 09

두 자연수 a, b에 대하여

$$a^2b+2ab+a^2+2a+b+1$$

의 값이 245일 때, $a+b$의 값은?

① 9   ② 10   ③ 11

④ 12   ⑤ 13

0335 · 유형 06

오른쪽 그림과 같이 높이가 모서리 AB이고, 직각삼각형 BCD를 밑면으로 하는 삼각뿔 A−BCD가 있다. $\overline{AB}=x+1$이고, 부피가 $2x^3+9x^2+10x+3$이다. 삼각형 BCD의 넓이를 $P(x)$라 할 때, 다음 중 다항식 $P(x)$의 인수인 것은?

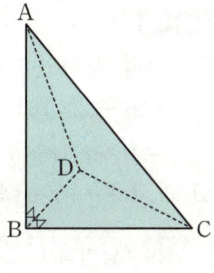

① x ② $x-1$ ③ $x+2$

④ $2x+1$ ⑤ $2x+3$

0336 · 유형 09

$$1\times 2\times 3\times \cdots \times n$$
$$=100m\times(10^2-1)\times(10^2-2^2)\times\cdots\times(10^2-9^2)$$

이 성립하도록 하는 두 자리 자연수 m, n에 대하여 $m+n$의 값을 구하시오.

0337 교육청 · 유형 02 + 유형 06

모든 실수 x에 대하여 두 이차다항식 $P(x)$, $Q(x)$가 다음 조건을 만족시킨다.

> (가) $P(x)+Q(x)=4$
> (나) $\{P(x)\}^3+\{Q(x)\}^3=12x^4+24x^3+12x^2+16$

$P(x)$의 최고차항의 계수가 음수일 때, $P(2)+Q(3)$의 값은?

① 6   ② 7   ③ 8

④ 9   ⑤ 10

0338 사고력 · 유형 02

x, y에 대한 일차식 $x^2+2xy+y^2+5x+5y+k$가 x, y에 대한 두 일차식의 곱 $(x+y+a)(x+y+b)$로 인수분해되도록 하는 $|k|\leq 50$인 정수 k의 개수는?

(단, a, b는 정수이다.)

① 5   ② 6   ③ 7

④ 8   ⑤ 9

03

인수분해

STEP **3** 실전 업

0339 · 유형 06

x에 대한 다항식 $x^3+(k-2)x^2+(4-k)x-3$을 모든 계수가 정수인 다항식으로 인수분해할 때, 일차식인 서로 다른 인수의 개수의 최댓값을 $T(k)$라 하자. $T(k)=3$이 되도록 하는 k의 값은?

① 5   ② 6   ③ 7

④ 8   ⑤ 9

0340 사고력 · 유형 05

세 자연수 a, b, c에 대하여 등식
$$a(2c^2-bc-3b^2)=(b+c)(3a^2-2bc)$$
가 성립할 때, $a+b+c$의 최솟값을 구하시오.

0341 상위 1% 도전 · 유형 04

두 자연수 a, b에 대하여 일차식 $x-a$를 인수로 가지는 다항식 $P(x)=x^4-170x^2+b$가 다음 조건을 만족시킨다.

> 계수와 상수항이 모두 정수인 서로 다른 세 개의 다항식의 곱으로 인수분해된다.

모든 다항식 $P(x)$의 개수를 p라 하고, a가 최대일 때의 b의 값을 q라 할 때, $\dfrac{q}{(p+3)^2}$의 값을 구하시오.

서술형 문제

0342 빈출 · 유형 03

다항식 $(x+1)(x+3)(x-5)(x-7)+k$가 완전제곱식이 되도록 하는 실수 k의 값을 구하시오.

☑ **필요 개념 및 공식**
☐ $(x+a)(x+b)=x^2+(a+b)x+ab$
☐ $x^2+2ax+a^2=(x+a)^2$

0343 · 유형 10 + 유형 03

2 이상의 네 자연수 p, q, r, s에 대하여
$$(16^2-2\times16)^2-18\times(16^2-2\times16)+45$$
$$=p\times q\times r\times s$$
일 때, $p+q+r+s$의 값을 구하시오.

☑ **필요 개념 및 공식**
☐ 공통부분이 있는 다항식의 인수분해
☐ $x^2+(a+b)x+ab=(x+a)(x+b)$

0344 · 유형 05 + 유형 08

삼각형 ABC의 세 변의 길이 a, b, c에 대하여
$$a+b=3c, \ a^4+c^2a^2=b^2c^2+b^4$$
이 성립한다. 삼각형 ABC의 넓이가 $8\sqrt{2}$일 때, $a+b+c$의 값을 구하시오.

☑ **필요 개념 및 공식**
☐ 문자가 여러 개인 다항식의 인수분해
☐ 이등변삼각형의 성질   ☐ 피타고라스 정리

방정식과 부등식

개념 **01** 복소수

(1) **허수단위 i의 뜻**
제곱하여 -1이 되는 실수가 아닌 새로운 수를 기호 i로 나타내고, i를 허수단위라 한다.
즉, $i^2=-1$이고 $i=\sqrt{-1}$로 나타낸다.

(2) **복소수의 실수부분과 허수부분**
두 실수 a, b에 대하여 $a+bi$ 꼴의 수를 복소수라 하고, 이때 a를 실수 부분, b를 허수부분이라 한다.

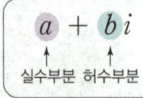
실수부분   허수부분

> 참고 $0i=0$이라 하면 임의의 실수 a는 $a=a+0i$로 나타낼 수 있으 므로 실수도 복소수이다.

(3) **복소수의 분류**
복소수는 다음과 같이 분류할 수 있다.

복소수 $a+bi$ $\begin{cases} \text{실수 } a & (b=0) \\ \text{허수 } a+bi & (b\neq0) \end{cases}$ (단, a, b는 실수)

> 참고   실수가 아닌 복소수 $a+bi$ $(b\neq0)$를 허수라 하고, 실수부분이 0인 복소수 bi $(b\neq0)$를 순허수라 한다.

(4) **복소수가 서로 같을 조건**
두 복소수 $a+bi$, $c+di$ $(a, b, c, d$는 실수)에 대하여
① $a+bi=c+di$이면 $a=c$, $b=d$이다.
② $a+bi=0$이면 $a=b=0$이다.

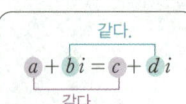
같다.
$a+bi=c+di$
같다.

[0345~0350] 다음 복소수의 실수부분과 허수부분을 구하시오.

0345 $3+5i$ **0346** $-3i$

0347 π **0348** $\dfrac{1-i}{2}$

0349 $\sqrt{3}-2i$ **0350** $\dfrac{3i-4}{2}$

[0351~0354] 다음 수를 │보기│에서 있는 대로 고르시오.

┌─── 보기 ┐
ㄱ. 4 ㄴ. $3i$ ㄷ. $2+i$ ㄹ. $1+\sqrt{2}$
ㅁ. $\sqrt{-9}$ ㅂ. $1+\sqrt{-4}$ ㅅ. $(1+\pi)i$ ㅇ. $\sqrt{5}i-1$
└────────┘

0351 실수   **0352** 허수

0353 순허수   **0354** 순허수가 아닌 허수

[0355~0358] 다음 등식을 만족시키는 두 실수 a, b의 값을 각각 구하시오.

0355 $a+bi=1+2i$ **0356** $a+bi=4$

0357 $a+3i=-2+bi$ **0358** $a+(a+b)i=2-3i$

개념 **02** 복소수의 사칙연산

(1) **켤레복소수**
복소수 $a+bi$ $(a, b$는 실수)에서 허수부분의 부호를 바꾼 복소수 $a-bi$를 $a+bi$의 켤레복소수라 하고, 기호로 $\overline{a+bi}$와 같이 나타낸다. 즉, $\overline{a+bi}=a-bi$이다.

(2) **복소수의 사칙연산**
a, b, c, d가 실수일 때
① 덧셈 : $(a+bi)+(c+di)=(a+c)+(b+d)i$
② 뺄셈 : $(a+bi)-(c+di)=(a-c)+(b-d)i$
③ 곱셈 : $(a+bi)(c+di)=(ac-bd)+(ad+bc)i$
④ 나눗셈 : $\dfrac{a+bi}{c+di}=\dfrac{ac+bd}{c^2+d^2}+\dfrac{bc-ad}{c^2+d^2}i$
$$(단, c+di\neq0)$$

(3) **i의 거듭제곱**
k가 자연수일 때
$$i^{4k-3}=i, \quad i^{4k-2}=-1$$
$$i^{4k-1}=-i, \; i^{4k}=1$$

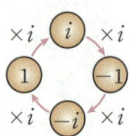

[0359~0362] 다음 복소수의 켤레복소수를 구하시오.

0359 $1+2i$ **0360** $i-1$

0361 $\sqrt{2}$ **0362** $5i$

[0363~0366] 다음을 계산하시오.

0363 $(1+2i)+(4-3i)$ **0364** $(2-3i)-(4-5i)$

0365 $(4+i)(3+2i)$ **0366** $\dfrac{1+i}{1-i}$

[0367~0370] 다음을 계산하시오.

0367 i^5 **0368** $(-i)^6$

0369 $(-i)^9$ **0370** i^8+i^{10}

개념 03 켤레복소수의 성질 [심화]

(1) **켤레복소수의 성질**
두 복소수 z_1, z_2와 각각의 켤레복소수 $\overline{z_1}$, $\overline{z_2}$에 대하여
① $\overline{z_1+z_2}=\overline{z_1}+\overline{z_2}$ ② $\overline{z_1-z_2}=\overline{z_1}-\overline{z_2}$
③ $\overline{z_1 z_2}=\overline{z_1}\times\overline{z_2}$ ④ $\overline{\left(\dfrac{z_1}{z_2}\right)}=\dfrac{\overline{z_1}}{\overline{z_2}}$ (단, $z_2\neq0$)
⑤ $\overline{(\overline{z_1})}=z_1$

(2) **실수와 순허수의 켤레복소수**
복소수 z에 대하여
① $z+\overline{z}=$ (실수), $z\overline{z}=$ (실수)
② $z=\overline{z}$이면 z는 실수
③ $z=-\overline{z}$이면 z는 순허수 또는 0

[0371~0376] 다음을 계산하시오.

0371 $\overline{(2-3i)+(1+4i)}$ **0372** $\overline{2-3i}+\overline{1+4i}$

0373 $\overline{(3-i)(1+2i)}$ **0374** $\overline{(3-i)}\,\overline{(1+2i)}$

0375 $\overline{\left(\dfrac{4-3i}{1-2i}\right)}$ **0376** $\dfrac{\overline{4-3i}}{\overline{1-2i}}$

[0377~0378] 복소수 $z=2+i$에 대하여 다음 식의 값을 구하시오. (단, $\overline{z}$는 z의 켤레복소수이다.)

0377 $z+\overline{z}$

0378 $z\overline{z}$

[0379~0380] 다음 조건을 만족시키는 복소수 z를 |보기|에서 있는 대로 고르시오.

┌─ 보기 ─┐
ㄱ. $1+i$　　ㄴ. $-3i$　　ㄷ. 0　　ㄹ. π
ㅁ. i^3　　ㅂ. $1+\sqrt{2}$　　ㅅ. $i-5$　　ㅇ. $\dfrac{1+i}{1-i}$

0379 $z=\overline{z}$인 복소수 z

0380 $z=-\overline{z}$인 복소수 z

개념 04 음수의 제곱근

(1) **음수의 제곱근**
a가 양의 실수일 때
① $\sqrt{-a}=\sqrt{a}i$
② $-a$의 제곱근은 $\sqrt{a}i$와 $-\sqrt{a}i$이다.

(2) **음수의 제곱근의 성질**
① $a<0$, $b<0$이면 $\sqrt{a}\sqrt{b}=-\sqrt{ab}$
그 외에는 $\sqrt{a}\sqrt{b}=\sqrt{ab}$
② $a>0$, $b<0$이면 $\dfrac{\sqrt{a}}{\sqrt{b}}=-\sqrt{\dfrac{a}{b}}$
그 외에는 $\dfrac{\sqrt{a}}{\sqrt{b}}=\sqrt{\dfrac{a}{b}}$ (단, $b\neq0$)

[참고] 제곱근의 연산 결과에 따른 실수의 부호
0이 아닌 두 실수 a, b에 대하여
① $\sqrt{a}\sqrt{b}=-\sqrt{ab}$이면 $a<0$, $b<0$
② $\dfrac{\sqrt{a}}{\sqrt{b}}=-\sqrt{\dfrac{a}{b}}$이면 $a>0$, $b<0$

[0381~0384] 다음 수를 허수단위 i를 사용하여 나타내시오.

0381 $\sqrt{-4}$ **0382** $-\sqrt{-18}$

0383 $\sqrt{-\dfrac{25}{9}}$ **0384** $-\sqrt{-\dfrac{9}{4}}$

[0385~0388] 다음 수의 제곱근을 구하시오.

0385 -4 **0386** -12

0387 $-\dfrac{1}{4}$ **0388** $-\dfrac{16}{9}$

[0389~0396] 다음을 $a+bi$ (a, b는 실수) 꼴로 나타내시오.

0389 $\sqrt{-6}\sqrt{-3}$ **0390** $\sqrt{-8}\sqrt{-2}$

0391 $\sqrt{-12}\sqrt{3}$ **0392** $\sqrt{2}\sqrt{-18}$

0393 $\dfrac{\sqrt{-12}}{\sqrt{3}}$ **0394** $\dfrac{\sqrt{-8}}{\sqrt{-2}}$

0395 $\dfrac{\sqrt{6}}{\sqrt{-3}}$ **0396** $\dfrac{\sqrt{18}}{\sqrt{-2}}$

유형 01 복소수의 뜻

복소수 $a+bi$ (a, b는 실수)에 대하여

복소수 $a+bi$ $\begin{cases} \text{실수 } a\ (b=0) \\ \text{허수} \begin{cases} \text{순허수 } bi\ (a=0,\ b\neq0) \\ \text{순허수가 아닌 허수 } a+bi\ (a\neq0,\ b\neq0) \end{cases} \end{cases}$

0397 ✔ 대표 예제

복소수 $a+bi$ (a, b는 실수)에 대하여 ⌐보기⌐에서 옳은 것만을 있는 대로 고른 것은?

⌐ 보기 ⌐
ㄱ. $a+bi$의 허수부분은 b이다.
ㄴ. $a\neq0$이면 허수이다.
ㄷ. $b\neq0$이면 실수이다.

① ㄱ   ② ㄴ   ③ ㄱ, ㄴ
④ ㄴ, ㄷ   ⑤ ㄱ, ㄴ, ㄷ

⌐ 완쏠 해설

ㄱ. 두 실수 a, b에 대하여 복소수 $a+bi$의 실수부분은 a이고, 허수부분은 b이다. (참)
ㄴ. $a=3$, $b=0$일 때, $3+0\times i=3$은 실수이다. (거짓)
ㄷ. $a=0$, $b=1$일 때, $0+1\times i=i$는 허수이다. (거짓)
따라서 옳은 것은 ㄱ이다.

> 허수단위 i가 없으면 실수이고, 있으면 허수야. 그리고 복소수 $a+bi$에서 허수부분은 bi가 아니라 b임을 유의해야 해. 또한, 실수와 허수를 통틀어 복소수라고 하는 것도 헷갈리지 말자.

답 ①

0398 대표 예제 한 번 더!

복소수 $a+bi$ (a, b는 실수)에 대하여 ⌐보기⌐에서 옳은 것만을 있는 대로 고른 것은?

⌐ 보기 ⌐
ㄱ. $a+bi$의 실수부분은 a이다.
ㄴ. $a=0$이면 허수이다.
ㄷ. $a\neq0$, $b\neq0$이면 순허수이다.

① ㄱ   ② ㄴ   ③ ㄱ, ㄴ
④ ㄴ, ㄷ   ⑤ ㄱ, ㄴ, ㄷ

0399

다음 복소수 중 순허수의 개수는?

$$2+i,\quad 1-\sqrt{2}i,\quad i,\quad -\frac{1}{2}i,\quad \sqrt{3}+i,\quad \frac{1}{3}-i$$

① 1   ② 2   ③ 3
④ 4   ⑤ 5

0400

다음 중 옳지 <u>않은</u> 것은?

① i는 허수이다.
② 0은 복소수이다.
③ π의 허수부분은 0이다.
④ 실수부분이 0인 복소수는 모두 허수이다.
⑤ 허수부분이 0인 복소수는 모두 실수이다.

0401

복소수 $a+bi$를 어떤 기준에 따라 다음 그림과 같이 세 주머니 A, B, C에 나누어 담으려고 한다. C 주머니에 들어갈 복소수로 알맞은 것은? (단, a, b는 실수이다.)

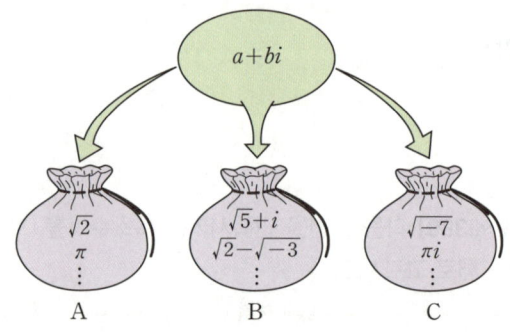

① 0   ② $1+\sqrt{-1}$ ③ $-\sqrt{-3}$
④ $\dfrac{1-i}{2}$ ⑤ 2

유형 02 복소수의 사칙연산

(1) 복소수의 덧셈과 뺄셈은 실수부분은 실수부분끼리, 허수부분은 허수부분끼리 계산한다.
(2) 복소수의 곱셈은 분배법칙을 이용하여 전개한 다음 $i^2 = -1$임을 이용하여 계산한다.
(3) 복소수의 나눗셈은 분모와 분자에 분모의 켤레복소수를 각각 곱하여 분모를 실수로 만들어준 후 계산한다.

0402 ✓ 대표 예제

다음 중 옳은 것은?

① $(1+i) + (2+3i) = 3+3i$

② $(3+7i) - (2+4i) = 1-3i$

③ $(1+i)(1-i) = 2$

④ $\dfrac{2}{1+i} = 2-2i$

⑤ $2(3+i) + i(-1+3i) = 9+i$

완쏠 해설

① $(1+i) + (2+3i) = (1+2) + (1+3)i = 3+4i$

② $(3+7i) - (2+4i) = (3-2) + (7-4)i = 1+3i$

③ $(1+i)(1-i) = 1-i^2 = 1-(-1) = 2$

④ $\dfrac{2}{1+i} = \dfrac{2(1-i)}{(1+i)(1-i)} = \dfrac{2(1-i)}{1-i^2} = \dfrac{2(1-i)}{2} = 1-i$

⑤ $2(3+i) + i(-1+3i) = 6+2i-i+3i^2$
$\qquad\qquad\qquad\qquad = (6-3) + (2-1)i = 3+i$

따라서 옳은 것은 ③이다.

> 복소수의 사칙연산은 i를 문자로 생각하여 계산하면 돼.
> 단, $i^2 = -1$이라는 것만 꼭 기억하자.

답 ③

0403 대표 예제 한 번 더!

다음 중 옳지 <u>않은</u> 것은?

① $(2+i) + (-5+3i) = -3+4i$

② $(1-3i) - (2i+1) = -5i$

③ $(2-\sqrt{2}i)^2 = 2-4\sqrt{2}i$

④ $\dfrac{1+8i}{2+i} = 2+3i$

⑤ $2(3-2i) - (1-i)(3+i) = 2-6i$

0404

복소수

$$3-i + \dfrac{i}{1+i} - 3i + \dfrac{2-i}{1-i}$$

의 실수부분을 a, 허수부분을 b라 할 때, $a+b$의 값은?

① 1 ② 2 ③ 3

④ 4 ⑤ 5

0405 교육청

$x = 2+i$, $y = 2-i$일 때, $x^4 + x^2y^2 + y^4$의 값은?

① 9 ② 10 ③ 11

④ 12 ⑤ 13

0406

$x = \dfrac{1}{2-i}$, $y = \dfrac{2}{3-i}$일 때, $25(x^2y + xy^2)$의 값은?

① $1+5i$ ② $1+7i$ ③ $3+5i$

④ $3+7i$ ⑤ $5+7i$

STEP 2 ✱ 유형 마스터

유형 03 복소수가 실수, 순허수가 되기 위한 조건

복소수 $z=a+bi$ (a, b는 실수) 꼴로 정리한 후
(1) z가 실수 ➡ $b=0$
(2) z가 순허수 ➡ $a=0$, $b \neq 0$
(3) z^2이 실수 ➡ $a=0$ 또는 $b=0$ (z는 실수 또는 순허수)
(4) z^2이 양의 실수 ➡ $a \neq 0$, $b=0$ (z는 0이 아닌 실수)
(5) z^2이 음의 실수 ➡ $a=0$, $b \neq 0$ (z는 순허수)
이어야 함을 이용한다.

0407 ✔ 대표 예제
복소수 $i(x+2i)^2$이 실수가 되도록 하는 양수 x의 값은?

① 1 　　　 ② 2 　　　 ③ 3
④ 4 　　　 ⑤ 5

⌐ 완쏠 해설

$$i(x+2i)^2 = i(x^2+4xi+4i^2)$$
$$= i(x^2+4xi-4)$$
$$= -4x+(x^2-4)i$$
이 복소수가 실수가 되려면 허수부분이 0이어야 하므로
$x^2-4=0$, $(x+2)(x-2)=0$　→ 실수부분이 0이어도 복소수는 실수이다.
$\therefore x=-2$ 또는 $x=2$
이때 x는 양수이므로
$x=2$

> 복소수가 실수가 되려면 i가 없어야 하니까 허수부분이 0이어야 해. 이것처럼 복소수 $z=a+bi$와 z^2이 실수, 순허수가 되기 위한 조건을 이해하고 외워 두도록 하자.

　　　　　　　　　　　　　　　 (답) ②

0408 대표 예제 한 번 더!
복소수 $(x-i)(x-2i)-(x+3i)$가 순허수가 되도록 하는 실수 x의 값은?

① -2 　　　 ② -1 　　　 ③ 0
④ 1 　　　 ⑤ 2

0409
복소수 $z=x^2i+(1-5i)x+6i-3$에 대하여 z^2이 양의 실수가 되도록 하는 실수 x의 값은?

① 1 　　　 ② 2 　　　 ③ 3
④ 4 　　　 ⑤ 5

0410
복소수 $z=\dfrac{5i}{a-i}$에 대하여 $(1+z)^2<0$이 성립하도록 하는 음수 a의 값을 α, 그때의 z의 값을 β라 할 때, $\alpha+\beta$의 값을 구하시오.

0411 교육청
5 이하의 두 자연수 m, n에 대하여 복소수 z를 $z=(m-n)+(m+n-4)i$라 하자. z^2이 실수가 되도록 하는 m, n의 모든 순서쌍 (m, n)의 개수는?

① 5 　　　 ② 7 　　　 ③ 9
④ 11 　　　 ⑤ 13

유형 04 복소수가 서로 같을 조건

복소수가 서로 같을 조건은 실수부분은 실수부분끼리, 허수부분은 허수부분끼리 서로 같을 때이다.
(1) a, b, c, d가 실수일 때
➡ $a+bi=c+di$이면 $a=c$, $b=d$
(2) a, b가 실수일 때
➡ $a+bi=0$이면 $a=0$, $b=0$

0412 ✓ 대표 예제

등식 $(2+i)x+(5-3i)y=9-i$를 만족시키는 두 실수 x, y에 대하여 $x+y$의 값은?

① 1   ② 2   ③ 3
④ 4   ⑤ 5

완쏠 해설

$(2+i)x+(5-3i)y=9-i$에서
$2x+xi+5y-3yi=9-i$
$(2x+5y)+(x-3y)i=9-i$
복소수가 서로 같을 조건에 의하여
$2x+5y=9$, $x-3y=-1$
위의 두 식을 연립하여 풀면
$x=2$, $y=1$
∴ $x+y=2+1=3$

> 실수부분은 실수부분끼리, 허수부분은 허수부분끼리 정리한 후, 복소수가 서로 같을 조건을 이용해 보자.

답 ③

0413 대표 예제 한 번 더!

등식 $(3-i)x+6+9i=3+yi$를 만족시키는 두 실수 x, y에 대하여 xy의 값은?

① -10 ② -4 ③ 2
④ 8   ⑤ 14

0414

등식 $\dfrac{x}{1+i}+\dfrac{y}{1-i}=2-3i$를 만족시키는 두 실수 x, y에 대하여 x^2+y^2의 값은?

① 18   ② 20   ③ 22
④ 24   ⑤ 26

0415

등식 $(a-i)(1+2i)=1+bi$를 만족시키는 두 실수 a, b에 대하여 $a-b$의 값은?

① 0   ② 1   ③ 2
④ 3   ⑤ 4

0416

두 양의 실수 x, y가 등식 $x^2i-3xyi+xy+y^2i-5=0$을 만족시킬 때, $x+y$의 값은?

① 1   ② 2   ③ 3
④ 4   ⑤ 5

유형 05 복소수에서의 식의 값

복소수 $z=a+bi$ (a, b는 실수)에서 z에 대한 이차식(또는 삼차식)의 값을 구할 경우는 $z-a=bi$로 변형하여 양변을 제곱한 다음 z에 대한 이차방정식을 이용한다.

0417 ✓ 대표 예제

$z=\dfrac{-1+\sqrt{3}i}{2}$일 때, $2z^2+4z+5$의 값은?

① $1-\sqrt{3}i$ ② $1+\sqrt{3}i$ ③ 2
④ $2-\sqrt{3}i$ ⑤ $2+\sqrt{3}i$

완쏠 해설

$z=\dfrac{-1+\sqrt{3}i}{2}$ 에서 $2z=-1+\sqrt{3}i$

$2z+1=\sqrt{3}i$

위의 식의 양변을 제곱하면

$4z^2+4z+1=-3$, $4z^2+4z+4=0$

$\therefore z^2+z+1=0$

따라서 $z^2=-z-1$이므로

$2z^2+4z+5=2(-z-1)+4z+5$

$\qquad\qquad\quad =2z+3$

$\qquad\qquad\quad =2\times\dfrac{-1+\sqrt{3}i}{2}+3$

$\qquad\qquad\quad =2+\sqrt{3}i$

> i를 포함한 항만 남기고 모두 좌변으로 이항하면 양변을 제곱하였을 때 허수단위 i를 없앨 수 있어.

다른 풀이

$z^2+z+1=0$이므로 $2z^2+4z+5$를 z^2+z+1로 나누면 몫은 2, 나머지는 $2z+3$이므로

$2z^2+4z+5=2(z^2+z+1)+2z+3$

$\qquad\qquad\quad =2z+3$ ($\because z^2+z+1=0$)

$\qquad\qquad\quad =2\times\dfrac{-1+\sqrt{3}i}{2}+3$

$\qquad\qquad\quad =2+\sqrt{3}i$

$$\begin{array}{r} 2 \\ z^2+z+1{\overline{\smash{\big)}\,2z^2+4z+5}} \\ \underline{2z^2+2z+2} \\ 2z+3 \end{array}$$

답 ⑤

0418 대표 예제 한 번 더!

$z=\dfrac{1}{1+i}$일 때, $2z^2-6z+3$의 값은?

① i ② $1+i$ ③ $2i$
④ $1+2i$ ⑤ $3i$

0419

$z=\dfrac{-1+\sqrt{7}i}{2}$일 때, z^3+2z^2+5z+4의 값은?

① $-1-\sqrt{7}i$ ② $-1+\sqrt{7}i$ ③ $\sqrt{7}i$
④ $1-\sqrt{7}i$ ⑤ $1+\sqrt{7}i$

0420

$z=\dfrac{1+\sqrt{3}i}{2}$일 때, $(z^2+1)^2-(z^2+1)+3$의 값은?

① 1 ② 2 ③ 3
④ 4 ⑤ 5

0421 ⬆️

$z=-1+\sqrt{3}i$일 때, $z^3+az^2+bz-12=0$을 만족시키는 두 실수 a, b에 대하여 $a+b$의 값은?

① -3 ② -1 ③ 1
④ 3 ⑤ 5

유형 06 켤레복소수의 성질

복소수 z의 켤레복소수를 $\bar{z}$라 할 때
(1) $z+\bar{z}=$ (실수)
(2) $z\bar{z}=$ (실수)
(3) $z=\bar{z}$ ➡ z는 실수
(4) $z=-\bar{z}$ ➡ z는 순허수 또는 0

0422 ✓ 대표 예제

0이 아닌 복소수

$$z=(x^2-4)+(x^2-x-6)i$$

에 대하여 $z=\bar{z}$가 성립할 때, 실수 x의 값은?

(단, $\bar{z}$는 z의 켤레복소수이다.)

① 1 　　　　② 2 　　　　③ 3
④ 4 　　　　⑤ 5

완쏠 해설

$z=\bar{z}$가 성립하므로 z는 실수이고,
$z\neq0$이므로 z는 0이 아닌 실수이다.
$z=(x^2-4)+(x^2-x-6)i$에서
$x^2-4\neq0$, $x^2-x-6=0$
$x^2-4\neq0$에서 $x^2\neq4$
$\therefore x\neq\pm2$ ⋯⋯ ㉠
$x^2-x-6=0$에서
$(x+2)(x-3)=0$
$\therefore x=-2$ 또는 $x=3$ ⋯⋯ ㉡
㉠, ㉡에서 $x=3$

> $z=a+bi$ (a, b는 실수)라 하면
> $\bar{z}=a-bi$이므로
> $z=\bar{z}$에서 $a+bi=a-bi$이고,
> 복소수가 서로 같을 조건에 의하여
> $b=0$이야.
> 따라서 $z=\bar{z}$이면 z는 실수야.

(답) ③

0423 대표 예제 한 번 더! 교육청

복소수 $z=x^2-(5-i)x+4-2i$에 대하여

$$\bar{z}=-z$$

를 만족시키는 모든 실수 x의 값의 합은?

(단, $\bar{z}$는 z의 켤레복소수이다.)

① 1 　　　　② 2 　　　　③ 3
④ 4 　　　　⑤ 5

0424

0이 아닌 복소수

$$z=(1+i)x^2-(5+7i)x+6(1+2i)$$

에 대하여 $\dfrac{1}{z}+\dfrac{1}{\bar{z}}=0$이 성립할 때, 실수 x의 값은?

(단, $\bar{z}$는 z의 켤레복소수이다.)

① -2 　　　② -1 　　　③ 0
④ 1 　　　　⑤ 2

0425

복소수 z의 켤레복소수를 $\bar{z}$라 할 때, 다음 중 옳지 않은 것은?

① $z\bar{z}=0$이면 $z=0$이다.
② $z^2+(\bar{z})^2$은 실수이다.
③ $z\neq0$이면 $\dfrac{1}{z}+\dfrac{1}{\bar{z}}$은 실수이다.
④ $z+\bar{z}=0$이면 z는 순허수이다.
⑤ z가 실수이거나 순허수이면 $z^2=(\bar{z})^2$이다.

0426

복소수 z와 그 켤레복소수 $\bar{z}$에 대하여 |보기|에서 옳은 것만을 있는 대로 고른 것은?

─── 보기 ───
ㄱ. $z^3+(\bar{z})^3$은 실수이다.
ㄴ. z^2이 순허수이면 $(\bar{z})^2$도 순허수이다.
ㄷ. 자연수 n에 대하여 $(\bar{z}-z)^{2n}$은 양의 실수이다.

① ㄱ 　　　　② ㄷ 　　　　③ ㄱ, ㄴ
④ ㄴ, ㄷ 　　　⑤ ㄱ, ㄴ, ㄷ

유형 07 켤레복소수의 성질을 이용한 연산

두 복소수 z_1, z_2와 각각의 켤레복소수 $\overline{z_1}$, $\overline{z_2}$에 대하여
(1) $\overline{z_1+z_2}=\overline{z_1}+\overline{z_2}$
(2) $\overline{z_1-z_2}=\overline{z_1}-\overline{z_2}$
(3) $\overline{z_1z_2}=\overline{z_1}\times\overline{z_2}$
(4) $\overline{\left(\dfrac{z_1}{z_2}\right)}=\dfrac{\overline{z_1}}{\overline{z_2}}$ (단, $z_2\neq0$)
(5) $\overline{(\overline{z_1})}=z_1$

0427 ✔대표 예제

$\alpha=2-i$, $\beta=2i+3$일 때, $\alpha\overline{\alpha}+\overline{\alpha}\beta+\alpha\overline{\beta}+\beta\overline{\beta}$의 값은?
(단, $\overline{\alpha}$, $\overline{\beta}$는 각각 α, β의 켤레복소수이다.)

① 25 　　② 26 　　③ 27
④ 28 　　⑤ 29

완쏠 해설

$\alpha\overline{\alpha}+\overline{\alpha}\beta+\alpha\overline{\beta}+\beta\overline{\beta}=\overline{\alpha}(\alpha+\beta)+\overline{\beta}(\alpha+\beta)$
$=(\alpha+\beta)(\overline{\alpha}+\overline{\beta})$
$=(\alpha+\beta)\overline{(\alpha+\beta)}$
이때 $\alpha=2-i$, $\beta=2i+3$이므로
$\alpha+\beta=2-i+2i+3=(2+3)+(-1+2)i=5+i$
$\therefore \alpha\overline{\alpha}+\overline{\alpha}\beta+\alpha\overline{\beta}+\beta\overline{\beta}=(\alpha+\beta)\overline{(\alpha+\beta)}$
$=(5+i)\overline{(5+i)}$
$=(5+i)(5-i)$
$=5^2-i^2$
$=25+1$
$=26$

 α, β를 바로 대입하는 것보다 주어진 식을 α, β에 대한 사칙연산을 이용하여 정리한 후에 대입하면 계산이 간단해져.

답 ②

0428 대표 예제 한 번 더!

두 복소수 α, β에 대하여 $\alpha-\beta=3-2i$일 때, $\alpha\overline{\alpha}+\beta\overline{\beta}-\overline{\alpha}\beta-\alpha\overline{\beta}$의 값은?
(단, $\overline{\alpha}$, $\overline{\beta}$는 각각 α, β의 켤레복소수이다.)

① 11 　　② 13 　　③ 15
④ 17 　　⑤ 19

0429

$z=3+i$일 때, $z^2\overline{z}+\overline{(z^2\overline{z})}$의 값은?
(단, $\overline{z}$는 z의 켤레복소수이다.)

① 52 　　② 54 　　③ 56
④ 58 　　⑤ 60

0430

두 복소수 α, β에 대하여
$$\overline{\alpha}-\overline{\beta}=2+3i, \ \overline{\alpha}\times\overline{\beta}=6i+11$$
일 때, $(\alpha+2)(\beta-2)$의 값은?
(단, $\overline{\alpha}$, $\overline{\beta}$는 각각 α, β의 켤레복소수이다.)

① $-3i$ 　　② -3 　　③ $-i$
④ 3 　　⑤ $3i$

0431

두 복소수 α, β에 대하여
$$\alpha\overline{\alpha}=\beta\overline{\beta}=6, \ \alpha+\beta=3i$$
일 때, $\alpha\beta$의 값은?
(단, $\overline{\alpha}$, $\overline{\beta}$는 각각 α, β의 켤레복소수이다.)

① $-6i$ 　　② -6 　　③ $6i$
④ 6 　　⑤ $6+6i$

유형 08 등식을 만족시키는 복소수 구하기

복소수 z를 포함한 등식이 주어질 때, $z=a+bi$ (a, b는 실수)라 하고 등식에 대입한 뒤, 복소수가 서로 같을 조건을 이용하여 a, b의 값을 구한다.

0432 ✓ 대표 예제

복소수 z와 그 켤레복소수 $\bar{z}$에 대하여
$(1+i)z+i\bar{z}=1+4i$가 성립할 때, 복소수 z는?

① $1+2i$ ② $1+3i$ ③ $1+4i$
④ $2+2i$ ⑤ $2+3i$

완쏠 해설

$z=a+bi$ (a, b는 실수)라 하면 $\bar{z}=a-bi$이므로
$(1+i)z+i\bar{z}=1+4i$에서
$(1+i)(a+bi)+i(a-bi)=1+4i$
$(a+bi+ai-b)+(ai+b)=1+4i$
$a+(2a+b)i=1+4i$
복소수가 서로 같을 조건에
의하여
$a=1$, $2a+b=4$
$\therefore a=1$, $b=2$
$\therefore z=1+2i$

> z는 복소수이므로 반드시 $z=a+bi$ (a, b는 실수)라 하고, 이것을 식에 대입한 다음 복소수가 서로 같을 조건을 이용하여 두 실수 a, b의 값을 구해야 해.

답 ①

0433 대표 예제 한 번 더!

등식 $(1-2i)z+2\bar{z}=4-3i$를 만족시키는 복소수 z는?
(단, $\bar{z}$는 z의 켤레복소수이다.)

① $1-i$ ② $1+i$ ③ $2-i$
④ $2+i$ ⑤ $2+2i$

0434

복소수 z와 그 켤레복소수 $\bar{z}$가 $z+\bar{z}=6$, $z\bar{z}=10$을 만족시킬 때, 다음 중 복소수 z가 될 수 있는 것은?

① $2+i$ ② $3+i$ ③ $4+i$
④ $2+2i$ ⑤ $3+2i$

0435

$\overline{z-zi}=5-i$를 만족시키는 복소수 z에 대하여 $z\bar{z}$의 값은?
(단, $\bar{z}$는 z의 켤레복소수이다.)

① 5 ② 7 ③ 9
④ 11 ⑤ 13

0436

복소수 z와 그 켤레복소수 $\bar{z}$가 다음 조건을 만족시킬 때, $\dfrac{z+\bar{z}}{2}$의 값은?

| (가) $(2-3i)+z$는 양의 실수이다. |
| (나) $z\bar{z}=13$ |

① -2 ② -1 ③ 1
④ 2 ⑤ 3

유형 09 허수단위 i의 거듭제곱 🌟중요

(1) 자연수 k에 대하여
→ $i^{4k-3}=i$, $i^{4k-2}=-1$, $i^{4k-1}=-i$, $i^{4k}=1$
참고 i^n (n은 자연수)의 값은 4개의 값 i, -1, $-i$, 1이 반복
되어 나타나므로 자연수 n을 4로 나누었을 때의 나머지
를 α ($\alpha=0, 1, 2, 3$)라 하면 $i^n=i^\alpha$이다.
(2) 자연수 n에 대하여 다음이 성립한다.
→ $i^n+i^{n+1}+i^{n+2}+i^{n+3}=0$, $\dfrac{1}{i^n}+\dfrac{1}{i^{n+1}}+\dfrac{1}{i^{n+2}}+\dfrac{1}{i^{n+3}}=0$

0437 ✓대표 예제

$i+i^2+i^3+\cdots+i^{100}$을 간단히 하면?

① -1 ② 0 ③ 1
④ $-i$ ⑤ i

〔 완쏠 해설 〕

자연수 k에 대하여
$i^{4k-3}=i$, $i^{4k-2}=-1$, $i^{4k-1}=-i$, $i^{4k}=1$
이므로
$i+i^2+i^3+\cdots+i^{100}$ ← $i^4=1$임을 이용하면
$=(i+i^2+i^3+i^4)+\underline{(i^5+i^6+i^7+i^8)}+\cdots$ $i^4(i+i^2+i^3+i^4)=i+i^2+i^3+i^4$
$\qquad\qquad\qquad\qquad\quad +(i^{97}+i^{98}+i^{99}+i^{100})$ $i^{4\times24}(i+i^2+i^3+i^4)=i+i^2+i^3+i^4$
$=(i-1-i+1)+(i-1-i+1)+\cdots+(i-1-i+1)$
$=0$

> 허수단위 i의 거듭제곱은 i, -1, $-i$, 1이 반복되는 규칙이
> 있어서 복잡해 보이는 식도 반복되는 값들을 묶어서 계산하면
> 간단하게 풀 수 있어. 같은 방법으로 $-i$의 거듭제곱과 $\dfrac{1}{i}$의 거
> 듭제곱의 규칙도 찾아보자.

〔답〕②

0438 대표 예제 한 번 더!

$1+\dfrac{1}{i}+\dfrac{1}{i^2}+\dfrac{1}{i^3}+\cdots+\dfrac{1}{i^{200}}$ 을 간단히 하면?

① -1 ② 0 ③ 1
④ $-i$ ⑤ i

0439

두 실수 a, b에 대하여
$$i-2i^2+3i^3-4i^4+\cdots+29i^{29}-30i^{30}=a+bi$$
일 때, $a+b$의 값은?

① 28 ② 29 ③ 30
④ 31 ⑤ 32

0440 교육청

등식
$$(i+i^2)+(i^2+i^3)+(i^3+i^4)+\cdots+(i^{18}+i^{19})=a+bi$$
를 만족시키는 두 실수 a, b에 대하여 $4(a+b)^2$의 값을 구
하시오.

0441

등식
$$i+i^2+i^3+\cdots+i^n=-1+i$$
가 성립하도록 하는 40 이하의 자연수 n의 개수는?

① 6 ② 7 ③ 8
④ 9 ⑤ 10

유형 10 $1+i$, $1-i$ 꼴의 거듭제곱

자연수 n에 대하여
(1) $(1+i)^n$, $(1-i)^n$ 꼴을 포함한 식의 값
➡ $(1+i)^2=2i$, $(1-i)^2=-2i$임을 이용한다.
(2) $\left(\dfrac{1+i}{1-i}\right)^n$, $\left(\dfrac{1-i}{1+i}\right)^n$ 꼴을 포함한 식의 값
➡ $\dfrac{1+i}{1-i}=i$, $\dfrac{1-i}{1+i}=-i$임을 이용한다.

0442 ✓ 대표 예제

$\left(\dfrac{1-i}{1+i}\right)^{32}+\left(\dfrac{1+i}{1-i}\right)^{32}$을 간단히 하면?

① -2 ② $-i$ ③ 0
④ i ⑤ 2

완쏠 해설

$\dfrac{1-i}{1+i}=\dfrac{(1-i)(1-i)}{(1+i)(1-i)}=\dfrac{-2i}{2}=-i$

$\dfrac{1+i}{1-i}=\dfrac{(1+i)(1+i)}{(1-i)(1+i)}=\dfrac{2i}{2}=i$

$\therefore \left(\dfrac{1-i}{1+i}\right)^{32}+\left(\dfrac{1+i}{1-i}\right)^{32}=(-i)^{32}+i^{32}$

$\qquad\qquad\qquad\qquad\qquad =i^{32}+i^{32}$

$\qquad\qquad\qquad\qquad\qquad =(i^4)^8+(i^4)^8$

$\qquad\qquad\qquad\qquad\qquad =1+1=2$

복소수의 거듭제곱은 몇 개의 값들이 반복되는 규칙이 있어. 그 규칙을 찾을 때까지 각 항을 거듭제곱하여 계산해야 해. 이 문제처럼 n번 거듭제곱했을 때의 값을 구하는 것 외에도 몇 개의 숫자가 반복되는지, 반복되는 숫자들의 합은 얼마인지, … 등등 다양하게 물어볼 수 있지만 가장 중요한 것은 규칙을 찾는 거야.

답 ⑤

0443 대표 예제 한 번 더!

$\left(\dfrac{1-i}{1+i}\right)^{46}+\left(\dfrac{1+i}{1-i}\right)^{46}$을 간단히 하면?

① $-2i$ ② -2 ③ 0
④ 2 ⑤ $2i$

0444

$(1+i)^{200}+(1-i)^{200}$을 간단히 하면?

① -2^{101} ② -2^{100} ③ 0
④ 2^{100} ⑤ 2^{101}

0445

$z=\dfrac{1-i}{\sqrt{2}}$일 때, $1+z+z^2+\cdots+z^8$을 간단히 하면?

① -1 ② 0 ③ 1
④ $-i$ ⑤ i

0446 교육청

100 이하의 자연수 n에 대하여
$$(1-i)^{2n}=2^n i$$
를 만족시키는 모든 n의 개수를 구하시오.

(1) 음수의 제곱근을 허수단위 i를 사용하여 나타낸다.
　➡ $a>0$일 때, $\sqrt{-a}=\sqrt{a}\,i$
(2) 음수의 제곱근의 성질을 이용하여 계산한다.
　① $a<0$, $b<0$일 때, $\sqrt{a}\sqrt{b}=-\sqrt{ab}$
　② $a>0$, $b<0$일 때, $\dfrac{\sqrt{a}}{\sqrt{b}}=-\sqrt{\dfrac{a}{b}}$

0447 ✓ 대표 예제

등식

$$\sqrt{3}\sqrt{-3}+\sqrt{-2}\sqrt{-8}+\frac{\sqrt{12}}{\sqrt{-3}}+\frac{\sqrt{-18}}{\sqrt{-2}}=a+bi$$

를 만족시키는 두 실수 a, b에 대하여 ab의 값은?

① -2　　　　② -1　　　　③ 0
④ 1　　　　⑤ 2

완쏠 해설

$$\sqrt{3}\sqrt{-3}+\sqrt{-2}\sqrt{-8}+\frac{\sqrt{12}}{\sqrt{-3}}+\frac{\sqrt{-18}}{\sqrt{-2}}$$
$$=\sqrt{3}\times\sqrt{3}i+\sqrt{2}i\times2\sqrt{2}i+\frac{2\sqrt{3}}{\sqrt{3}i}+\frac{3\sqrt{2}i}{\sqrt{2}i}$$
$$=3i-4-2i+3=-1+i$$

따라서 $-1+i=a+bi$이므로 복소수가 서로 같을 조건에 의하여
$a=-1$, $b=1$　　$\therefore ab=(-1)\times1=-1$

다른 풀이

$$\sqrt{3}\sqrt{-3}+\sqrt{-2}\sqrt{-8}+\frac{\sqrt{12}}{\sqrt{-3}}+\frac{\sqrt{-18}}{\sqrt{-2}}$$
음수의 제곱근의 성질을 이용한다.
$$=\sqrt{-9}-\sqrt{16}-\sqrt{\frac{12}{3}}+\sqrt{\frac{18}{2}}$$
$$=3i-4-2i+3=-1+i$$

제곱근 안에 음수가 있으면 모두 허수단위 i로 나타낸 뒤 계산해야 해.
$\sqrt{-2}\sqrt{-8}=\sqrt{(-2)(-8)}=\sqrt{16}=4$가 아니라
$\sqrt{-2}\sqrt{-8}=\sqrt{2}i\times2\sqrt{2}i=4i^2=-4$라는 것에 주의하자.

답 ②

0448 대표 예제 한 번 더!

등식

$$\sqrt{-6}\sqrt{-3}+\sqrt{-5}\sqrt{15}+\frac{\sqrt{24}}{\sqrt{-2}}+\frac{\sqrt{-6}}{\sqrt{-3}}=a+bi$$

를 만족시키는 두 실수 a, b에 대하여 a^2+b^2의 값을 구하시오.

0449

다음 중 옳은 것은?

① $\sqrt{-2}\sqrt{-3}=-\sqrt{-6}$　　② $\dfrac{\sqrt{-2}}{\sqrt{3}}=-\sqrt{\dfrac{2}{3}}$

③ $\sqrt{3}\times\dfrac{\sqrt{6}}{\sqrt{-2}}=3i$　　④ $\sqrt{-2}\times\dfrac{\sqrt{-10}}{\sqrt{5}}=2$

⑤ $\sqrt{-6}\times\dfrac{\sqrt{2}}{\sqrt{-3}}=2$

0450

0이 아닌 두 실수 x, y에 대하여 $x+y=-10$, $xy=1$일 때,
$\sqrt{\dfrac{x}{y}}+\sqrt{\dfrac{y}{x}}$의 값은?

① 6　　　　② 7　　　　③ 8
④ 9　　　　⑤ 10

0451

$0<x<1$인 실수 x에 대하여 복소수 z를
$$z=\sqrt{x-1}\times\sqrt{1-x}+\frac{\sqrt{1-x}}{\sqrt{-x}}\times\sqrt{1-\frac{1}{x}}$$
이라 할 때, 복소수 z의 실수부분과 허수부분의 합과 같은 것은?

① $x+\dfrac{1}{x}$　　② $x-\dfrac{1}{x}$　　③ $-x+\dfrac{1}{x}$

④ $-x+\dfrac{1}{x}+1$　　⑤ $x+\dfrac{1}{x}+1$

유형 12 음수의 제곱근의 성질

두 실수 a, b에 대하여
(1) $\sqrt{a}\sqrt{b}=-\sqrt{ab}$ ➡ $a<0$, $b<0$ 또는 $a=0$ 또는 $b=0$
(2) $\dfrac{\sqrt{a}}{\sqrt{b}}=-\sqrt{\dfrac{a}{b}}$ ➡ $a>0$, $b<0$ 또는 $a=0$, $b\neq0$

0452 ✔대표 예제

0이 아닌 두 실수 a, b에 대하여

$$\sqrt{a}\sqrt{b}=-\sqrt{ab}$$

일 때, $\sqrt{(a+b)^2}+|a|+|b|$를 간단히 하면?

① $-2a$ ② $-2b$ ③ $2a-2b$
④ $-2a+2b$ ⑤ $-2a-2b$

완쏠 해설

0이 아닌 두 실수 a, b에 대하여
$\sqrt{a}\sqrt{b}=-\sqrt{ab}$이므로
$a<0$, $b<0$
$\therefore a+b<0$
$\therefore \sqrt{(a+b)^2}+|a|+|b|=|a+b|-a-b$
$\qquad\qquad\qquad\qquad\quad =-(a+b)-a-b$
$\qquad\qquad\qquad\qquad\quad =-2a-2b$

> **유형 11**에서 학습한 내용의 반대 과정을 이용하는 문제야. 하지만 두 실수 a, b가 0이 아니라는 조건이 있으면 결과가 다르다는 것에 유의해야 해. 또한, $\sqrt{a^2}=|a|$는 제곱근을 다루는 문제에서 자주 나오는 개념이니까 다시 한 번 잘 기억해두자.

답 ⑤

0453 대표 예제 한 번 더!

0이 아닌 두 실수 a, b에 대하여

$$\frac{\sqrt{a}}{\sqrt{b}}=-\sqrt{\frac{a}{b}}$$

일 때, $\sqrt{(a+b)^2}+|a|+|b|$를 간단히 하면?

(단, $|a|<|b|$)

① $-2a$ ② $-2b$ ③ $-2a-2b$
④ $-2a+2b$ ⑤ $2a-2b$

0454

등식

$$\sqrt{-n+1}\sqrt{n-4}=-\sqrt{-n^2+5n-4}$$

를 만족시키는 정수 n의 개수는?

① 1   ② 2   ③ 3
④ 4   ⑤ 5

0455

등식

$$\sqrt{\frac{4}{x-5}+1}=-\frac{\sqrt{x-1}}{\sqrt{x-5}}$$

을 만족시키는 모든 실수 x에 대하여 등식

$$|x-1|+|x-5|=ax+b$$

가 성립한다. 두 실수 a, b에 대하여 a^2+b^2의 값은?

(단, $x\neq1$, $x\neq5$)

① 16   ② 20   ③ 25
④ 29   ⑤ 36

0456

$0<|a|<|b|<|c|$인 세 실수 a, b, c가

$$\sqrt{a}\sqrt{b}=\sqrt{ab},\ \frac{\sqrt{c}}{\sqrt{b}}=-\sqrt{\frac{c}{b}}$$

를 만족시킬 때, 보기에서 옳은 것만을 있는 대로 고른 것은?

┌─ 보기 ─┐
ㄱ. $|ab|=ab$
ㄴ. $|b+c|=b+c$
ㄷ. $|ac+bc|=ac+bc$
└────────┘

① ㄱ   ② ㄴ   ③ ㄱ, ㄷ
④ ㄴ, ㄷ   ⑤ ㄱ, ㄴ, ㄷ

0457 빈출 · 유형 03

복소수 $\alpha=3+2i$와 복소수 β에 대하여 $\alpha+\beta$와 $\alpha\beta$가 모두 실수일 때, $\alpha^2+\beta^2$의 값은?

① 8 ② 10 ③ 12
④ 14 ⑤ 16

0458 · 유형 08 + 유형 12

두 실수 x, y에 대하여 $\dfrac{\sqrt{x}}{\sqrt{y}}=-\sqrt{\dfrac{x}{y}}$일 때, 등식 $x^2-y^2i=-x+6yi+12$를 만족시키는 x, y의 값을 각각 α, β라 하자. $\alpha\beta$의 값은?

① -18 ② -12 ③ -6
④ 6 ⑤ 12

0459 · 유형 06

0이 아닌 두 복소수
$$\alpha=(a+b-2)+(a-b-1)i,$$
$$\beta=(a+b-1)+(a-b+1)i$$
가 $\alpha+\overline{\alpha}=\beta-\overline{\beta}=0$을 만족시킬 때, 두 실수 a, b에 대하여 ab의 값은? (단, $\overline{\alpha}, \overline{\beta}$는 각각 α, β의 켤레복소수이다.)

① $\dfrac{1}{4}$ ② $\dfrac{1}{2}$ ③ $\dfrac{3}{4}$
④ 1 ⑤ $\dfrac{5}{4}$

0460 · 유형 07

다음 조건을 만족시키는 실수 a, b, c, d에 대하여 $a^2+b^2+c^2+d^2$의 값은?

(가) $\dfrac{47+48i}{47-48i}=a+bi$ (나) $\dfrac{49-50i}{49+50i}=c+di$

① 2 ② 3 ③ 4
④ 5 ⑤ 6

0461 · 유형 10

자연수 n에 대하여 복소수 Z_n을
$$Z_n=\left(\dfrac{1+i}{2}\right)^n$$
이라 할 때, $4n\times Z_n$이 정수가 되도록 하는 모든 자연수 n의 값의 합을 구하시오.

0462 · 유형 05 + 유형 07

복소수 $\omega=\dfrac{1+\sqrt{7}i}{2}$에 대하여 $z=\dfrac{3\omega-1}{\omega+1}$일 때, $z\overline{z}$의 값은? (단, $\overline{z}$는 z의 켤레복소수이다.)

① $\dfrac{1}{4}$ ② $\dfrac{1}{2}$ ③ 1
④ 2 ⑤ 4

0463 교육청 · 유형 10

$\left(\dfrac{\sqrt{2}}{1+i}\right)^n+\left(\dfrac{\sqrt{3}+i}{2}\right)^n=2$를 만족시키는 자연수 n의 최솟값을 구하시오.

0464 🔍 사고력 · 유형 12

등식 $abcd+7=0$이 성립하도록 하는 실수 a, b, c, d가 등식 $ki=\sqrt{a}\times\sqrt{b}\times\sqrt{c}\times\sqrt{d}$를 만족시킬 때, 서로 다른 모든 실수 k의 값의 곱은?

① $-7\sqrt{7}$ ② -7 ③ $-\sqrt{7}$

④ $\sqrt{7}$ ⑤ 7

0465 · 유형 07

세 복소수 z_1, z_2, z_3에 대하여

$$z_1\overline{z_1}=z_2\overline{z_2}=z_3\overline{z_3}=2,$$
$$(z_1+z_2+z_3)(z_1z_2+z_2z_3+z_3z_1)=6z_1z_2z_3$$

일 때, $(z_1+z_2+z_3)\overline{(z_1+z_2+z_3)}$의 값은?

(단, $\overline{z}$는 z의 켤레복소수이다.)

① $\dfrac{1}{3}$ ② 1 ③ 3

④ 6 ⑤ 12

0466 상위 1% 도전 🏃 · 유형 07 + 유형 08

실수부분과 허수부분이 모두 자연수인 두 복소수 α, β에 대하여 |보기|에서 옳은 것만을 있는 대로 고른 것은?

(단, $\overline{\alpha}$, $\overline{\beta}$는 각각 α, β의 켤레복소수이다.)

―――― 보기 ――――

ㄱ. $\alpha\overline{\alpha}+\beta\overline{\beta}>0$

ㄴ. $\dfrac{\overline{\alpha}}{\alpha}+\dfrac{\overline{\beta}}{\beta}\geq0$

ㄷ. $\alpha\overline{\alpha}=5$일 때, $\alpha\overline{\alpha}-\alpha\overline{\beta}-\beta\overline{\alpha}+\beta\overline{\beta}=20$이면 $\beta\overline{\beta}$의 최솟값은 41이다.

① ㄱ ② ㄷ ③ ㄱ, ㄷ

④ ㄴ, ㄷ ⑤ ㄱ, ㄴ, ㄷ

✏️ 서술형 문제

0467 빈출 · 유형 09 + 유형 10

복소수 $z=\dfrac{1+i}{1-i}$에 대하여 $1+z+z^2+\cdots+z^{125}$의 값을 구하시오.

☑ 필요 개념 및 공식
☐ 복소수의 나눗셈   ☐ 허수단위 i의 거듭제곱의 성질

0468 · 유형 03

두 복소수

$$z_1=(x^2+x-6)+(y^2-3y+2)i,$$
$$z_2=(x^2-x-2)+(y^2+2y-3)i$$

에 대하여 iz_1, z_2가 모두 순허수가 되도록 하는 두 실수 x, y에 대하여 $x+y$의 값을 구하시오.

☑ 필요 개념 및 공식
☐ 복소수의 사칙연산   ☐ 복소수가 순허수가 되기 위한 조건

0469 · 유형 06 + 유형 08

$\alpha^2+\left(\overline{\alpha}\right)^2=0$을 만족시키는 0이 아닌 복소수 α에 대하여 $\dfrac{(\alpha+\overline{\alpha})^3}{\alpha^3+\left(\overline{\alpha}\right)^3}$의 값을 구하시오.

(단, $\overline{\alpha}$는 α의 켤레복소수이다.)

☑ 필요 개념 및 공식
☐ 복소수 α의 표현   ☐ 곱셈 공식의 변형

개념 **01** 이차방정식의 풀이

(1) **이차방정식의 실근과 허근**

계수가 실수인 이차방정식 $ax^2+bx+c=0$은 복소수 범위에서 항상 근을 갖는다.

이때 실수인 근을 실근, 허수인 근을 허근이라 한다.

(2) **이차방정식의 풀이**

① 인수분해를 이용한 풀이

이차방정식 $(ax-b)(cx-d)=0$의 근은

$$x=\frac{b}{a} \text{ 또는 } x=\frac{d}{c}$$

참고 **완전제곱식을 이용한 이차방정식의 풀이**
x에 대한 이차방정식 $(x-a)^2=b$의 근은
$$x=a\pm\sqrt{b}$$

② 근의 공식을 이용한 풀이

이차방정식 $ax^2+bx+c=0$의 근은

$$x=\frac{-b\pm\sqrt{b^2-4ac}}{2a}$$

참고 x의 계수가 짝수인 이차방정식 $ax^2+2b'x+c=0$의 근은
$$x=\frac{-b'\pm\sqrt{b'^2-ac}}{a}$$

[0470~0471] 이차방정식 $x^2+4=0$의 근을 다음 범위에서 구하시오.

0470 실수의 범위

0471 복소수의 범위

[0472~0477] 다음 이차방정식의 근을 구하고, 그 근이 실근인지 허근인지 말하시오.

0472 $x^2-7x+6=0$

0473 $x^2-6x+1=0$

0474 $x^2-8x+16=0$

0475 $x^2+\frac{1}{6}x-\frac{1}{6}=0$

0476 $x^2+3x+1=0$

0477 $4x^2+2x+1=0$

개념 **02** 이차방정식의 근과 판별

(1) **이차방정식의 판별식**

계수가 실수인 이차방정식 $ax^2+bx+c=0$의 근

$x=\dfrac{-b\pm\sqrt{b^2-4ac}}{2a}$ 가 실근인지 허근인지는 근호 안의

식 b^2-4ac의 값의 부호에 따라 판별할 수 있으므로 b^2-4ac를 이차방정식 $ax^2+bx+c=0$의 판별식이라 하고, 기호 D로 나타낸다. 즉, $D=b^2-4ac$이다.

(2) **이차방정식의 근의 판별**

계수가 실수인 이차방정식 $ax^2+bx+c=0$에서 $D=b^2-4ac$라 할 때

① $D>0$이면 서로 다른 두 실근을 갖는다. — $D\geq0$이면 실근을 갖는다.

② $D=0$이면 중근(서로 같은 두 실근)을 갖는다.

③ $D<0$이면 서로 다른 두 허근을 갖는다.

참고 x의 계수가 짝수인 이차방정식 $ax^2+2b'x+c=0$에서는
$D=(2b')^2-4ac=4b'^2-4ac$이므로 $\dfrac{D}{4}=b'^2-ac$의 값의
부호로 근을 판별할 수 있다.

[0478~0480] 다음 이차방정식의 근을 판별하시오.

0478 $5x^2-x-3=0$

0479 $4x^2-4x+1=0$

0480 $2x^2+2\sqrt{2}x+3=0$

[0481~0483] 이차방정식 $x^2+3x-k=0$이 다음과 같은 근을 갖도록 하는 실수 k의 값 또는 범위를 구하시오.

0481 서로 다른 두 실근

0482 중근

0483 서로 다른 두 허근

[0484~0486] 이차방정식 $x^2-10x+5k=0$이 다음과 같은 근을 갖도록 하는 실수 k의 값 또는 범위를 구하시오.

0484 서로 다른 두 실근

0485 중근

0486 서로 다른 두 허근

개념 03 이차방정식의 근과 계수의 관계

(1) **이차방정식의 근과 계수의 관계**
이차방정식 $ax^2+bx+c=0$의 두 근을 α, β라 하면
$$\alpha+\beta=-\frac{b}{a},\ \alpha\beta=\frac{c}{a}$$

(2) **두 수를 근으로 하는 이차방정식**
두 수 α, β를 근으로 하고 x^2의 계수가 1인 이차방정식은
$$(x-\alpha)(x-\beta)=0,\ 즉\ x^2-(\alpha+\beta)x+\alpha\beta=0$$
> 참고 두 수 α, β를 근으로 하고 x^2의 계수가 a인 이차방정식은 $a(x-\alpha)(x-\beta)=0$이다.

(3) **이차식의 인수분해**
이차방정식 $ax^2+bx+c=0$의 두 근을 α, β라 하면
$$ax^2+bx+c=a(x-\alpha)(x-\beta)$$
> 참고 이차방정식 $ax^2+bx+c=0$ (a, b, c는 실수)이 복소수의 범위에서 항상 근을 가지므로 x에 대한 이차식 ax^2+bx+c는 복소수의 범위에서 항상 인수분해할 수 있다.

[0487~0492] 이차방정식 $x^2+2x-7=0$의 두 근을 α, β라 할 때, 다음 식의 값을 구하시오. (단, $\alpha<\beta$)

0487 $\alpha+\beta$

0488 $\alpha\beta$

0489 $\alpha^2+\beta^2$

0490 $|\alpha-\beta|$

0491 $(\alpha-1)(\beta-1)$

0492 $\dfrac{\beta}{\alpha}+\dfrac{\alpha}{\beta}$

[0493~0496] 다음 두 수를 근으로 하고 x^2의 계수가 1인 이차방정식을 구하시오.

0493 -3, 5

0494 $2+\sqrt{3}$, $2-\sqrt{3}$

0495 $3+i$, $3-i$

0496 $1+\sqrt{5}i$, $1-\sqrt{5}i$

0497 두 수 $\dfrac{3}{2}$, $-\dfrac{1}{3}$을 근으로 하고 x^2의 계수가 6인 이차방정식을 구하시오.

[0498~0500] 다음 이차식을 복소수의 범위에서 인수분해하시오.

0498 x^2-x-4

0499 x^2+36

0500 $2x^2-5x+7$

개념 04 이차방정식의 켤레근

이차방정식 $ax^2+bx+c=0$에서
(1) a, b, c가 유리수일 때, $p+q\sqrt{m}$이 근이면 $p-q\sqrt{m}$도 근이다. (단, p, q는 유리수, $q\neq0$, $\sqrt{m}$은 무리수)
> 주의 이차방정식의 계수가 유리수라는 조건이 없으면 $p+q\sqrt{m}$이 한 근일 때, 다른 한 근이 반드시 $p-q\sqrt{m}$이 되는 것은 아니다.

(2) a, b, c가 실수일 때, $p+qi$가 근이면 $p-qi$도 근이다.
(단, p, q는 실수, $q\neq0$, $i=\sqrt{-1}$)
> 참고 $q\neq0$일 때, $p+q\sqrt{m}$과 $p-q\sqrt{m}$, $p+qi$와 $p-qi$를 각각 켤레근이라 한다.
> 예 (1) a, b, c가 유리수일 때, 이차방정식 $ax^2+bx+c=0$의 한 근이 $1+\sqrt{2}$이면 다른 한 근은 $1-\sqrt{2}$이다.
> (2) a, b, c가 실수일 때, 이차방정식 $ax^2+bx+c=0$의 한 근이 $1-3i$이면 다른 한 근은 $1+3i$이다.

[0501~0502] 다음 조건을 만족시키는 유리수 a, b의 값을 각각 구하시오.

0501 이차방정식 $x^2+ax+b=0$의 한 근이 $1+\sqrt{3}$이다.

0502 이차방정식 $x^2+ax+b=0$의 한 근이 $3-2\sqrt{2}$이다.

[0503~0504] 다음 조건을 만족시키는 실수 a, b의 값을 각각 구하시오.

0503 이차방정식 $x^2+ax+b=0$의 한 근이 $2-i$이다.

0504 이차방정식 $x^2+ax+b=0$의 한 근이 $-1+\sqrt{2}i$이다.

유형 01 이차방정식의 풀이

이차방정식은 다음과 같이 푼다.
(1) 이차방정식 $(ax-b)(cx-d)=0$의 근은
$$x=\frac{b}{a} \text{ 또는 } x=\frac{d}{c}$$ ← 좌변이 인수분해되는 경우
(2) 이차방정식 $ax^2+bx+c=0$의 근은 근의 공식에 의하여
$$x=\frac{-b\pm\sqrt{b^2-4ac}}{2a}$$

0505 ✓ 대표 예제

이차방정식 $x^2+x+4=0$의 근이 $x=\dfrac{a\pm\sqrt{b}i}{2}$일 때, 두 유리수 a, b에 대하여 $a+b$의 값은?

① 10 　　　② 11 　　　③ 12
④ 13 　　　⑤ 14

완쏠 해설

이차방정식의 근을 근의 공식을 이용하여 구하면
$$x=\frac{-1\pm\sqrt{1^2-4\times1\times4}}{2\times1}=\frac{-1\pm\sqrt{15}i}{2}$$
따라서 $a=-1$, $b=15$이므로
$$a+b=(-1)+15$$
$$=14$$

> 계수가 실수인 모든 이차방정식은 근의 공식을 이용하면 근을 구할 수 있으니까 이차방정식 $x^2+x+4=0$과 같이 좌변의 다항식을 인수분해하기 어려운 경우 근의 공식을 이용하여 해결하면 돼.

답 ⑤

0506 대표 예제 한 번 더!

이차방정식 $x^2-\sqrt{2}x+3=0$의 근이 $x=\dfrac{\sqrt{a}\pm\sqrt{b}i}{2}$일 때, 두 유리수 a, b에 대하여 $a-b$의 값은?

① -2 　　　② -4 　　　③ -6
④ -8 　　　⑤ -10

0507

방정식 $x+\dfrac{1}{x}=1$의 근이 $x=\dfrac{a\pm\sqrt{b}i}{2}$일 때, 두 유리수 a, b에 대하여 ab의 값은?

① 1 　　　② 2 　　　③ 3
④ 4 　　　⑤ 5

0508

이차방정식 $(2x-1)^2=4(2x-1)-5$의 두 허근 중 하나가 $x=\dfrac{a+b}{2}i$일 때, $a+b$의 값은?

(단, a, b는 자연수이다.)

① 8 　　　② 9 　　　③ 10
④ 11 　　　⑤ 12

0509

등식
$$(a^2-2a-3)x+(2b^2+b-3)=0$$
이 x에 대한 항등식일 때, 두 상수 a, b에 대하여 $a+b$의 최댓값은?

① -4 　　　② -2 　　　③ 0
④ 2 　　　⑤ 4

유형 02 한 근이 주어진 이차방정식

미정계수를 포함한 이차방정식 $ax^2+bx+c=0$의 한 근 α가 주어진 경우
➡ $a\alpha^2+b\alpha+c=0$임을 이용하여 미정계수를 구한 후 이를 이용하여 다른 한 근을 구한다.

0510 ✓ 대표 예제

이차방정식 $x^2+ax+a-5=0$의 한 근이 1일 때, 다른 한 근은? (단, a는 상수이다.)

① -1 ② -2 ③ -3
④ -4 ⑤ -5

완쏠 해설

이차방정식 $x^2+ax+a-5=0$의 한 근이 1이므로
$1^2+a\times1+a-5=0$, $2a=4$
$\therefore a=2$
$a=2$를 주어진 이차방정식에 대입하면
$x^2+2x-3=0$이므로
$(x+3)(x-1)=0$
$\therefore x=-3$ 또는 $x=1$
따라서 다른 한 근은 -3이다.

> 이차방정식의 한 근인 1을 대입해서 미정계수 a를 구하면 a의 값을 이용해서 다른 한 근을 구할 수 있어.

답 ③

0511 대표 예제 한 번 더!

이차방정식 $x^2+kx+4=0$의 한 근이 $1+\sqrt5$일 때, 다른 한 근은? (단, k는 상수이다.)

① $\sqrt5-2$ ② $\sqrt5-1$ ③ $\sqrt5$
④ $\sqrt5+2$ ⑤ $\sqrt5+3$

0512

x에 대한 이차방정식 $(k+1)x^2-x+k^2-2k-2=0$의 두 근이 1, α일 때, $3\alpha+k$의 값을 구하시오.
(단, α, k는 상수이다.)

0513

이차방정식 $x^2+x-1=0$의 한 근을 α라 할 때, $\alpha^3-\dfrac{1}{\alpha^3}$의 값은?

① -1 ② -2 ③ -3
④ -4 ⑤ -5

0514 교육청

x에 대한 이차방정식
$$x^2+k(2p-3)x-(p^2-2)k+q+2=0$$
이 실수 k의 값에 관계없이 항상 1을 근으로 가질 때, 두 상수 p, q에 대하여 $p+q$의 값은?

① -5 ② -2 ③ 1
④ 4 ⑤ 7

유형 **03** 절댓값을 포함한 방정식

절댓값 기호 안의 식 $P(x)$의 값이 0이 되는 x의 값을 기준으로 x의 값의 범위를 나누어 방정식을 푼다.

➡ $|P(x)| = \begin{cases} -P(x) & (P(x)<0) \\ P(x) & (P(x) \geq 0) \end{cases}$

임을 이용하여 절댓값 기호를 없앤다.

참고 $\sqrt{\{P(x)\}^2} = |P(x)|$

0515 ✔ 대표 예제

방정식 $x^2 - 3|x-2| = x+3$의 모든 근의 합은?

① $-\sqrt{10}$ ② $2-\sqrt{10}$ ③ $\sqrt{10}$

④ $1+\sqrt{10}$ ⑤ $2+\sqrt{10}$

완쏠 해설

$x^2 - 3|x-2| = x+3$에서

(i) $x<2$일 때 → $x-2=0$이 되는 x의 값을 기준으로 범위를 나눈다.

$x^2 + 3(x-2) = x+3$이므로 $x^2 + 2x - 9 = 0$

$\therefore x = -1 \pm \sqrt{1^2 - 1 \times (-9)} = -1 \pm \sqrt{10}$

이때 $x<2$이므로 $x = -1 - \sqrt{10}$

(ii) $x \geq 2$일 때

$x^2 - 3(x-2) = x+3$이므로

$x^2 - 4x + 3 = 0$, $(x-1)(x-3) = 0$

$\therefore x=1$ 또는 $x=3$

이때 $x \geq 2$이므로 $x=3$

(i), (ii)에서 $x = -1 - \sqrt{10}$ 또는 $x=3$

따라서 모든 근의 합은

$(-1-\sqrt{10}) + 3 = 2 - \sqrt{10}$

> 절댓값을 포함한 방정식에서 구한 x의 값이 각 범위에 속하는지 반드시 확인해야 해. 범위에 속하는 것만이 그 방정식의 근이 돼.

답 ②

0516 대표 예제 한 번 더!

방정식 $3x^2 + 2|x| - 5 = 0$의 근은?

① $x = -\dfrac{5}{3}$ 또는 $x=-1$

② $x = -\dfrac{5}{3}$ 또는 $x=1$

③ $x = -\dfrac{5}{3}$ 또는 $x=\dfrac{5}{3}$

④ $x = -1$ 또는 $x=1$

⑤ $x = -1$ 또는 $x=\dfrac{5}{3}$

0517

방정식 $(x-1)^2 + \sqrt{(x-1)^2} = 2$의 모든 근의 합은?

① 2   ② 4   ③ 6

④ 8   ⑤ 10

0518

방정식 $x|x-3| = |1-x|$의 모든 근의 곱은?

① $-1-\sqrt{3}$ ② $1-\sqrt{3}$ ③ $1-\sqrt{2}$

④ $1+\sqrt{2}$ ⑤ $1+\sqrt{3}$

0519

방정식 $x^2 + \sqrt{(x+1)^2} = \sqrt{x^2+3}$의 근은?

① $x=\sqrt{2}$ 또는 $x=2$

② $x=-1+\sqrt{3}$ 또는 $x=2$

③ $x=-\sqrt{2}$ 또는 $x=-1+\sqrt{3}$

④ $x=-2$ 또는 $x=-1+\sqrt{3}$

⑤ $x=-2$ 또는 $x=\sqrt{2}$

유형 04 이차방정식의 활용

이차방정식의 활용 문제는 다음과 같은 순서로 푼다.
❶ 문제의 의미를 파악하여 구하려는 것을 x로 놓는다.
❷ 주어진 조건을 이용하여 x에 대한 이차방정식을 세운다.
❸ 이차방정식을 풀어서 x의 값을 구한다.
❹ 구한 x의 값이 조건을 만족시키는지 확인한다.

0520 ✓ 대표 예제

연속하는 두 자연수의 제곱의 합이 113이 되도록 하는 두 자연수의 합은?

① 11　　　　② 13　　　　③ 15
④ 17　　　　⑤ 19

완쫄 해설

연속하는 두 자연수를 각각 x, $x+1$이라 하자. x, $x-1$이라 하고 풀어도 된다.
연속하는 두 자연수의 제곱의 합이 113이므로
$x^2+(x+1)^2=113$
$2x^2+2x-112=0$, $x^2+x-56=0$이므로
$(x+8)(x-7)=0$
∴ $x=-8$ 또는 $x=7$
이때 x는 자연수이므로 $x=7$
따라서 연속하는 두 자연수는 7, 8이므로 그 합은
$7+8=15$

> 활용 문제는 구하려는 것을 찾고 그것을 미지수 x로 표현하는 것이 시작이야. 그 다음 문제의 조건을 이해하여 x에 대한 식으로 세우면 돼.

(답) ③

0521 대표 예제 한 번 더!

연속하는 세 짝수의 제곱의 합이 308이 되도록 하는 세 짝수의 합은?

① 18　　　　② 22　　　　③ 26
④ 30　　　　⑤ 34

0522

한 변의 길이가 a cm인 정삼각형이 있다. 이 정삼각형의 각 변의 길이를 1 cm만큼씩 늘였더니 넓이가 처음 정삼각형의 넓이의 2배가 될 때, a의 값은?

① 1　　　　② $\sqrt{2}$　　　　③ 2
④ $1+\sqrt{2}$　　　　⑤ $1+\sqrt{3}$

0523

가로, 세로의 길이가 각각 32 m, 20 m인 직사각형 모양의 땅에 그림과 같이 폭이 일정한 ㄷ 모양의 길을 만들려고 한다. 남은 땅의 넓이가 480 m²가 될 때, 길의 폭은?

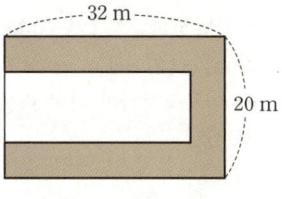

① 1 m　　　　② 1.5 m　　　　③ 2 m
④ 2.5 m　　　　⑤ 3 m

0524

어느 마트에서 작년에 10000원에 팔던 제품을 올해는 가격을 x % 인상하여 판매하였다. 주말 특가로 이 제품의 가격을 x % 할인하였더니 판매 가격이 9100원이 되었을 때, x의 값을 구하시오.

유형 05 이차방정식이 실근을 가질 조건

계수가 실수인 이차방정식 $ax^2+bx+c=0$의 판별식을
$D=b^2-4ac$라 할 때
➡ (1) $D>0$이면 서로 다른 두 실근을 갖는다.
   (2) $D=0$이면 중근을 갖는다.
   (3) $D\geq0$이면 실근을 갖는다.

0525 ✓ 대표 예제

x에 대한 이차방정식 $x^2-(2k+1)x+k^2-1=0$이 서로 다른 두 실근을 갖도록 하는 정수 k의 최솟값은?

① -5 ② -4 ③ -3
④ -2 ⑤ -1

완쏠 해설

이차방정식 $x^2-(2k+1)x+k^2-1=0$의 판별식을 D라 하면
$D=\{-(2k+1)\}^2-4\times1\times(k^2-1)=4k+5$
이 이차방정식이 서로 다른 두 실근을 가지려면 $D>0$이어야
하므로
$4k+5>0$
$\therefore k>-\dfrac{5}{4}$
따라서 정수 k의 최솟값은 -1이다.

> 이차방정식이 서로 다른 두 실근을 가지면 $D>0$, 실근을 가지면 $D\geq0$야.

답 ⑤

0526 대표 예제 한 번 더!

이차방정식 $x^2+ax+a-1=0$이 중근 p를 가질 때, ap의 값은? (단, a는 실수이다.)

① -2 ② -4 ③ -6
④ -8 ⑤ -10

0527

x에 대한 이차방정식 $(m-2)x^2+2mx+m+3=0$이 실근을 갖도록 하는 자연수 m의 개수는?

① 3   ② 4   ③ 5
④ 6   ⑤ 7

0528 교육청

x에 대한 이차방정식 $4x^2+2(2k+m)x+k^2-k+n=0$이 실수 k의 값에 관계없이 중근을 가질 때, $m+n$의 값은? (단, m, n은 실수이다.)

① $-\dfrac{3}{4}$ ② $-\dfrac{1}{4}$ ③ 0
④ $\dfrac{1}{4}$ ⑤ $\dfrac{3}{4}$

0529

x에 대한 이차방정식 $x^2+2mx-n^2+2=0$이 중근을 가질 때, 항상 서로 다른 두 실근을 갖는 이차방정식인 것만을 |보기|에서 있는 대로 고른 것은? (단, m, n은 실수이다.)

보기
ㄱ. $x^2+mx+n^2-3=0$
ㄴ. $x^2-2nx+2-m^2=0$
ㄷ. $x^2+2mx-n^2+1=0$

① ㄱ   ② ㄷ   ③ ㄱ, ㄴ
④ ㄱ, ㄷ   ⑤ ㄴ, ㄷ

유형 06 이차방정식이 허근을 가질 조건

계수가 실수인 이차방정식 $ax^2+bx+c=0$의 판별식을
$D=b^2-4ac$라 할 때
➡ $D<0$이면 서로 다른 두 허근을 갖는다.

0530 ✓ 대표 예제

x에 대한 이차방정식 $x^2-(1-2k)x+k^2-3k+3=0$이 서로 다른 두 허근을 갖도록 하는 정수 k의 최댓값은?

① -3 ② -1 ③ 0

④ 1 ⑤ 3

완쌀 해설

x에 대한 이차방정식 $x^2-(1-2k)x+k^2-3k+3=0$의 판별식을 D라 하면

$D=\{-(1-2k)\}^2-4\times1\times(k^2-3k+3)$
$\quad=4k^2-4k+1-4k^2+12k-12$
$\quad=8k-11$

이 이차방정식이 서로 다른 두 허근을 가지려면 $D<0$이어야 하므로

$8k-11<0$

$\therefore k<\dfrac{11}{8}$

따라서 정수 k의 최댓값은 1이다.

> 계수가 실수인 이차방정식에서 허근 $p+qi$가 근이면 $p-qi$도 근이야. 즉, 허근은 켤레근으로 존재하기 때문에 항상 서로 다른 두 근을 가져.

（답） ④

0531 대표 예제 한 번 더!

x에 대한 이차방정식 $x^2-2kx+k^2-2k+7=0$이 실근을 갖지 않도록 하는 자연수 k의 개수는?

① 1 ② 2 ③ 3

④ 4 ⑤ 5

0532

이차방정식 $2x^2-x-3+k=0$이 허근을 갖고 이차방정식 $x^2-(2-k)x+k-2=0$이 중근을 가질 때, 실수 k의 값은?

① 2 ② 4 ③ 6

④ 8 ⑤ 10

0533

이차방정식 $(b+c)x^2+2ax+c-b=0$이 허근을 가질 때, 세 변의 길이가 a, b, c인 삼각형 ABC는 어떤 삼각형인가? (단, $\overline{AB}=c$, $\overline{BC}=a$, $\overline{CA}=b$)

① 정삼각형
② $\overline{AB}=\overline{BC}$인 이등변삼각형
③ $\angle B>90°$인 둔각삼각형
④ $\angle C=90°$인 직각삼각형
⑤ $\angle C>90°$인 둔각삼각형

0534

두 실수 p, q에 대하여 $\dfrac{\sqrt{q-1}}{\sqrt{2-p}}=-\sqrt{\dfrac{q-1}{2-p}}$ 이 성립할 때, 이차방정식 $px^2+x+q=0$의 근을 판별하시오.

（단, $p\neq2$, $q\neq1$）

05 이차방정식

유형 07 이차식을 두 일차식의 곱으로 인수분해하기

(1) 이차식 ax^2+bx+c가 완전제곱식이다.
　➡ 이차방정식 $ax^2+bx+c=0$이 중근을 갖는다.
　➡ $b^2-4ac=0$
(2) 미정계수를 포함한 x, y에 대한 이차식은 다음과 같은 순서로 x, y에 대한 두 일차식의 곱으로 인수분해되도록 하는 미정계수를 정할 수 있다.
　❶ 이차식을 x(또는 y)에 대하여 내림차순으로 정리한다.
　❷ 방정식 {(이차식)=0의 판별식 D_1}=0의 판별식 D_2=0이다.

0535 ✓ 대표 예제

x에 대한 이차식
$$x^2+(2k-3)x+k^2+1$$
이 완전제곱식이 될 때, 실수 k의 값은?

① $\dfrac{1}{4}$ 　　② $\dfrac{5}{12}$ 　　③ $\dfrac{7}{12}$

④ $\dfrac{3}{4}$ 　　⑤ $\dfrac{11}{12}$

（ 완쏠 해설

주어진 이차식이 완전제곱식이 되려면 x에 대한 이차방정식 $x^2+(2k-3)x+k^2+1=0$이 중근을 가져야 하므로 이 이차방정식의 판별식을 D라 하면
$$D=(2k-3)^2-4\times 1\times(k^2+1)=0$$
$$4k^2-12k+9-4k^2-4=0$$
$$-12k+5=0$$
$$\therefore k=\dfrac{5}{12}$$

> 이차항의 계수가 1인 이차식이 완전제곱식이 되려면
> $\left\{\dfrac{(일차항의\ 계수)}{2}\right\}^2=(상수항)$,
> 즉 $\left(\dfrac{2k-3}{2}\right)^2=k^2+1$이어야 하고, 이것은 이차방정식의 판별식이 0인 것과 결과가 동일해.

（답 ②

0536 대표 예제 한 번 더!

x에 대한 이차식
$$x^2-2kx+3k^2-3k-2$$
가 완전제곱식이 되도록 하는 모든 실수 k의 값의 곱은?

① -1 　　② $-\dfrac{2}{3}$ 　　③ $-\dfrac{1}{3}$

④ $\dfrac{1}{3}$ 　　⑤ 1

0537

x, y에 대한 이차식
$$x^2+4xy+y^2+6x+6y+k$$
가 x, y에 대한 두 일차식의 곱으로 인수분해될 때, 실수 k의 값은?

① 3 　　② 4 　　③ 5

④ 6 　　⑤ 7

0538

x에 대한 이차식
$$4x^2+4(m+1)x+m^2-m+4$$
가 $4(x+n)^2$으로 인수분해될 때, $m+n$의 값은?
（단, m, n은 실수이다.）

① 1 　　② 2 　　③ 3

④ 4 　　⑤ 5

0539 🔼

x, y에 대한 이차식
$$x^2+4xy+3y^2-2bx-2by+b^2-a^2-c^2$$
이 x, y에 대한 두 일차식의 곱으로 인수분해될 때, 세 변의 길이가 a, b, c인 삼각형은 어떤 삼각형인가?

① $a=b$인 이등변삼각형
② $b=c$인 이등변삼각형
③ 빗변의 길이가 a인 직각삼각형
④ 빗변의 길이가 b인 직각삼각형
⑤ 빗변의 길이가 c인 직각삼각형

유형 08 근과 계수의 관계와 곱셈 공식의 변형을 이용하여 식의 값 구하기 ⭐중요

이차방정식 $ax^2+bx+c=0$의 두 근을 α, β라 할 때, 주어진 식의 값은 다음과 같은 순서로 구한다.
❶ 이차방정식의 근과 계수의 관계를 이용하여 $\alpha+\beta$, $\alpha\beta$의 값을 구한다.
❷ 곱셈 공식의 변형을 이용하여 주어진 식을 $\alpha+\beta$, $\alpha\beta$에 대한 식으로 나타낸다.
❸ ❷의 식에 ❶의 값을 대입한다.

0540 ✓대표 예제

이차방정식 $3x^2+6x+1=0$의 두 근을 α, β라 할 때, $\alpha^3+\beta^3$의 값은?

① -2 ② -4 ③ -6
④ -8 ⑤ -10

완쏠 해설

이차방정식의 근과 계수의 관계에 의하여
$\alpha+\beta=-\dfrac{6}{3}=-2$, $\alpha\beta=\dfrac{1}{3}$
$\therefore \alpha^3+\beta^3=(\alpha+\beta)^3-3\alpha\beta(\alpha+\beta)$
$\qquad\qquad =(-2)^3-3\times\dfrac{1}{3}\times(-2)$
$\qquad\qquad =(-8)+2$
$\qquad\qquad =-6$

근과 계수의 관계를 이용하여 $\alpha+\beta$, $\alpha\beta$의 값을 구하고, 주어진 식을 곱셈 공식의 변형을 이용하여 $\alpha+\beta$, $\alpha\beta$에 대한 식으로 만들면 돼. 곱셈 공식의 변형이 잘 생각나지 않으면 **01. 다항식의 연산**의 **유형 07**을 확인해 봐.

답 ③

0541 대표 예제 한 번 더! 교육청

이차방정식 $x^2-2x+4=0$의 두 근을 α, β라 할 때, $\dfrac{\beta^2}{\alpha}+\dfrac{\alpha^2}{\beta}$의 값은?

① -7 ② -4 ③ 10
④ 2 ⑤ 5

0542

이차방정식 $2x^2+x-3=0$의 두 근을 α, β라 할 때, $|\alpha-\beta|$의 값은?

① 1 ② $\dfrac{3}{2}$ ③ 2
④ $\dfrac{5}{2}$ ⑤ 3

0543

이차방정식 $x^2-6x+4=0$의 두 근을 α, β라 할 때, $\sqrt{\alpha}+\sqrt{\beta}$의 값은?

① $\sqrt{2}$ ② 2 ③ $\sqrt{6}$
④ $2\sqrt{2}$ ⑤ $\sqrt{10}$

0544

이차방정식 $x^2+3x+1=0$의 두 근을 α, β라 할 때, $(\sqrt{\alpha}-\sqrt{\beta})^2$의 값은?

① -1 ② -2 ③ -3
④ -4 ⑤ -5

유형 09 근과 계수의 관계를 이용하여 복잡한 식의 값 구하기

이차방정식 $ax^2+bx+c=0$의 두 근을 α, β라 할 때
➡ $a\alpha^2+b\alpha+c=0$, $a\beta^2+b\beta+c=0$임을 이용하여 주어진 식을 변형한다.

0545 ✓ 대표 예제

이차방정식 $x^2+3x+1=0$의 두 근을 α, β라 할 때, $(\alpha^2+2\alpha+2)(\beta^2+2\beta+2)$의 값은?

① 1   ② 2   ③ 3
④ 4   ⑤ 5

 완쏠 해설

이차방정식 $x^2+3x+1=0$의 두 근이 α, β이므로
$\alpha^2+3\alpha+1=0$, $\beta^2+3\beta+1=0$
∴ $\alpha^2+2\alpha+2=-\alpha+1$, $\beta^2+2\beta+2=-\beta+1$
이차방정식의 근과 계수의 관계에 의하여
$\alpha+\beta=-3$, $\alpha\beta=1$
∴ $(\alpha^2+2\alpha+2)(\beta^2+2\beta+2)$
 $=(-\alpha+1)(-\beta+1)$
 $=\alpha\beta-(\alpha+\beta)+1$
 $=1-(-3)+1$
 $=5$

> 두 근을 이차방정식에 대입하여 나온 식의 값과 근과 계수의 관계를 이용해서 구하는 식을 적절하게 변형해 봐.

답 ⑤

0546 대표 예제 한 번 더!

이차방정식 $x^2-4x+2=0$의 두 근을 α, β라 할 때, $(\alpha^2-3\alpha+3)(\beta^2-3\beta+3)$의 값은?

① 1   ② 3   ③ 5
④ 7   ⑤ 9

0547

이차방정식 $x^2-5x+9=0$의 두 근을 α, β라 할 때, $\alpha^2+5\beta$의 값은?

① 14   ② 16   ③ 18
④ 20   ⑤ 22

0548

이차방정식 $x^2-x-3=0$의 두 근을 α, β라 할 때, $(\alpha^3-3\alpha+1)(\beta^3-3\beta+1)$의 값은?

① 15   ② 17   ③ 19
④ 21   ⑤ 23

0549

이차방정식 $x^2+3x+5=0$의 두 근을 α, β라 할 때, $\dfrac{\beta}{2\alpha^2+3\alpha+5}+\dfrac{\alpha}{2\beta^2+3\beta+5}$의 값은?

① $\dfrac{2}{5}$ ② $\dfrac{12}{25}$ ③ $\dfrac{14}{25}$
④ $\dfrac{16}{25}$ ⑤ $\dfrac{18}{25}$

유형 10 이차방정식의 두 근의 조건이 주어졌을 때 미정계수 구하기

이차방정식의 두 근의 조건이 주어질 때
(1) 두 근의 비가 $m:n$ ➡ $m\alpha$, $n\alpha$ (단, $\alpha\neq0$)
(2) 한 근이 다른 한 근의 m배 ➡ α, $m\alpha$ (단, $\alpha\neq0$)
(3) 두 근의 차가 m ➡ α, $\alpha+m$ (또는 $\alpha-m$, α)
(4) 두 근이 연속하는 정수 ➡ α, $\alpha+1$ (또는 $\alpha-1$, α)
이라 하고 근과 계수의 관계를 이용하여 미정계수를 구한다.

0550 ✓ 대표 예제

x에 대한 이차방정식
$$x^2-5(k-1)x+3k^2-8=0$$
의 한 근이 다른 한 근의 4배일 때, 모든 실수 k의 값의 곱은?

① 3   ② 6   ③ 9
④ 12   ⑤ 15

〔 완쏠 해설

주어진 이차방정식의 두 근을 α, 4α $(\alpha\neq0)$라 하면
근과 계수의 관계에 의하여
$\alpha+4\alpha=5(k-1)$에서 $\alpha=k-1$ ⋯⋯ ㉠
$\alpha\times4\alpha=3k^2-8$에서 $4\alpha^2=3k^2-8$ ⋯⋯ ㉡
㉠을 ㉡에 대입하면 $4(k-1)^2=3k^2-8$
$k^2-8k+12=0$, $(k-2)(k-6)=0$
∴ $k=2$ 또는 $k=6$
따라서 모든 실수 k의 값의 곱은 12이다.

> 두 근의 조건을 문자로 나타내고 근과 계수의 관계를 이용하면 미정 계수 k의 값을 구할 수 있어.

──────(답) ④

0551 대표 예제 한 번 더!

이차방정식 $x^2+5(k-1)x+12k=0$의 두 근의 비가 $3:2$일 때, 모든 실수 k의 값의 합은?

① 2   ② 4   ③ 6
④ 8   ⑤ 10

0552

이차방정식 $x^2+2mx+1-m=0$의 두 근의 차가 2일 때, 음수 m의 값은?

① -1 ② -2 ③ -3
④ -4 ⑤ -5

0553

이차방정식 $x^2-(2p-1)x+p+3=0$의 두 근이 연속하는 정수일 때, 모든 실수 p의 값의 곱은?

① -1 ② -2 ③ -3
④ -4 ⑤ -5

0554

이차방정식 $x^2+(k+1)x-6=0$의 두 근의 절댓값의 비가 $3:1$이 되도록 하는 모든 실수 k의 값의 곱은?

① -1 ② -3 ③ -5
④ -7 ⑤ -9

유형 11 이차방정식의 근의 관계식이 주어졌을 때 미정계수 구하기

이차방정식의 두 근 α, β에 대한 관계식이 주어졌을 때
➡ 주어진 관계식을 $\alpha+\beta$, $\alpha\beta$에 대한 식으로 변형한 후 근과 계수의 관계를 이용하여 미정계수를 구한다.

0555 ✔ 대표 예제

이차방정식 $x^2-(a+2)x+2-a=0$의 두 근 α, β에 대하여 $\alpha+\beta>0$이고 $\alpha^2+\beta^2=7$일 때, 실수 a의 값은?

① -3 ② -1 ③ 1
④ 3 ⑤ 5

완쏠 해설

이차방정식 $x^2-(a+2)x+2-a=0$의 두 근이 α, β이므로 근과 계수의 관계에 의하여
$\alpha+\beta=a+2$, $\alpha\beta=2-a$
$\alpha+\beta>0$이므로 $a+2>0$
∴ $a>-2$
한편, $\alpha^2+\beta^2=(\alpha+\beta)^2-2\alpha\beta$이므로 $\alpha^2+\beta^2=7$에서
$(a+2)^2-2(2-a)=7$
$a^2+6a-7=0$
$(a+7)(a-1)=0$
∴ $a=-7$ 또는 $a=1$
이때 $a>-2$이므로 $a=1$

> 이차방정식의 두 근에 대한 정보가 주어지면 근과 계수의 관계를 이용해야겠다는 생각을 해야 해.
> 즉, 구하는 식을 $\alpha+\beta$, $\alpha\beta$에 대한 식으로 변형하려는 생각을 떠올릴 수 있어야 돼.

답 ③

0556 대표 예제 한 번 더!

이차방정식 $x^2-(k+1)x+3k-5=0$의 두 근 α, β에 대하여 $\dfrac{1}{\alpha}+\dfrac{1}{\beta}=1$일 때, 상수 k의 값은?

① 1 ② 2 ③ 3
④ 4 ⑤ 5

0557

이차방정식 $x^2+3x+a=0$의 두 근을 α, β라 할 때, 이차방정식 $x^2-bx+9=0$의 두 근은 $\alpha+\beta$, $\alpha\beta$이다. 두 상수 a, b에 대하여 $a+b$의 값은?

① -9 ② -3 ③ 3
④ 9 ⑤ 15

0558

이차방정식 $x^2-(2m-1)x+m-1=0$의 두 근을 α, β라 할 때, $\alpha^2\beta+\alpha\beta^2+2\alpha+2\beta=0$을 만족시키는 정수 m의 값은?

① -3 ② -1 ③ 1
④ 3 ⑤ 5

0559 교육청

x에 대한 이차방정식 $3x^2-5x+k=0$의 두 근을 α, β라 할 때, $(3\alpha-k)(\alpha-1)+(3\beta-k)(\beta-1)=-10$을 만족시키는 실수 k의 값을 구하시오.

유형 12 이차방정식의 작성

두 수 α, β를 근으로 하고 x^2의 계수가 1인 이차방정식은
➡ $(x-\alpha)(x-\beta)=0$, 즉 $x^2-(\alpha+\beta)x+\alpha\beta=0$

0560 ✓ 대표 예제

이차방정식 $x^2-4x+6=0$의 두 근을 α, β라 할 때, 다음 중 $\alpha+1$, $\beta+1$을 두 근으로 하는 이차방정식은?

① $x^2-6x-11=0$ ② $x^2-6x+6=0$
③ $x^2-6x+11=0$ ④ $x^2+6x-11=0$
⑤ $x^2+6x+11=0$

┌ 완쏠 해설

이차방정식 $x^2-4x+6=0$의 두 근이 α, β이므로
근과 계수의 관계에 의하여
$\alpha+\beta=4$, $\alpha\beta=6$
∴ $(\alpha+1)+(\beta+1)=\alpha+\beta+2=4+2=6$,
$(\alpha+1)(\beta+1)=\alpha\beta+\alpha+\beta+1=6+4+1=11$
따라서 $\alpha+1$, $\beta+1$을 두 근으로 하는 이차방정식은
$x^2-6x+11=0$

주어진 두 근이 아무리 복잡한 꼴이라도 구하는 이차방정식은
$x^2-(\text{두 근의 합})x+(\text{두 근의 곱})=0$
임을 기억해. 즉, 두 근의 합과 곱만 알면 이차방정식을 구할 수 있어.

답 ③

0561 대표 예제 한 번 더!

이차방정식 $2x^2+3x-6=0$의 두 근을 α, β라 할 때, 다음 중 2α, 2β를 두 근으로 하는 이차방정식은?

① $x^2-3x-12=0$ ② $x^2-3x+6=0$
③ $x^2+3x-12=0$ ④ $x^2+3x-6=0$
⑤ $x^2+3x+6=0$

0562

이차방정식 $x^2-3x+1=0$의 두 근 α, β에 대하여 $\dfrac{\alpha}{1-\alpha}$, $\dfrac{\beta}{1-\beta}$를 두 근으로 하는 이차방정식이 $x^2+ax+b=0$이다. 두 상수 a, b에 대하여 $a-b$의 값은?

① -2 ② -1 ③ 1
④ 2 ⑤ 3

0563

이차방정식 $x^2-px+q=0$의 두 근을 α, β라 할 때, 다음 중 $\dfrac{1}{\alpha}$, $\dfrac{1}{\beta}$을 두 근으로 하는 이차방정식은?

(단, p, q는 상수이고, $q\neq0$이다.)

① $x^2-qx+p=0$ ② $px^2-qx+1=0$
③ $px^2+qx+p=0$ ④ $qx^2-px+1=0$
⑤ $qx^2+px+1=0$

0564

이차방정식 $x^2-ax+b=0$의 두 근이 1, α이고, 이차방정식 $x^2-(a-4)x+b+7=0$의 두 근이 -2, β일 때, α, β를 두 근으로 하는 이차방정식은 $9x^2+mx+n=0$이다. $m-n$의 값은? (단, a, b, m, n은 상수이다.)

① -1 ② -2 ③ -3
④ -4 ⑤ -5

유형 13 이차식의 인수분해

이차식 ax^2+bx+c가 쉽게 인수분해되지 않을 때
➡ 근의 공식을 이용하여 이차방정식 $ax^2+bx+c=0$의 두 근 α, β를 구한 후
$$ax^2+bx+c=a(x-\alpha)(x-\beta)$$
로 인수분해한다.

0565 ✓ 대표 예제

이차식 x^2-4x+7을 복소수의 범위에서 인수분해하면?

① $(x-2-2i)(x-2+2i)$
② $(x-2-\sqrt{3}i)(x-2+\sqrt{3}i)$
③ $(x-1-2i)(x-1+2i)$
④ $(x+1-i)(x+1+i)$
⑤ $(x+2-2i)(x+2+2i)$

〈 완쏠 해설 〉

이차방정식 $x^2-4x+7=0$에서
근의 공식을 이용하여 근을 구하면
$$x=-(-2)\pm\sqrt{(-2)^2-1\times7}=2\pm\sqrt{3}i$$
$$\therefore x^2-4x+7=\{x-(2+\sqrt{3}i)\}\{x-(2-\sqrt{3}i)\}$$
$$=(x-2-\sqrt{3}i)(x-2+\sqrt{3}i)$$

> 계수가 실수인 이차방정식은 복소수 범위에서 항상 근을 가지기 때문에 모든 이차방정식이 근의 공식을 이용하면 근을 구해서 인수분해할 수 있어.

답 ②

0566 대표 예제 한 번 더!

다음 중 이차식 x^2-2x+5의 인수인 것은?

① $x-1-2i$
② $x-1-i$
③ $x+1-2i$
④ $x+1+i$
⑤ $x+1+2i$

0567

이차식 $x^2-2\sqrt{2}x+3$을 복소수의 범위에서 인수분해하면 $(x-\sqrt{a}+bi)(x-\sqrt{a}+ci)$일 때, 세 실수 a, b, c에 대하여 $a^2+b^2+c^2$의 값은?

① 3
② 6
③ 9
④ 12
⑤ 15

0568

이차식 x^2-nx+5를 복소수의 범위에서 인수분해하면 $(x+a+bi)(x+a-bi)$일 때, 이를 만족시키는 모든 자연수 n의 값의 합은? (단, a, b는 실수이고, $b\neq0$이다.)

① 6
② 7
③ 8
④ 9
⑤ 10

0569

x에 대한 이차식 $x^2+2nx+n^2+4$는 $x+P(n)+ki$를 인수로 갖는다. 계수가 실수인 n에 대한 다항식 $P(n)$에 대하여 $k+P(99)-P(100)$의 값은? (단, $k>0$)

① -2
② -1
③ 0
④ 1
⑤ 2

05
이차방정식

유형 14 이차방정식 $f(x)=0$의 두 근을 이용하여 방정식 $f(ax+b)=0$의 근 구하기

이차방정식 $f(x)=0$의 두 근을 α, β라 하면 $f(\alpha)=0$, $f(\beta)=0$ 이므로 $f(ax+b)=0$ $(a\neq0)$의 두 근은
➡ $\alpha=ax+b$, $\beta=ax+b$에서
$$x=\frac{\alpha-b}{a} \text{ 또는 } x=\frac{\beta-b}{a}$$

0570 ✔ 대표 예제

이차방정식 $f(x)=0$의 두 근을 α, β라 할 때, $\alpha+\beta=3$이다. 이차방정식 $f(3x-1)=0$의 두 근의 합은?

① $\frac{1}{3}$ ② $\frac{2}{3}$ ③ 1

④ $\frac{4}{3}$ ⑤ $\frac{5}{3}$

⌐ 완쏠 해설

이차방정식 $f(x)=0$의 두 근이 α, β이므로
$f(\alpha)=0$, $f(\beta)=0$
$f(3x-1)=0$이려면
$3x-1=\alpha$ 또는 $3x-1=\beta$
$\therefore x=\frac{\alpha+1}{3}$ 또는 $x=\frac{\beta+1}{3}$
따라서 이차방정식 $f(3x-1)=0$의 두 근의 합은
$\frac{\alpha+1}{3}+\frac{\beta+1}{3}=\frac{\alpha+\beta+2}{3}=\frac{3+2}{3}=\frac{5}{3}$

> α 또는 β 대신에 $3x-1$이 있으니까 식 $\alpha=3x-1$ 또는 $\beta=3x-1$이라 생각하면 돼. 즉, 이차방정식 $f(3x-1)=0$의 두 근은 $x=\frac{\alpha+1}{3}$ 또는 $x=\frac{\beta+1}{3}$이야.

답 ⑤

0571 대표 예제 한 번 더!

x에 대한 이차방정식 $f(x)=0$의 두 근의 합이 -2일 때, x에 대한 이차방정식 $f(2x+3)=0$의 두 근의 합을 구하시오.

0572

이차방정식 $f(x)=0$의 두 근을 α, β라 할 때, $\alpha\beta=8$이다. 이차방정식 $f(2x)=0$의 두 근의 곱은?

① 1 ② 2 ③ 3
④ 4 ⑤ 5

0573

이차방정식 $f(x)=0$의 두 근의 합이 -3, 두 근의 곱이 4일 때, 이차방정식 $f(4x-3)=0$의 두 근의 곱은?

① $\frac{1}{4}$ ② $\frac{1}{2}$ ③ $\frac{3}{4}$
④ 1 ⑤ $\frac{5}{4}$

0574

이차방정식 $f(x)=0$의 두 근을 α, β라 할 때, $\alpha+\beta=3$, $\alpha\beta=6$이다. 이차방정식 $f(ax+b)=0$의 두 근의 합이 $\frac{1}{2}$, 두 근의 곱이 1일 때, ab의 최댓값은? (단, a, b는 상수이고, $a\neq0$이다.)

① 2 ② 4 ③ 6
④ 8 ⑤ 10

STEP 2 * 유형 **마스터**

유형 **15** 이차방정식의 켤레근 　중요

(1) 계수가 모두 유리수인 이차방정식의 한 근이 $a+b\sqrt{m}$이면 다른 한 근은 $a-b\sqrt{m}$이다.
(단, a, b는 유리수, $b\neq0$, $\sqrt{m}$은 무리수)
(2) 계수가 모두 실수인 이차방정식의 한 근이 $a+bi$이면 다른 한 근은 $a-bi$이다. (단, a, b는 실수, $b\neq0$, $i=\sqrt{-1}$)

0575 ✓ 대표 예제

두 실수 a, b에 대하여 이차방정식 $x^2-(a+b)x-ab=0$의 한 근이 $1-\sqrt{5}i$일 때, a^2+b^2의 값을 구하시오.

〈 완쏠 해설 〉

a, b가 실수이므로 $a+b$, ab도 실수이다.
즉, 이차방정식 $x^2-(a+b)x-ab=0$의 한 근이 $1-\sqrt{5}i$이면 다른 한 근은 $1+\sqrt{5}i$이다.
이차방정식의 근과 계수의 관계에 의하여
$(1-\sqrt{5}i)+(1+\sqrt{5}i)=a+b$
$\therefore a+b=2$
$(1-\sqrt{5}i)\times(1+\sqrt{5}i)=-ab$
$\therefore ab=-(1+5)=-6$
$\therefore a^2+b^2=(a+b)^2-2ab$
$=2^2-2\times(-6)=16$

> 계수가 유리수, 실수라는 조건이 있고 근이 한 개만 주어져 있으면 이 이차방정식은 켤레근을 갖는다는 의미가 숨어 있는 거야.

답 16

0576 대표 예제 한 번 더!

두 유리수 a, b에 대하여 이차방정식
$x^2+(a-b)x+ab=0$의 한 근이 $\dfrac{1}{\sqrt{2}-1}$일 때, $\dfrac{b}{a}+\dfrac{a}{b}$의 값은?

① -2 　　　② -4 　　　③ -6
④ -8 　　　⑤ -10

0577

이차방정식 $x^2-x+k=0$의 한 근이 $a-i$일 때, 두 실수 a, k에 대하여 ak의 값은?

① $\dfrac{1}{8}$ 　　　② $\dfrac{1}{4}$ 　　　③ $\dfrac{3}{8}$
④ $\dfrac{1}{2}$ 　　　⑤ $\dfrac{5}{8}$

0578 교육청

x에 대한 이차방정식 $x^2-px+p+19=0$이 서로 다른 두 허근을 갖는다. 한 허근의 허수부분이 2일 때, 양의 실수 p의 값을 구하시오.

0579

두 실수 a, b에 대하여 이차방정식 $x^2-ax+b=0$의 한 근이 $2+i$이고, 이차방정식 $x^2+bx+ab=0$의 두 근이 α, β이다. $\dfrac{\beta+1}{\alpha}+\dfrac{\alpha+1}{\beta}$의 값은?

① -3 　　　② -1 　　　③ 1
④ 3 　　　⑤ 5

STEP 3 · 실전 업

0580 · 유형 01

이차방정식 $(\sqrt{2}+1)x^2-(3+\sqrt{2})x+\sqrt{2}=0$의 두 근을 α, β라 할 때, $2\alpha-\beta$의 값은? (단, $\alpha<\beta$)

① $\sqrt{2}-2$ ② $\sqrt{2}-1$ ③ $\sqrt{2}$

④ $\sqrt{2}+1$ ⑤ $\sqrt{2}+2$

0581 · 유형 12

x에 대한 이차방정식 $3x^2+ax+b=0$에서 하영이는 a를 잘못 보고 근을 구했고, 영현이는 b를 잘못 보고 근을 구했다. 하영이와 영현이가 구한 두 근이 각각 2, 4와 -3, 1이었을 때, 두 실수 a, b에 대하여 $a+b$의 값을 구하시오.

0582 · 유형 09

이차방정식 $x^2-2x-4=0$의 두 근이 α, β일 때, $\beta^3-2\beta^2-2\alpha\beta+4\alpha$의 값은?

① 10   ② 12   ③ 14

④ 16   ⑤ 18

0583 · 유형 12

최고차항의 계수가 1인 이차식 $f(x)$가 이차방정식 $x^2+2x-5=0$의 두 근 α, β에 대하여 $f(\alpha)=f(\beta)=3$을 만족시킬 때, $f(3)$의 값은?

① 11   ② 13   ③ 15

④ 17   ⑤ 19

0584 · 유형 03

이차방정식 $|x^2-(4a+1)x+a^2|=1$의 한 근이 -1일 때, 모든 실수 a의 값의 합을 구하시오.

0585 · 유형 08

x에 대한 방정식 $ax+1=a^2(1-x)$가 서로 다른 2개 이상의 해를 가질 때, x에 대한 이차방정식 $x^2+(1-2a)x-2a^2=0$의 두 근 α, β에 대하여 $\alpha^2+\beta^2$의 값을 구하시오. (단, a는 상수이다.)

0586 교육청 · 유형 06 + 유형 11

다음 조건을 만족시키는 허수 z가 존재하도록 하는 두 정수 m, n에 대하여 $m+n$의 최솟값은?

(단, $\bar{z}$는 z의 켤레복소수이다.)

(가) $z^2+mz+n=0$
(나) $z+\bar{z}=8$

① 3   ② 5   ③ 7

④ 9   ⑤ 11

0587 · 유형 04

그림과 같이 한 변의 길이가 1인 정사각형 ABCD가 있다. 두 변 BC와 CD 위에 각각 점 P, Q를 잡아 정삼각형 APQ를 만들 때, 선분 CP의 길이는?

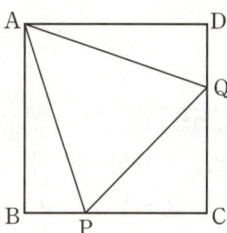

① $-2+\sqrt{5}$ ② $-1+\sqrt{2}$

③ $-2+\sqrt{6}$ ④ $-1+\sqrt{3}$

⑤ $-2+2\sqrt{2}$

0588 · 유형 03 + 유형 09

방정식 $|x^2-5x|=2$의 서로 다른 네 근을 p, q, r, s라 할 때, $\dfrac{1}{p}+\dfrac{1}{q}+\dfrac{1}{r}+\dfrac{1}{s}$의 값은?

① -2 ② -1 ③ 0

④ 1 ⑤ 2

0589 · 유형 12 + 유형 14

이차방정식 $P(x)=0$의 두 근을 α, β라 할 때, $3\alpha+4$, $3\beta+4$를 두 근으로 하는 이차방정식은 $P(ax+b)=0$이다. 두 상수 a, b에 대하여 $a+b$의 값은?

① $-\dfrac{1}{3}$ ② $-\dfrac{2}{3}$ ③ -1

④ $-\dfrac{4}{3}$ ⑤ $-\dfrac{5}{3}$

0590 교육청 · 유형 11

x에 대한 이차방정식 $x^2+2ax-b=0$의 두 근을 α, β라 할 때, $|\alpha-\beta|<12$를 만족시키는 두 자연수 a, b의 모든 순서쌍 (a, b)의 개수를 구하시오.

0591 · 유형 07

x, y에 대한 이차식
$$x^2-4xy+ay^2+bx+12y+c$$
가 x, y에 대한 일차식의 제곱식으로 인수분해될 때, $a+b+c$의 값을 구하시오. (단, a, b, c는 상수이다.)

0592 · 유형 12

이차식 $P(x)=2x^2-3x+4$에 대하여 $P(a)=3a+c$, $P(b)=3b+c$이다. $ab=-1$일 때, $P(a+b+c)$의 값을 구하시오. (단, a, b, c는 실수이다.)

0593 · 유형 15

다항식 x^2+ax+b를 $x+1$로 나눈 나머지가 8이고, 이차방정식 $x^2+ax+b=0$의 한 근이 $c+2i$일 때, 세 실수 a, b, c에 대하여 $a+b+c$의 최댓값과 최솟값의 합은?

① 18 ② 20 ③ 22

④ 24 ⑤ 26

0594 사고력 · 유형 10

50 이하의 두 자리 자연수 m, n $(m<n)$에 대하여 이차방정식 $x^2-ax+5b=0$의 두 근을 m, n이라 하자. m, n이 각각 홀수 개의 약수를 가질 때, $a+b$의 최댓값을 구하시오. (단, a, b는 자연수이다.)

0595 상위 1% 도전 · 유형 04

그림과 같이 선분 AB를 지름으로 하는 반원의 호 AB 위의 한 점 C에 대하여 선분 AB와 선분 AC가 이루는 각의 크기가 $30°$이다.

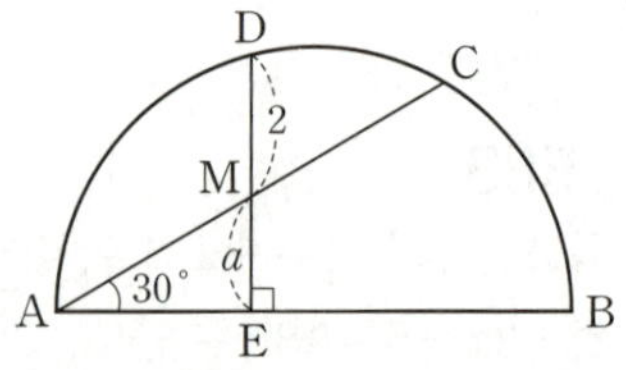

선분 AC의 중점 M을 지나고 선분 AB에 수직인 직선이 호 AB와 만나는 점을 D, 선분 AB와 만나는 점을 E라 하자.

$\overline{\text{DM}}=2$이고 $\overline{\text{EM}}=a$라 할 때, $a^3-\dfrac{1}{a^3}$의 값을 구하시오.

서술형 문제

0596

• 유형 01 + 유형 02

이차방정식 $x^2+ax+b=0$의 두 근이 2, m이고, 이차방정식 $bx^2-5x+a=0$의 두 근이 $-\dfrac{1}{2}$, n일 때, $m+n$의 값을 구하시오. (단, a, b, m, n은 실수이다.)

☑ 필요 개념 및 공식
□ 연립일차방정식의 풀이   □ 이차방정식의 풀이

0597

• 유형 07

x에 대한 이차식

$$x^2-(ak+b)x+k^2+ck+4$$

가 실수 k의 값에 관계없이 항상 완전제곱식이 될 때, 세 양수 a, b, c에 대하여 $a+b+c$의 값을 구하시오.

☑ 필요 개념 및 공식
□ 항등식의 미정계수법   □ 이차방정식의 중근을 가질 조건

0598

• 유형 09

이차방정식 $(x+999)^2+3(x+999)+1000=0$의 두 근을 α, β라 할 때, $(\alpha+1002)(\beta+1002)$의 값을 구하시오.

☑ 필요 개념 및 공식
□ 치환을 이용한 이차방정식의 풀이   □ 이차방정식의 근과 계수의 관계

0599

• 유형 04

그림과 같이 가로, 세로의 길이가 각각 150 m, 120 m인 직사각형 모양의 널빤지의 바깥 부분을 폭이 k m인 ㄱ 모양과 폭이 $2k$ m인 ㄴ 모양으로 나누어 색칠하려고 한다. 색칠한 부분의 넓이가 16200 m^2가 되도록 하는 k의 값을 구하시오. (단, $0<k<40$)

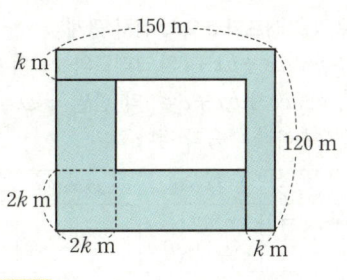

☑ 필요 개념 및 공식
□ 이차방정식의 활용   □ 이차방정식의 풀이

0600

• 유형 10

이차방정식 $x^2+(1-m)x+2m-3=0$의 두 근 α, β가 모두 자연수가 되도록 하는 실수 m의 값을 구하시오.

☑ 필요 개념 및 공식
□ 이차방정식의 근과 계수의 관계   □ (정수)×(정수)=(정수)

개념 01 이차방정식과 이차함수의 관계

(1) **이차방정식과 이차함수의 관계**

이차함수 $y=ax^2+bx+c$의 그래프와 x축의 교점의 x좌표는 이차방정식 $ax^2+bx+c=0$의 실근과 같다.

따라서 이차함수 $y=ax^2+bx+c$의 그래프와 x축의 교점의 개수는 이차방정식 $ax^2+bx+c=0$의 실근의 개수와 같다.

(2) **이차함수의 그래프와 x축의 위치 관계**

이차함수 $y=ax^2+bx+c$의 그래프와 x축의 위치 관계는 이차방정식 $ax^2+bx+c=0$의 판별식 $D=b^2-4ac$의 값의 부호에 따라 다음과 같다.

$ax^2+bx+c=0$의 근	$D>0$	$D=0$	$D<0$
x축과의 위치 관계	서로 다른 두 실근	중근	서로 다른 두 허근
	서로 다른 두 점에서 만난다.	한 점에서 만난다. (접한다.)	만나지 않는다.
$a>0$			
$a<0$			
교점의 개수	2	1	0

참고 $D\geq0$이면 이차함수의 그래프는 x축과 만난다.

[0601~0604] 다음 이차함수의 그래프와 x축의 교점의 x좌표를 구하시오.

0601 $y=2x^2-6x$

0602 $y=-x^2+2x+3$

0603 $y=x^2-6x+9$

0604 $y=-2x^2-4x-2$

[0605~0607] 다음 이차함수의 그래프와 x축의 위치 관계를 말하시오.

0605 $y=2x^2-3x-5$

0606 $y=-9x^2+6x-1$

0607 $y=x^2-3x+7$

[0608~0610] 이차함수 $y=x^2+2x+k$의 그래프와 x축의 위치 관계가 다음과 같을 때, 실수 k의 값 또는 범위를 구하시오.

0608 서로 다른 두 점에서 만난다.

0609 접한다.

0610 만나지 않는다.

개념 02 이차함수의 그래프와 직선의 관계

(1) **이차함수와 직선의 관계**

이차함수 $y=ax^2+bx+c$의 그래프와 직선 $y=mx+n$의 교점의 x좌표는 $y=mx+n$을 $y=ax^2+bx+c$에 대입하여 얻은 이차방정식 $ax^2+(b-m)x+(c-n)=0$의 실근과 같다.

(2) **이차함수의 그래프와 직선의 위치 관계**

이차함수 $y=ax^2+bx+c$의 그래프와 직선 $y=mx+n$의 위치 관계는 이차방정식 $ax^2+(b-m)x+(c-n)=0$의 판별식 $D=(b-m)^2-4a(c-n)$의 값의 부호에 따라 다음과 같다.

$a>0, m>0$ $y=ax^2+bx+c$의 그래프와 직선 $y=mx+n$의 위치 관계	$D>0$	$D=0$	$D<0$
	서로 다른 두 점에서 만난다.	한 점에서 만난다. (접한다.)	만나지 않는다.
교점의 개수	2	1	0

참고 일반적으로 두 함수 $y=f(x)$, $y=g(x)$의 그래프의 교점의 개수는 방정식 $f(x)=g(x)$의 서로 다른 실근의 개수와 같다.

[0611~0612] 다음 이차함수의 그래프와 직선의 교점의 x좌표를 구하시오.

0611 $y=x^2+2x+1$, $y=-2x-2$

0612 $y=x^2+3x+2$, $y=x+1$

[0613~0615] 다음 이차함수의 그래프와 직선의 위치 관계를 말하시오.

0613 $y=x^2+3x-1$, $y=-x+1$

0614 $y=-x^2+4x+2$, $y=2x+3$

0615 $y=-x^2+7x-3$, $y=2x+5$

[0616~0618] 이차함수 $y=x^2-3x+2$의 그래프와 직선 $y=x+k$의 위치 관계가 다음과 같을 때, 실수 k의 값 또는 범위를 구하시오.

0616 서로 다른 두 점에서 만난다.

0617 한 점에서 만난다.

0618 만나지 않는다.

개념 03 이차함수의 최대·최소

(1) **함수의 최댓값과 최솟값**
　① 최댓값 : 어떤 함수의 모든 함숫값 중에서 가장 큰 값
　② 최솟값 : 어떤 함수의 모든 함숫값 중에서 가장 작은 값

(2) **이차함수의 최댓값과 최솟값**
　모든 실수 x에 대하여 이차함수 $y=a(x-p)^2+q$는
　① $a>0$이면 $x=p$에서 최솟값 q를 갖고 최댓값은 없다.
　② $a<0$이면 $x=p$에서 최댓값 q를 갖고 최솟값은 없다.

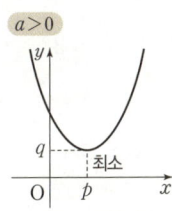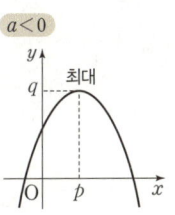

> 참고　모든 실수 x에 대하여 이차함수 $y=f(x)$의 그래프는 꼭짓점에서 최댓값 또는 최솟값을 갖는다.

[0619~0622] 다음 이차함수의 최댓값과 최솟값을 구하시오.

0619 $y=(x-1)^2-3$

0620 $y=-(x+3)^2+7$

0621 $y=-x^2-4x+5$

0622 $y=3x^2-12x+7$

0623 이차함수 $y=x^2-4x+a+1$의 최솟값이 2일 때, 상수 a의 값을 구하시오.

0624 이차함수 $y=-\dfrac{1}{3}x^2+2x+3a$의 최댓값이 9일 때, 상수 a의 값을 구하시오.

개념 04 제한된 범위에서 이차함수의 최대·최소

x의 값의 범위가 $\alpha\le x\le\beta$일 때, 이차함수 $f(x)=a(x-p)^2+q$의 최댓값과 최솟값은 이차함수의 그래프의 꼭짓점의 x좌표 p의 값이 제한된 범위에 포함되는지 여부에 따라 다음과 같다.

(1) p의 값이 제한된 범위에 포함되면, 즉 $\alpha\le p\le\beta$이면 $f(p)$, $f(\alpha)$, $f(\beta)$ 중에서 가장 큰 값이 최댓값, 가장 작은 값이 최솟값이다.

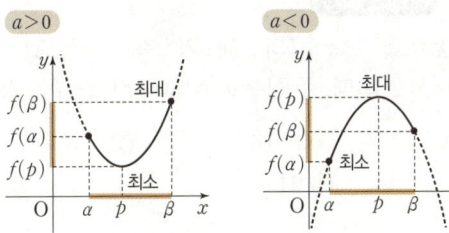

> 참고　꼭짓점에서의 함숫값 $f(p)$는 반드시 최댓값 또는 최솟값이다.

(2) p의 값이 제한된 범위에 포함되지 않으면, 즉 $p<\alpha$ 또는 $p>\beta$이면 $f(\alpha)$, $f(\beta)$ 중에서 큰 값이 최댓값, 작은 값이 최솟값이다.

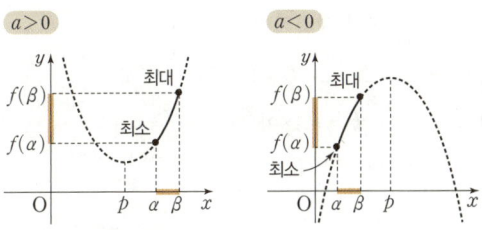

> 참고　함수식이 같아도 x의 값의 범위가 다르면 최댓값과 최솟값이 다를 수 있다.

[0625~0628] 주어진 x의 값의 범위에서 다음 이차함수의 최댓값과 최솟값을 구하시오.

0625 $f(x)=(x-2)^2-4\ (0\le x\le 5)$

0626 $f(x)=-(x+3)^2+4\ (-4\le x\le 0)$

0627 $f(x)=x^2-4x+2\ (-2\le x\le 1)$

0628 $f(x)=-x^2+4x-5\ (0\le x\le 1)$

[0629~0630] 이차함수 $f(x)=\dfrac{1}{2}x^2-4x+5$에 대하여 x의 값의 범위가 다음과 같을 때, 최댓값과 최솟값을 구하시오.

0629 $3\le x\le 6$

0630 $0\le x\le 2$

이차함수 $y=ax^2+bx+c$의 그래프와 x축의 교점의 x좌표가 α, β이다.
➡ 이차방정식 $ax^2+bx+c=0$의 실근은 $x=\alpha$ 또는 $x=\beta$이다.

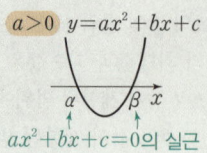
$a>0$ $y=ax^2+bx+c$

$ax^2+bx+c=0$의 실근

0631 ✓ 대표 예제

이차함수 $y=3x^2+ax+b$의 그래프가 x축과 두 점 A$(-2, 0)$, B$(3, 0)$에서 만날 때, 두 상수 a, b에 대하여 $a+b$의 값은?

① -21 ② -18 ③ -3
④ 3 ⑤ 21

완쏠 해설

이차함수 $y=3x^2+ax+b$의 그래프와 x축의 교점의 x좌표가 -2, 3이므로 -2, 3은 이차방정식 $3x^2+ax+b=0$의 두 근이다.
이차방정식의 근과 계수의 관계에 의하여
$$-\frac{a}{3}=(-2)+3, \quad \frac{b}{3}=(-2)\times 3$$
따라서 $a=-3$, $b=-18$이므로
$a+b=(-3)+(-18)=-21$

> 이차방정식 $3x^2+ax+b=0$의 두 근이 -2, 3이므로 $3x^2+ax+b=3(x+2)(x-3)$ 임을 이용하여 a, b의 값을 구할 수도 있어.

답 ①

0632 대표 예제 한 번 더!

이차함수 $y=-x^2+ax+b$의 그래프와 x축의 교점의 x좌표가 -1, 5일 때, 두 상수 a, b에 대하여 ab의 값을 구하시오.

0633

이차함수 $y=ax^2+bx+c$의 그래프가 두 점 $(-2, 0)$, $(4, 0)$을 지나고 꼭짓점의 y좌표가 18일 때, 세 상수 a, b, c에 대하여 $|a|+|b|+|c|$의 값은?

① 16   ② 18   ③ 20
④ 22   ⑤ 24

0634

이차함수 $y=x^2+ax+b$의 그래프와 x축의 두 교점의 x좌표가 각각 1, 3일 때, 이차함수 $y=x^2-bx+a$의 그래프가 x축과 만나는 두 점 사이의 거리는? (단, a, b는 상수이다.)

① 1   ② 2   ③ 3
④ 4   ⑤ 5

0635

꼭짓점의 좌표가 $(1, -8)$인 이차함수 $y=ax^2+bx+c$의 그래프가 x축과 만나는 두 점 사이의 거리가 4일 때, 세 상수 a, b, c에 대하여 $a^2+b^2+c^2$의 값은?

① 44   ② 48   ③ 52
④ 56   ⑤ 60

유형 02 이차함수의 그래프와 x축의 위치 관계

이차함수 $f(x)=ax^2+bx+c$에 대하여 $y=f(x)$의 그래프와 x축의 위치 관계는 이차방정식 $f(x)=0$의 판별식의 값의 부호에 따라 결정된다.

이차방정식 $f(x)=0$의 판별식을 D라 할 때
(1) $D>0$이면 서로 다른 두 점에서 만난다.
(2) $D=0$이면 한 점에서 만난다.(접한다.)
(3) $D<0$이면 만나지 않는다.

(1) $a>0$ (2) $a>0$ (3) $a>0$

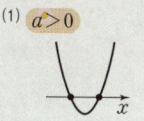 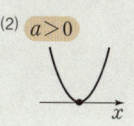 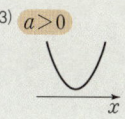

참고 $D\geq0$이면 이차함수의 그래프는 x축과 만난다.

0636 ✓ 대표 예제

이차함수 $y=x^2-2ax+a^2-3a+6$의 그래프가 x축과 서로 다른 두 점에서 만나도록 하는 정수 a의 최솟값은?

① 0   ② 1   ③ 2
④ 3   ⑤ 4

완쏠 해설

이차함수 $y=x^2-2ax+a^2-3a+6$의 그래프가 x축과 서로 다른 두 점에서 만나야 하므로 이차방정식
$x^2-2ax+a^2-3a+6=0$이 서로 다른 두 실근을 가져야 한다.
이 이차방정식의 판별식을 D라 하면

$\dfrac{D}{4}=(-a)^2-1\times(a^2-3a+6)>0$

$3a>6$ $\therefore a>2$

따라서 정수 a의 최솟값은 3이다.

> x축은 직선 $y=0$과 같으므로 이차함수 $y=f(x)$의 그래프와 x축의 위치 관계는 방정식 $f(x)=0$의 근의 판별식을 통해 파악할 수 있어.

답 ④

0637 대표 예제 한 번 더!

이차함수 $y=x^2+(2m-1)x+m^2-3m$의 그래프가 x축과 만나지 않을 때, 정수 m의 최댓값은?

① -4 ② -3 ③ -2
④ -1 ⑤ 0

0638

이차함수 $y=2x^2+ax+b$의 그래프가 점 $(3, 18)$을 지나고 x축에 접할 때, 두 상수 a, b에 대하여 $a+b$의 값은?
(단, $a<0$)

① 24   ② 36   ③ 48
④ 60   ⑤ 72

0639

최고차항의 계수가 1인 이차함수 $y=f(x)$의 그래프는 x축과 한 점에서 만나고 $f(-1)=f(5)$이다. $f(1)$의 값은?

① 1   ② 2   ③ 3
④ 4   ⑤ 5

0640

이차함수 $y=x^2-2ax+ak-2k-b$의 그래프가 실수 k의 값에 관계없이 항상 x축에 접할 때, 두 상수 a, b에 대하여 $a+b$의 값은?

① -4 ② -2 ③ 0
④ 2 ⑤ 4

유형 03 이차함수의 그래프와 직선의 교점

이차함수 $y=f(x)$의 그래프와 직선
$y=g(x)$의 교점의 x좌표가 α, β이다.
→ 이차방정식 $f(x)=g(x)$의 실근은
$x=\alpha$ 또는 $x=\beta$이다.

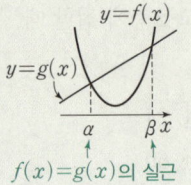

$f(x)=g(x)$의 실근

0641 ✓대표 예제

이차함수 $y=x^2+ax$의 그래프와 직선 $y=x+b$의 두 교점의
x좌표가 각각 -2, 4일 때, 두 상수 a, b에 대하여 $a+b$의 값은?

① 1   ② 3   ③ 5
④ 7   ⑤ 9

완쏠 해설

이차함수 $y=x^2+ax$의 그래프와 직선 $y=x+b$의 두 교점의
x좌표가 각각 -2, 4이므로 -2, 4는 이차방정식
$x^2+ax=x+b$의 두 근이다.
$x^2+ax=x+b$에서 $x^2+(a-1)x-b=0$
이차방정식의 근과 계수의 관계에 의하여
$(-2)+4=-(a-1)$,
$(-2)\times4=-b$
$\therefore a=-1,\ b=8$
$\therefore a+b=(-1)+8=7$

> 이차함수 $y=f(x)$의 그래프와 직선 $y=g(x)$가 만나는 서로 다른 두 점의 x좌표를 각각 α, β라 하면 $f(\alpha)=g(\alpha)$, $f(\beta)=g(\beta)$이므로 방정식 $f(x)=g(x)$는 서로 다른 두 실근 α, β를 가져.

(답) ④

0642 대표 예제 한 번 더!

이차함수 $y=-2x^2+x-1$의 그래프와 직선 $y=mx+n$의
두 교점의 x좌표가 각각 -1, 3일 때, 두 상수 m, n에 대
하여 mn의 값은?

① 15   ② 18   ③ 21
④ 24   ⑤ 27

0643

이차함수 $y=x^2+3$의 그래프와 직선 $y=ax$의 두 교점의
x좌표의 차가 2일 때, 양수 a의 값은?

① 1   ② 2   ③ 3
④ 4   ⑤ 5

0644

두 유리수 a, b에 대하여 이차함수 $y=x^2+ax+b$의 그래
프와 직선 $y=-x+1$은 서로 다른 두 점에서 만난다. 이
중 한 점의 x좌표가 $1+\sqrt{2}$일 때, a^2+b^2의 값을 구하시오.

0645 교육청

이차함수 $y=\dfrac{1}{2}(x-k)^2$의 그래프와 직선 $y=x$가 서로 다
른 두 점 A, B에서 만난다. 두 점 A, B에서 x축에 내린
수선의 발을 각각 C, D라 하자. 선분 CD의 길이가 6일
때, 상수 k의 값은?

① $\dfrac{7}{2}$ ② 4   ③ $\dfrac{9}{2}$
④ 5   ⑤ $\dfrac{11}{2}$

유형 04 이차함수의 그래프와 직선의 위치 관계

이차함수 $y=f(x)$의 그래프와 직선 $y=g(x)$의 위치 관계는 이차방정식 $f(x)=g(x)$의 판별식을 이용한다.

이차방정식 $f(x)=g(x)$, 즉 $f(x)-g(x)=0$의 판별식을 D라 할 때

(1) $D>0$이면 서로 다른 두 점에서 만난다.
(2) $D=0$이면 한 점에서 만난다.(접한다.)
(3) $D<0$이면 만나지 않는다.

참고 $D \geq 0$이면 적어도 한 점에서 만난다.

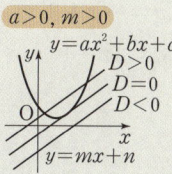

0646 ✓ 대표 예제

이차함수 $y=x^2-4x$의 그래프와 직선 $y=x+k$가 서로 다른 두 점에서 만나도록 하는 실수 k의 값의 범위는?

① $k>-\dfrac{25}{4}$ ② $k>-\dfrac{23}{4}$ ③ $k>-\dfrac{21}{4}$

④ $k>-\dfrac{19}{4}$ ⑤ $k>-\dfrac{17}{4}$

완쏠 해설

이차함수 $y=x^2-4x$의 그래프와 직선 $y=x+k$가 서로 다른 두 점에서 만나므로 이차방정식 $x^2-4x=x+k$는 서로 다른 두 근을 가져야 한다.

이차방정식 $x^2-4x=x+k$, 즉 $x^2-5x-k=0$의 판별식을 D라 하면

$D=(-5)^2-4\times1\times(-k)>0$

$25+4k>0$

$\therefore k>-\dfrac{25}{4}$

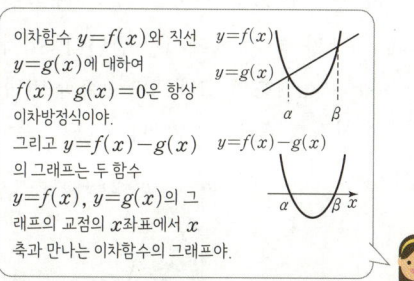

이차함수 $y=f(x)$와 직선 $y=g(x)$에 대하여 $f(x)-g(x)=0$은 항상 이차방정식이야.
그리고 $y=f(x)-g(x)$의 그래프는 두 함수 $y=f(x)$, $y=g(x)$의 그래프의 교점의 x좌표에서 x축과 만나는 이차함수의 그래프야.

답 ①

0647 대표 예제 한 번 더!

이차함수 $y=-2x^2+4x$의 그래프와 직선 $y=2x+k$가 접하도록 하는 실수 k의 값은?

① 0   ② $\dfrac{1}{2}$ ③ 1

④ $\dfrac{3}{2}$ ⑤ 2

0648

이차함수 $y=2x^2-x-a$의 그래프와 직선 $y=x+3$이 적어도 한 점에서 만나도록 하는 정수 a의 최솟값은?

① -4 ② -3 ③ -2

④ -1 ⑤ 0

0649

이차함수 $y=-x^2-2(m+1)x-2$의 그래프가 직선 $y=2x+m^2$보다 항상 아래쪽에 있도록 하는 정수 m의 최댓값은?

① -2 ② -1 ③ 0

④ 1 ⑤ 2

0650

이차함수 $y=x^2+2kx+a-2k$의 그래프가 실수 k의 값에 관계없이 직선 $y=bx-k^2$과 오직 한 점에서 만날 때, 두 실수 a, b에 대하여 $a+b$의 값을 구하시오.

이차함수 $y=f(x)$의 그래프에 접하는 직선의 방정식을 $y=g(x)$라 하고, 이차방정식 $f(x)-g(x)=0$의 판별식을 D라 할 때 $D=0$임을 이용한다.

참고 (1) 기울기가 m인 직선의 방정식은
$$y=mx+k \ (k는 상수)$$
(2) 점 (p, q)를 지나고 기울기가 m인 직선의 방정식은
$$y=m(x-p)+q$$

0651 ✓ 대표 예제

이차함수 $y=x^2+1$의 그래프에 접하고 기울기가 3인 직선의 방정식이 $y=mx+n$일 때, 두 상수 m, n에 대하여 $m+n$의 값은?

① 1　　　② $\dfrac{5}{4}$　　　③ $\dfrac{3}{2}$

④ $\dfrac{7}{4}$　　　⑤ 2

완쏠 해설

직선 $y=mx+n$의 기울기가 3이므로
$m=3$
직선 $y=3x+n$이 이차함수 $y=x^2+1$의 그래프와 접하므로
이차방정식 $x^2+1=3x+n$, 즉 $x^2-3x+1-n=0$의 판별식을 D라 하면
$D=(-3)^2-4\times1\times(1-n)=0$
$5+4n=0$　　　∴ $n=-\dfrac{5}{4}$
∴ $m+n=3+\left(-\dfrac{5}{4}\right)=\dfrac{7}{4}$

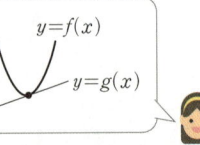

이차함수 $y=f(x)$의 그래프와 직선 $y=g(x)$가 접하면 한 점에서 만나. 즉, 이차방정식 $f(x)=g(x)$는 중근을 가져.

탭 ④

0652 대표 예제 한 번 더!

이차함수 $y=-x^2+3x+3$의 그래프에 접하고 직선 $y=-x+5$와 평행한 직선의 방정식은 $y=mx+n$이다. 두 상수 m, n에 대하여 mn의 값은?

① -7　　　② -6　　　③ -5

④ -4　　　⑤ -3

0653

이차함수 $y=3x^2-2x+1$의 그래프 위의 점 $(1, 2)$에서 이 그래프에 접하는 직선의 방정식은?

① $y=-x+3$　　② $y=x+3$　　③ $y=2x+1$

④ $y=3x-1$　　⑤ $y=4x-2$

0654

점 $(1, -3)$을 지나고 이차함수 $y=x^2-4x+2$의 그래프와 접하는 두 직선의 기울기의 곱은?

① -5　　　② -4　　　③ -3

④ -2　　　⑤ -1

0655 교육청

그림과 같이 이차함수 $y=-x^2+4x+5$의 그래프와 직선 $y=2x+a$가 한 점 A에서만 만난다. 이차함수 $y=-x^2+4x+5$의 그래프가 x축과 만나는 두 점 B, C에 대하여 삼각형 ABC의 넓이는? (단, a는 상수이다.)

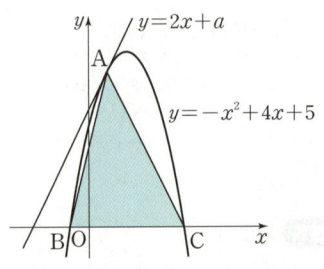

① 21　　　② 22　　　③ 23

④ 24　　　⑤ 25

유형 06 제한된 범위에서의 이차함수의 최대·최소

$\alpha \leq x \leq \beta$에서 이차함수 $f(x)=a(x-p)^2+q$의 최댓값과 최솟값은
(1) $\alpha \leq p \leq \beta$일 때, 즉 꼭짓점의 x좌표가 제한된 범위에 포함될 때, $f(\alpha)$, $f(\beta)$, $f(p)$ 중에서 가장 큰 값이 최댓값, 가장 작은 값이 최솟값이다.
(2) $p<\alpha$ 또는 $p>\beta$일 때, 즉 꼭짓점의 x좌표가 제한된 범위에 포함되지 않을 때, $f(\alpha)$, $f(\beta)$ 중에서 큰 값이 최댓값, 작은 값이 최솟값이다.

참고 이차함수가 $x=p$에서 최댓값 q 또는 최솟값 q를 갖는다.
➡ 이차함수의 그래프의 꼭짓점의 좌표가 (p, q)이므로 이차함수의 식을 $y=a(x-p)^2+q$로 놓을 수 있다.

0656 ✓ 대표 예제

$1 \leq x \leq 5$에서 이차함수 $f(x)=x^2-4x+k$의 최댓값이 7일 때, $f(x)$의 최솟값은? (단, k는 상수이다.)

① -5　　　② -4　　　③ -3
④ -2　　　⑤ -1

완쏠 해설

$$f(x)=x^2-4x+k$$
$$=(x-2)^2-4+k$$
이므로 $1 \leq x \leq 5$에서 이차함수 $y=f(x)$의 그래프는 오른쪽 그림과 같다. 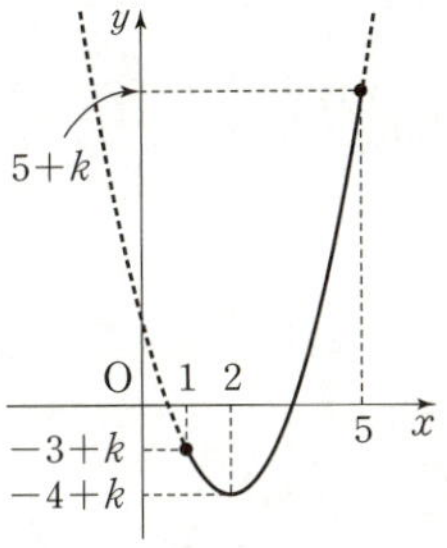
$x=5$에서 최댓값 $5+k$를 가지므로
$5+k=7$　∴ $k=2$
따라서 $f(x)$의 최솟값은 $x=2$일 때 $-4+k$이므로
$(-4)+2=-2$

> 제한된 범위에서 이차함수의 최댓값과 최솟값을 구할 때는 반드시 그래프를 그려서 확인해야 해.

(답) ④

0657 대표 예제 한 번 더!

$0 \leq x \leq 3$에서 이차함수 $f(x)=-x^2+2x+k$의 최솟값이 2일 때, $f(x)$의 최댓값은? (단, k는 상수이다.)

① 6　　　② 7　　　③ 8
④ 9　　　⑤ 10

0658

$1 \leq x \leq 3$에서 이차함수 $y=ax^2-2ax+b$ $(a>0)$의 최솟값이 2, 최댓값이 6일 때, 두 상수 a, b에 대하여 ab의 값을 구하시오.

0659

$k \leq x \leq 4$에서 이차함수 $f(x)=x^2-2x+3$의 최댓값이 11, 최솟값이 3일 때, 상수 k의 값은?

① -2　　　② -1　　　③ 0
④ 1　　　⑤ 2

0660

$-1 \leq x \leq 2$에서 함수 $y=x^2+2|x|-2$의 최댓값을 M, 최솟값을 m이라 할 때, $M+m$의 값을 구하시오.

유형 07 이차함수의 그래프의 축의 위치와
이차함수의 최대·최소

이차함수의 그래프의 꼭짓점의 x좌표가 미지수 k인 경우, 즉
축의 방정식이 $x=k$인 경우
➡ k의 값이 제한된 범위에 포함될 때와 포함되지 않을 때로 범위를
나누어 그 값을 구한다.

0661 ✓ 대표 예제

$x \geq 1$에서 이차함수 $y=x^2-2kx$의 최솟값이 -4일 때, 실수 k의
값은?

① $\dfrac{1}{2}$ 　　　　② 1 　　　　③ $\dfrac{3}{2}$

④ 2 　　　　⑤ $\dfrac{5}{2}$

완쏠 해설

$f(x)=x^2-2kx=(x-k)^2-k^2$

(i) $k \geq 1$인 경우

꼭짓점의 x좌표가 주어진 범위에
포함되므로 오른쪽 그림에서 $x=k$
일 때 최솟값 -4를 갖는다.
즉, $f(k)=-k^2=-4$에서 $k^2=4$
∴ $k=2$ $(∵ k \geq 1)$

(ii) $k < 1$인 경우

꼭짓점의 x좌표가 주어진 범위에
포함되지 않으므로 오른쪽 그림에서
$x=1$일 때 최솟값 -4를 갖는다.
즉, $f(1)=1-2k=-4$
∴ $k=\dfrac{5}{2}$

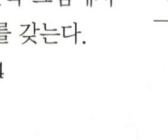

이때 $k<1$이므로 조건을 만족시키는 k의 값은 존재하지 않
는다.

구한 k의 값이 범위 안에 포함되는지 꼭 확인해.

(i), (ii)에서 $k=2$

　　　　　　　　　　　　　　답 ④

0662 대표 예제 한 번 더!

$x \leq -2$에서 이차함수 $y=-x^2+2kx$의 최댓값이 9일 때,
실수 k의 값은?

① -3 　　　　② -2 　　　　③ -1

④ 0 　　　　⑤ 1

0663

$0 \leq x \leq 3$에서 이차함수 $y=x^2-2ax$의 최솟값이 -15일
때, 실수 a의 값은?

① $\dfrac{10}{3}$ 　　　　② $\dfrac{7}{2}$ 　　　　③ $\dfrac{11}{3}$

④ $\dfrac{23}{6}$ 　　　　⑤ 4

0664 교육청

$0 \leq x \leq 2$에서 정의된 이차함수 $f(x)=x^2-2ax+2a^2$의
최솟값이 10일 때, 함수 $f(x)$의 최댓값을 구하시오.
　　　　　　　　　　　　　　(단, a는 양수이다.)

0665

$x \geq k$에서 이차함수 $y=x^2-2x+k^2+2k+1$의 최솟값이
15일 때, 모든 실수 k의 값의 곱은?

① $-3\sqrt{5}$ 　　　　② $-3\sqrt{7}$ 　　　　③ $-5\sqrt{5}$

④ $-5\sqrt{7}$ 　　　　⑤ $-7\sqrt{5}$

유형 08 공통부분이 있는 이차함수의 최대·최소

공통부분이 있는 이차함수의 최대·최소는 다음과 같은 순서로 구한다.
❶ 공통부분을 t라 한다.
❷ t의 값의 범위를 구한다.
❸ ❷에서 구한 범위에서 최댓값과 최솟값을 구한다.

0666 ✓ 대표 예제

함수 $y=-(x^2+2x)^2+4(x^2+2x)+2$의 최댓값은?

① 2   ② 4   ③ 6

④ 8   ⑤ 10

완쏠 해설

$x^2+2x=t$라 하면
$t=(x+1)^2-1$이므로
$t\geq-1$
이때 주어진 함수는
$y=-t^2+4t+2$
   $=-(t-2)^2+6$
이므로 $t\geq-1$에서 오른쪽 그림과 같이
$t=2$일 때 최댓값 6을 갖는다.

 식을 치환할 때는 치환한 식의 값의 범위를 반드시 구해야 해.

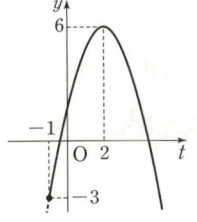

답 ③

0667 대표 예제 한 번 더!

함수 $y=(x^2+1)^2+4(x^2+1)-1$의 최솟값은?

① 1   ② 2   ③ 3

④ 4   ⑤ 5

0668

함수 $y=-3(x^2-4x+3)^2+6(x^2-4x)+k+5$의 최댓값이 3일 때, 상수 k의 값을 구하시오.

0669

$-1\leq x\leq2$에서 함수 $y=(x^2+1)^2-4(x^2+1)-2$의 최댓값은?

① $\dfrac{3}{2}$ ② 2   ③ $\dfrac{5}{2}$

④ 3   ⑤ $\dfrac{7}{2}$

0670

$-2\leq x\leq1$에서 함수
$$y=(x^2+2x-3)^2-4(x^2+2x)+9$$
의 최댓값을 M, 최솟값을 m이라 할 때, $M+m$의 값을 구하시오.

유형 09 이차식의 최대·최소

(1) x, y가 실수일 때, 주어진 식을 $a(x-p)^2+b(y-q)^2+k$ 꼴로 변형한 후 (실수)$^2 \geq 0$임을 이용한다.
　　　　　　　　　　　　(단, a, b, p, q, k는 실수)
이때 $x=p$, $y=q$에서 주어진 식의 최댓값 또는 최솟값은 k이다.
(2) 등식이 조건으로 주어지면 조건식을 한 문자에 대하여 정리한 후 이차식에 대입하여 한 문자에 대한 이차식으로 나타낸다.

0671 ✓대표 예제

x, y가 실수일 때, $2x^2-8x+y^2+4y+6$의 최솟값은?

① -6 　　② -4 　　③ 2
④ 4 　　⑤ 6

완쏠 해설

$2x^2-8x+y^2+4y+6$
$=2(x^2-4x)+(y^2+4y)+6$
$=2(x^2-4x+4-4)+(y^2+4y+4-4)+6$
$=2(x-2)^2+(y+2)^2-6$
이때 x, y가 실수이므로
$\underline{(x-2)^2 \geq 0, \ (y+2)^2 \geq 0}$ → 임의의 실수 a에 대하여 $a^2 \geq 0$이다.
$\therefore 2x^2-8x+y^2+4y+6 \geq -6$
따라서 주어진 식의 최솟값은 $x=2$, $y=-2$일 때 -6이다.

> 이차식의 최대·최소를 구하려면 주어진 식을 완전 제곱식 꼴로 변형해야 해. xy항이 없으니까 x, y 각각에 대해서 완전제곱식을 만들면 돼.

답 ①

0672 대표 예제 한 번 더!

x, y가 실수일 때, $-x^2-y^2-2x-4y+5$의 최댓값을 구하시오.

0673

두 실수 x, y에 대하여 $x^2+ax+2y^2+by+14$는 $x=-3$, $y=1$에서 최솟값 m을 갖는다. $a+b+m$의 값은?
　　　　　　　　　　　(단, a, b는 상수이다.)

① 1 　　② 3 　　③ 5
④ 7 　　⑤ 9

0674

$x+y=3$을 만족시키는 음이 아닌 두 실수 x, y에 대하여 $2x^2+y^2$의 최댓값을 M, 최솟값을 m이라 할 때, $M-m$의 값은?

① 8 　　② 9 　　③ 10
④ 11 　　⑤ 12

0675

두 실수 x, y에 대하여 $2x^2-2xy+y^2+3y+k$는 $x=\alpha$, $y=\beta$에서 최솟값 $\dfrac{1}{2}$을 갖는다. $\alpha+\beta+k$의 값은?
　　　　　　　　　　　(단, α, β, k는 상수이다.)

① $\dfrac{1}{3}$ 　　② $\dfrac{1}{2}$ 　　③ 1
④ $\dfrac{3}{2}$ 　　⑤ $\dfrac{5}{3}$

유형 10 이차함수의 최대·최소의 활용

이차함수의 최대·최소의 활용 문제는 다음과 같은 순서로 구한다.
❶ 주어진 상황에서 x를 정하고, x에 대한 함수식을 세운다.
❷ 주어진 조건을 만족시키는 x의 값의 범위를 구한다.
❸ ❷에서 구한 범위에서 최댓값과 최솟값을 구한다.

0676 ✔ 대표 예제

지면으로부터 50 m 높이의 건물 옥상에서 지면과 수직인 방향으로 공을 던질 때, t초 후 지면으로부터의 공의 높이를 h m라 하면 t와 h 사이에는

$$h = -5t^2 + 20t + 50$$

인 관계식이 성립한다고 한다. 이 공이 도달하는 최고 높이를 구하시오. (단, 공의 크기는 생각하지 않는다.)

완쏠 해설

$h = -5t^2 + 20t + 50$
$\quad = -5(t-2)^2 + 70 \ (t \geq 0)$
이차함수 $h = -5t^2 + 20t + 50$의 그래프는 오른쪽 그림과 같으므로 $t=2$일 때 최댓값은 70이다. 따라서 공이 도달하는 최고 높이는 70 m이다.

> 공이 도달하는 최고 높이는 h의 최댓값과 같아.

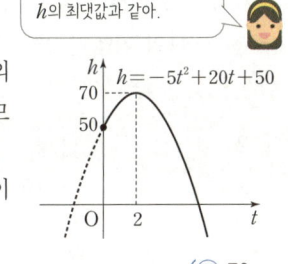

📗 **70 m**

0677 대표 예제 한 번 더!

학교 매점에서 과자 한 개의 가격 x원과 판매 수익 y원 사이에

$$y = -x^2 + 500x$$

인 관계식이 성립한다고 한다. 과자 한 개의 가격을 200원 이상 400원 이하로 했을 때, 판매 수익의 최댓값은?

① 57500원 ② 60000원 ③ 62500원
④ 65000원 ⑤ 67500원

0678

어느 채소 가게에서 감자 1개의 가격이 400원일 때, 하루에 600개씩 팔린다. 이 감자의 1개당 가격을 x원 내리면 하루 판매량은 $2x$개씩 증가한다고 한다. 하루 판매액은 (가격) × (하루 판매량)이라 할 때, 감자의 하루 판매액이 최대가 되게 하려면 감자 1개의 가격을 얼마로 정해야 하는가?

① 330원 ② 340원 ③ 350원
④ 360원 ⑤ 370원

0679

그림과 같이 직사각형 ABCD에서 두 점 B, C는 x축 위에 있고, 두 점 A, D는 이차함수 $y = -x^2 + 2$의 그래프 위에 있다. 직사각형 ABCD의 둘레의 길이의 최댓값을 구하시오. (단, 점 D는 제1사분면 위에 있다.)

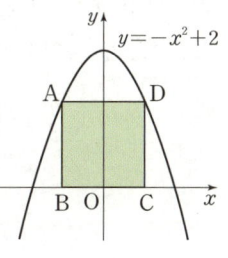

0680

그림과 같이 밑변의 길이가 10 m, 높이가 6 m인 삼각형 PQR에 내접하는 직사각형 ABCD가 있다. 이 직사각형의 넓이의 최댓값과 이때의 선분 BC의 길이는?

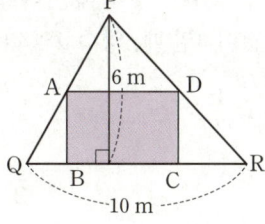

① 12 m², 4 m ② 12 m², 6 m ③ 15 m², 5 m
④ 16 m², 4 m ⑤ 18 m², 6 m

0681 · 유형 04

이차함수 $y=x^2+2ax+a^2+1$의 그래프와 직선 $y=-2x-k$가 만나도록 하는 모든 자연수 k의 개수가 6일 때, 자연수 a의 값은?

① 2   ② 3   ③ 4
④ 5   ⑤ 6

0682 · 유형 02

이차함수 $y=x^2+2px+6-q$의 그래프가 x축과 만나지 않을 때, 두 자연수 p, q의 순서쌍 (p, q)의 개수는?

① 3   ② 4   ③ 5
④ 6   ⑤ 7

0683 · 유형 09

두 실수 x, y에 대한 다항식 $x^2+y^2-2x+2ay+9$의 최솟값이 4일 때, 양수 a의 값은?

① $\dfrac{1}{2}$ ② 1   ③ $\dfrac{3}{2}$
④ 2   ⑤ $\dfrac{5}{2}$

0684 · 유형 06

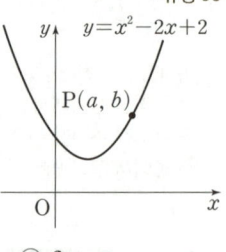

그림과 같이 이차함수 $y=x^2-2x+2$의 그래프 위를 움직이는 점 $P(a, b)$가 있다. $0 \le a \le 3$일 때, $2a-b+3$의 최댓값과 최솟값의 합은?

① 4   ② 5   ③ 6
④ 7   ⑤ 8

0685 · 유형 01

이차함수 $y=2x^2+ax+a+1$의 그래프가 x축과 만나는 두 점 사이의 거리가 2가 되도록 하는 모든 실수 a의 값의 합은?

① 2   ② 4   ③ 6
④ 8   ⑤ 10

0686 · 유형 01

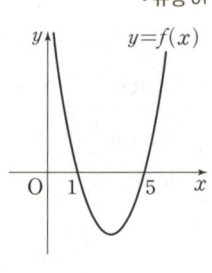

이차함수 $y=f(x)$의 그래프가 그림과 같을 때, x에 대한 이차방정식 $f(2x-1)=0$의 두 실근의 합은?

① 2   ② $\dfrac{5}{2}$
③ 3   ④ $\dfrac{7}{2}$
⑤ 4

0687 교육청 · 유형 06

$-2 \leq x \leq 2$에서 이차함수

$$f(x)=x^2-(2a-b)x+a^2-4b$$

가 다음 조건을 만족시킨다.

> (가) 함수 $f(x)$는 $x=1$에서 최솟값을 가진다.
> (나) 함수 $f(x)$의 최댓값은 0이다.

$a+b$의 값은? (단, a, b는 상수이다.)

① 10   ② 11   ③ 12
④ 13   ⑤ 14

0688 · 유형 10

어느 회사에서 직원들에게 매년 전통시장 상품권을 지급하고 있다. 회사에서 올해 전통시장 상품권의 지급액을 작년의 지급액에서 x %를 감소하고, 내년에는 올해 지급액에서 $4x$ %를 증가하기로 하였다. 직원들이 올해와 내년에 지급받을 총금액이 최대가 되도록 하는 x의 값을 구하시오.

0689 교육청 · 유형 10

그림과 같이 직선 $x=t\ (0<t<3)$이 두 이차함수 $y=2x^2+1$, $y=-(x-3)^2+1$의 그래프와 만나는 점을 각각 P, Q라 하자. 두 점 A(0, 1), B(3, 1)에 대하여 사각형 PAQB의 넓이의 최솟값은?

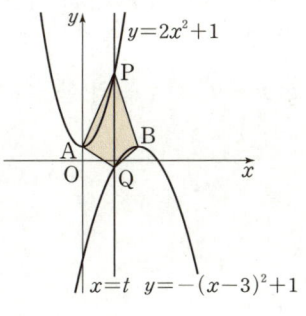

① $\dfrac{15}{2}$ ② 9   ③ $\dfrac{21}{2}$
④ 12   ⑤ $\dfrac{27}{2}$

0690 · 유형 03

그림과 같이 이차함수 $y=-2x^2+k\ (k>0)$의 그래프와 직선 $y=x$가 서로 다른 두 점 A, B에서 만난다. 두 점 A, B에서 x축에 내린 수선의 발을 각각 P, Q라 할 때, $\triangle AOP+\triangle BOQ=\dfrac{9}{8}$가 되도록 하는 상수 k의 값은? (단, O는 원점이다.)

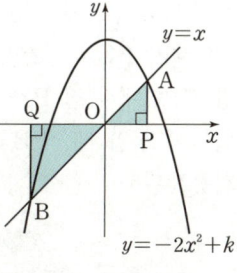

① $\dfrac{1}{2}$ ② 1   ③ $\dfrac{3}{2}$
④ 2   ⑤ $\dfrac{5}{2}$

0691 빈출 · 유형 01 + 유형 03

이차함수 $y=f(x)$의 그래프가 그림과 같을 때, 방정식 $|f(x)|=1$의 서로 다른 모든 실근의 합은?

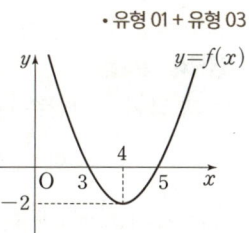

① 13   ② 14
③ 15   ④ 16
⑤ 17

0692 · 유형 06

$-1 \leq x \leq 1$일 때, 점 A는 x축 위에 있고 점 B는 함수 $y=3-x^2$의 그래프 위에 있다. x축 또는 y축과 평행한 선분들을 따라 이동하여 두 점 A, B를 가장 짧게 연결하려고 한다. 가장 짧게 연결한 선분들의 길이의 합의 최댓값을 M이라 할 때, $8M$의 값을 구하시오.

0693

그림과 같이 $\angle B=90°$이고 $\overline{AB}=2$, $\overline{BC}=2\sqrt{2}$인 직각삼각형 ABC에서 점 P가 선분 AC 위를 움직일 때, $\overline{PB}^2+\overline{PC}^2$의 최솟값은?

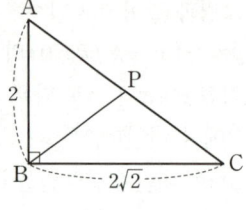

① 4
② $\dfrac{13}{3}$
③ $\dfrac{14}{3}$
④ 5
⑤ $\dfrac{16}{3}$

0694

그림과 같이 이차함수 $y=x^2-4x+\dfrac{25}{4}$의 그래프가 직선 $y=ax$ ($a>0$)과 한 점 A에서만 만난다.

이차함수 $y=x^2-4x+\dfrac{25}{4}$의 그래프가 y축과 만나는 점을 B, 점 A에서 x축에 내린 수선의 발을 H라 하고, 선분 OA와 선분 BH가 만나는 점을 C라 하자. 삼각형 BOC의 넓이를 S_1, 삼각형 ACH의 넓이를 S_2라 할 때, $S_1-S_2=\dfrac{q}{p}$이다. $p+q$의 값을 구하시오.

(단, O는 원점이고, p와 q는 서로소인 자연수이다.)

0695

최고차항의 계수가 1인 이차함수 $y=f(x)$의 그래프가 직선 $y=0$과 만나서 생기는 점을 각각 A, B, 직선 $y=2$와 만나서 생기는 점을 각각 C, D라 할 때, 양수 k에 대하여

$$\overline{AB}=2k, \quad \overline{CD}=2k+2$$

이다. 이차함수 $y=f(x)$의 그래프가 직선 $y=a$와 만나는 두 점 사이의 거리가 $6k$일 때, 상수 a의 값은?

① 1
② 2
③ 3
④ 4
⑤ 5

0696

$x\geq0$에서 정의된 함수 $f(x)$가 자연수 n에 대하여

$$f(x)=\begin{cases} x^2 & (0\leq x<1) \\ (x-2n)^2 & (2n-1\leq x\leq 2n+1) \end{cases}$$

일 때, 함수 $g(t)$를 $0\leq x\leq t$에서 $f(x)$의 최댓값이라 하자. $g(x)-f(x)=\dfrac{x}{5}$의 실근의 개수를 구하시오.

서술형 문제

0697
• 유형 01

이차함수 $y=f(x)$의 그래프가 x축과 서로 다른 두 점 $(\alpha, 0)$, $(\beta, 0)$에서 만나고 $\alpha+\beta=14$일 때, 방정식 $f(3x-2)=0$의 모든 실근의 합을 구하시오.

☑ **필요 개념 및 공식**
□ 이차함수의 그래프와 x축의 교점   □ 방정식 $f(ax+b)=0$의 근

0698
• 유형 08

$-2 \leq x \leq 2$에서 함수
$$y=(x^2-2x)^2-2(x^2-2x+a)+2$$
의 최솟값이 5, 최댓값은 M이다. $a+M$의 값을 구하시오.
(단, a는 상수이다.)

☑ **필요 개념 및 공식**
□ 공통부분이 있는 이차함수의 최대·최소

0699
• 유형 10

두 이차함수 $f(x)=-x^2+6$, $g(x)=3x^2-10$에 대하여 그림과 같이 직선 $x=-a$가 두 곡선 $y=f(x)$, $y=g(x)$와 만나는 점을 각각 A, B 라 하고, 직선 $x=a$가 두 곡선 $y=g(x)$, $y=f(x)$와 만나는 점을 각각 C, D 라 하자.

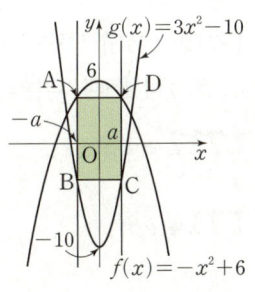

직사각형 ABCD의 둘레의 길이의 최댓값을 구하시오.
(단, $0<a<2$)

☑ **필요 개념 및 공식**
□ 이차함수의 그래프의 성질   □ 이차함수의 최댓값과 최솟값

0700
• 유형 06

양수 a에 대하여 $0 \leq x \leq 1$에서 정의된 이차함수 $f(x)=x^2-2ax+3a$의 최솟값이 3일 때, 함수 $f(x)$의 최댓값을 구하시오.

☑ **필요 개념 및 공식**
□ 제한된 범위의 이차함수의 최댓값과 최솟값
□ 이차방정식의 근의 판별

0701
• 유형 03

이차함수 $f(x)=x^2+ax+b$의 그래프가 두 점 $(\alpha, 0)$, $(\beta, 0)$을 지나고, 점 $(0, -4)$를 지나는 직선 $y=g(x)$에 대하여 방정식 $f(x)=g(x)$의 두 근이 α, γ이다. 세 상수 α, β, γ가 다음 조건을 만족시킬 때, $f(\alpha+\beta+\gamma)$의 값을 구하시오.

(가) $\alpha<\beta<\gamma$
(나) $\gamma=\alpha+5$, $\gamma=\beta+2$

☑ **필요 개념 및 공식**
□ 이차함수의 그래프와 x축의 교점
□ 이차함수의 그래프와 직선의 교점

06
이차방정식과 이차함수

개념 01 삼차방정식과 사차방정식

(1) **삼차방정식과 사차방정식**
다항식 $P(x)$가 x에 대한 삼차식, 사차식이면 방정식 $P(x)=0$을 각각 x에 대한 삼차방정식, 사차방정식이라 한다.

(2) **삼차방정식과 사차방정식 $P(x)=0$의 풀이**
인수정리, 조립제법, 치환 등을 이용하여 다항식 $P(x)$를 인수분해한다.
① $ABC=0$이면 $A=0$ 또는 $B=0$ 또는 $C=0$
② $ABCD=0$이면 $A=0$ 또는 $B=0$ 또는 $C=0$ 또는 $D=0$임을 이용하여 x의 값을 구한다.

> 참고 계수가 실수인 삼차방정식, 사차방정식은 복소수의 범위에서 각각 3개, 4개의 근을 갖는다.

(3) **$x^4+ax^2+b=0\ (a\neq0)$ 꼴의 방정식의 풀이**
① $x^2=X$로 치환하여 좌변을 인수분해한다.
② 좌변이 인수분해되지 않으면 ax^2을 적당히 분리하여 $A^2-B^2=0$ 꼴로 변형한 후 좌변을 인수분해한다.

[0702~0704] 다음 삼차방정식을 푸시오.

0702 $(x+4)(x+2)(x-1)=0$

0703 $x^3-8=0$

0704 $x^3-2x^2-x+2=0$

[0705~0707] 다음 사차방정식을 푸시오.

0705 $(x+2)^2(x+1)(x-2)=0$

0706 $x^4-x=0$

0707 $x^4-x^3-3x^2+x+2=0$

[0708~0709] 다음 방정식을 푸시오.

0708 $(x^2-2)^2-(x^2-2)-2=0$

0709 $x^4-8x^2-9=0$

개념 02 삼차방정식의 근과 계수의 관계, 삼차방정식의 켤레근

(1) **삼차방정식의 근과 계수의 관계**
삼차방정식 $ax^3+bx^2+cx+d=0$의 세 근을 α, β, γ라 하면
$$\alpha+\beta+\gamma=-\frac{b}{a},\ \alpha\beta+\beta\gamma+\gamma\alpha=\frac{c}{a},\ \alpha\beta\gamma=-\frac{d}{a}$$

(2) **세 수를 근으로 하는 삼차방정식**
세 수 α, β, γ를 근으로 하고 x^3의 계수가 1인 삼차방정식은
$$(x-\alpha)(x-\beta)(x-\gamma)=0, \text{ 즉}$$
$$x^3-(\alpha+\beta+\gamma)x^2+(\alpha\beta+\beta\gamma+\gamma\alpha)x-\alpha\beta\gamma=0$$

(3) **삼차방정식의 켤레근**
삼차방정식 $ax^3+bx^2+cx+d=0$에서
① a, b, c, d가 유리수일 때, 한 근이 $p+q\sqrt{m}$이면 $p-q\sqrt{m}$도 근이다.
(단, p, q는 유리수, $q\neq0$, $\sqrt{m}$은 무리수)
② a, b, c, d가 실수일 때, 한 근이 $p+qi$이면 $p-qi$도 근이다. (단, p, q는 실수, $q\neq0$, $i=\sqrt{-1}$)

[0710~0711] 다음 삼차방정식의 세 근을 α, β, γ라 할 때, $\alpha+\beta+\gamma$, $\alpha\beta+\beta\gamma+\gamma\alpha$, $\alpha\beta\gamma$의 값을 각각 구하시오.

0710 $x^3-2x^2+4x+6=0$

0711 $3x^3-6x^2+2x+9=0$

[0712~0715] 삼차방정식 $x^3-5x^2-12x+36=0$의 세 근을 α, β, γ라 할 때, 다음 값을 구하시오.

0712 $\alpha+\beta+\gamma$

0713 $\alpha\beta+\beta\gamma+\gamma\alpha$

0714 $\alpha\beta\gamma$

0715 $\dfrac{1}{\alpha}+\dfrac{1}{\beta}+\dfrac{1}{\gamma}$

[0716~0718] 다음 세 수를 근으로 하고 x^3의 계수가 1인 삼차방정식을 구하시오.

0716 $-3,\ 1,\ 5$

0717 $1,\ 1+\sqrt{2},\ 1-\sqrt{2}$

0718 $1,\ 1+i,\ 1-i$

0719 삼차방정식 $x^3-ax^2-8x-b=0$의 두 근이 $2, -1+\sqrt{5}$일 때, 두 유리수 a, b의 값을 각각 구하시오.

0720 삼차방정식 $x^3-5x^2+ax+b=0$의 두 근이 $3, 1+2i$일 때, 두 실수 a, b의 값을 각각 구하시오.

개념 **03** 방정식 $x^3=1$, $x^3=-1$의 허근의 성질

(1) 방정식 $x^3=1$의 한 허근을 ω라 하면 ω는 두 방정식 $x^3=1$, $x^2+x+1=0$의 근이므로
(단, $\overline{\omega}$는 ω의 켤레복소수이다.)
  ① $\omega^3=1$, $\omega^2+\omega+1=0$
  ② $\omega+\overline{\omega}=-1$, $\omega\overline{\omega}=1$
  ③ $\omega^2=-\omega-1=\overline{\omega}=\dfrac{1}{\omega}$

(2) 방정식 $x^3=-1$의 한 허근을 ω라 하면 ω는 두 방정식 $x^3=-1$, $x^2-x+1=0$의 근이므로
(단, $\overline{\omega}$는 ω의 켤레복소수이다.)
  ① $\omega^3=-1$, $\omega^2-\omega+1=0$
  ② $\omega+\overline{\omega}=1$, $\omega\overline{\omega}=1$
  ③ $\omega^2=\omega-1=-\overline{\omega}=-\dfrac{1}{\omega}$

[0721~0724] 방정식 $x^3=1$의 한 허근을 ω라 할 때, 다음 값을 구하시오. (단, $\overline{\omega}$는 ω의 켤레복소수이다.)

0721 $\omega^2+\omega$

0722 $\omega^5+\omega^4+\omega^3$

0723 $\omega+\dfrac{1}{\omega}$

0724 $\omega+\overline{\omega}+\omega\overline{\omega}$

[0725~0728] 방정식 $x^3=-1$의 한 허근을 ω라 할 때, 다음 값을 구하시오. (단, $\overline{\omega}$는 ω의 켤레복소수이다.)

0725 $\omega-\omega^2$

0726 $\omega^6-\omega^5+\omega^4$

0727 $\omega+\dfrac{1}{\omega}$

0728 $\omega+\overline{\omega}+\omega\overline{\omega}$

개념 **04** 연립이차방정식

(1) **미지수가 2개인 연립이차방정식**
  미지수가 2개인 연립방정식에서 차수가 가장 높은 방정식이 이차방정식일 때, 이 연립방정식을 미지수가 2개인 연립이차방정식이라 한다.

  예 $\begin{cases} x+y=0 \\ x^2+y=2 \end{cases}$, $\begin{cases} x^2+2y^2=0 \\ x^2+xy+y^2=2 \end{cases}$

(2) **연립이차방정식의 풀이**
  ① $\begin{cases} \text{일차방정식} \\ \text{이차방정식} \end{cases}$ 꼴의 연립이차방정식
    ➡ 일차방정식을 한 미지수에 대하여 정리한 것을 이차방정식에 대입하여 미지수가 1개인 이차방정식으로 만들어 푼다.

  참고 x, y에 대한 대칭식인 연립이차방정식
    $x+y=u$, $xy=v$라 하고 u, v에 대한 연립방정식으로 변형하여 방정식을 푼 후 x, y가 t에 대한 이차방정식 $t^2-ut+v=0$의 두 근임을 이용한다.

  ② $\begin{cases} \text{이차방정식} \\ \text{이차방정식} \end{cases}$ 꼴의 연립이차방정식
    ➡ 한 이차방정식에서 이차식을 두 일차식의 곱으로 인수분해한 후 ① 꼴의 연립이차방정식으로 만들어 푼다.

[0729~0734] 다음 연립방정식을 푸시오.

0729 $\begin{cases} x+y=4 \\ x^2+y^2=10 \end{cases}$

0730 $\begin{cases} x-y=3 \\ x^2+xy+y^2=3 \end{cases}$

0731 $\begin{cases} x+y=7 \\ xy=10 \end{cases}$

0732 $\begin{cases} x+y=3 \\ x-xy+y=7 \end{cases}$

0733 $\begin{cases} x^2-y^2=0 \\ x^2+2xy+2y^2=5 \end{cases}$

0734 $\begin{cases} x^2-2xy-3y^2=0 \\ x^2+3y^2=12 \end{cases}$

유형 01 삼차방정식과 사차방정식의 풀이

삼차방정식과 사차방정식 $P(x)=0$은 다음과 같은 순서로 푼다.

❶ $P(\alpha)=0$을 만족시키는 α를 찾은 후 인수정리와 조립제법을 이용하여 다항식 $P(x)$를 인수분해한다.

이때 α는 $\pm\dfrac{(P(x)\text{의 상수항의 약수})}{(P(x)\text{의 최고차항의 계수의 약수})}$ 중에서 찾을 수 있다.

❷ $ABC=0$이면 $A=0$ 또는 $B=0$ 또는 $C=0$, $ABCD=0$이면 $A=0$ 또는 $B=0$ 또는 $C=0$ 또는 $D=0$ 임을 이용하여 x의 값을 구한다.

0735 ✓ 대표 예제

삼차방정식 $x^3-2x^2-5x+6=0$의 세 근 중 가장 큰 근을 α, 가장 작은 근을 β라 할 때, $\alpha-\beta$의 값은?

① 1   ② 2   ③ 3
④ 4   ⑤ 5

완쏠 해설

$P(x)=x^3-2x^2-5x+6$이라 하면
$P(1)=1^3-2\times1^2-5\times1+6=0$이므로
조립제법을 이용하여
$P(x)$를 인수분해하면

$$\begin{array}{r|rrrr} 1 & 1 & -2 & -5 & 6 \\ & & 1 & -1 & -6 \\ \hline & 1 & -1 & -6 & 0 \end{array}$$

$P(x)=(x-1)(x^2-x-6)$
$\quad\quad=(x-1)(x+2)(x-3)$

즉, 주어진 방정식은 $(x+2)(x-1)(x-3)=0$
$\therefore x=-2$ 또는 $x=1$ 또는 $x=3$
따라서 세 근 중 가장 큰 근은 3, 가장 작은 근은 -2이므로
$\alpha=3$, $\beta=-2$
$\therefore \alpha-\beta=3-(-2)=5$

> 주어진 삼차방정식의 x^3의 계수가 1이므로 상수항 6의 약수 1, 2, 3, 6에 대하여 ±1, ±2, ±3, ±6 중 가장 간단한 1부터 차례대로 대입하여 인수를 찾으면 돼.

답 ⑤

0736 대표 예제 한 번 더!

사차방정식 $x^4-x^3-8x^2+12x=0$의 네 근 중 가장 큰 근과 가장 작은 근의 곱은?

① -6 ② -4 ③ 0
④ 4   ⑤ 6

0737

삼차방정식 $x^3+x^2+3x-5=0$의 해는 $x=\alpha$ 또는 $x=\beta\pm\gamma i$이다. 세 실수 α, β, γ에 대하여 $\dfrac{\alpha}{\beta+\gamma}$의 값은?

(단, $\gamma>0$)

① $\dfrac{1}{3}$ ② $\dfrac{2}{3}$ ③ 1
④ $\dfrac{4}{3}$ ⑤ $\dfrac{5}{3}$

0738 교육청

삼차방정식 $x^3+2x^2-3x-10=0$의 두 허근을 α, β라 할 때, $\alpha^3+\beta^3$의 값은?

① -2 ② -3 ③ -4
④ -5 ⑤ -6

0739

사차방정식 $x^4+2x^3-x^2-8x-12=0$의 두 허근을 α, β라 할 때, $\alpha^2+\beta^2$의 값은?

① -4 ② -2 ③ -1
④ 1   ⑤ 2

유형 02 공통부분이 있는 사차방정식의 풀이

(1) 사차방정식에서 공통부분을 한 문자로 치환하여 그 문자에 대한 방정식으로 변형한 후 인수분해한다.
(2) $(x-a)(x-b)(x-c)(x-d)=k$ 꼴의 사차방정식은 두 일차식의 상수항의 합과 나머지 두 일차식의 상수항의 합이 서로 같아지도록 두 일차식끼리 짝을 지어 전개한 후 공통부분을 한 문자로 치환한다.

0740 ✔대표 예제

방정식 $(x^2+x)^2-8(x^2+x)+12=0$의 모든 양의 근의 곱은?

① 1   ② 2   ③ 3
④ 4   ⑤ 5

완쏠 해설

$x^2+x=X$라 하면 주어진 방정식은
$X^2-8X+12=0$
$(X-2)(X-6)=0$
∴ $X=2$ 또는 $X=6$

 $x^2+x=X$라 하고 차수가 낮은 방정식으로 변형하면 인수분해를 간단하게 할 수 있어.

(i) $X=2$, 즉 $x^2+x=2$일 때
$x^2+x-2=0$, $(x+2)(x-1)=0$
∴ $x=-2$ 또는 $x=1$
(ii) $X=6$, 즉 $x^2+x=6$일 때
$x^2+x-6=0$, $(x+3)(x-2)=0$
∴ $x=-3$ 또는 $x=2$
(i), (ii)에서 양의 근은 1, 2이므로 그 곱은
$1\times2=2$

답 ②

0741 대표 예제 한 번 더!

방정식 $(x^2-x+2)^2-12(x^2-x)+8=0$의 모든 음의 근의 합은?

① -5   ② -4   ③ -3
④ -2   ⑤ -1

0742 교육청

사차방정식 $(x^2-3x)(x^2-3x+6)+5=0$의 서로 다른 두 실근을 α, β라 할 때, $\alpha\beta$의 값은?

① 1   ② 2   ③ 3
④ 4   ⑤ 5

0743

방정식 $(x^2+2)^2-5(x^2+2)-6=0$의 두 실근을 α, β라 할 때, $\alpha^2+\beta^2$의 값은?

① 6   ② 8   ③ 10
④ 12   ⑤ 14

0744

방정식 $(x-1)(x-3)(x+5)(x+7)=-15$의 모든 근의 곱은?

① 80   ② 100   ③ 120
④ 140   ⑤ 160

유형 03 $x^4 + ax^2 + b = 0$ 꼴의 사차방정식의 풀이

(1) $x^2 = X$로 치환하여 $X^2 + aX + b$를 인수분해한다.
(2) (1)의 방법으로 인수분해되지 않으면 ax^2을 적당히 분리하여
 $A^2 - B^2 = 0$ 꼴로 변형한 후 좌변을 인수분해한다.

0745 ✓대표 예제

사차방정식 $x^4 - 10x^2 + 9 = 0$의 네 근을 α, β, γ, δ라 할 때, $|\alpha| + |\beta| + |\gamma| + |\delta|$의 값은?

① 5　　　② 6　　　③ 7
④ 8　　　⑤ 9

완쏠 해설

$x^2 = X$라 하면 주어진 방정식은
$X^2 - 10X + 9 = 0$, $(X-1)(X-9) = 0$
$\therefore X = 1$ 또는 $X = 9$
즉, $x^2 = 1$ 또는 $x^2 = 9$이므로
$x = \pm 1$ 또는 $x = \pm 3$
$\therefore |\alpha| + |\beta| + |\gamma| + |\delta| = |-1| + |1| + |-3| + |3|$
$\qquad\qquad\qquad\qquad\qquad = 1 + 1 + 3 + 3 = 8$

주어진 식과 같이 차수가 짝수인 항과
상수항으로만 이루어진 방정식을
복이차방정식이라고 해.

답 ④

0746 대표 예제 한 번 더!

사차방정식 $x^4 - 10x^2 + 16 = 0$의 두 양의 근의 곱은?

① 1　　　② 2　　　③ 3
④ 4　　　⑤ 5

0747

사차방정식 $x^4 - 11x^2 + 25 = 0$의 네 근을 α, β, γ, δ $(\alpha < \beta < \gamma < \delta)$라 할 때, $\alpha + \delta$의 값은?

① -2　　　② -1　　　③ 0
④ 1　　　　⑤ 2

0748

사차방정식 $x^4 + 5x^2 + 9 = 0$의 네 근을 p, q, r, s라 할 때, $\dfrac{1}{p} + \dfrac{1}{q} + \dfrac{1}{r} + \dfrac{1}{s}$의 값은?

① 0　　　② 1　　　③ 2
④ 3　　　⑤ 4

0749 🔺Up

사차방정식 $x^4 - (k-1)x^2 + 4k - 20 = 0$이 두 개의 실근과 두 개의 허근을 갖도록 하는 모든 자연수 k의 값의 합을 구하시오.

유형 04 근이 주어진 삼·사차방정식 중요

(1) 방정식 $P(x)=0$의 한 근이 α이면
　　➡ $P(\alpha)=0$
(2) 방정식 $P(x)=0$의 두 근이 α, β이면
　　➡ $P(\alpha)=0$, $P(\beta)=0$

0750 ✔ 대표 예제

삼차방정식 $x^3+kx+(k+1)=0$의 근이 -2, α, β일 때, $|\alpha|+|\beta|$의 값은? (단, k는 상수이다.)

① 2 　　　② 4 　　　③ 6
④ 8 　　　⑤ 10

완쏠 해설

삼차방정식 $x^3+kx+(k+1)=0$의 한 근이 -2이므로
$(-2)^3+k\times(-2)+k+1=0$ 　 $\therefore k=-7$
즉, 주어진 방정식은 $x^3-7x-6=0$
$P(x)=x^3-7x-6$이라 하면 $P(-2)=0$이므로
조립제법을 이용하여
$P(x)$를 인수분해하면

$$
\begin{array}{r|rrrr}
-2 & 1 & 0 & -7 & -6 \\
   &   & -2 & 4 & 6 \\
\hline
   & 1 & -2 & -3 & \,0 \\
\end{array}
$$

$P(x)=(x+2)(x^2-2x-3)$
　　　$=(x+2)(x+1)(x-3)$
즉, 주어진 방정식은 $(x+2)(x+1)(x-3)=0$
$\therefore x=-2$ 또는 $x=-1$ 또는 $x=3$
따라서 $\alpha=-1$, $\beta=3$ 또는 $\alpha=3$, $\beta=-1$이므로
$|\alpha|+|\beta|=4$

> 방정식 $P(x)=0$의 한 근이 -2이므로 $P(-2)=0$임을 이용하면 상수 k의 값을 구할 수 있어.

답 ②

0751 대표 예제 한 번 더! 교육청

삼차방정식 $x^3+(k+1)x^2+(4k-3)x+k+7=0$은 서로 다른 세 실근 1, α, β를 갖는다. $|\alpha-\beta|$의 값은? (단, k는 상수이다.)

① 5 　　　② 7 　　　③ 9
④ 11 　　　⑤ 13

0752

삼차방정식 $x^3-ax^2-(b-1)x+b=0$의 두 근이 1, 4일 때, 나머지 한 근은? (단, a, b는 상수이다.)

① -3 　　　② -2 　　　③ -1
④ 2 　　　⑤ 3

0753

사차방정식 $2x^4+ax^3-3x^2-6x+b=0$의 한 근이 $\sqrt{2}$일 때, 두 유리수 a, b에 대하여 $a+b$의 값은?

① 1 　　　② 2 　　　③ 3
④ 4 　　　⑤ 5

0754

사차방정식 $x^4+ax^3-(a+1)x^2+3ax+9=0$의 한 근이 3일 때, 나머지 세 근 중 두 허근의 곱을 구하시오. (단, a는 상수이다.)

07 여러 가지 방정식

유형 05 삼·사차방정식의 근의 조건

(1) 삼차방정식
　　$P(\alpha)=0$을 만족시키는 α를 찾은 후
　　$(x-\alpha)(ax^2+bx+c)=0$ 꼴로 변형하여 이차방정식
　　$ax^2+bx+c=0$의 판별식을 이용한다.
(2) 사차방정식
　　주어진 방정식을 $(ax^2+bx+c)(a'x^2+b'x+c')=0$ 꼴로 변형
　　하여 두 이차방정식 $ax^2+bx+c=0$, $a'x^2+b'x+c'=0$의 각각
　　의 판별식을 이용한다.

0755 ✓ 대표 예제

삼차방정식 $x^3+x^2+(k-2)x-k=0$의 근이 모두 실수가 되
도록 하는 실수 k의 값의 범위는?

① $-2<k<2$　　② $k\leq 1$　　③ $k>1$

④ $1\leq k<2$　　⑤ $2\leq k\leq 3$

완쏠 해설

$P(x)=x^3+x^2+(k-2)x-k$라 하면

$P(1)=1^3+1^2+(k-2)\times1-k=0$ → 먼저 실수 k를 소거시키는 x의 값을 생각한다.

이므로 조립제법을 이용하여
$P(x)$를 인수분해하면

$$P(x)=(x-1)(x^2+2x+k)$$

	1	1	$k-2$	$-k$
1		1	2	k
	1	2	k	0

즉, 주어진 방정식은

$(x-1)(x^2+2x+k)=0$

이때 방정식 $(x-1)(x^2+2x+k)=0$의 근이 모두 실수가 되
려면 방정식 $x^2+2x+k=0$이 실근을 가져야 한다. → $x-1=0$에서 $x=1$이 실수이므로

위의 이차방정식의 판별식을 D라 하면

$$\frac{D}{4}=1^2-1\times k\geq 0$$

$1-k\geq 0$　　∴ $k\leq 1$

답 ②

0756 대표 예제 한 번 더!

삼차방정식 $x^3+x^2+(k-6)x-2k=0$이 한 개의 실근과
두 개의 허근을 가질 때, 정수 k의 최솟값은?

① -2　　② -1　　③ 1

④ 2　　⑤ 3

0757

삼차방정식 $kx^3+(k+4)x^2+(1-k)x-k-5=0$이 서로
다른 세 실근을 갖도록 하는 모든 자연수 k의 값의 합을 구
하시오.

0758

사차방정식 $(x^2+kx+9)(x^2+2x+k)=0$이 한 개의 실근을
갖도록 하는 모든 실수 k의 값의 합은?

① 3　　② 4　　③ 5

④ 6　　⑤ 7

0759 교육청

x에 대한 사차방정식

$$x^4+(2a+1)x^3+(3a+2)x^2+(a+2)x=0$$

의 서로 다른 실근의 개수가 3이 되도록 하는 모든 실수 a의
값의 곱을 구하시오.

유형 06 삼차방정식의 근과 계수의 관계

삼차방정식 $ax^3+bx^2+cx+d=0$의 세 근을 α, β, γ라 하면

(1) $\alpha+\beta+\gamma=-\dfrac{b}{a}$

(2) $\alpha\beta+\beta\gamma+\gamma\alpha=\dfrac{c}{a}$

(3) $\alpha\beta\gamma=-\dfrac{d}{a}$

0760 ✓대표 예제

삼차방정식 $x^3-3x^2+2x+3=0$의 세 근을 α, β, γ라 할 때, $(\alpha+\beta)(\beta+\gamma)(\gamma+\alpha)$의 값은?

① 6 ② 7 ③ 8
④ 9 ⑤ 10

완쏠 해설

삼차방정식 $x^3-3x^2+2x+3=0$의 세 근이 α, β, γ이므로 삼차방정식의 근과 계수의 관계에 의하여

$\alpha+\beta+\gamma=3$, $\alpha\beta+\beta\gamma+\gamma\alpha=2$, $\alpha\beta\gamma=-3$

∴ $(\alpha+\beta)(\beta+\gamma)(\gamma+\alpha)$
$=(3-\gamma)(3-\alpha)(3-\beta)$
$=27-9(\alpha+\beta+\gamma)+3(\alpha\beta+\beta\gamma+\gamma\alpha)-\alpha\beta\gamma$
$=27-9\times3+3\times2-(-3)$
$=27-27+6+3=9$

$\alpha+\beta=3-\gamma$와 같이 문자의 개수를 줄여 구하는 식을 더 간단히 할 수 있어.

답 ④

0761 대표 예제 한 번 더!

삼차방정식 $x^3-5x^2+6x-3=0$의 세 근을 α, β, γ라 할 때, $\dfrac{\beta+\gamma}{\alpha}+\dfrac{\gamma+\alpha}{\beta}+\dfrac{\alpha+\beta}{\gamma}$의 값은?

① 1 ② 3 ③ 5
④ 7 ⑤ 9

0762

삼차방정식 $x^3-4x^2+3x+5=0$의 세 근을 α, β, γ라 할 때, $\alpha^2+\beta^2+\gamma^2$의 값은?

① 8 ② 9 ③ 10
④ 11 ⑤ 12

0763

삼차방정식 $x^3+(a+1)x^2+7x+3-a^2=0$의 세 근을 α, β, γ라 할 때, $\dfrac{1}{\alpha\beta}+\dfrac{1}{\beta\gamma}+\dfrac{1}{\gamma\alpha}=-\dfrac{2}{3}$이다. 정수 a의 값은?

① 1 ② 2 ③ 3
④ 4 ⑤ 5

0764

삼차방정식 $x^3+9x^2+ax+b=0$의 세 근이 연속된 정수일 때, 두 상수 a, b에 대하여 $a-b$의 값은?

① -5 ② -2 ③ 0
④ 2 ⑤ 5

07 여러 가지 방정식

삼차방정식 $x^3+2x^2+2x+2=0$의 세 근을 α, β, γ라 할 때, $\alpha+1$, $\beta+1$, $\gamma+1$을 세 근으로 하고 x^3의 계수가 1인 삼차방정식은?

① $x^3+x^2+x+1=0$ ② $x^3-x^2+x+1=0$
③ $x^3+x^2-x+1=0$ ④ $x^3+x^2+x-1=0$
⑤ $x^3-x^2-x-1=0$

유형 07 삼차방정식의 작성

세 수 α, β, γ를 근으로 하고 x^3의 계수가 1인 삼차방정식은 $(x-\alpha)(x-\beta)(x-\gamma)=0$이므로 이를 전개하면
➡ $x^3-(\alpha+\beta+\gamma)x^2+(\alpha\beta+\beta\gamma+\gamma\alpha)x-\alpha\beta\gamma=0$

0765 ✔ 대표 예제

삼차방정식 $x^3-5x^2+8x-1=0$의 세 근을 α, β, γ라 할 때, -2α, -2β, -2γ를 세 근으로 하는 삼차방정식은 $x^3+ax^2+bx+c=0$이다. 세 상수 a, b, c에 대하여 $a+b-c$의 값은?

① 32 ② 33 ③ 34
④ 35 ⑤ 36

› 완쏠 해설

삼차방정식 $x^3-5x^2+8x-1=0$의 세 근이 α, β, γ이므로 삼차방정식의 근과 계수의 관계에 의하여
$\alpha+\beta+\gamma=5$, $\alpha\beta+\beta\gamma+\gamma\alpha=8$, $\alpha\beta\gamma=1$
이때 삼차방정식 $x^3+ax^2+bx+c=0$의 세 근이 -2α, -2β, -2γ이므로 삼차방정식의 근과 계수의 관계에 의하여
$\underline{(-2\alpha)+(-2\beta)+(-2\gamma)=-a}$ →세 근의 합 ⋯⋯ ㉠
$\underline{(-2\alpha)(-2\beta)+(-2\beta)(-2\gamma)+(-2\gamma)(-2\alpha)=b}$
↳ 두 근끼리의 곱의 합 ⋯⋯ ㉡
$\underline{(-2\alpha)(-2\beta)(-2\gamma)=-c}$ ⋯⋯ ㉢
↳ 세 근의 곱
㉠에서
$-2(\alpha+\beta+\gamma)=-a$, $-2\times5=-a$ ∴ $a=10$
㉡에서
$4(\alpha\beta+\beta\gamma+\gamma\alpha)=b$, $4\times8=b$ ∴ $b=32$
㉢에서
$-8\alpha\beta\gamma=-c$, $-8\times1=-c$ ∴ $c=8$
∴ $a+b-c=10+32-8=34$

답 ③

0768

삼차방정식 $x^3+2x-1=0$의 세 근을 α, β, γ라 할 때, $\alpha+\beta$, $\beta+\gamma$, $\gamma+\alpha$를 세 근으로 하고 x^3의 계수가 1인 삼차방정식을 $P(x)=0$이라 하자. $P(1)$의 값은?

① 1 ② 2 ③ 3
④ 4 ⑤ 5

0766 대표 예제 한 번 더!

삼차방정식 $x^3-2x^2+4x-1=0$의 세 근을 α, β, γ라 할 때, $\dfrac{1}{\alpha}$, $\dfrac{1}{\beta}$, $\dfrac{1}{\gamma}$을 세 근으로 하는 삼차방정식은 $x^3+ax^2+bx+c=0$이다. 세 상수 a, b, c에 대하여 $a-b+c$의 값은?

① -9 ② -7 ③ -5
④ -3 ⑤ -1

0769 🔼

삼차방정식 $x^3-2ax^2-(3a-5)x-1=0$의 세 근을 α, β, γ라 할 때, $\alpha\beta$, $\beta\gamma$, $\gamma\alpha$를 세 근으로 하는 삼차방정식은 $x^3+bx^2+bx+c=0$이다. 세 상수 a, b, c에 대하여 abc의 값은?

① -50 ② -40 ③ -30
④ -20 ⑤ -10

유형 08 삼차방정식의 켤레근

삼차방정식 $ax^3+bx^2+cx+d=0$에서
(1) 계수 a, b, c, d가 유리수일 때, 한 근이 $p+q\sqrt{m}$이면 $p-q\sqrt{m}$도 근이므로 나머지 한 근을 α라 하고 삼차방정식의 근과 계수의 관계를 이용한다.
　　　　　(단, p, q는 유리수, $q\neq0$, $\sqrt{m}$은 무리수이다.)
(2) 계수 a, b, c, d가 실수일 때, 한 근이 $p+qi$이면 $p-qi$도 근이므로 나머지 한 근을 α라 하고 삼차방정식의 근과 계수의 관계를 이용한다. (단, p, q는 실수, $q\neq0$, $i=\sqrt{-1}$)

0770 ✓ 대표 예제

삼차방정식 $x^3+ax^2+bx+6=0$의 한 근이 $1+\sqrt{3}$일 때, 두 유리수 a, b에 대하여 $a+b$의 값은?

① -5 　　② -4 　　③ -3
④ -2 　　⑤ -1

완쏠 해설

삼차방정식 $x^3+ax^2+bx+6=0$의 계수가 유리수이고 한 근이 $1+\sqrt{3}$이므로 $1-\sqrt{3}$도 근이다.
이때 나머지 한 근을 α라 하면 삼차방정식의 근과 계수의 관계에 의하여

$\alpha+(1+\sqrt{3})+(1-\sqrt{3})=-a$ ⋯⋯ ㉠
$\alpha\times(1+\sqrt{3})+(1+\sqrt{3})\times(1-\sqrt{3})+(1-\sqrt{3})\times\alpha=b$ ⋯⋯ ㉡
$\alpha\times(1+\sqrt{3})\times(1-\sqrt{3})=-6$ ⋯⋯ ㉢

㉢에서 $\alpha\times(-2)=-6$ ∴ $\alpha=3$
$\alpha=3$을 ㉠, ㉡에 각각 대입하여 정리하면
$a=-5$, $b=4$
∴ $a+b=(-5)+4=-1$

> 주어진 방정식의 계수가 유리수라는 조건이 반드시 있어야 $1-\sqrt{3}$도 근이라 할 수 있어.

(답) ⑤

0771 대표 예제 한 번 더!

삼차방정식 $x^3-ax^2+bx-10=0$의 한 근이 $1-2i$일 때, 두 실수 a, b에 대하여 ab의 값은?

① 34 　　② 36 　　③ 38
④ 40 　　⑤ 42

0772

삼차방정식 $x^3-4x^2+ax+2=0$의 한 근이 $1-\sqrt{m}$일 때, 나머지 두 근의 합은?
　　　　　(단, a는 유리수이고, $\sqrt{m}$은 무리수이다.)

① $2-\sqrt{3}$ 　　② $2+\sqrt{3}$ 　　③ $3-\sqrt{2}$
④ $3+\sqrt{2}$ 　　⑤ $3+\sqrt{3}$

0773

계수가 실수인 삼차식 $f(x)=x^3+ax^2+bx+c$에 대하여 삼차방정식 $f(x)=0$의 두 근이 2, $1-i$일 때, $a+b-c$의 값을 구하시오.

0774 UP

삼차방정식 $x^3-4x^2+ax+b=0$이 실근 2와 허근 ω를 갖는다. $(\omega+1)\overline{(\omega+1)}=7$일 때, 두 실수 a, b에 대하여 $a-b$의 값은? (단, $\overline{\omega}$는 ω의 켤레복소수이다.)

① 15 　　② 16 　　③ 17
④ 18 　　⑤ 19

07
여러 가지 방정식

유형 09 방정식 $x^3=1$, $x^3=-1$의 허근의 성질 중요

(1) 방정식 $x^3=1$의 한 허근이 ω이면 (단, $\overline{\omega}$는 ω의 켤레복소수)
① $\omega^3=1$, $\omega^2+\omega+1=0$
② $\omega+\overline{\omega}=-1$, $\omega\overline{\omega}=1$
③ $\omega^2=\overline{\omega}=\dfrac{1}{\omega}$

(2) 방정식 $x^3=-1$의 한 허근이 ω이면 (단, $\overline{\omega}$는 ω의 켤레복소수)
① $\omega^3=-1$, $\omega^2-\omega+1=0$
② $\omega+\overline{\omega}=1$, $\omega\overline{\omega}=1$
③ $\omega^2=-\overline{\omega}=-\dfrac{1}{\omega}$

0775 ✓ 대표 예제

방정식 $x^3=1$의 한 허근을 ω라 할 때, $\dfrac{\omega+1}{\omega^2}+\dfrac{\omega^2}{\omega+1}$의 값은?

① -2 ② -1 ③ 1
④ 2 ⑤ 3

완쏠 해설

$x-1=0$에서 $x=1$은 실근이다.
$x^3-1=0$에서 $(x-1)(x^2+x+1)=0$이고
ω는 방정식 $x^2+x+1=0$의 한 허근이므로
$\omega^2+\omega+1=0$ $\therefore \omega+1=-\omega^2$
$\therefore \dfrac{\omega+1}{\omega^2}+\dfrac{\omega^2}{\omega+1}=\dfrac{-\omega^2}{\omega^2}+\dfrac{\omega^2}{-\omega^2}$
$\qquad\qquad\qquad\quad =(-1)+(-1)$
$\qquad\qquad\qquad\quad =-2$

방정식 $x^3=1$의 허근 ω를 실제로 구해 보면 $\dfrac{-1+\sqrt{3}i}{2}$ 또는 $\dfrac{-1-\sqrt{3}i}{2}$야.
이를 이용하여 직접 주어진 식의 값을 계산할 수도 있지만 허근 ω의 성질을 이용하면 훨씬 간단하게 식의 값을 구할 수 있어.

답 ①

0776 대표 예제 한 번 더!

방정식 $x^3=-1$의 한 허근을 ω라 할 때, $\dfrac{\omega^{10}+1}{\omega^2}$의 값은?

① -3 ② -2 ③ -1
④ 1 ⑤ 2

0777

방정식 $x^3=-1$의 한 허근을 ω라 할 때, $\dfrac{\overline{\omega}}{\omega^2}+\dfrac{\omega^2}{\overline{\omega}}$의 값은? (단, $\overline{\omega}$는 ω의 켤레복소수이다.)

① -5 ② -4 ③ -3
④ -2 ⑤ -1

0778

삼차방정식 $x^3-1=0$의 한 근이 ω일 때, $1+\omega+\omega^2+\cdots+\omega^{100}$을 간단히 하면?

① 1 ② $1-\omega$ ③ $1+\omega$
④ $1+\omega^2$ ⑤ $\omega+\omega^2$

0779 교육청

삼차방정식 $x^3=1$의 한 허근을 ω라 할 때,
$\dfrac{1}{\omega+1}+\dfrac{1}{\omega^2+1}+\dfrac{1}{\omega^3+1}+\cdots+\dfrac{1}{\omega^{30}+1}$의 값을 구하시오.

유형 10 삼차방정식과 사차방정식의 활용

삼차방정식 또는 사차방정식의 활용 문제는 다음과 같은 순서로 푼다.
❶ 문제의 의미를 파악하여 구하는 것을 x로 놓는다.
❷ 주어진 조건을 이용하여 x에 대한 방정식을 세운다.
❸ 방정식을 풀어서 문제의 뜻에 맞는 답을 구한다.

0780 ✓ 대표 예제

그림과 같은 전개도로 만든 직육면체의 부피가 105일 때, x의 값은?

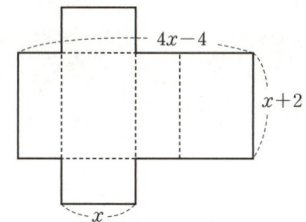

① 3　　　　② 4　　　　③ 5
④ 6　　　　⑤ 7

완쏠 해설

직육면체의 서로 다른 세 모서리의 길이를 각각 x, $x+2$, a라 하면 주어진 직육면체의 전개도에서 (길이가 주어지지 않은 모서리의 길이를 a로 놓는다.)

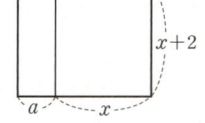

$2x+2a=4x-4$, $2a=2x-4$
∴ $a=x-2$
즉, 직육면체의 부피는 $x(x-2)(x+2)=105$이므로
$x^3-4x-105=0$, $(x-5)(x^2+5x+21)=0$
∴ $x=5$ 또는 $x=\dfrac{-5\pm\sqrt{59}i}{2}$

이때 x는 실수이므로 $x=5$이다.

답 ③

0781 대표 예제 한 번 더!

어떤 정육면체의 가로의 길이를 1만큼 줄이고 세로의 길이와 높이를 각각 2, 4씩 늘여서 직육면체를 만들었더니 부피가 처음 정육면체의 부피의 3배가 되었다. 처음 정육면체의 한 모서리의 길이는?
(단, 처음 정육면체의 한 모서리의 길이는 자연수이다.)

① 2　　　　② 3　　　　③ 4
④ 5　　　　⑤ 6

0782

그림과 같이 밑면의 반지름의 길이와 높이가 같은 원기둥 모양의 수조에 16π m³의 물을 부었더니 수조의 위에서부터 3 m를 남기고 물이 채워졌다. 수조의 높이는?
(단, 수조의 두께는 고려하지 않는다.)

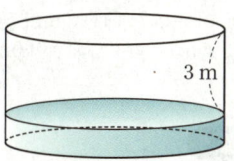

① 4 m　　　　② 5 m　　　　③ 6 m
④ 7 m　　　　⑤ 8 m

0783

가로의 길이가 x cm, 세로의 길이가 $(x+1)$ cm인 직사각형을 밑면으로 하고 높이가 (x^2+x+2) cm인 사각뿔의 부피가 56 cm³일 때, 자연수 x의 값은?

① 1　　　　② 2　　　　③ 3
④ 4　　　　⑤ 5

0784 ⬆

그림과 같이 ∠A=90°인 직각삼각형 ABC의 꼭짓점 A에서 변 BC에 내린 수선의 발을 D라 하자.
$\overline{AB}=2\sqrt{6}x$, $\overline{BD}=x^2-x+4$, $\overline{CD}=2x$일 때, 모든 양수 x의 값의 합을 구하시오.

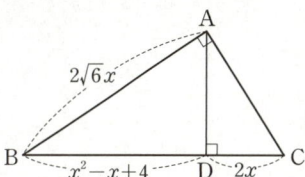

07
여러 가지 방정식

유형 11 일차방정식 이차방정식 꼴의 연립이차방정식

일차방정식과 이차방정식으로 이루어진 연립이차방정식은 다음과 같은 순서로 푼다.
❶ 일차방정식을 x 또는 y에 대하여 정리한다.
❷ ❶에서 구한 식을 이차방정식에 대입하여 푼다.
❸ ❷에서 구한 값을 ❶에서 구한 식에 대입하여 해를 구한다.

0785 ✔ 대표 예제

연립방정식 $\begin{cases} x+2y=5 \\ x^2+y^2=5 \end{cases}$의 해를 $x=\alpha,\ y=\beta$라 할 때, $\alpha+\beta$의 값은?

① 1   ② 2   ③ 3
④ 4   ⑤ 5

완쏠 해설

$\begin{cases} x+2y=5 & \cdots\cdots\ \text{㉠} \\ x^2+y^2=5 & \cdots\cdots\ \text{㉡} \end{cases}$

㉠에서 $x=5-2y$ $\cdots\cdots$ ㉢   → $y=\dfrac{5-x}{2}$ 를 ㉡에 대입해도 되지만 계산이 복잡해진다.

㉢을 ㉡에 대입하면 $(5-2y)^2+y^2=5$

$5y^2-20y+20=0,\ y^2-4y+4=0$

$(y-2)^2=0$ ∴ $y=2$

$y=2$를 ㉢에 대입하면 $x=1$

따라서 $\alpha=1,\ \beta=2$이므로

$\alpha+\beta=1+2=3$

답 ③

0786 대표 예제 한 번 더!

연립방정식 $\begin{cases} x-2y=-3 \\ x^2+2y^2=9 \end{cases}$의 해를 $x=\alpha,\ y=\beta$라 할 때, $\alpha\beta$의 값은? (단, $\alpha\beta>0$)

① 2   ② 4   ③ 6
④ 8   ⑤ 10

0787

연립방정식 $\begin{cases} 3x-y+1=0 \\ xy-y^2+2=0 \end{cases}$을 만족시키는 두 실수 $x,\ y$에 대하여 $x+y$의 최댓값은?

① $\dfrac{1}{3}$ ② 1   ③ $\dfrac{5}{3}$

④ $\dfrac{7}{3}$ ⑤ 3

0788

연립방정식 $\begin{cases} 3x-y=a \\ x^2+by^2=-3 \end{cases}$의 한 근이 $x=1,\ y=2$일 때, 나머지 한 근을 $x=\alpha,\ y=\beta$라 하자. 두 상수 $a,\ b$에 대하여 $\dfrac{a}{b}+\dfrac{\beta}{\alpha}$의 값은?

① 3   ② 6   ③ 9
④ 12   ⑤ 15

0789

연립방정식 $\begin{cases} 2x-y=4 \\ 4x^2+4xy+y^2=a \end{cases}$의 해 중에서 연립방정식 $\begin{cases} 4x^2+y^2=40 \\ x+by=1 \end{cases}$을 만족시키는 해가 존재한다. 두 정수 $a,\ b$에 대하여 $a+b$의 값은?

① 61   ② 62   ③ 63
④ 64   ⑤ 65

유형 12 $\begin{cases} \text{이차방정식} \\ \text{이차방정식} \end{cases}$ 꼴의 연립이차방정식

두 개의 이차방정식으로 이루어진 연립이차방정식은 다음과 같은 순서로 푼다.
❶ 상수항이 0인 이차방정식을 두 일차식의 곱으로 인수분해하여 일차방정식을 얻는다.
❷ ❶에서 구한 일차방정식을 이차방정식에 각각 대입하여 푼다.
❸ ❷에서 구한 값을 ❶에서 구한 식에 대입하여 해를 구한다.

0790 ✔ 대표 예제

연립방정식 $\begin{cases} x^2-2xy-3y^2=0 \\ x^2+y^2=40 \end{cases}$ 을 만족시키는 두 정수 x, y에 대하여 xy의 값은?

① 4　　　　　　② 6　　　　　　③ 8
④ 10　　　　　⑤ 12

완쏠 해설

$\begin{cases} x^2-2xy-3y^2=0 & \cdots\cdots\text{㉠} \\ x^2+y^2=40 & \cdots\cdots\text{㉡} \end{cases}$

> 연립이차방정식의 두 방정식이 모두 이차방정식이면 둘 중 하나는 반드시 인수분해가 되도록 주어진다.

㉠에서 $(x+y)(x-3y)=0$
$\therefore x=-y$ 또는 $x=3y$

(i) $x=-y$를 ㉡에 대입하여 정리하면
$2y^2=40$, $y^2=20$
$\therefore y=\pm2\sqrt{5}$, $x=\mp2\sqrt{5}$ (복부호동순)

(ii) $x=3y$를 ㉡에 대입하여 정리하면
$10y^2=40$, $y^2=4$
$\therefore y=\pm2$, $x=\pm6$ (복부호동순)

(i), (ii)에서 x, y는 정수이므로
$\therefore xy=12$

답 ⑤

0791 대표 예제 한 번 더! 교육청

연립방정식 $\begin{cases} x^2-3xy+2y^2=0 \\ x^2-y^2=9 \end{cases}$ 의 해를 $\begin{cases} x=\alpha_1 \\ y=\beta_1 \end{cases}$ 또는 $\begin{cases} x=\alpha_2 \\ y=\beta_2 \end{cases}$ 라 하자. $\alpha_1<\alpha_2$일 때 $\beta_1-\beta_2$의 값은?

① $-2\sqrt{3}$　　② $-2\sqrt{2}$　　③ $2\sqrt{2}$
④ $2\sqrt{3}$　　　⑤ 4

0792

연립방정식 $\begin{cases} 2x^2-xy-y^2=0 \\ x^2+xy+y^2=3 \end{cases}$ 의 해를 $x=\alpha$, $y=\beta$라 할 때, $\alpha+\beta$의 최댓값을 M, 최솟값을 m이라 하자. $M-m$의 값은?

① 1　　　　　　② 2　　　　　　③ 4
④ 8　　　　　　⑤ 16

0793

연립방정식 $\begin{cases} x^2-y^2+x-y=0 \\ x^2-3xy+4y^2=1 \end{cases}$ 을 만족시키는 두 정수 x, y에 대하여 xy의 값은?

① -3　　　　② -2　　　　③ -1
④ 0　　　　　　⑤ 2

0794

두 연립방정식
$$\begin{cases} x^2-ay^2=0 \\ x^2+2xy-3y^2=20 \end{cases}, \quad \begin{cases} x-ay=b \\ x^2-3xy+2y^2=0 \end{cases}$$
의 공통인 해가 존재할 때, 두 자연수 a, b에 대하여 $a+b$의 값을 구하시오.

유형 13 연립이차방정식의 해의 조건

일차방정식을 이차방정식에 대입한 후 이차방정식의 판별식을 이용한다.

0795 ✓ 대표 예제

연립방정식 $\begin{cases} x-y=k \\ x^2+y^2=20 \end{cases}$ 의 해가 오직 한 쌍만 존재하도록 하는 모든 실수 k의 값의 곱은?

① -41 ② -40 ③ -39
④ -38 ⑤ -37

완쏠 해설

$\begin{cases} x-y=k & \cdots\cdots\ ㉠ \\ x^2+y^2=20 & \cdots\cdots\ ㉡ \end{cases}$

㉠에서 $y=x-k$ $\cdots\cdots\ ㉢$

㉢을 ㉡에 대입하면 $x^2+(x-k)^2=20$

$\therefore 2x^2-2kx+k^2-20=0$

주어진 연립방정식의 해가 오직 한 쌍만 존재하려면 이차방정식 $2x^2-2kx+k^2-20=0$이 중근을 가져야하므로 이 방정식의 판별식을 D라 하면

$\dfrac{D}{4}=(-k)^2-2\times(k^2-20)=0$

$k^2=40 \quad \therefore k=\pm2\sqrt{10}$

따라서 실수 k의 값은
$-2\sqrt{10},\ 2\sqrt{10}$이므로 그 곱은
$(-2\sqrt{10})\times2\sqrt{10}=-40$

> 주어진 연립방정식이 오직 한 쌍의 해를 가지려면 ㉠을 ㉡에 대입하여 얻은 이차방정식의 판별식을 D라 할 때, $D=0$이어야 해.

답 ②

0796 대표 예제 한 번 더!

연립방정식 $\begin{cases} x-y=-2 \\ x^2+xy+y^2=k \end{cases}$ 를 만족시키는 두 실수 $x,\ y$의 순서쌍 $(x,\ y)$가 한 개뿐일 때, 상수 k의 값은?

① 1 ② 2 ③ 3
④ 4 ⑤ 5

0797

연립방정식 $\begin{cases} x-y=2 \\ x^2+xy=k \end{cases}$ 가 실근을 갖도록 하는 실수 k의 최솟값은?

① $-\dfrac{3}{2}$ ② -1 ③ $-\dfrac{1}{2}$
④ 0 ⑤ $\dfrac{1}{2}$

0798

연립방정식 $\begin{cases} x+y=2k+2 \\ xy=k^2-k+4 \end{cases}$ 가 실근을 갖지 않도록 하는 정수 k의 최댓값은?

① -2 ② -1 ③ 0
④ 1 ⑤ 2

0799 UP

$x,\ y$가 실수일 때, 연립방정식 $\begin{cases} x^2-y^2=0 \\ x^2-x+3y+3y^2=k-4 \end{cases}$ 가 세 쌍의 해를 갖도록 하는 상수 k의 값은? (단, $xy\neq0$)

① 3 ② $\dfrac{13}{4}$ ③ $\dfrac{7}{2}$
④ $\dfrac{15}{4}$ ⑤ 4

유형 14 연립이차방정식의 활용

연립이차방정식의 활용 문제는 다음과 같은 순서로 푼다.
❶ 문제의 의미를 파악하여 구하는 것을 미지수로 놓는다.
❷ 주어진 조건을 이용하여 연립방정식을 세운다.
❸ 연립방정식을 풀어서 문제의 뜻에 맞는 답을 구한다.

0800 ✔ 대표 예제

그림과 같이 빗변의 길이가 13 cm인 직각삼각형이 있다. 이 직각삼각형의 둘레의 길이가 30 cm일 때, 직각삼각형의 빗변이 아닌 두 변의 길이를 각각 구하시오.

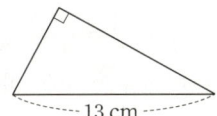

────13 cm────

완쑬 해설

직각삼각형의 빗변이 아닌 두 변의 길이를 각각 x cm, y cm라 하면
→ 구하는 값을 각각 미지수 x, y로 놓는다.

$$\begin{cases} x^2+y^2=169 & \cdots\cdots \text{㉠} \rightarrow \text{피타고라스 정리에 의하여} \\ x+y=17 & \cdots\cdots \text{㉡} \rightarrow \text{세 변의 길이의 합이 30 cm 이므로} \end{cases}$$

㉡에서 $y=17-x$ $\cdots\cdots$ ㉢
㉢을 ㉠에 대입하면
$x^2+(17-x)^2=169$, $2x^2-34x+120=0$
$x^2-17x+60=0$, $(x-5)(x-12)=0$
$\therefore x=5$, $y=12$ 또는 $x=12$, $y=5$
따라서 두 변의 길이는 각각 5 cm, 12 cm이다.

답 5 cm, 12 cm

0801 대표 예제 한 번 더!

대각선의 길이가 $\sqrt{10}$ km인 직사각형 모양의 땅이 있다. 이 땅의 가로의 길이와 세로의 길이를 각각 1 km씩 늘인 땅의 넓이는 처음 땅의 넓이보다 5 km²만큼 넓다고 한다. 처음 땅의 가로의 길이와 세로의 길이의 차는?

① 1 km   ② 2 km   ③ 3 km
④ 4 km   ⑤ 5 km

0802

두 자리의 자연수에서 각 자리 수의 제곱의 합은 41이고, 일의 자리 수와 십의 자리 수를 바꾼 수와 처음 수의 합은 99일 때, 처음 수를 구하시오.

(단, 처음 수의 십의 자리 수가 일의 자리 수보다 크다.)

0803

반지름의 길이가 서로 다른 두 원 O_1, O_2가 있다. 두 원의 둘레의 길이의 합은 20π이고 넓이의 합은 58π일 때, 두 원의 반지름의 길이의 차는?

① 1   ② 2   ③ 3
④ 4   ⑤ 5

0804 교육청

한 변의 길이가 a인 정사각형 ABCD와 한 변의 길이가 b인 정사각형 EFGH가 있다. 그림과 같이 네 점 A, E, B, F가 한 직선 위에 있고 $\overline{EB}=1$, $\overline{AF}=5$가 되도록 두 정사각형을 겹치게 놓았을 때, 선분 CD와 선분 HE의 교점을 I라 하자. 직사각형 EBCI의 넓이가 정사각형 EFGH의 넓이의 $\frac{1}{4}$일 때, b의 값은? (단, $1<a<b<5$)

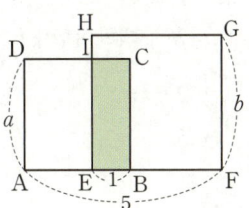

① $-2+\sqrt{26}$ ② $-2+3\sqrt{3}$ ③ $-2+2\sqrt{7}$
④ $-2+\sqrt{29}$ ⑤ $-2+\sqrt{30}$

0805 ·유형 01

사차방정식 $x^4-5x^3+11x^2-13x+6=0$의 모든 실근의 합을 a, 모든 허근의 곱을 b라 할 때, ab의 값은?

① 6   ② 7   ③ 8

④ 9   ⑤ 10

0806 ·유형 02

사차방정식 $(x^2+2x-1)(x^2+2x+4)-6=0$의 서로 다른 두 허근을 α, β라 할 때, $\alpha\overline{\alpha}+\beta\overline{\beta}$의 값은?

(단, $\overline{\alpha}$, $\overline{\beta}$는 각각 α, β의 켤레복소수이다.)

① 7   ② 8   ③ 9

④ 10   ⑤ 11

0807 빈출 ·유형 02

사차방정식 $(x^2-2x)^2+a(x^2-2x-1)-1=0$의 한 허근이 $b+i$일 때, 두 실수 a, b에 대하여 $a+b$의 값은?

① 1   ② 2   ③ 3

④ 4   ⑤ 5

0808 ·유형 05

x에 대한 사차방정식 $x^4-4x^2+2k-1=0$이 서로 다른 두 실근 α, β만을 가질 때, $\alpha\beta$의 값은? (단, k는 상수이다.)

① -2 ② -3 ③ -4

④ -5 ⑤ -6

0809 ·유형 06 + 유형 11

삼차방정식 $x^3-2x^2+ax+b=0$의 한 근이 1이고 나머지 두 근의 제곱의 합이 13일 때, 두 실수 a, b에 대하여 $b-a$의 값은?

① 10   ② 11   ③ 12

④ 13   ⑤ 14

0810 ·유형 10

그림은 밑면이 사다리꼴인 사각기둥의 전개도이다. 이 전개도의 점선을 따라 접어서 만든 사각기둥의 부피가 100일 때, x의 값은?

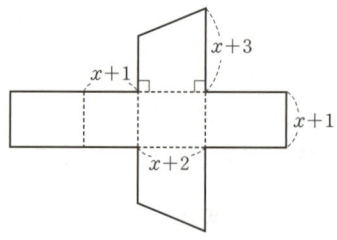

① 1   ② 2   ③ 3

④ 4   ⑤ 5

0811 · 유형 12

연립방정식 $\begin{cases} x^2-4y^2=8 \\ (x+2y)^2-2(x+2y)=8 \end{cases}$ 을 만족시키는 두

양수 x, y에 대하여 xy의 값은?

① 1 ② $\dfrac{3}{2}$ ③ 2

④ $\dfrac{5}{2}$ ⑤ 3

0812 교육청 · 유형 05

x에 대한 사차방정식 $x^4-9x^2+k-10=0$의 모든 근이 실수가 되도록 하는 자연수 k의 개수를 구하시오.

0813 · 유형 04

삼차식 $P(x)=x^3-(a+3)x^2+(3a+2)x-2a$에 대하여 $P\left(a+\dfrac{1}{a}\right)=0$을 만족시키는 실수 a의 값은?

① 1 ② 2 ③ 3

④ 4 ⑤ 5

0814 · 유형 14

그림과 같이 선분 AB를 지름으로 하는 원 위의 점 P에서 선분 AB에 내린 수선의 발을 H라 하자. 삼각형 ABP의 둘레의 길이가 6이고 $\overline{PH}=1$일 때, $\overline{AB}=\dfrac{q}{p}$이다. $p+q$의 값을 구하시오. (단, p와 q는 서로소인 자연수이다.)

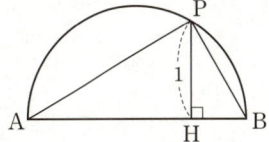

0815 교육청 · 유형 02 + 유형 05

사차방정식 $(x^2+kx+2)(x^2+kx+6)+3=0$이 실근과 허근을 모두 갖도록 하는 자연수 k의 값을 구하시오.

0816 빈출 · 유형 09

방정식 $x^3=1$의 한 허근을 ω라 하고 자연수 n에 대하여

$$A(n)=1+\dfrac{1}{\omega}+\dfrac{1}{\omega^2}+\cdots+\dfrac{1}{\omega^n}$$

로 정의할 때, |보기|에서 옳은 것만을 있는 대로 고른 것은?

┌─ 보기 ┐

ㄱ. $A(1)+\omega=0$

ㄴ. $A(3n-1)=A(3n)-1$

ㄷ. $A(n)=1$이면 $A(n+2)=0$이다.

└──────┘

① ㄱ ② ㄴ ③ ㄱ, ㄷ

④ ㄴ, ㄷ ⑤ ㄱ, ㄴ, ㄷ

0817 ·유형 06+ 유형 08

두 다항식
$$P(x)=x^3+ax^2+bx+c, \quad Q(x)=x^2+ax+4$$
에 대하여 두 방정식 $P(x)=0$, $Q(x)=0$의 공통인 해가 p 뿐이고 $P(1-i)=0$이다. a^2+p^2의 값을 구하시오.

(단, a, b, c는 실수이다.)

0818 ·유형 09

방정식 $x^3=1$의 한 허근을 ω라 할 때, 자연수 n에 대하여
$$P(n)=\frac{1+\omega^{n+1}}{(\overline{\omega})^{2n-1}}$$이라 하자.

$P(1)+P(2)+P(3)+\cdots+P(90)$의 값은?

(단, $\overline{\omega}$는 ω의 켤레복소수이다.)

① 80   ② 85   ③ 90

④ 95   ⑤ 100

0819 ·유형 04

삼차방정식 $x^3+2x^2+3x+4=0$의 세 근을 α, β, γ라 할 때, $(\alpha^2+\alpha+1)(\beta^2+\beta+1)(\gamma^2+\gamma+1)$의 값을 구하시오.

0820 사고력 ·유형 07

삼차방정식 $x^3+2x^2+2x-2=0$의 세 근을 α, β, γ라 하자. x^3의 계수가 1인 삼차식 $P(x)$가
$$P(\alpha)=\beta+\gamma, \quad P(\beta)=\gamma+\alpha, \quad P(\gamma)=\alpha+\beta$$
를 만족시킬 때, 삼차방정식 $P(x)=0$의 세 근의 곱은?

① 2   ② 3   ③ 4

④ 5   ⑤ 6

0821 교육청 ·유형 05

x에 대한 삼차방정식
$$x^3-(a^2+a-1)x^2-a(a-3)x+4a=0$$
이 서로 다른 세 실근 α, β, γ ($\alpha<\beta<\gamma$)를 가질 때, $\alpha\times\gamma=-4$가 되도록 하는 실수 a의 값의 합은?

① 1   ② 2   ③ 3

④ 4   ⑤ 5

0822 상위 1% 도전 ·유형 05

사차방정식 $x^4-2(a-3)x^2+3a-2b=0$이 서로 다른 네 실근 α, β, γ, δ ($\alpha<\beta<\gamma<\delta$)를 가진다. $\alpha^2+\beta^2=10$, $|\alpha\gamma|=4$일 때, $a+b$의 값을 구하시오.

(단, $3a\ne2b$)

서술형 문제

0823
· 유형 01

삼차방정식 $x^3+2x^2+x-4=0$의 두 허근을 α, β라 할 때, $\dfrac{\beta}{\alpha}+\dfrac{\alpha}{\beta}$의 값을 구하시오.

☑ **필요 개념 및 공식**
☐ 이차방정식의 근과 계수의 관계 ☐ 다항식의 곱셈 공식의 변형

0824
· 유형 06

삼차방정식 $x^3-28x+a=0$의 세 근이 모두 정수이고 한 근이 다른 한 근의 두 배일 때, 실수 a의 최댓값을 구하시오. (단, $a\neq0$)

☑ **필요 개념 및 공식**
☐ 삼차방정식의 근과 계수의 관계

0825 빈출
· 유형 10

그림과 같이 가로의 길이가 10 cm, 세로의 길이가 8 cm인 직사각형 모양의 종이가 있다. 이 종이의 네 귀퉁이를 한 변의 길이가 x cm인 정사각형 모양으로 잘라내어 만든 전개도를 이용하여 만든 상자의 부피가 48 cm³일 때, x의 값을 모두 구하시오.

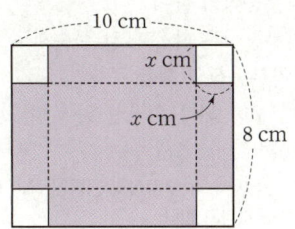

☑ **필요 개념 및 공식**
☐ 직육면체의 부피 공식

0826
· 유형 09

방정식 $x^3+2x^2+2x+1=0$의 한 허근을 ω라 할 때, $\dfrac{\omega^{51}+\omega^{50}-1}{\omega+1}$의 값을 구하시오.

☑ **필요 개념 및 공식**
☐ 다항식의 곱셈 공식

0827 빈출
· 유형 05

삼차방정식 $x^3-3x^2+(k-4)x+k=0$이 서로 다른 두 실근을 가질 때, 모든 실수 k의 값의 합을 구하시오.

☑ **필요 개념 및 공식**
☐ 이차방정식의 판별식

0828
· 유형 13

연립방정식 $\begin{cases} x^2-y^2=0 \\ 2x^2-2x+y-y^2=a \end{cases}$ 를 만족시키는 0이 아닌 두 실수 x, y에 대하여 순서쌍 (x, y)가 3개 존재할 때, $80a^2$의 값을 구하시오. (단, a는 상수이다.)

☑ **필요 개념 및 공식**
☐ 이차방정식의 판별식

07

여러 가지 방정식

개념 01 일차부등식

(1) **부등식의 기본 성질**

세 실수 a, b, c에 대하여 부등식은 다음과 같은 성질을 갖는다.

① $a>b$, $b>c$이면 $a>c$

② $a>b$이면 $a+c>b+c$, $a-c>b-c$

③ $a>b$, $c>0$이면 $ac>bc$, $\dfrac{a}{c}>\dfrac{b}{c}$

④ $a>b$, $c<0$이면 $ac<bc$, $\dfrac{a}{c}<\dfrac{b}{c}$

(2) **부등식 $ax>b$의 풀이**

x에 대한 부등식 $ax>b$의 해는 다음과 같다.

① $a>0$일 때, $x>\dfrac{b}{a}$

② $a<0$일 때, $x<\dfrac{b}{a}$

③ $a=0$일 때, $\begin{cases} b\geq0 \text{이면 해는 없다.} \\ b<0 \text{이면 해는 모든 실수이다.} \end{cases}$

[0829~0834] $a<b$일 때, 다음 □ 안에 알맞은 부등호를 써넣으시오.

0829 $a+3 \square b+3$ **0830** $a-2 \square b-2$

0831 $2a \square 2b$ **0832** $-4a \square -4b$

0833 $\dfrac{a}{2} \square \dfrac{b}{2}$ **0834** $-\dfrac{a}{3} \square -\dfrac{b}{3}$

[0835~0838] $a>b>0$, $c>d>0$일 때, 다음 □ 안에 알맞은 부등호를 써넣으시오.

0835 $a^2 \square b^2$ **0836** $\dfrac{1}{a} \square \dfrac{1}{b}$

0837 $a+c \square b+d$ **0838** $a-d \square b-c$

[0839~0840] 다음 일차부등식을 푸시오.

0839 $2x-3<5$

0840 $-2x+3\leq7$

[0841~0842] 다음 일차부등식을 푸시오.

0841 $3(x-1)>3x+4$

0842 $2x+5>2x-1$

[0843~0846] 다음 x에 대한 부등식을 푸시오.

0843 $ax>a+2$

0844 $2ax-1\leq-2x+3$

0845 $ax-a^2\geq-x-1$

0846 $2ax-a^2>ax-2a+1$

개념 02 연립일차부등식

(1) **연립부등식**

① 연립부등식 : 두 개 이상의 부등식을 한 쌍으로 묶어서 나타낸 것

② 연립부등식의 해 : 연립부등식을 이루는 각 부등식의 공통인 해

③ 연립부등식을 푼다 : 연립부등식의 해를 구하는 것

(2) **연립일차부등식**

① 연립일차부등식 : 일차부등식으로만 이루어진 연립부등식

② 연립일차부등식의 풀이

연립일차부등식은 다음과 같은 순서로 푼다.

❶ 각 일차부등식의 해를 구한다.

❷ ❶에서 구한 해를 수직선 위에 나타내어 공통부분을 구한다.

참고   연립부등식에서 각 부등식의 공통인 해가 없으면 연립부등식의 해는 없다고 한다.

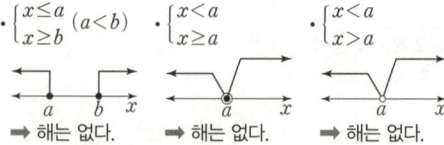

$\cdot \begin{cases} x\leq a \\ x\geq b \end{cases} (a<b)$ $\cdot \begin{cases} x<a \\ x\geq a \end{cases}$ $\cdot \begin{cases} x<a \\ x>a \end{cases}$

➡ 해는 없다.   ➡ 해는 없다.   ➡ 해는 없다.

(3) $A<B<C$ **꼴의 연립부등식의 풀이**

$A<B<C$ 꼴의 연립부등식은 $\begin{cases} A<B \\ B<C \end{cases}$ 꼴로 고쳐서 푼다.

[0847~0849] 그림은 x에 대한 연립부등식의 해를 수직선 위에 나타낸 것이다. 이 연립부등식의 해를 구하시오.

0847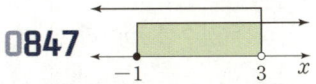

0848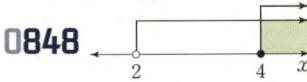

0849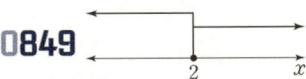

[0850~0852] 다음 연립부등식을 푸시오.

0850 $\begin{cases} x-2>-1 \\ x+2<7 \end{cases}$

0851 $\begin{cases} 2x<4 \\ 3x\geq-3 \end{cases}$

0852 $\begin{cases} 3x-2\leq4 \\ 2x<5 \end{cases}$

[0853~0856] 다음 연립부등식을 푸시오.

0853 $\begin{cases} x<-2 \\ 2x+1>5 \end{cases}$

0854 $\begin{cases} 3x\geq9 \\ 2x\leq-x+9 \end{cases}$

0855 $\begin{cases} 5x-2>2x+10 \\ -x\geq-4 \end{cases}$

0856 $\begin{cases} 2x>4 \\ x-5>2x-7 \end{cases}$

[0857~0859] 다음 연립부등식을 푸시오.

0857 $5<x+1<2x+6$

0858 $5\leq2x-3\leq-x+12$

0859 $-2x+5<x-1<6$

개념 03 절댓값을 포함한 일차부등식

(1) $a>0$일 때
  ① $|x|<a$의 해는
    $-a<x<a$
  ② $|x|>a$의 해는
    $x<-a$ 또는 $x>a$

(2) 절댓값을 포함한 일차부등식의 풀이
  절댓값을 포함한 일차부등식은 다음과 같은 순서로 푼다.
  ❶ 절댓값 기호 안의 식의 값이 0이 되는 x의 값을 기준으로 x의 값의 범위를 나눈다.
  ❷ ❶에서 구한 x의 값의 범위에 따라 주어진 부등식의 절댓값 기호를 없앤 후 식을 정리하여 해를 구한다.
  ❸ ❷에서 구한 해를 합친 x의 값의 범위를 구한다.
  참고 $|x-a|+|x-b|<c\ (a<b,\ c>0)$이면 다음의 그림과 같이 $x=a,\ x=b$를 기준으로 x의 값의 범위를
    (i) $x<a$, (ii) $a\leq x<b$, (iii) $x\geq b$
  로 나누어 푼다.

[0860~0863] 다음 부등식을 푸시오.

0860 $|x|<3$

0861 $|x|>4$

0862 $|x|\leq2$

0863 $|x|\geq5$

[0864~0867] 다음 부등식을 푸시오.

0864 $|x-1|<1$

0865 $|x+1|>2$

0866 $|x|\geq-x+4$

0867 $|x-2|<x$

유형 01 연립일차부등식의 풀이

연립일차부등식은 다음과 같은 순서로 푼다.
❶ 각 일차부등식의 해를 구한다.
❷ ❶에서 구한 해를 수직선 위에 나타내어 공통부분을 구한다.
(참고) $ax>b$에서 a의 부호에 따라 부등호의 방향이 바뀐다.

0868 ✓ 대표 예제

연립부등식 $\begin{cases} 3x-3<x+3 \\ -2x-6<3x+9 \end{cases}$ 의 해가 $a<x<b$일 때, $b-a$ 의 값은?

① 3　　　　② 4　　　　③ 5
④ 6　　　　⑤ 7

완쏠 해설

$3x-3<x+3$에서
$2x<6$　∴ $x<3$　…… ㉠
$-2x-6<3x+9$에서
$-5x<15$　∴ $x>-3$　…… ㉡
㉠, ㉡을 수직선 위에 나타내면

각 일차부등식의 해를 수직선 위에 나타내면 연립일차부등식의 해를 쉽고 정확하게 구할 수 있어.

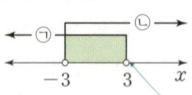
부등식의 해에 포함되지 않음.

즉, 구하는 해는 $-3<x<3$
따라서 $a=-3$, $b=3$이므로
$b-a=3-(-3)=6$

답 ④

0869 대표 예제 한 번 더!

연립부등식 $\begin{cases} 2x-2<3x+3 \\ 2x+9\geq 3(x+2) \end{cases}$ 의 해가 $a<x\leq b$일 때, $b-a$의 값은?

① 4　　　　② 5　　　　③ 6
④ 7　　　　⑤ 8

0870

연립부등식 $\begin{cases} 3x-2(x+1)<-x+2 \\ -2x+3(x-1)\leq 2x+1 \end{cases}$ 을 만족시키는 x의 값 중 가장 큰 정수를 M, 가장 작은 정수를 m이라 할 때, $M-m$의 값은?

① 5　　　　② 6　　　　③ 7
④ 8　　　　⑤ 9

0871

연립부등식 $\begin{cases} -\dfrac{2}{3}(x+1)+1>-\dfrac{1}{3}x \\ \dfrac{3}{2}x-\dfrac{1}{2}>x-\dfrac{3}{2} \end{cases}$ 을 만족시키는 정수 x의 개수는?

① 1　　　　② 2　　　　③ 3
④ 4　　　　⑤ 5

0872

연립부등식 $\begin{cases} 0.1x+0.3<\dfrac{1}{5}x+1 \\ -0.3x+1\geq \dfrac{2}{5}(x-1) \end{cases}$ 을 만족시키는 정수 x의 개수는?

① 5　　　　② 6　　　　③ 7
④ 8　　　　⑤ 9

유형 02 $A<B<C$ 꼴의 연립부등식의 풀이

$A<B<C$ 꼴의 연립부등식은 $A<B$, $B<C$를 하나로 나타낸 것이므로 연립부등식 $\begin{cases} A<B \\ B<C \end{cases}$ 꼴로 고쳐서 푼다.

주의 $A<B<C$ 꼴의 부등식을 $\begin{cases} A<C \\ B<C \end{cases}$ 또는 $\begin{cases} A<B \\ A<C \end{cases}$ 꼴로 고치지 않도록 주의한다.

0873 ✓ 대표 예제

연립부등식 $3x-8<5x+4<26+3x$의 해가 $a<x<b$일 때, $a+b$의 값은?

① 2   ② 3   ③ 4

④ 5   ⑤ 6

완쏠 해설

$3x-8<5x+4$에서
$-2x<12$ $\therefore x>-6$ $\cdots\cdots$ ㉠

$5x+4<26+3x$에서
$2x<22$ $\therefore x<11$ $\cdots\cdots$ ㉡

> $5x+4$항이 포함되도록 두 개의 일차부등식으로 나누어 풀자.

㉠, ㉡을 수직선 위에 나타내면

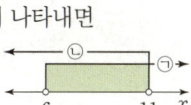

즉, 구하는 해는 $-6<x<11$

따라서 $a=-6$, $b=11$이므로

$a+b=(-6)+11=5$

답 ④

0874 대표 예제 한 번 더!

연립부등식 $-x-7\leq 3x+1<6+2x$의 해가 $a\leq x<b$일 때, $b-a$의 값은?

① 6   ② 7   ③ 8

④ 9   ⑤ 10

0875

연립부등식 $\frac{1}{2}x+5\leq 2(x+1)\leq 8-x$를 만족시키는 정수 x의 개수는?

① 1   ② 2   ③ 3

④ 4   ⑤ 5

0876

연립부등식 $2(x-2)<x+1<3(x+1)$을 만족시키는 모든 정수 x의 값의 합을 구하시오.

0877

연립부등식 $\begin{cases} 3(x-2)<x+1 \\ x+9\leq 4(x+2) \end{cases}$의 해 중에서 가장 작은 정수를 m이라 할 때, 부등식 $a-4<m<\frac{a}{3}$를 만족시키는 정수 a의 값은?

① 1   ② 2   ③ 3

④ 4   ⑤ 5

유형 03 해가 주어진 연립일차부등식

미지수를 포함한 연립부등식을 푼 후 주어진 해와 비교하여 미지수를 구한다.
이때 주어진 연립부등식의 해의 부등호의 방향을 보고 각각의 일차부등식의 해와 비교하면 더욱 쉽게 해결할 수 있다.

0878 ✓ 대표 예제

연립부등식 $\begin{cases} 4x-a<2x+1 \\ 3x-9\geq-x+b \end{cases}$ 의 해가 $3\leq x<4$일 때, 두 상수 a, b에 대하여 $a+b$의 값은?

① 2 　　　　② 4 　　　　③ 6
④ 8 　　　　⑤ 10

완쏠 해설

$4x-a<2x+1$에서
$2x<a+1$ $\quad\therefore x<\dfrac{a+1}{2}$
$3x-9\geq-x+b$에서
$4x\geq b+9$ $\quad\therefore x\geq\dfrac{b+9}{4}$
　→ $\dfrac{b+9}{4}\leq x\leq\dfrac{a+1}{2}$

주어진 연립부등식의 해가 $3\leq x<4$이므로
$\dfrac{a+1}{2}=4$, $\dfrac{b+9}{4}=3$
따라서 $a=7$, $b=3$이므로
$a+b=7+3=10$

답 ⑤

0879 대표 예제 한 번 더!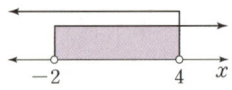

x에 대한 연립부등식 $\begin{cases} x-1>8 \\ 2x-16\leq x+a \end{cases}$ 의 해가 $b<x\leq 28$일 때, 두 상수 a, b에 대하여 $a+b$의 값을 구하시오.

0880

연립부등식 $3x-2a<x+2<4x+b$의 해를 수직선 위에 나타내면 그림과 같을 때, 두 상수 a, b에 대하여 ab의 값을 구하시오.

(수직선: -2에서 4까지 표시된 구간)

0881

연립부등식 $\begin{cases} x+2\leq\dfrac{1}{3}x-2a \\ \dfrac{1}{2}x-\dfrac{x+1}{3}\geq\dfrac{1}{3}x+\dfrac{1}{2} \end{cases}$ 의 해가 $x\leq -7$일 때, 상수 a의 값은?

① $\dfrac{2}{3}$ 　　　② $\dfrac{4}{3}$ 　　　③ 2
④ $\dfrac{8}{3}$ 　　　⑤ $\dfrac{10}{3}$

0882

연립부등식 $\begin{cases} 3x+4\geq x+2a \\ 2(x-1)\leq-x+b \end{cases}$ 의 해가 $x=1$일 때, 두 상수 a, b에 대하여 $a+b$의 값은?

① 1 　　　　② 2 　　　　③ 3
④ 4 　　　　⑤ 5

유형 04 연립일차부등식이 해를 갖거나 갖지 않을 조건

(1) 연립일차부등식에서 각각의 일차부등식의 해를 구한 후 이를 주어진 해의 조건에 맞게 수직선 위에 나타내어 해결한다.

(2) 연립일차부등식 $\begin{cases} x<a \\ x>b \end{cases}$ 에서

① 해를 갖기 위한 조건은 $a>b$
② 해를 갖지 않기 위한 조건은 $a\leq b$

0883 ✔ 대표 예제

연립부등식 $\begin{cases} 3x+2<5 \\ x-3>2a \end{cases}$ 가 해를 갖지 않도록 하는 실수 a의 값의 범위는?

① $a\leq -1$　　② $a\leq 1$　　③ $a\geq -1$

④ $a>-1$　　⑤ $a>0$

완쌤 해설

$3x+2<5$에서 $3x<3$　∴ $x<1$　……㉠

$x-3>2a$에서 $x>2a+3$　……㉡

주어진 연립부등식이 해를 갖지 않으려면 다음 그림과 같이 ㉠, ㉡의 공통부분이 존재하지 않아야 한다.

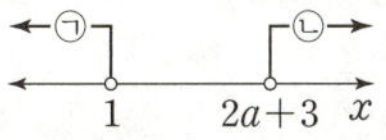

즉, $1\leq 2a+3$이어야 하므로

$2a\geq -2$　∴ $a\geq -1$

㉠, ㉡이 등호를 포함하지 않으므로 $1=2a+3$이어도 공통부분이 존재하지 않는다.

답 ③

0884

연립부등식 $\begin{cases} 3x-1\geq 8 \\ 2x+3\leq 3k \end{cases}$ 가 해를 갖도록 하는 실수 k의 값의 범위는?

① $k\geq 1$　　② $k\geq 2$　　③ $k>2$

④ $k\geq 3$　　⑤ $k>3$

0885

연립부등식 $\dfrac{3x-1}{2}\leq 2x+1<x+a$가 해를 갖도록 하는 정수 a의 최솟값은?

① -3　　② -2　　③ -1

④ 1　　⑤ 2

0886

연립부등식 $\begin{cases} \dfrac{1}{3}x+\dfrac{1}{2}\geq \dfrac{3}{2} \\ 2(x-1)\leq \dfrac{3}{2}a \end{cases}$ 가 해를 갖지 않도록 하는 정수 a의 최댓값을 구하시오.

0887

연립부등식 $\begin{cases} 3x+2<x+a \\ x+2b\leq 3(x-2) \end{cases}$ 가 해를 갖지 않도록 하는 두 상수 a, b에 대하여 $a-2b$의 최댓값은?

① 8　　② 9　　③ 10

④ 11　　⑤ 12

유형 **05** 정수인 해의 조건이 주어진 연립일차부등식 〈중요〉

정수인 해의 조건이 주어진 연립일차부등식은 다음과 같은 순서로 푼다.
❶ 각 일차부등식의 해를 구한다.
❷ 수직선 위에 정수인 점을 표시한 후 주어진 조건을 만족시키는 정수가 포함되도록 하는 미지수의 범위를 구한다.

0888 ✓ 대표 예제

연립부등식 $\begin{cases} 2(x+2) > 5x-8 \\ x-4 \leq 3x+2a \end{cases}$를 만족시키는 정수 x의 개수가 30이 되도록 하는 실수 a의 값의 범위는?

① $-4 \leq a < -3$ ② $-4 < a \leq -2$ ③ $-3 \leq a < -2$
④ $-3 < a \leq 2$ ⑤ $-2 \leq a < -1$

╭ 완쏠 해설

$2(x+2) > 5x-8$에서
$2x+4 > 5x-8$, $-3x > -12$ ∴ $x < 4$ ……㉠
$x-4 \leq 3x+2a$에서
$-2x \leq 2a+4$ ∴ $x \geq -a-2$ ……㉡
주어진 연립부등식을 만족시키는 정수 x가 3개이므로 ㉠, ㉡을 수직선 위에 나타내면 다음 그림과 같아야 한다.

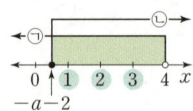

즉, $0 < -a-2 \leq 1$이어야 하므로
$2 < -a \leq 3$ ∴ $-3 \leq a < -2$

┌─────────────────────────────
│ 연립부등식을 만족시키는 3개의 정수 x의 값은 1, 2, 3이어야 하므로
│ $x \geq -a-2$에서 $x=1$은 포함하고 $x=0$은 포함하지 않아야 해.
│ 즉, $0 < -a-2 \leq 1$이어야 해.
└─────────────────────────────

(답) ③

0889 대표 예제 한 번 더!

연립부등식 $\begin{cases} 2x-3 \leq x+a \\ x-5 < 3x+1 \end{cases}$을 만족시키는 정수 x가 4개일 때, 실수 a의 값의 범위는?

① $-3 < a \leq -2$ ② $-2 \leq a < -1$ ③ $-2 < a \leq -1$
④ $-1 \leq a < 0$ ⑤ $-1 < a \leq 0$

0890

연립부등식 $\frac{1}{2}k+1 \leq x < \frac{1}{3}k+3$을 만족시키는 정수 x가 3, 4뿐일 때, 실수 k의 값의 범위는?

① $1 \leq k < 2$ ② $1 < k \leq 2$ ③ $2 \leq k < 3$
④ $2 < k \leq 3$ ⑤ $3 < k \leq 4$

0891

x에 대한 연립부등식 $3x-1 < 5x+3 \leq 4x+a$를 만족시키는 정수 x의 개수가 8이 되도록 하는 자연수 a의 값을 구하시오.

0892

연립부등식 $\begin{cases} 3x+2 \geq x-2 \\ 4(x-1) \leq 2x+a \end{cases}$를 만족시키는 정수 x가 5개일 때, 정수 a의 최댓값을 구하시오.

유형 06 연립일차부등식의 활용

연립일차부등식의 활용 문제는 다음과 같은 순서로 푼다.
❶ 문제의 의미를 파악하여 구하는 것을 x로 놓는다.
❷ 주어진 조건을 이용하여 x에 대한 연립부등식을 세운다.
❸ 연립부등식을 풀어서 문제의 뜻에 맞는 답을 구한다.

참고 길이, 넓이, 부피, 가격 등은 항상 양수임에 유의한다.

0893 ✓대표 예제

1개에 200원인 사탕과 1개에 500원인 초콜릿을 합하여 20개를 사려고 한다. 전체 가격이 6000원 이상 8000원 이하가 되게 하려고 할 때, 사탕은 몇 개 살 수 있는가?

① 6개 이상 12개 이하   ② 7개 이상 13개 이하
③ 8개 이상 14개 이하   ④ 9개 이상 15개 이하
⑤ 10개 이상 16개 이하

완쏠 해설

→ 구하는 것을 x로 놓는다.

사탕을 x개 산다고 하면 초콜릿은 $(20-x)$개 살 수 있으므로
전체 가격은 $200x+500(20-x)=10000-300x$
전체 가격이 6000원 이상 8000원 이하이어야 하므로
$6000 \le 10000-300x \le 8000$
$-4000 \le -300x \le -2000$
$2000 \le 300x \le 4000$
$\therefore \dfrac{20}{3} \le x \le \dfrac{40}{3}$

이때 x는 자연수이므로 살 수 있는 사탕은 7개 이상 13개 이하
이다.
→ 사탕의 개수는 자연수이다.

답 ②

0894

길이가 240 cm인 철조망을 모두 사용하여 직사각형 모양의 울타리를 만들려고 한다. 울타리의 세로의 길이가 가로의 길이보다 20 cm 이상 길고 가로의 길이가 세로의 길이의 절반 이상일 때, 가로의 길이의 범위는?

① 20 cm 이상 30 cm 이하
② 25 cm 이상 35 cm 이하
③ 30 cm 이상 40 cm 이하
④ 35 cm 이상 45 cm 이하
⑤ 40 cm 이상 50 cm 이하

0895

어느 카페에서 두 종류의 음료 A, B를 각각 1잔씩 만드는 데 필요한 우유와 시럽의 양이 다음 표와 같다.

음료	우유(mL)	시럽(mL)
A	100	20
B	150	10

우유 1000 mL와 시럽 150 mL로 음료 8잔을 만들려고 할 때, 음료 A는 최대 몇 잔까지 만들 수 있는가?

① 4잔   ② 5잔   ③ 6잔
④ 7잔   ⑤ 8잔

0896

연속하는 세 짝수의 합이 110 이상 120 미만일 때, 세 짝수 중에서 가장 큰 수를 구하시오.

0897

공을 바구니에 담는데 한 바구니에 5개씩 담으면 공이 20개 남고, 6개씩 담으면 바구니가 3개 남는다고 한다. 다음 중 바구니의 개수가 될 수 있는 것은?

① 37   ② 42   ③ 47
④ 52   ⑤ 57

유형 **07** 그래프를 이용한 부등식의 풀이

(1) 부등식 $f(x)>0$의 해
 ➡ x축보다 위쪽에 있는 부분의 x의 값의 범위
(2) 부등식 $f(x)<g(x)$의 해
 ➡ 함수 $y=f(x)$의 그래프가 함수 $y=g(x)$의 그래프보다 아래쪽에 있는 부분의 x의 값의 범위
(3) 부등식 $f(x)<g(x)<h(x)$의 해
 ➡ 함수 $y=g(x)$의 그래프가 함수 $y=f(x)$의 그래프보다 위쪽에 있고 함수 $y=h(x)$의 그래프보다 아래쪽에 있는 부분의 x의 값의 범위

0898 ✓ 대표 예제

함수 $f(x)=\begin{cases} x+2 & (x<0) \\ -x+2 & (x\geq0) \end{cases}$의 그래프가 그림과 같을 때, 부등식 $f(x)\geq0$의 해는?

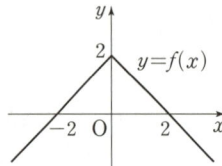

① $-2\leq x\leq2$ ② $-2<x<0$
③ $-2<x<2$ ④ $0\leq x\leq2$
⑤ $0<x<2$

완쏠 해설

부등식 $f(x)\geq0$의 해는 함수 $y=f(x)$의 그래프가 직선 $y=0$, 즉 x축보다 위쪽에 있거나 만나는 부분의 x의 값의 범위이므로
$-2\leq x\leq2$
→ 부등식이 등호를 포함하므로

답 ①

0899

두 함수
$f(x)=\begin{cases} -2x+1 & \left(x<\dfrac{1}{2}\right) \\ 2x-1 & \left(x\geq\dfrac{1}{2}\right) \end{cases}$,
$g(x)=x+4$의 그래프가 그림과 같을 때, 부등식 $f(x)\leq g(x)$의 해는?

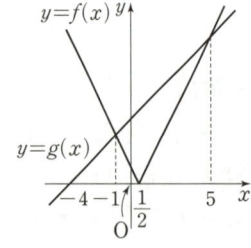

① $-4\leq x\leq-1$ ② $-4\leq x\leq\dfrac{1}{2}$ ③ $-4\leq x\leq5$
④ $-1\leq x\leq0$ ⑤ $-1\leq x\leq5$

0900

두 일차함수 $y=f(x)$, $y=g(x)$의 그래프가 그림과 같을 때, 부등식 $0<f(x)<g(x)$의 해는?

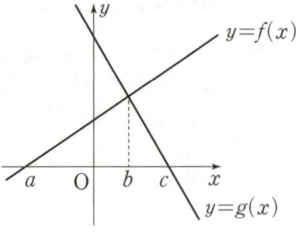

① $x<a$ ② $a<x<b$
③ $a<x<c$ ④ $b<x<c$
⑤ $x>c$

0901

세 일차함수 $y=f(x)$, $y=g(x)$, $y=h(x)$의 그래프가 그림과 같을 때, 부등식 $f(x)<g(x)<h(x)$의 해는 $a<x<b$이다. $a+b$의 값은?

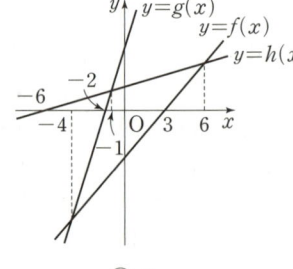

① -6 ② -5 ③ 0
④ 5 ⑤ 6

0902

두 일차함수 $y=f(x)$, $y=g(x)$의 그래프가 그림과 같을 때, 부등식 $f(x)g(x)>0$의 해는?

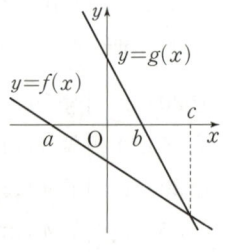

① $x<a$ ② $a<x<b$
③ $b<x<c$ ④ $x<a$ 또는 $x>b$
⑤ $x<b$ 또는 $x>c$

유형 08 $|ax+b|<k$ 꼴의 부등식의 풀이

양수 k에 대하여 (단, a, b는 상수이다.)
(1) $|ax+b|<k$ ➡ $-k<ax+b<k$
(2) $|ax+b|>k$ ➡ $ax+b<-k$ 또는 $ax+b>k$

0903 ✓ 대표 예제

부등식 $|2x-4|<a$의 해가 $-1<x<5$일 때, 자연수 a의 값은?

① 4　　　　② 5　　　　③ 6
④ 7　　　　⑤ 8

완쏠 해설

$|2x-4|<a$에서 $-a<2x-4<a$

$-a+4<2x<a+4$　∴ $\dfrac{-a+4}{2}<x<\dfrac{a+4}{2}$

주어진 부등식의 해가 $-1<x<5$이므로

$\dfrac{a+4}{2}=5$　∴ $a=6$

다른 풀이

→ 절댓값 기호 안의 식의 값이 0이 되는 x의 값을 기준으로 한다.

$f(x)=|2x-4|=\begin{cases} -2x+4 & (x<2) \\ 2x-4 & (x\geq2) \end{cases}$ 라 하면

함수 $y=f(x)$의 그래프는 오른쪽 그림과 같다.
즉, 부등식 $f(x)<a$의 해는 함수 $y=f(x)$의 그래프가 직선 $y=a$보다 아래쪽에 있는 부분의 x의 값의 범위이고, 주어진 부등식의 해가 $-1<x<5$이므로

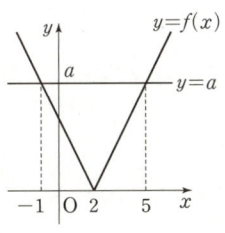

$f(5)=|2\times5-4|=6$　∴ $a=6$

답 ③

0904 대표 예제 한 번 더! 교육청

x에 대한 부등식 $|x-7|\leq a+1$을 만족시키는 모든 정수 x의 개수가 9가 되도록 하는 자연수 a의 값은?

① 1　　　　② 2　　　　③ 3
④ 4　　　　⑤ 5

0905

부등식 $|3x-a|<b$의 해가 $-\dfrac{2}{3}<x<2$일 때, 두 상수 a, b에 대하여 ab의 값은?

① 1　　　　② 2　　　　③ 4
④ 6　　　　⑤ 8

0906

부등식 $1\leq|x-2|\leq2$를 만족시키는 자연수 x의 최댓값과 최솟값의 합은?

① 1　　　　② 2　　　　③ 3
④ 4　　　　⑤ 5

0907

x에 대한 부등식 $|x-a|\leq1$을 만족시키는 모든 정수 x의 값의 합이 18일 때, 자연수 a의 값은?

① 4　　　　② 5　　　　③ 6
④ 7　　　　⑤ 8

08
연립일차부등식

유형 09 $|ax+b|<cx+d$ 꼴의 부등식의 풀이

절댓값 기호 안의 식의 값이 0이 되는 x의 값인 $-\dfrac{b}{a}$ 를 기준으로 x의 값의 범위를 $x<-\dfrac{b}{a}$, $x\geq-\dfrac{b}{a}$ 로 나누어 푼다. (단, $a\neq0$)

0908 ✓ 대표 예제

부등식 $|x-2|\leq x+2$의 해가 $x\geq a$일 때, a의 값을 구하시오.

┌ 완쏠 해설

$|x-2|\leq x+2$에서
(i) $x<2$일 때, $x-2<0$이므로
    $-(x-2)\leq x+2$, $2x\geq0$ $\therefore x\geq0$
    그런데 $x<2$이므로 $0\leq x<2$
(ii) $x\geq2$일 때, $x-2\geq0$이므로
    $x-2\leq x+2$ $\therefore -2\leq2$
    즉, 항상 성립하므로 $x\geq2$
(i), (ii)에서 주어진 부등식의 해는 $x\geq0$이므로
$a=0$

다른 풀이

$f(x)=|x-2|$
$\qquad =\begin{cases} -x+2 & (x<2) \\ x-2 & (x\geq2) \end{cases}$
라 하면 함수 $y=f(x)$의 그래프는
오른쪽 그림과 같다.
즉, 부등식 $f(x)\leq x+2$의 해는 함
수 $y=f(x)$의 그래프가 직선 $y=x+2$보다 아래쪽에 있거나
만나는 부분의 x의 값의 범위이므로
$x\geq0$

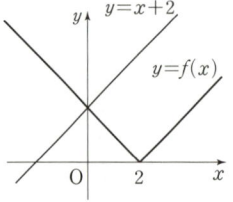

$|ax+b|<cx+d$ 꼴의 부등식은 x의 값의
범위를 나누어 풀어야 하기 때문에 함수의 그래
프를 이용해서 푸는 게 더 빠를 수도 있어.

답 0

0909 대표 예제 한 번 더!

부등식 $|3x-3|\leq2x+1$의 해가 $a\leq x\leq b$일 때, $a+b$의 값은?

① $\dfrac{22}{5}$ ② $\dfrac{23}{5}$ ③ $\dfrac{24}{5}$

④ 5   ⑤ $\dfrac{26}{5}$

0910 교육청

부등식 $x>|3x+1|-7$을 만족시키는 모든 정수 x의 값의 합은?

① -2 ② -1 ③ 0
④ 1   ⑤ 2

0911

부등식 $|x-1|>2x+4$의 해가 $x<a$에 포함되도록 하는 실수 a의 값의 범위는?

① $a\geq-1$ ② $a\geq0$ ③ $a>0$
④ $a\geq1$ ⑤ $a>1$

0912

부등식 $|2x-1|\leq x+a$의 해가 $b\leq x\leq b+6$일 때, 두 상수 a, b에 대하여 $a+b$의 값을 구하시오. (단, $a>0$)

유형 10 $|f(x)|+|g(x)|<k$ 꼴의 부등식의 풀이 중요

두 일차식 $f(x)$, $g(x)$에 대하여 $f(a)=0$, $g(b)=0$ ($a<b$)일 때, x의 값의 범위를 $x<a$, $a\leq x<b$, $x\geq b$로 나누어 푼다.

0913 ✔대표 예제

부등식 $|x|+|x-2|<3$의 해가 $a<x<b$일 때, $b-a$의 값은?

① 1   ② 2   ③ 3
④ 4   ⑤ 5

완쏠 해설

$|x|+|x-2|<3$에서
(i) $x<0$일 때
$\quad -x-(x-2)<3$, $-2x<1$ $\quad \therefore x>-\dfrac{1}{2}$
$\quad$ 그런데 $x<0$이므로 $-\dfrac{1}{2}<x<0$

(ii) $0\leq x<2$일 때
$\quad x-(x-2)<3$ $\quad \therefore 2<3$
$\quad$ 즉, 항상 성립하므로 $0\leq x<2$

(iii) $x\geq 2$일 때
$\quad x+(x-2)<3$, $2x<5$ $\quad \therefore x<\dfrac{5}{2}$
$\quad$ 그런데 $x\geq 2$이므로 $2\leq x<\dfrac{5}{2}$

(i), (ii), (iii)에서 주어진 부등식의 해는
$-\dfrac{1}{2}<x<\dfrac{5}{2}$

따라서 $a=-\dfrac{1}{2}$, $b=\dfrac{5}{2}$이므로

$b-a=\dfrac{5}{2}-\left(-\dfrac{1}{2}\right)=3$

> 절댓값 기호를 2개 포함하므로 x의 값의 범위가 3개로 나누어져.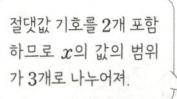

다른 풀이

$f(x)=|x|+|x-2|$
$\quad =\begin{cases} -2x+2 & (x<0) \\ 2 & (0\leq x<2) \\ 2x-2 & (x\geq 2) \end{cases}$

라 하면 함수 $y=f(x)$의 그래프는 오른쪽 그림과 같다.

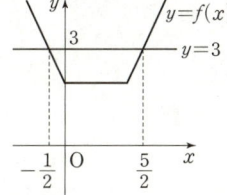

즉, 부등식 $f(x)<3$의 해는 함수 $y=f(x)$의 그래프가 직선 $y=3$보다 아래쪽에 있는 부분의 x의 값의 범위이므로

$-\dfrac{1}{2}<x<\dfrac{5}{2}$

답 ③

0914 대표 예제 한 번 더!

부등식 $|2x+1|+|x-3|<6$을 만족시키는 정수 x의 개수를 구하시오.

0915

부등식 $|x+1|+\sqrt{(x-1)^2}<x+2$의 해는?

① $-3<x<-1$ ② $-2<x<0$ ③ $-1<x<1$
④ $0<x<2$ ⑤ $1<x<3$

0916

부등식 $|x|-|x-4|>1$의 해가 부등식 $2x+k>7$의 해와 같을 때, 상수 k의 값은?

① 2   ② 4   ③ 6
④ 8   ⑤ 10

0917 UP

부등식 $|x+1|+|x|+|x-1|\leq 6$의 해가 $a\leq x\leq b$일 때, $b-a$의 값은?

① 3   ② 4   ③ 5
④ 6   ⑤ 7

08 연립일차부등식

0918 · 유형 04

연립부등식 $\begin{cases} \dfrac{5}{3}x-7 \geq -\dfrac{1}{3}x+a \\ \dfrac{1}{2}x+\dfrac{3}{2}a \leq 2a \end{cases}$ 의 해가 오직 한 개 존재

할 때, 상수 a의 값은?

① 1　　　　② 3　　　　③ 5
④ 7　　　　⑤ 9

0919 교육청 · 유형 05

x에 대한 연립부등식 $\begin{cases} x+2>3 \\ 3x<a+1 \end{cases}$ 을 만족시키는 모든 정수

x의 값의 합이 9가 되도록 하는 자연수 a의 최댓값은?

① 10　　　　② 11　　　　③ 12
④ 13　　　　⑤ 14

0920 · 유형 02

연립부등식 $x-1<2x+1 \leq x+2$를 만족시키는 모든 실수

x가 $-1+a \leq x < 3-2a$를 만족시킬 때, 실수 a의 최댓값은?

① -4　　　　② -3　　　　③ -2
④ -1　　　　⑤ 0

0921 사고력 · 유형 01

연립부등식 $\begin{cases} 3(x+1)<x+9 \\ x-8 \leq 5(x-1)+3 \end{cases}$ 을 만족시키는 x에 대하여

$y=-2x+1$일 때, 정수 y의 개수를 구하시오.

0922 · 유형 09

x에 대한 부등식 $|x-1| \leq -x+a^2+a+2$의 해의 최댓

값을 $f(a)$라 하자. $f(a)$의 최솟값은? (단, a는 실수이다.)

① $\dfrac{9}{8}$　　　　② $\dfrac{5}{4}$　　　　③ $\dfrac{11}{8}$
④ $\dfrac{3}{2}$　　　　⑤ $\dfrac{13}{8}$

0923 빈출 · 유형 09

부등식 $|2x-a|<x+1$을 만족시키는 정수 x의 최솟값이

4일 때, 모든 자연수 a의 값의 합은?

① 24　　　　② 27　　　　③ 30
④ 33　　　　⑤ 36

0924 빈출 · 유형 10

부등식 $|x+1|+2|x-2| \le k$가 해를 갖도록 하는 실수 k의 최솟값을 구하시오.

0927 · 유형 05

연립부등식 $\begin{cases} 3(x-1) < 9 \\ 2x+a < ax+2 \end{cases}$ 를 만족시키는 모든 자연수 x의 값의 합이 5일 때, 실수 a의 값의 범위를 구하시오.

☑ **필요 개념 및 공식**
□ 부등식 $ax > b$의 풀이

0925 · 유형 04

연립부등식 $\begin{cases} 4x-2 \ge 3x+1 \\ (2a-1)x-3 \le x-1 \end{cases}$ 이 해를 갖도록 하는 정수 a의 최댓값을 m, 해를 갖지 않도록 하는 정수 a의 최솟값을 n이라 할 때, $m+n$의 값은?

① 3   ② 4   ③ 5
④ 6   ⑤ 7

0928 · 유형 06

세 변의 길이가 각각 x, $4x+1$, $2x+5$인 삼각형이 존재하기 위한 실수 x의 값의 범위를 구하시오.

☑ **필요 개념 및 공식**
□ 삼각형의 세 변의 길이 사이의 관계

0926 상위 1% 도전 · 유형 08

모든 실수 x에 대하여 부등식 $k(|x-2|-1) \le 3+k$가 성립하기 위한 실수 k의 최댓값을 M, 최솟값을 m이라 하자. $4(M^2+m^2)$의 값을 구하시오.

0929 · 유형 03

연립부등식 $\begin{cases} ax-1 > 0 \\ (a+1)x < a+3 \end{cases}$ 의 해가 $1 < x < 2$일 때, 상수 a의 값을 구하시오. (단, $a \ne -1$, $a \ne 0$)

☑ **필요 개념 및 공식**
□ 부등식 $ax > b$의 풀이

개념 01 이차부등식과 이차함수의 관계

(1) **이차부등식**

부등식의 모든 항을 좌변으로 이항하여 정리하였을 때, 좌변이 x에 대한 이차식인 부등식을 x에 대한 이차부등식이라 한다.

(2) **이차부등식의 해와 이차함수의 그래프의 관계**

① 이차부등식 $ax^2+bx+c>0$의 해는 이차함수 $y=ax^2+bx+c$의 그래프에서 $y>0$인 x의 값의 범위, 즉 함수 $y=ax^2+bx+c$의 그래프가 x축보다 위쪽에 있는 부분의 x의 값의 범위이다.

② 이차부등식 $ax^2+bx+c<0$의 해는 이차함수 $y=ax^2+bx+c$의 그래프에서 $y<0$인 x의 값의 범위, 즉 함수 $y=ax^2+bx+c$의 그래프가 x축보다 아래쪽에 있는 부분의 x의 값의 범위이다.

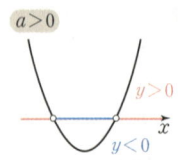 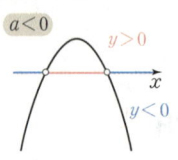

개념 02 이차부등식의 풀이

이차함수 $y=ax^2+bx+c\ (a>0)$의 그래프가 x축과 만나는 점의 x좌표를 α, $\beta\ (\alpha\le\beta)$, 이차방정식 $ax^2+bx+c=0$의 판별식을 $D=b^2-4ac$라 할 때 이차부등식의 해는 다음과 같다.

	$D>0$	$D=0$	$D<0$
함수 $y=ax^2+bx+c$ 의 그래프	α β x	α x	x
$ax^2+bx+c>0$ 의 해	$x<\alpha$ 또는 $x>\beta$	$x\ne\alpha$인 모든 실수	모든 실수
$ax^2+bx+c\ge0$ 의 해	$x\le\alpha$ 또는 $x\ge\beta$	모든 실수	모든 실수
$ax^2+bx+c<0$ 의 해	$\alpha<x<\beta$	없다.	없다.
$ax^2+bx+c\le0$ 의 해	$\alpha\le x\le\beta$	$x=\alpha$	없다.

참고 $a<0$일 때는 주어진 이차부등식의 양변에 -1을 곱하여 x^2의 계수를 양수로 바꾸어 푼다.

[0930~0931] 이차함수 $y=f(x)$의 그래프가 그림과 같을 때, 다음 이차부등식의 해를 구하시오.

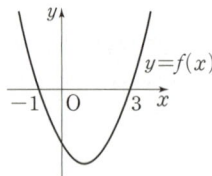

0930 $f(x)>0$

0931 $f(x)\le0$

[0932~0933] 이차함수 $y=f(x)$의 그래프가 그림과 같을 때, 다음 이차부등식의 해를 구하시오.

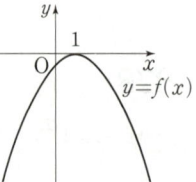

0932 $f(x)<0$

0933 $f(x)\ge0$

[0934~0935] 이차함수 $y=f(x)$의 그래프가 그림과 같을 때, 다음 이차부등식의 해를 구하시오.

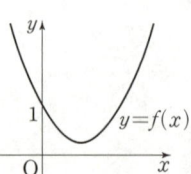

0934 $f(x)>0$

0935 $f(x)\le0$

[0936~0937] 다음 이차부등식을 이차함수의 그래프를 이용하여 푸시오.

0936 $(x-1)(x-2)\le0$

0937 $x^2+4x+3>0$

[0938~0943] 다음 이차부등식을 푸시오.

0938 $(x+1)(x-1)>0$

0939 $(x-1)^2+2\le0$

0940 $-x^2+3x-2\ge0$

0941 $2x^2-4x+2>0$

0942 $x^2+2x+1\le0$

0943 $x^2-2x+2>0$

개념 03 이차부등식의 작성

(1) 해가 $\alpha < x < \beta$이고 x^2의 계수가 1인 이차부등식은
$$(x-\alpha)(x-\beta) < 0, \ \ \text{즉 } x^2-(\alpha+\beta)x+\alpha\beta < 0$$

(2) 해가 $x < \alpha$ 또는 $x > \beta$ $(\alpha < \beta)$이고 x^2의 계수가 1인 이차부등식은
$$(x-\alpha)(x-\beta) > 0, \ \ \text{즉 } x^2-(\alpha+\beta)x+\alpha\beta > 0$$

참고 해가 $x=\alpha$이고 x^2의 계수가 1인 이차부등식은
$$(x-\alpha)^2 \leq 0$$

[0944~0947] 해가 다음과 같고 x^2의 계수가 1인 이차부등식을 구하시오.

0944 $2 < x < 4$

0945 $x \leq 1$ 또는 $x \geq 4$

0946 $x \neq 2$인 모든 실수

0947 $x = -3$

개념 04 이차부등식이 항상 성립할 조건

이차방정식 $ax^2+bx+c=0$의 판별식을 $D=b^2-4ac$라 할 때, 모든 실수 x에 대하여 주어진 이차부등식이 성립할 조건은 다음과 같다.

(1) $ax^2+bx+c > 0 \Rightarrow a > 0, \ D < 0$
(2) $ax^2+bx+c \geq 0 \Rightarrow a > 0, \ D \leq 0$
(3) $ax^2+bx+c < 0 \Rightarrow a < 0, \ D < 0$
(4) $ax^2+bx+c \leq 0 \Rightarrow a < 0, \ D \leq 0$

[0948~0950] 모든 실수 x에 대하여 다음 이차부등식이 성립하도록 하는 실수 k의 값의 범위를 구하시오.

0948 $x^2+4x+k+1 > 0$

0949 $x^2-kx+2 \geq 0$

0950 $-x^2+2kx-k-2 < 0$

개념 05 연립이차부등식

(1) **연립이차부등식**
연립부등식에서 차수가 가장 높은 부등식이 이차부등식일 때, 이 연립부등식을 연립이차부등식이라 한다.

(2) **연립이차부등식의 풀이**
연립이차부등식은 각 부등식의 해를 각각 구한 후 공통인 해를 구한다.

① $\begin{cases} f(x) > 0 \\ g(x) > 0 \end{cases}$ 꼴의 연립이차부등식은 두 부등식 $f(x) > 0$, $g(x) > 0$의 해를 각각 구한 후 공통부분을 구한다.

② $f(x) < g(x) < h(x)$ 꼴의 연립이차부등식은 두 부등식 $f(x) < g(x)$, $g(x) < h(x)$의 해를 각각 구한 후 공통부분을 구한다.

[0951~0957] 다음 연립부등식을 푸시오.

0951 $\begin{cases} 2x+1 > x-1 \\ x^2+2x-3 < 0 \end{cases}$

0952 $\begin{cases} 4x-1 > x+5 \\ x^2+4x+3 < 0 \end{cases}$

0953 $\begin{cases} x^2-x-2 \leq 0 \\ x^2-5x+4 \leq 0 \end{cases}$

0954 $\begin{cases} x^2-4x < 0 \\ x^2-3x+2 \geq 0 \end{cases}$

0955 $\begin{cases} x^2-2x-3 > 0 \\ x^2-2x < 0 \end{cases}$

0956 $2 \leq x^2-x \leq 6$

0957 $x+1 < x^2-x-2 < 5x-10$

그래프를 이용한 이차부등식의 풀이

(1) 이차부등식 $f(x)>0$의 해 ➡ 함수 $y=f(x)$의 그래프가 x축
보다 위쪽에 있는 부분의 x의 값의 범위
(2) 이차부등식 $f(x)>g(x)$의 해 ➡ 함수 $y=f(x)$의 그래프가
함수 $y=g(x)$의 그래프보다 위쪽에 있는 부분의 x의 값의 범위

0958 ✔ 대표 예제

이차함수 $y=f(x)$의 그래프와 직선 $y=k$가 그림과 같을 때,
부등식 $f(x)<k$의 해는 $a<x<b$이다. $b-a$의 값은?

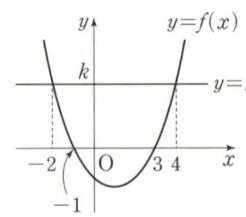

① 2   ② 3   ③ 4
④ 5   ⑤ 6

완쏠 해설

부등식 $f(x)<k$의 해는 이차함수 $y=f(x)$의 그래프가 직선
$y=k$보다 아래쪽에 있는 부분의 x의 값의 범위이므로
$-2<x<4$
따라서 $a=-2$, $b=4$이므로
$b-a=4-(-2)=6$

 부등식 $f(x)<k$와 두 함수
$y=f(x)$, $y=k$의 그래프 사이
의 관계를 파악하는 게 핵심이야.

(답) ⑤

0959 대표 예제 한 번 더!

이차함수 $y=f(x)$의 그래프와 직선 $y=k$가 그림과 같을
때, 부등식 $f(x)\le k$의 해는 $x\le a$ 또는 $x\ge b$이다. $a+b$
의 값을 구하시오.

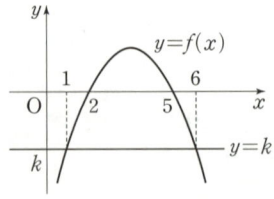

0960

두 이차함수 $y=f(x)$, $y=g(x)$의 그래프가 그림과 같을
때, 부등식 $f(x)>g(x)$의 해는?

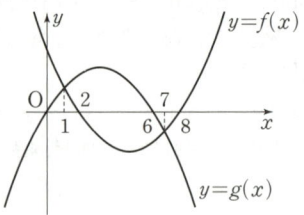

① $x<1$ 또는 $x>7$ ② $1<x<7$
③ $x<2$ 또는 $x>8$ ④ $2<x<8$
⑤ $6<x<8$

0961

이차함수 $y=ax^2+bx+c$의 그래프와 직선 $y=mx+n$이
그림과 같을 때, 이차부등식 $ax^2+(b-m)x+c-n<0$을
만족시키는 정수 x의 개수를 구하시오.

(단, a, b, c, m, n은 상수이다.)

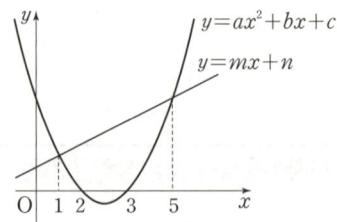

0962

두 이차함수 $y=f(x)$, $y=g(x)$의 그래프가 그림과 같을
때, 부등식 $0\le f(x)\le g(x)$의 해는?

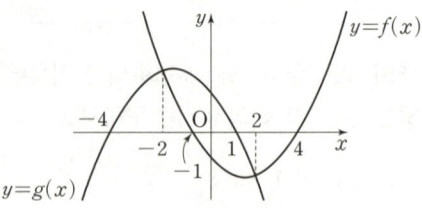

① $-4\le x\le -1$ ② $-4\le x\le 2$ ③ $-2\le x\le -1$
④ $-2\le x\le 2$ ⑤ $-1\le x\le 4$

유형 02 이차부등식의 풀이

x^2의 계수가 a $(a>0)$인 이차식 $f(x)$에 대하여 이차방정식 $f(x)=0$의 판별식을 D라 할 때, 이차부등식의 해는 다음과 같이 구한다.

(1) $D>0$이면 $f(x)$를 인수분해하거나 근의 공식을 이용한다.
　이차방정식 $f(x)=0$의 두 근이 α, β $(\alpha<\beta)$일 때
　① $a(x-\alpha)(x-\beta)>0 \Rightarrow x<\alpha$ 또는 $x>\beta$
　② $a(x-\alpha)(x-\beta)\geq 0 \Rightarrow x\leq\alpha$ 또는 $x\geq\beta$
　③ $a(x-\alpha)(x-\beta)<0 \Rightarrow \alpha<x<\beta$
　④ $a(x-\alpha)(x-\beta)\leq 0 \Rightarrow \alpha\leq x\leq\beta$

(2) $D\leq 0$이면 $y=a(x-p)^2+q$ 꼴로 변형한다.

0963 ✓ 대표 예제

이차부등식 $x^2+5x-18<2x$의 해가 $a<x<b$일 때, $a-b$의 값은?

① -12　　　② -9　　　③ -6
④ -3　　　⑤ 0

완쏠 해설

$x^2+5x-18<2x$에서 $x^2+3x-18<0$
$(x+6)(x-3)<0$ ∴ $-6<x<3$
따라서 $a=-6$, $b=3$이므로
$a-b=(-6)-3=-9$

다른 풀이

$x^2+3x-18<0$의 해가 $a<x<b$이므로 a, b는 이차방정식 $x^2+3x-18=0$의 두 근이다. → 이 이차방정식이 판별식 D라 하면 $D<0$이므로 서로 다른 두 실근을 갖는다.
즉, 이차방정식의 근과 계수의 관계에 의하여 ← 즉, 이차방정식의 근과 계수의 관계를 이용할 수 있다.
$a+b=-3$, $ab=-18$
$(a-b)^2=(a+b)^2-4ab$
　　　　$=(-3)^2-4\times(-18)=81$
이므로
$a-b=\pm\sqrt{(a-b)^2}=\pm\sqrt{81}=\pm 9$
이때 $a<b$이므로 $a-b=-9$

답 ②

0964 대표 예제 한 번 더!

이차부등식 $(x+7)(x-3)\leq 2x-6$의 해가 $a\leq x\leq b$일 때, $a-b$의 값은?

① -12　　　② -8　　　③ -4
④ 0　　　⑤ 4

0965

이차부등식 중 해가 존재하지 <u>않는</u> 것만을 ┤보기├에서 있는 대로 고른 것은?

┌─────── 보기 ───────┐
ㄱ. $2x^2-6x+1\geq 0$　　　ㄴ. $x^2-3x+3<0$
ㄷ. $x^2+2x+1\leq 0$　　　ㄹ. $-3x^2+x-1>0$
└──────────────────┘

① ㄱ, ㄷ　　　② ㄱ, ㄹ　　　③ ㄴ, ㄹ
④ ㄱ, ㄴ, ㄷ　　　⑤ ㄴ, ㄷ, ㄹ

0966

부등식 $x^2-2|x|-24<0$을 만족시키는 정수 x의 개수는?

① 7　　　② 8　　　③ 9
④ 10　　　⑤ 11

0967

이차부등식 $x^2-6x-16<0$의 해가 부등식 $|x-a|<b$의 해와 같을 때, 두 상수 a, b에 대하여 ab의 값은?
(단, $b>0$)

① 9　　　② 12　　　③ 15
④ 18　　　⑤ 21

유형 **03** 해가 주어진 이차부등식

(1) 해가 $\alpha < x < \beta$이고 x^2의 계수가 1인 이차부등식
→ $(x-\alpha)(x-\beta) < 0$, 즉 $x^2 - (\alpha+\beta)x + \alpha\beta < 0$
(2) 해가 $x < \alpha$ 또는 $x > \beta$ $(\alpha < \beta)$이고 x^2의 계수가 1인 이차부등식
→ $(x-\alpha)(x-\beta) > 0$, 즉 $x^2 - (\alpha+\beta)x + \alpha\beta > 0$

참고 주어진 이차부등식의 x^2의 계수가 1이 아닐 때는 x^2의 계수가 1인 이차부등식을 작성한 후 양변에 x^2의 계수를 곱한다.

0968 ✓ 대표 예제

이차부등식 $x^2 + ax - 6 < 0$의 해가 $-2 < x < b$일 때, 두 상수 a, b에 대하여 ab의 값은?

① -6　　　　② -3　　　　③ 0
④ 3　　　　⑤ 6

완쏠 해설

해가 $-2 < x < b$이고 x^2의 계수가 1인 이차부등식은
$(x+2)(x-b) < 0$　　∴ $x^2 + (2-b)x - 2b < 0$
위의 부등식이 $x^2 + ax - 6 < 0$과 같으므로
$2-b = a$, $-2b = -6$
따라서 $a = -1$, $b = 3$이므로
$ab = (-1) \times 3 = -3$

답 ②

0969 대표 예제 한 번 더!

이차부등식 $ax^2 + bx - 4 < 0$의 해가 $-\dfrac{1}{2} < x < \dfrac{2}{3}$일 때, 두 상수 a, b에 대하여 $a+b$의 값은?

① 10　　　　② 11　　　　③ 12
④ 13　　　　⑤ 14

0970

이차부등식 $x^2 + ax + b \leq 0$의 해가 $x = 1$일 때, 이차부등식 $bx^2 + 3ax + 5 \leq 0$을 만족시키는 모든 정수 x의 값의 합은? (단, a, b는 상수이다.)

① 15　　　　② 17　　　　③ 19
④ 21　　　　⑤ 23

0971 교육청

x에 대한 이차부등식 $x^2 - (n+5)x + 5n \leq 0$을 만족시키는 정수 x의 개수가 3이 되도록 하는 모든 자연수 n의 값의 합은?

① 8　　　　② 9　　　　③ 10
④ 11　　　　⑤ 12

0972 UP

x에 대한 이차부등식 $x^2 - 2x - (k^2 + 4k + 3) < 0$의 정수인 해의 합이 13일 때, 자연수 k의 값을 구하시오.

유형 04 부등식 $f(x)<0$과 부등식 $f(ax+b)<0$의 관계

이차부등식 $f(x)<0$의 해 $\alpha<x<\beta$가 주어졌을 때,
부등식 $f(ax+b)<0$의 해는 $f(x)<0$에 x 대신 $ax+b$를 대입한다.
➡ $f(x)=k(x-\alpha)(x-\beta)<0$에서
$f(ax+b)=k(ax+b-\alpha)(ax+b-\beta)<0$ (단, $k<0$)

(참고) 이차부등식 $f(x)<0$의 해 $\alpha<x<\beta$에 x 대신 $ax+b$를 대입해서
풀 수도 있다.
➡ $\alpha<ax+b<\beta$

0973 ✓ 대표 예제

이차부등식 $f(x)<0$의 해가 $2<x<6$일 때, 부등식 $f(2x)<0$의 해는 $a<x<b$이다. $a+b$의 값을 구하시오.

> **완쏠 해설**
>
> 해가 $2<x<6$이고 x^2의 계수가 k $(k>0)$인 이차부등식
> $k(x-2)(x-6)<0$에 대하여
> $f(x)=k(x-2)(x-6)$이므로
> $f(2x)=\underline{k(2x-2)(2x-6)}$ ← x 대신 $2x$를 대입한다.
> $\qquad =4k(x-1)(x-3)$
> 즉, 부등식 $f(2x)<0$의 해는 $4k(x-1)(x-3)<0$에서
> $(x-1)(x-3)<0$ ($\because k>0$) $\qquad \therefore 1<x<3$
> 따라서 $a=1$, $b=3$이므로
> $a+b=1+3=4$
>
> (다른 풀이)
> 이차부등식 $f(x)<0$의 해가 $2<x<6$이므로 부등식
> $f(2x)<0$의 해는 $2<2x<6$
> $\therefore 1<x<3$
>
> 이 풀이도 문제를 풀 때 유용하게 쓰이니 기억하도록 하자.
>
> (답) 4

0974 대표 예제 한 번 더!

이차부등식 $f(x)\geq 0$의 해가 $x\leq -4$ 또는 $x\geq 2$일 때, 부등식 $f(x-3)\geq 0$의 해는 $x\leq a$ 또는 $x\geq b$이다. $a+b$의 값은?

① 4 ② 5 ③ 6
④ 7 ⑤ 8

0975

이차부등식 $ax^2+bx+c<0$의 해가 $x<-2$ 또는 $x>6$일 때, 부등식 $a(-2x)^2+b(-2x)+c>0$을 만족시키는 모든 정수 x의 값의 합은? (단, a, b, c는 상수이다.)

① -7 ② -6 ③ -5
④ -4 ⑤ -3

0976

이차함수 $y=f(x)$의 그래프가 그림과 같을 때, 부등식
$f\left(\dfrac{x-1}{2}\right)<0$의 해는?

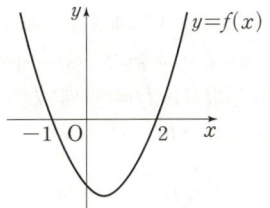

① $-5<x<-1$ ② $-4<x<0$ ③ $-3<x<2$
④ $-2<x<3$ ⑤ $-1<x<5$

0977 🔺UP

이차부등식 $f(x)\leq 0$의 해가 $-1\leq x\leq 9$일 때, 부등식 $f(|2x+1|)\leq 0$을 만족시키는 정수 x의 개수를 구하시오.

유형 **05** 이차부등식이 해를 가질 조건

이차방정식 $ax^2+bx+c=0$의 판별식을 D라 할 때
(1) 이차부등식 $ax^2+bx+c>0$이 해를 갖는다.
  ➡ $a>0$ 또는 $a<0$, $D>0$
(2) 이차부등식 $ax^2+bx+c<0$이 해를 갖는다.
  ➡ $a<0$ 또는 $a>0$, $D>0$
(3) 이차부등식 $ax^2+bx+c≥0$이 한 개의 해만 갖는다.
  ➡ $a<0$, $D=0$
(4) 이차부등식 $ax^2+bx+c≤0$이 한 개의 해만 갖는다.
  ➡ $a>0$, $D=0$

0978 ✔ 대표 예제

이차부등식 $x^2-3x+a<0$이 해를 갖도록 하는 정수 a의 최댓값은?

① 2 　　　② 4 　　　③ 6
④ 8 　　　⑤ 10

완쏠 해설

이차함수 $y=x^2-3x+a$의 그래프는 아래로 볼록하므로 이차부등식 $x^2-3x+a<0$이 해를 가지려면 이차방정식 $x^2-3x+a=0$의 판별식을 D라 할 때, $D>0$이어야 한다. 즉,
$D=(-3)^2-4×1×a>0$
$9-4a>0$ 　　 $∴ a<\dfrac{9}{4}$
따라서 정수 a의 최댓값은 2이다.

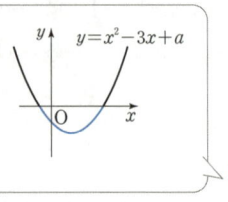

이차부등식 $x^2-3x+a<0$이 해를 가지려면 오른쪽 그림과 같이 함수 $y=x^2-3x+a$의 그래프에서 y의 값이 음수인 부분이 존재해야 하므로 그래프와 x축이 서로 다른 두 점에서 만나야 해.

답 ①

0979 대표 예제 한 번 더!

이차부등식 $-x^2+5x+2a>0$이 해를 갖도록 하는 정수 a의 최솟값은?

① -3 　　　② -2 　　　③ -1
④ 0 　　　⑤ 1

0980

x에 대한 이차부등식 $x^2-2ax+4a-a^2≤0$이 해를 한 개만 가질 때, 양수 a의 값은?

① 1 　　　② 2 　　　③ 3
④ 4 　　　⑤ 5

0981

이차부등식 $ax^2+2x+1≤0$이 해를 갖도록 하는 정수 a의 최댓값을 구하시오.

0982

부등식 $(a-1)x^2+4(a-1)x-4≥0$의 해가 존재하도록 하는 실수 a의 값의 범위는?

① $a≤-1$ 또는 $a>0$ 　　　② $0≤a<1$
③ $a≤0$ 또는 $a>1$ 　　　④ $1≤a<2$
⑤ $a≤1$ 또는 $a>2$

유형 06 이차부등식이 항상 성립할 조건 `중요`

이차방정식 $ax^2+bx+c=0$의 판별식을 D라 할 때, 모든 실수 x에 대하여
(1) $ax^2+bx+c>0$ ➡ $a>0$, $D<0$
(2) $ax^2+bx+c\geq0$ ➡ $a>0$, $D\leq0$
(3) $ax^2+bx+c<0$ ➡ $a<0$, $D<0$
(4) $ax^2+bx+c\leq0$ ➡ $a<0$, $D\leq0$

`참고` 모든 실수 x에 대하여
① 부등식 $f(x)>0$이 성립한다.
➡ 함수 $y=f(x)$의 그래프가 x축보다 항상 위쪽에 있다.
② 부등식 $f(x)<0$이 성립한다.
➡ 함수 $y=f(x)$의 그래프가 x축보다 항상 아래쪽에 있다.

0983 ✔ 대표 예제

이차부등식 $x^2+2ax-2a(a-3)\geq0$이 모든 실수 x에 대하여 성립하도록 하는 실수 a의 값의 범위가 $\alpha\leq a\leq\beta$이다. $\alpha+\beta$의 값은?

① -4 ② -2 ③ 0
④ 2 ⑤ 4

`완쏠 해설`

모든 실수 x에 대하여 이차부등식 $x^2+2ax-2a(a-3)\geq0$이 성립하려면 이차방정식 $x^2+2ax-2a(a-3)=0$의 판별식을 D라 할 때, $D\leq0$이어야 한다. 즉,
$$\frac{D}{4}=a^2-1\times\{-2a(a-3)\}\leq0$$
$3a^2-6a\leq0$, $3a(a-2)\leq0$ ∴ $0\leq a\leq2$
따라서 $\alpha=0$, $\beta=2$이므로
$\alpha+\beta=0+2=2$

이차부등식 $x^2+2ax-2a(a-3)\geq0$이 모든 실수 x에 대하여 성립하려면 오른쪽 그림과 같이 함수 $y=x^2+2ax-2a(a-3)$의 그래프에서 모든 y의 값이 0보다 크거나 같아야 하므로 그래프와 x축이 만나지 않거나 한 점에서 만나야 해.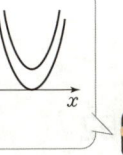

`답` ④

0984 `대표 예제` 한 번 더!

x에 대한 이차부등식 $-x^2+2ax+a^2-2a-4\leq0$의 해가 모든 실수가 되도록 하는 실수 a의 값의 범위가 $\alpha\leq a\leq\beta$이다. $\beta-\alpha$의 값은?

① 1 ② 2 ③ 3
④ 4 ⑤ 5

0985

이차부등식 $ax^2-4ax+5a+6<0$이 모든 실수 x에 대하여 성립하도록 하는 정수 a의 최댓값은?

① -9 ② -7 ③ -5
④ -3 ⑤ -1

0986

모든 실수 x에 대하여 $\sqrt{x^2+kx-k+8}$이 실수가 되도록 하는 실수 k의 값의 범위는?

① $-8\leq k\leq4$ ② $-8<k<2$ ③ $-4\leq k\leq2$
④ $-4\leq k\leq4$ ⑤ $-2<k<4$

0987

x에 대한 부등식 $(a+1)x^2+2(a+1)x+4>0$의 해가 모든 실수가 되도록 하는 정수 a의 개수를 구하시오.

유형 07 이차부등식이 해를 갖지 않을 조건

이차부등식 $ax^2+bx+c=0$의 판별식을 D라 할 때
(1) 이차부등식 $ax^2+bx+c>0$이 해를 갖지 않는다.
  ➡ 모든 실수 x에 대하여 이차부등식 $ax^2+bx+c\leq0$이 성립한다.
  ➡ $a<0$, $D\leq0$
(2) 이차부등식 $ax^2+bx+c<0$이 해를 갖지 않는다.
  ➡ 모든 실수 x에 대하여 이차부등식 $ax^2+bx+c\geq0$이 성립한다.
  ➡ $a>0$, $D\leq0$

0988 ✔ 대표 예제

이차부등식 $x^2+(a+2)x+4<0$이 해를 갖지 않도록 하는 실수 a의 값의 범위가 $\alpha\leq a\leq\beta$이다. $\alpha+\beta$의 값은?

① -1 ② -2 ③ -3
④ -4 ⑤ -5

완쏠 해설

이차부등식 $x^2+(a+2)x+4<0$이 해를 갖지 않으려면 모든 실수 x에 대하여 이차부등식 $x^2+(a+2)x+4\geq0$이 성립해야 한다.
즉, 이차방정식 $x^2+(a+2)x+4=0$의 판별식을 D라 하면 $D\leq0$이어야 하므로
$D=(a+2)^2-4\times1\times4\leq0$
$a^2+4a-12\leq0$, $(a+6)(a-2)\leq0$
$\therefore\ -6\leq a\leq2$
따라서 $\alpha=-6$, $\beta=2$이므로
$\alpha+\beta=(-6)+2=-4$

> 이차부등식이 해를 갖지 않을 조건은 항상 성립할 조건으로 바꾸어 생각해 보자.

답 ④

0989 대표 예제 한 번 더!

이차부등식 $-x^2+4(a-1)x+8(a-1)>0$의 해가 존재하지 않도록 하는 실수 a의 값의 범위가 $\alpha\leq a\leq\beta$이다. $\alpha^2+\beta^2$의 값은?

① 2   ② 4   ③ 6
④ 8   ⑤ 10

0990

이차함수 $f(x)=x^2-2(k-3)x+k+27$에 대하여 이차부등식 $f(x)\leq0$의 해가 존재하지 않을 때, 정수 k의 최댓값과 최솟값의 합은?

① 3   ② 5   ③ 7
④ 9   ⑤ 11

0991

이차부등식 $ax^2+2(a+1)x>-3a-1$이 해를 갖지 않도록 하는 정수 a의 최댓값은?

① -5 ② -4 ③ -3
④ -2 ⑤ -1

0992

부등식 $(a-2)x^2-4(a-2)x+7<0$의 해가 존재하지 않도록 하는 정수 a의 개수를 구하시오.

유형 08 제한된 범위에서 항상 성립하는 이차부등식

(1) $a \leq x \leq b$에서 이차부등식 $f(x) > 0$이 항상 성립한다.
 ➡ $a \leq x \leq b$에서 ($f(x)$의 최솟값) > 0이다.

(2) $a \leq x \leq b$에서 이차부등식 $f(x) < 0$이 항상 성립한다.
 ➡ $a \leq x \leq b$에서 ($f(x)$의 최댓값) < 0이다.

0993 ✓대표 예제

$-1 \leq x \leq 3$에서 이차부등식 $x^2 - 4x + 7 - k \geq 0$이 항상 성립할 때, 실수 k의 최댓값은?

① 3   ② 4   ③ 5
④ 6   ⑤ 7

완쏠 해설

$f(x) = x^2 - 4x + 7 - k$라 하면
$f(x) = (x-2)^2 + 3 - k$
$-1 \leq x \leq 3$에서 $f(x) \geq 0$이 항상 성립하려면 함수 $y = f(x)$의 그래프는 오른쪽 그림과 같아야 한다.
즉, $f(2) \geq 0$에서
$3 - k \geq 0$ ∴ $k \leq 3$
따라서 실수 k의 최댓값은 3이다.

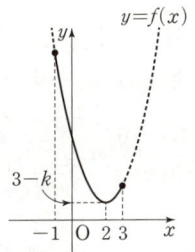

이 유형은 **06. 이차방정식과 이차함수**의 **유형 06**의 문제를 해결할 수 있어야 해.

(답) ①

0994 대표 예제 한 번 더!

$1 \leq x \leq 4$에서 이차부등식 $-x^2 + 2x + k + 1 \geq 0$이 항상 성립할 때, 실수 k의 최솟값은?

① 5   ② 6   ③ 7
④ 8   ⑤ 9

0995

$-2 < x < 3$에서 이차부등식 $x^2 - 2x + 6 > 2x^2 - 3k$가 항상 성립할 때, 실수 k의 최솟값을 구하시오.

0996

$1 \leq x \leq 3$인 모든 실수 x에 대하여 이차부등식 $x^2 + a^2 + 2 < 2x^2 + 4x + 2a$가 성립할 때, 정수 a의 개수는?

① 1   ② 3   ③ 5
④ 7   ⑤ 9

0997

두 이차함수 $f(x) = 2x^2 - 3ax - 1$,
$g(x) = x^2 - 6x + 2a - 1$에 대하여 $-1 \leq x \leq 2$에서 $f(x) < g(x)$가 성립하도록 하는 실수 a의 값의 범위가 $a < a < \beta$일 때, $\alpha + \beta$의 값은?

① 6   ② 7   ③ 8
④ 9   ⑤ 10

09

이차부등식과 연립이차부등식

유형 **09** 두 그래프의 위치 관계와 이차부등식

(1) 이차함수 $y=ax^2+bx+c$의 그래프가 직선 $y=mx+n$보다 위쪽에 있는 부분의 x의 값의 범위
　➡ 이차부등식 $ax^2+bx+c>mx+n$의 해
(2) 이차함수 $y=ax^2+bx+c$의 그래프가 직선 $y=mx+n$보다 아래쪽에 있는 부분의 x의 값의 범위
　➡ 이차부등식 $ax^2+bx+c<mx+n$의 해

0998 ✓ 대표 예제

이차함수 $y=x^2-2x-4$의 그래프가 직선 $y=2x+1$보다 위쪽에 있는 부분의 x의 값의 범위가 $x<a$ 또는 $x>b$일 때, $b-a$의 값은?

① 0　　　② 2　　　③ 4
④ 6　　　⑤ 8

완쏠 해설

이차함수 $y=x^2-2x-4$의 그래프가 직선 $y=2x+1$보다 위쪽에 있으려면
$x^2-2x-4>2x+1$
$x^2-4x-5>0$
$(x+1)(x-5)>0$
∴ $x<-1$ 또는 $x>5$
따라서 $a=-1$, $b=5$이므로
$b-a=5-(-1)=6$

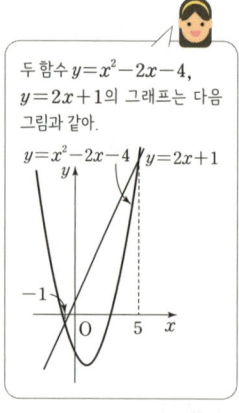

두 함수 $y=x^2-2x-4$, $y=2x+1$의 그래프는 다음 그림과 같아.

답 ④

0999 대표 예제 한 번 더!

이차함수 $y=-x^2+3x+5$의 그래프가 직선 $y=x-3$보다 아래쪽에 있는 부분의 x의 값의 범위가 $x<a$ 또는 $x>b$일 때, $a+b$의 값은?

① -2　　　② -1　　　③ 0
④ 1　　　⑤ 2

1000 교육청

이차함수 $y=x^2+6x-3$의 그래프와 직선 $y=kx-7$이 만나지 않도록 하는 자연수 k의 개수는?

① 3　　　② 4　　　③ 5
④ 6　　　⑤ 7

1001

이차함수 $y=x^2+ax+b$의 그래프가 직선 $y=x+1$보다 아래쪽에 있는 부분의 x의 값의 범위가 $-1<x<3$일 때, 두 상수 a, b에 대하여 ab의 값은?

① -6　　　② -4　　　③ -2
④ 2　　　⑤ 4

1002 UP

함수 $y=kx^2+2x+5$의 그래프가 이차함수 $y=-x^2-2kx+2$의 그래프보다 항상 위쪽에 있을 때, 정수 k의 개수를 구하시오.

유형 10 연립이차부등식의 풀이

연립이차부등식은 다음과 같은 순서로 푼다.
❶ 각 부등식의 해를 구한다.
❷ ❶에서 구한 해의 공통부분을 구한다.

1003 ✔대표 예제

연립부등식 $\begin{cases} x^2-5x+4<0 \\ x^2-5x+6\geq0 \end{cases}$을 만족시키는 정수 x의 개수는?

① 1   ② 2   ③ 3
④ 4   ⑤ 5

완쏠 해설

$x^2-5x+4<0$에서 $(x-1)(x-4)<0$
$\therefore 1<x<4$ …… ㉠
$x^2-5x+6\geq0$에서 $(x-2)(x-3)\geq0$
$\therefore x\leq2$ 또는 $x\geq3$ …… ㉡
㉠, ㉡의 공통부분을 구하면
$1<x\leq2$ 또는 $3\leq x<4$
따라서 정수 x는 2, 3의 2개이다.

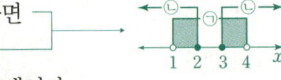

(답) ②

1004 대표 예제 한 번 더!

연립부등식 $\begin{cases} x^2-3x+8\leq6(x-1) \\ 2x^2-6x+4>x(x-1) \end{cases}$을 만족시키는 모든
정수 x의 값의 합은?

① 9   ② 12   ③ 15
④ 18   ⑤ 21

1005

부등식 $4x^2+x-10\leq2x^2-3x+6<x^2-2x+18$의 해는?

① $-3<x\leq2$ ② $-3<x<3$ ③ $-2\leq x\leq3$
④ $-2<x\leq4$ ⑤ $-1<x<6$

1006

연립부등식 $\begin{cases} x^2+2x-8>0 \\ x^2-5|x|+4<0 \end{cases}$의 해가 $a<x<b$일 때,
$a+b$의 값을 구하시오.

1007 UP

연립부등식 $\begin{cases} |x^2-9|\leq8x \\ x^2-6x-16\leq0 \end{cases}$의 해는?

① $-5\leq x\leq2$ ② $-3\leq x\leq4$ ③ $-1\leq x\leq6$
④ $1\leq x\leq8$ ⑤ $3\leq x\leq10$

유형 11 해가 주어진 연립이차부등식

각 이차부등식의 해를 구하여 수직선 위에 나타낸 후 주어진 해와 비교하여 미지수의 범위를 구한다.

1008 ✓ 대표 예제

연립부등식 $\begin{cases} x^2-3x-4<0 \\ x^2-(k+1)x+k\le 0 \end{cases}$ 의 해가 $-1<x\le 1$일 때, 실수 k의 값의 범위는?

① $k\le -4$ ② $k\le -3$ ③ $k\le -2$

④ $k\le -1$ ⑤ $k\le 0$

완쏠 해설

$x^2-3x-4<0$에서 $(x+1)(x-4)<0$

$\therefore -1<x<4$ …… ㉠

$x^2-(k+1)x+k\le 0$에서

$(x-k)(x-1)\le 0$ …… ㉡

주어진 연립부등식의 해가

$-1<x\le 1$이므로 ㉠과 ㉡의 해를

수직선 위에 나타내면 오른쪽 그림

과 같아야 한다.

$\therefore k\le -1$

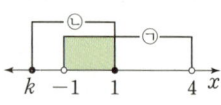

수직선 위에 나타내면 $k>1$인 경우는 주어진 연립부등식의 해가 $-1<x\le 1$이 될 수 없다는 걸 쉽게 알 수 있어.

(답) ④

1009 대표 예제 한 번 더!

부등식 $x^2+5x-5\le 2x+5<x+k$의 해가 $-5\le x\le 2$가 되도록 하는 정수 k의 최솟값은?

① 5   ② 6   ③ 7

④ 8   ⑤ 9

1010

연립부등식 $\begin{cases} x^2+x-2\ge 0 \\ x^2-(a+3)x+3a\ge 0 \end{cases}$ 의 해가 이차부등식 $x^2-x-6\ge 0$의 해와 같을 때, 실수 a의 값의 범위는?

① $-4<a<2$ ② $-4<a\le 2$ ③ $-2\le a<1$

④ $-2<a\le 2$ ⑤ $-1<a<4$

1011

연립부등식 $\begin{cases} x^2+2x-35\ge 0 \\ |x-a|<2 \end{cases}$ 의 해가 존재하도록 하는 자연수 a의 최솟값은?

① 1   ② 2   ③ 3

④ 4   ⑤ 5

1012

연립부등식 $\begin{cases} x^2-3x-4<0 \\ x^2-2kx+k^2-9\ge 0 \end{cases}$ 이 해를 갖지 않도록 하는 실수 k의 최댓값을 M, 최솟값을 m이라 할 때, $M-m$의 값을 구하시오.

유형 12 정수인 해의 조건이 주어진 연립이차부등식 중요

정수인 해의 조건이 주어진 연립이차부등식은 다음과 같은 순서로 푼다.
❶ 각 이차부등식의 해를 구한다.
❷ 수직선 위에 정수인 점을 표시한 후 주어진 조건을 만족시키는 정수가 포함되도록 하는 미지수의 범위를 구한다.

1013 ✔ 대표 예제

연립부등식 $\begin{cases} x^2-5x+4 \le 0 \\ x^2-(a+2)x+2a \le 0 \end{cases}$ 을 만족시키는 정수 x가 3개일 때, 실수 a의 최솟값은?

① 0   ② 1   ③ 2
④ 3   ⑤ 4

완쏠 해설

$x^2-5x+4 \le 0$에서 $(x-1)(x-4) \le 0$
∴ $1 \le x \le 4$ ...... ㉠
$x^2-(a+2)x+2a \le 0$에서
$(x-2)(x-a) \le 0$ ...... ㉡
주어진 연립부등식을 만족시키는
정수 x가 3개이므로 ㉠과 ㉡의 해를
수직선 위에 나타내면 오른쪽 그림
과 같아야 한다. → 2, 3, 4
∴ $a \ge 4$
따라서 실수 a의 최솟값은 4이다.

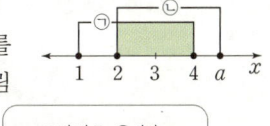

$a<2$인 경우, ㉡에서 $a \le x \le 2$이므로 ㉠, ㉡의 공통부분에서의 정수 x는 최대 2개뿐이야. 따라서 문제의 조건을 만족시키지 않아.

답 ⑤

1014 대표 예제 한 번 더!

연립부등식 $\begin{cases} x^2-6x+8 \le 0 \\ x^2-(a+1)x+a \le 0 \end{cases}$ 을 만족시키는 정수 x가 오직 한 개뿐일 때, 정수 a의 값은?

① 1   ② 2   ③ 3
④ 4   ⑤ 5

1015

두 이차부등식 $x^2-3x>0$, $x^2-ax+(a-1)<0$을 동시에 만족시키는 정수 x가 4와 5뿐일 때, 실수 a의 값의 범위는?

① $4<a \le 5$ ② $4<a<7$ ③ $6 \le a<8$
④ $6<a \le 7$ ⑤ $7<a<9$

1016

연립부등식 $\begin{cases} x^2-2|x|-3<0 \\ x^2+(1-a)x-2a-2 \le 0 \end{cases}$ 을 만족시키는 자연수 x가 2개일 때, 실수 a의 최솟값은?

① -2 ② -1 ③ 0
④ 1   ⑤ 2

1017 교육청

자연수 n에 대하여 x에 대한 연립부등식
$\begin{cases} |x-n|>2 \\ x^2-14x+40 \le 0 \end{cases}$
을 만족시키는 자연수 x의 개수가 2가 되도록 하는 모든 n의 값의 합을 구하시오.

유형 **13** 연립이차부등식의 활용

연립이차부등식의 활용 문제는 다음과 같은 순서로 푼다.
❶ 문제의 의미를 파악하여 구하는 것을 x로 놓는다.
❷ 주어진 조건을 이용하여 x에 대한 연립부등식을 세운다.
❸ 연립부등식을 풀어서 문제의 뜻에 맞는 답을 구한다.

참고 길이, 넓이, 부피, 가격 등은 항상 양수임에 유의한다.

1018 ✔대표 예제

둘레의 길이가 40 cm인 직사각형 모양의 액자를 만들려고 한다. 이 액자의 넓이가 51 cm² 이상이 되도록 할 때, 세로의 길이의 범위는 a cm 이상 b cm 이하이다. $a+b$의 값은?
(단, 가로의 길이는 세로의 길이보다 길거나 같다.)

① 9   ② 10   ③ 11
④ 12   ⑤ 13

완쏠 해설

액자의 둘레의 길이가 40 cm이므로 세로의 길이를 x cm라 하면 가로의 길이는 $(20-x)$ cm이다. $20-x>0$에서 $x<20$, $x>0$

이때 가로의 길이가 세로의 길이보다 길거나 같으므로
$x \leq 20-x$, $2x \leq 20$ ∴ $x \leq 10$ ……… ㉠
또한, 액자의 넓이가 51 cm² 이상이 되어야 하므로
$x(20-x) \geq 51$, $x^2-20x+51 \leq 0$
$(x-3)(x-17) \leq 0$ ∴ $3 \leq x \leq 17$ ……… ㉡
㉠, ㉡의 공통부분을 구하면
$3 \leq x \leq 10$
따라서 $a=3$, $b=10$이므로
$a+b=3+10=13$

답 ⑤

1019 대표 예제 한 번 더!

어느 농장에서 직사각형 모양의 울타리를 만들려고 한다. 울타리의 둘레의 길이는 20이고 울타리의 가로의 길이는 세로의 길이의 2배보다 길다. 울타리의 넓이가 24 이하일 때, 가로의 길이의 범위는?

① $6<x<8$ ② $6<x<10$ ③ $\dfrac{20}{3}<x<8$
④ $\dfrac{20}{3}<x<10$ ⑤ $\dfrac{22}{3}<x<8$

1020

한 모서리의 길이가 a인 정육면체의 밑면의 가로의 길이를 4만큼 늘이고, 높이를 2만큼 줄여서 새로운 직육면체를 만들려고 한다. 이 직육면체의 부피가 처음 정육면체의 부피보다 작아지도록 하는 자연수 a의 값을 구하시오.

1021

세 변의 길이가 각각 $x-2$, $2x$, $2x+2$인 삼각형이 둔각삼각형이 되도록 하는 모든 자연수 x의 값의 합은?

① 44   ② 48   ③ 52
④ 56   ⑤ 60

1022 🆙

어느 카페에서 한 시간에 n잔의 커피를 판매할 때, 수입은 $20n(200-n)$원이고 한 시간에 최대 50잔을 팔 수 있다고 한다. 커피 한 잔의 원가가 2000원일 때, 한 시간에 32000원 이상의 순이익을 낸다고 한다. 한 시간에 판매되는 커피의 잔 수의 최댓값과 최솟값의 합은?

① 60   ② 65   ③ 70
④ 75   ⑤ 80

유형 14 이차방정식의 근의 판별과 이차부등식 중요

이차방정식 $ax^2+bx+c=0$의 판별식을 D라 할때,
(1) 서로 다른 두 실근을 갖는다. ➡ $D>0$
(2) 중근을 갖는다. ➡ $D=0$
(3) 서로 다른 두 허근을 갖는다. ➡ $D<0$

1023 ✓ 대표 예제

x에 대한 이차방정식 $x^2-2(a+2)x+2a^2-1=0$이 실근을 갖도록 하는 모든 정수 a의 값의 합은?

① 10   ② 12   ③ 14
④ 16   ⑤ 18

완쏠 해설

x에 대한 이차방정식 $x^2-2(a+2)x+2a^2-1=0$이 실근을 가지려면 이 이차방정식의 판별식을 D라 할 때, $D\geq0$이어야 한다. 즉,

$\dfrac{D}{4}=\{-(a+2)\}^2-1\times(2a^2-1)\geq0$

$-a^2+4a+5\geq0$, $a^2-4a-5\leq0$

$(a+1)(a-5)\leq0$ ∴ $-1\leq a\leq5$

따라서 정수 a는 -1, 0, 1, 2, 3, 4, 5이므로 그 합은

$(-1)+0+1+2+3+4+5=14$

> 이차방정식이 실근을 가지는 경우는 서로 다른 두 실근을 갖거나 중근을 갖는 경우이므로 $D\geq0$이야.

(답) ③

1024 대표 예제 한 번 더!

이차방정식 $x^2-2(a+1)x-3a+7=0$이 허근을 갖도록 하는 정수 a의 개수는?

① 3   ② 4   ③ 5
④ 6   ⑤ 7

1025

이차방정식 $x^2-2kx+7k-6=0$은 허근을 갖고 이차방정식 $x^2+2(k+1)x-k+11=0$은 서로 다른 두 실근을 갖도록 하는 실수 k의 값의 범위는?

① $k\leq-2$ ② $-1<k<4$ ③ $2<k<6$
④ $4\leq k\leq8$ ⑤ $k>4$

1026

이차방정식 $kx^2-2kx+2(k-2)=0$이 실근을 갖도록 하는 정수 k의 개수를 구하시오.

1027

이차방정식 $x^2-(k+2)x+ak-3=0$이 실수 k의 값에 관계없이 항상 실근을 가질 때, 모든 정수 a의 값의 합은?

① 1   ② 3   ③ 5
④ 7   ⑤ 9

09

이차부등식과 연립이차부등식

유형 15 이차방정식의 실근의 부호

(1) 이차방정식 $ax^2+bx+c=0$의 두 근을 α, β라 하고 이 이차방정식의 판별식을 D라 할 때
① 두 근이 모두 양수이다. ➡ $D\geq0$, $\alpha+\beta>0$, $\alpha\beta>0$
② 두 근이 모두 음수이다. ➡ $D\geq0$, $\alpha+\beta<0$, $\alpha\beta>0$
③ 두 근이 서로 다른 부호이다. ➡ $\alpha\beta<0$
(2) 이차방정식 $ax^2+bx+c=0$의 두 근을 α, β라 하고 두 근의 부호가 서로 다를 때
① 음수인 근의 절댓값이 양수인 근보다 작다.
➡ $\alpha+\beta>0$, $\alpha\beta<0$
② 음수인 근의 절댓값이 양수인 근보다 크다.
➡ $\alpha+\beta<0$, $\alpha\beta<0$
③ 두 근의 절댓값이 같다. ➡ $\alpha+\beta=0$, $\alpha\beta<0$

1028 ✓대표 예제

x에 대한 이차방정식 $x^2+2(k-3)x+2k^2+2=0$의 두 근이 모두 양수일 때, 실수 k의 최댓값을 구하시오.

완쏠 해설

이차방정식 $x^2+2(k-3)x+2k^2+2=0$의 두 근을 α, β라 하고 이 이차방정식의 판별식을 D라 할 때, 두 근이 모두 양수이므로

(i) $\dfrac{D}{4}=(k-3)^2-1\times(2k^2+2)\geq0$

$-k^2-6k+7\geq0$, $(k+7)(k-1)\leq0$ ∴ $-7\leq k\leq1$

(ii) $\alpha+\beta=-2(k-3)>0$

$k-3<0$ ∴ $k<3$

(iii) $\alpha\beta=2k^2+2>0$

> 두 근의 합, 곱은 이차방정식의 근과 계수의 관계를 이용하여 구한다.

즉, k는 모든 실수이다.

(i), (ii), (iii)에서 공통부분을 구하면 $-7\leq k\leq1$
따라서 실수 k의 최댓값은 1이다.

답 1

1029

x에 대한 이차방정식 $x^2+(k+1)x+k^2-10=0$이 한 개의 양수인 근과 한 개의 음수인 근을 갖도록 하는 정수 k의 최댓값은?

① 1   ② 2   ③ 3
④ 4   ⑤ 5

1030

이차방정식 $x^2+2(k-1)x+2k+6=0$의 두 근을 α, β라 할 때, 좌표평면 위의 점 (α, β)는 제1사분면 위에 있다. 실수 k의 값의 범위는?

① $k\leq-3$ ② $-3<k\leq-1$ ③ $-3<k<1$
④ $1<k\leq5$ ⑤ $k\geq5$

1031

x에 대한 이차방정식 $x^2+(k^2-3k-4)x+2k-7=0$의 두 근의 부호가 서로 다르고 음수인 근의 절댓값이 양수인 근보다 작을 때, 정수 k의 개수는?

① 3   ② 4   ③ 5
④ 6   ⑤ 7

1032 ⬆️UP

x에 대한 이차방정식 $x^2-(a-1)x+a^2-3a-4=0$의 서로 다른 두 실근 α, β가 $\alpha<0<\beta$, $\alpha^2>\beta^2$을 만족시킬 때, 실수 a의 값의 범위는?

① $-3<a\leq-1$ ② $-3<a<0$ ③ $-1<a<1$
④ $-1<a\leq3$ ⑤ $1<a<3$

유형 16 이차방정식의 실근의 위치

이차방정식 $ax^2+bx+c=0$ $(a>0)$에서 $f(x)=ax^2+bx+c$라 하고 이차방정식 $f(x)=0$의 판별식을 D라 할 때, 상수 p에 대하여
(1) 두 근이 모두 p보다 크다.
➡ $D\geq0$, $f(p)>0$, $-\dfrac{b}{2a}>p$
(2) 두 근이 모두 p보다 작다. ← 함수 $y=ax^2+bx+c$의 그래프의
➡ $D\geq0$, $f(p)>0$, $-\dfrac{b}{2a}<p$ 축의 방정식은 $x=-\dfrac{b}{2a}$이다.
(3) 두 근 사이에 p가 있다.
➡ $f(p)<0$

1033 ✓대표 예제

이차방정식 $x^2-2kx+9=0$의 두 근이 모두 2보다 클 때, 실수 k의 최솟값은?

① -3 ② -1 ③ 0
④ 1 ⑤ 3

완쏠 해설

$f(x)=x^2-2kx+9$라 하면 이차방정식 $f(x)=0$의 두 근이 모두 2보다 크므로 이 이차방정식의 판별식을 D라 할 때,

(ⅰ) $\dfrac{D}{4}=(-k)^2-1\times9\geq0$
$k^2-9\geq0$
$(k+3)(k-3)\geq0$
$\therefore k\leq-3$ 또는 $k\geq3$

(ⅱ) $f(2)=2^2-2\times k\times2+9>0$
$4k<13$ $\therefore k<\dfrac{13}{4}$

(ⅲ) 이차함수 $y=f(x)$의 그래프의 축의 방정식이
$x=-\dfrac{-2k}{2}=k$이므로 $k>2$

(ⅰ), (ⅱ), (ⅲ)에서 공통부분을 구하면
$3\leq k<\dfrac{13}{4}$

따라서 실수 k의 최솟값은 3이다.

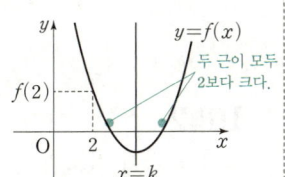
$y=f(x)$
두 근이 모두 2보다 크다.

이차함수 $y=f(x)$의 그래프와 x축의 교점의 x좌표가 이차방정식 $f(x)=0$의 근이므로 그래프와 x축의 교점의 x좌표가 2보다 크도록 함수 $y=f(x)$의 그래프의 개형을 그려 놓으면 문제를 푸는 게 더 수월해.

답 ⑤

1034 대표 예제 한 번 더!

이차방정식 $x^2+2(k-1)x+3-k=0$의 두 근이 모두 1보다 작을 때, 실수 k의 값의 범위가 $k\geq a$이다. a의 값을 구하시오.

1035

x에 대한 이차방정식 $x^2-10x+a^2+5=0$의 한 근만이 이차방정식 $x^2-3x+2=0$의 두 근 사이에 있을 때, 정수 a의 최댓값은?

① 3 ② 4 ③ 5
④ 6 ⑤ 7

1036

이차방정식 $x^2+2(k-2)x-k+2=0$의 두 근이 모두 -1과 2 사이에 있을 때, 정수 k의 개수를 구하시오.

1037

이차방정식 $ax^2-x-2a+\dfrac{3}{4}=0$의 서로 다른 두 실근 α, β가 $-1<\alpha<0$, $2<\beta<3$을 만족시킬 때, 실수 a의 값의 범위는?

① $\dfrac{1}{8}<a<\dfrac{3}{8}$ ② $\dfrac{1}{4}<a<\dfrac{1}{2}$ ③ $\dfrac{3}{8}<a<\dfrac{5}{8}$
④ $\dfrac{1}{2}<a<\dfrac{3}{4}$ ⑤ $\dfrac{5}{8}<a<\dfrac{7}{8}$

09
이차부등식과 연립이차부등식

1038
• 유형 10

연립부등식 $\begin{cases} 2|x|-3>1 \\ x^2-5|x|-6\le0 \end{cases}$ 을 만족시키는 정수 x의 개수는?

① 6   ② 7   ③ 8
④ 9   ⑤ 10

1039
• 유형 06 + 유형 14

이차부등식 $x^2+(m-3)x+m>0$이 모든 실수 x에 대하여 성립하고 이차방정식 $2x^2-mx+m=0$이 서로 다른 두 실근을 가질 때, 실수 m의 값의 범위는?

① $0<m<1$ ② $0<m\le1$ ③ $1<m<8$
④ $1<m\le8$ ⑤ $8<m<9$

1040
• 유형 03

이차함수 $y=f(x)$의 그래프가 그림과 같을 때, 부등식 $f(x)>3$을 만족시키는 자연수 x의 최솟값은?

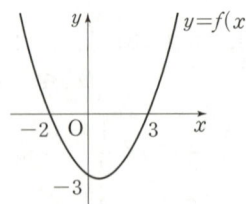

① 4   ② 5   ③ 6
④ 7   ⑤ 8

1041
• 유형 01 + 유형 04

이차함수 $f(x)=ax^2+bx+c$에 대하여 함수 $y=f(x)$의 그래프가 그림과 같을 때, 부등식 $f(x)<0\le f(x-3)$을 만족시키는 모든 정수 x의 값의 합을 구하시오.
(단, a, b, c는 상수이다.)

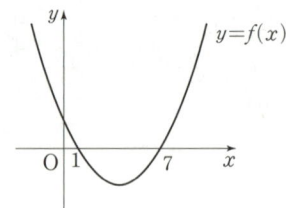

1042
• 유형 13

그림과 같이 가로의 길이가 50 m, 세로의 길이가 30 m인 직사각형 모양의 운동장의 둘레에 폭이 x m인 트랙을 설치하려고 한다. 트랙의 넓이가 164 m^2 이상 336 m^2 이하가 되도록 하는 실수 x의 값의 범위는?

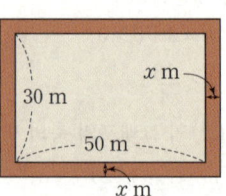

① $1\le x\le2$ ② $1\le x\le3$ ③ $2\le x\le4$
④ $2\le x\le5$ ⑤ $3\le x\le6$

1043 • 유형 09

이차함수 $y=-x^2+ax+b-1$의 그래프가 이차함수 $y=x^2+(b+1)x-a$의 그래프보다 위쪽에 있는 부분의 x의 값의 범위가 $-1<x<b$일 때, 두 상수 a, b에 대하여 $a+b$의 값은?

① 1   ② 2   ③ 3
④ 4   ⑤ 5

1044 빈출 • 유형 12

x에 대한 연립부등식

$$\begin{cases} x^2-(a^2-3)x-3a^2<0 \\ x^2+(a-9)x-9a>0 \end{cases}$$

을 만족시키는 정수 x가 존재하지 않기 위한 실수 a의 최 댓값을 M이라 하자. M^2의 값을 구하시오. (단, $a>2$)

1045 • 유형 03

두 상수 a, b에 대하여 이차부등식 $x^2+ax+b\leq0$의 해가 $x=\alpha$일 때, 이차부등식 $x^2+(a-b+1)x<a(b-1)$의 해 는? (단, $\alpha>3$)

① $-2\alpha<x<\alpha^2-1$ ② $-2\alpha\leq x<\alpha^2-1$
③ $-2\alpha\leq x\leq\alpha^2-1$ ④ $2\alpha<x<\alpha^2-1$
⑤ $2\alpha\leq x<\alpha^2-1$

1046 • 유형 01

두 이차함수 $y=f(x)$, $y=g(x)$의 그래프가 그림과 같을 때, 부등식 $f(x)g(x)>0$을 만족시키는 모든 정수 x의 값 의 합은?

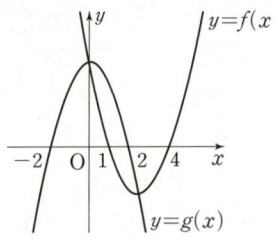

① 1   ② 2   ③ 3
④ 4   ⑤ 5

1047 • 유형 02

좌표평면 위의 네 점 $A(m, m^2+1)$, $B(m, -1)$, $C(m+2, -1)$, $D(m+2, m^2+4m+4)$에 대하여 사각형 ABCD의 넓이가 11 이하가 되도록 하는 실수 m의 값의 범위는?

① $-2\leq m\leq0$
② $-1-\sqrt{2}\leq m\leq-1+\sqrt{2}$
③ $-1-\sqrt{3}\leq m\leq-1+\sqrt{3}$
④ $-3\leq m\leq1$
⑤ $-1-\sqrt{5}\leq m\leq-1+\sqrt{5}$

1048 사고력 · 유형 02

이차함수 $y=x^2+2kx+1$의 그래프와 직선 $y=-2x-3$의 교점의 개수를 $f(k)$라 할 때, 부등식 $2k^2+9k<f(k)-4$를 만족시키는 정수 k의 개수를 구하시오.

1049 교육청 · 유형 16

이차방정식 $x^2-2mx-3m-8=0$의 두 근 중 적어도 하나는 양의 실수가 되도록 하는 정수 m의 최솟값을 k라 할 때, k^2의 값은?

① 1   ② 4   ③ 9
④ 16   ⑤ 25

1050 · 유형 16

방정식 $(a-1)x^2+2x-a+1=0$의 모든 근이 2보다 작을 때, 실수 a의 값의 범위는 $a<\alpha$ 또는 $a\geq\beta$이다. $3(\beta-\alpha)$의 값을 구하시오.

1051 · 유형 03

x^2의 계수가 1인 이차함수 $f(x)$와 x^2의 계수가 -1인 이차함수 $g(x)$가 다음 조건을 만족시킬 때, $f(2)g(2)$의 값은?

(가) $f(3)-f(-1)=0$, $f(1)+g(1)=10$
(나) 함수 $g(x)$의 최댓값이 함수 $f(x)$의 최솟값보다 9만큼 크다.
(다) 부등식 $f(x)<g(x)$의 해가 $1<x<4$이다.

① 55   ② 60   ③ 65
④ 70   ⑤ 75

1052 빈출 · 유형 08

$-1\leq x\leq 2$인 모든 실수 x에 대하여 이차부등식 $x^2+ax+4>0$이 항상 성립할 때, 실수 a의 값의 범위는?

① $-4<a<3$ ② $-4<a<4$ ③ $-4<a<5$
④ $-2<a<4$ ⑤ $-2<a<5$

1053 · 유형 15

사차방정식 $x^4-2ax^2-a+6=0$이 서로 다른 네 실근을 갖도록 하는 모든 정수 a의 값의 합을 구하시오.

1054 · 유형 15

x에 대한 이차방정식

$$x^2+(p^2-2p-3)x+2-p-p^2=0$$

의 서로 다른 두 실근을 α, β라 할 때, 좌표평면에서 점 $(\alpha,\ \beta)$는 원점을 지나고 기울기가 -1인 직선 위에 있다. 상수 p의 값을 구하시오.

1055 교육청 · 유형 12

x에 대한 연립부등식

$$\begin{cases} x^2+3x-10<0 \\ ax\geq a^2 \end{cases}$$

을 만족시키는 정수 x의 개수가 4가 되도록 하는 정수 a의 값은?

① -2　　　② -1　　　③ 0
④ 1　　　⑤ 2

1056 사고력 · 유형 03

이차함수 $f(x)=x^2+x-2$에 대하여 함수 $g(x)$를

$$g(x)=\frac{|f(x)|-2f(x)}{3}$$

라 하자. 부등식 $g(x)>m(x-1)$의 해가 $-5<x<1$이 되도록 하는 상수 m의 값은?

① 1　　　② 2　　　③ 3
④ 4　　　⑤ 5

1057 상위 1% 도전 · 유형 12 + 유형 14

양의 실수 a에 대하여 이차방정식
$ax^2+2(k-a)x-k+7a=0$이 실근을 갖고, 이차방정식
$x^2-3kx+2k^2+k+8=0$이 허근을 갖도록 하는 정수 k가 5개이다. $30a$가 정수가 되도록 하는 a의 개수를 구하시오.

STEP **3** 실전 업*

서술형 문제

1058
• 유형 02

부등식 $|x^2-2x+2| \geq 2x^2-1+|x-1|$ 을 만족시키는 실수 x의 값의 범위를 구하시오.

☑ **필요 개념 및 공식**
□ 절댓값 기호를 포함한 부등식의 풀이

1059
• 유형 13

그림과 같이 한 변의 길이가 5인 마름모 ABCD가 있다. 마름모 내부의 점 P에 대하여 점 P를 지나고 변 AD에 평행한 직선이 변 AB, 변 CD와 만나는 점을 각각 Q, S라 하고 점 P를 지나고 변 AB에 평행한 직선이 변 AD, 변 BC와 만나는 점을 각각 T, R라 하자. 사각형 AQPT의 넓이는 두 사각형 QBRP, TPSD의 넓이의 합보다 크다. $\overline{\text{AQ}}=\overline{\text{PQ}}=a$일 때, a의 값의 범위를 구하시오.

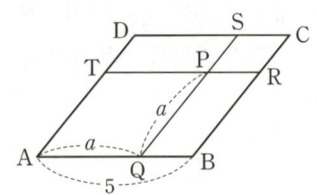

☑ **필요 개념 및 공식**
□ 도형의 닮음   □ 평행사변형의 넓이

1060
• 유형 14

두 실수 x, y가 $4x^2+10y^2+4xy-12y-3=0$을 만족시킬 때, $2x+4y$의 최댓값과 최솟값의 합을 구하시오.

☑ **필요 개념 및 공식**
□ 이차방정식의 판별식   □ 근의 공식

1061
• 유형 06

모든 실수 x에 대하여 부등식
$$\frac{kx^2+(k+2)x+k+1}{x^2+2x+3}<2$$
가 항상 성립할 때, 모든 자연수 k의 값의 합을 구하시오.

☑ **필요 개념 및 공식**
□ 이차방정식의 판별식

1062
• 유형 11

연립부등식 $\begin{cases} x^2-ax<0 \\ x^2-4x+7-2a<0 \end{cases}$ 의 해가 $1<x<b$일 때, 두 상수 a, b에 대하여 $a+b$의 값을 구하시오.

☑ **필요 개념 및 공식**
□ 이차방정식의 판별식

경우의 수

개념 01 합의 법칙

두 사건 A, B가 동시에 일어나지 않을 때, 사건 A가 일어나는 경우의 수가 m, 사건 B가 일어나는 경우의 수가 n이면 사건 A 또는 사건 B가 일어나는 경우의 수는

$m+n$

참고 합의 법칙은 어느 두 사건도 동시에 일어나지 않는 셋 이상의 사건에 대해서도 성립한다.

1063 서로 다른 3종류의 이온 음료와 서로 다른 5종류의 과일 음료가 있다. 이 중 하나의 음료를 선택하는 경우의 수를 구하시오.

1064 A 도시에서 B 도시로 이동할 수 있는 교통수단으로 하루에 버스가 10편, 고속열차가 5편, 비행기가 2편 편성되어 있다. 하루에 이용할 수 있는 교통수단 중 육로로 이동하는 교통편의 개수를 구하시오.

개념 02 곱의 법칙

두 사건 A, B에 대하여 사건 A가 일어나는 경우의 수가 m이고 그 각각에 대하여 사건 B가 일어나는 경우의 수가 n일 때, 두 사건 A, B가 잇달아 일어나는 경우의 수는

$m \times n$ ← 또는 '동시에'

참고 곱의 법칙은 잇달아 일어나는 셋 이상의 사건에 대해서도 성립한다.

1065 10보다 작은 두 자연수를 곱할 때, 두 수의 곱이 홀수인 경우의 수를 구하시오.

1066 세 지점 A, B, C가 그림과 같이 길로 연결되어 있다. 같은 지점은 두 번 지나지 않는다고 할 때, A 지점에서 C 지점으로 가는 방법의 수를 구하시오.

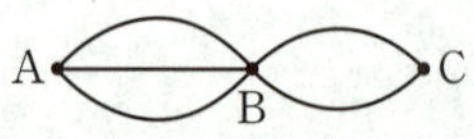

개념 03 순열

(1) 순열

서로 다른 n개에서 r $(0<r\leq n)$개를 택하여 일렬로 나열하는 것을 n개에서 r개를 택하는 순열이라 하고, 이 순열의 수를 기호로 $_n\mathrm{P}_r$와 같이 나타낸다.

$_n\mathrm{P}_r$ ← 서로 다른 것의 개수 ← 택하는 것의 개수

(2) 순열의 수

① $_n\mathrm{P}_r = \underbrace{n(n-1)(n-2)\cdots(n-r+1)}_{r개}$ (단, $0<r\leq n$)

$= \dfrac{n!}{(n-r)!}$ (단, $0\leq r\leq n$)

② $_n\mathrm{P}_n = n!$, $0!=1$, $_n\mathrm{P}_0 = 1$

참고 계승: 1부터 n까지의 모든 자연수의 곱을 n의 계승이라 하고, 기호로 $n!$과 같이 나타낸다. 즉,

$n! = \underbrace{n(n-1)(n-2)\times\cdots\times3\times2\times1}_{n팩토리얼로\ 읽는다.}$

[1067~1070] 다음 값을 구하시오.

1067 $_5\mathrm{P}_3$ **1068** $_3\mathrm{P}_3$

1069 $_4\mathrm{P}_0$ **1070** $5!$

[1071~1074] 다음을 만족시키는 n 또는 r의 값을 구하시오.

1071 $_n\mathrm{P}_2 = 42$ **1072** $_6\mathrm{P}_r = 120$

1073 $_n\mathrm{P}_n = 24$ **1074** $n! = 720$

1075 학생 5명 중 회장 1명과 부회장 1명을 뽑는 경우의 수를 구하시오.

1076 서로 다른 과일 7개 중에서 학생 3명이 먹을 과일을 각각 1개씩 모두 3개 선택하는 경우의 수를 구하시오.

1077 학생 4명이 서로 허벅지 씨름을 하려고 한다. 상대와 공격과 수비를 번갈아 할 때, 경기한 총 횟수를 구하시오.

STEP **2** 유형 **마스터**

유형 01 합의 법칙

두 사건 A, B가 동시에 일어나지 않을 때, 사건 A와 사건 B가 일어나는 경우의 수가 각각 m, n이면
➡ (사건 A 또는 사건 B가 일어나는 경우의 수)$=m+n$

참고 두 사건 A, B가 동시에 일어나는 경우의 수가 l이면
➡ (사건 A 또는 사건 B가 일어나는 경우의 수)$=m+n-l$

1078 ✓ 대표 예제

서로 다른 두 개의 주사위를 동시에 던질 때, 나오는 눈의 수의 합이 5 또는 7이 되는 경우의 수는?

① 6 ② 7 ③ 8
④ 9 ⑤ 10

완쏠 해설

두 주사위에서 나오는 눈의 수를 각각 a, b라 하고, 순서쌍 (a, b)로 나타내면

(i) 눈의 수의 합이 5인 경우
$(1, 4)$, $(2, 3)$, $(3, 2)$, $(4, 1)$의 4가지

(ii) 눈의 수의 합이 7인 경우
$(1, 6)$, $(2, 5)$, $(3, 4)$, $(4, 3)$, $(5, 2)$, $(6, 1)$의 6가지

(i), (ii)에서 구하는 경우의 수는
$4+6=10$

↳ 두 사건이 동시에 일어나지 않으므로 합의 법칙을 이용한다.

> 문제에 '또는', '이거나' 등이 있으면 합의 법칙을 이용하는 경우가 많아.

답 ⑤

1079 대표 예제 한 번 더!

서로 다른 두 개의 주사위를 동시에 던질 때, 나오는 눈의 수의 합이 4의 배수가 되는 경우의 수는?

① 7 ② 8 ③ 9
④ 10 ⑤ 11

1080

두 상자 A, B에 각각 1부터 4까지의 자연수가 하나씩 적혀 있는 4개의 공이 들어 있다. 두 상자 A, B에서 공을 각각 하나씩 꺼낼 때, 꺼낸 두 공에 적혀 있는 두 수의 곱이 6 이하가 되는 경우의 수는?

① 6 ② 7 ③ 8
④ 9 ⑤ 10

1081 교육청

장미 8송이, 카네이션 6송이, 백합 8송이가 있다. 이 중 1송이를 골라 꽃병 A에 꽂고, 이 꽃과는 다른 종류의 꽃들 중 꽃병 B에 꽂을 꽃 9송이를 고르는 경우의 수를 구하시오. (단, 같은 종류의 꽃은 서로 구분하지 않는다.)

꽃병 A   꽃병 B

1082

1부터 100까지의 자연수 중 2 또는 5로 나누어떨어지는 자연수의 개수는?

① 30 ② 40 ③ 50
④ 60 ⑤ 70

유형 **02** 방정식 또는 부등식의 해의 개수

방정식 $ax+by+cz=d$ 또는 부등식 $ax+by+cz\leq d$
(단, a, b, c, d는 상수)를 만족시키는 순서쌍 (x, y, z)의 개수는
➡ 계수의 절댓값이 큰 것부터 수를 대입하여 각각의 경우로 나누어
구한다.
└▸보통 자연수 또는 음이 아닌 정수이다.

1083 ✓ 대표 예제

방정식 $x+2y+3z=12$를 만족시키는 자연수 x, y, z의 순서쌍
(x, y, z)의 개수는?

① 7   ② 8   ③ 9
④ 10   ⑤ 11

완쏠 해설

(i) $z=1$일 때 ▸z의 계수의 절댓값이 가장 크므로 먼저
        z에 1, 2, 3, …을 각각 대입한다.
$x+2y+3\times1=12$, 즉 $x+2y=9$이므로
순서쌍 (x, y, z)의 개수는 ▸y의 계수의 절댓값이 더 크므로 먼저
        y에 1, 2, 3, 4를 각각 대입한다.
$(7, 1, 1)$, $(5, 2, 1)$, $(3, 3, 1)$, $(1, 4, 1)$의 4가지

(ii) $z=2$일 때
$x+2y+3\times2=12$, 즉 $x+2y=6$이므로
순서쌍 (x, y, z)의 개수는 ▸y의 계수의 절댓값이 더 크므로 먼저
        y에 1, 2를 각각 대입한다.
$(4, 1, 2)$, $(2, 2, 2)$의 2가지

(iii) $z=3$일 때 ▸$z=4$일 때 $x+2y=0$을 만족시키는 자연수 x, y의 값은 없으므로
        $z=3$일 때까지만 생각한다.
$x+2y+3\times3=12$, 즉 $x+2y=3$이므로
순서쌍 (x, y, z)의 개수는
$(1, 1, 3)$의 1가지

(i), (ii), (iii)에서 구하는 순서상 (x, y, z)의 개수는
$4+2+1=7$
└▸세 사건은 동시에 일어나지 않으므로 합의 법칙을 이용한다.
답 ①

1084 대표 예제 한 번 더!

가격이 각각 100원, 200원, 400원인 세 종류의 사탕이 있
다. 이 세 종류의 사탕을 1500원어치 구입하는 경우의 수
는? (단, 세 종류의 사탕을 각각 한 개 이상씩 구입한다.)

① 5   ② 6   ③ 7
④ 8   ⑤ 9

1085

부등식 $x+3y\leq8$을 만족시키는 자연수 x, y의 순서쌍 (x, y)
의 개수는?

① 6   ② 7   ③ 8
④ 9   ⑤ 10

1086

문구점에서 200원짜리 지우개와 300원짜리 연필을 합하여
900원 이하로 구입하는 경우의 수는?
(단, 아무것도 구입하지 않는 경우는 제외한다.)

① 11   ② 13   ③ 15
④ 17   ⑤ 19

1087

이차함수 $y=x^2-ax+4$의 그래프와 직선 $y=b$가 서로 만
나지 않도록 하는 자연수 a, b의 순서쌍 (a, b)의 개수는?

① 6   ② 8   ③ 10
④ 12   ⑤ 14

유형 03 곱의 법칙

두 사건 A, B에 대하여 사건 A가 일어나는 경우의 수가 m이고,
그 각각에 대하여 사건 B가 일어나는 경우의 수가 n일 때
➡ (두 사건 A, B가 잇달아 일어나는 경우의 수)$=m \times n$

1088 ✔ 대표 예제

한 개의 주사위를 두 번 던질 때, 첫 번째에는 6의 약수의 눈이
나오고, 두 번째에는 소수의 눈이 나오는 경우의 수는?

① 12　　　　② 14　　　　③ 16
④ 18　　　　⑤ 20

완쏠 해설

주사위를 한 번 던질 때
6의 약수의 눈이 나오는 경우는
1, 2, 3, 6의 4가지
소수의 눈이 나오는 경우는
2, 3, 5의 3가지
따라서 구하는 경우의 수
$4 \times 3 = 12$
　↳ 두 사건이 잇달아 일어나므로
　곱의 법칙을 이용한다.

> 문제에 '~이고', '그리고'
> 등이 있으면 곱의 법칙을
> 이용하는 경우가 많아.

답 ①

1089 대표 예제 한 번 더! 평가원

다음 조건을 만족시키는 두 자리의 자연수의 개수는?

> (가) 2의 배수이다.
> (나) 십의 자리의 수는 6의 약수이다.

① 16　　　　② 20　　　　③ 24
④ 28　　　　⑤ 32

1090

서로 다른 상의 3벌, 하의 4벌, 모자 n개 중 하나씩 선택하는
모든 경우의 수가 36일 때, 자연수 n의 값은?

① 1　　　　② 2　　　　③ 3
④ 4　　　　⑤ 5

1091

다항식 $(a+b+c)(x+y+z)$를 전개할 때, 나타나는 항의
개수는?

① 5　　　　② 6　　　　③ 7
④ 8　　　　⑤ 9

1092

한 개의 주사위를 두 번 던질 때, 첫 번째와 두 번째에 나오는
눈의 수의 합이 홀수인 경우의 수는?

① 16　　　　② 18　　　　③ 20
④ 22　　　　⑤ 24

유형 04 약수의 개수

자연수 N이
$N=a^p \times b^q \times c^r$ (a, b, c는 서로 다른 소수, p, q, r는 자연수)
꼴로 소인수분해될 때
➡ (N의 약수의 개수)$=(p+1)(q+1)(r+1)$

1093 ✓ 대표 예제

108의 약수의 개수를 구하시오.

완쏠 해설

108을 소인수분해하면
$108=2^2 \times 3^3$

×	1	3	3^2	3^3
1	1	3	3^2	3^3
2	2	2×3	2×3^2	2×3^3
2^2	2^2	$2^2 \times 3$	$2^2 \times 3^2$	$2^2 \times 3^3$

2^2의 약수는 1, 2, 2^2의 3개
3^3의 약수는 1, 3, 3^2, 3^3의 4개
이 중에서 각각 하나씩 택하여 곱한 수는 모두 108의 약수가
되므로 108의 약수의 개수는
$3 \times 4 = 12$

> 공식을 이용하면 $(2+1) \times (3+1)=12$로 쉽게 풀 수 있지만 원리를 아는 것도 중요해.

답 12

1094 대표 예제 한 번 더!

120의 약수의 개수는?

① 16 　　　② 18 　　　③ 20
④ 22 　　　⑤ 24

1095

자연수 N에 대하여 $N \times 48$의 양의 약수의 개수가 15일 때, N의 값을 구하시오.

1096

480의 약수 중 짝수의 개수는?

① 16 　　　② 17 　　　③ 18
④ 19 　　　⑤ 20

1097 UP

두 수 $\dfrac{504}{n}$, $\dfrac{756}{n}$을 모두 자연수가 되게 하는 자연수 n 중에서 적어도 하나는 홀수가 되게 하는 모든 자연수 n의 개수는?

① 3 　　　② 6 　　　③ 9
④ 12 　　　⑤ 15

유형 05 도로망에서의 경우의 수

도로망을 따라 이동할 때
(1) 동시에 갈 수 없는 갈림길이면 ➡ 합의 법칙을 이용
(2) 계속 이어지는 갈림길이면 ➡ 곱의 법칙을 이용

1098 ✔ 대표 예제

그림과 같이 3개의 도시 A, B, C를 연결하는 도로가 있다. A 도시에서 B 도시로 가는 방법의 수는? (단, 한 번 지나간 도시는 다시 지나지 않는다.)

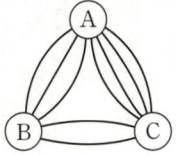

① 7 　　　　② 8 　　　　③ 9
④ 10 　　　⑤ 11

완쏠 해설

　　　　　　　　C 도시를 거치지 않는다.
(i) A → B로 가는 방법의 수는 3 —→ 도로가 3개
(ii) A → C → B로 가는 방법의 수
　　A 도시에서 C 도시로 가는 방법의 수는 4 —→ 도로가 4개
　　C 도시에서 B 도시로 가는 방법의 수는 2 —→ 도로가 2개
　　∴ 4×2=8 —→ 계속 이어지는 갈림길이므로 곱의 법칙
(i), (ii)에서 구하는 방법의 수는
3+8=11 —→ 두 사건은 동시에 일어나지 않으므로 합의 법칙

> 도로망에서의 방법의 수는 도시에서 다른 도시로 이동할 때 어떤 도시를 거치지 않고 이동하는지 또는 거치고 이동하는지, 만약 어떤 도시를 거친다면 어느 도시를 거쳐야 하는지를 생각해 본 후 그것을 기준으로 사건을 나누어 방법의 수를 구해야 해.

답 ⑤

1098 대표 예제 한 번 더!

그림과 같이 4개의 지점 A, B, C, D를 연결하는 도로가 있다. A 지점에서 C 지점으로 가는 방법의 수는? (단, 한 번 지나간 지점은 다시 지나지 않는다.)

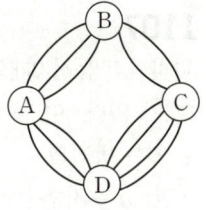

① 16 　　　　② 17 　　　　③ 18
④ 19 　　　⑤ 20

1100

그림과 같이 4개의 도시 A, B, C, D를 연결하는 도로가 있다. A 도시에서 C 도시로 가는 방법의 수는?
(단, 한 번 지나간 도시는 다시 지나지 않는다.)

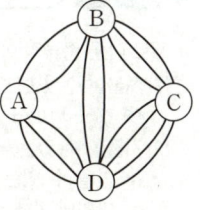

① 50 　　　　② 52 　　　　③ 54
④ 56 　　　⑤ 58

1101

그림과 같은 도로망에서 현겸이는 A 지점에서 출발하여 B 지점으로 이동하고, 지율이는 B 지점에서 출발하여 A 지점으로 이동할 때, 현겸이와 지율이가 중간 지점에서 만나지 않는 방법의 수는? (단, 되돌아오는 경우는 없고, 한 지점을 이동하는 데 걸리는 시간은 모두 같다.)

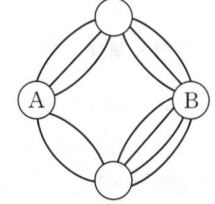

① 140 　　　　② 144 　　　　③ 148
④ 152 　　　⑤ 156

1102

그림과 같이 3개의 지점 A, B, C를 연결하는 도로가 있다. A 지점을 출발하여 C 지점을 한 번 들러 다시 A 지점으로 돌아오는데, 한 번 지난 길은 다시 지나지 않는 방법의 수는?
(단, B 지점을 지나지 않거나 1번 이상 지나도 된다.)

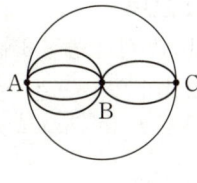

① 170 　　　　② 176 　　　　③ 182
④ 188 　　　⑤ 194

유형 06 지불하는 방법의 수와 지불하는 금액의 수

서로 다른 종류의 화폐의 개수가 각각 a, b, c일 때
(1) 지불할 수 있는 방법의 수 (단, 0원을 지불하는 경우는 제외)
→ $(a+1)(b+1)(c+1)-1$
(2) 지불할 수 있는 금액의 수 ⌐0원을 지불하는 경우
→ 만들 수 있는 금액이 중복되는 경우 큰 단위의 화폐를 작은 단위의 화폐로 바꾸어 지불할 수 있는 방법의 수로 계산한다.

1103 ✓대표 예제

100원짜리 동전 4개, 500원짜리 동전 3개, 1000원짜리 지폐 2장의 일부 또는 전부를 사용하여 지불할 수 있는 방법의 수는?
(단, 0원을 지불하는 경우는 제외한다.)

① 51   ② 53   ③ 55
④ 57   ⑤ 59

완쏠 해설

100원짜리 동전 4개로 지불할 수 있는 방법은
0개, 1개, 2개, 3개, 4개의 5가지
500원짜리 동전 3개로 지불할 수 있는 방법은
0개, 1개, 2개, 3개의 4가지
1000원짜리 지폐 2장으로 지불할 수 있는 방법은
0장, 1장, 2장의 3가지
이때 0원을 지불하는 경우는 제외해야 하므로 구하는 방법의 수는

$5 \times 4 \times 3 - 1 = 59$
⌐동전 또는 지폐를 동시에 지불하므로 곱의 법칙

공식을 이용하면
$(4+1) \times (3+1) \times (2+1) - 1 = 59$
로 쉽게 풀 수 있지만 원리를 아는 것도 중요해.

(답) ⑤

1104

100원짜리 동전 3개, 500원짜리 동전 5개, 5000원짜리 지폐 2장의 일부 또는 전부를 사용하여 지불할 수 있는 금액의 수는? (단, 0원을 지불하는 경우는 제외한다.)

① 71   ② 72   ③ 73
④ 74   ⑤ 75

1105

1000원짜리 지폐가 4장, 5000원짜리 지폐가 2장, 10000원짜리 지폐가 1장 있다. 이 지폐의 일부 또는 전부를 사용하여 지불할 수 있는 방법의 수를 m, 지불할 수 있는 금액의 수를 n이라 할 때, $m-n$의 값은?
(단, 0원을 지불하는 경우는 제외한다.)

① 3   ② 5   ③ 7
④ 9   ⑤ 11

1106

100원짜리 동전 7개, 500원짜리 동전 3개, 1000원짜리 지폐 2장의 일부 또는 전부를 사용하여 지불할 수 있는 금액의 수는? (단, 0원을 지불하는 경우는 제외한다.)

① 41   ② 42   ③ 43
④ 44   ⑤ 45

1107

50원짜리 동전 2개와 100원짜리 동전 n개, 500원짜리 동전 1개가 있다. 이 동전의 일부 또는 전부를 사용하여 지불할 수 있는 방법의 수가 47일 때, 지불할 수 있는 금액의 수는?
(단, n은 자연수이고, 0원을 지불하는 경우는 제외한다.)

① 26   ② 27   ③ 28
④ 29   ⑤ 30

유형 07 색칠하는 방법의 수 [중요]

각 영역을 몇 개의 색을 이용하여 칠하는 방법의 수는
(1) 인접한 영역이 가장 많은 영역에 색칠하는 방법의 수를 먼저 구하고, 그 영역과 인접한 영역 순으로 방법의 수를 각각 구한다.
(2) 같은 색을 칠할 수 있는 영역이 있을 때는 이 영역들이 같은 색인 경우와 다른 색인 경우로 나누어 생각한다.

1108 [✓대표 예제]

그림과 같이 A, B, C, D 4개의 영역을 서로 다른 4가지 색으로 칠하려 한다. 같은 색을 여러 번 사용해도 좋으나 인접한 영역은 서로 다른 색으로 칠할 때, 칠하는 방법의 수는?

① 12   ② 24   ③ 36
④ 48   ⑤ 60

완쏠 해설

→ 인접한 영역이 가장 많다.

영역 A에 칠할 수 있는 색은 4가지
영역 B에 칠할 수 있는 색은 영역 A에 칠한 색을 제외한 3가지
영역 C에 칠할 수 있는 색은 영역 A와 영역 B에 칠한 색을 제외한 2가지
영역 D에 칠할 수 있는 색은 영역 A와 영역 C에 칠한 색을 제외한 2가지
따라서 구하는 방법의 수는
$4 \times 3 \times 2 \times 2 = 48$
→ 잇달아 색을 칠하므로 곱의 법칙

답 ④

1109 [대표 예제] 한 번 더!

그림과 같이 A, B, C, D 4개의 영역을 서로 다른 5가지 색으로 칠하려고 한다. 같은 색을 여러 번 사용해도 좋으나 인접한 영역은 서로 다른 색으로 칠할 때, 칠하는 방법의 수는?

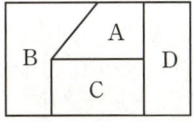

① 120   ② 135   ③ 150
④ 165   ⑤ 180

1110

그림과 같이 A, B, C, D, E 5개의 행정구역을 서로 다른 4가지 색으로 칠하려고 한다. 같은 색을 여러 번 사용해도 좋으나 인접한 영역은 서로 다른 색으로 칠할 때, 칠하는 방법의 수는?

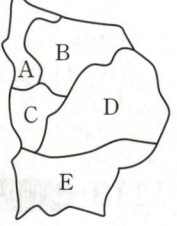

① 90   ② 96
③ 102   ④ 108
⑤ 114

1111

그림과 같이 A, B, C, D 4개의 영역을 서로 다른 4가지 색으로 칠하려고 한다. 같은 색을 여러 번 사용해도 좋으나 인접한 영역은 서로 다른 색으로 칠할 때, 칠하는 방법의 수를 구하시오.

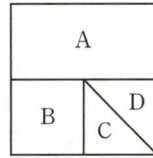

1112 [교육청]

그림과 같이 다섯 개의 영역으로 나누어진 도형이 있다. 각 영역에 빨간색, 노란색, 파란색 중 한 가지 색을 칠하는데, 인접한 영역은 서로 다른 색을 칠하여 구별하려고 한다. 칠할 수 있는 방법의 수를 구하시오.

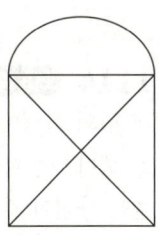

유형 08 수형도를 이용하는 경우의 수

유형 08 수형도를 이용하는 경우의 수

규칙성을 찾기 어려운 경우의 수를 구할 때는 수형도를 이용하여 중복되거나 빠뜨리는 것 없이 모든 경우를 나열하여 경우의 수를 구한다.

1113 ✔대표 예제

4개의 문자 A, B, C, D가 각각 하나씩 적혀 있는 상자 4개와 공 4개가 있다. 각 상자에 공을 하나씩 넣을 때, 4개의 상자 모두 상자에 적혀 있는 문자와 다른 문자가 적혀 있는 공이 들어 있는 경우의 수를 구하시오.

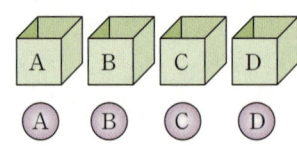

⌐ 완쏠 해설

4개의 상자 A, B, C, D에 모두 다른 문자가 적혀 있는 공이 들어 있는 경우를 수형도로 나타내면 다음과 같다.

```
A    B    C    D
     ┌ A — D — C ┐
B ┤   C — D — A  │ 상자 A에 공 B를 넣는 경우
     └ D — A — C ┘
     ┌ A — D — B
C ┤      ┌ A — B
     └ D ┤
         └ B — A
     ┌ A — B — C
D ┤      ┌ A — B
     └ C ┤
         └ B — A
```

상자 A에 공 B를 넣는 경우의 수가 3이니까 상자 A에 공 C 또는 공 D를 넣는 경우의 수도 각각 3이라는 것을 예상할 수 있어.

따라서 구하는 경우의 수는 9이다.

답 9

1114 대표 예제 한 번 더!

네 명의 학생이 각자 선물을 1개씩 사서 서로 나누어 갖기로 했다. 한 사람이 1개의 선물을 갖고, 자신이 준비한 선물을 자신이 갖지 않는 모든 경우의 수를 구하시오.

1115

4명의 학생이 각각 서로 다른 우산을 가지고 교실에 들어와 우산꽂이에 꽂았다. 교실에서 나갈 때, 오직 한 명의 학생만 자신의 우산을 가지고 나가는 경우의 수는?

① 4   ② 8   ③ 12
④ 16   ⑤ 20

1116

그림과 같은 정육면체에서 꼭짓점 A를 출발하여 모서리를 따라 꼭짓점 G까지 최단 거리로 이동하는 경우의 수는?

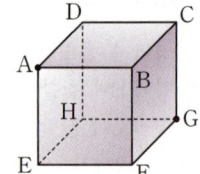

① 3   ② 4
③ 5   ④ 6
⑤ 7

1117 교육청

숫자 1, 2, 3을 전부 또는 일부를 사용하여 같은 숫자가 이웃하지 않도록 다섯 자리의 자연수를 만든다. 이때 만의 자리 숫자와 일의 자리 숫자가 같은 경우의 수를 구하시오.

유형 09 $_n\mathrm{P}_r$의 계산

① $_n\mathrm{P}_r = \underbrace{n(n-1)(n-2)\cdots(n-r+1)}_{r\text{개}}$ (단, $0 < r \leq n$)

$\phantom{_n\mathrm{P}_r} = \dfrac{n!}{(n-r)!}$ (단, $0 \leq r \leq n$)

② $_n\mathrm{P}_n = n!$, $0! = 1$, $_n\mathrm{P}_0 = 1$

1118 ✓ 대표 예제

등식 $_n\mathrm{P}_4 = 30_n\mathrm{P}_2$를 만족시키는 자연수 n의 값은?

① 6 ② 7 ③ 8
④ 9 ⑤ 10

> **완쏠 해설**
>
> $_n\mathrm{P}_4 = 30_n\mathrm{P}_2$에서
> $n(n-1)(n-2)(n-3) = 30n(n-1)$
> $\underline{(n-2)(n-3) = 30} = 6 \times 5$ ($\because n \geq 4$)
> $\therefore n = 8$
>
> ↳ n이 4 이상인 자연수이므로 $(n-2)(n-3)$은 연속된 두 자연수의 곱이다.
> ↳ $_n\mathrm{P}_4$에서 $n \geq 4$ ...... ㉠
> $_n\mathrm{P}_2$에서 $n \geq 2$ ...... ㉡
> ㉠, ㉡의 공통부분을 구하면 $n \geq 4$
>
> **다른 풀이**
> $(n-2)(n-3) = 30$ ($\because n \geq 4$)
> $n^2 - 5n - 24 = 0$
> $(n+3)(n-8) = 0$
> $\therefore n = 8$
>
> **답** ③

1119 대표 예제 한 번 더!

등식 $_n\mathrm{P}_4 = 15_{n+1}\mathrm{P}_2$를 만족시키는 자연수 n의 값은?

① 5 ② 6 ③ 7
④ 8 ⑤ 9

1120

등식 $_n\mathrm{P}_3 + 2_n\mathrm{P}_2 = 100$을 만족시키는 자연수 n의 값은?

① 3 ② 4 ③ 5
④ 6 ⑤ 7

1121

등식 $_n\mathrm{P}_n + _{n+1}\mathrm{P}_n = 7 \times n!$을 만족시키는 자연수 n의 값은?

① 2 ② 3 ③ 4
④ 5 ⑤ 6

1122

등식 $2_n\mathrm{P}_r = _{n+1}\mathrm{P}_r$, $3_n\mathrm{P}_r = _n\mathrm{P}_{r+1}$을 동시에 만족시키는 두 자연수 n, r에 대하여 $n+r$의 값은? (단, $1 \leq r \leq n$)

① 11 ② 12 ③ 13
④ 14 ⑤ 15

유형 **10** 순열의 수

(1) 서로 다른 n개에서 r개를 택하여 일렬로 나열하는 방법의 수
　➡ $_nP_r$
(2) 서로 다른 n개를 일렬로 나열하는 방법의 수
　➡ $_nP_n = n!$

1123 ✔대표 예제

서로 다른 공 3개를 서로 다른 5개의 상자 중에서 3개를 선택하여 각 상자에 1개씩 넣는 경우의 수는?

① 40　　　② 45　　　③ 50
④ 55　　　⑤ 60

완쏠 해설

구하는 경우의 수는 서로 다른 상자 5개 중에서 3개를 선택하여 일렬로 나열하는 경우의 수와 같으므로

$_5P_3 = 5 \times 4 \times 3 = 60$

→ 서로 다른 3개의 공을 ①, ②, ③이라 하면 일렬로 나열한 3개의 상자에 앞에서부터 차례대로 공 ①, ②, ③을 하나씩 넣는다.

(답) ⑤

1124 대표 예제 한 번 더!

6명의 학생 중에서 3명을 선택하여 학교 봉사활동 A, B, C에 각각 한 명씩 배정하는 경우의 수는?

① 30　　　② 60　　　③ 90
④ 120　　　⑤ 150

1125

어느 도시의 유명 관광지 A, B, C, D, E 5곳을 2일 동안 모두 관광하려고 한다. 첫째 날 3곳, 둘째 날 2곳을 정하여 순서대로 관광하는 경우의 수는?

① 60　　　② 120　　　③ 180
④ 240　　　⑤ 300

1126

서로 다른 n개의 도시 중 임의의 2개의 도시를 직행으로 운행하는 버스만 운영하는 회사가 있다. 이 회사에서 발행하는 출발지와 도착지만 표기된 서로 다른 버스표의 개수가 42일 때, 자연수 n의 값은?

① 6　　　② 7　　　③ 8
④ 9　　　⑤ 10

1127

한 문항에 1, 2, 3, 4점 중 하나를 부여하도록 되어 있고, 4개의 문항으로 이루어진 설문지를 두 학생이 각각 1장씩 받았다. 두 학생 중 한 학생은 4개 문항 모두 다른 점수를 부여하고, 나머지 한 학생은 4개 문항 모두 같은 점수를 부여하는 경우의 수를 구하시오.

유형 11 이웃하는 순열의 수

서로 다른 n개 중 특정한 r개를 이웃하도록 나열하는 경우의 수는 다음과 같은 순서로 구한다.
❶ 이웃하는 r개를 한 묶음으로 생각하고 일렬로 나열한다.
❷ 묶음 안에서 r개를 일렬로 나열한다. → r개끼리 서로 자리를 바꾸는 경우

1128 ✓ 대표 예제

남학생 3명과 여학생 3명을 일렬로 세울 때, 남학생끼리 서로 이웃하게 세우는 경우의 수는?

① 132   ② 144   ③ 156
④ 168   ⑤ 180

완쏠 해설

남학생 3명을 한 묶음으로 생각하고 여학생 3명과 함께 일렬로 세우는 경우의 수는 → ❶ 이웃해야 하는 남학생 3명을 한 묶음으로 생각한다.
$(1+3)! = 4! = 4 \times 3 \times 2 \times 1 = 24$
이때 남학생들끼리 자리를 바꾸는 경우의 수는
$3! = 3 \times 2 \times 1 = 6$ → ❷ 묶음 안에 있는 남학생 3명을 일렬로 나열한다.
따라서 구하는 경우의 수는
$24 \times 6 = 144$

답 ②

1129 대표 예제 한 번 더!

6개의 문자 A, B, C, D, E, F를 일렬로 나열할 때, A와 E를 서로 이웃하게 나열하는 경우의 수는?

① 120   ② 150   ③ 180
④ 210   ⑤ 240

1130 교육청

7개의 문자 c, h, e, e, r, u, p를 모두 일렬로 나열할 때, 2개의 문자 e가 서로 이웃하게 되는 경우의 수를 구하시오.

1131

A, B, C 3명을 포함한 n명의 학생을 일렬로 나열할 때, A, B, C 3명을 서로 이웃하게 나열하는 경우의 수가 36 이다. n의 값은? (단, n은 자연수이다.)

① 4   ② 5   ③ 6
④ 7   ⑤ 8

1132

서로 다른 교과서 3권, 서로 다른 과학서적 2권, 잡지 1권을 책꽂이에 나란히 꽂을 때, 교과서는 교과서끼리, 과학서적은 과학서적끼리 이웃하게 꽂는 경우의 수는?

① 36   ② 48   ③ 60
④ 72   ⑤ 84

유형 12 이웃하지 않는 순열의 수

서로 다른 n개 중 특정한 r개를 이웃하지 않도록 나열하는 경우의 수는 다음과 같은 순서로 구한다.
❶ 이웃해도 되는 $(n-r)$개를 일렬로 나열한다.
❷ 위에서 나열한 것들의 사이사이 및 양 끝 중에서 r개를 택하여 나머지 r개를 나열한다.

1133 ✓ 대표 예제

어느 학교 축제에서 2개의 댄스팀과 3개의 밴드팀이 모두 공연하려 한다. 댄스팀이 연속으로 공연하지 않게 공연 순서를 정하는 경우의 수는? (단, 2개의 댄스팀과 3개의 밴드팀만 공연을 한다.)

① 48 ② 60 ③ 72
④ 84 ⑤ 96

완쏠 해설

3개의 밴드팀의 순서를 정하는 경우의 수는
$3!=3\times2\times1=6$ ← ❶ 이웃해도 되는 3개의 밴드팀을 일렬로 나열한다.
이때 3개의 밴드팀 사이사이 및 양 끝의 4개의 자리에 2개의 댄스팀을 순서대로 배정하는 경우의 수는 ← ❷ 3개의 밴드팀 사이사이 및 양 끝에 2개의 댄스팀을 나열한다.
$_4P_2=4\times3=12$
따라서 구하는 경우의 수는
$6\times12=72$

답 ③

1134 대표 예제 한 번 더!

그림과 같이 서로 다른 6장의 카드가 있다. ♥ 모양이 그려진 카드끼리는 서로 이웃하지 않게 6장의 카드를 일렬로 나열하는 경우의 수는?

① 60 ② 120 ③ 240
④ 360 ⑤ 480

1135

남자 3명과 여자 3명이 일렬로 놓인 6개의 의자에 앉을 때, 같은 성별끼리는 서로 이웃하지 않게 앉는 경우의 수는?

① 72 ② 84 ③ 96
④ 108 ⑤ 120

1136 교육청

그림과 같이 의자 6개가 나란히 설치되어 있다. 여학생 2명과 남학생 3명이 모두 의자에 앉을 때, 여학생이 이웃하지 않게 앉는 경우의 수를 구하시오. (단, 두 학생 사이에 빈 의자가 있는 경우는 이웃하지 않는 것으로 한다.)

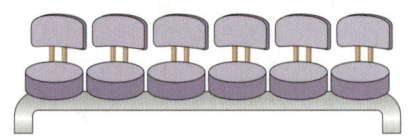

1137 Up

4명의 학생이 일렬로 놓인 10개의 의자에 앉을 때, 어느 두 명도 이웃하지 않게 앉는 경우의 수를 구하시오.
(단, 의자는 서로 구분하지 않는다.)

유형 13 나열하는 자리에 대한 조건이 있는 순열의 수 중요

나열할 때 특정한 위치에 대한 조건이 있는 경우
➡ 특정한 위치에 대한 조건이 있는 것을 먼저 나열한 후 나머지를 나열한다.

1138 ✓ 대표 예제

학교 버스에 선생님 3명과 학생 4명이 순서대로 탑승하려고 한다. 맨 처음과 맨 마지막에 버스에 타는 사람이 선생님인 경우의 수는?

① 240   ② 360   ③ 480
④ 600   ⑤ 720

완쏠 해설

선생님 3명 중에서 2명을 맨 처음과 맨 마지막에 세우는 경우의 수는
$_3P_2 = 3 \times 2 = 6$
이때 이 두 명의 선생님을 제외한 나머지의 5명을 일렬로 세우는 경우의 수는
$5! = 5 \times 4 \times 3 \times 2 \times 1 = 120$
따라서 구하는 경우의 수는
$6 \times 120 = 720$

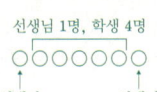
선생님 1명, 학생 4명
선생님   선생님

(답) ⑤

1139 대표 예제 한 번 더!

6개의 알파벳 A, B, C, D, E, F를 일렬로 나열하려고 한다. 양 끝에 자음이 오는 경우의 수는?

① 192   ② 224   ③ 256
④ 288   ⑤ 320

1140

놀이공원에서 2가지의 서로 다른 롤러코스터를 포함한 총 5가지의 서로 다른 놀이기구를 순서대로 이용할 때, 2가지의 롤러코스터는 모두 홀수 번째로 이용하는 경우의 수는?

① 24   ② 28   ③ 32
④ 36   ⑤ 40

1141

3명으로 구성된 아이돌 그룹이 2명의 매니저, 2명의 제작진과 함께 해외 공연을 가려고 한다. 출국 심사를 위해 일렬로 설 때, 2명의 매니저 사이에 3명의 그룹 멤버들만이 서는 경우의 수를 구하시오.

1142 교육청

그림과 같이 한 줄에 3개씩 모두 6개의 좌석이 있는 케이블카가 있다. 두 학생 A, B를 포함한 5명의 학생이 이 케이블카에 탑승하여 A, B는 같은 줄의 좌석에 앉고 나머지 세 명은 맞은편 줄의 좌석에 앉는 경우의 수는?

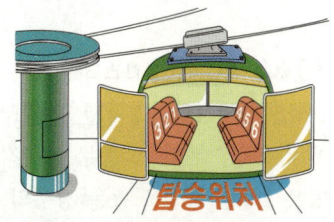

① 48   ② 54   ③ 60
④ 66   ⑤ 72

유형 **14** '적어도'의 조건이 있는 순열의 수

(사건 A가 적어도 한 번 일어나는 경우의 수)
=(모든 경우의 수)−(사건 A가 일어나지 않는 경우의 수)

1143 ✓ 대표 예제

남학생 3명, 여학생 4명 중에서 100미터, 200미터, 400미터 달리기에 출전할 대표 선수를 각각 1명씩 뽑을 때, 적어도 한 명은 여학생을 뽑는 경우의 수는?

① 200   ② 204   ③ 208

④ 212   ⑤ 216

완쏠 해설

구하는 경우의 수는 7명의 학생 중에서 3가지 종목에 출전할 ← 모든 경우의 수
대표 선수를 뽑는 경우의 수에서 3명의 남학생 중에서 3가지 종목에 출전할 대표 선수를 뽑는 경우의 수를 뺀 값과 같다.
7명의 학생 중에서 3가지 종목에 출전할 대표 선수를 뽑는 경 ← 여학생을 뽑지 않는 경우의 수
우의 수는
$_7P_3=7\times6\times5=210$
3명의 남학생 중에서 3가지 종목에 출전할 대표 선수를 뽑는 경우의 수는
$_3P_3=3!=3\times2\times1=6$
따라서 구하는 경우의 수는
$210-6=204$

'적어도'의 조건이 있는 경우, 사건을 여러 개로 나누어 각각의 경우의 수를 구하여 합의 법칙을 이용하는 것보다 모든 경우의 수에서 사건이 일어나지 않는 경우의 수를 빼는 것이 더 편해.

답 ②

1144 대표 예제 한 번 더!

1학년 학생 4명과 2학년 학생 5명으로 구성된 어느 위원회에서 회장, 부회장, 총무를 각각 1명씩 뽑을때, 적어도 한 명은 1학년 학생을 뽑는 경우의 수는?

① 412   ② 444   ③ 476

④ 508   ⑤ 540

1145

organic의 7개의 문자 중에서 4개를 뽑아 일렬로 나열할 때, 적어도 한 쪽 끝에는 모음이 오는 경우의 수는?

① 120   ② 240   ③ 360

④ 480   ⑤ 600

1146

번호가 각각 1, 2, 3, 4인 4명의 학생이 1부터 4까지의 자연수가 각각 하나씩 적혀 있는 4장의 카드를 무작위로 한 장씩 가져갈 때, 적어도 한 명은 자신의 번호와 같은 수가 적혀 있는 카드를 가지고 가는 경우의 수는?

① 11   ② 12   ③ 13

④ 14   ⑤ 15

1147 ⬆️Up

그림과 같이 1부터 7까지의 숫자가 각각 하나씩 적혀 있는 7개의 상자가 있다. 이 상자에 서로 다른 3개의 공 A, B, C를 한 상자에 하나씩 넣을 때, 적어도 2개의 공은 서로 이웃한 상자에 넣는 경우의 수를 구하시오.

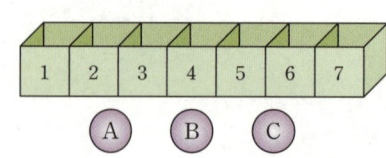

유형 15 몇 개의 숫자로 만들 수 있는 자연수의 개수

0부터 9까지의 정수 중 서로 다른 n개의 숫자를 각각 한 번씩 사용하여 만들 수 있는 r자리의 자연수의 개수
(1) 숫자 0이 포함되어 있지 않는 경우
  ➡ $_nP_r$
(2) 숫자 0이 포함되어 있는 경우
  ➡ $(n-1) \times {}_{n-1}P_{r-1}$ → 최고 자리에 0이 올 수 없다.

1148 ✓ 대표 예제

6개의 숫자 0, 1, 2, 3, 4, 5 중에서 서로 다른 3개의 숫자를 사용하여 만들 수 있는 세 자리의 자연수의 개수는?

① 84   ② 88   ③ 92
④ 96   ⑤ 100

완쏠 해설

백의 자리에 올 수 있는 숫자는 0을 제외한
1, 2, 3, 4, 5의 5가지
십의 자리와 일의 자리에 숫자를 나열하는 경우의 수는 백의 자리에 사용한 숫자를 제외한 5개의 숫자 중에서 2개를 택하여 일렬로 나열하는 경우의 수와 같으므로
$_5P_2 = 5 \times 4 = 20$
따라서 구하는 세 자리의
자연수의 개수는
$5 \times 20 = 100$

> 이 문제처럼 n자리의 자연수의 개수를 구하는 문제는 최고 자리에 0이 올 수 있는지 없는지를 먼저 판단해야 해.

답 ⑤

1149 대표 예제 한 번 더!

5개의 숫자 0, 1, 2, 3, 4 중에서 서로 다른 4개의 숫자를 사용하여 만들 수 있는 네 자리의 자연수의 개수는?

① 84   ② 88   ③ 92
④ 96   ⑤ 100

1150

0부터 5까지의 정수 중에서 서로 다른 4개의 숫자를 사용하여 네 자리의 자연수를 만들 때, 5의 배수의 개수는?

① 100   ② 104   ③ 108
④ 112   ⑤ 116

1151

1부터 9까지의 자연수 중에서 서로 다른 4개의 숫자를 사용하여 네 자리의 자연수를 만들 때, 일의 자리의 수와 십의 자리의 수의 합이 10인 자연수의 개수는?

① 332   ② 336   ③ 340
④ 344   ⑤ 348

1152

0부터 5까지의 정수 중에서 서로 다른 4개의 숫자를 사용하여 네 자리의 자연수를 만들 때, 4로 나누어떨어지는 자연수의 개수는?

① 60   ② 63   ③ 66
④ 69   ⑤ 72

유형 16 크기순으로 나열하는 경우의 수

주어진 숫자로 만들 수 있는 수를 크기순으로 나열할 때
(1) n번째에 위치하는 수를 구하는 경우
 ➡ 최고 자리의 수부터 하나씩 수를 지정하여 각각의 개수를 세어 구한다.
(2) 자연수 N이 몇 번째에 위치하는지 구하는 경우
 ➡ N 이하의 개수를 센다.
참고 문자를 이용한 동일 유형의 경우 같은 방법으로 구한다.

1153 ✔ 대표 예제

1부터 5까지의 자연수를 한 번씩 사용하여 만든 다섯 자리의 자연수를 작은 수부터 차례대로 나열할 때, 100번째에 오는 수는?

① 45231   ② 45321   ③ 51324
④ 51342   ⑤ 51423

완쏠 해설

2, 3, 4, 5를 일렬로 나열한다.
1□□□□ 꼴의 다섯 자리의 자연수의 개수는
$4! = 4 \times 3 \times 2 \times 1 = 24$
같은 방법으로 2□□□□, 3□□□□, 4□□□□ 꼴의 다섯 자리의 자연수의 개수도 각각 24이다.
즉, 12345부터 45321까지의 다섯 자리의 자연수의 개수는
$4 \times 24 = 96$
따라서 구하는 수는 51234, 51243, 51324, 51342, …에서
          97번째 98번째 99번째 100번째
51342이다.

답 ④

1154 대표 예제 한 번 더!

5개의 문자 A, B, C, D, E 중에서 3개의 문자를 각각 한 번씩 사용하여 만들 수 있는 □□□ 꼴의 문자열을 알파벳순으로 배열할 때, 41번째에 배열되는 문자열은?

① CDE   ② CED   ③ DBC
④ DCB   ⑤ EAB

1155

0부터 6까지의 정수 중에서 4개의 숫자를 각각 한 번씩 사용하여 네 자리의 자연수를 만들 때, 그 크기가 5300 이하인 자연수의 개수는?

① 540   ② 543   ③ 546
④ 549   ⑤ 552

1156

6개의 문자 A, B, C, D, E, F를 각각 한 번씩 사용하여 만든 문자열을 알파벳순으로 배열할 때, DACFEB는 몇 번째에 배열되는지 구하시오.

1157

0부터 5까지의 정수 중에서 3개의 숫자를 각각 한 번씩 사용하여 만든 세 자리의 자연수를 작은 수부터 크기순으로 차례로 나열할 때, 450은 몇 번째에 나열되는지 구하시오.

STEP 3 ✳ 실전 업

1158
· 유형 14

서로 다른 3개의 주사위를 동시에 던질 때, 나오는 눈의 수의 곱이 짝수인 경우의 수는?

① 183 　　② 186 　　③ 189
④ 192 　　⑤ 195

1159 빈출
· 유형 13

지호는 서로 다른 2권의 자기계발서를 포함한 서로 다른 7권의 책을 차례대로 읽으려고 한다. 2권의 자기계발서를 읽는 사이에 2권의 책을 읽는 경우의 수는?

(단, 한 권의 책은 한 번만 읽는다.)

① 950 　　② 960 　　③ 970
④ 980 　　⑤ 990

1160
· 유형 03

다항식 $(a+b+c)(p+q)+(a+b)(p+q+r+s)$를 전개할 때, 나타나는 항의 개수는?

① 8 　　② 10 　　③ 12
④ 14 　　⑤ 16

1161
· 유형 13

어느 관광지의 4개의 명소를 하루 동안 관광하면서 3군데의 식당에서 식사를 하려고 한다. 아침, 점심, 저녁 3번의 식사를 각각 다른 식당에서 하고, 아침 식사로 시작하여 저녁 식사로 일정을 마무리하되 각각의 식사와 식사 사이에는 1군데 이상의 명소를 들르기로 할 때, 하루 동안 계획할 수 있는 일정의 모든 경우의 수를 구하시오.

(단, 각 명소 및 각 식당은 한 번씩만 들른다.)

1162
· 유형 02

부등식 $2x+4y+5z \le 21$을 만족시키는 자연수 x, y, z의 순서쌍 (x, y, z)의 개수를 구하시오.

1163 교육청
· 유형 13

1학년 학생 2명과 2학년 학생 4명이 있다. 이 6명의 학생이 일렬로 나열된 6개의 의자에 다음 조건을 만족시키도록 모두 앉는 경우의 수는?

> (가) 1학년 학생끼리는 이웃하지 않는다.
> (나) 양 끝에 있는 의자에는 모두 2학년 학생이 앉는다.

① 96 　　② 120 　　③ 144
④ 168 　　⑤ 192

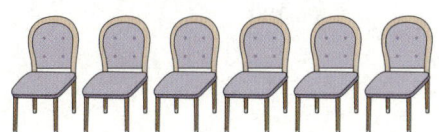

1164
· 유형 08 + 유형 14

4개의 숫자 1, 2, 3, 4를 일렬로 나열할 때, i번째의 숫자를 a_i ($i=1, 2, 3, 4$)라 하자. 이때
$$(a_1-1)(a_2-2)(a_3-3)(a_4-4)=0$$
이 성립하는 경우의 수를 구하시오.

1165 🔎 사고력
· 유형 11 + 유형 12

남학생 3명과 여학생 6명이 일렬로 설 때, 남학생끼리는 이웃하지 않고 여학생끼리는 서로 이웃한 학생 수가 항상 짝수가 되도록 줄을 서는 경우의 수는?

① $20 \times 6!$ ② $24 \times 6!$ ③ $3 \times 8!$
④ $4 \times 8!$ ⑤ $5 \times 8!$

1166
· 유형 07

그림과 같이 A, B, C, D, E 5개의 영역을 서로 다른 4가지 색으로 칠하려고 한다. 같은 색을 여러 번 사용해도 좋으나 인접한 영역은 서로 다른 색으로 칠할 때, 칠하는 방법의 수는?

A	B	
D	E	C

① 164 ② 168 ③ 172
④ 176 ⑤ 180

1167 평가원
· 유형 07 + 유형 08

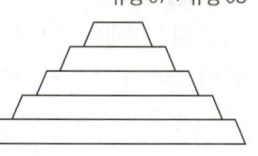

그림과 같은 모양의 종이에 서로 다른 3가지 색을 사용하여 색칠하려고 한다. 이웃한 사다리꼴에는 서로 다른 색을 칠하고, 맨 위의 사다리꼴과 맨 아래의 사다리꼴에 서로 다른 색을 칠한다. 5개의 사다리꼴에 색을 칠하는 방법의 수를 구하시오.

1168
· 유형 04

2와 3으로 나누어떨어지고 약수의 개수가 12인 두 자리의 자연수의 개수는?

① 5 ② 6 ③ 7
④ 8 ⑤ 9

1169 상위 1% 도전 🎯
· 유형 13

그림과 같이 12개의 좌석에 두 쌍의 부부가 자리를 선택하여 앉으려고 할 때, 부부끼리는 앞뒤 또는 좌우로 이웃하여 앉는 경우의 수를 구하시오. (단, 각 행의 4열과 5열 좌석에 앉는 경우는 이웃하지 않는다.)

	1열	2열	3열	4열		5열	6열
1행	A1	A2	A3	A4		A5	A6
2행	B1	B2	B3	B4		B5	B6

1170
• 유형 09

$1 \le r \le n$일 때, 등식 $_n\mathrm{P}_r = n \times _{n-1}\mathrm{P}_{r-1}$이 성립함을 보이시오.

☑ **필요 개념 및 공식**
□ $_n\mathrm{P}_r = \dfrac{n!}{(n-r)!}$

1171
• 유형 01 + 유형 14

1부터 100까지의 자연수가 각각 하나씩 적혀 있는 100장의 카드 중에서 한 장의 카드를 뽑을 때, 12와 서로소인 자연수가 적혀 있는 카드를 뽑는 경우의 수를 구하시오.

☑ **필요 개념 및 공식**
□ 소인수분해

1172
• 유형 05

그림과 같이 세 지점 A, B, C를 연결하는 도로망이 있다. 두 지점 B, C를 연결하는 도로 중 하나의 길 위에 지점 P가 위치한다. 지점 A에서 출발하여 지점 B를 거쳐 다시 지점 A로 돌아올 때, 다음 조건을 만족시키는 방법의 수를 구하시오.
(단, 지나간 도로를 다시 지날 수 있다.)

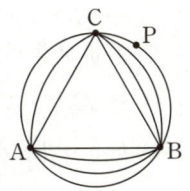

> (가) 지점 A에서 지점 B로 갈 때는 지점 P를 지나지 않는다.
> (나) 지점 B에서 지점 A로 갈 때는 반드시 지점 P를 지난다.
> (다) 지점 A는 시작과 끝 외에는 지나지 않고, 지점 B는 단 한 번만 지난다.

☑ **필요 개념 및 공식**
□ 합의 법칙　　□ 곱의 법칙

1173
• 유형 11 + 유형 13

남학생 3명과 민지를 포함한 여학생 3명이 그림과 같이 2개씩 붙어있는 4쌍의 의자에 앉으려고 한다. 남학생 1명과 여학생 1명이 각각 짝을 지어 앉고, 민지가 ㉠의 자리에 앉는 경우의 수를 구하시오.

☑ **필요 개념 및 공식**
□ 나열하는 자리에 조건이 있는 순열의 수

1174
• 유형 11

어느 고등학교 1학년 학생들이 헌혈을 하려고 한다. 1반에서 회장을 포함한 3명, 2반에서 회장을 포함한 3명, 3반에서 회장을 포함한 2명이 헌혈을 위해 순서를 정하는데, 같은 반 학생들은 서로 이웃하면서 각 반 회장은 같은 반 다른 학생들보다 먼저 헌혈을 하도록 순서를 정하는 경우의 수를 구하시오.

☑ **필요 개념 및 공식**
□ 이웃하는 순열의 수

1175
• 유형 15

0부터 5까지의 정수 중에서 서로 다른 3개의 숫자를 사용하여 세 자리의 자연수를 만들 때, 3의 배수의 개수를 구하시오.

☑ **필요 개념 및 공식**
□ 배수 판정법　　□ 자연수의 개수

개념 **01** 조합

(1) **조합**

서로 다른 n개에서 순서를 생각하지 않고 $r \, (0 < r \leq n)$개를 택하는 것을 n개에서 r개를 택하는 조합이라 하고, 이 조합의 수를 기호로 $_nC_r$와 같이 나타낸다.

$$_nC_r$$

서로 다른 것의 개수 ┘ └ 택하는 것의 개수

(2) **조합의 수**

① $_nC_r = \dfrac{_nP_r}{r!} = \dfrac{n!}{r!(n-r)!}$ (단, $0 \leq r \leq n$)

② $_nC_0 = 1, \ _nC_n = 1$

③ $_nC_r = {_nC_{n-r}}$ (단, $0 \leq r \leq n$)

④ $_nC_r = {_{n-1}C_r} + {_{n-1}C_{r-1}}$ (단, $1 \leq r < n$)

[1176~1179] 다음 값을 구하시오.

1176 $_6C_2$

1177 $_4C_0$

1178 $_5C_5$

1179 $_9C_7$

[1180~1183] 다음을 만족시키는 n 또는 r의 값을 구하시오.

1180 $_nC_3 = 20$

1181 $_{n+1}C_2 = 66$

1182 $_nC_4 = {_nC_7}$

1183 $_9C_r = {_9C_{r-3}}$

1184 학생 5명 중에서 대표 2명 뽑는 경우의 수를 구하시오.

1185 서로 다른 종류의 음료수 7개 중에서 2개를 선택하는 경우의 수를 구하시오.

1186 4명의 사람이 서로 악수를 나누는 경우의 수를 구하시오.

[1187~1189] 어른 4명과 어린이 5명이 있다. 다음을 구하시오.

1187 3명을 뽑는 경우의 수

1188 어른 2명과 어린이 1명을 뽑는 경우의 수

1189 어른 3명과 어린이 2명을 뽑는 경우의 수

개념 **02** 묶음으로 나누기

서로 다른 n개를 p개, q개, r개 $(p+q+r=n)$의 세 묶음으로 나누는 방법의 수는

(1) p, q, r가 모두 다른 수일 때

➡ $_nC_p \times {_{n-p}C_q} \times {_rC_r}$

(2) p, q, r 중 어느 두 수가 같을 때

➡ $_nC_p \times {_{n-p}C_q} \times {_rC_r} \times \dfrac{1}{2!}$

(3) p, q, r가 모두 같은 수일 때

➡ $_nC_p \times {_{n-p}C_q} \times {_rC_r} \times \dfrac{1}{3!}$

[1190~1192] 서로 다른 종류의 과자 6개를 세 묶음으로 나누려고 한다. 다음을 구하시오.

1190 1개, 2개, 3개로 나누는 방법의 수

1191 1개, 1개, 4개로 나누는 방법의 수

1192 2개, 2개, 2개로 나누는 방법의 수

STEP 2 유형 마스터

유형 01 $_n\text{C}_r$의 계산

(1) $_n\text{C}_r = \dfrac{_n\text{P}_r}{r!} = \dfrac{n!}{r!\,(n-r)!}$ (단, $0 \le r \le n$)

(2) $_n\text{C}_0 = 1$, $_n\text{C}_n = 1$ $\rightarrow \dfrac{n(n-1)(n-2)\cdots(n-r+1)}{r!}$

(3) $_n\text{C}_r = {_n\text{C}_{n-r}}$ (단, $0 \le r \le n$)

(4) $_n\text{C}_r = {_{n-1}\text{C}_r} + {_{n-1}\text{C}_{r-1}}$ (단, $1 \le r < n$)

1193 ✓ 대표 예제

등식 $_n\text{C}_2 + {_{n+2}\text{C}_2} = {_{n+3}\text{C}_2}$를 만족시키는 자연수 n의 값은?

① 4   ② 5   ③ 6

④ 7   ⑤ 8

완쏠 해설

$_n\text{C}_2 + {_{n+2}\text{C}_2} = {_{n+3}\text{C}_2}$에서

$\dfrac{n(n-1)}{2 \times 1} + \dfrac{(n+2)(n+1)}{2 \times 1} = \dfrac{(n+3)(n+2)}{2 \times 1}$

$(n^2 - n) + (n^2 + 3n + 2) = n^2 + 5n + 6$

$n^2 - 3n - 4 = 0$

$(n+1)(n-4) = 0$

$\therefore n = 4$ ($\because n \ge 2$)

$\rightarrow$ $_n\text{C}_2$에서 $n \ge 2$

> 이 문제 유형은 $_n\text{C}_r = \dfrac{n!}{r!\,(n-r)!}$ 을 이용하여 n 또는 r에 대한 방정식을 세워야 해.

답 ①

1194 대표 예제 한 번 더!

등식 $_{n+1}\text{P}_2 + 2{_n\text{C}_2} = {_{n+3}\text{P}_2}$를 만족시키는 자연수 n의 값은?

① 3   ② 4   ③ 5

④ 6   ⑤ 7

1195

등식 $_{21}\text{C}_{r^2} = {_{21}\text{C}_{r+1}}$을 만족시키는 자연수 r의 값은?

① 1   ② 2   ③ 3

④ 4   ⑤ 5

1196

두 자연수 n, r에 대하여 $_n\text{P}_r = 336$, $_n\text{C}_r = 56$이 성립할 때, $n + r$의 값은?

① 11   ② 12   ③ 13

④ 14   ⑤ 15

1197

x에 대한 이차방정식 $x^2 - {_n\text{C}_2}x + {_n\text{C}_4} = 0$의 두 근을 α, β라 할 때, $\alpha^2 + \beta^2 = 9{_n\text{C}_2}$이다. $n + \alpha + \beta$의 값은?

(단, n은 자연수이다.)

① 11   ② 13   ③ 15

④ 17   ⑤ 19

유형 02 조합의 수

(1) 서로 다른 n개에서 순서를 생각하지 않고 r개를 택하는 방법의 수
➡ $_nC_r$
(2) 서로 다른 n개에서 a개를 택하고, 나머지에서 b개를 택하는 방법의 수 ➡ $_nC_a \times _{n-a}C_b$ (단, $a+b \le n$) → $(n-a)$개

1198 ✓ 대표 예제

남학생 4명과 여학생 5명 중에서 3명을 뽑을 때, 3명의 성별이 모두 같은 경우의 수는?

① 11   ② 12   ③ 13
④ 14   ⑤ 15

> **완쏠 해설**
>
> (i) 3명 모두 남학생인 경우의 수
> $_4C_3 = _4C_1 = 4$
> (ii) 3명 모두 여학생인 경우의 수
> $_5C_3 = _5C_2 = \dfrac{5 \times 4}{2 \times 1} = 10$
> (i), (ii)에서 $4 + 10 = 14$
>
> 답 ④

1199

학생 10명 중에서 복도 청소를 할 3명, 교실 청소를 할 5명을 뽑는 방법의 수는? (단, 한 학생은 한 구역만 청소한다.)

① 2280   ② 2400   ③ 2520
④ 2640   ⑤ 2760

1200

서로 다른 종류의 음료 4개와 빵 n개 중에서 음료 2개와 빵 3개를 선택하는 방법의 수가 210일 때, 자연수 n의 값은?

① 6   ② 7   ③ 8
④ 9   ⑤ 10

1201

어느 엔터테인먼트 회사는 팀당 멤버가 5명인 4팀의 아이돌 그룹을 관리하고 있다. 이 회사가 관리하는 20명의 아이돌 멤버 중에서 3명을 선택해 프로젝트 그룹을 만들 때, 3명 모두 다른 팀에 속하는 멤버인 경우의 수는?

① 500   ② 550   ③ 600
④ 650   ⑤ 700

1202 교육청

서로 다른 네 종류의 인형이 각각 2개씩 있다. 이 8개의 인형 중에서 5개를 선택하는 경우의 수를 구하시오.
(단, 같은 종류의 인형끼리는 서로 구별하지 않는다.)

유형 03 특정한 것을 포함하거나 포함하지 않는 조합의 수

(1) 서로 다른 n개에서 특정한 k개를 포함하여 r개를 뽑는 방법의 수는 $(n-k)$개에서 $(r-k)$개를 뽑는 방법의 수와 같다.
➡ $_{n-k}C_{r-k}$ (단, $k \le r \le n$)

(2) 서로 다른 n개에서 특정한 k개를 제외하고 r개를 뽑는 방법의 수는 $(n-k)$개에서 r개를 뽑는 방법의 수와 같다.
➡ $_{n-k}C_r$ (단, $k+r \le n$)

1203 ✔대표 예제

영우와 정희를 포함한 10명의 동아리 회원 중에서 4명을 뽑을 때, 영우는 포함하고 정희는 포함하지 않는 방법의 수는?

① 40   ② 44   ③ 48
④ 52   ⑤ 56

완쏠 해설

구하는 방법의 수는 영우와 정희를 제외한 8명의 동아리 회원 중에서 3명을 뽑는 방법의 수와 같으므로
→ 뽑은 동아리 회원 3명에 영우를 추가한다.
$$_8C_3 = \frac{8 \times 7 \times 6}{3 \times 2 \times 1} = 56$$

(답) ⑤

1204 대표 예제 한 번 더!

1부터 13까지의 자연수가 하나씩 적혀 있는 13장의 카드 중에서 6장을 뽑을 때, 1, 2, 3이 적혀 있는 카드는 포함하고 11, 12, 13이 적혀 있는 카드는 포함하지 않는 방법의 수는?

① 35   ② 40   ③ 45
④ 50   ⑤ 55

1205

바나나와 오렌지를 포함한 서로 다른 종류의 과일 n개 중에서 5개를 뽑을 때, 바나나와 오렌지를 포함하는 방법의 수는 220이다. 자연수 n의 값은?

① 11   ② 12   ③ 13
④ 14   ⑤ 15

1206

A, B, C를 포함한 10곳의 관광지 중에서 3곳을 선택할 때, A, B, C 중에서 한 곳만 포함하는 방법의 수는?

① 57   ② 60   ③ 63
④ 66   ⑤ 69

1207 UP

5개의 대문자 A, B, C, D, E가 하나씩 적혀 있는 5개의 공과 5개의 소문자 a, b, c, d, e가 각각 하나씩 적혀 있는 5개의 공이 있다. 이 10개의 공 중에서 5개를 택할 때, 대문자와 소문자가 같은 알파벳이 적혀 있는 공이 A, a뿐인 경우의 수는?

① 28   ② 30   ③ 32
④ 34   ⑤ 36

유형 04 '적어도'의 조건이 있는 조합의 수

(사건 A가 적어도 한 번 일어나는 경우의 수)
= (모든 경우의 수) − (사건 A가 일어나지 않는 경우의 수)

1208 ✓ 대표 예제

남학생 5명, 여학생 5명 중에서 4명을 뽑을 때, 여학생이 적어도 1명은 포함되도록 뽑는 방법의 수는?

① 185　　　　② 205　　　　③ 225
④ 245　　　　⑤ 265

완쏠 해설

구하는 방법의 수는 $\underline{10명의\ 학생\ 중에서\ 4명을\ 뽑는\ 방법의\ 수}$에 ← 모든 방법의 수
서 남학생 5명 중에서 4명을 뽑는 방법의 수를 뺀 값과 같다.
10명의 학생 중에서 4명을 뽑는 방법의 수는 ← 여학생을 뽑지 않는 방법의 수

$$_{10}C_4 = \frac{10 \times 9 \times 8 \times 7}{4 \times 3 \times 2 \times 1} = 210$$

남학생 5명 중에서 4명을 뽑는 방법의 수는

$$_5C_4 = {}_5C_1 = 5$$

따라서 구하는 방법의 수는

$$210 - 5 = 205$$

10. 경우의 수와 순열의 유형 14와 같은 원리야. 순열이 조합으로 바뀌었을 뿐이야.

답 ②

1209 대표 예제 한 번 더!

서로 다른 종류의 사탕 5개와 초콜릿 4개 중에서 3개를 선택할 때, 초콜릿이 적어도 1개는 포함되도록 선택하는 방법의 수는?

① 70　　　　② 74　　　　③ 78
④ 82　　　　⑤ 86

1210

1, 2학년 학생을 모두 합하여 11명으로 구성된 동아리에서 대표 4명을 뽑으려고 한다. 2학년 학생이 적어도 1명은 포함되도록 뽑는 방법의 수가 295일 때, 이 동아리의 2학년 학생 수는?

① 2　　　　② 3　　　　③ 4
④ 5　　　　⑤ 6

1211

1부터 15까지의 자연수 중에서 서로 다른 4개의 자연수를 택하여 곱했을 때, 3의 배수가 되는 경우의 수는?

① 1050　　　　② 1085　　　　③ 1120
④ 1155　　　　⑤ 1190

1212

서로 다른 종류의 연필 5자루와 볼펜 7자루가 있다. 이 12자루 중에서 5자루를 택할 때, 연필과 볼펜이 적어도 하나씩 포함되도록 선택하는 방법의 수는?

① 730　　　　② 740　　　　③ 750
④ 760　　　　⑤ 770

유형 05 먼저 뽑고 전체를 나열하는 경우의 수 (중요)

서로 다른 m개 중에서 a개, 서로 다른 n개 중에서 b개를 뽑아서 일렬로 나열하는 경우의 수

$\Rightarrow {}_m C_a \times {}_n C_b \times (a+b)!$

1213 ✓ 대표 예제

남학생 4명과 여학생 7명 중에서 남학생 1명과 여학생 3명을 뽑아 일렬로 세우는 방법의 수는?

① 3360　　　② 3420　　　③ 3480
④ 3540　　　⑤ 3600

완쏠 해설

남학생 4명 중에서 1명을 뽑는 방법의 수는
${}_4 C_1 = 4$
여학생 7명 중에서 3명을 뽑는 방법의 수는
${}_7 C_3 = \dfrac{7 \times 6 \times 5}{3 \times 2 \times 1} = 35$
이 4명을 일렬로 세우는 방법의 수는
$(1+3)! = 4! = 4 \times 3 \times 2 \times 1 = 24$
따라서 구하는 방법의 수는
$4 \times 35 \times 24 = 3360$

답 ①

1214 대표 예제 한 번 더!

승희는 1시간에 1과목씩 총 4시간의 공부 계획표를 작성하려 한다. 공통국어, 공통영어, 공통수학 중에서 2과목을 선택하고, 공통과학, 공통사회, 정보, 한국사 중에서 2과목을 선택하여 공부 계획표를 작성하는 방법의 수는?

① 384　　　② 396　　　③ 408
④ 420　　　⑤ 432

1215

1부터 n까지의 자연수 중에서 2개를 뽑고, 5개의 문자 a, b, c, d, e 중에서 3개를 뽑아 다섯 자리의 비밀번호를 만들려고 한다. 비밀번호를 만드는 방법의 수가 12000일 때, 자연수 n의 값은?

① 3　　　② 4　　　③ 5
④ 6　　　⑤ 7

1216

정우와 은희를 포함한 7명 중에서 4명을 뽑아 일렬로 세우려고 한다. 정우와 은희가 포함되고 이 둘이 서로 이웃하지 않도록 세우는 방법의 수는?

① 100　　　② 110　　　③ 120
④ 130　　　⑤ 140

1217

1부터 9까지의 9개의 숫자 중에서 서로 다른 5개의 숫자를 뽑아 다섯 자리의 자연수를 만들려고 한다. 1은 뽑고 9는 뽑지 않을 때, 만들 수 있는 짝수의 개수는?

① 1680　　　② 1760　　　③ 1840
④ 1920　　　⑤ 2000

유형 06 직선 또는 선분의 개수

(1) 서로 다른 n개의 점 중에서 어느 세 점도 한 직선 위에 있지 않을 때, 주어진 점을 이어서 만들 수 있는 서로 다른 직선의 개수
➡ $_nC_2$
(2) 한 직선 위에 세 개 이상의 점이 있는 경우, 중복된 경우를 제외하여 개수를 센다.

1218 ✓대표 예제

한 평면 위에 있는 서로 다른 7개의 점 중에서 어느 세 점도 한 직선 위에 있지 않을 때, 주어진 점을 이어서 만들 수 있는 서로 다른 직선의 개수는?

① 18   ② 19   ③ 20
④ 21   ⑤ 22

완쏠 해설

구하는 직선의 개수는 서로 다른 7개의 점 중에서 2개를 택하는 방법의 수와 같으므로
→ 서로 다른 두 점은 한 개의 직선을 결정한다.

$$_7C_2 = \frac{7 \times 6}{2 \times 1} = 21$$

(답) ④

1219 대표 예제 한 번 더!

그림과 같은 정십각형에서 대각선의 개수는?

① 30   ② 35
③ 40   ④ 45
⑤ 50

1220

그림과 같이 직사각형 위에 9개의 점이 있을 때, 주어진 점을 이어서 만들 수 있는 서로 다른 직선의 개수는?

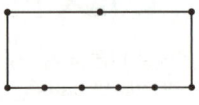

① 18   ② 20   ③ 22
④ 24   ⑤ 26

1221

그림과 같이 정삼각형으로 이루어진 도형 위에 12개의 점이 있을 때, 주어진 점을 이어서 만들 수 있는 서로 다른 직선의 개수는?

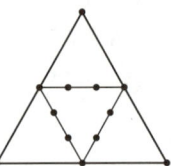

① 33   ② 36   ③ 39
④ 42   ⑤ 45

1222

그림과 같이 같은 간격으로 놓인 16개의 점이 있을 때, 주어진 점을 이어서 만들 수 있는 서로 다른 직선의 개수는?

① 62   ② 64
③ 66   ④ 68
⑤ 70

유형 07 삼각형의 개수

서로 다른 n개의 점 중에서 어느 세 점도 한 직선 위에 있지 않을 때, 주어진 점을 이어서 만들 수 있는 삼각형의 개수

➡ $_nC_3$

주의 한 직선 위에 세 개 이상의 점이 있는 경우를 제외해야 한다.

1223 ✓ 대표 예제

그림과 같이 정팔각형의 꼭짓점 중에서 3개의 점을 꼭짓점으로 하는 삼각형의 개수는?

① 44　　② 48
③ 52　　④ 56
⑤ 60

┌ **완쏠 해설**

구하는 삼각형의 개수는 8개의 점 중에서 3개를 택하는 방법의 수와 같으므로

　→ 한 직선 위에 있지 않은 서로 다른 세 점은 한 개의 삼각형을 결정한다.

$$_8C_3 = \frac{8\times7\times6}{3\times2\times1} = 56$$

답 ④

1224 대표 예제 한 번 더!

그림과 같이 직각삼각형의 각 변 위에 같은 간격으로 놓인 9개의 점 중에서 3개의 점을 꼭짓점으로 하는 삼각형의 개수는?

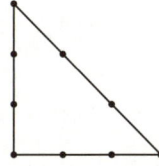

① 69　　② 72
③ 75　　④ 78
⑤ 81

1225

그림과 같이 반원 위에 7개인 점이 있다. 이 중 세 점을 꼭짓점으로 하는 삼각형의 개수는?

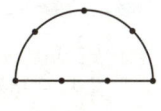

① 31　　② 32　　③ 33
④ 34　　⑤ 35

1226 교육청

삼각형 ABC에서 꼭짓점 A와 선분 BC 위의 네 점을 연결하는 4개의 선분을 그리고, 선분 AB 위의 세 점과 선분 AC 위의 세 점을 연결하는 3개의 선분을 그려 그림과 같은 도형을 만들었다. 이 도형의 선들로 만들 수 있는 삼각형의 개수는?

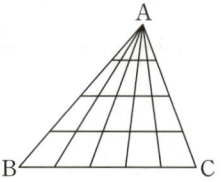

① 30　　② 40　　③ 50
④ 60　　⑤ 70

1227

그림과 같이 같은 간격으로 놓인 15개의 점이 있을 때, 이 중에서 3개의 점을 꼭짓점으로 하는 삼각형의 개수는?

① 412　　② 428　　③ 444
④ 460　　⑤ 476

11

조합

유형 08 사각형의 개수

(1) 서로 다른 n개의 점 중에서 어느 세 점도 한 직선 위에 있지 않을 때, 주어진 점을 이어서 만들 수 있는 사각형의 개수
➡ $_nC_4$
(2) m개의 평행선과 n개의 평행선이 만날 때, 평행선의 일부를 선분으로 하는 평행사변형의 개수
➡ $_mC_2 \times _nC_2$

1228 ✓대표 예제

그림과 같이 원 위에 같은 간격으로 12개의 점이 있다. 이 12개의 점 중에서 4개의 점을 꼭짓점으로 하는 사각형의 개수는?

① 475   ② 485   ③ 495
④ 505   ⑤ 515

┌ 완쏠 해설

구하는 사각형의 개수는 12개의 점 중에서 4개를 택하는 방법의 수와 같으므로

$$_{12}C_4 = \frac{12 \times 11 \times 10 \times 9}{4 \times 3 \times 2 \times 1} = 495$$

> 직선, 삼각형, 사각형의 개수를 구할 때는 겹치는 도형이 있는지 항상 확인해야 해.

답 ③

1229 대표 예제 한 번 더!

그림과 같이 정육각형 ABCDEF의 꼭짓점 A, B, C, D, E, F와 두 선분 BC, EF의 중점 M, N 중에서 4개의 점을 꼭짓점으로 하는 사각형의 개수는?

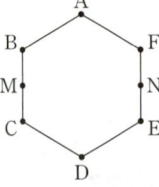

① 52   ② 54
③ 56   ④ 58
⑤ 60

1230

그림과 같이 평행한 두 직선 l과 m 위에 각각 7개, 4개의 점이 있다. 이 중에서 4개의 점을 꼭짓점으로 하는 사각형의 개수는?

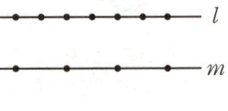

① 102   ② 108   ③ 114
④ 120   ⑤ 126

1231

그림과 같이 6개의 평행한 직선과 3개의 평행한 직선이 서로 만날 때, 이 평행한 직선으로 만들어지는 평행사변형의 개수는?

① 36   ② 39
③ 42   ④ 45
⑤ 48

1232 교육청

그림은 평행사변형의 각 변을 4등분하여 얻은 도형이다. 이 도형의 선들로 만들 수 있는 평행사변형 중에서 색칠한 부분을 포함하는 평행사변형의 개수는?

① 24   ② 30   ③ 36
④ 42   ⑤ 48

유형 09 묶음으로 나누기

(1) 서로 다른 n개를 p개, q개, r개 $(p+q+r=n)$로 나누는 방법의 수는

① p, q, r가 모두 다른 수일 때
→ $_nC_p \times _{n-p}C_q \times _rC_r$

② p, q, r 중 어느 두 수가 같은 수일 때
→ $_nC_p \times _{n-p}C_q \times _rC_r \times \dfrac{1}{2!}$

③ p, q, r가 모두 같은 수일 때
→ $_nC_p \times _{n-p}C_q \times _rC_r \times \dfrac{1}{3!}$

(2) n묶음으로 나눈 것을 n명에게 나누어 주는 방법의 수는
→ (n묶음으로 나누는 방법의 수) $\times n!$

1233 ✓ 대표 예제

서로 다른 종류의 음료수 5개를 같은 종류의 봉지 3장에 나누어 담는 방법의 수는? (단, 빈 봉지는 없다.)

① 19　　　　② 21　　　　③ 23
④ 25　　　　⑤ 27

완쏠 해설

5개의 음료수를 3묶음으로 나누는 방법은
1개, 1개, 3개 또는 1개, 2개, 2개

(i) 1개, 1개, 3개로 나누는 방법의 수

$_5C_1 \times _4C_1 \times _3C_3 \times \dfrac{1}{2!} = 5 \times 4 \times 1 \times \dfrac{1}{2 \times 1} = 10$

(ii) 1개, 2개, 2개로 나누는 방법의 수

$_5C_1 \times _4C_2 \times _2C_2 \times \dfrac{1}{2!} = 5 \times \dfrac{4 \times 3}{2 \times 1} \times 1 \times \dfrac{1}{2 \times 1} = 15$

(i), (ii)에서 구하는 방법의 수는

$10+15=25$

답 ④

1234 대표 예제 한 번 더!

서로 다른 종류의 공 6개를 서로 같은 종류의 주머니 3개에 나누어 담는 방법의 수는? (단, 빈 주머니는 없다.)

① 70　　　　② 75　　　　③ 80
④ 85　　　　⑤ 90

1235

서로 다른 사진 9장을 똑같은 사진첩 3개에 나누어 보관하려고 한다. 하나의 사진첩에는 5장의 사진을 보관한다고 할 때, 사진을 보관하는 방법의 수는?

(단, 빈 사진첩은 없다.)

① 874　　　　② 882　　　　③ 890
④ 898　　　　⑤ 906

1236 교육청

남학생 4명과 여학생 3명을 세 개의 모둠으로 나누려 할 때, 모든 모둠에 남학생과 여학생이 각각 1명 이상 포함되도록 하는 경우의 수는?

① 30　　　　② 32　　　　③ 34
④ 36　　　　⑤ 28

1237

8명의 학생이 각각 봉사기관 A, B, C 중 한 곳을 선택하여 봉사활동을 하려고 한다. 한 봉사기관에는 적어도 2명 이상의 학생이 참여해야 한다고 할 때, 봉사기관을 선택하는 경우의 수는?

① 2940　　　　② 3000　　　　③ 3060
④ 3120　　　　⑤ 3180

11
조합

STEP 2 * 유형 마스터

유형 10 대진표 작성하기

n명의 대진표를 작성할 때
(1) 그림과 같이 서로 맞붙는 2명을 정하는 방법의 수
$\Rightarrow {}_nC_2$
(2) 그림과 같이 2명으로 이루어진 2개의 조가 있을 때의 방법의 수
$\Rightarrow {}_nC_2 \times {}_{n-2}C_2 \times \dfrac{1}{2!}$

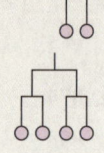

1238 ✓ 대표 예제

그림과 같이 5명이 토너먼트 방식으로 시합할 때, 대진표를 작성하는 방법의 수는?

① 18   ② 21
③ 24   ④ 27
⑤ 30

완쏠 해설

5명을 3명, 2명의 두 조로 나누는 방법의 수는
$${}_5C_3 \times {}_2C_2 = {}_5C_2 \times {}_2C_2 = \frac{5 \times 4}{2 \times 1} \times 1 = 10$$
3명 중에서 부전승으로 올라가는 1명을 정하는 방법의 수는
$${}_3C_1 = 3$$
따라서 구하는 방법의 수는
$$10 \times 3 = 30$$

답 ⑤

1239 대표 예제 한 번 더!

그림과 같이 6명이 토너먼트 방식으로 게임을 진행하려고 한다. 대진표를 작성하는 방법의 수는?

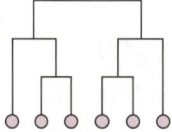

① 70   ② 80   ③ 90
④ 100   ⑤ 110

1240

그림과 같이 바둑 대회에 참가한 8명이 토너먼트 방식으로 시합을 하려고 한다. 대진표를 작성하는 방법의 수는?

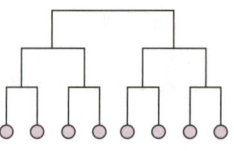

① 270   ② 285   ③ 300
④ 315   ⑤ 330

1241

그림은 태호와 민우를 포함하여 6명이 참가한 팔씨름 대회의 대진표이다. 태호와 민우가 1차전에서 만나게 되는 대진표를 작성하는 방법의 수를 구하시오.

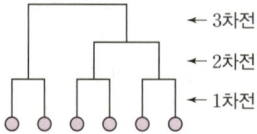

← 3차전
← 2차전
← 1차전

1242

그림과 같이 7개의 팀이 토너먼트 방식으로 시합할 때, 대진표를 작성하는 방법의 수는?

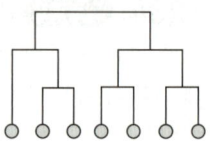

① 300   ② 305   ③ 310
④ 315   ⑤ 320

STEP 3 실전 업

1243
·유형 02

어느 프로축구 12개 구단이 다른 모든 팀들과 각각 5번씩 경기를 치른다고 할 때, 전체 경기의 수는?

① 330 　　② 340 　　③ 350
④ 360 　　⑤ 370

1244
·유형 07

그림과 같이 원 위에 같은 간격으로 놓여 있는 10개의 점 중에서 3개의 점을 꼭짓점으로 하는 직각삼각형의 개수는?

① 30 　　② 35
③ 40 　　④ 45
⑤ 50

1245
·유형 08

그림과 같이 합동인 정사각형 12개로 이루어진 도형이 있다. 이 도형의 선분들로 만들어지는 정사각형이 아닌 직사각형의 개수는?

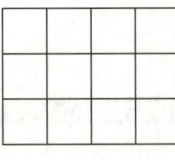

① 32 　　② 34 　　③ 36
④ 38 　　⑤ 40

1246 사고력
·유형 02

다음 조건을 만족시키는 세 자연수 a, b, c의 순서쌍 (a, b, c)의 개수를 구하시오.

> (가) $a < b \leq 5$, $c \leq 6$
> (나) $b \leq c$

1247
·유형 04 + 유형 06

그림과 같이 거리가 2인 두 평행한 직선 위에 1의 간격으로 점이 각각 6개씩 있다. 이 점들 중 서로 다른 두 점을 연결하여 선분을 만들 때, 그 길이가 2보다 큰 선분의 개수를 구하시오.

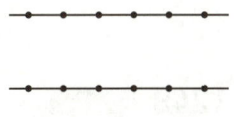

1248 교육청 · 유형 03

그림과 같이 9개의 칸으로 나누어진 정사각형의 각 칸에 1부터 9까지의 자연수가 적혀 있다. 이 9개의 숫자 중 다음 조건을 만족시키도록 2개의 숫자를 선택하려고 한다.

1	2	3
4	5	6
7	8	9

> (가) 선택한 2개의 숫자는 서로 다른 가로줄에 있다.
> (나) 선택한 2개의 숫자는 서로 다른 세로줄에 있다.

예를 들어, 숫자 1과 5를 선택하는 것은 조건을 만족시키지만, 숫자 3과 9를 선택하는 것은 조건을 만족시키지 않는다. 조건을 만족시키도록 2개의 숫자를 선택하는 경우의 수는?

① 9　　　　② 12　　　　③ 15
④ 18　　　　⑤ 21

1249 사고력 · 유형 02

크기와 모양이 같은 흰 공 8개와 검은 공 3개를 다음과 같은 11개의 칸에 하나씩 넣을 때, 검은 공과 검은 공 사이에는 흰 공이 홀수 개 있도록 넣는 경우의 수는?

[ ][ ][ ][ ][ ][ ][ ][ ][ ][ ][ ]

① 22　　　　② 24　　　　③ 26
④ 28　　　　⑤ 30

1250 · 유형 09

서로 다른 종류의 빵 3개와 음료 3개를 네 사람에게 나누어 주려고 한다. 빵 3개는 네 사람에게 남김없이 나누어 주고, 음료 3개는 빵을 받지 않은 사람에게만 1개씩 나누어 주는 경우의 수는? (단, 빵은 1개 이상 받을 수 있다.)

① 288　　　　② 294　　　　③ 300
④ 306　　　　⑤ 312

1251 · 유형 02

그림과 같이 5개의 영역을 서로 다른 4가지 색으로 칠하려고 한다. 같은 색을 중복하여 사용해도 좋으나 인접한 영역은 서로 다른 색으로 칠할 때, 칠하는 방법의 수는?

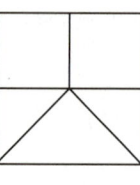

① 200　　　　② 220　　　　③ 240
④ 260　　　　⑤ 280

1252 사고력 · 유형 02

9개의 문자 A, A, A, A, B, B, B, B, B를 일렬로 나열할 때, 문자의 변화가 k번 있는 경우의 수를 $f(k)$라 하자. 예를 들어, $f(1)=2$, $f(2)=7$이다. $f(4)$의 값을 구하시오.

1253 교육청 · 유형 03

다음 조건을 만족시키도록 서로 다른 5개의 바구니에 빨간색 공 3개와 파란색 공 6개를 모두 넣는 경우의 수를 구하시오. (단, 같은 색의 공은 서로 구별하지 않는다.)

> (가) 각 바구니에 공은 1개 이상, 3개 이하로 넣는다.
> (나) 빨간색 공은 한 바구니에 2개 이상 넣을 수 없다.

서술형 문제

1255 · 유형 01

$1 \le r < n$일 때, 등식 $_nC_r = {}_{n-1}C_r + {}_{n-1}C_{r-1}$이 성립함을 보이시오.

☑ **필요 개념 및 공식**
☐ $_nC_r = \dfrac{n!}{r!(n-r)!}$

1254 상위 1% 도전 · 유형 02

그림과 같은 도로망을 따라 A에서 B까지 최단거리로 이동할 때, 우회전을 1번 하는 경우의 수를 a, 우회전을 2번 하는 경우의 수를 b, 우회전을 3번 하는 경우의 수를 c라 하자. $a+b+c$의 값은?

(단, 출발하는 순간의 방향은 생각하지 않는다.)

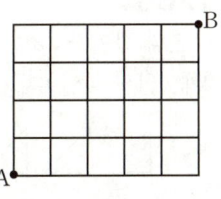

① 100 ② 110 ③ 120
④ 130 ⑤ 140

1256 · 유형 04

준서와 정희를 포함한 6명의 학생이 사진을 찍으려고 한다. 총 두 번 찍는데, 사진을 한 번 찍을 때마다 임의로 4명의 학생을 뽑아 찍는다. 준서 또는 정희가 두 사진 중 적어도 한 장에 찍히는 경우의 수를 구하시오.

☑ **필요 개념 및 공식**
☐ '적어도'의 조건이 있는 조합의 수

STEP 3 실전 업

1257 ·유형 05

남학생 6명과 여학생 4명 중 남학생 3명과 여학생 2명을 뽑아 일렬로 세울 때, 남학생이 맨 앞에 서는 경우의 수를 구하시오.

☑ 필요 개념 및 공식
□ 조합의 수 　　　　□ 계승

1259 ·유형 08

그림과 같이 각각 평행한 직선이 각각 2개, 3개, 4개로 이루어진 도형이 있다. 이 평행선으로 만들 수 있는 평행사변형의 개수를 a, 평행사변형이 아닌 사다리꼴의 개수를 b라 할 때, $a+b$의 값을 구하시오.

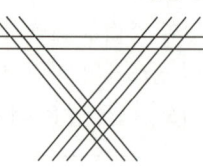

☑ 필요 개념 및 공식
□ 평행사변형의 정의 　　　　□ 사다리꼴의 정의

1258 ·유형 02

1부터 20까지의 자연수 중에서 서로 다른 세 수를 뽑을 때, 뽑은 세 수의 합이 홀수인 경우의 수를 구하시오.

☑ 필요 개념 및 공식
□ 조합의 수

1260 ·유형 02

빗변의 길이가 $\sqrt{2}$인 직각이등변삼각형 모양의 분홍색 타일 2개, 흰색 타일 6개가 있다.

이 8개의 타일을 모두 사용하여 그림과 같이 한 변의 길이가 1인 정사각형 4개로 이루어진 도형을 빈틈없이 덮는 경우의 수를 구하시오.

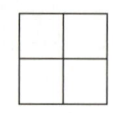

(단, 정사각형은 회전하지 않는다.)

☑ 필요 개념 및 공식
□ 조합의 수

행렬

개념 01 행렬의 뜻

(1) **행렬**

① 행렬: 여러 개의 수 또는 문자를 직사각형 모양으로 배열하여 괄호로 묶어 놓은 것

② $m \times n$ 행렬: m개의 행과 n개의 열로 이루어진 행렬을 $m \times n$ 행렬이라 하고, $m = n$일 때, 즉 $n \times n$ 행렬을 n차정사각행렬이라 한다.
→ 'm by n 행렬'이라 읽는다.

제1열 제2열 제3열
제1행 → $\begin{pmatrix} 1 & -3 & 5 \\ 2 & 4 & 10 \end{pmatrix}$ ← 제2행

③ (i, j) 성분: 행렬에서 제i행과 제j열이 만나는 위치에 있는 성분이고, 기호로 a_{ij}와 같이 나타낸다.

(2) **서로 같은 행렬** → 행의 수와 열의 수가 각각 같을 때

두 행렬 A, B가 같은 꼴이고 대응하는 성분이 각각 같을 때, 두 행렬 A, B는 서로 같다고 하며 기호로 $A = B$와 같이 나타낸다.

참고 두 행렬이 서로 같지 않을 때는 기호로 $A \neq B$와 같이 나타낸다.

[1261~1264] 다음을 각각 $m \times n$ 행렬 꼴로 말하고, 정사각행렬인 것은 몇 차 정사각행렬인지 말하시오.

1261 $\begin{pmatrix} 2 \\ -1 \end{pmatrix}$ **1262** $(1 \quad 2 \quad 3 \quad 4)$

1263 $\begin{pmatrix} 2 & -3 \\ -2 & 5 \\ 1 & 4 \end{pmatrix}$ **1264** $\begin{pmatrix} 1 & 1 & 2 \\ -1 & 0 & 2 \\ 1 & 2 & 1 \end{pmatrix}$

[1265~1267] 행렬 $\begin{pmatrix} 1 & 2 & 1 \\ -2 & -3 & 6 \end{pmatrix}$에 대하여 다음을 구하시오.

1265 $(1, 2)$ 성분

1266 제1행의 모든 성분의 합

1267 제2열의 모든 성분의 합

[1268~1269] 다음 등식을 만족시키는 두 실수 a, b의 값을 각각 구하시오.

1268 $\begin{pmatrix} 2 \\ b+1 \end{pmatrix} = \begin{pmatrix} 3a-1 \\ 2b+4 \end{pmatrix}$

1269 $\begin{pmatrix} 2 & -a+1 \\ b-2 & 3 \end{pmatrix} = \begin{pmatrix} 2 & a-3 \\ 2b & 3 \end{pmatrix}$

개념 02 행렬의 덧셈, 뺄셈, 실수배

(1) **행렬의 덧셈과 뺄셈** → 행렬의 덧셈과 뺄셈은 두 행렬의 꼴이 같아야 한다.

두 행렬 $A = \begin{pmatrix} a_{11} & a_{12} \\ a_{21} & a_{22} \end{pmatrix}$, $B = \begin{pmatrix} b_{11} & b_{12} \\ b_{21} & b_{22} \end{pmatrix}$에 대하여

$A \pm B = \begin{pmatrix} a_{11} \pm b_{11} & a_{12} \pm b_{12} \\ a_{21} \pm b_{21} & a_{22} \pm b_{22} \end{pmatrix}$ (복부호동순)

(2) **영행렬**

① 영행렬: 행렬의 성분이 모두 0인 행렬을 영행렬이라 하고, 기호로 O와 같이 나타낸다.

② 영행렬의 성질

두 행렬 A, O가 같은 꼴일 때

· $A + O = O + A = A$

· $A + (-A) = (-A) + A = O$ → $A = \begin{pmatrix} a & b \\ c & d \end{pmatrix}$일 때, $-A = \begin{pmatrix} -a & -b \\ -c & -d \end{pmatrix}$

(3) **행렬의 실수배**

행렬 $A = \begin{pmatrix} a_{11} & a_{12} \\ a_{21} & a_{22} \end{pmatrix}$와 실수 k에 대하여

$kA = \begin{pmatrix} ka_{11} & ka_{12} \\ ka_{21} & ka_{22} \end{pmatrix}$

(4) **행렬의 덧셈과 실수배에 대한 성질** → 실수의 덧셈에 대한 성질과 같다.

같은 꼴의 세 행렬 A, B, C와 두 실수 k, l에 대하여

① $A + B = B + A$

② $(A + B) + C = A + (B + C)$,
$(kl)A = k(lA) = l(kA)$

③ $(k+l)A = kA + lA$, $k(A+B) = kA + kB$

[1270~1273] 다음을 계산하시오.

1270 $(1 \quad 2) + (3 \quad -1)$ **1271** $\begin{pmatrix} 2 \\ -1 \end{pmatrix} - \begin{pmatrix} 1 \\ -3 \end{pmatrix}$

1272 $\begin{pmatrix} 3 & 2 \\ 1 & 2 \end{pmatrix} + \begin{pmatrix} 1 & 3 \\ 2 & -1 \end{pmatrix}$ **1273** $\begin{pmatrix} 4 & -1 \\ 2 & -3 \\ -1 & 1 \end{pmatrix} - \begin{pmatrix} 2 & -4 \\ 1 & -2 \\ 2 & -3 \end{pmatrix}$

[1274~1275] 두 행렬 $A = \begin{pmatrix} 1 & 2 \\ -1 & 1 \end{pmatrix}$, $B = \begin{pmatrix} 0 & -1 \\ 2 & 3 \end{pmatrix}$에 대하여 다음을 구하시오.

1274 $A + B$ **1275** $B + A$

[1276~1277] 세 행렬 $A = \begin{pmatrix} 0 & 1 \\ -2 & 3 \end{pmatrix}$, $B = \begin{pmatrix} 1 & -1 \\ 2 & 2 \end{pmatrix}$, $C = \begin{pmatrix} 3 & 0 \\ 1 & -2 \end{pmatrix}$에 대하여 다음을 구하시오.

1276 $A + (B + C)$ **1277** $(A + B) + C$

[1278~1279] 행렬 $A=\begin{pmatrix} 1 & 3 \\ 1 & -2 \end{pmatrix}$에 대하여 다음을 구하시오.

1278 $2A$

1279 $-3A$

[1280~1281] 두 행렬 $A=\begin{pmatrix} 2 & 1 \\ -4 & -1 \end{pmatrix}$, $B=\begin{pmatrix} -1 & 2 \\ -2 & 1 \end{pmatrix}$에 대하여 다음을 구하시오.

1280 $A+2B$

1281 $2A-3B$

개념 03 행렬의 곱셈

(1) **행렬의 곱셈** ┌→ 두 행렬 A, B의 곱셈 AB는 행렬 A의 열의 개수와 행렬 B의 행의 개수가 같을 때만 정의된다.

두 행렬 $A=\begin{pmatrix} a_{11} & a_{12} \\ a_{21} & a_{22} \end{pmatrix}$, $B=\begin{pmatrix} b_{11} & b_{12} \\ b_{21} & b_{22} \end{pmatrix}$에 대하여

$$AB=\begin{pmatrix} a_{11}b_{11}+a_{12}b_{21} & a_{11}b_{12}+a_{12}b_{22} \\ a_{21}b_{11}+a_{22}b_{21} & a_{21}b_{12}+a_{22}b_{22} \end{pmatrix}$$

(2) **행렬의 거듭제곱**

정사각행렬 A와 두 자연수 m, n에 대하여

① $A^2=AA$, $A^3=A^2A$, $\cdots$, $A^{n+1}=A^nA$

② $A^mA^n=A^{m+n}$, $(A^m)^n=A^{mn}$

1282 세 행렬 A, B, C가 각각 2×3 행렬, 2×2 행렬, 3×2 행렬일 때, |보기|에서 곱이 정의되는 것만을 있는 대로 고르시오.

┌─────── 보기 ───────┐
ㄱ. AB　　ㄴ. BA　　ㄷ. BC　　ㄹ. CA
└──────────────────┘

[1283~1288] 다음을 계산하시오.

1283 $\begin{pmatrix} 2 \\ 1 \end{pmatrix}(1 \quad -3)$

1284 $(-1 \quad 2)\begin{pmatrix} -2 \\ 1 \end{pmatrix}$

1285 $(1 \quad -2)\begin{pmatrix} 2 & -1 \\ 3 & 1 \end{pmatrix}$

1286 $\begin{pmatrix} 0 & 1 \\ -1 & 2 \end{pmatrix}\begin{pmatrix} 3 \\ -1 \end{pmatrix}$

1287 $\begin{pmatrix} 1 & 2 \\ 2 & 1 \end{pmatrix}\begin{pmatrix} 2 & 3 \\ -1 & 1 \end{pmatrix}$

1288 $\begin{pmatrix} 3 & 2 \\ -1 & 0 \end{pmatrix}\begin{pmatrix} 2 & 5 \\ 1 & 4 \end{pmatrix}$

[1289~1290] 행렬 $A=\begin{pmatrix} 1 & 1 \\ 1 & 0 \end{pmatrix}$에 대하여 다음을 구하시오.

1289 A^2

1290 A^3

개념 04 행렬의 곱셈의 성질과 단위행렬

(1) **행렬의 곱셈의 성질**

합과 곱이 정의되는 세 행렬 A, B, C와 실수 k에 대하여

① $AB\neq BA$ → 일반적으로 곱셈에 대한 교환법칙은 성립하지 않는다.

② $(AB)C=A(BC)$

③ $A(B+C)=AB+AC$, $(A+B)C=AC+BC$

④ $k(AB)=(kA)B=A(kB)$, $k(A+B)=kA+kB$

(2) **단위행렬**

① 단위행렬: n차정사각행렬에서 왼쪽 위에서 오른쪽 아래로 내려가는 대각선 위의 성분은 모두 1이고, 그 외의 성분은 모두 0인 정사각행렬을 단위행렬이라 하고, 보통 기호로 E와 같이 나타낸다.

② 단위행렬의 성질

・$AE=EA=A$

・$E^2=E^3=\cdots=E^n=E$ (단, n은 자연수)

예 $\begin{pmatrix} 1 & 0 \\ 0 & 1 \end{pmatrix}$은 이차단위행렬, $\begin{pmatrix} 1 & 0 & 0 \\ 0 & 1 & 0 \\ 0 & 0 & 1 \end{pmatrix}$은 삼차단위행렬이다.

[1291~1292] 두 행렬 $A=\begin{pmatrix} 2 & 2 \\ 1 & 0 \end{pmatrix}$, $B=\begin{pmatrix} 1 & 1 \\ -1 & 1 \end{pmatrix}$에 대하여 다음을 구하시오.

1291 AB

1292 BA

[1293~1294] 세 행렬 $A=\begin{pmatrix} 0 & 2 \\ 1 & 0 \end{pmatrix}$, $B=\begin{pmatrix} -1 & 2 \\ 1 & 0 \end{pmatrix}$, $C=\begin{pmatrix} -1 & 1 \\ 0 & 2 \end{pmatrix}$에 대하여 다음을 구하시오.

1293 $A(BC)$

1294 $(AB)C$

[1295~1296] 행렬 $A=\begin{pmatrix} 2 & 5 \\ -1 & 3 \end{pmatrix}$과 단위행렬 $E=\begin{pmatrix} 1 & 0 \\ 0 & 1 \end{pmatrix}$에 대하여 다음을 구하시오.

1295 AE

1296 EA

[1297~1300] 단위행렬 $E=\begin{pmatrix} 1 & 0 \\ 0 & 1 \end{pmatrix}$에 대하여 다음을 계산하시오.

1297 $-E$

1298 E^3

1299 $(-E)^4$

1300 $E^{10}+(-E)^{10}$

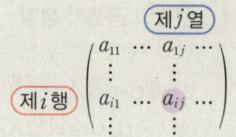

행렬 A의 (i, j) 성분 a_{ij}
➡ 행렬 A의 제i행과 제j열이 만나는 위치에 있는 성분

제j열

$$\left(\begin{matrix} a_{11} & \cdots & a_{1j} & \cdots \\ \vdots & & \vdots & \\ a_{i1} & \cdots & a_{ij} & \cdots \\ \vdots & & \vdots & \end{matrix} \right)$$

제i행

1301 ✔ 대표 예제

행렬 $\begin{pmatrix} 2 & a \\ 1 & -3 \end{pmatrix}$의 제1행의 모든 성분의 합이 5일 때, 상수 a의 값은?

① 1   ② 2   ③ 3
④ 4   ⑤ 5

완쏠 해설

주어진 행렬의 제1행의 모든 성분은 2, a이고, 그 합이 5이므로
$2+a=5$
$\therefore a=3$

행렬은 처음 접하는 단원이어서 용어가 생소할 거야.
행렬에 대한 정의와 관련된 용어의 뜻을 정확히 알아야 해!

답 ③

1302 대표 예제 한 번 더!

행렬 $\begin{pmatrix} -3 & 0 \\ 2 & k \\ 1 & 6 \end{pmatrix}$의 제2열의 모든 성분의 합이 1일 때, 상수 k의 값은?

① -5 ② -4 ③ -3
④ -2 ⑤ -1

1303

행렬 $\begin{pmatrix} 5 & -2 & 3 \\ 2 & -5 & 4 \\ -1 & 1 & -7 \end{pmatrix}$의 $(1, 3)$ 성분과 $(3, 2)$ 성분의 합을 구하시오.

1304

다음 중 행렬 $\begin{pmatrix} 6 & 3 \\ -2 & 1 \\ 10 & -6 \end{pmatrix}$에 대한 설명으로 옳지 <u>않은</u> 것은?

① 3×2 행렬이다.
② $a_{22}=1$
③ 제1열의 모든 성분의 합은 14이다.
④ $(1, 2)$ 성분과 $(3, 1)$ 성분의 곱은 30이다.
⑤ $a_{11}-a_{32}=0$

1305

행렬 $A=\begin{pmatrix} -2 & 10 & 5 \\ 9 & k & 1 \end{pmatrix}$에서 $a_{11}-a_{22}+a_{23}=2$일 때, 상수 k의 값은?

① -5 ② -3 ③ -1
④ 1   ⑤ 3

유형 02 성분이 주어진 행렬

$A=(a_{ij})$ $(i=1, 2, 3, \cdots, j=1, 2, 3, \cdots)$가 식으로 주어진 경우
➡ a_{ij}의 i, j에 각각 1, 2, 3, $\cdots$을 대입하여 행렬의 성분을 구한다.

1306 ✓대표 예제

행렬 A의 (i, j) 성분 a_{ij}가
$$a_{ij}=i+j+3 \ (i=1, 2, j=1, 2)$$
일 때, 행렬 A의 모든 성분의 합은?

① 21   ② 22   ③ 23
④ 24   ⑤ 25

완쏠 해설

$a_{11}=1+1+3=5$, $a_{12}=1+2+3=6$,
$a_{21}=2+1+3=6$, $a_{22}=2+2+3=7$
$\therefore A=\begin{pmatrix} 5 & 6 \\ 6 & 7 \end{pmatrix}$
따라서 행렬 A의 모든 성분의 합은
$5+6+6+7=24$

> 주어진 식의 (i, j)에 $(1, 1)$, $(1, 2)$, $(2, 1)$, $(2, 2)$를 대입해서 행렬 A의 모든 성분을 구해야 해. 이때 계산 실수에 주의하자.

(답) ④

1307 대표 예제 한 번 더!

행렬 A의 (i, j) 성분 a_{ij}가
$$a_{ij}=ij-1 \ (i=1, 2, 3, j=1, 2)$$
일 때, 행렬 A의 모든 성분의 합은?

① 11   ② 12   ③ 13
④ 14   ⑤ 15

1308

행렬 A의 (i, j) 성분 a_{ij}가
$$a_{ij}=\begin{cases} 0 & (i=j) \\ k & (i \neq j) \end{cases} \ (i=1, 2, j=1, 2, 3)$$
이다. 행렬 A의 모든 성분의 합이 12일 때, 상수 k의 값은?

① 1   ② 2   ③ 3
④ 4   ⑤ 5

1309

삼차정사각행렬 A의 (i, j) 성분 a_{ij}가
$$a_{ij}=\begin{cases} j & (i<j) \\ i & (i=j) \\ 1-a_{ji} & (i>j) \end{cases}$$
일 때, 행렬 A의 제3행의 모든 성분의 합은?

① -5 ② -4 ③ -3
④ -2 ⑤ -1

1310

그림과 같이 세 마을 P_1, P_2, P_3 사이의 길의 방향을 화살표로 나타낸 것이다. 행렬 A의 (i, j) 성분 a_{ij}를 마을 P_i에서 마을 P_j로 가는 길의 개수라 할 때, $a_{ij}(a_{ij}-2)<0$을 만족시키는 행렬 A의 성분의 개수는?

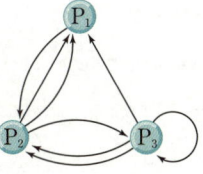

(단, $i=1, 2, 3, j=1, 2, 3$)

① 1   ② 2   ③ 3
④ 4   ⑤ 5

유형 03 두 행렬이 서로 같을 조건

두 행렬 $A=\begin{pmatrix} a_{11} & a_{12} \\ a_{21} & a_{22} \end{pmatrix}$, $B=\begin{pmatrix} b_{11} & b_{12} \\ b_{21} & b_{22} \end{pmatrix}$에 대하여 $A=B$이면

➡ $a_{11}=b_{11}$, $a_{12}=b_{12}$, $a_{21}=b_{21}$, $a_{22}=b_{22}$

1311 ✓ 대표 예제

두 행렬 $A=\begin{pmatrix} a-b & 1 \\ 5 & c+1 \end{pmatrix}$, $B=\begin{pmatrix} 4 & 1 \\ 2a+b & 3 \end{pmatrix}$에 대하여 $A=B$

일 때, $a+b+c$의 값은? (단, a, b, c는 상수이다.)

① 1   ② 2   ③ 3

④ 4   ⑤ 5

완쏠 해설

$A=B$에서 두 행렬 A, B의 대응하는 성분이 서로 같아야 하므로

$a-b=4$ …… ㉠ → $a_{11}=b_{11}$

$5=2a+b$ …… ㉡ → $a_{21}=b_{21}$

$c+1=3$ …… ㉢ → $a_{22}=b_{22}$

㉠, ㉡을 연립하여 풀면

$a=3$, $b=-1$

㉢에서 $c=2$

∴ $a+b+c=3+(-1)+2=4$

답 ④

1312 대표 예제 한 번 더!

등식 $\begin{pmatrix} 2a-1 & -3 \\ b+c & 0 \end{pmatrix}=\begin{pmatrix} 5 & a+3b \\ -2 & 0 \end{pmatrix}$이 성립하도록 하는

세 상수 a, b, c에 대하여 $a+b-c$의 값은?

① -2 ② -1 ③ 0

④ 1   ⑤ 2

1313

두 행렬 $P=\begin{pmatrix} a+b & c-d \\ 1 & 3a \end{pmatrix}$, $Q=\begin{pmatrix} -5 & 4 \\ d & 2b \end{pmatrix}$에 대하여

$P=Q$일 때, $abcd$의 값을 구하시오.

(단, a, b, c, d는 상수이다.)

1314

두 행렬 $A=\begin{pmatrix} x^2+y^2 & 1 \\ 0 & 5 \end{pmatrix}$, $B=\begin{pmatrix} 15 & 1 \\ 0 & xy \end{pmatrix}$에 대하여 $A=B$

일 때, x^3+y^3의 값은? (단, $x>0$, $y>0$)

① 40   ② 45   ③ 50

④ 55   ⑤ 60

1315

등식 $\begin{pmatrix} x^2+x & 1 \\ y^2 & 6 \end{pmatrix}=\begin{pmatrix} 2 & y^2 \\ y & x^2-x \end{pmatrix}$가 성립할 때, xy의 값은?

(단, x, y는 상수이다.)

① -5 ② -4 ③ -3

④ -2 ⑤ -1

유형 04 행렬의 덧셈, 뺄셈, 실수배

두 행렬 $A=\begin{pmatrix} a_{11} & a_{12} \\ a_{21} & a_{22} \end{pmatrix}$, $B=\begin{pmatrix} b_{11} & b_{12} \\ b_{21} & b_{22} \end{pmatrix}$와 실수 k에 대하여

$\Rightarrow A \pm kB=\begin{pmatrix} a_{11} \pm kb_{11} & a_{12} \pm kb_{12} \\ a_{21} \pm kb_{21} & a_{22} \pm kb_{22} \end{pmatrix}$

1316 ✓ 대표 예제

두 행렬 $A=\begin{pmatrix} 1 & 0 \\ 0 & -2 \end{pmatrix}$, $B=\begin{pmatrix} 2 & 3 \\ -1 & 4 \end{pmatrix}$에 대하여 행렬

$3(A+B)-2A$는?

① $\begin{pmatrix} 7 & 9 \\ -3 & 10 \end{pmatrix}$ ② $\begin{pmatrix} 4 & -6 \\ 5 & 0 \end{pmatrix}$ ③ $\begin{pmatrix} -3 & 6 \\ 1 & 5 \end{pmatrix}$

④ $\begin{pmatrix} 10 & -5 \\ 3 & -4 \end{pmatrix}$ ⑤ $\begin{pmatrix} 7 & 6 \\ -4 & 8 \end{pmatrix}$

완쏠 해설

$3(A+B)-2A$
$=(3A+3B)-2A$
$=A+3B$
$=\begin{pmatrix} 1 & 0 \\ 0 & -2 \end{pmatrix}+3\begin{pmatrix} 2 & 3 \\ -1 & 4 \end{pmatrix}$
$=\begin{pmatrix} 1 & 0 \\ 0 & -2 \end{pmatrix}+\begin{pmatrix} 6 & 9 \\ -3 & 12 \end{pmatrix}$
$=\begin{pmatrix} 7 & 9 \\ -3 & 10 \end{pmatrix}$

> 행렬을 주어진 식에 바로 대입하기보다는 먼저 주어진 식을 간단히 한 후 행렬을 대입하는 것이 계산하기 편해.

답 ①

1317 대표 예제 한 번 더!

두 행렬 $P=\begin{pmatrix} 3 & 1 \\ -1 & 2 \end{pmatrix}$, $Q=\begin{pmatrix} -2 & 0 \\ 5 & 7 \end{pmatrix}$에 대하여 행렬

$3(P-2Q)-(2P-3Q)$는?

① $\begin{pmatrix} -6 & 10 \\ 20 & -18 \end{pmatrix}$ ② $\begin{pmatrix} 10 & 3 \\ 15 & 20 \end{pmatrix}$ ③ $\begin{pmatrix} 7 & -6 \\ 10 & 12 \end{pmatrix}$

④ $\begin{pmatrix} -5 & 4 \\ 8 & -15 \end{pmatrix}$ ⑤ $\begin{pmatrix} 9 & 1 \\ -16 & -19 \end{pmatrix}$

1318 교육청

두 행렬 $A=\begin{pmatrix} 2 & 1 \\ 0 & 1 \end{pmatrix}$, $B=\begin{pmatrix} 1 & 0 \\ 4 & a \end{pmatrix}$에 대하여

$2A+B=\begin{pmatrix} 5 & 2 \\ 4 & 7 \end{pmatrix}$일 때, a의 값은? (단, a는 상수이다.)

① 1 ② 2 ③ 3

④ 4 ⑤ 5

1319

세 행렬 $A=\begin{pmatrix} -1 & 2 \\ 3 & 1 \end{pmatrix}$, $B=\begin{pmatrix} 4 & -3 \\ 1 & -2 \end{pmatrix}$, $C=\begin{pmatrix} 5 & 0 \\ 11 & -1 \end{pmatrix}$에

대하여 $xA+yB=C$를 만족시키는 $x+y$의 값을 구하시오. (단, x, y는 상수이다.)

1320

행렬 $A=\begin{pmatrix} 4 & -2 \\ 1 & 5 \end{pmatrix}$에 대하여 $B=\frac{1}{2}A$일 때,

$2(A-X)=-(X+B)$를 만족시키는 행렬 X의 모든 성분의 합은?

① 16 ② 17 ③ 18

④ 19 ⑤ 20

유형 05 행렬의 덧셈, 뺄셈, 실수배; 연립

두 행렬 A, B에 대한 두 등식이 주어진 경우
➡ A, B에 대한 연립방정식으로 생각하여 행렬 A 또는 행렬 B를 구한다.

1321 ✓ 대표 예제

두 이차정사각행렬 A, B에 대하여

$$2A+B=\begin{pmatrix} 0 & 1 \\ 4 & 7 \end{pmatrix}, A+2B=\begin{pmatrix} -3 & 5 \\ 2 & 5 \end{pmatrix}$$

일 때, 행렬 $2A-B$의 모든 성분의 합을 구하시오.

완쏠 해설

$2A+B=\begin{pmatrix} 0 & 1 \\ 4 & 7 \end{pmatrix}$ ...... ㉠

$A+2B=\begin{pmatrix} -3 & 5 \\ 2 & 5 \end{pmatrix}$ ...... ㉡

> 두 식을 연립하여 행렬 A 또는 행렬 B를 구한다.

$2\times㉠-㉡$을 하면

$3A=2\begin{pmatrix} 0 & 1 \\ 4 & 7 \end{pmatrix}-\begin{pmatrix} -3 & 5 \\ 2 & 5 \end{pmatrix}=\begin{pmatrix} 3 & -3 \\ 6 & 9 \end{pmatrix}$

$\therefore A=\frac{1}{3}\begin{pmatrix} 3 & -3 \\ 6 & 9 \end{pmatrix}=\begin{pmatrix} 1 & -1 \\ 2 & 3 \end{pmatrix}$

㉠에서

$B=-2A+\begin{pmatrix} 0 & 1 \\ 4 & 7 \end{pmatrix}=-2\begin{pmatrix} 1 & -1 \\ 2 & 3 \end{pmatrix}+\begin{pmatrix} 0 & 1 \\ 4 & 7 \end{pmatrix}=\begin{pmatrix} -2 & 3 \\ 0 & 1 \end{pmatrix}$

$\therefore 2A-B=2\begin{pmatrix} 1 & -1 \\ 2 & 3 \end{pmatrix}-\begin{pmatrix} -2 & 3 \\ 0 & 1 \end{pmatrix}=\begin{pmatrix} 4 & -5 \\ 4 & 5 \end{pmatrix}$

따라서 행렬 $2A-B$의 모든 성분의 합은

$4+(-5)+4+5=8$

다른 풀이

$2\times㉡-㉠$을 하면

$3B=2\begin{pmatrix} -3 & 5 \\ 2 & 5 \end{pmatrix}-\begin{pmatrix} 0 & 1 \\ 4 & 7 \end{pmatrix}=\begin{pmatrix} -6 & 9 \\ 0 & 3 \end{pmatrix}$

$\therefore B=\frac{1}{3}\begin{pmatrix} -6 & 9 \\ 0 & 3 \end{pmatrix}=\begin{pmatrix} -2 & 3 \\ 0 & 1 \end{pmatrix}$

답 8

1322 대표 예제 한 번 더! 교육청

두 이차정사각행렬 A, B가

$$A-B=\begin{pmatrix} 0 & -3 \\ 12 & 2 \end{pmatrix}, 2A+B=\begin{pmatrix} 6 & 3 \\ 9 & 7 \end{pmatrix}$$

을 만족시킬 때, 행렬 A의 $(2, 1)$ 성분과 행렬 B의 $(2, 2)$ 성분의 합을 구하시오.

1323

두 이차정사각행렬 A, B가

$$A+3B=\begin{pmatrix} -3 & a \\ 1 & 1 \end{pmatrix}, 2A-B=\begin{pmatrix} 8 & -1 \\ -5 & 9 \end{pmatrix}$$

를 만족시킨다. 행렬 A의 모든 성분의 합이 5일 때, 행렬 B의 모든 성분의 곱은? (단, a는 상수이다.)

① 1 ② 2 ③ 3
④ 4 ⑤ 5

1324

두 행렬 $A=\begin{pmatrix} 3 & -1 \\ -2 & 9 \end{pmatrix}$, $B=\begin{pmatrix} 1 & -1 \\ 0 & 1 \end{pmatrix}$이 있다.

$$\begin{cases} X+Y=A \\ X-Y=B \end{cases}$$

를 만족시키는 두 행렬 X, Y에 대하여 행렬 X의 모든 성분의 합을 p, 행렬 Y의 모든 성분의 합을 q라 하자. $p\times q$의 값을 구하시오.

1325 Up

두 이차정사각행렬 A, B가

$$2A-3B=\begin{pmatrix} 5 & a \\ b & 2 \end{pmatrix}, 3A-2B=\begin{pmatrix} 0 & b \\ a & 3 \end{pmatrix}$$

을 만족시킨다. $A-B=\begin{pmatrix} a & a \\ a & a \end{pmatrix}$일 때, 행렬 $A+B$의 모든 성분의 합은? (단, a, b는 상수이다.)

① -4 ② -2 ③ 0
④ 2 ⑤ 4

유형 06 행렬의 곱셈

두 행렬 $A=\begin{pmatrix} a_{11} & a_{12} \\ a_{21} & a_{22} \end{pmatrix}$, $B=\begin{pmatrix} b_{11} & b_{12} \\ b_{21} & b_{22} \end{pmatrix}$에 대하여

➡ $AB=\begin{pmatrix} a_{11}b_{11}+a_{12}b_{21} & a_{11}b_{12}+a_{12}b_{22} \\ a_{21}b_{11}+a_{22}b_{21} & a_{21}b_{12}+a_{22}b_{22} \end{pmatrix}$

참고 (1) 두 행렬 A, B의 곱 AB는 행렬 A의 열의 개수와 행렬 B의 행의 개수가 서로 같을 때만 정의된다.

➡ $(m \times k$ 행렬$) \times (k \times n$ 행렬$)=(m \times n$ 행렬$)$

(2) $\begin{pmatrix} ❶ \\ ❷ \end{pmatrix}\begin{pmatrix} ① & ② \end{pmatrix}=\begin{pmatrix} ❶\times① & ❶\times② \\ ❷\times① & ❷\times② \end{pmatrix}$

1326 ✔ 대표 예제

두 행렬 $A=\begin{pmatrix} 4 & 0 \\ 2a & -3 \end{pmatrix}$, $B=\begin{pmatrix} a \\ 2 \end{pmatrix}$에 대하여 행렬 AB의 모든 성분의 합이 0일 때, 양수 a의 값은?

① 1   ② $\dfrac{3}{2}$ ③ 2

④ $\dfrac{5}{2}$ ⑤ 3

완쏠 해설

$AB=\begin{pmatrix} 4 & 0 \\ 2a & -3 \end{pmatrix}\begin{pmatrix} a \\ 2 \end{pmatrix}$

$=\begin{pmatrix} 4a \\ 2a^2-6 \end{pmatrix}$

(2×2 행렬$) \times (2 \times 1$ 행렬$)$이므로 계산 결과는 $(2 \times 1$ 행렬$)$이어야 해.

이때 행렬 AB의 모든 성분의 합이 0이므로

$4a+(2a^2-6)=0$

$2(a+3)(a-1)=0$

$\therefore a=1 \ (\because a>0)$

답 ①

1327 대표 예제 한 번 더!

두 행렬 $A=\begin{pmatrix} -3 & 1 \\ 3 & -1 \end{pmatrix}$, $B=\begin{pmatrix} a & 2 \\ 3 & b \end{pmatrix}$에 대하여 $AB=O$일 때, 행렬 BA의 모든 성분의 합은?

(단, a, b는 상수이고, O는 영행렬이다.)

① 6   ② 7   ③ 8

④ 9   ⑤ 10

1328

두 행렬 $A=\begin{pmatrix} 4 & a \\ -1 & 1 \end{pmatrix}$, $B=\begin{pmatrix} b & 2 \\ -1 & -2 \end{pmatrix}$가 $AB=BA$를 만족시킬 때, $a+b$의 값은? (단, a, b는 상수이다.)

① 1   ② 2   ③ 3

④ 4   ⑤ 5

1329 교육청

이차정사각행렬 A의 (i, j) 성분 a_{ij}와 이차정사각행렬 B의 (i, j) 성분 b_{ij}를 각각

$a_{ij}=i-j+1$, $b_{ij}=i+j+1$ $(i=1, 2, j=1, 2)$

라 할 때, 행렬 AB의 $(2, 2)$ 성분을 구하시오.

1330

이차방정식 $x^2-4x-1=0$의 두 실근을 각각 α, β라 하자. 두 행렬

$$A=\begin{pmatrix} \alpha & -\beta \\ -\beta & \alpha \end{pmatrix}, B=\begin{pmatrix} \alpha & 0 \\ 0 & -\beta \end{pmatrix}$$

에 대하여 행렬 $AB+BA$의 모든 성분의 합은?

① 32   ② 34   ③ 36

④ 38   ⑤ 40

유형 **07** 행렬 A^2 구하기

행렬 $A = \begin{pmatrix} a_{11} & a_{12} \\ a_{21} & a_{22} \end{pmatrix}$에 대하여

➡ $A^2 = AA = \begin{pmatrix} a_{11} & a_{12} \\ a_{21} & a_{22} \end{pmatrix}\begin{pmatrix} a_{11} & a_{12} \\ a_{21} & a_{22} \end{pmatrix}$

$\quad = \begin{pmatrix} a_{11}^2 + a_{12}a_{21} & a_{11}a_{12} + a_{12}a_{22} \\ a_{11}a_{21} + a_{21}a_{22} & a_{12}a_{21} + a_{22}^2 \end{pmatrix}$

1331 ✓ 대표 예제

행렬 $A = \begin{pmatrix} a & 1 \\ 2 & -2 \end{pmatrix}$에 대하여 행렬 A^2의 모든 성분의 합이 6일 때, 양수 a의 값은?

① 1 　　　② 3 　　　③ 5
④ 7 　　　⑤ 9

> (완쏠 해설)
>
> 행렬 $A = \begin{pmatrix} a & 1 \\ 2 & -2 \end{pmatrix}$에 대하여
>
> $A^2 = AA = \begin{pmatrix} a & 1 \\ 2 & -2 \end{pmatrix}\begin{pmatrix} a & 1 \\ 2 & -2 \end{pmatrix} = \begin{pmatrix} a^2+2 & a-2 \\ 2a-4 & 6 \end{pmatrix}$
>
> 이때 행렬 A^2의 모든 성분의 합이 6이므로
>
> $(a^2+2) + (a-2) + (2a-4) + 6 = 6$
>
> $a^2 + 3a - 4 = 0,\ (a+4)(a-1) = 0$
>
> $\therefore a = 1\ (\because a > 0)$
>
> > $A^2 = AA$이므로 행렬의 곱셈을 이용하여 행렬 A^2을 구할 수 있어
> >
>
> (답) ①

1332 대표 예제 한 번 더!

행렬 $A = \begin{pmatrix} a+1 & 0 \\ a & -1 \end{pmatrix}$에 대하여 행렬 A^2의 $(1, 1)$ 성분과 $(2, 1)$ 성분의 합이 13일 때, 양수 a의 값은?

① 1 　　　② 2 　　　③ 3
④ 4 　　　⑤ 5

1333

행렬 $A = \begin{pmatrix} a & 0 \\ 0 & b \end{pmatrix}$에 대하여 행렬 A^2의 제1행의 모든 성분의 합이 4이고, 제2행의 모든 성분의 합이 9이다. 두 양수 a, b에 대하여 $a+b$의 값은?

① 3 　　　② 4 　　　③ 5
④ 6 　　　⑤ 7

1334

이차방정식 $x^2 - 7x + 3 = 0$의 두 실근을 각각 α, β라 할 때, 행렬 $A = \begin{pmatrix} \alpha & 1 \\ 1 & \beta \end{pmatrix}$에 대하여 행렬 A^2의 모든 성분의 합은?

① 56 　　　② 57 　　　③ 58
④ 59 　　　⑤ 60

1335

행렬 $A = \begin{pmatrix} x+1 & 0 \\ 0 & y-2 \end{pmatrix}$에 대하여 행렬 A^2의 모든 성분의 합이 5이다. 두 정수 x, y에 대하여 xy의 최댓값을 M, 최솟값을 m이라 할 때, $M+m$의 값은?

① -7 　　　② -6 　　　③ -5
④ -4 　　　⑤ -3

정답 및 해설 156쪽

유형 08 규칙성을 이용하여 행렬의 거듭제곱 구하기

행렬 A에 대하여
$$A^2=AA, \quad A^3=A^2A, \quad A^4=A^3A, \quad \cdots$$
임을 이용해 A^2, A^3, A^4, $\cdots$을 차례대로 구한 후 행렬 A^n의 규칙성을 찾는다. (단, n은 자연수)

참고 자연수 n에 대하여
$$A=\begin{pmatrix} 1 & a \\ 0 & 1 \end{pmatrix} \text{일 때 } A^n=\begin{pmatrix} 1 & na \\ 0 & 1 \end{pmatrix}, \quad A=\begin{pmatrix} a & 0 \\ 0 & b \end{pmatrix} \text{일 때 } A^n=\begin{pmatrix} a^n & 0 \\ 0 & b^n \end{pmatrix}$$

1336 ✓대표 예제

행렬 $A=\begin{pmatrix} 1 & 2 \\ 0 & 1 \end{pmatrix}$에 대하여 행렬 A^{10}의 모든 성분의 합은?

① 18   ② 20   ③ 22

④ 24   ⑤ 26

완쏠 해설

$A^2=AA=\begin{pmatrix} 1 & 2 \\ 0 & 1 \end{pmatrix}\begin{pmatrix} 1 & 2 \\ 0 & 1 \end{pmatrix}=\begin{pmatrix} 1 & 4 \\ 0 & 1 \end{pmatrix}$

$A^3=A^2A=\begin{pmatrix} 1 & 4 \\ 0 & 1 \end{pmatrix}\begin{pmatrix} 1 & 2 \\ 0 & 1 \end{pmatrix}=\begin{pmatrix} 1 & 6 \\ 0 & 1 \end{pmatrix}$

$A^4=A^3A=\begin{pmatrix} 1 & 6 \\ 0 & 1 \end{pmatrix}\begin{pmatrix} 1 & 2 \\ 0 & 1 \end{pmatrix}=\begin{pmatrix} 1 & 8 \\ 0 & 1 \end{pmatrix}$
$\vdots$

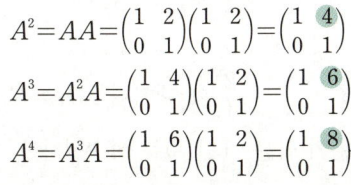

보통 행렬 A^n을 구하는 문제는 n이 증가할 때마다 성분이 규칙적으로 변하니까 그 규칙을 빨리 찾는 것이 중요해.

즉, 자연수 n에 대하여 $A^n=\begin{pmatrix} 1 & 2n \\ 0 & 1 \end{pmatrix}$임을 알 수 있다.

따라서 $A^{10}=\begin{pmatrix} 1 & 20 \\ 0 & 1 \end{pmatrix}$이므로 행렬 A^{10}의 모든 성분의 합은
$1+20+0+1=22$

답 ③

1337 대표 예제 한 번 더!

행렬 $A=\begin{pmatrix} 1 & 0 \\ -3 & 1 \end{pmatrix}$에 대하여 행렬 A^8의 제2행의 모든 성분의 합은?

① -25 ② -24 ③ -23

④ -22 ⑤ -21

1338

행렬 $A=\begin{pmatrix} -1 & 0 \\ 0 & 2 \end{pmatrix}$에 대하여 행렬 $A^9=\begin{pmatrix} a & b \\ c & d \end{pmatrix}$일 때, $a+d$의 값은? (단, a, b, c, d는 상수이다.)

① 508   ② 511   ③ 514

④ 517   ⑤ 520

1339

행렬 $A=\begin{pmatrix} 2 & 2 \\ 0 & 0 \end{pmatrix}$에 대하여 행렬 A^n의 모든 성분의 합이 300 이상이 되도록 하는 자연수 n의 최솟값은?

① 6   ② 7   ③ 8

④ 9   ⑤ 10

1340

2 이상의 두 자연수 a, b에 대하여 행렬 A를
$$A=\begin{pmatrix} 0 & a \\ 0 & b \end{pmatrix}$$
라 하자. 행렬 A^8의 제2열의 모든 성분의 합이 640일 때, $a-b$의 값은? (단, a, b는 상수이다.)

① -1 ② 1 ③ 3

④ 5 ⑤ 7

유형 **09** 행렬의 곱셈에 대한 성질

두 행렬 A, B에 대하여
(1) 일반적으로 $AB \neq BA$이다.
   즉, 지수법칙, 곱셈 공식이 성립하지 않는다.
   ➡ $(AB)^n \neq A^n B^n$
   $(A+B)(A-B) \neq A^2 - B^2$
   $(A \pm B)^2 \neq A^2 \pm 2AB + B^2$ (복부호동순)
(2) $AB = BA$이면 지수법칙, 곱셈 공식이 성립한다.
   ➡ $(AB)^n = A^n B^n$
   $(A+B)(A-B) = A^2 - B^2$
   $(A \pm B)^2 = A^2 \pm 2AB + B^2$ (복부호동순)

참고 지수법칙, 곱셈 공식이 성립하면 $AB = BA$이다.

1341 ✔ 대표 예제

두 행렬 $A = \begin{pmatrix} 2 & 0 \\ -1 & a \end{pmatrix}$, $B = \begin{pmatrix} 1 & 0 \\ a & 2 \end{pmatrix}$가 등식

$$(A+B)^2 = A^2 + 2AB + B^2$$

을 만족시킬 때, 상수 a의 값을 구하시오.

완쏠 해설

$(A+B)^2 = (A+B)(A+B) = A(A+B) + B(A+B)$
$\qquad = A^2 + AB + BA + B^2$
이때 $(A+B)^2 = A^2 + 2AB + B^2$이므로
$A^2 + AB + BA + B^2 = A^2 + 2AB + B^2$
$\therefore AB = BA$ → $(A+B)^2$을 전개하지 않아도 곱셈 공식이 성립하므로 $AB=BA$임을 알 수 있다.
한편,

$AB = \begin{pmatrix} 2 & 0 \\ -1 & a \end{pmatrix}\begin{pmatrix} 1 & 0 \\ a & 2 \end{pmatrix} = \begin{pmatrix} 2 & 0 \\ a^2-1 & 2a \end{pmatrix}$,

$BA = \begin{pmatrix} 1 & 0 \\ a & 2 \end{pmatrix}\begin{pmatrix} 2 & 0 \\ -1 & a \end{pmatrix} = \begin{pmatrix} 2 & 0 \\ 2a-2 & 2a \end{pmatrix}$

이므로 $AB = BA$에서
$a^2-1 = 2a-2$, $a^2-2a+1 = 0$
$(a-1)^2 = 0 \quad \therefore a = 1$ ← 두 행렬이 서로 같을 조건에 의하여 $a_{21} = b_{21}$

답 1

1342

두 행렬 $A = \begin{pmatrix} -1 & 2 \\ 0 & 1 \end{pmatrix}$, $B = \begin{pmatrix} 1 & -3 \\ 1 & -1 \end{pmatrix}$에 대하여 행렬 $A^2 + AB + BA + B^2$의 모든 성분의 합은?

① -4 ② -3 ③ -2
④ 2 ⑤ 3

1343

두 행렬 A, B가 다음 조건을 만족시킨다.

(가) $A+B = \begin{pmatrix} 4 & -1 \\ 3 & 5 \end{pmatrix}$, $A-B = \begin{pmatrix} 0 & -1 \\ 3 & 1 \end{pmatrix}$
(나) $AB = BA$

행렬 $A^2 - B^2$의 모든 성분의 합은?

① 1 ② 3 ③ 5
④ 7 ⑤ 9

1344

두 행렬 $A = \begin{pmatrix} a & 2 \\ a & 1 \end{pmatrix}$, $B = \begin{pmatrix} 1 & 2 \\ 3 & -1 \end{pmatrix}$에 대하여 $AB = BA$일 때, $A^2 B^2$의 모든 성분의 합은? (단, a는 상수이다.)

① 291 ② 292 ③ 293
④ 294 ⑤ 295

1345

모든 실수 x에 대하여 두 행렬

$$A = \begin{pmatrix} x & -2 \\ 1 & 3 \end{pmatrix}, B = \begin{pmatrix} 3 & 6 \\ -3 & ax+b \end{pmatrix}$$

가 $(A-B)^2 + 2AB = A^2 + B^2$을 만족시킬 때, $a+b$의 값은? (단, a, b는 상수이다.)

① -6 ② -3 ③ 0
④ 3 ⑤ 6

유형 10 행렬의 변형

이차정사각행렬 A에 대하여

$$A\binom{a}{b}=\binom{p}{q}, \quad A\binom{c}{d}=\binom{r}{s}$$

라 하면

(1) $A\binom{a+c}{b+d}=\binom{p+r}{q+s}$, $kA\binom{a}{b}=\binom{kp}{kq}$ (단, k는 실수)

(2) $A\begin{pmatrix} a & c \\ b & d \end{pmatrix}=\begin{pmatrix} p & r \\ q & s \end{pmatrix}$

1346 ✓ 대표 예제

이차정사각행렬 A에 대하여

$$A\binom{1}{2}=\binom{2}{1}, \quad A\binom{5}{1}=\binom{-2}{5}$$

일 때, 행렬 $A\binom{7}{5}$의 모든 성분의 합은?

① 3   ② 5   ③ 7
④ 9   ⑤ 11

완쏠 해설

두 실수 a, b에 대하여

$a\binom{1}{2}+b\binom{5}{1}=\binom{7}{5}$라 하면

> 주어진 두 식의 좌변의 행렬 $\binom{1}{2}$, $\binom{5}{1}$을 이용하여 행렬 $\binom{7}{5}$를 나타내는 것이 중요해.

$\binom{a+5b}{2a+b}=\binom{7}{5}$

$\therefore a+5b=7$, $2a+b=5$

위의 두 식을 연립하여 풀면

$a=2$, $b=1$

이때 $A\binom{2}{4}=2\left\{A\binom{1}{2}\right\}=2\binom{2}{1}=\binom{4}{2}$, $A\binom{5}{1}=\binom{-2}{5}$이므로

$A\binom{7}{5}=A\binom{2+5}{4+1}=\binom{4+(-2)}{2+5}=\binom{2}{7}$

따라서 행렬 $A\binom{7}{5}$의 모든 성분의 합은

$2+7=9$

답 ④

1347 대표 예제 한 번 더!

이차정사각행렬 A에 대하여

$$A\binom{3}{-1}=\binom{0}{-2}, \quad A\binom{-1}{2}=\binom{4}{1}$$

일 때, 행렬 $A\binom{-4}{3}$의 모든 성분의 합은?

① 3   ② 5   ③ 7
④ 9   ⑤ 11

1348

이차정사각행렬 A에 대하여

$$A\binom{a}{b}=\binom{-2}{4}, \quad A\binom{a+2c}{b+2d}=\binom{6}{-2}$$

일 때, 행렬 $A\begin{pmatrix} a & c \\ b & d \end{pmatrix}$의 모든 성분의 곱은?

(단, a, b, c, d는 상수이다.)

① 96   ② 98   ③ 100
④ 102   ⑤ 104

1349

이차정사각행렬 A에 대하여

$$A\binom{3}{2}=\binom{1}{3}, \quad A\binom{2}{1}=\binom{0}{2}$$

이다. $A^2=\begin{pmatrix} 3 & -2 \\ -1 & 2 \end{pmatrix}$일 때, 행렬 $A\begin{pmatrix} 1 & 0 \\ 3 & 2 \end{pmatrix}$의 제2열의 모든 성분의 합은?

① 2   ② 4   ③ 6
④ 8   ⑤ 10

1350

이차정사각행렬 A에 대하여

$$A\binom{2a}{b}=\binom{1}{3}, \quad A\binom{a}{3b}=\binom{5}{-2}$$

일 때, $A\binom{-a}{7b}=\binom{p}{q}$이다. $p-q$의 값은? (단, $ab\neq0$)

① 21   ② 22   ③ 23
④ 24   ⑤ 25

유형 11 두 행렬의 합과 곱이 주어진 경우 🌟중요

두 행렬 A, B와 실수 k에 대하여 $A \pm B$ 또는 AB가 단위행렬 E의 실수배 또는 영행렬 O로 주어지면

➡ $A \pm B$에 대한 식의 양변에 행렬 A 또는 B를 곱하고, $AB=O$ 또는 $AB=kE$를 이용하여 하나의 행렬을 소거한다. 이때 $AE=EA=A$, $(kE)^n=k^nE$ (n은 자연수)를 이용한다.

1351 ✔ 대표 예제

두 이차정사각행렬 A, B에 대하여
$$A-B=3E, \quad AB=O$$
일 때, 행렬 A^2+B^2의 모든 성분의 합을 구하시오.

(단, E는 단위행렬, O는 영행렬이다.)

완쏠 해설

$A-B=3E$의 양변의 왼쪽에 행렬 A를 곱하면
$A^2-AB=3AE$ $\therefore A^2=3A$
$A-B=3E$의 양변의 오른쪽에 행렬 B를 곱하면
$AB-B^2=3EB$ $\therefore B^2=-3B$
$\therefore A^2+B^2=3A-3B=3(A-B)=3 \times 3E=9E$

$$=9\begin{pmatrix} 1 & 0 \\ 0 & 1 \end{pmatrix}=\begin{pmatrix} 9 & 0 \\ 0 & 9 \end{pmatrix}$$

주어진 식의 양변에 행렬을 곱할 때 방향에 주의해야 해.

따라서 구하는 행렬의 모든 성분의 합은
$9+0+0+9=18$

다른 풀이

$A-B=3E$에서 $A=B+3E$이므로
$AB=(B+3E)B=B^2+3EB=O$ $\therefore B^2=-3B$
$A-B=3E$에서 $B=A-3E$이므로
$AB=A(A-3E)=A^2-3AE=O$ $\therefore A^2=3A$

답 **18**

1352 대표 예제 한 번 더!

두 이차정사각행렬 A, B에 대하여
$$A+B=4E, \quad AB=\begin{pmatrix} 0 & 0 \\ 0 & 0 \end{pmatrix}$$
일 때, 행렬 A^3+B^3의 모든 성분의 합은?

(단, E는 단위행렬이다.)

① 32   ② 64   ③ 128
④ 256   ⑤ 512

1353

두 이차정사각행렬 A, B에 대하여
$$2A+3B=O, \quad AB=-2E$$
이다. 실수 k에 대하여 $A^4+B^4=kE$일 때, $9k$의 값을 구하시오. (단, E는 단위행렬이고, O는 영행렬이다.)

1354

두 이차정사각행렬 A, B에 대하여
$$A^2+A=3E, \quad AB=2E$$
이다. 행렬 A의 모든 성분의 합이 7일 때, 행렬 B의 모든 성분의 합은? (단, E는 단위행렬이다.)

① 2   ② 4   ③ 6
④ 8   ⑤ 10

1355

두 이차정사각행렬 A, B에 대하여
$$A+B=5E, \quad AB=4E$$
이다. 행렬 $A-B$의 모든 성분의 합이 6일 때, 행렬 A^3-B^3의 모든 성분의 합은? (단, E는 단위행렬이다.)

① 126   ② 127   ③ 128
④ 129   ⑤ 130

유형 12 단위행렬 E의 곱셈에 대한 성질

같은 꼴의 정사각행렬 A와 단위행렬 E에 대하여
$AE=EA=A$이므로
➡ 두 행렬 A, E로 이루어진 식은 곱셈 공식을 사용할 수 있다.

1356 ✓ 대표 예제

행렬 $A=\begin{pmatrix} 1 & 0 \\ 0 & -2 \end{pmatrix}$에 대하여

$$(A-E)(A^2+A+E^2)=\begin{pmatrix} a & b \\ c & d \end{pmatrix}$$

일 때, $a-d$의 값을 구하시오.

(단, a, b, c, d는 상수이고, E는 단위행렬이다.)

완쏠 해설

$\underline{AE=EA=A이므로}$ → 곱셈 공식이 가능하다.
$(A-E)(A^2+A+E^2)=A^3-E^3$
$\qquad\qquad\qquad\qquad =A^3-E$

이 유형은 **유형 09**와 비슷한 유형이야. 단위행렬 E에 대하여 $AE=EA$가 항상 성립하므로 곱셈 공식을 사용할 수 있어.

이때
$A^2=AA=\begin{pmatrix} 1 & 0 \\ 0 & -2 \end{pmatrix}\begin{pmatrix} 1 & 0 \\ 0 & -2 \end{pmatrix}=\begin{pmatrix} 1 & 0 \\ 0 & 4 \end{pmatrix}$,

$A^3=A^2A=\begin{pmatrix} 1 & 0 \\ 0 & 4 \end{pmatrix}\begin{pmatrix} 1 & 0 \\ 0 & -2 \end{pmatrix}=\begin{pmatrix} 1 & 0 \\ 0 & -8 \end{pmatrix}$

이므로

$A^3-E=\begin{pmatrix} 1 & 0 \\ 0 & -8 \end{pmatrix}-\begin{pmatrix} 1 & 0 \\ 0 & 1 \end{pmatrix}=\begin{pmatrix} 0 & 0 \\ 0 & -9 \end{pmatrix}$

따라서 $a=0$, $d=-9$이므로

$a-d=0-(-9)=9$

답 9

1357 대표 예제 한 번 더!

행렬 $A=\begin{pmatrix} 1 & 2 \\ 0 & 1 \end{pmatrix}$에 대하여 $(A+E)(A^2-A+E)$의 모든 성분의 합은? (단, E는 단위행렬이다.)

① 8   ② 9   ③ 10

④ 11   ⑤ 12

1358

이차정사각행렬 A에 대하여

$$4A^2=2A-E$$

일 때, 행렬 A^6의 제2열의 모든 성분의 합은?

(단, E는 단위행렬이다.)

① $-\dfrac{1}{64}$ ② $-\dfrac{1}{32}$ ③ $-\dfrac{1}{16}$

④ $\dfrac{1}{16}$ ⑤ $\dfrac{1}{64}$

1359

등식 $A^2(A-E)=O$을 만족시키는 행렬 A에 대하여 행렬 $(A+E)(A^2-2A+2E^2)$의 모든 성분의 합은?

(단, E는 단위행렬이고, O는 영행렬이다.)

① -4 ② -2 ③ 0

④ 2   ⑤ 4

1360

이차정사각행렬 A에 대하여

$$(A+2E)(3E-A)=7E$$

이다. 행렬 A의 모든 성분의 합이 6일 때, 행렬 $(A^4+E)(A^4-2E)$의 모든 성분의 합은?

(단, E는 단위행렬이다.)

① 6   ② 7   ③ 8

④ 9   ⑤ 10

유형 **13** 단위행렬 E를 이용한 행렬의 거듭제곱 중요

행렬 A에 대하여
$$A^2=AA,\ A^3=A^2A,\ A^4=A^3A,\ \cdots$$
를 직접 계산하여 $A^n=kE$ (k는 실수)를 만족시키는 자연수 n의 최솟값을 구한 후 주어진 식을 간단히 한다.
➡ $A^n=E$이면 $A^n=A^{2n}=A^{3n}=\cdots=E$

1361 ✔대표 예제

행렬 $A=\begin{pmatrix} 2 & -1 \\ 7 & -3 \end{pmatrix}$에 대하여 행렬 $2A^6-3A^2+E$의 $(2,1)$ 성분은? (단, E는 단위행렬이다.)

① 21 ② 22 ③ 23
④ 24 ⑤ 25

완쏠 해설

$A^2=AA=\begin{pmatrix} 2 & -1 \\ 7 & -3 \end{pmatrix}\begin{pmatrix} 2 & -1 \\ 7 & -3 \end{pmatrix}=\begin{pmatrix} -3 & 1 \\ -7 & 2 \end{pmatrix}$

$A^3=A^2A=\begin{pmatrix} -3 & 1 \\ -7 & 2 \end{pmatrix}\begin{pmatrix} 2 & -1 \\ 7 & -3 \end{pmatrix}=\begin{pmatrix} 1 & 0 \\ 0 & 1 \end{pmatrix}=E$

$\therefore\ 2A^6-3A^2+E$
$=2(A^3)^2-3A^2+E$
$=2E^2-3A^2+E$
$=-3A^2+3E\ (\because E^2=E)$
$=-3\begin{pmatrix} -3 & 1 \\ -7 & 2 \end{pmatrix}+3\begin{pmatrix} 1 & 0 \\ 0 & 1 \end{pmatrix}$
$=\begin{pmatrix} 12 & -3 \\ 21 & -3 \end{pmatrix}$

따라서 구하는 행렬의 $(2,1)$ 성분은 21이다.

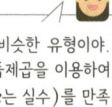
유형 **08**과 비슷한 유형이야. 행렬 A의 거듭제곱을 이용하여 $A^n=kE$ (k는 실수)를 만족시키는 자연수 n의 최솟값을 빨리 찾는 것이 중요해.

답 ①

1362 대표 예제 한 번 더!

행렬 $A=\begin{pmatrix} 1 & -1 \\ 1 & 0 \end{pmatrix}$에 대하여 행렬 $A^2+A^4+A^6+A^8$의 모든 성분의 합은?

① -2 ② -1 ③ 0
④ 1 ⑤ 2

1363

이차정사각행렬 A의 (i,j) 성분 a_{ij}가
$$a_{ij}=i-j$$
이다. 행렬 $(A^6+2E)^2$의 제2열의 모든 성분의 합은?
(단, E는 단위행렬이다.)

① 1 ② 2 ③ 3
④ 4 ⑤ 5

1364 평가원

행렬 $A=\begin{pmatrix} -1 & 3 \\ -1 & -1 \end{pmatrix}$에 대하여 $A^6\begin{pmatrix} 1 \\ 1 \end{pmatrix}=\begin{pmatrix} a \\ b \end{pmatrix}$일 때, $a+b$의 값을 구하시오.

1365 Up

이차방정식 $x^2+x-1=0$의 두 실근을 각각 α, β라 할 때, 두 행렬 A, B를
$$A=\begin{pmatrix} \alpha+\beta & 0 \\ \alpha\beta+1 & -1 \end{pmatrix},\ B=\begin{pmatrix} 1 & \alpha^2+\beta^2 \\ 0 & 1 \end{pmatrix}$$
이라 하자. 자연수 k에 대하여 행렬 A^k+B^k의 $(1,2)$ 성분이 24일 때, 행렬 A^k+B^k의 모든 성분의 합은?

① 22 ② 24 ③ 26
④ 28 ⑤ 30

유형 14 행렬에 대한 여러 가지 성질

세 행렬 A, B, C에 대하여

(1) 일반적으로 $AB \neq BA$이다.

(2) $A \neq O$, $B \neq O$이지만 $AB = O$인 경우가 있다.

　예 $A = \begin{pmatrix} 0 & 1 \\ 0 & 0 \end{pmatrix}$, $B = \begin{pmatrix} 1 & 0 \\ 0 & 0 \end{pmatrix}$

(3) $A \neq O$, $AB = AC$이지만 $B \neq C$인 경우가 있다.

　예 $A = \begin{pmatrix} 0 & 1 \\ 0 & 0 \end{pmatrix}$, $B = \begin{pmatrix} 1 & 0 \\ 0 & 0 \end{pmatrix}$, $C = \begin{pmatrix} -1 & 0 \\ 0 & 0 \end{pmatrix}$

1366 ✔ 대표 예제

두 이차정사각행렬 A, B에 대하여 ┤보기├에서 옳은 것만을 있는 대로 고른 것은? (단, O는 영행렬이다.)

┤ 보기 ├

ㄱ. 임의의 두 행렬 A, B에 대하여 $AB = BA$이다.

ㄴ. $AB = O$이면 $A = O$ 또는 $B = O$이다.

ㄷ. 임의의 두 행렬 A, B에 대하여
$A + B = B + A$이다.

① ㄱ　　　　② ㄷ　　　　③ ㄱ, ㄴ

④ ㄴ, ㄷ　　　⑤ ㄱ, ㄴ, ㄷ

완쏠 해설

ㄱ. $A = \begin{pmatrix} 0 & 1 \\ 0 & 0 \end{pmatrix}$, $B = \begin{pmatrix} 1 & 0 \\ 0 & 0 \end{pmatrix}$이라 하면

　$AB = \begin{pmatrix} 0 & 1 \\ 0 & 0 \end{pmatrix}\begin{pmatrix} 1 & 0 \\ 0 & 0 \end{pmatrix} = \begin{pmatrix} 0 & 0 \\ 0 & 0 \end{pmatrix}$,

　$BA = \begin{pmatrix} 1 & 0 \\ 0 & 0 \end{pmatrix}\begin{pmatrix} 0 & 1 \\ 0 & 0 \end{pmatrix} = \begin{pmatrix} 0 & 1 \\ 0 & 0 \end{pmatrix}$

　$\therefore AB \neq BA$ (거짓)

ㄴ. $A = \begin{pmatrix} 0 & 1 \\ 0 & 0 \end{pmatrix}$, $B = \begin{pmatrix} 1 & 0 \\ 0 & 0 \end{pmatrix}$이라 하면

　$AB = O$ ($\because$ ㄱ)이지만 $A \neq O$, $B \neq O$이다. (거짓)

ㄷ. 두 행렬 $A = \begin{pmatrix} a_{11} & a_{12} \\ a_{21} & a_{22} \end{pmatrix}$, $B = \begin{pmatrix} b_{11} & b_{12} \\ b_{21} & b_{22} \end{pmatrix}$에 대하여

　$A + B = \begin{pmatrix} a_{11} & a_{12} \\ a_{21} & a_{22} \end{pmatrix} + \begin{pmatrix} b_{11} & b_{12} \\ b_{21} & b_{22} \end{pmatrix}$

　$= \begin{pmatrix} a_{11}+b_{11} & a_{12}+b_{12} \\ a_{21}+b_{21} & a_{22}+b_{22} \end{pmatrix}$

　$= \begin{pmatrix} b_{11}+a_{11} & b_{12}+a_{12} \\ b_{21}+a_{21} & b_{22}+a_{22} \end{pmatrix}$

　$= \begin{pmatrix} b_{11} & b_{12} \\ b_{21} & b_{22} \end{pmatrix} + \begin{pmatrix} a_{11} & a_{12} \\ a_{21} & a_{22} \end{pmatrix}$

　$= B + A$ (참)

따라서 옳은 것은 ㄷ이다.

> 행렬 단원에서 참, 거짓을 판별하는 문제의 거짓 문장은 예로 알고 있는 것이 좋아.

답 ②

1367 대표 예제 한 번 더!

두 이차정사각행렬 A, B에 대하여 ┤보기├에서 옳은 것만을 있는 대로 고른 것은? (단, O는 영행렬이다.)

┤ 보기 ├

ㄱ. $A = O$이면 $A^2 = O$이다.

ㄴ. $AB = O$이고 $A \neq O$이면 $B = O$이다.

ㄷ. $AB = O$이면 $BA = O$이다.

① ㄱ　　　　② ㄴ　　　　③ ㄱ, ㄷ

④ ㄴ, ㄷ　　　⑤ ㄱ, ㄴ, ㄷ

1368

두 이차정사각행렬 A, B에 대하여 다음 중 옳지 않은 것은? (단, E는 단위행렬이고, O는 영행렬이다.)

① $AB = BA$를 만족시키는 두 행렬 A, B가 존재한다.

② 임의의 행렬 B에 대하여 $A = O$이면 $AB = O$이다.

③ $AB = BA = O$이면 $A = O$ 또는 $B = O$이다.

④ $A + B = O$이면 $A^2 - B^2 = O$이다.

⑤ 임의의 행렬 A에 대하여 $AE = EA$이다.

1369

두 이차정사각행렬 A, B에 대하여 ┤보기├에서 옳은 것만을 있는 대로 고른 것은?
(단, E는 단위행렬이고, O는 영행렬이다.)

┤ 보기 ├

ㄱ. 임의의 두 행렬 A, B에 대하여 $(AB)^2 = A^2 B^2$이다.

ㄴ. $A + B = E$이면 $AB = BA$이다.

ㄷ. $AB = A$이고 $A \neq O$이면 $B = E$이다.

① ㄱ　　　　② ㄴ　　　　③ ㄱ, ㄷ

④ ㄴ, ㄷ　　　⑤ ㄱ, ㄴ, ㄷ

유형 15 행렬의 실생활에서의 활용

주어진 문제를 행렬로 표현했을 때, 행렬의 곱셈에서 각 성분이 의미하는 것을 파악한다.

1370 ✔ 대표 예제

다음 표는 어느 공방에서 식탁과 의자를 1개 만들 때 필요한 목재와 철재의 무게이다.

(단위: kg)

	목재	철재
식탁	7	4
의자	3	2

목재의 가격은 1 kg에 5000원, 철재의 가격은 1 kg에 3000원이다. 세 행렬

$$A=\begin{pmatrix} 7 & 4 \\ 3 & 2 \end{pmatrix}, B=\begin{pmatrix} 5000 \\ 3000 \end{pmatrix}, C=(5000 \ \ 3000)$$

에 대하여 의자 1개를 만드는 데 필요한 목재와 철재의 비용의 합을 나타내는 행렬의 성분은?

① 행렬 AB의 $(1, 1)$ 성분   ② 행렬 AB의 $(2, 1)$ 성분
③ 행렬 BC의 $(1, 1)$ 성분   ④ 행렬 CA의 $(1, 1)$ 성분
⑤ 행렬 CA의 $(1, 2)$ 성분

── 완쏠 해설 ──

의자 1개를 만드는 데 필요한 목재와 철재의 비용의 합은
(의자 1개를 만드는 데 필요한 목재의 무게)×(목재의 비용)
＋(의자 1개를 만드는 데 필요한 철재의 무게)×(철재의 비용)
이다.
행렬 A의 제2행이 의자 1개를 만드는 데 필요한 목재와 철재의 무게이므로 행렬 A와 곱하는 행렬은 목재와 철재의 비용을 나타내는 2×1 행렬, 즉 행렬 B이어야 한다.
따라서 의자 1개를 만드는 데 필요한 목재와 철재의 비용의 합을 나타내는 행렬의 성분은 행렬

$$AB=\begin{pmatrix} 7 & 4 \\ 3 & 2 \end{pmatrix}\begin{pmatrix} 5000 \\ 3000 \end{pmatrix}=\begin{pmatrix} 47000 \\ 21000 \end{pmatrix}$$

의 $(2, 1)$ 성분이다.

 각각의 행렬이 나타내는 행과 열의 의미가 무엇인지 정확하게 파악해야 해.

답 ②

1371 대표 예제 한 번 더!

다음 표는 어느 고등학교 1, 2학년의 1반, 2반 학생들의 인원수이다.

(단위: 명)

	1반	2반
1학년	30	25
2학년	25	20

1학년 학생은 일주일 동안 수학 수업을 4시간씩, 2학년 학생은 일주일 동안 수학 수업을 6시간씩 듣는다. 세 행렬

$$A=\begin{pmatrix} 30 & 25 \\ 25 & 20 \end{pmatrix}, B=\begin{pmatrix} 4 \\ 6 \end{pmatrix}, C=(4 \ \ 6)$$

에 대하여 1, 2학년 1반의 모든 학생이 일주일 동안 듣는 총 수학 수업 시간을 나타내는 성분은?

① 행렬 AB의 $(1, 1)$ 성분   ② 행렬 AB의 $(2, 2)$ 성분
③ 행렬 BC의 $(2, 1)$ 성분   ④ 행렬 CA의 $(1, 1)$ 성분
⑤ 행렬 CA의 $(1, 2)$ 성분

1372

다음 표는 P 식당, Q 식당에서 하루에 소비하는 양파와 당근의 개수이다.

(단위: 개)

	양파	당근
P 식당	20	a
Q 식당	b	12

양파의 가격은 한 개에 600원, 당근의 가격은 한 개에 500원이다. P 식당에서 하루에 소비되는 양파와 당근의 총 비용은 21000원, Q 식당에서 하루에 소비되는 양파와 당근의 총 비용은 12000원일 때, 등식

$$\begin{pmatrix} 20 & a \\ b & 12 \end{pmatrix}\begin{pmatrix} 600 \\ 500 \end{pmatrix}=\begin{pmatrix} x \\ y \end{pmatrix}$$가 성립한다. $a+b$의 값을 구하시오.

(단, a, b, x, y는 상수이다.)

1373

다음 표는 어느 제과점에서 소금빵과 스콘을 1개씩 만들 때 필요한 밀가루와 버터의 양이다.

(단위: g)

	소금빵	스콘
밀가루	50	48
버터	21	20

제과점에서 하루에 생산하는 소금빵은 100개, 스콘은 50개일 때, 이 제과점에서 하루에 사용되는 밀가루의 양을 a g, 버터의 양을 b g이라 하자. a, b의 값을 구하는 식을 행렬로 나타낸 것은?

(단, 소금빵과 스콘을 만들면서 발생되는 손실분은 없다.)

① $\begin{pmatrix} a \\ b \end{pmatrix} = \begin{pmatrix} 50 & 48 \\ 21 & 20 \end{pmatrix} \begin{pmatrix} 100 \\ 50 \end{pmatrix}$

② $\begin{pmatrix} a \\ b \end{pmatrix} = (100 \ \ 50) \begin{pmatrix} 50 & 48 \\ 21 & 20 \end{pmatrix}$

③ $\begin{pmatrix} a \\ b \end{pmatrix} = \begin{pmatrix} 50 & 21 \\ 48 & 20 \end{pmatrix} \begin{pmatrix} 100 \\ 50 \end{pmatrix}$

④ $\begin{pmatrix} a \\ b \end{pmatrix} = (100 \ \ 50) \begin{pmatrix} 50 & 21 \\ 48 & 20 \end{pmatrix}$

⑤ $\begin{pmatrix} a \\ b \end{pmatrix} = \begin{pmatrix} 50 & 48 \\ 21 & 20 \end{pmatrix} \begin{pmatrix} 50 \\ 100 \end{pmatrix}$

1374

다음 [표1]은 두 과일 가게 P, Q에서 판매하는 사과와 배 한 개의 가격을 나타낸 것이고, [표2]는 상우와 지수가 사려고 하는 사과와 배의 개수를 나타낸 것이다.

(단위: 원)

	사과	배
P	1000	3000
Q	2000	2000

[표1]

(단위: 개)

	상우	지수
사과	5	8
배	4	3

[표2]

두 행렬 A, B를 각각 $A = \begin{pmatrix} 1000 & 3000 \\ 2000 & 2000 \end{pmatrix}$, $B = \begin{pmatrix} 5 & 8 \\ 4 & 3 \end{pmatrix}$이라 할 때, $AB = \begin{pmatrix} a & b \\ c & d \end{pmatrix}$라 하자. $c+d$가 의미하는 것은?

(단, a, b, c, d는 상수이다.)

① P 과일 가게에서 상우가 사과와 배를 샀을 때 지불해야 하는 금액

② P 과일 가게에서 지수가 사과와 배를 샀을 때 지불해야 하는 금액

③ P 과일 가게에서 상우와 지수가 사과와 배를 샀을 때 지불해야 하는 금액의 합

④ Q 과일 가게에서 상우가 사과와 배를 샀을 때 지불해야 하는 금액

⑤ Q 과일 가게에서 상우와 지수가 사과와 배를 샀을 때 지불해야 하는 금액의 합

1375 빈출 · 유형 01

행렬 $\begin{pmatrix} 5 & -2 & k \\ k^2 & 3 & -k \\ -10 & 4 & 5 \end{pmatrix}$의 제2행의 모든 성분의 합과 제3

열의 모든 성분의 합이 서로 같을 때, 양수 k의 값은?

① 1   ② 2   ③ 3

④ 4   ⑤ 5

1376 · 유형 07

두 자연수 a, b $(a>b)$에 대하여 행렬 A는

$$A=\begin{pmatrix} a & 1 \\ 1 & b \end{pmatrix}$$

이다. 행렬 A^2의 $(1, 1)$ 성분을 p, $(2, 2)$ 성분을 q라 할 때, $p-q=12$이다. 행렬 A^2의 모든 성분의 합은?

① 31   ② 32   ③ 33

④ 34   ⑤ 35

1377 교육청 · 유형 02 + 유형 07

두 이차정사각행렬 A, B의 (i, j) 성분을 각각 a_{ij}, b_{ij}라 할 때

$$a_{ij}+a_{ji}=0, \quad b_{ij}-b_{ji}=0 \ (i=1, 2, j=1, 2)$$

이 성립한다.

두 행렬 A, B가 $2A-B=\begin{pmatrix} 1 & 2 \\ -2 & 4 \end{pmatrix}$를 만족시킬 때, 행렬

A^2-B의 $(2, 2)$ 성분을 구하시오.

1378 · 유형 06

두 이차정사각행렬 A, B와 행렬 $X=\begin{pmatrix} a & 4b \\ b & a \end{pmatrix}$가 다음 조건을 만족시킨다.

> (가) $A-B=\begin{pmatrix} 1 & -2 \\ -2 & 4 \end{pmatrix}$
>
> (나) $AX=BX$

행렬 X의 모든 성분의 합이 18일 때, $a+b$의 값을 구하시오. (단, a, b는 상수이다.)

1379 · 유형 02

행렬 A의 (i, j) 성분은 이차함수

$$y=(x-i)^2+j \ (i=1, 2, j=1, 2)$$

의 그래프와 직선 $y=2x-2$가 만나는 점의 개수이다. 행렬 A의 모든 성분의 합을 구하시오.

1380 · 유형 02 + 유형 04

두 이차정사각행렬 A, B에 대하여 행렬 A의 (i, j) 성분은 $a_{ij}=i-j+1$이고, 행렬 B의 (i, j) 성분은 $b_{ij}=(i-1)k^2+jk$이다. 행렬 $B-2A$의 모든 성분의 합이 최소가 되도록 하는 실수 k의 값은?

① -2 ② $-\dfrac{3}{2}$ ③ -1

④ $-\dfrac{1}{2}$ ⑤ 0

1381 · 유형 09

두 행렬 $A=\begin{pmatrix} a & -1 \\ -b & 5 \end{pmatrix}$, $B=\begin{pmatrix} b & b \\ a & 0 \end{pmatrix}$ 이

$$A^2+4B^2=(A+2B)^2-4AB$$

를 만족시킬 때, $a+b$의 값은? (단, $ab<0$)

① 2   ② 4   ③ 6
④ 8   ⑤ 10

1382 평가원 · 유형 06

행렬 $A=\begin{pmatrix} 1 & 1 \\ a & a \end{pmatrix}$ 와 이차정사각행렬 B가 다음 조건을 만족시킬 때, 행렬 $A+B$의 $(1, 2)$ 성분과 $(2, 1)$ 성분의 합은? (단, a는 상수이다.)

> (가) $B\begin{pmatrix} 1 \\ -1 \end{pmatrix}=\begin{pmatrix} 0 \\ 0 \end{pmatrix}$ 이다.
> (나) $AB=2A$이고, $BA=4B$이다.

① 2   ② 4   ③ 6
④ 8   ⑤ 10

1383 빈출 · 유형 08 + 유형 10

이차정사각행렬 A에 대하여

$$A\begin{pmatrix} 1 \\ 0 \end{pmatrix}=\begin{pmatrix} 1 \\ 0 \end{pmatrix}, \quad A^2\begin{pmatrix} 0 \\ 1 \end{pmatrix}=\begin{pmatrix} 0 \\ 2 \end{pmatrix}$$

이다. 행렬 A^{16}의 모든 성분의 합은?

① 254   ② 255   ③ 256
④ 257   ⑤ 258

1384 교육청 · 유형 13

행렬 $A=\begin{pmatrix} -4 & -3 \\ 7 & 5 \end{pmatrix}$ 일 때,

$$E+A^2+A^4+A^6+\cdots+A^{100}$$

을 간단히 하면?

(단, E는 단위행렬이고, O는 영행렬이다.)

① E ② A ③ O
④ $-A$ ⑤ $-2A$

1385 · 유형 02 + 유형 05

두 이차정사각행렬 A, B와 두 행렬 $X=\begin{pmatrix} 3 & k \\ 6 & -3 \end{pmatrix}$,

$Y=\begin{pmatrix} -1 & k \\ 3 & -4 \end{pmatrix}$ 가 다음 조건을 만족시킨다.

> 네 행렬 A, B, X, Y의 (i, j) 성분을 각각 a_{ij}, b_{ij}, x_{ij}, y_{ij}라 하면
> $$x_{ij}=2a_{ij}-b_{ij}, \quad y_{ij}=a_{ij}+2b_{ij} \quad (i=1, 2, j=1, 2)$$
> 이다.

$b_{12}=1$일 때, 행렬 $A+B$의 모든 성분의 합을 구하시오.

(단, k는 상수이다.)

1386 · 유형 11

두 이차정사각행렬 A, B에 대하여

$$A^2+A=\begin{pmatrix} 2 & 1 \\ 0 & 1 \end{pmatrix}, \quad A^2+B=\begin{pmatrix} 0 & 1 \\ 0 & -1 \end{pmatrix}$$

일 때, $A^2+B^2+6A=\begin{pmatrix} a & b \\ c & d \end{pmatrix}$ 이다. ad의 값은?

(단, a, b, c, d는 상수이다.)

① 42   ② 44   ③ 46
④ 48   ⑤ 50

1387 빈출
• 유형 15

그림과 같이 네 개의 지점 P_1, P_2, Q_1, Q_2와 네 개의 지점 Q_1, Q_2, R_1, R_2를 연결하는 도로가 있다.

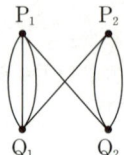

행렬 A의 (i, j) 성분 a_{ij}를 지점 P_i에서 지점 Q_j까지 가는 방법의 수, 행렬 B의 (i, j) 성분 b_{ij}를 지점 Q_i에서 지점 R_j까지 가는 방법의 수라 하자.
다음 중 지점 P_1에서 지점 R_2로 가는 방법의 수를 나타내는 행렬의 성분과 그 값을 각각 구한 것은?

① 행렬 AB의 $(1, 2)$ 성분, 1
② 행렬 AB의 $(1, 2)$ 성분, 11
③ 행렬 AB의 $(2, 1)$ 성분, 11
④ 행렬 BA의 $(1, 2)$ 성분, 7
⑤ 행렬 BA의 $(2, 1)$ 성분, 1

1388
• 유형 11

두 이차정사각행렬 A, B에 대하여
$$A+B=E,\ AB=A$$
가 성립할 때, ┌보기┐에서 옳은 것만을 있는 대로 고른 것은? (단, E는 단위행렬이고, O는 영행렬이다.)

┌─────── 보기 ┐

ㄱ. $(AB)^2=O$
ㄴ. $B^2=E-2A$
ㄷ. $A-B=-E$

① ㄱ   ② ㄷ   ③ ㄱ, ㄴ
④ ㄴ, ㄷ   ⑤ ㄱ, ㄴ, ㄷ

1389 사고력
• 유형 13

두 이차정사각행렬 A, B가 다음 조건을 만족시킬 때, 두 행렬 A, B가 E뿐이기 위한 n의 최솟값을 구하시오. (단, n은 2 이상의 자연수이고, E는 단위행렬이다.)

(가) $A^{12}=E$, $B^{10}=E$
(나) $A^n=B^n=E$

1390
• 유형 14

두 이차정사각행렬 A, B에 대하여
$$A^2+A=O,\ B^2=E$$
가 성립할 때, ┌보기┐에서 옳은 것만을 있는 대로 고른 것은? (단, E는 단위행렬이고, O는 영행렬이다.)

┌─────── 보기 ┐

ㄱ. $A=-E$ 또는 $A=O$이다.
ㄴ. 행렬 B의 성분에 관계없이 $(B+E)^3=k(B+E)$를 만족시키는 자연수 k의 값이 항상 존재한다.
ㄷ. $A=B$이면 $A=B=-E$이다.

① ㄱ   ② ㄴ   ③ ㄱ, ㄷ
④ ㄴ, ㄷ   ⑤ ㄱ, ㄴ, ㄷ

1391 상위 1% 도전
• 유형 13

행렬 $A=\begin{pmatrix} 1 & 1 \\ -3 & -2 \end{pmatrix}$에 대하여 등식
$$A^p+A^q+A^r=O$$
를 만족시키는 10 이하의 자연수 p, q, r의 순서쌍 (p, q, r)의 개수는? (단, O는 영행렬이다.)

① 198   ② 204   ③ 210
④ 216   ⑤ 222

서술형 문제

1392 · 유형 03

두 행렬 $A=\begin{pmatrix} x \\ y \end{pmatrix}$, $B=\begin{pmatrix} y^2 \\ x^2 \end{pmatrix}$에 대하여 $A=B$일 때, $x+y$의 최댓값을 구하시오. (단, x, y는 실수이다.)

☑ 필요 개념 및 공식
☐ 두 행렬이 서로 같을 조건

1393 · 유형 05 + 유형 07

두 이차정사각행렬 A, B에 대하여

$$2A+B=\begin{pmatrix} 2 & 5 \\ -4 & 5 \end{pmatrix}, \quad A-2B=\begin{pmatrix} 1 & 0 \\ 3 & 5 \end{pmatrix}$$

일 때, 행렬 A^2+B^2의 모든 성분의 합을 구하시오.

☑ 필요 개념 및 공식
☐ 행렬의 덧셈, 뺄셈, 실수배   ☐ $A^2=AA$

1394 · 유형 12

두 이차정사각행렬 A, B에 대하여

$$A+B=\begin{pmatrix} 2 & 0 \\ 0 & 2 \end{pmatrix}, \quad A^2=\begin{pmatrix} 1 & 0 \\ 0 & 4 \end{pmatrix}$$

이다. 행렬 $(A^2+B^2+4A)^2$을 구하시오.

☑ 필요 개념 및 공식
☐ $(A+kE)^2=A^2+2kA+k^2E$

1395 · 유형 08

행렬 $A=\begin{pmatrix} 2 & a \\ 2 & a \end{pmatrix}$에 대하여 행렬 A^{10}의 모든 성분의 합이 400 이하가 되도록 하는 모든 정수 a의 값의 합을 구하시오.

☑ 필요 개념 및 공식
☐ $A^n=A^{n-1}A$ $(n\geq2)$

1396 · 유형 03 + 유형 07

실수 a에 대하여 행렬 $A=\begin{pmatrix} a & 1 \\ a & 1 \end{pmatrix}$과 이차정사각행렬 B가 다음 조건을 만족시킬 때, a의 값을 구하시오.

(가) $B\begin{pmatrix} -1 \\ 1 \end{pmatrix}=\begin{pmatrix} 0 \\ 0 \end{pmatrix}$이다.
(나) $AB=A^2$
(다) 행렬 BA의 모든 성분의 합은 8이다.

☑ 필요 개념 및 공식
☐ 두 행렬이 서로 같을 조건   ☐ 행렬의 곱셈

1397 · 유형 15

다음 표는 어느 실험실에서 P 용기와 Q 용기에 있는 물을 각각 일정 비율씩 덜어서 다시 P 용기와 Q 용기에 넣는 시행을 할 때의 비율이다.

	P 용기에서	Q 용기에서
P 용기로 넣는 비율	30 %	60 %
Q 용기로 넣는 비율	70 %	40 %

처음 P 용기에 물이 400 mL, Q 용기에 물이 300 mL 있을 때, 이 시행을 두 번 반복했을 때의 P 용기의 물의 양을 a mL, Q 용기의 물의 양을 b mL라 하자. 행렬을 이용하여 a, b의 값을 각각 구하시오.

☑ 필요 개념 및 공식
☐ $A^2=AA$

빠른 정답

01 다항식의 연산

STEP 1 개념 체크

0001 $5x^3+x^2+2x-3$ **0002** $-3+2x+x^2+5x^3$
0003 $x^2+xy+3y^2-2y+1$ **0004** $3y^2+(x-2)y+x^2+1$
0005 $3x^3+x^2-2x$ **0006** x^2 **0007** x^2+2x+1
0008 x^2-4 **0009** x^2+2x-3
0010 $6x^2-x-2$ **0011** $x^2+4y^2+z^2+4xy-4yz-2zx$
0012 $x^3-6x^2+12x-8$ **0013** $8x^3+12x^2+6x+1$
0014 x^3+8 **0015** $27x^3-1$ **0016** $x^3+6x^2+11x+6$
0017 5 **0018** 9 **0019** 6 **0020** 14 **0021** 8
0022 20 **0023** 2 **0024** 11
0025 (위에서부터) 3, 2, -3, -3, 6
0026 몫: $2x^2-x+3$, 나머지: 1
0027 몫: $x+6$, 나머지: $-2x^2-4x$
0028 $x^3+2x^2-x+3=(x+1)(x^2+x-2)+5$
0029 $3x^3+5x^2-4x+2=(x^2+x+1)(3x+2)-9x$

STEP 2 유형 마스터

0030 ④ **0031** ② **0032** ③ **0033** ② **0034** ④
0035 ④ **0036** ③ **0037** ③ **0038** ② **0039** ⑤
0040 ① **0041** 6 **0042** ③ **0043** ① **0044** 20
0045 7 **0046** ① **0047** ④ **0048** ③ **0049** ②
0050 ③ **0051** ② **0052** ④ **0053** 27 **0054** ⑤
0055 ③ **0056** ④ **0057** ③ **0058** ② **0059** ④
0060 ③ **0061** ② **0062** ② **0063** ④ **0064** ⑤
0065 52 **0066** ⑤ **0067** ① **0068** ② **0069** ④
0070 ① **0071** ① **0072** ③ **0073** ① **0074** ④
0075 9 **0076** ② **0077** ④ **0078** 27 **0079** 6
0080 2 **0081** 9 **0082** ② **0083** ① **0084** ⑤
0085 10 **0086** ④ **0087** 4 **0088** 198 **0089** 8

STEP 3 실전 업

0090 ② **0091** 9 **0092** ⑤ **0093** 32 **0094** 49
0095 ⑤ **0096** 12 **0097** ④ **0098** 36 **0099** ②
0100 32 **0101** 7 **0102** 148 **0103** ④ **0104** 3
0105 ④ **0106** ② **0107** ④ **0108** 8 **0109** 32
0110 95 **0111** 369 **0112** 45 **0113** -18

02 항등식과 나머지정리

STEP 1 개념 체크

0114 ㄷ, ㄹ **0115** $a=-2$, $b=0$
0116 $a=2$, $b=0$, $c=1$ **0117** $a=1$, $b=0$, $c=3$
0118 $a=3$, $b=2$, $c=5$ **0119** $a=0$, $b=0$, $c=4$
0120 $a=1$, $b=-1$, $c=0$ **0121** $a=1$, $b=-1$, $c=4$
0122 $a=1$, $b=1$, $c=-6$ **0123** $a=1$, $b=-1$, $c=3$
0124 $a=3$, $b=-12$, $c=1$ **0125** $a=-1$, $b=3$
0126 $a=4$, $b=6$ **0127** $a=2$, $b=-2$, $c=1$
0128 $a=3$, $b=4$, $c=7$ **0129** 5 **0130** -65
0131 5 **0132** $-\dfrac{47}{27}$ **0133** -12 **0134** 1
0135 2
0136 (가) 1 (나) 5 (다) 1 (라) 5 (마) x^2-2x+3 (바) 5
0137 몫: x^2-2x+3, 나머지: -1
0138 몫: x^2-x-2, 나머지: 1
0139 몫: $2x^2-2x-4$, 나머지: -1
0140 (가) 3 (나) 2 (다) $2x^2+4x-4$ (라) 1 (마) x^2+2x-2
(바) 1

STEP 2 유형 마스터

0141 ⑤ **0142** ③ **0143** ③ **0144** ④ **0145** 1
0146 ② **0147** 2 **0148** ④ **0149** ③ **0150** ③
0151 35 **0152** ④ **0153** ③ **0154** ④ **0155** ②
0156 64 **0157** ④ **0158** ① **0159** 29 **0160** ②
0161 5 **0162** ② **0163** ④ **0164** ⑤ **0165** ③
0166 ① **0167** ② **0168** ④ **0169** ④ **0170** ④
0171 ② **0172** ① **0173** ② **0174** ④ **0175** ④
0176 ③ **0177** ③ **0178** ④ **0179** ② **0180** ④
0181 ① **0182** 6 **0183** ④ **0184** ① **0185** ②
0186 ③ **0187** ④ **0188** ① **0189** ⑤ **0190** ④
0191 -5 **0192** ④ **0193** ④ **0194** ④ **0195** ⑤
0196 ① **0197** ④ **0198** ⑤ **0199** 24 **0200** ⑤
0201 ② **0202** ⑤ **0203** ④ **0204** ① **0205** 6
0206 ③ **0207** 4 **0208** ④ **0209** ① **0210** 30
0211 -1 **0212** -2 **0213** ② **0214** 3 **0215** 8
0216 7 **0217** 10 **0218** ⑤ **0219** ① **0220** 6

STEP 3 실전 업

0221 ① **0222** ② **0223** ⑤ **0224** ③ **0225** ③
0226 ⑤ **0227** ③ **0228** ③ **0229** ② **0230** ④

0231 ③ **0232** ② **0233** ① **0234** ③ **0235** 24
0236 ① **0237** ④ **0238** 18 **0239** 2 **0240** 39
0241 22 **0242** 29 **0243** 10 **0244** 4

0328 ④ **0329** 109 **0330** 1 **0331** ③ **0332** ①
0333 ① **0334** ② **0335** ④ **0336** 63 **0337** ⑤
0338 ④ **0339** ① **0340** 6 **0341** 26 **0342** 64
0343 60 **0344** 16

03 인수분해

STEP 1 개념 체크

0245 $3x(x^2-2y)$ **0246** $2x^2y^2(x+2y)$
0247 $(x+2)^2$ **0248** $(3x-2)^2$
0249 $(x+5)(x-5)$ **0250** $(3a+4b)(3a-4b)$
0251 $(x-2)(x-5)$ **0252** $(x+4)(2x-1)$
0253 $(a-b-c)^2$ **0254** $(x-2y+z)^2$
0255 $(x+2)^3$ **0256** $(3x+1)^3$
0257 $(x-3)^3$ **0258** $(2x-1)^3$
0259 $(x+3)(x^2-3x+9)$
0260 $(3x+2)(9x^2-6x+4)$
0261 $(2x-1)(4x^2+2x+1)$
0262 $(4x-3)(16x^2+12x+9)$ **0263** $(x+y+2)^2$
0264 $(x+1)(x-3)$ **0265** $x(3x+1)$
0266 $2x(2x-1)$ **0267** $(x+1)(x-1)(x+2)(x-2)$
0268 $(x^2+x+1)(x^2-x+1)$
0269 $(x^2+x+3)(x^2-x+3)$ **0270** $(x+2)(y-3)$
0271 $(a-1)(a+b)$ **0272** $(x+2y-1)^2$
0273 $(a+2b-1)(a+b+2)$ **0274** $(x-1)(x^2+2x+2)$
0275 $(x-1)(x+1)^2$ **0276** $(x-2)(x^2+x+1)$
0277 $(x+1)^2(x^2-x+1)$

STEP 2 유형 마스터

0278 ④ **0279** ② **0280** ③ **0281** ⑤ **0282** ④
0283 ④ **0284** ③ **0285** ② **0286** ③ **0287** ②
0288 ① **0289** ④ **0290** ③ **0291** ④ **0292** ⑤
0293 ③ **0294** 9 **0295** ⑤ **0296** ③ **0297** ⑤
0298 ⑤ **0299** ① **0300** ② **0301** 8 **0302** ①
0303 ③ **0304** ④ **0305** ③ **0306** 18 **0307** ④
0308 ⑤ **0309** $(a+b)(b+c)(c+a)$ **0310** ⑤
0311 ④ **0312** ② **0313** ② **0314** ④ **0315** ⑤
0316 ⑤ **0317** ⑤ **0318** ⑤ **0319** ④ **0320** ⑤
0321 ③ **0322** 4 **0323** ④ **0324** ① **0325** ①
0326 ① **0327** ④

04 복소수

STEP 1 개념 체크

0345 실수부분: 3, 허수부분: 5
0346 실수부분: 0, 허수부분: -3
0347 실수부분: π, 허수부분: 0
0348 실수부분: $\dfrac{1}{2}$, 허수부분: $-\dfrac{1}{2}$
0349 실수부분: $\sqrt{3}$, 허수부분: -2
0350 실수부분: -2, 허수부분: $\dfrac{3}{2}$
0351 ㄱ, ㄹ **0352** ㄴ, ㄷ, ㅁ, ㅂ, ㅅ, ㅇ
0353 ㄴ, ㅁ, ㅅ **0354** ㄷ, ㅂ, ㅇ
0355 $a=1$, $b=2$ **0356** $a=4$, $b=0$
0357 $a=-2$, $b=3$ **0358** $a=2$, $b=-5$
0359 $1-2i$ **0360** $-i-1$ **0361** $\sqrt{2}$ **0362** $-5i$
0363 $5-i$ **0364** $-2+2i$ **0365** $10+11i$ **0366** i
0367 i **0368** -1 **0369** $-i$ **0370** 0
0371 $3-i$ **0372** $3-i$ **0373** $5-5i$ **0374** $5-5i$
0375 $2-i$ **0376** $2-i$ **0377** 4 **0378** 5
0379 ㄷ, ㄹ, ㅂ **0380** ㄴ, ㄷ, ㅁ, ㅇ **0381** $2i$
0382 $-3\sqrt{2}i$ **0383** $\dfrac{5}{3}i$ **0384** $-\dfrac{3}{2}i$
0385 $\pm 2i$ **0386** $\pm 2\sqrt{3}i$ **0387** $\pm\dfrac{1}{2}i$
0388 $\pm\dfrac{4}{3}i$ **0389** $-3\sqrt{2}$ **0390** -4
0391 $6i$ **0392** $6i$ **0393** $2i$
0394 2 **0395** $-\sqrt{2}i$ **0396** $-3i$

STEP 2 유형 마스터

0397 ① **0398** ① **0399** ② **0400** ④ **0401** ③
0402 ③ **0403** ⑤ **0404** ② **0405** ③ **0406** ④
0407 ② **0408** ⑤ **0409** ② **0410** $-3-2i$
0411 ② **0412** ③ **0413** ① **0414** ⑤ **0415** ③

0416 ⑤ 0417 ⑤ 0418 ③ 0419 ⑤ 0420 ②
0421 ① 0422 ③ 0423 ⑤ 0424 ⑤ 0425 ④
0426 ③ 0427 ② 0428 ② 0429 ③ 0430 ④
0431 ② 0432 ① 0433 ③ 0434 ② 0435 ⑤
0436 ④ 0437 ② 0438 ③ 0439 ④ 0440 16
0441 ⑤ 0442 ⑤ 0443 ② 0444 ⑤ 0445 ③
0446 25 0447 ② 0448 35 0449 ⑤ 0450 ⑤
0451 ③ 0452 ③ 0453 ② 0454 ④ 0455 ①
0456 ②

STEP 3 실전 업

0457 ② 0458 ① 0459 ③ 0460 ① 0461 12
0462 ⑤ 0463 24 0464 ② 0465 ⑤ 0466 ③
0467 $1+i$ 0468 1 0469 -2

05 이차방정식

STEP 1 개념 체크

0470 근이 없다. 0471 $x=\pm 2i$
0472 $x=1$ 또는 $x=6$, 실근 0473 $x=3\pm2\sqrt{2}$, 실근
0474 $x=4$(중근), 실근 0475 $x=-\dfrac{1}{2}$ 또는 $x=\dfrac{1}{3}$, 실근
0476 $x=\dfrac{-3\pm\sqrt{5}}{2}$, 실근 0477 $x=\dfrac{-1\pm\sqrt{3}i}{4}$, 허근
0478 서로 다른 두 실근 0479 중근
0480 서로 다른 두 허근 0481 $k>-\dfrac{9}{4}$
0482 $k=-\dfrac{9}{4}$ 0483 $k<-\dfrac{9}{4}$ 0484 $k<5$
0485 $k=5$ 0486 $k>5$ 0487 -2 0488 -7
0489 18 0490 $4\sqrt{2}$ 0491 -4
0492 $-\dfrac{18}{7}$ 0493 $x^2-2x-15=0$
0494 $x^2-4x+1=0$ 0495 $x^2-6x+10=0$
0496 $x^2-2x+6=0$ 0497 $6x^2-7x-3=0$
0498 $\left(x-\dfrac{1+\sqrt{17}}{2}\right)\left(x-\dfrac{1-\sqrt{17}}{2}\right)$ 0499 $(x+6i)(x-6i)$
0500 $2\left(x-\dfrac{5+\sqrt{31}i}{4}\right)\left(x-\dfrac{5-\sqrt{31}i}{4}\right)$
0501 $a=-2$, $b=-2$ 0502 $a=-6$, $b=1$
0503 $a=-4$, $b=5$ 0504 $a=2$, $b=3$

STEP 2 유형 마스터

0505 ⑤ 0506 ④ 0507 ③ 0508 ③ 0509 ⑤
0510 ③ 0511 ② 0512 0 0513 ④ 0514 ②
0515 ② 0516 ④ 0517 ① 0518 ④ 0519 ⑤
0520 ③ 0521 ④ 0522 ④ 0523 ③ 0524 30
0525 ⑤ 0526 ① 0527 ② 0528 ① 0529 ③
0530 ④ 0531 ③ 0532 ③ 0533 ⑤
0534 서로 다른 두 허근 0535 ② 0536 ① 0537 ④
0538 ② 0539 ③ 0540 ④ 0541 ② 0542 ④
0543 ⑤ 0544 ③ 0545 ⑤ 0546 ④ 0547 ③
0548 ② 0549 ⑤ 0550 ④ 0551 ② 0552 ③
0553 ③ 0554 ③ 0555 ③ 0556 ③ 0557 ①
0558 ② 0559 8 0560 ③ 0561 ① 0562 ④
0563 ④ 0564 ① 0565 ② 0566 ① 0567 ③
0568 ⑤ 0569 ③ 0570 ③ 0571 -4 0572 ③
0573 ① 0574 ① 0575 16 0576 ① 0577 ⑤
0578 10 0579 ②

STEP 3 실전 업

0580 ① 0581 30 0582 ④ 0583 ② 0584 -8
0585 13 0586 ④ 0587 ④ 0588 ③ 0589 ③
0590 120 0591 7 0592 139 0593 ② 0594 319
0595 4 0596 4 0597 10 0598 1000 0599 30
0600 9

06 이차방정식과 이차함수

STEP 1 개념 체크

0601 $x=0$ 또는 $x=3$ 0602 $x=-1$ 또는 $x=3$
0603 $x=3$ 0604 $x=-1$
0605 서로 다른 두 점에서 만난다.
0606 한 점에서 만난다.(접한다.) 0607 만나지 않는다.
0608 $k<1$ 0609 $k=1$ 0610 $k>1$
0611 $x=-3$ 또는 $x=-1$ 0612 $x=-1$
0613 서로 다른 두 점에서 만난다.
0614 한 점에서 만난다.(접한다.) 0615 만나지 않는다.
0616 $k>-2$ 0617 $k=-2$
0618 $k<-2$ 0619 최댓값: 없다., 최솟값: -3

0620 최댓값: 7, 최솟값: 없다.
0621 최댓값: 9, 최솟값: 없다.
0622 최댓값: 없다., 최솟값: -5 0623 5   0624 2
0625 최댓값: 5, 최솟값: -4 0626 최댓값: 4, 최솟값: -5
0627 최댓값: 14, 최솟값: -1
0628 최댓값: -2, 최솟값: -5
0629 최댓값: -1, 최솟값: -3
0630 최댓값: 5, 최솟값: -1

유형 마스터

0631 ①   0632 20   0633 ④   0634 ⑤   0635 ④
0636 ④   0637 ④   0638 ③   0639 ①   0640 ②
0641 ④   0642 ③   0643 ④   0644 9   0645 ②
0646 ①   0647 ②   0648 ②   0649 ⑤   0650 3
0651 ④   0652 ①   0653 ⑤   0654 ②   0655 ④
0656 ④   0657 ①   0658 3   0659 ⑤   0660 4
0661 ④   0662 ①   0663 ⑤   0664 18   0665 ④
0666 ③   0667 ④   0668 13   0669 ④   0670 26
0671 ①   0672 10   0673 ③   0674 ⑤   0675 ②
0676 70 m 0677 ③   0678 ③   0679 6   0680 ③

실전 업

0681 ②   0682 ③   0683 ④   0684 ③   0685 ④
0686 ⑤   0687 ①   0688 25   0689 ②   0690 ④
0691 ④   0692 34   0693 ⑤   0694 91   0695 ②
0696 5   0697 6   0698 52   0699 $\frac{65}{2}$ 0700 6
0701 108

07   여러 가지 방정식

개념 체크

0702 $x=-4$ 또는 $x=-2$ 또는 $x=1$
0703 $x=2$ 또는 $x=-1\pm\sqrt{3}i$
0704 $x=-1$ 또는 $x=1$ 또는 $x=2$
0705 $x=-2$(중근) 또는 $x=-1$ 또는 $x=2$
0706 $x=0$ 또는 $x=1$ 또는 $x=\dfrac{-1\pm\sqrt{3}i}{2}$
0707 $x=-1$(중근) 또는 $x=1$ 또는 $x=2$

0708 $x=\pm 1$ 또는 $x=\pm 2$
0709 $x=\pm 3$ 또는 $x=\pm i$
0710 $\alpha+\beta+\gamma=2$, $\alpha\beta+\beta\gamma+\gamma\alpha=4$, $\alpha\beta\gamma=-6$
0711 $\alpha+\beta+\gamma=2$, $\alpha\beta+\beta\gamma+\gamma\alpha=\dfrac{2}{3}$, $\alpha\beta\gamma=-3$

0712 5   0713 -12 0714 -36 0715 $\dfrac{1}{3}$
0716 $x^3-3x^2-13x+15=0$ 0717 $x^3-3x^2+x+1=0$
0718 $x^3-3x^2+4x-2=0$ 0719 $a=0$, $b=-8$
0720 $a=11$, $b=-15$ 0721 -1 0722 0   0723 -1
0724 0   0725 1   0726 0   0727 1   0728 2

0729 $\begin{cases}x=1\\y=3\end{cases}$ 또는 $\begin{cases}x=3\\y=1\end{cases}$ 0730 $\begin{cases}x=1\\y=-2\end{cases}$ 또는 $\begin{cases}x=2\\y=-1\end{cases}$

0731 $\begin{cases}x=2\\y=5\end{cases}$ 또는 $\begin{cases}x=5\\y=2\end{cases}$ 0732 $\begin{cases}x=-1\\y=4\end{cases}$ 또는 $\begin{cases}x=4\\y=-1\end{cases}$

0733 $\begin{cases}x=-\sqrt{5}\\y=\sqrt{5}\end{cases}$ 또는 $\begin{cases}x=\sqrt{5}\\y=-\sqrt{5}\end{cases}$ 또는 $\begin{cases}x=-1\\y=-1\end{cases}$ 또는 $\begin{cases}x=1\\y=1\end{cases}$

0734 $\begin{cases}x=-\sqrt{3}\\y=\sqrt{3}\end{cases}$ 또는 $\begin{cases}x=\sqrt{3}\\y=-\sqrt{3}\end{cases}$ 또는 $\begin{cases}x=-3\\y=-1\end{cases}$ 또는 $\begin{cases}x=3\\y=1\end{cases}$

유형 마스터

0735 ⑤   0736 ①   0737 ③   0738 ③   0739 ②
0740 ②   0741 ③   0742 ①   0743 ②   0744 ③
0745 ④   0746 ④   0747 ③   0748 ①   0749 10
0750 ②   0751 ①   0752 ①   0753 ①   0754 3
0755 ②   0756 ⑤   0757 6   0758 ⑤   0759 12
0760 ④   0761 ①   0762 ③   0763 ③   0764 ④
0765 ③   0766 ②   0767 ③   0768 ④   0769 ①
0770 ⑤   0771 ①   0772 ④   0773 6   0774 ②
0775 ①   0776 ③   0777 ④   0778 ③   0779 15
0780 ③   0781 ①   0782 ①   0783 ②   0784 5
0785 ③   0786 ①   0787 ④   0788 ②   0789 ①
0790 ⑤   0791 ①   0792 ③   0793 ③   0794 8
0795 ②   0796 ①   0797 ③   0798 ③   0799 ④
0800 5 cm, 12 cm   0801 ②   0802 54   0803 ④
0804 ③

실전 업

0805 ④   0806 ④   0807 ②   0808 ①   0809 ②
0810 ③   0811 ②   0812 21   0813 ①   0814 25
0815 4   0816 ⑤   0817 20   0818 ③   0819 7
0820 ③   0821 ①   0822 12   0823 $\dfrac{1}{4}$ 0824 48
0825 1, 2   0826 -1 0827 -1 0828 5

08 연립일차부등식

STEP 1 개념 체크

0829 < **0830** < **0831** < **0832** > **0833** <
0834 > **0835** > **0836** < **0837** > **0838** >
0839 $x<4$ **0840** $x\geq-2$ **0841** 해는 없다.
0842 모든 실수

0843 $\begin{cases} a>0일\ 때,\ x>\dfrac{a+2}{a} \\ a<0일\ 때,\ x<\dfrac{a+2}{a} \\ a=0일\ 때,\ 해는\ 없다. \end{cases}$

0844 $\begin{cases} a>-1일\ 때,\ x\leq\dfrac{2}{a+1} \\ a<-1일\ 때,\ x\geq\dfrac{2}{a+1} \\ a=-1일\ 때,\ 해는\ 모든\ 실수이다. \end{cases}$

0845 $\begin{cases} a>-1일\ 때,\ x\geq a-1 \\ a<-1일\ 때,\ x\leq a-1 \\ a=-1일\ 때,\ 해는\ 모든\ 실수이다. \end{cases}$

0846 $\begin{cases} a>0일\ 때,\ x>\dfrac{(a-1)^2}{a} \\ a<0일\ 때,\ x<\dfrac{(a-1)^2}{a} \\ a=0일\ 때,\ 해는\ 없다. \end{cases}$

0847 $-1\leq x<3$ **0848** $x\geq4$
0849 $x=2$ **0850** $1<x<5$
0851 $-1\leq x<2$ **0852** $x\leq2$
0853 해는 없다. **0854** $x=3$
0855 해는 없다. **0856** 해는 없다.
0857 $x>4$ **0858** $4\leq x\leq5$
0859 $2<x<7$ **0860** $-3<x<3$
0861 $x<-4$ 또는 $x>4$ **0862** $-2\leq x\leq2$
0863 $x\leq-5$ 또는 $x\geq5$ **0864** $0<x<2$
0865 $x<-3$ 또는 $x>1$ **0866** $x\geq2$
0867 $x>1$

STEP 2 유형 마스터

0868 ④ **0869** ⑤ **0870** ① **0871** ② **0872** ⑤
0873 ④ **0874** ② **0875** ① **0876** 10 **0877** ④
0878 ⑤ **0879** 21 **0880** 24 **0881** ② **0882** ④
0883 ③ **0884** ④ **0885** ⑤ **0886** 2 **0887** ①
0888 ① **0889** ② **0890** ⑤ **0891** 9 **0892** 1
0893 ② **0894** ⑤ **0895** ④ **0896** 40 **0897** ②
0898 ① **0899** ⑤ **0900** ② **0901** ② **0902** ④
0903 ③ **0904** ③ **0905** ⑤ **0906** ⑤ **0907** ③

0908 0 **0909** ① **0910** ⑤ **0911** ① **0912** 3
0913 ③ **0914** 3 **0915** ④ **0916** ① **0917** ②

STEP 3 실전 업

0918 ④ **0919** ⑤ **0920** ④ **0921** 9 **0922** ③
0923 ④ **0924** 3 **0925** ① **0926** 9 **0927** $a>2$
0928 $\dfrac{4}{3}<x<4$ **0929** 1

09 이차부등식과 연립이차부등식

STEP 1 개념 체크

0930 $x<-1$ 또는 $x>3$ **0931** $-1\leq x\leq3$
0932 $x\neq1$인 모든 실수 **0933** $x=1$
0934 모든 실수 **0935** 해는 없다.
0936 $1\leq x\leq2$ **0937** $x<-3$ 또는 $x>-1$
0938 $x<-1$ 또는 $x>1$ **0939** 해는 없다.
0940 $1\leq x\leq2$ **0941** $x\neq1$인 모든 실수
0942 $x=-1$ **0943** 모든 실수
0944 $x^2-6x+8<0$ **0945** $x^2-5x+4\geq0$
0946 $x^2-4x+4>0$ **0947** $x^2+6x+9\leq0$
0948 $k>3$ **0949** $-2\sqrt{2}\leq k\leq2\sqrt{2}$
0950 $-1<k<2$ **0951** $-2<x<1$
0952 해는 없다. **0953** $1\leq x\leq2$
0954 $0<x\leq1$ 또는 $2\leq x<4$ **0955** 해는 없다.
0956 $-2\leq x\leq-1$ 또는 $2\leq x\leq3$ **0957** $3<x<4$

STEP 2 유형 마스터

0958 ⑤ **0959** 7 **0960** ① **0961** 3 **0962** ③
0963 ② **0964** ② **0965** ③ **0966** ⑤ **0967** ③
0968 ② **0969** ① **0970** ① **0971** ③ **0972** 5
0973 4 **0974** ① **0975** ⑤ **0976** ③ **0977** 10
0978 ① **0979** ① **0980** ② **0981** 1 **0982** ③
0983 ④ **0984** ③ **0985** ② **0986** ① **0987** 4
0988 ④ **0989** ④ **0990** ④ **0991** ④ **0992** 2
0993 ① **0994** ③ **0995** 3 **0996** ④ **0997** ②
0998 ④ **0999** ⑤ **1000** ⑤ **1001** ④ **1002** 3
1003 ② **1004** ④ **1005** ① **1006** 6 **1007** ④
1008 ④ **1009** ④ **1010** ④ **1011** ④ **1012** 1

1013 ⑤	1014 ②	1015 ④	1016 ④	1017 21
1018 ⑤	1019 ④	1020 3	1021 ④	1022 ③
1023 ③	1024 ④	1025 ③	1026 4	1027 ③
1028 1	1029 ③	1030 ②	1031 ②	1032 ③
1033 ⑤	1034 2	1035 ①	1036 2	1037 ③

STEP 3 실전 업

1038 ③	1039 ⑤	1040 ②	1041 9	1042 ①
1043 ③	1044 10	1045 ④	1046 ②	1047 ③
1048 4	1049 ②	1050 4	1051 ②	1052 ③
1053 12	1054 3	1055 ②	1056 ①	1057 10

1058 $-2 \le x \le 1$ 1059 $\dfrac{10}{3} < a < 5$ 1060 4

1061 3   1062 4

10 경우의 수와 순열

STEP 1 개념 체크

1063 8	1064 15	1065 25	1066 6	1067 60
1068 6	1069 1	1070 120	1071 7	1072 3
1073 4	1074 6	1075 20	1076 210	1077 12

STEP 2 유형 마스터

1078 ⑤	1079 ③	1080 ⑤	1081 20	1082 ④
1083 ①	1084 ⑤	1085 ②	1086 ①	1087 ①
1088 ①	1089 ②	1090 ④	1091 ⑤	1092 ②
1093 12	1094 ①	1095 3	1096 ⑤	1097 ②
1098 ⑤	1099 ③	1100 ②	1101 ②	1102 ③
1103 ⑤	1104 ①	1105 ②	1106 ②	1107 ①
1108 ④	1109 ⑤	1110 ②	1111 84	1112 36
1113 9	1114 9	1115 ②	1116 ④	1117 18
1118 ③	1119 ③	1120 ②	1121 ④	1122 ①
1123 ⑤	1124 ④	1125 ②	1126 ⑤	1127 192
1128 ②	1129 ⑤	1130 720	1131 ②	1132 ④
1133 ③	1134 ⑤	1135 ①	1136 480	1137 840
1138 ⑤	1139 ④	1140 ④	1141 72	1142 ⑤
1143 ②	1144 ②	1145 ⑤	1146 ⑤	1147 150

1148 ⑤	1149 ④	1150 ③	1151 ②	1152 ⑤
1153 ④	1154 ③	1155 ①	1156 372	1157 77

STEP 3 실전 업

1158 ③	1159 ②	1160 ②	1161 432	1162 17
1163 ③	1164 15	1165 ②	1166 ②	1167 30
1168 ①	1169 568	1170 해설 참조		1171 33
1172 39	1173 144	1174 24	1175 40	

11 조합

STEP 1 개념 체크

1176 15	1177 1	1178 1	1179 36	1180 6
1181 11	1182 11	1183 6	1184 10	1185 21
1186 6	1187 84	1188 30	1189 40	1190 60
1191 15	1192 15			

STEP 2 유형 마스터

1193 ①	1194 ④	1195 ④	1196 ①	1197 ③
1198 ④	1199 ③	1200 ②	1201 ①	1202 16
1203 ⑤	1204 ①	1205 ④	1206 ③	1207 ③
1208 ②	1209 ②	1210 ③	1211 ④	1212 ⑤
1213 ①	1214 ⑤	1215 ④	1216 ③	1217 ④
1218 ④	1219 ⑤	1220 ②	1221 ⑤	1222 ①
1223 ④	1224 ②	1225 ①	1226 ⑤	1227 ①
1228 ③	1229 ⑤	1230 ⑤	1231 ④	1232 ③
1233 ④	1234 ⑤	1235 ②	1236 ④	1237 ①
1238 ⑤	1239 ③	1240 ④	1241 9	1242 ④

STEP 3 실전 업

1243 ①	1244 ③	1245 ⑤	1246 30	1247 42
1248 ④	1249 ⑤	1250 ⑤	1251 ③	1252 30
1253 450	1254 ③	1255 해설 참조		1256 224
1257 8640	1258 570	1259 99	1260 448	

12 행렬과 그 연산

STEP 1 개념 체크

1261 2×1 행렬   **1262** 1×4 행렬

1263 3×2 행렬   **1264** 3×3 행렬, 삼차정사각행렬

1265 2   **1266** 4   **1267** -1 **1268** $a=1, b=-3$

1269 $a=2, b=-2$ **1270** $(4 \ \ 1)$ **1271** $\begin{pmatrix} 1 \\ 2 \end{pmatrix}$

1272 $\begin{pmatrix} 4 & 5 \\ 3 & 1 \end{pmatrix}$ **1273** $\begin{pmatrix} 2 & 3 \\ 1 & -1 \\ -3 & 4 \end{pmatrix}$

1274 $\begin{pmatrix} 1 & 1 \\ 1 & 4 \end{pmatrix}$ **1275** $\begin{pmatrix} 1 & 1 \\ 1 & 4 \end{pmatrix}$

1276 $\begin{pmatrix} 4 & 0 \\ 1 & 3 \end{pmatrix}$ **1277** $\begin{pmatrix} 4 & 0 \\ 1 & 3 \end{pmatrix}$

1278 $\begin{pmatrix} 2 & 6 \\ 2 & -4 \end{pmatrix}$ **1279** $\begin{pmatrix} -3 & -9 \\ -3 & 6 \end{pmatrix}$

1280 $\begin{pmatrix} 0 & 5 \\ -8 & 1 \end{pmatrix}$ **1281** $\begin{pmatrix} 7 & -4 \\ -2 & -5 \end{pmatrix}$

1282 ㄴ, ㄹ   **1283** $\begin{pmatrix} 2 & -6 \\ 1 & -3 \end{pmatrix}$ **1284** (4)

1285 $(-4 \ \ -3)$ **1286** $\begin{pmatrix} -1 \\ -5 \end{pmatrix}$

1287 $\begin{pmatrix} 0 & 5 \\ 3 & 7 \end{pmatrix}$ **1288** $\begin{pmatrix} 8 & 23 \\ -2 & -5 \end{pmatrix}$

1289 $\begin{pmatrix} 2 & 1 \\ 1 & 1 \end{pmatrix}$ **1290** $\begin{pmatrix} 3 & 2 \\ 2 & 1 \end{pmatrix}$

1291 $\begin{pmatrix} 0 & 4 \\ 1 & 1 \end{pmatrix}$ **1292** $\begin{pmatrix} 3 & 2 \\ -1 & -2 \end{pmatrix}$

1293 $\begin{pmatrix} -2 & 2 \\ 1 & 3 \end{pmatrix}$ **1294** $\begin{pmatrix} -2 & 2 \\ 1 & 3 \end{pmatrix}$

1295 $\begin{pmatrix} 2 & 5 \\ -1 & 3 \end{pmatrix}$ **1296** $\begin{pmatrix} 2 & 5 \\ -1 & 3 \end{pmatrix}$

1297 $\begin{pmatrix} -1 & 0 \\ 0 & -1 \end{pmatrix}$ **1298** $\begin{pmatrix} 1 & 0 \\ 0 & 1 \end{pmatrix}$

1299 $\begin{pmatrix} 1 & 0 \\ 0 & 1 \end{pmatrix}$ **1300** $\begin{pmatrix} 2 & 0 \\ 0 & 2 \end{pmatrix}$

STEP 2 유형 마스터

1301 ③   **1302** ①   **1303** 4   **1304** ⑤   **1305** ②
1306 ④   **1307** ②   **1308** ③   **1309** ⑤   **1310** ④
1311 ④   **1312** ④   **1313** 30   **1314** ③   **1315** ④
1316 ①   **1317** ⑤   **1318** ⑤   **1319** 5   **1320** ⑤
1321 8   **1322** 8   **1323** ②   **1324** 20   **1325** ①
1326 ①   **1327** ③   **1328** ③   **1329** 13   **1330** ⑤

1331 ①   **1332** ②   **1333** ③   **1334** ④   **1335** ②
1336 ③   **1337** ③   **1338** ②   **1339** ③   **1340** ②
1341 1   **1342** ②   **1343** ⑤   **1344** ④   **1345** ②
1346 ④   **1347** ③   **1348** ①   **1349** ②   **1350** ⑤
1351 18   **1352** ③   **1353** 97   **1354** ③   **1355** ①
1356 9   **1357** ③   **1358** ⑤   **1359** ⑤   **1360** ①
1361 ①   **1362** ②   **1363** ①   **1364** 128   **1365** ④
1366 ②   **1367** ①   **1368** ③   **1369** ②   **1370** ②
1371 ④   **1372** 28   **1373** ①   **1374** ⑤

STEP 3 실전 업

1375 ②   **1376** ④   **1377** 3   **1378** 6   **1379** 5
1380 ②   **1381** ①   **1382** ③   **1383** ④   **1384** ③
1385 4   **1386** ④   **1387** ②   **1388** ③   **1389** 7
1390 ④   **1391** ④   **1392** 2   **1393** 8

1394 $\begin{pmatrix} 36 & 0 \\ 0 & 144 \end{pmatrix}$ **1395** -6 **1396** 1

1397 $a=330, b=370$

2022
개정 교육과정
2025년
고1부터 적용

유형별 1쪽 5문제 시스템으로
유형 완벽 마스터!

수학이 쉬워지는 완벽한 솔루션

완쏠 유형

공통수학1 정답 및 해설

메가스터디BOOKS

완쓸 유형

공통수학1 정답 및 해설

0001 답 $5x^3+x^2+2x-3$

0002 답 $-3+2x+x^2+5x^3$

0003 답 $x^2+xy+3y^2-2y+1$

0004 답 $3y^2+(x-2)y+x^2+1$

0005 답 $3x^3+x^2-2x$
$(2x^3-2x^2-1)+(x^3+3x^2-2x+1)$
$=(2x^3+x^3)+(-2x^2+3x^2)-2x+(-1+1)$
$=3x^3+x^2-2x$

0006 답 x^2
$(x^2+xy+y^2)-(y^2+xy)=x^2+(xy-xy)+(y^2-y^2)=x^2$

다른 풀이
$(x^2+xy+y^2)-(y^2+xy)=(x^2+y^2+xy)-(y^2+xy)$
$\qquad\qquad\qquad\qquad\qquad =x^2+\{(y^2+xy)-(y^2+xy)\}=x^2$

0007 답 x^2+2x+1
$(x+1)^2=x^2+2\times x\times 1+1^2=x^2+2x+1$

0008 답 x^2-4
$(x-2)(x+2)=x^2-2^2=x^2-4$

0009 답 x^2+2x-3
$(x-1)(x+3)=x^2+(-1+3)x+(-1)\times 3=x^2+2x-3$

0010 답 $6x^2-x-2$
$(2x+1)(3x-2)=2\times 3x^2+\{2\times(-2)+1\times 3\}x+1\times(-2)$
$\qquad\qquad\qquad =6x^2-x-2$

0011 답 $x^2+4y^2+z^2+4xy-4yz-2zx$
$\underline{(x+2y-z)^2}$ ⟵ $\{x+2y+(-z)\}^2$으로 바꾸어 공식에 적용한다.
$=x^2+(2y)^2+(-z)^2+2\times x\times 2y+2\times 2y\times(-z)$
$\qquad\qquad\qquad\qquad\qquad\qquad\qquad +2\times(-z)\times x$
$=x^2+4y^2+z^2+4xy-4yz-2zx$

0012 답 $x^3-6x^2+12x-8$
$(x-2)^3=x^3-3\times x^2\times 2+3\times x\times 2^2-2^3$
$\qquad\quad =x^3-6x^2+12x-8$

0013 답 $8x^3+12x^2+6x+1$
$(2x+1)^3=(2x)^3+3\times(2x)^2\times 1+3\times 2x\times 1^2+1^3$
$\qquad\qquad =8x^3+12x^2+6x+1$

0014 답 x^3+8
$(x+2)(x^2-2x+4)=(x+2)(x^2-x\times 2+2^2)$
$\qquad\qquad\qquad\qquad =x^3+2^3=x^3+8$

0015 답 $27x^3-1$
$(3x-1)(9x^2+3x+1)=(3x-1)\{(3x)^2+3x\times 1+1^2\}$
$\qquad\qquad\qquad\qquad\qquad =(3x)^3-1^3=27x^3-1$

0016 답 $x^3+6x^2+11x+6$
$(x+1)(x+2)(x+3)$
$=x^3+(1+2+3)x^2+(1\times 2+2\times 3+3\times 1)x+1\times 2\times 3$
$=x^3+6x^2+11x+6$

0017 답 5
$x^2+y^2=(x+y)^2-2xy=3^2-2\times 2=5$

0018 답 9
$x^3+y^3=(x+y)^3-3xy(x+y)=3^3-3\times 2\times 3=9$

0019 답 6
$a^2+b^2=(a-b)^2+2ab=2^2+2\times 1=6$

0020 답 14
$a^3-b^3=(a-b)^3+3ab(a-b)=2^3+3\times 1\times 2=14$

0021 답 8
$a+b=(\sqrt{3}+1)+(\sqrt{3}-1)=2\sqrt{3}$,
$ab=(\sqrt{3}+1)\times(\sqrt{3}-1)=(\sqrt{3})^2-1^2=2$이므로
$a^2+b^2=(a+b)^2-2ab=(2\sqrt{3})^2-2\times 2=12-4=8$

0022 답 20
$a-b=(\sqrt{3}+1)-(\sqrt{3}-1)=2$, $ab=2$이므로
$a^3-b^3=(a-b)^3+3ab(a-b)=2^3+3\times 2\times 2=8+12=20$

0023 답 2
$x^2+y^2+z^2=(x+y+z)^2-2(xy+yz+zx)=2^2-2\times 1=2$

0024 답 11
$a^2+b^2+c^2=(a+b+c)^2-2(ab+bc+ca)$
$\qquad\qquad\quad =(-1)^2-2\times(-5)=11$

0025 답 해설 참조

$$
\begin{array}{r}
x^2-\boxed{3}\,x \qquad\qquad\quad \text{⟵ 몫}\\
x+2\,)\overline{\,x^3-x^2-6x+7}\\
\underline{x^3+\boxed{2}\,x^2} \quad \text{⟵}\,(x+2)\times x^2\\
\boxed{-3}\,x^2-6x\\
\underline{\boxed{-3}\,x^2-\boxed{6}\,x} \quad \text{⟵}\,(x+2)\times(-3x)\\
7 \quad \text{⟵ 나머지}
\end{array}
$$

0026 답 몫: $2x^2-x+3$, 나머지: 1

$$
\begin{array}{r}
2x^2-\ x\ +3\quad\leftarrow\text{몫}\\
2x\ )\overline{4x^3-2x^2+6x+1}\\
\underline{4x^3\qquad\qquad}\quad\leftarrow 2x\times2x^2\\
-2x^2+6x\qquad\\
\underline{-2x^2\qquad}\quad\leftarrow 2x\times(-x)\\
6x+1\\
\underline{6x\quad}\quad\leftarrow 2x\times3\\
1\quad\leftarrow\text{나머지}
\end{array}
$$

∴ 몫: $2x^2-x+3$, 나머지: 1

0027 답 몫: $x+6$, 나머지: $-2x^2-4x$

$$
\begin{array}{r}
x\ +6\qquad\qquad\leftarrow\text{몫}\\
x^3+2x+2\ )\overline{x^4+6x^3\qquad+10x+12}\\
\underline{x^4+\qquad 2x^2+\ 2x\quad}\leftarrow(x^3+2x+2)\times x\\
6x^3-2x^2+\ 8x+12\\
\underline{6x^3\qquad\ +12x+12}\leftarrow(x^3+2x+2)\times6\\
-2x^2-\ 4x\quad\leftarrow\text{나머지}
\end{array}
$$

∴ 몫: $x+6$, 나머지: $-2x^2-4x$

0028 답 $x^3+2x^2-x+3=(x+1)(x^2+x-2)+5$

$$
\begin{array}{r}
x^2+\ x-2\qquad\leftarrow\text{몫}\\
x+1\ )\overline{x^3+2x^2-\ x+3}\\
\underline{x^3+\ x^2\qquad}\leftarrow(x+1)\times x^2\\
x^2-\ x\qquad\\
\underline{x^2+\ x\qquad}\leftarrow(x+1)\times x\\
-2x+3\\
\underline{-2x-2}\leftarrow(x+1)\times(-2)\\
5\quad\leftarrow\text{나머지}
\end{array}
$$

∴ $x^3+2x^2-x+3=(x+1)(x^2+x-2)+5$

0029 답 $3x^3+5x^2-4x+2=(x^2+x+1)(3x+2)-9x$

$$
\begin{array}{r}
3x\ +2\qquad\qquad\leftarrow\text{몫}\\
x^2+x+1\ )\overline{3x^3+5x^2-4x+2}\\
\underline{3x^3+3x^2+3x\quad}\leftarrow(x^2+x+1)\times3x\\
2x^2-7x+2\\
\underline{2x^2+2x+2}\leftarrow(x^2+x+1)\times2\\
-9x\quad\leftarrow\text{나머지}
\end{array}
$$

∴ $3x^3+5x^2-4x+2=(x^2+x+1)(3x+2)-9x$

STEP 2 유형 마스터   본문 008~019쪽

0030 답 ④

0031 답 ②

$$
\begin{aligned}
A+2B&=(3x^2+2xy)+2(-x^2+xy)\\
&=3x^2+2xy-2x^2+2xy\\
&=(3-2)x^2+(2+2)xy\\
&=x^2+4xy
\end{aligned}
$$

0032 답 ③

$$
\begin{aligned}
2A+B&=2(2x^2-3xy-y^2)+(x^2+5xy+3y^2)\\
&=4x^2-6xy-2y^2+x^2+5xy+3y^2\\
&=(4+1)x^2+(-6+5)xy+(-2+3)y^2\\
&=5x^2-xy+y^2
\end{aligned}
$$

0033 답 ②

$$
\begin{aligned}
A-2(A-B)&=A-2A+2B\\
&=-A+2B\\
&=-(2x^2+xy-2y^2)+2(-x^2+2xy+y^2)\\
&=-2x^2-xy+2y^2-2x^2+4xy+2y^2\\
&=(-2-2)x^2+(-1+4)xy+(2+2)y^2\\
&=-4x^2+3xy+4y^2
\end{aligned}
$$

0034 답 ④

$$
\begin{aligned}
&2(A+C)+A-2B\\
&=2A+2C+A-2B\\
&=3A-2B+2C\\
&=3(2x^2+xy+2x-y^2)-2(x^2-2xy+y^2+2y)\\
&\qquad\qquad\qquad\qquad+2(-x^2-xy-3x+2y)\\
&=6x^2+3xy+6x-3y^2-2x^2+4xy-2y^2-4y\\
&\qquad\qquad\qquad\qquad-2x^2-2xy-6x+4y\\
&=(6-2-2)x^2+(3+4-2)xy+(6-6)x\\
&\qquad\qquad\qquad+(-3-2)y^2+(-4+4)y\\
&=2x^2+5xy-5y^2
\end{aligned}
$$

0035 답 ④

0036 답 ③

$B-X=A$에서

$X=B-A$ ……㉠

㉠에 A, B의 식을 대입하여 풀면

$$
\begin{aligned}
X&=(2x^2-2xy+y^2)-(-x^2+xy-2y^2)\\
&=2x^2-2xy+y^2+x^2-xy+2y^2\\
&=(2+1)x^2+(-2-1)xy+(1+2)y^2\\
&=3x^2-3xy+3y^2
\end{aligned}
$$

0037 답 ③

$2X+B=X+A$에서

$X=A-B$ ……㉠

㉠에 A, B의 식을 대입하여 풀면

$$
\begin{aligned}
X&=(x^2-x+2)-(3x^2-x-2)\\
&=x^2-x+2-3x^2+x+2\\
&=(1-3)x^2+(-1+1)x+(2+2)\\
&=-2x^2+4
\end{aligned}
$$

0038 답 ②

$A+2B=5x^2-xy-3y^2$ ……㉠

$2A-B=-7xy+4y^2$ ……㉡

㉠$+2\times$㉡을 하면

$(A+2B)+2(2A-B)=(5x^2-xy-3y^2)+2(-7xy+4y^2)$

$A+2B+4A-2B=5x^2-xy-3y^2-14xy+8y^2$

$$5A=5x^2+(-1-14)xy+(-3+8)y^2$$
$$=5x^2-15xy+5y^2$$
$$\therefore A=x^2-3xy+y^2$$
위의 식을 ㉡에 대입하면
$$2(x^2-3xy+y^2)-B=-7xy+4y^2$$
$$\therefore B=2x^2-6xy+2y^2+7xy-4y^2$$
$$=2x^2+(-6+7)xy+(2-4)y^2$$
$$=2x^2+xy-2y^2$$
$$\therefore A-B=(x^2-3xy+y^2)-(2x^2+xy-2y^2)$$
$$=x^2-3xy+y^2-2x^2-xy+2y^2$$
$$=(1-2)x^2+(-3-1)xy+(1+2)y^2$$
$$=-x^2-4xy+3y^2$$

0039 답 ⑤

주어진 세 등식을 변끼리 모두 더하면
$$3(A+B+C)=(x^2+2xy+y^2)+(3xy-2y^2)+(2x^2+xy-5y^2)$$
$$=(1+2)x^2+(2+3+1)xy+(1-2-5)y^2$$
$$=3x^2+6xy-6y^2$$
$$\therefore A+B+C=x^2+2xy-2y^2$$

 선생님 톡톡

다항식 A, B, C를 각각 구하지 않고 주어진 세 식에서 계수의 특징을 찾아내어 해결하는 관찰력이 필요한 문제야.

0040 답 ①

0041 답 6

주어진 다항식의 전개식에서 yz항은 y항과 z항의 곱으로 만들어진다.
$$(4x-y-3z)^2=\underbrace{(4x-y-3z)}_{A}\underbrace{(4x-y-3z)}_{B}$$
에서 앞의 다항식을 A, 뒤의 다항식을 B라 하자.
(i) 다항식 A에서 $-y$를 선택하고
    다항식 B에서 $-3z$를 선택하여 곱하면
    $$(-y)\times(-3z)=3yz$$
(ii) 다항식 A에서 $-3z$를 선택하고
    다항식 B에서 $-y$를 선택하여 곱하면
    $$(-3z)\times(-y)=3yz$$
(i), (ii)에서 yz항은
$$3yz+3yz=6yz$$
따라서 주어진 다항식의 전개식에서 yz의 계수는 6이다.

0042 답 ③

주어진 다항식의 전개식에서 x^2항은 x항과 x항, x^2항과 상수항의 곱으로 만들어진다.
(i) $3x^2-x+2$에서 $3x^2$을 선택하고
    x^2+kx+4에서 4를 선택하여 곱하면
    $$3x^2\times4=12x^2$$
(ii) $3x^2-x+2$에서 $-x$를 선택하고
    x^2+kx+4에서 kx를 선택하여 곱하면
    $$(-x)\times kx=-kx^2$$
(iii) $3x^2-x+2$에서 2를 선택하고
    x^2+kx+4에서 x^2을 선택하여 곱하면
    $$2\times x^2=2x^2$$

(i), (ii), (iii)에서 x^2항은
$$12x^2+(-kx^2)+2x^2=(12-k+2)x^2$$
$$=(14-k)x^2$$
이때 주어진 다항식의 전개식에서 x^2의 계수가 8이므로
$$14-k=8\qquad\therefore k=6$$

0043 답 ①

두 이차식의 곱이므로 최고차항은 (이차항) × (이차항)
즉, $2x^2\times bx^2=2bx^4$
이때 주어진 다항식의 최고차항의 계수가 2이므로
$$2b=2\qquad\therefore b=1$$
x^2항은 x^2항과 상수항의 곱 또는 x항과 x항의 곱으로 만들어진다.
(i) $2x^2+ax-3$에서 $2x^2$을 선택하고
    x^2+2x+5에서 5를 선택하여 곱하면
    $$2x^2\times5=10x^2$$
(ii) $2x^2+ax-3$에서 ax를 선택하고
    x^2+2x+5에서 $2x$를 선택하여 곱하면
    $$ax\times2x=2ax^2$$
(iii) $2x^2+ax-3$에서 -3을 선택하고
    x^2+2x+5에서 x^2을 선택하여 곱하면
    $$(-3)\times x^2=-3x^2$$
(i), (ii), (iii)에서 x^2항은
$$10x^2+2ax^2+(-3x^2)=(7+2a)x^2$$
이때 주어진 다항식의 전개식에서 x^2의 계수가 11이므로
$$7+2a=11, 2a=4$$
$$\therefore a=2$$
$$\therefore ab=2\times1=2$$

0044 답 20

x^3항은 x^3항과 상수항, x^2항과 x항의 곱으로 만들어진다.
$$(1+2x+3x^2+4x^3+\cdots+10x^9)^2$$
└─ 항이 많지만 x^3을 결정하는 경우는 제한적이다.
$$=\underbrace{(1+2x+3x^2+\cdots+10x^9)}_{A}\underbrace{(1+2x+3x^2+\cdots+10x^9)}_{B}$$
에서 앞의 다항식을 A, 뒤의 다항식을 B라 하자.
(i) 다항식 A에서 $2x$를 선택하고
    다항식 B에서 $3x^2$을 선택하여 곱하면
    $$2x\times3x^2=6x^3$$
(ii) 다항식 A에서 $3x^2$을 선택하고
    다항식 B에서 $2x$를 선택하여 곱하면
    $$3x^2\times2x=6x^3$$
(iii) 다항식 A에서 1을 선택하고
    다항식 B에서 $4x^3$을 선택하여 곱하면
    $$1\times4x^3=4x^3$$
(iv) 다항식 A에서 $4x^3$을 선택하고
    다항식 B에서 1을 선택하여 곱하면
    $$4x^3\times1=4x^3$$
(i)~(iv)에서 x^3항은
$$6x^3+6x^3+4x^3+4x^3=20x^3$$
따라서 주어진 다항식의 전개식에서 x^3의 계수는 20이다.

선생님 톡톡

이 문제에서는 x^3항보다 차수가 큰 항($5x^4$, $6x^5$, $\cdots$, $10x^9$)들은 x^3의 계수를 구하는 데 영향을 미치지 않는다는 점이 포인트야.

0045 답 7

0046 답 ①

$(x+ay-2)^2 = x^2 + (ay)^2 + (-2)^2 + 2 \times x \times ay$
$\qquad\qquad\qquad\qquad + 2 \times ay \times (-2) + 2 \times (-2) \times x$
$\qquad\qquad = x^2 + a^2y^2 + 4 + 2axy - 4x - 4ay$

주어진 조건에서 다항식 $(x+ay-2)^2$을 전개한 식이
$x^2 + a^2y^2 + 4 + 4xy + bx + cy$이므로
$2a = 4$, $-4 = b$, $-4a = c$
따라서 $a = 2$, $b = -4$, $c = -8$이므로
$a + b + c = 2 + (-4) + (-8) = -10$

0047 답 ⑤

$(a-b)(a+b)(a^2-ab+b^2)(a^2+ab+b^2)$
$= \{(a-b)(a^2+ab+b^2)\}\{(a+b)(a^2-ab+b^2)\}$
$= (a^3-b^3)(a^3+b^3) = a^6 - b^6 = (a^2)^3 - (b^2)^3$
$= (3\sqrt{2})^3 - (\sqrt{2})^3 = 54\sqrt{2} - 2\sqrt{2} = 52\sqrt{2}$

다른 풀이

$(a-b)(a+b)(a^2-ab+b^2)(a^2+ab+b^2)$
$= (a^2-b^2)(a^4+a^2b^2+b^4)$
$= (a^2-b^2)\{(a^2)^2 + a^2b^2 + (b^2)^2\}$
$= (3\sqrt{2} - \sqrt{2}) \times \{(3\sqrt{2})^2 + 3\sqrt{2} \times \sqrt{2} + (\sqrt{2})^2\}$
$= 2\sqrt{2} \times (18 + 6 + 2) = 52\sqrt{2}$

0048 답 ③

$(x^2-x+1)^2 = (x^2)^2 + (-x)^2 + 1^2 + 2 \times x^2 \times (-x)$
$\qquad\qquad\qquad\qquad + 2 \times (-x) \times 1 + 2 \times 1 \times x^2$
$\qquad\qquad = x^4 - 2x^3 + 3x^2 - 2x + 1$

이므로
$(x^3-x+1)(x^2-x+1)^2 = (x^3-x+1)(x^4-2x^3+3x^2-2x+1)$
에서 x항은 x항과 상수항의 곱으로 만들어진다.

(ⅰ) x^3-x+1에서 $-x$를 선택하고
$\quad x^4-2x^3+3x^2-2x+1$에서 1을 선택하여 곱하면
$\quad (-x) \times 1 = -x$
(ⅱ) x^3-x+1에서 1을 선택하고
$\quad x^4-2x^3+3x^2-2x+1$에서 $-2x$를 선택하여 곱하면
$\quad 1 \times (-2x) = -2x$
(ⅰ), (ⅱ)에서 x항은 $(-x) + (-2x) = -3x$
따라서 주어진 다항식의 전개식에서 x의 계수는 -3이다.

0049 답 ②

$x+y+z=1$에서 $x+y=1-z$, $y+z=1-x$, $z+x=1-y$이므로
$(x+y)(y+z)(z+x)$
$= (1-z)(1-x)(1-y)$ $(x+a)(x+b)(x+c)$
$\qquad\qquad\qquad\qquad\quad = x^3 + (a+b+c)x^2 + (ab+bc+ca)x + abc$
$= 1^3 + \{(-z) + (-x) + (-y)\} \times 1^2$
$\qquad + \{(-z) \times (-x) + (-x) \times (-y) + (-y) \times (-z)\} \times 1$
$\qquad\qquad\qquad\qquad\qquad\qquad + (-z) \times (-x) \times (-y)$
$= 1 - (x+y+z) + (xy+yz+zx) - xyz$
$= 1 - 1 + 4 - (-2) = 6$

선생님 톡톡

주어진 식을 무조건 전개하려 생각하지 말고, 주어진 조건을 이용하여 식을 변형하면 문자가 적어져서 더 쉽게 풀 수 있어.

0050 답 ③

0051 답 ②

$(x^2-2x-1)(x^2+x-1)$에서
x^2-2x-1과 x^2+x-1의 공통부분은 x^2-1이다.
$x^2-1=t$라 하면
$(x^2-2x-1)(x^2+x-1)$
$= (t-2x)(t+x) = t^2 - xt - 2x^2$
$= (x^2-1)^2 - x(x^2-1) - 2x^2$
$= x^4 - 2x^2 + 1 - x^3 + x - 2x^2$
$= x^4 - x^3 - 4x^2 + x + 1$

0052 답 ④

$(x+1)(x+3)(x+5)(x+7)$
$= \{(x+1)(x+7)\}\{(x+3)(x+5)\}$
$= (x^2+8x+7)(x^2+8x+15)$
$x^2+8x=t$라 하면
$(주어진 식) = (t+7)(t+15)$
$\qquad\qquad\quad = t^2 + 22t + 105$
$\qquad\qquad\quad = (x^2+8x)^2 + 22(x^2+8x) + 105$
$\qquad\qquad\quad = x^4 + 16x^3 + 64x^2 + 22x^2 + 176x + 105$
$\qquad\qquad\quad = x^4 + 16x^3 + 86x^2 + 176x + 105$
$\therefore a = 16$, $b = 86$, $c = 176$
$\therefore c - b - a = 176 - 86 - 16 = 74$

0053 답 27

$(x-1)(x+2)(x-3)(x+4) + 16$
$= (x^2+x-2)(x^2+x-12) + 16$
$x^2+x=t$라 하면
$(주어진 식) = (t-2)(t-12) + 16$
$\qquad\qquad\quad = t^2 - 14t + 40$
$\qquad\qquad\quad = (x^2+x)^2 - 14(x^2+x) + 40$
$\qquad\qquad\quad = x^4 + 2x^3 + x^2 - 14x^2 - 14x + 40$
$\qquad\qquad\quad = x^4 + 2x^3 - 13x^2 - 14x + 40$
따라서 x^2의 계수는 -13, 상수항은 40이므로
$a = -13$, $b = 40$
$\therefore a + b = (-13) + 40 = 27$

다른 풀이

$(x-1)(x+2)(x-3)(x+4) + 16$
$= (x^2+x-2)(x^2+x-12) + 16$ x^2항과 상수항, x항과 x항을 곱하는 경우
위의 식의 우변을 전개했을 때 x^2항이 나타나는 경우는 다음과 같다.
(ⅰ) x^2+x-2에서 x^2, x^2+x-12에서 -12를 선택하여 곱하면
$\quad x^2 \times (-12) = -12x^2$
(ⅱ) x^2+x-2에서 -2, x^2+x-12에서 x^2을 선택하여 곱하면
$\quad (-2) \times x^2 = -2x^2$
(ⅲ) x^2+x-2에서 x, x^2+x-12에서 x를 선택하여 곱하면
$\quad x \times x = x^2$
(ⅰ), (ⅱ), (ⅲ)에서 x^2항은
$(-12x^2) + (-2x^2) + x^2 = -13x^2$
이때 주어진 다항식의 전개식에서 x^2의 계수는 -13이므로
$a = -13$

또한, 주어진 다항식의 전개식에서 상수항은
$(-2)\times(-12)+16=24+16=40$
이므로 $b=40$ ← $(x^2+x-2)(x^2+x-12)$만 생각하고 16을 놓치지 않도록 주의한다.
$\therefore a+b=(-13)+40=27$

0054 답 ⑤
$\{(x+a)^2-2a^2\}\{(x-a)^2-2a^2\}$
$=(x^2+2ax-a^2)(x^2-2ax-a^2)$
$x^2-a^2=t$라 하면
(주어진 식)$=(t+2ax)(t-2ax)$
$\qquad\qquad=t^2-(2ax)^2$
$\qquad\qquad=(x^2-a^2)^2-4a^2x^2$
$\qquad\qquad=x^4-2a^2x^2+a^4-4a^2x^2$
$\qquad\qquad=x^4-6a^2x^2+a^4$
이때 주어진 다항식의 전개식에서 x^2의 계수가 -12이므로
$-6a^2=-12$ $\quad\therefore a^2=2$
따라서 주어진 다항식의 전개식에서 상수항은
$a^4=(a^2)^2=2^2=4$

다른 풀이
$\{(x+a)^2-2a^2\}\{(x-a)^2-2a^2\}$
$=(x^2+2ax-a^2)(x^2-2ax-a^2)$ ← x^2항과 상수항, x항과 x항을 곱하는 경우
위의 식의 우변을 전개했을 때 x^2항이 나타나는 경우는 다음과 같다.
(i) $x^2+2ax-a^2$에서 x^2, $x^2-2ax-a^2$에서 $-a^2$을 선택하여 곱하면
$\qquad x^2\times(-a^2)=-a^2x^2$
(ii) $x^2+2ax-a^2$에서 $-a^2$, $x^2-2ax-a^2$에서 x^2을 선택하여 곱하면
$\qquad(-a^2)\times x^2=-a^2x^2$
(iii) $x^2+2ax-a^2$에서 $2ax$, $x^2-2ax-a^2$에서 $-2ax$를 선택하여 곱하면
$\qquad 2ax\times(-2ax)=-4a^2x^2$
(i), (ii), (iii)에서 x^2항은
$(-a^2x^2)+(-a^2x^2)+(-4a^2x^2)=-6a^2x^2$
이때 주어진 다항식의 전개식에서 x^2의 계수가 -12이므로
$-6a^2=-12$ $\quad\therefore a^2=2$
따라서 주어진 다항식의 전개식에서 상수항은
$(-a^2)\times(-a^2)=(a^2)^2=2^2=4$

0055 답 ③

0056 답 ④
$(a-2)(a+2)(a^2+4)(a^4+16)$
$=(a^2-4)(a^2+4)(a^4+16)$
$=(a^4-16)(a^4+16)$
$=a^8-256$

0057 답 ③
$(a-1)(a+1)(a^2+1)(a^4+1)=255$
$(a^2-1)(a^2+1)(a^4+1)=255$
$(a^4-1)(a^4+1)=255$
$a^8-1=255$ $\quad\therefore a^8=256$
이때 a가 양수이므로 a의 값은 2이다.

0058 답 ②
$(a^3+b)^3(a^3-b)^3=\{(a^3+b)(a^3-b)\}^3$
$\qquad\qquad\qquad\quad=\{(a^3)^2-b^2\}^3$
$\qquad\qquad\qquad\quad=\{(\sqrt2)^2-\sqrt2\}^3$
$\qquad\qquad\qquad\quad=(2-\sqrt2)^3$
$\qquad\qquad\qquad\quad=2^3-3\times2^2\times\sqrt2+3\times2\times(\sqrt2)^2-(\sqrt2)^3$
$\qquad\qquad\qquad\quad=8-12\sqrt2+12-2\sqrt2$
$\qquad\qquad\qquad\quad=20-14\sqrt2$

0059 답 ④
$(a+b)^{10}=A$, $(a-b)^{10}=B$라 하면
$\{(a+b)^{10}+(a-b)^{10}\}^2-\{(a+b)^{10}-(a-b)^{10}\}^2$
$=(A+B)^2-(A-B)^2$
$=(A^2+2AB+B^2)-(A^2-2AB+B^2)$
$=4AB=4(a+b)^{10}(a-b)^{10}$
$=4\{(a+b)(a-b)\}^{10}=4(a^2-b^2)^{10}$
$=4\times1^{10}=4$

> 🧑 **선생님 톡톡**
> 문제에서 반복되는 식인 $(a+b)^{10}$과 $(a-b)^{10}$을 다른 문자로 치환하여 식을 간단히 할 필요가 있어.

0060 답 ③

0061 답 ②
$\dfrac{1}{x}-\dfrac{1}{y}=-2$에서 $\dfrac{y-x}{xy}=-2$이므로
$\dfrac{y-x}{2}=-2$, $y-x=-4$ $\quad\therefore x-y=4$
$(x+y)^2=(x-y)^2+4xy$이므로
$(x+y)^2=4^2+4\times2=24$
$\therefore x+y=2\sqrt6$ ($\because x, y$는 양수)

0062 답 ②
$x=1-\sqrt2$, $y=1+\sqrt2$에서
$xy=(1-\sqrt2)\times(1+\sqrt2)=1-2=-1$
$x+y=(1+\sqrt2)+(1-\sqrt2)=2$
$\therefore xy^4+x^4y=xy(y^3+x^3)$
$\qquad\qquad\quad=xy\{(x+y)^3-3xy(x+y)\}$
$\qquad\qquad\quad=(-1)\times\{2^3-3\times(-1)\times2\}$
$\qquad\qquad\quad=(-1)\times14=-14$

0063 답 ①
$x-y=3$, $x^3-y^3=18$에서
$x^3-y^3=(x-y)^3+3xy(x-y)$이므로
$18=3^3+3xy\times3$, $9xy=-9$ $\quad\therefore xy=-1$
$\therefore x^2+y^2=(x-y)^2+2xy$
$\qquad\qquad=3^2+2\times(-1)=7$

0064 답 ⑤
$(a-b)^2=(a+b)^2-4ab$
$\qquad\quad=4^2-4\times2=8$
$\therefore a-b=2\sqrt2$ ($\because a>b$)

$$\therefore \frac{a^2}{b}-\frac{b^2}{a}=\frac{a^3-b^3}{ab}=\frac{(a-b)^3+3ab(a-b)}{ab}$$
$$=\frac{(2\sqrt{2})^3+3\times2\times2\sqrt{2}}{2}=\frac{16\sqrt{2}+12\sqrt{2}}{2}$$
$$=\frac{28\sqrt{2}}{2}=14\sqrt{2}$$

0065 답 52

0066 답 ⑤
$$x^3-\frac{1}{x^3}=\left(x-\frac{1}{x}\right)^3+3\times x\times\frac{1}{x}\times\left(x-\frac{1}{x}\right)$$
$$=\left(x-\frac{1}{x}\right)^3+3\left(x-\frac{1}{x}\right)$$
$$=2^3+3\times2=8+6=14$$

0067 답 ①

> $x=0$을 대입하면 등식이 성립하지 않으므로 $x\neq0$이다.

$x^2+3x+1=0$에서 $\underline{x\neq0}$이므로 양변을 x로 나누면
$$x+3+\frac{1}{x}=0 \qquad \therefore x+\frac{1}{x}=-3$$
$$\therefore x^3+\frac{1}{x^3}=\left(x+\frac{1}{x}\right)^3-3\times x\times\frac{1}{x}\times\left(x+\frac{1}{x}\right)$$
$$=\left(x+\frac{1}{x}\right)^3-3\left(x+\frac{1}{x}\right)$$
$$=(-3)^3-3\times(-3)$$
$$=-27+9=-18$$

0068 답 ②
$$x^2+\frac{1}{x^2}=\left(x+\frac{1}{x}\right)^2-2\times x\times\frac{1}{x}$$
$$=3^2-2=7 \qquad \cdots\cdots \text{㉠}$$
$$\left(x-\frac{1}{x}\right)^2=\left(x+\frac{1}{x}\right)^2-4\times x\times\frac{1}{x}$$
$$=3^2-4=5$$
$$\therefore x-\frac{1}{x}=\sqrt{5}\ (\because x>1)$$
$$x^2-\frac{1}{x^2}=\left(x+\frac{1}{x}\right)\left(x-\frac{1}{x}\right)$$
$$=3\times\sqrt{5}=3\sqrt{5} \qquad \cdots\cdots \text{㉡}$$
㉠, ㉡에서
$$x^4-\frac{1}{x^4}=\left(x^2+\frac{1}{x^2}\right)\left(x^2-\frac{1}{x^2}\right)$$
$$=7\times3\sqrt{5}=21\sqrt{5}$$

0069 답 ③
$$x^2+\frac{1}{x^2}=\left(x+\frac{1}{x}\right)^2-2\times x\times\frac{1}{x}=\left(x+\frac{1}{x}\right)^2-2$$
이때 $x^2+\frac{1}{x^2}=7$이므로
$$\left(x+\frac{1}{x}\right)^2-2=7, \left(x+\frac{1}{x}\right)^2=9$$
$$\therefore x+\frac{1}{x}=3\ (\because x>0)$$
$$\therefore x^3+\frac{1}{x^3}=\left(x+\frac{1}{x}\right)^3-3\times x\times\frac{1}{x}\times\left(x+\frac{1}{x}\right)$$
$$=\left(x+\frac{1}{x}\right)^3-3\left(x+\frac{1}{x}\right)$$
$$=3^3-3\times3=18$$

0070 답 ①

0071 답 ①
$a^2+b^2+c^2=(a+b+c)^2-2(ab+bc+ca)$에서
$$2=(\sqrt{6})^2-2(ab+bc+ca)$$
$$2(ab+bc+ca)=4 \qquad \therefore ab+bc+ca=2$$
$$\therefore (a-b)^2+(b-c)^2+(c-a)^2$$
$$=a^2-2ab+b^2+b^2-2bc+c^2+c^2-2ca+a^2$$
$$=2(a^2+b^2+c^2)-2(ab+bc+ca)$$
$$=2\times2-2\times2=0$$

0072 답 ③
$a^2+b^2+c^2=(a+b+c)^2-2(ab+bc+ca)$에서
$$11=5^2-2(ab+bc+ca)$$
$$2(ab+bc+ca)=14$$
$$\therefore ab+bc+ca=7$$
$\frac{1}{a}+\frac{1}{b}+\frac{1}{c}=\frac{7}{3}$에서
$$\frac{ab+bc+ca}{abc}=\frac{7}{3}$$
$$\therefore abc=3\ (\because ab+bc+ca=7)$$

> $(ab+bc+ca)^2$
> $=(ab)^2+(bc)^2+(ca)^2$
> $+2(ab\times bc+bc\times ca+ca\times ab)$
> $=a^2b^2+b^2c^2+c^2a^2+2abc(a+b+c)$

$$\therefore \frac{1}{a^2}+\frac{1}{b^2}+\frac{1}{c^2}=\frac{a^2b^2+b^2c^2+c^2a^2}{(abc)^2}$$
$$=\frac{\overbrace{(ab+bc+ca)^2}-2abc(a+b+c)}{(abc)^2}$$
$$=\frac{7^2-2\times3\times5}{3^2}=\frac{19}{9}$$

0073 답 ①
$$a^2+b^2+c^2-ab-bc-ca=\frac{1}{2}\{(a-b)^2+(b-c)^2+(c-a)^2\}$$
에서
$$0=\frac{1}{2}\{(a-b)^2+(b-c)^2+(c-a)^2\}$$
이때 a, b, c는 실수이므로

> $(a-b)^2\geq0, (b-c)^2\geq0, (c-a)^2\geq0$

$$a-b=0, b-c=0, c-a=0$$
$$\therefore a=b=c$$
따라서 $a=3$이므로
$$b=3, c=3$$
$$\therefore b+c=3+3=6$$

0074 답 ③
$$a^2+b^2+c^2-ab+bc+ca$$
$$=\frac{1}{2}\{(a-b)^2+(b+c)^2+(c+a)^2\}$$
$$=\frac{1}{2}\{4^2+(-2)^2+(c+a)^2\}$$
$$=10+\frac{1}{2}(c+a)^2$$
이때 $a-b=4, b+c=-2$를 변끼리 더하면
$$(a-b)+(b+c)=4+(-2)$$
$$\therefore a+c=2$$
$$\therefore (주어진 식)=10+\frac{1}{2}\times2^2=12$$

0075 답 9

0076 답 ②

$30=a$라 하면

$(a-1)(a+1)\{a^2-(a-1)\}\{a^2+(a+1)\}$

$=(a-1)(a^2+a+1)(a+1)(a^2-a+1)$

$=(a^3-1)(a^3+1)=a^6-1=30^6-1$

0077 답 ④

$2-\dfrac{1}{2^m}=k$라 하고 주어진 식의 양변에 $\left(1-\dfrac{1}{2}\right)$을 곱하면

← $(a+b)(a-b)=a^2-b^2$을 이용하기 위해서이다.

$\left(1-\dfrac{1}{2}\right)\left(1+\dfrac{1}{2}\right)\left(1+\dfrac{1}{2^2}\right)\left(1+\dfrac{1}{2^4}\right)\left(1+\dfrac{1}{2^8}\right)=\left(1-\dfrac{1}{2}\right)k$

$\left(1-\dfrac{1}{2^2}\right)\left(1+\dfrac{1}{2^2}\right)\left(1+\dfrac{1}{2^4}\right)\left(1+\dfrac{1}{2^8}\right)=\dfrac{1}{2}k$

$\left(1-\dfrac{1}{2^4}\right)\left(1+\dfrac{1}{2^4}\right)\left(1+\dfrac{1}{2^8}\right)=\dfrac{1}{2}k$

$\left(1-\dfrac{1}{2^8}\right)\left(1+\dfrac{1}{2^8}\right)=\dfrac{1}{2}k$

$1-\dfrac{1}{2^{16}}=\dfrac{1}{2}k$

$\therefore k=2\left(1-\dfrac{1}{2^{16}}\right)=2-\dfrac{2}{2^{16}}=2-\dfrac{1}{2^{15}}$

$\therefore m=15$

선생님 톡톡

주어진 식을 간단히 할 수 있는 식을 찾아내어 곱하는 것이 중요한 아이디어야. 문자가 아닌 숫자로 되어 있는 식은 어떤 숫자를 양변에 곱하여 식을 변형할 수 있으니 꼭 염두해 둬.

0078 답 27

$219=a$, $101=b$라 하면 주어진 식의 분자에서

$320\times(219^2-219\times101+101^2)-101^3$

$=(219+101)(219^2-219\times101+101^2)-101^3$

$=(a+b)(a^2-ab+b^2)-b^3$

$=(a^3+b^3)-b^3=a^3=219^3$ ...... ㉠

$73=c$, $107=d$라 하면 주어진 식의 분모에서

$180\times(73^2-73\times107+107^2)-107^3$

$=(73+107)(73^2-73\times107+107^2)-107^3$

$=(c+d)(c^2-cd+d^2)-d^3$

$=(c^3+d^3)-d^3=c^3=73^3$ ...... ㉡

㉠, ㉡을 주어진 식에 대입하면

$\dfrac{320\times(219^2-219\times101+101^2)-101^3}{180\times(73^2-73\times107+107^2)-107^3}$

$=\dfrac{219^3}{73^3}=\left(\dfrac{219}{73}\right)^3=3^3=27$

0079 답 6

$300=a$, $200=b$라 하면

(i) $297^2=(300-3)^2=(a-3)^2=a^2-6a+9$

(ii) $199\times201=(200-1)(200+1)=(b-1)(b+1)=b^2-1$

(i), (ii)에서

$297^2+199\times201=(a^2-6a+9)+(b^2-1)=a^2+b^2-6a+8$

$=300^2+200^2-6\times300+8=128208$

따라서 $297^2+199\times201$은 6자리의 자연수이므로

$n=6$

다른 풀이

$300=a$, $200=b$라 하면

$297^2+199\times201=a^2+b^2-6a+8$에서

a, b가 모두 100보다 큰 수이므로 $297^2+199\times201$의 자릿수는 a^2+b^2의 값이 결정한다.

$a^2+b^2=300^2+200^2=90000+40000$

$=130000$

따라서 $297^2+199\times201$은 6자리의 자연수이다.

0080 답 2

0081 답 9

A를 B로 나누면

$$
\begin{array}{r}
3x+2 \quad\text{← 몫}\\
x^2-x+1\overline{\smash{)}3x^3-x^2+2x-1}\\
\underline{3x^3-3x^2+3x}\quad\text{← }(x^2-x+1)\times3x\\
2x^2-x-1\\
\underline{2x^2-2x+2}\quad\text{← }(x^2-x+1)\times2\\
x-3\quad\text{← 나머지}
\end{array}
$$

$x-3$의 차수가 x^2-x+1의 차수보다 낮으므로

$Q(x)=3x+2$, $R(x)=x-3$

$\therefore Q(2)+R(4)=(3\times2+2)+(4-3)=8+1=9$

0082 답 ②

다항식 x^3+x-2를 $x+1$로 나누면

$$
\begin{array}{r}
x^2-x+2\quad\text{← 몫}\\
x+1\overline{\smash{)}x^3+x-2}\quad\text{← 이차항의 자리 비워놓기}\\
\underline{x^3+x^2}\quad\text{← }(x+1)\times x^2\\
-x^2+x\\
\underline{-x^2-x}\quad\text{← }(x+1)\times(-x)\\
2x-2\\
\underline{2x+2}\quad\text{← }(x+1)\times2\\
-4\quad\text{← 나머지}
\end{array}
$$

-4의 차수가 $x+1$의 차수보다 낮으므로 몫은 x^2-x+2, 나머지는 -4이다.

따라서 $a=-1$, $b=2$, $c=-4$이므로

$ab-c=(-1)\times2-(-4)=2$

0083 답 ①

← 일반적으로 다항식 A를 다항식 B ($B\ne0$)로 나누었을 때의 몫을 Q, 나머지를 R라 하면 $A=BQ+R$로 나타낼 수 있다.

$x^4-x^3+3x^2+2x+1=X(x^2-x+2)+3x-1$

$=(x^2-x+2)X+3x-1$

$3x-1$의 차수가 x^2-x+2의 차수보다 낮으므로 다항식 $x^4-x^3+3x^2+2x+1$을 x^2-x+2로 나누면 몫이 X이고 나머지가 $3x-1$이다.

$$
\begin{array}{r}
x^2+1\quad\text{← 몫}\\
x^2-x+2\overline{\smash{)}x^4-x^3+3x^2+2x+1}\\
\underline{x^4-x^3+2x^2}\quad\text{← }(x^2-x+2)\times x^2\\
x^2+2x+1\\
\underline{x^2-x+2}\quad\text{← }(x^2-x+2)\times1\\
3x-1\quad\text{← 나머지}
\end{array}
$$

$\therefore X=x^2+1$

0084 답 ⑤

다항식 $2x^4-x^3-4x^2+5$를 x^2-x-1로 나누면

$$
\begin{array}{r}
2x^2+\ x-1 \quad \leftarrow \text{몫}\\
x^2-x-1{\overline{\smash{\big)}\,2x^4-\ x^3-4x^2\quad\ +5}}\\
\underline{2x^4-2x^3-2x^2}\quad \leftarrow (x^2-x-1)\times 2x^2\\
x^3-2x^2\\
\underline{x^3-\ x^2-x}\quad \leftarrow (x^2-x-1)\times x\\
-\ x^2+x+5\\
\underline{-\ x^2+x+1}\quad \leftarrow (x^2-x-1)\times(-1)\\
4 \quad \leftarrow \text{나머지}
\end{array}
$$

4의 차수가 x^2-x-1의 차수보다 낮으므로 몫은 $2x^2+x-1$, 나머지는 4이다.

$$\therefore 2x^4-x^3-4x^2+5$$
$$=(x^2-x-1)(2x^2+x-1)+4$$
$$=0\times(2x^2+x-1)+4 \ (\because x^2-x-1=0)$$
$$=4$$

0085 답 10

0086 답 ④

직육면체 $\text{ABCD}-\text{EFGH}$의 밑면의 가로와 세로의 길이, 높이를 각각 a, b, c라 하면 모든 모서리의 길이의 합이 32이므로
$$4(a+b+c)=32$$
$$\therefore a+b+c=8$$
직육면체 $\text{ABCD}-\text{EFGH}$의 겉넓이가 28이므로
$$2(ab+bc+ca)=28$$
이때 $(a+b+c)^2=a^2+b^2+c^2+2(ab+bc+ca)$에서
$$8^2=a^2+b^2+c^2+28$$
$$\therefore a^2+b^2+c^2=36$$
$$\therefore \overline{\text{AG}}=\sqrt{a^2+b^2+c^2}=\sqrt{36}=6$$

0087 답 4

$\overline{\text{AC}}=a$, $\overline{\text{BC}}=b$라 하면 $\overline{\text{AB}}=\overline{\text{AC}}+\overline{\text{BC}}=8$이므로
$$a+b=8$$
선분 AC를 지름으로 하는 원과 선분 BC를 지름으로 하는 원의 넓이의 합이 14π이므로
$$\left(\frac{a}{2}\right)^2\pi+\left(\frac{b}{2}\right)^2\pi=14\pi$$
$$\therefore a^2+b^2=56$$
$(a+b)^2=a^2+b^2+2ab$에서
$$8^2=56+2ab \quad \therefore ab=4$$
$$\therefore \overline{\text{AC}}\times\overline{\text{BC}}=ab=4$$

0088 답 198

(부피)=(밑넓이)×(높이)이므로 부피를 밑넓이로 나누면 나머지는 0이다.

밑면의 넓이가 a^2-a+3, 높이가 $f(a)$이고 부피가 $2a^3-3a^2+7a-3$이므로 $2a^3-3a^2+7a-3$을 a^2-a+3으로 나누면 나누어떨어지고 그 몫은 $f(a)$이다.

$$
\begin{array}{r}
2a-1 \quad \leftarrow \text{몫}: f(a)\\
a^2-a+3{\overline{\smash{\big)}\,2a^3-3a^2+7a-3}}\\
\underline{2a^3-2a^2+6a}\quad \leftarrow (a^2-a+3)\times 2a\\
-\ a^2+\ a-3\\
\underline{-\ a^2+\ a-3}\quad \leftarrow (a^2-a+3)\times(-1)\\
0 \quad \leftarrow \text{나머지}
\end{array}
$$

따라서 $f(a)=2a-1$이므로
$$f(49)+f(51)=(2\times49-1)+(2\times51-1)$$
$$=97+101$$
$$=198$$

0089 답 8

세 모서리의 길이가 각각 $a+b$, $2a+b$, $2a+b$인 직육면체의 부피는
$$(a+b)(2a+b)^2=(a+b)(4a^2+4ab+b^2)$$
$$=4a^3+8a^2b+5ab^2+b^3$$
즉, 부피가 a^3인 직육면체는 4개, 부피가 a^2b인 직육면체는 8개, 부피가 ab^2인 직육면체는 5개, 부피가 b^3인 직육면체는 1개이다.
이때 부피가 같은 직육면체가 8개인 것의 부피는 a^2b이므로
$$a^2b=45=3^2\times5$$
이고, a, b가 서로소이므로
$$a=3, \ b=5$$
$$\therefore a+b=3+5=8$$

> **해설 속 칠판**
>
> $(a+b)^3=a^3+3a^2b+3ab^2+b^3$을 기하적으로 보이면 다음과 같다.
>
>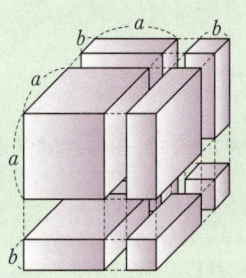
>
> 즉, 직육면체의 부피가 a^3, a^2b, ab^2, b^3인 직육면체는 각각 1개, 3개, 3개, 1개이다.

STEP 3 실전 업 본문 020~023쪽

0090 답 ②

> **One Point Lesson**
>
> 이차식이란 최고차항의 차수가 2인 다항식을 의미한다.

$$2A+B=2(ax^3-3x^2+2x)+(4x^3+ax^2-2)$$
$$=(2a+4)x^3+(a-6)x^2+4x-2$$
이때 $2A+B$가 이차식이므로 x^3의 계수가 0임을 의미한다.
$$2a+4=0$$
$$\therefore a=-2$$
$$\therefore 2A+B=-8x^2+4x-2$$
따라서 다항식 $2A+B$의 x^2의 계수는 -8이다.

> **선생님 톡톡**
>
> 이차식은 최고차항의 차수가 2인 다항식이므로 이차항보다 차수가 큰 항의 계수가 0이어야 해.

0091 답 9

$(2x^2-x+3)(x^2+kx+5)$의 전개식에서 x^3항은

$2x^2 \times kx + (-x) \times x^2 = (2k-1)x^3$ ← x^2항과 x항의 곱

이때 x^3의 계수가 7이므로

$2k-1=7$ $\therefore k=4$

즉, 주어진 다항식은 $(2x^2-x+3)(x^2+4x+5)$이므로 x^2항은

$2x^2 \times 5 + (-x) \times 4x + 3 \times x^2 = (10-4+3)x^2 = 9x^2$ ← x^2항과 상수항,

따라서 주어진 다항식의 전개식에서 x^2의 계수는 9이다. x항과 x항의 곱

0092 답 ⑤

$a+b=X$라 하면

$(a+b-1)\{(a+b)^2+a+b+1\} = (X-1)(X^2+X+1)$
$\qquad\qquad\qquad\qquad\qquad\qquad = X^3-1$

이때 $X^3-1=8$이므로

$X^3=9$ $\therefore (a+b)^3=9$

0093 답 32

$(2+k)^3=A$, $(2-k)^3=B$라 하면

$\{(2+k)^3+(2-k)^3\}^2 - \{(2+k)^3-(2-k)^3\}^2$
$=(A+B)^2-(A-B)^2$
$=A^2+2AB+B^2-(A^2-2AB+B^2)$
$=4AB=4(2+k)^3(2-k)^3=4\{(2+k)(2-k)\}^3$
$=4(4-k^2)^3=4(4-2)^3=4 \times 2^3=32$

다른 풀이

인수분해 공식을 이용하면 다음과 같이 정리할 수 있다.

$(A+B)^2-(A-B)^2$
$=\{(A+B)+(A-B)\}\{(A+B)-(A-B)\}$
$=2A \times 2B = 4AB$

0094 답 49

주어진 식의 좌변에 $\dfrac{3^3-2}{3^3-2}$를 곱하여 정리하면

$(좌변)=\dfrac{(3^3-2)(3^3+2)(3^6+2^2)(3^{12}+2^4)}{3^3-2}$ $\dfrac{3^3-2}{3^3-2}=1$이므로 양변에 $\dfrac{3^3-2}{3^3-2}$를 곱해도 식의 값이 변하지는 않으면서 곱셈 공식을 사용할 수 있는 식이 된다.

$=\dfrac{(3^6-2^2)(3^6+2^2)(3^{12}+2^4)}{27-2}$

$=\dfrac{(3^{12}-2^4)(3^{12}+2^4)}{25}$

$=\dfrac{3^{24}-2^8}{25}=\dfrac{3^{24}-256}{25}$

따라서 $a=25$, $b=24$이므로

$a+b=25+24=49$

0095 답 ⑤

$$
\begin{array}{r}
\boxed{2x-3} \quad \leftarrow Q(x) \\
x^2+2 \overline{)\,2x^3-3x^2+2x} \\
\underline{2x^3+4x} \\
-3x^2-2x \\
\underline{-3x^2-6} \\
\boxed{-2x+6} \quad \leftarrow R(x)
\end{array}
$$

$\therefore Q(x)=2x-3$, $R(x)=-2x+6$

(i) $2x-3=(-2x+6)\times(-1)+3$이므로
$\quad Q(x)=-R(x)+3$ $\therefore R_1=3$

(ii) $-2x+6=(2x-3)\times(-1)+3$이므로
$\quad R(x)=-Q(x)+3$ $\therefore R_2=3$ $A=BQ+R$일 때 A를 B로 나눈 몫이 Q, 나머지가 R임을 이용 (단, $(R$의 차수$)<(B$의 차수$)$)

(i), (ii)에서

$R_1+R_2=3+3=6$

0096 답 12

x^3-4x^2+4x+4를 $x-3$으로 나누면

$$
\begin{array}{r}
x^2-x+1 \\
x-3 \overline{)\,x^3-4x^2+4x+4} \\
\underline{x^3-3x^2} \\
-x^2+4x \\
\underline{-x^2+3x} \\
x+4 \\
\underline{x-3} \\
7
\end{array}
$$

$\dfrac{x^3-4x^2+4x+4}{x-3}=x^2-x+1+\dfrac{7}{x-3}$이므로 주어진 식의 값이

정수가 되기 위해서는 $\dfrac{7}{x-3}$이 정수이어야 한다. → 정수 x에 대하여 x^2-x+1은 정수이다.

즉, 분자 7의 약수가 1, 7이므로

$x-3=\pm1$ 또는 $x-3=\pm7$이어야 한다.

따라서 이를 만족시키는 정수 x는 -4, 2, 4, 10이므로 구하는 모든 정수 x의 값의 합은

$(-4)+2+4+10=12$

0097 답 ④

$x=\dfrac{1-\sqrt{5}}{2}$에서 $2x=1-\sqrt{5}$

$2x-1=-\sqrt{5}$

위의 식의 양변을 제곱하면

$4x^2-4x+1=5$ $\therefore x^2-x-1=0$

x^5-5x+5를 x^2-x-1로 나누면

$$
x^2-x-1 \enclose{longdiv}{\begin{array}{r} x^3+x^2+2x+3 \\ \hline x^5-5x+5 \end{array}}
$$

$$
\begin{array}{r}
x^5-x^4-\ x^3 \\ \hline
x^4+\ x^3 \\
x^4-\ x^3-\ x^2 \\ \hline
2x^3+\ x^2-5x \\
2x^3-2x^2-2x \\ \hline
3x^2-3x+5 \\
3x^2-3x-3 \\ \hline
8
\end{array}
$$

$\therefore x^5-5x+5=(x^2-x-1)(x^3+x^2+2x+3)+8$
이때 $x^2-x-1=0$이므로
$x^5-5x+5=8$

0098 답 36

> **One Point Lesson**
> A^3+B^3은 곱셈 공식의 변형에 의하여 $A+B$와 AB로 나타낼 수 있다.

$A+B=(x^2+x+2)+(x^2-x+2)=2x^2+4$
$AB=(x^2+x+2)(x^2-x+2)$
위의 등식의 우변에서 $x^2+2=t$라 하면
$(x^2+x+2)(x^2-x+2)=(t+x)(t-x)=t^2-x^2$
$\qquad\qquad\qquad\qquad\quad =(x^2+2)^2-x^2=x^4+4x^2+4-x^2$
$\qquad\qquad\qquad\qquad\quad =x^4+3x^2+4$
이므로
$A^3+B^3=(A+B)^3-3AB(A+B)$
$\qquad\quad =(2x^2+4)^3-3(x^4+3x^2+4)(2x^2+4)$
(i) $(2x^2+4)^3$의 전개식에서 x^2항은
$\quad 3\times 2x^2\times 4^2=96x^2$
(ii) $-3(x^4+3x^2+4)(2x^2+4)$의 전개식에서 x^2항은
$\quad -3(3x^2\times 4+4\times 2x^2)=-60x^2$
(i), (ii)에서 x^2의 계수는
$96-60=36$

0099 답 ②

> **One Point Lesson**
> 서로 같은 선분이 무엇인지 찾아 조건을 이용하여 x, y로 나타낸다.

$\overline{AE}=x+1$이고, 조건 (가)에서 $\overline{AE}+\overline{EF}+\overline{EH}=4x+3y$이므로
$\overline{EF}+\overline{EH}=(4x+3y)-\overline{AE}$
$\qquad\qquad =(4x+3y)-(x+1)$
$\qquad\qquad =3x+3y-1 \qquad \cdots\cdots ㉠$
$\overline{CG}=\overline{AE}$, $\overline{CD}=\overline{AB}$이므로 조건 (나)에서
$\overline{CG}+\overline{CD}=\overline{AE}+\overline{AB}=2x+5y-3$
$\therefore \overline{AB}=(2x+5y-3)-\overline{AE}$
$\qquad\quad =(2x+5y-3)-(x+1)$
$\qquad\quad =x+5y-4 \qquad \cdots\cdots ㉡$
$\overline{EF}=\overline{AB}$, $\overline{EH}=\overline{AD}$이므로
㉠에서 $\overline{AB}+\overline{AD}=3x+3y-1$
$\therefore \overline{AD}=(3x+3y-1)-\overline{AB}$
$\qquad\quad =(3x+3y-1)-(x+5y-4)\ (\because ㉡)$
$\qquad\quad =2x-2y+3$

$\therefore 2\overline{AB}+\overline{AD}=2(x+5y-4)+(2x-2y+3)$
$\qquad\qquad\qquad =4x+8y-5$

다른 풀이
$\overline{AE}=a$, $\overline{EF}=b$, $\overline{EH}=c$라 하면
$\overline{AE}+\overline{EF}+\overline{EH}=a+b+c=4x+3y \qquad \cdots\cdots ㉠$
$\overline{CG}+\overline{CD}=a+b=2x+5y-3 \qquad \cdots\cdots ㉡$
$\overline{AE}=a=x+1$
$2\overline{AB}+\overline{AD}=2b+c$이므로 ㉠+㉡을 하면
$2a+2b+c=(4x+3y)+(2x+5y-3)$
$\qquad\qquad =6x+8y-3$
$\therefore 2b+c=6x+8y-3-2a$
$\qquad\quad =6x+8y-3-2(x+1)$
$\qquad\quad =4x+8y-5$

0100 답 32

> **One Point Lesson**
> $x^2=2x+1$에서 $x-\dfrac{1}{x}$의 값을 구한 후, 주어진 식을 변형하여 해결한다.

$x^2=2x+1$에서 $x\neq 0$이므로 양변을 x로 나누면
$x=2+\dfrac{1}{x} \qquad \therefore x-\dfrac{1}{x}=2$ $\leftarrow$ $x^2=2x+1$의 양변에 $x=0$을 대입해도 성립하지 않는다.
$\left(x+\dfrac{1}{x}\right)^2=\left(x-\dfrac{1}{x}\right)^2+4\times x\times\dfrac{1}{x}=2^2+4=8$
$\therefore x+\dfrac{1}{x}=2\sqrt{2}\ (\because x>0)$
$\therefore x^3+2x^2+3x+\dfrac{3}{x}+\dfrac{2}{x^2}-\dfrac{1}{x^3}$
$=x^3-\dfrac{1}{x^3}+2\left(x^2+\dfrac{1}{x^2}\right)+3\left(x+\dfrac{1}{x}\right)$
$=\left\{\left(x-\dfrac{1}{x}\right)^3+3\times x\times\dfrac{1}{x}\times\left(x-\dfrac{1}{x}\right)\right\}$
$\qquad\qquad +2\left\{\left(x-\dfrac{1}{x}\right)^2+2\times x\times\dfrac{1}{x}\right\}+3\left(x+\dfrac{1}{x}\right)$
$=(2^3+3\times 2)+2\times(2^2+2)+3\times 2\sqrt{2}$
$=14+12+6\sqrt{2}$
$=26+6\sqrt{2}$
따라서 $a=26$, $b=6$이므로
$a+b=26+6=32$

0101 답 7

> **One Point Lesson**
> 50을 k로 치환하여 식을 세운다.

$51=50+1$, $49=50-1$이므로 $50=k$라 하면
$N=(51^2-49^2)(51^3-49^3)$
$\quad =\{(k+1)^2-(k-1)^2\}\{(k+1)^3-(k-1)^3\}$
$\quad =\{k^2+2k+1-(k^2-2k+1)\}$
$\qquad\qquad \times\{k^3+3k^2+3k+1-(k^3-3k^2+3k-1)\}$
$\quad =4k(6k^2+2)=8k(3k^2+1)$
$\quad =8\times 50\times(3\times 50^2+1)$
$\quad =3000400$
따라서 N은 7자리의 자연수이다.

0102 답 148

One Point Lesson
직육면체 ABCD−EFGH의 각 모서리를 문자로 나타내어 식을 세운다.

$\overline{AB}=x$, $\overline{AD}=y$, $\overline{AE}=z$라 하면
$l_1=3x+3y+3z+\overline{AC}+\overline{CF}+\overline{FA}$,
$l_2=x+y+z+\overline{AC}+\overline{CF}+\overline{FA}$
이므로 $l_1-l_2=2x+2y+2z=28$
$\therefore x+y+z=14$
$S_1=xy+yz+zx+\dfrac{1}{2}xy+\dfrac{1}{2}yz+\dfrac{1}{2}zx+\triangle AFC$,
$S_2=\dfrac{1}{2}xy+\dfrac{1}{2}yz+\dfrac{1}{2}zx+\triangle AFC$
이므로 $S_1-S_2=xy+yz+zx=61$
$\therefore \overline{AC}^2+\overline{CF}^2+\overline{FA}^2$
　　$=(x^2+y^2)+(y^2+z^2)+(z^2+x^2)$ ← 세 삼각형 ABC, BCF, FAB가 직각삼각형이므로 피타고라스 정리에 의하여
　　$=2(x^2+y^2+z^2)$
　　$=2\{(x+y+z)^2-2(xy+yz+zx)\}$
　　$=2\times(14^2-2\times61)=148$

0103 답 ④

One Point Lesson
주어진 풀이 과정에 따라 풀면서 빈칸에 들어갈 수를 찾는다.

$3(ab+bc+ca)=(a+b+c)^2-2$에서
$3ab+3bc+3ca=a^2+b^2+c^2+2ab+2bc+2ca-2$
$a^2+b^2+c^2-ab-bc-ca=2$
$\dfrac{1}{2}\{(a-b)^2+(b-c)^2+(c-a)^2\}=2$
$\therefore (a-b)^2+(b-c)^2+(c-a)^2=4$　……㉠
$a-b=X$, $b-c=Y$, $c-a=Z$라 하면
$X+Y+Z=(a-b)+(b-c)+(c-a)=\boxed{0}$
㉠에서 $X^2+Y^2+Z^2=\boxed{4}$
$(X+Y+Z)^2=X^2+Y^2+Z^2+2(XY+YZ+ZX)$에서
$0^2=4+2(XY+YZ+ZX)$
$\therefore XY+YZ+ZX=\boxed{-2}$
$\therefore (a-b)(b-c)+(b-c)(c-a)+(c-a)(a-b)$
　$=XY+YZ+ZX=\boxed{-2}$
따라서 $l=0$, $m=4$, $n=-2$이므로
$l+m+n=0+4+(-2)=2$

0104 답 3

One Point Lesson
정삼각형과 마름모의 정의를 이용하여 식을 세운다.

$\overline{AB}=\alpha$, $\overline{CD}=\beta$, $\overline{FG}=\gamma$라 하면 주어진 그림에서
$\overline{AC}=\overline{AF}+\overline{FC}$이므로 $\alpha=\beta+\gamma$
조건 (가)에서 $\overline{AB}+\overline{AF}=\alpha+\gamma=(\beta+\gamma)+\gamma=\beta+2\gamma$
$\therefore \beta+2\gamma=2x^2-xy+5y^2$　……㉠
조건 (나)에서
$\overline{BD}+\overline{DE}+\overline{GE}=(\overline{BC}+\overline{CD})+\overline{DE}+(\overline{FE}-\overline{FG})$
　　　　　　　　　　$=(\alpha+\beta)+\beta+(\beta-\gamma)=\alpha+3\beta-\gamma$
　　　　　　　　　　$=(\beta+\gamma)+3\beta-\gamma=4\beta$

즉, $4\beta=4y^2+2xy$이므로
$\beta=y^2+\dfrac{1}{2}xy$　　……㉡
㉡을 ㉠에 대입하면
$\left(y^2+\dfrac{1}{2}xy\right)+2\gamma=2x^2-xy+5y^2$
$2\gamma=2x^2-xy+5y^2-y^2-\dfrac{1}{2}xy=2x^2-\dfrac{3}{2}xy+4y^2$
$\therefore \gamma=x^2-\dfrac{3}{4}xy+2y^2$
따라서 $\overline{AH}=\gamma=x^2-\dfrac{3}{4}xy+2y^2$이므로
$a=1$, $b=2$
$\therefore a+b=1+2=3$

0105 답 ④

One Point Lesson
도형의 성질을 이용하여 a에 대한 식을 세운다.

다음 그림과 같이 선분 AB의 중점을 O, 선분 AD와 선분 OC가 만나는 점을 M이라 하자.

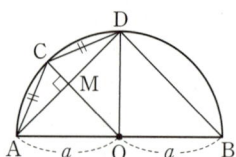

$\triangle AOC\equiv\triangle DOC$ (SSS 합동)이므로
$\angle ACO=\angle DCO$ ← 두 삼각형 AOC, DOC가 $\overline{AC}=\overline{DC}$, $\overline{AO}=\overline{DO}$, $\overline{CO}$는 공통이므로 SSS 합동이다.
즉, 선분 CM은 $\angle ACD$의 이등분선이고 삼각형 ACD는
$\overline{AC}=\overline{CD}$인 이등변삼각형이므로
$\overline{AM}=\overline{MD}$, $\angle AMC=90°$
또한, $\angle ADB$는 반원에 대한 원주각이므로
$\angle ADB=90°$
$\therefore \triangle AMO\infty\triangle ADB$ (AA 닮음)
이때 $\overline{BD}=8$이므로 $\overline{OM}=4$ ← $\overline{AD}=\overline{AM}+\overline{MD}=2\overline{AM}$이므로 $\overline{BD}=2\overline{OM}$
직각삼각형 AMC에서 $\overline{AM}^2=\overline{AC}^2-\overline{CM}^2$,
직각삼각형 AMO에서 $\overline{AM}^2=\overline{AO}^2-\overline{OM}^2$이므로
$\overline{AC}^2-\overline{CM}^2=\overline{AO}^2-\overline{OM}^2$
$\therefore (a-1)^2-(a-4)^2=a^2-4^2$
위의 식을 정리하면
$a^2-6a-1=0$
$a>4$이므로 위의 식의 양변을 a로 나누면
$a-\dfrac{1}{a}=6$
$\therefore a^3-\dfrac{1}{a^3}=\left(a-\dfrac{1}{a}\right)^3+3\times a\times\dfrac{1}{a}\times\left(a-\dfrac{1}{a}\right)$
　　　　　$=6^3+3\times6=234$

0106 답 ②

One Point Lesson
주어진 식에서 $2a=X$, $b=Y$로 치환한다.

$2a=X$, $b=Y$라 하면
$X+Y=2a+b=3$, $XY=2ab=2\times\dfrac{1}{2}=1$

이므로 $X^2+Y^2=(X+Y)^2-2XY=3^2-2\times1=7$

$\therefore 64a^6+b^6=(2a)^6+b^6=X^6+Y^6$
$\qquad\qquad\quad=(X^2)^3+(Y^2)^3=(X^2+Y^2)^3-3X^2Y^2(X^2+Y^2)$
$\qquad\qquad\quad=7^3-3\times1^2\times7=7(7^2-3)$
$\qquad\qquad\quad=7\times46=322$

이때 $64a^6-kab+b^6=0$에서
$64a^6+b^6=kab$

즉, $322=\dfrac{k}{2}$이므로 $k=2\times322=644$

0107 답 ③

$(a+b+c)^2=(\sqrt6)^2=6$, $3(a^2+b^2+c^2)=3\times2=6$이므로
$3(a^2+b^2+c^2)=(a+b+c)^2$
$3(a^2+b^2+c^2)=a^2+b^2+c^2+2ab+2bc+2ca$
$2a^2+2b^2+2c^2-2ab-2bc-2ca=0$
$(a^2-2ab+b^2)+(b^2-2bc+c^2)+(c^2-2ca+a^2)=0$
$(a-b)^2+(b-c)^2+(c-a)^2=0$ ← a, b, c가 양수이므로
$\qquad\qquad\qquad\qquad\qquad\qquad (a-b)^2\geq0,\ (b-c)^2\geq0,\ (c-a)^2\geq0$
따라서 $a-b=0$, $b-c=0$, $c-a=0$이므로
$a=b=c$
이때 $a+b+c=3a=\sqrt6$이므로
$a=b=c=\dfrac{\sqrt6}{3}$

$\therefore abc=\left(\dfrac{\sqrt6}{3}\right)^3=\dfrac{2\sqrt6}{9}$

0108 답 8

$a^2+b^2+c^2=(a+b+c)^2-2(ab+bc+ca)$에서
$4=0-2(ab+bc+ca)$
$\therefore ab+bc+ca=-2$ ……㉠ ❶

㉠의 양변을 제곱하면
$a^2b^2+b^2c^2+c^2a^2+2(ab^2c+abc^2+a^2bc)=4$
$a^2b^2+b^2c^2+c^2a^2+2abc(a+b+c)=4$
$a^2b^2+b^2c^2+c^2a^2+2abc\times0=4$
$\therefore a^2b^2+b^2c^2+c^2a^2=4$ ❷

$\therefore a^4+b^4+c^4=(a^2+b^2+c^2)^2-2(a^2b^2+b^2c^2+c^2a^2)$
$\qquad\qquad\qquad=4^2-2\times4=16-8=8$ ❸

채점 기준	배점 비율
❶ $ab+bc+ca$의 값 구하기	30%
❷ $a^2b^2+b^2c^2+c^2a^2$의 값 구하기	40%
❸ $a^4+b^4+c^4$의 값 구하기	30%

0109 답 32

다항식 $(1+2x-3x^2+4x^3-5x^4)^2$의 전개식에서 x^3의 계수는 $-5x^4$항과는 관계가 없으므로 다항식 $(1+2x-3x^2+4x^3)^2$의 전개식에서 x^3의 계수와 다항식 $(1+2x-3x^2+4x^3-5x^4)^2$의 전개식에서 x^3의 계수는 서로 같다.
$\therefore a=b$ ❶

다항식 $(1+2x-3x^2+4x^3)^2$의 전개식에서 x^3항은
$2\times2x\times(-3x^2)+2\times1\times4x^3=(-12x^3)+8x^3=-4x^3$
즉, 다항식 $(1+2x-3x^2+4x^3)^2$의 전개식에서 x^3의 계수는 -4이므로 $a=-4$ ❷

$\therefore a^2+b^2=(-4)^2+(-4)^2=16+16=32$ ❸

채점 기준	배점 비율
❶ 주어진 두 다항식의 x^3의 계수는 서로 같음을 알아내기	40%
❷ a의 값 구하기	40%
❸ a^2+b^2의 값 구하기	20%

0110 답 95

$10=a$라 하면
$\sqrt{7\times9\times11\times13+16}$
$=\sqrt{(a-3)(a-1)(a+1)(a+3)+16}$ ❶

$=\sqrt{\{(a-3)(a+3)\}\{(a-1)(a+1)\}+16}$
$=\sqrt{(a^2-9)(a^2-1)+16}$
$=\sqrt{a^4-10a^2+25}$
$=\sqrt{(a^2-5)^2}=a^2-5\ (\because a^2>5)$ ❷

$=10^2-5=95$ ❸

채점 기준	배점 비율
❶ 문자로 주어진 식을 표현하기	40%
❷ 주어진 식 간단히 하기	40%
❸ 주어진 식의 값 구하기	20%

0111 답 369

$x^2+y^2=(x+y)^2-2xy$에서
$7=3^2-2xy$, $2xy=3^2-7=2$
$\therefore xy=1$ ❶

$x^4+y^4=(x^2+y^2)^2-2x^2y^2$에서
$x^4+y^4=7^2-2\times1^2=47$ ❷

$x^6+y^6=(x^2+y^2)^3-3x^2y^2(x^2+y^2)$에서
$x^6+y^6=7^3-3\times1^2\times7$
$\qquad\quad=343-21=322$ ❸

$\therefore x^4+x^6+y^4+y^6=(x^4+y^4)+(x^6+y^6)$
$\qquad\qquad\qquad\qquad=47+322=369$ ❹

채점 기준	배점 비율
❶ xy의 값 구하기	30%
❷ x^4+y^4의 값 구하기	30%
❸ x^6+y^6의 값 구하기	30%
❹ $x^4+x^6+y^4+y^6$의 값 구하기	10%

0112 답 45

직사각형 PQBR에서 $\overline{PQ}=x$, $\overline{PR}=y$라 하자. ❶

직사각형 PQBR의 둘레의 길이가 26이므로
$2(x+y)=26$ $\therefore x+y=13$ …… ㉠
직사각형 PQBR의 넓이가 32이므로
$xy=32$ …… ㉡ ❷

㉠, ㉡에 의하여
$x^2+y^2=(x+y)^2-2xy=13^2-2\times 32=105$

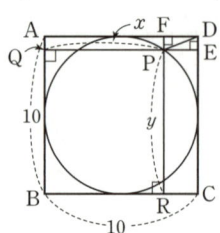

점 P에서 선분 CD에 내린 수선의 발을 E, 선분 AD에 내린 수선의 발을 F라 하면 직각삼각형 DPE에서
$$\overline{DP}^2=\overline{PE}^2+\overline{ED}^2=\overline{PE}^2+\overline{PF}^2$$
$$=(10-x)^2+(10-y)^2$$
$$=(x^2+y^2)-20(x+y)+200$$
$$=105-20\times 13+200$$
$$=45$$ ❸

채점 기준	배점 비율
❶ 직사각형 PQBR의 가로, 세로의 길이를 미지수로 나타내기	20%
❷ 직사각형 PQBR의 가로, 세로의 길이의 합과 곱 구하기	30%
❸ 피타고라스 정리를 이용하여 $\overline{DP}^2$의 값 구하기	50%

0113 답 -18

$ab+a-b+4=0$에서
$ab=-a+b-4=-(a-b)-4$ ❶

$a^2+b^2-7=0$에서
$(a-b)^2+2ab-7=0$
$(a-b)^2+2\{-(a-b)-4\}-7=0$
$(a-b)^2-2(a-b)-8-7=0$
$(a-b)^2-2(a-b)-15=0$
이때 $a-b=t$ $(t<0)$라 하면
$t^2-2t-15=0$, $(t+3)(t-5)=0$
$\therefore t=-3$ $(\because t<0)$
즉, $a-b=-3$이므로
$ab=-(-3)-4=-1$ ❷

따라서 $a^3-b^3=(a-b)^3+3ab(a-b)$에서
$a^3-b^3=(-3)^3+3\times(-1)\times(-3)=-18$ ❸

채점 기준	배점 비율
❶ ab를 $a-b$에 대한 식으로 나타내기	20%
❷ $a-b$, ab의 값 구하기	50%
❸ a^3-b^3의 값 구하기	30%

STEP 1 **개념 체크**   본문 024~025쪽

0114 답 ㄷ, ㄹ

ㄱ. $2x=1$에서 $x=\dfrac{1}{2}$
   즉, 주어진 등식은 $x=\dfrac{1}{2}$일 때만 성립하므로 방정식이다.

ㄴ. $x^2+2x=x^2-2x$에서
   $2x=-2x$ $\therefore x=0$
   즉, 주어진 등식은 $x=0$일 때만 성립하므로 방정식이다.

ㄷ. 주어진 등식의 좌변을 전개하면 $(x-1)^2=x^2-2x+1$이므로 우변과 같다.
   즉, 주어진 등식은 항등식이다.

ㄹ. 주어진 등식의 우변을 전개하면 $x(2x-1)=2x^2-x$이므로 좌변과 같다.
   즉, 주어진 등식은 항등식이다.

따라서 x에 대한 항등식은 ㄷ, ㄹ이다.

0115 답 $a=-2$, $b=0$

주어진 등식은 x에 대한 항등식이므로 항등식의 성질에 의하여
$a+2=0$, $b=0$ $\therefore a=-2$, $b=0$

0116 답 $a=2$, $b=0$, $c=1$

주어진 등식은 x에 대한 항등식이므로 항등식의 성질에 의하여
$a-2=0$, $b=0$, $c-1=0$ $\therefore a=2$, $b=0$, $c=1$

0117 답 $a=1$, $b=0$, $c=3$

주어진 등식은 x에 대한 항등식이므로 항등식의 성질에 의하여
$a=1$, $b=0$, $c=3$

0118 답 $a=3$, $b=2$, $c=5$

주어진 등식은 x에 대한 항등식이므로 항등식의 성질에 의하여
$a=3$, $b-1=1$, $5=c$ $\therefore a=3$, $b=2$, $c=5$

0119 답 $a=0$, $b=0$, $c=4$

주어진 등식은 x, y에 대한 항등식이므로 항등식의 성질에 의하여
$a=0$, $b=0$, $c-4=0$ $\therefore a=0$, $b=0$, $c=4$

0120 답 $a=1$, $b=-1$, $c=0$

주어진 등식이 x, y에 대한 항등식이므로 항등식의 성질에 의하여
$a+1=2$, $b+1=0$, $c+1=1$ $\therefore a=1$, $b=-1$, $c=0$

0121 답 $a=1$, $b=-1$, $c=4$

$x(ax+b)+2x+c-3=ax^2+(b+2)x+(c-3)$이므로
$ax^2+(b+2)x+(c-3)=x^2+x+1$
이 등식은 x에 대한 항등식이므로 양변의 계수를 비교하면
$a=1$, $b+2=1$, $c-3=1$ $\therefore a=1$, $b=-1$, $c=4$

0122 답 $a=1, b=1, c=-6$

$(x-2)(x+3)=x^2+x-6$이므로
$x^2+x-6=ax^2+bx+c$
이 등식은 x에 대한 항등식이므로 양변의 계수를 비교하면
$a=1, b=1, c=-6$

0123 답 $a=1, b=-1, c=3$

$(x+1)(ax^2+bx+c)=ax^3+(a+b)x^2+(b+c)x+c$이므로
$x^3+2x+3=ax^3+(a+b)x^2+(b+c)x+c$
이 등식이 x에 대한 항등식이므로 양변의 계수를 비교하면
$1=a, 0=a+b, 2=b+c, 3=c$ $\therefore a=1, b=-1, c=3$

0124 답 $a=3, b=-12, c=1$

$(x^2-4)(cx+3)=cx^3+3x^2-4cx-12$이므로
$x^3+ax^2-4x+b=cx^3+3x^2-4cx-12$
이 등식이 x에 대한 항등식이므로 양변의 계수를 비교하면
$1=c, a=3, -4=-4c, b=-12$ $\therefore a=3, b=-12, c=1$

0125 답 $a=-1, b=3$

주어진 등식은 x에 대한 항등식이므로 x에 어떤 값을 대입하여도 등식이 항상 성립한다.
(i) 주어진 등식의 양변에 $x=0$을 대입하면
   $a \times 0+b \times (0-1)=2 \times 0-3$
   $-b=-3$ $\therefore b=3$
(ii) 주어진 등식의 양변에 $x=1$을 대입하면
   $a \times 1+b \times (1-1)=2 \times 1-3$ $\therefore a=-1$
(i), (ii)에서 $a=-1, b=3$

다른 풀이

$ax+b(x-1)=(a+b)x-b$이므로
$(a+b)x-b=2x-3$
이 등식은 x에 대한 항등식이므로 양변의 계수를 비교하면
$a+b=2, b=3$ $\therefore a=-1, b=3$

0126 답 $a=4, b=6$

주어진 등식은 x에 대한 항등식이므로 x에 어떤 값을 대입하여도 등식이 항상 성립한다.
(i) 주어진 등식의 양변에 $x=1$을 대입하면
   $1^2+2 \times 1+3=(1-1)^2+a \times (1-1)+b$
   $\therefore b=6$
(ii) 주어진 등식의 양변에 $x=0$을 대입하면
   $0^2+2 \times 0+3=(0-1)^2+a \times (0-1)+b$
   $3=1-a+6$ $\therefore a=4$
(i), (ii)에서 $a=4, b=6$

다른 풀이

$(x-1)^2+a(x-1)+b=x^2-2x+1+ax-a+b$
$\qquad\qquad\qquad\qquad =x^2+(a-2)x-a+b+1$
이므로 $x^2+2x+3=x^2+(a-2)x-a+b+1$
이 등식은 x에 대한 항등식이므로 양변의 계수를 비교하면
$2=a-2, 3=-a+b+1$ $\therefore a=4, b=6$

0127 답 $a=2, b=-2, c=1$

주어진 등식은 x에 대한 항등식이므로 x에 어떤 값을 대입하여도 등식이 항상 성립한다.
(i) 주어진 등식의 양변에 $x=0$을 대입하면
   $a \times 0 \times (0+1)+b \times (0+1) \times (0-1)+c \times 0 \times (0-1)$
   $=0^2+0+2$
   $-b=2$ $\therefore b=-2$
(ii) 주어진 등식의 양변에 $x=1$을 대입하면
   $a \times 1 \times (1+1)+b \times (1+1) \times (1-1)+c \times 1 \times (1-1)$
   $=1^2+1+2$
   $2a=4$ $\therefore a=2$
(iii) 주어진 등식의 양변에 $x=-1$을 대입하면
   $a \times (-1) \times \{(-1)+1\}+b \times \{(-1)+1\} \times \{(-1)-1\}$
   $\qquad\qquad\qquad\qquad +c \times (-1) \times \{(-1)-1\}$
   $=(-1)^2+(-1)+2$
   $2c=2$ $\therefore c=1$
(i), (ii), (iii)에서 $a=2, b=-2, c=1$

다른 풀이

$ax(x+1)+b(x+1)(x-1)+cx(x-1)$
$=(a+b+c)x^2+(a-c)x-b$
이므로
$(a+b+c)x^2+(a-c)x-b=x^2+x+2$
이 등식은 x에 대한 항등식이므로 양변의 계수를 비교하면
$a+b+c=1, a-c=1, -b=2$ $\therefore a=2, b=-2, c=1$

0128 답 $a=3, b=4, c=7$

주어진 등식은 x에 대한 항등식이므로 x에 어떤 값을 대입하여도 등식이 항상 성립한다.
(i) 주어진 등식의 양변에 $x=0$을 대입하면
   $a \times 0^2-2 \times 0+9-a=3 \times (0-1)^2+b \times (0-1)+c$
   $9-a=3-b+c$ $\therefore a-b+c=6$
(ii) 주어진 등식의 양변에 $x=1$을 대입하면
   $a \times 1^2-2 \times 1+9-a=3 \times (1-1)^2+b \times (1-1)+c$
   $\therefore c=7$
(iii) 주어진 등식의 양변에 $x=2$를 대입하면
   $a \times 2^2-2 \times 2+9-a=3 \times (2-1)^2+b \times (2-1)+c$
   $3a+5=3+b+c$ $\therefore 3a-b-c=-2$
(i), (ii), (iii)에서
$a=3, b=4, c=7$

다른 풀이

$3(x-1)^2+b(x-1)+c=3x^2-6x+3+bx-b+c$
$\qquad\qquad\qquad\qquad =3x^2+(b-6)x-b+c+3$
이므로 $ax^2-2x+9-a=3x^2+(b-6)x-b+c+3$
이 등식은 x에 대한 항등식이므로 양변의 계수를 비교하면
$a=3, -2=b-6, 9-a=-b+c+3$ $\therefore a=3, b=4, c=7$

0129 답 5

$P(2)=2^3-3 \times 2^2+4 \times 2+1=8-12+8+1=5$

0130 답 -65

$P(-3)=(-3)^3-3 \times (-3)^2+4 \times (-3)+1$
$\qquad\quad =-27-27-12+1=-65$

0131 답 5

$$P\left(-\frac{1}{2}\right)=2\times\left(-\frac{1}{2}\right)^3-3\times\left(-\frac{1}{2}\right)^2-6\times\left(-\frac{1}{2}\right)+3$$
$$=-\frac{1}{4}-\frac{3}{4}+3+3=5$$

0132 답 $-\dfrac{47}{27}$

$$P\left(\frac{2}{3}\right)=2\times\left(\frac{2}{3}\right)^3-3\times\left(\frac{2}{3}\right)^2-6\times\frac{2}{3}+3$$
$$=\frac{16}{27}-\frac{4}{3}-4+3=-\frac{47}{27}$$

0133 답 -12

$P(x)=2x^3-x^2+ax+3$이라 하면 다항식 $P(x)$를 $x+2$로 나누
었을 때의 나머지가 7이므로 나머지정리에 의하여
$P(-2)=7$
$P(-2)=2\times(-2)^3-(-2)^2+a\times(-2)+3=7$에서
$-2a-17=7$, $-2a=24$ ∴ $a=-12$

0134 답 1

$P(x)=x^3-2x^2+ax+4$라 하면 다항식 $P(x)$가 $x+1$로 나누
어떨어지므로 인수정리에 의하여
$P(-1)=0$
$P(-1)=(-1)^3-2\times(-1)^2+a\times(-1)+4=0$에서
$1-a=0$ ∴ $a=1$

0135 답 2

$P(x)=2x^3-x^2+ax-1$이라 하면 다항식 $P(x)$가 $2x-1$을 인수
로 가지므로 인수정리에 의하여
$P\left(\dfrac{1}{2}\right)=0$
$P\left(\dfrac{1}{2}\right)=2\times\left(\dfrac{1}{2}\right)^3-\left(\dfrac{1}{2}\right)^2+a\times\dfrac{1}{2}-1=0$에서
$\dfrac{a}{2}-1=0$ ∴ $a=2$

0136 답 (가) 1 (나) 5 (다) 1 (라) 5 (마) x^2-2x+3 (바) 5

$$\begin{array}{r|rrrr}
\boxed{①} & 1 & -3 & \boxed{5} & 2 \\
& & 1 & -2 & 3 \\
\hline
& \boxed{①} & -2 & 3 & \boxed{5}
\end{array}$$

$x-1=0$이 되는 x의 값이다.
다항식 x^3-3x^2+5x+2의 최고차항의 계수를 적는다.
다항식 x^3-3x^2+5x+2의 계수를 내림차순으로 적는다.

따라서 구하는 몫은 $\boxed{x^2-2x+3}$, 나머지는 $\boxed{5}$이다.

0137 답 몫: x^2-2x+3, 나머지: -1

$$\begin{array}{r|rrrr}
-1 & 1 & -1 & 1 & 2 \\
& & -1 & 2 & -3 \\
\hline
& 1 & -2 & 3 & \boxed{-1}
\end{array}$$

∴ 몫: x^2-2x+3, 나머지: -1

0138 답 몫: x^2-x-2, 나머지: 1

$$\begin{array}{r|rrrr}
2 & 1 & -3 & 0 & 5 \\
& & 2 & -2 & -4 \\
\hline
& 1 & -1 & -2 & \boxed{1}
\end{array}$$

∴ 몫: x^2-x-2, 나머지: 1

선생님 톡톡

다항식 x^3-3x^2+5에서 x의 계수는 0이므로 조립제법을 이용할 때 그 자리에 0을 적어야 한다.

0139 답 몫: $2x^2-2x-4$, 나머지: -1

$$\begin{array}{r|rrrr}
\frac{1}{2} & 2 & -3 & -3 & 1 \\
& & 1 & -1 & -2 \\
\hline
& 2 & -2 & -4 & \boxed{-1}
\end{array}$$

∴ 몫: $2x^2-2x-4$, 나머지: -1

0140 답 (가) 3 (나) 2 (다) $2x^2+4x-4$ (라) 1
(마) x^2+2x-2 (바) 1

$$\begin{array}{r|rrrr}
\frac{1}{2} & 2 & \boxed{3} & -6 & 3 \\
& & 1 & 2 & -2 \\
\hline
& \boxed{2} & 4 & -4 & \boxed{1}
\end{array}$$

$2x-1=2\left(x-\dfrac{1}{2}\right)$이므로 $x-\dfrac{1}{2}=0$이 되는 x의 값이다.

∴ $2x^3+3x^2-6x+3=\left(x-\dfrac{1}{2}\right)\left(\boxed{2x^2+4x-4}\right)+\boxed{1}$
$=(2x-1)\left(\boxed{x^2+2x-2}\right)+\boxed{1}$

따라서 구하는 몫은 $\boxed{x^2+2x-2}$, 나머지는 $\boxed{1}$이다.

해설 속 칠판

다항식 $P(x)$를 $x+\dfrac{b}{a}(a\neq1)$로 나누었을 때의 몫을 $Q(x)$, 나머지를 R
라 하고, 다항식 $P(x)$를 $ax+b$로 나눌 때와 비교하면
$$P(x)=\left(x+\frac{b}{a}\right)Q(x)+R=(ax+b)\times\frac{1}{a}Q(x)+R$$
이므로 $P(x)$를 $ax+b$로 나누었을 때의 몫은 $\dfrac{1}{a}Q(x)$, 나머지는 R이다.
따라서 조립제법을 이용하여 몫을 구할 때, 나누는 식의 일차항의 계수가 1
이 아닌 경우에는 조립제법을 이용하여 몫을 구한 다음 일차항의 계수로 나
누어야 한다.

STEP 2 유형 마스터 본문 026~041쪽

0141 답 ⑤

0142 답 ③

주어진 등식의 우변을 전개하면
$(x+1)(x+2)(x+a)=x^3+(a+3)x^2+(3a+2)x+2a$
이므로
$x^3+bx^2+cx+2=x^3+(a+3)x^2+(3a+2)x+2a$

이 등식은 x에 대한 항등식이므로 양변의 계수를 비교하면
$b=a+3$, $c=3a+2$, $2=2a$ $\therefore a=1$, $b=4$, $c=5$
$\therefore abc=1\times4\times5=20$

0143 달 ③

주어진 등식의 우변을 전개하면
$a(x+2y)+b(x-y)+2=(a+b)x+(2a-b)y+2$이므로
$x+5y+c=(a+b)x+(2a-b)y+2$
이 등식은 x, y에 대한 항등식이므로 양변의 계수를 비교하면
$1=a+b$, $5=2a-b$, $c=2$ $\therefore a=2$, $b=-1$, $c=2$
$\therefore a+b+c=2+(-1)+2=3$

0144 달 ④

주어진 등식의 양변을 각각 k에 대하여 정리하면
$(x-2y)k+(x+y)=(x+4)k+y$
이 등식은 k에 대한 항등식이므로 양변의 계수를 비교하면
$x-2y=x+4$, $x+y=y$ $\therefore x=0$, $y=-2$
$\therefore x+y=0+(-2)=-2$

(다른 풀이)

주어진 등식을 전개하면
$kx+x-2ky+y=kx+y+4k$
$(4+2y)k-x=0$
이 등식은 k에 대한 항등식이므로
$4+2y=0$, $-x=0$ $\therefore x=0$, $y=-2$
$\therefore x+y=-2$

0145 달 1

x, y의 값에 관계없이 $\dfrac{ax+by+2}{x-y+4}$의 값이 항상 일정하므로

$\dfrac{ax+by+2}{x-y+4}=k$ (k는 상수)라 할 수 있다.   →이 등식은 x, y에 대한 항등식이다.

이 식을 x, y에 대하여 정리하면
$ax+by+2=k(x-y+4)$ ($\because x-y+4\neq0$)
$\therefore (a-k)x+(b+k)y+2-4k=0$
이 등식은 x, y에 대한 항등식이므로
$a-k=0$, $b+k=0$, $2-4k=0$ $\therefore k=\dfrac{1}{2}$, $a=\dfrac{1}{2}$, $b=-\dfrac{1}{2}$
$\therefore a-b=\dfrac{1}{2}-\left(-\dfrac{1}{2}\right)=1$

0146 달 ②

0147 달 2

주어진 등식의 양변에 $x=0$을 대입하면
$0^2+a\times0-2=b\times0\times(0+1)+c\times(0+1)\times(0+2)$
$-2=2c$ $\therefore c=-1$
주어진 등식의 양변에 $x=-1$을 대입하면
$(-1)^2+a\times(-1)-2$
$=b\times(-1)\times\{(-1)+1\}+c\times\{(-1)+1\}\times\{(-1)+2\}$
$1-a-2=0$ $\therefore a=-1$
주어진 등식의 양변에 $x=-2$를 대입하면
$(-2)^2+a\times(-2)-2$
$=b\times(-2)\times\{(-2)+1\}+c\times\{(-2)+1\}\times\{(-2)+2\}$

$4-2a-2=2b$, $2b=4$ ($\because a=-1$) $\therefore b=2$
$\therefore abc=(-1)\times2\times(-1)=2$

0148 달 ④

주어진 등식의 양변에 $x=1$을 대입하면
$(1+1)^4=1^4+4\times1^3+a\times1^2+b\times1+1$
$16=1+4+a+b+1$ $\therefore a+b=10$
주어진 등식의 양변에 $x=-1$을 대입하면
$\{(-1)+1\}^4=(-1)^4+4\times(-1)^3+a\times(-1)^2+b\times(-1)+1$
$0=1-4+a-b+1$ $\therefore a-b=2$
$\therefore a^2-b^2=(a+b)(a-b)=10\times2=20$

0149 달 ③

주어진 등식의 양변에 $x=-1$을 대입하면
$(-1)\times\{(-1)+1\}\times\{(-1)+2\}$
$=\{(-1)+1\}\times\{(-1)-1\}\times P(-1)+a\times(-1)+b$
$\therefore -a+b=0$ ······ ㉠
주어진 등식의 양변에 $x=1$을 대입하면
$1\times(1+1)\times(1+2)=(1+1)\times(1-1)\times P(1)+a\times1+b$
$\therefore a+b=6$ ······ ㉡
㉠, ㉡을 연립하여 풀면
$a=3$, $b=3$
즉, 주어진 등식은
$x(x+1)(x+2)=(x+1)(x-1)P(x)+3x+3$이고
$a-b=3-3=0$이므로 위의 등식의 양변에 $x=0$을 대입하면
$0\times(0+1)\times(0+2)=(0+1)\times(0-1)\times P(0)+3\times0+3$
$0=-P(0)+3$ $\therefore P(0)=3$
$\therefore P(a-b)=P(0)=3$

0150 달 ③

주어진 등식의 양변에 $x=-1$을 대입하면
$\{(-1)^2-2\}^4-\{a\times(-1)^2+b\}$
$=\{(-1)+1\}\times\{(-1)^2-3\}\times P(-1)-(-1)^2$
$1-(a+b)=-1$ $\therefore a+b=2$ ······ ㉠
주어진 등식의 양변에 $x=\sqrt{3}$을 대입하면
$\{(\sqrt{3})^2-2\}^4-\{a\times(\sqrt{3})^2+b\}$
$=(\sqrt{3}+1)\times\{(\sqrt{3})^2-3\}\times P(3)-(\sqrt{3})^2$
$1-(3a+b)=-3$ $\therefore 3a+b=4$ ······ ㉡
㉠, ㉡을 연립하여 풀면
$a=1$, $b=1$
따라서 주어진 등식은
$(x^2-2)^4-(x^2+1)=(x+1)(x^2-3)P(x)-x^2$
이므로 이 등식의 양변에 $x=2$를 대입하면
$(2^2-2)^4-(2^2+1)=(2+1)\times(2^2-3)\times P(2)-2^2$
$11=3P(2)-4$ $\therefore P(2)=5$

0151 달 35

0152 달 ④

$\dfrac{x-3}{3}=y+2$에서 $x=3y+9$

$x=3y+9$를 주어진 등식에 대입하면
$a(3y+9)+by-9=0$, $(3a+b)y+9a-9=0$

이 등식은 y에 대한 항등식이므로
$3a+b=0$, $9a-9=0$ ∴ $a=1$, $b=-3$
∴ $a-b=1-(-3)=4$

다른 풀이

$\dfrac{x-3}{3}=y+2$를 만족시키는 x, y의 값으로 적당한 것을 찾으면
$x=6$, $y=-1$과 $x=3$, $y=-2$가 있다.
각각의 값을 등식 $ax+by-9=0$에 대입하면
$6a-b-9=0$, $3a-2b-9=0$
위의 두 식을 연립하여 풀면
$a=1$, $b=-3$
∴ $a-b=1-(-3)=4$

0153 답 ③

이차방정식 $x^2+(2k-3)x+(k+2)m+n+1=0$의 근이 1이므로 $x=1$을 대입하면
$1^2+(2k-3)\times1+(k+2)m+n+1=0$
위의 등식을 k에 대하여 정리하면
$(m+2)k+2m+n-1=0$
이 등식은 k에 대한 항등식이므로
$m+2=0$, $2m+n-1=0$ ∴ $m=-2$, $n=5$
∴ $m+n=(-2)+5=3$

0154 답 ④

$x-2y=1$에서 $x=2y+1$
$x=2y+1$을 주어진 등식에 대입하면
$a(2y+1)^2-2a(2y+1)+by^2+cy+1=0$
$(4a+b)y^2+cy+1-a=0$
이 등식은 y에 대한 항등식이므로
$4a+b=0$, $c=0$, $1-a=0$ ∴ $a=1$, $b=-4$, $c=0$
∴ $a^2+b^2+c^2=1+(-4)^2+0=17$

다른 풀이

$x-2y=1$을 만족시키는 x, y의 값으로 적당한 것을 찾으면
$x=-1$, $y=-1$과 $x=1$, $y=0$과 $x=3$, $y=1$이 있다.
각각의 값을 등식 $ax^2-2ax+by^2+cy+1=0$에 대입하면
$3a+b-c+1=0$, $-a+1=0$, $3a+b+c+1=0$이므로
$a=1$이고, $b-c=-4$, $b+c=-4$
위의 두 식을 연립하여 풀면
$b=-4$, $c=0$

0155 답 ②

주어진 등식이 모든 실수 x, y에 대하여 성립하므로 x, y에 대한 항등식이다.
주어진 등식의 양변에 $x=1$, $y=1$을 대입하면
$P(1+1)=P(1)+P(1)+k$
$P(2)=P(1)+P(1)+k$
$4=3+3+k$ ∴ $k=-2$
주어진 등식의 양변에 $x=0$, $y=0$을 대입하면
$P(0)=P(0)+P(0)-2$ ∴ $P(0)=2$

0156 답 64

0157 답 ③

주어진 등식의 양변에 $x=0$을 대입하면
(좌변)$=(0+2)^4=2^4=16$
(우변)
$=a_8(0+1)^8+a_7(0+1)^7+a_6(0+1)^6+\cdots+a_1(0+1)+a_0$
$=a_8+a_7+a_6+\cdots+a_1+a_0$
∴ $a_0+a_1+a_2+\cdots+a_7+a_8=16$

0158 답 ①

주어진 등식의 양변에 $x=-1$을 대입하면
(좌변)$=\{2\times(-1)+1\}^6=(-1)^6=1$
(우변)$=a_6\times(-1)^6+a_5\times(-1)^5+a_4\times(-1)^4+\cdots$
         $+a_1\times(-1)+a_0$
      $=a_6-a_5+a_4-a_3+a_2-a_1+a_0$
∴ $a_0-a_1+a_2-a_3+a_4-a_5+a_6=1$

0159 답 29

주어진 등식의 양변에 $x=1$을 대입하면
(좌변)$=(2+6\times1-1^3)^2=7^2=49$
(우변)$=a_0+a_1\times1+a_2\times1^2+a_3\times1^3+a_4\times1^4+a_5\times1^5+a_6\times1^6$
      $=a_0+a_1+a_2+a_3+a_4+a_5+a_6$
∴ $a_0+a_1+a_2+a_3+a_4+a_5+a_6=49$ …… ㉠
주어진 등식의 양변에 $x=-1$을 대입하면
(좌변)$=\{2+6\times(-1)-(-1)^3\}^2=(-3)^2=9$
(우변)$=a_0+a_1\times(-1)+a_2\times(-1)^2+a_3\times(-1)^3$
        $+a_4\times(-1)^4+a_5\times(-1)^5+a_6\times(-1)^6$
      $=a_0-a_1+a_2-a_3+a_4-a_5+a_6$
∴ $a_0-a_1+a_2-a_3+a_4-a_5+a_6=9$ …… ㉡
㉠$+$㉡을 하면
$(a_0+a_1+a_2+a_3+a_4+a_5+a_6)+(a_0-a_1+a_2-a_3+a_4-a_5+a_6)$
$=49+9$
$2(a_0+a_2+a_4+a_6)=58$
∴ $a_0+a_2+a_4+a_6=\dfrac{1}{2}\times58=29$

0160 답 ②

주어진 등식의 양변에 $x=2$를 대입하면
(좌변)$=2^{20}+1$
(우변)$=a_{20}(2-1)^{20}+a_{19}(2-1)^{19}+a_{18}(2-1)^{18}+\cdots$
        $+a_1(2-1)+a_0$
      $=a_{20}+a_{19}+a_{18}+\cdots+a_1+a_0$
∴ $a_{20}+a_{19}+a_{18}+\cdots+a_1+a_0=2^{20}+1$ …… ㉠
주어진 등식의 양변에 $x=0$을 대입하면
(좌변)$=0^{20}+1=1$
(우변)$=a_{20}(0-1)^{20}+a_{19}(0-1)^{19}+a_{18}(0-1)^{18}+\cdots$
        $+a_1(0-1)+a_0$
      $=a_{20}-a_{19}+a_{18}-\cdots-a_1+a_0$
∴ $a_{20}-a_{19}+a_{18}-\cdots-a_1+a_0=1$ …… ㉡
㉠$-$㉡을 하면
$(a_{20}+a_{19}+a_{18}+\cdots+a_1+a_0)-(a_{20}-a_{19}+a_{18}-\cdots-a_1+a_0)$
$=(2^{20}+1)-1$
$2(a_{19}+a_{17}+a_{15}+\cdots+a_3+a_1)=2^{20}$
∴ $a_1+a_3+a_5+\cdots+a_{17}+a_{19}=\dfrac{1}{2}\times2^{20}=2^{19}$

0161 답 5

0162 답 ②

x^3+ax^2-x+b를 x^2-x+2로 나누었을 때의 몫을 $x+c$ (c는 상수)라 하면 나머지가 0이므로 → $A(x)=B(x)Q(x)+R(x)$ 꼴로 나타낸다.

$x^3+ax^2-x+b=(x^2-x+2)(x+c)$
$\qquad\qquad\qquad =x^3+(c-1)x^2+(2-c)x+2c$

이 등식은 x에 대한 항등식이므로

$a=c-1, \ -1=2-c, \ b=2c \qquad \therefore a=2, \ b=6, \ c=3$

$\therefore ab=2\times 6=12$

0163 답 ②

$P(x)=x+c$ (c는 상수)라 하면 나머지가 2이므로

$x^3+ax^2+b=(x+c)(x^2-2x+2)+2$ → $A(x)=B(x)Q(x)+R(x)$ 꼴로 나타낸다.

$\qquad\qquad\qquad =x^3+(c-2)x^2+(-2c+2)x+2c+2$

이 등식은 x에 대한 항등식이므로

$a=c-2, \ 0=-2c+2, \ b=2c+2 \qquad \therefore a=-1, \ b=4, \ c=1$

따라서 $P(x)=x+1$이므로

$P(1)=1+1=2$

0164 답 ⑤

x^3+ax-4를 x^2+x+b로 나누었을 때의 몫을 $x+c$ (c는 상수)라 하면 나머지가 $x-2$이므로 → $A(x)=B(x)Q(x)+R(x)$ 꼴로 나타낸다.

$x^3+ax-4=(x^2+x+b)(x+c)+x-2$

$\qquad\qquad =x^3+(c+1)x^2+(b+c+1)x+bc-2$

이 등식은 x에 대한 항등식이므로

$0=c+1, \ a=b+c+1, \ -4=bc-2 \qquad \therefore a=2, \ b=2, \ c=-1$

$\therefore a+b=2+2=4$

0165 답 ③

x^4+ax^2+bx+9를 x^2+2x+3으로 나누었을 때의 몫을 x^2+cx+d (c, d는 상수)라 하면 나머지가 $x-3$이므로 → $A(x)=B(x)Q(x)+R(x)$ 꼴로 나타낸다.

x^4+ax^2+bx+9

$=(x^2+2x+3)(x^2+cx+d)+x-3$

$=x^4+(c+2)x^3+(2c+d+3)x^2+(3c+2d+1)x+3d-3$

이 등식은 x에 대한 항등식이므로

$0=c+2, \ a=2c+d+3, \ b=3c+2d+1, \ 9=3d-3$

$\therefore a=3, \ b=3, \ c=-2, \ d=4$

$\therefore a-b=3-3=0$

0166 답 ①

0167 답 ④

다항식 $P(x)$를 $2x-1$로 나누었을 때의 나머지가 5이므로

$P\left(\dfrac{1}{2}\right)=5$

다항식 $Q(x)$를 $2x-1$로 나누었을 때의 나머지가 -2이므로

$Q\left(\dfrac{1}{2}\right)=-2$

따라서 $3P(x)-2Q(x)$를 $2x-1$로 나누었을 때의 나머지는

$3P\left(\dfrac{1}{2}\right)-2Q\left(\dfrac{1}{2}\right)=3\times 5-2\times(-2)=19$

0168 답 ②

다항식 $P(x)$를 $3x-2$로 나누었을 때의 나머지가 $\dfrac{1}{2}$이므로

$P\left(\dfrac{2}{3}\right)=\dfrac{1}{2}$

따라서 다항식 $(3x^2+x-4)P(x)$를 $3x-2$로 나누었을 때의 나머지는

$\left\{3\times\left(\dfrac{2}{3}\right)^2+\dfrac{2}{3}-4\right\}\times P\left(\dfrac{2}{3}\right)=\left(\dfrac{4}{3}+\dfrac{2}{3}-4\right)\times P\left(\dfrac{2}{3}\right)$

$\qquad\qquad\qquad\qquad\qquad =(-2)\times\dfrac{1}{2}=-1$

0169 답 ④

다항식 $x^2P(x)+3x$를 $x+2$로 나누었을 때의 나머지가 6이므로

$(-2)^2\times P(-2)+3\times(-2)=6$

$4P(-2)=12 \qquad \therefore P(-2)=3$

다항식 $x^2Q(x)+3x$를 $x+2$로 나누었을 때의 나머지가 -2이므로

$(-2)^2\times Q(-2)+3\times(-2)=-2$

$4Q(-2)=4 \qquad \therefore Q(-2)=1$

따라서 다항식 $P(x)+Q(x)$를 $x+2$로 나누었을 때의 나머지는

$P(-2)+Q(-2)=3+1=4$

0170 답 ④

다항식 $P(x)+Q(x)$는 $x+1$로 나누었을 때 나머지가 2이므로

$P(-1)+Q(-1)=2 \qquad \cdots\cdots \ \bigcirc$

다항식 $P(x)-Q(x)$는 $x+1$로 나누어떨어지므로

$P(-1)-Q(-1)=0 \qquad \cdots\cdots \ \bigcirc$

$\bigcirc, \bigcirc$을 연립하여 풀면

$P(-1)=1, \ Q(-1)=1$

따라서 다항식 $P(x)Q(x)$를 $x+1$로 나누었을 때의 나머지는

$P(-1)Q(-1)=1\times 1=1$

0171 답 ②

0172 답 ①

$P(x)=x^2+ax+4$라 하면

$P(x)$를 $x-1$로 나누었을 때의 나머지는

$P(1)=1^2+a\times 1+4=a+5$

$P(x)$를 $x-2$로 나누었을 때의 나머지는

$P(2)=2^2+a\times 2+4=2a+8$

이때 $P(1)=P(2)$이므로

$a+5=2a+8 \qquad \therefore a=-3$

0173 답 ②

다항식 $P(x)$를 $x-2$로 나누었을 때의 나머지가 4이므로

$P(2)=2^3+a\times 2^2+b\times 2-4=4$

$4a+2b=0 \qquad \therefore b=-2a$

$P(x)$를 $x+2$로 나누었을 때의 나머지는 $P(-2)$이므로

$P(-2)=(-2)^3+a\times(-2)^2+b\times(-2)-4=4a-2b-12$

$\qquad =8a-12 \ (\because b=-2a)$

이때 나머지 $P(-2)$가 양수이어야 하므로

$8a-12>0 \qquad \therefore a>\dfrac{3}{2}$

따라서 구하는 자연수 a의 최솟값은 2이다.

0174 답 ④

$P(x)=x^{11}+ax^7+bx^3+x+1$이라 하면

$P(x)$를 $x-1$로 나누었을 때의 나머지가 -5이므로

$P(1)=1^{11}+a\times1^7+b\times1^3+1+1=-5$ $\therefore a+b=-8$

$P(x)$를 $x+1$로 나누었을 때의 나머지는

$P(-1)=(-1)^{11}+a\times(-1)^7+b\times(-1)^3+(-1)+1$

$\qquad =-(a+b)-1=-(-8)-1=7$ $(\because a+b=-8)$

0175 답 ④

$k=1$일 때 다항식 $P(x)$를 $x-1$로 나누었을 때의 나머지는

$2\times1-1=1$이므로

$P(1)=a\times1\times(1-1)+b\times(1-1)\times(1+1)+c\times1=1$

$\therefore c=1$

$\therefore P(x)=ax(x-1)+b(x-1)(x+1)+x$

$k=2$일 때 $P(x)$를 $x-2$로 나누었을 때의 나머지는

$2\times2-1=3$이므로

$P(2)=a\times2\times(2-1)+b\times(2-1)\times(2+1)+2=3$

$\therefore 2a+3b=1$ $\cdots\cdots$ ㉠

$k=3$일 때 $P(x)$를 $x-3$으로 나누었을 때의 나머지는

$2\times3-1=5$이므로

$P(3)=a\times3\times(3-1)+b\times(3-1)\times(3+1)+3=5$

$6a+8b=2$ $\therefore 3a+4b=1$ $\cdots\cdots$ ㉡

㉡$-$㉠을 하면 $a+b=0$

$\therefore a+b+c=0+1=1$

0176 답 ③

0177 답 ③

나머지정리에 의하여 $P(-2)=6$, $P(3)=1$

다항식 $P(x)$를 이차식 x^2-x-6으로 나누었을 때의 몫을 $Q(x)$,

나머지를 $ax+b$ (a, b는 상수)라 하면

$P(x)=(x^2-x-6)Q(x)+ax+b$

$\qquad =(x+2)(x-3)Q(x)+ax+b$

이 등식의 양변에 $x=-2$, $x=3$을 각각 대입하면

$P(-2)=\{(-2)+2\}\times\{(-2)-3\}\times Q(-2)+a\times(-2)+b$

$\qquad =6$

$P(3)=(3+2)\times(3-3)Q(3)+a\times3+b=1$

$\therefore -2a+b=6$, $3a+b=1$

위의 두 식을 연립하여 풀면 $a=-1$, $b=4$

따라서 구하는 나머지는 $-x+4$이다.

0178 답 ③

다항식 $(x-1)^5$을 x^2-2x로 나누었을 때의 몫을 $Q(x)$, 나머지를 $R(x)=ax+b$ (a, b는 상수)라 하면

$(x-1)^5=(x^2-2x)Q(x)+R(x)$

$\qquad =x(x-2)Q(x)+ax+b$

이 등식의 양변에 $x=0$, $x=2$를 각각 대입하면

$(0-1)^5=0\times(0-2)\times Q(0)+a\times0+b$에서 $-1=b$

$(2-1)^5=2\times(2-2)\times Q(2)+a\times2+b$에서 $1=2a+b$

$\therefore a=1$, $b=-1$

따라서 $R(x)=x-1$이므로

$R(1)=1-1=0$

0179 답 ②

나머지정리에 의하여 $P(2)=3$

다항식 $P(x)$를 $(x+2)(x-1)$로 나누었을 때의 몫을 $Q_1(x)$라 하면

$P(x)=(x+2)(x-1)Q_1(x)+x+1$ $\cdots\cdots$ ㉠

㉠의 양변에 $x=1$을 대입하면

$P(1)=(1+2)\times(1-1)\times Q_1(1)+1+1$

$\therefore P(1)=2$

$P(x)$를 $(x-1)(x-2)$로 나누었을 때의 몫을 $Q_2(x)$, 나머지를 $ax+b$ (a, b는 상수)라 하면

$P(x)=(x-1)(x-2)Q_2(x)+ax+b$ $\cdots\cdots$ ㉡

㉡의 양변에 $x=1$, $x=2$를 각각 대입하면

$P(1)=(1-1)\times(1-2)\times Q_2(1)+a\times1+b=2$

$P(2)=(2-1)\times(2-2)\times Q_2(2)+a\times2+b=3$

$\therefore a+b=2$, $2a+b=3$

위의 두 식을 연립하여 풀면 $a=1$, $b=1$

따라서 구하는 나머지는 $x+1$이다.

0180 답 ③

다항식 $P(x)-x$는 x^2-1로 나누어떨어지므로 몫을 $Q_1(x)$라 하면

$P(x)-x=(x^2-1)Q_1(x)=(x+1)(x-1)Q_1(x)$ $\cdots\cdots$ ㉠

㉠의 양변에 $x=-1$을 대입하면

$P(-1)-(-1)=\{(-1)+1\}\times\{(-1)-1\}\times Q_1(-1)$

$\therefore P(-1)=-1$

다항식 $P(x)+x$는 x^2-4로 나누어떨어지므로 몫을 $Q_2(x)$라 하면

$P(x)+x=(x^2-4)Q_2(x)=(x+2)(x-2)Q_2(x)$ $\cdots\cdots$ ㉡

㉡의 양변에 $x=2$를 대입하면

$P(2)+2=(2+2)\times(2-2)\times Q_2(2)$ $\therefore P(2)=-2$

$P(x)$를 x^2-x-2로 나누었을 때의 몫을 $Q_3(x)$, 나머지를 $R(x)=ax+b$ (a, b는 상수)라 하면

$P(x)=(x^2-x-2)Q_3(x)+ax+b$

$\qquad =(x+1)(x-2)Q_3(x)+ax+b$ $\cdots\cdots$ ㉢

㉢의 양변에 $x=-1$, $x=2$를 각각 대입하면

$P(-1)=\{(-1)+1\}\times\{(-1)-2\}\times Q_3(-1)+a\times(-1)+b$

$\qquad =-1$

$P(2)=(2+1)\times(2-2)\times Q_3(2)+a\times2+b=-2$

$\therefore -a+b=-1$, $2a+b=-2$

위의 두 식을 연립하여 풀면

$a=-\dfrac{1}{3}$, $b=-\dfrac{4}{3}$

따라서 $R(x)=-\dfrac{1}{3}x-\dfrac{4}{3}$이므로

$R(5)=\left(-\dfrac{1}{3}\right)\times5-\dfrac{4}{3}=-3$

0181 답 ①

0182 답 6

다항식 $x^7+x^5+x^2-x$를 x^3-x로 나누었을 때의 몫을 $Q(x)$, 나머지를 $R(x)=ax^2+bx+c$ (a, b, c는 상수)라 하면

$x^7+x^5+x^2-x=(x^3-x)Q(x)+ax^2+bx+c$

$\qquad =x(x+1)(x-1)Q(x)+ax^2+bx+c$

이 등식의 양변에 $x=0$, $x=1$, $x=-1$을 각각 대입하면

$0^7+0^5+0^2-0$
$=0\times(0+1)\times(0-1)\times Q(0)+a\times0^2+b\times0+c$
$1^7+1^5+1^2-1$
$=1\times(1+1)\times(1-1)\times Q(1)+a\times1^2+b\times1+c$
$(-1)^7+(-1)^5+(-1)^2-(-1)$
$=(-1)\times\{(-1)+1\}\times\{(-1)-1\}\times Q(-1)$
$\qquad\qquad\qquad\qquad+a\times(-1)^2+b\times(-1)+c$
$\therefore\ 0=c,\ 2=a+b+c,\ 0=a-b+c$
$\therefore\ a+b=2,\ a-b=0$
위의 두 식을 연립하여 풀면
$a=1,\ b=1$
따라서 $R(x)=x^2+x$이므로
$R(2)=2^2+2=6$

0183 답 ④
나머지정리에 의하여 $P(2)=-1$
다항식 $P(x)$를 x^2+x로 나누었을 때의 몫을 $Q_1(x)$라 하면 나머지가 $2x+1$이므로
$P(x)=(x^2+x)Q_1(x)+2x+1$
$\qquad=x(x+1)Q_1(x)+2x+1$ $\qquad$ ……㉠
㉠의 양변에 $x=0,\ x=-1$을 각각 대입하면
$P(0)=0\times(0+1)\times Q_1(0)+2\times0+1$
$P(-1)=(-1)\times\{(-1)+1\}\times Q_1(-1)+2\times(-1)+1$
$\therefore\ P(0)=1,\ P(-1)=-1$
$P(x)$를 $(x^2+x)(x-2)$로 나누었을 때의 몫을 $Q_2(x)$, 나머지를 $R(x)=ax^2+bx+c$ $(a,\ b,\ c$는 상수$)$라 하면
$P(x)=(x^2+x)(x-2)Q_2(x)+ax^2+bx+c$
$\qquad=x(x+1)(x-2)Q_2(x)+ax^2+bx+c$ $\qquad$ ……㉡
㉡의 양변에 $x=0,\ x=-1,\ x=2$를 각각 대입하면
$P(0)=0\times(0+1)\times(0-2)\times Q_2(0)+a\times0^2+b\times0+c=c$
$P(-1)=(-1)\times\{(-1)+1\}\times\{(-1)-2\}\times Q_2(-1)$
$\qquad\qquad\qquad\qquad+a\times(-1)^2+b\times(-1)+c$
$\qquad\quad=a-b+c$
$P(2)=2\times(2+1)\times(2-2)\times Q_2(2)+a\times2^2+b\times2+c$
$\qquad\quad=4a+2b+c$
이때 $P(0)=1,\ P(-1)=-1,\ P(2)=-1$이므로
$c=1,\ a-b+c=-1,\ 4a+2b+c=-1$
$\therefore\ a-b=-2,\ 2a+b=-1$
위의 두 식을 연립하여 풀면
$a=-1,\ b=1$
따라서 구하는 나머지는 $-x^2+x+1$이다.

다른 풀이

다항식 $P(x)$를 $(x^2+x)(x-2)$로 나누었을 때의 몫을 $Q(x)$, 나머지를 ax^2+bx+c $(a,\ b,\ c$는 상수$)$라 하면
$P(x)=(x^2+x)(x-2)Q(x)+ax^2+bx+c$ $\qquad$ ……㉠
$P(x)$를 x^2+x로 나누었을 때의 나머지가 $2x+1$이므로
㉠에서 ax^2+bx+c를 x^2+x로 나누었을 때의 나머지가 $2x+1$이 되어야 한다.
즉, $ax^2+bx+c=a(x^2+x)+2x+1$이므로
$P(x)=(x^2+x)(x-2)Q(x)+a(x^2+x)+2x+1$ $\qquad$ ……㉡
나머지정리에 의하여 $P(2)=-1$이므로 ㉡의 양변에 $x=2$를 대입하여 정리하면
$P(2)=6a+5$에서 $6a+5=-1$ $\qquad\therefore\ a=-1$

따라서 구하는 나머지는
$-(x^2+x)+2x+1=-x^2+x+1$

0184 답 ①
나머지정리에 의하여 $P(1)=2$
다항식 $P(x)$를 $(x-1)(x^2+x+1)$로 나누었을 때의 몫을 $Q(x)$, 나머지를 $R(x)=ax^2+bx+c$ $(a,\ b,\ c$는 상수$)$라 하면
$P(x)=(x-1)(x^2+x+1)Q(x)+ax^2+bx+c$ $\qquad$ ……㉠
$P(x)$를 x^2+x+1로 나누었을 때의 나머지가 $3x+2$이므로 ㉠에서 ax^2+bx+c를 x^2+x+1로 나누었을 때 나머지가 $3x+2$이다.
즉, $ax^2+bx+c=a(x^2+x+1)+3x+2$이므로
$P(x)=(x-1)(x^2+x+1)Q(x)+a(x^2+x+1)+3x+2$
이 등식의 양변에 $x=1$을 대입하면
$P(1)=(1-1)\times(1^2+1+1)\times Q(1)$
$\qquad\qquad\qquad+a\times(1^2+1+1)+3\times1+2$
$\quad=3a+5$
에서 $P(1)=2$이므로 $3a+5=2$ $\qquad\therefore\ a=-1$
따라서 $R(x)=-(x^2+x+1)+3x+2=-x^2+2x+1$이므로
$R(2)=-2^2+2\times2+1=1$

0185 답 ①
나머지정리에 의하여 $f(2)=72$
조건 (가)에서 $f(x)$를 x^3-1로 나눈 몫과 나머지가 서로 같으므로 몫을 $Q(x)$라 하면 나머지도 $Q(x)$이다.
즉, $f(x)=(x^3-1)Q(x)+Q(x)$
조건 (나)에서 $f(x)-x$가 x^2+x+1로 나누어떨어지므로
$f(x)-x=(x^3-1)Q(x)+Q(x)-x$ $\qquad$ ……㉠
에서 ㉠의 우변을 x^2+x+1로 나누었을 때의 나머지가 0이다.
이때 x^3-1은 x^2+x+1로 나누었을 때
$x^3-1=(x^2+x+1)(x-1)$과 같이 나누어떨어지므로
$f(x)-x=(x^2+x+1)(x-1)Q(x)+Q(x)-x$
에서 $Q(x)-x$를 x^2+x+1로 나누었을 때 나머지가 0이어야 한다.
즉, $Q(x)-x=0$ 또는 $Q(x)-x=a(x^2+x+1)$ $(a$는 상수$)$이어야 한다.
(i) $Q(x)-x=0$인 경우
$\quad Q(x)=x$를 ㉠에 대입하면
$\quad f(x)-x=(x^3-1)x$
$\quad$위의 등식의 양변에 $x=2$를 대입하면
$\quad f(2)-2=(2^3-1)\times2$에서 $f(2)=16$이 되어 $f(2)=72$라는 조건을 만족시키지 않는다.
(ii) $Q(x)-x=a(x^2+x+1)$ $(a$는 상수$)$인 경우
$\quad Q(x)=a(x^2+x+1)+x$를 ㉠에 대입하면
$\quad f(x)-x=(x^3-1)\{a(x^2+x+1)+x\}+a(x^2+x+1)$
$\quad$위의 등식의 양변에 $x=2$를 대입하면
$\quad f(2)-2=(2^3-1)\times\{a\times(2^2+2+1)+2\}+a\times(2^2+2+1)$
$\qquad\quad=49a+14+7a=56a+14$
$\quad$에서 $f(2)=72$이므로
$\quad 70=56a+14$ $\qquad\therefore\ a=1$
$\quad\therefore\ Q(x)=x^2+2x+1$
(i), (ii)에서
$f(x)=(x^3-1)(x^2+2x+1)+x^2+2x+1$
이므로
$f(1)=(1^3-1)\times(1^2+2\times1+1)+1^2+2\times1+1=4$

0186 답 ③

0187 답 ①
다항식 $P(x)$를 $2x^2+9x-5$로 나누었을 때의 몫을 $Q(x)$라 하면 나머지가 $3x-4$이므로
$$P(x)=(2x^2+9x-5)Q(x)+3x-4$$
$$=(x+5)(2x-1)Q(x)+3x-4$$
따라서 다항식 $P(3x+1)$을 $x+2$로 나누었을 때의 나머지는
$$P(3\times(-2)+1)=P(-5)$$
$$=\{(-5)+5\}\times\{2\times(-5)-1\}\times Q(-5)$$
$$+3\times(-5)-4$$
$$=-19$$

0188 답 ①
다항식 $f(x+3)$을 $(x+2)(x-1)$로 나누었을 때의 몫을 $Q(x)$라 하면
$$f(x+3)=(x+2)(x-1)Q(x)+3x+8$$
이 등식의 양변에 $x=1$을 대입하면
$$f(1+3)=(1+2)\times(1-1)\times Q(1)+3\times1+8$$
$$\therefore f(4)=11$$
따라서 다항식 $f(x^2)$을 $x+2$로 나눈 나머지는
$$f((-2)^2)=f(4)=11$$

0189 답 ⑤
다항식 $P(2x+3)$을 $x+1$로 나누었을 때의 나머지가 2이므로
$$P(2\times(-1)+3)=P(1)=2$$
다항식 $P(x)$를 $3x^2-4x+1$로 나누었을 때의 몫을 $Q(x)$라 하면 나머지가 $ax-3$이므로
$$P(x)=(3x^2-4x+1)Q(x)+ax-3$$
$$=(3x-1)(x-1)Q(x)+ax-3$$
이 등식의 양변에 $x=1$을 대입하면
$$P(1)=(3\times1-1)\times(1-1)\times Q(1)+a\times1-3=a-3$$
에서 $P(1)=2$이므로 $a-3=2$ $\therefore a=5$

0190 답 ③
다항식 $3P(x)+Q(x)$를 $x-3$으로 나누었을 때의 나머지가 10이므로
$$3P(3)+Q(3)=10 \quad\cdots\cdots\ \bigcirc$$
다항식 $P(x)-Q(x)$를 $x-3$으로 나누었을 때의 나머지가 2이므로
$$P(3)-Q(3)=2 \quad\cdots\cdots\ \bigcirc\!\!\bigcirc$$
$\bigcirc$, $\bigcirc\!\!\bigcirc$을 연립하여 풀면
$$P(3)=3,\ Q(3)=1$$
따라서 다항식 $P(4x+1)$을 $2x-1$로 나누었을 때의 나머지는
$$P\left(4\times\frac{1}{2}+1\right)=P(3)=3$$

0191 답 -5

0192 답 ④
다항식 $P(x)$를 $x-1$로 나누었을 때의 몫이 $Q(x)$, 나머지가 3이므로
$$P(x)=(x-1)Q(x)+3$$

이때 $Q(x)$를 $x-3$으로 나누었을 때의 몫을 $Q_1(x)$라 하면 나머지가 -3이므로
$$Q(x)=(x-3)Q_1(x)-3$$
$$\therefore P(x)=(x-1)\{(x-3)Q_1(x)-3\}+3$$
$$=(x-1)(x-3)Q_1(x)-3(x-1)+3$$
$$=(x-1)(x-3)Q_1(x)-3x+6$$
따라서 $P(x)$를 $(x-1)(x-3)$으로 나누었을 때의 나머지는 $-3x+6$이다.

0193 답 ③
다항식 x^3+ax^2+bx-4를 $x+1$로 나누었을 때의 몫이 $Q(x)$, 나머지가 3이므로
$$x^3+ax^2+bx-4=(x+1)Q(x)+3 \quad\cdots\cdots\ \bigcirc$$
$\bigcirc$의 양변에 $x=-1$을 대입하면
$$(-1)^3+a\times(-1)^2+b\times(-1)-4=\{(-1)+1\}\times Q(-1)+3$$
$$\therefore a-b=8 \quad\cdots\cdots\ \bigcirc\!\!\bigcirc$$
또한, $(x^2+a)Q(x-2)$가 $x-2$로 나누어떨어지므로
이 등식의 양변에 $x=2$를 대입하면
$$(2^2+a)Q(2-2)=0 \quad\therefore (4+a)Q(0)=0 \quad\cdots\cdots\ \bigcirc\!\!\bigcirc\!\!\bigcirc$$
$\bigcirc$의 양변에 $x=0$을 대입하면
$$0^3+a\times0^2+b\times0-4=(0+1)\times Q(0)+3$$
$$\therefore Q(0)=-7$$
즉, $Q(0)\neq0$이므로 $\bigcirc\!\!\bigcirc\!\!\bigcirc$에서 $4+a=0$
$$\therefore a=-4$$
$a=-4$를 $\bigcirc\!\!\bigcirc$에 대입하면
$$(-4)-b=8$$이므로 $b=-12$
$$\therefore x^3-4x^2-12x-4=(x+1)Q(x)+3$$
이 등식의 양변에 $x=1$을 대입하면
$$1^3-4\times1^2-12\times1-4=(1+1)\times Q(1)+3$$
$$\therefore Q(1)=-11$$

0194 답 ④
$P(x)=x^{100}+2x^{99}-x$라 하면
$$P(1)=1^{100}+2\times1^{99}-1=2$$
이때 다항식 $P(x)$를 $x-1$로 나눌 때 몫이 $Q(x)$, 나머지가 2이므로
$$P(x)=(x-1)Q(x)+2$$
$Q(x)$를 $x+1$로 나누었을 때의 몫을 $Q_1(x)$라 하고 나머지를 k (k는 상수)라 하면
$$Q(x)=(x+1)Q_1(x)+k$$
$$\therefore P(x)=(x-1)\{(x+1)Q_1(x)+k\}+2$$
즉, $x^{100}+2x^{99}-x=(x-1)\{(x+1)Q_1(x)+k\}+2$이므로
이 등식의 양변에 $x=-1$을 대입하면
$$(-1)^{100}+2\times(-1)^{99}-(-1)$$
$$=\{(-1)-1\}\times[\{(-1)+1\}\times Q_1(-1)+k]+2$$
$$0=-2k+2 \quad\therefore k=1$$
따라서 $Q(x)$를 $x+1$로 나누었을 때의 나머지는 1이다.

0195 답 ⑤
다항식 $P(x)$를 x^2-x+1로 나누었을 때의 몫이 $Q(x)$, 나머지가 $2x-3$이므로
$$P(x)=(x^2-x+1)Q(x)+2x-3$$

이때 $Q(x)$를 $x+1$로 나누었을 때의 몫을 $Q_1(x)$라 하면 나머지가 3이므로
$$Q(x)=(x+1)Q_1(x)+3$$
$$\therefore P(x)=(x^2-x+1)\{(x+1)Q_1(x)+3\}+2x-3$$
$$=(x^2-x+1)(x+1)Q_1(x)+3(x^2-x+1)+2x-3$$
$$=(x^3+1)Q_1(x)+3x^2-x$$
즉, $P(x)$를 x^3+1로 나누었을 때의 몫은 $Q_1(x)$이고 나머지는 $3x^2-x$이다.
따라서 $R(x)=3x^2-x$이므로
$$R(2)=3\times 2^2-2=10$$

0196 답 ①

0197 답 ①
$48^{55}=(47+1)^{55}$
이므로 $(x+1)^{55}$을 x로 나누었을 때의 몫을 $Q(x)$, 나머지를 R라 하면
$$(x+1)^{55}=xQ(x)+R \quad \cdots\cdots \ \text{㉠}$$
㉠의 양변에 $x=0$을 대입하면
$$(0+1)^{55}=0\times Q(0)+R \quad \therefore \ R=1$$
㉠의 양변에 $x=47$을 대입하면
$$(47+1)^{55}=47\times Q(47)+R$$
즉, $48^{55}=47Q(47)+1$이므로 48^{55}을 47로 나누었을 때의 나머지는 1이다.

0198 답 ⑤
$(101+1)(101^2-101+1)=101^3+1$
이므로 x^3+1을 $x-2$로 나누었을 때의 몫을 $Q(x)$, 나머지를 R라 하면
$$x^3+1=(x-2)Q(x)+R \quad \cdots\cdots \ \text{㉠}$$
㉠의 양변에 $x=2$를 대입하면
$$2^3+1=(2-2)\times Q(2)+R \quad \therefore \ R=9$$
㉠의 양변에 $x=101$을 대입하면
$$101^3+1=99\times Q(101)+R$$
즉, $101^3+1=99Q(101)+9$이므로 $(101+1)(101^2-101+1)$을 99로 나누었을 때의 나머지는 9이다.

> **선생님 톡톡**
> 이 문제를 대표 예제와 같이 99가 x가 될 수 있도록 식을 변형하려고 하면 주어진 식이 $\{(x+2)+1\}\{(x+2)^2-(x+2)+1\}$이 되어 정리하기 힘들어져.
> 이런 경우엔 나누어지는 식이 간단해지도록 하는 수를 찾아보자.

0199 답 24
$102^{10}=(100+2)^{10}$
이므로 $(x+2)^{10}$을 x로 나누었을 때의 몫을 $Q(x)$, 나머지를 R라 하면
$$(x+2)^{10}=xQ(x)+R \quad \cdots\cdots \ \text{㉠}$$
㉠의 양변에 $x=0$을 대입하면
$$(0+2)^{10}=0\times Q(0)+R \quad \therefore \ R=1024$$
㉠의 양변에 $x=100$을 대입하면

$$(100+2)^{10}=100\times Q(100)+R$$
즉, $102^{10}=100Q(100)+\underline{1024}=100\times\{Q(100)+10\}+24$이므로 102^{10}을 100으로 나누었을 때의 나머지는 24이다.

1024가 100으로 나누어지는 것에 주의해야 한다.

0200 답 ⑤
$24^5=(2\times 11+2)^5$
이므로 $(2x+2)^5$을 x로 나누었을 때의 몫을 $Q(x)$, 나머지를 R라 하면
$$(2x+2)^5=xQ(x)+R \quad \cdots\cdots \ \text{㉠}$$
㉠의 양변에 $x=0$을 대입하면
$$(2\times 0+2)^5=0\times Q(0)+R \quad \therefore \ R=32$$
㉠의 양변에 $x=11$을 대입하면
$$(2\times 11+2)^5=11\times Q(11)+R$$
32가 11로 나누어지는 것에 주의한다.
즉, $24^5=11Q(11)+\underline{32}=11\times\{Q(11)+2\}+10$이므로 24^5을 11로 나누었을 때의 나머지는 10이다.

0201 답 ②

0202 답 ⑤
$P(x)=x^3+ax^2+x+b$라 하면
$P(x)$는 x^2+x-2, 즉 $(x-1)(x+2)$로 나누어떨어지므로
$P(1)=0$, $P(-2)=0$에서
$$1^3+a\times 1^2+1+b=0, \ (-2)^3+a\times(-2)^2+(-2)+b=0$$
$$\therefore \ a+b=-2, \ 4a+b=10$$
위의 두 식을 연립하여 풀면 $a=4$, $b=-6$
$$\therefore \ a-b=4-(-6)=10$$

0203 답 ④
$P(x)=(kx^3+3)(kx^2-4)-kx$라 하면
$P(x)$가 $x+1$로 나누어떨어져야 하므로 $P(-1)=0$이어야 한다.
즉, $\{k\times(-1)^3+3\}\{k\times(-1)^2-4\}-k\times(-1)=0$에서
$$(-k+3)(k-4)+k=0, \ -k^2+7k-12+k=0$$
$$k^2-8k+12=0, \ (k-2)(k-6)=0$$
$$\therefore \ k=2 \ \text{또는} \ k=6$$
따라서 모든 실수 k의 값의 합은
$$2+6=8$$

0204 답 ①
$P(x)=(x+3)(x^2+ax+2)$라 하면
$P(x)$가 $(x+1)(x-b)$로 나누어떨어지므로 $P(-1)=0$에서
$$\{(-1)+3\}\{(-1)^2+a\times(-1)+2\}=0$$
$$2(-a+3)=0 \quad \therefore \ a=3$$
$$\therefore \ P(x)=(x+3)(x^2+3x+2)$$
$$=(x+3)(x+1)(x+2)$$
이때 $P(x)$가 $(x+1)(x-b)$로 나누어떨어지므로
$x-b$는 다항식 $(x+2)(x+3)$의 인수이다.
즉, $Q(x)=(x+2)(x+3)$이라 하면 $Q(b)=0$이어야 한다.
$$(b+2)(b+3)=0 \quad \therefore \ b=-2 \ \text{또는} \ b=-3$$
따라서 정수 b의 최댓값은 -2이다.

0205 답 6
$P(2-x)$는 $x-2$로 나누어떨어지므로
$P(2-2)=0$에서 $P(0)=0$

$P(x)+2x+1$은 이차식이고 x^2+x+1로 나누어떨어지므로
$P(x)+2x+1=a(x^2+x+1)$ (a는 상수)이라 할 수 있다.
$\therefore P(x)=a(x^2+x+1)-2x-1$
이때 $P(0)=0$이므로
$P(0)=a(0^2+0+1)-2\times0-1=0$
$a-1=0$ $\therefore a=1$
따라서 $P(x)=x^2-x$이므로 $P(3)=3^2-3=6$

0206 답 ③

0207 답 4
다항식 x^3+2x^2+ax+b를 $x+1$로 나누었을 때의 몫과 나머지를 구하는 조립제법을 완성하면 다음과 같다.

$$
\begin{array}{r|rrrr}
-1 & 1 & 2 & a & b \\
& & -1 & -1 & -a+1 \\
\hline
& 1 & 1 & a-1 & \boxed{-a+b+1}
\end{array}
$$

따라서 $-1=m$, $1=n$, $-a+1=2$, $-a+b+1=5$이므로
$a=-1$, $b=3$, $m=-1$, $n=1$
$\therefore am+bn=(-1)\times(-1)+3\times1=4$

0208 답 ③
다항식 $2x^3+3x+4$를 $x-a$로 나누었을 때의 몫과 나머지를 구하는 조립제법을 완성하면 다음과 같다.

$$
\begin{array}{r|rrrr}
a & 2 & 0 & 3 & 4 \\
& & 2a & 2a^2 & 2a^3+3a \\
\hline
& 2 & 2a & 2a^2+3 & \boxed{2a^3+3a+4}
\end{array}
$$

따라서 $2a=2$, $2a^3+3a+4=b$이므로
$a=1$, $b=2\times1^3+3\times1+4=9$
$\therefore a+b=1+9=10$

0209 답 ①
다항식 x^3+ax^2+bx-5를 $x-1$로 나누었을 때의 몫과 나머지를 조립제법을 이용하여 구하면 다음과 같다.

$$
\begin{array}{r|rrrr}
1 & 1 & a & b & -5 \\
& & 1 & a+1 & a+b+1 \\
\hline
& 1 & a+1 & a+b+1 & \boxed{a+b-4}
\end{array}
$$

이때 몫은 $x^2+(a+1)x+(a+b+1)$이므로
$a+1=-1$, $a+b+1=3$
$\therefore a=-2$, $b=4$
따라서 x^3+ax^2+bx-5를 $x-1$로 나누었을 때의 나머지는
$a+b-4=(-2)+4-4=-2$

0210 답 30
다항식 $x^n+x^{n-1}+x^{n-2}+\cdots+x^2+x+1$을 $x-1$로 나누었을 때의 몫 $Q(x)$와 나머지를 조립제법을 이용하여 구하면 다음과 같다.

$$
\begin{array}{r|rrrrrrrr}
1 & 1 & 1 & 1 & \cdots & 1 & 1 & 1 & 1 \\
& & 1 & 2 & \cdots & n-3 & n-2 & n-1 & n \\
\hline
& 1 & 2 & 3 & \cdots & n-2 & n-1 & n & \boxed{n+1}
\end{array}
$$

$\therefore Q(x)=x^{n-1}+2x^{n-2}+\cdots+(n-2)x^2+(n-1)x+n$

즉, $Q(x)$의 x^2의 계수는 $n-2$이다.
따라서 $n-2=28$이므로 $n=30$

0211 답 -1

0212 답 -2
다항식 x^3-5x^2+ax+b를 $2x-4$로 나누었을 때의 몫과 나머지를 구하는 조립제법을 완성하면 다음과 같다.

$$
\begin{array}{r|rrrr}
2 & 1 & -5 & a & b \\
& & 2 & -6 & 2a-12 \\
\hline
& 1 & -3 & a-6 & \boxed{2a+b-12}
\end{array}
$$

따라서 $m=2$, $n=-3$, $-2=2a-12$, $2=2a+b-12$이므로
$a=5$, $b=4$, $m=2$, $n=-3$
$\therefore am+bn=5\times2+4\times(-3)=-2$

0213 답 ②
주어진 조립제법을 식으로 나타내면
$$ax^2+bx+c=\left(x-\frac{3}{2}\right)(px+q)+r$$
$$=(2x-3)\times\frac{1}{2}\times(px+q)+r$$
$$=(2x-3)\left(\frac{1}{2}px+\frac{1}{2}q\right)+r$$
따라서 ax^2+bx+c를 $2x-3$으로 나누었을 때의 몫은
$\frac{1}{2}px+\frac{1}{2}q$, 나머지는 r이다.

0214 답 3
다항식 $3x^3-4x^2+ax+1$을 $3x-1$로 나누었을 때의 몫과 나머지를 조립제법을 이용하여 구하면 다음과 같다.

$$
\begin{array}{r|rrrr}
\frac{1}{3} & 3 & -4 & a & 1 \\
& & 1 & -1 & \frac{a}{3}-\frac{1}{3} \\
\hline
& 3 & -3 & a-1 & \boxed{\frac{a}{3}+\frac{2}{3}}
\end{array}
$$

$\therefore 3x^3-4x^2+ax+1$
$=\left(x-\frac{1}{3}\right)(3x^2-3x+a-1)+\frac{a}{3}+\frac{2}{3}$
$=(3x-1)\left(x^2-x+\frac{a-1}{3}\right)+\frac{a}{3}+\frac{2}{3}$

이때 몫은 $x^2-x+\frac{a-1}{3}$이므로
$-1=b$, $\frac{a-1}{3}=1$
$\therefore a=4$, $b=-1$
$\therefore a+b=4+(-1)=3$

0215 답 8
주어진 조건을 이용하여 조립제법을 완성하면 다음과 같다.

$$
\begin{array}{r|rrrr}
\boxed{\frac{1}{3}} & \boxed{} & \boxed{} & \boxed{} & 4 \\
& & \boxed{1} & \boxed{-2} & \boxed{-1} \\
\hline
& 3 \overset{\times\frac{1}{3}}{} & -6 \overset{\times\frac{1}{3}}{} & -3 \overset{\times\frac{1}{3}}{} & \boxed{3}
\end{array}
$$

$\therefore P(x) = \left(x - \dfrac{1}{3}\right)(3x^2 - 6x - 3) + 3$
$\qquad\qquad = (3x-1)(x^2 - 2x - 1) + 3$

위의 식의 양변에 x를 곱하여 정리하면

$xP(x) = x(3x-1)(x^2 - 2x - 1) + 3x$
$\qquad\quad = x(3x-1)(x^2 - 2x - 1) + (3x-1) + 1$
$\qquad\quad = (3x-1)(x^3 - 2x^2 - x + 1) + 1$

따라서 $xP(x)$를 $3x-1$로 나누었을 때의 몫은
$Q(x) = x^3 - 2x^2 - x + 1$, 나머지는 $R=1$이므로
$Q(3) + R = (3^3 - 2 \times 3^2 - 3 + 1) + 1 = 8$

0216 답 7

0217 답 10

조립제법을 연속으로 이용하여 $x^3 + 4x^2 + 3x + 3$을 $x+2$로 나누면 다음과 같다.

$$
\begin{array}{r|rrrr}
-2 & 1 & 4 & 3 & 3 \\
   &   & -2 & -4 & 2 \\
\hline
-2 & 1 & 2 & -1 & 5 \\
   &   & -2 & 0 & \\
\hline
-2 & 1 & 0 & -1 & \\
   &   & -2 & & \\
\hline
   & 1 & -2 & & \\
\end{array}
$$

$\therefore x^3 + 4x^2 + 3x + 3 = (x+2)(x^2 + 2x - 1) + 5$
$\qquad\qquad\qquad\qquad\quad = (x+2)\{(x+2)x - 1\} + 5$
$\qquad\qquad\qquad\qquad\quad = (x+2)[(x+2)\{(x+2)-2\}-1] + 5$
$\qquad\qquad\qquad\qquad\quad = (x+2)^3 - 2(x+2)^2 - (x+2) + 5$

따라서 $a=1$, $b=-2$, $c=-1$, $d=5$이므로
$abcd = 1 \times (-2) \times (-1) \times 5 = 10$

0218 답 ⑤

$x + 2 = t$라 하면 $x = t - 2$이므로 주어진 등식에 대입하면
$a(t-2)^3 + b(t-2)^2 + c(t-2) + d = t^3 - t^2 - 3t + 6$
조립제법을 연속으로 이용하여 $t^3 - t^2 - 3t + 6$을 $t-2$로 나누면 다음과 같다.

$$
\begin{array}{r|rrrr}
2 & 1 & -1 & -3 & 6 \\
  &   & 2 & 2 & -2 \\
\hline
2 & 1 & 1 & -1 & 4 \\
  &   & 2 & 6 & \\
\hline
2 & 1 & 3 & 5 & \\
  &   & 2 & & \\
\hline
  & 1 & 5 & & \\
\end{array}
$$

$\therefore t^3 - t^2 - 3t + 6 = (t-2)(t^2 + t - 1) + 4$
$\qquad\qquad\qquad\qquad = (t-2)\{(t-2)(t+3) + 5\} + 4$
$\qquad\qquad\qquad\qquad = (t-2)[(t-2)\{(t-2)+5\}+5] + 4$
$\qquad\qquad\qquad\qquad = (t-2)^3 + 5(t-2)^2 + 5(t-2) + 4$
$\qquad\qquad\qquad\qquad = x^3 + 5x^2 + 5x + 4$

따라서 $a=1$, $b=5$, $c=5$, $d=4$이므로
$ab + cd = 1 \times 5 + 5 \times 4 = 25$

0219 답 ①

$P(x) = ax^3 + bx^2 + cx + d$ (a, b, c, d는 상수)라 하면
$P(x+1) = a(x+1)^3 + b(x+1)^2 + c(x+1) + d$이므로
$a(x+1)^3 + b(x+1)^2 + c(x+1) + d = x^3 + 2x^2 + 2x - 1$
조립제법을 연속으로 이용하여 $x^3 + 2x^2 + 2x - 1$을 $x+1$로 나누면 다음과 같다.

$$
\begin{array}{r|rrrr}
-1 & 1 & 2 & 2 & -1 \\
   &   & -1 & -1 & -1 \\
\hline
-1 & 1 & 1 & 1 & -2 \\
   &   & -1 & 0 & \\
\hline
-1 & 1 & 0 & 1 & \\
   &   & -1 & & \\
\hline
   & 1 & -1 & & \\
\end{array}
$$

$\therefore x^3 + 2x^2 + 2x - 1 = (x+1)(x^2 + x + 1) - 2$
$\qquad\qquad\qquad\qquad\quad = (x+1)\{(x+1)x + 1\} - 2$
$\qquad\qquad\qquad\qquad\quad = (x+1)[(x+1)\{(x+1)-1\}+1] - 2$
$\qquad\qquad\qquad\qquad\quad = (x+1)^3 - (x+1)^2 + (x+1) - 2$

즉, $a=1$, $b=-1$, $c=1$, $d=-2$이므로
$P(x) = x^3 - x^2 + x - 2$
조립제법을 이용하여 $P(x)$를 $x-1$로 나누면 다음과 같다.

$$
\begin{array}{r|rrrr}
1 & 1 & -1 & 1 & -2 \\
  &   & 1 & 0 & 1 \\
\hline
  & 1 & 0 & 1 & -1 \\
\end{array}
$$

따라서 $P(x)$를 $x-1$로 나누었을 때의 몫은 $x^2 + 1$이다.

0220 답 6

조립제법을 연속으로 이용하여 $8x^3 - 2x^2 + 3x - 1$을 $2x-1$로 나누면 다음과 같다.

$$
\begin{array}{r|rrrr}
\frac{1}{2} & 8 & -2 & 3 & -1 \\
            &   & 4 & 1 & 2 \\
\hline
\frac{1}{2} & 8 & 2 & 4 & 1 \\
            &   & 4 & 3 & \\
\hline
\frac{1}{2} & 8 & 6 & 7 & \\
            &   & 4 & & \\
\hline
            & 8 & 10 & & \\
\end{array}
$$

$\therefore 8x^3 - 2x^2 + 3x - 1$
$= \left(x - \dfrac{1}{2}\right)(8x^2 + 2x + 4) + 1$
$= \left(x - \dfrac{1}{2}\right)\left\{\left(x - \dfrac{1}{2}\right)(8x+6) + 7\right\} + 1$
$= \left(x - \dfrac{1}{2}\right)\left[\left(x - \dfrac{1}{2}\right)\left\{\left(x - \dfrac{1}{2}\right) \times 8 + 10\right\} + 7\right] + 1$
$= 8\left(x - \dfrac{1}{2}\right)^3 + 10\left(x - \dfrac{1}{2}\right)^2 + 7\left(x - \dfrac{1}{2}\right) + 1$
$= 8 \times \left(\dfrac{1}{2}\right)^3 \times (2x-1)^3 + 10 \times \left(\dfrac{1}{2}\right)^2 \times (2x-1)^2$
$\qquad\qquad\qquad\qquad\qquad + 7 \times \dfrac{1}{2} \times (2x-1) + 1$
$= (2x-1)^3 + \dfrac{5}{2}(2x-1)^2 + \dfrac{7}{2}(2x-1) + 1$

따라서 $a=1$, $b=\dfrac{5}{2}$, $c=\dfrac{7}{2}$, $d=1$이므로

$ab+cd=1\times\dfrac{5}{2}+\dfrac{7}{2}\times1=6$

STEP 3 실전 업

본문 042~045쪽

0221 답 ①

One Point Lesson

주어진 등식이 x에 대한 항등식이므로 x에 어떤 값을 넣어도 등식이 성립한다.

주어진 등식의 양변에 $x=1$을 대입하면
$1^3-5\times1^2+a\times1+1=(1-1)\times Q(1)-1$
$a-3=-1$ ∴ $a=2$
즉, $x^3-5x^2+2x+1=(x-1)Q(x)-1$이므로
이 등식의 양변에 $x=2$를 대입하면
$2^3-5\times2^2+2\times2+1=(2-1)\times Q(2)-1$
$-7=Q(2)-1$ ∴ $Q(2)=-6$
∴ $Q(a)=Q(2)=-6$

0222 답 ②

One Point Lesson

다항식에서 상수항을 포함한 모든 계수들의 합을 구할 때는 주어진 식에 $x=1$을 대입한다.

다항식 $x(x^2+1)(x^3+2)(x^4+3)$은 최고차항이 x^{10}이고, 상수항이 0이므로
$x(x^2+1)(x^3+2)(x^4+3)$
$=a_1x+a_2x^2+a_3x^3+\cdots+a_{10}x^{10}$ ……… ㉠
이라 하면 상수항을 포함한 모든 항의 계수의 합은
$a_1+a_2+a_3+\cdots+a_{10}$이다.
㉠의 양변에 $x=1$을 대입하면
$1\times(1^2+1)\times(1^3+2)\times(1^4+3)=a_1+a_2+a_3+\cdots+a_{10}$
$a_1+a_2+a_3+\cdots+a_{10}=1\times2\times3\times4=24$
따라서 주어진 식의 모든 항의 계수의 합은 24이다.

해설 속 칠판

$(n+1)$개의 상수 a_0, a_1, a_2, $\cdots$, a_n에 대하여 다항식을 전개한 식이 $a_0+a_1x+a_2x^2+a_3x^3+\cdots+a_nx^n$으로 나타내어질 때, 다항식의 모든 계수들의 합은 $a_0+a_1+a_2+\cdots+a_n$이다.
이것은 다항식에 $x=1$을 대입한 값이다.

0223 답 ⑤

One Point Lesson

나머지정리를 이용하여 a, b에 대한 연립방정식을 세운다.

나머지정리에 의하여 $P(-1)=2$, $P(2)=5$
$P(-1)=(-1)^3+(a-1)\times(-1)^2+(-1)+b+3$
$\qquad\quad=a+b$
에서 $P(-1)=2$이므로
$a+b=2$ ……… ㉠

$P(2)=2^3+(a-1)\times2^2+2+b+3$
$\qquad\quad=4a+b+9$
에서 $P(2)=5$이므로
$4a+b+9=5$ ∴ $4a+b=-4$ ……… ㉡
㉠, ㉡을 연립하여 풀면 $a=-2$, $b=4$
∴ $P(x)=x^3-3x^2+x+7$
따라서 다항식 $P(x)$를 $x-3$으로 나누었을 때의 나머지는
$P(3)=3^3-3\times3^2+3+7=10$

0224 답 ③

One Point Lesson

주어진 조건을 이용하여 조립제법을 완성하고 주어진 그림과 비교한다.

다항식 $x^4+ax^3-5x^2+bx+4$를 $x-1$로 나누었을 때의 몫과 나머지를 조립제법을 이용하여 구하면 다음과 같다.

1	1	a	-5	b	4
		1	$\boxed{a+1}$	$a-4$	$a+b-4$
	1	$a+1$	$a-4$	$a+b-4$	$\boxed{a+b}$

주어진 그림과 비교하면 $\boxed{a+1}=7$이므로 $a=6$
또한, 주어진 다항식을 $x-1$로 나누었을 때의 나머지가 9이므로
$a+b=9$에서 $6+b=9$ ∴ $b=3$
∴ $a-b=6-3=3$

0225 답 ③

One Point Lesson

다항식 $P(x+1)-P(x)$는 $(n-1)$차식임을 이용한다.

$Q(x)=P(x+1)-P(x)$라 하면
$P(x+2)-2P(x+1)+P(x)$
$=\{P(x+2)-P(x+1)\}-\{P(x+1)-P(x)\}$
$=Q(x+1)-Q(x)=2x$
$P(x)$가 n차식일 때, $Q(x)$는 $(n-1)$차식이고
$Q(x+1)-Q(x)$는 $(n-2)$차식이다.
즉, $n-2=1$ ∴ $n=3$

선생님 톡톡

상수 k에 대하여 $P(x+k)$의 최고차항의 차수는 $P(x)$의 최고차항의 차수와 같아.
따라서 $P(x+k)-P(x)$를 하면 $P(x)$의 최고차항, 즉 n차항이 소거되므로 $P(n+k)-P(x)$는 $(n-1)$차식이야.

0226 답 ⑤

One Point Lesson

주어진 등식이 항등식이므로 미정계수법을 이용하여 미지수의 값을 구한다.

조건 (가)에서 $g(x)=x^2f(x)$이므로
이것을 조건 (나)의 식에 대입하면
$x^2f(x)+(3x^2+4x)f(x)=x^3+ax^2+2x+b$에서
$(4x^2+4x)f(x)=x^3+ax^2+2x+b$
∴ $4x(x+1)f(x)=x^3+ax^2+2x+b$ ……… ㉠

⊙의 양변에 $x=0$을 대입하면
$4 \times 0 \times (0+1) \times f(0) = 0^3 + a \times 0^2 + 2 \times 0 + b$
$\therefore b=0$
⊙의 양변에 $x=-1$을 대입하면
$4 \times (-1) \times \{(-1)+1\} \times f(-1)$
$=(-1)^3 + a \times (-1)^2 + 2 \times (-1) + b$
$a+b=3$ $\therefore a=3$ $(\because b=0)$
즉, $4x(x+1)f(x) = x^3 + 3x^2 + 2x$이므로
이 등식의 양변에 $x=4$를 대입하면
$4 \times 4 \times (4+1) \times f(4) = 4^3 + 3 \times 4^2 + 2 \times 4$
$80f(4) = 120$ $\therefore f(4) = \dfrac{3}{2}$
따라서 $g(x)$를 $x-4$로 나눈 나머지는
$g(4) = 4^2 \times f(4) = 16 \times \dfrac{3}{2} = 24$

0227 답 ③

One Point Lesson
$f(x)g(x)$는 어떤 인수를 가지는지 생각해 본다.

두 이차식 $f(x)$, $g(x)$가 모두 $x-1$로 나누어떨어지므로
$f(x)g(x)$는 $(x-1)^2$을 인수로 갖는 사차식이다.
즉, $f(x)g(x) = (x-1)^2(x^2+px+q)$ (p, q는 상수)라 할 수
있으므로 다음은 x에 대한 항등식이다.
$(x-1)^2(x^2+px+q) = x^4 + ax^3 - 7x^2 + bx - 6$
위의 식의 좌변을 전개하면
$(x-1)^2(x^2+px+q)$
$=(x^2-2x+1)(x^2+px+q)$
$=x^4+(p-2)x^3+(-2p+q+1)x^2+(-2q+p)x+q$
즉,
$x^4+(p-2)x^3+(-2p+q+1)x^2+(-2q+p)x+q$
$=x^4+ax^3-7x^2+bx-6$
은 x에 대한 항등식이므로 양변의 계수를 비교하면
$p-2=a$, $-2p+q+1=-7$, $-2q+p=b$, $q=-6$
$\therefore a=-1$, $b=13$, $p=1$, $q=-6$
따라서 $f(x)g(x) = x^4 - x^3 - 7x^2 + 13x - 6$이므로
$f(3)g(3) = 3^4 - 3^3 - 7 \times 3^2 + 13 \times 3 - 6 = 24$

다른 풀이

조립제법을 이용하면

1	1	a	-7	b	-6
		1	$a+1$	$a-6$	$a+b-6$
1	1	$a+1$	$a-6$	$a+b-6$	$a+b-12$
		1	$a+2$	$2a-4$	
	1	$a+2$	$2a-4$	$3a+b-10$	

이때 $a+b-12=0$, $3a+b-10=0$이므로
$a+b=12$, $3a+b=10$
위의 두 식을 연립하여 풀면
$a=-1$, $b=13$

해설 속 칠판
다항식 $P(x)$가 $(x-a)^2$으로 나누어떨어질 때, $P(x)$를 $x-a$로 나누었을 때의 몫을 $Q(x)$라 하면 $Q(x)$도 $x-a$로 나누어떨어진다.

0228 답 ③

One Point Lesson
나머지정리를 이용하여 문자의 수를 줄인다.

나머지정리에 의하여 $P(p)=q^2$, $P(q)=p^2$
즉, $p^2+ap+b=q^2$, $q^2+aq+b=p^2$이므로
위의 두 식을 연립하여 a, b를 각각 p, q로 나타내면
$a=-2(p+q)$, $b=(p+q)^2$
$\therefore P(x) = x^2 - 2(p+q)x + (p+q)^2$
따라서 $P(x)$를 $x-p-q$로 나누었을 때의 나머지는
$P(p+q) = (p+q)^2 - 2(p+q)^2 + (p+q)^2 = 0$

0229 답 ②

One Point Lesson
$x=-2$, $x=0$을 대입한 두 식을 연립하면 상수항과 짝수인 항의 계수만 남는 것을 이용한다.

주어진 등식의 양변에 $x=-1$을 대입하면
$\{(-1)+2\}^{10} = a_0 + a_1 \times \{(-1)+1\} + a_2 \times \{(-1)+1\}^2 + \cdots$
$+ a_{10} \times \{(-1)+1\}^{10}$
$\therefore a_0 = 1$
주어진 등식의 양변에 $x=-2$를 대입하면
$\{(-2)+2\}^{10} = a_0 + a_1 \times \{(-2)+1\} + a_2 \times \{(-2)+1\}^2 + \cdots$
$+ a_{10} \times \{(-2)+1\}^{10}$
$0 = a_0 - a_1 + a_2 - \cdots + a_{10}$ ...... ⊙
주어진 등식의 양변에 $x=0$을 대입하면
$(0+2)^{10} = a_0 + a_1 \times (0+1) + a_2 \times (0+1)^2 + \cdots + a_{10} \times (0+1)^{10}$
$2^{10} = a_0 + a_1 + a_2 + \cdots + a_{10}$ ...... ⓛ
⊙+ⓛ을 하면
$2^{10} = 2(a_0 + a_2 + a_4 + a_6 + a_8 + a_{10})$
$\therefore a_0 + a_2 + a_4 + a_6 + a_8 + a_{10} = 2^9$
이때 $a_0 = 1$이므로
$a_2 + a_4 + a_6 + a_8 + a_{10} = 2^9 - 1 = 512 - 1 = 511$

0230 답 ④

One Point Lesson
적당한 숫자를 문자로 나타내어 나머지를 구한다.

$2^{2517} = (2^5)^{503} \times 2^2 = 4 \times 32^{503}$
$4x^{503}$을 $x-1$로 나누었을 때의 몫을 $Q(x)$, 나머지를 R라 하면
$4x^{503} = (x-1)Q(x) + R$ ...... ⊙
⊙의 양변에 $x=1$을 대입하면 $R=4$
⊙의 양변에 $x=32$를 대입하면
$4 \times 32^{503} = (32-1) \times Q(32) + 4$
즉, $2^{2517} = 31Q(32) + 4$이므로 2^{2517}을 31로 나누었을 때의 나머지는 4이다.

0231 답 ③

One Point Lesson
$P(x)$, $Q(x)$를 각각 $(x-3)(x+k)$ 꼴로 나타낼 수 있다.

최고차항의 계수가 1인 이차다항식 $P(x)$, $Q(x)$가
$P(3)=Q(3)=0$을 만족시키므로 두 상수 a, b에 대하여
$P(x) = (x-3)(x+a)$, $Q(x) = (x-3)(x+b)$라 하자.

다항식 $P(x)+Q(x)$를 $x-1$로 나누었을 때의 나머지가 2이므로
$P(1)+Q(1)=2$
$P(x)+Q(x)=(x-3)(x+a)+(x-3)(x+b)$
$\qquad\qquad\quad=(x-3)(2x+a+b) \qquad \cdots\cdots ㉠$
이므로 ㉠의 양변에 $x=1$을 대입하면
$P(1)+Q(1)=(1-3)(2+a+b)=-4-2a-2b=2$
$2+a+b=-1 \qquad \therefore a+b=-3 \qquad \cdots\cdots ㉡$
㉡을 ㉠에 대입하면
$P(x)+Q(x)=(x-3)(2x-3)$이므로
$P(4)+Q(4)=(4-3)\times(2\times4-3)=1\times5=5$

0232 답 ②

$P(x^2)-2k$가 $P(x)$로 나누어떨어짐을 이용하여 식을 세운다.

$Q(x)=P(x^2)-2k$라 하면
$Q(x)=(3x^2+k)-2k=3x^2-k$
$Q(x)$가 $3x+k$로 나누어떨어지므로 $Q\left(-\dfrac{k}{3}\right)=0$이다.
즉, $Q\left(-\dfrac{k}{3}\right)=3\times\left(-\dfrac{k}{3}\right)^2-k=0$이므로
$\dfrac{k^2}{3}-k=0,\ k^2-3k=0,\ k(k-3)=0 \qquad \therefore k=3\ (\because k\neq0)$
따라서 $P(x)=3x+3$이므로
$P(1)=3\times1+3=6$

다른 풀이

$P(x)=3x+k$이므로
$P(x^2)-2k=(3\times x^2+k)-2k=3x^2-k$
이때 $P(x^2)-2k$가 $P(x)$로 나누어떨어지므로 $P(x^2)-2k$는
$P(x)$를 인수로 갖는다.
즉, $3x^2-k=(3x+k)(x+a)\ (a$는 상수$)$라 할 수 있으므로 이
식의 우변을 전개하면
$3x^2-k=3x^2+(3a+k)x+ka$
이 식은 x에 대한 항등식이므로 양변의 계수를 비교하면
$0=3a+k,\ -k=ka$
$-k=ka$에서 $(a+1)k=0$이고 $k\neq0$이므로
$a+1=0 \qquad \therefore a=-1$
$a=-1$을 $3a+k=0$에 대입하여 정리하면 $k=3$

0233 답 ①

수치대입법을 이용하여 $a_0,\ a_1,\ a_2,\ a_3$에 대한 조건식을 얻어낸다.

x^3-x+1
$=a_0+a_1(x-1)+a_2(x-1)(x-2)+a_3(x-1)(x-2)(x-3)$
$\qquad\qquad\qquad\qquad\qquad\qquad\qquad\qquad \cdots\cdots ㉠$
㉠의 양변에 $x=1$을 대입하면
$1^3-1+1=a_0+a_1\times(1-1)+a_2\times(1-1)(1-2)$
$\qquad\qquad\qquad\qquad\qquad +a_3\times(1-1)(1-2)(1-3)$
$\therefore a_0=1$
㉠의 양변에 $x=2$를 대입하면
$2^3-2+1=1+a_1\times(2-1)+a_2\times(2-1)(2-2)$
$\qquad\qquad\qquad\qquad\qquad +a_3\times(2-1)(2-2)(2-3)$
$\therefore a_1=6$

㉠의 양변에 $x=3$을 대입하면
$3^3-3+1=1+6\times(3-1)+a_2\times(3-1)\times(3-2)$
$\qquad\qquad\qquad\qquad +a_3\times(3-1)\times(3-2)\times(3-3)$
$2a_2=12 \qquad \therefore a_2=6$
㉠의 양변에 $x=4$를 대입하면
$4^3-4+1=1+6\times(4-1)+6\times(4-1)\times(4-2)$
$\qquad\qquad\qquad\qquad +a_3\times(4-1)\times(4-2)\times(4-3)$
$6a_3=61-1-18-36=6 \qquad \therefore a_3=1$
$\therefore a_0+a_1+a_2+a_3=1+6+6+1=14$

0234 답 ③

$f(x)$를 $x+1,\ x^2-3$으로 나누었을 때의 나머지가 서로 같으므로 이때의
나머지를 R라 하면 $f(x)-R$는 $(x+1)(x^2-3)$을 인수로 갖는다.

다항식 $f(x)$를 $x+1$로 나눈 몫을 $Q_1(x)$, 나머지를 $R\ (R$는 상수$)$
라 하면
$f(x)=(x+1)Q_1(x)+R \qquad \cdots\cdots ㉠$
또한, 조건 (가)에 의하여 다항식 $f(x)$를 x^2-3으로 나눈 몫을
$Q_2(x)$라 하면 이때의 나머지는 R이므로
$f(x)=(x^2-3)Q_2(x)+R \qquad \cdots\cdots ㉡$
라 할 수 있다.
㉠에서 $f(x)-R=(x+1)Q_1(x)$이고
㉡에서 $f(x)-R=(x^2-3)Q_2(x)$이므로
$f(x)-R$는 $x+1,\ x^2-3$을 인수로 가진다.
이때 $f(x)$가 최고차항의 계수가 1인 사차다항식이므로
$f(x)-R=(x+1)(x^2-3)(x+a)\ (a$는 상수$) \quad \cdots\cdots ㉢$
조건 (나)에 의하여 다항식 $f(x+1)-5$를 x^2+x로 나누었을 때
의 몫을 $Q_3(x)$라 하면
$f(x+1)-5=(x^2+x)Q_3(x)$
$\qquad\qquad\quad=x(x+1)Q_3(x) \qquad \cdots\cdots ㉣$
㉣의 양변에 $x=-1$을 대입하면
$f(0)-5=(-1)\times\{(-1)+1\}\times Q_3(-1) \qquad \therefore f(0)=5$
㉣의 양변에 $x=0$을 대입하면
$f(1)-5=0\times(0+1)\times Q_3(0) \qquad \therefore f(1)=5$
㉢의 양변에 $x=0$을 대입하면
$f(0)-R=(0+1)\times(0^2-3)\times(0+a) \qquad \therefore f(0)=-3a+R$
㉢의 양변에 $x=1$을 대입하면
$f(1)-R=(1+1)\times(1^2-3)\times(1+a)$
$\therefore f(1)=-4-4a+R$
즉, $-3a+R=5,\ -4-4a+R=5$이므로
위의 두 식을 연립하여 풀면 $a=-4,\ R=-7$
따라서 $f(x)=(x+1)(x^2-3)(x-4)-7$이므로
$f(4)=5\times13\times0-7=-7$

0235 답 24

$P(0)=1,\ P(1)=4,\ P(2)=9,\ P(3)=16$을 만족시키는 사차식 $P(x)$
를 찾는다.

사차식 $P(x)$를 $x,\ x-1,\ x-2,\ x-3$으로 나누었을 때의 나머
지가 각각 1, 4, 9, 16이므로
$P(0)=1=1^2,\ P(1)=4=2^2,\ P(2)=9=3^2,\ P(3)=16=4^2$

사차식 $P(x)$를 x, $x-1$, $x-2$, $x-3$으로 나누었을 때의 나머지를 $R(x)$라 하면 $R(x)=(x+1)^2$ $(x=0, 1, 2, 3)$이라 할 수 있다.
이때 방정식 $P(x)-(x+1)^2=0$의 근이 0, 1, 2, 3이므로
$Q(x)=P(x)-(x+1)^2$이라 하면
$Q(0)=Q(1)=Q(2)=Q(3)=0$
즉, 사차식 $Q(x)$는 0이 아닌 실수 k에 대하여
$Q(x)=kx(x-1)(x-2)(x-3)$ $\cdots\cdots$ ㉠
$P(4)=49$이므로
$Q(4)=P(4)-(4+1)^2=49-25=24$
㉠의 양변에 $x=4$를 대입하면
$Q(4)=k\times 4\times(4-1)\times(4-2)\times(4-3)=24k$에서
$24k=24$ $\therefore k=1$
$\therefore Q(x)=P(x)-(x+1)^2$
$\qquad =x(x-1)(x-2)(x-3)$
$\therefore P(x)=x(x-1)(x-2)(x-3)+(x+1)^2$
따라서 $P(x)$를 $x+1$로 나누었을 때의 나머지는
$P(-1)=(-1)\times\{(-1)-1\}\times\{(-1)-2\}\times\{(-1)-3\}$
$\qquad\qquad\qquad\qquad\qquad\qquad +\{(-1)+1\}^2$
$\qquad =(-1)\times(-2)\times(-3)\times(-4)=24$

0236 답 ①

One Point Lesson

$Q(x)$, $R_1(x)$가 일차식임을 이용하여 $R_2(x)$의 식을 구한다.

삼차식 $P(x)$를 $(x-1)^2$으로 나눈 몫이 $Q(x)$, 나머지가 $R_1(x)$이므로
$P(x)=(x-1)^2 Q(x)+R_1(x)$
조건 (가)에서 $Q(x)=R_1(x)-2$이므로
$R_1(x)=ax+b$ (a, b는 상수)라 하면
$Q(x)=ax+b-2$
$\therefore P(x)=(x-1)^2(ax+b-2)+ax+b$ $\cdots\cdots$ ㉠
이때 $P(1)=1$이므로 $x=1$을 ㉠에 대입하면
$P(1)=(1-1)^2(a\times 1+b-2)+a\times 1+b=1$에서
$a+b=1$ $\therefore b=-a+1$
$\therefore R_1(x)=ax-a+1$
$\therefore P(x)=(x-1)^2(ax-a-1)+ax-a+1$
$\qquad =(x-1)^2\{a(x-1)-1\}+ax-a+1$
$\qquad =a(x-1)^3-(x-1)^2+a(x-1)+1$
즉, $P(x)$를 $(x-1)^3$으로 나눈 나머지 $R_2(x)$는
$R_2(x)=-(x-1)^2+a(x-1)+1$
조건 (나)에서 $R_1(2)+R_2(2)=5$이므로
$R_1(2)+R_2(2)=(a\times 2-a+1)+\{-(2-1)^2+a(2-1)+1\}$
$\qquad\qquad\qquad =(a+1)+(-1+a+1)$
$\qquad\qquad\qquad =2a+1$
$2a+1=5$ $\therefore a=2$
따라서
$R_1(x)=2x-2+1=2x-1$,
$R_2(x)=-(x-1)^2+2(x-1)+1$
$\qquad\quad =-x^2+4x-2$
이므로
$R_1(5)+R_2(3)=(2\times 5-1)+(-3^2+4\times 3-2)$
$\qquad\qquad\qquad =9+1=10$

0237 답 ④

One Point Lesson

이차식 $Q(x)$에 대하여 점 $(x, Q(x))$를 이차함수의 그래프 위의 점으로 표현이 가능한 경우를 구한다.

(i) 주어진 등식의 양변에 $x=0$을 대입하면
$Q(0)\{Q(0)-1\}\{Q(0)-3\}=0$
$\therefore Q(0)=0$ 또는 $Q(0)=1$ 또는 $Q(0)=3$
즉, $x=0$일 때 $Q(0)$의 값이 될 수 있는 수는 3가지이다.

(ii) 주어진 등식의 양변에 $x=1$을 대입하면
$Q(1)\{Q(1)-1\}\{Q(1)-3\}=0$
$\therefore Q(1)=0$ 또는 $Q(1)=1$ 또는 $Q(1)=3$
즉, $x=1$일 때 $Q(1)$의 값이 될 수 있는 수는 3가지이다.

(iii) 주어진 등식의 양변에 $x=3$을 대입하면
$Q(3)\{Q(3)-1\}\{Q(3)-3\}=0$
$\therefore Q(3)=0$ 또는 $Q(3)=1$ 또는 $Q(3)=3$
즉, $x=3$일 때 $Q(3)$의 값이 될 수 있는 수는 3가지이다.

(i), (ii), (iii)에서 순서쌍 $(Q(0), Q(1), Q(3))$의 개수는
$3\times 3\times 3=27$
이때 $Q(x)$가 이차식이고 좌표평면 위의 세 점 $(0, Q(0))$, $(1, Q(1))$, $(3, Q(3))$은 이차함수 $y=Q(x)$의 그래프 위의 점이므로 한 직선 위에 있을 수 없다.

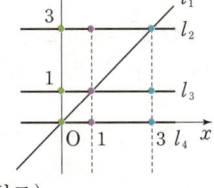

따라서 오른쪽 그림과 같은 4가지 경우는 제외시켜야 하므로 (그림의 l_1, l_2, l_3, l_4 참조)
구하는 다항식 $Q(x)$의 개수는
$27-4=23$

0238 답 18

One Point Lesson

a, b, c가 모두 자연수이므로 $x=1$, $x=2$를 차례로 대입하여 a의 값을 추측해 본다.

$P(x)=x^3-(k+2)x^2+(3k+7)x-2(k+7)$이라 하면
$P(1)=1^3-(k+2)\times 1^2+(3k+7)\times 1-2(k+7)$
$\qquad =-8\neq 0$
즉, 다항식 $P(x)$는 $x-1$로 나누어떨어지지 않으므로 $a>1$
$P(2)=2^3-(k+2)\times 2^2+(3k+7)\times 2-2(k+7)$
$\qquad =(8-8+14-14)+(-4+6-2)k=0$
이므로 $P(x)$는 $x-2$로 나누어떨어진다.
조립제법을 이용하여 $P(x)$를 $x-2$로 나누면 다음과 같다.

$$
\begin{array}{r|rrrr}
2 & 1 & -k-2 & 3k+7 & -2k-14 \\
  &   & 2 & -2k & 2k+14 \\
\hline
  & 1 & -k & k+7 & 0
\end{array}
$$

$\therefore x^3-(k+2)x^2+(3k+7)x-2(k+7)$
$\qquad =(x-2)(x^2-kx+k+7)$ $\cdots\cdots$ ㉠
이때 이 다항식이 세 개의 일차식 $x-a$, $x-b$, $x-c$로 모두 나누어떨어지므로 a, b, c 중 하나는 2이고
조건 (가)에서 $1<a<b<c$인 자연수이므로 $a=2$이고, 조건 (나)에서 $b=3$이다.
㉠에서 다항식 $x^2-kx+k+7$을 $Q(x)$라 하면 $Q(x)$는 $x-3$으로 나누어떨어지므로

$Q(3)=0$에서 $3^2-k\times3+k+7=0$ $\therefore k=8$

$Q(x)=x^2-8x+15=(x-3)(x-5)$

   $=(x-3)(x-c)$

이므로 $c=5$

따라서 $a=2$, $b=3$, $c=5$, $k=8$이므로

$a+b+c+k=2+3+5+8=18$

0239 답 2

다항식의 나눗셈을 이용하면

$$
\begin{array}{r}
x^3+2x^2+3x+4 \\
x^2-2x+1{\overline{\smash{\big)}\,x^5\qquad\qquad\qquad\qquad+9}} \\
\underline{x^5-2x^4+\ x^3\qquad\qquad\qquad} \\
2x^4-\ x^3 \\
\underline{2x^4-4x^3+2x^2\qquad\qquad} \\
3x^3-2x^2 \\
\underline{3x^3-6x^2+3x\qquad} \\
4x^2-3x+9 \\
\underline{4x^2-8x+4} \\
5x+5
\end{array}
$$
                ❶

$\therefore Q(x)=x^3+2x^2+3x+4$, $R(x)=5x+5$

나머지정리에 의하여 $Q(x)$를 $R(x)$로 나눈 나머지는 $Q(-1)$이다.
                ❷

$\therefore Q(-1)=(-1)^3+2\times(-1)^2+3\times(-1)+4=2$
                ❸

채점 기준	배점 비율
❶ 다항식의 나눗셈 하기	60%
❷ 나머지정리를 이용하여 나머지 찾기	20%
❸ 나머지 구하기	20%

0240 답 39

다항식 $P(x)$를 x^2-4로 나누었을 때의 몫이 $Q(x)$, 나머지가 $3x-5$이므로

$P(x)=(x^2-4)Q(x)+3x-5$

   $=(x-2)(x+2)Q(x)+3x-5$ ……㉠
                ❶

$Q(x)$를 $x-3$으로 나누었을 때의 몫을 $Q_1(x)$라 하면 나머지가 7이므로 $Q(x)=(x-3)Q_1(x)+7$ ……㉡
                ❷

㉡을 ㉠에 대입하면

$P(x)=(x-2)(x+2)\{(x-3)Q_1(x)+7\}+3x-5$

   $=(x-2)(x+2)(x-3)Q_1(x)+7(x-2)(x+2)+3x-5$

   $=(x-2)(x+2)(x-3)Q_1(x)+7x^2+3x-33$
                ❸

따라서 $P(x)$를 $x-3$으로 나누었을 때의 나머지는

$P(3)=7\times3^2+3\times3-33=63+9-33=39$
                ❹

채점 기준	배점 비율
❶ 다항식의 나눗셈을 이용하여 $P(x)$를 나타내는 항등식 세우기	25%
❷ 다항식의 나눗셈을 이용하여 $Q(x)$를 나타내는 항등식 세우기	25%
❸ $Q(x)$를 이용하여 $P(x)$를 정리하기	30%
❹ $P(x)$를 $x-3$으로 나누었을 때의 나머지 구하기	20%

0241 답 22

다항식 $P(x)$를 $(x+1)(2x^2+1)$로 나누었을 때의 몫을 $Q(x)$, 나머지를 $R(x)=ax^2+bx+c$ $(a, b, c$는 상수$)$라 하면

$P(x)=(x+1)(2x^2+1)Q(x)+ax^2+bx+c$
                ❶

$P(x)$를 $2x^2+1$로 나눈 나머지가 $3x-2$이므로

$P(x)=(x+1)(2x^2+1)Q(x)+ax^2+bx+c$

   $=(x+1)(2x^2+1)Q(x)+\dfrac{a}{2}(2x^2+1)+3x-2$

             ……㉠
                ❷

$P(x)$를 $x+1$로 나눈 나머지가 1이므로

$P(-1)=1$

㉠의 양변에 $x=-1$을 대입하면

$P(-1)=\{(-1)+1\}\times\{2\times(-1)^2+1\}\times Q(-1)$

     $+\dfrac{a}{2}\{2\times(-1)^2+1\}+3\times(-1)-2$

  $=\dfrac{3a}{2}-5$

에서 $\dfrac{3a}{2}-5=1$ $\therefore a=4$
                ❸

따라서

$R(x)=\dfrac{4}{2}(2x^2+1)+3x-2=4x^2+3x$

이므로

$R(2)=4\times2^2+3\times2=16+6=22$
                ❹

채점 기준	배점 비율
❶ $R(x)=ax^2+bx+c$로 나타내어 다항식 $P(x)$의 식 세우기	20%
❷ 다항식의 나눗셈을 이용하여 ㉠의 식 세우기	30%
❸ 나머지정리를 이용하여 a의 값 구하기	30%
❹ $R(2)$의 값 구하기	20%

0242 답 29

$Q(x)=P(x)-x$라 하면

$Q(1)=P(1)-1=0$, $Q(2)=P(2)-2=0$,

$Q(3)=P(3)-3=0$

이므로 $Q(x)$는 $x-1$, $x-2$, $x-3$을 인수로 갖는다.
                ❶

$Q(x)$는 최고차항의 계수가 1인 삼차식이므로 인수정리에 의하여

$Q(x)=(x-1)(x-2)(x-3)$
                ❷

따라서 $P(x)=(x-1)(x-2)(x-3)+x$이므로 $P(x)$를 $x-5$로 나누었을 때의 나머지는

$P(5)=(5-1)\times(5-2)\times(5-3)+5$

   $=4\times3\times2+5=24+5=29$
                ❸

채점 기준	배점 비율
❶ $P(1)=1$, $P(2)=2$, $P(3)=3$을 이용하여 $Q(x)=0$ 꼴이 되도록 하는 $Q(x)$ 찾기	50%
❷ 인수정리를 이용하여 $Q(x)$의 식 세우기	20%
❸ $P(x)$를 구하고 $P(x)$를 $x-5$로 나누었을 때의 나머지 구하기	30%

0243 답 10

주어진 등식에 $x=1$, $y=0$을 각각 대입하면
$f(1)=f(-1)$, $f(1+0)+f(0-1)-2f(0)=2\times1$이므로
$f(1)+f(-1)-2f(0)=2$
$2f(1)-2=2$ $(\because f(1)=f(-1)$, $f(0)=1)$
$\therefore f(1)=2$
・・ ❶

주어진 등식에 $x=1$, $y=1$을 대입하면
$f(1+1)+f(1-1)-2f(1)=2\times1$
$f(2)+f(0)-2f(1)=2$
$f(2)+1-4=2$ $(\because f(0)=1$, $f(1)=2)$　　$\therefore f(2)=5$
・・ ❷

$\therefore f(1)f(2)=2\times5=10$
・・ ❸

채점 기준	배점 비율
❶ $f(1)$의 값 구하기	45%
❷ $f(2)$의 값 구하기	45%
❸ $f(1)f(2)$의 값 구하기	10%

0244 답 4

삼차식 $P(x)$를 x^2-4로 나누었을 때의 몫을 $Q(x)$, 나머지를
$R(x)=ax+b$ (a, b는 상수)라 하면
$P(x)=(x^2-4)Q(x)+ax+b$
$\quad\quad=(x+2)(x-2)Q(x)+ax+b$　　・・・・・・ ㉠
・・ ❶

$P(2)=5$이므로 ㉠의 양변에 $x=2$를 대입하면
$P(2)=(2+2)\times(2-2)\times Q(2)+a\times2+b=5$
$\therefore 2a+b=5$　　・・・・・・ ㉡
・・ ❷

$P(x-2)-P(x+2)=x^2-x+4$의 양변에 $x=0$을 대입하면
$P(0-2)-P(0+2)=0^2-0+4$
$P(-2)-P(2)=4$, $P(-2)-5=4$ $(\because P(2)=5)$
$\therefore P(-2)=9$
한편, ㉠의 양변에 $x=-2$를 대입하면
$P(-2)=\{(-2)+2\}\times\{(-2)-2\}\times Q(-2)+a\times(-2)+b$
$\quad\quad=9$
$\therefore -2a+b=9$　　・・・・・・ ㉢
・・ ❸

㉡, ㉢을 연립하여 풀면 $a=-1$, $b=7$
따라서 $R(x)=-x+7$이므로
$R(3)=(-3)+7=4$
・・ ❹

채점 기준	배점 비율
❶ 주어진 조건을 이용하여 다항식 $P(x)$의 식 세우기	20%
❷ $P(2)=5$를 이용하여 a, b에 대한 식 세우기	30%
❸ $P(-2)$의 값을 이용하여 a, b에 대한 식 세우기	40%
❹ $R(x)$를 구하여 $R(3)$의 값 구하기	10%

03 인수분해

STEP 1 개념 체크

본문 046~047쪽

0245 답 $3x(x^2-2y)$
$\underset{3x\times x^2}{3x^3}-\underset{3x\times 2y}{6xy}=3x(x^2-2y)$

0246 답 $2x^2y^2(x+2y)$
$\underset{2x^2y^2\times x}{2x^3y^2}+\underset{2x^2y^2\times 2y}{4x^2y^3}=2x^2y^2(x+2y)$

0247 답 $(x+2)^2$
$x^2+4x+4=x^2+2\times x\times2+2^2=(x+2)^2$

0248 답 $(3x-2)^2$
$9x^2-12x+4=(3x)^2-2\times3x\times2+2^2=(3x-2)^2$

0249 답 $(x+5)(x-5)$
$x^2-25=x^2-5^2=(x+5)(x-5)$

0250 답 $(3a+4b)(3a-4b)$
$9a^2-16b^2=(3a)^2-(4b)^2=(3a+4b)(3a-4b)$

0251 답 $(x-2)(x-5)$
$x^2-7x+10=(x-2)(x-5)$

x의 계수임을 주의한다.

0252 답 $(x+4)(2x-1)$
$2x^2+7x-4=(x+4)(2x-1)$

x의 계수임을 주의한다.

0253 답 $(a-b-c)^2$
$a^2+b^2+c^2-2ab+2bc-2ca$
$=a^2+(-b)^2+(-c)^2$
$\quad\quad +2\times a\times(-b)+2\times(-b)\times(-c)+2\times(-c)\times a$
$=(a-b-c)^2$

👨‍🏫 선생님 톡톡

$a^2+b^2+c^2-2ab+2bc-2ca$에서
$+2bc$는 $+2\times b\times c$ 또는 $+2\times(-b)\times(-c)$이어야 해.
만약 $+2bc$를 $+2\times b\times c$로 생각하면
$-2ab$는 $+2\times(-a)\times b$, $-2ca$는 $+2\times c\times(-a)$이 되어서
$a^2+b^2+c^2-2ab+2bc-2ca=(-a+b+c)^2$이 되겠지?
물론 이렇게 생각해도 결과는 같지만 보통 가장 앞자리에 오는 문자에는 '$-$' 부호를
잘 사용하지 않으므로 $(a-b-c)^2$으로 쓰는 경우가 많아.

0254 답 $(x-2y+z)^2$
$x^2+4y^2+z^2-4xy-4yz+2zx$
$=x^2+(-2y)^2+z^2$
$\qquad\qquad +2\times x\times(-2y)+2\times(-2y)\times z+2\times z\times x$
$=(x-2y+z)^2$

0255 답 $(x+2)^3$
$x^3+6x^2+12x+8=x^3+3\times x^2\times 2+3\times x\times 2^2+2^3$
$\qquad\qquad\qquad\quad =(x+2)^3$

0256 답 $(3x+1)^3$
$27x^3+27x^2+9x+1=(3x)^3+3\times(3x)^2\times 1+3\times 3x\times 1^2+1^3$
$\qquad\qquad\qquad\qquad\quad =(3x+1)^3$

0257 답 $(x-3)^3$
$x^3-9x^2+27x-27=x^3-3\times x^2\times 3+3\times x\times 3^2-3^3$
$\qquad\qquad\qquad\qquad =(x-3)^3$

0258 답 $(2x-1)^3$
$8x^3-12x^2+6x-1=(2x)^3-3\times(2x)^2\times 1+3\times 2x\times 1^2-1^3$
$\qquad\qquad\qquad\qquad\quad =(2x-1)^3$

0259 답 $(x+3)(x^2-3x+9)$
$x^3+27=x^3+3^3=(x+3)(x^2-3x+9)$

0260 답 $(3x+2)(9x^2-6x+4)$
$27x^3+8=(3x)^3+2^3=(3x+2)(9x^2-6x+4)$

0261 답 $(2x-1)(4x^2+2x+1)$
$8x^3-1=(2x)^3-1^3=(2x-1)(4x^2+2x+1)$

0262 답 $(4x-3)(16x^2+12x+9)$
$64x^3-27=(4x)^3-3^3=(4x-3)(16x^2+12x+9)$

0263 답 $(x+y+2)^2$
$x+y=X$라 하면
$(x+y)^2+4(x+y)+4=X^2+4X+4$
$\qquad\qquad\qquad\qquad =(X+2)^2$
$\qquad\qquad\qquad\qquad =(x+y+2)^2$

0264 답 $(x+1)(x-3)$
$x-2=X$라 하면
$(x-2)^2+2(x-2)-3=X^2+2X-3$
$\qquad\qquad\qquad\qquad =(X+3)(X-1)$
$\qquad\qquad\qquad\qquad =\{(x-2)+3\}\{(x-2)-1\}$
$\qquad\qquad\qquad\qquad =(x+1)(x-3)$

0265 답 $x(3x+1)$
$x+1=X$라 하면
$3(x+1)^2-5(x+1)+2=3X^2-5X+2$
$\qquad\qquad\qquad\qquad =(X-1)(3X-2)$
$\qquad\qquad\qquad\qquad =\{(x+1)-1\}\{3(x+1)-2\}$
$\qquad\qquad\qquad\qquad =x(3x+1)$

0266 답 $2x(2x-1)$
$2x+1=X$라 하면
$(2x+1)^2-3(2x+1)+2=X^2-3X+2$
$\qquad\qquad\qquad\qquad\quad =(X-1)(X-2)$
$\qquad\qquad\qquad\qquad\quad =\{(2x+1)-1\}\{(2x+1)-2\}$
$\qquad\qquad\qquad\qquad\quad =2x(2x-1)$

0267 답 $(x+1)(x-1)(x+2)(x-2)$
$x^2=X$라 하면
$x^4-5x^2+4=X^2-5X+4$
$\qquad\qquad\quad =(X-1)(X-4)$
$\qquad\qquad\quad =(x^2-1)(x^2-4)$
$\qquad\qquad\quad =(x+1)(x-1)(x+2)(x-2)$

다른 풀이
$x^4-5x^2+4=x^4-4x^2+4-x^2=(x^2-2)^2-x^2$ $\big)\{(x^2-2)+x\}\{(x^2-2)-x\}$
$\qquad\qquad\quad =(x^2+x-2)(x^2-x-2)$
$\qquad\qquad\quad =(x+2)(x-1)(x+1)(x-2)$

0268 답 $(x^2+x+1)(x^2-x+1)$
$x^4+x^2+1=x^4+2x^2+1-x^2$
$\qquad\qquad\quad =(x^2+1)^2-x^2$ $\big)\{(x^2+1)+x\}\{(x^2+1)-x\}$
$\qquad\qquad\quad =(x^2+x+1)(x^2-x+1)$

0269 답 $(x^2+x+3)(x^2-x+3)$
$x^4+5x^2+9=x^4+6x^2+9-x^2$
$\qquad\qquad\quad =(x^2+3)^2-x^2$ $\big)\{(x^2+3)+x\}\{(x^2+3)-x\}$
$\qquad\qquad\quad =(x^2+x+3)(x^2-x+3)$

0270 답 $(x+2)(y-3)$
주어진 식을 x에 대하여 내림차순으로 정리하면
$xy-3x+2y-6=(y-3)x+2y-6$
$\qquad\qquad\qquad =(y-3)x+2(y-3)$
$\qquad\qquad\qquad =(x+2)(y-3)$

다른 풀이
주어진 식을 y에 대하여 내림차순으로 정리하면
$xy-3x+2y-6=(x+2)y-3(x+2)=(x+2)(y-3)$

0271 답 $(a-1)(a+b)$
주어진 식을 b에 대하여 내림차순으로 정리하면
$a^2+ab-a-b=(a-1)b+a^2-a=(a-1)b+a(a-1)$
$\qquad\qquad\qquad =(a-1)(b+a)=(a-1)(a+b)$

0272 답 $(x+2y-1)^2$
주어진 식을 x에 대하여 내림차순으로 정리하면
$x^2+4xy+4y^2-2x-4y+1=x^2+2(2y-1)x+4y^2-4y+1$
$\qquad\qquad\qquad\qquad\qquad\quad =x^2+2(2y-1)x+(2y-1)^2$
$\qquad\qquad\qquad\qquad\qquad\quad =(x+2y-1)^2$

0273 답 $(a+2b-1)(a+b+2)$
주어진 식을 a에 대하여 내림차순으로 정리하면

$a^2+3ab+2b^2+a+3b-2$
$=a^2+(3b+1)a+2b^2+3b-2$
$=a^2+(3b+1)a+(2b-1)(b+2)$ $\{a+(2b-1)\}\{a+(b+2)\}$
$=(a+2b-1)(a+b+2)$

0274 답 $(x-1)(x^2+2x+2)$
$P(x)=x^3+x^2-2$라 하면
$P(1)=1^3+1^2-2=0$
이므로 다항식 $P(x)$는 $x-1$을 인수로 갖는다.
조립제법을 이용하여 $P(x)$를 인수분해하면

$x-1$을 만족 ──①
시키는 x의 값

	1	1	0	−2
		1	2	2
x^2+2x+2 ── | 1 | 2 | 2 | 0 |

$\therefore P(x)=(x-1)(x^2+2x+2)$

0275 답 $(x-1)(x+1)^2$
$P(x)=x^3+x^2-x-1$이라 하면
$P(1)=1^3+1^2-1-1=0$
$P(-1)=(-1)^3+(-1)^2-(-1)-1=0$
이므로 다항식 $P(x)$는 $x-1$, $x+1$을 인수로 갖는다.
조립제법을 이용하여 $P(x)$를 인수분해하면

$x-1$을 만족 ──①
시키는 x의 값

	1	1	−1	−1
		1	2	1
$x+1$ ──(−1)	1	2	1	0
		−1	−1	
$x+1$ ── | 1 | 1 | 0 | |

$\therefore P(x)=(x-1)(x+1)(x+1)$
$\qquad\quad =(x-1)(x+1)^2$

0276 답 $(x-2)(x^2+x+1)$
$P(x)=x^3-x^2-x-2$라 하면
$P(2)=2^3-2^2-2-2=0$
이므로 다항식 $P(x)$는 $x-2$를 인수로 갖는다.
조립제법을 이용하여 $P(x)$를 인수분해하면

$x-2$를 만족 ──②
시키는 x의 값

	1	−1	−1	−2
		2	2	2
x^2+x+1 ── | 1 | 1 | 1 | 0 |

$\therefore P(x)=(x-2)(x^2+x+1)$

0277 답 $(x+1)^2(x^2-x+1)$
$P(x)=x^4+x^3+x+1$이라 하면
$P(-1)=(-1)^4+(-1)^3+(-1)+1=0$
이므로 다항식 $P(x)$는 $x+1$을 인수로 갖는다.
조립제법을 이용하여 $P(x)$를 인수분해하면

$x+1$을 만족 ──(−1)
시키는 x의 값

	1	1	0	1	1
		−1	0	0	−1
x^3+1 ── | 1 | 0 | 0 | 1 | 0 |

$\therefore P(x)=(x+1)(x^3+1)$
$\qquad\quad =(x+1)(x+1)(x^2-x+1)$
$\qquad\quad =(x+1)^2(x^2-x+1)$

0278 답 ④

0279 답 ②
$a^4+a^3b-2a^2b^2=a^2(a^2+ab-2b^2)=a^2(a-b)(a+2b)$
└─ 모든 항은 a^2을 인수로 갖는다.

0280 답 ③
┌ x^3-xy^2에서 공통인수 x를,
└ $-y^2z+x^2z$에서 공통인수 z를 묶어낸다.
$x^3-xy^2-y^2z+x^2z=x(x^2-y^2)+z(x^2-y^2)$
$\qquad\qquad\qquad\quad =(x^2-y^2)(x+z)$
$\qquad\qquad\qquad\quad =(x+y)(x-y)(x+z)$

0281 답 ⑤
$a^6-a^4+2a^3-2a^2$ ┌ a^6-a^4에서 공통인수 a^4을,
$\qquad\qquad\qquad$ └ $2a^3-2a^2$에서 공통인수 $2a^2$을 묶어낸다.
$=a^4(a^2-1)+2a^2(a-1)$
$=a^4(a+1)(a-1)+2a^2(a-1)$
$=a^2(a-1)\{a^2(a+1)+2\}$
$=a^2(a-1)(a^3+a^2+2)$

0282 답 ④
$x^3-2x^2y+xy^2+2x-2y^3-4y$
$=x^3-2x^2y+xy^2-2y^3+2x-4y$ ──→ x^3-2x^2y에서 공통인수 x^2을,
$\qquad\qquad\qquad\qquad\qquad\qquad\quad$ xy^2-2y^3에서 공통인수 y^2을,
$=x^2(x-2y)+y^2(x-2y)+2(x-2y)$ $2x-4y$에서 공통인수 2를 묶어낸다.
$=(x^2+y^2+2)(x-2y)$
따라서 $a=1$, $b=2$, $c=-2$이므로
$a+b+c=1+2+(-2)=1$

0283 답 ④

0284 답 ③
┌─ 모든 항은 xy를 인수로 갖는다.
$x^4y-6x^3y^2+12x^2y^3-8xy^4$
$=xy\times x^3-xy\times 6x^2y+xy\times 12xy^2-xy\times 8y^3$
$=xy(x^3-6x^2y+12xy^2-8y^3)$
$=xy(x-2y)^3$ ──→ $a^3-3a^2b+3ab^2-b^3=(a-b)^3$ 이용

0285 답 ②
$a^2+4b^2-4ab+2a-4b+1$
$=a^2+4b^2+1-4ab-4b+2a$ ──→ $x^2+y^2+z^2+2xy+2yz+2zx=(x+y+z)^2$ 이용
$=a^2+(-2b)^2+1^2+2\times a\times(-2b)+2\times(-2b)\times 1+2\times 1\times a$
$=(a-2b+1)^2$
따라서 인수인 것은 ②이다.

0286 답 ③
┌ $x^3y^3-8x^3$에서 공통인수 x^3을,
$x^3y^3-8x^3-8y^3+64$ └ $-8y^3+64$에서 공통인수 -8을 묶어낸다.
$=x^3(y^3-8)-8(y^3-8)$
$=(x^3-8)(y^3-8)$ ──→ $(a^3-b^3)=(a-b)(a^2+ab+b^2)$ 이용
$=(x-2)(x^2+2x+4)(y-2)(y^2+2y+4)$
$=(x-2)(y-2)(x^2+2x+4)(y^2+2y+4)$

0287 답 ②

$a^4+2a^3+a^2+b^2-2ab-2a^2b$

$=\underline{a^4+a^2+b^2+2a^3-2ab-2a^2b}$ → $x^2+y^2+z^2+2xy+2yz+2zx=(x+y+z)^2$ 이용

$=(a^2)^2+a^2+(-b)^2+2\times a^2\times a+2\times a\times(-b)+2\times a^2\times(-b)$

$=(a^2+a-b)^2$

따라서 인수인 것은 ②이다.

0288 답 ①

0289 답 ④

$\underline{x^2+x=X}$라 하면 → x^2+x 대신 x^2+x+1을 X로 치환해도 결과는 같다.

(주어진 식)$=X(X+1)-6=X^2+X-6$

$\qquad\qquad\quad=(X+3)(X-2)=(x^2+x+3)(x^2+x-2)$

$\qquad\qquad\quad=(x+2)(x-1)(x^2+x+3)$

따라서 $a=1$, $b=3$이므로

$a+b=1+3=4$

0290 답 ③

$(x-3)(x-2)(x+1)(x+2)-5$

$=\{(x-3)(x+2)\}\{(x+1)(x-2)\}-5$

$=(x^2-x-6)(x^2-x-2)-5$

$x^2-x=X$라 하면

(주어진 식)$=(X-6)(X-2)-5=(X^2-8X+12)-5$

$\qquad\qquad\quad=X^2-8X+7=(X-1)(X-7)$

$\qquad\qquad\quad=(x^2-x-1)(x^2-x-7)$

0291 답 ④

$(x-1)(x+3)(x^2-x-3)-4x^2$

$=(x^2+2x-3)(x^2-x-3)-4x^2$

$x^2-3=X$라 하면

(주어진 식)$=(X+2x)(X-x)-4x^2$

$\qquad\qquad\quad=X^2+xX-2x^2-4x^2$

$\qquad\qquad\quad=X^2+xX-6x^2$

$\qquad\qquad\quad=(X-2x)(X+3x)$

$\qquad\qquad\quad=(x^2-2x-3)(x^2+3x-3)$

$\qquad\qquad\quad=(x+1)(x-3)(x^2+3x-3)$

$\therefore a=-1$, $b=3$, $c=3$, $d=-3$

또는 $a=3$, $b=-1$, $c=3$, $d=-3$

$\therefore abcd=(-1)\times3\times3\times(-3)=27$

0292 답 ⑤

$(x^2-4)(x^2-4x)+a=\{(x+2)(x-2)\}\{x(x-4)\}+a$

$\qquad\qquad\qquad\qquad=\{x(x-2)\}\{(x+2)(x-4)\}+a$

$\qquad\qquad\qquad\qquad=(x^2-2x)(x^2-2x-8)+a$

$x^2-2x=X$라 하면

(주어진 식)$=X(X-8)+a=X^2-8X+a$

이때 X^2-8X+a가 완전제곱식이 되기 위해서는 $(X-4)^2$이어

야 하므로 $a=16$이다.

> 👩‍🏫 **선생님 톡톡**
>
> 두 이차식의 곱을 전개해야 하는 상황이 발생하면 일단 그 이차식이 인수분해가 되는
> 지, 공통부분을 치환할 수 있는지 먼저 확인하도록 하자!
> 그냥 전개하는 것보다 더 간단한 방법이 보일 가능성이 높아.

0293 답 ③

0294 답 9

$x^2=X$라 하면

$x^4-18x^2+81=X^2-18X+81=(X-9)^2=(x^2-9)^2$

$\qquad\qquad\qquad=\{(x+3)(x-3)\}^2=(x+3)^2(x-3)^2$

이때 $a>b$이므로 $a=3$, $b=-3$

$\therefore 2a-b=2\times3-(-3)=9$

0295 답 ⑤

$x^4+64=(x^4+16x^2+8^2)-16x^2=(x^2+8)^2-(4x)^2$

$\qquad\quad=(x^2+4x+8)(x^2-4x+8)$

0296 답 ③

$x^4-7x^2y^2+9y^4=(x^4-6x^2y^2+9y^4)-x^2y^2$

$\qquad\qquad\qquad=(x^2-3y^2)^2-(xy)^2$

$\qquad\qquad\qquad=(x^2+xy-3y^2)(x^2-xy-3y^2)$

따라서 $a=1$, $b=-3$ 또는 $a=-1$, $b=-3$이므로

$a^2+b^2=1^2+(-3)^2=10$

0297 답 ⑤

$P(x)\{P(x)-4x\}-4=x^4$에서

$x^4+4=P(x)\{P(x)-4x\}$ ······ ㉠

이므로 x^4+4가 두 이차식의 곱으로 인수분해됨을 알 수 있다.

이때 좌변을 인수분해하면

$x^4+4=(x^2+2)^2-4x^2=(x^2+2x+2)(x^2-2x+2)$

(ⅰ) $P(x)=x^2+2x+2$라 하면

$\quad P(x)-4x=x^2-2x+2$이므로

$\quad P(x)\{P(x)-4x\}=(x^2+2x+2)(x^2-2x+2)$

$\quad$이것은 ㉠을 만족시킨다.

(ⅱ) $P(x)=x^2-2x+2$라 하면

$\quad P(x)-4x=x^2-6x+2$이므로

$\quad P(x)\{P(x)-4x\}=(x^2-2x+2)(x^2-6x+2)$

$\quad$이것은 ㉠을 만족시키지 않는다.

(ⅰ), (ⅱ)에서 $P(x)=x^2+2x+2$이므로

$P(1)=1^2+2\times1+2=5$

0298 답 ②

0299 답 ①

> x의 차수: 2, y의 차수: 2
> x^2의 계수: 3, y^2의 계수: -2
> 이므로 x에 대하여 정리하는 것이 좋다.

주어진 식을 x에 대하여 내림차순으로 정리한 후 인수분해하면

$3x^2+5xy-8x-2y^2+5y-3$

$=3x^2+(5y-8)x-(2y^2-5y+3)$ ← x의 계수임을 주의한다.

$=3x^2+(5y-8)x-(2y-3)(y-1)$

$=\{3x-(y-1)\}\{x+(2y-3)\}$

$=(3x-y+1)(x+2y-3)$

따라서 인수인 것은 ①이다.

0300 답 ②

> a의 차수: 2, b의 차수: 2, c의 차수: 2
> a^2의 계수: b, b^2의 계수: c, c^2의 계수: $-a$
> 이므로 a나 b 어느 것으로 정리해도 과정이 비슷하다.

주어진 식을 a에 대하여 내림차순으로 정리한 후 인수분해하면

$ba^2-ca^2+b^2a-c^2a+b^2c-bc^2$
$=(b-c)a^2+(b^2-c^2)a+b^2c-bc^2$
$=(b-c)a^2+(b+c)(b-c)a+bc(b-c)$
$=(b-c)\{a^2+(b+c)a+bc\}$
$=(b-c)(a+b)(a+c)$
$=(a+b)(b-c)(c+a)$

0301 답 8

주어진 식을 x에 대하여 내림차순으로 정리한 후 인수분해하면 _{└▸ x와 y의 차수와 계수가 같으므로 어느 문자로 정리해도 과정이 비슷하다.}

$x^2+2yx-4x+y^2+ay+b=x^2+2(y-2)x+y^2+ay+b$
이때 주어진 식이 x, y에 대한 일차식의 완전제곱식으로 인수분해되기 위해서는 $y^2+ay+b=(y-2)^2$이어야 하므로
$y^2+ay+b=y^2-4y+4$ _{◂ $(x+k)^2=x^2+2kx+k^2$이므로 $y-2=k$이면 $y^2+ay+b=k^2$이다.}
따라서 $a=-4$, $b=4$이므로
$b-a=4-(-4)=8$

0302 답 ①

_{┌▸ x의 차수: 2, y의 차수: 2 x^2의 계수: 1, y^2의 계수: 2 이므로 x에 대하여 정리하는 것이 좋다.}

주어진 식을 x에 대하여 내림차순으로 정리한 후 인수분해하면
$x^2-3xy-kx+2y^2-5y-3$
$=x^2-(3y+k)x+2y^2-5y-3$
$=x^2-(3y+k)x+(2y+1)(y-3)$
이때 주어진 식이 x, y에 대한 두 일차식의 곱으로 인수분해되기 위해서는 $-(3y+k)=-(2y+1)-(y-3)$이어야 하므로
$-3y-k=-3y+2$ ∴ $k=-2$

0303 답 ③

0304 답 ④

$P(x)=x^3-3x^2+x+2$라 하면 $P(2)=2^3-3\times2^2+2+2=0$ _{┌▸ $P(x)$의 상수항의 약수는 1, 2이고 최고차항의 계수의 약수는 1이므로 인수정리를 이용하기 위해 대입해 볼 수 있는 a의 값은 ±1, ±2의 4개이다.}
이므로 $P(x)$는 $x-2$를 인수로 갖는다.
조립제법을 이용하여 $P(x)$를 인수분해하면

$$\begin{array}{r|rrrr} 2 & 1 & -3 & 1 & 2 \\ & & 2 & -2 & -2 \\ \hline & 1 & -1 & -1 & 0 \end{array}$$

∴ $P(x)=(x-2)(x^2-x-1)$
따라서 인수인 것은 ④이다.

0305 답 ③

_{┌▸ $P(x)$의 최고차항의 계수의 약수는 1이고 상수항이 $2a$이므로 인수정리를 이용하기 위해 대입해 볼 수 있는 a의 값은 $\pm(2a$의 약수)이다.}

$P(x)=x^3+(1-a)x^2-(a+2)x+2a$라 하면
$P(1)=1^3+(1-a)\times1^2-(a+2)\times1+2a=0$ _{◂ 상수항을 포함한 계수의 총합이 0이면 $a=1$이다.}
이므로 $P(x)$는 $x-1$을 인수로 갖는다.
조립제법을 이용하여 $P(x)$를 인수분해하면

$$\begin{array}{r|rrrr} 1 & 1 & 1-a & -a-2 & 2a \\ & & 1 & -a+2 & -2a \\ \hline & 1 & -a+2 & -2a & 0 \end{array}$$

∴ $P(x)=(x-1)\{x^2+(-a+2)x-2a\}$
$\qquad =(x-1)(x+2)(x-a)$
따라서 인수인 것은 ㄴ, ㄷ이다.

0306 답 18

_{┌▸ $P(x)$의 상수항의 약수는 1, 3이고 최고차항의 계수의 약수는 1, 2이므로 인수정리를 이용하기 위해 대입해 볼 수 있는 a의 값은 ±1, ±3, $\pm\frac{1}{2}$, $\pm\frac{3}{2}$의 8개이다.}

$P(x)=2x^3-5x^2+3x+3$이라 하면

$P\left(-\dfrac{1}{2}\right)=2\times\left(-\dfrac{1}{2}\right)^3-5\times\left(-\dfrac{1}{2}\right)^2+3\times\left(-\dfrac{1}{2}\right)+3=0$
이므로 $P(x)$는 $x+\dfrac{1}{2}$을 인수로 갖는다.
조립제법을 이용하여 $P(x)$를 인수분해하면

$$\begin{array}{r|rrrr} -\frac{1}{2} & 2 & -5 & 3 & 3 \\ & & -1 & 3 & -3 \\ \hline & 2 & -6 & 6 & 0 \end{array}$$

∴ $P(x)=\left(x+\dfrac{1}{2}\right)(2x^2-6x+6)=(2x+1)(x^2-3x+3)$
따라서 다항식 $P(x)$는 x^2-3x+3을 인수로 가지므로
$a=-3$, $b=3$
∴ $a^2+b^2=(-3)^2+3^2=18$

0307 답 ④

다항식 $x^4+x^3-8x^2-12x$의 모든 항의 공통인수가 x이므로
$f(x)g(x)=x^4+x^3-8x^2-12x$ _{┌▸ $h(x)$의 상수항의 약수는 1, 2, 3, 4, 6, 12이고 최고차항의 계수의 약수는 1이므로 인수정리를 이용하기 위해 대입해 볼 수 있는 a의 값은 ±1, ±2, ±3, ±4, ±6, ±12의 12개이다.}
$\qquad\qquad =x(x^3+x^2-8x-12)$
$h(x)=x^3+x^2-8x-12$라 하면
$h(-2)=(-2)^3+(-2)^2-8\times(-2)-12=0$
이므로 $h(x)$는 $x+2$를 인수로 갖는다.
조립제법을 이용하여 $h(x)$를 인수분해하면

$$\begin{array}{r|rrrr} -2 & 1 & 1 & -8 & -12 \\ & & -2 & 2 & 12 \\ \hline & 1 & -1 & -6 & 0 \end{array}$$

$h(x)=(x+2)(x^2-x-6)=(x+2)^2(x-3)$
∴ $f(x)g(x)=x(x+2)^2(x-3)$
이때 $f(x)$와 $g(x)$의 이차항의 계수가 1이고 $f(x)$가 완전제곱식이므로
$f(x)=(x+2)^2$, $g(x)=x(x-3)$
∴ $g(4)=4\times(4-3)=4$

0308 답 ⑤

0309 답 $(a+b)(b+c)(c+a)$

주어진 식을 a에 대하여 내림차순으로 정리하면
$a^2(b+c)+b^2(c+a)+c^2(a+b)+2abc$
$=(b+c)a^2+(b^2+2bc+c^2)a+b^2c+c^2b$
$=(b+c)a^2+(b+c)^2a+bc(b+c)$
$=(b+c)\{a^2+(b+c)a+bc\}$
$=(b+c)(a+b)(a+c)$
$=(a+b)(b+c)(c+a)$

0310 답 ⑤

주어진 식을 a에 대하여 내림차순으로 정리하면
$(a+b+c)(bc+ac+ab)-abc$
$=\{a+(b+c)\}\{(b+c)a+bc\}-abc$
$=(b+c)a^2+abc+(b+c)^2a+(b+c)bc-abc$
$=(b+c)a^2+(b+c)^2a+(b+c)bc$
$=(b+c)\{a^2+(b+c)a+bc\}$
$=(b+c)(a+b)(a+c)$
$=(a+b)(b+c)(c+a)$

0311 답 ④

$(b-c)+(c-a)=b-a$이므로 $(b-c)^3+(c-a)^3$에서 $a-b$를 공통인수로 묶어낼 수 있다.

$(a-b)^3+(b-c)^3+(c-a)^3$
$=(a-b)^3+\{(b-c)+(c-a)\}\{(b-c)^2-(b-c)(c-a)+(c-a)^2\}$
$=(a-b)^3+(b-a)\{(b-c)^2-(b-c)(c-a)+(c-a)^2\}$
$=(a-b)^3-(a-b)\{(b-c)^2-(b-c)(c-a)+(c-a)^2\}$
$=(a-b)\{(a-b)^2-(b-c)^2+(b-c)(c-a)-(c-a)^2\}$
$=(a-b)$
$\quad\times[\{(a-b)+(b-c)\}\{(a-b)-(b-c)\}+(b-c)(c-a)-(c-a)^2]$
$=(a-b)\{(a-c)(a-2b+c)+(b-c)(c-a)-(c-a)^2\}$
$=(a-b)\{(c-a)(-a+2b-c)+(b-c)(c-a)-(c-a)^2\}$
$=(a-b)(c-a)(-a+2b-c+b-c-c+a)$
$=(a-b)(c-a)(3b-3c)$
$=3(a-b)(c-a)(b-c)$
$=3(a-b)(b-c)(c-a)$
$\therefore A=3(b-c)(c-a)$

순환하는 꼴로 인수분해되기 때문에 A는 $(b-c)(c-a)$를 포함할 수밖에 없다.

0312 답 ②

주어진 식을 통분하면

$\dfrac{ab}{(b-c)(c-a)}+\dfrac{bc}{(a-b)(c-a)}+\dfrac{ca}{(a-b)(b-c)}$

$=\dfrac{ab(a-b)+bc(b-c)+ca(c-a)}{(a-b)(b-c)(c-a)}$

위의 식의 분자를 a에 대하여 내림차순으로 정리하면

$ab(a-b)+bc(b-c)+ca(c-a)$
$=a^2b-ab^2+b^2c-bc^2+c^2a-ca^2$
$=(b-c)a^2-(b^2-c^2)a+b^2c-bc^2$
$=(b-c)a^2-(b+c)(b-c)a+bc(b-c)$
$=(b-c)\{a^2-(b+c)a+bc\}$
$=(b-c)(a-b)(a-c)$
$=(a-b)(b-c)(a-c)$
$=-(a-b)(b-c)(c-a)$

$\therefore$ (주어진 식)$=\dfrac{-(a-b)(b-c)(c-a)}{(a-b)(b-c)(c-a)}=-1$

0313 답 ②

0314 답 ②

주어진 식의 좌변을 인수분해하면

$a^3+a^2c-ab^2-abc=a(a^2+ac-b^2-bc)$
$\qquad\qquad\qquad\qquad=a\{(a^2-b^2)+ac-bc\}$
$\qquad\qquad\qquad\qquad=a\{(a+b)(a-b)+(a-b)c\}$
$\qquad\qquad\qquad\qquad=a(a-b)(a+b+c)$

즉, $a(a-b)(a+b+c)=0$이고 $a\neq0$, $a+b+c\neq0$이므로
$a-b=0$ $\quad\therefore a=b$

따라서 주어진 조건을 만족시키는 삼각형은 $a=b$인 이등변삼각형
이다.

0315 답 ③

주어진 식의 좌변을 인수분해하면

$a^2b+a^2c+ab^2-ac^2-b^2c-bc^2$
$=(b+c)a^2+(b^2-c^2)a-bc(b+c)$
$=(b+c)a^2+(b+c)(b-c)a-bc(b+c)$
$=(b+c)\{a^2+(b-c)a-bc\}$
$=(b+c)(a+b)(a-c)$

즉, $(a+b)(b+c)(a-c)=0$이고 $a+b\neq0$, $b+c\neq0$이므로
$a-c=0$ $\quad\therefore a=c$

따라서 주어진 조건을 만족시키는 삼각형은 $c=a$인 이등변삼각형
이다.

0316 답 ⑤

주어진 다항식이 $x-c$로 나누어떨어지므로
$P(x)=x^3+ax^2-(a^2+b^2)x-a^3-ab^2$이라 하면
$P(c)=0$에서
$c^3+ac^2-(a^2+b^2)c-a^3-ab^2=0$
위의 식의 좌변을 인수분해하면

$c^3+ac^2-(a^2+b^2)c-a^3-ab^2$

b의 차수가 가장 낮으므로 b에 대하여 내림차순으로 정리한다.

$=-(a+c)b^2-a^3-ca^2+c^2a+c^3$
$=-(a+c)b^2-a^2(a+c)+c^2(a+c)$
$=(a+c)(c^2-a^2-b^2)$

즉, $(a+c)(c^2-a^2-b^2)=0$이고 $a+c\neq0$이므로
$c^2-a^2-b^2=0$ $\quad\therefore c^2=a^2+b^2$

따라서 주어진 조건을 만족시키는 삼각형은 빗변의 길이가 c인 직
각삼각형이다.

0317 답 ⑤

$a^3-5a^2-5a+25=a^2(a-5)-5(a-5)$
$\qquad\qquad\qquad\quad=(a-5)(a^2-5)$

즉, $(a-5)(a^2-5)=0$이고 a, 2, 3이 삼각형의 세 변의 길이이
므로 $a<2+3=5$이어야 한다.

$\therefore a-5\neq0$

삼각형의 두 변의 길이의 합은 나머지 한 변의 길이보다 크다.

$a^2-5=0$에서 $a^2=5$ $\quad\therefore a=\sqrt5\ (\because a>0)$

따라서 세 변의 길이가 $\sqrt5$, 2, 3인 삼각형은 $3^2=(\sqrt5)^2+2^2$에서
빗변의 길이가 3이고, 나머지 두 변의 길이가 각각 2, $\sqrt5$인 직각
삼각형이므로 주어진 등식을 만족시키는 삼각형의 넓이는

$\dfrac{1}{2}\times2\times\sqrt5=\sqrt5$

0318 답 ⑤

0319 답 ④

$x^2y+xy^2+x+y=xy(x+y)+(x+y)$
$\qquad\qquad\qquad\quad=(xy+1)(x+y)$

이때 $xy=(\sqrt3+\sqrt2)(\sqrt3-\sqrt2)=1$,
$x+y=(\sqrt3+\sqrt2)+(\sqrt3-\sqrt2)=2\sqrt3$
이므로
$x^2y+xy^2+x+y=(1+1)\times2\sqrt3=4\sqrt3$

0320 답 ⑤

$P(x)=x^3-7x^2+12x-6$이라 하면
$P(1)=1^3-7\times1^2+12\times1-6=0$
이므로 $P(x)$는 $x-1$을 인수로 갖는다.

조립제법을 이용하여 $P(x)$를 인수분해하면

$$\begin{array}{r|rrrr} 1 & 1 & -7 & 12 & -6 \\ & & 1 & -6 & 6 \\ \hline & 1 & -6 & 6 & 0 \end{array}$$

$\therefore P(x)=(x-1)(x^2-6x+6)$

이때 $x=3+\sqrt{5}$에서

$x-3=\sqrt{5}$

위의 식의 양변을 제곱하면

$x^2-6x+9=5$ ∴ $x^2-6x+4=0$

따라서 $x^2-6x+6=(x^2-6x+4)+2=2$이므로

$x^3-7x^2+12x-6=\{(3+\sqrt{5})-1\}\times 2$

$\qquad\qquad\qquad\qquad =4+2\sqrt{5}$

0321 답 ③

$-m^2-n^2+2mn+4m-4n$

$=-(m^2-2mn+n^2)+4(m-n)$

$=-(m-n)^2+4(m-n)$

$=-(m-n)\{(m-n)-4\}$

이때 m, n은 연속된 두 자연수이고 $m<n$이므로

$m-n=-1$

∴ $-m^2-n^2+2mn+4m-4n=-(-1)\times\{(-1)-4\}$

$\qquad\qquad\qquad\qquad\qquad\qquad =-5$

0322 답 4

$b-c=1-\sqrt{3}$, $c-a=1+\sqrt{3}$의 양변을 각각 더하면

$(b-c)+(c-a)=(1-\sqrt{3})+(1+\sqrt{3})$, $b-a=2$

∴ $a-b=-2$ → 추가적으로 필요한 조건

∴ $-a^2b+a^2c+ab^2-ac^2-b^2c+bc^2$

$=(c-b)a^2-(c^2-b^2)a+bc(c-b)$

$=(c-b)a^2-(c+b)(c-b)a+bc(c-b)$

$=(c-b)\{a^2-(c+b)a+bc\}$

$=(c-b)(a-b)(a-c)=(a-b)(b-c)(c-a)$

$=-2\times(1-\sqrt{3})\times(1+\sqrt{3})=-2\times(-2)=4$

0323 답 ③

0324 답 ①

$73=a$라 하면

$\dfrac{73^3-1}{74^3+1}=\dfrac{73^3-1}{(73+1)^3+1}=\dfrac{a^3-1}{(a+1)^3+1^3}$

$=\dfrac{(a-1)(a^2+a+1)}{(a+1+1)\{(a+1)^2-(a+1)+1\}}$

$=\dfrac{(a-1)(a^2+a+1)}{(a+2)(a^2+a+1)}=\dfrac{a-1}{a+2}$

$=\dfrac{73-1}{73+2}=\dfrac{72}{75}=\dfrac{24}{25}$

0325 답 ①

$499=a$, $2=b$라 하면

$\dfrac{499^2-2^2}{501^2}\times\dfrac{499^3+2^3}{499^2-2\times 499+2^2}$

$=\dfrac{499^2-2^2}{(499+2)^2}\times\dfrac{499^3+2^3}{499^2-2\times 499+2^2}$

$=\dfrac{a^2-b^2}{(a+b)^2}\times\dfrac{a^3+b^3}{a^2-ab+b^2}$

$=\dfrac{(a-b)(a+b)}{(a+b)^2}\times\dfrac{(a+b)(a^2-ab+b^2)}{a^2-ab+b^2}$

$=a-b=499-2=497$

0326 답 ①

$42=a$라 하면

$42\times(42-1)\times(42+6)+5\times 42-5$

$=a(a-1)(a+6)+5a-5$

$=a(a-1)(a+6)+5(a-1)$

$=(a-1)\{a(a+6)+5\}$

$=(a-1)(a^2+6a+5)$

$=(a-1)(a+1)(a+5)$

$=41\times 43\times 47$

따라서 p, q, r의 값은 각각 세 자연수 중의 하나이므로

$p+q+r=41+43+47=131$

0327 답 ④

$20=a$라 하면

$20\times 21\times 23\times 24+2$

$=20\times(20+1)\times(20+3)\times(20+4)+2$

$=a(a+1)(a+3)(a+4)+2$

$=\{a(a+4)\}\{(a+1)(a+3)\}+2$ → 공통부분을 만들기 위해 순서를 바꾸어 전개한다.

$=(a^2+4a)(a^2+4a+3)+2$

이때 $a^2+4a=A$로 치환하여 식을 정리하면

(주어진 식)$=A(A+3)+2=A^2+3A+2$

$\qquad\qquad\qquad =(A+1)(A+2)=(a^2+4a+1)(a^2+4a+2)$

즉, $(a^2+4a+1)(a^2+4a+2)=n(n+1)$이므로

$n=a^2+4a+1$

따라서 자연수 n의 값은

$n=20^2+4\times 20+1=400+80+1=481$

STEP 3 실전 업 본문 058~060쪽

0328 답 ④

One Point Lesson

주어진 식을 한 문자에 대하여 내림차순으로 정리하는 것이 시작이다.

주어진 식을 a에 대하여 내림차순으로 정리하면

$a^2b^2-a^2b+ab^2-2a^2-ab-2b^2-2a+2b+4$

$=a^2b^2-a^2b-2a^2+ab^2-ab-2a-2b^2+2b+4$

$=a^2(b^2-b-2)+a(b^2-b-2)-2(b^2-b-2)$

$=(a^2+a-2)(b^2-b-2)$

$=(a-1)(a+2)(b+1)(b-2)$

0329 답 109

One Point Lesson

6을 문자로 생각하고 공식을 이용하여 인수분해한다.

$6=a$라 하면

$6^6-1=a^6-1=(a^3)^2-1$

$\qquad =(a^3-1)(a^3+1)$

$\qquad =(a-1)(a^2+a+1)(a+1)(a^2-a+1)$

$\qquad =(6-1)\times(6^2+6+1)\times(6+1)\times(6^2-6+1)$

$\qquad =5\times 43\times 7\times 31=31\times 35\times 43$

따라서 6^6-1을 n으로 나누었을 때 나누어떨어지는 두 자리 자연수 n은 31, 35, 43이고 그 합은
$31+35+43=109$

5, 7, 31, 43은 소수이므로 이를 조합하여 만들 수 있는 두 자리 자연수는 31, 35, 43뿐이다.

0330 답 1

One Point Lesson
문자가 여러 개인 다항식의 인수분해를 할 때, 차수가 모두 같으면 계수가 양수인 문자에 대하여 내림차순으로 정리하는 것이 좋다.

$x^2+kxy-2y^2+x+5y-2$
$=x^2+(ky+1)x-(2y^2-5y+2)$
$=x^2+(ky+1)x-(2y-1)(y-2)$
이때 주어진 식이 x, y에 대한 두 일차식의 곱으로 인수분해되기 위해서는 $(2y-1)-(y-2)=ky+1$이어야 하므로
$y+1=ky+1$
$\therefore k=1$

0331 답 ③

One Point Lesson
주어진 식이 세 개의 일차식의 곱으로 인수분해되도록 하는 인수를 찾는다.

$P(x)=x^3+5x^2+(k+6)x+2k$라 하면
$P(-2)=(-2)^3+5\times(-2)^2+(k+6)\times(-2)+2k=0$
이므로 $P(x)$는 $x+2$를 인수로 갖는다.
조립제법을 이용하여 $P(x)$를 인수분해하면

$$\begin{array}{r|rrrr} -2 & 1 & 5 & k+6 & 2k \\ & & -2 & -6 & -2k \\ \hline & 1 & 3 & k & 0 \end{array}$$

$\therefore P(x)=(x+2)(x^2+3x+k)$
다항식 $P(x)$가 $(x+a)(x+b)^2$ 꼴이 되기 위해서는 x^2+3x+k가 $x+2$를 인수로 갖거나 x^2+3x+k가 완전제곱식 꼴로 인수분해되어야 한다.
(i) x^2+3x+k가 $x+2$를 인수로 갖는 경우
  x^2+3x+k에 $x=-2$를 대입하면 그 값이 0이어야 하므로
  $(-2)^2+3\times(-2)+k=0$, $-2+k=0$ $\therefore k=2$
  $\therefore P(x)=x^3+5x^2+8x+4=(x+1)(x+2)^2$
(ii) x^2+3x+k가 완전제곱식 꼴로 인수분해되는 경우
  x^2+3x+k가 완전제곱식 꼴이 되기 위한 k의 값은
  $k=\left(\dfrac{3}{2}\right)^2=\dfrac{9}{4}$
  $\therefore P(x)=(x+2)\left(x+\dfrac{3}{2}\right)^2$

(i), (ii)에서 조건을 만족시키는 상수 k는 2, $\dfrac{9}{4}$이고 그 곱은
$2\times\dfrac{9}{4}=\dfrac{9}{2}$

0332 답 ①

One Point Lesson
x, y가 서로 다른 두 자연수임을 이용하여 주어진 식의 차수를 낮춘다.

$(x+3)(y^3+27)=(y+3)(x^3+27)$에서
$(x+3)(y^3+3^3)=(y+3)(x^3+3^3)$

$(x+3)(y+3)(y^2-3y+9)=(y+3)(x+3)(x^2-3x+9)$
이때 두 자연수 x, y에 대하여 $x+3\neq0$, $y+3\neq0$이므로
$y^2-3y+9=x^2-3x+9$
$x^2-y^2-3x+3y=0$
$(x+y)(x-y)-3(x-y)=0$
$\therefore (x-y)(x+y-3)=0$
서로 다른 두 자연수 x, y에 대하여 $x-y\neq0$이므로
$x+y-3=0$ $\therefore x+y=3$
따라서 서로 다른 두 자연수 x, y의 순서쌍은 $(1, 2)$, $(2, 1)$이고 그 개수는 2이다.

0333 답 ①

One Point Lesson
주어진 식을 전개한 후 공통부분을 치환하여 인수분해한다.

$(x-2)^2+4(y+1)^2-4xy-k$
$=(x^2-4x+4)+4(y^2+2y+1)-4xy-k$
$=(x^2-4xy+4y^2)-4(x-2y)+8-k$
$=(x-2y)^2-4(x-2y)+8-k$
이때 $x-2y=t$라 하면
(주어진 식)$=t^2-4t+8-k$
이 다항식이 계수가 모두 정수인 x, y에 대한 일차식의 완전제곱식으로 인수분해되려면
$t^2-4t+8-k=(t-2)^2$이어야 하므로
$8-k=2^2$에서
$k=8-4=4$

0334 답 ②

One Point Lesson
문자가 여러 개인 다항식의 인수분해를 할 때, 차수가 가장 낮은 한 문자에 대하여 내림차순으로 정리한다.

$a^2b+2ab+a^2+2a+b+1$
$=(b+1)a^2+(b+1)2a+(b+1)$
$=(b+1)(a^2+2a+1)$
$=(b+1)(a+1)^2$
245를 소인수분해하면
$245=5\times7^2$이므로
$b+1=5$, $a+1=7$
따라서 $a=4$, $b=6$이므로
$a+b=4+6=10$

0335 답 ④

One Point Lesson
삼각뿔의 부피가 $\dfrac{1}{3}\times$(밑면의 넓이)$\times$(높이)임을 이용하여 $P(x)$를 구한다.

삼각뿔 A$-$BCD의 높이가 $x+1$이므로 부피 $2x^3+9x^2+10x+3$은 $x+1$로 나누어떨어진다.
조립제법을 이용하여 인수분해하면

$$\begin{array}{r|rrrr} -1 & 2 & 9 & 10 & 3 \\ & & -2 & -7 & -3 \\ \hline & 2 & 7 & 3 & 0 \end{array}$$

$\therefore 2x^3+9x^2+10x+3=(x+1)(2x^2+7x+3)$

삼각뿔 A-BCD의 부피는 $\frac{1}{3} \times \overline{AB} \times P(x)$이므로

$\frac{1}{3}(x+1)P(x) = 2x^3 + 9x^2 + 10x + 3$
$\qquad\qquad\qquad = (x+1)(2x^2 + 7x + 3)$
$\qquad\qquad\qquad = (x+1)(2x+1)(x+3)$
$\therefore P(x) = 3(2x+1)(x+3)$
따라서 인수인 것은 ④이다.

0336 답 63

One Point Lesson
주어진 식의 우변을 $a^2 - b^2 = (a+b)(a-b)$를 이용하여 전개한다.

주어진 식의 우변을 정리하면
$100m \times (10^2 - 1) \times (10^2 - 2^2) \times \cdots \times (10^2 - 9^2)$
$= 100m \times \{(10+1) \times (10-1)\} \times \{(10+2) \times (10-2)\} \times \cdots$
$\qquad\qquad\qquad\qquad\qquad\qquad\qquad\qquad \times \{(10+9) \times (10-9)\}$
$= 100m \times \underline{(11 \times 9) \times (12 \times 8) \times \cdots \times (19 \times 1)}$
$= 1 \times 2 \times 3 \times \cdots \times 19 \times 10m$ ← 1부터 19까지에서 10을 제외한 모든 자연수의 곱이다.
$= 1 \times 2 \times 3 \times \cdots \times 19 \times 20 \times \frac{1}{2}m$

이므로
← $n=19$이면 $m = \frac{1}{10}$, 즉 $n \leq 19$이면 m은 자연수가 아니다.
$1 \times 2 \times 3 \times \cdots \times n = 1 \times 2 \times 3 \times \cdots \times 19 \times 20 \times \frac{1}{2}m$

$\underline{n=20}$이면 $m=2$, $n=21$이면 $m=42$, $n=22$이면 $m=924$, $\cdots$
따라서 주어진 식을 만족시키는 두 자리 자연수 m, n의 값은
$m=42$, $n=21$이므로
$m+n = 42+21 = 63$

0337 답 ⑤

One Point Lesson
조건 (나)의 좌변을 $x^3 + y^3 = (x+y)(x^2 - xy + y^2)$을 이용하여 인수분해한 후 조건 (가)를 이용한다.

$P(x) = A$, $Q(x) = B$라 하고 조건 (나)의 좌변을 인수분해하면
$A^3 + B^3 = (A+B)(A^2 - AB + B^2)$
이때 조건 (가)에서 $A+B=4$이므로
$4(A^2 - AB + B^2) = 12x^4 + 24x^3 + 12x^2 + 16$
$\therefore A^2 - AB + B^2 = 3x^4 + 6x^3 + 3x^2 + 4$
위의 식의 좌변을 곱셈 공식을 이용하여 변형하면
$(A+B)^2 - 3AB = 3x^4 + 6x^3 + 3x^2 + 4$
$4^2 - 3AB = 3x^4 + 6x^3 + 3x^2 + 4$
$-3AB = 3x^4 + 6x^3 + 3x^2 - 12$
$\therefore -AB = x^4 + 2x^3 + x^2 - 4$
$f(x) = x^4 + 2x^3 + x^2 - 4$라 하면
$f(1) = 1^4 + 2 \times 1^3 + 1^2 - 4 = 0$,
$f(-2) = (-2)^4 + 2 \times (-2)^3 + (-2)^2 - 4 = 0$
이므로 조립제법을 이용하여 $f(x)$를 인수분해하면

$$\begin{array}{r|rrrrr}
1 & 1 & 2 & 1 & 0 & -4 \\
  &   & 1 & 3 & 4 & 4 \\
\hline
-2 & 1 & 3 & 4 & 4 & 0 \\
  &   & -2 & -2 & -4 & \\
\hline
  & 1 & 1 & 2 & 0 & \\
\end{array}$$

$\therefore f(x) = (x-1)(x+2)(x^2+x+2)$
$\qquad = (x^2 + x - 2)(x^2 + x + 2)$
$\therefore P(x)Q(x) = -(x^2 + x - 2)(x^2 + x + 2)$
이때 $P(x)$의 최고차항의 계수가 음수이고 조건 (가)를 만족시켜야 하므로
$P(x) = -x^2 - x + 2$, $Q(x) = x^2 + x + 2$
$\therefore P(2) + Q(3) = (-2^2 - 2 + 2) + (3^2 + 3 + 2)$
$\qquad\qquad\qquad = (-4) + 14 = 10$

0338 답 ④

One Point Lesson
주어진 다항식이 x, y에 대한 두 일차식의 곱이 되도록 하는 a, b의 관계식을 찾아 조건에 맞는 k의 값을 찾는다.

$x^2 + 2xy + y^2 + 5x + 5y + k = x^2 + (2y+5)x + (y^2 + 5y + k)$
$\qquad\qquad\qquad\qquad\qquad = x^2 + (2y+5)x + (y+a)(y+b)$
이어야 하므로
$(y+a) + (y+b) = 2y + 5$
$\therefore a+b=5$, $ab=k$
즉, $b=5-a$이므로
$a(5-a) = k$
(i) $k \geq 0$일 때
← $5 \times 0 = 0 \times 5$이고 k의 값을 구하는 것이 목적이므로 a, b의 값이 서로 바뀌는 경우는 생각하지 않는다.

$a \times b$	0×5	1×4	2×3
k	0	4	6

따라서 조건을 만족시키는 정수 k의 개수는 3이다.
(ii) $k < 0$일 때
← $|k| \leq 50$이기 때문에 -6×11부터는 존재하지 않는다.

$a \times b$	-1×6	-2×7	-3×8	-4×9	-5×10
k	-6	-14	-24	-36	-50

따라서 조건을 만족시키는 정수 k의 개수는 5이다.
(i), (ii)에서 구하는 정수 k의 개수는
$3+5=8$

0339 답 ①

One Point Lesson
$x^3 + (k-2)x^2 + (4-k)x - 3$은 $x-1$로 나누어떨어진다.

다항식 $x^3 + (k-2)x^2 + (4-k)x - 3$에 $x=1$을 대입하면
$1^3 + (k-2) \times 1^2 + (4-k) \times 1 - 3 = 0$
이므로 조립제법을 이용하여 인수분해하면

$$\begin{array}{r|rrrr}
1 & 1 & k-2 & 4-k & -3 \\
  &   & 1 & k-1 & 3 \\
\hline
  & 1 & k-1 & 3 & 0 \\
\end{array}$$

$\therefore x^3 + (k-2)x^2 + (4-k)x - 3 = (x-1)\{x^2 + (k-1)x + 3\}$
$T(k) = 3$이 되려면 일차식인 인수가 3개이어야 하므로
$x^2 + (k-1)x + 3 = (x+a)(x+b)$
$\qquad\qquad\qquad = x^2 + (a+b)x + ab$ (단, a, b는 정수)
즉, $k-1 = a+b$, $ab=3$이므로
$k = a+b+1$, $ab=3$
이때 a, b가 정수이고 $ab=3$이므로 순서쌍 (a, b)는
$(3, 1)$, $(1, 3)$, $(-3, -1)$, $(-1, -3)$

그런데 a 또는 b가 -1이면 $T(k)=3$이 될 수 없으므로 순서쌍 (a, b)는 $(3, 1)$, $(1, 3)$이다. ┌→ (주어진 식)$=(x-1)^2(x-3)$이 되어
$T(k)=2$
따라서 구하는 k의 값은
$3+1+1=5$

0340 답 6

One Point Lesson

a, b, c가 자연수임을 이용하여 식을 가장 간단히 정리한다.

주어진 식의 좌변을 인수분해하면
$a(2c^2-bc-3b^2)=a(b+c)(2c-3b)$이므로
$a(b+c)(2c-3b)=(b+c)(3a^2-2bc)$
$b+c\neq0$이므로 양변을 $b+c$로 나누면
$a(2c-3b)=3a^2-2bc$ ┌→ 자연수의 합이므로 $b+c\geq2$이다.
$3a^2-2bc-2ca+3ab=0$
$3a(a+b)-2c(a+b)=0$
$(a+b)(3a-2c)=0$ ┌→ 자연수의 합이므로 $a+b\geq2$이다.
$a+b\neq0$이므로 양변을 $a+b$로 나누면
$3a-2c=0$ $\therefore$ $3a=2c$ ┌→ b는 모든 자연수가 될 수 있다.
이때 b의 값과 관계없이 $a+c$는 $a=2$, $c=3$일 때 최솟값을 갖는다.
따라서 $a=2$, $b=1$, $c=3$일 때 $a+b+c$는 최솟값
$2+1+3=6$을 갖는다. ┌→ 자연수 b의 최솟값은 1이다.

 선생님 톡톡

미지수 a와 c만 서로 종속적인 관계이고 b는 독립적인 미지수이므로 $a+b+c$의 최솟값은 $a+c$와 b의 최솟값의 합으로 구하면 돼.

0341 답 26

One Point Lesson

다항식 $P(x)$가 $x-a$를 인수로 가지면 인수정리에 의하여 $P(a)=0$이 성립한다.

$P(x)=x^4-170x^2+b$가 $x-a$를 인수로 가지므로
$P(a)=0$에서 $a^4-170a^2+b=0$
$\therefore$ $b=-a^4+170a^2$
$=a^2(170-a^2)$ $\cdots\cdots$ ㉠
이때 a, b는 자연수이므로 ㉠을 만족시키는 a의 값은 $1, 2, 3, \cdots$, 13이다.
㉠을 $P(x)$에 대입하면
$P(x)=x^4-170x^2+a^2(170-a^2)$
$=(x^2-a^2)\{x^2-(170-a^2)\}$
$=(x+a)(x-a)\{x^2-(170-a^2)\}$
이때 $P(x)$가 계수와 상수항이 모두 정수인 서로 다른 세 개의 다항식의 곱으로 인수분해되므로 $P(x)$의 인수 중 $x^2-(170-a^2)$이 더 이상 인수분해되지 않아야 한다.
$x^2-(170-a^2)$은 $170-a^2$이 제곱수일 때 서로 다른 두 개의 일차식의 곱으로 인수분해되고, 170이 두 개의 제곱수의 합이 되는 경우는
$170=1^2+13^2=7^2+11^2$
이므로 조건을 만족시키는 자연수 a는 1부터 13까지의 자연수 중에서 1, 7, 11, 13을 제외한 9개의 수이다.

즉, 조건을 만족시키는 모든 다항식 $P(x)$는 9개이다.
$\therefore$ $p=9$
또한, a의 최댓값이 12이므로 ㉠에서
$q=12^2\times(170-12^2)$
$=12^2\times26$
$\therefore$ $\dfrac{q}{(p+3)^2}=\dfrac{12^2\times26}{(9+3)^2}=26$

0342 답 64

$(x+1)(x+3)(x-5)(x-7)+k$
$=\{(x+1)(x-5)\}\{(x+3)(x-7)\}+k$
$=(x^2-4x-5)(x^2-4x-21)+k$
·· ❶
이때 $x^2-4x=X$라 하면
(주어진 식)$=(X-5)(X-21)+k$
$=X^2-26X+105+k$
·· ❷
X에 대한 이차식이 완전제곱식이 되면 주어진 다항식도 완전제곱식이 되므로
$\left(-\dfrac{26}{2}\right)^2=105+k$
$13^2=105+k$, $169=105+k$
$\therefore$ $k=64$
·· ❸

채점 기준	배점 비율
❶ 주어진 식을 전개하기	20%
❷ $x^2-4x=X$로 치환하여 X에 대한 식으로 정리하기	30%
❸ 완전제곱식이 되기 위한 조건을 찾아 k의 값 구하기	50%

0343 답 60

$16=a$라 하면
$(16^2-2\times16)^2-18\times(16^2-2\times16)+45$
$=(a^2-2a)^2-18(a^2-2a)+45$
·· ❶
이때 $a^2-2a=X$라 하면
$X^2-18X+45=(X-3)(X-15)$
$=(a^2-2a-3)(a^2-2a-15)$
$=(a+1)(a-3)(a+3)(a-5)$
·· ❷
$=(16+1)\times(16-3)\times(16+3)\times(16-5)$
$=17\times13\times19\times11$
따라서 p, q, r, s의 값은 각각 네 자연수 11, 13, 17, 19 중 하나이므로
·· ❸
$p+q+r+s=11+13+17+19=60$
·· ❹

채점 기준	배점 비율
❶ $16=a$로 치환하기	20%
❷ 네 다항식의 곱으로 인수분해하기	50%
❸ p, q, r, s의 값 추측하기	15%
❹ $p+q+r+s$의 값 구하기	15%

0344 🅐 16

$a^4+c^2a^2=b^2c^2+b^4$에서

$(a^4-b^4)+(c^2a^2-b^2c^2)=0$

위의 식의 좌변을 인수분해하면

$(a^4-b^4)+(c^2a^2-b^2c^2)=(a^2+b^2)(a^2-b^2)+c^2(a^2-b^2)$

$=(a^2-b^2)\{(a^2+b^2)+c^2\}$

$=(a+b)(a-b)(a^2+b^2+c^2)$

즉, $(a+b)(a-b)(a^2+b^2+c^2)=0$이고 $a+b\neq0$,

$a^2+b^2+c^2\neq0$이므로

$a-b=0$　　∴ $a=b$

즉, 삼각형 ABC는 $a=b$인 이등변삼각형이다.

─────────────────────────────── ❶

이때 $a+b=3c$에서 $a+a=3c$　　∴ $c=\dfrac{2}{3}a$

$a=k\ (k>0)$라 하면 삼각형 ABC는 세 변의 길이가 각각

k, k, $\dfrac{2}{3}k$인 이등변삼각형이다.

─────────────────────────────── ❷

두 변의 길이가 k이고 밑변의 길이가 $\dfrac{2}{3}k$인 이등변삼각형 ABC

의 높이는 피타고라스 정리에 의하여

$\sqrt{k^2-\left(\dfrac{1}{3}k\right)^2}=\sqrt{\dfrac{9k^2-k^2}{9}}=\dfrac{2\sqrt{2}}{3}k$　 → 꼭짓점에서 밑변에 내린 수선의 발은 밑변의 중점이고, 꼭짓점과 중점 사이의 거리가 삼각형의 높이이다.

이때 삼각형 ABC의 넓이는 $8\sqrt{2}$이므로

$\dfrac{1}{2}\times\dfrac{2}{3}k\times\dfrac{2\sqrt{2}}{3}k=\dfrac{2\sqrt{2}}{9}k^2=8\sqrt{2}$　　∴ $k=6\ (\because k>0)$

─────────────────────────────── ❸

따라서 삼각형 ABC의 세 변의 길이는 각각

$a=6$, $b=6$, $c=4$이므로

$a+b+c=6+6+4=16$

─────────────────────────────── ❹

채점 기준	배점 비율
❶ 삼각형 ABC의 모양 알기	40%
❷ $a=k\ (k>0)$라 할 때, 삼각형 ABC의 세 변의 길이 구하기	20%
❸ 삼각형 ABC의 넓이를 이용하여 k의 값 구하기	30%
❹ $a+b+c$의 값 구하기	10%

해설 속 칠판

$\overline{AB}=\overline{AC}$인 이등변삼각형 ABC의 꼭짓점 A에서
밑변 BC에 내린 수선의 발을 H라 하면 $\overline{AH}$는 밑변
BC를 수직이등분한다.

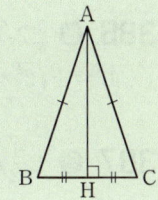

STEP 1 개념 체크　　본문 062~063쪽

0345 🅐 실수부분: 3, 허수부분: 5

0346 🅐 실수부분: 0, 허수부분: -3

0347 🅐 실수부분: π, 허수부분: 0

0348 🅐 실수부분: $\dfrac{1}{2}$, 허수부분: $-\dfrac{1}{2}$

0349 🅐 실수부분: $\sqrt{3}$, 허수부분: -2

0350 🅐 실수부분: -2, 허수부분: $\dfrac{3}{2}$

0351 🅐 ㄱ, ㄹ

0352 🅐 ㄴ, ㄷ, ㅁ, ㅂ, ㅅ, ㅇ

0353 🅐 ㄴ, ㅁ, ㅅ　　　**0354** 🅐 ㄷ, ㅂ, ㅇ

0355 🅐 $a=1$, $b=2$　　　**0356** 🅐 $a=4$, $b=0$

0357 🅐 $a=-2$, $b=3$

0358 🅐 $a=2$, $b=-5$

$a+(a+b)i=2-3i$에서 복소수가 서로 같을 조건에 의하여

$a=2$, $a+b=-3$

∴ $a=2$, $b=-5$

0359 🅐 $1-2i$　　　**0360** 🅐 $-i-1$

0361 🅐 $\sqrt{2}$　　　**0362** 🅐 $-5i$

0363 🅐 $5-i$

$(1+2i)+(4-3i)=(1+4)+\{2+(-3)\}i=5-i$

0364 🅐 $-2+2i$

$(2-3i)-(4-5i)=(2-4)+\{-3-(-5)\}i=-2+2i$

0365 🅐 $10+11i$

$(4+i)(3+2i)=4\times3+4\times2i+3i+2i^2$

$=12+11i+2\times(-1)$

$=10+11i$

다른 풀이

$(4+i)(3+2i)=(4\times3-1\times2)+(4\times2+1\times3)i=10+11i$

0366 답 i

$$\frac{1+i}{1-i}=\frac{(1+i)^2}{(1-i)(1+i)}=\frac{1+2i+i^2}{1+i-i-i^2}$$
$$=\frac{1+2i+(-1)}{1-(-1)}=\frac{2i}{2}=i$$

0367 답 i

$i^5=i^4\times i=1\times i=i$

0368 답 -1

$(-i)^6=i^6=i^4\times i^2=1\times(-1)=-1$

0369 답 $-i$

$(-i)^9=-i^9=-(i^4)^2\times i=-1\times i=-i$

0370 답 0

$i^8+i^{10}=(i^4)^2+(i^4)^2\times i^2=1^2+1^2\times(-1)=1-1=0$

0371 답 $3-i$

$\overline{(2-3i)+(1+4i)}=\overline{(2+1)+(-3+4)i}=\overline{3+i}=3-i$

0372 답 $3-i$

$\overline{2-3i}+\overline{1+4i}=(2+3i)+(1-4i)$
$=(2+1)+(3-4)i=3-i$

0373 답 $5-5i$

$\overline{(3-i)(1+2i)}=\overline{3+6i-i+2}=\overline{5+5i}=5-5i$

0374 답 $5-5i$

$\overline{(3-i)}\,\overline{(1+2i)}=(3+i)(1-2i)=3-6i+i+2=5-5i$

0375 답 $2-i$

$$\overline{\left(\frac{4-3i}{1-2i}\right)}=\overline{\left\{\frac{(4-3i)(1+2i)}{(1-2i)(1+2i)}\right\}}=\overline{\frac{4+8i-3i+6}{1^2-(2i)^2}}$$
$$=\overline{\left(\frac{10+5i}{5}\right)}=\overline{2+i}=2-i$$

0376 답 $2-i$

$$\frac{\overline{4-3i}}{\overline{1-2i}}=\frac{4+3i}{1+2i}=\frac{(4+3i)(1-2i)}{(1+2i)(1-2i)}$$
$$=\frac{4-8i+3i+6}{1^2-(2i)^2}=\frac{10-5i}{5}=2-i$$

0377 답 4

$z+\bar{z}=(2+i)+\overline{(2+i)}=(2+i)+(2-i)$
$=(2+2)+(1-1)i=4$

0378 답 5

$z\bar{z}=(2+i)\overline{(2+i)}=(2+i)(2-i)$
$=2^2-i^2=4-(-1)=5$

[0379~0380]

ㅁ. $i^3=-i$ ㅇ. $\dfrac{1+i}{1-i}=\dfrac{(1+i)(1+i)}{(1-i)(1+i)}=i$

0379 답 ㄷ, ㄹ, ㅂ

$z=a+bi$ (a, b는 실수)라 하면 $\bar{z}=a-bi$이므로
$z=\bar{z}$에서 $a+bi=a-bi$
복소수가 서로 같을 조건에 의하여
$b=-b$ $\therefore b=0$
따라서 $z=\bar{z}$인 복소수 z는 실수이므로 ㄷ, ㄹ, ㅂ이다.

0380 답 ㄴ, ㄷ, ㅁ, ㅇ

$z=a+bi$ (a, b는 실수)라 하면 $\bar{z}=a-bi$이므로
$z=-\bar{z}$에서 $a+bi=-a+bi$
복소수가 서로 같을 조건에 의하여
$a=-a$ $\therefore a=0$
따라서 $z=-\bar{z}$인 복소수 z는 순허수 또는 0이므로
ㄴ, ㄷ, ㅁ, ㅇ이다.

0381 답 $2i$

$\sqrt{-4}=\sqrt{2^2}i=2i$

0382 답 $-3\sqrt{2}i$

$-\sqrt{-18}=-\sqrt{3^2\times 2}i=-3\sqrt{2}i$

0383 답 $\dfrac{5}{3}i$

$\sqrt{-\dfrac{25}{9}}=\sqrt{\left(\dfrac{5}{3}\right)^2}i=\dfrac{5}{3}i$

0384 답 $-\dfrac{3}{2}i$

$-\sqrt{-\dfrac{9}{4}}=-\sqrt{\left(\dfrac{3}{2}\right)^2}i=-\dfrac{3}{2}i$

0385 답 $\pm 2i$

$\pm\sqrt{-4}=\pm\sqrt{2^2}i=\pm 2i$

0386 답 $\pm 2\sqrt{3}i$

$\pm\sqrt{-12}=\pm\sqrt{2^2\times 3}i=\pm 2\sqrt{3}i$

0387 답 $\pm\dfrac{1}{2}i$

$\pm\sqrt{-\dfrac{1}{4}}=\pm\sqrt{\left(\dfrac{1}{2}\right)^2}i=\pm\dfrac{1}{2}i$

0388 답 $\pm\dfrac{4}{3}i$

$\pm\sqrt{-\dfrac{16}{9}}=\pm\sqrt{\left(\dfrac{4}{3}\right)^2}i=\pm\dfrac{4}{3}i$

0389 답 $-3\sqrt{2}$

$\sqrt{-6}\sqrt{-3}=\sqrt{6}i\times\sqrt{3}i=\sqrt{18}i^2=-3\sqrt{2}$

0390 답 -4

$\sqrt{-8}\sqrt{-2}=\sqrt{8}i\times\sqrt{2}i=\sqrt{16}i^2=-4$

0391 답 $6i$

$\sqrt{-12}\sqrt{3}=\sqrt{12}i\times\sqrt{3}=\sqrt{36}i=6i$

0392 답 $6i$

$\sqrt{2}\sqrt{-18}=\sqrt{2}\sqrt{18}i=\sqrt{36}i=6i$

0393 답 $2i$

$\dfrac{\sqrt{-12}}{\sqrt{3}}=\dfrac{\sqrt{12}i}{\sqrt{3}}=\sqrt{4}i=2i$

0394 답 2

$\dfrac{\sqrt{-8}}{\sqrt{-2}}=\dfrac{\sqrt{8}i}{\sqrt{2}i}=\sqrt{4}=2$

0395 답 $-\sqrt{2}i$

$\dfrac{\sqrt{6}}{\sqrt{-3}}=\dfrac{\sqrt{6}}{\sqrt{3}i}=\dfrac{\sqrt{6}i}{\sqrt{3}i^2}=\dfrac{\sqrt{6}i}{-\sqrt{3}}=-\sqrt{2}i$

0396 답 $-3i$

$\dfrac{\sqrt{18}}{\sqrt{-2}}=\dfrac{\sqrt{18}}{\sqrt{2}i}=\dfrac{\sqrt{18}i}{\sqrt{2}i^2}=\dfrac{\sqrt{18}i}{-\sqrt{2}}=-\sqrt{9}i=-3i$

STEP **2** 유형 **마스터**　본문 064~075쪽

0397 답 ①

0398 답 ①

ㄱ. 두 실수 a, b에 대하여 복소수 $a+bi$의 실수부분은 a이고, 허수부분은 b이다. (참)

ㄴ. $a=0$, $b=0$일 때, $a+bi=0+0\times i=0$은 실수이다. (거짓)

ㄷ. $a=1$, $b=1$일 때, $a+bi=1+1\times i=1+i$는 순허수가 아닌 허수이다. (거짓)

따라서 옳은 것은 ㄱ이다.

0399 답 ②

순허수는 i, $-\dfrac{1}{2}i$의 2개이다.

0400 답 ④

④ 복소수 $a+bi$ (a, b는 실수)에서 $a=b=0$이면 실수이다.

0401 답 ③

복소수 $a+bi$ (a, b는 실수)를 세 주머니 A, B, C에 나누어 담은 기준은 A 주머니는 $b=0$, B 주머니는 $a\ne0$, $b\ne0$, C 주머니는 $a=0$, $b\ne0$이다.

따라서 C 주머니에 들어갈 복소수는 bi 꼴, 즉 순허수이다.

② $1+\sqrt{-1}=1+i$이므로 $a\ne0$, $b\ne0$이다.

③ $-\sqrt{-3}=-\sqrt{3}i$이므로 $a=0$, $b\ne0$이다.

④ $\dfrac{1-i}{2}=\dfrac{1}{2}-\dfrac{1}{2}i$이므로 $a\ne0$, $b\ne0$이다.

따라서 C 주머니에 들어갈 복소수로 알맞은 것은 ③이다.

0402 답 ③

0403 답 ⑤

① $(2+i)+(-5+3i)=\{2+(-5)\}+(1+3)i=-3+4i$

② $(1-3i)-(2i+1)=(1-1)+\{(-3)-2\}i=-5i$

③ $(2-\sqrt{2}i)^2=2^2-2\times2\sqrt{2}i+(\sqrt{2}i)^2$
$\qquad\qquad\quad=(4-2)-4\sqrt{2}i=2-4\sqrt{2}i$

④ $\dfrac{1+8i}{2+i}=\dfrac{(1+8i)(2-i)}{(2+i)(2-i)}=\dfrac{2-i+16i-8i^2}{4-i^2}$
$\qquad\quad=\dfrac{2+8+\{(-1)+16\}i}{5}=2+3i$

⑤ $2(3-2i)-(1-i)(3+i)=6-4i-(3+i-3i-i^2)$
$\qquad\qquad\qquad\qquad\qquad=(6-3-1)+\{(-4)-1+3\}i$
$\qquad\qquad\qquad\qquad\qquad=2-2i$

따라서 옳지 않은 것은 ⑤이다.

0404 답 ②

$3-i+\dfrac{i}{1+i}-3i+\dfrac{2-i}{1-i}$

분모와 분자에 분모의 켤레복소수를 각각 곱한다.

$=3-i+\dfrac{i(1-i)}{(1+i)(1-i)}-3i+\dfrac{(2-i)(1+i)}{(1-i)(1+i)}$

$=3-4i+\dfrac{i-i^2}{1-i^2}+\dfrac{2+2i-i-i^2}{1-i^2}$

$=3-4i+\dfrac{1+i}{2}+\dfrac{3+i}{2}$

$=\left(3+\dfrac{1}{2}+\dfrac{3}{2}\right)+\left\{(-4)+\dfrac{1}{2}+\dfrac{1}{2}\right\}i=5-3i$

따라서 실수부분은 5, 허수부분은 -3이므로
$a=5$, $b=-3$
$\therefore\ a+b=5+(-3)=2$

0405 답 ③

$x=2+i$, $y=2-i$에서
$x+y=(2+i)+(2-i)=(2+2)+(1-1)i=4$
$xy=(2+i)(2-i)=2^2-i^2=5$
$\therefore\ x^4+x^2y^2+y^4=(x^4+2x^2y^2+y^4)-x^2y^2$
$\qquad\qquad\qquad\quad=(x^2+y^2)^2-(xy)^2$
$\qquad\qquad\qquad\quad=\{(x+y)^2-2xy\}^2-(xy)^2$
$\qquad\qquad\qquad\quad=(4^2-2\times5)^2-5^2$
$\qquad\qquad\qquad\quad=36-25=11$

0406 답 ④

$x=\dfrac{1}{2-i}=\dfrac{2+i}{(2-i)(2+i)}=\dfrac{2+i}{4-i^2}=\dfrac{2+i}{5}$,

$y=\dfrac{2}{3-i}=\dfrac{2(3+i)}{(3-i)(3+i)}=\dfrac{6+2i}{9-i^2}=\dfrac{6+2i}{10}=\dfrac{3+i}{5}$

이므로

$$x+y=\frac{2+i}{5}+\frac{3+i}{5}=\frac{5+2i}{5}$$

$$xy=\frac{2+i}{5}\times\frac{3+i}{5}=\frac{6+2i+3i+i^2}{5\times5}=\frac{5+5i}{25}=\frac{1+i}{5}$$

$$\therefore 25(x^2y+xy^2)=25xy(x+y)=25\times\frac{1+i}{5}\times\frac{5+2i}{5}$$

$$=25\times\frac{5+2i+5i+2i^2}{5\times5}=3+7i$$

0407 답 ②

0408 답 ⑤

$$(x-i)(x-2i)-(x+3i)=(x^2-2xi-xi-2)-(x+3i)$$
$$=(x^2-x-2)-3(x+1)i$$

이 복소수가 순허수가 되려면
$\underline{x^2-x-2=0,\ x+1\neq0}$ ─→ 실수부분은 0, 허수부분은 0이 아니어야 한다.

$x^2-x-2=0$에서 $(x+1)(x-2)=0$

$\therefore x=-1$ 또는 $x=2$ ...... ㉠

$x+1\neq0$에서 $x\neq-1$ ...... ㉡

㉠, ㉡에서 $x=2$

0409 답 ②

$z=x^2i+(1-5i)x+6i-3=(x-3)+(x^2-5x+6)i$

z^2이 양의 실수가 되려면 ─→ z의 실수부분은 0이 아니고 z의 허수부분이 0이어야 한다.

$x-3\neq0,\ x^2-5x+6=0$

$x-3\neq0$에서 $x\neq3$ ...... ㉠

$x^2-5x+6=0$에서 $(x-2)(x-3)=0$

$\therefore x=2$ 또는 $x=3$ ...... ㉡

㉠, ㉡에서 $x=2$

따라서 z^2이 양의 실수가 되도록 하는 실수 x의 값은 2이다.

> **해설 속 칠판**
>
> 복소수 $z=a+bi$ (a, b는 실수)에 대하여 z^2이 양의 실수가 되려면
> $z^2=(a+bi)^2=(a^2-b^2)+2abi$
> 에서 $a^2-b^2>0$, $2ab=0$이어야 한다.
> (i) $a=0$일 때, $a^2-b^2=-b^2\leq0$이므로
> $a^2-b^2>0$을 만족시키는 실수 b의 값은 존재하지 않는다.
> (ii) $b=0$일 때, $a^2-b^2=a^2\geq0$이므로
> $a^2-b^2>0$을 만족시키려면 $a\neq0$이어야 한다.
> (i), (ii)에서 z^2이 양의 실수가 되려면 z의 실수부분은 0이 아니고 허수부분은 0이어야 하므로 z는 실수이어야 한다.

0410 답 $-3-2i$

$$1+z=1+\frac{5i}{a-i}=\frac{a+4i}{a-i}=\frac{(a+4i)(a+i)}{(a-i)(a+i)}$$

$$=\frac{a^2+ai+4ai-4}{a^2-i^2}=\frac{a^2-4}{a^2+1}+\frac{5a}{a^2+1}i$$

$(1+z)^2<0$이 성립하려면, 즉 $(1+z)^2$이 음의 실수이려면

$a^2+1>0$이므로 $a^2-4=0,\ 5a\neq0$ ─→ $1+z$는 순허수이어야 한다.

$a^2-4=0$에서 $a^2=4$ $\therefore a=\pm2$ ...... ㉠

$5a\neq0$에서 $a\neq0$ ...... ㉡

㉠, ㉡에서 $a=\pm2$이므로 $a=-2$ ($\because a<0$)

이때 $z=\frac{5i}{a-i}=\frac{5(a+i)}{a^2+1}i$이므로

$a=-2$을 대입하면 $z=\frac{5\{(-2)+i\}}{(-2)^2+1}i=-1-2i$

따라서 $\alpha=-2$, $\beta=-1-2i$이므로

$\alpha+\beta=(-2)+(-1-2i)=-3-2i$

> **해설 속 칠판**
>
> 복소수 $z=a+bi$ (a, b는 실수)에 대하여 z^2이 음의 실수가 되려면
> $z^2=(a+bi)^2=(a^2-b^2)+2abi$
> 에서 $a^2-b^2<0$, $2ab=0$이어야 한다.
> (i) $a=0$일 때, $a^2-b^2=-b^2\leq0$이므로
> $a^2-b^2<0$을 만족시키려면 $b\neq0$이어야 한다.
> (ii) $b=0$일 때, $a^2-b^2=a^2\geq0$이므로
> $a^2-b^2<0$을 만족시키는 실수 a의 값은 존재하지 않는다.
> (i), (ii)에서 z^2이 음의 실수가 되려면 실수부분은 0이고 허수부분은 0이 아니어야 하므로 z는 순허수이어야 한다.

0411 답 ②

$z=(m-n)+(m+n-4)i$에 대하여

z^2이 실수가 되려면 ─→ z의 실수부분이 0이거나 허수부분이 0이어야 한다.

$m-n=0$ 또는 $m+n-4=0$

$\therefore m=n$ 또는 $m+n=4$

(i) $m=n$인 경우

 5 이하의 두 자연수 m, n의 모든 순서쌍 (m, n)은

 $(1, 1)$, $(2, 2)$, $(3, 3)$, $(4, 4)$, $(5, 5)$의 5개

(ii) $m+n=4$인 경우

 5 이하의 두 자연수 m, n의 모든 순서쌍 (m, n)은

 $(1, 3)$, $(2, 2)$, $(3, 1)$의 3개

(i), (ii)에서 $(2, 2)$는 중복되므로 z^2이 실수가 되도록 하는 5 이하의 두 자연수 m, n의 모든 순서쌍 (m, n)의 개수는

$5+3-1=7$

(다른 풀이)

$z=(m-n)+(m+n-4)i$이므로

$z^2=(m-n)^2+2(m-n)(m+n-4)i-(m+n-4)^2$

z^2이 실수가 되려면 ─→ z^2의 허수부분이 0이어야 한다.

$2(m-n)(m+n-4)=0$

$m-n=0$ 또는 $m+n-4=0$

$\therefore m=n$ 또는 $m+n=4$

> **해설 속 칠판**
>
> 복소수 $z=a+bi$ (a, b는 실수)에 대하여 z^2이 실수가 되려면
> $z^2=(a+bi)^2=(a^2-b^2)+2abi$
> 에서 $2ab=0$이어야 하므로 $a=0$ 또는 $b=0$이어야 한다.
> 따라서 z^2이 실수가 되려면 z의 실수부분이 0이거나 z의 허수부분이 0이어야 한다.

0412 답 ③

0413 답 ①

$(3-i)x+6+9i=3+yi$에서

$3x-xi+6+9i=3+yi$

$(3x+6)+(-x+9)i=3+yi$

복소수가 서로 같을 조건에 의하여

$3x+6=3,\ -x+9=y$

위의 두 식을 연립하여 풀면

$x=-1,\ y=10$

$\therefore xy=(-1)\times10=-10$

0414 답 ⑤

$\dfrac{x}{1+i}+\dfrac{y}{1-i}=2-3i$에서

> 분모가 서로 켤레복소수일 때는 그대로 통분한다.

$\dfrac{x(1-i)+y(1+i)}{(1+i)(1-i)}=2-3i$

$\dfrac{x-xi+y+yi}{2}=2-3i$

$(x+y)+(-x+y)i=4-6i$

복소수가 서로 같을 조건에 의하여

$x+y=4,\ -x+y=-6$

위의 두 식을 연립하여 풀면

$x=5,\ y=-1$

$\therefore x^2+y^2=5^2+(-1)^2=26$

0415 답 ③

$(a-i)(1+2i)=1+bi$에서

$a+2ai-i+2=1+bi$

$a+2+(2a-1)i=1+bi$

복소수가 서로 같을 조건에 의하여

$a+2=1,\ 2a-1=b$

위의 두 식을 연립하여 풀면

$a=-1,\ b=-3$

$\therefore a-b=(-1)-(-3)=2$

0416 답 ⑤

$x^2i-3xyi+xy+y^2i-5=0$에서

$(xy-5)+(x^2-3xy+y^2)i=0$

복소수가 서로 같을 조건에 의하여

$xy-5=0,\ x^2-3xy+y^2=0$

$\therefore xy=5,\ x^2+y^2=15$ $\rightarrow$ $x^2+y^2=3xy$에서 $x^2+y^2=3\times5=15$

따라서 $(x+y)^2=x^2+y^2+2xy=15+2\times5=25$이므로

$x+y=\pm5$

$x,\ y$가 양의 실수이므로

$x+y=5$

0417 답 ⑤

0418 답 ③

$z=\dfrac{1}{1+i}=\dfrac{1-i}{(1+i)(1-i)}=\dfrac{1-i}{2}$에서

$2z-1=-i$

> z의 값을 주어진 식에 직접 대입하여 구할 수도 있지만 계산이 복잡해진다.

위의 식의 양변을 제곱하면

$4z^2-4z+1=-1,\ 4z^2-4z+2=0$

$2z^2-2z+1=0$ $\therefore 2z^2=2z-1$

$\therefore 2z^2-6z+3=(2z-1)-6z+3$

$\qquad\qquad\qquad =-4z+2$

$\qquad\qquad\qquad =-4\times\dfrac{1-i}{2}+2$

$\qquad\qquad\qquad =2i$

다른 풀이

$2z^2-6z+3$을 $2z^2-2z+1$로 나누면 몫은 1, 나머지는 $-4z+2$
이므로

$2z^2-6z+3=(2z^2-2z+1)-4z+2$

$\qquad\qquad\quad =-4z+2\ (\because 2z^2-2z+1=0)$

$\qquad\qquad\quad =-4\times\dfrac{1-i}{2}+2=2i$

선생님 톡톡

$z=\dfrac{1-i}{2}$에서 우변에 i를 포함한 항만 남기고 나머지 모든 항을 좌변으로 이항한 다음 양변을 제곱하는 것이 좋아. $2z-1=-i$로 변형한 다음 양변을 제곱하면 제곱한 식에서 허수단위 i가 사라지기 때문이야.

0419 답 ⑤

$z=\dfrac{-1+\sqrt{7}i}{2}$에서 $2z+1=\sqrt{7}i$

위의 식의 양변을 제곱하면

$4z^2+4z+1=-7,\ 4z^2+4z+8=0$

$z^2+z+2=0$ $\therefore z^2=-z-2$

$\therefore z^3+2z^2+5z+4=z(-z-2)+2(-z-2)+5z+4$

$\qquad\qquad\qquad\qquad =-z^2-2z-2z-4+5z+4$

$\qquad\qquad\qquad\qquad =-(-z-2)+z=2z+2$

$\qquad\qquad\qquad\qquad =2\times\dfrac{-1+\sqrt{7}i}{2}+2=1+\sqrt{7}i$

다른 풀이

z^3+2z^2+5z+4를 z^2+z+2로 나누면 몫은 $z+1$,
나머지는 $2z+2$이므로

$z^3+2z^2+5z+4=(z^2+z+2)(z+1)+2z+2$

$\qquad\qquad\qquad\qquad =2z+2\ (\because z^2+z+2=0)$

$\qquad\qquad\qquad\qquad =2\times\dfrac{-1+\sqrt{7}i}{2}+2=1+\sqrt{7}i$

0420 답 ②

$z=\dfrac{1+\sqrt{3}i}{2}$에서 $2z-1=\sqrt{3}i$

위의 식의 양변을 제곱하면

$4z^2-4z+1=-3,\ 4z^2-4z+4=0$

$z^2-z+1=0$ $\therefore z^2+1=z$

$\therefore (z^2+1)^2-(z^2+1)+3=z^2-z+3$

$\qquad\qquad\qquad\qquad\quad =(z^2-z+1)+2$

$\qquad\qquad\qquad\qquad\quad =2\ (\because z^2-z+1=0)$

0421 답 ①

$z=-1+\sqrt{3}i$에서 $z+1=\sqrt{3}i$

위의 식의 양변을 제곱하면

$z^2+2z+1=-3,\ z^2+2z+4=0$

$\therefore z^2=-2z-4$

$z^3+az^2+bz-12=0$에서

$z(-2z-4)+a(-2z-4)+bz-12=0$

$-2z^2-4z-2az-4a+bz-12=0$

$-2(-2z-4)-4z-2az+bz-4a-12=0$

$(4-4-2a+b)z-4a+8-12=0$

$(-2a+b)(-1+\sqrt{3}i)-4a-4=0$

$(2a-4a-b-4)+(-2a+b)\sqrt{3}i=0$

복소수가 서로 같을 조건에 의하여

$-2a-b-4=0,\ -2a+b=0$

앞의 두 식을 연립하여 풀면
$a=-1$, $b=-2$
$\therefore a+b=(-1)+(-2)=-3$

0422 답 ③

0423 답 ⑤
$\bar{z}=-z$를 만족시키려면 z는 순허수이거나 0이어야 한다.
$z=x^2-(5-i)x+4-2i$
$\quad=(x^2-5x+4)+(x-2)i$
에서 $x^2-5x+4=0$, $(x-1)(x-4)=0$
$\therefore x=1$ 또는 $x=4$
따라서 모든 실수 x의 값의 합은
$1+4=5$

> 🧑 선생님 톡톡
>
> $z=a+bi$라 하면 $\bar{z}=a-bi$이므로
> $\bar{z}=-z$에서 $a-bi=-a-bi$
> 복소수가 서로 같을 조건에 의하여 $a=0$
> 따라서 $z=-\bar{z}$인 복소수 z는 순허수 또는 0이야.

0424 답 ⑤
$z\neq0$이므로 $\dfrac{1}{z}+\dfrac{1}{\bar{z}}=0$의 양변에 $z\bar{z}$를 곱하면
$z+\bar{z}=0$, 즉 $z=-\bar{z}$이므로 z는 순허수이다.
$z=(1+i)x^2-(5+7i)x+6(1+2i)$
$\quad=(x^2-5x+6)+(x^2-7x+12)i$
에서 $x^2-5x+6=0$, $x^2-7x+12\neq0$
$x^2-5x+6=0$에서 $(x-2)(x-3)=0$
$\therefore x=2$ 또는 $x=3$ ····· ㉠
$x^2-7x+12\neq0$에서 $(x-3)(x-4)\neq0$
$\therefore x\neq3$이고 $x\neq4$ ····· ㉡
㉠, ㉡에서 $x=2$

0425 답 ④
$z=a+bi$ (a, b는 실수)라 하면 $\bar{z}=a-bi$이다.
① $z\bar{z}=(a+bi)(a-bi)=a^2+b^2=0$에서
$\quad a=0$, $b=0$ $\quad\therefore z=0$
② $z^2+(\bar{z})^2=(a+bi)^2+(a-bi)^2$
$\qquad\qquad\quad=(a^2+2abi-b^2)+(a^2-2abi-b^2)=2(a^2-b^2)$
$\quad$이므로 실수이다.
③ $\dfrac{1}{z}+\dfrac{1}{\bar{z}}=\dfrac{1}{a+bi}+\dfrac{1}{a-bi}=\dfrac{a-bi+a+bi}{(a+bi)(a-bi)}=\dfrac{2a}{a^2+b^2}$
$\quad$이므로 실수이다.
④ $z=0$이면 $\bar{z}=0$이므로 $z+\bar{z}=0$이지만 z는 실수이다.
⑤ z가 실수이면 $b=0$이므로 ← $z+\bar{z}=0$이면 z는 순허수 또는 0이다.
$\quad z^2-(\bar{z})^2=a^2-a^2=0$
$\quad z$가 순허수이면 $a=0$, $b\neq0$이므로
$\quad z^2-(\bar{z})^2=(bi)^2-(-bi)^2=-b^2-(-b^2)=0$
$\quad$즉, z가 실수이거나 순허수이면 $z^2=(\bar{z})^2$이다.
따라서 옳지 않은 것은 ④이다.

0426 답 ③
$z=a+bi$ (a, b는 실수)라 하면 $\bar{z}=a-bi$이다.

ㄱ. $z^3+(\bar{z})^3=(z+\bar{z})\{z^2-z\bar{z}+(\bar{z})^2\}$ → 인수분해 공식에 의하여 $x^3+y^3=(x+y)(x^2-xy+y^2)$
$\quad$이때 $z+\bar{z}=2a$, $z\bar{z}=a^2+b^2$이고,
$\quad z^2+(\bar{z})^2=(a+bi)^2+(a-bi)^2=2a^2-2b^2$이므로
$\quad z^3+(\bar{z})^3=2a(2a^2-2b^2-a^2-b^2)=2a(a^2-3b^2)$
$\quad$즉, $z^3+(\bar{z})^3$은 실수이다. (참) → $(z+\bar{z})\{z^2-z\bar{z}+(\bar{z})^2\}$
ㄴ. $z^2=(a+bi)^2=a^2-b^2+2abi$가 순허수이므로
$\quad a^2-b^2=0$, $2ab\neq0$
$\quad (\bar{z})^2=(a-bi)^2=a^2-b^2-2abi=-2abi$ ($\because a^2-b^2=0$)
$\quad$이므로 $(\bar{z})^2$도 순허수이다. (참)
ㄷ. $\bar{z}-z=(a-bi)-(a+bi)=-2bi$
$\quad$(i) $b=0$이면 $(\bar{z}-z)^{2n}=0$
$\quad$(ii) $b\neq0$이면 $(\bar{z}-z)^{2n}=(-2bi)^{2n}=(-4b^2)^n$이므로
$\qquad n$이 짝수일 때 양의 실수이고,
$\qquad n$이 홀수일 때 음의 실수이다. (거짓)
따라서 옳은 것은 ㄱ, ㄴ이다.

0427 답 ②

0428 답 ②
$a\bar{a}+\beta\bar{\beta}-\bar{a}\beta-a\bar{\beta}=\bar{a}(a-\beta)-\bar{\beta}(a-\beta)$
$\qquad\qquad\qquad\qquad=(a-\beta)(\bar{a}-\bar{\beta})=(a-\beta)\overline{(a-\beta)}$
$\qquad\qquad\qquad\qquad=(3-2i)\overline{(3-2i)}=(3-2i)(3+2i)$
$\qquad\qquad\qquad\qquad=3^2-(2i)^2=9+4=13$

0429 답 ⑤
→ $z=a+bi$ (a, b는 실수)라 하면 $z^2=a^2-b^2+2abi=a^2-b^2-2abi$ $(\bar{z})^2=(a-bi)^2=a^2-b^2-2abi$
$z^2\bar{z}+\overline{(z^2\bar{z})}=z^2\bar{z}+\overline{z^2}\times\overline{(\bar{z})}=z^2\bar{z}+(\bar{z})^2z=z\bar{z}(z+\bar{z})$
이때 $z=3+i$이므로
$z+\bar{z}=(3+i)+(3-i)=6$, $z\bar{z}=(3+i)(3-i)=10$
$\therefore z^2\bar{z}+\overline{(z^2\bar{z})}=z\bar{z}(z+\bar{z})=10\times6=60$

다른 풀이
$z^2\bar{z}=zz\bar{z}=(3+i)(3+i)(3-i)=10(3+i)$
$\therefore z^2\bar{z}+\overline{(z^2\bar{z})}=10(3+i)+\overline{10(3+i)}$
$\qquad\qquad\qquad=30+10i+30-10i=60$

0430 답 ④
$(a+2)(\beta-2)=a\beta-2a+2\beta-4$
$\qquad\qquad\quad=a\beta-2(a-\beta)-4$
이때 $\bar{a}-\bar{\beta}=2+3i$, $\bar{a}\times\bar{\beta}=6i+11$이므로
$a-\beta=\overline{\bar{a}-\bar{\beta}}=\overline{2+3i}=2-3i$
$a\beta=\overline{\bar{a}\times\bar{\beta}}=\overline{11+6i}=11-6i$
$\therefore (a+2)(\beta-2)=a\beta-2(a-\beta)-4$
$\qquad\qquad\qquad=(11-6i)-2(2-3i)-4$
$\qquad\qquad\qquad=(11-4-4)+(-6+6)i=3$

0431 답 ②
$a\bar{a}=\beta\bar{\beta}=6$에서 $\bar{a}=\dfrac{6}{a}$, $\bar{\beta}=\dfrac{6}{\beta}$
$a+\beta=3i$에서 $\dfrac{6}{a}+\dfrac{6}{\beta}=3i$, $\dfrac{6(\bar{a}+\bar{\beta})}{\bar{a}\times\bar{\beta}}=3i$

$6(\bar{\alpha}+\bar{\beta})=3i(\bar{\alpha}\times\bar{\beta})$, $2(\bar{\alpha+\beta})=i\overline{\alpha\beta}$

$2\times(-3i)=i\overline{\alpha\beta}$, $\overline{\alpha\beta}=-6$ $\quad\therefore \alpha\beta=-6$

0432 답 ①

0433 답 ③

$z=a+bi$ (a, b는 실수)라 하면 $\bar{z}=a-bi$이므로

$(1-2i)z+2\bar{z}=4-3i$에서

$(1-2i)(a+bi)+2(a-bi)=4-3i$

$(a+bi-2ai+2b)+(2a-2bi)=4-3i$

$(3a+2b)+(-2a-b)i=4-3i$

복소수가 서로 같을 조건에 의하여

$3a+2b=4$, $-2a-b=-3$

위의 두 식을 연립하여 풀면 $a=2$, $b=-1$

$\therefore z=2-i$

0434 답 ②

$z=a+bi$ (a, b는 실수)라 하면 $\bar{z}=a-bi$이므로

$z+\bar{z}=6$에서 $(a+bi)+(a-bi)=6$

$2a=6$ $\quad\therefore a=3$

$z\bar{z}=10$에서 $(a+bi)(a-bi)=10$

$a^2+b^2=10$

$a=3$을 위의 식에 대입하여 정리하면

$b^2=1$ $\quad\therefore b=\pm1$

따라서 복소수 z가 될 수 있는 것은 $3+i$ 또는 $3-i$이다.

0435 답 ⑤

$\overline{z-zi}=5-i$이므로 $z-zi=5+i$ ←$\overline{\overline{z-zi}=5-i}$

$z=a+bi$ (a, b는 실수)라 하면

$z-zi=(a+bi)-(a+bi)i=(a+b)-(a-b)i=5+i$

복소수가 서로 같을 조건에 의하여

$a+b=5$, $a-b=-1$

위의 두 식을 연립하여 풀면 $a=2$, $b=3$

$\therefore z\bar{z}=(2+3i)(2-3i)=2^2-(3i)^2=4+9=13$

0436 답 ④

$z=a+bi$ (a, b는 실수)라 하면 $\bar{z}=a-bi$이다.

조건 (가)에서

$(2-3i)+z=(2-3i)+(a+bi)$

$\qquad\qquad =(2+a)+(-3+b)i$ ······ ㉠

㉠이 양의 실수이므로 $2+a>0$, $-3+b=0$

$\therefore a>-2$, $b=3$

조건 (나)에서 $z\bar{z}=(a+bi)(a-bi)=13$이므로

$a^2+b^2=13$ ······ ㉡

$b=3$을 ㉡에 대입하면 $a^2+3^2=13$

$a^2=4$ $\quad\therefore a=\pm2$

그런데 $a>-2$이므로 $a=2$

따라서 $z=2+3i$이므로

$\underline{\dfrac{z+\bar{z}}{2}=\dfrac{(2+3i)+(2-3i)}{2}=\dfrac{4}{2}=2}$

↳ 복소수 z의 실수부분이다.

0437 답 ②

0438 답 ③

$1+\dfrac{1}{i}+\dfrac{1}{i^2}+\dfrac{1}{i^3}+\cdots+\dfrac{1}{i^{200}}$ → 자연수 k에 대하여 $i^{4k-3}=i$, $i^{4k-2}=-1$, $i^{4k-1}=-i$, $i^{4k}=1$

$=1+\left(\dfrac{1}{i}-1-\dfrac{1}{i}+1\right)+\left(\dfrac{1}{i}-1-\dfrac{1}{i}+1\right)+\cdots$

$\qquad\qquad\qquad\qquad\qquad +\left(\dfrac{1}{i}-1-\dfrac{1}{i}+1\right)$

$=1$ ← 4개씩 묶어서 계산한다.

0439 답 ④

$i-2i^2+3i^3-4i^4+\cdots+29i^{29}-30i^{30}$

4개씩 묶어서 계산했을 때 $30=4\times7+2$이므로 2개의 항이 남는다.

$=(i+2-3i-4)+(5i+6-7i-8)+\cdots$

$\qquad\qquad +(25i+26-27i-28)+29i+30$

$=(-2-2i)+(-2-2i)+\cdots+(-2-2i)+29i+30$

$=7(-2-2i)+29i+30$

$=\{(-14)+30\}+\{(-14)+29\}i=16+15i$

따라서 $16+15i=a+bi$이므로 복소수가 서로 같을 조건에 의하여

$a=16$, $b=15$ $\quad\therefore a+b=16+15=31$

0440 답 16

$(i+i^2)+(i^2+i^3)+(i^3+i^4)+\cdots+(i^{18}+i^{19})$

$=(i+i^2+i^3+\cdots+i^{18})+(i^2+i^3+i^4+\cdots+i^{19})$

$=\{\underbrace{(i+i^2+i^3+i^4)}_{=0}+(i^5+i^6+i^7+i^8)+\cdots$

$\qquad\qquad +(i^{13}+i^{14}+i^{15}+i^{16})+i^{17}+i^{18}\}$

$\quad +\{\underbrace{(i^2+i^3+i^4+i^5)}_{=0}+(i^6+i^7+i^8+i^9)+\cdots$

$\qquad\qquad +(i^{14}+i^{15}+i^{16}+i^{17})+i^{18}+i^{19}\}$

$=(i-1)+(-1-i)=-2$

따라서 $-2=a+bi$이므로 복소수가 서로 같을 조건에 의하여

$a=-2$, $b=0$

$\therefore 4(a+b)^2=4\times\{(-2)+0\}^2=16$

다른 풀이

$i+i^{19}=i+(i^4)^4\times i^3=i+(-i)=0$이므로

$i+\{(i+i^2)+(i^2+i^3)+(i^3+i^4)+\cdots+(i^{18}+i^{19})\}+i^{19}$

$=(i+i)+(i^2+i^2)+(i^3+i^3)+\cdots+(i^{19}+i^{19})$

$=2(i+i^2+i^3+\cdots+i^{19})$

$=2\{\underbrace{(i+i^2+i^3+i^4)}_{=0}+(i^5+i^6+i^7+i^8)+\cdots$

$\qquad\qquad +(i^{17}+i^{18}+i^{19}+i^{20})-i^{20}\}$

$=2\times(-i^{20})$

$=2\times(-1)=-2$

0441 답 ⑤

$i+i^2+i^3+\cdots+i^n=i-1-i+1+\cdots+i^n$

$=\begin{cases} i & (n=4k-3)\\ -1+i & (n=4k-2)\\ -1 & (n=4k-1)\\ 0 & (n=4k) \end{cases}$ (k는 자연수)

즉, 주어진 등식을 만족시키는 경우는

$n=4k-2$ (k는 자연수)일 때이다.

이때 $n\leq40$이므로 $4k-2\leq40$, $4k\leq42$

$\therefore k\leq\dfrac{21}{2}=10.5$

따라서 가능한 자연수 k가 1, 2, 3, …, 10이므로 구하는 자연수 n은 2, 6, 10, …, 38의 10개이다.

0442 답 ⑤

0443 답 ②

$\dfrac{1-i}{1+i}=\dfrac{(1-i)(1-i)}{(1+i)(1-i)}=\dfrac{-2i}{2}=-i$

$\dfrac{1+i}{1-i}=\dfrac{(1+i)(1+i)}{(1-i)(1+i)}=\dfrac{2i}{2}=i$

$\therefore \left(\dfrac{1-i}{1+i}\right)^{46}+\left(\dfrac{1+i}{1-i}\right)^{46}=(-i)^{46}+i^{46}=i^{46}+i^{46}$

$\qquad\qquad\qquad\qquad\qquad =(i^4)^{11}\times i^2+(i^4)^{11}\times i^2$

$\qquad\qquad\qquad\qquad\qquad =(-1)+(-1)=-2$

선생님 톡톡

분모에 허수가 있을 때는 그대로 계산하면 식이 복잡해지므로 분모와 분자에 분모의 켤레복소수를 각각 곱하여 분모를 실수화한 후 생각해 봐~

0444 답 ⑤

$(1+i)^2=1+2i-1=2i$, $(1-i)^2=1-2i-1=-2i$

$\therefore (1+i)^{200}+(1-i)^{200}=\{(1+i)^2\}^{100}+\{(1-i)^2\}^{100}$

$\qquad\qquad\qquad\qquad\qquad =(2i)^{100}+(-2i)^{100}$

$\qquad\qquad\qquad\qquad\qquad =2^{100}\times i^{100}+(-2)^{100}\times i^{100}$

$\qquad\qquad\qquad\qquad\qquad =2\times 2^{100}\times (i^4)^{25}=2^{101}$

0445 답 ③

$z^2=\left(\dfrac{1-i}{\sqrt{2}}\right)^2=\dfrac{1-2i-1}{2}=-i$, $z^4=(z^2)^2=(-i)^2=-1$

$\therefore 1+z+z^2+\cdots+z^8$

$=(1+z+z^2+z^3)+z^4(1+z+z^2+z^3)+z^8$

$=(1+z+z^2+z^3)-(1+z+z^2+z^3)+(z^4)^2$

$=(-1)^2=1$

다른 풀이

$z^2=-i$이므로 $1+z^2+z^4+z^6=1-i-1+i=0$

$\therefore 1+z+z^2+\cdots+z^8=1+z^2+z^4+z^6+z(1+z^2+z^4+z^6)+z^8$

$\qquad\qquad\qquad\qquad\qquad =(z^2)^4=(-i)^4=1$

0446 답 25

$(1-i)^{2n}=2^n i$에서 좌변을 정리하면

$(1-i)^{2n}=\{(1-i)^2\}^n=(-2i)^n=2^n(-i)^n$이므로

$2^n(-i)^n=2^n i$를 만족시키려면

$(-i)^n=i$이어야 한다.

즉, $(-i)^n=i$를 만족시키는 경우는

$n=4k-1$ (k는 자연수)일 때이다.

이때 $n\le 100$이므로 $4k-1\le 100$, $4k\le 101$

$\therefore k\le \dfrac{101}{4}=25.25$

따라서 가능한 자연수 k가 1, 2, 3, …, 25이므로 구하는 자연수 n은 3, 7, 11, …, 99의 25개이다.

0447 답 ②

0448 답 35

$\sqrt{-6}\sqrt{-3}+\sqrt{-5}\sqrt{15}+\dfrac{\sqrt{24}}{\sqrt{-2}}+\dfrac{\sqrt{-6}}{\sqrt{-3}}$

$=\sqrt{6}i\times\sqrt{3}i+\sqrt{5}i\times\sqrt{15}+\dfrac{2\sqrt{6}}{\sqrt{2}i}+\dfrac{\sqrt{6}i}{\sqrt{3}i}$

$=-3\sqrt{2}+5\sqrt{3}i-2\sqrt{3}i+\sqrt{2}$

$=-2\sqrt{2}+3\sqrt{3}i$

따라서 $-2\sqrt{2}+3\sqrt{3}i=a+bi$이므로 복소수가 서로 같을 조건에 의하여 $a=-2\sqrt{2}$, $b=3\sqrt{3}$

$\therefore a^2+b^2=(-2\sqrt{2})^2+(3\sqrt{3})^2=8+27=35$

다른 풀이

$\sqrt{-6}\sqrt{-3}+\sqrt{-5}\sqrt{15}+\dfrac{\sqrt{24}}{\sqrt{-2}}+\dfrac{\sqrt{-6}}{\sqrt{-3}}$ ⎱ 음수의 제곱근의 성질을 이용한다.

$=-\sqrt{18}+\sqrt{-75}-\sqrt{-\dfrac{24}{2}}+\sqrt{\dfrac{6}{3}}$

$=-3\sqrt{2}+5\sqrt{3}i-2\sqrt{3}i+\sqrt{2}$

$=-2\sqrt{2}+3\sqrt{3}i$

0449 답 ⑤

① $\sqrt{-2}\sqrt{-3}=\sqrt{2}i\times\sqrt{3}i=-\sqrt{6}$

② $\dfrac{\sqrt{-2}}{\sqrt{3}}=\dfrac{\sqrt{2}i}{\sqrt{3}}=\sqrt{\dfrac{2}{3}}i=\sqrt{-\dfrac{2}{3}}$

③ $\sqrt{3}\times\dfrac{\sqrt{6}}{\sqrt{-2}}=\sqrt{3}\times\dfrac{\sqrt{6}}{\sqrt{2}i}=\dfrac{3}{i}=-3i$

④ $\sqrt{-2}\times\dfrac{\sqrt{-10}}{\sqrt{5}}=\sqrt{2}i\times\dfrac{\sqrt{10}i}{\sqrt{5}}=2i^2=-2$

⑤ $\sqrt{-6}\times\dfrac{\sqrt{2}}{\sqrt{-3}}=\sqrt{6}i\times\dfrac{\sqrt{2}}{\sqrt{3}i}=2$

따라서 옳은 것은 ⑤이다.

0450 답 ⑤

0이 아닌 두 실수 x, y에 대하여

$xy=1>0$이므로 $x>0$, $y>0$ 또는 $x<0$, $y<0$

이때 $x+y=-10$이므로 $x<0$, $y<0$

$\therefore \sqrt{\dfrac{x}{y}}+\sqrt{\dfrac{y}{x}}=\dfrac{\sqrt{x}}{\sqrt{y}}+\dfrac{\sqrt{y}}{\sqrt{x}}$

$\qquad\qquad\qquad =\dfrac{(\sqrt{x})^2+(\sqrt{y})^2}{\sqrt{x}\sqrt{y}}$

$\qquad\qquad\qquad =\dfrac{x+y}{-\sqrt{xy}}$

$\qquad\qquad\qquad =\dfrac{-10}{-1}=10$

0451 답 ③

$0<x<1$이므로 $\underline{x-1<0, 1-x>0}$ ⎱ 근호 안에 있는 식의 값의 부호를 먼저 판단한다.

$z=\sqrt{x-1}\times\sqrt{1-x}+\dfrac{\sqrt{1-x}}{\sqrt{-x}}\times\sqrt{1-\dfrac{1}{x}}$

$=\sqrt{1-x}i\times\sqrt{1-x}+\dfrac{\sqrt{1-x}}{\sqrt{x}i}\times\sqrt{\dfrac{x-1}{x}}$

$=(1-x)i+\dfrac{\sqrt{1-x}}{\sqrt{x}i}\times\dfrac{\sqrt{1-x}i}{\sqrt{x}}$

$=(1-x)i+\dfrac{1-x}{x}$

$=\dfrac{1}{x}-1+(1-x)i$

따라서 복소수 z의 실수부분은 $\dfrac{1}{x}-1$, 허수부분은 $1-x$이므로

그 합은

$$\left(\dfrac{1}{x}-1\right)+(1-x)=-x+\dfrac{1}{x}$$

0452 답 ⑤

0453 답 ②

$\dfrac{\sqrt{a}}{\sqrt{b}}=-\sqrt{\dfrac{a}{b}}$이므로

$a>0,\ b<0\ (\because a\neq 0,\ b\neq 0)$

이때 $|a|<|b|$이므로 $a+b<0$

$\therefore \sqrt{(a+b)^2}+|a|+|b|=|a+b|+a-b$

$\qquad\qquad\qquad\qquad\quad =-(a+b)+a-b$

$\qquad\qquad\qquad\qquad\quad =-2b$

0454 답 ④

$\sqrt{-n+1}\sqrt{n-4}=-\sqrt{-n^2+5n-4}$

$\qquad\qquad\qquad\quad =-\sqrt{(-n+1)(n-4)}$

이므로

$-n+1<0,\ n-4<0$ 또는 $-n+1=0$ 또는 $n-4=0$

$-n+1<0$, 즉 $n>1$을 만족시키는 정수 n은 2, 3, 4, …이고

$n-4<0$, 즉 $n<4$를 만족시키는 정수 n은 3, 2, 1, 0, …이므로

$n=2$ 또는 $n=3$

또한, $-n+1=0$에서 $n=1$, $n-4=0$에서 $n=4$이다.

따라서 구하는 정수 n는 1, 2, 3, 4의 4개이다.

0455 답 ①

$\sqrt{\dfrac{4}{x-5}+1}=\sqrt{\dfrac{4+x-5}{x-5}}=\sqrt{\dfrac{x-1}{x-5}}$에서

$\sqrt{\dfrac{x-1}{x-5}}=-\dfrac{\sqrt{x-1}}{\sqrt{x-5}}$, 즉 $\dfrac{\sqrt{x-1}}{\sqrt{x-5}}=-\sqrt{\dfrac{x-1}{x-5}}$이므로

$x-1>0,\ x-5<0$

$\therefore |x-1|+|x-5|=x-1-(x-5)=4$

따라서 $\underline{4=ax+b}$이므로 $a=0,\ b=4$ ← x에 대한 항등식이므로 계수를 비교한다.

$\therefore a^2+b^2=0^2+4^2=16$

0456 답 ②

$0<|a|<|b|<|c|$에서 $a\neq 0,\ b\neq 0,\ c\neq 0$

$\dfrac{\sqrt{c}}{\sqrt{b}}=-\sqrt{\dfrac{c}{b}}$에서 $b<0,\ c>0$

$\sqrt{a}\sqrt{b}=\sqrt{ab}$에서 $b<0$이므로 $a>0$

ㄱ. $a>0,\ b<0$이므로 $ab<0$

$\quad \therefore |ab|=-ab$ (거짓)

ㄴ. $b<0,\ c>0$이고 $|b|<|c|$이므로 $b+c>0$

$\quad \therefore |b+c|=b+c$ (참)

ㄷ. $ac+bc=(a+b)c$에서

$\quad a>0,\ b<0,\ |a|<|b|$이므로 $a+b<0$이고, $c>0$이므로

$\quad (a+b)c<0$

$\quad \therefore |ac+bc|=-(ac+bc)$ (거짓)

따라서 옳은 것은 ㄴ이다.

0457 답 ②

One Point Lesson

복소수가 실수가 되기 위한 조건은 (허수부분)$=0$이다.

$\beta=a+bi\ (a,\ b$는 실수$)$라 하면

$\alpha+\beta=(3+2i)+(a+bi)=3+a+(2+b)i$

$\alpha\beta=(3+2i)(a+bi)=3a+(3b+2a)i+2bi^2$

$\qquad\quad =(3a-2b)+(3b+2a)i$

$\alpha+\beta$가 실수이므로 $2+b=0$ $\quad \therefore b=-2$

$\alpha\beta$가 실수이므로 $3b+2a=0$ $\quad \therefore a=3$ ← $b=-2$를 대입하면 $-6+2a=0$ $\quad \therefore a=3$

따라서 $\beta=3-2i$이므로

$\alpha^2+\beta^2=(3+2i)^2+(3-2i)^2$

$\qquad\quad =(9+12i-4)+(9-12i-4)=10$

해설 속 칠판

$\alpha=a+bi,\ \beta=c+di\ (a,\ b,\ c,\ d$는 실수, $b\neq 0)$라 할 때

$\alpha+\beta,\ \alpha\beta$가 모두 실수이면 $\alpha,\ \beta$의 허수부분이 모두 0이므로

$\alpha+\beta=(a+c)+(b+d)i$에서 $b+d=0$ $\quad \therefore d=-b$ ……… ㉠

$\alpha\beta=(ac-bd)+(ad+bc)i$에서

$ad+bc=-ab+bc=b(-a+c)=0$ $\quad \therefore c=a$ ……… ㉡

㉠, ㉡에서 $\alpha=a+bi,\ \beta=a-bi$이므로 실수가 아닌 두 복소수 $\alpha,\ \beta$에 대하여 $\alpha+\beta,\ \alpha\beta$가 모두 실수이면 β는 α의 켤레복소수이다.

0458 답 ①

One Point Lesson

주어진 조건과 음수의 제곱근의 성질을 이용하여 두 실수 $x,\ y$의 부호를 결정한다.

$\dfrac{\sqrt{x}}{\sqrt{y}}=-\sqrt{\dfrac{x}{y}}$이므로

$x>0,\ y<0$ 또는 $x=0,\ y\neq 0$

$x^2-y^2i=-x+6yi+12$에서 $x^2-y^2i=(-x+12)+6yi$

복소수가 서로 같을 조건에 의하여

$x^2=-x+12,\ -y^2=6y$

즉, $x^2+x-12=0,\ y^2+6y=0$에서

$(x-3)(x+4)=0,\ y(y+6)=0$

$\therefore x=3,\ y=-6\ (\because x>0,\ y<0)$

따라서 $\alpha=3,\ \beta=-6$이므로

$\alpha\beta=3\times(-6)=-18$

0459 답 ③

One Point Lesson

복소수 z와 그 켤레복소수 $\bar{z}$에 대하여 $z=-\bar{z}$이면 z는 순허수 또는 0이고, $z=\bar{z}$이면 z는 실수임을 이용한다.

$\alpha+\bar{\alpha}=0$, 즉 $\alpha=-\bar{\alpha}\ (\alpha\neq 0)$에서 α는 순허수이므로

$a+b-2=0$ ……… ㉠

$a-b-1\neq 0$ ……… ㉡

$\beta-\bar{\beta}=0$, 즉 $\beta=\bar{\beta}\ (\beta\neq 0)$에서 β는 실수이므로

$a+b-1\neq 0$ ……… ㉢

$a-b+1=0$ ……… ㉣

$\bigcirc$, $\textcircled{e}$을 연립하여 풀면

$a=\dfrac{1}{2}$, $b=\dfrac{3}{2}$

이때 $a=\dfrac{1}{2}$, $b=\dfrac{3}{2}$을 $\bigcirc$, $\textcircled{c}$에 각각 대입하면

$\dfrac{1}{2}-\dfrac{3}{2}-1=-2\neq0$, $\dfrac{1}{2}+\dfrac{3}{2}-1=1\neq0$이므로 조건을 만족시킨다.

$\therefore ab=\dfrac{1}{2}\times\dfrac{3}{2}=\dfrac{3}{4}$

0460 답 ①

조건 (가)에서

$a^2+b^2=(a+bi)\overline{(a+bi)}$ → $(a+bi)\overline{(a+bi)}=(a+bi)(a-bi)=a^2+b^2$

$=\dfrac{47+48i}{47-48i}\times\overline{\left(\dfrac{47+48i}{47-48i}\right)}=\dfrac{47+48i}{47-48i}\times\dfrac{\overline{47+48i}}{\overline{47-48i}}$

$=\dfrac{47+48i}{47-48i}\times\dfrac{47-48i}{47+48i}=1$

조건 (나)에서

$c^2+d^2=(c+di)\overline{(c+di)}$ → $(c+di)\overline{(c+di)}=(c+di)(c-di)=c^2+d^2$

$=\dfrac{49-50i}{49+50i}\times\overline{\left(\dfrac{49-50i}{49+50i}\right)}=\dfrac{49-50i}{49+50i}\times\dfrac{\overline{49-50i}}{\overline{49+50i}}$

$=\dfrac{49-50i}{49+50i}\times\dfrac{49+50i}{49-50i}=1$

$\therefore a^2+b^2+c^2+d^2=(a^2+b^2)+(c^2+d^2)=1+1=2$

【다른 풀이】

$\dfrac{47+48i}{47-48i}=\dfrac{(47+48i)^2}{(47-48i)(47+48i)}=\dfrac{47^2+2\times47\times48i-48^2}{47^2+48^2}$

$=\dfrac{47^2-48^2}{47^2+48^2}+\dfrac{2\times47\times48}{47^2+48^2}i$

에서

$a=\dfrac{47^2-48^2}{47^2+48^2}$, $b=\dfrac{2\times47\times48}{47^2+48^2}$

$\therefore a^2+b^2=\left(\dfrac{47^2-48^2}{47^2+48^2}\right)^2+\left(\dfrac{2\times47\times48}{47^2+48^2}\right)^2$

$=\dfrac{47^4-2\times47^2\times48^2+48^4+4\times47^2\times48^2}{(47^2+48^2)^2}$

$=\dfrac{(47^2)^2+2\times47^2\times48^2+(48^2)^2}{(47^2+48^2)^2}$

$=\dfrac{(47^2+48^2)^2}{(47^2+48^2)^2}=1$

$\dfrac{49-50i}{49+50i}=\dfrac{(49-50i)^2}{(49+50i)(49-50i)}=\dfrac{49^2-2\times49\times50i-50^2}{49^2+50^2}$

$=\dfrac{49^2-50^2}{49^2+50^2}-\dfrac{2\times49\times50}{49^2+50^2}i$

에서

$c=\dfrac{49^2-50^2}{49^2+50^2}$, $d=-\dfrac{2\times49\times50}{49^2+50^2}$

이때 a^2+b^2을 계산한 것과 같은 방법으로 풀면

$c^2+d^2=1$ $=\left(\dfrac{49^2-50^2}{49^2+50^2}\right)^2+\left(-\dfrac{2\times49\times50}{49^2+50^2}\right)^2$

$\therefore a^2+b^2+c^2+d^2$ 이므로 a^2+b^2과 같은 결과가 된다.

$=(a^2+b^2)+(c^2+d^2)$

$=1+1=2$

0461 답 12

두 자연수 α, β가 $n=\alpha+\beta$를 만족시키면

$Z_n=\left(\dfrac{1+i}{2}\right)^n=\left(\dfrac{1+i}{2}\right)^{\alpha+\beta}=\left(\dfrac{1+i}{2}\right)^{\alpha}\times\left(\dfrac{1+i}{2}\right)^{\beta}$이므로

$Z_n=Z_\alpha\times Z_\beta$로 나타낼 수 있다.

$Z_n=\left(\dfrac{1+i}{2}\right)^n$의 n에 1, 2, 3, $\cdots$을 차례대로 대입하면

$n=1$일 때, $Z_1=\dfrac{1+i}{2}$

$n=2$일 때, $Z_2=\left(\dfrac{1+i}{2}\right)^2=\dfrac{1+2i-1}{4}=\dfrac{i}{2}$

$n=3$일 때, $Z_3=Z_1\times Z_2=\dfrac{1+i}{2}\times\dfrac{i}{2}=\dfrac{-1+i}{4}$

$n=4$일 때, $Z_4=Z_2\times Z_2=\left(\dfrac{i}{2}\right)^2=-\dfrac{1}{4}$

$n=5$일 때, $Z_5=Z_1\times Z_4=\dfrac{1+i}{2}\times\left(-\dfrac{1}{4}\right)=-\dfrac{1+i}{8}$

$n=6$일 때, $Z_6=Z_2\times Z_4=\dfrac{i}{2}\times\left(-\dfrac{1}{4}\right)=-\dfrac{i}{8}$

$n=7$일 때, $Z_7=Z_3\times Z_4=\dfrac{-1+i}{4}\times\left(-\dfrac{1}{4}\right)=\dfrac{1-i}{16}$

$n=8$일 때, $Z_8=Z_4\times Z_4=\left(-\dfrac{1}{4}\right)^2=\dfrac{1}{16}$

$\vdots$ → $n=4$일 때 Z_n의 값이 처음으로 실수가 되므로 $Z_n=$(실수)가 되도록 하는 n의 값은 4의 배수이다.

$n=4k$ (k는 자연수)에 대하여 $Z_{4k}=\left(-\dfrac{1}{4}\right)^k$이므로

$4n\times Z_n=4\times4k\times Z_{4k}=16k\times\left(-\dfrac{1}{4}\right)^k$

따라서 $4n\times Z_n$이 정수가 되도록 하는 자연수 k는 1, 2뿐이고

$k=1$일 때 $n=4\times1=4$, $k=2$일 때 $n=4\times2=8$

이므로 구하는 모든 자연수 n의 값의 합은 $4+8=12$

0462 답 ⑤

$\omega=\dfrac{1+\sqrt{7}i}{2}$이므로 $\bar{\omega}=\dfrac{1-\sqrt{7}i}{2}$이다.

$\omega+\bar{\omega}=\dfrac{1+\sqrt{7}i}{2}+\dfrac{1-\sqrt{7}i}{2}=1$

$\omega\bar{\omega}=\dfrac{1+\sqrt{7}i}{2}\times\dfrac{1-\sqrt{7}i}{2}=\dfrac{1+7}{4}=2$

$\therefore z\bar{z}=\dfrac{3\omega-1}{\omega+1}\times\overline{\left(\dfrac{3\omega-1}{\omega+1}\right)}=\dfrac{3\omega-1}{\omega+1}\times\dfrac{3\bar{\omega}-1}{\bar{\omega}+1}$

$=\dfrac{(3\omega-1)(3\bar{\omega}-1)}{(\omega+1)(\bar{\omega}+1)}=\dfrac{9\omega\bar{\omega}-3(\omega+\bar{\omega})+1}{\omega\bar{\omega}+(\omega+\bar{\omega})+1}$

$=\dfrac{9\times2-3\times1+1}{2+1+1}=\dfrac{16}{4}=4$

【다른 풀이】

$z=\dfrac{3\omega-1}{\omega+1}=\dfrac{3\times\dfrac{1+\sqrt{7}i}{2}-1}{\dfrac{1+\sqrt{7}i}{2}+1}=\dfrac{\dfrac{1+3\sqrt{7}i}{2}}{\dfrac{3+\sqrt{7}i}{2}}=\dfrac{1+3\sqrt{7}i}{3+\sqrt{7}i}$

$$\therefore z\bar{z}=\frac{1+3\sqrt{7}i}{3+\sqrt{7}i}\times\overline{\left(\frac{1+3\sqrt{7}i}{3+\sqrt{7}i}\right)}=\frac{1+3\sqrt{7}i}{3+\sqrt{7}i}\times\frac{\overline{1+3\sqrt{7}i}}{\overline{3+\sqrt{7}i}}$$

$$=\frac{1+3\sqrt{7}i}{3+\sqrt{7}i}\times\frac{1-3\sqrt{7}i}{3-\sqrt{7}i}=\frac{1+63}{9+7}=\frac{64}{16}=4$$

0463 답 24

One Point Lesson
두 복소수 $\dfrac{\sqrt{2}}{2+i}$, $\dfrac{3+i}{2}$ 를 각각 거듭제곱해서 규칙을 찾는다.

$z_1=\dfrac{\sqrt{2}}{1+i}$라 하면

$z_1^2=\left(\dfrac{\sqrt{2}}{1+i}\right)^2=\dfrac{2}{2i}=-i$

$z_1^3=z_1^2\times z_1=(-i)\times\dfrac{\sqrt{2}}{1+i}=\dfrac{(-\sqrt{2}i)(1-i)}{(1+i)(1-i)}=\dfrac{-\sqrt{2}-\sqrt{2}i}{2}$

$z_1^4=(z_1^2)^2=(-i)^2=-1$
$z_1^5=z_1^4\times z_1=-z_1$
$z_1^8=(z_1^4)^2=(-1)^2=1$
$z_1^6=z_1^4\times z_1^2=-z_1^2$
$z_1^7=z_1^4\times z_1^3=-z_1^3$
$\vdots$

$z_2=\dfrac{\sqrt{3}+i}{2}$라 하면

$z_2^2=\left(\dfrac{\sqrt{3}+i}{2}\right)^2=\dfrac{2+2\sqrt{3}i}{4}=\dfrac{1+\sqrt{3}i}{2}$

$z_2^3=z_2^2\times z_2=\dfrac{1+\sqrt{3}i}{2}\times\dfrac{\sqrt{3}+i}{2}=\dfrac{4i}{4}=i$
$z_2^4=z_2^3\times z_2=z_2i$
$z_2^5=z_2^3\times z_2^2=z_2^2i$

$z_2^6=(z_2^3)^2=i^2=-1$
$z_2^7=z_2^6\times z_2=-z_2$
$z_2^{12}=(z_2^6)^2=(-1)^2=1$
$z_2^8=z_2^6\times z_2^2=-z_2^2$
$z_2^{11}=z_2^6\times z_2^5=-z_2^5$
$\vdots$

$\left(\dfrac{\sqrt{2}}{1+i}\right)^n+\left(\dfrac{\sqrt{3}+i}{2}\right)^n=2$를 만족시키려면

$\left(\dfrac{\sqrt{2}}{1+i}\right)^n=1$과 $\left(\dfrac{\sqrt{3}+i}{2}\right)^n=1$을 동시에 만족시키는 자연수 n을 찾아야 한다.

$\left(\dfrac{\sqrt{2}}{1+i}\right)^n$은 n이 8의 배수일 때마다 그 값이 1이고,

$\left(\dfrac{\sqrt{3}+i}{2}\right)^n$은 n이 12의 배수일 때마다 그 값이 1이다.

따라서 자연수 n의 최솟값은 8, 12의 최소공배수인 24이다.

0464 답 ②

One Point Lesson
음수의 제곱근의 성질에서 $p<0$, $q<0$일 때 $\sqrt{p}\sqrt{q}=-\sqrt{pq}$임을 이용한다.

$abcd+7=0$에서 $abcd=-7$이므로 $a\neq0$, $b\neq0$, $c\neq0$, $d\neq0$이고 실수 a, b, c, d 중 음수는 홀수 개이다.
(i) 음수가 1개인 경우
　a만 음수일 때　　　실수 4개 있으므로 음수는 1개 또는 3개이다.
　$ki=\sqrt{a}\times\sqrt{b}\times\sqrt{c}\times\sqrt{d}=\sqrt{abcd}=\sqrt{-7}=\sqrt{7}i$
　$\therefore k=\sqrt{7}$
　b, c, d 중 하나가 음수일 때도 같은 방법으로
　$k=\sqrt{7}$
(ii) 음수가 3개인 경우
　a만 양수일 때

$ki=\sqrt{a}\times\sqrt{b}\times\sqrt{c}\times\sqrt{d}=\sqrt{ab}\times(-\sqrt{cd})$
　　$=-\sqrt{ab}\times\sqrt{cd}=-\sqrt{abcd}$
　　$=-\sqrt{-7}=-\sqrt{7}i$
$\therefore k=-\sqrt{7}$
b, c, d 중 하나가 양수일 때도 같은 방법으로
$k=-\sqrt{7}$
(i), (ii)에서 $k=\sqrt{7}$ 또는 $k=-\sqrt{7}$
따라서 구하는 모든 실수 k의 값의 곱은
$\sqrt{7}\times(-\sqrt{7})=-7$

0465 답 ⑤

One Point Lesson
주어진 조건의 양변에 적당한 것을 곱하거나 나누어 식을 변형한 다음 켤레복소수의 성질을 이용한다.

$(z_1+z_2+z_3)(z_1z_2+z_2z_3+z_3z_1)=6z_1z_2z_3$의 양변을
$z_1z_2z_3$으로 나누면 　　$z_1\bar{z_1}=z_2\bar{z_2}=z_3\bar{z_3}=2$에서 $z_1\neq0$, $z_2\neq0$, $z_3\neq0$이므로 $z_1z_2z_3\neq0$

$(z_1+z_2+z_3)\left(\dfrac{z_1z_2+z_2z_3+z_3z_1}{z_1z_2z_3}\right)=6$

$(z_1+z_2+z_3)\left(\dfrac{1}{z_1}+\dfrac{1}{z_2}+\dfrac{1}{z_3}\right)=6$

$(z_1+z_2+z_3)\left(\dfrac{\bar{z_1}}{z_1\bar{z_1}}+\dfrac{\bar{z_2}}{z_2\bar{z_2}}+\dfrac{\bar{z_3}}{z_3\bar{z_3}}\right)=6$

$(z_1+z_2+z_3)\left(\dfrac{\bar{z_1}}{2}+\dfrac{\bar{z_2}}{2}+\dfrac{\bar{z_3}}{2}\right)=6$ $(\because z_1\bar{z_1}=z_2\bar{z_2}=z_3\bar{z_3}=2)$

$(z_1+z_2+z_3)(\bar{z_1}+\bar{z_2}+\bar{z_3})=12$

$\therefore (z_1+z_2+z_3)\overline{(z_1+z_2+z_3)}=12$

0466 답 ③

One Point Lesson
$\alpha=a+bi$, $\beta=c+di$ (a, b, c, d는 자연수)라 하고 켤레복소수의 성질을 이용하여 주어진 조건을 만족시키는 자연수 a, b, c, d의 값을 구한다.

자연수 a, b, c, d에 대하여 $\alpha=a+bi$, $\beta=c+di$라 하면
$\bar{\alpha}=a-bi$, $\bar{\beta}=c-di$
ㄱ. $\alpha\bar{\alpha}+\beta\bar{\beta}=(a+bi)(a-bi)+(c+di)(c-di)$
　　　　$=a^2+b^2+c^2+d^2>0$ (참)
ㄴ. $a=1$, $b=2$, $c=1$, $d=2$라 하면
　$\dfrac{\bar{\alpha}}{\alpha}+\dfrac{\bar{\beta}}{\beta}=\dfrac{1-2i}{1+2i}+\dfrac{1-2i}{1+2i}=\dfrac{(1-2i)^2+(1-2i)^2}{(1+2i)(1-2i)}$

　　　　$=\dfrac{(1-4i-4)+(1-4i-4)}{1-(2i)^2}$

　　　　$=\dfrac{-6-8i}{5}$ (거짓)

ㄷ. $\alpha\bar{\alpha}=5$이므로 　　　허수는 대소 비교를 할 수 없다.
$\alpha\bar{\alpha}=(a+bi)(a-bi)=a^2+b^2=5$
$a^2+b^2=5$에서 a, b는 자연수이므로
$a=1$, $b=2$ 또는 $a=2$, $b=1$
$\alpha\bar{\alpha}-\alpha\bar{\beta}-\beta\bar{\alpha}+\beta\bar{\beta}$
$=\alpha(\bar{\alpha}-\bar{\beta})-\beta(\bar{\alpha}-\bar{\beta})$
$=(\alpha-\beta)(\bar{\alpha}-\bar{\beta})$
$=\{(a-c)+(b-d)i\}\{(a-c)-(b-d)i\}$
$=(a-c)^2+(b-d)^2=20$

이므로

$|a-c|=1$, 즉 $(a-c)^2=1$이면

$(b-d)^2=19$인 자연수 $|b-d|$는 존재하지 않는다.

$|a-c|=2$, 즉 $(a-c)^2=4$이면

$(b-d)^2=16$ $\therefore |b-d|=4$

$|a-c|=3$, 즉 $(a-c)^2=9$이면

$(b-d)^2=11$인 자연수 $|b-d|$는 존재하지 않는다.

$|a-c|=4$, 즉 $(a-c)^2=16$이면

$(b-d)^2=4$ $\therefore |b-d|=2$

(i) $|a-c|=2$, $|b-d|=4$인 경우

$a=1$, $b=2$이면 $c=3$, $d=6$이다.

$\therefore \beta\bar{\beta}=c^2+d^2=3^2+6^2=45$

$a=2$, $b=1$이면 $c=4$, $d=5$이다.

$\therefore \beta\bar{\beta}=c^2+d^2=5^2+4^2=41$

(ii) $|a-c|=4$, $|b-d|=2$인 경우

$a=1$이면 $c=5$이고 $b=2$이면 $d=4$이다.

$\therefore \beta\bar{\beta}=c^2+d^2=4^2+5^2=41$

$a=2$이면 $c=6$이고 $b=1$이면 $d=3$이다.

$\therefore \beta\bar{\beta}=c^2+d^2=6^2+3^2=45$

(i), (ii)에서 $\beta\bar{\beta}$의 최솟값은 41이다. (참)

따라서 옳은 것은 ㄱ, ㄷ이다.

0467 답 $1+i$

$z=\dfrac{1+i}{1-i}=\dfrac{(1+i)^2}{(1-i)(1+i)}=\dfrac{2i}{2}=i$

❶

자연수 k에 대하여

$i^{4k-3}=i$, $i^{4k-2}=-1$, $i^{4k-1}=-i$, $i^{4k}=1$

❷

$\therefore 1+z+z^2+\cdots+z^{125}$

$=1+i+i^2+i^3+\cdots+i^{124}+i^{125}$

$=1+(i-1-i+1)+(i-1-i+1)+\cdots$

$\qquad\qquad +(i-1-i+1)+(i^4)^{31}\times i$

$=1+i$

❸

채점 기준	배점 비율
❶ 복소수 z를 간단히 하기	30%
❷ 허수단위 i의 거듭제곱의 규칙성 찾기	30%
❸ $1+z+z^2+\cdots+z^{125}$의 값 구하기	40%

0468 답 1

$z_1=(x^2+x-6)+(y^2-3y+2)i$에서

$iz_1=-(y^2-3y+2)+(x^2+x-6)i$

❶

iz_1이 순허수이려면

$y^2-3y+2=0$, $x^2+x-6\neq0$

$y^2-3y+2=0$에서 $(y-1)(y-2)=0$

$\therefore y=1$ 또는 $y=2$ ……㉠

$x^2+x-6\neq0$에서 $(x+3)(x-2)\neq0$

$\therefore x\neq-3$이고 $x\neq2$ ……㉡

$z_2=(x^2-x-2)+(y^2+2y-3)i$에서

z_2가 순허수이려면

$x^2-x-2=0$, $y^2+2y-3\neq0$

$x^2-x-2=0$에서 $(x+1)(x-2)=0$

$\therefore x=-1$ 또는 $x=2$ ……㉢

$y^2+2y-3\neq0$에서 $(y+3)(y-1)\neq0$

$\therefore y\neq-3$이고 $y\neq1$ ……㉣

❷

㉡, ㉢을 동시에 만족시키려면

$x=-1$

㉠, ㉣을 동시에 만족시키려면

$y=2$

❸

$\therefore x+y=(-1)+2=1$

❹

채점 기준	배점 비율
❶ 복소수 iz_1을 $a+bi$ 꼴로 나타내기	20%
❷ iz_1, z_2가 순허수가 되기 위한 조건 구하기	50%
❸ x, y의 값 구하기	20%
❹ $x+y$의 값 구하기	10%

0469 답 -2

$a=a+bi$ (a, b는 실수, $a\neq0$)라 하면

$a^2+(\bar{a})^2=0$에서 $(a+bi)^2+(a-bi)^2=0$

$(a^2+2abi-b^2)+(a^2-2abi-b^2)=0$, $2(a^2-b^2)=0$

$\therefore a^2=b^2$

❶

복소수 a에 대하여

$a+\bar{a}=(a+bi)+(a-bi)=2a$

$a\bar{a}=(a+bi)(a-bi)=a^2+b^2=2a^2$ ($\because a^2=b^2$)

❷

$\therefore \dfrac{(a+\bar{a})^3}{a^3+(\bar{a})^3}=\dfrac{(a+\bar{a})^3}{(a+\bar{a})^3-3a\bar{a}(a+\bar{a})}$

$\qquad\qquad =\dfrac{(2a)^3}{(2a)^3-3\times2a^2\times2a}=\dfrac{8a^3}{-4a^3}=-2$

❸

채점 기준	배점 비율
❶ $a=a+bi$ (a, b는 실수)라 하고 조건을 이용하여 a, b 사이의 관계식 구하기	30%
❷ $a+\bar{a}$, $a\bar{a}$를 a, b에 대한 식으로 나타내기	30%
❸ $\dfrac{(a+\bar{a})^3}{a^3+(\bar{a})^3}$의 값 구하기	40%

 **이차방정식**

0470 답 근이 없다.
$x^2=-4$를 만족시키는 실수 x는 없으므로 근이 없다.

0471 답 $x=\pm 2i$
$x^2=-4$에서 $x=\pm\sqrt{-4}$ $\therefore x=\pm 2i$

0472 답 $x=1$ 또는 $x=6$, 실근
$x^2-7x+6=0$에서 $(x-1)(x-6)=0$ $\therefore x=1$ 또는 $x=6$

0473 답 $x=3\pm 2\sqrt{2}$, 실근
$x=-(-3)\pm\sqrt{(-3)^2-1\times 1}=3\pm\sqrt{8}=3\pm 2\sqrt{2}$

다른 풀이
$x^2-6x+1=0$에서 $x^2-6x+9=8$
$(x-3)^2=8$, $x-3=\pm 2\sqrt{2}$ $\therefore x=3\pm 2\sqrt{2}$

0474 답 $x=4$(중근), 실근
$x^2-8x+16=0$에서 $(x-4)^2=0$
$\therefore x=4$(중근)

0475 답 $x=-\dfrac{1}{2}$ 또는 $x=\dfrac{1}{3}$, 실근
$x^2+\dfrac{1}{6}x-\dfrac{1}{6}=0$의 양변에 6을 곱하면 $6x^2+x-1=0$
$(2x+1)(3x-1)=0$ $\therefore x=-\dfrac{1}{2}$ 또는 $x=\dfrac{1}{3}$

0476 답 $x=\dfrac{-3\pm\sqrt{5}}{2}$, 실근
$x=\dfrac{-3\pm\sqrt{3^2-4\times 1\times 1}}{2\times 1}=\dfrac{-3\pm\sqrt{5}}{2}$

0477 답 $x=\dfrac{-1\pm\sqrt{3}i}{4}$, 허근
$x=\dfrac{-1\pm\sqrt{1^2-4\times 1}}{4}=\dfrac{-1\pm\sqrt{3}i}{4}$

0478 답 서로 다른 두 실근
주어진 이차방정식의 판별식을 D라 하면
$D=(-1)^2-4\times 5\times(-3)=61>0$
이므로 서로 다른 두 실근을 갖는다.

선생님 톡톡
이차방정식 $ax^2+bx+c=0$에서 이차항의 계수와 상수항의 부호가 다르면, 즉 $ac<0$이면 $D=b^2-4ac>0$이므로 서로 다른 두 실근을 가져.

0479 답 중근
주어진 이차방정식의 판별식을 D라 하면
$\dfrac{D}{4}=(-2)^2-4\times 1=0$
이므로 중근을 갖는다.

0480 답 서로 다른 두 허근
주어진 이차방정식의 판별식을 D라 하면
$\dfrac{D}{4}=(\sqrt{2})^2-2\times 3=-4<0$
이므로 서로 다른 두 허근을 갖는다.

[0481~0483]
이차방정식 $x^2+3x-k=0$의 판별식을 D라 하면
$D=3^2-4\times 1\times(-k)=9+4k$

0481 답 $k>-\dfrac{9}{4}$
서로 다른 두 실근을 가지려면 $D>0$이어야 하므로
$D=9+4k>0$ $\therefore k>-\dfrac{9}{4}$

0482 답 $k=-\dfrac{9}{4}$
중근을 가지려면 $D=0$이어야 하므로
$D=9+4k=0$ $\therefore k=-\dfrac{9}{4}$

0483 답 $k<-\dfrac{9}{4}$
서로 다른 두 허근을 가지려면 $D<0$이어야 하므로
$D=9+4k<0$ $\therefore k<-\dfrac{9}{4}$

[0484~0486]
이차방정식 $x^2-10x+5k=0$의 판별식을 D라 하면
$\dfrac{D}{4}=(-5)^2-1\times 5k=25-5k$

0484 답 $k<5$
서로 다른 두 실근을 가지려면 $D>0$이어야 하므로
$\dfrac{D}{4}=25-5k>0$ $\therefore k<5$

0485 답 $k=5$
중근을 가지려면 $D=0$이어야 하므로
$\dfrac{D}{4}=25-5k=0$ $\therefore k=5$

0486 답 $k>5$
서로 다른 두 허근을 가지려면 $D<0$이어야 하므로
$\dfrac{D}{4}=25-5k<0$ $\therefore k>5$

[0487~0492]
$x^2+2x-7=0$에서 이차방정식의 근과 계수의 관계에 의하여
$\alpha+\beta=-\dfrac{2}{1}=-2$, $\alpha\beta=\dfrac{-7}{1}=-7$

0487 답 -2 **0488** 답 -7

0489 답 18

$\alpha^2+\beta^2=(\alpha+\beta)^2-2\alpha\beta=(-2)^2-2\times(-7)=4+14=18$

0490 답 $4\sqrt{2}$

$(\alpha-\beta)^2=(\alpha+\beta)^2-4\alpha\beta=(-2)^2-4\times(-7)$
$\qquad\qquad =4-(-28)=32$
$\therefore |\alpha-\beta|=\sqrt{32}=4\sqrt{2}$

0491 답 -4

$(\alpha-1)(\beta-1)=\alpha\beta-(\alpha+\beta)+1=(-7)-(-2)+1=-4$

0492 답 $-\dfrac{18}{7}$

$\dfrac{\beta}{\alpha}+\dfrac{\alpha}{\beta}=\dfrac{\beta^2+\alpha^2}{\alpha\beta}=\dfrac{18}{-7}=-\dfrac{18}{7}$

0493 답 $x^2-2x-15=0$

$x^2-\{(-3)+5\}x+(-3)\times 5=0$
$\therefore x^2-2x-15=0$

0494 답 $x^2-4x+1=0$

$x^2-\{(2+\sqrt{3})+(2-\sqrt{3})\}x+(2+\sqrt{3})\times(2-\sqrt{3})=0$
$\therefore x^2-4x+1=0$

0495 답 $x^2-6x+10=0$

$x^2-\{(3+i)+(3-i)\}x+(3+i)\times(3-i)=0$
$\therefore x^2-6x+10=0$

0496 답 $x^2-2x+6=0$

$x^2-\{(1+\sqrt{5}i)+(1-\sqrt{5}i)\}x+(1+\sqrt{5}i)\times(1-\sqrt{5}i)=0$
$\therefore x^2-2x+6=0$

0497 답 $6x^2-7x-3=0$

$6\left[x^2-\left\{\dfrac{3}{2}+\left(-\dfrac{1}{3}\right)\right\}x+\dfrac{3}{2}\times\left(-\dfrac{1}{3}\right)\right]=0$에서

$6\left(x^2-\dfrac{7}{6}x-\dfrac{1}{2}\right)=0$

$\therefore 6x^2-7x-3=0$

0498 답 $\left(x-\dfrac{1+\sqrt{17}}{2}\right)\left(x-\dfrac{1-\sqrt{17}}{2}\right)$

$x^2-x-4=0$에서 근의 공식에 의하여

$x=\dfrac{-(-1)\pm\sqrt{(-1)^2-4\times 1\times(-4)}}{2\times 1}=\dfrac{1\pm\sqrt{17}}{2}$

$\therefore x^2-x-4=\left(x-\dfrac{1+\sqrt{17}}{2}\right)\left(x-\dfrac{1-\sqrt{17}}{2}\right)$

0499 답 $(x+6i)(x-6i)$

$x^2+36=0$에서 $x^2=-36$ $\therefore x=\pm 6i$
$\therefore x^2+36=(x+6i)(x-6i)$

0500 답 $2\left(x-\dfrac{5+\sqrt{31}i}{4}\right)\left(x-\dfrac{5-\sqrt{31}i}{4}\right)$

$2x^2-5x+7=0$에서 근의 공식에 의하여

$x=\dfrac{-(-5)\pm\sqrt{(-5)^2-4\times 2\times 7}}{2\times 2}=\dfrac{5\pm\sqrt{-31}}{4}$

$\quad =\dfrac{5\pm\sqrt{31}i}{4}$

$\therefore 2x^2-5x+7=2\left(x-\dfrac{5+\sqrt{31}i}{4}\right)\left(x-\dfrac{5-\sqrt{31}i}{4}\right)$

0501 답 $a=-2,\ b=-2$

$a,\ b$가 유리수이고 주어진 이차방정식의 한 근이 $1+\sqrt{3}$이므로 다른 한 근은 $1-\sqrt{3}$이다.
따라서 이차방정식의 근과 계수의 관계에 의하여
$(1+\sqrt{3})+(1-\sqrt{3})=-a,\ (1+\sqrt{3})\times(1-\sqrt{3})=b$
$\therefore a=-2,\ b=-2$

0502 답 $a=-6,\ b=1$

$a,\ b$가 유리수이고 주어진 이차방정식의 한 근이 $3-2\sqrt{2}$이므로 다른 한 근은 $3+2\sqrt{2}$이다.
따라서 이차방정식의 근과 계수의 관계에 의하여
$(3-2\sqrt{2})+(3+2\sqrt{2})=-a,\ (3-2\sqrt{2})\times(3+2\sqrt{2})=b$
$\therefore a=-6,\ b=1$

0503 답 $a=-4,\ b=5$

$a,\ b$가 실수이고 주어진 이차방정식의 한 근이 $2-i$이므로 다른 한 근은 $2+i$이다.
따라서 이차방정식의 근과 계수의 관계에 의하여
$(2-i)+(2+i)=-a,\ (2-i)\times(2+i)=b$
$\therefore a=-4,\ b=5$

0504 답 $a=2,\ b=3$

$a,\ b$가 실수이고 주어진 이차방정식의 한 근이 $-1+\sqrt{2}i$이므로 다른 한 근은 $-1-\sqrt{2}i$이다.
따라서 이차방정식의 근과 계수의 관계에 의하여
$(-1+\sqrt{2}i)+(-1-\sqrt{2}i)=-a,$
$(-1+\sqrt{2}i)\times(-1-\sqrt{2}i)=b$
$\therefore a=2,\ b=3$

STEP 2 유형 **마스터** 본문 080~094쪽

0505 답 ⑤

0506 답 ④

이차방정식의 근을 근의 공식을 이용하여 구하면
$x=\dfrac{-(-\sqrt{2})\pm\sqrt{(-\sqrt{2})^2-4\times 1\times 3}}{2\times 1}=\dfrac{\sqrt{2}\pm\sqrt{10}i}{2}$

따라서 $a=2,\ b=10$이므로
$a-b=2-10=-8$

0507 답 ③

$x+\dfrac{1}{x}=1$의 양변에 x를 곱하면 $x^2+1=x$

$x^2-x+1=0$

위의 이차방정식의 근을 근의 공식을 이용하여 구하면

$x=\dfrac{-(-1)\pm\sqrt{(-1)^2-4\times1\times1}}{2\times1}=\dfrac{1\pm\sqrt{3}i}{2}$

따라서 $a=1$, $b=3$이므로

$ab=1\times3=3$

0508 답 ③

$(2x-1)^2=4(2x-1)-5$에서 $4x^2-4x+1=8x-4-5$

$2x^2-6x+5=0$

위의 이차방정식의 근을 근의 공식을 이용하여 구하면

$x=\dfrac{3\pm\sqrt{3^2-2\times5}}{2}=\dfrac{3\pm i}{2}$

따라서 $a=3$, $b=1$이므로

$a+b=3+1=4$

0509 답 ⑤

$(a^2-2a-3)x+(2b^2+b-3)=0$이 x에 대한 항등식이므로

$a^2-2a-3=0$, $2b^2+b-3=0$

$a^2-2a-3=0$에서 $(a+1)(a-3)=0$

$\therefore a=-1$ 또는 $a=3$

또한, $2b^2+b-3=0$에서 $(2b+3)(b-1)=0$

$\therefore b=-\dfrac{3}{2}$ 또는 $b=1$

따라서 $a+b$는 a, b가 모두 양수일 때, 즉 $a=3$, $b=1$일 때 최대이므로 $a+b$의 최댓값은

$3+1=4$

0510 답 ③

0511 답 ②

이차방정식 $x^2+kx+4=0$의 한 근이 $1+\sqrt{5}$이므로

$(1+\sqrt{5})^2+k(1+\sqrt{5})+4=0$

$k(1+\sqrt{5})=-(10+2\sqrt{5})$

$\therefore k=-\dfrac{10+2\sqrt{5}}{1+\sqrt{5}}=-\dfrac{(10+2\sqrt{5})(1-\sqrt{5})}{(1+\sqrt{5})(1-\sqrt{5})}$

$=-\dfrac{-8\sqrt{5}}{-4}=-2\sqrt{5}$

↳ 분모에 무리식이 있을 때는 분모를 유리화한다.

$k=-2\sqrt{5}$를 주어진 이차방정식에 대입하면

$x^2-2\sqrt{5}x+4=0$

$\therefore x=-(-\sqrt{5})\pm\sqrt{(-\sqrt{5})^2-1\times4}=\sqrt{5}\pm1$

따라서 다른 한 근은 $\sqrt{5}-1$이다.

0512 답 0

← 이차항의 계수가 0이 아니다.

$(k+1)x^2-x+k^2-2k-2=0$이 x에 대한 이차방정식이므로

$k+1\neq0$ $\quad\therefore k\neq-1$ ······ ㉠

주어진 이차방정식의 한 근이 1이므로

$(k+1)\times1^2-1+k^2-2k-2=0$

$k^2-k-2=0$, $(k+1)(k-2)=0$

$\therefore k=-1$ 또는 $k=2$ ······ ㉡

㉠, ㉡에서 $k=2$

$k=2$를 주어진 이차방정식에 대입하면

$3x^2-x-2=0$이므로 $(3x+2)(x-1)=0$

$\therefore x=-\dfrac{2}{3}$ 또는 $x=1$

따라서 다른 한 근은 $-\dfrac{2}{3}$이므로 $a=-\dfrac{2}{3}$

$\therefore 3a+k=3\times\left(-\dfrac{2}{3}\right)+2=0$

0513 답 ④

이차방정식 $x^2+x-1=0$의 한 근이 α이므로 $\alpha^2+\alpha-1=0$

$\alpha\neq0$이므로 양변을 α로 나누면 $\alpha+1-\dfrac{1}{\alpha}=0$

따라서 $\alpha-\dfrac{1}{\alpha}=-1$이므로

$a^3-\dfrac{1}{a^3}=\left(a-\dfrac{1}{a}\right)^3+3\left(a-\dfrac{1}{a}\right)$ ← $x^3-y^3=(x-y)^3+3xy(x-y)$

$\phantom{a^3-\dfrac{1}{a^3}}=(-1)^3+3\times(-1)=-4$

0514 답 ②

이차방정식 $x^2+k(2p-3)x-(p^2-2)k+q+2=0$의 한 근이 1이므로

$1^2+k(2p-3)\times1-(p^2-2)k+q+2=0$

$-(p^2-2p+1)k+q+3=0$

이 등식이 k의 값에 관계없이 항상 성립하므로

$p^2-2p+1=0$, $q+3=0$에서 $(p-1)^2=0$, $q=-3$

따라서 $p=1$, $q=-3$이므로

$p+q=1+(-3)=-2$

0515 답 ②

0516 답 ④

$3x^2+2|x|-5=0$에서

(i) $x<0$일 때

$3x^2-2x-5=0$이므로 $(x+1)(3x-5)=0$

$\therefore x=-1$ 또는 $x=\dfrac{5}{3}$

이때 $x<0$이므로 $x=-1$

(ii) $x\geq0$일 때

$3x^2+2x-5=0$이므로 $(3x+5)(x-1)=0$

$\therefore x=-\dfrac{5}{3}$ 또는 $x=1$

이때 $x\geq0$이므로 $x=1$

(i), (ii)에서 $x=-1$ 또는 $x=1$

해설 속 **칠판** 절댓값을 포함한 방정식의 풀이

(1) $|x-a|=b$ 꼴 (절댓값 기호가 1개인 경우)
절댓값 기호 안의 식 $x-a$의 값이 0이 되는 x의 값 a를 경계로 하여 다음과 같이 2개의 범위로 나누어서 푼다.
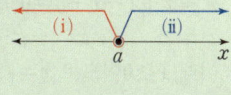
(i) $x<a$ (ii) $x\geq a$

(2) $|x-a|\pm|x-b|=c$ 꼴 (절댓값 기호가 2개인 경우)
절댓값 기호 안의 식 $x-a$, $x-b$의 값이 0이 되는 x의 값 a, b를 경계로 하여 다음과 같이 3개의 범위로 나누어서 푼다.
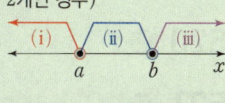
(i) $x<a$ (ii) $a\leq x<b$ (iii) $x\geq b$

0517 답 ①

<small>$\sqrt{a^2}=|a|=\begin{cases}-a & (a<0)\\a & (a\geq0)\end{cases}$임을 이용한다.</small>

$(x-1)^2+\sqrt{(x-1)^2}=2$에서 $(x-1)^2+|x-1|=2$

(i) $x-1<0$일 때
$(x-1)^2-(x-1)=2$, $x^2-3x=0$
$x(x-3)=0$ ∴ $x=0$ 또는 $x=3$
이때 $x<1$이므로 $x=0$

(ii) $x-1\geq0$일 때
$(x-1)^2+x-1=2$, $x^2-x-2=0$
$(x+1)(x-2)=0$ ∴ $x=-1$ 또는 $x=2$
이때 $x\geq1$이므로 $x=2$

(i), (ii)에서 $x=0$ 또는 $x=2$
따라서 모든 근의 합은
$0+2=2$

0518 답 ④

$x|x-3|=|1-x|$에서

(i) $x<1$일 때, $x-3<0$, $1-x>0$이므로
$x(-x+3)=1-x$, $x^2-4x+1=0$
∴ $x=2\pm\sqrt{3}$
이때 $x<1$이므로 $x=2-\sqrt{3}$

(ii) $1\leq x<3$일 때, $x-3<0$, $1-x\leq0$이므로
$x(-x+3)=-(1-x)$, $x^2-2x-1=0$
∴ $x=1\pm\sqrt{2}$
이때 $1\leq x<3$이므로 $x=1+\sqrt{2}$

(iii) $x\geq3$일 때, $x-3\geq0$, $1-x<0$이므로
$x(x-3)=-(1-x)$, $x^2-4x+1=0$
∴ $x=2\pm\sqrt{3}$
이때 $x\geq3$이므로 $x=2+\sqrt{3}$

(i), (ii), (iii)에서
$x=2-\sqrt{3}$ 또는 $x=1+\sqrt{2}$ 또는 $x=2+\sqrt{3}$
따라서 모든 근의 곱은
$(2-\sqrt{3})\times(1+\sqrt{2})\times(2+\sqrt{3})=1+\sqrt{2}$

0519 답 ⑤

$x^2+\sqrt{(x+1)^2}=\sqrt{x^2}+3$에서 $x^2+|x+1|=|x|+3$
∴ $x^2+|x+1|-|x|-3=0$ <small>$\sqrt{(a+b)^2}$ 꼴을 간단히 할 때는 먼저 $a+b$의 값의 부호를 조사한다.</small>

(i) $x<-1$일 때, $x+1<0$, $x<0$이므로
$x^2-(x+1)+x-3=0$, $x^2-4=0$
$x^2=4$ ∴ $x=\pm2$
이때 $x<-1$이므로 $x=-2$

(ii) $-1\leq x<0$일 때, $x+1\geq0$, $x<0$이므로
$x^2+x+1+x-3=0$, $x^2+2x-2=0$
∴ $x=-1\pm\sqrt{3}$
이때 $-1\leq x<0$이므로 근이 존재하지 않는다.
<small>$1<\sqrt{3}<2$이므로 $0<-1+\sqrt{3}<1$, $-3<-1-\sqrt{3}<-2$</small>

(iii) $x\geq0$일 때, $x+1\geq0$, $x\geq0$이므로
$x^2+x+1-x-3=0$, $x^2-2=0$
$x^2=2$ ∴ $x=\pm\sqrt{2}$
이때 $x\geq0$이므로 $x=\sqrt{2}$

(i), (ii), (iii)에서 $x=-2$ 또는 $x=\sqrt{2}$

0520 답 ③

0521 답 ④

연속하는 세 짝수를 각각 $2x$, $2x+2$, $2x+4$ (x는 자연수)라 하자.

연속하는 세 짝수의 제곱의 합이 308이므로
$(2x)^2+(2x+2)^2+(2x+4)^2=308$
$4x^2+4x^2+8x+4+4x^2+16x+16=308$
$x^2+2x-24=0$, $(x+6)(x-4)=0$
∴ $x=-6$ 또는 $x=4$
이때 x가 자연수이므로 $x=4$
따라서 연속하는 세 짝수는 8, 10, 12이므로 구하는 세 짝수의 합은
$8+10+12=30$

0522 답 ④

한 변의 길이가 a cm인 정삼각형의 넓이는 $\dfrac{\sqrt{3}}{4}a^2$ cm², 각 변의 길이를 1 cm만큼씩 늘인 정삼각형의 넓이는 $\dfrac{\sqrt{3}}{4}(a+1)^2$ cm²이므로

$2\times\dfrac{\sqrt{3}}{4}a^2=\dfrac{\sqrt{3}}{4}(a+1)^2$, $a^2-2a-1=0$
∴ $a=1\pm\sqrt{2}$
이때 a는 양수이므로 $a=1+\sqrt{2}$

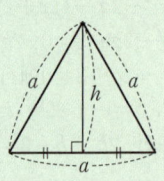
0523 답 ③

길의 폭을 x m라 하면 남은 땅의 가로, 세로의 길이는 각각
$(32-x)$ m, $(20-2x)$ m이므로
$(32-x)(20-2x)=480$
$2x^2-84x+640=480$, $x^2-42x+80=0$
$(x-2)(x-40)=0$
∴ $x=2$ 또는 $x=40$
이때 $20-2x>0$에서 $0<x<10$이므로 $x=2$
따라서 구하는 길의 폭은 2 m이다. <small>변의 길이이므로 양수이다.</small>

0524 답 30

올해 이 제품의 판매 가격은 $10000\left(1+\dfrac{x}{100}\right)$원이고, 이 제품을 주말 특가로 x % 할인한 판매 가격이 9100원이므로
$10000\left(1+\dfrac{x}{100}\right)\left(1-\dfrac{x}{100}\right)=9100$
$10000-x^2=9100$, $x^2=900$
∴ $x=30$ ($\because x>0$)

0525 답 ⑤

0526 답 ①

이차방정식 $x^2+ax+a-1=0$의 판별식을 D라 하면
$D=a^2-4\times1\times(a-1)=a^2-4a+4=(a-2)^2$
이 이차방정식이 중근을 가지려면 $D=0$이어야 하므로
$(a-2)^2=0$ ∴ $a=2$
$a=2$를 주어진 이차방정식에 대입하면
$x^2+2x+1=0$, $(x+1)^2=0$ ∴ $x=-1$
따라서 $p=-1$이므로
$ap=2\times(-1)=-2$

0527 답 ③

주어진 방정식이 x에 대한 이차방정식이므로
$m-2\neq0$ ∴ $m\neq2$ …… ㉠
이차방정식 $(m-2)x^2+2mx+m+3=0$의 판별식을 D라 하면
$\dfrac{D}{4}=m^2-(m-2)\times(m+3)=m^2-m^2-m+6=-m+6$
이 이차방정식이 실근을 가지려면 $D\geq0$이어야 하므로
$-m+6\geq0$ ∴ $m\leq6$ …… ㉡
따라서 ㉠, ㉡에서 자연수 m은 1, 3, 4, 5, 6의 5개이다.

0528 답 ①

이차방정식 $4x^2+2(2k+m)x+k^2-k+n=0$의 판별식을 D라 하면
$\dfrac{D}{4}=(2k+m)^2-4\times(k^2-k+n)$
$=(4k^2+4km+m^2)-4k^2+4k-4n$
$=4(m+1)k+m^2-4n$
이 이차방정식이 중근을 가지려면 $D=0$이어야 하므로
$4(m+1)k+m^2-4n=0$
이 등식이 k의 값에 관계없이 항상 성립하므로
$m+1=0$, $m^2-4n=0$에서 $m=-1$, $n=\dfrac{1}{4}m^2$
따라서 $m=-1$, $n=\dfrac{1}{4}$이므로
$m+n=(-1)+\dfrac{1}{4}=-\dfrac{3}{4}$

0529 답 ④

이차방정식 $x^2+2mx-n^2+2=0$의 판별식을 D라 하면
$\dfrac{D}{4}=m^2-1\times(-n^2+2)=m^2+n^2-2$
이 이차방정식이 중근을 가지려면 $D=0$이어야 하므로
$m^2+n^2-2=0$ …… ㉠
ㄱ. 이차방정식 $x^2+mx+n^2-3=0$의 판별식을 D_1이라 하면
　　$D_1=m^2-4\times1\times(n^2-3)=m^2-4n^2+12=5m^2+4$ ($\because$ ㉠)
　　에서 $D_1>0$이므로 이 이차방정식은 서로 다른 두 실근을 갖는다.
　　_{임의의 실수 x에 대하여}
　　_{$x^2\geq0$이므로 $m^2\geq0$}
ㄴ. 이차방정식 $x^2-2nx+2-m^2=0$의 판별식을 D_2라 하면
　　$\dfrac{D_2}{4}=(-n)^2-1\times(2-m^2)=m^2+n^2-2=0$ ($\because$ ㉠)
　　이므로 이 이차방정식은 중근을 갖는다.
ㄷ. 이차방정식 $x^2+2mx-n^2+1=0$의 판별식을 D_3이라 하면
　　$\dfrac{D_3}{4}=m^2-1\times(-n^2+1)=m^2+n^2-1=1$ ($\because$ ㉠)
　　에서 $D_3>0$이므로 이 이차방정식은 서로 다른 두 실근을 갖는다.
따라서 항상 서로 다른 두 실근을 갖는 이차방정식인 것은 ㄱ, ㄷ이다.

0530 답 ④

0531 답 ③

x에 대한 이차방정식 $x^2-2kx+k^2-2k+7=0$의 판별식을 D라 하면
$\dfrac{D}{4}=(-k)^2-1\times(k^2-2k+7)=2k-7$
이 이차방정식이 실근을 갖지 않으려면 $D<0$이어야 하므로
$2k-7<0$ ∴ $k<\dfrac{7}{2}$
따라서 자연수 k는 1, 2, 3의 3개이다.

0532 답 ③

이차방정식 $2x^2-x-3+k=0$의 판별식을 D_1이라 하면
$D_1=(-1)^2-4\times2\times(-3+k)=25-8k$
이 이차방정식이 허근을 가지려면 $D_1<0$이어야 하므로
$25-8k<0$ ∴ $k>\dfrac{25}{8}$ …… ㉠
이차방정식 $x^2-(2-k)x+k-2=0$의 판별식을 D_2라 하면
$D_2=\{-(2-k)\}^2-4(k-2)=k^2-8k+12$
이 이차방정식이 중근을 가지려면 $D_2=0$이어야 하므로
$k^2-8k+12=0$, $(k-2)(k-6)=0$
∴ $k=2$ 또는 $k=6$ …… ㉡
㉠, ㉡에서 $k=6$

0533 답 ⑤

이차방정식 $(b+c)x^2+2ax+c-b=0$의 판별식을 D라 하면
$\dfrac{D}{4}=a^2-(b+c)\times(c-b)=a^2+b^2-c^2$
이 이차방정식이 허근을 가지려면 $D<0$이어야 하므로
$a^2+b^2-c^2<0$ ∴ $a^2+b^2<c^2$
따라서 a, b, c를 세 변의 길이로 하는 삼각형 ABC는
∠C>90°인 둔각삼각형이다.

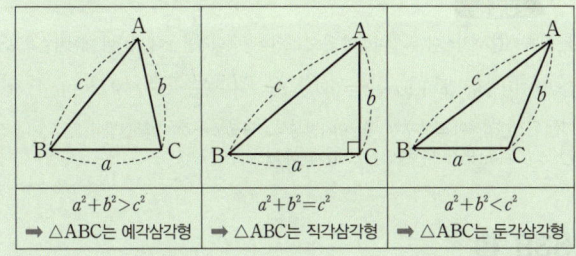

해설 속 칠판 **변의 길이에 대한 삼각형의 모양**

△ABC에서 $\overline{AB}=c$, $\overline{BC}=a$, $\overline{CA}=b$이고 가장 긴 변의 길이가 c일 때

$a^2+b^2>c^2$	$a^2+b^2=c^2$	$a^2+b^2<c^2$
➡ △ABC는 예각삼각형	➡ △ABC는 직각삼각형	➡ △ABC는 둔각삼각형

0534 답 서로 다른 두 허근

$p\neq2$, $q\neq1$인 두 실수 p, q에 대하여
$\dfrac{\sqrt{q-1}}{\sqrt{2-p}}=-\sqrt{\dfrac{q-1}{2-p}}$이 성립하므로 $q-1>0$, $2-p<0$
∴ $p>2$, $q>1$
이차방정식 $px^2+x+q=0$의 판별식을 D라 하면
$D=1-4\times p\times q=1-4pq$
이때 $p>2$, $q>1$이므로
$pq>2$, $-4pq<-8$에서 $1-4pq<-7$

따라서 $D=1-4pq<-7$, 즉 $D<0$이므로
이 이차방정식은 서로 다른 두 허근을 갖는다.

0535 답 ②

0536 답 ①

주어진 이차식이 완전제곱식이 되려면 x에 대한 이차방정식
$x^2-2kx+3k^2-3k-2=0$이 중근을 가져야 하므로 이 이차방정식의 판별식을 D라 하면

$$\frac{D}{4}=(-k)^2-1\times(3k^2-3k-2)=0$$

$$2k^2-3k-2=0,\ (2k+1)(k-2)=0$$

$$\therefore k=-\frac{1}{2}\ \text{또는}\ k=2$$

따라서 모든 실수 k의 값의 곱은

$$\left(-\frac{1}{2}\right)\times 2=-1$$

0537 답 ④

이차식 $x^2+4xy+y^2+6x+6y+k$를 x에 대하여 내림차순으로 정리하면

$$x^2+2(2y+3)x+y^2+6y+k$$

이 식이 x, y에 대한 두 일차식의 곱으로 인수분해되려면 x에 대한 이차방정식 $x^2+2(2y+3)x+y^2+6y+k=0$의 판별식을 D_1이라 할 때

$$\frac{D_1}{4}=(2y+3)^2-1\times(y^2+6y+k)$$
$$=4y^2+12y+9-y^2-6y-k$$
$$=3y^2+6y+9-k$$

이차방정식의 두 근이 $-(2y+3)\pm\sqrt{\frac{D_1}{4}}$이므로 $\frac{D_1}{4}$이 완전제곱식이 되어야 두 일차식의 곱으로 인수분해된다.

가 완전제곱식이 되어야 한다.
따라서 y에 대한 이차방정식 $3y^2+6y+9-k=0$의 판별식을 D_2라 하면 $D_2=0$이어야 하므로

$$\frac{D_2}{4}=3^2-3\times(9-k)=0,\ 3k-18=0$$

$$\therefore k=6$$

👨 선생님 톡톡

x, y에 대한 이차식이 두 일차식의 곱으로 인수분해되려면 x에 대하여 내림차순으로 정리한 이차방정식 $x^2+bx+c=0$의 근 $x=\dfrac{-b\pm\sqrt{b^2-4c}}{2}$에서 b^2-4c가 y에 대한 완전제곱식이 되어야 해. 즉, 이차방정식 $x^2+bx+c=0$의 판별식 $D_1=b^2-4c=0$의 판별식 $D_2=0$이어야 해.

0538 답 ②

주어진 이차식이 $4(x+n)^2$ 꼴로 인수분해되려면 이 이차식은 완전제곱식이 되어야 한다.
즉, x에 대한 이차방정식 $4x^2+4(m+1)x+m^2-m+4=0$이 중근을 가져야 하므로 이 이차방정식의 판별식을 D라 하면

$$\frac{D}{4}=\{2(m+1)\}^2-4\times(m^2-m+4)=0$$

$$4m^2+8m+4-4m^2+4m-16=0,\ 12m-12=0$$

$$\therefore m=1$$

$m=1$을 주어진 이차식에 대입하면 $4x^2+8x+4$이고, 이것은 $4(x+1)^2$으로 인수분해되므로 $n=1$

$$\therefore m+n=1+1=2$$

0539 답 ④

주어진 이차식을 x에 대하여 내림차순으로 정리하면

$$x^2+2(2y-b)x+3y^2-2by+b^2-a^2-c^2$$

이 식이 x, y에 대한 두 일차식의 곱으로 인수분해되므로 x에 대한 이차방정식 $x^2+2(2y-b)x+3y^2-2by+b^2-a^2-c^2=0$의 판별식을 D_1이라 할 때

$$\frac{D_1}{4}=(2y-b)^2-1\times(3y^2-2by+b^2-a^2-c^2)$$
$$=y^2-2by+a^2+c^2$$

이 완전제곱식이 되어야 한다.
즉, y에 대한 이차방정식 $y^2-2by+a^2+c^2=0$의 판별식을 D_2라 하면 $D_2=0$이어야 하므로

$$\frac{D_2}{4}=(-b)^2-(a^2+c^2)=0,\ b^2-a^2-c^2=0$$

$$\therefore a^2+c^2=b^2$$

따라서 a, b, c를 세 변의 길이로 하는 삼각형은 빗변의 길이가 b인 직각삼각형이다.

0540 답 ③

0541 답 ②

이차방정식 $x^2-2x+4=0$의 두 근이 α, β이므로 근과 계수의 관계에 의하여 $\alpha+\beta=2$, $\alpha\beta=4$

$$\therefore \frac{\beta^2}{\alpha}+\frac{\alpha^2}{\beta}=\frac{\alpha^3+\beta^3}{\alpha\beta}=\frac{(\alpha+\beta)^3-3\alpha\beta(\alpha+\beta)}{\alpha\beta}$$

$$=\frac{2^3-3\times 4\times 2}{4}$$

$$=\frac{8-24}{4}=-4$$

0542 답 ④

이차방정식 $2x^2+x-3=0$의 두 근이 α, β이므로 근과 계수의 관계에 의하여

$$\alpha+\beta=-\frac{1}{2},\ \alpha\beta=-\frac{3}{2}$$

$$\therefore (\alpha-\beta)^2=(\alpha+\beta)^2-4\alpha\beta=\left(-\frac{1}{2}\right)^2-4\times\left(-\frac{3}{2}\right)$$

$$=\frac{1}{4}+6=\frac{25}{4}$$

$$\therefore |\alpha-\beta|=\sqrt{\frac{25}{4}}=\frac{5}{2}$$

임의의 실수 a에 대하여 $|a|\geq 0$

0543 답 ⑤

이차방정식 $x^2-6x+4=0$의 두 근이 α, β이므로 근과 계수의 관계에 의하여 $\alpha+\beta=6$, $\alpha\beta=4$
$\alpha\beta=4>0$이므로 α, β의 부호는 서로 같고
$\alpha+\beta=6>0$이므로 $\alpha>0$, $\beta>0$

$\frac{D}{4}=(-3)^2-4=5>0$이므로 α, β는 서로 다른 두 실수이다.

$$\therefore (\sqrt{\alpha}+\sqrt{\beta})^2=\alpha+\beta+2\sqrt{\alpha\beta}=6+2\sqrt{4}=10$$

$$\therefore \sqrt{\alpha}+\sqrt{\beta}=\sqrt{10}$$

$\alpha>0$, $\beta>0$이므로 $\sqrt{\alpha}\sqrt{\beta}=\sqrt{\alpha\beta}$

0544 답 ①

이차방정식 $x^2+3x+1=0$의 두 근이 α, β이므로 근과 계수의 관계에 의하여 $\alpha+\beta=-3$, $\alpha\beta=1$
$\alpha\beta=1>0$이므로 α, β의 부호는 서로 같고
$\alpha+\beta=-3<0$이므로 $\alpha<0$, $\beta<0$

$D=3^2-4\times 1\times 1=5>0$이므로 α, β는 서로 다른 두 실수이다.

$$\therefore (\sqrt{\alpha}-\sqrt{\beta})^2=\alpha+\beta-(-2\sqrt{\alpha\beta})=-3+2\times\sqrt{1}=-1$$

→ $\alpha<0,\ \beta<0$이므로 $\sqrt{\alpha}\sqrt{\beta}=-\sqrt{\alpha\beta}$

0545 🄰 ⑤

0546 🄰 ④

이차방정식 $x^2-4x+2=0$의 두 근이 $\alpha,\ \beta$이므로
$$\alpha^2-4\alpha+2=0,\ \beta^2-4\beta+2=0$$
$$\therefore \alpha^2-3\alpha+3=\alpha+1,\ \beta^2-3\beta+3=\beta+1$$
이차방정식의 근과 계수의 관계에 의하여 $\alpha+\beta=4,\ \alpha\beta=2$
$$\begin{aligned}\therefore (\alpha^2-3\alpha+3)(\beta^2-3\beta+3)&=(\alpha+1)(\beta+1)\\&=\alpha\beta+(\alpha+\beta)+1\\&=2+4+1=7\end{aligned}$$

0547 🄰 ②

이차방정식 $x^2-5x+9=0$의 한 근이 α이므로
$$\alpha^2-5\alpha+9=0\quad\therefore \alpha^2=5\alpha-9$$
이차방정식의 근과 계수의 관계에 의하여 $\alpha+\beta=5$
$$\begin{aligned}\therefore \alpha^2+5\beta&=5\alpha-9+5\beta=5(\alpha+\beta)-9\\&=5\times5-9=16\end{aligned}$$

0548 🄰 ②

이차방정식 $x^2-x-3=0$의 두 근이 $\alpha,\ \beta$이므로
$$\alpha^2-\alpha-3=0,\ \beta^2-\beta-3=0$$

→ 주어진 식의 양변에 각각 $\alpha,\ \beta$를 곱하면
$\alpha^3-\alpha^2-3\alpha=0,\ \beta^3-\beta^2-3\beta=0$이므로
$\alpha^3-3\alpha=\alpha^2,\ \beta^3-3\beta=\beta^2$임을 이용할 수도 있다.

$$\therefore \alpha^2-3=\alpha,\ \beta^2-3=\beta$$
이차방정식의 근과 계수의 관계에 의하여 $\alpha+\beta=1,\ \alpha\beta=-3$
$$\begin{aligned}\therefore (\alpha^3-3\alpha+1)(\beta^3-3\beta+1)&=\{\alpha(\alpha^2-3)+1\}\{\beta(\beta^2-3)+1\}\\&=(\alpha^2+1)(\beta^2+1)=\alpha^2\beta^2+\alpha^2+\beta^2+1\\&=(\alpha\beta)^2+(\alpha+\beta)^2-2\alpha\beta+1\\&=(-3)^2+1^2-2\times(-3)+1\\&=9+1+6+1=17\end{aligned}$$

0549 🄰 ⑤

이차방정식 $x^2+3x+5=0$의 두 근이 $\alpha,\ \beta$이므로
$$\alpha^2+3\alpha+5=0,\ \beta^2+3\beta+5=0$$
$$\therefore 2\alpha^2+3\alpha+5=\alpha^2,\ 2\beta^2+3\beta+5=\beta^2$$
이차방정식의 근과 계수의 관계에 의하여 $\alpha+\beta=-3,\ \alpha\beta=5$
$$\begin{aligned}\therefore \frac{\beta}{2\alpha^2+3\alpha+5}+\frac{\alpha}{2\beta^2+3\beta+5}&=\frac{\beta}{\alpha^2}+\frac{\alpha}{\beta^2}=\frac{\beta^3+\alpha^3}{\alpha^2\beta^2}\\&=\frac{(\alpha+\beta)^3-3\alpha\beta(\alpha+\beta)}{(\alpha\beta)^2}\\&=\frac{(-3)^3-3\times5\times(-3)}{5^2}\\&=\frac{18}{25}\end{aligned}$$

0550 🄰 ④

0551 🄰 ②

주어진 이차방정식의 두 근을 $3\alpha,\ 2\alpha\ (\alpha\neq0)$라 하면
근과 계수의 관계에 의하여
$3\alpha+2\alpha=-5(k-1)$에서 $\alpha=1-k$ ······ ㉠
$3\alpha\times2\alpha=12k$에서 $\alpha^2=2k$ ······ ㉡

㉠을 ㉡에 대입하면 $(1-k)^2=2k$
$$k^2-4k+1=0\quad\therefore k=2\pm\sqrt{3}$$
따라서 모든 실수 k의 값의 합은
$$(2+\sqrt{3})+(2-\sqrt{3})=4$$

0552 🄰 ②

주어진 이차방정식의 두 근을 $\alpha,\ \alpha+2$라 하면
근과 계수의 관계에 의하여
$\alpha+(\alpha+2)=-2m$에서 $\alpha=-m-1$ ······ ㉠
$\alpha(\alpha+2)=1-m$에서 $\alpha^2+2\alpha=1-m$ ······ ㉡
㉠을 ㉡에 대입하면
$$(-m-1)^2+2(-m-1)=1-m,\ m^2+m-2=0$$
$$(m+2)(m-1)=0\quad\therefore m=-2\ \text{또는}\ m=1$$
따라서 구하는 음수 m의 값은 -2이다.

(다른 풀이)

주어진 이차방정식의 두 근을 $\alpha,\ \beta\ (\alpha>\beta)$라 하면
$$\alpha-\beta=2$$
이차방정식의 근과 계수의 관계에 의하여
$$\alpha+\beta=-2m,\ \alpha\beta=1-m$$
이때 $(\alpha-\beta)^2=(\alpha+\beta)^2-4\alpha\beta$이므로
$$2^2=(-2m)^2-4(1-m)$$
$$m^2+m-2=0,\ (m+2)(m-1)=0$$
$$\therefore m=-2\ \text{또는}\ m=1$$

0553 🄰 ③

주어진 이차방정식의 두 근을 $\alpha,\ \alpha+1$이라 하면
근과 계수의 관계에 의하여
$\alpha+(\alpha+1)=2p-1$에서 $\alpha=p-1$ ······ ㉠
$\alpha(\alpha+1)=p+3$에서 $\alpha^2+\alpha=p+3$ ······ ㉡
㉠을 ㉡에 대입하면
$$(p-1)^2+(p-1)=p+3,\ p^2-2p-3=0$$
$$(p+1)(p-3)=0\quad\therefore p=-1\ \text{또는}\ p=3$$
따라서 모든 실수 p의 값의 곱은
$$(-1)\times3=-3$$

0554 🄰 ④

이차방정식의 근과 계수의 관계에 의하여 두 근의 곱이 $-6<0$이므로 두 근의 부호는 서로 다르다.
주어진 이차방정식의 두 근을 $-3\alpha,\ \alpha\ (\alpha\neq0)$라 하면
근과 계수의 관계에 의하여
$(-3\alpha)+\alpha=-(k+1)$에서 $k=2\alpha-1$ ······ ㉠
$(-3\alpha)\times\alpha=-6$에서 $\alpha^2=2\quad\therefore \alpha=\pm\sqrt{2}$ ······ ㉡
㉡을 ㉠에 대입하면
(i) $\alpha=\sqrt{2}$일 때 $k=2\sqrt{2}-1$
(ii) $\alpha=-\sqrt{2}$일 때 $k=-2\sqrt{2}-1$
(i), (ii)에서 모든 실수 k의 값의 곱은
$$(2\sqrt{2}-1)\times(-2\sqrt{2}-1)=-7$$

0555 🄰 ③

0556 🄰 ③

이차방정식 $x^2-(k+1)x+3k-5=0$의 두 근이 $\alpha,\ \beta$이므로
근과 계수의 관계에 의하여 $\alpha+\beta=k+1,\ \alpha\beta=3k-5$

한편, $\frac{1}{\alpha}+\frac{1}{\beta}=1$이므로

$\frac{\alpha+\beta}{\alpha\beta}=1$에서 $\alpha+\beta=\alpha\beta$

$k+1=3k-5$ $\therefore k=3$

0557 답 ①

이차방정식 $x^2+3x+a=0$의 두 근이 α, β이므로
근과 계수의 관계에 의하여 $\alpha+\beta=-3$, $\alpha\beta=a$
따라서 이차방정식 $x^2-bx+9=0$의 두 근이 -3, a이므로
근과 계수의 관계에 의하여 $-3+a=b$, $-3a=9$
위의 두 식을 연립하여 풀면 $a=-3$, $b=-6$
$\therefore a+b=(-3)+(-6)=-9$

0558 답 ②

이차방정식 $x^2-(2m-1)x+m-1=0$의 두 근이 α, β이므로
근과 계수의 관계에 의하여 $\alpha+\beta=2m-1$, $\alpha\beta=m-1$

$\therefore \alpha^2\beta+\alpha\beta^2+2\alpha+2\beta=\alpha\beta(\alpha+\beta)+2(\alpha+\beta)$
$=(\alpha+\beta)(\alpha\beta+2)$
$=(2m-1)(m+1)$

$\alpha^2\beta+\alpha\beta^2+2\alpha+2\beta=0$이므로 $(m+1)(2m-1)=0$

$\therefore m=-1$ 또는 $m=\frac{1}{2}$

이때 m은 정수이므로 $m=-1$

0559 답 8

이차방정식 $3x^2-5x+k=0$의 두 근이 α, β이므로
근과 계수의 관계에 의하여 $\alpha+\beta=\frac{5}{3}$, $\alpha\beta=\frac{k}{3}$

$\therefore (3\alpha-k)(\alpha-1)+(3\beta-k)(\beta-1)$
$=3\alpha^2-(k+3)\alpha+k+3\beta^2-(k+3)\beta+k$
$=3(\alpha^2+\beta^2)-(k+3)(\alpha+\beta)+2k$
$=3\{(\alpha+\beta)^2-2\alpha\beta\}-(k+3)(\alpha+\beta)+2k$
$=3\left\{\left(\frac{5}{3}\right)^2-2\times\frac{k}{3}\right\}-(k+3)\times\frac{5}{3}+2k$
$=\frac{10-5k}{3}$

이때 $\frac{10-5k}{3}=-10$이므로

$5k=40$ $\therefore k=8$

(다른 풀이)

이차방정식 $3x^2-5x+k=0$의 두 근이 α, β이므로
$3\alpha^2-5\alpha+k=0$, $3\beta^2-5\beta+k=0$에서
$3\alpha^2+k=5\alpha$, $3\beta^2+k=5\beta$
이차방정식의 근과 계수의 관계에 의하여

$\alpha+\beta=\frac{5}{3}$

$\therefore (3\alpha-k)(\alpha-1)+(3\beta-k)(\beta-1)$
$=3\alpha^2-(k+3)\alpha+k+3\beta^2-(k+3)\beta+k$
$=(3\alpha^2+k)-(k+3)\alpha+(3\beta^2+k)-(k+3)\beta$
$=5\alpha-(k+3)\alpha+5\beta-(k+3)\beta$
$=5(\alpha+\beta)-(k+3)(\alpha+\beta)$
$=(2-k)(\alpha+\beta)$
$=(2-k)\times\frac{5}{3}$

이때 $(2-k)\times\frac{5}{3}=-10$이므로

$2-k=-6$ $\therefore k=8$

0560 답 ③

0561 답 ③

이차방정식 $2x^2+3x-6=0$의 두 근이 α, β이므로

근과 계수의 관계에 의하여 $\alpha+\beta=-\frac{3}{2}$, $\alpha\beta=-3$

$\therefore 2\alpha+2\beta=2(\alpha+\beta)=2\times\left(-\frac{3}{2}\right)=-3$,

$2\alpha\times2\beta=4\alpha\beta=4\times(-3)=-12$

따라서 2α, 2β를 두 근으로 하는 이차방정식은
$x^2+3x-12=0$

(다른 풀이)

$P(x)=2x^2+3x-6$이라 하면 방정식 $P(x)=0$의 두 근이
α, β이므로 $P(\alpha)=0$, $P(\beta)=0$

$2\alpha=\alpha'$, $2\beta=\beta'$이라 하면 $\alpha=\frac{\alpha'}{2}$, $\beta=\frac{\beta'}{2}$이므로

$P\left(\frac{\alpha'}{2}\right)=0$, $P\left(\frac{\beta'}{2}\right)=0$ → $P(x)=0$이 이차방정식이므로 $P\left(\frac{x}{2}\right)=0$도 이차방정식이다.

즉, $\frac{\alpha'}{2}$, $\frac{\beta'}{2}$은 방정식 $P\left(\frac{x}{2}\right)=0$의 두 근이고

$P\left(\frac{x}{2}\right)=2\left(\frac{x}{2}\right)^2+3\times\frac{x}{2}-6=\frac{x^2}{2}+\frac{3}{2}x-6$

따라서 2α, 2β를 두 근으로 하는 이차방정식은

$\frac{x^2}{2}+\frac{3}{2}x-6=0$, 즉 $x^2+3x-12=0$

0562 답 ④

이차방정식 $x^2-3x+1=0$의 두 근이 α, β이므로
근과 계수의 관계에 의하여 $\alpha+\beta=3$, $\alpha\beta=1$

$\therefore \frac{\alpha}{1-\alpha}+\frac{\beta}{1-\beta}=\frac{\alpha(1-\beta)+\beta(1-\alpha)}{(1-\alpha)(1-\beta)}=\frac{\alpha+\beta-2\alpha\beta}{1-(\alpha+\beta)+\alpha\beta}$
$=\frac{3-2\times1}{1-3+1}=-1$,

$\frac{\alpha}{1-\alpha}\times\frac{\beta}{1-\beta}=\frac{\alpha\beta}{(1-\alpha)(1-\beta)}=\frac{\alpha\beta}{1-(\alpha+\beta)+\alpha\beta}$
$=\frac{1}{1-3+1}=-1$

따라서 $\frac{\alpha}{1-\alpha}$, $\frac{\beta}{1-\beta}$를 두 근으로 하는 이차방정식은

$x^2+x-1=0$이므로 $a=1$, $b=-1$

$\therefore a-b=1-(-1)=2$

0563 답 ④

이차방정식 $x^2-px+q=0$의 두 근이 α, β이므로
근과 계수의 관계에 의하여 $\alpha+\beta=p$, $\alpha\beta=q$

$\therefore \frac{1}{\alpha}+\frac{1}{\beta}=\frac{\alpha+\beta}{\alpha\beta}=\frac{p}{q}$, $\frac{1}{\alpha}\times\frac{1}{\beta}=\frac{1}{\alpha\beta}=\frac{1}{q}$

따라서 $\frac{1}{\alpha}$, $\frac{1}{\beta}$을 두 근으로 하는 이차방정식은

$x^2-\frac{p}{q}x+\frac{1}{q}=0$, 즉 $qx^2-px+1=0$

0564 답 ①

이차방정식 $x^2-ax+b=0$의 한 근이 1이므로
$1^2-a\times1+b=0$ $\therefore a-b=1$ ······ ㉠
이차방정식 $x^2-(a-4)x+b+7=0$의 한 근이 -2이므로
$2^2+(a-4)\times2+b+7=0$ $\therefore 2a+b=-3$ ······ ㉡
㉠, ㉡을 연립하여 풀면 $a=-\dfrac{2}{3}$, $b=-\dfrac{5}{3}$

이차방정식 $x^2-ax+b=0$의 두 근이 1, α이므로 근과 계수의 관계에 의하여 $1+\alpha=a$에서

$1+\alpha=-\dfrac{2}{3}$ $\therefore \alpha=-\dfrac{5}{3}$

이차방정식 $x^2-(a-4)x+b+7=0$의 두 근이 -2, β이므로 근과 계수의 관계에 의하여 $(-2)+\beta=a-4$에서

$(-2)+\beta=-\dfrac{2}{3}-4$ $\therefore \beta=-\dfrac{8}{3}$

따라서 $\left(-\dfrac{5}{3}\right)+\left(-\dfrac{8}{3}\right)=-\dfrac{13}{3}$, $\left(-\dfrac{5}{3}\right)\times\left(-\dfrac{8}{3}\right)=\dfrac{40}{9}$이므로

$-\dfrac{5}{3}$, $-\dfrac{8}{3}$을 두 근으로 하고 x^2의 계수가 9인 이차방정식은

$9\left(x^2+\dfrac{13}{3}x+\dfrac{40}{9}\right)=0$, 즉 $9x^2+39x+40=0$

따라서 $m=39$, $n=40$이므로
$m-n=39-40=-1$

0565 답 ②

0566 답 ①

이차방정식 $x^2-2x+5=0$에서
근의 공식을 이용하여 근을 구하면
$x=-(-1)\pm\sqrt{(-1)^2-1\times5}=1\pm2i$
$\therefore x^2-2x+5=\{x-(1+2i)\}\{x-(1-2i)\}$
$\qquad\qquad\qquad=(x-1-2i)(x-1+2i)$
따라서 이차식 x^2-2x+5의 인수인 것은 ①이다.

0567 답 ②

이차방정식 $x^2-2\sqrt{2}x+3=0$에서
근의 공식을 이용하여 근을 구하면
$x=-(-\sqrt{2})\pm\sqrt{(-\sqrt{2})^2-1\times3}=\sqrt{2}\pm i$
$\therefore x^2-2\sqrt{2}x+3=\{x-(\sqrt{2}+i)\}\{x-(\sqrt{2}-i)\}$
$\qquad\qquad\qquad\quad=(x-\sqrt{2}-i)(x-\sqrt{2}+i)$
따라서 $a=2$, $b=-1$, $c=1$ 또는 $a=2$, $b=1$, $c=-1$이므로
$a^2+b^2+c^2=2^2+(-1)^2+1^2=6$

0568 답 ⑤

x^2-nx+5가 $(x+a+bi)(x+a-bi)$ $(b\neq0)$로 인수분해되므로
이차방정식 $x^2-nx+5=0$은 서로 다른 두 허근을 가져야 한다.
이차방정식 $x^2-nx+5=0$의 판별식을 D라 하면
$D=(-n)^2-4\times1\times5=n^2-20<0$ $\therefore n^2<20$ ······ ㉠
따라서 ㉠을 만족시키는 자연수 n의 값은 1, 2, 3, 4이므로 구하는 합은
$1+2+3+4=10$

0569 답 ④

이차방정식 $x^2+2nx+n^2+4=0$에서 근의 공식을 이용하여 근을 구하면
$x=-n\pm\sqrt{n^2-(n^2+4)}=-n\pm2i$

$\therefore x^2+2nx+n^2+4=\{x-(-n+2i)\}\{x-(-n-2i)\}$
$\qquad\qquad\qquad\qquad=(x+n-2i)(x+n+2i)$
즉, $x^2+2nx+n^2+4$는 $x+n-2i$, $x+n+2i$를 인수로 갖는다.
따라서 $P(n)=n$, $k=2$ $(\because k>0)$이므로
$k+P(99)-P(100)=2+99-100=1$
↳ 다항식 $P(n)$의 모든 항의 계수는 실수이므로 상수항은 0이다.

0570 답 ⑤

0571 답 -4

이차방정식 $f(x)=0$의 두 근을 α, β라 하면
$f(\alpha)=0$, $f(\beta)=0$
$f(2x+3)=0$이려면 $2x+3=\alpha$ 또는 $2x+3=\beta$
$\therefore x=\dfrac{\alpha-3}{2}$ 또는 $x=\dfrac{\beta-3}{2}$
따라서 이차방정식 $f(2x+3)=0$의 두 근의 합은
$\dfrac{\alpha-3}{2}+\dfrac{\beta-3}{2}=\dfrac{\alpha+\beta-6}{2}=\dfrac{(-2)-6}{2}=-4$

0572 답 ②

이차방정식 $f(x)=0$의 두 근이 α, β이므로
$f(\alpha)=0$, $f(\beta)=0$
$f(2x)=0$이려면 $2x=\alpha$ 또는 $2x=\beta$
$\therefore x=\dfrac{\alpha}{2}$ 또는 $x=\dfrac{\beta}{2}$
따라서 이차방정식 $f(2x)=0$의 두 근의 곱은
$\dfrac{\alpha}{2}\times\dfrac{\beta}{2}=\dfrac{\alpha\beta}{4}=\dfrac{8}{4}=2$

0573 답 ①

이차방정식 $f(x)=0$의 두 근을 α, β라 하면
근과 계수의 관계에 의하여 $\alpha+\beta=-3$, $\alpha\beta=4$
또한, $f(\alpha)=0$, $f(\beta)=0$이므로
$f(4x-3)=0$이려면 $4x-3=\alpha$ 또는 $4x-3=\beta$
$\therefore x=\dfrac{\alpha+3}{4}$ 또는 $x=\dfrac{\beta+3}{4}$
따라서 이차방정식 $f(4x-3)=0$의 두 근의 곱은
$\dfrac{\alpha+3}{4}\times\dfrac{\beta+3}{4}=\dfrac{\alpha\beta+3(\alpha+\beta)+9}{16}=\dfrac{4+3\times(-3)+9}{16}=\dfrac{1}{4}$

0574 답 ①

이차방정식 $f(x)=0$의 두 근이 α, β이므로
$f(\alpha)=0$, $f(\beta)=0$
$f(ax+b)=0$이려면 $ax+b=\alpha$ 또는 $ax+b=\beta$
$\therefore x=\dfrac{\alpha-b}{a}$ 또는 $x=\dfrac{\beta-b}{a}$
한편, $\alpha+\beta=3$, $\alpha\beta=6$이고 이차방정식 $f(ax+b)=0$의 두 근의 합은 $\dfrac{1}{2}$, 두 근의 곱은 1이므로

$\dfrac{\alpha-b}{a}+\dfrac{\beta-b}{a}=\dfrac{\alpha+\beta-2b}{a}=\dfrac{3-2b}{a}=\dfrac{1}{2}$에서
$a=6-4b$ ······ ㉠
$\dfrac{\alpha-b}{a}\times\dfrac{\beta-b}{a}=\dfrac{\alpha\beta-b(\alpha+\beta)+b^2}{a^2}=\dfrac{6-3b+b^2}{a^2}=1$에서
$a^2=b^2-3b+6$ ······ ㉡

⊙을 ⓒ에 대입하면
$(6-4b)^2=b^2-3b+6$
$15b^2-45b+30=0$, $b^2-3b+2=0$
$(b-1)(b-2)=0$ ∴ $b=1$ 또는 $b=2$
(i) $b=1$이면 ⊙에서 $a=2$ ∴ $ab=2×1=2$
(ii) $b=2$이면 ⊙에서 $a=-2$ ∴ $ab=(-2)×2=-4$
(i), (ii)에서 ab의 최댓값은 2이다.

0575 답 16

0576 답 ①

a, b가 유리수이므로 $a-b$, ab도 유리수이다.
즉, 이차방정식 $x^2+(a-b)x+ab=0$의 한 근이
$\dfrac{1}{\sqrt{2}-1}=\dfrac{\sqrt{2}+1}{(\sqrt{2}-1)(\sqrt{2}+1)}=1+\sqrt{2}$이면
다른 한 근은 $1-\sqrt{2}$이다.
이차방정식의 근과 계수의 관계에 의하여
$(1+\sqrt{2})+(1-\sqrt{2})=-(a-b)$ ∴ $a-b=-2$
$(1+\sqrt{2})×(1-\sqrt{2})=ab$ ∴ $ab=-1$
∴ $\dfrac{b}{a}+\dfrac{a}{b}=\dfrac{a^2+b^2}{ab}=\dfrac{(a-b)^2+2ab}{ab}$
$\qquad=\dfrac{(-2)^2+2×(-1)}{-1}=-2$

0577 답 ⑤

k가 실수이므로 이차방정식 $x^2-x+k=0$의 한 근이 $a-i$이면
다른 한 근은 $a+i$이다.
이차방정식의 근과 계수의 관계에 의하여
$(a-i)+(a+i)=1$, $2a=1$ ∴ $a=\dfrac{1}{2}$
즉, 두 근이 $\dfrac{1}{2}-i$, $\dfrac{1}{2}+i$이므로 이차방정식의 근과 계수의 관계
에 의하여
$\left(\dfrac{1}{2}-i\right)×\left(\dfrac{1}{2}+i\right)=k$ ∴ $k=\dfrac{1}{4}+1=\dfrac{5}{4}$
∴ $ak=\dfrac{1}{2}×\dfrac{5}{4}=\dfrac{5}{8}$

0578 답 10

이차방정식 $x^2-px+p+19=0$의 한 허근을 $a=a+2i$ (a는 실수)
라 하면 p가 실수이므로 다른 한 근은 $a-2i$이다.
이차방정식의 근과 계수의 관계에 의하여
$(a+2i)+(a-2i)=p$, $2a=p$ ∴ $a=\dfrac{p}{2}$ ⋯⋯ ⊙
$(a+2i)×(a-2i)=p+19$, $a^2+4=p+19$
∴ $a^2-p-15=0$ ⋯⋯ ⓒ
⊙을 ⓒ에 대입하여 정리하면
$p^2-4p-60=0$, $(p+6)(p-10)=0$
∴ $p=-6$ 또는 $p=10$
따라서 양의 실수 p의 값은 10이다.

0579 답 ②

a, b가 실수이므로 이차방정식 $x^2-ax+b=0$의 한 근이 $2+i$이
면 다른 한 근은 $2-i$이다. 이차방정식의 근과 계수의 관계에 의
하여
$a=(2+i)+(2-i)=4$, $b=(2+i)(2-i)=4+1=5$

이차방정식 $x^2+bx+ab=0$, 즉 $x^2+5x+20=0$의 두 근이 α, β
이므로 근과 계수의 관계에 의하여 $\alpha+\beta=-5$, $\alpha\beta=20$
∴ $\dfrac{\beta+1}{\alpha}+\dfrac{\alpha+1}{\beta}=\dfrac{\beta(\beta+1)+\alpha(\alpha+1)}{\alpha\beta}$
$\qquad\qquad\qquad\quad=\dfrac{\alpha^2+\beta^2+\alpha+\beta}{\alpha\beta}$
$\qquad\qquad\qquad\quad=\dfrac{(\alpha+\beta)^2-2\alpha\beta+(\alpha+\beta)}{\alpha\beta}$
$\qquad\qquad\qquad\quad=\dfrac{(-5)^2-2×20-5}{20}=-1$

본문 095~097쪽

0580 답 ①

One Point Lesson
x^2의 계수가 무리수인 이차방정식은 x^2의 계수를 유리화한 후 인수분해 또는
근의 공식을 이용하여 근을 구한다.

주어진 이차방정식의 양변에 $\sqrt{2}-1$을 곱하면
$(\sqrt{2}-1)×(\sqrt{2}+1)x^2-(\sqrt{2}-1)×(3+\sqrt{2})x+(\sqrt{2}-1)×\sqrt{2}$
$=0$
$x^2+(1-2\sqrt{2})x+\sqrt{2}(\sqrt{2}-1)=0$, $(x-\sqrt{2})(x-\sqrt{2}+1)=0$
∴ $x=\sqrt{2}$ 또는 $x=\sqrt{2}-1$
따라서 $\alpha=\sqrt{2}-1$, $\beta=\sqrt{2}$이므로
$2\alpha-\beta=2×(\sqrt{2}-1)-\sqrt{2}=\sqrt{2}-2$

0581 답 30

One Point Lesson
이차방정식의 근과 계수의 관계를 이용하여 바르게 보고 푼 계수를 구한다.

x에 대한 이차방정식 $3x^2+ax+b=0$에서
하영이는 3과 b를 바르게 보고 풀었으므로 두 근의 곱은
이차방정식의 근과 계수의 관계에 의하여
$\dfrac{b}{3}=2×4$ ∴ $b=24$
영현이는 3과 a를 바르게 보고 풀었으므로 두 근의 합은
이차방정식의 근과 계수의 관계에 의하여
$-\dfrac{a}{3}=(-3)+1=-2$ ∴ $a=6$
∴ $a+b=6+24=30$

다른 풀이
x에 대한 이차방정식 $3x^2+ax+b=0$에서
하영이가 a를 잘못 보고 구한 두 근이 2, 4이므로
$3(x-2)(x-4)=0$, $3x^2-18x+24=0$
∴ $b=24$
영현이가 b를 잘못 보고 구한 두 근이 -3, 1이므로
$3(x+3)(x-1)=0$, $3x^2+6x-9=0$
∴ $a=6$
∴ $a+b=6+24=30$

0582 답 ④

이차방정식 $x^2-2x-4=0$의 두 근이 α, β이므로
근과 계수의 관계에 의하여 $\alpha+\beta=2$, $\alpha\beta=-4$
또한, 이차방정식 $x^2-2x-4=0$의 한 근이 β이므로
$\beta^2-2\beta-4=0$ $\therefore \beta^2-2\beta=4$ → $\beta^3-2\beta^2=4\beta$임을 이용할 수도 있다.
$\therefore \beta^3-2\beta^2-2\alpha\beta+4\alpha=\beta(\beta^2-2\beta)-2\alpha\beta+4\alpha$
$=\beta\times4-2\alpha\beta+4\alpha=4(\alpha+\beta)-2\alpha\beta$
$=4\times2-2\times(-4)=16$

0583 답 ②

이차방정식 $x^2+2x-5=0$의 두 근이 α, β이므로
근과 계수의 관계에 의하여 $\alpha+\beta=-2$, $\alpha\beta=-5$
또한, $f(\alpha)=f(\beta)=3$에서 $f(\alpha)-3=0$, $f(\beta)-3=0$이므로
α, β는 이차방정식 $f(x)-3=0$의 두 근이고 이차식 $f(x)$의 최고
차항의 계수가 1이므로
$f(x)-3=x^2-(\alpha+\beta)x+\alpha\beta=x^2+2x-5$
따라서 $f(x)=x^2+2x-2$이므로
$f(3)=3^2+2\times3-2=13$

0584 답 -8

이차방정식 $|x^2-(4a+1)x+a^2|=1$의 한 근이 -1이므로
$|(-1)^2-(4a+1)\times(-1)+a^2|=1$
$|a^2+4a+2|=1$ $\therefore a^2+4a+2=\pm1$
(i) $a^2+4a+2=1$일 때
$a^2+4a+1=0$이므로 근의 공식을 이용하여 근을 구하면
$a=-2\pm\sqrt{2^2-1\times1}=-2\pm\sqrt{3}$ $\frac{D}{4}=2^2-1\times1=3>0$이므로
근과 계수의 관계에 의하여 두 근의 합은 -4
(ii) $a^2+4a+2=-1$일 때
$a^2+4a+3=0$에서 $(a+1)(a+3)=0$ $\frac{D}{4}=2^2-1\times3=1>0$이므로
$\therefore a=-1$ 또는 $a=-3$ 근과 계수의 관계에 의하여 두 근의 합은 -4
(i), (ii)에서 모든 실수 a의 값의 합은
$(-2+\sqrt{3})+(-2-\sqrt{3})+(-1)+(-3)=-8$ → $(-4)+(-4)=-8$

0585 답 13

x에 대한 방정식 $ax+1=a^2(1-x)$에서
$ax+1=a^2-a^2x$ $\therefore a(a+1)x=(a+1)(a-1)$
(i) $a=0$일 때, $0\times x=-1$이므로 해가 없다.
(ii) $a=1$일 때, $2x=0$에서 $x=0$이므로 해가 1개뿐이다.
(iii) $a=-1$일 때, $0\times x=0$이므로 2개 이상의 해를 갖는다.
(i), (ii), (iii)에서 $a=-1$
$a=-1$을 $x^2+(1-2a)x-2a^2=0$에 대입하면 $x^2+3x-2=0$

이 이차방정식의 두 근이 α, β이므로 근과 계수의 관계에 의하여
$\alpha+\beta=-3$, $\alpha\beta=-2$
$\therefore \alpha^2+\beta^2=(\alpha+\beta)^2-2\alpha\beta=(-3)^2-2\times(-2)=9+4=13$

0586 답 ④

조건 (가)에서 허수 z는 이차방정식 $x^2+mx+n=0$의 한 근이다.
이때 m, n이 정수이고 z가 허수이므로 위의 방정식은 $x=\bar{z}$도 근으로 갖는다.
조건 (나)에서 $z+\bar{z}=8$이므로 이차방정식의 근과 계수의 관계에 의하여
$z+\bar{z}=-m=8$ $\therefore m=-8$
이차방정식 $x^2-8x+n=0$이 허근을 가지려면 이 이차방정식의 판별식을 D라 하면 $D<0$이어야 한다.
$\dfrac{D}{4}=(-4)^2-1\times n=16-n<0$
즉, $n>16$이므로 정수 n의 최솟값은 17이다.
따라서 $m+n$의 최솟값은 $(-8)+17=9$이다.

0587 답 ④

$\triangle APQ$는 정삼각형이므로 $\triangle ABP$와 $\triangle ADQ$에서
$\angle ABP=\angle ADQ=90°$, $\overline{AB}=\overline{AD}$, $\overline{AP}=\overline{AQ}$
$\therefore \triangle ABP\equiv\triangle ADQ$ (RHS 합동)
$\overline{CP}=x$ $(0<x<1)$라 하면 $\overline{BP}=1-x$이고, $\overline{DQ}=1-x$이므로 $\overline{CQ}=x$
직각삼각형 ABP에서 피타고라스 정리에 의하여
$\overline{AP}^2=\overline{AB}^2+\overline{BP}^2=1^2+(1-x)^2=x^2-2x+2$
직각삼각형 PCQ에서 피타고라스 정리에 의하여
$\overline{PQ}^2=\overline{CP}^2+\overline{CQ}^2=x^2+x^2=2x^2$
삼각형 APQ가 정삼각형이므로 $\overline{AP}^2=\overline{PQ}^2$에서
$x^2-2x+2=2x^2$, $x^2+2x-2=0$
$\therefore x=-1\pm\sqrt{1^2-1\times(-2)}=-1\pm\sqrt{3}$
이때 $0<x<1$이므로 $x=-1+\sqrt{3}$

0588 답 ③

방정식 $|x^2-5x|=2$에서 $x^2-5x=\pm2$
(i) $x^2-5x=2$, 즉 $x^2-5x-2=0$일 때
두 근을 p, q라 하면 이차방정식의 근과 계수의 관계에 의하여
$p+q=5$, $pq=-2$

(ii) $x^2-5x=-2$ 즉, $x^2-5x+2=0$일 때

두 근을 r, s라 하면 이차방정식의 근과 계수의 관계에 의하여

$r+s=5$, $rs=2$

$\therefore \dfrac{1}{p}+\dfrac{1}{q}+\dfrac{1}{r}+\dfrac{1}{s}=\dfrac{p+q}{pq}+\dfrac{r+s}{rs}=\left(-\dfrac{5}{2}\right)+\dfrac{5}{2}=0$

0589 답 ③

이차방정식 $P(x)=0$의 두 근이 α, β이므로

$P(x)=k(x-\alpha)(x-\beta)$ $(k\neq 0)$

한편, $3\alpha+4$, $3\beta+4$를 두 근으로 하는 이차방정식은

$m\{x-(3\alpha+4)\}\{x-(3\beta+4)\}=0$ $(m\neq 0)$

$m(x-4-3\alpha)(x-4-3\beta)=0$

$m\left(\dfrac{x-4}{3}-\alpha\right)\left(\dfrac{x-4}{3}-\beta\right)=0$, $\left(\dfrac{x-4}{3}-\alpha\right)\left(\dfrac{x-4}{3}-\beta\right)=0$

위의 식의 양변에 k를 곱하면 $k\left(\dfrac{x-4}{3}-\alpha\right)\left(\dfrac{x-4}{3}-\beta\right)=0$

따라서 $P\left(\dfrac{x-4}{3}\right)=0$, 즉 $P\left(\dfrac{1}{3}x-\dfrac{4}{3}\right)=0$이므로 $\rightarrow$ $P(x)$의 이차항의 계수가 k이므로 이차항의 계수를 k로 맞춰야 한다.

$a=\dfrac{1}{3}$, $b=-\dfrac{4}{3}$

$\therefore a+b=\dfrac{1}{3}+\left(-\dfrac{4}{3}\right)=-1$

0590 답 120

이차방정식 $x^2+2ax-b=0$의 두 근이 α, β이므로

근과 계수의 관계에 의하여 $\alpha+\beta=-2a$, $\alpha\beta=-b$

$|\alpha-\beta|<12$에서 $|\alpha-\beta|=\sqrt{(\alpha-\beta)^2}<12$

$(\alpha-\beta)^2=(\alpha+\beta)^2-4\alpha\beta$

$\qquad\quad =(-2a)^2-4\times(-b)$

$\qquad\quad =4a^2+4b$

이므로

$\sqrt{(\alpha-\beta)^2}=\sqrt{4a^2+4b}<12$, $4a^2+4b<144$

$\therefore a^2+b<36$

$a=1$일 때, $b<35$이므로

순서쌍 (a, b)는 $(1, 1)$, $(1, 2)$, $\cdots$, $(1, 34)$의 34개

$a=2$일 때, $b<32$이므로

순서쌍 (a, b)는 $(2, 1)$, $(2, 2)$, $\cdots$, $(2, 31)$의 31개

$a=3$일 때, $b<27$이므로

순서쌍 (a, b)는 $(3, 1)$, $(3, 2)$, $\cdots$, $(3, 26)$의 26개

$a=4$일 때, $b<20$이므로

순서쌍 (a, b)는 $(4, 1)$, $(4, 2)$, $\cdots$, $(4, 19)$의 19개

$a=5$일 때, $b<11$이므로

순서쌍 (a, b)는 $(5, 1)$, $(5, 2)$, $\cdots$, $(5, 10)$의 10개

따라서 구하는 모든 순서쌍 (a, b)의 개수는

$34+31+26+19+10=120$

0591 답 7

주어진 이차식을 x에 대하여 내림차순으로 정리하면

$x^2+(b-4y)x+ay^2+12y+c$

이 식이 x, y에 대한 일차식의 제곱식으로 인수분해되려면 x에 대한 이차방정식 $x^2+(b-4y)x+ay^2+12y+c=0$의 판별식을 D라 하면 $D=0$이어야 한다.

$D=(b-4y)^2-4(ay^2+12y+c)=0$

$(16-4a)y^2-(8b+48)y+b^2-4c=0$

이때 판별식 $D=0$이 임의의 y에 대하여 성립해야 하므로 항등식의 성질에 의하여

$16-4a=0$, $8b+48=0$, $b^2-4c=0$

$\therefore a=4$, $b=-6$, $c=9$ $\qquad$ $\rightarrow$ $px^2+qx+r=0$이 x에 대한 항등식이면 $p=q=r=0$

$\therefore a+b+c=4+(-6)+9=7$

0592 답 139

$P(a)=3a+c$에서 $P(a)-3a-c=0$

$P(b)=3b+c$에서 $P(b)-3b-c=0$

이므로 a, b는 이차방정식 $P(x)-3x-c=0$의 두 근이다.

이때 $P(x)=2x^2-3x+4$이므로 $(2x^2-3x+4)-3x-c=0$

$\therefore 2x^2-6x+4-c=0$

즉, a, b가 위의 이차방정식의 두 근이므로 근과 계수의 관계에 의하여

$a+b=-\dfrac{-6}{2}=3$, $ab=\dfrac{4-c}{2}$

이때 $ab=-1$이므로 $\dfrac{4-c}{2}=-1$ $\qquad \therefore c=6$

따라서 $a+b+c=3+6=9$이므로

$P(a+b+c)=P(9)=2\times 9^2-3\times 9+4$

$\qquad\qquad\qquad\qquad =162-27+4=139$

0593 답 ②

다항식 x^2+ax+b를 $x+1$로 나눈 나머지가 8이므로

$1^2-a\times 1+b=8$ $\qquad \therefore b=a+7$ $\qquad\cdots\cdots$ ㉠

한편, a, b가 실수이므로 이차방정식 $x^2+ax+b=0$의 한 근이 $c+2i$이면 다른 한 근은 $c-2i$이다. $\rightarrow$ 다항식 $P(x)$를 일차식 $x-a$로 나눈 나머지를 R라 하면 $R=P(a)$

이차방정식의 근과 계수의 관계에 의하여

$(c+2i)+(c-2i)=-a$ $\qquad \therefore 2c=-a$

$(c+2i)(c-2i)=b$ $\qquad \therefore c^2+4=b$ $\qquad\cdots\cdots$ ㉡

㉠을 ㉡에 대입하면 $c^2+4=a+7$이므로

$c^2+4=-2c+7$, $c^2+2c-3=0$

$(c+3)(c-1)=0$ $\qquad \therefore c=-3$ 또는 $c=1$

(i) $c=-3$일 때

$a=6$, $b=13$이므로 $a+b+c=6+13+(-3)=16$

(ii) $c=1$일 때
$a=-2$, $b=5$이므로 $a+b+c=(-2)+5+1=4$
따라서 $a+b+c$의 최댓값은 16, 최솟값은 4이므로 구하는 합은
$16+4=20$

0594 🅐 319

> **One Point Lesson**
> 약수의 개수가 홀수 개인 자연수는 제곱수임을 이용한다.

50 이하의 서로 다른 두 자리 자연수 m, n이 각각 홀수 개의 약수를 가지므로 m, n은 50 이하의 두 자리의 자연수 중 제곱수이다.
즉, m, n은 16, 25, 36, 49 중 하나이다.
이차방정식의 근과 계수의 관계에 의하여 $m+n=a$, $mn=5b$
즉, $a+b=(m+n)+\dfrac{mn}{5}$이므로
$a+b$의 값이 최대가 되려면 m, n의 값이 각각 최대이어야 한다.
이때 $mn=5b$에서 m 또는 n은 5의 배수이고 $m<n$이므로
$m=25$, $n=49$일 때 m, n의 값이 최대이다.
$\therefore a=m+n=25+49=74$, $b=\dfrac{mn}{5}=\dfrac{25\times49}{5}=245$
따라서 $a+b$의 최댓값은
$74+245=319$

0595 🅐 4

> **One Point Lesson**
> 반원의 중심을 O, 점 C에서 선분 AB에 내린 수선의 발을 H라 하면 삼각형 COH는 $\angle OHC=90°$인 직각삼각형이므로 피타고라스 정리를 이용한다.

반원의 중심을 O, 점 C에서 선분 AB에 내린 수선의 발을 H라 하자.
서로 닮음인 두 삼각형 AEM, AHC에서
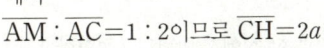
→ $\angle A$가 공통인 직각삼각형이므로 AA 닮음
$\overline{AM}:\overline{AC}=1:2$이므로 $\overline{CH}=2a$
△AOC는 이등변삼각형이므로
$\angle OCA=\angle OAC=30°$에서 $\angle COH=60°$
△OHC에서 $\overline{OC}=\dfrac{2a}{\sin 60°}$이므로 $\overline{OC}=\dfrac{4a}{\sqrt{3}}$
△AEM에서 $\overline{AE}=\dfrac{a}{\tan 30°}$이므로 $\overline{AE}=\sqrt{3}a$
$\therefore \overline{EO}=\overline{OA}-\overline{AE}=\overline{OC}-\overline{AE}=\dfrac{4a}{\sqrt{3}}-\sqrt{3}a$
직각삼각형 DEO에서 피타고라스 정리에 의하여
$\overline{DE}^2+\overline{ED}^2=\overline{OD}^2$에서 $(a+2)^2+\left(\dfrac{4a}{\sqrt{3}}-\sqrt{3}a\right)^2=\left(\dfrac{4a}{\sqrt{3}}\right)^2$
$a^2+4a+4+\dfrac{16a^2}{3}-8a^2+3a^2=\dfrac{16a^2}{3}$　→ $\overline{OD}$의 길이는 원의 반지름의 길이이므로 $\overline{OC}$의 길이와 같다.
$a^2-a-1=0$이므로 $a-\dfrac{1}{a}=1$ $(\because a>0)$
$\therefore a^3-\dfrac{1}{a^3}=\left(a-\dfrac{1}{a}\right)^3+3\left(a-\dfrac{1}{a}\right)=1+3=4$

0596 🅐 4

이차방정식 $x^2+ax+b=0$에 $x=2$를 대입하면
$2^2+a\times2+b=0$ $\therefore 2a+b=-4$ ······ ㉠

이차방정식 $bx^2-5x+a=0$에 $x=-\dfrac{1}{2}$을 대입하면
$b\times\left(-\dfrac{1}{2}\right)^2-5\times\left(-\dfrac{1}{2}\right)+a=0$ $\therefore 4a+b=-10$ ······ ㉡
㉠, ㉡을 연립하여 풀면
$a=-3$, $b=2$ ──────────────────── ❶

$x^2-3x+2=0$에서 $(x-1)(x-2)=0$
즉, $x=1$ 또는 $x=2$이므로
$m=1$
$2x^2-5x-3=0$에서 $(2x+1)(x-3)=0$
즉, $x=-\dfrac{1}{2}$ 또는 $x=3$이므로
$n=3$ ──────────────────── ❷

$\therefore m+n=1+3=4$ ──────────────────── ❸

채점 기준	배점 비율
❶ a, b의 값 각각 구하기	40%
❷ m, n의 값 각각 구하기	50%
❸ $m+n$의 값 구하기	10%

0597 🅐 10

주어진 이차식이 완전제곱식이 되기 위해서는 x에 대한 이차방정식 $x^2-(ak+b)x+k^2+ck+4=0$이 중근을 가져야 하므로 이 이차방정식의 판별식을 D라 하면
$D=\{-(ak+b)\}^2-4\times1\times(k^2+ck+4)=0$ ─── ❶

$a^2k^2+2abk+b^2-4k^2-4ck-16=0$
$(a^2-4)k^2+(2ab-4c)k+b^2-16=0$
위의 등식이 k의 값에 관계없이 성립해야 하므로 항등식의 성질에 의하여
$a^2-4=0$, $2ab-4c=0$, $b^2-16=0$
a^2-4, $2ab=4c$, $b^2=16$
이때 a, b, c가 양수이므로 $a=2$, $b=4$, $c=4$ ─── ❷

$\therefore a+b+c=2+4+4=10$ ──────────── ❸

채점 기준	배점 비율
❶ 이차방정식 $x^2-(ak+b)x+k^2+ck+4=0$이 중근을 가질 조건 구하기	50%
❷ 항등식의 성질을 이용하여 a, b, c의 값 각각 구하기	40%
❸ $a+b+c$의 값 구하기	10%

0598 🅐 1000

$(x+999)^2+3(x+999)+1000=0$에서
$x+999=t$라 하면
이차방정식 $t^2+3t+1000=0$의 두 근이 $\alpha+999$, $\beta+999$이므로 ─── ❶

근과 계수의 관계에 의하여
$(\alpha+999)+(\beta+999)=-3$, $(\alpha+999)(\beta+999)=1000$ ─── ❷

$$\therefore (\alpha+1002)(\beta+1002)$$
$$=\{(\alpha+999)+3\}\{(\beta+999)+3\}$$
$$=(\alpha+999)(\beta+999)+3\{(\alpha+999)+(\beta+999)\}+9$$
$$=1000+3\times(-3)+9$$
$$=1000$$

.... ❸

채점 기준	배점 비율
❶ 주어진 방정식의 두 근이 $\alpha+999$, $\beta+999$임을 알기	30%
❷ 이차방정식의 근과 계수의 관계를 이용하여 식 세우기	40%
❸ $(\alpha+1002)(\beta+1002)$의 값 구하기	30%

0599 답 30

직사각형 모양의 널빤지에서 색칠되지 않은 부분인 직사각형의
가로, 세로의 길이는 각각
$(150-3k)$ m, $(120-3k)$ m이므로
$150\times120-(150-3k)(120-3k)=16200$

.... ❶

$(150-3k)(120-3k)=1800$, $(50-k)(40-k)=200$
$k^2-90k+1800=0$, $(k-30)(k-60)=0$
$\therefore k=30$ 또는 $k=60$
이때 $0<k<40$이므로
$k=30$

.... ❷

채점 기준	배점 비율
❶ 주어진 조건을 이용하여 k에 대한 이차방정식 세우기	50%
❷ k의 값 구하기	50%

0600 답 9

이차방정식의 근과 계수의 관계에 의하여
$\alpha+\beta=m-1$ ‧‧‧‧‧‧ ㉠
$\alpha\beta=2m-3$ ‧‧‧‧‧‧ ㉡

.... ❶

㉠에서 $m=\alpha+\beta+1$이므로 ㉡에 대입하면
$\alpha\beta=2\alpha+2\beta+2-3$, $\alpha\beta-2\alpha-2\beta+4=3$
$\therefore (\alpha-2)(\beta-2)=3$ → α, β가 자연수이므로 $\alpha-2, \beta-2$는 정수이다.
(i) $\alpha-2=-1$, $\beta-2=-3$ 또는 $\alpha-2=-3$, $\beta-2=-1$일 때
  $\alpha=1$, $\beta=-1$ 또는 $\alpha=-1$, $\beta=1$
(ii) $\alpha-2=1$, $\beta-2=3$ 또는 $\alpha-2=3$, $\beta-2=1$일 때
  $\alpha=3$, $\beta=5$ 또는 $\alpha=5$, $\beta=3$
(i), (ii)에서 α, β는 자연수이어야 하므로
$\alpha=3$, $\beta=5$ 또는 $\alpha=5$, $\beta=3$

.... ❷

$\therefore m=\alpha+\beta+1=3+5+1=9$

.... ❸

채점 기준	배점 비율
❶ $\alpha+\beta$, $\alpha\beta$를 m에 대한 식으로 나타내기	30%
❷ 자연수 α, β의 값 각각 구하기	60%
❸ m의 값 구하기	10%

06 이차방정식과 이차함수

본문 098~099쪽

STEP 1 개념 체크

0601 답 $x=0$ 또는 $x=3$
$2x^2-6x=0$에서 $2x(x-3)=0$ $\therefore x=0$ 또는 $x=3$

0602 답 $x=-1$ 또는 $x=3$
$-x^2+2x+3=0$에서 $x^2-2x-3=0$
$(x+1)(x-3)=0$ $\therefore x=-1$ 또는 $x=3$

0603 답 $x=3$
$x^2-6x+9=0$에서 $(x-3)^2=0$ $\therefore x=3$

0604 답 $x=-1$
$-2x^2-4x-2=0$에서 $2x^2+4x+2=0$
$2(x+1)^2=0$ $\therefore x=-1$

0605 답 서로 다른 두 점에서 만난다.
$2x^2-3x-5=0$의 판별식을 D라 하면
$D=(-3)^2-4\times2\times(-5)=9+40=49>0$
이므로 이차함수의 그래프는 x축과 서로 다른 두 점에서 만난다.

0606 답 한 점에서 만난다. (접한다.)
$-9x^2+6x-1=0$의 판별식을 D라 하면
$\dfrac{D}{4}=3^2-(-9)\times(-1)=0$
이므로 이차함수의 그래프는 x축과 한 점에서 만난다. (접한다.)

0607 답 만나지 않는다.
$x^2-3x+7=0$의 판별식을 D라 하면
$D=(-3)^2-4\times1\times7=9-28=-19<0$
이므로 이차함수의 그래프는 x축과 만나지 않는다.

[0608~0610]
$x^2+2x+k=0$의 판별식을 D라 하면
$\dfrac{D}{4}=1^2-1\times k=1-k$

0608 답 $k<1$
$1-k>0$이어야 하므로 $k<1$

0609 답 $k=1$
$1-k=0$이어야 하므로 $k=1$

0610 답 $k>1$
$1-k<0$이어야 하므로 $k>1$

0611 답 $x=-3$ 또는 $x=-1$

$x^2+2x+1=-2x-2$에서 $x^2+4x+3=0$

$(x+3)(x+1)=0$ ∴ $x=-3$ 또는 $x=-1$

0612 답 $x=-1$

$x^2+3x+2=x+1$에서 $x^2+2x+1=0$

$(x+1)^2=0$ ∴ $x=-1$(중근)

0613 답 서로 다른 두 점에서 만난다.

$x^2+3x-1=-x+1$, 즉 $x^2+4x-2=0$의 판별식을 D라 하면

$\dfrac{D}{4}=2^2-1\times(-2)=6>0$

이므로 이차함수의 그래프와 직선은 서로 다른 두 점에서 만난다.

0614 답 한 점에서 만난다.(접한다.)

$-x^2+4x+2=2x+3$, 즉 $x^2-2x+1=0$의 판별식을 D라 하면

$\dfrac{D}{4}=(-1)^2-1\times1=0$

이므로 이차함수의 그래프와 직선은 한 점에서 만난다.(접한다.)

0615 답 만나지 않는다.

$-x^2+7x-3=2x+5$, 즉 $x^2-5x+8=0$의 판별식을 D라 하면

$D=(-5)^2-4\times1\times8=25-32=-7<0$

이므로 이차함수의 그래프와 직선은 만나지 않는다.

[0616~0618]

$x^2-3x+2=x+k$, 즉 $x^2-4x+2-k=0$의 판별식을 D라 하면

$\dfrac{D}{4}=(-2)^2-1\times(2-k)=2+k$

0616 답 $k>-2$

$2+k>0$이어야 하므로 $k>-2$

0617 답 $k=-2$

$2+k=0$이어야 하므로 $k=-2$

0618 답 $k<-2$

$2+k<0$이어야 하므로 $k<-2$

0619 답 최댓값 : 없다., 최솟값 : -3

0620 답 최댓값 : 7, 최솟값 : 없다.

0621 답 최댓값 : 9, 최솟값 : 없다.

$y=-x^2-4x+5=-(x+2)^2+9$

0622 답 최댓값 : 없다., 최솟값 : -5

$y=3x^2-12x+7=3(x-2)^2-5$

0623 답 5

$y=x^2-4x+a+1=(x-2)^2+a-3$

이므로 $a-3=2$ ∴ $a=5$

0624 답 2

$y=-\dfrac{1}{3}x^2+2x+3a=-\dfrac{1}{3}(x-3)^2+3+3a$

이므로 $3+3a=9$ ∴ $a=2$

0625 답 최댓값 : 5, 최솟값 : -4

$f(x)=(x-2)^2-4$

$0\le x\le5$에서 함수 $y=f(x)$의 그래프는 오른쪽 그림과 같고

$f(0)=0$, $f(2)=-4$, $f(5)=5$

따라서 $f(x)$의 최댓값은 5, 최솟값은 -4 이다.

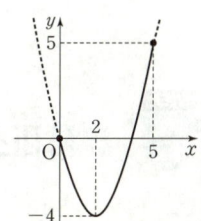

0626 답 최댓값 : 4, 최솟값 : -5

$f(x)=-(x+3)^2+4$

$-4\le x\le0$에서 함수 $y=f(x)$의 그래프는 오른쪽 그림과 같고

$f(-4)=3$, $f(-3)=4$, $f(0)=-5$

따라서 $f(x)$의 최댓값은 4, 최솟값은 -5 이다.

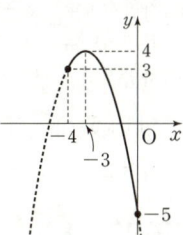

0627 답 최댓값 : 14, 최솟값 : -1

$f(x)=x^2-4x+2=(x-2)^2-2$

$-2\le x\le1$에서 함수 $y=f(x)$의 그래프는 오른쪽 그림과 같고

$f(-2)=14$, $f(1)=-1$

따라서 $f(x)$의 최댓값은 14, 최솟값은 -1이다.

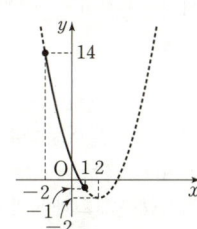

0628 답 최댓값 : -2, 최솟값 : -5

$f(x)=-x^2+4x-5=-(x-2)^2-1$

$0\le x\le1$에서 함수 $y=f(x)$의 그래프는 오른쪽 그림과 같고

$f(0)=-5$, $f(1)=-2$

따라서 $f(x)$의 최댓값은 -2, 최솟값은 -5이다.

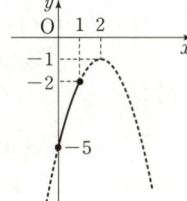

0629 답 최댓값 : -1, 최솟값 : -3

$f(x)=\dfrac{1}{2}x^2-4x+5=\dfrac{1}{2}(x-4)^2-3$

$3\le x\le6$에서 함수 $y=f(x)$의 그래프는 오른쪽 그림과 같고

$f(3)=-\dfrac{5}{2}$, $f(4)=-3$,

$f(6)=-1$

따라서 $f(x)$의 최댓값은 -1, 최솟값은 -3이다.

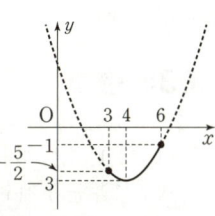

0630 답 최댓값 : 5, 최솟값 : -1

$0 \leq x \leq 2$에서 함수 $y=f(x)$의 그래프는
오른쪽 그림과 같고
$f(0)=5$, $f(2)=-1$
따라서 $f(x)$의 최댓값은 5, 최솟값은
-1이다.

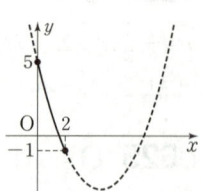

0631 답 ①

0632 답 20

이차함수 $y=-x^2+ax+b$의 그래프와 x축의 교점의 x좌표가
-1, 5이므로 -1, 5는 이차방정식 $-x^2+ax+b=0$의 두 근이다.
이차방정식의 근과 계수의 관계에 의하여

$(-1)+5=-\dfrac{a}{-1}$, $(-1)\times 5=\dfrac{b}{-1}$

따라서 $a=4$, $b=5$이므로 $ab=4\times 5=20$

0633 답 ④

이차함수 $y=ax^2+bx+c$의 그래프가 두 점 $(-2, 0)$, $(4, 0)$을
지나므로 이차방정식 $ax^2+bx+c=0$의 두 근이 -2, 4이다.
이차방정식의 근과 계수의 관계에 의하여

$-\dfrac{b}{a}=(-2)+4=2$, $\dfrac{c}{a}=(-2)\times 4=-8$

$\therefore b=-2a$, $c=-8a$ $\cdots\cdots$ ㉠

㉠을 주어진 이차함수의 식에 대입하면
$y=ax^2-2ax-8a=a(x-1)^2-9a$이므로
이차함수의 그래프의 꼭짓점의 좌표는 $(1, -9a)$이다.
이때 꼭짓점의 y좌표가 18이므로
$-9a=18$ $\therefore a=-2$
$a=-2$를 ㉠에 대입하면
$b=(-2)\times(-2)=4$, $c=(-8)\times(-2)=16$
$\therefore |a|+|b|+|c|=|-2|+|4|+|16|$
$\qquad\qquad\qquad\quad =2+4+16=22$

다른 풀이

이차함수 $y=ax^2+bx+c$의 그래프가 두 점 $(-2, 0)$, $(4, 0)$을
지나므로
$y=a(x+2)(x-4)=a(x^2-2x-8)=a(x-1)^2-9a$
이때 꼭짓점의 y좌표가 18이므로
$-9a=18$ $\therefore a=-2$
즉, $y=-2(x^2-2x-8)=-2x^2+4x+16$이므로
$b=4$, $c=16$

0634 답 ⑤

이차함수 $y=x^2+ax+b$의 그래프와 x축의 두 교점의 x좌표가
1, 3이므로 1, 3은 이차방정식 $x^2+ax+b=0$의 두 근이다.
이차방정식의 근과 계수의 관계에 의하여
$-a=1+3$, $b=1\times 3$ $\therefore a=-4$, $b=3$

이때 이차함수 $y=x^2-3x-4$의 그래프와 x축의 교점의 x좌표는
이차방정식 $x^2-3x-4=0$의 근이므로
$(x+1)(x-4)=0$ $\therefore x=-1$ 또는 $x=4$
따라서 두 점 사이의 거리는 $4-(-1)=5$이다.
↪ 두 교점의 좌표는 $(-1, 0)$, $(4, 0)$이다.

0635 답 ④

이차함수 $y=ax^2+bx+c$의 그래프의 축의 방정식은 $x=1$이고
이 이차함수의 그래프가 x축과 만나는 두 점 사이의 거리가 4이므
로 이 두 교점의 x좌표는 -1, 3이다. $x=1$로부터 왼쪽, 오른쪽으로 각각 2만큼씩 떨어진 x축 위의 점이다.
$\therefore y=a(x+1)(x-3)$ $\cdots\cdots$ ㉠
꼭짓점의 좌표가 $(1, -8)$이므로 $x=1$, $y=-8$을 ㉠에 대입하면
$-8=a\times 2\times(-2)$ $\therefore a=2$
㉠에서 $y=2(x+1)(x-3)=2x^2-4x-6$이므로
$b=-4$, $c=-6$
$\therefore a^2+b^2+c^2=2^2+(-4)^2+(-6)^2=4+16+36=56$

다른 풀이

꼭짓점의 좌표가 $(1, -8)$이므로 주어진 이차함수의 식은
$y=a(x-1)^2-8=ax^2-2ax+a-8$ $\cdots\cdots$ ㉡
이차함수의 그래프의 축의 방정식은 $x=1$이고 이차함수의 그래
프가 x축과 만나는 두 점 사이의 거리가 4이므로 이 두 점의 x좌
표는 -1, 3이다.
-1, 3은 이차방정식 $ax^2-2ax+a-8=0$의 두 근이므로 근과
계수의 관계에 의하여 $\dfrac{a-8}{a}=(-1)\times 3$ $\therefore a=2$
$a=2$를 ㉡에 대입하면 $y=2x^2-4x-6$이므로
$b=-4$, $c=-6$ $\therefore a^2+b^2+c^2=56$

해설 속 칠판

이차함수 $y=a(x-p)^2+q$의 그래프는 직선
$x=p$에 대하여 대칭이므로 이 함수의 그래프와
x축의 두 교점이 $A(\alpha, 0)$, $B(\beta, 0)$ $(\alpha<\beta)$이면
$p-\alpha=\beta-p$, 즉 $p=\dfrac{\alpha+\beta}{2}$

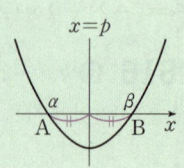

0636 답 ④

0637 답 ④

이차함수 $y=x^2+(2m-1)x+m^2-3m$의 그래프가 x축과 만나
지 않으므로 이차방정식 $x^2+(2m-1)x+m^2-3m=0$이 서로
다른 두 허근을 가져야 한다.
이 이차방정식의 판별식을 D라 하면
$D=(2m-1)^2-4\times 1\times(m^2-3m)<0$
$8m+1<0$ $\therefore m<-\dfrac{1}{8}$
따라서 정수 m의 최댓값은 -1이다.

0638 답 ③

이차함수 $y=2x^2+ax+b$의 그래프가 점 $(3, 18)$을 지나므로
$18=18+3a+b$에서 $b=-3a$ $\cdots\cdots$ ㉠
이차함수 $y=2x^2+ax+b$의 그래프가 x축에 접하므로 이차방정
식 $2x^2+ax+b=0$이 중근을 가져야 한다.
이 이차방정식의 판별식을 D라 하면
$D=a^2-4\times 2\times b=a^2-8b=0$ $\cdots\cdots$ ㉡

㉠을 ㉡에 대입하면
$a^2+24a=0$, $a(a+24)=0$ ∴ $a=-24$ (∵ $a<0$)
$a=-24$를 ㉠에 대입하면 $b=72$
∴ $a+b=(-24)+72=48$

0639 답 ①
$f(x)=x^2+ax+b$ (a, b는 상수)라 하자.
$f(-1)=f(5)$이므로 $1-a+b=25+5a+b$에서 $a=-4$
이차함수 $f(x)=x^2-4x+b$의 그래프가 x축과 한 점에서 만나므로 이차방정식이 중근을 가져야 한다.
이 이차방정식 $x^2-4x+b=0$의 판별식을 D라 하면
$\dfrac{D}{4}=(-2)^2-1\times b=0$ ∴ $b=4$
따라서 $f(x)=x^2-4x+4$이므로 $f(1)=1^2-4\times1+4=1$

다른 풀이
최고차항의 계수가 1인 이차함수 $y=f(x)$의 그래프가
$f(-1)=f(5)$이므로 직선 $x=\dfrac{(-1)+5}{2}=2$에 대하여 대칭이다.
즉, $f(x)=(x-2)^2+b$ (b는 상수)라 하면 이차함수 $y=f(x)$의 그래프가 x축과 한 점에서 만나므로 꼭짓점 $(2, b)$가 x축 위에 있다.
따라서 $b=0$이므로 $f(x)=(x-2)^2$
∴ $f(1)=(-1)^2=1$

0640 답 ②
이차함수 $y=x^2-2ax+ak-2k-b$의 그래프가 x축에 접하므로 이차방정식 $x^2-2ax+ak-2k-b=0$이 중근을 가져야 한다.
이 이차방정식의 판별식을 D라 하면
$\dfrac{D}{4}=(-a)^2-1\times(ak-2k-b)=0$
$-(a-2)k+a^2+b=0$
위의 등식이 실수 k의 값에 관계없이 항상 성립하므로
$a-2=0$, $a^2+b=0$
따라서 $a=2$, $b=-4$이므로
$a+b=2+(-4)=-2$
(말풍선: $px+q=0$이 x에 대한 항등식이면 $p=0$, $q=0$)

0641 답 ④

0642 답 ③
이차함수 $y=-2x^2+x-1$의 그래프와 직선 $y=mx+n$의 두 교점의 x좌표가 각각 -1, 3이므로 -1, 3은 이차방정식 $-2x^2+x-1=mx+n$의 두 근이다.
$-2x^2+x-1=mx+n$에서 $2x^2+(m-1)x+n+1=0$
이차방정식의 근과 계수의 관계에 의하여
$(-1)+3=-\dfrac{m-1}{2}$, $(-1)\times3=\dfrac{n+1}{2}$
따라서 $m=-3$, $n=-7$이므로
$mn=(-3)\times(-7)=21$

0643 답 ④
이차함수 $y=x^2+3$의 그래프와 직선 $y=ax$의 두 교점의 x좌표의 차가 2이므로 두 교점의 x좌표를 α, $\alpha+2$라 하면 α, $\alpha+2$는 이차방정식 $x^2+3=ax$의 두 근이다.
$x^2+3=ax$에서 $x^2-ax+3=0$

이차방정식의 근과 계수의 관계에 의하여
$\alpha+(\alpha+2)=a$, $\alpha(\alpha+2)=3$
$\alpha(\alpha+2)=3$에서 $\alpha^2+2\alpha-3=0$, $(\alpha+3)(\alpha-1)=0$
∴ $\alpha=-3$ 또는 $\alpha=1$
$\alpha=-3$일 때 $a=-3+(-1)=-4$
$\alpha=1$일 때 $a=1+3=4$
그런데 a는 양수이므로 $a=4$이다.

0644 답 9
이차함수 $y=x^2+ax+b$의 그래프와 직선 $y=-x+1$의 두 교점의 x좌표를 각각 $1+\sqrt{2}$, α라 하면 $1+\sqrt{2}$, α는 이차방정식 $x^2+ax+b=-x+1$, 즉 $x^2+(a+1)x+b-1=0$의 두 근이다.
이때 이 이차방정식의 계수가 모두 유리수이고 한 근이 $1+\sqrt{2}$이므로 $\alpha=1-\sqrt{2}$
이차방정식의 근과 계수의 관계에 의하여
$(1+\sqrt{2})+(1-\sqrt{2})=-(a+1)$, $(1+\sqrt{2})\times(1-\sqrt{2})=b-1$
따라서 $a=-3$, $b=0$이므로
$a^2+b^2=(-3)^2+0^2=9$

0645 답 ②
두 교점 A, B가 오른쪽 그림과 같을 때, 점 C의 좌표를 $(\alpha, 0)$이라 하면 선분 CD의 길이가 6이므로 점 D의 좌표는 $(\alpha+6, 0)$이다.

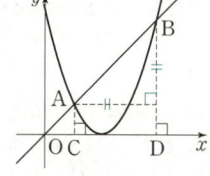

이차함수 $y=\dfrac{1}{2}(x-k)^2$의 그래프와 직선 $y=x$의 두 교점의 좌표는 각각 A(α, α), B$(\alpha+6, \alpha+6)$이므로 이차방정식 $\dfrac{1}{2}(x-k)^2=x$, 즉
$x^2-2(k+1)x+k^2=0$의 두 근은 α, $\alpha+6$이다.
이차방정식의 근과 계수의 관계에 의하여
$\alpha+(\alpha+6)=2(k+1)$에서 $\alpha=k-2$ ……㉠
$\alpha\times(\alpha+6)=k^2$ ……㉡
㉠을 ㉡에 대입하면
$(k-2)\{(k-2)+6\}=k^2$, $2k-8=0$ ∴ $k=4$

0646 답 ①

0647 답 ②
이차함수 $y=-2x^2+4x$의 그래프와 직선 $y=2x+k$가 접하므로 이차방정식 $-2x^2+4x=2x+k$는 중근을 가져야 한다.
이차방정식 $-2x^2+4x=2x+k$, 즉 $2x^2-2x+k=0$의 판별식을 D라 하면
$\dfrac{D}{4}=(-1)^2-2\times k=0$
$1-2k=0$ ∴ $k=\dfrac{1}{2}$

0648 답 ②
이차함수 $y=2x^2-x-a$의 그래프와 직선 $y=x+3$이 적어도 한 점에서 만나야 하므로 이차방정식 $2x^2-x-a=x+3$은 실근을 가져야 한다.
이차방정식 $2x^2-x-a=x+3$, 즉 $2x^2-2x-(a+3)=0$의 판별식을 D라 하면
$\dfrac{D}{4}=(-1)^2+2\times(a+3)\geq0$

$2a+7 \geq 0$ 　 $\therefore a \geq -\dfrac{7}{2}$

따라서 정수 a의 최솟값은 -3이다.

0649 답 ②

이차함수 $y=-x^2-2(m+1)x-2$의 그래프가 직선 $y=2x+m^2$ 보다 항상 아래쪽에 있으려면 이차함수의 그래프와 직선이 만나지 않아야 하므로 이차방정식 $-x^2-2(m+1)x-2=2x+m^2$은 서로 다른 두 허근을 가져야 한다.

이차방정식 $-x^2-2(m+1)x-2=2x+m^2$

즉, $x^2+2(m+2)x+2+m^2=0$의 판별식을 D라 하면

$\dfrac{D}{4}=(m+2)^2-1\times(2+m^2)<0$

$4m+2<0$ 　 $\therefore m<-\dfrac{1}{2}$

따라서 정수 m의 최댓값은 -1이다.

0650 답 3

이차함수 $y=x^2+2kx+a-2k$의 그래프와 직선 $y=bx-k^2$이 오직 한 점에서 만나므로 이차방정식 $x^2+2kx+a-2k=bx-k^2$은 중근을 가져야 한다.

이차방정식 $x^2+2kx+a-2k=bx-k^2$

즉, $x^2+(2k-b)x+a+k^2-2k=0$의 판별식을 D라 하면

$D=(2k-b)^2-4\times1\times(a+k^2-2k)=0$

$4k^2-4kb+b^2-4a-4k^2+8k=0$

$\therefore 4(2-b)k+b^2-4a=0$

위의 등식이 실수 k의 값에 관계없이 항상 성립해야 하므로

$2-b=0, \ b^2-4a=0$

$b=2, \ a=\dfrac{b^2}{4}=\dfrac{2^2}{4}=1$

$\therefore a+b=1+2=3$

0651 답 ④

0652 답 ①

직선 $y=mx+n$이 직선 $y=-x+5$와 평행하므로 $m=-1$

직선 $y=-x+n$이 이차함수 $y=-x^2+3x+3$의 그래프와 접하므로 이차방정식 $-x^2+3x+3=-x+n$

즉, $x^2-4x+n-3=0$의 판별식을 D라 하면

$\dfrac{D}{4}=(-2)^2-1\times(n-3)=0$ 　 $\therefore n=7$

$\therefore mn=(-1)\times7=-7$

0653 답 ⑤

점 $(1, 2)$를 지나는 직선의 방정식을 $y=m(x-1)+2$라 하자.

이 직선이 이차함수 $y=3x^2-2x+1$의 그래프와 접하므로 이차방정식 $3x^2-2x+1=m(x-1)+2$

즉, $3x^2-(2+m)x+m-1=0$의 판별식을 D라 하면

$D=\{-(2+m)\}^2-4\times3\times(m-1)=0$

$m^2-8m+16=0, \ (m-4)^2=0$

$\therefore m=4$

따라서 구하는 직선의 방정식은

$y=4(x-1)+2$, 즉 $y=4x-2$

0654 답 ②

> 점 $(1, -3)$을 지나고 기울기가 m인 직선의 방정식이다.

점 $(1, -3)$을 지나는 직선의 방정식을 $\underline{y=m(x-1)-3}$이라 하자.

이 직선이 이차함수 $y=x^2-4x+2$의 그래프와 접하므로 이차방정식 $x^2-4x+2=m(x-1)-3$

즉, $x^2-(4+m)x+m+5=0$의 판별식을 D라 하면

$D=\{-(4+m)\}^2-4\times1\times(m+5)=0$

$m^2+4m-4=0$

이 이차방정식의 두 실근을 $\alpha, \ \beta$라 하면 $\alpha, \ \beta$는 두 직선의 기울기이므로 구하는 두 직선의 기울기의 곱 $\alpha\beta$는 이차방정식의 근과 계수의 관계에 의하여 -4이다.

> 🧑 **선생님 톡톡**
>
> 이차방정식 $m^2+4m-4=0$의 판별식을 D'이라 하면
>
> $\dfrac{D'}{4}=2^2-1\times(-4)=8>0$
>
> 이므로 이 이차방정식은 서로 다른 두 실근을 가진다는 것을 알 수 있어.

0655 답 ④

다음 그림과 같이 점 A에서 x축에 내린 수선의 발을 H라 하자.

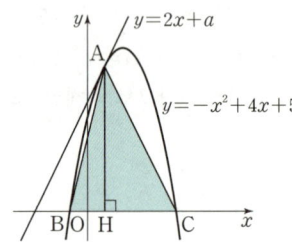

이차함수 $y=-x^2+4x+5$의 그래프가 직선 $y=2x+a$와 한 점 A에서만 만나므로 이차방정식 $-x^2+4x+5=2x+a$, 즉

$x^2-2x+a-5=0$ 　　 …… ㉠

의 판별식을 D라 하면

$\dfrac{D}{4}=(-1)^2-1\times(a-5)=0$

$-a+6=0$ 　 $\therefore a=6$

$a=6$을 ㉠에 대입하면 $x^2-2x+1=0$, 즉 $(x-1)^2=0$이므로 점 A의 x좌표는 1이다.

이때 선분 AH의 길이는 점 A의 y좌표와 같으므로

$\overline{\mathrm{AH}}=-1^2+4\times1+5=8$

또한, 이차함수 $y=-x^2+4x+5$의 그래프가 x축과 만나는 두 점 B, C의 x좌표는 이차방정식 $-x^2+4x+5=0$의 두 실근이므로

$-x^2+4x+5=0$에서 $-(x+1)(x-5)=0$

$\therefore x=-1$ 또는 $x=5$

즉, B$(-1, 0)$, C$(5, 0)$이므로 $\overline{\mathrm{BC}}=5-(-1)=6$

따라서 삼각형 ABC의 넓이는

$\dfrac{1}{2}\times\overline{\mathrm{BC}}\times\overline{\mathrm{AH}}=\dfrac{1}{2}\times6\times8=24$

0656 답 ④

0657 답 ①

$f(x)=-x^2+2x+k$
$\qquad=-(x-1)^2+1+k$

이므로 $0 \leq x \leq 3$에서 이차함수 $y=f(x)$의 그래프는 오른쪽 그림과 같다.

$x=3$에서 최솟값 $-3+k$를 가지므로

$(-3)+k=2$

$\therefore k=5$

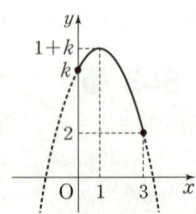

따라서 $f(x)$의 최댓값은 $x=1$일 때 $1+k$이므로
$1+5=6$

0658 답 3

$y=ax^2-2ax+b=a(x-1)^2-a+b$
이므로 $1\le x\le 3$에서 이차함수 $y=f(x)$
의 그래프는 오른쪽 그림과 같다.
$x=1$일 때 최솟값 $-a+b$, $x=3$일 때 최
댓값 $3a+b$를 가지므로
$-a+b=2$, $3a+b=6$
위의 두 식을 연립하여 풀면 $a=1$, $b=3$
$\therefore ab=1\times 3=3$

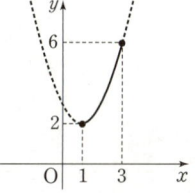

0659 답 ⑤

$f(x)$의 최솟값 3보다 작으므로 꼭짓점의 x좌표는 주어진 범위에 포함되지 않는다.

$f(x)=x^2-2x+3=(x-1)^2+2$
함수 $y=f(x)$의 그래프는 오른쪽 그림과
같고, $f(1)=2$이므로 $k>1$
이때 $f(4)=11$이므로 $f(x)$는 $x=4$에서
최댓값을 갖고, $x=k$에서 최솟값을 갖는
다. 따라서 $f(k)=3$이므로
$k^2-2k+3=3$, $k(k-2)=0$
$\therefore k=2\ (\because k>1)$

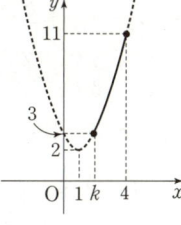

🧑 선생님 톡톡

$k\le 1$이면 이차함수 $f(x)$의 최솟값은 2야.

0660 답 4

절댓값 기호 안의 식이 0보다 크거나 같을 때와 0보다 작을 때로 범위를 나눈다.

$f(x)=x^2+2|x|-2$라 하면
(i) $-1\le x<0$일 때, $f(x)=x^2-2x-2=(x-1)^2-3$
(ii) $0\le x\le 2$일 때, $f(x)=x^2+2x-2=(x+1)^2-3$
(i), (ii)에서 $-1\le x\le 2$일 때 함수 $y=f(x)$의
그래프는 오른쪽 그림과 같으므로
$M=f(2)=3^2-3=6$,
$m=f(0)=1^2-3=-2$
$\therefore M+m=6+(-2)=4$

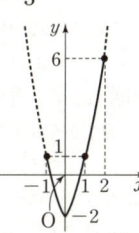

0661 답 ④

0662 답 ①

$f(x)=-x^2+2kx=-(x-k)^2+k^2$
(i) $k\le -2$인 경우
꼭짓점의 x좌표가 주어진 범위에 포함
되므로 오른쪽 그림에서 $x=k$일 때 최
댓값 9를 갖는다. 즉,
$f(k)=-k^2+2k^2=9$에서 $k^2=9$
$\therefore k=-3\ (\because k\le -2)$

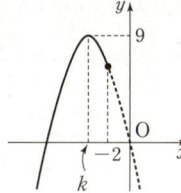

(ii) $k>-2$인 경우
꼭짓점의 x좌표가 주어진 범위에 포함
되지 않으므로 오른쪽 그림에서 $x=-2$
일 때 최댓값 9를 갖는다. 즉,
$f(-2)=-(-2)^2+2k\times(-2)$
$\qquad =-4-4k=9$
$\therefore k=-\dfrac{13}{4}$

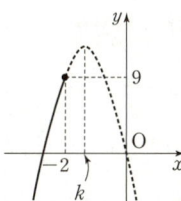

$k>-2$이므로 조건을 만족시키는 k의 값은 존재하지 않는다.
(i), (ii)에서 $k=-3$

0663 답 ⑤

$f(x)=x^2-2ax=(x-a)^2-a^2$
(i) $a<0$일 때
꼭짓점의 x좌표가 주어진 범위에 포함
되지 않으므로 오른쪽 그림에서 $x=0$
일 때 최솟값 -15를 갖는다.
이때 $f(0)=0$이므로 최솟값이 -15가
되도록 하는 a의 값은 존재하지 않는다.

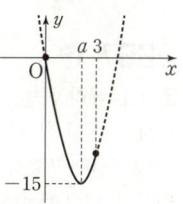

(ii) $0\le a\le 3$일 때
꼭짓점의 x좌표가 주어진 범위에 포함
되므로 오른쪽 그림에서 $x=a$일 때 최
솟값 -15를 갖는다.
즉, $f(a)=-a^2=-15$에서 $a=\pm\sqrt{15}$
이때 $0\le a\le 3$을 만족시키는 a의 값은
존재하지 않는다.

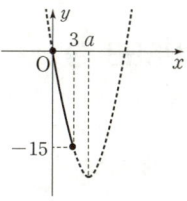

(iii) $a>3$일 때
꼭짓점의 x좌표가 주어진 범위에 포함
되지 않으므로 오른쪽 그림에서 $x=3$일
때 최솟값 -15를 갖는다.
즉, $f(3)=9-6a=-15$에서 $a=4$
(i), (ii), (iii)에서 $a=4$

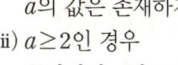

0664 답 18

$f(x)=x^2-2ax+2a^2=(x-a)^2+a^2$
(i) $0<a<2$인 경우
꼭짓점의 x좌표가 주어진 범위에 포함되
므로 오른쪽 그림에서 $x=a$일 때 최솟값
10을 갖는다. 즉, $f(a)=a^2=10$에서
$a=\pm\sqrt{10}$이므로 $0<a<2$를 만족시키는
a의 값은 존재하지 않는다.

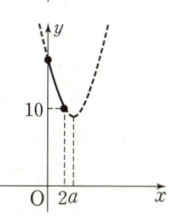

(ii) $a\ge 2$인 경우
꼭짓점의 x좌표가 주어진 범위에 포함되
지 않으므로 오른쪽 그림에서 $x=2$일 때
최솟값 10을 갖는다.
즉, $f(2)=2a^2-4a+4=10$에서
$a^2-2a-3=0$, $(a+1)(a-3)=0$
$\therefore a=3\ (\because a\ge 2)$
이때 함수 $f(x)$는 $x=0$일 때 최댓값을 가지므로
$f(0)=2a^2=18$
(i), (ii)에서 함수 $f(x)$의 최댓값은 18이다.

0665 답 ④

$f(x)=x^2-2x+k^2+2k+1=(x-1)^2+k^2+2k$
(i) $k\le 1$인 경우
꼭짓점의 x좌표가 주어진 범위에 포함되
므로 오른쪽 그림에서 $x=1$일 때 최솟값
15를 갖는다.
즉, $f(1)=k^2+2k=15$에서
$k^2+2k-15=0$, $(k+5)(k-3)=0$
$\therefore k=-5\ (\because k\le 1)$

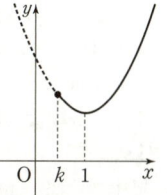

(ii) $k>1$인 경우

　꼭짓점의 x좌표가 주어진 범위에 포함되
　지 않으므로 오른쪽 그림에서 $x=k$일 때
　최솟값 15를 갖는다.
　즉, $f(k)=(k-1)^2+k^2+2k=15$에서
　$2k^2+1=15$, $k^2=7$
　$\therefore k=\sqrt{7}\ (\because k>1)$

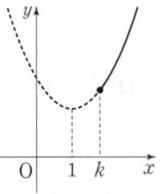

(i), (ii)에서 모든 실수 k의 값의 곱은
$(-5)\times\sqrt{7}=-5\sqrt{7}$

0666 답 ③

0667 답 ④

$x^2+1=t$라 하면 $x^2\geq0$이므로 $t\geq1$
이때 주어진 함수는
$y=t^2+4t-1=(t+2)^2-5$
이므로 $t\geq1$에서 오른쪽 그림과 같이 $t=1$
일 때 최솟값 4를 갖는다.

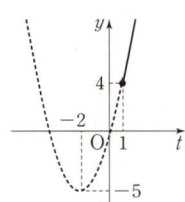

0668 답 13

$x^2-4x+3=t$라 하면
$t=(x-2)^2-1$이므로 $t\geq-1$
이때 주어진 함수는
$y=-3t^2+6(t-3)+k+5$
　$=-3t^2+6t+k-13$
　$=-3(t-1)^2+k-10$
이므로 $t\geq-1$에서 오른쪽 그림과 같이
$t=1$일 때 최댓값 3을 갖는다.
따라서 $k-10=3$이므로 $k=13$

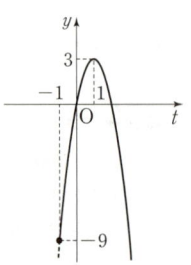

0669 답 ④

$x^2+1=t$라 하면 $-1\leq x\leq2$에서
$1\leq t\leq5$
이때 주어진 함수는
$y=t^2-4t-2=(t-2)^2-6$
이므로 $1\leq t\leq5$에서 오른쪽 그림과 같이
$t=1$일 때, $y=(1-2)^2-6=-5$
$t=5$일 때, $y=(5-2)^2-6=3$
따라서 $t=5$일 때 최댓값 3을 갖는다.

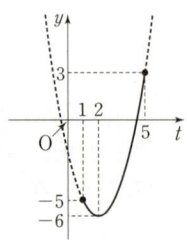

0670 답 26

$x^2+2x-3=t$라 하면
$t=(x+1)^2-4$이므로
$-2\leq x\leq1$에서 $-4\leq t\leq0$
이때 주어진 함수는
$y=t^2-4\underline{(t+3)}+9=t^2-4t-3$
　$=(t-2)^2-7$ ← $x^2+2x-3=t$에서 $x^2+2x=t+3$
이므로 $-4\leq t\leq0$에서 오른쪽 그림과 같이
$t=-4$일 때, $y=(-4-2)^2-7=29$
$t=0$일 때, $y=(0-2)^2-7=-3$
따라서 최댓값 $M=29$, 최솟값 $m=-3$이
므로
$M+m=29+(-3)=26$

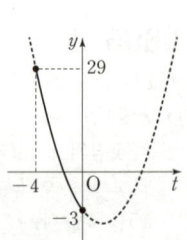

0671 답 ①

0672 답 10

$-x^2-y^2-2x-4y+5$
$=-(x^2+2x)-(y^2+4y)+5$
$=-(x^2+2x+1-1)-(y^2+4y+4-4)+5$
$=-(x+1)^2-(y+2)^2+10$
이때 x,y가 실수이므로 $(x+1)^2\geq0$, $(y+2)^2\geq0$
$\therefore \underline{-x^2-y^2-2x-4y+5\leq10}$　← $-(x+1)^2\leq0$, $-(y+2)^2\leq0$
따라서 주어진 식의 최댓값은 $x=-1$, $y=-2$일 때 10이다.

0673 답 ③

$x^2+ax+2y^2+by+14$ ← $x^2+ax+\dfrac{a^2}{4}-\dfrac{a^2}{4}=\left(x+\dfrac{a}{2}\right)^2-\dfrac{a^2}{4}$
$=(x^2+ax)+2\left(y^2+\dfrac{b}{2}y\right)+14$ ← $y^2+\dfrac{b}{2}y+\dfrac{b^2}{16}-\dfrac{b^2}{16}=\left(y+\dfrac{b}{4}\right)^2-\dfrac{b^2}{16}$
$=\left(x+\dfrac{a}{2}\right)^2+2\left(y+\dfrac{b}{4}\right)^2+14-\dfrac{a^2}{4}-\dfrac{b^2}{8}$
이때 x,y는 실수이므로 $\left(x+\dfrac{a}{2}\right)^2\geq0$, $\left(y+\dfrac{b}{4}\right)^2\geq0$
즉, 주어진 식은 $x=-\dfrac{a}{2}$, $y=-\dfrac{b}{4}$일 때 최솟값 $14-\dfrac{a^2}{4}-\dfrac{b^2}{8}$을
갖는다.
따라서 $-\dfrac{a}{2}=-3$에서 $a=6$, $-\dfrac{b}{4}=1$에서 $b=-4$이므로
$m=14-\dfrac{6^2}{4}-\dfrac{(-4)^2}{8}=14-9-2=3$
$\therefore a+b+m=6+(-4)+3=5$

0674 답 ⑤

$x+y=3$에서 $y=3-x$
위의 식을 $2x^2+y^2$에 대입하여 정리하면
$2x^2+y^2=2x^2+(3-x)^2=3x^2-6x+9$
　　　　$=3(x-1)^2+6$
이때 x,y가 음이 아닌 실수이므로 $y=3-x\geq0$에서 $x\leq3$
$\therefore 0\leq x\leq3$
$0\leq x\leq3$에서 주어진 식은 $x=3$일 때 최댓값 18, $x=1$일 때 최솟
값 6을 갖는다.
따라서 $M=18$, $m=6$이므로
$M-m=18-6=12$

0675 답 ②

$2x^2-2xy+y^2+3y+k$
$=\dfrac{1}{2}(4x^2-4xy+2y^2+6y)+k$
$=\dfrac{1}{2}\{(4x^2-4xy+y^2)+(y^2+6y+9)-9\}+k$
$=\dfrac{1}{2}\{(2x-y)^2+(y+3)^2\}+k-\dfrac{9}{2}$
이때 x,y가 실수이므로 $(2x-y)^2\geq0$, $(y+3)^2\geq0$
주어진 식은 $2x-y=0$, $y=-3$일 때 최솟값 $\dfrac{1}{2}$을 가지므로
$2a-\beta=0$, $\beta=-3$, $k-\dfrac{9}{2}=\dfrac{1}{2}$
따라서 $\alpha=-\dfrac{3}{2}$, $\beta=-3$, $k=5$이므로
$a+\beta+k=\left(-\dfrac{3}{2}\right)+(-3)+5=\dfrac{1}{2}$

0676 답 70 m

0677 답 ③

$y=-x^2+500x=-(x-250)^2+62500$
$200 \le x \le 400$에서 이차함수
$y=-x^2+500x$의 그래프는 오른쪽 그림과 같으므로 $x=250$일 때 최댓값은 62500이다.
따라서 판매 수익의 최댓값은 62500원이다.

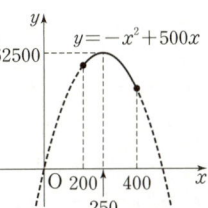

0678 답 ③

감자 1개의 가격이 $(400-x)$원일 때 하루 판매량은 $(600+2x)$개이므로 하루 판매액을 y원이라 하면
$y=(400-x)(600+2x)=-2x^2+200x+240000$
$=-2(x-50)^2+245000\ (x \ge 0)$
따라서 $x=50$일 때 y는 최대이고, 이때의 감자 1개의 가격은
$400-50=350$(원)

0679 답 6

점 C의 좌표를 $(a, 0)$이라 하면 $D(a, -a^2+2)$
한편, 이차함수 $y=-x^2+2$의 그래프와 x축의 교점의 x좌표는
이차방정식 $-x^2+2=0$의 두 근이므로 $x=\pm\sqrt{2}$
이때 점 D가 제1사분면 위에 있으므로
$0<a<\sqrt{2}$
$\therefore \overline{CD}=-a^2+2,\ \overline{BC}=2\overline{OC}=2a$
직사각형 ABCD의 둘레의 길이는
$2(-a^2+2+2a)=2\{(-a^2+2a-1+1)+2\}=-2(a-1)^2+6$
이므로 $a=1$일 때 최댓값은 6이다.
따라서 직사각형 ABCD의 둘레의 길이의 최댓값은 6이다.

0680 답 ③

삼각형 PQR에서 선분 BC의 길이를 x m, 선분 CD의 길이를 y m라 하고, 점 P에서 선분 QR에 내린 수선의 발을 H라 하자.
△PAD∽△PQR(AA 닮음)이므로
$\overline{AD}:\overline{QR}=\overline{PE}:\overline{PH}$에서
$x:10=(6-y):6,\ 6x=60-10y$
$\therefore y=\dfrac{30-3x}{5}$

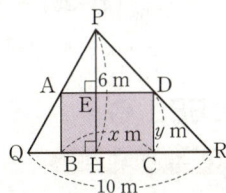

이때 $x,\ y$는 양수이므로 $y=\dfrac{30-3x}{5}>0$에서 $x<10$
$\therefore 0<x<10$
직사각형 ABCD의 넓이는
$xy=x\times\dfrac{30-3x}{5}$
$=-\dfrac{3}{5}x^2+6x$
$=-\dfrac{3}{5}(x-5)^2+15$
이므로 $x=5$일 때 최댓값은 15이다.
따라서 직사각형 ABCD의 넓이의 최댓값은 15 m²이고 이때의 선분 BC의 길이는 5 m이다.

0681 답 ②

One Point Lesson
이차함수 $y=f(x)$의 그래프와 직선 $y=g(x)$가 만나려면 이차방정식 $f(x)=g(x)$의 판별식을 D라 할 때 $D \ge 0$어야 함을 이용한다.

이차함수 $y=x^2+2ax+a^2+1$의 그래프와 직선 $y=-2x-k$가 만나야 하므로 이차방정식 $x^2+2ax+a^2+1=-2x-k$, 즉
$x^2+2(a+1)x+a^2+k+1=0$의 판별식을 D라 하면
$D=(a+1)^2-1\times(a^2+k+1) \ge 0$이어야 한다.
$(a^2+2a+1)-(a^2+k+1) \ge 0,\ 2a-k \ge 0$ $\therefore k \le 2a$
$k \le 2a$를 만족시키는 모든 자연수 k의 개수가 6이므로 자연수 k의 값은 1, 2, 3, 4, 5, 6이다.
따라서 구하는 자연수 a의 값은 $2a=6$에서 $a=3$이다.

0682 답 ③

One Point Lesson
이차함수 $y=f(x)$의 그래프가 x축과 만나지 않으므로 이차방정식 $f(x)=0$의 판별식을 D라 할 때 $D<0$임을 이용한다.

이차함수 $y=x^2+2px+6-q$의 그래프가 x축과 만나지 않으므로 이차방정식 $x^2+2px+6-q=0$의 판별식을 D라 하면
$\dfrac{D}{4}=p^2-1\times(6-q)<0$에서 $q<6-p^2$
(ⅰ) $p=1$일 때, $q<6-1^2=5$이므로 이를 만족시키는 자연수 q의 값은 1, 2, 3, 4이다.
(ⅱ) $p=2$일 때, $q<6-2^2=2$이므로 이를 만족시키는 자연수 q의 값은 1이다.
(ⅲ) $p \ge 3$일 때, $q<6-p^2 \le -3$이므로 이를 만족시키는 자연수 q의 값은 존재하지 않는다.
(ⅰ), (ⅱ), (ⅲ)에서 조건을 만족시키는 순서쌍 (p, q)는 $(1, 1)$, $(1, 2)$, $(1, 3)$, $(1, 4)$, $(2, 1)$의 5개이다.

0683 답 ④

One Point Lesson
주어진 식을 x, y 각각의 완전제곱식 꼴로 변형한 후 (실수)² ≥ 0임을 이용한다.

$x^2+y^2-2x+2ay+9$
$=(x^2-2x)+(y^2+2ay)+9$
$=(x^2-2x+1-1)+(y^2+2ay+a^2-a^2)+9$
$=(x-1)^2+(y+a)^2-a^2+8$
이때 x, y, a가 실수이므로 $(x-1)^2 \ge 0,\ (y+a)^2 \ge 0$
주어진 식은 $x=1,\ y=-a$일 때 최솟값 $-a^2+8$을 가지므로
$-a^2+8=4,\ a^2=4$ $\therefore a=2\ (\because a>0)$

0684 답 ③

One Point Lesson
점 P(a, b)가 이차함수 $y=x^2-2x+2$의 그래프 위의 점임을 이용하여 $2a-b+3$을 a에 대한 식으로 나타낸다.

점 P(a, b)가 이차함수의 그래프 위의 점이므로
$b=a^2-2a+2$ ······ ㉠

㉠을 주어진 식에 대입하면
$$2a-b+3=2a-(a^2-2a+2)+3=-a^2+4a+1$$
$$=-(a-2)^2+5$$
$0 \le a \le 3$에서 $a=2$일 때 최댓값은 5, $a=0$일 때 최솟값은 1이다.
따라서 구하는 최댓값과 최솟값의 합은
$$5+1=6$$

0685 답 ④

이차방정식 $2x^2+ax+a+1=0$의 두 근을 α, β라 하면
근과 계수의 관계에 의하여 $\alpha+\beta=-\dfrac{a}{2}$, $\alpha\beta=\dfrac{a+1}{2}$
주어진 이차함수의 그래프가 x축과 만나는 두 점 사이의 거리가 2
이므로 $|\alpha-\beta|=2$
위의 식의 양변을 제곱하면 $(\alpha-\beta)^2=4$
이때 $(\alpha-\beta)^2=(\alpha+\beta)^2-4\alpha\beta=4$에서 $\left(-\dfrac{a}{2}\right)^2-4\times\dfrac{a+1}{2}=4$
$\dfrac{a^2}{4}-2(a+1)=4$, $\underline{a^2-8a-24=0}$

$\dfrac{D}{4}=(-4)^2-(-24)=40>0$
이므로 이 이차방정식은 서로 다른 두 실근을 갖는다.

따라서 이차방정식의 근과 계수의 관계에 의하여 모든 실수 a의 값의 합은 8이다.

0686 답 ⑤

이차함수 $y=f(x)$의 그래프는 아래로 볼록하고
두 점 $(1, 0)$, $(5, 0)$을 지나므로
$f(x)=a(x-1)(x-5) \ (a>0)$라 하면
$$f(2x-1)=a\{(2x-1)-1\}\{(2x-1)-5\}$$
$$=a(2x-2)(2x-6)$$
$$=4a(x-1)(x-3)$$
따라서 이차방정식 $f(2x-1)=0$의 두 실근이 $x=1$ 또는 $x=3$이
므로 이차방정식 $f(2x-1)=0$의 두 실근의 합은
$$1+3=4$$

0687 답 ①

$$f(x)=x^2-(2a-b)x+a^2-4b$$
$$=\left(x-\dfrac{2a-b}{2}\right)^2+a^2-4b-\left(\dfrac{2a-b}{2}\right)^2$$
이므로 $x=\dfrac{2a-b}{2}$에서 최솟값을 갖는다.
조건 (가)에서 $\dfrac{2a-b}{2}=1$이므로 $b=2a-2$ ······ ㉠
$$\therefore f(x)=x^2-(2a-b)x+a^2-4b$$
$$=x^2-\{2a-(2a-2)\}x+a^2-4(2a-2)$$
$$=x^2-2x+a^2-8a+8$$
$$=(x-1)^2+a^2-8a+7$$

꼭짓점의 x좌표가 $-2 \le x \le 2$에 포함된다.

$-2 \le x \le 2$에서 이차함수 $y=f(x)$의 그래프의 축의 방정식이
$x=1$이므로 함수 $f(x)$는 $x=-2$에서 최댓값을 갖는다.
조건 (나)에서 함수 $f(x)$의 최댓값이 0이므로 $f(-2)=0$이고,
이차함수 $y=f(x)$의 그래프는 다음과 같다.

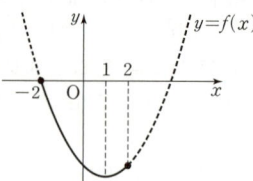

$f(-2)=\{(-2)-1\}^2+a^2-8a+7=a^2-8a+16=(a-4)^2$
이므로 $(a-4)^2=0$ ∴ $a=4$
$a=4$를 ㉠에 대입하면 $b=2\times4-2=6$
∴ $a+b=4+6=10$

0688 답 25

지난해 전통시장 상품권의 지급액을 k원이라 하면 올해 전통시장
상품권의 지급액은 $k\left(1-\dfrac{x}{100}\right)$원이고 내년 전통시장의
지급액은 $k\left(1-\dfrac{x}{100}\right)\left(1+\dfrac{4x}{100}\right)$원이다.

k원에서 x % 감소한 금액은 $k\left(1-\dfrac{x}{100}\right)$원이다.

올해와 내년에 지급받을 총금액은

$k\left(1-\dfrac{x}{100}\right)$원에서 $4x$ % 증가한 금액은 $k\left(1-\dfrac{x}{100}\right)\left(1+\dfrac{4x}{100}\right)$원이다.

$$k\left(1-\dfrac{x}{100}\right)+k\left(1-\dfrac{x}{100}\right)\left(1+\dfrac{4x}{100}\right)$$
$$=k\left(1-\dfrac{x}{100}\right)\left(2+\dfrac{x}{25}\right)=k\left\{\dfrac{1}{100}(100-x)\right\}\left\{\dfrac{1}{25}(50+x)\right\}$$
$$=-\dfrac{k}{2500}(x-100)(x+50)=-\dfrac{k}{2500}(x^2-50x-5000)$$
$$=-\dfrac{k}{2500}\{(x^2-50x+625-625)-5000\}$$
$$=-\dfrac{k}{2500}(x-25)^2+\dfrac{9}{4}k$$
따라서 $x=25$일 때 올해와 내년에 지급받을 총금액이 최대가 된다.

0689 답 ②

직선 $x=t \ (0<t<3)$가 두 이차함수 $y=2x^2+1$,
$y=-(x-3)^2+1$의 그래프와 두 점 P, Q에서 만나므로
두 점 P, Q의 좌표는 각각
$P(t, 2t^2+1)$, $Q(t, -(t-3)^2+1)$
$$\therefore \overline{PQ}=(2t^2+1)-\{-(t-3)^2+1\}$$
$$=2t^2+(t-3)^2=3t^2-6t+9$$
이때 두 점 $A(0, 1)$, $B(3, 1)$에 대하여
$\overline{AB}=3$이고 $\overline{AB}\perp\overline{PQ}$이므로
사각형 PAQB의 넓이는

두 점 A, B의 y좌표가 1로 같으므로 $\overline{AB}$는 x축에 평행하고, 두 점 P, Q는 직선 $x=t$ 위에 있으므로 $\overline{PQ}$는 y축에 평행하기 때문이다.

$$\dfrac{1}{2}\times\overline{AB}\times\overline{PQ}=\dfrac{1}{2}\times3\times(3t^2-6t+9)$$
$$=\dfrac{3}{2}(3t^2-6t+9)$$

사각형 PAQB의 넓이를 $S(t)$라 하면
$0<t<3$에서 $S(t)=\frac{3}{2}(3t^2-6t+9)=\frac{9}{2}(t-1)^2+9$
즉, 함수 $S(t)$는 $0<t<3$에서 $t=1$일 때 최솟값 9를 갖는다.
따라서 사각형 PAQB의 넓이의 최솟값은 9이다.

0690 답 ④

One Point Lesson

이차함수 $y=-2x^2+k$의 그래프와 직선 $y=x$의 교점의 x좌표는 이차방정식 $-2x^2+k=x$의 실근과 같음을 이용한다.

두 점 A, B의 x좌표를 각각 α, β라 하면 A(α, α), B(β, β)
이때 α, β는 이차방정식 $-2x^2+k=x$, 즉 $2x^2+x-k=0$의 두 근이므로 근과 계수의 관계에 의하여 $\alpha+\beta=-\frac{1}{2}$, $\alpha\beta=-\frac{k}{2}$

$\therefore \triangle \text{AOP} + \triangle \text{BOQ} = \frac{1}{2}\alpha^2 + \frac{1}{2}\beta^2 = \frac{1}{2}(\alpha^2+\beta^2)$

(△AOP와 △BOQ는 직각이등변삼각형이다.)

$=\frac{1}{2}\{(\alpha+\beta)^2-2\alpha\beta\}$

$=\frac{1}{2}\left\{\left(-\frac{1}{2}\right)^2-2\times\left(-\frac{k}{2}\right)\right\}$

$=\frac{1}{2}\left(\frac{1}{4}+k\right)=\frac{9}{8}$

따라서 $\frac{1}{4}+k=\frac{9}{4}$에서 $k=2$이다.

0691 답 ④

One Point Lesson

이차함수의 그래프가 두 점 $(\alpha, 0)$, $(\beta, 0)$을 지나면 이 이차함수의 식은 $f(x)=a(x-\alpha)(x-\beta)$ $(a\neq0)$임을 이용한다.

이차함수 $y=f(x)$의 그래프가 두 점 $(3, 0)$, $(5, 0)$을 지나므로 $f(x)=a(x-3)(x-5)$ $(a\neq0)$라 하자.
이차함수 $y=f(x)$의 그래프의 꼭짓점의 좌표가 $(4, -2)$이므로
$a(4-3)(4-5)=-2$에서 $-a=-2$ $\therefore a=2$
$\therefore f(x)=2(x-3)(x-5)=2x^2-16x+30$
방정식 $|f(x)|=1$, 즉 $|2x^2-16x+30|=1$에서

$\frac{D}{4}=(-8)^2-2\times29$
$=64-58=6>0$
이므로 서로 다른 두 실근을 갖는다.

(i) $2x^2-16x+30=1$, 즉 $2x^2-16x+29=0$일 때 이차방정식의 근과 계수의 관계에 의하여 두 근의 합은 $\frac{16}{2}=8$

$\frac{D}{4}=(-8)^2-2\times31$
$=64-62=2>0$
이므로 서로 다른 두 실근을 갖는다.

(ii) $2x^2-16x+30=-1$, 즉 $2x^2-16x+31=0$일 때 이차방정식의 근과 계수의 관계에 의하여 두 근의 합은 $\frac{16}{2}=8$

(i), (ii)에서 서로 다른 모든 실근의 합은 $8+8=16$이다.

다른 풀이

함수 $y=|f(x)|$의 그래프는 [그림 1]과 같고 방정식 $|f(x)|=1$의 실근은 함수 $y=|f(x)|$의 그래프와 직선 $y=1$의 교점의 x좌표이다.
[그림 2]와 같이 함수 $y=|f(x)|$의 그래프는 직선 $x=4$에 대하여 대칭이므로 네 교점의 x좌표를 x_1, x_2, x_3,

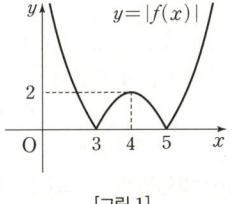

[그림 1]

x_4 $(x_1<x_2<x_3<x_4)$라 하면 두 양수 α, β $(\alpha<\beta)$에 대하여 $x_1=4-\beta$, $x_2=4-\alpha$, $x_3=4+\alpha$, $x_4=4+\beta$라 할 수 있다.
따라서 방정식 $|f(x)|=1$의 서로 다른 모든 실근의 합은
$x_1+x_2+x_3+x_4$
$=(4-\beta)+(4-\alpha)+(4+\alpha)+(4+\beta)=16$

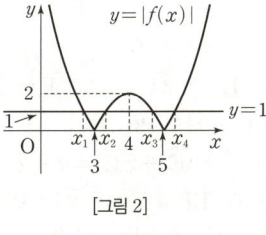

[그림 2]

0692 답 34

One Point Lesson

x축 위의 점 A와 함수 $y=3-x^2$의 그래프 위의 점 B를 x축 및 y축에 평행한 선분들을 따라 이동하여 가장 짧게 연결한 선분들의 길이의 합은 두 점의 x좌표 사이의 거리와 y좌표 사이의 거리의 합임을 이용한다.

두 점 A, B를 각각
A$(a, 0)$, B$(b, 3-b^2)$ $(-1\leq a\leq1, -1\leq b\leq1)$
이라 하고, x축 또는 y축과 평행한 선분들을 따라 이동하여 두 점 A, B를 가장 짧게 연결한 선분들의 길이의 합을 l이라 하자.

(i) $a>b$일 때,

(x축 위의 두 점 A(a), B(b) 사이의 거리는 $|b-a|$이다.) (점 B에서 y축까지의 거리는 점 B의 y좌표의 크기 $|3-b^2|$이다.)

$l=|b-a|+|3-b^2|$

$=-(b-a)+(3-b^2)$

$=-\left(b^2+b+\frac{1}{4}-\frac{1}{4}\right)+3+a$

$=-\left(b+\frac{1}{2}\right)^2+\frac{13}{4}+a$

$a=1$, $b=-\frac{1}{2}$일 때,

(a의 값이 최대일 때 l이 최댓값을 갖는다.)

l은 최댓값 $\frac{17}{4}$을 갖는다.

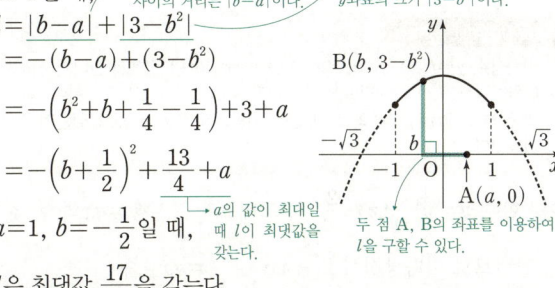

(두 점 A, B의 좌표를 이용하여 l을 구할 수 있다.)

(ii) $a\leq b$일 때,

$l=|b-a|+|3-b^2|$

$=(b-a)+(3-b^2)$

$=-\left(b^2-b+\frac{1}{4}-\frac{1}{4}\right)+3-a$

$=-\left(b-\frac{1}{2}\right)^2+\frac{13}{4}-a$

$a=-1$, $b=\frac{1}{2}$일 때,

(a의 값이 최소일 때 l이 최댓값을 갖는다.)

l은 최댓값 $\frac{17}{4}$을 갖는다.

(i), (ii)에서 x축 또는 y축과 평행한 선분들을 따라 이동하여 두 점 A, B를 연결하였을 때, 그 선분들의 길이의 합의 최댓값 M은 $\frac{17}{4}$이므로
$8M=8\times\frac{17}{4}=34$

0693 답 ⑤

One Point Lesson

점 P에서 변 AB와 변 BC에 각각 수선의 발을 내린 후 서로 닮음인 두 삼각형을 찾아 길이의 비를 이용한다.

오른쪽 그림과 같이 점 P에서 선분 AB에 내린 수선의 발을 D, 선분 BC에 내린 수선의 발을 E라 하면
$\triangle \text{CAB} \backsim \triangle \text{CPE}$ (AA 닮음)
$\overline{\text{PE}}=k$ $(0<k<2)$라 하면

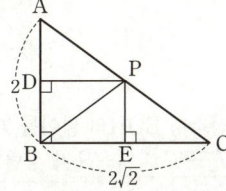

$\overline{\text{AB}} : \overline{\text{PE}} = \overline{\text{CB}} : \overline{\text{CE}}$

$2 : k = 2\sqrt{2} : \overline{\text{CE}}$

$2\overline{\text{CE}} = 2\sqrt{2}k$ ∴ $\overline{\text{CE}} = \sqrt{2}k$

직각삼각형 PEC에서

$\overline{\text{PC}}^2 = \overline{\text{PE}}^2 + \overline{\text{CE}}^2 = k^2 + 2k^2 = 3k^2$

한편, $\overline{\text{BE}} = 2\sqrt{2} - \sqrt{2}k$이므로

직각삼각형 PBE에서

$\overline{\text{PB}}^2 = \overline{\text{PE}}^2 + \overline{\text{BE}}^2 = k^2 + (2\sqrt{2} - \sqrt{2}k)^2$

$\qquad = 3k^2 - 8k + 8$

∴ $\overline{\text{PB}}^2 + \overline{\text{PC}}^2 = (3k^2 - 8k + 8) + 3k^2$

$\qquad = 6k^2 - 8k + 8$

$\qquad = 6\left(k^2 - \dfrac{4}{3}k + \dfrac{4}{9} - \dfrac{4}{9}\right) + 8$

$\qquad = 6\left(k - \dfrac{2}{3}\right)^2 + \dfrac{16}{3}$

따라서 $\overline{\text{PB}}^2 + \overline{\text{PC}}^2$의 최솟값은 $\dfrac{16}{3}$이다.

0694 답 91

One Point Lesson

이차함수 $y = f(x)$의 그래프가 직선 $y = ax$와 한 점에서 만나기 위해서는 이차방정식 $f(x) = ax$의 판별식을 D라 할 때 $D = 0$이고, 이차함수 $y = f(x)$와 직선 $y = ax$의 교점의 x좌표는 이차방정식 $f(x) = ax$의 실근과 같음을 이용한다.

이차함수 $y = x^2 - 4x + \dfrac{25}{4}$의 그래프가 직선 $y = ax$와 한 점에서

만 만나므로 이차방정식 $x^2 - 4x + \dfrac{25}{4} = ax$, 즉

$x^2 - (a+4)x + \dfrac{25}{4} = 0$의 판별식을 D라 하면

$D = (a+4)^2 - 4 \times 1 \times \dfrac{25}{4} = 0$, $(a+4)^2 - 25 = 0$

$(a+4)^2 = 25$에서 $a+4 = 5$ 또는 $a+4 = -5$이므로

$a = 1$ 또는 $a = -9$

이때 $a > 0$이므로 $a = 1$

이차함수 $y = x^2 - 4x + \dfrac{25}{4}$의 그래프와 직선 $y = x$의 교점의 x좌

표는 이차방정식 $x^2 - 4x + \dfrac{25}{4} = x$, 즉

$x^2 - 5x + \dfrac{25}{4} = 0$의 실근이므로

$\left(x - \dfrac{5}{2}\right)^2 = 0$ ∴ $x = \dfrac{5}{2}$

즉, 세 점 A, B, H는 각각

$A\left(\dfrac{5}{2}, \dfrac{5}{2}\right)$, $B\left(0, \dfrac{25}{4}\right)$, $H\left(\dfrac{5}{2}, 0\right)$이다.

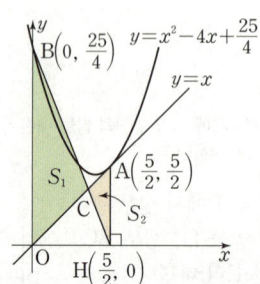

삼각형 BOH의 넓이를 T_1, 삼각형 AOH의 넓이를 T_2라 하면

$T_1 - T_2 = S_1 - S_2$가 성립한다.

→ 삼각형 COH의 넓이를 T_3라 하면
$T_1 - T_2 = (S_1 + T_3) - (S_2 + T_3) = S_1 - S_2$이다.

∴ $S_1 - S_2 = T_1 - T_2$

$\qquad = \dfrac{1}{2} \times \dfrac{5}{2} \times \dfrac{25}{4} - \dfrac{1}{2} \times \dfrac{5}{2} \times \dfrac{5}{2}$

$\qquad = \dfrac{125}{16} - \dfrac{25}{8} = \dfrac{75}{16}$

따라서 $p = 16$, $q = 75$이므로 $p + q = 16 + 75 = 91$이다.

0695 답 ②

One Point Lesson

이차함수의 그래프와 x축과 평행인 직선이 만나는 두 교점은 이차함수의 그래프의 축에 대하여 대칭임을 이용한다.

이차함수 $y = f(x)$의 그래프를 x축의 방향으로 평행이동하여도 $\overline{\text{AB}}$, $\overline{\text{CD}}$의 값이 변하지 않으므로 이차함수 $y = f(x)$의 그래프의 꼭짓점이 y축 위에 있도록 평행이동한 이차함수의 그래프의 식을 $y = g(x)$라 하자. 이차함수 $y = g(x)$의 그래프가 두 직선 $y = 0$, $y = 2$와 만나는 점을 다음 그림과 같이 각각 A′, B′, C′, D′이라 하면

$\overline{\text{A}'\text{B}'} = \overline{\text{AB}} = 2k$이므로 A′$(-k, 0)$, B′$(k, 0)$

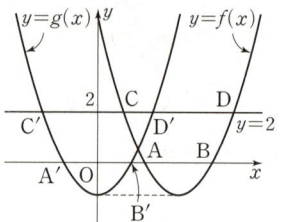

이때 최고차항의 계수가 1이므로 $g(x) = (x+k)(x-k)$

$\overline{\text{C}'\text{D}'} = \overline{\text{CD}} = 2k + 2$에서 이차함수 $y = g(x)$의 그래프는

점 $(k+1, 2)$를 지나므로 $2 = (k+1+k)(k+1-k)$

$2k + 1 = 2$ ∴ $k = \dfrac{1}{2}$

한편, 이차함수 $y = f(x)$의 그래프가 직선 $y = a$와 만나는 두 점

사이의 거리가 $6k = 6 \times \dfrac{1}{2} = 3$이면 이차함수 $y = g(x)$의 그래프는

점 $\left(\dfrac{3}{2}, a\right)$를 지난다.

따라서 $g(x) = \left(x + \dfrac{1}{2}\right)\left(x - \dfrac{1}{2}\right)$에서

$a = \left(\dfrac{3}{2} + \dfrac{1}{2}\right)\left(\dfrac{3}{2} - \dfrac{1}{2}\right) = 2 \times 1 = 2$

선생님 톡톡

함수 $y = f(x)$의 그래프가 y축에 대하여 대칭이면 y축의 좌우에서 a만큼 떨어진 점에서의 함숫값은 서로 같아. 즉, $f(-a) = f(a)$야.

0696 답 5

One Point Lesson

함수 $y = f(x)$의 그래프를 그린 후 t의 값에 따른 함수 $y = g(x)$의 그래프를 그려 본다.

함수 $f(x)$는 $0 \leq x < 1$일 때 $f(x) = x^2$

자연수 n에 대하여

$n = 1$이면 $1 < x \leq 3$일 때, $f(x) = (x-2)^2$

$n = 2$이면 $3 < x \leq 5$일 때, $f(x) = (x-4)^2$

$n = 3$이면 $5 < x \leq 7$일 때, $f(x) = (x-6)^2$

$\vdots$

이므로 함수 $y=f(x)$의 그래프는 다음 그림과 같다.

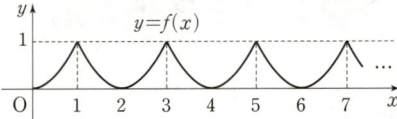

함수 $g(t)$는 $0\leq x\leq t$에서 $f(x)$의 최댓값이므로
$$g(t)=\begin{cases} t^2 & (0\leq t<1) \\ 1 & (t\geq1) \end{cases}$$
즉, 함수 $y=g(x)-f(x)$의 그래프는 다음 그림과 같다.

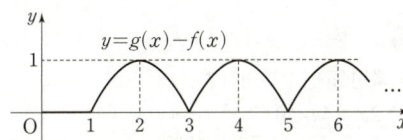

한편, 방정식 $g(x)-f(x)=\dfrac{x}{5}$의 실근의 개수는

함수 $y=g(x)-f(x)$의 그래프와 직선 $y=\dfrac{x}{5}$의 교점의 개수와 같

으므로 5이다.

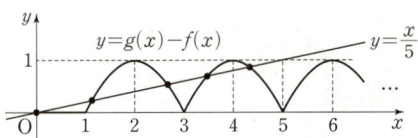

0697 답 6

이차함수 $y=f(x)$의 그래프와 x축의 교점의 x좌표가 α, β이므로 α, β는 방정식 $f(x)=0$의 두 근이다.
$$\therefore f(x)=a(x-\alpha)(x-\beta)\ (a\neq0)$$
·· ❶

$f(\alpha)=0$, $f(\beta)=0$이므로 $f(3x-2)=0$이려면
$3x-2=\alpha$ 또는 $3x-2=\beta$
$$\therefore x=\frac{2+\alpha}{3}\ \text{또는}\ x=\frac{2+\beta}{3}$$
·· ❷

이때 $\alpha+\beta=14$이므로 방정식 $f(3x-2)=0$의 모든 실근의 합은
$$\frac{2+\alpha}{3}+\frac{2+\beta}{3}=\frac{4+\alpha+\beta}{3}=\frac{18}{3}=6$$
·· ❸

채점 기준	배점 비율
❶ 방정식 $f(x)=0$을 α, β로 나타내기	30%
❷ 방정식 $f(3x-2)=0$의 두 실근을 α, β를 이용하여 나타내기	40%
❸ $f(3x-2)=0$의 모든 실근의 합 구하기	30%

0698 답 52

$x^2-2x=t$라 하면
$t=x^2-2x=(x-1)^2-1$
$-2\leq x\leq 2$이므로 오른쪽 그림에서
$-1\leq t\leq 8$

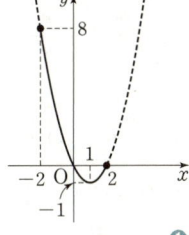

·· ❶

이때 주어진 함수는
$y=t^2-2(t+a)+2=(t-1)^2+1-2a$
·· ❷

$-1\leq t\leq 8$에서 $t=1$일 때 최솟값은 5이므로
$1-2a=5$
$$\therefore a=-2$$
따라서 $y=(t-1)^2+5$이므로 $t=8$일 때 최댓값을 갖는다.
$$\therefore M=(8-1)^2+5=54$$
·· ❸

$$\therefore a+M=(-2)+54=52$$
·· ❹

채점 기준	배점 비율
❶ $x^2-2x=t$로 치환하고 t의 값의 범위 구하기	30%
❷ 주어진 함수를 t에 대한 이차함수로 나타내기	20%
❸ 주어진 함수의 최댓값과 최솟값 구하기	40%
❹ $a+M$의 값 구하기	10%

0699 답 $\dfrac{65}{2}$

$f(x)=-x^2+6$, $g(x)=3x^2-10$이므로
$\overline{\text{AD}}=\overline{\text{BC}}=a-(-a)=2a$
$\overline{\text{AB}}=\overline{\text{CD}}=f(a)-g(a)$
$\qquad\qquad\quad=(-a^2+6)-(3a^2-10)$
$\qquad\qquad\quad=-4a^2+16$
·· ❶

직사각형 ABCD의 둘레의 길이는
$2(\overline{\text{AB}}+\overline{\text{BC}})=2(-4a^2+2a+16)=-8a^2+4a+32$
·· ❷

$$=-8\left(a-\frac{1}{4}\right)^2+\frac{65}{2}$$

따라서 $0<a<2$에서 $a=\dfrac{1}{4}$일 때 직사각형 ABCD의 둘레의 길이의

최댓값은 $\dfrac{65}{2}$이다.
·· ❸

채점 기준	배점 비율
❶ 직사각형의 가로와 세로의 길이를 a로 나타내기	40%
❷ 직사각형의 둘레의 길이를 a에 대한 식으로 세우기	20%
❸ 직사각형의 둘레의 길이의 최댓값 구하기	40%

0700 답 6

$f(x)=x^2-2ax+3a=(x-a)^2-a^2+3a$
·· ❶

(i) $0<a<1$일 때
꼭짓점의 x좌표가 주어진 범위에 포함되므로 오른쪽 그림에서 $x=a$일 때 최솟값 3을 갖는다.
즉, $f(a)=-a^2+3a=3$라 하면
$a^2-3a+3=0$의 판별식을 D라 하면
$D=(-3)^2-4\times1\times3=-3<0$이므로
$f(x)$의 최솟값이 3이 되도록 하는 실수 a는 존재하지 않는다.

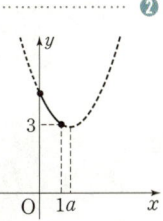

·· ❷

(ii) $a\geq1$일 때
꼭짓점의 x좌표가 주어진 범위에 포함되지 않으므로 오른쪽 그림에서 $x=1$일 때 최솟값 3을 갖는다.
즉, $f(1)=1+a=3$ $\quad\therefore a=2$

이때 함수 $f(x)$의 최댓값은
$$f(0)=3a=3\times2=6$$
❸

(i), (ii)에서 함수 $f(x)$의 최댓값은 6이다.
❹

채점 기준	배점 비율
❶ $f(x)$를 $k(x-p)^2+q$ 꼴로 변형하기	10%
❷ $0<a<1$일 때, $f(x)$의 최댓값 구하기	40%
❸ $a\geq1$일 때, $f(x)$의 최댓값 구하기	40%
❹ $0\leq x\leq1$에서 $f(x)$의 최댓값 구하기	10%

0701 답 108

이차함수 $f(x)=x^2+ax+b$의 그래프가 두 점 $(\alpha,\,0)$, $(\beta,\,0)$을 지나므로 $f(x)=x^2+ax+b=(x-\alpha)(x-\beta)$
직선 $y=g(x)$의 기울기를 m이라 하면 점 $(0,\,-4)$를 지나므로
$g(x)=mx-4$
❶

방정식 $f(x)=g(x)$의 한 근이 α이고 $f(\alpha)=0$이므로 $g(\alpha)=0$이다.
$\therefore g(\alpha)=m\alpha-4=0$ ...... ㉠
방정식 $f(x)=g(x)$의 다른 한 근이 γ이므로 $f(\gamma)=g(\gamma)$
$(\gamma-\alpha)(\gamma-\beta)=m\gamma-4$
조건 (나)에 의하여
$m\gamma-4=m(\alpha+5)-4=m\alpha+5m-4=5m$ $(\because$ ㉠$)$
$\therefore (\gamma-\alpha)(\gamma-\beta)=5m$
❷

한편, 조건 (나)에서 $\gamma-\alpha=5$, $\gamma-\beta=2$이므로
$(\gamma-\alpha)(\gamma-\beta)=5\times2=10$에서 $5m=10$ $\therefore m=2$
$m=2$를 ㉠에 대입하면 $2\alpha-4=0$ $\therefore \alpha=2$
조건 (나)에서 $\alpha=2$이므로
$\gamma=\alpha+5=2+5=7$, $\beta=\gamma-2=7-2=5$
❸

따라서 $f(x)=(x-2)(x-5)$이므로
$f(\alpha+\beta+\gamma)=f(14)=12\times9=108$
❹

채점 기준	배점 비율
❶ 이차함수 $f(x)$와 직선 $y=g(x)$를 식으로 나타내기	20%
❷ 방정식 $f(x)=g(x)$의 두 근 α, γ임을 이용하여 α, β, γ와 직선 $y=g(x)$의 기울기 사이의 관계식 구하기	40%
❸ 세 상수 α, β, γ의 값 구하기	30%
❹ $f(\alpha+\beta+\gamma)$의 값 구하기	10%

07 여러 가지 방정식

0702 답 $x=-4$ 또는 $x=-2$ 또는 $x=1$

0703 답 $x=2$ 또는 $x=-1\pm\sqrt{3}i$
$x^3-8=0$의 좌변을 인수분해하면
$(x-2)(x^2+2x+4)=0$ 이차방정식의 근의 공식을 이용한다.
$\therefore x=2$ 또는 $\underline{x=-1\pm\sqrt{3}i}$

0704 답 $x=-1$ 또는 $x=1$ 또는 $x=2$
$P(x)=x^3-2x^2-x+2$라 하면
$P(1)=1^3-2\times1^2-1+2=0$
이므로 조립제법을 이용하여 $P(x)$를 인수분해하면

$$
\begin{array}{r|rrrr}
1 & 1 & -2 & -1 & 2 \\
  &   & 1 & -1 & -2 \\
\hline
  & 1 & -1 & -2 & 0
\end{array}
$$

$\therefore P(x)=(x-1)(x^2-x-2)$
$\qquad\quad =(x-1)(x+1)(x-2)$
따라서 주어진 방정식은
$(x+1)(x-1)(x-2)=0$
$\therefore x=-1$ 또는 $x=1$ 또는 $x=2$

0705 답 $x=-2$(중근) 또는 $x=-1$ 또는 $x=2$

0706 답 $x=0$ 또는 $x=1$ 또는 $x=\dfrac{-1\pm\sqrt{3}i}{2}$

$x^4-x=0$의 좌변을 인수분해하면
$x(x-1)\underline{(x^2+x+1)}=0$ 이차방정식의 근의 공식을 이용한다.
$\therefore x=0$ 또는 $x=1$ 또는 $x=\dfrac{-1\pm\sqrt{3}i}{2}$

0707 답 $x=-1$(중근) 또는 $x=1$ 또는 $x=2$
$P(x)=x^4-x^3-3x^2+x+2$라 하면
$P(1)=1^4-1^3-3\times1^2+1+2=0$,
$P(-1)=(-1)^4-(-1)^3-3\times(-1)^2+(-1)+2=0$
이므로 조립제법을 이용하여 $P(x)$를 인수분해하면

$$
\begin{array}{r|rrrrr}
1 & 1 & -1 & -3 & 1 & 2 \\
  &   & 1 & 0 & -3 & -2 \\
\hline
-1 & 1 & 0 & -3 & -2 & 0 \\
  &   & -1 & 1 & 2 & \\
\hline
  & 1 & -1 & -2 & 0 &
\end{array}
$$

$\therefore P(x)=(x-1)(x+1)(x^2-x-2)$
$\qquad\quad =(x-1)(x+1)^2(x-2)$
따라서 주어진 방정식은
$(x+1)^2(x-1)(x-2)=0$
$\therefore x=-1$(중근) 또는 $x=1$ 또는 $x=2$

0708 답 $x=\pm1$ 또는 $x=\pm2$

$x^2-2=X$라 하면 주어진 방정식은
$X^2-X-2=0,\ (X+1)(X-2)=0$
$\therefore X=-1$ 또는 $X=2$
(i) $X=-1$, 즉 $x^2-2=-1$일 때
$\quad x^2=1 \qquad \therefore x=\pm1$
(ii) $X=2$, 즉 $x^2-2=2$일 때
$\quad x^2=4 \qquad \therefore x=\pm2$
(i), (ii)에서
$x=\pm1$ 또는 $x=\pm2$

0709 답 $x=\pm3$ 또는 $x=\pm i$

$x^2=X$라 하면 주어진 방정식은
$X^2-8X-9=0,\ (X+1)(X-9)=0$
$\therefore X=-1$ 또는 $X=9$
따라서 $x^2=-1$ 또는 $x^2=9$이므로
$x=\pm i$ 또는 $x=\pm3$

0710 답 $\alpha+\beta+\gamma=2,\ \alpha\beta+\beta\gamma+\gamma\alpha=4,\ \alpha\beta\gamma=-6$

삼차방정식의 근과 계수의 관계에 의하여
$\alpha+\beta+\gamma=2,\ \alpha\beta+\beta\gamma+\gamma\alpha=4,\ \alpha\beta\gamma=-6$

0711 답 $\alpha+\beta+\gamma=2,\ \alpha\beta+\beta\gamma+\gamma\alpha=\dfrac{2}{3},\ \alpha\beta\gamma=-3$

삼차방정식의 근과 계수의 관계에 의하여
$\alpha+\beta+\gamma=-\dfrac{-6}{3}=2,\ \alpha\beta+\beta\gamma+\gamma\alpha=\dfrac{2}{3},\ \alpha\beta\gamma=-\dfrac{9}{3}=-3$

0712 답 5

삼차방정식의 근과 계수의 관계에 의하여
$\alpha+\beta+\gamma=5$

0713 답 -12

삼차방정식의 근과 계수의 관계에 의하여
$\alpha\beta+\beta\gamma+\gamma\alpha=-12$

0714 답 -36

삼차방정식의 근과 계수의 관계에 의하여
$\alpha\beta\gamma=-36$

0715 답 $\dfrac{1}{3}$

$\dfrac{1}{\alpha}+\dfrac{1}{\beta}+\dfrac{1}{\gamma}=\dfrac{\alpha\beta+\beta\gamma+\gamma\alpha}{\alpha\beta\gamma}$ ($\because$ **0713**, **0714**)

$\qquad\qquad\quad =\dfrac{-12}{-36}=\dfrac{1}{3}$

0716 답 $x^3-3x^2-13x+15=0$

(세 근의 합)$=(-3)+1+5=3$
(두 근끼리의 곱의 합)$=(-3)\times1+1\times5+5\times(-3)=-13$
(세 근의 곱)$=(-3)\times1\times5=-15$
따라서 구하는 삼차방정식은
$x^3-3x^2-13x+15=0$

0717 답 $x^3-3x^2+x+1=0$

(세 근의 합)$=1+(1+\sqrt{2})+(1-\sqrt{2})=3$
(두 근끼리의 곱의 합)
$=1\times(1+\sqrt{2})+(1+\sqrt{2})\times(1-\sqrt{2})+(1-\sqrt{2})\times1=1$
(세 근의 곱)$=1\times(1+\sqrt{2})\times(1-\sqrt{2})=-1$
따라서 구하는 삼차방정식은
$x^3-3x^2+x+1=0$

0718 답 $x^3-3x^2+4x-2=0$

(세 근의 합)$=1+(1+i)+(1-i)=3$
(두 근끼리의 곱의 합)
$=1\times(1+i)+(1+i)\times(1-i)+(1-i)\times1=4$
(세 근의 곱)$=1\times(1+i)\times(1-i)=2$
따라서 구하는 삼차방정식은
$x^3-3x^2+4x-2=0$

0719 답 $a=0,\ b=-8$

삼차방정식 $x^3-ax^2-8x-b=0$의 계수가 유리수이고, 한 근이
$-1+\sqrt{5}$이므로 $-1-\sqrt{5}$도 근이다.
즉, 주어진 삼차방정식의 세 근이 $2,\ -1+\sqrt{5},\ -1-\sqrt{5}$이므로
삼차방정식의 근과 계수의 관계에 의하여
$2+(-1+\sqrt{5})+(-1-\sqrt{5})=a$
$2\times(-1+\sqrt{5})\times(-1-\sqrt{5})=b$
$\therefore a=0,\ b=-8$

0720 답 $a=11,\ b=-15$

삼차방정식 $x^3-5x^2+ax+b=0$의 계수가 실수이고, 한 근이
$1+2i$이므로 $1-2i$도 근이다.
즉, 주어진 삼차방정식의 세 근이 $3,\ 1+2i,\ 1-2i$이므로 삼차방정식의 근과 계수의 관계에 의하여
$3\times(1+2i)+(1+2i)\times(1-2i)+(1-2i)\times3=a$
$3\times(1+2i)\times(1-2i)=-b$
$\therefore a=11,\ b=-15$

[0721~0724]
$x^3=1$에서 $x^3-1=0,\ (x-1)(x^2+x+1)=0$
ω는 방정식 $x^3=1$의 한 허근이므로
$\omega^3=1,\ \omega^2+\omega+1=0$

0721 답 -1

$\omega^2+\omega+1=0$에서 $\omega^2+\omega=-1$

0722 답 0

$\omega^5+\omega^4+\omega^3=\omega^3(\omega^2+\omega+1)=1\times0=0$

0723 답 -1

$\omega+\dfrac{1}{\omega}=\dfrac{\omega^2+1}{\omega}=\dfrac{-\omega}{\omega}=-1$

0724 답 0

ω는 방정식 $x^2+x+1=0$의 한 허근이므로 ω의 켤레복소수 $\overline{\omega}$도
방정식 $x^2+x+1=0$의 허근이다.
이차방정식의 근과 계수의 관계에 의하여

$\omega+\overline{\omega}=-1$, $\omega\overline{\omega}=1$

$\therefore \omega+\overline{\omega}+\omega\overline{\omega}=(-1)+1=0$

[0725~0728]

$x^3=-1$에서 $x^3+1=0$, $(x+1)(x^2-x+1)=0$

ω는 방정식 $x^3=-1$의 한 허근이므로

$\omega^3+1=0$, $\omega^2-\omega+1=0$

0725 답 1

$\omega^2-\omega+1=0$에서 $\omega-\omega^2=1$

0726 답 0

$\omega^6-\omega^5+\omega^4=\omega^4(\omega^2-\omega+1)=(-\omega)\times 0=0$

0727 답 1

$\omega+\dfrac{1}{\omega}=\dfrac{\omega^2+1}{\omega}=\dfrac{\omega}{\omega}=1$

0728 답 2

ω는 방정식 $x^2-x+1=0$의 한 허근이므로 ω의 켤레복소수 $\overline{\omega}$도 방정식 $x^2-x+1=0$의 허근이다.

이차방정식의 근과 계수의 관계에 의하여

$\omega+\overline{\omega}=1$, $\omega\overline{\omega}=1$

$\therefore \omega+\overline{\omega}+\omega\overline{\omega}=1+1=2$

0729 답 $\begin{cases} x=1 \\ y=3 \end{cases}$ 또는 $\begin{cases} x=3 \\ y=1 \end{cases}$

$\begin{cases} x+y=4 & \cdots\cdots ㉠ \\ x^2+y^2=10 & \cdots\cdots ㉡ \end{cases}$

㉠에서 $y=-x+4$ $\cdots\cdots ㉢$

㉢을 ㉡에 대입하면

$x^2+(-x+4)^2=10$

$2x^2-8x+6=0$, $x^2-4x+3=0$

$(x-1)(x-3)=0$ $\therefore x=1$ 또는 $x=3$

$x=1$을 ㉢에 대입하면 $y=3$

$x=3$을 ㉢에 대입하면 $y=1$

따라서 주어진 연립방정식의 해는

$\begin{cases} x=1 \\ y=3 \end{cases}$ 또는 $\begin{cases} x=3 \\ y=1 \end{cases}$

0730 답 $\begin{cases} x=1 \\ y=-2 \end{cases}$ 또는 $\begin{cases} x=2 \\ y=-1 \end{cases}$

$\begin{cases} x-y=3 & \cdots\cdots ㉠ \\ x^2+xy+y^2=3 & \cdots\cdots ㉡ \end{cases}$

㉠에서 $y=x-3$ $\cdots\cdots ㉢$

㉢을 ㉡에 대입하면

$x^2+x(x-3)+(x-3)^2=3$

$3x^2-9x+6=0$, $x^2-3x+2=0$

$(x-1)(x-2)=0$ $\therefore x=1$ 또는 $x=2$

$x=1$을 ㉢에 대입하면 $y=-2$

$x=2$를 ㉢에 대입하면 $y=-1$

따라서 주어진 연립방정식의 해는

$\begin{cases} x=1 \\ y=-2 \end{cases}$ 또는 $\begin{cases} x=2 \\ y=-1 \end{cases}$

0731 답 $\begin{cases} x=2 \\ y=5 \end{cases}$ 또는 $\begin{cases} x=5 \\ y=2 \end{cases}$

$\begin{cases} x+y=7 & \cdots\cdots ㉠ \\ xy=10 & \cdots\cdots ㉡ \end{cases}$

㉠에서 $y=7-x$ $\cdots\cdots ㉢$

㉢을 ㉡에 대입하면

$x(7-x)=10$, $x^2-7x+10=0$

$(x-2)(x-5)=0$ $\therefore x=2$ 또는 $x=5$

$x=2$를 ㉢에 대입하면 $y=5$

$x=5$를 ㉢에 대입하면 $y=2$

따라서 주어진 연립방정식의 해는

$\begin{cases} x=2 \\ y=5 \end{cases}$ 또는 $\begin{cases} x=5 \\ y=2 \end{cases}$

(다른 풀이)

x, y는 이차방정식 $t^2-7t+10=0$의 두 근이므로

$(t-2)(t-5)=0$ $\therefore t=2$ 또는 $t=5$

따라서 주어진 연립방정식의 해는

$\begin{cases} x=2 \\ y=5 \end{cases}$ 또는 $\begin{cases} x=5 \\ y=2 \end{cases}$

0732 답 $\begin{cases} x=-1 \\ y=4 \end{cases}$ 또는 $\begin{cases} x=4 \\ y=-1 \end{cases}$

$\begin{cases} x+y=3 & \cdots\cdots ㉠ \\ x-xy+y=7 & \cdots\cdots ㉡ \end{cases}$

㉠에서 $y=3-x$ $\cdots\cdots ㉢$

㉢을 ㉡에 대입하면

$x-x(3-x)+(3-x)=7$

$x^2-3x-4=0$, $(x+1)(x-4)=0$

$\therefore x=-1$ 또는 $x=4$

$x=-1$을 ㉢에 대입하면 $y=4$

$x=4$를 ㉢에 대입하면 $y=-1$

따라서 주어진 연립방정식의 해는

$\begin{cases} x=-1 \\ y=4 \end{cases}$ 또는 $\begin{cases} x=4 \\ y=-1 \end{cases}$

(다른 풀이)

$\begin{cases} x+y=3 & \cdots\cdots ㉠ \\ x-xy+y=7 & \cdots\cdots ㉡ \end{cases}$

㉠을 ㉡에 대입하면 $xy=-4$

즉, $x+y=3$, $xy=-4$에서 x, y는 이차방정식 $t^2-3t-4=0$의 두 근이므로 $(t+1)(t-4)=0$ $\therefore t=-1$ 또는 $t=4$

따라서 주어진 연립방정식의 해는

$\begin{cases} x=-1 \\ y=4 \end{cases}$ 또는 $\begin{cases} x=4 \\ y=-1 \end{cases}$

0733 답 $\begin{cases} x=-\sqrt{5} \\ y=\sqrt{5} \end{cases}$ 또는 $\begin{cases} x=\sqrt{5} \\ y=-\sqrt{5} \end{cases}$ 또는

$\begin{cases} x=-1 \\ y=-1 \end{cases}$ 또는 $\begin{cases} x=1 \\ y=1 \end{cases}$

$\begin{cases} x^2-y^2=0 & \cdots\cdots ㉠ \\ x^2+2xy+2y^2=5 & \cdots\cdots ㉡ \end{cases}$

㉠에서 $(x+y)(x-y)=0$ $\therefore x=-y$ 또는 $x=y$

(i) $x=-y$를 ㉡에 대입하면
$(-y)^2+2(-y)y+2y^2=5$, $y^2=5$
$\therefore y=\pm\sqrt{5}$, $x=\mp\sqrt{5}$ (복부호동순)
(ii) $x=y$를 ㉡에 대입하면
$y^2+2y^2+2y^2=5$, $5y^2=5$, $y^2=1$
$\therefore y=\pm1$, $x=\pm1$ (복부호동순)
(i), (ii)에서 주어진 연립방정식의 해는
$\begin{cases} x=-\sqrt{5} \\ y=\sqrt{5} \end{cases}$ 또는 $\begin{cases} x=\sqrt{5} \\ y=-\sqrt{5} \end{cases}$ 또는 $\begin{cases} x=-1 \\ y=-1 \end{cases}$ 또는 $\begin{cases} x=1 \\ y=1 \end{cases}$

0734 답 $\begin{cases} x=-\sqrt{3} \\ y=\sqrt{3} \end{cases}$ 또는 $\begin{cases} x=\sqrt{3} \\ y=-\sqrt{3} \end{cases}$ 또는

$\begin{cases} x=-3 \\ y=-1 \end{cases}$ 또는 $\begin{cases} x=3 \\ y=1 \end{cases}$

$\begin{cases} x^2-2xy-3y^2=0 & \cdots\cdots ㉠ \\ x^2+3y^2=12 & \cdots\cdots ㉡ \end{cases}$

㉠에서 $(x+y)(x-3y)=0$ $\therefore x=-y$ 또는 $x=3y$
(i) $x=-y$를 ㉡에 대입하면
$(-y)^2+3y^2=12$, $4y^2=12$
$y^2=3$ $\therefore y=\pm\sqrt{3}$, $x=\mp\sqrt{3}$ (복부호동순)
(ii) $x=3y$를 ㉡에 대입하면
$(3y)^2+3y^2=12$, $12y^2=12$
$y^2=1$ $\therefore y=\pm1$, $x=\pm3$ (복부호동순)
(i), (ii)에서 주어진 연립방정식의 해는
$\begin{cases} x=-\sqrt{3} \\ y=\sqrt{3} \end{cases}$ 또는 $\begin{cases} x=\sqrt{3} \\ y=-\sqrt{3} \end{cases}$ 또는 $\begin{cases} x=-3 \\ y=-1 \end{cases}$ 또는 $\begin{cases} x=3 \\ y=1 \end{cases}$

STEP 2 유형 마스터 본문 116~129쪽

0735 답 ⑤

0736 답 ①

좌변을 공통인수 x로 묶는다.

$x^4-x^3-8x^2+12x=0$에서 $\underline{x(x^3-x^2-8x+12)}=0$
$P(x)=x^3-x^2-8x+12$라 하면
$P(2)=2^3-2^2-8\times2+12=0$
이므로 조립제법을 이용하여 $P(x)$를 인수분해하면

$$\begin{array}{c|cccc} 2 & 1 & -1 & -8 & 12 \\ & & 2 & 2 & -12 \\ \hline & 1 & 1 & -6 & 0 \end{array}$$

$\therefore P(x)=(x-2)(x^2+x-6)=(x-2)^2(x+3)$
즉, 주어진 방정식은 $x(x+3)(x-2)^2=0$
$\therefore x=-3$ 또는 $x=0$ 또는 $x=2$(중근)
따라서 네 근 중 가장 큰 근은 2, 가장 작은 근은 -3이므로 그 곱은
$2\times(-3)=-6$

0737 답 ③

$P(x)=x^3+x^2+3x-5$라 하면
$P(1)=1^3+1^2+3\times1-5=0$
이므로 조립제법을 이용하여 $P(x)$를 인수분해하면

$$\begin{array}{c|cccc} 1 & 1 & 1 & 3 & -5 \\ & & 1 & 2 & 5 \\ \hline & 1 & 2 & 5 & 0 \end{array}$$

$\therefore P(x)=(x-1)(x^2+2x+5)$
즉, 주어진 방정식은
$(x-1)(x^2+2x+5)=0$
$\therefore x=1$ 또는 $x=-1\pm2i$
따라서 $\alpha=1$, $\beta=-1$, $\gamma=2$ ($\because \gamma>0$)이므로
$\dfrac{\alpha}{\beta+\gamma}=\dfrac{1}{(-1)+2}=1$

0738 답 ③

$P(x)=x^3+2x^2-3x-10$이라 하면
$P(2)=2^3+2\times2^2-3\times2-10=0$
이므로 조립제법을 이용하여 $P(x)$를 인수분해하면

$$\begin{array}{c|cccc} 2 & 1 & 2 & -3 & -10 \\ & & 2 & 8 & 10 \\ \hline & 1 & 4 & 5 & 0 \end{array}$$

$\therefore P(x)=(x-2)(x^2+4x+5)$
즉, 주어진 방정식은
$(x-2)(x^2+4x+5)=0$
따라서 방정식 $P(x)=0$의 두 허근 α, β는 방정식 $x^2+4x+5=0$
의 근이므로 이차방정식의 근과 계수의 관계에 의하여
$\alpha+\beta=-4$, $\alpha\beta=5$
$\therefore \alpha^3+\beta^3=(\alpha+\beta)^3-3\alpha\beta(\alpha+\beta)$
$=(-4)^3-3\times5\times(-4)=-4$

0739 답 ②

$P(x)=x^4+2x^3-x^2-8x-12$라 하면
$P(2)=2^4+2\times2^3-2^2-8\times2-12=0$,
$P(-2)=(-2)^4+2\times(-2)^3-(-2)^2-8\times(-2)-12=0$
이므로 조립제법을 이용하여 $P(x)$를 인수분해하면

$$\begin{array}{c|ccccc} 2 & 1 & 2 & -1 & -8 & -12 \\ & & 2 & 8 & 14 & 12 \\ \hline -2 & 1 & 4 & 7 & 6 & 0 \\ & & -2 & -4 & -6 & \\ \hline & 1 & 2 & 3 & 0 & \end{array}$$

$\therefore P(x)=(x-2)(x+2)(x^2+2x+3)$
즉, 주어진 방정식은
$(x+2)(x-2)(x^2+2x+3)=0$
따라서 방정식 $P(x)=0$의 두 허근 α, β는 방정식 $x^2+2x+3=0$
의 근이므로 이차방정식의 근과 계수의 관계에 의하여
$\alpha+\beta=-2$, $\alpha\beta=3$
$\therefore \alpha^2+\beta^2=(\alpha+\beta)^2-2\alpha\beta=(-2)^2-2\times3=-2$

0740 답 ②

0741 답 ③

$x^2-x=X$라 하면 주어진 방정식은
$(X+2)^2-12X+8=0$, $X^2-8X+12=0$
$(X-2)(X-6)=0$ $\therefore X=2$ 또는 $X=6$

(i) $X=2$, 즉 $x^2-x=2$일 때
$x^2-x-2=0$, $(x+1)(x-2)=0$
∴ $x=-1$ 또는 $x=2$

(ii) $X=6$, 즉 $x^2-x=6$일 때
$x^2-x-6=0$, $(x+2)(x-3)=0$
∴ $x=-2$ 또는 $x=3$

(i), (ii)에서 음의 근은 -2, -1이므로 그 합은
$(-2)+(-1)=-3$

0742 답 ①

$x^2-3x=X$라 하면 주어진 방정식은
$X(X+6)+5=0$, $X^2+6X+5=0$
$(X+5)(X+1)=0$ ∴ $X=-5$ 또는 $X=-1$

(i) $X=-5$, 즉 $x^2-3x=-5$일 때
$x^2-3x+5=0$이므로 이 이차방정식의 판별식을 D_1이라 하면
$D_1=(-3)^2-4\times1\times5<0$
즉, 이 방정식은 서로 다른 두 허근을 갖는다.

(ii) $X=-1$, 즉 $x^2-3x=-1$일 때
$x^2-3x+1=0$이므로 이 이차방정식의 판별식을 D_2라 하면
$D_2=(-3)^2-4\times1\times1>0$
즉, 이 방정식은 서로 다른 두 실근을 갖는다.

(i), (ii)에서 주어진 방정식의 두 실근은 이차방정식
$x^2-3x+1=0$의 근이고, 근과 계수의 관계에 의하여 서로 다른 두 실근의 곱은 1이므로 $\alpha\beta=1$이다.

0743 답 ②

$x^2+2=X$라 하면 주어진 방정식은
$X^2-5X-6=0$, $(X+1)(X-6)=0$
∴ $X=-1$ 또는 $X=6$

(i) $X=-1$, 즉 $x^2+2=-1$일 때
$x^2=-3$ ∴ $x=-\sqrt{3}i$ 또는 $x=\sqrt{3}i$

(ii) $X=6$, 즉 $x^2+2=6$일 때
$x^2=4$ ∴ $x=-2$ 또는 $x=2$

(i), (ii)에서 주어진 방정식의 두 실근 α, β는 $\alpha=2$, $\beta=-2$ 또는 $\alpha=-2$, $\beta=2$이므로
$\alpha^2+\beta^2=2^2+(-2)^2=8$

0744 답 ③

$(x-1)(x-3)(x+5)(x+7)=-15$에서
$(x-1)(x-3)(x+5)(x+7)+15=0$
이때 $(x-1)(x+5)=x^2+4x-5$,
$(x-3)(x+7)=x^2+4x-21$이므로
> 둘씩 짝을 지은 일차식의 상수항의 합이 4로 같다.

$(x^2+4x-5)(x^2+4x-21)+15=0$
$x^2+4x=X$라 하면 이 방정식은
$(X-5)(X-21)+15=0$, $X^2-26X+120=0$
$(X-6)(X-20)=0$ ∴ $X=6$ 또는 $X=20$

(i) $X=6$, 즉 $x^2+4x-6=0$일 때
이차방정식의 근과 계수의 관계에 의하여 이 방정식의 모든 근의 곱은 -6이다.

(ii) $X=20$, 즉 $x^2+4x-20=0$일 때
이차방정식의 근과 계수의 관계에 의하여 이 방정식의 모든 근의 곱은 -20이다.

(i), (ii)에서 주어진 방정식의 모든 근의 곱은
$(-6)\times(-20)=120$

0745 답 ④

0746 답 ④

$x^2=X$라 하면 주어진 방정식은
$X^2-10X+16=0$, $(X-2)(X-8)=0$
∴ $X=2$ 또는 $X=8$
즉, $x^2=2$ 또는 $x^2=8$이므로
$x=\pm\sqrt{2}$ 또는 $x=\pm2\sqrt{2}$
따라서 두 양의 근은 $\sqrt{2}$, $2\sqrt{2}$이므로 그 곱은
$\sqrt{2}\times2\sqrt{2}=4$

0747 답 ③

> 인수분해되지 않으므로 $(x^2+A)^2-(Bx)^2=0$ 꼴로 바꿔 본다.

$x^4-11x^2+25=0$에서 $x^4-10x^2+25-x^2=0$
$(x^2-5)^2-x^2=0$, $(x^2+x-5)(x^2-x-5)=0$
∴ $x^2+x-5=0$ 또는 $x^2-x-5=0$
∴ $x=\dfrac{-1\pm\sqrt{21}}{2}$ 또는 $x=\dfrac{1\pm\sqrt{21}}{2}$
따라서 $\alpha=\dfrac{-1-\sqrt{21}}{2}$, $\delta=\dfrac{1+\sqrt{21}}{2}$이므로
$\alpha+\delta=\dfrac{-1-\sqrt{21}}{2}+\dfrac{1+\sqrt{21}}{2}=0$

0748 답 ①

$x^4+5x^2+9=0$에서 $x^4+6x^2+9-x^2=0$
$(x^2+3)^2-x^2=0$, $(x^2+x+3)(x^2-x+3)=0$
방정식 $x^2+x+3=0$의 두 근을 p, q, 방정식 $x^2-x+3=0$의 두 근을 r, s라 하면 이차방정식의 근과 계수의 관계에 의하여
$p+q=-1$, $pq=3$, $r+s=1$, $rs=3$
∴ $\dfrac{1}{p}+\dfrac{1}{q}+\dfrac{1}{r}+\dfrac{1}{s}=\dfrac{p+q}{pq}+\dfrac{r+s}{rs}=\dfrac{-1}{3}+\dfrac{1}{3}=0$

0749 답 10

$x^2=X$라 하면 주어진 방정식은
$X^2-(k-1)X+4k-20=0$
$X^2-(k-1)X+4(k-5)=0$
$(X-4)\{X-(k-5)\}=0$
∴ $X=4$ 또는 $X=k-5$
$X=4$일 때, $x^2=4$에서 $x=\pm2$이므로 이 방정식은 두 개의 실근을 갖는다.
즉, $X=k-5$일 때, $x^2=k-5$가 두 개의 허근을 가져야 하므로
$k-5<0$ ∴ $k<5$
따라서 자연수 k는 1, 2, 3, 4이므로 그 합은
$1+2+3+4=10$

0750 답 ②

0751 답 ①

삼차방정식 $x^3+(k+1)x^2+(4k-3)x+k+7=0$의 한 근이 1
이므로
$1^3+(k+1)\times1^2+(4k-3)\times1+k+7=0$
$6k=-6$ ∴ $k=-1$
즉, 주어진 방정식은 $x^3-7x+6=0$
$P(x)=x^3-7x+6$이라 하면 $P(1)=0$
이므로 조립제법을 이용하여 $P(x)$를 인수분해하면

```
1 | 1   0   -7    6
  |     1    1   -6
  ---------------------
    1   1   -6 |  0
```

∴ $P(x)=(x-1)(x^2+x-6)$
$\quad\quad\quad=(x-1)(x+3)(x-2)$
즉, 주어진 방정식은 $(x+3)(x-1)(x-2)=0$
∴ $x=-3$ 또는 $x=1$ 또는 $x=2$
따라서 $\alpha=-3$, $\beta=2$ 또는 $\alpha=2$, $\beta=-3$이므로
$|\alpha-\beta|=5$

0752 답 ①

삼차방정식 $x^3-ax^2-(b-1)x+b=0$의 두 근이 1, 4이므로
$1^3-a\times1^2-(b-1)\times1+b=0$에서
$-a=-2$ ∴ $a=2$
$4^3-2\times4^2-(b-1)\times4+b=0$에서
$-3b=-36$ ∴ $b=12$
즉, 주어진 방정식은 $x^3-2x^2-11x+12=0$
$P(x)=x^3-2x^2-11x+12$라 하면 $P(1)=0$, $P(4)=0$
이므로 조립제법을 이용하여 다항식 $P(x)$를 인수분해하면

```
1 | 1   -2   -11   12
  |      1    -1  -12
4 | 1   -1   -12 |  0
  |            4   12
  --------------------
    1    3  |  0
```

∴ $P(x)=(x-1)(x-4)(x+3)$
즉, 주어진 방정식은
$(x+3)(x-1)(x-4)=0$
∴ $x=-3$ 또는 $x=1$ 또는 $x=4$
따라서 나머지 한 근은 -3이다.

0753 답 ①

사차방정식 $2x^4+ax^3-3x^2-6x+b=0$의 한 근이 $\sqrt{2}$이므로
$2\times(\sqrt{2})^4+a\times(\sqrt{2})^3-3\times(\sqrt{2})^2-6\times\sqrt{2}+b=0$
∴ $(b+2)+(2a-6)\sqrt{2}=0$
이때 a, b가 유리수이므로
$b+2=0$, $2a-6=0$ ∴ $a=3$, $b=-2$
∴ $a+b=3+(-2)=1$

> **해설 속 칠판** 무리수가 서로 같을 조건
> (1) 유리수 p, q와 무리수 $\sqrt{m}$에 대하여
> $p+q\sqrt{m}=0$이면 $p=0$, $q=0$
> (2) 유리수 p, q, r, s와 무리수 $\sqrt{m}$에 대하여
> $p+q\sqrt{m}=r+s\sqrt{m}$이면 $p=r$, $q=s$

0754 답 3

사차방정식 $x^4+ax^3-(a+1)x^2+3ax+9=0$의 한 근이 3이므로
$3^4+a\times3^3-(a+1)\times3^2+3a\times3+9=0$
$27a=-81$ ∴ $a=-3$
즉, 주어진 방정식은 $x^4-3x^3+2x^2-9x+9=0$
$P(x)=x^4-3x^3+2x^2-9x+9$라 하면
$P(3)=0$, $P(1)=1^4-3\times1^3+2\times1^2-9\times1+9=0$
이므로 조립제법을 이용하여 $P(x)$를 인수분해하면

```
3 | 1   -3   2   -9    9
  |      3   0    6   -9
1 | 1    0   2   -3 |  0
  |           1    1    3
  -----------------------
    1    1   3 |  0
```

∴ $P(x)=(x-3)(x-1)(x^2+x+3)$
즉, 주어진 방정식은 $(x-1)(x-3)(x^2+x+3)=0$
따라서 세 근 중 두 허근은 방정식 $x^2+x+3=0$의 근이므로 이
차방정식의 근과 계수의 관계에 의하여 두 허근의 곱은 3이다.

0755 답 ②

0756 답 ⑤

$P(x)=x^3+x^2+(k-6)x-2k$라 하면
$P(2)=2^3+2^2+(k-6)\times2-2k=0$
이므로 조립제법을 이용하여 $P(x)$를 인수분해하면

```
2 | 1   1   k-6   -2k
  |     2    6    2k
  --------------------
    1   3    k  |  0
```

∴ $P(x)=(x-2)(x^2+3x+k)$
즉, 주어진 방정식은 $(x-2)(x^2+3x+k)=0$
이때 방정식 $(x-2)(x^2+3x+k)=0$이 한 개의 실근과 두 개의
허근을 가지므로 방정식 $x^2+3x+k=0$이 두 개의 허근을 갖는다.
위의 이차방정식의 판별식을 D라 하면
$D=3^2-4\times1\times k<0$, $4k>9$
∴ $k>\dfrac{9}{4}$
따라서 정수 k의 최솟값은 3이다.

0757 답 6

$P(x)=kx^3+(k+4)x^2+(1-k)x-k-5$라 하면
$P(1)=k\times1^3+(k+4)\times1^2+(1-k)\times1-k-5=0$
이므로 조립제법을 이용하여 $P(x)$를 인수분해하면

```
1 | k   k+4   1-k    -k-5
  |      k   2k+4     k+5
  ------------------------
    k  2k+4  k+5  |   0
```

∴ $P(x)=(x-1)\{kx^2+2(k+2)x+k+5\}$
즉, 주어진 방정식은 $(x-1)\{kx^2+2(k+2)x+k+5\}=0$
이때 방정식 $(x-1)\{kx^2+2(k+2)x+k+5\}=0$이 서로 다른
세 실근을 가지려면 방정식 $kx^2+2(k+2)x+k+5=0$이 1이 아닌
서로 다른 두 실근을 가져야 한다.

$Q(x)=kx^2+2(k+2)x+k+5$라 하면

(i) $Q(1)=k\times 1^2+2(k+2)\times 1+k+5=4k+9$이므로 모든 자연수 k에 대하여 $Q(1)\neq 0$이다.

(ii) 이차방정식 $Q(x)=0$의 판별식을 D라 하면
$$\frac{D}{4}=(k+2)^2-k\times(k+5)>0, \; -k+4>0 \qquad \therefore k<4$$

(i), (ii)에서 자연수 k는 1, 2, 3이므로 그 합은
$1+2+3=6$

0758 답 ⑤

$(x^2+kx+9)(x^2+2x+k)=0$에서
$x^2+kx+9=0$ 또는 $x^2+2x+k=0$
주어진 사차방정식이 한 개의 실근을 가져야 하므로 두 이차방정식 $x^2+kx+9=0$, $x^2+2x+k=0$ 중 하나는 중근, 다른 하나는 서로 다른 두 허근을 갖거나 두 이차방정식이 같은 중근을 가져야 한다.

두 이차방정식 $x^2+kx+9=0$, $x^2+2x+k=0$의 판별식을 각각 D_1, D_2라 하자.

(i) $x^2+kx+9=0$이 중근을 갖는 경우
$\quad D_1=k^2-4\times 1\times 9=0, \; k^2=36$
$\quad \therefore k=6$ 또는 $k=-6$

    ⓐ $k=6$이면 $\dfrac{D_2}{4}=1^2-1\times 6=-5<0$이므로 이차방정식 $x^2+2x+6=0$은 서로 다른 두 허근을 갖는다.

    ⓑ $k=-6$이면 $\dfrac{D_2}{4}=1^2-1\times(-6)=7>0$으로 이차방정식 $x^2+2x-6=0$은 서로 다른 두 실근은 가지므로 조건을 만족시키지 않는다.

    ⓐ, ⓑ에서 $k=6$

(ii) $x^2+2x+k=0$이 중근을 갖는 경우
$\quad \dfrac{D_2}{4}=1^2-1\times k=1-k=0 \qquad \therefore k=1$
$\quad$ 이때 $D_1=1^2-4\times 1\times 9=-35<0$이므로 이차방정식 $x^2+x+9=0$은 서로 다른 두 허근을 갖는다.

(i), (ii)에서 주어진 사차방정식이 한 개의 실근을 갖도록 하는 모든 실수 k의 값은 1, 6이므로 그 합은
$1+6=7$

0759 답 12

$x\{x^3+(2a+1)x^2+(3a+2)x+a+2\}=0$에서
$P(x)=x^3+(2a+1)x^2+(3a+2)x+a+2$라 하면
$P(-1)=(-1)^3+(2a+1)\times(-1)^2$
$\qquad\qquad\qquad\qquad +(3a+2)\times(-1)+a+2$
$\qquad =0$
이므로 조립제법을 이용하여 $P(x)$를 인수분해하면

```
-1 | 1   2a+1   3a+2    a+2
   |      -1    -2a   -a-2
   ─────────────────────────
     1   2a     a+2  |  0
```

즉, 주어진 방정식은 $x(x+1)(x^2+2ax+a+2)=0$
이때 방정식 $x(x+1)(x^2+2ax+a+2)=0$의 서로 다른 실근의 개수가 3이어야 하므로 $x=-1$ 또는 $x=0$이 중근이거나 이차방정식 $x^2+2ax+a+2=0$이 $x=-1$, $x=0$이 아닌 중근을 가져야 한다.

(i) $x=-1$이 사차방정식의 중근인 경우
$x=-1$은 이차방정식 $x^2+2ax+a+2=0$의 근이므로
$(-1)^2+2a\times(-1)+a+2=0 \qquad \therefore a=3$
$x^2+6x+5=0$, 즉 $(x+5)(x+1)=0$에서
$x=-5$ 또는 $x=-1$이므로 사차방정식의 근은
$x=-5$ 또는 $x=-1$(중근) 또는 $x=0$
즉, $a=3$일 때 주어진 사차방정식은 서로 다른 3개의 실근을 갖는다.

(ii) $x=0$이 사차방정식의 중근인 경우
$x=0$은 이차방정식 $x^2+2ax+a+2=0$의 근이므로
$0^2+2a\times 0+a+2=0 \qquad \therefore a=-2$
$x^2-4x=0$, $x(x-4)=0$에서 $x=0$ 또는 $x=4$이므로 사차방정식의 근은
$x=-1$ 또는 $x=0$(중근) 또는 $x=4$
즉, $a=-2$일 때 주어진 사차방정식은 서로 다른 3개의 실근을 갖는다.

(iii) 이차방정식 $x^2+2ax+a+2=0$이 $x=-1$, $x=0$이 아닌 중근을 갖는 경우
이차방정식 $x^2+2ax+a+2=0$의 판별식을 D라 하면
$$\frac{D}{4}=a^2-1\times(a+2)=a^2-a-2=0$$
$(a+1)(a-2)=0 \qquad \therefore a=-1$ 또는 $a=2$

    ⓐ $a=-1$일 때
$\quad x^2-2x+1=0, \; (x-1)^2=0 \qquad \therefore x=1$
$\quad$ 즉, 사차방정식의 근은
$\quad x=-1$ 또는 $x=0$ 또는 $x=1$(중근)

    ⓑ $a=2$일 때
$\quad x^2+4x+4=0, \; (x+2)^2=0 \qquad \therefore x=-2$
$\quad$ 즉, 사차방정식의 근은
$\quad x=-2$(중근) 또는 $x=-1$ 또는 $x=0$

    ⓐ, ⓑ에서 $a=-1$ 또는 $a=2$일 때 주어진 사차방정식은 서로 다른 3개의 실근을 갖는다.

(i), (ii), (iii)에서 주어진 사차방정식의 서로 다른 실근의 개수가 3이 되도록 하는 모든 실수 a의 값은 -2, -1, 2, 3이므로 그 곱은
$(-2)\times(-1)\times 2\times 3=12$

0760 답 ④

0761 답 ④

삼차방정식 $x^3-5x^2+6x-3=0$의 세 근이 α, β, γ이므로 삼차방정식의 근과 계수의 관계에 의하여
$\alpha+\beta+\gamma=5$, $\alpha\beta+\beta\gamma+\gamma\alpha=6$, $\alpha\beta\gamma=3$
$$\therefore \frac{\beta+\gamma}{\alpha}+\frac{\gamma+\alpha}{\beta}+\frac{\alpha+\beta}{\gamma}=\frac{5-\alpha}{\alpha}+\frac{5-\beta}{\beta}+\frac{5-\gamma}{\gamma}$$
$$=\frac{5}{\alpha}+\frac{5}{\beta}+\frac{5}{\gamma}-3$$
$$=5\left(\frac{\alpha\beta+\beta\gamma+\gamma\alpha}{\alpha\beta\gamma}\right)-3$$
$$=5\times\frac{6}{3}-3=7$$

0762 답 ③

삼차방정식 $x^3-4x^2+3x+5=0$의 세 근이 α, β, γ이므로 삼차방정식의 근과 계수의 관계에 의하여

$\alpha+\beta+\gamma=4$, $\alpha\beta+\beta\gamma+\gamma\alpha=3$, $\alpha\beta\gamma=-5$

$\therefore \alpha^2+\beta^2+\gamma^2=(\alpha+\beta+\gamma)^2-2(\alpha\beta+\beta\gamma+\gamma\alpha)$
$\qquad\qquad\quad =4^2-2\times3=10$

0763 답 ③

삼차방정식 $x^3+(a+1)x^2+7x+3-a^2=0$의 세 근이 α, β, γ이므로 삼차방정식의 근과 계수의 관계에 의하여

$\alpha+\beta+\gamma=-(a+1)$, $\alpha\beta+\beta\gamma+\gamma\alpha=7$, $\alpha\beta\gamma=a^2-3$

이때 $\dfrac{1}{\alpha\beta}+\dfrac{1}{\beta\gamma}+\dfrac{1}{\gamma\alpha}=-\dfrac{2}{3}$에서

$\dfrac{1}{\alpha\beta}+\dfrac{1}{\beta\gamma}+\dfrac{1}{\gamma\alpha}=\dfrac{\alpha+\beta+\gamma}{\alpha\beta\gamma}=\dfrac{-(a+1)}{a^2-3}=-\dfrac{2}{3}$

이므로

$3(a+1)=2(a^2-3)$, $2a^2-3a-9=0$

$(2a+3)(a-3)=0$ $\quad\therefore a=-\dfrac{3}{2}$ 또는 $a=3$

따라서 정수 a의 값은 3이다.

0764 답 ④

삼차방정식 $x^3+9x^2+ax+b=0$의 세 근을 $k-1$, k, $k+1$ (k는 정수)이라 하면 삼차방정식의 근과 계수의 관계에 의하여

$(k-1)+k+(k+1)=-9$, $3k=-9$

$\therefore k=-3$

즉, 세 근이 -4, -3, -2이므로 삼차방정식의 근과 계수의 관계에 의하여

$(-4)\times(-3)+(-3)\times(-2)+(-2)\times(-4)=a$

$(-4)\times(-3)\times(-2)=-b$

$\therefore a=26$, $b=24$

$\therefore a-b=26-24=2$

0765 답 ③

0766 답 ②

삼차방정식 $x^3-2x^2+4x-1=0$의 세 근이 α, β, γ이므로 삼차방정식의 근과 계수의 관계에 의하여

$\alpha+\beta+\gamma=2$, $\alpha\beta+\beta\gamma+\gamma\alpha=4$, $\alpha\beta\gamma=1$

이때 삼차방정식 $x^3+ax^2+bx+c=0$의 세 근이 $\dfrac{1}{\alpha}$, $\dfrac{1}{\beta}$, $\dfrac{1}{\gamma}$이므로 삼차방정식의 근과 계수의 관계에 의하여

$\dfrac{1}{\alpha}+\dfrac{1}{\beta}+\dfrac{1}{\gamma}=-a$ $\quad\cdots\cdots$ ㉠

$\dfrac{1}{\alpha\beta}+\dfrac{1}{\beta\gamma}+\dfrac{1}{\gamma\alpha}=b$ $\quad\cdots\cdots$ ㉡

$\dfrac{1}{\alpha\beta\gamma}=-c$ $\quad\cdots\cdots$ ㉢

㉠에서 $\dfrac{\alpha\beta+\beta\gamma+\gamma\alpha}{\alpha\beta\gamma}=-a$

$\dfrac{4}{1}=-a$ $\quad\therefore a=-4$

㉡에서 $\dfrac{\alpha+\beta+\gamma}{\alpha\beta\gamma}=b$

$\dfrac{2}{1}=b$ $\quad\therefore b=2$

㉢에서 $\dfrac{1}{1}=-c$ $\quad\therefore c=-1$

$\therefore a-b+c=(-4)-2+(-1)=-7$

0767 답 ②

삼차방정식 $x^3+2x^2+2x+2=0$의 세 근이 α, β, γ이므로 삼차방정식의 근과 계수의 관계에 의하여

$\alpha+\beta+\gamma=-2$, $\alpha\beta+\beta\gamma+\gamma\alpha=2$, $\alpha\beta\gamma=-2$

$\therefore (\alpha+1)+(\beta+1)+(\gamma+1)=\alpha+\beta+\gamma+3$
$\qquad\qquad\qquad\qquad\qquad =(-2)+3=1$,

$(\alpha+1)(\beta+1)+(\beta+1)(\gamma+1)+(\gamma+1)(\alpha+1)$
$=\alpha\beta+\alpha+\beta+1+\beta\gamma+\beta+\gamma+1+\gamma\alpha+\gamma+\alpha+1$
$=(\alpha\beta+\beta\gamma+\gamma\alpha)+2(\alpha+\beta+\gamma)+3$
$=2+2\times(-2)+3=1$,

$(\alpha+1)(\beta+1)(\gamma+1)$
$=\alpha\beta\gamma+(\alpha\beta+\beta\gamma+\gamma\alpha)+(\alpha+\beta+\gamma)+1$
$=(-2)+2+(-2)+1=-1$

따라서 $\alpha+1$, $\beta+1$, $\gamma+1$을 세 근으로 하고 x^3의 계수가 1인 삼차방정식은 $x^3-x^2+x+1=0$이다.

0768 답 ④

삼차방정식 $x^3+2x-1=0$의 세 근이 α, β, γ이므로 삼차방정식의 근과 계수의 관계에 의하여

$\alpha+\beta+\gamma=0$, $\alpha\beta+\beta\gamma+\gamma\alpha=2$, $\alpha\beta\gamma=1$

이때 $\alpha+\beta=-\gamma$, $\beta+\gamma=-\alpha$, $\gamma+\alpha=-\beta$이므로

$(-\gamma)+(-\alpha)+(-\beta)=-(\alpha+\beta+\gamma)=0$

$(-\gamma)(-\alpha)+(-\alpha)(-\beta)+(-\beta)(-\gamma)$
$=\alpha\beta+\beta\gamma+\gamma\alpha=2$

$(-\gamma)(-\alpha)(-\beta)=-\alpha\beta\gamma=-1$

즉, $\alpha+\beta$, $\beta+\gamma$, $\gamma+\alpha$를 세 근으로 하고 x^3의 계수가 1인 삼차방정식 $P(x)=0$은 $x^3+2x+1=0$이므로

$P(x)=x^3+2x+1$

$\therefore P(1)=1^3+2\times1+1=4$

0769 답 ①

삼차방정식 $x^3-2ax^2-(3a-5)x-1=0$에서 삼차방정식의 근과 계수의 관계에 의하여

$\alpha+\beta+\gamma=2a$, $\alpha\beta+\beta\gamma+\gamma\alpha=-(3a-5)$, $\alpha\beta\gamma=1$

이때 삼차방정식 $x^3+bx^2+bx+c=0$의 세 근이 $\alpha\beta$, $\beta\gamma$, $\gamma\alpha$이므로 삼차방정식의 근과 계수의 관계에 의하여

$\alpha\beta+\beta\gamma+\gamma\alpha=-b$ $\quad\cdots\cdots$ ㉠

$(\alpha\beta)(\beta\gamma)+(\beta\gamma)(\gamma\alpha)+(\gamma\alpha)(\alpha\beta)=b$ $\quad\cdots\cdots$ ㉡

$(\alpha\beta)(\beta\gamma)(\gamma\alpha)=-c$ $\quad\cdots\cdots$ ㉢

㉠, ㉡에서
$-(\alpha\beta+\beta\gamma+\gamma\alpha)=(\alpha\beta)(\beta\gamma)+(\beta\gamma)(\gamma\alpha)+(\gamma\alpha)(\alpha\beta)$
$\qquad\qquad\qquad\qquad =\alpha\beta^2\gamma+\beta\gamma^2\alpha+\gamma\alpha^2\beta=\alpha\beta\gamma(\alpha+\beta+\gamma)$

이므로 $-(\alpha\beta+\beta\gamma+\gamma\alpha)=\alpha\beta\gamma(\alpha+\beta+\gamma)$

$3a-5=1\times2a$ $\quad\therefore a=5$

즉, $\alpha\beta+\beta\gamma+\gamma\alpha=-(3\times5-5)=-10$이고

㉠에서 $\alpha\beta+\beta\gamma+\gamma\alpha=-b$이므로

$b=10$

㉢에서 $(\alpha\beta\gamma)^2=-c$이므로

$1^2=-c$ $\quad\therefore c=-1$

$\therefore abc=5\times10\times(-1)=-50$

0770 답 ⑤

0771 답 ②

삼차방정식 $x^3-ax^2+bx-10=0$의 계수가 실수이고 한 근이 $1-2i$이므로 $1+2i$도 근이다.

이때 나머지 한 근을 α라 하면 삼차방정식의 근과 계수의 관계에 의하여

$\alpha+(1-2i)+(1+2i)=a$ ⋯⋯ ㉠

$\alpha\times(1-2i)+(1-2i)\times(1+2i)+(1+2i)\times\alpha=b$ ⋯⋯ ㉡

$\alpha\times(1-2i)\times(1+2i)=10$ ⋯⋯ ㉢

㉢에서 $\alpha\times5=10$ $\therefore \alpha=2$

$\alpha=2$를 ㉠, ㉡에 각각 대입하면 $a=4$, $b=9$

$\therefore ab=4\times9=36$

0772 답 ④

삼차방정식 $x^3-4x^2+ax+2=0$의 계수가 유리수이고 한 근이 $1-\sqrt{m}$이므로 $1+\sqrt{m}$도 근이다.

이때 나머지 한 근을 α라 하면 삼차방정식의 근과 계수의 관계에 의하여

$\alpha+(1-\sqrt{m})+(1+\sqrt{m})=4$ ⋯⋯ ㉠

$\alpha(1-\sqrt{m})(1+\sqrt{m})=-2$ ⋯⋯ ㉡

㉠에서 $\alpha+2=4$ $\therefore \alpha=2$

$\alpha=2$를 ㉡에 대입하면

$2(1-m)=-2$ $\therefore m=2$

따라서 나머지 두 근은 2, $1+\sqrt{2}$이므로 그 합은

$2+(1+\sqrt{2})=3+\sqrt{2}$

0773 답 6

삼차방정식 $x^3+ax^2+bx+c=0$의 계수가 실수이고 한 근이 $1-i$이므로 $1+i$도 근이다.

즉, 삼차방정식 $x^3+ax^2+bx+c=0$의 세 근이 2, $1-i$, $1+i$이므로 삼차방정식의 근과 계수의 관계에 의하여

$2+(1-i)+(1+i)=-a$ ⋯⋯ ㉠

$2\times(1-i)+(1-i)\times(1+i)+(1+i)\times2=b$ ⋯⋯ ㉡

$2\times(1-i)\times(1+i)=-c$ ⋯⋯ ㉢

㉠, ㉡, ㉢에서 $a=-4$, $b=6$, $c=-4$

$\therefore a+b-c=(-4)+6-(-4)=6$

0774 답 ②

> 켤레복소수는 허수부분의 부호만 바뀌므로 실수 a에 대하여 $\bar{a}=a$이다. 즉, 복소수 ω에 대하여 $\overline{\omega+1}=\bar{\omega}+\bar{1}=\bar{\omega}+1$이다.

$(\omega+1)\overline{(\omega+1)}=7$에서 $(\omega+1)(\bar{\omega}+1)=7$

$\omega\bar{\omega}+\omega+\bar{\omega}+1=7$

$\therefore \omega\bar{\omega}+\omega+\bar{\omega}=6$ ⋯⋯ ㉠

한편, 삼차방정식 $x^3-4x^2+ax+b=0$의 계수가 실수이고 한 허근이 ω이므로 $\bar{\omega}$도 근이다.

즉, 삼차방정식 $x^3-4x^2+ax+b=0$의 세 근이 2, ω, $\bar{\omega}$이므로 삼차방정식의 근과 계수의 관계에 의하여

$2+\omega+\bar{\omega}=4$ ⋯⋯ ㉡

$2\omega+\omega\bar{\omega}+2\bar{\omega}=a$ ⋯⋯ ㉢

$2\omega\bar{\omega}=-b$ ⋯⋯ ㉣

㉡에서 $\omega+\bar{\omega}=2$이므로 이를 ㉠에 대입하여 정리하면 $\omega\bar{\omega}=4$

㉢에서 $2(\omega+\bar{\omega})+\omega\bar{\omega}=a$이므로

$2\times2+4=a$ $\therefore a=8$

㉣에서 $2\times4=-b$ $\therefore b=-8$

$\therefore a-b=8-(-8)=16$

0775 답 ①

0776 답 ③

$x^3=-1$에서 $x^3+1=0$, $(x+1)(x^2-x+1)=0$

ω는 방정식 $x^3=-1$의 한 허근이므로

$\omega^3=-1$, $\omega^2-\omega+1=0$ $\therefore \omega-1=\omega^2$

$\therefore \dfrac{\omega^{10}+1}{\omega^2}=\dfrac{(\omega^3)^3\omega+1}{\omega^2}=\dfrac{(-1)^3\times\omega+1}{\omega^2}$

$=\dfrac{-\omega+1}{\omega^2}=-\dfrac{\omega-1}{\omega^2}=-\dfrac{\omega^2}{\omega^2}=-1$

0777 답 ④

$x^3=-1$에서 $x^3+1=0$, $(x+1)(x^2-x+1)=0$

ω는 방정식 $x^2-x+1=0$의 한 허근이므로 ω의 켤레복소수 $\bar{\omega}$도 방정식 $x^2-x+1=0$의 허근이다.

이차방정식의 근과 계수의 관계에 의하여

$\omega\bar{\omega}=1$ $\therefore \bar{\omega}=\dfrac{1}{\omega}$

$\therefore \dfrac{\bar{\omega}}{\omega^2}+\dfrac{\omega^2}{\bar{\omega}}=\dfrac{1}{\omega^3}+\omega^3=(-1)+(-1)=-2$ $(\because \omega^3=-1)$

0778 답 ③

$x^3-1=0$에서 $(x-1)(x^2+x+1)=0$

ω는 방정식 $x^3=1$의 한 허근이므로

$\omega^2+\omega+1=0$, $\omega^3=1$

$\therefore 1+\omega+\omega^2+\cdots+\omega^{100}$

$=(1+\omega+\omega^2)+\omega^3(1+\omega+\omega^2)+\omega^6(1+\omega+\omega^2)+\cdots$
$\qquad+\omega^{93}(1+\omega+\omega^2)+\omega^{96}(1+\omega+\omega^2)+\omega^{99}+\omega^{100}$

$=\omega^{99}+\omega^{100}=(\omega^3)^{33}+(\omega^3)^{33}\omega=1+\omega$ $(\because \omega^3=1)$

0779 답 15

$x^3=1$에서 $x^3-1=0$, $(x-1)(x^2+x+1)=0$

ω는 방정식 $x^3=1$의 한 허근이므로

$\omega^2+\omega+1=0$, $\omega^3=1$

$\therefore \dfrac{1}{\omega+1}+\dfrac{1}{\omega^2+1}+\dfrac{1}{\omega^3+1}+\cdots+\dfrac{1}{\omega^{30}+1}$

$=\dfrac{1}{\omega+1}+\dfrac{1}{\omega^2+1}+\dfrac{1}{\omega^3+1}$

$\qquad+\dfrac{1}{\omega^3\omega+1}+\dfrac{1}{\omega^3\omega^2+1}+\dfrac{1}{(\omega^3)^2+1}+\cdots$

$\qquad+\dfrac{1}{(\omega^3)^9\omega+1}+\dfrac{1}{(\omega^3)^9\omega^2+1}+\dfrac{1}{(\omega^3)^{10}+1}$

$=10\left(\dfrac{1}{\omega+1}+\dfrac{1}{\omega^2+1}+\dfrac{1}{1+1}\right)=10\left(\dfrac{1}{-\omega^2}+\dfrac{1}{-\omega}+\dfrac{1}{2}\right)$

$=10\left(\dfrac{-\omega+\omega^2}{\omega^3}+\dfrac{1}{2}\right)=10\times\left(-\dfrac{-1}{1}+\dfrac{1}{2}\right)=15$

0780 답 ③

0781 답 ①

처음 정육면체의 한 모서리의 길이를 x라 하면

$(x-1)(x+2)(x+4)=3x^3$, $2x^3-5x^2-2x+8=0$

$(x-2)(2x^2-x-4)=0$ $\therefore x=2$ 또는 $x=\dfrac{1\pm\sqrt{33}}{4}$

이때 x는 자연수이므로 $x=2$이다.
따라서 처음 정육면체의 한 모서리의 길이는 2이다.

0782 답 ①

수조의 밑면의 반지름의 길이와 높이를 x m라 하면 채워진 물의 높이는 $(x-3)$ m이다.
즉, 채워진 물의 부피는 $\pi x^2(x-3)=16\pi$이므로
$x^3-3x^2-16=0$, $(x-4)(x^2+x+4)=0$
$\therefore x=4$ 또는 $x=\dfrac{-1\pm\sqrt{15}i}{2}$
이때 x는 실수이므로 $x=4$이다.
따라서 수조의 높이는 4 m이다.

0783 답 ③
→ 각뿔의 부피 공식은 $\dfrac{1}{3}\times$(밑면의 넓이)$\times$(높이)이다.

주어진 <u>사각뿔</u>의 부피는 $\dfrac{1}{3}x(x+1)(x^2+x+2)=56$이므로
$(x^2+x)(x^2+x+2)-168=0$
$x^2+x=X$라 하면
$X(X+2)-168=0$
$X^2+2X-168=0$, $(X+14)(X-12)=0$
$\therefore X=-14$ 또는 $X=12$
이때 x가 자연수이므로 X도 자연수이다.
$\therefore X=12$
즉, $x^2+x=12$에서
$x^2+x-12=0$, $(x+4)(x-3)=0$
$\therefore x=3$

0784 답 5

직각삼각형 ABD와 CBA는 닮음이므로
$\overline{AB}:\overline{BD}=\overline{CB}:\overline{AB}$
$\therefore \overline{AB}^2=\overline{BD}\times\overline{CB}=\overline{BD}(\overline{BD}+\overline{CD})$ ······ ㉠
이때 $\overline{AB}=2\sqrt{6}x$, $\overline{BD}=x^2-x+4$, $\overline{CD}=2x$이므로 ㉠에서
$(2\sqrt{6}x)^2=(x^2-x+4)\{(x^2-x+4)+2x\}$
$\qquad =(x^2-x+4)(x^2+x+4)$
$\qquad =(x^2+4)^2-x^2$
$\qquad =x^4+7x^2+16$
즉, $x^4-17x^2+16=0$에서 $x^2=X$라 하면
$X^2-17X+16=0$, $(X-1)(X-16)=0$
$\therefore X=1$ 또는 $X=16$
즉, $x^2=1$ 또는 $x^2=16$이므로
$x=\pm1$ 또는 $x=\pm4$
따라서 양수 x는 1, 4이므로 그 합은
$1+4=5$

해설 속 칠판 직각삼각형의 닮음

$\angle A=90°$인 직각삼각형 ABC의 꼭짓점 A에서 변 BC에 내린 수선의 발을 D라 하면 세 직각삼각형 ABC, DBA, DAC는 모두 닮음이므로

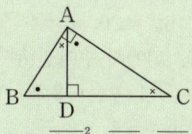

(1) $\overline{AB}^2=\overline{BD}\times\overline{BC}$ (2) $\overline{AC}^2=\overline{CD}\times\overline{CB}$ (3) $\overline{AD}^2=\overline{BD}\times\overline{CD}$

0785 답 ③

0786 답 ①

$\begin{cases} x-2y=-3 & \cdots\cdots ㉠ \\ x^2+2y^2=9 & \cdots\cdots ㉡ \end{cases}$
㉠에서 $x=2y-3$ ······ ㉢
㉢을 ㉡에 대입하면
$(2y-3)^2+2y^2=9$, $6y^2-12y=0$
$y(y-2)=0$ $\therefore y=0$ 또는 $y=2$
$y=0$을 ㉢에 대입하면 $x=-3$ $\therefore \alpha=-3$, $\beta=0$
$y=2$를 ㉢에 대입하면 $x=1$ $\therefore \alpha=1$, $\beta=2$
이때 $\alpha\beta>0$에서 $\alpha=1$, $\beta=2$이므로
$\alpha\beta=1\times2=2$

0787 답 ③

$\begin{cases} 3x-y+1=0 & \cdots\cdots ㉠ \\ xy-y^2+2=0 & \cdots\cdots ㉡ \end{cases}$
㉠에서 $y=3x+1$ ······ ㉢
㉢을 ㉡에 대입하면
$x(3x+1)-(3x+1)^2+2=0$
$(-2x-1)(3x+1)+2=0$, $6x^2+5x-1=0$
$(x+1)(6x-1)=0$ $\therefore x=-1$ 또는 $x=\dfrac{1}{6}$
$x=-1$을 ㉢에 대입하면 $y=-2$
$x=\dfrac{1}{6}$을 ㉢에 대입하면 $y=\dfrac{3}{2}$
따라서 주어진 연립방정식의 해는 $x=-1$, $y=-2$ 또는
$x=\dfrac{1}{6}$, $y=\dfrac{3}{2}$이므로 $x+y$의 최댓값은
$\dfrac{1}{6}+\dfrac{3}{2}=\dfrac{5}{3}$

0788 답 ②

연립방정식 $\begin{cases} 3x-y=a \\ x^2+by^2=-3 \end{cases}$의 한 근이 $x=1$, $y=2$이므로
$3\times1-2=a$, $1^2+b\times2^2=-3$ $\therefore a=1$, $b=-1$
$\therefore \begin{cases} 3x-y=1 & \cdots\cdots ㉠ \\ x^2-y^2=-3 & \cdots\cdots ㉡ \end{cases}$
㉠에서 $y=3x-1$ ······ ㉢
㉢을 ㉡에 대입하면
$x^2-(3x-1)^2=-3$, $8x^2-6x-2=0$
$4x^2-3x-1=0$, $(4x+1)(x-1)=0$
$\therefore x=-\dfrac{1}{4}$ 또는 $x=1$ → $x=1$에 대응되는 y 값은 $y=2$이다.
$x=-\dfrac{1}{4}$을 ㉢에 대입하면 $y=-\dfrac{7}{4}$
따라서 $\alpha=-\dfrac{1}{4}$, $\beta=-\dfrac{7}{4}$이므로
$\dfrac{\alpha}{b}+\dfrac{\beta}{\alpha}=\dfrac{1}{-1}+\dfrac{-\dfrac{7}{4}}{-\dfrac{1}{4}}=(-1)+7=6$

0789 답 ③

두 연립방정식의 공통인 해는 연립방정식
$\begin{cases} 2x-y=4 & \cdots\cdots ㉠ \\ 4x^2+y^2=40 & \cdots\cdots ㉡ \end{cases}$
의 해와 같다.

→ 두 연립방정식의 공통인 해는 네 개의 방정식을 모두 만족시킨다는 의미이므로 계수가 모두 숫자로 주어진 두 방정식을 선택해서 연립방정식을 풀면 된다.

$\bigcirc$에서 $y=2x-4$ ······ $\textcircled{\scriptsize =}$

$\textcircled{\scriptsize =}$을 $\bigcirc$에 대입하면

$4x^2+(2x-4)^2=40$, $8x^2-16x-24=0$

$x^2-2x-3=0$, $(x+1)(x-3)=0$

$\therefore x=-1$ 또는 $x=3$

$x=-1$을 $\textcircled{\scriptsize =}$에 대입하면 $y=-6$

$x=3$을 $\textcircled{\scriptsize =}$에 대입하면 $y=2$

즉, 위의 연립방정식의 해는

$x=-1$, $y=-6$ 또는 $x=3$, $y=2$

(i) $x=-1$, $y=-6$일 때

$x=-1$, $y=-6$을 $4x^2+4xy+y^2=a$, $x+by=1$에 각각 대입하면

$4\times(-1)^2+4\times(-1)\times(-6)+(-6)^2=a$,

$(-1)+b\times(-6)=1$

$\therefore a=64$, $b=-\dfrac{1}{3}$

(ii) $x=3$, $y=2$일 때

$x=3$, $y=2$를 $4x^2+4xy+y^2=a$, $x+by=1$에 각각 대입하면

$4\times3^2+4\times3\times2+2^2=a$, $3+b\times2=1$

$\therefore a=64$, $b=-1$

(i), (ii)에서 a, b는 정수이므로

$a=64$, $b=-1$

$\therefore a+b=64+(-1)=63$

0790 답 ⑤

0791 답 ①

$\begin{cases} x^2-3xy+2y^2=0 & \cdots\cdots \bigcirc \\ x^2-y^2=9 & \cdots\cdots \bigcirc\!\!\!\bigcirc \end{cases}$

$\bigcirc$의 좌변을 인수분해하면

$(x-y)(x-2y)=0$ $\therefore x=y$ 또는 $x=2y$

(i) $x=y$일 때

$x=y$를 $\bigcirc\!\!\!\bigcirc$에 대입하면

$x^2-x^2=9$, 즉 $0=9$이므로 주어진 연립방정식의 해가 존재하지 않는다.

(ii) $x=2y$일 때

$x=2y$를 $\bigcirc\!\!\!\bigcirc$에 대입하면

$(2y)^2-y^2=9$, $3y^2=9$

$y^2=3$ $\therefore y=\pm\sqrt{3}$

$x=2y$이므로 $x=\pm2\sqrt{3}$

(i), (ii)에서 $x=\pm2\sqrt{3}$, $y=\pm\sqrt{3}$ (복부호동순)

이때 $a_1<a_2$이므로

$\begin{cases} a_1=-2\sqrt{3} \\ \beta_1=-\sqrt{3} \end{cases}$, $\begin{cases} a_2=2\sqrt{3} \\ \beta_2=\sqrt{3} \end{cases}$

$\therefore \beta_1-\beta_2=(-\sqrt{3})-\sqrt{3}=-2\sqrt{3}$

0792 답 ③

$\begin{cases} 2x^2-xy-y^2=0 & \cdots\cdots \bigcirc \\ x^2+xy+y^2=3 & \cdots\cdots \bigcirc\!\!\!\bigcirc \end{cases}$

$\bigcirc$의 좌변을 인수분해하면

$(2x+y)(x-y)=0$

$\therefore y=-2x$ 또는 $y=x$

(i) $y=-2x$일 때

$y=-2x$를 $\bigcirc\!\!\!\bigcirc$에 대입하면

$x^2+x\times(-2x)+(-2x)^2=3$, $3x^2=3$

$x^2=1$ $\therefore x=\pm1$, $y=\mp2$ (복부호동순)

(ii) $y=x$일 때

$y=x$를 $\bigcirc\!\!\!\bigcirc$에 대입하면

$x^2+x\times x+x^2=3$, $3x^2=3$

$x^2=1$ $\therefore x=\pm1$, $y=\pm1$ (복부호동순)

(i), (ii)에서 $a+\beta$의 최댓값은 $M=1+1=2$이고,

최솟값은 $m=(-1)+(-1)=-2$이다.

$\therefore M-m=2-(-2)=4$

0793 답 ④

$\begin{cases} x^2-y^2+x-y=0 & \cdots\cdots \bigcirc \\ x^2-3xy+4y^2=1 & \cdots\cdots \bigcirc\!\!\!\bigcirc \end{cases}$

$\bigcirc$에서 $(x-y)(x+y)+x-y=0$

$(x-y)(x+y+1)=0$

$\therefore y=x$ 또는 $y=-x-1$

(i) $y=x$일 때

$y=x$를 $\bigcirc\!\!\!\bigcirc$에 대입하면

$x^2-3x\times x+4x^2=1$, $2x^2=1$,

$x^2=\dfrac{1}{2}$ $\therefore x=\pm\dfrac{\sqrt{2}}{2}$, $y=\pm\dfrac{\sqrt{2}}{2}$ (복부호동순)

(ii) $y=-x-1$일 때

$y=-x-1$을 $\bigcirc\!\!\!\bigcirc$에 대입하면

$x^2-3x(-x-1)+4(-x-1)^2=1$

$x^2+3x(x+1)+4(x+1)^2-1=0$

$8x^2+11x+3=0$, $(x+1)(8x+3)=0$

$\therefore x=-1$, $y=0$ 또는 $x=-\dfrac{3}{8}$, $y=-\dfrac{5}{8}$

(i), (ii)에서 x, y는 정수이므로

$xy=(-1)\times0=0$

0794 답 8

두 연립방정식의 공통인 해는 연립방정식

$\begin{cases} x^2-3xy+2y^2=0 & \cdots\cdots \bigcirc \\ x^2+2xy-3y^2=20 & \cdots\cdots \bigcirc\!\!\!\bigcirc \end{cases}$

의 해와 같다.

$\bigcirc$에서 $(x-y)(x-2y)=0$

$\therefore x=y$ 또는 $x=2y$

(i) $x=y$일 때

$x=y$를 $\bigcirc\!\!\!\bigcirc$에 대입하면

$y^2+2y\times y-3y^2=20$, 즉 $0=20$이므로 위의 연립방정식을 만족시키는 연립방정식의 해가 존재하지 않는다.

(ii) $x=2y$일 때

$x=2y$를 $\bigcirc\!\!\!\bigcirc$에 대입하면

$(2y)^2+2\times2y\times y-3y^2=20$

$5y^2=20$, $y^2=4$ $\therefore y=\pm2$, $x=\pm4$ (복부호동순)

(i), (ii)에서 주어진 두 연립방정식의 공통인 해는

$x=-4$, $y=-2$ 또는 $x=4$, $y=2$

(a) $x=-4$, $y=-2$일 때

$x=-4$, $y=-2$를 $x^2-ay^2=0$, $x-ay=b$에 각각 대입하면

$(-4)^2-a\times(-2)^2=0$, $-4-a\times(-2)=b$

$\therefore a=4$, $b=4$

(b) $x=4$, $y=2$일 때

$x=4$, $y=2$를 $x^2-ay^2=0$, $x-ay=b$에 각각 대입하면

$4^2-a\times2^2=0$, $4-a\times2=b$ $\quad\therefore a=4$, $b=-4$

(a), (b)에서 a, b는 자연수이므로

$a+b=4+4=8$

0795 답 ②

0796 답 ①

$\begin{cases} x-y=-2 & \cdots\cdots\ \textcircled{\scriptsize$\neg$} \\ x^2+xy+y^2=k & \cdots\cdots\ \textcircled{\scriptsize$\llcorner$} \end{cases}$

$\textcircled{\scriptsize$\neg$}$에서 $y=x+2$ $\quad\cdots\cdots\ \textcircled{\scriptsize$\sqsubset$}$

$\textcircled{\scriptsize$\sqsubset$}$을 $\textcircled{\scriptsize$\llcorner$}$에 대입하면

$x^2+x(x+2)+(x+2)^2=k$ $\quad\therefore 3x^2+6x+4-k=0$

주어진 연립방정식의 해가 한 쌍만 존재하려면 이차방정식 $3x^2+6x+4-k=0$이 중근을 가져야 하므로 이 방정식의 판별식을 D라 하면

$\dfrac{D}{4}=3^2-3(4-k)=0$, $3k=3$

$\therefore k=1$

0797 답 ③

$\begin{cases} x-y=2 & \cdots\cdots\ \textcircled{\scriptsize$\neg$} \\ x^2+xy=k & \cdots\cdots\ \textcircled{\scriptsize$\llcorner$} \end{cases}$

$\textcircled{\scriptsize$\neg$}$에서 $y=x-2$ $\quad\cdots\cdots\ \textcircled{\scriptsize$\sqsubset$}$

$\textcircled{\scriptsize$\sqsubset$}$을 $\textcircled{\scriptsize$\llcorner$}$에 대입하면

$x^2+x(x-2)=k$ $\quad\therefore 2x^2-2x-k=0$

주어진 연립방정식이 실근을 가지려면 이차방정식 $2x^2-2x-k=0$을 만족시키는 실수 x가 존재해야 하므로 이 방정식의 판별식을 D라 하면

$\dfrac{D}{4}=(-1)^2-2\times(-k)\geq0$, $2k\geq-1$ $\quad\therefore k\geq-\dfrac{1}{2}$

따라서 실수 k의 최솟값은 $-\dfrac{1}{2}$이다.

0798 답 ③

$\begin{cases} x+y=2k+2 & \cdots\cdots\ \textcircled{\scriptsize$\neg$} \\ xy=k^2-k+4 & \cdots\cdots\ \textcircled{\scriptsize$\llcorner$} \end{cases}$

$\textcircled{\scriptsize$\neg$}$에서 $y=(2k+2)-x$ $\quad\cdots\cdots\ \textcircled{\scriptsize$\sqsubset$}$

$\textcircled{\scriptsize$\sqsubset$}$을 $\textcircled{\scriptsize$\llcorner$}$에 대입하면 $x\{(2k+2)-x\}=k^2-k+4$

$\therefore x^2-2(k+1)x+k^2-k+4=0$

주어진 연립방정식이 실근을 갖지 않으려면 이차방정식 $x^2-2(k+1)x+k^2-k+4=0$을 만족시키는 실수 x가 존재하지 않아야 하므로 이 방정식의 판별식을 D라 하면

$\dfrac{D}{4}=\{-(k+1)\}^2-1\times(k^2-k+4)<0$, $3k-3<0$

$\therefore k<1$

따라서 정수 k의 최댓값은 0이다.

다른 풀이

x, y는 이차방정식 $t^2-(2k+2)t+k^2-k+4=0$의 두 근이고 주어진 연립방정식이 실근을 갖지 않으려면 이차방정식 $t^2-(2k+2)t+k^2-k+4=0$을 만족시키는 실수 t가 존재하지 않아야 하므로 이 방정식의 판별식을 D라 하면

$\dfrac{D}{4}=(-k-1)^2-1\times(k^2-k+4)<0$, $3k<3$

$\therefore k<1$

따라서 정수 k의 최댓값은 0이다.

0799 답 ④

$x^2-y^2=(x+y)(x-y)$이므로 주어진 연립방정식은 다음과 같이 두 개의 연립방정식으로 나눌 수 있다.

$\begin{cases} x+y=0 \\ x^2-x+3y+3y^2=k-4 \end{cases} \quad\cdots\cdots\ \textcircled{\scriptsize$\neg$}$

$\begin{cases} x-y=0 \\ x^2-x+3y+3y^2=k-4 \end{cases} \quad\cdots\cdots\ \textcircled{\scriptsize$\llcorner$}$

$\textcircled{\scriptsize$\neg$}$에서 $y=-x$이므로 $y=-x$를 $x^2-x+3y+3y^2=k-4$에 대입하면

$x^2-x+3(-x)+3(-x)^2=k-4$

$\therefore 4x^2-4x+4-k=0$ $\quad\cdots\cdots\ \textcircled{\scriptsize$\sqsubset$}$

$\textcircled{\scriptsize$\llcorner$}$에서 $y=x$이므로 $y=x$를 $x^2-x+3y+3y^2=k-4$에 대입하면

$x^2-x+3x+3x^2=k-4$

$\therefore 4x^2+2x+4-k=0$ $\quad\cdots\cdots\ \textcircled{\scriptsize$\rightleftharpoons$}$

주어진 연립방정식이 세 쌍의 해를 가지려면

(i) $\textcircled{\scriptsize$\sqsubset$}$에서 한 쌍, $\textcircled{\scriptsize$\rightleftharpoons$}$에서 두 쌍의 해를 갖는 경우

이차방정식 $4x^2-4x+4-k=0$의 판별식을 D_1이라 하면

$\dfrac{D_1}{4}=(-2)^2-4(4-k)=0$, $4k-12=0$

$4k=12$ $\quad\therefore k=3$

이차방정식 $4x^2+2x+4-k=0$의 판별식을 D_2라 하면

$\dfrac{D_2}{4}=1^2-4(4-k)>0$, $4k-15>0$

$4k>15$ $\quad\therefore k>\dfrac{15}{4}$

그런데 $k=3$이고 $k>\dfrac{15}{4}$인 상수 k는 존재하지 않는다.

(ii) $\textcircled{\scriptsize$\sqsubset$}$에서 두 쌍, $\textcircled{\scriptsize$\rightleftharpoons$}$에서 한 쌍의 해를 갖는 경우

일차방정식 꼴의 연립이차방정식은 이차방정식 최대 두 쌍의 해를 갖는다.

$\dfrac{D_1}{4}>0$에서 $4k-12>0$

$4k>12$ $\quad\therefore k>3$

$\dfrac{D_2}{4}=0$에서 $4k-15>0$

$4k=15$ $\quad\therefore k=\dfrac{15}{4}$

즉, 이 경우를 만족시키는 k의 값은 $\dfrac{15}{4}$이다.

(i), (ii)에서 상수 k의 값은 $\dfrac{15}{4}$이다.

0800 답 5 cm, 12 cm

0801 답 ②

처음 땅의 가로의 길이를 x km, 세로의 길이를 y km라 하면

$\begin{cases} x^2+y^2=10 \\ (x+1)(y+1)=xy+5 \end{cases}$

$\therefore \begin{cases} x^2+y^2=10 & \cdots\cdots\ \textcircled{\scriptsize$\neg$} \\ x+y=4 & \cdots\cdots\ \textcircled{\scriptsize$\llcorner$} \end{cases}$

©에서 $y=4-x$ ...... ©

©을 ⊙에 대입하면

$x^2+(4-x)^2=10$, $2x^2-8x+6=0$

$x^2-4x+3=0$, $(x-1)(x-3)=0$

∴ $x=1$, $y=3$ 또는 $x=3$, $y=1$

따라서 처음 땅의 가로의 길이와 세로의 길이의 차는

$|1-3|=2$ (km)

0802 답 54

두 자리의 자연수의 십의 자리 수를 x, 일의 자리 수를 y라 하면

→ 십의 자리 수가 x, 일의 자리 수가 y인 수는 $10x+y$로 나타낼 수 있다.

$\begin{cases} x^2+y^2=41 \\ (10y+x)+(10x+y)=99 \end{cases}$

∴ $\begin{cases} x^2+y^2=41 & \cdots\cdots ⊙ \\ x+y=9 & \cdots\cdots © \end{cases}$

©에서 $y=9-x$ ...... ©

©을 ⊙에 대입하면

$x^2+(9-x)^2=41$, $2x^2-18x+40=0$

$x^2-9x+20=0$, $(x-4)(x-5)=0$

∴ $x=4$, $y=5$ 또는 $x=5$, $y=4$

이때 처음 수의 십의 자리 수가 일의 자리 수보다 크므로 처음 수는 54이다.

→ 구한 방정식의 해가 문제의 조건에 맞는지 항상 체크한다.

0803 답 ④

두 원 O_1, O_2의 반지름의 길이를 각각 x, y라 하면

$\begin{cases} 2\pi x+2\pi y=20\pi \\ \pi x^2+\pi y^2=58\pi \end{cases}$

∴ $\begin{cases} x+y=10 & \cdots\cdots ⊙ \\ x^2+y^2=58 & \cdots\cdots © \end{cases}$

⊙에서 $y=10-x$ ...... ©

©을 ©에 대입하면

$x^2+(10-x)^2=58$, $2x^2-20x+42=0$

$x^2-10x+21=0$, $(x-3)(x-7)=0$

∴ $x=3$, $y=7$ 또는 $x=7$, $y=3$

따라서 두 원의 반지름의 길이의 차는 4이다.

0804 답 ③

$\overline{AB}=a$, $\overline{EF}=b$이고, $\overline{AF}=5$, $\overline{EB}=1$이므로

$a+b=6$

이때 직사각형 EBCI의 넓이는 $1\times a=a$, 정사각형 EFGH의 넓이는 b^2이므로

$a=\dfrac{1}{4}b^2$

∴ $\begin{cases} a+b=6 & \cdots\cdots ⊙ \\ a=\dfrac{1}{4}b^2 & \cdots\cdots © \end{cases}$

⊙에서 $a=6-b$ ...... ©

©을 ©에 대입하면

$6-b=\dfrac{1}{4}b^2$, $b^2+4b-24=0$

∴ $b=-2\pm2\sqrt{7}$

이때 $1<b<5$이므로

$b=-2+2\sqrt{7}$

0805 답 ④

One Point Lesson

주어진 방정식을 $P(x)=0$이라 하면 $\pm\dfrac{(P(x)\text{의 상수항의 약수})}{(P(x)\text{의 최고차항의 계수의 약수})}$ 인 ±1, ±2, ±3, ±6을 이용하여 $P(x)$의 인수를 찾는다.

$P(x)=x^4-5x^3+11x^2-13x+6$이라 하면

$P(1)=1^4-5\times1^3+11\times1^2-13\times1+6=0$,

$P(2)=2^4-5\times2^3+11\times2^2-13\times2+6=0$

이므로 조립제법을 이용하여 $P(x)$를 인수분해하면

$$\begin{array}{r|rrrrr} 1 & 1 & -5 & 11 & -13 & 6 \\ & & 1 & -4 & 7 & -6 \\ \hline 2 & 1 & -4 & 7 & -6 & 0 \\ & & 2 & -4 & 6 & \\ \hline & 1 & -2 & 3 & 0 & \end{array}$$

∴ $P(x)=(x-1)(x-2)(x^2-2x+3)$

즉, 주어진 방정식은 $(x-1)(x-2)(x^2-2x+3)=0$

이차방정식 $x^2-2x+3=0$의 판별식을 D라 하면

$\dfrac{D}{4}=(-1)^2-1\times3<0$

이므로 이 이차방정식은 서로 다른 두 허근을 갖는다.

따라서 방정식 $P(x)=0$의 두 실근은 1, 2이므로 $a=1+2=3$

두 허근은 방정식 $x^2-2x+3=0$의 근이므로 이차방정식의 근과 계수의 관계에 의하여 $b=3$

∴ $ab=3\times3=9$

0806 답 ④

One Point Lesson

주어진 방정식에서 공통부분인 x^2+2x를 X로 치환하여 방정식의 차수를 낮춘다.

$x^2+2x=X$라 하면 주어진 방정식은

$(X-1)(X+4)-6=0$, $X^2+3X-10=0$

$(X+5)(X-2)=0$ ∴ $X=-5$ 또는 $X=2$

(i) $X=-5$, 즉 $x^2+2x=-5$일 때

$x^2+2x+5=0$이므로 이 이차방정식의 판별식을 D_1이라 하면

$\dfrac{D_1}{4}=1^2-1\times5=-4<0$

즉, 이 방정식은 서로 다른 두 허근을 갖는다.

(ii) $X=2$, 즉 $x^2+2x=2$일 때

$x^2+2x-2=0$이므로 이 이차방정식의 판별식을 D_2라 하면

$\dfrac{D_2}{4}=1^2-1\times(-2)=3>0$

즉, 이 방정식은 서로 다른 두 실근을 갖는다.

(i), (ii)에서 주어진 방정식의 두 허근 α, β는 이차방정식 $x^2+2x+5=0$의 근이므로 근과 계수의 관계에 의하여 $\alpha\beta=5$

또한, 이차방정식 $x^2+2x+5=0$의 계수가 실수이고 서로 다른 두 허근이 α, β이므로 $\bar{\alpha}$, $\bar{\beta}$도 근이다.

→ 계수가 실수인 방정식에서 허근이 주어지면 켤레근의 성질을 떠올린다.

∴ $\bar{\alpha}=\beta$, $\bar{\beta}=\alpha$

∴ $\alpha\bar{\alpha}+\beta\bar{\beta}=\alpha\beta+\beta\alpha=2\alpha\beta=2\times5=10$

0807 답 ②

One Point Lesson

주어진 방정식에서 공통부분인 x^2-2x를 X로 치환하여 간단한 방정식으로 바꾸어 푼다.

$x^2-2x=X$라 하면 주어진 방정식은
$X^2+a(X-1)-1=0$, $X^2+aX-(a+1)=0$
$(X-1)(X+a+1)=0$ ∴ $X=1$ 또는 $X=-a-1$
$X=1$, 즉 $x^2-2x-1=0$일 때, 이 이차방정식의 판별식을 D라 하면
$\dfrac{D}{4}=(-1)^2-1\times(-1)=2>0$
이므로 이 방정식은 서로 다른 두 실근을 갖는다.
따라서 $X=-a-1$, 즉 $x^2-2x+a+1=0$일 때, 이 이차방정식이 허근을 가져야 한다.
이때 이차방정식 $x^2-2x+a+1=0$의 한 허근이 $b+i$이고 a, b가 실수이므로 $b-i$도 이 이차방정식의 근이다.
이차방정식의 근과 계수의 관계에 의하여
$(b+i)+(b-i)=2$, $2b=2$ ∴ $b=1$
$(1+i)(1-i)=a+1$, $2=a+1$ ∴ $a=1$
∴ $a+b=1+1=2$

0808 답 ①

One Point Lesson

$x^2=X$라 하고 이차방정식의 판별식을 이용한다.

$x^2=X$라 하면 주어진 방정식은
$X^2-4X+2k-1=0$
주어진 사차방정식이 서로 다른 두 근 α, β만을 가지므로 이차방정식 $X^2-4X+2k-1=0$은 중근을 갖는다.
위의 이차방정식의 판별식을 D라 하면
$\dfrac{D}{4}=(-2)^2-1\times(2k-1)=0$
$4-2k+1=0$, $2k=5$ ∴ $k=\dfrac{5}{2}$
즉, $X^2-4X+4=0$에서
$(X-2)^2=0$ ∴ $X=2$
따라서 $x^2=2$에서 $x=-\sqrt{2}$ 또는 $x=\sqrt{2}$이므로
$\alpha=-\sqrt{2}$, $\beta=\sqrt{2}$ 또는 $\alpha=\sqrt{2}$ 또는 $\beta=-\sqrt{2}$
∴ $\alpha\beta=-2$

0809 답 ②

One Point Lesson

세 근의 합과 나머지 두 근의 제곱의 합을 이용하여 1을 제외한 나머지 두 근을 구한다.

나머지 두 근을 α, β라 하면 삼차방정식의 근과 계수의 관계에 의하여 $\alpha+\beta+1=2$
즉, $\alpha+\beta=1$, $\alpha^2+\beta^2=13$이므로 α, β는 연립방정식
$\begin{cases} x+y=1 & \cdots\cdots\ ㉠ \\ x^2+y^2=13 & \cdots\cdots\ ㉡ \end{cases}$
의 근이다.
㉠에서 $y=1-x$ $\cdots\cdots$ ㉢
㉢을 ㉡에 대입하면
$x^2+(1-x)^2=13$, $2x^2-2x-12=0$

$x^2-x-6=0$, $(x+2)(x-3)=0$
∴ $x=-2$ 또는 $x=3$
$x=-2$를 ㉢에 대입하면 $y=3$
$x=3$을 ㉢에 대입하면 $y=-2$
즉, 연립방정식의 해는 $x=-2$, $y=3$ 또는 $x=3$, $y=-2$이므로
주어진 삼차방정식의 나머지 두 근은 -2, 3이다.
따라서 삼차방정식 $x^3-2x^2+ax+b=0$의 세 근이 -2, 1, 3이
므로 삼차방정식의 근과 계수의 관계에 의하여
$(-2)\times1+1\times3+3\times(-2)=a$, $(-2)\times1\times3=-b$
∴ $a=-5$, $b=6$ ∴ $b-a=6-(-5)=11$

0810 답 ③

One Point Lesson

주어진 사각기둥의 부피는 밑면인 사다리꼴의 넓이에 높이를 곱한 값이다.

주어진 전개도를 접어서 만든 사각기둥은 오른쪽 그림과 같다.
이때 밑면은 아랫변의 길이가 $x+3$, 윗변의 길이가 $x+1$, 높이가 $x+2$인 사다리꼴이므로

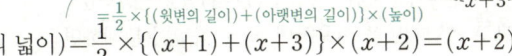

(밑면의 넓이)
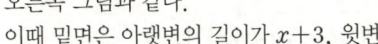
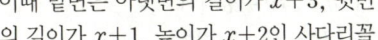
$=\dfrac{1}{2}\times\{(x+1)+(x+3)\}\times(x+2)=(x+2)^2$
즉, 사각기둥의 부피는 $(x+1)(x+2)^2=100$이므로
$x^3+5x^2+8x-96=0$, $(x-3)(x^2+8x+32)=0$
이때 x는 실수이므로 $x=3$이다.
↳ 판별식을 D라 하면
$\dfrac{D}{4}=4^2-1\times32=-16<0$
이므로 서로 다른 두 허근을 갖는다.

0811 답 ②

One Point Lesson

주어진 연립방정식에서 공통부분인 $x+2y$를 X로 치환하여 간단한 연립방정식으로 바꾸어 푼다.

$(x+2y)^2-2(x+2y)=8$에서 $x+2y=X$라 하면
$X^2-2X=8$, $X^2-2X-8=0$
$(X+2)(X-4)=0$ ∴ $X=-2$ 또는 $X=4$
이때 $x>0$, $y>0$이므로 $X>0$
즉, $X=4$에서 $x+2y=4$ $\cdots\cdots$ ㉠
한편, $x^2-4y^2=(x+2y)(x-2y)=8$이므로 ㉠을 대입하면
$4(x-2y)=8$ ∴ $x-2y=2$ $\cdots\cdots$ ㉡
㉠, ㉡을 연립하여 풀면 $x=3$, $y=\dfrac{1}{2}$
∴ $xy=3\times\dfrac{1}{2}=\dfrac{3}{2}$

0812 답 21

One Point Lesson

주어진 방정식에서 $x^2=X$로 치환하여 이차방정식으로 만든 후 근의 조건을 생각한다.

$x^2=X$ $(X\geq0)$라 하면 주어진 방정식은
$X^2-9X+k-10=0$
X에 대한 이차방정식이므로 주어진 사차방정식의 모든 근이 실수가 되려면 이 방정식의 두 실근이 0 이상이어야 한다.
이차방정식 $X^2-9X+k-10=0$의 판별식을 D라 하면
$D=(-9)^2-4\times1\times(k-10)=121-4k\geq0$
∴ $k\leq\dfrac{121}{4}$ $\cdots\cdots$ ㉠

또한, (두 근의 합)$=9\geq0$이고

(두 근의 곱)$=k-10\geq0$, 즉 $k\geq10$ ...... ⓒ

이어야 하므로

$10\leq k\leq\dfrac{121}{4}$ → ㉠, ⓒ의 공통부분

따라서 주어진 사차방정식의 모든 근이 실수가 되도록 하는 자연수 k는 10, 11, 12, $\cdots$, 30의 21개이다.

👨‍🏫 **선생님 톡톡**

$x^2=X$에서 $X<0$이면 x는 허근이 되므로 모든 근이 실근이라는 조건을 만족시키지 않아.

0813 답 ①

One Point Lesson

$P\left(a+\dfrac{1}{a}\right)=0$이므로 $a+\dfrac{1}{a}$이 주어진 방정식의 근임을 이용한다.

$P(x)=x^3-(a+3)x^2+(3a+2)x-2a$에서

$P(1)=1^3-(a+3)\times1^2+(3a+2)\times1-2a=0$

$P(2)=2^3-(a+3)\times2^2+(3a+2)\times2-2a=0$

이므로 조립제법을 이용하여 $P(x)$를 인수분해하면

```
1 |  1   -a-3   3a+2   -2a
  |        1    -a-2    2a
2 |  1   -a-2    2a      0
  |        2    -2a
     1   -a      0
```

$P\left(a+\dfrac{1}{a}\right)=0$을 보고 무조건 주어진 방정식에 $x=a+\dfrac{1}{a}$을 대입하려 하면 함정에 빠질 수 있다. 인수정리와 조립제법을 이용하여 먼저 주어진 방정식을 인수분해한다.

$\therefore P(x)=(x-1)(x-2)(x-a)$

즉, 주어진 방정식은 $(x-1)(x-2)(x-a)=0$

$\therefore x=1$ 또는 $x=2$ 또는 $x=a$

이때 $P\left(a+\dfrac{1}{a}\right)=0$에서 $a+\dfrac{1}{a}$은 방정식 $P(x)=0$의 한 근이므로

$a+\dfrac{1}{a}=1$ 또는 $a+\dfrac{1}{a}=2$ 또는 $a+\dfrac{1}{a}=a$ → $P(x)=0$이 삼차방정식이므로

(i) $a+\dfrac{1}{a}=1$일 때

$a^2+1=a$, 즉 $a^2-a+1=0$이므로 이 이차방정식의 판별식을 D라 하면

$D=(-1)^2-4\times1\times1=-3<0$

즉, 이 방정식은 서로 다른 두 허근을 갖는다.

(ii) $a+\dfrac{1}{a}=2$일 때

$a^2+1=2a$, 즉 $a^2-2a+1=0$이므로

$(a-1)^2=0$ $\therefore a=1$

(iii) $a+\dfrac{1}{a}=a$일 때

$a+\dfrac{1}{a}\neq a$이므로 이 경우는 성립하지 않는다.

(i), (ii), (iii)에서 $a=1$

0814 답 25

One Point Lesson

삼각형 ABP의 세 변 AB, AP, BP의 길이를 미지수로 놓고 연립방정식을 세운다.

점 P가 선분 AB를 지름으로 하는 원 위의 점이므로 삼각형 ABP는 $\angle P=90°$인 직각삼각형이다.

오른쪽 그림과 같이 $\overline{AB}=x$, $\overline{AP}=a$, $\overline{BP}=b$라 하면 직각삼각형 ABP의 넓이는

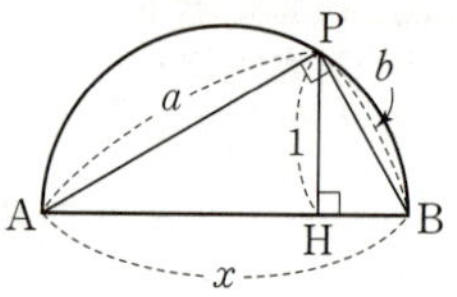

$\dfrac{1}{2}\times\overline{AB}\times\overline{PH}=\dfrac{1}{2}\times\overline{AP}\times\overline{BP}$

$\dfrac{1}{2}x=\dfrac{1}{2}ab$

$\therefore x=ab$ ...... ㉠

한편, 삼각형 ABP의 둘레의 길이가 6이므로

$a+b+x=6$

$\therefore a+b=6-x$ ...... ⓒ

또한, 직각삼각형 ABP에서 피타고라스 정리에 의하여

$x^2=a^2+b^2=(a+b)^2-2ab$이므로 ㉠, ⓒ을 대입하면

$x^2=(a+b)^2-2ab=(6-x)^2-2x=36-14x+x^2$

에서 $14x=36$

$\therefore x=\overline{AB}=\dfrac{18}{7}$

따라서 $p=7$, $q=18$이므로

$p+q=7+18=25$

0815 답 4

One Point Lesson

주어진 방정식에서 공통부분인 x^2+kx를 X로 치환하여 식을 간단히 한다.

$x^2+kx=X$라 하면 주어진 방정식은

$(X+2)(X+6)+3=0$, $X^2+8X+15=0$

$(X+5)(X+3)=0$ $\therefore X=-5$ 또는 $X=-3$

$x^2+kx=-5$, $x^2+kx=-3$, 즉

$x^2+kx+5=0$, $x^2+kx+3=0$의 판별식을 각각 D_1, D_2라 하면

$D_1=k^2-4\times1\times5=k^2-20$

$D_2=k^2-4\times1\times3=k^2-12$

주어진 사차방정식이 실근과 허근을 모두 가지려면

$D_1<0$, $D_2\geq0$ 또는 $D_1\geq0$, $D_2<0$이어야 한다.

(i) $D_1<0$, $D_2\geq0$인 경우

$D_1=k^2-20<0$ $\therefore k^2<20$

$D_2=k^2-12\geq0$ $\therefore k^2\geq12$

이므로

$12\leq k^2<20$ → $1^2=1$, $2^2=4$, $3^2=9$, $4^2=16$, $5^2=25$, $\cdots$

즉, 부등식을 만족시키는 자연수 k의 값은 4이다.

(ii) $D_1\geq0$, $D_2<0$인 경우

$D_1=k^2-20\geq0$ $\therefore k^2\geq20$

$D_2=k^2-12<0$ $\therefore k^2<12$

즉, 두 부등식을 동시에 만족시키는 자연수 k의 값은 없다.

(i), (ii)에서 $k=4$

0816 답 ⑤

One Point Lesson

$\omega^3=1$임을 이용하여 주어진 식에서 규칙성을 찾는다.

$x^3=1$에서 $x^3-1=0$, $(x-1)(x^2+x+1)=0$

ω는 방정식 $x^3=1$의 한 허근이므로

$\omega^3=1$, $\omega^2+\omega+1=0$

ㄱ. $A(1)+\omega=\left(1+\dfrac{1}{\omega}\right)+\omega=\dfrac{\omega+1+\omega^2}{\omega}=\dfrac{0}{\omega}=0$ (참)

ㄴ. $A(3n)=A(3n-1)+\dfrac{1}{\omega^{3n}}=A(3n-1)+\dfrac{1}{(\omega^3)^n}$

  $=A(3n-1)+1$

  이므로 $A(3n-1)=A(3n)-1$ (참)

ㄷ. $A(1)=-\omega$ ($\because$ ㄱ),

  $A(2)=1+\dfrac{1}{\omega}+\dfrac{1}{\omega^2}=\dfrac{\omega^2+\omega+1}{\omega^2}=\dfrac{0}{\omega^2}=0$,

  $A(3)=A(2)+\dfrac{1}{\omega^3}=0+1=1$,

  $A(4)=A(3)+\dfrac{1}{\omega^4}=1+\dfrac{1}{\omega}=\dfrac{\omega+1}{\omega}=\dfrac{-\omega^2}{\omega}=-\omega$,

  $\vdots$

  이므로 자연수 k에 대하여

  $A(3k-2)=-\omega,\ A(3k-1)=0,\ A(3k)=1$

  즉, $A(n)=1$이면 $n=3k$이므로

  $A(n+2)=A(3k+2)=A(3k-1)=0$ (참)

따라서 옳은 것은 ㄱ, ㄴ, ㄷ이다.

0817 답 20

One Point Lesson

주어진 삼차방정식의 계수가 실수이므로 이 방정식이 한 허근을 가지면 그 켤레복소수도 근으로 갖는다.

삼차방정식 $x^3+ax^2+bx+c=0$의 계수가 실수이고

$P(1-i)=0$에서 한 근이 $1-i$이므로 $1+i$도 근이다.

이때 두 방정식 $P(x)=0$, $Q(x)=0$의 공통인 해가 p뿐이므로

$p\neq1-i,\ p\neq1+i$ → 그렇지 않으면 $1-i$와 $1+i$는 켤레근이므로 공통인 해는 2개이다.

즉, 삼차방정식 $x^3+ax^2+bx+c=0$의 세 근이 $1-i$, $1+i$, p이 므로 삼차방정식의 근과 계수의 관계에 의하여

$(1-i)+(1+i)+p=-a$ $\therefore a=-(p+2)$ $\cdots\cdots$ ㉠

한편, p는 이차방정식 $x^2+ax+4=0$의 한 근이므로

$p^2+ap+4=0$

㉠을 위의 식에 대입하면

$p^2-(p+2)p+4=0,\ -2p+4=0$

$2p=4$ $\therefore p=2,\ a=-4$

$\therefore a^2+p^2=(-4)^2+2^2=20$

0818 답 ③

One Point Lesson

ω가 방정식 $x^3=1$, 즉 $(x-1)(x^2+x+1)=0$의 한 허근이므로 $\bar{\omega}$도 근임을 이용하여 주어진 식을 간단히 한다.

$x^3=1$에서 $x^3-1=0$, $(x-1)(x^2+x+1)=0$

ω는 방정식 $x^3=1$의 한 허근이므로 $\omega^3=1$, $\omega^2+\omega+1=0$

또한, ω는 방정식 $x^2+x+1=0$의 한 허근이므로 $\bar{\omega}$도 근이다.

즉, 이차방정식의 근과 계수의 관계에 의하여

$\omega\bar{\omega}=1$ $\therefore \bar{\omega}=\dfrac{1}{\omega}$

$\therefore P(n)=\dfrac{1+\omega^{n+1}}{(\bar{\omega})^{2n-1}}=(1+\omega^{n+1})\omega^{2n-1}$

  $=\omega^{2n-1}+\omega^{3n}=\omega^{2n-1}+1$

이때

$P(1)=\omega+1,\ P(2)=\omega^3+1=1+1=2,$

$P(3)=\omega^5+1=\omega^2+1,\ P(4)=\omega^7+1=\omega+1,$

$P(5)=\omega^9+1=1+1=2,\ P(6)=\omega^{11}+1=\omega^2+1,\ \cdots$

이므로

$P(1)+P(2)+P(3)=(\omega+1)+2+(\omega^2+1)$

  $=\omega^2+\omega+1+3=3\ (\because \omega^2+\omega+1=0),$

$P(4)+P(5)+P(6)=(\omega+1)+2+(\omega^2+1)$

  $=\omega^2+\omega+1+3=3,\ \cdots$

$\therefore P(1)+P(2)+P(3)+\cdots+P(90)=3\times30=90$

선생님 톡톡

이 문제와 같이 많은 수의 항의 합을 구해야 할 때는 당황하지 말고 먼저 주어진 식을 간단히 한 후에 n에 1, 2, 3, $\cdots$을 차례로 넣어서 규칙성을 찾아봐.

0819 답 7

One Point Lesson

다항식의 나눗셈을 이용하면 주어진 방정식의 차수를 낮춰서 간단한 식으로 변형할 수 있다.

$P(x)=x^3+2x^2+3x+4$라 하면 삼차방정식 $P(x)=0$의 세 근이 α, β, γ이므로

$P(x)=(x-\alpha)(x-\beta)(x-\gamma)=0$

이때 삼차식 x^3+2x^2+3x+4를 x^2+x+1로 나눈 몫이 $x+1$, 나머지가 $x+3$이므로

$(x-\alpha)(x-\beta)(x-\gamma)$

$=(x^2+x+1)(x+1)+x+3$

위의 식에 $x=\alpha$를 대입하면

$(\alpha^2+\alpha+1)(\alpha+1)+\alpha+3=0$

$\therefore \alpha^2+\alpha+1=-\dfrac{\alpha+3}{\alpha+1}\ (\because \alpha+1\neq0)$

$$\begin{array}{r} x+1 \\ x^2+x+1\ \overline{\smash{\big)}\ x^3+2x^2+3x+4} \\ \underline{x^3+\ \ x^2+\ \ x} \\ x^2+2x+4 \\ \underline{x^2+\ \ x+1} \\ x+3 \end{array}$$

같은 방법으로

$\beta^2+\beta+1=-\dfrac{\beta+3}{\beta+1}\ (\because \beta+1\neq0)$,

$\gamma^2+\gamma+1=-\dfrac{\gamma+3}{\gamma+1}\ (\because \gamma+1\neq0)$

$\therefore (\alpha^2+\alpha+1)(\beta^2+\beta+1)(\gamma^2+\gamma+1)$

  $=-\dfrac{(\alpha+3)(\beta+3)(\gamma+3)}{(\alpha+1)(\beta+1)(\gamma+1)}$

  $=-\dfrac{(-3-\alpha)(-3-\beta)(-3-\gamma)}{(-1-\alpha)(-1-\beta)(-1-\gamma)}$

  $=-\dfrac{P(-3)}{P(-1)}$

  $=-\dfrac{(-3)^3+2\times(-3)^2+3\times(-3)+4}{(-1)^3+2\times(-1)^2+3\times(-1)+4}$

  $=-\dfrac{-14}{2}=7$

0820 답 ③

One Point Lesson

삼차방정식의 근과 계수의 관계를 이용하여 주어진 식을 간단히 한다.

삼차방정식 $x^3+2x^2+2x-2=0$의 세 근이 α, β, γ이므로 삼차방정식의 근과 계수의 관계에 의하여

$\alpha+\beta+\gamma=-2$

$\therefore \beta+\gamma=-2-\alpha,\ \gamma+\alpha=-2-\beta,\ \alpha+\beta=-2-\gamma$

이때 $P(\alpha)=\beta+\gamma=-2-\alpha$이므로

$P(\alpha)+\alpha+2=0$

같은 방법으로
$P(\beta)+\beta+2=0$, $P(\gamma)+\gamma+2=0$
즉, 삼차방정식 $P(x)+x+2=0$의 세 근이 α, β, γ이고 삼차식 $P(x)$의 x^3의 계수가 1이므로 $P(x)+x+2=x^3+2x^2+2x-2$는 x에 대한 항등식이다.
따라서 $P(x)=x^3+2x^2+x-4$이므로 삼차방정식 $P(x)=0$,
즉 $x^3+2x^2+x-4=0$의 세 근의 곱은 삼차방정식의 근과 계수의 관계에 의하여 4이다.

0821 답 ①

One Point Lesson

주어진 방정식의 좌변을 인수분해하여 한 실근을 구하고, 이 실근이 α 또는 β 또는 γ임을 이용한다.

$P(x)=x^3-(a^2+a-1)x^2-a(a-3)x+4a$라 하면
$P(-1)=(-1)^3-(a^2+a-1)\times(-1)^2$
$\qquad\qquad\qquad -a(a-3)\times(-1)+4a$
$\qquad =0$
이므로 조립제법을 이용하여 $P(x)$를 인수분해하면

$$
\begin{array}{c|cccc}
-1 & 1 & -a^2-a+1 & -a^2+3a & 4a \\
   &   & -1 & a^2+a & -4a \\
\hline
   & 1 & -a^2-a & 4a & 0
\end{array}
$$

즉, 주어진 방정식은
$(x+1)\{x^2-a(a+1)x+4a\}=0$
(i) $\alpha=-1$인 경우
　$\alpha\times\gamma=-4$에서 $\gamma=4$이므로 $-1<\beta<4$이다.
　이차방정식 $x^2-a(a+1)x+4a=0$의 두 실근이 β, 4이므로
　$x=4$를 대입하면
　$4^2-a(a+1)\times4+4a=0$, $16-4a^2=0$
　$a^2=4$　∴ $a=2$
　이때 이차방정식 $x^2-6x+8=(x-2)(x-4)=0$에서
　$x=2$ 또는 $x=4$
　즉, $\beta=2$이므로 $\alpha<\beta<\gamma$를 만족시킨다.
(ii) $\beta=-1$인 경우
　이차방정식 $x^2-a(a+1)x+4a=0$의 두 실근이 α, γ이므로
　이차방정식의 근과 계수의 관계에 의하여
　$\alpha\times\gamma=4a$, $-4=4a$　∴ $a=-1$
　$a=-1$을 이차방정식 $x^2-a(a+1)x+4a=0$에 대입하면
　$x^2-4=0$, $(x+2)(x-2)=0$　∴ $x=\pm2$
　즉, $\alpha=-2$, $\gamma=2$이므로 $\alpha<\beta<\gamma$를 만족시킨다.
(iii) $\gamma=-1$인 경우
　$\alpha\times\gamma=-4$에서 $\alpha=4$이므로 $\alpha<\beta<\gamma$를 만족시키지 않는다.
(i), (ii), (iii)에서 조건을 만족시키는 실수 a의 값은 -1, 2이므로 그 합은
$(-1)+2=1$

0822 답 12

One Point Lesson

주어진 사차방정식의 한 근이 α이면 다른 한 근이 반드시 $-\alpha$임을 이용하여 근을 간단히 나타내어 본다.

주어진 사차방정식의 한 실근이 α이므로
$\alpha^4-2(a-3)\alpha^2+3a-2b=0$

이때
$(-\alpha)^4-2(a-3)(-\alpha)^2+3a-2b$
$=\alpha^4-2(a-3)\alpha^2+3a-2b=0$
이므로 $-\alpha$도 주어진 사차방정식의 근이다.
즉, 주어진 사차방정식은 양의 실근 2개, 음의 실근 2개를 가지므로 $\alpha<\beta<0<\gamma<\delta$이고 $\gamma=-\beta$, $\delta=-\alpha$이다.
$x^2=X$라 하면 주어진 방정식은 $X^2-2(a-3)X+3a-2b=0$이고 두 근은 α^2, β^2이라 할 수 있다.
이차방정식의 근과 계수의 관계에 의하여
$\alpha^2+\beta^2=2(a-3)$에서
$10=2(a-3)$, $16=2a$　∴ $a=8$
한편, $|\alpha\gamma|=4$에서
$\alpha^2\gamma^2=16$　∴ $\alpha^2\beta^2=16$ ($\because \gamma=-\beta$)
이때 이차방정식의 근과 계수의 관계에 의하여
$\alpha^2\beta^2=3a-2b$이므로
$16=3\times8-2b$, $2b=8$　∴ $b=4$
∴ $a+b=8+4=12$

0823 답 $\dfrac{1}{4}$

$P(x)=x^3+2x^2+x-4$라 하면
$P(1)=1^3+2\times1^2+1-4=0$
이므로 조립제법을 이용하여 $P(x)$를 인수분해하면

$$
\begin{array}{c|cccc}
1 & 1 & 2 & 1 & -4 \\
  &   & 1 & 3 & 4 \\
\hline
  & 1 & 3 & 4 & 0
\end{array}
$$

∴ $P(x)=(x-1)(x^2+3x+4)$
즉, 주어진 방정식은
$(x-1)(x^2+3x+4)=0$
　　　　　　　　　　　　　　　　　　　　　❶
따라서 방정식 $P(x)=0$의 두 허근 α, β는 방정식 $x^2+3x+4=0$의 근이므로 이차방정식의 근과 계수의 관계에 의하여
$\alpha+\beta=-3$, $\alpha\beta=4$
　　　　　　　　　　　　　　　　　　　　　❷
$\therefore \dfrac{\beta}{\alpha}+\dfrac{\alpha}{\beta}=\dfrac{\alpha^2+\beta^2}{\alpha\beta}=\dfrac{(\alpha+\beta)^2-2\alpha\beta}{\alpha\beta}$
$\qquad\qquad =\dfrac{(-3)^2-2\times4}{4}=\dfrac{1}{4}$
　　　　　　　　　　　　　　　　　　　　　❸

채점 기준	배점 비율
❶ 주어진 삼차방정식의 좌변을 인수분해하기	40%
❷ $\alpha+\beta$, $\alpha\beta$의 값 각각 구하기	30%
❸ $\dfrac{\beta}{\alpha}+\dfrac{\alpha}{\beta}$의 값 구하기	30%

0824 답 48

$x=0$일 때, $a\neq0$이므로 0은 주어진 삼차방정식의 근이 아니다.
삼차방정식 $x^3-28x+a=0$의 세 근을 α, β, 2β $(\beta\neq0)$라 하면 삼차방정식의 근과 계수의 관계에 의하여
$\alpha+\beta+2\beta=0$　∴ $\alpha=-3\beta$
즉, 세 근은 -3β, β, 2β이다.
　　　　　　　　　　　　　　　　　　　　　❶

삼차방정식의 근과 계수의 관계에 의하여
$(-3\beta)\times\beta+\beta\times2\beta+2\beta\times(-3\beta)=-28$ ······ ㉠
$(-3\beta)\times\beta\times2\beta=-a$ ······ ㉡
㉠에서 $-7\beta^2=-28$, $\beta^2=4$ ∴ $\beta=\pm2$

❷

㉡에서 $a=6\beta^3$이므로
$\beta=-2$를 대입하면 $a=-48$
$\beta=2$를 대입하면 $a=48$
따라서 실수 a의 최댓값은 48이다.

❸

채점 기준	배점 비율
❶ 주어진 삼차방정식의 세 근을 한 문자로 표현하기	40%
❷ 주어진 삼차방정식의 근 구하기	30%
❸ 실수 a의 최댓값 구하기	30%

0825 답 1, 2

주어진 전개도를 이용하여 만든 상자의 가로의 길이, 세로의 길이, 높이는 각각 $(10-2x)$ cm, $(8-2x)$ cm, x cm $(0<x<4)$이므로 이 상자의 부피는 $x(10-2x)(8-2x)=48$에서
$x(x-5)(x-4)=12$ ∴ $x^3-9x^2+20x-12=0$

❶

$P(x)=x^3-9x^2+20x-12$라 하면
$P(1)=1^3-9\times1^2+20\times1-12=0$
이므로 조립제법을 이용하여 $P(x)$를 인수분해하면

$$\begin{array}{r|rrrr} 1 & 1 & -9 & 20 & -12 \\ & & 1 & -8 & 12 \\ \hline & 1 & -8 & 12 & 0 \end{array}$$

∴ $P(x)=(x-1)(x^2-8x+12)=(x-1)(x-2)(x-6)$
즉, 주어진 방정식은 $(x-1)(x-2)(x-6)=0$
∴ $x=1$ 또는 $x=2$ ($\because 0<x<4$)

❷

채점 기준	배점 비율
❶ 문제 상황을 방정식으로 표현하기	40%
❷ 삼차방정식을 풀고, 조건을 만족시키는 모든 x의 값 구하기	60%

0826 답 -1

$P(x)=x^3+2x^2+2x+1$이라 하면
$P(-1)=(-1)^3+2\times(-1)^2+2\times(-1)+1=0$
이므로 조립제법을 이용하여 $P(x)$를 인수분해하면

$$\begin{array}{r|rrrr} -1 & 1 & 2 & 2 & 1 \\ & & -1 & -1 & -1 \\ \hline & 1 & 1 & 1 & 0 \end{array}$$

∴ $P(x)=(x+1)(x^2+x+1)$
즉, 주어진 방정식은 $(x+1)(x^2+x+1)=0$

❶

방정식 $P(x)=0$의 한 허근 ω는 방정식 $x^2+x+1=0$의 근이므로
$\omega^2+\omega+1=0$
위의 식의 양변에 $\omega-1$을 곱하면
$(\omega-1)(\omega^2+\omega+1)=0$
$\omega^3-1=0$ ∴ $\omega^3=1$

❷

∴ $\dfrac{\omega^{51}+\omega^{50}-1}{\omega+1}=\dfrac{(\omega^3)^{17}+(\omega^3)^{16}\omega^2-1}{\omega+1}$

$=\dfrac{\omega^2}{\omega+1}=\dfrac{\omega^2}{-\omega^2}=-1$

❸

채점 기준	배점 비율
❶ 주어진 삼차방정식의 좌변을 인수분해하기	30%
❷ 다항식의 곱셈 공식을 이용하여 $\omega^3=1$임을 알아내기	30%
❸ $\dfrac{\omega^{51}+\omega^{50}-1}{\omega+1}$의 값 구하기	40%

0827 답 -1

$P(x)=x^3-3x^2+(k-4)x+k$라 하면
$P(-1)=(-1)^3-3\times(-1)^2+(k-4)\times(-1)+k=0$
이므로 조립제법을 이용하여 $P(x)$를 인수분해하면

$$\begin{array}{r|rrrr} -1 & 1 & -3 & k-4 & k \\ & & -1 & 4 & -k \\ \hline & 1 & -4 & k & 0 \end{array}$$

∴ $P(x)=(x+1)(x^2-4x+k)$
즉, 주어진 방정식은 $(x+1)(x^2-4x+k)=0$

❶

방정식 $(x+1)(x^2-4x+k)=0$이 서로 다른 두 실근을 가지려면
(i) 방정식 $x^2-4x+k=0$이 -1을 근으로 갖는 경우
$(-1)^2-4\times(-1)+k=0$
∴ $k=-5$
즉, $x^2-4x-5=(x+1)(x-5)=0$에서 $x=-1$ 또는 $x=5$
이므로 주어진 삼차방정식은 서로 다른 두 실근 -1, 5를 갖는다.

❷

(ii) 방정식 $x^2-4x+k=0$이 $x\neq-1$인 중근을 갖는 경우
이차방정식 $x^2-4x+k=0$의 판별식을 D라 하면
$\dfrac{D}{4}=(-2)^2-1\times k=0$, $4-k=0$
∴ $k=4$
즉, $x^2-4x+4=(x-2)^2=0$에서 $x=2$이므로 주어진 삼차방정식은 서로 다른 두 실근 -1, 2를 갖는다.

❸

(i), (ii)에서 조건을 만족시키는 실수 k의 값은 -5, 4이므로 그 합은
$(-5)+4=-1$

❹

채점 기준	배점 비율
❶ 주어진 삼차방정식의 좌변을 인수분해하기	30%
❷ 방정식 $x^2-4x+k=0$이 -1을 근으로 가질 때, k의 값 구하기	30%
❸ 방정식 $x^2-4x+k=0$이 중근을 가질 때, k의 값 구하기	30%
❹ 모든 실수 k의 값의 합 구하기	10%

0828 답 5

$\begin{cases} x^2-y^2=0 & \cdots\cdots ㉠ \\ 2x^2-2x+y-y^2=a & \cdots\cdots ㉡ \end{cases}$

㉠의 좌변을 인수분해하면
$(x+y)(x-y)=0$
∴ $y=-x$ 또는 $y=x$

$y=-x$를 ㉡에 대입하면

$2x^2-2x-x-x^2=a$

$\therefore x^2-3x-a=0$ ······ ㉢

$y=x$를 ㉡에 대입하면

$2x^2-2x+x-x^2=a$

$\therefore x^2-x-a=0$ ······ ㉣

❶

㉠에 의하여 x의 값이 하나로 정해지면 y의 값도 하나로 정해짐을 알 수 있다. 따라서 순서쌍 $(x,\ y)$의 개수는 x에 대한 방정식 ㉢ 또는 ㉣의 근의 개수와 같다.

주어진 연립방정식을 만족시키는 $x,\ y$는 0이 아닌 실수이므로 순서쌍 $(x,\ y)$가 3개 존재하는 경우는 다음과 같다.

(i) ㉢이 중근을 갖고, ㉣이 서로 다른 두 실근을 갖는 경우

이차방정식 $x^2-3x-a=0$의 판별식을 D_1이라 하면

$D_1=(-3)^2-4\times 1\times(-a)=0$

$9+4a=0,\ 4a=-9$

$\therefore a=-\dfrac{9}{4}$

이차방정식 $x^2-x+\dfrac{9}{4}=0$의 판별식을 D_2라 하면

$D_2=(-1)^2-4\times 1\times \dfrac{9}{4}=-8<0$

즉, 방정식 ㉣은 서로 다른 두 허근을 가지므로 이 경우는 조건을 만족시키지 않는다.

❷

(ii) ㉢이 서로 다른 두 실근을 갖고, ㉣이 중근을 갖는 경우

이차방정식 $x^2-3x+\dfrac{1}{4}=0$의 판별식을 D_3이라 하면

$D_3=(-3)^2-4\times 1\times \dfrac{1}{4}=8>0$

이차방정식 $x^2-x-a=0$의 판별식을 D_4라 하면

$D_4=(-1)^2-4\times 1\times(-a)=0,\ 1+4a=0$

$4a=-1$ $\therefore a=-\dfrac{1}{4}$

즉, 방정식 ㉢은 서로 다른 두 실근을 갖는다.

❸

(i), (ii)에서 $a=-\dfrac{1}{4}$

$\therefore 80a^2=80\times\left(-\dfrac{1}{4}\right)^2=5$

❹

채점 기준	배점 비율
❶ 주어진 연립방정식을 한 문자로 정리하기	30%
❷ 방정식 $x^2-3x-a=0$이 중근을 갖고, 방정식 $x^2-x-a=0$이 서로 다른 두 실근을 가질 때, a의 값 구하기	30%
❸ 방정식 $x^2-x-a=0$이 중근을 갖고, 방정식 $x^2-3x-a=0$이 서로 다른 두 실근을 가질 때, a의 값 구하기	30%
❹ 상수 a의 값을 구하여 $80a^2$의 값 구하기	10%

08 연립일차부등식

개념 체크

본문 134~135쪽

0829 답 $<$

$a<b$의 양변에 3을 더하면 $a+3<b+3$

0830 답 $<$

$a<b$의 양변에서 2를 빼면 $a-2<b-2$

0831 답 $<$

$a<b$의 양변에 2를 곱하면 $2a<2b$ ($\because 2>0$)

0832 답 $>$

$a<b$의 양변에 -4를 곱하면 $-4a>-4b$ ($\because -4<0$)

0833 답 $<$

$a<b$의 양변을 2로 나누면 $\dfrac{a}{2}<\dfrac{b}{2}$ ($\because 2>0$)

0834 답 $>$

$a<b$의 양변을 -3으로 나누면 $-\dfrac{a}{3}>-\dfrac{b}{3}$ ($\because -3<0$)

0835 답 $>$

$a>b>0$에서 $a+b>0,\ a-b>0$이므로

$a^2-b^2=(a+b)(a-b)>0$ $\therefore a^2>b^2$

└→ 두 수의 대소 비교는 두 수의 차가 양수인지 음수인지 따져서 판단할 수 있다.

0836 답 $<$

$a>b>0$에서 $b-a<0,\ ab>0$이므로

$\dfrac{1}{a}-\dfrac{1}{b}=\dfrac{b-a}{ab}<0$ $\therefore \dfrac{1}{a}<\dfrac{1}{b}$

0837 답 $>$

$a>b>0,\ c>d>0$에서 $a-b>0,\ c-d>0$이므로

$(a+c)-(b+d)=(a-b)+(c-d)>0$ $\therefore a+c>b+d$

0838 답 $>$

$a>b>0,\ c>d>0$에서 $a-b>0,\ c-d>0$이므로

$(a-d)-(b-c)=(a-b)+(c-d)>0$ $\therefore a-d>b-c$

0839 답 $x<4$

$2x-3<5$에서 $2x<8$ $\therefore x<4$

0840 답 $x\geq -2$

$-2x+3\leq 7$에서 $-2x\leq 4$ $\therefore x\geq -2$

0841 답 해는 없다.

$3(x-1)>3x+4$에서 $3x-3>3x+4$ $\therefore -3>4$

즉, 해는 없다.

0842 탑 모든 실수

$2x+5>2x-1$에서 $5>-1$이므로 해는 모든 실수이다.

0843 탑 해설 참조

$ax>a+2$에서

(i) $a>0$일 때, $x>\dfrac{a+2}{a}$

(ii) $a<0$일 때, $x<\dfrac{a+2}{a}$

(iii) $a=0$일 때, 해는 없다. → $0 \times x > 2$이므로

0844 탑 해설 참조

$2ax-1 \le -2x+3$에서

$2(a+1)x \le 4$　∴ $(a+1)x \le 2$

(i) $a>-1$일 때, $x \le \dfrac{2}{a+1}$

(ii) $a<-1$일 때, $x \ge \dfrac{2}{a+1}$

(iii) $a=-1$일 때, 해는 모든 실수이다. → $0 \times x \le 2$이므로

0845 탑 해설 참조

$ax-a^2 \ge -x-1$에서

$(a+1)x \ge a^2-1$　∴ $(a+1)x \ge (a+1)(a-1)$

(i) $a>-1$일 때, $x \ge a-1$

(ii) $a<-1$일 때, $x \le a-1$

(iii) $a=-1$일 때, 해는 모든 실수이다. → $0 \times x \ge 0$이므로

0846 탑 해설 참조

$2ax-a^2 > ax-2a+1$에서

$ax > a^2-2a+1$　∴ $ax > (a-1)^2$

(i) $a>0$일 때, $x > \dfrac{(a-1)^2}{a}$

(ii) $a<0$일 때, $x < \dfrac{(a-1)^2}{a}$

(iii) $a=0$일 때, 해는 없다. → $0 \times x > 1$이므로

0847 탑 $-1 \le x < 3$

0848 탑 $x \ge 4$

0849 탑 $x=2$

0850 탑 $1<x<5$

$x-2>-1$에서 $x>1$　…… ㉠

$x+2<7$에서 $x<5$　…… ㉡

㉠, ㉡의 공통부분을 구하면
$1<x<5$

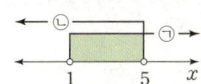

0851 탑 $-1 \le x < 2$

$2x<4$에서 $x<2$　…… ㉠

$3x \ge -3$에서 $x \ge -1$　…… ㉡

㉠, ㉡의 공통부분을 구하면
$-1 \le x < 2$

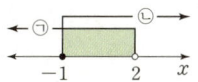

0852 탑 $x \le 2$

$3x-2 \le 4$에서 $3x \le 6$

∴ $x \le 2$　…… ㉠

$2x<5$에서 $x<\dfrac{5}{2}$　…… ㉡

㉠, ㉡의 공통부분을 구하면
$x \le 2$

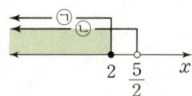

0853 탑 해는 없다.

$x<-2$　…… ㉠

$2x+1>5$에서 $2x>4$

∴ $x>2$　…… ㉡

㉠, ㉡의 공통부분이 없으므로 해는 없다.

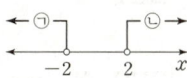

0854 탑 $x=3$

$3x \ge 9$에서 $x \ge 3$　…… ㉠

$2x \le -x+9$에서 $3x \le 9$

∴ $x \le 3$　…… ㉡

㉠, ㉡의 공통부분을 구하면
$x=3$

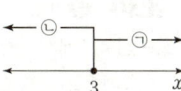

0855 탑 해는 없다.

$5x-2>2x+10$에서 $3x>12$

∴ $x>4$　…… ㉠

$-x \ge -4$에서 $x \le 4$　…… ㉡

㉠, ㉡의 공통부분이 없으므로
해는 없다.

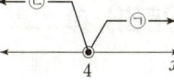

0856 탑 해는 없다.

$2x>4$에서 $x>2$　…… ㉠

$x-5>2x-7$에서 $x<2$　…… ㉡

㉠, ㉡의 공통부분이 없으므로
해는 없다.

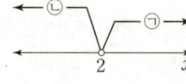

0857 탑 $x>4$

$5<x+1$에서 $x>4$　…… ㉠

$x+1<2x+6$에서 $x>-5$　…… ㉡

㉠, ㉡의 공통부분을 구하면
$x>4$

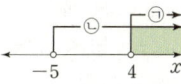

0858 탑 $4 \le x \le 5$

$5 \le 2x-3$에서 $2x \ge 8$

∴ $x \ge 4$　…… ㉠

$2x-3 \le -x+12$에서 $3x \le 15$

∴ $x \le 5$　…… ㉡

㉠, ㉡의 공통부분을 구하면
$4 \leq x \leq 5$

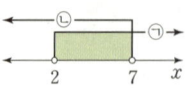

0859 답 $2 < x < 7$
$-2x+5 < x-1$에서 $-3x < -6$
$\therefore x > 2$ …… ㉠
$x-1 < 6$에서 $x < 7$ …… ㉡
㉠, ㉡의 공통부분을 구하면
$2 < x < 7$

0860 답 $-3 < x < 3$

0861 답 $x < -4$ 또는 $x > 4$

0862 답 $-2 \leq x \leq 2$

0863 답 $x \leq -5$ 또는 $x \geq 5$

0864 답 $0 < x < 2$
$|x-1| < 1$에서 $-1 < x-1 < 1$
$\therefore 0 < x < 2$

0865 답 $x < -3$ 또는 $x > 1$
$|x+1| > 2$에서 $x+1 < -2$ 또는 $x+1 > 2$
$\therefore x < -3$ 또는 $x > 1$

0866 답 $x \geq 2$
$|x| \geq -x+4$에서
(i) $x < 0$일 때
  $-x \geq -x+4$, 즉 $0 \geq 4$이므로 해는 없다.
(ii) $x \geq 0$일 때
  $x \geq -x+4$, $2x \geq 4$
  $\therefore x \geq 2$
(i), (ii)에서 주어진 부등식의 해는
$x \geq 2$

0867 답 $x > 1$
$|x-2| < x$에서
(i) $x < 2$일 때
  $-x+2 < x$, $-2x < -2$
  $\therefore x > 1$
  그런데 $x < 2$이므로 $1 < x < 2$
(ii) $x \geq 2$일 때
  $x-2 < x$, 즉 $0 < 2$이므로 해는 모든 실수이다.
  그런데 $x \geq 2$이므로 $x \geq 2$
(i), (ii)에서 주어진 부등식의 해는
$x > 1$

0868 답 ④

0869 답 ⑤
$2x-2 < 3x+3$에서 $-x < 5$ $\therefore x > -5$ …… ㉠
$2x+9 \geq 3(x+2)$에서 $2x+9 \geq 3x+6$
$-x \geq -3$ $\therefore x \leq 3$ …… ㉡
㉠, ㉡의 공통부분을 구하면
$-5 < x \leq 3$
따라서 $a=-5$, $b=3$이므로
$b-a=3-(-5)=8$

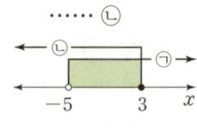

0870 답 ①
$3x-2(x+1) < -x+2$에서
$3x-2x-2 < -x+2$
$2x < 4$ $\therefore x < 2$ …… ㉠
$-2x+3(x-1) \leq 2x+1$에서
$-2x+3x-3 \leq 2x+1$
$-x \leq 4$ $\therefore x \geq -4$ …… ㉡
㉠, ㉡의 공통부분을 구하면
$-4 \leq x < 2$
따라서 $M=1$, $m=-4$이므로
$M-m=1-(-4)=5$

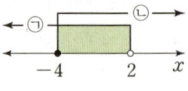

0871 답 ②
$-\dfrac{2}{3}(x+1)+1 > -\dfrac{1}{3}x$에서
$2(x+1)-3 < x$, $2x+2-3 < x$
$\therefore x < 1$ …… ㉠
$\dfrac{3}{2}x-\dfrac{1}{2} > x-\dfrac{3}{2}$에서
$3x-1 > 2x-3$ $\therefore x > -2$ …… ㉡
㉠, ㉡의 공통부분을 구하면 $-2 < x < 1$
따라서 정수 x -1, 0의 2개이다.

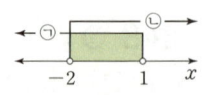

$1-(-2)-1=2$

선생님 톡톡

두 정수 m, n $(m < n)$에 대하여 부등식을 만족시키는 정수 x의 개수는 각각 다음과 같다.
(1) $m < x < n$일 때, $(n-m-1)$개
(2) $m \leq x < n$ 또는 $m < x \leq n$일 때, $(n-m)$개
(3) $m \leq x \leq n$일 때, $(n-m+1)$개

0872 답 ⑤
$0.1x+0.3 < \dfrac{1}{5}x+1$에서
$x+3 < 2x+10$, $-x < 7$
$\therefore x > -7$ …… ㉠

$-0.3x+1\geq\dfrac{2}{5}(x-1)$에서

$-3x+10\geq4(x-1)$, $-7x\geq-14$

$\therefore x\leq2$ ...... ㉡

㉠, ㉡의 공통부분을 구하면

$-7<x\leq2$

따라서 정수 x는

$-6, -5, -4, \cdots, 2$의 9개이다.

0873 답 ④

0874 답 ②

$-x-7\leq3x+1$에서

$-4x\leq8$ $\therefore x\geq-2$ ...... ㉠

$3x+1<6+2x$에서 $x<5$ ...... ㉡

㉠, ㉡의 공통부분을 구하면

$-2\leq x<5$

따라서 $a=-2$, $b=5$이므로

$b-a=5-(-2)=7$

0875 답 ①

$\dfrac{1}{2}x+5\leq2(x+1)$에서

$x+10\leq4(x+1)$, $x+10\leq4x+4$

$-3x\leq-6$ $\therefore x\geq2$ ...... ㉠

$2(x+1)\leq8-x$에서

$2x+2\leq8-x$, $3x\leq6$ $\therefore x\leq2$ ...... ㉡

㉠, ㉡의 공통부분을 구하면 $x=2$

따라서 정수 x는 2의 1개이다.

0876 답 10

$2(x-2)<x+1$에서

$2x-4<x+1$ $\therefore x<5$ ...... ㉠

$x+1<3(x+1)$에서

$x+1<3x+3$, $-2x<2$ $\therefore x>-1$ ...... ㉡

㉠, ㉡의 공통부분을 구하면

$-1<x<5$

따라서 정수 x는 0, 1, 2, 3, 4이므로

그 합은

$0+1+2+3+4=10$

0877 답 ④

$3(x-2)<x+1$에서

$3x-6<x+1$, $2x<7$ $\therefore x<\dfrac{7}{2}$ ...... ㉠

$x+9\leq4(x+2)$에서

$x+9\leq4x+8$, $-3x\leq-1$ $\therefore x\geq\dfrac{1}{3}$ ...... ㉡

㉠, ㉡의 공통부분을 구하면

$\dfrac{1}{3}\leq x<\dfrac{7}{2}$ → 정수 x는 1, 2, 3

즉, 주어진 연립부등식을 만족시키는 가장

작은 정수 m의 값은 1이므로 부등식 $a-4<1<\dfrac{a}{3}$를 풀면

→ a에 대한 연립부등식이다.

$a-4<1$에서 $a<5$ ...... ㉢

$1<\dfrac{a}{3}$에서 $a>3$ ...... ㉣

㉢, ㉣의 공통부분을 구하면

$3<a<5$

따라서 정수 a의 값은 4이다.

0878 답 ⑤

0879 답 21

$x-1>8$에서 $x>9$

$2x-16\leq x+a$에서 $x\leq a+16$

주어진 연립부등식의 해가 $b<x\leq28$이므로

$9=b$, $a+16=28$

따라서 $a=12$, $b=9$이므로

$a+b=12+9=21$

0880 답 24

$3x-2a<x+2$에서

$2x<2a+2$ $\therefore x<a+1$

$x+2<4x+b$에서

$-3x<b-2$ $\therefore x>\dfrac{2-b}{3}$

주어진 연립부등식의 해가 $-2<x<4$이므로

$a+1=4$, $\dfrac{2-b}{3}=-2$

따라서 $a=3$, $b=8$이므로

$ab=3\times8=24$

0881 답 ②

$x+2\leq\dfrac{1}{3}x-2a$에서

$3x+6\leq x-6a$, $2x\leq-6a-6$

$\therefore x\leq-3a-3$

$\dfrac{1}{2}x-\dfrac{x+1}{3}\geq\dfrac{1}{3}x+\dfrac{1}{2}$에서

$3x-2x-2\geq2x+3$, $-x\geq5$

$\therefore x\leq-5$

주어진 연립부등식의 해가 $x\leq-7$이므로

$-3a-3=-7$, $-3a=-4$

$\therefore a=\dfrac{4}{3}$

0882 답 ④

$3x+4\geq x+2a$에서

$2x\geq2a-4$ $\therefore x\geq a-2$

$2(x-1)\leq-x+b$에서

$2x-2\leq-x+b$

$3x\leq b+2$ $\therefore x\leq\dfrac{b+2}{3}$

주어진 연립부등식의 해가 $x=1$이므로

$a-2=1$, $\dfrac{b+2}{3}=1$

따라서 $a=3$, $b=1$이므로

$a+b=3+1=4$

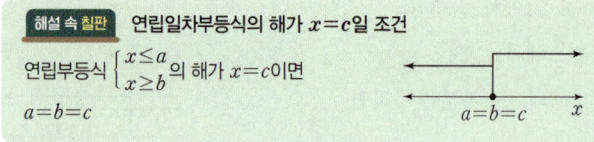
0883 답 ③

0884 답 ④

$3x-1 \ge 8$에서
$3x \ge 9$ ∴ $x \ge 3$ ⋯⋯ ㉠
$2x+3 \le 3k$에서
$2x \le 3k-3$ ∴ $x \le \dfrac{3k-3}{2}$ ⋯⋯ ㉡

주어진 연립부등식이 해를 가지려면 ㉠, ㉡의
공통부분이 존재해야 한다.

즉, $3 \le \dfrac{3k-3}{2}$이어야 하므로
$6 \le 3k-3$, $3k \ge 9$ ∴ $k \ge 3$ ← ㉠, ㉡이 등호를 포함하므로 $3=\dfrac{3k-3}{2}$이어도 공통부분이 존재한다.

0885 답 ③

$\dfrac{3x-1}{2} \le 2x+1$에서
$3x-1 \le 4x+2$, $-x \le 3$ ∴ $x \ge -3$ ⋯⋯ ㉠
$2x+1 < x+a$에서 $x < a-1$ ⋯⋯ ㉡
주어진 연립부등식이 해를 가지려면 ㉠, ㉡의
공통부분이 존재해야 한다.

즉, $-3 < a-1$이어야 하므로
$a > -2$ ← ㉠은 등호를 포함하지만 ㉡은 등호를 포함하지 않으므로 $-3=a-1$인 경우는 공통부분이 존재하지 않는다.
따라서 정수 a의 최솟값은 -1이다.

0886 답 2

$\dfrac{1}{3}x+\dfrac{1}{2} \ge \dfrac{3}{2}$에서
$2x+3 \ge 9$, $2x \ge 6$ ∴ $x \ge 3$ ⋯⋯ ㉠
$2(x-1) \le \dfrac{3}{2}a$에서
$4x-4 \le 3a$, $4x \le 3a+4$ ∴ $x \le \dfrac{3a+4}{4}$ ⋯⋯ ㉡
주어진 연립부등식이 해를 갖지 않으려면
㉠, ㉡의 공통부분이 존재하지 않아야 한다.

즉, $\dfrac{3a+4}{4} < 3$이어야 하므로
$3a+4 < 12$, $3a < 8$ ∴ $a < \dfrac{8}{3}$
따라서 정수 a의 최댓값은 2이다.

0887 답 ①

$3x+2 < x+a$에서
$2x < a-2$ ∴ $x < \dfrac{a-2}{2}$ ⋯⋯ ㉠
$x+2b \le 3(x-2)$에서
$x+2b \le 3x-6$, $-2x \le -2b-6$
∴ $x \ge b+3$ ⋯⋯ ㉡

주어진 연립부등식이 해를 갖지 않으려면
㉠, ㉡의 공통부분이 존재하지 않아야 한다.
즉, $\dfrac{a-2}{2} \le b+3$이어야 하므로
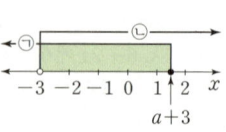
$a-2 \le 2b+6$ ∴ $a-2b \le 8$
따라서 $a-2b$의 최댓값은 8이다.

0888 답 ③

0889 답 ②

$2x-3 \le x+a$에서
$x \le a+3$ ⋯⋯ ㉠
$x-5 < 3x+1$에서
$-2x < 6$ ∴ $x > -3$ ⋯⋯ ㉡
주어진 연립부등식을 만족시키는 정수
x가 4개이므로 ㉠, ㉡을 수직선 위에
나타내면 오른쪽 그림과 같아야 한다.
즉, $1 \le a+3 < 2$이어야 하므로
$-2 \le a < -1$

0890 답 ⑤

$x \ge \dfrac{1}{2}k+1$ ⋯⋯ ㉠
$x < \dfrac{1}{3}k+3$ ⋯⋯ ㉡
주어진 연립부등식을 만족시키는 정수 x가
3, 4뿐이므로 ㉠, ㉡을 수직선 위에 나타
내면 오른쪽 그림과 같아야 한다.
즉, $2 < \dfrac{1}{2}k+1 \le 3$, $4 < \dfrac{1}{3}k+3 \le 5$를 동
시에 만족시켜야 하므로 $4 < k+2 \le 6$, $12 < k+9 \le 15$에서
$2 < k \le 4$, $3 < k \le 6$
따라서 실수 k의 값의 범위는
$3 < k \le 4$
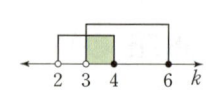

0891 답 9

$3x-1 < 5x+3$에서
$-2x < 4$ ∴ $x > -2$ ⋯⋯ ㉠
$5x+3 \le 4x+a$에서
$x \le a-3$ ⋯⋯ ㉡
주어진 연립부등식을 만족시키는 정수 x의 개수가 8이므로 ㉠, ㉡
을 수직선 위에 나타내면 다음의 그림과 같아야 한다.

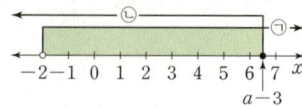

따라서 $6 \le a-3 < 7$, 즉 $9 \le a < 10$이어야 하고 a는 자연수이므로
$a=9$

0892 답 1

$3x+2 \ge x-2$에서
$2x \ge -4$ ∴ $x \ge -2$ ⋯⋯ ㉠
$4(x-1) \le 2x+a$에서
$4x-4 \le 2x+a$, $2x \le a+4$
∴ $x \le \dfrac{a+4}{2}$ ⋯⋯ ㉡

주어진 연립부등식을 만족시키는 정수 x가 5개이므로 ㉠, ㉡을 수직선 위에 나타내면 오른쪽 그림과 같아야 한다.

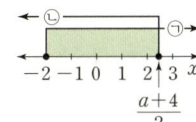

즉, $2 \leq \dfrac{a+4}{2} < 3$이어야 하므로

$4 \leq a+4 < 6$ $\therefore 0 \leq a < 2$

따라서 정수 a의 최댓값은 1이다.

0893 답 ②

0894 답 ⑤

울타리의 가로의 길이를 x cm라 하면 세로의 길이는

$\dfrac{1}{2}(240-2x)=120-x$ (cm)

울타리의 세로의 길이가 가로의 길이보다 20 cm 이상 길므로

$x+20 \leq 120-x$, $2x \leq 100$

$\therefore x \leq 50$ ……㉠

또한, 가로의 길이가 세로의 길이의 절반 이상이므로

$x \geq \dfrac{120-x}{2}$, $2x \geq 120-x$

$3x \geq 120$ $\therefore x \geq 40$ ……㉡

㉠, ㉡의 공통부분을 구하면

$40 \leq x \leq 50$

따라서 가로의 길이는 40 cm 이상 50 cm 이하이다.

0895 답 ④

음료 A를 x잔 만든다고 하면 음료 B는 $(8-x)$잔 만들 수 있으므로

$\begin{cases} 100x+150(8-x) \leq 1000 \\ 20x+10(8-x) \leq 150 \end{cases}$

$100x+150(8-x) \leq 1000$에서

$100x+1200-150x \leq 1000$

$-50x \leq -200$ $\therefore x \geq 4$ ……㉠

$20x+10(8-x) \leq 150$에서

$20x+80-10x \leq 150$

$10x \leq 70$ $\therefore x \leq 7$ ……㉡

㉠, ㉡의 공통부분을 구하면

$4 \leq x \leq 7$

따라서 음료 A는 최대 7잔까지 만들 수 있다.

0896 답 40

연속하는 세 짝수는 2만큼씩 차이가 난다.

연속하는 세 짝수를 $x-2$, x, $x+2$라 하면 세 짝수의 합이 110 이상 120 미만이므로

$110 \leq (x-2)+x+(x+2) < 120$

$110 \leq 3x < 120$

$\therefore \dfrac{110}{3} \leq x < 40$

이때 x는 짝수이므로 $x=38$이다.

따라서 연속하는 세 짝수는 36, 38, 40이므로 이 중에서 가장 큰 수는 40이다.

0897 답 ②

바구니의 개수를 x라 하면 공을 한 바구니에 5개씩 담으면 공이 20개 남으므로 공의 개수는 $5x+20$

바구니 x개 중에서 바구니 3개는 비어 있고, 바구니 1개에 들어 있는 공의 개수는 알 수 없으므로 공이 6개씩 들어 있는 바구니는 $(x-4)$개이다.

또한, 공을 한 바구니에 6개씩 담으면 바구니가 3개 남으므로 공을 6개씩 담은 바구니는 $(x-4)$개이고, 공이 들어 있는 나머지 한 바구니에 들어 있을 수 있는 공은 1개 이상 6개 이하이다. 즉,

$6(x-4)+1 \leq 5x+20 \leq 6(x-4)+6$

$6(x-4)+1 \leq 5x+20$에서

$6x-24+1 \leq 5x+20$ $\therefore x \leq 43$ ……㉠

$5x+20 \leq 6(x-4)+6$에서

$5x+20 \leq 6x-24+6$

$-x \leq -38$ $\therefore x \geq 38$ ……㉡

㉠, ㉡의 공통부분을 구하면

$38 \leq x \leq 43$

따라서 바구니의 개수가 될 수 있는 것은 ②이다.

선생님 톡톡

공을 6개씩 담은 바구니는 $(x-4)$개이고 나머지를 마지막 바구니에 담으므로
$6(x-4) < 5x+20 \leq 6(x-3)$
으로 식을 세울 수도 있어.

0898 답 ①

0899 답 ⑤

부등식 $f(x) \leq g(x)$의 해는 함수 $y=g(x)$의 그래프가 함수 $y=f(x)$의 그래프보다 위쪽에 있거나 만나는 부분의 x의 값의 범위이므로

$-1 \leq x \leq 5$

0900 답 ②

부등식 $0 < f(x) < g(x)$의 해는 함수 $y=f(x)$의 그래프가 직선 $y=0$, 즉 x축보다 위쪽에 있고 함수 $y=g(x)$의 그래프보다 아래쪽에 있는 부분의 x의 값의 범위이므로

$a < x < b$

0901 답 ②

부등식 $f(x) < g(x) < h(x)$의 해는 함수 $y=g(x)$의 그래프가 함수 $y=f(x)$의 그래프보다 위쪽에 있고 함수 $y=h(x)$의 그래프보다 아래쪽에 있는 부분의 x의 값의 범위이므로

$-4 < x < -1$

따라서 $a=-4$, $b=-1$이므로

$a+b=(-4)+(-1)=-5$

0902 답 ④

$f(x)g(x) > 0$에서 $f(x) > 0$, $g(x) > 0$ 또는 $f(x) < 0$, $g(x) < 0$

(i) $f(x) > 0$, $g(x) > 0$인 경우

$f(x) > 0$에서 $x < a$ ……㉠

$g(x) > 0$에서 $x < b$ ……㉡

㉠, ㉡의 공통부분을 구하면 $x < a$

(ii) $f(x) < 0$, $g(x) < 0$인 경우

$f(x) < 0$에서 $x > a$ ……㉢

$g(x) < 0$에서 $x > b$ ……㉣

㉢, ㉣의 공통부분을 구하면 $x > b$

(i), (ii)에서 부등식 $f(x)g(x) > 0$의 해는

$x < a$ 또는 $x > b$

0903 답 ③

0904 답 ③

a가 자연수이므로 $a+1>0$

$|x-7|\leq a+1$에서

$-a-1\leq x-7\leq a+1$ $\therefore -a+6\leq x\leq a+8$

주어진 부등식을 만족시키는 모든 정수 x의 개수가 9이므로

$a+8-(-a+6)+1=9, 2a=6$ $\therefore a=3$

다른 풀이

$f(x)=|x-7|$

$=\begin{cases} -x+7 & (x<7) \\ x-7 & (x\geq7) \end{cases}$

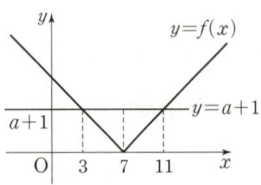

이라 하면 함수 $y=f(x)$의 그래프는 오른쪽 그림과 같다.

즉, 부등식 $f(x)\leq a+1$을 만족시키는 모든 정수 x의 개수가 9이려면 함수 $y=f(x)$의 그래프가 직선 $y=a+1$보다 아래쪽에 있거나 만나는 부분의 정수 x의 개수가 9이어야 하므로 $3\leq x\leq 11$

$f(11)=|11-7|=4$

$a+1=4$ $\therefore a=3$

0905 답 ⑤

$b\leq0$이면 부등식 $|3x-a|<b$의 해가 존재하지 않으므로 $b>0$

$|3x-a|<b$에서

$-b<3x-a<b, a-b<3x<a+b$

$\therefore \dfrac{a-b}{3}<x<\dfrac{a+b}{3}$

주어진 부등식의 해가 $-\dfrac{2}{3}<x<2$이므로

$\dfrac{a-b}{3}=-\dfrac{2}{3}, \dfrac{a+b}{3}=2$

$\therefore a-b=-2, a+b=6$

따라서 위의 두 식을 연립하여 풀면 $a=2, b=4$이므로

$ab=2\times4=8$

다른 풀이

$f(x)=|3x-a|=\begin{cases} -3x+a & \left(x<\dfrac{a}{3}\right) \\ 3x-a & \left(x\geq\dfrac{a}{3}\right) \end{cases}$

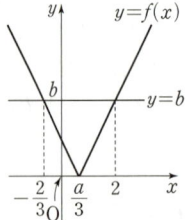

라 하면 부등식 $f(x)<b$의 해는 함수 $y=f(x)$의 그래프가 직선 $y=b$보다 아래쪽에 있는 부분의 x의 값의 범위이고,

주어진 부등식의 해가 $-\dfrac{2}{3}<x<2$이므로

함수 $y=f(x)$의 그래프는 오른쪽 그림과 같아야 한다.

즉, $f\left(-\dfrac{2}{3}\right)=f(2)=b$이어야 하므로

$2+a=b, 6-a=b$

위의 두 식을 연립하여 풀면

$a=2, b=4$

0906 답 ⑤

$|x-2|\geq1$에서 $x-2\leq-1$ 또는 $x-2\geq1$

$\therefore x\leq1$ 또는 $x\geq3$ ...... ㉠

$|x-2|\leq2$에서

$-2\leq x-2\leq2$ $\therefore 0\leq x\leq4$ ...... ㉡

㉠, ㉡의 공통부분을 구하면

$0\leq x\leq1$ 또는 $3\leq x\leq4$

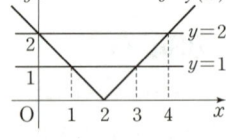

따라서 주어진 부등식을 만족시키는 자연수 x의 값은 1, 3, 4이므로 최댓값과 최솟값의 합은

$4+1=5$

다른 풀이

$f(x)=|x-2|=\begin{cases} -x+2 & (x<2) \\ x-2 & (x\geq2) \end{cases}$

라 하면 함수 $y=f(x)$의 그래프는 오른쪽 그림과 같다.

즉, 부등식 $1\leq f(x)\leq2$의 해는 함수 $y=f(x)$의 그래프가 직선 $y=1$보다 위쪽에 있거나 만나는 부분의 x의 값의 범위와 직선 $y=2$보다 아래쪽에 있거나 만나는 부분의 x의 값의 범위이므로 $0\leq x\leq1$ 또는 $3\leq x\leq4$

0907 답 ③

$|x-a|\leq1$에서

$-1\leq x-a\leq1$ $\therefore a-1\leq x\leq a+1$

a는 자연수이므로 부등식을 만족시키는 정수 x의 값은

$a-1, a, a+1$

주어진 부등식을 만족시키는 모든 정수 x의 값의 합이 18이므로

$(a-1)+a+(a+1)=3a=18$

$\therefore a=6$

다른 풀이

$f(x)=|x-a|=\begin{cases} -x+a & (x<a) \\ x-a & (x\geq a) \end{cases}$

라 하면 함수 $y=f(x)$의 그래프는 오른쪽 그림과 같다.

즉, 부등식 $f(x)\leq1$의 해는 함수 $y=f(x)$의 그래프가 직선 $y=1$보다 아래쪽에 있거나 만나는 부분의 x의 값의 범위이므로

$a-1\leq x\leq a+1$

즉, 부등식을 만족시키는 정수 x의 값은 $a-1, a, a+1$이고 그 합은 18이므로

$(a-1)+a+(a+1)=3a=18$ $\therefore a=6$

0908 답 0

0909 답 ①

$|3x-3|\leq2x+1$에서

(i) $x<1$일 때

   $3x-3<0$이므로

   $-(3x-3)\leq2x+1, -5x\leq-2$

   $\therefore x\geq\dfrac{2}{5}$

   그런데 $x<1$이므로 $\dfrac{2}{5}\leq x<1$

(ii) $x\geq1$일 때

   $3x-3\geq0$이므로

   $3x-3\leq2x+1$ $\therefore x\leq4$

   그런데 $x\geq1$이므로 $1\leq x\leq4$

(i), (ii)에서 주어진 부등식의 해는 $\dfrac{2}{5}\le x\le 4$

따라서 $a=\dfrac{2}{5}$, $b=4$이므로

$a+b=\dfrac{2}{5}+4=\dfrac{22}{5}$

다른 풀이

$f(x)=|3x-3|=\begin{cases}-3x+3 & (x<1)\\ 3x-3 & (x\ge 1)\end{cases}$

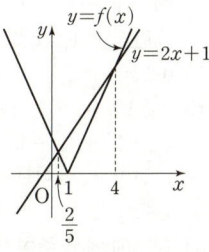

이라 하면 함수 $y=f(x)$의 그래프는 오른쪽 그림과 같다.

즉, 부등식 $f(x)\le 2x+1$의 해는 함수 $y=f(x)$의 그래프가 직선 $y=2x+1$보다 아래쪽에 있거나 만나는 부분의 x의 값의 범위이므로 $\dfrac{2}{5}\le x\le 4$

0910 답 ⑤

$x>|3x+1|-7$에서

(i) $x<-\dfrac{1}{3}$, 즉 $3x+1<0$일 때

$x>-(3x+1)-7$, $4x>-8$

$\therefore x>-2$

그런데 $x<-\dfrac{1}{3}$이므로 $-2<x<-\dfrac{1}{3}$

(ii) $x\ge -\dfrac{1}{3}$, 즉 $3x+1\ge 0$일 때

$x>3x+1-7$, $-2x>-6$

$\therefore x<3$

그런데 $x\ge -\dfrac{1}{3}$이므로 $-\dfrac{1}{3}\le x<3$

(i), (ii)에서 주어진 부등식의 해는 $-2<x<3$

따라서 주어진 부등식을 만족시키는 정수 x의 값은 -1, 0, 1, 2이므로 그 합은 $(-1)+0+1+2=2$

다른 풀이

$f(x)=|3x+1|$

$=\begin{cases}-3x-1 & \left(x<-\dfrac{1}{3}\right)\\ 3x+1 & \left(x\ge -\dfrac{1}{3}\right)\end{cases}$

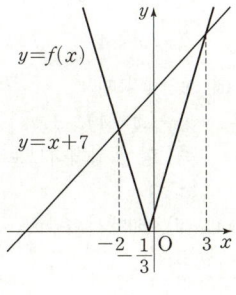

이라 하면 함수 $y=f(x)$의 그래프는 오른쪽 그림과 같다.

즉, 부등식 $f(x)<x+7$의 해는 함수 $y=f(x)$의 그래프가 직선 $y=x+7$보다 아래쪽에 있는 부분의 x의 값의 범위이므로 $-2<x<3$

0911 답 ①

$|x-1|>2x+4$에서

(i) $x<1$일 때

$x-1<0$이므로

$-(x-1)>2x+4$, $-3x>3$ $\therefore x<-1$

그런데 $x<1$이므로 $x<-1$

(ii) $x\ge 1$일 때

$x-1\ge 0$이므로

$x-1>2x+4$ $\therefore x<-5$

그런데 $x\ge 1$이므로 해는 없다. ←── $x\ge 1$과 $x<-5$의 공통부분이 존재하지 않으므로

(i), (ii)에서 주어진 부등식의 해는 $x<-1$이므로 $x<-1$이 $x<a$에 포함되려면 오른쪽 그림과 같아야 한다.

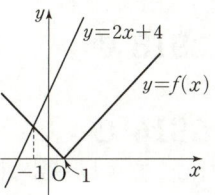

$\therefore a\ge -1$

다른 풀이

$f(x)=|x-1|=\begin{cases}-x+1 & (x<1)\\ x-1 & (x\ge 1)\end{cases}$

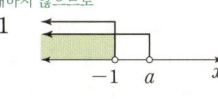

이라 하면 함수 $y=f(x)$의 그래프는 오른쪽 그림과 같다.

즉, 부등식 $f(x)>2x+4$의 해는 함수 $y=f(x)$의 그래프가 직선 $y=2x+4$보다 위쪽에 있는 부분의 x의 값의 범위이므로 $x<-1$

0912 답 3

$|2x-1|\le x+a$에서

(i) $x<\dfrac{1}{2}$, 즉 $2x-1<0$일 때

$-(2x-1)\le x+a$, $-3x\le a-1$

$\therefore x\ge \dfrac{1-a}{3}$

그런데 $x<\dfrac{1}{2}$이고, $a>0$에서 $1-a<1$이므로

$\dfrac{1-a}{3}<\dfrac{1}{3}$ $\therefore \dfrac{1-a}{3}\le x<\dfrac{1}{2}$

(ii) $x\ge \dfrac{1}{2}$, 즉 $2x-1\ge 0$일 때

$2x-1\le x+a$ $\therefore x\le a+1$

그런데 $x\ge \dfrac{1}{2}$이고, $a>0$에서 $a+1>1$이므로

$\dfrac{1}{2}\le x\le a+1$

(i), (ii)에서 주어진 부등식의 해는

$\dfrac{1-a}{3}\le x\le a+1$

따라서 $\dfrac{1-a}{3}=b$, $a+1=b+6$이므로

$a+3b=1$, $a-b=5$

위의 두 식을 연립하여 풀면

$a=4$, $b=-1$

$\therefore a+b=4+(-1)=3$

다른 풀이

$f(x)=|2x-1|$

$=\begin{cases}-2x+1 & \left(x<\dfrac{1}{2}\right)\\ 2x-1 & \left(x\ge \dfrac{1}{2}\right)\end{cases}$

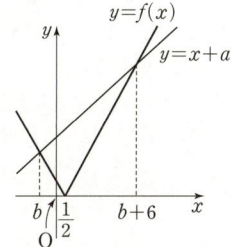

이라 하면 부등식 $f(x)\le x+a$의 해는 함수 $y=f(x)$의 그래프가 직선 $y=x+a$보다 아래쪽에 있거나 만나는 부분의 x의 값의 범위이고, 주어진 부등식의 해가 $b\le x\le b+6$이므로 함수 $y=f(x)$의 그래프와 직선 $y=x+a$는 오른쪽 그림과 같아야 한다.

즉, $f(b)=b+a$, $f(b+6)=b+6+a$
이어야 하므로 $\quad$ ↳$f(b)$, $f(b+6)$의 값은 각각 직선 $y=x+a$의
$x=b$, $x=b+6$에서의 y의 값과 같다.

$-2b+1=b+a$에서

$a+3b=1$ $\quad$ …… ㉠

$2(b+6)-1=b+6+a$에서

$2b+12-1=b+6+a$

$\therefore a-b=5$ $\quad$ …… ㉡

㉠, ㉡을 연립하여 풀면

$a=4$, $b=-1$

0913 답 ③

0914 답 3

$|2x+1|+|x-3|<6$에서

(i) $x<-\dfrac{1}{2}$일 때

$\quad -(2x+1)-(x-3)<6$, $-3x<4$

$\quad \therefore x>-\dfrac{4}{3}$

$\quad$ 그런데 $x<-\dfrac{1}{2}$이므로

$\quad -\dfrac{4}{3}<x<-\dfrac{1}{2}$

(ii) $-\dfrac{1}{2}\le x<3$일 때

$\quad (2x+1)-(x-3)<6$ $\quad \therefore x<2$

$\quad$ 그런데 $-\dfrac{1}{2}\le x<3$이므로

$\quad -\dfrac{1}{2}\le x<2$

(iii) $x\ge3$일 때

$\quad (2x+1)+(x-3)<6$, $3x<8$

$\quad \therefore x<\dfrac{8}{3}$

$\quad$ 그런데 $x\ge3$이므로 해는 없다.

(i), (ii), (iii)에서 주어진 부등식의 해는

$-\dfrac{4}{3}<x<2$

따라서 주어진 부등식을 만족시키는 정수 x는 -1, 0, 1의 3개이다.

다른 풀이

$f(x)=|2x+1|+|x-3|$

$\quad =\begin{cases} -3x+2 & \left(x<-\dfrac{1}{2}\right) \\ x+4 & \left(-\dfrac{1}{2}\le x<3\right) \\ 3x-2 & (x\ge3) \end{cases}$

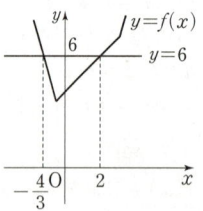

이라 하면 함수 $y=f(x)$의 그래프는 오른쪽 그림과 같다.

즉, 부등식 $f(x)<6$의 해는 함수 $y=f(x)$의 그래프가 직선 $y=6$보다 아래쪽에 있는 부분의 x의 값의 범위이므로

$-\dfrac{4}{3}<x<2$

0915 답 ④

$\sqrt{(x-1)^2}=|x-1|$이므로 주어진 부등식은

$|x+1|+|x-1|<x+2$

(i) $x<-1$일 때

$\quad -(x+1)-(x-1)<x+2$, $-3x<2$

$\quad \therefore x>-\dfrac{2}{3}$

$\quad$ 그런데 $x<-1$이므로 해는 없다.

(ii) $-1\le x<1$일 때

$\quad (x+1)-(x-1)<x+2$ $\quad \therefore x>0$

$\quad$ 그런데 $-1\le x<1$이므로

$\quad 0<x<1$

(iii) $x\ge1$일 때

$\quad (x+1)+(x-1)<x+2$ $\quad \therefore x<2$

$\quad$ 그런데 $x\ge1$이므로

$\quad 1\le x<2$

(i), (ii), (iii)에서 주어진 부등식의 해는

$0<x<2$

다른 풀이

$f(x)=|x+1|+|x-1|$

$\quad =\begin{cases} -2x & (x<-1) \\ 2 & (-1\le x<1) \\ 2x & (x\ge1) \end{cases}$

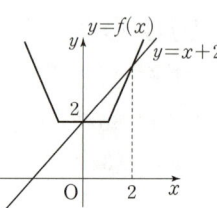

이라 하면 함수 $y=f(x)$의 그래프는 오른쪽 그림과 같다.

즉, 부등식 $f(x)<x+2$의 해는 함수 $y=f(x)$의 그래프가 직선 $y=x+2$보다 아래쪽에 있는 부분의 x의 값의 범위이므로

$0<x<2$

0916 답 ①

$|x|-|x-4|>1$에서

(i) $x<0$일 때

$\quad -x+(x-4)>1$ $\quad \therefore -4>1$

$\quad$ 즉, 해는 없다.

(ii) $0\le x<4$일 때

$\quad x+(x-4)>1$, $2x>5$

$\quad \therefore x>\dfrac{5}{2}$

$\quad$ 그런데 $0\le x<4$이므로

$\quad \dfrac{5}{2}<x<4$

(iii) $x\ge4$일 때

$\quad x-(x-4)>1$ $\quad \therefore 4>1$

$\quad$ 즉, 항상 성립하므로

$\quad x\ge4$

(i), (ii), (iii)에서 주어진 부등식의 해는

$x>\dfrac{5}{2}$

따라서 부등식 $2x+k>7$의 해는 $x>\dfrac{7-k}{2}$이므로

$\dfrac{7-k}{2}=\dfrac{5}{2}$, $7-k=5$

$\therefore k=2$

다른 풀이

$f(x)=|x|-|x-4|=\begin{cases} -4 & (x<0) \\ 2x-4 & (0\le x<4) \\ 4 & (x\ge4) \end{cases}$

라 하면 함수 $y=f(x)$의 그래프는 오른쪽 그림과 같다.

즉, 부등식 $f(x)>1$의 해는 함수 $y=f(x)$의 그래프가 직선 $y=1$보다 위쪽에 있는 부분의 x의 값의 범위이므로

$x>\dfrac{5}{2}$

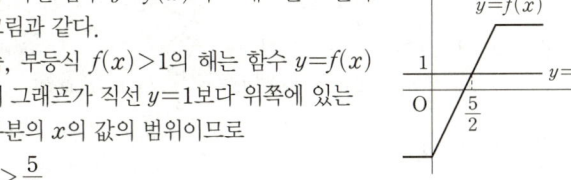

0917 답 ②

$\underline{|x+1|+|x|+|x-1|}\leq6$에서

> 절댓값 기호 안의 식의 값이 0이 되는 x의 값이 -1, 0, 1이므로 x의 값의 범위를 $x<-1$, $-1\leq x<0$, $0\leq x<1$, $x\geq1$로 나누어 푼다.

(i) $x<-1$일 때
$-(x+1)-x-(x-1)\leq6$, $-3x\leq6$ ∴ $x\geq-2$
그런데 $x<-1$이므로
$-2\leq x<-1$

(ii) $-1\leq x<0$일 때
$(x+1)-x-(x-1)\leq6$, $-x\leq4$ ∴ $x\geq-4$
그런데 $-1\leq x<0$이므로
$-1\leq x<0$

(iii) $0\leq x<1$일 때
$(x+1)+x-(x-1)\leq6$ ∴ $x\leq4$
그런데 $0\leq x<1$이므로
$0\leq x<1$

(iv) $x\geq1$일 때
$(x+1)+x+(x-1)\leq6$, $3x\leq6$ ∴ $x\leq2$
그런데 $x\geq1$이므로
$1\leq x\leq2$

(i)~(iv)에서 주어진 부등식의 해는
$-2\leq x\leq2$
따라서 $a=-2$, $b=2$이므로
$b-a=2-(-2)=4$

다른 풀이
$f(x)=|x+1|+|x|+|x-1|$
$=\begin{cases}-3x & (x<-1)\\ -x+2 & (-1\leq x<0)\\ x+2 & (0\leq x<1)\\ 3x & (x\geq1)\end{cases}$

이라 하면 함수 $y=f(x)$의 그래프는 오른쪽 그림과 같다.

즉, 부등식 $f(x)\leq6$의 해는 함수 $y=f(x)$의 그래프가 직선 $y=6$보다 아래쪽에 있거나 만나는 부분의 x의 값의 범위이므로
$-2\leq x\leq2$

STEP 3 실전 업
본문 146~147쪽

0918 답 ④

One Point Lesson
연립일차부등식의 해가 오직 한 개 존재하려면 상수 a에 대하여
$\begin{cases}x\leq a\\ x\geq a\end{cases}$이어야 한다.

$\dfrac{5}{3}x-7\geq-\dfrac{1}{3}x+a$에서
$5x-21\geq-x+3a$
$6x\geq3a+21$ ∴ $x\geq\dfrac{a+7}{2}$ ……㉠

$\dfrac{1}{2}x+\dfrac{3}{2}a\leq2a$에서
$x+3a\leq4a$ ∴ $x\leq a$ ……㉡

주어진 연립부등식의 해가 오직 한 개 존재하므로 ㉠, ㉡에서
$\dfrac{a+7}{2}=a$, $a+7=2a$ ∴ $a=7$

0919 답 ⑤

One Point Lesson
주어진 연립일차부등식의 해를 수직선 위에 나타내어 조건을 만족시키는 자연수 a의 값의 범위를 생각한다.

$x+2>3$에서 $x>1$ ……㉠
$3x<a+1$에서 $x<\dfrac{a+1}{3}$ ……㉡

∴ $1<x<\dfrac{a+1}{3}$

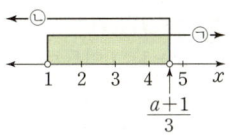

그런데 주어진 연립부등식을 만족시키는 2 이상의 연속인 정수 x의 값의 합이 9가 되려면 $2+3+4=9$이어야 하므로 ㉠, ㉡을 수직선 위에 나타내면 오른쪽 그림과 같아야 한다.

즉, $4<\dfrac{a+1}{3}\leq5$이어야 하므로
$12<a+1\leq15$ ∴ $11<a\leq14$
따라서 자연수 a의 최댓값은 14이다.

0920 답 ④

One Point Lesson
$a<x\leq b$를 만족시키는 모든 실수 x에 대하여 $c\leq x<d$를 만족시키려면 오른쪽 그림과 같이 $c\leq a$, $b<d$이어야 한다.

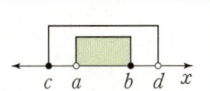

$x-1<2x+1$에서 $-x<2$
∴ $x>-2$ ……㉠
$2x+1\leq x+2$에서 $x\leq1$ ……㉡
㉠, ㉡의 공통부분을 구하면
$-2<x\leq1$ ……㉢

㉢을 만족시키는 모든 실수 x가 $-1+a\leq x<3-2a$를 만족시키므로 오른쪽 그림과 같이 $-1+a\leq-2$이고 $1<3-2a$이어야 한다.

$-1+a\leq-2$에서 $a\leq-1$ ……㉣
$1<3-2a$에서 $2a<2$ ∴ $a<1$ ……㉤
㉣, ㉤의 공통부분을 구하면 $a\leq-1$
따라서 실수 a의 최댓값은 -1이다.

0921 답 9

One Point Lesson
연립부등식을 만족시키는 x의 값의 범위를 구한 후 이를 이용하여 y의 값의 범위를 구한다.

$3(x+1)<x+9$에서

$3x+3<x+9$, $2x<6$

$\therefore x<3$ ...... ㉠

$x-8\leq5(x-1)+3$에서

$x-8\leq5x-5+3$, $-4x\leq6$

$\therefore x\geq-\dfrac{3}{2}$ ...... ㉡

㉠, ㉡의 공통부분을 구하면

$-\dfrac{3}{2}\leq x<3$ ...... ㉢

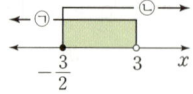

이때 ㉢에서 $-6<-2x\leq3$

즉, $-5<-2x+1\leq4$이고 $y=-2x+1$이므로 $-5<y\leq4$

따라서 정수 y는 -4, -3, -2, $\cdots$, 4의 9개이다.

  $4-(-5)=9$

0922 답 ③

One Point Lesson

x에 대한 부등식 $|x-1|\leq-x+a^2+a+2$의 해는 a의 값에 따라 달라지므로 먼저 x의 값의 범위를 a를 이용하여 나타내어 보자.

$|x-1|\leq-x+a^2+a+2$에서

(i) $x<1$일 때

$x-1<0$이므로

$-(x-1)\leq-x+a^2+a+2$

$\therefore a^2+a+1\geq0$

이때 $\left(a+\dfrac{1}{2}\right)^2+\dfrac{3}{4}\geq0$이므로 해는 $x<1$인 모든 실수이다.

(ii) $x\geq1$일 때

$x-1\geq0$이므로

$x-1\leq-x+a^2+a+2$, $2x\leq a^2+a+3$

$\therefore x\leq\dfrac{a^2+a+3}{2}$

그런데 $x\geq1$이고 $\dfrac{a^2+a+3}{2}>1$이므로

$1\leq x\leq\dfrac{a^2+a+3}{2}$

  $\dfrac{a^2+a+3}{2}=\dfrac{1}{2}\left(a+\dfrac{1}{2}\right)^2+\dfrac{11}{8}>1$

(i), (ii)에서 주어진 부등식의 해는 $x\leq\dfrac{a^2+a+3}{2}$이므로 해의 최댓값 $f(a)$는

$f(a)=\dfrac{a^2+a+3}{2}=\dfrac{1}{2}\left(a+\dfrac{1}{2}\right)^2+\dfrac{11}{8}$

따라서 $f(a)$의 최솟값은 $\dfrac{11}{8}$이다.

0923 답 ④

One Point Lesson

a가 자연수임을 이용하여 주어진 부등식의 해를 구한다.

$|2x-a|<x+1$에서

(i) $x<\dfrac{a}{2}$, 즉 $2x-a<0$일 때

$-(2x-a)<x+1$, $-3x<1-a$

$\therefore x>\dfrac{a-1}{3}$

그런데 $x<\dfrac{a}{2}$이고 자연수 a에 대하여 $\dfrac{a-1}{3}<\dfrac{a}{2}$이므로

$\dfrac{a-1}{3}<x<\dfrac{a}{2}$

  $\dfrac{a}{2}-\dfrac{a-1}{3}=\dfrac{a}{6}+\dfrac{1}{3}>0$이므로 $\dfrac{a}{2}>\dfrac{a-1}{3}$이다.

(ii) $x\geq\dfrac{a}{2}$, 즉 $2x-a\geq0$일 때

$2x-a<x+1$ $\therefore x<a+1$

그런데 $x\geq\dfrac{a}{2}$이고 자연수 a에 대하여 $\dfrac{a}{2}<1+a$이므로

$\dfrac{a}{2}\leq x<a+1$

  $(1+a)-\dfrac{a}{2}=1+\dfrac{a}{2}>0$이므로 $1+a>\dfrac{a}{2}$이다.

(i), (ii)에서 주어진 부등식의 해는

$\dfrac{a-1}{3}<x<a+1$이고 정수 x의 최솟값이

4이므로 오른쪽 그림과 같아야 한다.

즉, $3\leq\dfrac{a-1}{3}<4$, $a+1>4$이어야 하므로

$9\leq a-1<12$, $a>3$ $\therefore 10\leq a<13$

따라서 자연수 a의 값은 10, 11, 12이므로 그 합은

$10+11+12=33$

0924 답 3

One Point Lesson

$(|x+1|+2|x-2|$의 최솟값$)\leq k$가 되도록 하는 실수 k의 값의 범위를 구한다.

$|x+1|+2|x-2|\leq k$에서

(i) $x<-1$일 때

$|x+1|+2|x-2|=-(x+1)-2(x-2)=-3x+3$

이때 $x<-1$이므로

$-3x>3$ $\therefore -3x+3>6$

$\therefore |x+1|+2|x-2|>6$

(ii) $-1\leq x<2$일 때

$|x+1|+2|x-2|=(x+1)-2(x-2)=-x+5$

이때 $-1\leq x<2$이므로

$-2<-x\leq1$ $\therefore 3<-x+5\leq6$

$\therefore 3<|x+1|+2|x-2|\leq6$

(iii) $x\geq2$일 때

$|x+1|+2|x-2|=(x+1)+2(x-2)=3x-3$

이때 $x\geq2$이므로

$3x\geq6$ $\therefore 3x-3\geq3$

$\therefore |x+1|+2|x-2|\geq3$

(i), (ii), (iii)에서 $|x+1|+2|x-2|\geq3$

따라서 조건을 만족시키는 실수 k의 값의 범위는 $k\geq3$이므로 k의 최솟값은 3이다.

  $|x+1|+2|x-2|$는 최솟값 3을 가지므로 $|x+1|+2|x-2|\geq k$에 대하여 $k\geq3$이다.

다른 풀이

$f(x)=|x+1|+2|x-2|$

$=\begin{cases}-3x+3 & (x<-1)\\-x+5 & (-1\leq x<2)\\3x-3 & (x\geq2)\end{cases}$

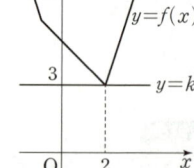

라 하면 함수 $y=f(x)$의 그래프는 오른쪽 그림과 같다.

즉, 부등식 $f(x)\leq k$가 해를 갖도록 하는 실수 k의 최솟값은 3이다.

0925 답 ①

One Point Lesson

주어진 연립부등식을 x에 대하여 정리한 후 $a<1$, $a=1$, $a>1$로 나누어서 연립부등식이 해를 갖도록 하는 실수 a의 값의 범위와 해를 갖지 않도록 하는 실수 a의 값의 범위를 각각 구한다.

$4x-2\geq3x+1$에서 $x\geq3$ ...... ㉠
$(2a-1)x-3\leq x-1$에서 $(2a-2)x\leq2$
$\therefore (a-1)x\leq1$ ...... ㉡

(i) $a<1$일 때

ㅤ㉠에서 $x\geq3$, ㉡에서 $x\geq\dfrac{1}{a-1}$이므로 주어진 연립부등식은 항상 해를 갖는다.

(ii) $a=1$일 때

ㅤ㉡에서 $0\times x\leq1$이므로 주어진 연립부등식은 항상 해를 갖는다.

(iii) $a>1$일 때

ㅤ㉠에서 $x\geq3$, ㉡에서 $x\leq\dfrac{1}{a-1}$이므로 주어진 연립부등식이

ㅤ해를 가지려면 $3\leq\dfrac{1}{a-1}$이어야 한다.

ㅤ즉, $a-1\leq\dfrac{1}{3}$에서 $a\leq\dfrac{4}{3}$

ㅤ그런데 $a>1$이므로 $1<a\leq\dfrac{4}{3}$

ㅤ또한, 주어진 연립부등식이 해를 갖지 않으려면 $3>\dfrac{1}{a-1}$이어야 한다.

ㅤ즉, $a-1>\dfrac{1}{3}$에서 $a>\dfrac{4}{3}$

ㅤ그런데 $a>1$이므로 $a>\dfrac{4}{3}$

(i), (ii), (iii)에서 해를 갖도록 하는 실수 a의 값의 범위는 $a\leq\dfrac{4}{3}$이므로 이때의 정수 a의 최댓값은 1, 해를 갖지 않도록 하는 실수 a의 값의 범위는 $a>\dfrac{4}{3}$이므로 이때의 정수 a의 최솟값은 2이다.

따라서 $m=1$, $n=2$이므로 $m+n=1+2=3$

0926 탭 9

One Point Lesson

k의 부호에 따라 주어진 부등식의 부등호의 방향이 바뀌므로 k의 값의 범위를 $k<0$, $k=0$, $k>0$으로 나누어 푼다.

$k(|x-2|-1)\leq3+k$에서
$k|x-2|-k\leq3+k$ $\therefore k|x-2|\leq3+2k$ ...... ㉠

(i) $k<0$일 때

ㅤ㉠에서 $|x-2|\geq\dfrac{3+2k}{k}$이고 주어진 부등식의 해가 모든 실수

ㅤ이려면 $\dfrac{3+2k}{k}\leq0$이어야 한다. (→ $|x-2|\geq0$이므로 $\dfrac{3+2k}{k}\leq0$이면 주어진 부등식의 해는 모든 실수이다.)

ㅤ즉, $3+2k\geq0$에서 $2k\geq-3$ $\therefore k\geq-\dfrac{3}{2}$

ㅤ그런데 $k<0$이므로 $-\dfrac{3}{2}\leq k<0$

(ii) $k=0$일 때

ㅤ$0\times(|x-2|-1)\leq3$이므로 주어진 부등식의 해는 모든 실수이다.

(iii) $k>0$일 때

ㅤ㉠에서 $|x-2|\leq\dfrac{3+2k}{k}$이고 $\dfrac{3+2k}{k}=\dfrac{3}{k}+2>0$이므로

ㅤ$-\dfrac{3+2k}{k}\leq x-2\leq\dfrac{3+2k}{k}$, $-\dfrac{3}{k}-2\leq x-2\leq\dfrac{3}{k}+2$

ㅤ$\therefore -\dfrac{3}{k}\leq x\leq\dfrac{3}{k}+4$

ㅤ즉, 어떤 양의 실수 k에 대해서도 주어진 부등식의 해는 모든 실수가 될 수 없다.

(i), (ii), (iii)에서 조건을 만족시키는 실수 k의 값의 범위는
$-\dfrac{3}{2}\leq k\leq0$

따라서 $M=0$, $m=-\dfrac{3}{2}$이므로

$4(M^2+m^2)=4\times\left\{0^2+\left(-\dfrac{3}{2}\right)^2\right\}=9$

0927 탭 $a>2$

$3(x-1)<9$에서
$x-1<3$ $\therefore x<4$ ...... ㉠
$2x+a<ax+2$에서
$\therefore (a-2)x>a-2$ ...... ㉡ ──────────❶

(i) $a>2$일 때

ㅤ$x>1$ ...... ㉢

ㅤ이므로 ㉠, ㉢의 공통부분을 구하면 $1<x<4$

ㅤ즉, 위의 부등식을 만족시키는 자연수 x는 2, 3이므로 그 합은 $2+3=5$가 되어 조건을 만족시킨다.

(ii) $a=2$일 때

ㅤ$0\times x>0$이므로 부등식 ㉡을 만족시키는 자연수 x가 존재하지 않는다.

(iii) $a<2$일 때

ㅤ$x<1$ ...... ㉣

ㅤ이므로 ㉠, ㉣의 공통부분을 구하면 $x<1$

ㅤ즉, 위의 부등식을 만족시키는 자연수 x가 존재하지 않는다.

(i), (ii), (iii)에서 조건을 만족시키는 실수 a의 범위는
$a>2$ ──────────❷

채점 기준	배점 비율
❶ 주어진 연립부등식을 간단히 하기	40%
❷ 실수 a의 값의 범위를 나누어 조건을 만족시키는 실수 a의 값의 범위 구하기	60%

0928 탭 $\dfrac{4}{3}<x<4$

(→ 삼각형의 세 변의 길이를 각각 a, b, c라 하면 다음이 성립한다. $a+b>c$, $b+c>a$, $c+a>b$)

삼각형이 존재하려면 두 변의 길이의 합은 나머지 한 변의 길이보다 길어야 하고, 가장 짧은 변의 길이는 x이므로
$\begin{cases}2x+5<x+(4x+1) \\ 4x+1<x+(2x+5)\end{cases}$ ──────────❶

$2x+5<x+(4x+1)$에서
$2x+5<5x+1$
$3x>4$ $\therefore x>\dfrac{4}{3}$ ...... ㉠

$4x+1<x+(2x+5)$에서
$4x+1<3x+5$
$\therefore x<4$ ...... ㉡

㉠, ㉡의 공통부분을 구하면
$\dfrac{4}{3}<x<4$ ──────────❷

채점 기준	배점 비율
❶ 삼각형의 결정 조건을 이용하여 연립부등식 세우기	60%
❷ 실수 x의 값의 범위 구하기	40%

0929 답 1

(i) $a<-1$일 때

$ax-1>0$에서

$ax>1$ ∴ $x<\dfrac{1}{a}$ ······ ㉠

$(a+1)x<a+3$에서

$x>\dfrac{a+3}{a+1}$ ∴ $x>1+\dfrac{2}{a+1}$ ······ ㉡

주어진 연립부등식의 해가 $1<x<2$이려면

㉠, ㉡의 공통부분이 $1+\dfrac{2}{a+1}<x<\dfrac{1}{a}$이어야 한다.

즉, $1+\dfrac{2}{a+1}=1$, $\dfrac{1}{a}=2$이어야 한다.

그런데 이를 만족시키는 상수 a는 존재하지 않는다.

─────────────────────────── ❶

(ii) $-1<a<0$일 때

$ax-1>0$에서

$x<\dfrac{1}{a}$ ······ ㉢

$(a+1)x<a+3$에서

$x<1+\dfrac{2}{a+1}$ ······ ㉣

㉢, ㉣의 공통부분을 구하면

$x<\dfrac{1}{a}\left(\because \dfrac{1}{a}<0<1+\dfrac{2}{a+1}\right)$

그런데 주어진 연립부등식의 해가 $1<x<2$이므로 조건을 만족시키는 상수 a는 존재하지 않는다.

─────────────────────────── ❷

(iii) $a>0$일 때

$ax-1>0$에서

$x>\dfrac{1}{a}$ ······ ㉤

$(a+1)x<a+3$에서

$x<1+\dfrac{2}{a+1}$ ······ ㉥

주어진 연립부등식의 해가 $1<x<2$이려면

㉤, ㉥의 공통부분이 $\dfrac{1}{a}<x<1+\dfrac{2}{a+1}$이어야 한다.

즉, $\dfrac{1}{a}=1$, $1+\dfrac{2}{a+1}=2$이어야 하므로

$a=1$

─────────────────────────── ❸

(i), (ii), (iii)에서 $a=1$

─────────────────────────── ❹

채점 기준	배점 비율
❶ $a<-1$일 때, 상수 a의 값 구하기	30%
❷ $-1<a<0$일 때, 상수 a의 값 구하기	30%
❸ $a>0$일 때, 상수 a의 값 구하기	30%
❹ 조건을 만족시키는 상수 a의 값 구하기	10%

09 이차부등식과 연립이차부등식

본문 148~149쪽

STEP 1 개념 체크

0930 답 $x<-1$ 또는 $x>3$

이차부등식 $f(x)>0$의 해는 이차함수 $y=f(x)$의 그래프가 x축보다 위쪽에 있는 부분의 x의 값의 범위이므로

$x<-1$ 또는 $x>3$

0931 답 $-1\le x\le 3$

이차부등식 $f(x)\le 0$의 해는 이차함수 $y=f(x)$의 그래프가 x축보다 아래쪽에 있거나 만나는 부분의 x의 값의 범위이므로

$-1\le x\le 3$

0932 답 $x\ne 1$인 모든 실수

이차부등식 $f(x)<0$의 해는 이차함수 $y=f(x)$의 그래프가 x축보다 아래쪽에 있는 부분의 x의 값의 범위이므로 $x\ne 1$인 모든 실수이다.

0933 답 $x=1$

이차부등식 $f(x)\ge 0$의 해는 이차함수 $y=f(x)$의 그래프가 x축보다 위쪽에 있거나 만나는 부분의 x의 값의 범위이므로 $x=1$이다.

0934 답 모든 실수

이차부등식 $f(x)>0$의 해는 이차함수 $y=f(x)$의 그래프가 x축보다 위쪽에 있는 부분의 x의 값의 범위이므로 해는 모든 실수이다.

0935 답 해는 없다.

이차부등식 $f(x)\le 0$의 해는 이차함수 $y=f(x)$의 그래프가 x축보다 아래쪽에 있거나 만나는 부분의 x의 값의 범위이므로 해는 없다.

0936 답 $1\le x\le 2$

$f(x)=(x-1)(x-2)$라 하면
함수 $y=f(x)$의 그래프는 오른쪽
그림과 같으므로 부등식 $f(x)\le 0$의
해는
$1\le x\le 2$

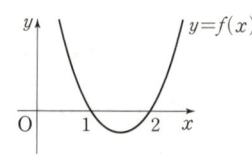

0937 답 $x<-3$ 또는 $x>-1$

$f(x)=x^2+4x+3$이라 하면
$f(x)=(x+3)(x+1)$이므로 함수
$y=f(x)$의 그래프는 오른쪽 그림과 같다.
즉, 부등식 $f(x)>0$의 해는
$x<-3$ 또는 $x>-1$

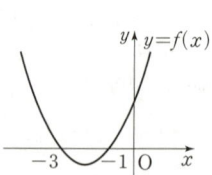

0938 답 $x<-1$ 또는 $x>1$

이차방정식 $(x+1)(x-1)=0$의 근은 $x=-1$ 또는 $x=1$
따라서 주어진 부등식의 해는 $x<-1$ 또는 $x>1$

0939 답 해는 없다.

$(x-1)^2+2\geq2$이므로 주어진 부등식의 해는 없다.

0940 답 $1\leq x\leq2$

$-x^2+3x-2\geq0$에서 $x^2-3x+2\leq0$
$(x-1)(x-2)\leq0$ ∴ $1\leq x\leq2$

0941 답 $x\neq1$인 모든 실수

$2x^2-4x+2>0$에서 $2(x-1)^2>0$이므로 주어진 부등식의 해는 $x\neq1$인 모든 실수이다.

0942 답 $x=-1$

$x^2+2x+1\leq0$에서 $(x+1)^2\leq0$이므로 주어진 부등식의 해는 $x=-1$이다.

0943 답 모든 실수

$x^2-2x+2>0$에서 $(x-1)^2+1>0$이므로 주어진 부등식의 해는 모든 실수이다.

0944 답 $x^2-6x+8<0$

$(x-2)(x-4)<0$에서 $x^2-6x+8<0$

0945 답 $x^2-5x+4\geq0$

$(x-1)(x-4)\geq0$에서 $x^2-5x+4\geq0$

0946 답 $x^2-4x+4>0$

$x\neq2$인 모든 실수이므로 $(x-2)^2>0$, 즉 $x^2-4x+4>0$

0947 답 $x^2+6x+9\leq0$

$x=-3$이므로 $(x+3)^2\leq0$, 즉 $x^2+6x+9\leq0$

0948 답 $k>3$

모든 실수 x에 대하여 주어진 이차부등식이 성립하려면 이차함수 $y=x^2+4x+k+1$의 그래프가 x축보다 항상 위쪽에 있어야 하므로 이차방정식 $x^2+4x+k+1=0$의 판별식을 D라 하면
$\dfrac{D}{4}=2^2-1\times(k+1)<0$, $4-k-1<0$
$3-k<0$ ∴ $k>3$

0949 답 $-2\sqrt{2}\leq k\leq2\sqrt{2}$

모든 실수 x에 대하여 주어진 이차부등식이 성립하려면 이차함수 $y=x^2-kx+2$의 그래프가 x축보다 항상 위쪽에 있거나 x축에 만나야 하므로 이차방정식 $x^2-kx+2=0$의 판별식을 D라 하면
$D=(-k)^2-4\times1\times2\leq0$, $k^2-8\leq0$
$(k+2\sqrt{2})(k-2\sqrt{2})\leq0$ ∴ $-2\sqrt{2}\leq k\leq2\sqrt{2}$

0950 답 $-1<k<2$

모든 실수 x에 대하여 주어진 이차부등식이 성립하려면 이차함수 $y=-x^2+2kx-k-2$의 그래프가 x축보다 항상 아래쪽에 있어야 하므로 이차방정식 $-x^2+2kx-k-2=0$의 판별식을 D라 하면
$\dfrac{D}{4}=k^2-(-1)\times(-k-2)<0$, $k^2-k-2<0$
$(k+1)(k-2)<0$ ∴ $-1<k<2$

0951 답 $-2<x<1$

$2x+1>x-1$에서 $x>-2$ ······ ㉠
$x^2+2x-3<0$에서
$(x+3)(x-1)<0$ ∴ $-3<x<1$ ······ ㉡
㉠, ㉡의 공통부분을 구하면
$-2<x<1$

0952 답 해는 없다.

$4x-1>x+5$에서 $3x>6$
∴ $x>2$ ······ ㉠
$x^2+4x+3<0$에서 $(x+3)(x+1)<0$
∴ $-3<x<-1$ ······ ㉡
㉠, ㉡의 공통부분이 없으므로 해는 없다.

0953 답 $1\leq x\leq2$

$x^2-x-2\leq0$에서 $(x+1)(x-2)\leq0$
∴ $-1\leq x\leq2$ ······ ㉠
$x^2-5x+4\leq0$에서 $(x-1)(x-4)\leq0$
∴ $1\leq x\leq4$ ······ ㉡
㉠, ㉡의 공통부분을 구하면
$1\leq x\leq2$

0954 답 $0<x\leq1$ 또는 $2\leq x<4$

$x^2-4x<0$에서 $x(x-4)<0$
∴ $0<x<4$ ······ ㉠
$x^2-3x+2\geq0$에서 $(x-1)(x-2)\geq0$
∴ $x\leq1$ 또는 $x\geq2$ ······ ㉡
㉠, ㉡의 공통부분을 구하면
$0<x\leq1$ 또는 $2\leq x<4$

0955 답 해는 없다.

$x^2-2x-3>0$에서 $(x+1)(x-3)>0$
∴ $x<-1$ 또는 $x>3$ ······ ㉠
$x^2-2x<0$에서 $x(x-2)<0$
∴ $0<x<2$ ······ ㉡
㉠, ㉡의 공통부분이 없으므로 해는 없다.

0956 답 $-2\leq x\leq-1$ 또는 $2\leq x\leq3$

$x^2-x\geq2$에서 $x^2-x-2\geq0$
$(x+1)(x-2)\geq0$ ∴ $x\leq-1$ 또는 $x\geq2$ ······ ㉠
$x^2-x\leq6$에서 $x^2-x-6\leq0$
$(x+2)(x-3)\leq0$ ∴ $-2\leq x\leq3$ ······ ㉡
㉠, ㉡의 공통부분을 구하면
$-2\leq x\leq-1$ 또는 $2\leq x\leq3$

0957 답 $3<x<4$

$x+1<x^2-x-2$에서 $x^2-2x-3>0$
$(x+1)(x-3)>0$ ∴ $x<-1$ 또는 $x>3$ ······ ㉠
$x^2-x-2<5x-10$에서 $x^2-6x+8<0$
$(x-2)(x-4)<0$ ∴ $2<x<4$ ······ ㉡
㉠, ㉡의 공통부분을 구하면 $3<x<4$

0958 답 ⑤

0959 답 7

부등식 $f(x) \leq k$의 해는 이차함수 $y=f(x)$의 그래프가 직선 $y=k$
보다 아래쪽에 있거나 만나는 부분의 x의 값의 범위이므로
$x \leq 1$ 또는 $x \geq 6$
따라서 $a=1$, $b=6$이므로
$a+b=1+6=7$

0960 답 ①

부등식 $f(x)>g(x)$의 해는 함수 $y=f(x)$의 그래프가 함수
$y=g(x)$의 그래프보다 위쪽에 있는 부분의 x의 값의 범위이므로
$x<1$ 또는 $x>7$

0961 답 3

$ax^2+(b-m)x+c-n<0$에서
$ax^2+bx+c<mx+n$
부등식 $ax^2+bx+c<mx+n$의 해는 이차함수 $y=ax^2+bx+c$의
그래프가 직선 $y=mx+n$보다 아래쪽에 있는 부분의 x의 값의
범위이므로
$1<x<5$
따라서 정수 x는 2, 3, 4의 3개이다.

0962 답 ③

부등식 $0 \leq f(x) \leq g(x)$의 해는 함수 $y=f(x)$의 그래프가 x축보다 ⟵$y=0$
위쪽에 있거나 만나고 함수 $y=g(x)$의 그래프보다 아래쪽에 있
거나 만나는 부분의 x의 값의 범위이므로
$-2 \leq x \leq -1$

0963 답 ②

0964 답 ②

$(x+7)(x-3) \leq 2x-6$에서
$x^2+4x-21 \leq 2x-6$, $x^2+2x-15 \leq 0$
$(x+5)(x-3) \leq 0$
$\therefore -5 \leq x \leq 3$
따라서 $a=-5$, $b=3$이므로
$a-b=(-5)-3=-8$

다른 풀이

$x^2+2x-15 \leq 0$의 해가 $a \leq x \leq b$이므로 a, b는 이차방정식
$x^2+2x-15=0$의 두 근이다.
즉, 이차방정식의 근과 계수의 관계에 의하여
$a+b=-2$, $ab=-15$
$(a-b)^2=(a+b)^2-4ab$
$\qquad\quad =(-2)^2-4 \times (-15)=64$
이므로
$a-b=\pm\sqrt{(a-b)^2}=\pm\sqrt{64}=\pm 8$
이때 $a<b$이므로 $a-b=-8$

0965 답 ③

ㄱ. 이차방정식 $2x^2-6x+1=0$의 판별식을 D_1이라 하면
$\dfrac{D_1}{4}=(-3)^2-2\times1=7>0$이므로 이차함수 $y=2x^2-6x+1$
의 그래프가 x축과 두 점에서 만난다.
즉, $2x^2-6x+1 \geq 0$은 해가 존재한다.

ㄴ. 이차방정식 $x^2-3x+3=0$의 판별식을 D_2라 하면
$D_2=(-3)^2-4\times1\times3=-3<0$이므로 이차함수
$y=x^2-3x+3$의 그래프가 x축보다 항상 위쪽에 있다.
즉, $x^2-3x+3<0$은 해가 존재하지 않는다.

ㄷ. 이차방정식 $x^2+2x+1=0$의 판별식을 D_3이라 하면
$\dfrac{D_3}{4}=1^2-1\times1=0$이므로 이차함수 $y=x^2+2x+1$의 그래프
가 x축과 한 점에서 만난다.
즉, $x^2+2x+1 \leq 0$은 해가 존재한다.

ㄹ. $-3x^2+x-1>0$에서 $3x^2-x+1<0$
이차방정식 $3x^2-x+1=0$의 판별식을 D_4라 하면
$D_4=(-1)^2-4\times3\times1=-11<0$이므로 이차함수
$y=3x^2-x+1$의 그래프가 x축보다 항상 위쪽에 있다.
즉, 이차함수 $y=-3x^2+x-1$의 그래프가 x축보다 항상 아
래쪽에 있으므로 $-3x^2+x-1>0$은 해가 존재하지 않는다.
따라서 이차부등식의 해가 존재하지 않는 것은 ㄴ, ㄹ이다.

0966 답 ⑤   ⟵$x=0$을 기준으로 절댓값 기호 안의 부호가 바뀌므로 x의 값의 범위를 $x<0$, $x \geq 0$으로 나누어 푼다.

$x^2-2|x|-24<0$에서
(i) $x<0$일 때
$x^2+2x-24<0$, $(x+6)(x-4)<0$
$\therefore -6<x<4$
그런데 $x<0$이므로 $-6<x<0$
(ii) $x \geq 0$일 때
$x^2-2x-24<0$, $(x+4)(x-6)<0$
$\therefore -4<x<6$
그런데 $x \geq 0$이므로 $0 \leq x<6$
(i), (ii)에서 주어진 부등식의 해는
$-6<x<6$
따라서 정수 x는 -5, -4, -3, $\cdots$, 5의 11개이다.

다른 풀이

$x^2=|x|^2$이므로 $x^2-2|x|-24<0$에서
$|x|^2-2|x|-24<0$
$|x|=t$ $(t \geq 0)$라 하면
$t^2-2t-24<0$, $(t+4)(t-6)<0$
$\therefore -4<t<6$
그런데 $t \geq 0$이므로 $0 \leq t<6$, 즉 $0 \leq |x|<6$
$\therefore -6<x<6$

0967 답 ③

$x^2-6x-16<0$에서 $(x+2)(x-8)<0$
$\therefore -2<x<8$ ······ ㉠
$|x-a|<b$에서 $-b<x-a<b$ $(\because b>0)$
$\therefore a-b<x<a+b$ ······ ㉡
㉠, ㉡이 서로 같아야 하므로
$a-b=-2$, $a+b=8$
따라서 위의 두 식을 연립하여 풀면 $a=3$, $b=5$이므로
$ab=3 \times 5=15$

다른 풀이

이차방정식 $x^2-6x-16=0$의 두 근의 합은 이차방정식의 근과 계수의 관계에 의하여 6이고, 방정식 $|x-a|=b$의 두 근의 합은 $(a+b)+(a-b)=2a$이므로
    ⌐→ $x-a=\pm b$에서 $x=a\pm b$
$2a=6$ $\therefore a=3$
또한, 이차방정식 $x^2-6x-16=0$의 두 근의 곱은 이차방정식의 근과 계수의 관계에 의하여 -16이고, 방정식 $|x-a|=b$의 두 근의 곱은 $(a+b)(a-b)=a^2-b^2=9-b^2$이므로
$9-b^2=-16$, $b^2=25$
$\therefore b=5$ ($\because b>0$)

0968 답 ②

0969 답 ①

→ x축보다 아래쪽에 있는 부분의 x의 값의 범위가 $-\dfrac{1}{2}<x<\dfrac{2}{3}$이려면 이차함수 $y=ax^2+bx-4$의 그래프는 오른쪽 그림과 같아야 한다.

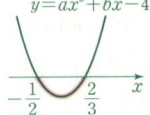

$ax^2+bx-4<0$의 해가 $-\dfrac{1}{2}<x<\dfrac{2}{3}$이므로
$a>0$
이때 해가 $-\dfrac{1}{2}<x<\dfrac{2}{3}$이고 x^2의 계수가 1인 이차부등식은
$\left(x+\dfrac{1}{2}\right)\left(x-\dfrac{2}{3}\right)<0$ $\therefore x^2-\dfrac{1}{6}x-\dfrac{1}{3}<0$
양변에 a를 곱하면
$ax^2-\dfrac{a}{6}x-\dfrac{a}{3}<0$
위의 부등식이 $ax^2+bx-4<0$과 같으므로
$-\dfrac{a}{6}=b$, $-\dfrac{a}{3}=-4$
따라서 $a=12$, $b=-2$이므로
$a+b=12+(-2)=10$

0970 답 ①

이차부등식 $x^2+ax+b\le0$의 해가 $x=1$이려면
$(x-1)^2\le0$, 즉 $x^2-2x+1\le0$이어야 하므로
$a=-2$, $b=1$
이차부등식 $bx^2+3ax+5\le0$에서
$x^2-6x+5\le0$, $(x-5)(x-1)\le0$
$\therefore 1\le x\le5$
따라서 모든 정수 x의 값은 1, 2, 3, 4, 5이므로 그 합은
$1+2+3+4+5=15$

0971 답 ③

이차부등식 $x^2-(n+5)x+5n\le0$에서
$(x-5)(x-n)\le0$ $\therefore n\le x\le5$ 또는 $5\le x\le n$
(i) $n\le x\le5$일 때
  주어진 부등식을 만족시키는 정수 x의 개수가 3이 되려면 정수 x의 값은 3, 4, 5이어야 하므로
  $n=3$
(ii) $5\le x\le n$일 때
  주어진 부등식을 만족시키는 정수 x의 개수가 3이 되려면 정수 x의 값은 5, 6, 7이어야 하므로
  $n=7$
(i), (ii)에서 $n=3$ 또는 $x=7$
따라서 모든 자연수 n의 합은
$3+7=10$

0972 답 5

$x^2-2x-(k^2+4k+3)<0$에서 $x^2-2x-(k+1)(k+3)<0$
$\therefore \{x+(k+1)\}\{x-(k+3)\}<0$
이때 k는 자연수이므로
$-(k+1)<x<k+3$
위의 부등식을 만족시키는 정수 x는
$-k$, $-(k-1)$, $\cdots$, $k-1$, k, $k+1$, $k+2$
따라서 주어진 이차부등식을 만족시키는 정수인 해의 합은
$(-k)+\{-(k-1)\}+\cdots+(k-1)+k+(k+1)+(k+2)$
                $=0$
$=2k+3=13$
이므로
$2k=10$ $\therefore k=5$

0973 답 4

0974 답 ①

해가 $x\le-4$ 또는 $x\ge2$이고 x^2의 계수가 k $(k>0)$인 이차부등식 $k(x+4)(x-2)\ge0$에 대하여 $f(x)=k(x+4)(x-2)$이므로
$f(x-3)=k(x-3+4)(x-3-2)$
즉, 부등식 $f(x-3)\ge0$의 해는 $k(x+1)(x-5)\ge0$에서
$(x+1)(x-5)\ge0$ ($\because k>0$)
$\therefore x\le-1$ 또는 $x\ge5$
따라서 $a=-1$, $b=5$이므로
$a+b=(-1)+5=4$

다른 풀이

이차부등식 $f(x)\ge0$의 해가 $x\le-4$ 또는 $x\ge2$이므로 부등식 $f(x-3)\ge0$의 해는 $x-3\le-4$ 또는 $x-3\ge2$
$\therefore x\le-1$ 또는 $x\ge5$

0975 답 ⑤

이차부등식 $ax^2+bx+c<0$의 해가 $x<-2$ 또는 $x>6$이고 x^2의 계수가 a이므로 $f(x)=a(x+2)(x-6)$ $(a<0)$이라 하면
부등식 $a(-2x)^2+b(-2x)+c>0$, 즉 $f(-2x)>0$의 해는
$a(-2x+2)(-2x-6)>0$에서
$4a(x-1)(x+3)>0$, $(x+3)(x-1)<0$ ($\because a<0$)
$\therefore -3<x<1$
따라서 주어진 부등식을 만족시키는 정수 x의 값은 -2, -1, 0
이므로 그 합은
$-2+(-1)+0=-3$

다른 풀이

$f(x)=ax^2+bx+c$라 하면 이차부등식 $f(x)<0$의 해가 $x<-2$ 또는 $x>6$이므로 이차부등식 $f(x)>0$의 해는
$-2<x<6$
부등식 $a(-2x)^2+b(-2x)+c>0$, 즉 $f(-2x)>0$의 해는
$-2<-2x<6$
$\therefore -3<x<1$

0976 답 ⑤

주어진 이차함수 $y=f(x)$의 그래프가 x축과 두 점 $(-1, 0)$, $(2, 0)$에서 만나므로 $f(x)=k(x+1)(x-2)$ $(k>0)$라 하면

부등식 $f\left(\dfrac{x-1}{2}\right)<0$, 즉 $k\left(\dfrac{x-1}{2}+1\right)\left(\dfrac{x-1}{2}-2\right)<0$의 해는

$\dfrac{1}{4}k(x+1)(x-5)<0$, $(x+1)(x-5)<0$ $(\because k>0)$

$\therefore -1<x<5$

【다른 풀이】

이차부등식 $f(x)<0$의 해가 $-1<x<2$이므로 부등식

$f\left(\dfrac{x-1}{2}\right)<0$의 해는

$-1<\dfrac{x-1}{2}<2$, $-2<x-1<4$

$\therefore -1<x<5$

0977 【답】 10

해가 $-1\le x\le9$이고 x^2의 계수가 k $(k>0)$인 이차부등식

$k(x+1)(x-9)\le0$에 대하여 $f(x)=k(x+1)(x-9)$이므로

부등식 $f(|2x+1|)\le0$에서

(i) $x<-\dfrac{1}{2}$일 때

$|2x+1|=-2x-1$이므로

$f(-2x-1)\le0$

즉, 부등식 $f(-2x-1)\le0$의 해는

$k(-2x-1+1)(-2x-1-9)\le0$에서

$4kx(x+5)\le0$, $x(x+5)\le0$ $(\because k>0)$

$\therefore -5\le x\le0$

그런데 $x<-\dfrac{1}{2}$

이므로 $-5\le x<-\dfrac{1}{2}$

(ii) $x\ge-\dfrac{1}{2}$일 때

$|2x+1|=2x+1$이므로

$f(2x+1)\le0$

즉, 부등식 $f(2x+1)\le0$의 해는

$k(2x+1+1)(2x+1-9)\le0$에서

$4k(x+1)(x-4)\le0$, $(x+1)(x-4)\le0$ $(\because k>0)$

$\therefore -1\le x\le4$

그런데 $x\ge-\dfrac{1}{2}$이므로

$-\dfrac{1}{2}\le x\le4$

(i), (ii)에서 주어진 부등식의 해는

$-5\le x\le4$

따라서 정수 x는 -5, -4, -3, $\cdots$, 4의 10개이다.

【다른 풀이】

이차부등식 $f(x)\le0$의 해가 $-1\le x\le9$이므로 부등식

$f(|2x+1|)\le0$의 해는

$-1\le|2x+1|\le9$, $-9\le2x+1\le9$

$-10\le2x\le8$ $\therefore -5\le x\le4$

0978 【답】 ①

0979 【답】 ①

이차함수 $y=-x^2+5x+2a$의 그래프는 위로 볼록하므로 이차부등식 $-x^2+5x+2a>0$이 해를 가지려면 이차방정식 $-x^2+5x+2a=0$의 판별식을 D라 할 때, $D>0$이어야 한다. 즉,

$D=5^2-4\times(-1)\times2a>0$, $25+8a>0$ $\therefore a>-\dfrac{25}{8}$

따라서 정수 a의 최솟값은 -3이다.

【😀 선생님 톡톡】

$-x^2+5x+2a>0$은 $x^2-5x-2a<0$과 같으니까 **0978**번의 풀이 방법을 이용해도 돼.

0980 【답】 ②

x에 대한 이차함수 $y=x^2-2ax+4a-a^2$의 그래프는 아래로 볼록하므로 이차부등식 $x^2-2ax+4a-a^2\le0$이 해를 한 개만 가지려면 이차방정식 $x^2-2ax+4a-a^2=0$의 판별식을 D라 할 때, $D=0$이어야 한다. 즉,

$\dfrac{D}{4}=(-a)^2-1\times(4a-a^2)=0$, $2a^2-4a=0$

$2a(a-2)=0$ $\therefore a=2$ $(\because a>0)$

【해설 속 칠판】

이차부등식 $x^2-2ax+4a-a^2\le0$이 해를 한 개만 가지려면 오른쪽 그림과 같이 함수 $y=x^2-2ax+4a-a^2$의 그래프와 x축이 한 점에서 만나야 한다.

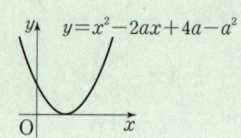

0981 【답】 1

(i) $a<0$일 때

이차함수 $y=ax^2+2x+1$의 그래프는 위로 볼록하므로 이차부등식 $ax^2+2x+1\le0$은 항상 해를 갖는다.

(ii) $a>0$일 때

이차함수 $y=ax^2+2x+1$의 그래프는 아래로 볼록하므로 이차부등식 $ax^2+2x+1\le0$이 해를 가지려면 이차방정식 $ax^2+2x+1=0$의 판별식을 D라 할 때, $D\ge0$이어야 한다. 즉,

$\dfrac{D}{4}=1^2-a\times1\ge0$ $\therefore a\le1$

그런데 $a>0$이므로 $0<a\le1$

(i), (ii)에서 조건을 만족시키는 실수 a의 값의 범위는

$a<0$ 또는 $0<a\le1$

따라서 정수 a의 최댓값은 1이다.

【😀 선생님 톡톡】

$a=0$일 때는 $ax^2+2x+1\le0$이 일차부등식이 되어서 이차부등식이라는 조건을 만족시키지 않아.

0982 【답】 ③

$(a-1)x^2+4(a-1)x-4\ge0$에서

(i) $a<1$, 즉 $a-1<0$일 때

이차함수 $y=(a-1)x^2+4(a-1)x-4$의 그래프는 위로 볼록하므로 주어진 부등식의 해가 존재하려면 이차방정식 $(a-1)x^2+4(a-1)x-4=0$의 판별식을 D라 할 때, $D\ge0$이어야 한다. 즉,

$\dfrac{D}{4}=\{2(a-1)\}^2-(a-1)\times(-4)\ge0$

$4a^2-4a\ge0$, $4a(a-1)\ge0$ $\therefore a\le0$ 또는 $a\ge1$

그런데 $a<1$이므로 $a\le0$

(ii) $a=1$일 때
   $-4\geq0$이므로 주어진 부등식의 해는 존재하지 않는다.
(iii) $a>1$, 즉 $a-1>0$일 때
   이차함수 $y=(a-1)x^2+4(a-1)x-4$의 그래프는 아래로 볼록하므로 주어진 부등식의 해는 항상 존재한다.
(i), (ii), (iii)에서 조건을 만족시키는 실수 a의 값의 범위는
$a\leq0$ 또는 $a>1$

 선생님 톡톡

'이차부등식'이라고 주어진 **0981**번과 달리 '부등식'이라고만 주어졌으니까 $a=1$인 경우도 생각해야 해.

0983 답 ④

0984 답 ③

x에 대한 이차부등식 $-x^2+2ax+a^2-2a-4\leq0$의 해가 모든 실수가 되려면 x에 대한 이차방정식 $-x^2+2ax+a^2-2a-4=0$의 판별식을 D라 할 때, $D\leq0$이어야 한다. 즉,
$\dfrac{D}{4}=a^2-(-1)\times(a^2-2a-4)\leq0$, $2a^2-2a-4\leq0$
$2(a+1)(a-2)\leq0$ $\therefore -1\leq a\leq2$
따라서 $\alpha=-1$, $\beta=2$이므로
$\beta-\alpha=2-(-1)=3$

0985 답 ②

모든 실수 x에 대하여 이차부등식 $ax^2-4ax+5a+6<0$이 성립하려면
$a<0$ ······ ㉠
이어야 하고, 이차방정식 $ax^2-4ax+5a+6=0$의 판별식을 D라 하면 $D<0$이어야 한다. 즉,
$\dfrac{D}{4}=(-2a)^2-a\times(5a+6)<0$, $-a^2-6a<0$
$a^2+6a>0$, $a(a+6)>0$
$\therefore a<-6$ 또는 $a>0$ ······ ㉡
㉠, ㉡의 공통부분을 구하면 $a<-6$
따라서 정수 a의 최댓값은 -7이다.

0986 답 ①

모든 실수 x에 대하여 $\sqrt{x^2+kx-k+8}$이 실수가 되려면 모든 실수 x에 대하여 $x^2+kx-k+8\geq0$이 성립해야 한다.
즉, 이차방정식 $x^2+kx-k+8=0$의 판별식을 D라 하면 $D\leq0$이어야 하므로
$D=k^2-4\times1\times(-k+8)\leq0$, $k^2+4k-32\leq0$
$(k+8)(k-4)\leq0$ $\therefore -8\leq k\leq4$

0987 답 4

$(a+1)x^2+2(a+1)x+4>0$에서
(i) $a=-1$일 때
   $4>0$이므로 주어진 부등식의 해는 모든 실수이다.
(ii) $a\neq-1$일 때
   모든 실수 x에 대하여 주어진 부등식이 성립하려면
   $a>-1$ ······ ㉠
   이어야 하고, 이차방정식 $(a+1)x^2+2(a+1)x+4=0$의 판

별식을 D라 하면 $D<0$이어야 한다. 즉,
$\dfrac{D}{4}=(a+1)^2-(a+1)\times4<0$, $a^2-2a-3<0$
$(a+1)(a-3)<0$ $\therefore -1<a<3$ ······ ㉡
㉠, ㉡의 공통부분을 구하면 $-1<a<3$
(i), (ii)에서 조건을 만족시키는 실수 a의 값의 범위는
$-1\leq a<3$
따라서 정수 a는 -1, 0, 1, 2의 4개이다.

0988 답 ④

0989 답 ①

이차부등식 $-x^2+4(a-1)x+8(a-1)>0$의 해가 존재하지 않으려면 모든 실수 x에 대하여 이차부등식
$-x^2+4(a-1)x+8(a-1)\leq0$이 성립해야 한다.
즉, 이차방정식 $-x^2+4(a-1)x+8(a-1)=0$의 판별식을 D라 하면 $D\leq0$이어야 하므로
$\dfrac{D}{4}=\{2(a-1)\}^2-(-1)\times8(a-1)\leq0$, $4a^2-4\leq0$
$4(a+1)(a-1)\leq0$ $\therefore -1\leq a\leq1$
따라서 $\alpha=-1$, $\beta=1$이므로
$\alpha^2+\beta^2=(-1)^2+1^2=2$

0990 답 ③

이차부등식 $f(x)\leq0$, 즉 $x^2-2(k-3)x+k+27\leq0$의 해가 존재하지 않으려면 모든 실수 x에 대하여 이차부등식
$x^2-2(k-3)x+k+27>0$이 성립해야 한다.
즉, 이차방정식 $x^2-2(k-3)x+k+27=0$의 판별식을 D라 하면 $D<0$이어야 하므로
$\dfrac{D}{4}=\{-(k-3)\}^2-1\times(k+27)<0$, $k^2-7k-18<0$
$(k+2)(k-9)<0$ $\therefore -2<k<9$
따라서 정수 k의 최댓값은 8, 최솟값은 -1이므로 그 합은
$8+(-1)=7$

0991 답 ⑤

이차부등식 $ax^2+2(a+1)x>-3a-1$, 즉
$ax^2+2(a+1)x+3a+1>0$이 해를 갖지 않으려면 모든 실수 x에 대하여 이차부등식 $ax^2+2(a+1)x+3a+1\leq0$이 성립해야 한다. 즉,
$a<0$ ······ ㉠
이어야 하고, 이차방정식 $ax^2+2(a+1)x+3a+1=0$의 판별식을 D라 하면 $D\leq0$이어야 하므로
$\dfrac{D}{4}=(a+1)^2-a\times(3a+1)\leq0$
$-2a^2+a+1\leq0$, $2a^2-a-1\geq0$,
$(2a+1)(a-1)\geq0$ $\therefore a\leq-\dfrac{1}{2}$ 또는 $a\geq1$ ······ ㉡

㉠, ㉡의 공통부분을 구하면 $a\leq-\dfrac{1}{2}$
따라서 정수 a의 최댓값은 -1이다.

0992 답 2

부등식 $(a-2)x^2-4(a-2)x+7<0$의 해가 존재하지 않으려면 모든 실수 x에 대하여 부등식 $(a-2)x^2-4(a-2)x+7\geq0$이

성립해야 한다. 즉, $(a-2)x^2-4(a-2)x+7\geq0$에서

(i) $a=2$일 때

7>0이므로 이 부등식은 항상 성립한다.

(ii) $a\neq2$일 때

$a>2$ ······ ㉠

이어야 하고, 이차방정식 $(a-2)x^2-4(a-2)x+7=0$의 판별식을 D라 하면 $D\leq0$이어야 한다. 즉,

$\dfrac{D}{4}=\{-2(a-2)\}^2-(a-2)\times7\leq0,\ 4a^2-23a+30\leq0$

$(a-2)(4a-15)\leq0$ $\therefore\ 2\leq a\leq\dfrac{15}{4}$ ······ ㉡

㉠, ㉡의 공통부분을 구하면 $2<a\leq\dfrac{15}{4}$

(i), (ii)에서 조건을 만족시키는 실수 a의 값의 범위는

$2\leq a\leq\dfrac{15}{4}$

따라서 정수 a는 2, 3의 2개이다.

0993 답 ①

0994 답 ③

$f(x)=-x^2+2x+k+1$이라 하면

$f(x)=-(x-1)^2+k+2$

$1\leq x\leq4$에서 $f(x)\geq0$이 항상 성립하려면 함수 $y=f(x)$의 그래프는 오른쪽 그림과 같아야 한다.

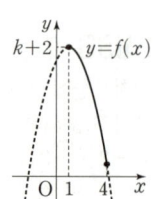

즉, $f(4)\geq0$에서 $-4^2+2\times4+k+1\geq0$

$k-7\geq0$ $\therefore\ k\geq7$

따라서 실수 k의 최솟값은 7이다.

0995 답 3

$x^2-2x+6>2x^2-3k$, 즉 $-x^2-2x+3k+6>0$에서

$f(x)=-x^2-2x+3k+6$이라 하면

$f(x)=-(x+1)^2+3k+7$

$-2<x<3$에서 $f(x)>0$이 항상 성립하려면 함수 $y=f(x)$의 그래프는 오른쪽 그림과 같아야 한다.

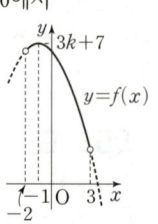

즉, $f(3)\geq0$에서 $-3^2-2\times3+3k+6>0$

$3k-9\geq0$ $\therefore\ k\geq3$

따라서 실수 k의 최솟값은 3이다.

0996 답 ②

$x^2+a^2+2<2x^2+4x+2a$, 즉 $x^2+4x-a^2+2a-2>0$에서

$f(x)=x^2+4x-a^2+2a-2$라 하면

$f(x)=(x+2)^2-a^2+2a-6$

$1\leq x\leq3$인 모든 실수 x에 대하여 $f(x)>0$이 성립하려면 함수 $y=f(x)$의 그래프는 오른쪽 그림과 같아야 한다.

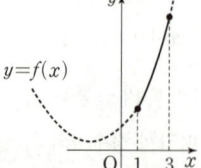

즉, $f(1)>0$에서

$(1+2)^2-a^2+2a-6>0$

$-a^2+2a+3>0$, $a^2-2a-3<0$

$(a+1)(a-3)<0$ $\therefore\ -1<a<3$

따라서 정수 a는 0, 1, 2의 3개이다.

0997 답 ②

$f(x)<g(x)$에서 $2x^2-3ax-1<x^2-6x+2a-1$, 즉

$x^2-3(a-2)x-2a<0$

$h(x)=x^2-3(a-2)x-2a$라 하자.

$-1\leq x\leq2$인 모든 실수 x에 대하여

$h(x)<0$이 성립하려면 함수 $y=h(x)$의 그래프는 오른쪽 그림과 같아야 한다.

즉, $h(-1)<0$, $h(2)<0$이어야 하므로

$h(-1)<0$에서

$(-1)^2-3(a-2)\times(-1)-2a<0$

$1+3a-6-2a<0$, $a-5<0$

$\therefore\ a<5$ ······ ㉠

$h(2)<0$에서 $2^2-3(a-2)\times2-2a<0$

$4-6a+12-2a<0$, $-8a+16<0$

$8a>16$ $\therefore\ a>2$ ······ ㉡

㉠, ㉡의 공통부분을 구하면 $2<a<5$

따라서 $\alpha=2$, $\beta=5$이므로

$\alpha+\beta=2+5=7$

0998 답 ④

0999 답 ⑤

이차함수 $y=-x^2+3x+5$의 그래프가 직선 $y=x-3$보다 아래쪽에 있으려면

$-x^2+3x+5<x-3$, $x^2-2x-8>0$

$(x+2)(x-4)>0$ $\therefore\ x<-2$ 또는 $x>4$

따라서 $a=-2$, $b=4$이므로

$a+b=(-2)+4=2$

1000 답 ⑤

이차함수 $y=x^2+6x-3$의 그래프가 직선 $y=kx-7$과 만나지 않으려면 모든 실수 x에 대하여 $x^2+6x-3>kx-7$, 즉

$x^2+(6-k)x+4>0$이 성립해야 한다.

즉, 이차방정식 $x^2+(6-k)x+4=0$의 판별식을 D라 하면 $D<0$이어야 하므로

$D=(6-k)^2-4\times1\times4<0$, $k^2-12k+20<0$

$(k-2)(k-10)<0$ $\therefore\ 2<k<10$

따라서 조건을 만족시키는 자연수 k는 3, 4, 5, ···, 9의 7개이다.

1001 답 ④

이차함수 $y=x^2+ax+b$의 그래프가 직선 $y=x+1$보다 아래쪽에 있는 부분의 x의 값의 범위는

$x^2+ax+b<x+1$, 즉 $x^2+(a-1)x+b-1<0$ ······ ㉠

의 해와 같다.

한편, 해가 $-1<x<3$이고 x^2의 계수가 1인 이차부등식은

$(x+1)(x-3)<0$ $\therefore\ x^2-2x-3<0$ ······ ㉡

㉠, ㉡이 같아야 하므로 $a-1=-2$, $b-1=-3$

따라서 $a=-1$, $b=-2$이므로

$ab=(-1)\times(-2)=2$

1002 📋 3

함수 $y=kx^2+2x+5$의 그래프가 이차함수 $y=-x^2-2kx+2$의 그래프보다 항상 위쪽에 있으므로 모든 실수 x에 대하여
$kx^2+2x+5>-x^2-2kx+2$, 즉
$(k+1)x^2+2(k+1)x+3>0$이 성립해야 한다.
$(k+1)x^2+2(k+1)x+3>0$에서

(i) $k=-1$일 때
$3>0$이므로 이 부등식은 항상 성립한다.

(ii) $k\neq-1$일 때
$k>-1$ ...... ㉠
이어야 하고, 이차방정식 $(k+1)x^2+2(k+1)x+3=0$의 판별식 D에 대하여 $D<0$이어야 한다. 즉,
$\dfrac{D}{4}=(k+1)^2-(k+1)\times3<0$, $k^2-k-2<0$
$(k+1)(k-2)<0$ ∴ $-1<k<2$ ...... ㉡
㉠, ㉡의 공통부분을 구하면 $-1<k<2$

(i), (ii)에서 조건을 만족시키는 실수 k의 값의 범위는
$-1\leq k<2$
따라서 정수 k는 -1, 0, 1의 3개이다.

1003 📋 ②

1004 📋 ④

$x^2-3x+8\leq6(x-1)$에서 $x^2-9x+14\leq0$
$(x-2)(x-7)\leq0$ ∴ $2\leq x\leq7$ ...... ㉠
$2x^2-6x+4>x(x-1)$에서 $x^2-5x+4>0$
$(x-1)(x-4)>0$ ∴ $x<1$ 또는 $x>4$ ...... ㉡
㉠, ㉡의 공통부분을 구하면 $4<x\leq7$
따라서 정수 x의 값은 5, 6, 7이므로 그 합은
$5+6+7=18$

1005 📋 ①

$4x^2+x-10\leq2x^2-3x+6$에서 $2x^2+4x-16\leq0$
$2(x+4)(x-2)\leq0$ ∴ $-4\leq x\leq2$ ...... ㉠
$2x^2-3x+6<x^2-2x+18$에서 $x^2-x-12<0$
$(x+3)(x-4)<0$ ∴ $-3<x<4$ ...... ㉡
㉠, ㉡의 공통부분을 구하면 $-3<x\leq2$

1006 📋 6

$x^2+2x-8>0$에서 $(x+4)(x-2)>0$
∴ $x<-4$ 또는 $x>2$ ...... ㉠
$x^2-5|x|+4<0$에서

(i) $x<0$일 때
$x^2+5x+4<0$, $(x+4)(x+1)<0$
∴ $-4<x<-1$
그런데 $x<0$이므로 $-4<x<-1$

(ii) $x\geq0$일 때
$x^2-5x+4<0$, $(x-1)(x-4)<0$
∴ $1<x<4$
그런데 $x\geq0$이므로 $1<x<4$

(i), (ii)에서 부등식 $x^2-5|x|+4<0$의 해는
$-4<x<-1$ 또는 $1<x<4$ ...... ㉡
㉠, ㉡의 공통부분을 구하면 $2<x<4$

따라서 $a=2$, $b=4$이므로
$a+b=2+4=6$

1007 📋 ④

$|x^2-9|\leq8x$에서

(i) $x^2-9=(x+3)(x-3)<0$, 즉 $-3<x<3$일 때
$-(x^2-9)\leq8x$, $x^2+8x-9\geq0$
$(x+9)(x-1)\geq0$ ∴ $x\leq-9$ 또는 $x\geq1$
그런데 $-3<x<3$이므로 $1\leq x<3$

(ii) $x^2-9=(x+3)(x-3)\geq0$, 즉 $x\leq-3$ 또는 $x\geq3$일 때
$x^2-9\leq8x$, $x^2-8x-9\leq0$
$(x+1)(x-9)\leq0$ ∴ $-1\leq x\leq9$
그런데 $x\leq-3$ 또는 $x\geq3$이므로 $3\leq x\leq9$

(i), (ii)에서 부등식 $|x^2-9|\leq8x$의 해는 $1\leq x\leq9$ ...... ㉠
$x^2-6x-16\leq0$에서 $(x+2)(x-8)\leq0$
∴ $-2\leq x\leq8$ ...... ㉡
㉠, ㉡의 공통부분을 구하면
$1\leq x\leq8$

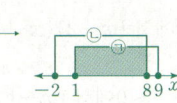

1008 📋 ④

1009 📋 ④

$x^2+5x-5\leq2x+5$에서 $x^2+3x-10\leq0$
$(x+5)(x-2)\leq0$ ∴ $-5\leq x\leq2$ ...... ㉠
$2x+5<x+k$에서 $x<k-5$ ...... ㉡
주어진 연립부등식의 해가 $-5\leq x\leq2$이므로 ㉠, ㉡을 수직선 위에 나타내면 오른쪽 그림과 같아야 한다.
즉, $2<k-5$이어야 하므로 $k>7$
따라서 정수 k의 최솟값은 8이다.

1010 📋 ③

$x^2-x-6\geq0$에서 $(x+2)(x-3)\geq0$
∴ $x\leq-2$ 또는 $x\geq3$
즉, 주어진 연립부등식의 해는 $x\leq-2$ 또는 $x\geq3$이다.
$x^2+x-2\geq0$에서 $(x+2)(x-1)\geq0$
∴ $x\leq-2$ 또는 $x\geq1$ ...... ㉠
$x^2-(a+3)x+3a\geq0$에서 $(x-a)(x-3)\geq0$ ...... ㉡
주어진 연립부등식의 해가 $x\leq-2$ 또는 $x\geq3$이므로 ㉠과 ㉡의 해를 수직선 위에 나타내면 오른쪽 그림과 같아야 한다.
∴ $-2\leq a<1$

1011 📋 ④

$x^2+2x-35\geq0$에서 $(x+7)(x-5)\geq0$
∴ $x\leq-7$ 또는 $x\geq5$ ...... ㉠
$|x-a|<2$에서 $-2<x-a<2$
∴ $a-2<x<a+2$ ...... ㉡
주어진 연립부등식의 해가 존재하므로 ㉠, ㉡을 수직선 위에 나타내면 오른쪽 그림과 같이 공통부분이 존재해야 한다.
즉, $a-2<-7$ 또는 $5<a+2$이어야 하므로 $a<-5$ 또는 $a>3$
따라서 자연수 a의 최솟값은 4이다.

1012 답 1

$x^2-3x-4<0$에서 $(x+1)(x-4)<0$

$\therefore -1<x<4$ ...... ㉠

$x^2-2kx+k^2-9\geq0$에서 $(x-k+3)(x-k-3)\geq0$

$\therefore x\leq k-3$ 또는 $x\geq k+3$ ...... ㉡

주어진 연립부등식이 해를 갖지 않으므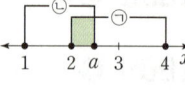
로 ㉠, ㉡을 수직선 위에 나타내면 오
른쪽 그림과 같이 공통부분이 존재하지 않아야 한다.

즉, $k-3\leq-1$, $4\leq k+3$이어야 하므로

$k\leq2$, $k\geq1$ $\therefore 1\leq k\leq2$

따라서 $M=2$, $m=1$이므로

$M-m=2-1=1$

1013 답 ⑤

1014 답 ②

$x^2-6x+8\leq0$에서 $(x-2)(x-4)\leq0$

$\therefore 2\leq x\leq4$ ...... ㉠

$x^2-(a+1)x+a\leq0$에서 $(x-1)(x-a)\leq0$ ...... ㉡

주어진 연립부등식을 만족시키는 정수 x가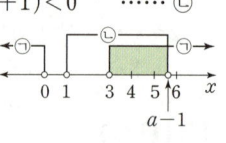
오직 한 개뿐이므로 ㉠과 ㉡의 해를 수직선
위에 나타내면 오른쪽 그림과 같아야 한다.

즉, $2\leq a<3$이어야 하므로 정수 a의 값은 2이다.

1015 답 ④

$x^2-3x>0$에서 $x(x-3)>0$

$\therefore x<0$ 또는 $x>3$ ...... ㉠

$x^2-ax+(a-1)<0$에서 $(x-1)(x-a+1)<0$ ...... ㉡

주어진 두 부등식을 동시에 만족시키
는 정수 x가 4와 5뿐이므로 ㉠과 ㉡의
해를 수직선 위에 나타내면 오른쪽 그
림과 같아야 한다.

즉, $5<a-1\leq6$이어야 하므로 $6<a\leq7$

1016 답 ④

$x^2-2|x|-3<0$에서

(i) $x<0$일 때

　$x^2+2x-3<0$, $(x+3)(x-1)<0$

　$\therefore -3<x<1$

　그런데 $x<0$이므로 $-3<x<0$

(ii) $x\geq0$일 때

　$x^2-2x-3<0$, $(x+1)(x-3)<0$

　$\therefore -1<x<3$

　그런데 $x\geq0$이므로 $0\leq x<3$

(i), (ii)에서 부등식 $x^2-2|x|-3<0$의 해는

$-3<x<3$ ...... ㉠

$x^2+(1-a)x-2a-2\leq0$에서 $(x+2)(x-a-1)\leq0$ ...... ㉡

주어진 연립부등식을 만족시키는
자연수 x가 2개이므로 ㉠과 ㉡의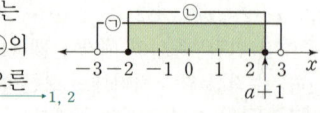
해를 수직선 위에 나타내면 오른
쪽 그림과 같아야 한다.

즉, $a+1\geq2$이어야 하므로 $a\geq1$

따라서 실수 a의 최솟값은 1이다.

1017 답 21

$|x-n|>2$에서 $x-n<-2$ 또는 $x-n>2$

$\therefore x<n-2$ 또는 $x>n+2$ ...... ㉠

$x^2-14x+40\leq0$에서 $(x-4)(x-10)\leq0$

$\therefore 4\leq x\leq10$ ...... ㉡

㉠, ㉡의 해를 수직선 위에 나타내면

(i) $n\leq5$일 때

　오른쪽 그림과 같이 주어진 연립부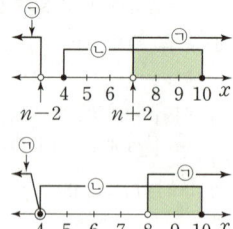
　등식을 만족시키는 자연수 x는 3
　개 이상이다.

(ii) $n=6$일 때

　오른쪽 그림과 같이 주어진 연립부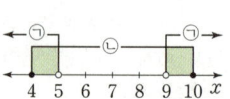
　등식을 만족시키는 자연수 x는
　9, 10의 2개

(iii) $n=7$일 때

　오른쪽 그림과 같이 주어진 연립부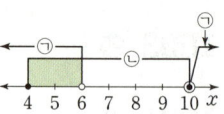
　등식을 만족시키는 자연수 x는
　4, 10의 2개

(iv) $n=8$일 때

　오른쪽 그림과 같이 주어진 연립부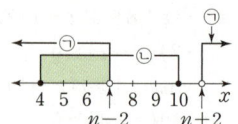
　등식을 만족시키는 자연수 x는
　4, 5의 2개

(v) $n\geq9$일 때

　오른쪽 그림과 같이 주어진 연립부
　등식을 만족시키는 자연수 x는 3개
　이상이다.

(i)~(v)에서 $n=6$ 또는 $n=7$ 또는
$n=8$이므로 모든 n의 값의 합은 $6+7+8=21$

1018 답 ⑤

1019 답 ④

울타리의 둘레의 길이가 20이므로 가로의 길이를 x라 하면 세로
의 길이는 $10-x$이다. ➡ $10-x>0$에서 $x<10$　➡ $x>0$

이때 울타리의 가로의 길이가 세로의 길이의 2배보다 길므로

$x>2(10-x)$, $3x>20$ $\therefore x>\dfrac{20}{3}$

그런데 $0<x<10$이므로 $\dfrac{20}{3}<x<10$ ...... ㉠

또한, 울타리의 넓이가 24 이하이므로

$x(10-x)\leq24$, $x^2-10x+24\geq0$

$(x-4)(x-6)\geq0$ $\therefore x\leq4$ 또는 $x\geq6$ ...... ㉡

㉠, ㉡의 공통부분을 구하면

$\dfrac{20}{3}<x<10$

1020 답 3

새로 만든 직육면체의 밑면의 가로의 길이, 세로의 길이, 높이는
각각 $a+4$, a, $a-2$이므로

$a-2>0$ $\therefore a>2$ ...... ➡ $a-2>0$을 만족시키므로 ㉠ $a+4>0$, $a>0$이다.

이 직육면체의 부피는

$(a+4)\times a\times(a-2)=a^3+2a^2-8a$

이고 한 모서리의 길이가 a인 처음 정육면체의 부피는 a^3이므로
직육면체의 부피가 처음 정육면체의 부피보다 작으려면

$a^3+2a^2-8a<a^3$, $2a(a-4)<0$ $(\because a>2)$
$\therefore 0<a<4$ ...... ㉡
㉠, ㉡의 공통부분을 구하면 $2<a<4$
따라서 자연수 a의 값은 3이다.

1021 답 ④

가장 긴 변의 길이는 $2x+2$이고, 삼각형이 존재하려면 가장 긴 변의 길이는 나머지 두 변의 길이의 합보다 작아야 하므로
$(x-2)+2x>2x+2$ $\therefore x>4$ ...... ㉠
또한, 둔각삼각형이려면
$(x-2)^2+(2x)^2<(2x+2)^2$
$x^2-12x<0$, $x(x-12)<0$
$\therefore 0<x<12$ ...... ㉡
㉠, ㉡의 공통부분을 구하면 $4<x<12$
따라서 자연수 x는 5, 6, 7, 8, 9, 10, 11이므로 그 합은
$5+6+7+8+9+10+11=56$

> **해설 속 칠판**
> 삼각형의 세 변의 길이가 각각 a, b, c $(a\leq b\leq c)$일 때
> (1) $a^2+b^2>c^2$ ➡ 예각삼각형
> (2) $a^2+b^2=c^2$ ➡ 빗변의 길이가 c인 직각삼각형
> (3) $a^2+b^2<c^2$ ➡ 둔각삼각형

1022 답 ③

이 카페에서 한 시간에 최대 50잔을 팔 수 있으므로
$n\leq 50$ ...... ㉠
또한, 커피 한 잔의 원가가 2000원이므로 한 시간에 n잔의 커피를 판매할 때 얻는 순이익은
$20n(200-n)-2000n$
한 시간에 32000원 이상의 순이익을 내므로
$20n(200-n)-2000n\geq 32000$, $20n^2-2000n+32000\leq 0$
$20(n-20)(n-80)\leq 0$ $\therefore 20\leq n\leq 80$ ...... ㉡
㉠, ㉡의 공통부분을 구하면 $20\leq n\leq 50$
따라서 한 시간에 판매되는 커피의 잔 수의 최댓값은 50, 최솟값은 20이므로 그 합은
$50+20=70$

 **선생님 톡톡**
어떤 물건을 판매했을 때의 순이익은 (판매 금액)ー(원가)야.

1023 답 ③

1024 답 ④

이차방정식 $x^2-2(a+1)x-3a+7=0$이 허근을 가지려면 이 이차방정식의 판별식을 D라 할 때, $D<0$이어야 한다. 즉,
$\dfrac{D}{4}=\{-(a+1)\}^2-1\times(-3a+7)<0$
$a^2+5a-6<0$, $(a+6)(a-1)<0$
$\therefore -6<a<1$
따라서 정수 a는 -5, -4, -3, -2, -1, 0의 6개이다.

1025 답 ③

이차방정식 $x^2-2kx+7k-6=0$이 허근을 가지려면 이 이차방정식의 판별식을 D_1이라 할 때, $D_1<0$이어야 한다. 즉,

$\dfrac{D_1}{4}=(-k)^2-1\times(7k-6)<0$, $k^2-7k+6<0$
$(k-1)(k-6)<0$ $\therefore 1<k<6$ ...... ㉠
이차방정식 $x^2+2(k+1)x-k+11=0$이 서로 다른 두 실근을 가지려면 이 이차방정식의 판별식을 D_2라 할 때, $D_2>0$이어야 한다.
즉, $\dfrac{D_2}{4}=(k+1)^2-1\times(-k+11)>0$, $k^2+3k-10>0$
$(k+5)(k-2)>0$ $\therefore k<-5$ 또는 $k>2$ ...... ㉡
㉠, ㉡의 공통부분을 구하면
$2<k<6$

1026 답 4

$kx^2-2kx+2(k-2)=0$이 이차방정식이므로 $k\neq 0$
이차방정식 $kx^2-2kx+2(k-2)=0$이 실근을 가지려면 이 이차방정식의 판별식을 D라 할 때, $D\geq 0$이어야 한다. 즉,
$\dfrac{D}{4}=(-k)^2-k\times 2(k-2)\geq 0$, $-k^2+4k\geq 0$
$k^2-4k\leq 0$, $k(k-4)\leq 0$ $\therefore 0<k\leq 4$ $(\because k\neq 0)$
따라서 정수 k는 1, 2, 3, 4의 4개이다.

1027 답 ③

이차방정식 $x^2-(k+2)x+ak-3=0$이 실수 k의 값에 관계없이 항상 실근을 가지므로 이 이차방정식의 판별식을 D라 하면 모든 실수 k에 대하여 $D\geq 0$이어야 한다. 즉,
$D=\{-(k+2)\}^2-4\times 1\times(ak-3)\geq 0$
$k^2+4(1-a)k+16\geq 0$
이때 k에 대한 이차방정식 $k^2+4(1-a)k+16=0$의 판별식을 D'이라 하면 $D'\leq 0$이어야 한다. 즉,
$\dfrac{D'}{4}=\{2(1-a)\}^2-1\times 16\leq 0$, $4a^2-8a-12\leq 0$
$4(a+1)(a-3)\leq 0$ $\therefore -1\leq a\leq 3$
따라서 정수 a는 -1, 0, 1, 2, 3이므로 그 합은
$(-1)+0+1+2+3=5$

1028 답 1

1029 답 ③

x에 대한 이차방정식 $x^2+(k+1)x+k^2-10=0$이 한 개의 양수인 근과 한 개의 음수인 근을 가지므로 두 근은 서로 다른 부호이다.
즉, 두 근을 α, β라 하면 $\alpha\beta=k^2-10<0$
$(k+\sqrt{10})(k-\sqrt{10})<0$ $\therefore -\sqrt{10}<k<\sqrt{10}$
따라서 정수 k의 최댓값은 3이다.

1030 답 ②

이차방정식 $x^2+2(k-1)x+2k+6=0$의 두 근 α, β에 대하여 점 (α, β)가 제1사분면 위에 있으므로 $\alpha>0$, $\beta>0$
즉, 두 근이 모두 양수이므로 이차방정식
$x^2+2(k-1)x+2k+6=0$의 판별식을 D라 하면
(i) $\dfrac{D}{4}=(k-1)^2-1\times(2k+6)\geq 0$
 $k^2-4k-5\geq 0$, $(k+1)(k-5)\geq 0$
 $\therefore k\leq -1$ 또는 $k\geq 5$
(ii) $\alpha+\beta=-2(k-1)>0$
 $k-1<0$ $\therefore k<1$

(iii) $\alpha\beta = 2k + 6 > 0$
$2k > -6$ $\therefore k > -3$
(i), (ii), (iii)에서 공통부분을 구하면
$-3 < k \le -1$

1031 답 ②
x에 대한 이차방정식 $x^2 + (k^2 - 3k - 4)x + 2k - 7 = 0$의 두 근을
α, β라 하면 두 근의 부호가 서로 다르므로
$\alpha\beta = 2k - 7 < 0$, $2k < 7$
$\therefore k < \dfrac{7}{2}$ …… ㉠
또한, 음수인 근의 절댓값이 양수인 근보다 작으므로
$\alpha + \beta = -(k^2 - 3k - 4) > 0$
$k^2 - 3k - 4 < 0$, $(k+1)(k-4) < 0$
$\therefore -1 < k < 4$ …… ㉡
㉠, ㉡의 공통부분을 구하면 $-1 < k < \dfrac{7}{2}$
따라서 정수 k는 0, 1, 2, 3의 4개이다.

1032 답 ③
x에 대한 이차방정식 $x^2 - (a-1)x + a^2 - 3a - 4 = 0$에서 이차방정식의 근과 계수의 관계에 의하여
$\alpha + \beta = a - 1$, $\alpha\beta = a^2 - 3a - 4$ …… ㉠
한편, $\alpha^2 > \beta^2$에서 $\alpha^2 - \beta^2 = (\alpha+\beta)(\alpha-\beta) > 0$이고
$\alpha < 0 < \beta$에서 $\alpha - \beta < 0$이므로 $\alpha + \beta < 0$, $\alpha\beta < 0$
즉, ㉠에서 $a - 1 < 0$ $\therefore a < 1$ …… ㉡
$a^2 - 3a - 4 < 0$, $(a+1)(a-4) < 0$
$\therefore -1 < a < 4$ …… ㉢
㉡, ㉢의 공통부분을 구하면
$-1 < a < 1$

1033 답 ⑤

1034 답 2
$f(x) = x^2 + 2(k-1)x + 3 - k$라 하면
이차방정식 $f(x) = 0$의 두 근이 모두
1보다 작으므로 이 이차방정식의 판별
식을 D라 할 때

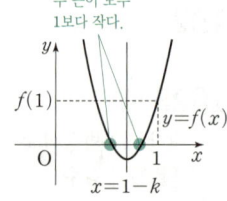
두 근이 모두
1보다 작다.

(i) $\dfrac{D}{4} = (k-1)^2 - 1 \times (3-k) \ge 0$
$k^2 - k - 2 \ge 0$, $(k+1)(k-2) \ge 0$
$\therefore k \le -1$ 또는 $k \ge 2$
(ii) $f(1) = 1^2 + 2(k-1) \times 1 + 3 - k > 0$, $k + 2 > 0$
$\therefore k > -2$
(iii) 이차함수 $y = f(x)$의 그래프의 축의 방정식이
$x = -\dfrac{2(k-1)}{2} = 1 - k$이므로
$1 - k < 1$ $\therefore k > 0$
(i), (ii), (iii)에서 공통부분을 구하면 $k \ge 2$이므로
$a = 2$

1035 답 ①
$x^2 - 3x + 2 = 0$에서 $(x-1)(x-2) = 0$
$\therefore x = 1$ 또는 $x = 2$

$f(x) = x^2 - 10x + a^2 + 5$라 하면 이
차방정식 $f(x) = 0$의 한 근만이 1과
2 사이에 있으므로 함수 $y = f(x)$의
그래프는 오른쪽 그림과 같아야 한다.
즉, 이차함수 $y = f(x)$의 그래프의 축의 방정식이 $x = 5$이므로
$f(1) = 1^2 - 10 \times 1 + a^2 + 5 > 0$이어야 하므로
$a^2 - 4 > 0$, $(a+2)(a-2) > 0$
$\therefore a < -2$ 또는 $a > 2$ …… ㉠
$f(2) = 2^2 - 10 \times 2 + a^2 + 5 < 0$이어야 하므로
$a^2 - 11 < 0$, $(a+\sqrt{11})(a-\sqrt{11}) < 0$
$\therefore -\sqrt{11} < a < \sqrt{11}$ …… ㉡
㉠, ㉡의 공통부분을 구하면
$-\sqrt{11} < a < -2$ 또는 $2 < a < \sqrt{11}$
따라서 정수 a의 최댓값은 3이다.

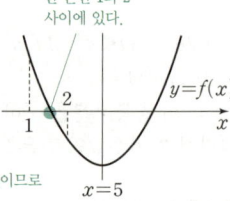
한 근만 1과 2
사이에 있다.

1036 답 2
$f(x) = x^2 + 2(k-2)x - k + 2$라 하
면 이차방정식 $f(x) = 0$의 두 근이
모두 -1과 2 사이에 있으므로 이 이
차방정식의 판별식을 D라 할 때

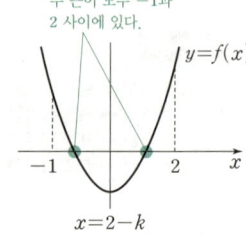
두 근이 모두 -1과
2 사이에 있다.

(i) $\dfrac{D}{4} = (k-2)^2 - 1 \times (-k+2) \ge 0$
$k^2 - 3k + 2 \ge 0$
$(k-1)(k-2) \ge 0$
$\therefore k \le 1$ 또는 $k \ge 2$
(ii) $f(-1) = (-1)^2 + 2(k-2) \times (-1) - k + 2 > 0$
$3k < 7$ $\therefore k < \dfrac{7}{3}$ …… ㉠
$f(2) = 2^2 + 2(k-2) \times 2 - k + 2 > 0$
$3k > 2$ $\therefore k > \dfrac{2}{3}$ …… ㉡
㉠, ㉡의 공통부분을 구하면
$\dfrac{2}{3} < k < \dfrac{7}{3}$
(iii) 이차함수 $y = f(x)$의 그래프의 축의 방정식이
$x = -\dfrac{2(k-2)}{2} = 2 - k$이므로
$-1 < 2 - k < 2$
$\therefore 0 < k < 3$
(i), (ii), (iii)에서 공통부분을 구하면
$\dfrac{2}{3} < k \le 1$ 또는 $2 \le k < \dfrac{7}{3}$
따라서 정수 k는 1, 2의 2개이다.

함수 $y = f(x)$의 그래프의 축의 방정식은
$x = \dfrac{1}{2a} = \dfrac{\alpha+\beta}{2}$
$a < 0$일 때, $\dfrac{1}{2a} < 0$이지만
$\dfrac{1}{2} < \dfrac{\alpha+\beta}{2} < \dfrac{3}{2}$에서 $\dfrac{\alpha+\beta}{2} > 0$이다.
즉, $a < 0$일 때 조건을 만족시키는
함수 $f(x)$는 존재할 수 없다.

1037 답 ③
$f(x) = ax^2 - x - 2a + \dfrac{3}{4}$이라 하면 이차방정식 $f(x) = 0$의 두 근
α, β에 대하여 $-1 < \alpha < 0$, $2 < \beta < 3$이므로 이차함수 $y = f(x)$
의 그래프는 다음 그림과 같아야 한다.

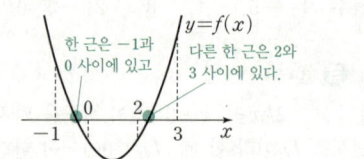
한 근은 -1과
0 사이에 있고
다른 한 근은 2와
3 사이에 있다.

즉,

$f(-1)f(0)$

$=\left\{a\times(-1)^2-(-1)-2a+\dfrac{3}{4}\right\}\left(a\times0^2-0-2a+\dfrac{3}{4}\right)$

$=\left(-a+\dfrac{7}{4}\right)\left(-2a+\dfrac{3}{4}\right)<0$

이어야 하므로 $\dfrac{3}{8}<a<\dfrac{7}{4}$ ······ ㉠

$f(2)f(3)=\left(a\times2^2-2-2a+\dfrac{3}{4}\right)\left(a\times3^2-3-2a+\dfrac{3}{4}\right)$

$\qquad\qquad=\left(2a-\dfrac{5}{4}\right)\left(7a-\dfrac{9}{4}\right)<0$

이어야 하므로 $\dfrac{9}{28}<a<\dfrac{5}{8}$ ······ ㉡

㉠, ㉡의 공통부분을 구하면

$\dfrac{3}{8}<a<\dfrac{5}{8}$

STEP 3 실전 업

본문 166~170쪽

1038 답 ③

> **One Point Lesson**
> 부등식 $x^2-5|x|-6\leq0$에서 x의 값의 범위를 $x<0$, $x\geq0$으로 나누어 푼다.

$2|x|-3>1$에서 $2|x|>4$, $|x|>2$

∴ $x<-2$ 또는 $x>2$ ······ ㉠

$x^2-5|x|-6\leq0$에서

(i) $x<0$일 때

　$x^2+5x-6\leq0$, $(x+6)(x-1)\leq0$

　∴ $-6\leq x\leq1$

　그런데 $x<0$이므로 $-6\leq x<0$

(ii) $x\geq0$일 때

　$x^2-5x-6\leq0$, $(x+1)(x-6)\leq0$

　∴ $-1\leq x\leq6$

　그런데 $x\geq0$이므로 $0\leq x\leq6$

(i), (ii)에서 부등식 $x^2-5|x|-6\leq0$의 해는

$-6\leq x\leq6$ ······ ㉡

㉠, ㉡의 공통부분을 구하면

$-6\leq x<-2$ 또는 $2<x\leq6$

따라서 정수 x는 -6, -5, -4, -3, 3, 4, 5, 6의 8개이다.

1039 답 ⑤

> **One Point Lesson**
> 이차부등식 $ax^2+bx+c>0$이 항상 성립할 조건은 $a>0$, $b^2-4ac<0$이고, 이차방정식 $ax^2+bx+c=0$이 서로 다른 두 실근을 가질 조건은 $b^2-4ac>0$이다.

모든 실수 x에 대하여 이차부등식 $x^2+(m-3)x+m>0$이 성립하므로 이차방정식 $x^2+(m-3)x+m=0$의 판별식을 D_1이라 하면 $D_1<0$이어야 한다. 즉,

$D_1=(m-3)^2-4\times1\times m<0$, $m^2-10m+9<0$

$(m-1)(m-9)<0$ ∴ $1<m<9$ ······ ㉠

또한, 이차방정식 $2x^2-mx+m=0$이 서로 다른 두 실근을 가지므로 이 이차방정식의 판별식을 D_2라 하면 $D_2>0$이어야 한다. 즉,

$D_2=(-m)^2-4\times2\times m>0$, $m^2-8m>0$

$m(m-8)>0$ ∴ $m<0$ 또는 $m>8$ ······ ㉡

㉠, ㉡의 공통부분을 구하면

$8<m<9$

1040 답 ②

> **One Point Lesson**
> 주어진 함수의 그래프가 x축과 만나는 점의 x좌표를 이용하여 이차함수 $f(x)$를 나타낸다.

주어진 이차함수 $y=f(x)$의 그래프가 x축과 두 점 $(-2, 0)$, $(3, 0)$에서 만나므로 $f(x)=a(x+2)(x-3)$ $(a>0)$이라 하면 점 $(0, -3)$을 지나므로

$f(0)=a\times(0+2)\times(0-3)=-3$, $-6a=-3$

∴ $a=\dfrac{1}{2}$

부등식 $f(x)>3$, 즉 $\dfrac{1}{2}(x+2)(x-3)>3$의 해는

$(x+2)(x-3)>6$, $x^2-x-12>0$

$(x+3)(x-4)>0$ ∴ $x<-3$ 또는 $x>4$

따라서 자연수 x의 최솟값은 5이다.

1041 답 9

> **One Point Lesson**
> $f(x)$에 x 대신 $x-3$을 대입하여 $f(x-3)$을 구한 후 함수 $y=f(x-3)$의 그래프를 그린다.

주어진 이차함수 $y=f(x)$의 그래프가 x축과 두 점 $(1, 0)$, $(7, 0)$에서 만나므로 $f(x)=a(x-1)(x-7)$ $(a>0)$이라 하면

$f(x-3)=a(x-3-1)(x-3-7)=a(x-4)(x-10)$

이므로 이차방정식 $f(x-3)=0$의 해는

$x=4$ 또는 $x=10$

즉, 두 이차함수 $y=f(x)$, $y=f(x-3)$의 그래프는 오른쪽 그림과 같다.

부등식 $f(x)<0\leq f(x-3)$에서 이차함수 $y=f(x)$의 그래프가 x축보다 아래쪽에 있는 부분의 x의 값의 범위는

$1<x<7$ ······ ㉠

이차함수 $y=f(x-3)$의 그래프가 x축보다 위쪽에 있거나 만나는 부분의 x의 값의 범위는

$x\leq4$ 또는 $x\geq10$ ······ ㉡

㉠, ㉡의 공통부분을 구하면

$1<x\leq4$

따라서 정수 x는 2, 3, 4이므로 그 합은

$2+3+4=9$

1042 답 ①

> **One Point Lesson**
> x에 대한 연립부등식을 세운 후 길이 x는 양수임을 이용하여 범위를 구한다.

트랙의 폭이 x m이므로 트랙의 넓이는

$(50+2x)(30+2x)-50\times30=4x^2+160x$ (m^2)

↳(트랙의 넓이)=(큰 직사각형의 넓이)−(작은 직사각형의 넓이)

09. 이차부등식과 연립이차부등식 **119**

트랙의 넓이가 164 m^2 이상 336 m^2 이하이려면
$164 \leq 4x^2 + 160x \leq 336$
$4x^2 + 160x \geq 164$에서 $x^2 + 40x - 41 \geq 0$
$(x+41)(x-1) \geq 0$　$\therefore x \leq -41$ 또는 $x \geq 1$
그런데 $x > 0$이므로 $x \geq 1$　　　…… ㉠
$4x^2 + 160x \leq 336$에서 $x^2 + 40x - 84 \leq 0$
$(x+42)(x-2) \leq 0$　$\therefore -42 \leq x \leq 2$
그런데 $x > 0$이므로 $0 < x \leq 2$　　　…… ㉡
㉠, ㉡의 공통부분을 구하면 $1 \leq x \leq 2$

1043 답 ③

One Point Lesson
> 두 이차함수의 위치 관계를 이용한 부등식과 주어진 해를 이용하여 나타낸 부등식을 비교한다.

이차함수 $y = -x^2 + ax + b - 1$의 그래프가 이차함수
$y = x^2 + (b+1)x - a$의 그래프보다 위쪽에 있는 부분의 x의 값의
범위는 $-x^2 + ax + b - 1 > x^2 + (b+1)x - a$, 즉
$2x^2 + (-a+b+1)x - a - b + 1 < 0$　　　…… ㉠
의 해와 같다.
한편, 해가 $-1 < x < b$이고 x^2의 계수가 1인 이차부등식은
$(x+1)(x-b) < 0$
양변에 2를 곱하면 $2(x+1)(x-b) < 0$
$\therefore 2x^2 + 2(1-b)x - 2b < 0$　　　…… ㉡
㉠, ㉡이 같아야 하므로 $-a+b+1 = 2 - 2b$
$-a - b + 1 = -2b$, 즉 $a - 3b = -1$, $a - b = 1$
따라서 위의 두 식을 연립하여 풀면 $a = 2$, $b = 1$이므로
$a + b = 2 + 1 = 3$

1044 답 10

One Point Lesson
> 두 부등식의 해를 수직선 위에 나타내어 a의 값의 범위를 구한다.

$x^2 - (a^2 - 3)x - 3a^2 < 0$에서 $(x+3)(x-a^2) < 0$
$\therefore -3 < x < a^2 \ (\because a > 2)$　　　…… ㉠
$x^2 + (a-9)x - 9a > 0$에서 $(x+a)(x-9) > 0$
$\therefore x < -a$ 또는 $x > 9 \ (\because a > 2)$　　　…… ㉡
주어진 연립부등식을 만족시키는 정수
x가 존재하지 않으므로 ㉠, ㉡을 수직
선 위에 나타내면 오른쪽 그림과 같이
공통부분에 정수가 존재하지 않거나 공통부분이 없어야 한다.
즉, $-a \leq -2$, $a^2 \leq 10$이어야 하므로
$a \geq 2$, $-\sqrt{10} \leq a \leq \sqrt{10}$ $\quad\scriptsize\text{$a^2=10$일 때도 정수해는 없다.}$
$\therefore 2 < a \leq \sqrt{10} \ (\because a > 2)$
따라서 조건을 만족시키는 실수 a의 최댓값은 $M = \sqrt{10}$이므로
$M^2 = 10$

1045 답 ④

One Point Lesson
> 이차함수 $y = x^2 + ax + b$의 그래프는 아래로 볼록하므로 이차부등식 $x^2 + ax + b \leq 0$의 해가 $x = \alpha$이면 이차방정식 $x^2 + ax + b = 0$은 $x = \alpha$를 중근으로 갖는다.

이차함수 $y = x^2 + ax + b$의 그래프는 아래로 볼록하므로 이차부
등식 $x^2 + ax + b \leq 0$의 해가 $x = \alpha$이려면 이차방정식

$x^2 + ax + b = 0$이 $x = \alpha$를 중근으로 가져야 한다.
즉, $x^2 + ax + b = (x-\alpha)^2 = x^2 - 2\alpha x + \alpha^2$이므로
$a = -2\alpha$, $b = \alpha^2$
$a = -2\alpha$, $b = \alpha^2$을 $x^2 + (a-b+1)x < a(b-1)$에 대입하면
$x^2 + (-2\alpha - \alpha^2 + 1)x < -2\alpha(\alpha^2 - 1)$
$x^2 + (-2\alpha - \alpha^2 + 1)x + 2\alpha(\alpha^2 - 1) < 0$
$(x - 2\alpha)(x - \alpha^2 + 1) < 0$　　$\therefore \underline{2\alpha < x < \alpha^2 - 1 \ (\because \alpha > 3)}$
$\quad\scriptsize\text{$\alpha^2-1-2\alpha=(\alpha-1)^2-2$이므로}$
$\quad\scriptsize\text{$\alpha>3$일 때 $\alpha^2-1-2\alpha>0$, 즉 $\alpha^2-1>2\alpha$}$

1046 답 ②

One Point Lesson
> $f(x)g(x) > 0$이면 $f(x) > 0$, $g(x) > 0$ 또는 $f(x) < 0$, $g(x) < 0$이다.

$f(x)g(x) > 0$에서
(ⅰ) $f(x) > 0$, $g(x) > 0$일 때
　부등식 $f(x) > 0$의 해는 $x < 1$ 또는 $x > 4$이고
　부등식 $g(x) > 0$의 해는 $-2 < x < 2$이므로
　공통부분을 구하면 $-2 < x < 1$
(ⅱ) $f(x) < 0$, $g(x) < 0$일 때
　부등식 $f(x) < 0$의 해는 $1 < x < 4$이고
　부등식 $g(x) < 0$의 해는 $x < -2$ 또는 $x > 2$이므로
　공통부분을 구하면 $2 < x < 4$
(ⅰ), (ⅱ)에서 조건을 만족시키는 실수 x의 값의 범위는
$-2 < x < 1$ 또는 $2 < x < 4$
따라서 정수 x는 -1, 0, 3이므로 그 합은 $(-1) + 0 + 3 = 2$

1047 답 ③

One Point Lesson
> 사각형 ABCD의 넓이를 m에 대한 이차식으로 나타낸 후 이차부등식을 푼다.

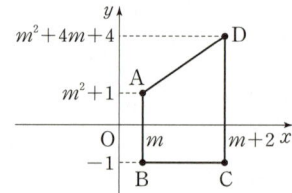

위의 그림과 같이 사각형 ABCD는 사다리꼴이므로
$\square ABCD = \dfrac{1}{2}\{(m^2 + 2) + (m^2 + 4m + 5)\} \times 2$
$\qquad\qquad = 2m^2 + 4m + 7$
사각형 ABCD의 넓이가 11 이하가 되려면
$2m^2 + 4m + 7 \leq 11$, $m^2 + 2m - 2 \leq 0$
$\therefore \underline{-1 - \sqrt{3} \leq m \leq -1 + \sqrt{3}}$ $\scriptsize\text{이차방정식 $m^2+2m-2=0$의 두 근은}$
$\scriptsize\text{$m=-1\pm\sqrt{1^2-1\times(-2)}=-1\pm\sqrt{3}$이므로}$

1048 답 4

One Point Lesson
> 두 함수 $y = f(x)$, $y = g(x)$의 그래프의 교점의 개수는 방정식 $f(x) = g(x)$의 서로 다른 실근의 개수와 같다.

이차함수 $y = x^2 + 2kx + 1$의 그래프와 직선 $y = -2x - 3$의 교점
의 개수는 이차방정식 $x^2 + 2kx + 1 = -2x - 3$, 즉
$x^2 + 2(k+1)x + 4 = 0$의 서로 다른 실근의 개수와 같으므로 이
이차방정식의 판별식을 D라 하면
$\dfrac{D}{4} = (k+1)^2 - 1 \times 4 = k^2 + 2k - 3 = (k+3)(k-1)$

(i) $\dfrac{D}{4}=(k+3)(k-1)>0$, 즉 $k<-3$ 또는 $k>1$일 때

서로 다른 실근의 개수는 2이므로 $f(k)=2$

$2k^2+9k<f(k)-4$에서 $2k^2+9k+2<0$

$\therefore \dfrac{-9-\sqrt{65}}{4}<k<\dfrac{-9+\sqrt{65}}{4}$

그런데 $k<-3$ 또는 $k>1$이므로

$\dfrac{-9-\sqrt{65}}{4}<k<-3$

(ii) $\dfrac{D}{4}=(k+3)(k-1)=0$, 즉 $k=-3$ 또는 $k=1$일 때

서로 다른 실근의 개수는 1이므로 $f(k)=1$

$2k^2+9k<f(k)-4$에서 $2k^2+9k+3<0$

$\therefore \dfrac{-9-\sqrt{57}}{4}<k<\dfrac{-9+\sqrt{57}}{4}$

그런데 $k=-3$ 또는 $k=1$이므로 $k=-3$

(iii) $\dfrac{D}{4}=(k+3)(k-1)<0$, 즉 $-3<k<1$일 때

서로 다른 실근의 개수는 0이므로 $f(k)=0$

$2k^2+9k<f(k)-4$에서 $2k^2+9k+4<0$

$(k+4)(2k+1)<0$ $\therefore -4<k<-\dfrac{1}{2}$

그런데 $-3<k<1$이므로 $-3<k<-\dfrac{1}{2}$

(i), (ii), (iii)에서 조건을 만족시키는 실수 k의 값의 범위는

$\dfrac{-9-\sqrt{65}}{4}<k<-\dfrac{1}{2}$

따라서 정수 k는 -4, -3, -2, -1의 4개이다.

1049 답 ②

이차방정식의 두 근 중 하나만 양의 실수인 경우와 두 근 모두 양의 실수인 경우로 나누어 푼다.

$f(x)=x^2-2mx-3m-8$이라 하면 이차방정식 $f(x)=0$의 두 근 중 적어도 하나가 양의 실수이므로 두 근 중 하나가 양의 실수이거나 두 근 모두 양의 실수이다.

(i) 두 근 중 하나만 양의 실수인 경우

한 근이 0인 경우 $f(0)=0$이므로

$\begin{aligned}f(0)&=0^2-2m\times0-3m-8\\&=-3m-8=0\end{aligned}$

$\therefore m=-\dfrac{8}{3}$

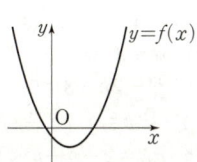

이때 함수 $y=f(x)$의 그래프의 대칭축은 음수이므로 다른 한 근은 양의 실수일 수 없다.

($x=m=-\dfrac{8}{3}$)

즉, 두 근이 각각 음의 실근, 양의 실근이므로

$f(0)<0$에서 $3m>-8$

$\therefore m>-\dfrac{8}{3}$

(ii) 두 근 모두 양의 실수인 경우

이차방정식 $f(x)=0$의 판별식을 D라 하면

ⓐ $\begin{aligned}\dfrac{D}{4}&=(-m)^2-1\times(-3m-8)\\&=m^2+3m+8\\&=\left(m+\dfrac{3}{2}\right)^2+\dfrac{23}{4}>0\end{aligned}$

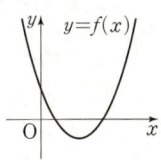

이므로 m의 값에 관계없이 항상 서로 다른 두 실근을 갖는다.

ⓑ $f(0)=-3m-8>0$ $\therefore m<-\dfrac{8}{3}$

ⓒ 이차함수 $y=f(x)$의 그래프의 축의 방정식이

$x=-\dfrac{-2m}{2}=m>0$

ⓐ, ⓑ, ⓒ에서 m의 값은 존재하지 않는다.

(i), (ii)에서 $m>-\dfrac{8}{3}$

따라서 두 근 중 적어도 하나는 양의 실수가 되도록 하는 정수 m의 최솟값은 $k=-2$이므로

$k^2=(-2)^2=4$

1050 답 4

a의 값의 범위를 $a<1$, $a=1$, $a>1$로 나누어 푼다.

$f(x)=(a-1)x^2+2x-a+1$이라 하면

(i) $a<1$일 때

이차방정식 $f(x)=0$의 모든 근이 2보다 작으므로 이 이차방정식의 판별식 D에 대하여

ⓐ $\dfrac{D}{4}=1^2-(a-1)\times(-a+1)\ge0$

$\therefore 1+(a-1)^2>0$

즉, a는 모든 실수이다.

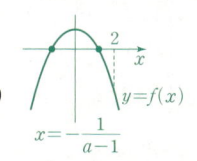

ⓑ $f(2)=(a-1)\times2^2+2\times2-a+1<0$

$3a<-1$ $\therefore a<-\dfrac{1}{3}$

ⓒ 이차함수 $y=f(x)$의 그래프의 축의 방정식이 $x=-\dfrac{1}{a-1}$

이므로 $-\dfrac{1}{a-1}<2$, $-1>2(a-1)$

$2a<1$ $\therefore a<\dfrac{1}{2}$

ⓐ, ⓑ, ⓒ에서 공통부분을 구하면 $a<-\dfrac{1}{3}$

그런데 $a<1$이므로 $a<-\dfrac{1}{3}$

(ii) $a=1$일 때

$2x-1+1=0$, $2x=0$ $\therefore x=0$ (성립)

(iii) $a>1$일 때

ⓐ (i)과 같이 $\dfrac{D}{4}>0$이므로 a는 모든 실수이다.

ⓑ $f(2)=3a+1>0$ $\therefore a>-\dfrac{1}{3}$

ⓒ 이차함수 $y=f(x)$의 그래프의 축의 방정식이 $x=-\dfrac{1}{a-1}$

이므로

$-\dfrac{1}{a-1}<2$, $-1<2(a-1)$

$2a>1$ $\therefore a>\dfrac{1}{2}$

ⓐ, ⓑ, ⓒ에서 공통부분을 구하면 $a>\dfrac{1}{2}$

그런데 $a>1$이므로 $a>1$

(i), (ii), (iii)에서 조건을 만족시키는 실수 a의 값의 범위는

$a<-\dfrac{1}{3}$ 또는 $a\ge1$

따라서 $\alpha=-\dfrac{1}{3}$, $\beta=1$이므로

$3(\beta-\alpha)=3\times\left\{1-\left(-\dfrac{1}{3}\right)\right\}=4$

1051 답 ②

One Point Lesson

이차함수 $y=f(x)$의 그래프에 대하여 $f(a)=f(b)$일 때, 이 그래프의 축의 방정식은 $x=\dfrac{a+b}{2}$이다.

조건 (가)의 $f(3)-f(-1)=0$에서 $f(3)=f(-1)$이므로 이차함수 $y=f(x)$의 그래프의 축의 방정식은 $x=\dfrac{3+(-1)}{2}=1$이다.

이때 함수 $f(x)$의 x^2의 계수가 1이고 조건 (가)의 $f(1)+g(1)=10$에서 $f(1)=10-g(1)$이므로 $f(x)=(x-1)^2+10-g(1)$이라 할 수 있다.

즉, 함수 $f(x)$의 최솟값은 $10-g(1)$이고 조건 (나)에 의하여 함수 $g(x)$의 최댓값은 $19-g(1)$이므로 $g(x)=-(x-a)^2+19-g(1)$ (a는 상수) ······ ㉠ 이라 할 수 있다.

한편, 조건 (다)에서 부등식 $f(x)-g(x)<0$, 즉 $2x^2-2(a+1)x+a^2-8<0$의 해가 $1<x<4$이므로 $2x^2-2(a+1)x+a^2-8=2(x-1)(x-4)$ $\underline{2x^2-2(a+1)x+a^2-8=2x^2-10x+8}$ ∴ $a=4$

$a=4$를 ㉠에 대입하면 $x=1$일 때 (x에 대한 항등식) $g(1)=-(1-4)^2+19-g(1)$ ∴ $g(1)=5$

따라서 $f(x)=(x-1)^2+5$, $g(x)=-(x-4)^2+14$이므로 $f(2)g(2)=6\times 10=60$

1052 답 ③

One Point Lesson

$f(x)=x^2+ax+4$라 하고 함수 $y=f(x)$의 그래프의 축의 위치에 따라 a의 값의 범위를 나누어 푼다.

$f(x)=x^2+ax+4$라 하면 $f(x)=\left(x+\dfrac{a}{2}\right)^2-\dfrac{a^2}{4}+4$

(i) $-1\le -\dfrac{a}{2}\le 2$, 즉 $-4\le a\le 2$일 때
주어진 이차부등식이 $-1\le x\le 2$인 모든 실수 x에 대하여 성립하려면 $f\left(-\dfrac{a}{2}\right)=\left(-\dfrac{a}{2}\right)^2+a\times\left(-\dfrac{a}{2}\right)+4$ >0

$a^2-16<0$, $(a+4)(a-4)<0$ ∴ $-4<a<4$ 그런데 $-4\le a\le 2$이므로 $-4<a\le 2$

(ii) $-\dfrac{a}{2}<-1$, 즉 $a>2$일 때
주어진 이차부등식이 $-1\le x\le 2$인 모든 실수 x에 대하여 성립하려면 $f(-1)=(-1)^2+a\times(-1)+4>0$ ∴ $a<5$ 그런데 $a>2$이므로 $2<a<5$

(iii) $-\dfrac{a}{2}>2$, 즉 $a<-4$일 때
주어진 이차부등식이 $-1\le x\le 2$인 모든 실수 x에 대하여 성립하려면 $f(2)=2^2+a\times 2+4>0$ $2a>-8$ ∴ $a>-4$ 그런데 $a<-4$이므로 실수 a는 존재하지 않는다.

(i), (ii), (iii)에서 조건을 만족시키는 실수 a의 값의 범위는 $-4<a<5$

1053 답 12

One Point Lesson

$x^2=t$라 하면 t에 대한 이차방정식이 서로 다른 양의 실근을 가져야 한다.

$x^4-2ax^2-a+6=0$ ······ ㉠ 에서 $x^2=t$라 하면 $t^2-2at-a+6=0$ ······ ㉡

t에 대한 이차방정식 ㉡의 두 근을 α, β라 하면 $x^2=\alpha$ 또는 $x^2=\beta$이므로 x에 대한 사차방정식 ㉠의 근은 $x=\pm\sqrt{\alpha}$ 또는 $x=\pm\sqrt{\beta}$

이때 사차방정식 ㉠이 서로 다른 네 실근을 가져야 하므로 $\alpha>0$, $\beta>0$

즉, 이차방정식 ㉡은 서로 다른 양의 실근을 가져야 하므로 이차방정식 ㉡의 판별식을 D라 하면

(i) $\dfrac{D}{4}=(-a)^2-1\times(-a+6)>0$, $a^2+a-6>0$
$(a+3)(a-2)>0$ ∴ $a<-3$ 또는 $a>2$

(ii) $\alpha+\beta=2a>0$ ∴ $a>0$

(iii) $\alpha\beta=-a+6>0$ ∴ $a<6$

(i), (ii), (iii)에서 공통부분을 구하면 $2<a<6$

따라서 모든 정수 a는 3, 4, 5이므로 그 합은 $3+4+5=12$

1054 답 3

One Point Lesson

점 (α, β)가 원점을 지나고 기울기가 -1인 직선 위에 있음을 이용하여 두 실근 α, β의 조건을 구한다. ($a=0$이면 $\beta=0$이므로 α, β가 서로 다른 두 실근이라는 조건을 만족시키지 않는다.)

원점을 지나고 기울기가 -1인 직선은 $y=-x$이므로 이 직선 위의 점 (α, β)에 대하여 $\beta=-\alpha$ ($\alpha\ne 0$, $\beta\ne 0$)

즉, x에 대한 이차방정식 $x^2+(p^2-2p-3)x+2-p-p^2=0$의 서로 다른 두 실근 α, β는 부호가 서로 다르고 절댓값이 같으므로

(i) $\alpha+\beta=-(p^2-2p-3)=0$
$p^2-2p-3=0$, $(p+1)(p-3)=0$ ∴ $p=-1$ 또는 $p=3$

(ii) $\alpha\beta=2-p-p^2<0$
$p^2+p-2>0$, $(p+2)(p-1)>0$ ∴ $p<-2$ 또는 $p>1$

(i), (ii)에서 공통부분을 구하면 $p=3$

1055 답 ②

One Point Lesson

$ax\ge a^2$에서 a의 값의 범위에 따라 경우를 나누어 푼다.

$x^2+3x-10<0$에서 $(x+5)(x-2)<0$ ∴ $-5<x<2$

$ax\ge a^2$에서

(i) $a=0$, 즉 $0\times x\ge 0^2$일 때 이 부등식의 해는 모든 실수이다.

즉, 주어진 연립부등식의 해는 $-5<x<2$이고 이 연립부등식을 만족시키는 정수 x는 -4, -3, -2, -1, 0, 1의 6개이므로 주어진 조건을 만족시키지 않는다.

(ii) $a>0$, 즉 $x\geq a$일 때

    ⓐ $a=1$, 즉 $x\geq 1$이면
오른쪽 그림과 같이 주어진 연립부등식의 해는 $1\leq x<2$이고, 이 연립부등식을 만족시키는 정수 x는 1의 1개이다.

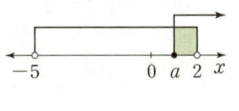

    ⓑ a가 2 이상의 정수이면 이 연립부등식은 해가 없다.

    ⓐ, ⓑ에서 $a>0$일 때는 주어진 조건을 만족시키지 않는다.

(iii) $a<0$, 즉 $x\leq a$일 때

주어진 연립부등식을 만족시키는 정수 x가 4개가 되려면 오른쪽 그림과 같이 x의 값은 -4, -3, -2, -1이어야 하므로 $-1\leq a<0$

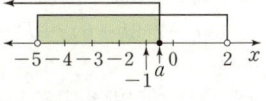

즉 조건을 만족시키는 정수 a의 값은 -1이다.

(i), (ii), (iii)에서 조건을 만족시키는 정수 a의 값은 -1이다.

1056 답 ①

이차방정식 $f(x)=0$, 즉 $x^2+x-2=0$에서
$(x+2)(x-1)=0$ ∴ $x=-2$ 또는 $x=1$

(i) $x<-2$ 또는 $x>1$일 때

부등식 $g(x)>m(x-1)$의 해가 $-5<x<1$이 되려면 이 범위에서는 부등식의 해가 $-5<x<-2$이어야 한다.
$f(x)>0$이므로
$$g(x)=\frac{f(x)-2f(x)}{3}=-\frac{f(x)}{3}$$
$g(x)>m(x-1)$에서 $-\frac{f(x)}{3}>mx-m$
$f(x)<-3mx+3m$, $x^2+x-2<-3mx+3m$
$x^2+(3m+1)x-3m-2<0$
∴ $(x+3m+2)(x-1)<0$ …… ㉠
부등식의 해가 $-5<x<-2$이어야 하므로 ㉠을 수직선 위에 나타내면 오른쪽 그림과 같아야 한다.

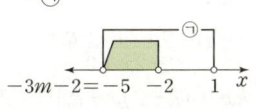

즉, $-3m-2=-5$이므로
$m=1$

(ii) $-2\leq x\leq 1$일 때

부등식 $g(x)>m(x-1)$의 해가 $-5<x<1$이 되려면 이 범위에서는 부등식의 해가 $-2\leq x<1$이어야 한다.
$f(x)\leq 0$이므로
$$g(x)=\frac{-f(x)-2f(x)}{3}=-f(x)$$
$g(x)>m(x-1)$에서 $-f(x)>mx-m$
$x^2+x-2<-mx+m$, $x^2+(m+1)x-m-2<0$
∴ $(x+m+2)(x-1)<0$ …… ㉡
부등식의 해가 $-2\leq x<1$이어야 하므로 ㉡을 수직선 위에 나타내면 오른쪽 그림과 같아야 한다.

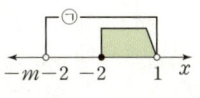

즉, $-m-2<-2$이므로 $m>0$

(i), (ii)에서 공통부분을 구하면
$m=1$

1057 답 10

이차방정식 $ax^2+2(k-a)x-k+7a=0$이 실근을 가지므로 이 이차방정식의 판별식을 D_1이라 하면 $D_1\geq 0$이어야 한다. 즉,
$$\frac{D_1}{4}=(k-a)^2-a(-k+7a)\geq 0$$
$k^2-ak-6a^2\geq 0$
$(k+2a)(k-3a)\geq 0$
∴ $k\leq -2a$ 또는 $k\geq 3a$ ($\because a>0$) …… ㉠

또한, x에 대한 이차방정식 $x^2-3kx+2k^2+k+8=0$이 허근을 가지므로 이 이차방정식의 판별식을 D_2라 하면 $D_2<0$이어야 한다. 즉,
$$D_2=(-3k)^2-4\times 1\times(2k^2+k+8)<0$$
$k^2-4k-32<0$
$(k+4)(k-8)<0$
∴ $-4<k<8$ …… ㉡

주어진 조건을 만족시키는 정수 k가 5개이므로 ㉠, ㉡을 수직선 위에 나타내면 오른쪽 그림과 같아야 한다.

즉, $-4<k\leq -2a$, $3a\leq k<8$을 만족시키는 정수 k가 5개이다.
이 두 부등식을 만족시키는 정수의 개수를 각각 m, n이라 하면

(i) $m=0$, $n=5$일 때
    $-2a<-3$에서 $a>\dfrac{3}{2}$ …… ㉢
    $2<3a\leq 3$에서 $\dfrac{2}{3}<a\leq 1$ …… ㉣
    ㉢, ㉣의 공통부분은 없으므로 실수 a의 값은 존재하지 않는다.

(ii) $m=1$, $n=4$일 때
    $-3\leq -2a<-2$에서 $1<a\leq \dfrac{3}{2}$ …… ㉤
    $3<3a\leq 4$에서 $1<a\leq \dfrac{4}{3}$ …… ㉥
    ㉤, ㉥의 공통부분을 구하면
    $1<a\leq \dfrac{4}{3}$

(iii) $m\geq 2$일 때
    $m=2$이면 $n=3$이므로
    $-2\leq -2a<-1$에서 $\dfrac{1}{2}<a\leq 1$ …… ㉦
    $4<3a\leq 5$에서 $\dfrac{4}{3}<a\leq \dfrac{5}{3}$ …… ㉧
    ㉦, ㉧의 공통부분은 없으므로 실수 a의 값은 존재하지 않는다.
    같은 방법으로 $m=3$, $m=4$, $m=5$인 경우도 실수 a의 값은 존재하지 않는다.

(i), (ii), (iii)에서 조건을 만족시키는 실수 a의 값의 범위는
$1<a\leq \dfrac{4}{3}$이므로
$30<30a\leq 40$
따라서 정수 $30a$는 31, 32, 33, $\cdots$, 40이므로 양의 실수 a의 개수는 10이다.

1058 답 $-2 \le x \le 1$

$|x^2-2x+2|$에서 $x^2-2x+2=(x-1)^2+1 \ge 1$이므로
$|x^2-2x+2|=x^2-2x+2$

----- ❶

즉, $x^2-2x+2 \ge 2x^2-1+|x-1|$에서

(i) $x<1$일 때
$x-1<0$이므로 $x^2-2x+2 \ge 2x^2-1-(x-1)$
$x^2+x-2 \le 0$, $(x+2)(x-1) \le 0$
$\therefore -2 \le x \le 1$
그런데 $x<1$이므로 $-2 \le x <1$

----- ❷

(ii) $x \ge 1$일 때
$x-1 \ge 0$이므로 $x^2-2x+2 \ge 2x^2-1+x-1$
$x^2+3x-4 \le 0$, $(x+4)(x-1) \le 0$
$\therefore -4 \le x \le 1$
그런데 $x \ge 1$이므로 $x=1$

----- ❸

(i), (ii)에서 주어진 부등식의 해는
$-2 \le x \le 1$

----- ❹

채점 기준	배점 비율
❶ $\|x^2-2x+2\|=x^2-2x+2$임을 알기	20%
❷ $x<1$일 때, 주어진 부등식의 해 구하기	30%
❸ $x \ge 1$일 때, 주어진 부등식의 해 구하기	30%
❹ 주어진 부등식을 만족시키는 실수 x의 값의 범위 구하기	20%

1059 답 $\dfrac{10}{3}<a<5$

$\overline{AQ}=a$이므로 $\overline{TP}=a$, $\overline{QB}=5-a$이고
$0<a<5$ ⋯⋯ ㉠
이때 마름모 ABCD와 사각형 AQPT는 서로 닮음이므로 마름모 ABCD의 높이를 h라 하면 사각형 AQPT의 높이는 $\dfrac{a}{5}h$이다.

즉, 사각형 QBRP의 높이도 $\dfrac{a}{5}h$이고 사각형 TPSD의 높이는
$h-\dfrac{a}{5}h$이다.

----- ❶

사각형 AQPT의 넓이는 $a \times \dfrac{a}{5}h=\dfrac{a^2}{5}h$

사각형 QBRP의 넓이는 $(5-a) \times \dfrac{a}{5}h=\dfrac{(5-a)a}{5}h$

사각형 TPSD의 넓이는 $a \times \left(h-\dfrac{a}{5}h\right)=\dfrac{(5-a)a}{5}h$

----- ❷

사각형 AQPT의 넓이가 두 사각형 QBRP, TPSD의 넓이의 합보다 크므로
$\dfrac{a^2}{5}h>\dfrac{(5-a)a}{5}h+\dfrac{(5-a)a}{5}h$, $a^2>2(5-a)a$ $(\because h>0)$
$3a^2-10a>0$, $a(3a-10)>0$
$\therefore a<0$ 또는 $a>\dfrac{10}{3}$ ⋯⋯ ㉡

----- ❸

㉠, ㉡의 공통부분을 구하면 $\dfrac{10}{3}<a<5$

----- ❹

채점 기준	배점 비율
❶ 사각형 ABCD의 높이를 h라 할 때, 두 사각형 QBRP, TPSD의 높이를 h를 이용하여 나타내기	30%
❷ 세 사각형 AQPT, QBRP, TPSD의 넓이를 a, b를 이용하여 각각 나타내기	30%
❸ 사각형 AQPT의 넓이가 두 사각형 QBRP, TPSD의 넓이의 합보다 크도록 하는 실수 a의 값의 범위 구하기	30%
❹ 조건을 만족시키는 실수 a의 값의 범위 구하기	10%

1060 답 4

> $4y=k-2x$를 이용해서 풀어도 답은 같지만 식 정리가 복잡해진다.

$2x+4y=k$ (k는 실수)라 하면 $2x=k-4y$
$2x=k-4y$를 $4x^2+10y^2+4xy-12y-3=0$에 대입하면
$(k-4y)^2+10y^2+2y(k-4y)-12y-3=0$
$\therefore 18y^2-2(3k+6)y+k^2-3=0$ ⋯⋯ ㉠

----- ❶

y에 대한 이차방정식 ㉠이 실근을 가지려면 ㉠의 판별식을 D라 할 때, $D \ge 0$이어야 한다. 즉,
$\dfrac{D}{4}=\{-(3k+6)\}^2-18 \times (k^2-3) \ge 0$
$-9k^2+36k+90 \ge 0$, $k^2-4k-10 \le 0$
이때 이차방정식 $k^2-4k-10=0$의 두 근이 $k=2\pm\sqrt{14}$ 이므로
$2-\sqrt{14} \le k \le 2+\sqrt{14}$

----- ❷

따라서 $k=2x+4y$의 최댓값은 $2+\sqrt{14}$, 최솟값은 $2-\sqrt{14}$이므로 그 합은
$(2+\sqrt{14})+(2-\sqrt{14})=4$

----- ❸

채점 기준	배점 비율
❶ $2x+4y=k$ (k는 실수)라 하고 주어진 방정식을 y에 대한 이차방정식으로 나타내기	40%
❷ 조건을 만족시키는 k의 값의 범위 구하기	40%
❸ $2x+4y$의 최댓값과 최솟값의 합 구하기	20%

1061 답 3

$x^2+2x+3=(x+1)^2+2 \ge 2$
이므로
$\dfrac{kx^2+(k+2)x+k+1}{x^2+2x+3}<2$의 양변에 x^2+2x+3을 곱하면
$kx^2+(k+2)x+k+1<2(x^2+2x+3)$
$\therefore (k-2)x^2+(k-2)x+k-5<0$ ⋯⋯ ㉠

----- ❶

㉠에서
(i) $k=2$일 때
$-3<0$이므로 부등식은 항상 성립한다.

----- ❷

(ii) $k \ne 2$일 때
모든 실수 x에 대하여 주어진 부등식이 항상 성립하려면
$k<2$ ⋯⋯ ㉡
이어야 하고, 이차방정식 $(k-2)x^2+(k-2)x+k-5=0$의 판별식을 D라 할 때, $D<0$이어야 한다. 즉,
$D=(k-2)^2-4(k-2)(k-5)<0$, $(k-2)(-3k+18)<0$
$(k-2)(k-6)>0$ $\therefore k<2$ 또는 $k>6$ ⋯⋯ ㉢
㉡, ㉢의 공통부분을 구하면 $k<2$

----- ❸

(i), (ii)에서 조건을 만족시키는 실수 k의 값의 범위는
$k \leq 2$
따라서 자연수 k의 값은 1, 2이므로 그 합은
$1+2=3$

·· ❹

채점 기준	배점 비율
❶ 주어진 부등식을 (이차식)<0 꼴로 정리하기	30%
❷ $k=2$일 때, 주어진 부등식이 항상 성립함을 보이기	20%
❸ $k \neq 2$일 때, 주어진 부등식이 항상 성립하도록 하는 실수 k의 값의 범위 구하기	30%
❹ 모든 자연수 k의 값의 합 구하기	20%

1062 답 4

주어진 연립부등식의 해가 $1<x<b$이므로 $x=1$은 방정식
$x^2-ax=0$의 근이거나 방정식 $x^2-4x+7-2a=0$의 근이다.

·· ❶

(i) $x=1$이 방정식 $x^2-ax=0$의 근일 때
$x=1$을 $x^2-ax=0$에 대입하면
$1-a=0$ ∴ $a=1$
$a=1$을 $x^2-4x+7-2a<0$에 대입하면
$x^2-4x+5<0$
이차방정식 $x^2-4x+5=0$의 판별식을 D라 하면
$\dfrac{D}{4}=(-2)^2-1\times 5<0$이므로 부등식 $x^2-4x+7-2a<0$은
실수인 해를 갖지 않는다.
즉, $x=1$은 방정식 $x^2-ax=0$의 근이 아니다.

·· ❷

(ii) $x=1$이 방정식 $x^2-4x+7-2a=0$의 근일 때
$x=1$을 $x^2-4x+7-2a=0$에 대입하면
$1-4+7-2a=0$, $2a=4$ ∴ $a=2$
$a=2$를 $x^2-ax<0$에 대입하면
$x^2-2x<0$, $x(x-2)<0$
∴ $0<x<2$ ······ ㉠
또한, $a=2$를 $x^2-4x+7-2a<0$에 대입하면
$x^2-4x+3<0$, $(x-1)(x-3)<0$
∴ $1<x<3$ ······ ㉡
㉠, ㉡의 공통부분을 구하면 $1<x<2$

·· ❸

(i), (ii)에서 주어진 연립부등식의 해는
$1<x<2$
따라서 $a=2$, $b=2$이므로
$a+b=2+2=4$

·· ❹

채점 기준	배점 비율
❶ $x=1$이 방정식 $x^2-ax=0$ 또는 $x^2-4x+7-2a=0$의 근임을 알기	20%
❷ $x=1$이 방정식 $x^2-ax=0$의 근이 아님을 알기	35%
❸ $x=1$이 방정식 $x^2-4x+7-2a=0$의 근일 때, 실수 x의 값의 범위 구하기	35%
❹ $a+b$의 값 구하기	10%

10 경우의 수와 순열

본문 172쪽

STEP 1 개념 체크

1063 답 8
이온 음료 중 하나를 선택하는 경우의 수는 3, 과일 음료 중 하나를 선택하는 경우의 수는 5이므로 구하는 경우의 수는
$3+5=8$

1064 답 15
버스, 고속열차, 비행기 중 육로로 이동하는 교통수단은 버스와 고속열차이고, 이것을 선택하는 경우의 수는 각각 10, 5이므로 구하는 교통편의 개수는
$10+5=15$

1065 답 25
두 수의 곱이 홀수이려면 두 수가 모두 홀수이어야 한다.
10보다 작은 홀수는 1, 3, 5, 7, 9의 5개이므로 두 수의 곱이 홀수인 경우는
$5\times 5=25$

1066 답 6
A 지점에서 B 지점으로 가는 방법의 수는 3 → 길이 3개이므로
B 지점에서 C 지점으로 가는 방법의 수는 2 → 길이 2개이므로
따라서 A 지점에서 C 지점으로 가는 방법의 수는
<u>$3\times 2=6$</u> → A 지점에서 C 지점으로 가려면 반드시 B 지점을 지나야 한다.

1067 답 60
$5\times 4\times 3=60$

1068 답 6
$3\times 2\times 1=6$

1069 답 1
$_4P_0=1$

1070 답 120
$5!=5\times 4\times 3\times 2\times 1=120$

1071 답 7
$_nP_2=n(n-1)$이므로 $_nP_2=42$에서
$n(n-1)=42=7\times 6$ ∴ $n=7$

[다른 풀이] → n이 2 이상인 자연수이므로 $n(n-1)$은 연속된 두 자연수의 곱이다.
$n(n-1)=42$, $n^2-n-42=0$
$(n+6)(n-7)=0$ ∴ $n=7$ (∵ $n\geq 2$)
→ $_nP_2$에서 $n\geq 2$

1072 답 3
$120=6\times 5\times 4$이므로 $_6P_3=120$ ∴ $r=3$

1073 답 4

$24=4\times3\times2\times1$이므로

$_4P_4=24$ ∴ $n=4$

1074 답 6

$720=6\times5\times4\times3\times2\times1$이므로

$6!=720$ ∴ $n=6$

1075 답 20

구하는 경우의 수는 학생 5명 중에서 2명을 선택하여 일렬로 나열하는 경우의 수와 같으므로

$_5P_2=5\times4=20$

1076 답 210

구하는 경우의 수는 서로 다른 과일 7개 중에서 3개를 선택하여 일렬로 나열하는 경우의 수와 같으므로

$_7P_3=7\times6\times5=210$

1077 답 12

구하는 횟수는 학생 4명 중에서 2명을 선택하여 각각 공격과 수비로 지정하는 경우의 수와 같으므로

$_4P_2=4\times3=12$

STEP 2 유형 마스터

본문 173~188쪽

1078 답 ⑤

1079 답 ③

두 주사위에서 나오는 눈의 수를 각각 a, b라 하고, 순서쌍 (a, b)로 나타내면

(i) 눈의 수의 합이 4인 경우

　　$(1, 3)$, $(2, 2)$, $(3, 1)$의 3가지

(ii) 눈의 수의 합이 8인 경우

　　$(2, 6)$, $(3, 5)$, $(4, 4)$, $(5, 3)$, $(6, 2)$의 5가지

(iii) 눈의 수의 합이 12인 경우 →두 주사위의 눈의 수의 합은 12 이하

　　$(6, 6)$의 1가지　　　　　　이므로 12까지만 생각하면 된다.

(i), (ii), (iii)에서 구하는 경우의 수는

$3+5+1=9$

1080 답 ⑤

두 상자 A, B에서 꺼낸 두 공에 적혀 있는 수를 각각 a, b라 하고, 순서쌍 (a, b)로 나타내면

(i) 두 수의 곱이 1인 경우

　　$(1, 1)$의 1가지

(ii) 두 수의 곱이 2인 경우

　　$(1, 2)$, $(2, 1)$의 2가지

(iii) 두 수의 곱이 3인 경우

　　$(1, 3)$, $(3, 1)$의 2가지

(iv) 두 수의 곱이 4인 경우

　　$(1, 4)$, $(2, 2)$, $(4, 1)$의 3가지

(v) 두 수의 곱이 5인 경우는 없다.

(vi) 두 수의 곱이 6인 경우

　　$(2, 3)$, $(3, 2)$의 2가지

(i)~(vi)에서 구하는 경우의 수는

$1+2+2+3+0+2=10$

1081 답 20

→꽃병 A에 꽂을 꽃을 기준으로 경우를 나누어 생각한다.

(i) 꽃병 A에 장미를 꽂을 경우

　　꽃병 B에 꽂을 꽃 9송이 중 카네이션이 b송이, 백합이 c송이라 하고, 순서쌍 (b, c)로 나타내면 가능한 경우는

　　$(1, 8)$, $(2, 7)$, $(3, 6)$, $(4, 5)$, $(5, 4)$, $(6, 3)$의 6가지

(ii) 꽃병 A에 카네이션을 꽂을 경우

　　꽃병 B에 꽂을 꽃 9송이 중 장미가 a송이, 백합이 c송이라 하고, 순서쌍 (a, c)로 나타내면 가능한 경우는

　　$(1, 8)$, $(2, 7)$, $(3, 6)$, $(4, 5)$, $(5, 4)$, $(6, 3)$, $(7, 2)$, $(8, 1)$의 8가지

(iii) 꽃병 A에 백합을 꽂을 경우

　　꽃병 B에 꽂을 꽃 9송이 중 장미가 a송이, 카네이션이 b송이라 하고, 순서쌍 (a, b)로 나타내면 가능한 경우는

　　$(3, 6)$, $(4, 5)$, $(5, 4)$, $(6, 3)$, $(7, 2)$, $(8, 1)$의 6가지

(i), (ii), (iii)에서 구하는 경우의 수는

$6+8+6=20$

1082 답 ④

1부터 100까지의 자연수 중

(i) 2로 나누어떨어지는 수, 즉 2의 배수는

　　2, 4, 6, …, 100의 50개

(ii) 5로 나누어떨어지는 수, 즉 5의 배수는

　　5, 10, 15, …, 100의 20개

(iii) 2와 5로 나누어떨어지는 수, 즉 10의 배수는

　　10, 20, 30, …, 100의 10개 →2와 5의 최소공배수

(i), (ii), (iii)에서 구하는 경우의 수는

$50+20-10=60$

> 😊 선생님 톡톡
>
> 2, 4, 6, 8, 10, 12, 14, 16, 18, 20, …, 100
> 5, 10, 15, 20, …, 100
> 이처럼 (i)과 (ii)에서 10의 배수가 중복되므로 중복되는 경우의 수를 빼 줘야 해.

1083 답 ①

1084 답 ⑤

100원짜리 사탕의 개수를 x, 200원짜리 사탕의 개수를 y, 400원짜리 사탕의 개수를 z라 하면

$100x+200y+400z=1500$ →1500원을 모두 사용하여야 하므로

∴ $x+2y+4z=15$ ……㉠

즉, 구하는 경우의 수는 방정식 ㉠을 만족시키는 자연수 x, y, z의 순서쌍 (x, y, z)의 개수와 같다. →세 종류의 사탕을 한 개

(i) $z=1$일 때 →z의 계수의 절댓값이 가장 크므로 먼저　이상씩 구입해야 하므로

　　　　　z에 1, 2, 3, …을 각각 대입한다.

　$x+2y+4\times1=15$, 즉 $x+2y=11$이므로

　순서쌍 (x, y, z)의 개수는 →y의 계수의 절댓값이 더 크므로 먼저

　　　　　　　　　　　　y에 1, 2, 3, …을 각각 대입한다.

　$(9, 1, 1)$, $(7, 2, 1)$, $(5, 3, 1)$, $(3, 4, 1)$, $(1, 5, 1)$의 5가지

(ii) $z=2$일 때

$x+2y+4\times2=15$, 즉 $x+2y=7$이므로

순서쌍 (x, y, z)의 개수는

$(5, 1, 2), (3, 2, 2), (1, 3, 2)$의 3가지

(iii) $z=3$일 때

$x+2y+4\times3=15$, 즉 $x+2y=3$이므로

순서쌍 (x, y, z)의 개수는

$(1, 1, 3)$의 1가지

(i), (ii), (iii)에서 방정식 ㉠을 만족시키는 자연수 x, y, z의 순서쌍 (x, y, z)의 개수는

$5+3+1=9$

이므로 구하는 경우의 수는 9이다.

1085 답 ②

(i) $y=1$일 때 → y의 계수의 절댓값이 더 크므로 먼저 y에 1, 2를 대입한다.

$x+3\times1\leq8$, 즉 $x\leq5$를 만족시키는 자연수 x는

1, 2, 3, 4, 5의 5개

(ii) $y=2$일 때

$x+3\times2\leq8$, 즉 $x\leq2$를 만족시키는 자연수 x는

1, 2의 2개

(i), (ii)에서 구하는 순서쌍 (x, y)의 개수는

$5+2=7$

다른 풀이

(i) $x+3y=4$일 때, 순서쌍 (x, y)의 개수는

$(1, 1)$의 1가지

(ii) $x+3y=5$일 때, 순서쌍 (x, y)의 개수는

$(2, 1)$의 1가지

(iii) $x+3y=6$일 때, 순서쌍 (x, y)의 개수는

$(3, 1)$의 1가지

(iv) $x+3y=7$일 때, 순서쌍 (x, y)의 개수는

$(4, 1), (1, 2)$의 2가지

(v) $x+3y=8$일 때, 순서쌍 (x, y)의 개수는

$(5, 1), (2, 2)$의 2가지

(i)~(v)에서 구하는 순서쌍 (x, y)의 개수는

$1+1+1+2+2=7$

1086 답 ①

지우개의 개수를 x, 연필의 개수를 y라 하면

$200x+300y\leq900$

$\therefore 2x+3y\leq9$ ㉠

즉, 구하는 경우의 수는 부등식 ㉠을 만족시키는 음이 아닌 정수 x, y의 순서쌍 (x, y)의 개수에서 $(0, 0)$일 때를 빼는 것과 같다. [아무것도 구입하지 않는 경우 / 구입하지 않을 때의 개수가 0이므로]

(i) $y=0$일 때 → y의 계수의 절댓값이 더 크므로 먼저 y에 0, 1, 2, 3을 대입한다.

$2x+3\times0\leq9$, 즉 $x\leq\dfrac{9}{2}$를 만족시키는 음이 아닌 정수 x는

0, 1, 2, 3, 4의 5개

(ii) $y=1$일 때

$2x+3\times1\leq9$, 즉 $x\leq3$을 만족시키는 음이 아닌 정수 x는

0, 1, 2, 3의 4개

(iii) $y=2$일 때

$2x+3\times2\leq9$, 즉 $x\leq\dfrac{3}{2}$을 만족시키는 음이 아닌 정수 x는

0, 1의 2개

(iv) $y=3$일 때

$2x+3\times3\leq9$, 즉 $x\leq0$을 만족시키는 음이 아닌 정수 x는

0의 1개

이때 (i)의 $x=0$, $y=0$일 때, 즉 아무것도 구입하지 않는 경우는 제외해야 한다.

따라서 부등식 ㉠을 만족시키는 음이 아닌 정수 x, y의 순서쌍 (x, y)의 개수는

$5+4+2+1-1=11$

이므로 구하는 경우의 수는 11이다.

> **선생님 톡톡**
>
> 1084번과 차이점이 느껴지니? 1084번은 세 종류의 사탕을 각각 한 개 이상씩 구입해야 하니까 x, y, z가 자연수이어야 하고, 이 문제는 구입하지 않는 물건, 즉 0이 있어도 되니까 x, y가 음이 아닌 정수인 거야. 이처럼 x, y가 자연수인지 음이 아닌 정수인지에 따라 순서쌍의 개수가 달라지니까 문제의 조건을 정확히 판단해야 해.

1087 답 ①

$y=x^2-ax+4$, $y=b$에서 $x^2-ax+4=b$

$\therefore x^2-ax-b+4=0$ ㉠

이때 이차함수 $y=x^2-ax+4$의 그래프와 직선 $y=b$가 서로 만나지 않아야 하므로 이차방정식 ㉠의 판별식을 D라 하면 $D<0$이어야 한다. 즉, → 이차방정식 ㉠이 실근을 갖지 않아야 한다.

$D=(-a)^2-4\times1\times(-b+4)<0$ $\therefore a^2+4b<16$

(i) $b=1$일 때

$a^2+4\times1<16$, 즉 $a^2<12$를 만족시키는 자연수 a는

1, 2, 3의 3개

(ii) $b=2$일 때

$a^2+4\times2<16$, 즉 $a^2<8$을 만족시키는 자연수 a는

1, 2의 2개

(iii) $b=3$일 때

$a^2+4\times3<16$, 즉 $a^2<4$를 만족시키는 자연수 a는

1의 1개

(i), (ii), (iii)에서 구하는 순서쌍 (a, b)의 개수는

$3+2+1=6$

1088 답 ①

1089 답 ②

조건 (가)에서 두 자리의 자연수가 2의 배수이므로 일의 자리 수는 0 또는 2의 배수이어야 한다.

즉, 일의 자리 수가 될 수 있는 수는

0, 2, 4, 6, 8의 5개

조건 (나)에 의하여 십의 자리 수가 될 수 있는 수는

1, 2, 3, 6의 4개

따라서 구하는 두 자리의 자연수의 개수는

$5\times4=20$

> **해설 속 칠판** 배수 판정법
>
> (1) 2의 배수: 일의 자리 수가 0 또는 2 또는 4 또는 6 또는 8인 수
> (2) 3의 배수: 각 자리의 수의 합이 3의 배수인 수
> (3) 4의 배수: 끝의 두 자리의 수가 4의 배수 또는 00인 수
> (4) 5의 배수: 일의 자리 수가 0 또는 5인 수
> (5) 6의 배수: (1)과 (2)를 만족시키는 수, 즉 2의 배수이면서 3의 배수인 수
> (6) 8의 배수: 끝의 세 자리의 수가 8의 배수 또는 000인 수
> (7) 9의 배수: 각 자리의 수의 합이 9의 배수인 수

1090 답 ③

서로 다른 상의 3벌 중에서 한 벌을 선택하는 경우는 3가지
서로 다른 하의 4벌 중에서 한 벌을 선택하는 경우는 4가지
서로 다른 모자 n개 중에서 한 개를 선택하는 경우는 n가지
이때 상의, 하의, 모자를 하나씩 선택하는 경우의 수가 36이므로
$3 \times 4 \times n = 36$
$12n = 36$ ∴ $n = 3$

1091 답 ⑤

$(a+b+c)(x+y+z)$에서 3개의 문자 a, b, c에 곱해지는 항이 각각 x, y, z의 3개이므로 구하는 항의 개수는
$3 \times 3 = 9$ → 전개했을 때 동류항이 존재하지 않는다.

1092 답 ②

(홀수)+(짝수)=(홀수) 또는 (짝수)+(홀수)=(홀수)이므로
(i) 첫 번째는 홀수, 두 번째는 짝수의 눈이 나오는 경우의 수
  홀수의 눈이 나오는 경우는 1, 3, 5의 3가지이고,
  짝수의 눈이 나오는 경우는 2, 4, 6의 3가지이므로
  $3 \times 3 = 9$ → 곱의 법칙
(ii) 첫 번째는 짝수, 두 번째는 홀수의 눈이 나오는 경우의 수
  (i)과 같은 방법으로 9
(i), (ii)에서 구하는 경우의 수는
$9 + 9 = 18$ → 합의 법칙

1093 답 12

1094 답 ①

120을 소인수분해하면
$120 = 2^3 \times 3 \times 5$
2^3의 약수는 1, 2, 2^2, 2^3의 4개
3의 약수는 1, 3의 2개
5의 약수는 1, 5의 2개
이 중에서 각각 하나씩 택하여 곱한 수는 모두 120의 약수가 되므로 120의 약수의 개수는
$4 \times 2 \times 2 = 16$

1095 답 3

$15 = 3 \times 5$
→ 약수의 개수는 $(p+1)(q+1)(r+1)\cdots$이므로 2 이상의 자연수의 곱으로 이루어져 있다.
이고, 3과 5는 모두 소수이므로 곱하여 15가 되는 2 이상의 자연수는 3과 5뿐이다.
이때 $3 = 2+1$, $5 = 4+1$이고, $48 = 2^4 \times 3$이므로
$N \times 48 = 2^4 \times 3^2$이어야 한다.
∴ $N = 3$

1096 답 ⑤

480을 소인수분해하면
$480 = 2^5 \times 3 \times 5$
2^5의 약수는 1, 2, 2^2, 2^3, 2^4, 2^5의 6개
3의 약수는 1, 3의 2개
5의 약수는 1, 5의 2개
이때 480의 약수가 짝수이려면 2의 배수이어야 한다.
즉, 2^5의 약수 중에서 1을 제외한 나머지 5개와 3의 약수, 5의 약수의 곱이어야 한다.

따라서 구하는 짝수의 개수는
$(6-1) \times 2 \times 2 = 20$

다른 풀이

$480 = 2^5 \times 3 \times 5$이므로 480의 약수 중 짝수의 개수는 $2^4 \times 3 \times 5$의 약수의 개수와 같다. → $2^4 \times 3 \times 5$의 약수에 2를 곱하면 480의 짝수인 약수이다.
∴ $(4+1) \times (1+1) \times (1+1) = 20$

1097 답 ②

두 수 504, 756이 모두 자연수가 되게 하는 자연수 n은 두 수 504, 756의 공약수이고, 이는 두 수 504, 756의 최대공약수의 약수이다.
$504 = 2^3 \times 3^2 \times 7$, $756 = 2^2 \times 3^3 \times 7$
이므로 두 수 504, 756의 최대공약수는 $2^2 \times 3^2 \times 7$이다.
이때 $\dfrac{504}{n} = \dfrac{2^3 \times 3^2 \times 7}{n}$은 항상 짝수이므로 n이 $2^2 = 4$의 배수이어야만 $\dfrac{756}{n} = \dfrac{2^2 \times 3^3 \times 7}{n}$이 홀수가 되어 조건을 만족시킨다.
따라서 n은 $3^2 \times 7$의 공약수에 4를 곱한 값이어야 하므로 조건을 만족시키는 모든 자연수 n의 개수는
$(2+1) \times (1+1) = 6$

1098 답 ⑤

1099 답 ③

(i) A → B → C로 가는 방법의 수
  $3 \times 2 = 6$
(ii) A → D → C로 가는 방법의 수
  $3 \times 4 = 12$
(i), (ii)에서 구하는 방법의 수는
$6 + 12 = 18$

1100 답 ②

(i) A → B → C로 가는 방법의 수
  $2 \times 3 = 6$ → D 도시를 거치지 않는다.
(ii) A → B → D → C로 가는 방법의 수
  $2 \times 2 \times 4 = 16$
(iii) A → D → C로 가는 방법의 수
  $3 \times 4 = 12$ → B 도시를 거치지 않는다.
(iv) A → D → B → C로 가는 방법의 수
  $3 \times 2 \times 3 = 18$
(i)~(iv)에서 구하는 방법의 수는
$6 + 16 + 12 + 18 = 52$

1101 답 ②

오른쪽 그림과 같이 두 개의 중간 지점을 각각 P, Q라 하면 현겸이와 지율이가 이동 중에 중간 지점에서 만나지 않는 방법은 다음과 같다.
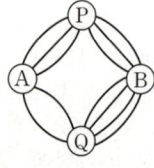
(i) 현겸이는 A → P → B로,
  지율이는 B → Q → A로 이동하는 방법
  현겸이가 이동하는 방법의 수는 $3 \times 3 = 9$
  지율이가 이동하는 방법의 수는 $4 \times 2 = 8$
  ∴ $9 \times 8 = 72$ → 현겸이와 지율이가 동시에 이동하므로 곱의 법칙

(ii) 현겸이는 A → Q → B로, 지율이는 B → P → A로 이동하는 방법

현겸이가 이동하는 방법의 수는 $2 \times 4 = 8$

지율이가 이동하는 방법의 수는 $3 \times 3 = 9$

∴ $8 \times 9 = 72$ → 현겸이와 지율이가 동시에 이동하므로 곱의 법칙

(i), (ii)에서 구하는 방법의 수는 $72 + 72 = 144$

1102 답 ③
→ B 지점을 지나지 않는다.

(i) A → C → A로 가는 방법의 수

$2 \times 1 = 2$ → 한 번 지나간 길은 다시 지나지 않으므로

(ii) A → B → C → A로 가는 방법의 수

$5 \times 3 \times 2 = 30$ → B 지점을 지나지 않는다.

(iii) A → C → B → A로 가는 방법의 수

$2 \times 3 \times 5 = 30$ → B 지점을 지나지 않는다.

(iv) A → B → C → B → A로 가는 방법의 수

$5 \times 3 \times 2 \times 4 = 120$ → 한 번 지나간 길은 다시 지나지 않으므로

(i)~(iv)에서 구하는 방법의 수는 $2 + 30 + 30 + 120 = 182$

1103 답 ⑤

1104 답 ①

100원짜리 동전이 3개이므로 모두 모아도 500원 미만이며, 500원짜리 동전이 5개이므로 모두 모아도 5000원 미만이다.

즉, 주어진 동전 및 지폐로 지불할 수 있는 금액의 수는 지불할 수 있는 방법의 수와 같다.

100원짜리 동전 3개로 지불할 수 있는 방법은

0개, 1개, 2개, 3개의 4가지

500원짜리 동전 5개로 지불할 수 있는 방법은

0개, 1개, 2개, 3개, 4개, 5개의 6가지

5000원짜리 지폐 2장으로 지불할 수 있는 방법은

0장, 1장, 2장의 3가지

이때 0원을 지불하는 경우는 제외해야 하므로 지불할 수 있는 방법의 수는

$4 \times 6 \times 3 - 1 = 71$

따라서 구하는 금액의 수는 71이다.

1105 답 ②

(i) 지불할 수 있는 방법의 수

1000원짜리 지폐 4장으로 지불할 수 있는 방법은

0장, 1장, 2장, 3장, 4장의 5가지

5000원짜리 지폐 2장으로 지불할 수 있는 방법은

0장, 1장, 2장의 3가지

10000원짜리 지폐 1장으로 지불할 수 있는 방법은

0장, 1장의 2가지

이때 0원을 지불하는 경우는 제외해야 하므로 구하는 방법의 수는

$5 \times 3 \times 2 - 1 = 29$ ∴ $m = 29$

(ii) 지불할 수 있는 금액의 수

5000원짜리 지폐 2장으로 지불하는 금액과 10000원짜리 지폐 1장으로 지불하는 금액이 같으므로 10000원짜리 지폐 1장을 5000원짜리 지폐 2장으로 바꾸면 지불할 수 있는 금액의 수는 1000원짜리 지폐 4장과 5000원짜리 지폐 4장으로 지불할 수 있는 방법의 수와 같다. → (원래 있던 5000원짜리 지폐 2장)+㉠

1000원짜리 지폐 4장으로 지불할 수 있는 방법은

0장, 1장, 2장, 3장, 4장의 5가지

5000원짜리 지폐 4장으로 지불할 수 있는 방법은

0장, 1장, 2장, 3장, 4장의 5가지

이때 0원을 지불하는 경우는 제외해야 하므로 지불할 수 있는 방법의 수는

$5 \times 5 - 1 = 24$

즉, 구하는 금액의 수는 24이므로 $n = 24$

(i), (ii)에서 $m - n = 29 - 24 = 5$

선생님 톡톡

5000원짜리 지폐 2장과 10000원짜리 지폐 1장을 이용하여 지불할 수 있는 방법의 수와 금액의 수의 차이를 알아보자.

10000원＼5000원	0장	1장	2장
0장	0원	5000원	② 10000원
1장	① 10000원	15000원	20000원

이때 ①의 10000원은 10000원짜리 지폐 1장을 지불하는 방법이고,

②의 10000원은 5000원짜리 지폐 2장을 지불하는 방법이야.

즉, 지불하는 방법은 다르지만 지불하는 금액은 같아.

이처럼 같은 금액을 지불하는 경우가 중복되니까 10000원짜리 지폐를 5000원짜리 지폐 2장으로 생각하여 5000원짜리 지폐 4장으로 지불할 수 있는 방법의 수로 구해야 해.

1106 답 ②

100원짜리 동전 5개로 지불하는 금액과 500원짜리 동전 1개로 지불하는 금액이 같고, 500원짜리 동전 2개로 지불하는 금액과 1000원짜리 지폐 1장으로 지불하는 금액이 같다.

즉, 500원짜리 동전 3개와 1000원짜리 지폐 2장을 100원짜리 동전 35개로 바꾸면 지불할 수 있는 금액의 수는 100원짜리 동전 42개로 지불할 수 있는 방법의 수와 같다. → (원래 있던 100원짜리 동전 7개)+㉠

100원짜리 동전 42개로 지불할 수 있는 방법은

0개, 1개, 2개, …, 42개의 43가지

이때 0원을 지불하는 경우는 제외해야 하므로 지불할 수 있는 방법의 수는

$43 - 1 = 42$

따라서 구하는 금액의 수는 42이다.

1107 답 ①

주어진 동전으로 지불할 수 있는 방법의 수가 47이므로

$(2+1)(n+1)(1+1) - 1 = 47$, $6(n+1) - 1 = 47$

$n + 1 = 8$ ∴ $n = 7$

이때 50원짜리 동전 2개로 지불하는 금액과 100원짜리 동전 1개로 지불하는 금액이 같고, 100원짜리 동전 5개로 지불하는 금액과 500원짜리 동전 1개로 지불하는 금액이 같다.

즉, 100원짜리 동전 7개와 500원짜리 동전 1개를 50원짜리 동전 24개로 바꾸면 지불할 수 있는 금액의 수는 50원짜리 동전 26개로 지불할 수 있는 방법의 수와 같다. → (원래 있던 50원짜리 동전 2개)+㉠

50원짜리 동전 26개로 지불할 수 있는 방법은

0개, 1개, 2개, …, 26개의 27가지

이때 0원을 지불하는 경우는 제외해야 하므로 지불할 수 있는 방법의 수는

$27 - 1 = 26$

따라서 구하는 금액의 수는 26이다.

1108 답 ④

1109 답 ⑤

영역 A에 칠할 수 있는 색은 5가지

영역 B에 칠할 수 있는 색은 영역 A에 칠한 색을 제외한 4가지

영역 C에 칠할 수 있는 색은 영역 A와 영역 B에 칠한 색을 제외한 3가지

영역 D에 칠할 수 있는 색은 영역 A와 영역 C에 칠한 색을 제외한 3가지

따라서 구하는 방법의 수는 $5 \times 4 \times 3 \times 3 = 180$

1110 답 ②

행정구역 C에 칠할 수 있는 색은 4가지

행정구역 A에 칠할 수 있는 색은 행정구역 C에 칠한 색을 제외한 3가지

행정구역 B에 칠할 수 있는 색은 행정구역 A와 행정구역 C에 칠한 색을 제외한 2가지

행정구역 D에 칠할 수 있는 색은 행정구역 B와 행정구역 C에 칠한 색을 제외한 2가지

행정구역 E에 칠할 수 있는 색은 행정구역 C와 행정구역 D에 칠한 색을 제외한 2가지

따라서 구하는 방법의 수는 $4 \times 3 \times 2 \times 2 \times 2 = 96$

1111 답 84

(i) 두 영역 A, C에 같은 색을 칠하는 경우

영역 A에 칠할 수 있는 색은 4가지

영역 C에 칠할 수 있는 색은 영역 A와 같은 색이어야 하므로 1가지

영역 B에 칠할 수 있는 색은 영역 A와 영역 C에 칠한 색을 제외한 3가지 → 영역 A와 영역 C에 같은 색을 칠했으므로

영역 D에 칠할 수 있는 색은 영역 A와 영역 C에 칠한 색을 제외한 3가지

즉, 조건을 만족시키는 방법의 수는

$4 \times 1 \times 3 \times 3 = 36$

(ii) 두 영역 A, C에 서로 다른 색을 칠하는 경우

영역 A에 칠할 수 있는 색은 4가지

영역 C에 칠할 수 있는 색은 영역 A에 칠한 색을 제외한 3가지

영역 B에 칠할 수 있는 색은 영역 A와 영역 C에 칠한 색을 제외한 2가지

영역 D에 칠할 수 있는 색은 영역 A와 영역 C에 칠한 색을 제외한 2가지

즉, 조건을 만족시키는 방법의 수는

$4 \times 3 \times 2 \times 2 = 48$

(i), (ii)에서 구하는 방법의 수는 $36 + 48 = 84$

👨‍🏫 **선생님 톡톡**

이 문제처럼 인접한 영역 순으로 색을 칠하다 보면 두 면이 맞닿은 부분에서 몇 가지의 색을 칠할까 고민하게 되는 문제가 있어.

A, B, C, D 네 영역에 인접한 영역은 모두 2개이니까

A → B → C → D의 순서대로 칠한다고 하면 영역 A에 칠할 수 있는 색은 4가지, 영역 B는 3가지, 영역 C는 3가지, 그렇다면 영역 D는 몇 가지? 두 영역 A, C와 인접한 영역이니까 2가지?

아니야. 두 영역 A, C에 색칠된 색이 서로 다르면 2가지가 맞지만 색칠된 색이 서로 같으면 3가지야. 이렇게 상황에 따라 방법의 수가 다를 때 위의 해설과 같이 경우를 나누어 구하는 거야. 이 상황에서 추론해 보면 특정 영역(D)에 대해 인접한 두 영역 (A, C)가 서로 맞닿아 있지 않을 때 경우를 나누어 구한다고 생각할 수 있어.

그러면 **1108**번도 두 영역 B, D가 서로 인접하지 않으니 경우를 나누어야 할까 고민되지? 실제로 A → B → D → C의 순서로 칠한다고 할 때, 두 영역 B, D에 같은 색을 칠하는 방법의 수는 $4 \times 3 \times 1 \times 2 = 24$, 다른 색을 칠하는 방법의 수는 $4 \times 3 \times 2 \times 1 = 24$이므로 구하는 방법의 수는 $24 + 24 = 48$로 답은 같아.

그런데 경우를 나누지 않아도 되니까 순서대로 색칠하며 구하는 거야.

이해가 되니? 좀 더 어려운 **1112**번 문제를 통해 다시 한 번 고민해 봐.

1112 답 36

오른쪽 그림과 같이 각 영역을 A, B, C, D, E라 하면

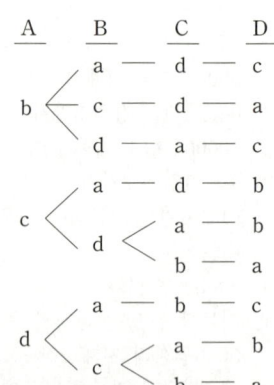

영역 A에 칠할 수 있는 색은 3가지

영역 B에 칠할 수 있는 색은 영역 A에 칠한 색을 제외한 2가지

영역 C에 칠할 수 있는 색은 영역 B에 칠한 색을 제외한 2가지

(i) 두 영역 C, D에 같은 색을 칠하는 경우

영역 D에 칠할 수 있는 색은 영역 C와 같은 색이어야 하므로 1가지

영역 E에 칠할 수 있는 색은 영역 C, D에 칠한 색을 제외한 2가지

즉, 조건을 만족시키는 방법의 수는

$1 \times 2 = 2$

(ii) 두 영역 C, D에 서로 다른 색을 칠하는 경우

영역 D에 칠할 수 있는 색은 영역 B, C에 칠한 색을 제외한 1가지

영역 E에 칠할 수 있는 색은 영역 C, D에 칠한 색을 제외한 1가지

즉, 조건을 만족시키는 방법의 수는

$1 \times 1 = 1$

(i), (ii)에서 구하는 방법의 수는

$3 \times 2 \times 2 \times (2 + 1) = 36$

1113 답 9

1114 답 9

네 명의 학생을 각각 A, B, C, D 라 하고, A, B, C, D가 준비한 선물을 각각 a, b, c, d라 하자.

네 명의 학생 A, B, C, D가 선물 a, b, c, d를 조건을 만족시키도록 나누어 갖는 경우를 수형도로 나타내면 오른쪽과 같다.

따라서 구하는 경우의 수는 9이다.

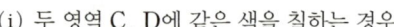

A	B	C	D
b	a	d	c
	c	d	a
	d	a	c
c	a	d	b
	d	a	b
		b	a
d	a	b	c
	c	a	b
		b	a

1115 답 ②

A, B, C, D 4명이 가지고 온 우산을 각각 a, b, c, d라 하자.

이때 A만 a를 가지고 나갔다고 생각하고, 이를 수형도로 나타내면 오른쪽과 같이 그 경우의 수는 2이다.

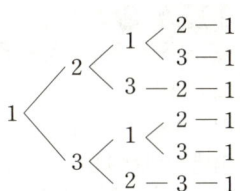

같은 방법으로 B, C, D만 자신의 우산을 가지고 나가는 경우의 수도 각각 2이므로 구하는 경우의 수는
$2+2+2+2=8$

1116 답 ④

꼭짓점 A를 출발하여 모서리를 따라 꼭짓점 G까지 최단 거리로 이동하는 경우를 수형도로 나타내면 오른쪽과 같다.

따라서 구하는 경우의 수는 6이다.

1117 답 18

만의 자리 숫자와 일의 자리의 숫자가 모두 1인 경우를 수형도로 나타내면 오른쪽과 같다.

즉, 만의 자리 숫자와 일의 자리의 숫자가 모두 1인 경우의 수는 6이다.

이때 만의 자리 숫자와 일의 자리 숫자에 올 수 있는 숫자는
1, 2, 3의 3개
따라서 구하는 경우의 수는
$6 \times 3 = 18$

1118 답 ③

1119 답 ③

$_n\mathrm{P}_4 = 15 _{n+1}\mathrm{P}_2$에서
$n(n-1)(n-2)(n-3) = 15(n+1)n$ <small>$_n\mathrm{P}_4$, $_{n+1}\mathrm{P}_2$에서 $n \geq 4$</small>
$(n-1)(n-2)(n-3) = 15(n+1)$ ($\because \underline{n \geq 4}$)
$n^3 - 6n^2 - 4n - 21 = 0$, $(n-7)(n^2+n+3) = 0$
$\therefore n = 7$

1120 답 ③

$_n\mathrm{P}_3 + 2 _n\mathrm{P}_2 = 100$에서
$n(n-1)(n-2) + 2n(n-1) = 100$
$n(n-1)(n-2+2) = 100$
$n^2(n-1) = 100$, $n^3 - n^2 - 100 = 0$
$(n-5)(n^2+4n+20) = 0$
$\therefore n = 5$

1121 답 ④

$_n\mathrm{P}_n = n(n-1)(n-2) \cdots (n-n+1) = n!$,
$_{n+1}\mathrm{P}_{n+1} = (n+1)n(n-1)(n-2) \cdots \{(n+1)-n+1\}$
     $= (n+1)n(n-1) \times \cdots \times 2$
     $= (n+1)n(n-1) \times \cdots \times 2 \times 1$
     $= (n+1)!$
이므로 $_n\mathrm{P}_n + _{n+1}\mathrm{P}_{n+1} = 7 \times n!$에서
$n! + (n+1)! = 7 \times n!$
$(n+1)! = 6 \times n!$

$(n+1) \times n! = 6 \times n!$
$n+1 = 6$ ($\because n! \neq 0$)
$\therefore n = 5$

1122 답 ①

$2 _n\mathrm{P}_r = _{n+1}\mathrm{P}_r$에서
$2 \times \dfrac{n!}{(n-r)!} = \dfrac{(n+1)!}{(n+1-r)!}$
$\dfrac{2 \times n!}{(n-r)!} = \dfrac{(n+1) \times n!}{(n+1-r) \times (n-r)!}$
$2(n+1-r) = n+1$ ($\because (n-r)! \neq 0$, $n! \neq 0$)
$\therefore n - 2r = -1$ ······ ㉠
한편, $3 _n\mathrm{P}_r = _n\mathrm{P}_{r+1}$에서
$3 \times \dfrac{n!}{(n-r)!} = \dfrac{n!}{(n-r-1)!}$
$\dfrac{3n!}{(n-r) \times (n-r-1)!} = \dfrac{n!}{(n-r-1)!}$
$\dfrac{3}{n-r} = 1$ ($\because (n-r-1)! \neq 0$, $n! \neq 0$)
$\therefore n - r = 3$ ······ ㉡
㉠, ㉡을 연립하여 풀면
$n = 7$, $r = 4$
$\therefore n + r = 7 + 4 = 11$

1123 답 ⑤

1124 답 ④

구하는 경우의 수는 서로 다른 6명 중에서 3명을 선택하여 일렬로 나열하는 경우의 수와 같으므로
$_6\mathrm{P}_3 = 6 \times 5 \times 4 = 120$

1125 답 ②

첫째 날 관광할 3곳을 선택하여 관광 순서를 정하는 경우의 수는
$_5\mathrm{P}_3 = 5 \times 4 \times 3 = 60$
둘째 날 관광할 2곳의 관광 순서를 정하는 경우의 수는
$_2\mathrm{P}_2 = 2 \times 1 = 2$ <small>5곳 중에서 3곳을 선택하였으므로 남는 곳은 2곳이다.</small>
따라서 구하는 경우의 수는
$60 \times 2 = 120$

(다른 풀이)

5개의 관광지를 일렬로 나열하여 앞의 3곳을 첫째 날에, 뒤의 2곳을 둘째 날에 그 순서대로 관광하면 되므로 구하는 경우의 수는 서로 다른 5개를 일렬로 나열하는 경우의 수와 같다.
$\therefore 5! = 5 \times 4 \times 3 \times 2 \times 1 = 120$

1126 답 ②

이 회사에서 발행하는 서로 다른 버스표의 개수는 서로 다른 n개의 도시 중 2개의 도시를 선택하여 일렬로 나열하는 경우의 수와 같다.
이때 서로 다른 버스표의 개수가 42이므로
$_n\mathrm{P}_2 = 42$
$n(n-1) = 42$, $n^2 - n - 42 = 0$, $(n+6)(n-7) = 0$
$\therefore n = 7$ ($\because n$은 자연수)

다른 풀이

$n(n-1)=42=7\times 6$ $\therefore n=7$

→ n이 2 이상인 자연수이므로 $n(n-1)$은 연속된 두 자연수의 곱이다.

1127 답 192

두 학생 중 4개 문항 모두 다른 점수를 부여하는 사람과 4개 문항 모두 같은 점수를 부여하는 사람을 선택하는 경우의 수는 두 학생을 일렬로 나열하는 경우의 수와 같으므로

$2!=2\times 1=2$

4개 문항 모두 다른 점수를 부여하는 경우의 수는 4개의 점수를 4개의 문항에 일렬로 나열하는 경우의 수와 같으므로

$4!=4\times 3\times 2\times 1=24$

4개 문항 모두 같은 점수를 부여하는 경우의 수는 4개의 점수 중에서 1개를 선택하는 경우의 수와 같으므로

4

따라서 구하는 경우의 수는

$2\times 24\times 4=192$

1128 답 ②

1129 답 ⑤

A와 E를 한 묶음으로 생각하고 A와 E를 제외한 나머지 문자 4개와 함께 일렬로 나열하는 경우의 수는

→ B, C, D, F

$(1+4)!=5!=5\times 4\times 3\times 2\times 1=120$

이때 A와 E가 자리를 바꾸는 경우의 수는

$2!=2\times 1=2$ → 묶음 안에 있는 A, E를 일렬로 나열한다.

따라서 구하는 경우의 수는

$120\times 2=240$

1130 답 720

2개의 문자 e를 한 묶음으로 생각하고 e 두 개를 제외한 나머지 5개의 문자와 함께 일렬로 나열하는 경우의 수는

$(1+5)!=6!=6\times 5\times 4\times 3\times 2\times 1=720$

이때 2개의 문자 e를 일렬로 나열하는 경우의 수는

1

따라서 구하는 경우의 수는

$720\times 1=720$

> **선생님 톡톡**
> 두 개의 문자 e, e가 자리를 바꿨다고 해서 2!을 곱하면 안 돼. 자리를 바꿔도 나열된 경우가 같기 때문에 경우의 수는 1이다.

1131 답 ②

A, B, C 3명을 한 묶음으로 생각하고 나머지 $(n-3)$명과 함께 일렬로 나열하는 경우의 수는

$\{1+(n-3)\}!=(n-2)!$

이고, A, B, C 3명이 자리를 바꾸는 경우의 수는

$3!=3\times 2\times 1=6$ → 묶음 안에 있는 A, B, C를 일렬로 나열한다.

이때 n명 중 A, B, C 3명을 이웃하게 나열하는 경우의 수가 36이므로

$(n-2)!\times 6=36$

$(n-2)!=6=3\times 2\times 1$

$n-2=3$

$\therefore n=5$

1132 답 ④

→ 묶음 1   → 묶음 2

교과서 3권을 한 묶음, 과학서적 2권을 한 묶음으로 각각 생각하고, 잡지 1권과 함께 일렬로 나열하는 경우의 수는

$(1+1+1)!=3!=3\times 2\times 1=6$

이때 교과서끼리 자리를 바꾸는 경우의 수는

$3!=6$ → 묶음 1 안에 있는 교과서 3권을 일렬로 나열한다.

이고, 과학서적끼리 자리를 바꾸는 경우의 수는

$2!=2\times 1=2$ → 묶음 2 안에 있는 과학서적 2권을 일렬로 나열한다.

따라서 구하는 경우의 수는

$6\times 6\times 2=72$

1133 답 ③

1134 답 ⑤

→ 이웃해도 되는 카드

♥ 모양이 그려져 있지 않은 4장의 카드를 일렬로 나열하는 경우의 수는

→ 모양이 같아도 적혀 있는 숫자가 다르므로 모두 다른 카드이다.

$4!=4\times 3\times 2\times 1=24$

이때 나열된 4장의 카드 사이사이 및 양 끝의 5개의 자리에 ♥ 모양이 그려진 2장의 카드를 나열하는 경우의 수는

∨ ∨ ∨ ∨ ∨
○ ○ ○ ○

${}_5P_2=5\times 4=20$

따라서 구하는 경우의 수는

$24\times 20=480$

1135 답 ①

(i) 남, 여, 남, 여, 남, 여의 순서로 앉는 경우

남자 3명이 일렬로 앉는 경우의 수는

$3!=3\times 2\times 1=6$

이때 각각의 남자의 오른쪽 자리, 즉 3개의 자리에 여자 3명이 일렬로 앉는 경우의 수는

$3!=6$

즉, 조건을 만족시키는 경우의 수는

$6\times 6=36$

(ii) 여, 남, 여, 남, 여, 남의 순서로 앉는 경우

(i)과 같은 방법으로 36

(i), (ii)에서 구하는 경우의 수는

$36+36=72$

1136 답 480

구하는 경우의 수는 빈 의자에 새로운 남학생이 앉는다고 생각하고 여학생 2명과 남학생 4명을 일렬로 세울 때, 여학생을 이웃하지 않게 앉게 나열하는 경우의 수와 같다.

남학생 4명을 일렬로 나열하는 경우의 수는

$4!=4\times 3\times 2\times 1=24$

이때 남학생 4명 사이사이 및 양 끝의 5개의 자리에 여학생 2명을 나열하는 경우의 수는

∨ ∨ ∨ ∨ ∨
○ ○ ○ ○

${}_5P_2=5\times 4=20$

따라서 구하는 경우의 수는

$24\times 20=480$

1137 답 840

의자 10개 중에서 4개의 의자에 학생들이 앉으므로 <u>아무도 앉지 않는 의자는 6개이다.</u>

→ 이웃해도 되는 의자

즉, 구하는 경우의 수는 오른쪽 그림과 같이 먼저 6개의 빈 의자를 배열한 후 이 의자들 사이사이 및 양 끝의 7개의 자리에 4명의 학생을 세우는 경우의 수와 같다.

∨ ∨ ∨ ∨ ∨ ∨ ∨
○ ○ ○ ○ ○ ○

따라서 구하는 경우의 수는

$_7P_4 = 7 \times 6 \times 5 \times 4 = 840$

1138 답 ⑤

1139 답 ④

→ B, C, D, F

<u>4개의 자음 중에서 2개를 양 끝에 나열하는 경우의 수</u>는

$_4P_2 = 4 \times 3 = 12$

양 끝에 나열한 2개의 자음을 제외한 <u>나머지 알파벳 4개를 일렬로 나열하는 경우의 수</u>는

→ 자음 2개, 모음 2개

$4! = 4 \times 3 \times 2 \times 1 = 24$

자음 2개, 모음 2개

○○○○○
자음   자음

따라서 구하는 경우의 수는

$12 \times 24 = 288$

1140 답 ④

<u>2가지의 롤러코스터를 이용할 수 있는 경우의 수</u>는 1, 3, 5번째 중에서 2개를 선택하면 되므로

∨   ∨   ∨
○ ○ ○ ○ ○

$_3P_2 = 3 \times 2 = 6$

이때 2가지의 롤러코스터를 제외한 <u>3가지의 놀이기구의 순서를 정하는 경우의 수</u>는

$3! = 3 \times 2 \times 1 = 6$

따라서 구하는 경우의 수는

$6 \times 6 = 36$

1141 답 72

<u>2명의 매니저를 일렬로 세우는 경우의 수</u>는

$2! = 2 \times 1 = 2$ → 나열하는 자리에 대한 조건이 있다.

2명의 매니저 사이에 <u>3명의 그룹 멤버들을 일렬로 세우는 경우의 수</u>는

$3! = 3 \times 2 \times 1 = 6$

2명의 매니저과 3명의 그룹 멤버들을 한 묶음으로 생각하고 제작진 2명과 함께 일렬로 세우는 경우의 수는

$3! = 6$

따라서 구하는 경우의 수는

$2 \times 6 \times 6 = 72$

1142 답 ⑤

두 학생 A, B가 앉는 줄을 선택하는 경우의 수는

2

두 학생 A, B가 같은 줄에 있는 3개의 좌석 중 2개의 좌석에 앉는 경우의 수는

$_3P_2 = 3 \times 2 = 6$

A, B를 제외한 나머지 3명의 학생이 A, B가 앉은 줄의 맞은편에 있는 3개의 좌석에 앉는 경우의 수는

$3! = 3 \times 2 \times 1 = 6$

따라서 구하는 경우의 수는

$2 \times 6 \times 6 = 72$

1143 답 ②

1144 답 ②

→ 모든 경우의 수

구하는 경우의 수는 <u>9명의 학생 중에서 회장, 부회장, 총무를 뽑는 경우의 수</u>에서 <u>2학년 학생 5명 중에서 회장, 부회장, 총무를 뽑는 경우의 수</u>를 뺀 값과 같다.

→ 1학년 학생을 뽑지 않는 경우의 수

9명의 학생 중에서 회장, 부회장, 총무를 뽑는 경우의 수는

$_9P_3 = 9 \times 8 \times 7 = 504$

2학년 학생 5명 중에서 회장, 부회장, 총무를 뽑는 경우의 수는

$_5P_3 = 5 \times 4 \times 3 = 60$

따라서 구하는 경우의 수는

$504 - 60 = 444$

1145 답 ⑤

→ 모든 경우의 수

구하는 경우의 수는 <u>7개의 문자 중에서 4개를 뽑아 일렬로 나열하는 경우의 수</u>에서 <u>4개의 문자를 일렬로 나열할 때 양 끝에 모두 자음이 오는 경우의 수</u>를 뺀 값과 같다.

→ 양 끝에 모음이 오지 않는 경우의 수

7개의 문자 중에서 4개를 뽑아 일렬로 나열하는 경우의 수는

$_7P_4 = 7 \times 6 \times 5 \times 4 = 840$

4개의 자음 r, g, n, c 중에서 2개를 택하여 양 끝에 나열하는 경우의 수는

$_4P_2 = 4 \times 3 = 12$

이때 나열한 2개의 문자를 제외한 5개의 문자 중에서 2개를 택하여 2개의 자음 사이에 나열하는 경우의 수는

$_5P_2 = 5 \times 4 = 20$

즉, 4개의 문자를 일렬로 나열할 때 양 끝에 모두 자음이 오는 경우의 수는

$12 \times 20 = 240$

따라서 구하는 경우의 수는

$840 - 240 = 600$

1146 답 ⑤

→ 모든 경우의 수

구하는 경우의 수는 <u>4명의 학생이 4장의 카드를 무작위로 한 장씩 가져가는 경우의 수</u>에서 <u>모든 학생이 자신과 다른 번호가 적혀 있는 카드를 가지고 가는 경우의 수</u>를 뺀 것과 같다.

4명의 학생이 4장의 카드를 무작위로 한 장씩 가져가는 경우의 수는

$4! = 4 \times 3 \times 2 \times 1 = 24$

→ 한 명도 자신의 번호와 같은 수가 적혀 있는 카드를 가져가지 않는 경우의 수

모든 학생이 자신과 다른 번호가 적혀 있는 카드를 가지고 가는 경우를 수형도로 나타내면 오른쪽과 같이 그 경우의 수는 9이다.

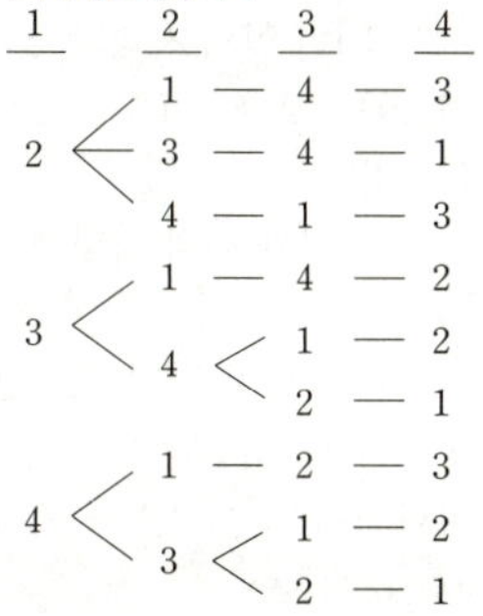

따라서 구하는 경우의 수는

$24 - 9 = 15$

1	2	3	4
2	1 — 4 — 3
	3 — 4 — 1
	4 — 1 — 3
3	1 — 4 — 2
	4 — 1 — 2
	2 — 1 — 3
4	1 — 2 — 3
	3 — 1 — 2
	2 — 1

1147 답 150

구하는 경우의 수는 서로 다른 7개의 상자에 서로 다른 3개의 공을 넣는 경우의 수에서 어느 2개의 공도 이웃하지 않게 넣는 경우의 수를 뺀 값과 같다.

7개의 상자에 3개의 공을 넣는 경우의 수는

$$_7P_3 = 7 \times 6 \times 5 = 210$$

어느 2개의 공도 이웃하지 않게 넣는 경우의 수는 오른쪽 그림과 같이 먼저 4개의 빈 상자를 배열한 후 이 상자 사이사이 및 양 끝의 5개의 자리에 공을 넣은 상자를 놓는 경우의 수와 같으므로

$\lor \ \lor \ \lor \ \lor \ \lor$
$\ \bigcirc \ \bigcirc \ \bigcirc \ \bigcirc$

$$_5P_3 = 5 \times 4 \times 3 = 60$$

따라서 구하는 경우의 수는 $210 - 60 = 150$

1148 답 ⑤

1149 답 ④

천의 자리에 올 수 있는 숫자는
1, 2, 3, 4의 4가지
백의 자리, 십의 자리, 일의 자리에 숫자를 나열하는 경우의 수는 천의 자리에 사용한 숫자를 제외한 4개의 숫자 중에서 3개를 택하여 일렬로 나열하는 경우의 수와 같으므로

$$_4P_3 = 4 \times 3 \times 2 = 24$$

따라서 구하는 네 자리의 자연수의 개수는 $4 \times 24 = 96$

1150 답 ③

→5의 배수는 일의 자리의 숫자가 결정한다.

5의 배수이려면 일의 자리의 숫자가 0 또는 5이어야 한다.

(i) 일의 자리의 숫자가 0인 경우
   천의 자리, 백의 자리, 십의 자리에 숫자를 나열하는 경우의 수는 일의 자리의 숫자 0을 제외한 5개의 숫자 중에서 3개를 택하여 일렬로 나열하는 경우의 수와 같으므로
   $$_5P_3 = 5 \times 4 \times 3 = 60$$

(ii) 일의 자리의 숫자가 5인 경우
   천의 자리에 올 수 있는 숫자는 0과 5를 제외한
   1, 2, 3, 4의 4가지
   백의 자리와 십의 자리에 숫자를 나열하는 경우의 수는 천의 자리와 일의 자리에 사용한 숫자를 제외한 4개의 숫자 중에서 2개를 택하여 일렬로 나열하는 경우의 수와 같으므로
   $$_4P_2 = 4 \times 3 = 12$$
   즉, 조건을 만족시키는 경우의 수는
   $$4 \times 12 = 48$$

(i), (ii)에서 구하는 5의 배수의 개수는 $60 + 48 = 108$

1151 답 ②

합이 10인 일의 자리와 십의 자리의 수를 순서쌍으로 나타내면
$(1, 9), (2, 8), (3, 7), (4, 6), (6, 4), (7, 3), (8, 2), (9, 1)$
의 8가지
천의 자리와 백의 자리에 숫자를 나열하는 경우의 수는 일의 자리와 십의 자리에 사용한 숫자를 제외한 7개의 숫자 중에서 2개를 택하여 일렬로 나열하는 경우의 수와 같으므로

$$_7P_2 = 7 \times 6 = 42$$

따라서 구하는 자연수의 개수는

$$8 \times 42 = 336$$

1152 답 ⑤

→4의 배수는 끝의 두 자리의 수가 결정한다.

4로 나누어떨어지는 자연수는 4의 배수이고, 4의 배수이려면 끝의 두 자리의 수가 4의 배수 또는 00이어야 한다.

이때 0과 4는 한 번만 사용할 수 있으므로 만든 네 자리의 자연수가 4의 배수이려면 끝의 두 자리의 수는

04 또는 12 또는 20 또는 24 또는 32 또는 40 또는 52
이어야 한다.

(i) 12 또는 24 또는 32 또는 52인 경우 →0이 없는 경우
   천의 자리에 올 수 있는 숫자는 0과 끝의 두 자리에 사용한 숫자를 제외한 3가지
   백의 자리에 올 수 있는 숫자는 천의 자리와 끝의 두 자리에 사용한 숫자를 제외한 3가지
   즉, 조건을 만족시키는 자연수의 개수는
   $$4 \times 3 \times 3 = 36$$

(ii) 04 또는 20 또는 40인 경우 →0이 있는 경우
   천의 자리와 백의 자리에 숫자를 나열하는 경우의 수는 끝의 두 자리에 사용한 숫자를 제외한 4개 중 2개를 택하여 일렬로 나열하는 경우의 수와 같으므로
   $$_4P_2 = 4 \times 3 = 12$$
   즉, 조건을 만족시키는 자연수의 개수는
   $$3 \times 12 = 36$$

(i), (ii)에서 구하는 자연수의 개수는

$$36 + 36 = 72$$

1153 답 ④

1154 답 ③

→B, C, D, E 중에서 2개를 택하여 일렬로 나열한다.

A□□ 꼴의 문자열의 개수는

$$_4P_2 = 4 \times 3 = 12$$

같은 방법으로 B□□, C□□ 꼴의 문자열의 개수도 각각 12이다.

즉, ABC부터 CED까지의 문자열의 개수는

$$12 + 12 + 12 = 36$$

또한, DA□ 꼴의 문자열의 개수는

$$_3P_1 = 3$$

따라서 구하는 문자열은 DBA, DBC, …에서 DBC이다.
     40번째 41번째

1155 답 ①

1□□□ 꼴의 네 자리의 자연수의 개수는

$$_6P_3 = 6 \times 5 \times 4 = 120$$ →0, 2, 3, 4, 5, 6 중에서 3개를 택하여 일렬로 나열한다.

같은 방법으로 2□□□, 3□□□, 4□□□ 꼴의 네 자리의 자연수의 개수도 각각 120이다.

50□□ 꼴의 네 자리의 자연수의 개수는

$$_5P_2 = 5 \times 4 = 20$$ →1, 2, 3, 4, 6 중에서 2개를 택하여 일렬로 나열한다.

같은 방법으로 51□□, 52□□ 꼴의 네 자리의 자연수의 개수도 각각 20이다.

따라서 5300 이하인 자연수의 개수는

$$4 \times 120 + 3 \times 20 = 540$$

1156 답 372

A□□□□□ 꼴의 문자열의 개수는

$$5! = 5 \times 4 \times 3 \times 2 \times 1 = 120$$ →B, C, D, E, F를 일렬로 나열한다.

같은 방법으로 B□□□□□, C□□□□□ 꼴의 문자열의 개수도 각각 120이다.

DAB□□□ 꼴의 문자열의 개수는

$3!=3\times2\times1=6$　←C, E, F를 일렬로 나열한다.

DACB□□ 꼴의 문자열의 개수는

$2!=2\times1=2$　←E, F를 일렬로 나열한다.

같은 방법으로 DACE□□ 꼴의 문자열의 개수도 2이다.

따라서 ABCDEF부터 DACEFB까지의 문자열의 개수는

$3\times120+6+2\times2=370$

이고, DACFBE, DACFEB, …이므로 DACFEB는 372번째에

배열된다.　371번째　372번째

1157 답 77

1□□ 꼴의 세 자리의 자연수의 개수는

$_5P_2=5\times4=20$　←0, 2, 3, 4, 5 중에서 2개를 택하여 일렬로 나열한다.

같은 방법으로 2□□, 3□□ 꼴의 세 자리의 자연수의 개수도 각

각 20이다.

40□, 41□, 42□, 43□ 꼴의 세 자리의 자연수의 개수는 각각

$_4P_1=4$

따라서 102부터 435까지의 세 자리의 자연수의 개수는

$3\times20+4\times4=76$

이고, 450, 451, …이므로 450은 77번째에 나열된다.

　　　77번째　78번째

STEP 3 실전 업　본문 189~191쪽

1158 답 ③

One Point Lesson

세 수의 곱이 짝수이면 세 수 중에서 적어도 하나는 짝수이다.

3개의 주사위의 눈의 수 중 적어도 하나가 짝수이면 곱이 짝수이다.

즉, 구하는 경우의 수는 서로 다른 3개의 동시에 주사위를 던질

때, 나올 수 있는 모든 경우의 수에서 3개의 주사위의 눈이 모두

홀수인 경우의 수를 뺀 값과 같다.　←모든 경우의 수　눈의 수의 곱이 짝수가 아닌

　　　　　　　　　　　　　　　　즉 홀수인 경우의 수

서로 다른 3개의 동시에 주사위를 던질 때, 나올 수 있는 모든 경우

의 수는

$6\times6\times6=216$

3개의 주사위의 눈의 수가 모두 홀수인 경우의 수는

$3\times3\times3=27$

따라서 구하는 경우의 수는 $216-27=189$

1159 답 ②

One Point Lesson

2권의 자기계발서와 이 책 사이에 읽을 2권의 책을 한 묶음으로 생각한다.

2권의 자기계발서의 읽는 순서를 정하는 경우의 수는

$2!=2\times1=2$

2권의 자기계발서를 제외한 5권의 책 중에서 자기계발서를 읽는

사이에 읽을 2권의 책의 읽는 순서를 정하는 경우의 수는

$_5P_2=5\times4=20$

이 2권의 책과 2권의 자기계발서를 한 묶음으로 생각하고 나머지

3권의 책과 함께 읽을 순서를 정하는 경우의 수는

$(1+3)!=4!=4\times3\times2\times1=24$

따라서 구하는 경우의 수는

$2\times20\times24=960$

1160 답 ②

One Point Lesson

항을 전개할 때 동류항이 있는지 찾아본다.

$(a+b+c)(p+q)$를 전개할 때 나타나는 항의 개수는

$3\times2=6$

$(a+b)(p+q+r+s)$를 전개할 때 나타나는 항의 개수는

$2\times4=8$

이때 두 식 $(a+b+c)(p+q)$, $(a+b)(p+q+r+s)$에서

$(a+b)(p+q)$를 전개할 때 나타나는 항이 동류항으로 중복된다.

$(a+b)(p+q)$를 전개할 때 나타나는 항의 개수는

$2\times2=4$

따라서 주어진 식을 전개할 때 나타나는 항의 개수는

$6+8-4=10$

다른 풀이

$(a+b+c)(p+q)+(a+b)(p+q+r+s)$

$=(a+b)(p+q)+c(p+q)+(a+b)(p+q)+(a+b)(r+s)$

$=2(a+b)(p+q)+c(p+q)+(a+b)(r+s)$

이때 $2(a+b)(p+q)$를 전개할 때 나타나는 항의 개수는

$2\times2=4$

$c(p+q)$를 전개할 때 나타나는 항의 개수는

$1\times2=2$

$(a+b)(r+s)$를 전개할 때 나타나는 항의 개수는

$2\times2=4$

따라서 주어진 식을 전개할 때 나타나는 항의 개수는

$4+2+4=10$

1161 답 432

One Point Lesson

먼저 식사 장소를 결정하고 명소를 나열한 후 점심 식사 위치를 결정한다.

3군데의 식당을 아침, 점심, 저녁 식사를 하는 순서대로 나열하는

경우의 수는

$3!=6$

4개 명소를 관광하는 순서대로 나열하는 경우의 수는

$4!=24$

이때 점심 식사는 다음 그림과 같이 순서대로 나열한 4개의 명소

사이사이인 3군데 중 하나에 있어야 하므로 그 경우의 수는 3이다.

따라서 구하는 경우의 수는

$6\times24\times3=432$

1162 답 17

One Point Lesson

z에 1, 2, 3, …을 각각 대입하여 조건을 만족시키는 순서쌍의 개수를 구한다.

(i) $z=1$일 때

$2x+4y+5\times1\leq21$에서 $x+2y\leq8$

$y=1$일 때, 즉 $x\leq6$을 만족시키는 x의 개수는
1, 2, 3, 4, 5, 6의 6개
$y=2$일 때, 즉 $x\leq4$를 만족시키는 x의 개수는
1, 2, 3, 4의 4개
$y=3$일 때, 즉 $x\leq2$를 만족시키는 x의 개수는
1, 2의 2개
즉, 조건을 만족시키는 순서쌍 (x, y, z)의 개수는
$6+4+2=12$

(ii) $z=2$일 때

$2x+4y+5\times2\leq21$에서 $x+2y\leq\dfrac{11}{2}$

$y=1$일 때, 즉 $x\leq\dfrac{7}{2}$을 만족시키는 x의 개수는

1, 2, 3의 3개

$y=2$일 때, 즉 $x\leq\dfrac{3}{2}$을 만족시키는 x의 개수는

1의 1개
즉, 조건을 만족시키는 순서쌍 (x, y, z)의 개수는
$3+1=4$

(iii) $z=3$일 때
$2x+4y+5\times3\leq21$에서 $x+2y\leq3$
$y=1$일 때, 즉 $x\leq1$을 만족시키는 x의 개수는
1의 1개
즉, 조건을 만족시키는 순서쌍 (x, y, z)의 개수는 1이다.
(i), (ii), (iii)에서 구하는 순서쌍의 개수는
$12+4+1=17$

1163 답 ③

One Point Lesson
먼저 양 끝에 2학년 학생 2명을 앉히고, 남은 4명의 학생을 그 사이에 앉힌다.

구하는 경우의 수는 6명의 학생을 일렬로 세울 때 1학년끼리는 이웃하지 않고, 양 끝에 2학년 학생을 세우는 경우의 수와 같다.
양 끝에 2학년 학생 2명을 세우는 경우의 수는
$_4P_2=4\times3=12$
양 끝에 세운 2학년 학생 2명을 제외한 나머지 2학년 학생 2명과 1학년 학생 2명을 1학년끼리 이웃하지 않도록 일렬로 세우는 경우의 수를 구해 보자.
2학년 학생 2명을 일렬로 세우는 경우의 수는
$2!=2\times1=2$
이때 2학년 학생 사이 및 양 끝의 3개의 자리에 1학년 학생 2명을 세우는 경우의 수는 
$_3P_2=3\times2=6$
따라서 구하는 경우의 수는
$12\times2\times6=144$

다른 풀이

2학년 4명을 일렬로 세우는 경우의 수는
$4!=4\times3\times2\times1=24$
이때 양 끝에는 2학년 학생이 서야 하므로 1학년 학생은 2학년 학생의 사이사이의 3개의 자리 중 2개를 선택하여 세우면 된다. 즉, 이 경우의 수는 
$_3P_2=3\times2=6$
따라서 구하는 경우의 수는
$24\times6=144$

1164 답 15

One Point Lesson
$(a_1-1)(a_2-2)(a_3-3)(a_4-4)\neq0$이 되는 경우의 수를 구하여 해결한다.

$(a_1-1)(a_2-2)(a_3-3)(a_4-4)=0$이 성립하려면
$a_1=1$ 또는 $a_2=2$ 또는 $a_3=3$ 또는 $a_4=4$
이어야 한다. → $a_i=i\ (i=1, 2, 3, 4)$를 만족시키는 i가 적어도 하나 존재한다.
즉, 구하는 경우의 수는 4개의 숫자를 일렬로 나열하는 경우의 수에서
→ (*)을 만족시키지 않는 경우의 수   → 모든 경우의 수
$a_1\neq1$, $a_2\neq2$, $a_3\neq3$, $a_4\neq4$ ......㉠
인 경우의 수를 뺀 값과 같다.
4개의 숫자를 일렬로 나열하는 경우의 수는
$4!=4\times3\times2\times1=24$
㉠을 만족시키는 경우 중에서 $a_1=2$인 경우를 수형도로 나타내면 오른쪽과 같이 3가지이다.

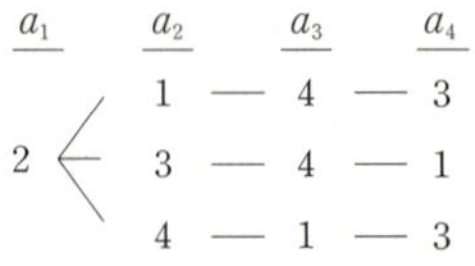

a_1	a_2	a_3	a_4
	1 — 4 — 3		
2 < 3 — 4 — 1			
	4 — 1 — 3		

같은 방법으로 $a_1=3$, $a_1=4$인 경우도 각각 3가지이다.
따라서 구하는 경우의 수는
$24-3\times3=15$

1165 답 ②

One Point Lesson
여학생은 2명, 4명 또는 2명, 2명, 2명이 줄을 서야 한다.

여학생끼리 서로 이웃한 학생 수가 항상 짝수가 되도록 일렬로 서는 경우는 오른쪽 그림과 같이 여학생 6명을 일렬로 세운 다음 차례대로 2명씩 묶은 후 이 사이사이 및 양 끝의 4곳 중에서 3곳을 선택하여 남학생 3명을 세우면 된다. 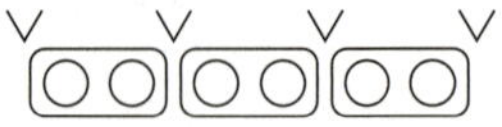
여학생 6명을 일렬로 세우는 경우의 수는
$6!$
남학생 3명을 세우는 경우의 수는
$_4P_3=4\times3\times2=24$
따라서 구하는 경우의 수는
$24\times6!$

1166 답 ②

One Point Lesson
두 영역 A, E 또는 B, D에 같은 색을 칠하는 경우와 다른 색을 칠하는 경우로 나누어 생각한다.

(i) 두 영역 A, E에 같은 색을 칠하는 경우
영역 E에 칠할 수 있는 색은 4가지
영역 A에 칠할 수 있는 색은 영역 E와 같은 색이어야 하므로 1가지
영역 B에 칠할 수 있는 색은 영역 A와 영역 E에 칠한 색을 제외한 3가지
영역 D에 칠할 수 있는 색은 영역 A와 영역 E에 칠한 색을 제외한 3가지
영역 C에 칠할 수 있는 색은 영역 B와 영역 E에 칠한 색을 제외한 2가지
즉, 조건을 만족시키는 방법의 수는
$4\times1\times3\times3\times2=72$

(ii) 두 영역 A, E에 다른 색을 칠하는 경우
영역 E에 칠할 수 있는 색은 4가지
영역 A에 칠할 수 있는 색은 영역 E에 칠한 색을 제외한 3가지
영역 B에 칠할 수 있는 색은 영역 A와 영역 E에 칠한 색을 제외한 2가지
영역 D에 칠할 수 있는 색은 영역 A와 영역 E에 칠한 색을 제외한 2가지
영역 C에 칠할 수 있는 색은 영역 B와 영역 E에 칠한 색을 제외한 2가지
즉, 조건을 만족시키는 방법의 수는
$4 \times 3 \times 2 \times 2 \times 2 = 96$
(i), (ii)에서 구하는 방법의 수는
$72 + 96 = 168$

1167 답 30

One Point Lesson
서로 다른 3가지 색을 A, B, C라 하고, 수형도를 그려 본다.

서로 다른 3가지 색을 A, B, C라 하고
맨 위의 사다리꼴에 A를 칠하고 그 밑에
있는 사다리꼴에는 B를 칠하는 방법을
수형도로 나타내면 오른쪽과 같고 그 방
법의 수는
5

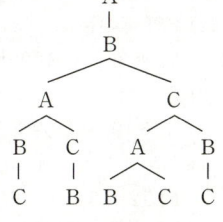

같은 방법으로 맨 위의 사다리꼴에 A를
칠하고 그 밑에 있는 사다리꼴에는 C를
칠하는 방법의 수도 5이므로 맨 위의 사다리꼴에 A를 칠하는 방법의 수는
$2 \times 5 = 10$
같은 방법으로 맨 위의 사다리꼴에 B 또는 C를 칠하는 방법의 수도 각각 10이므로 구하는 방법의 수는
$3 \times 10 = 30$

1168 답 ①

One Point Lesson
조건을 만족시키는 자연수의 소인수가 2와 3뿐인 경우와 2와 3이 아닌 소수가 존재하는 경우로 나누어 구한다.

조건을 만족시키는 자연수를 N이라 하자.
(i) N의 소인수가 2와 3뿐인 경우 → N이 2와 3으로 나누어떨어져야 하므로 2와 3은 N의 소인수이다.
$N = 2^p \times 3^q$ (p, q는 자연수)
이라 하면 약수의 개수가 12이므로
$(p+1)(q+1) = 12$ ...... ㉠
이때 $12 = 2 \times 6 = 3 \times 4$이므로 ㉠을 만족시키는 자연수 p, q의 순서쌍 (p, q)는
$(1, 5)$, $(2, 3)$, $(3, 2)$, $(5, 1)$
위의 순서쌍을 만족시키는 각각의 N의 값을 구하면
$2 \times 3^5 = 486$, $2^2 \times 3^3 = 108$, $2^3 \times 3^2 = 72$, $2^5 \times 3 = 96$
이므로 조건을 만족시키는 두 자리의 자연수의 개수는 2이다.
(ii) N의 소인수 중 2와 3이 아닌 소수가 존재하는 경우
$N = 2^p \times 3^q \times a^r$ (p, q, r는 자연수, a는 2, 3이 아닌 소수)
이라 하면 약수의 개수가 12이므로
$(p+1)(q+1)(r+1) = 12$ ...... ㉡ → N의 소인수가 4개일 때 N의 최솟값은 $2 \times 3 \times 5 \times 7 = 210 > 100$이므로 N의 소인수는 4개 이상이 될 수 없다.

이때 $12 = 2 \times 2 \times 3$이므로 ㉡을 만족시키는 자연수 p, q, r의 순서쌍 (p, q, r)는
$(1, 1, 2)$, $(1, 2, 1)$, $(2, 1, 1)$
위의 순서쌍을 만족시키는 각각의 N의 값을 구하면
$2 \times 3 \times a^2 = 6a^2$, $2 \times 3^2 \times a = 18a$, $2^2 \times 3 \times a = 12a$
$N = 6a^2$일 때, $6a^2 < 100$에서
$a^2 < \dfrac{100}{6} = 16. \times \times \times$ → 두 자리의 자연수를 구해야 한다.
이고, 이를 만족시키는 2, 3이 아닌 소수 a의 값은 존재하지 않는다.
$N = 18a$일 때, $18a < 100$에서
$a < \dfrac{100}{18} = 5. \times \times \times$
이고, 이를 만족시키는 2, 3이 아닌 소수는 5이다.
$\therefore a = 5$
$N = 12a$일 때, $12a < 100$에서
$a < \dfrac{100}{12} = 8. \times \times \times$
이고, 이를 만족시키는 2, 3이 아닌 소수는 5, 7이다.
$\therefore a = 5$ 또는 $a = 7$
즉, 조건을 만족시키는 두 자리의 자연수의 개수는 3이다.
(i), (ii)에서 구하는 방법의 수는
$2 + 3 = 5$
→ $2 \times 3^2 \times 5 = 90$,
→ $2^2 \times 3 \times 5 = 60$,
→ $2^2 \times 3 \times 7 = 84$

1169 답 568

One Point Lesson
두 쌍의 부부가 모두 앞뒤 또는 좌우로 이웃하여 앉는 경우, 한 쌍의 부부가 앞뒤, 다른 한 쌍의 부부가 좌우로 앉는 경우로 나누어 구한다.

(i) 두 쌍의 부부가 모두 좌우로 이웃하여 앉는 경우
ⓐ 한 쌍의 부부가 열 번호 (1, 2) 또는 (3, 4)에 앉는 경우
한 쌍의 부부가 (A1, A2)에 앉았을 때 나머지 한 쌍의 부부가 앉는 경우는
(A3, A4), (A5, A6), (B1, B2), (B2, B3), (B3, B4), (B5, B6)의 6가지
각 부부끼리 서로 자리를 바꿀 수 있으므로 이 경우의 수는
$6 \times 2! \times 2! = 6 \times (2 \times 1) \times (2 \times 1) = 24$
한 쌍의 부부가 (A3, A4), (B1, B2), (B3, B4)에 앉는 경우에도 위와 같은 방법으로 경우의 수는 각각 24이다.
즉, 이 경우의 수는
$4 \times 24 = 96$
ⓑ 한 쌍의 부부가 열 번호 (2, 3)에 앉는 경우
한 쌍의 부부가 (A2, A3)에 앉았을 때 나머지 한 쌍의 부부가 앉는 경우는
(A5, A6), (B1, B2), (B2, B3), (B3, B4), (B5, B6)의 5가지
각 부부끼리 서로 자리를 바꿀 수 있으므로 이 경우의 수는
$5 \times 2! \times 2! = 5 \times (2 \times 1) \times (2 \times 1) = 20$
한 쌍의 부부가 (B2, B3)에 앉는 경우에도 위와 같은 방법으로 경우의 수는 20이다.
즉, 이 경우의 수는
$2 \times 20 = 40$
ⓒ 한 쌍의 부부가 열 번호 (5, 6)에 앉는 경우
한 쌍의 부부가 (A5, A6)에 앉았을 때 나머지 한 쌍의 부부가 앉는 경우는

(A1, A2), (A2, A3), (A3, A4), (B1, B2),
(B2, B3), (B3, B4), (B5, B6)의 7가지
각 부부끼리 서로 자리를 바꿀 수 있으므로 이 경우의 수는
$7 \times 2! \times 2! = 7 \times (2 \times 1) \times (2 \times 1) = 28$
한 쌍의 부부가 (B5, B6)에 앉는 경우에도 위와 같은 방법으로 경우의 수는 28이다.
즉, 이 경우의 수는
$2 \times 28 = 56$
ⓐ, ⓑ, ⓒ에서 $96 + 40 + 56 = 192$

(ii) 한 쌍의 부부는 앞뒤로, 나머지 한 쌍의 부부는 좌우로 이웃하는 경우
두 쌍의 부부 중 앞뒤 또는 좌우로 이웃하여 앉는 부부를 선택하는 경우의 수는
$2! = 2 \times 1 = 2$
ⓐ 한 쌍의 부부가 1열 또는 4열에 앉는 경우
한 쌍의 부부가 (A1, B1)에 앉았을 때 나머지 한 쌍의 부부가 앉는 경우는
(A2, A3), (A3, A4), (A5, A6), (B2, B3),
(B3, B4), (B5, B6)의 6가지
각 부부끼리 서로 자리를 바꿀 수 있으므로 이 경우의 수는
$6 \times 2! \times 2! = 24$
한 쌍의 부부가 (A4, B4)에 앉는 경우에도 위와 같은 방법으로 경우의 수는 24이다.
즉, 이 경우의 수는
$2 \times 24 = 48$
ⓑ 한 쌍의 부부가 2열 또는 3열에 앉는 경우
한 쌍의 부부가 (A2, B2)에 앉았을 때 나머지 한 쌍의 부부가 앉는 경우는
(A3, A4), (A5, A6), (B3, B4), (B5, B6)의 4가지
각 부부끼리 서로 자리를 바꿀 수 있으므로 이 경우의 수는
$4 \times 2! \times 2! = 4 \times (2 \times 1) \times (2 \times 1) = 16$
한 쌍의 부부가 (A3, B3)에 앉는 경우에도 위와 같은 방법으로 경우의 수는 16이다.
즉, 이 경우의 수는
$2 \times 16 = 32$
ⓒ 한 쌍의 부부가 5열 또는 6열에 앉는 경우
한 쌍의 부부가 (A5, B5)에 앉았을 때 나머지 한 쌍의 부부가 앉는 경우는
(A1, A2), (A2, A3), (A3, A4), (B1, B2),
(B2, B3), (B3, B4)의 6가지
각 부부끼리 서로 자리를 바꿀 수 있으므로 이 경우의 수는
$6 \times 2! \times 2! = 24$
한 쌍의 부부가 (A6, B6)에 앉는 경우에도 위와 같은 방법으로 경우의 수는 24이다.
즉, 이 경우의 수는
$2 \times 24 = 48$
ⓐ, ⓑ, ⓒ에서 $2 \times (48 + 32 + 48) = 256$

(iii) 두 쌍의 부부가 모두 앞뒤로 이웃하여 앉는 경우
6개의 열 중 2개의 열을 택하여 앉으면 되고, 각 부부끼리 서로 자리를 바꿀수 있으므로
$_6P_2 \times 2! \times 2! = (6 \times 5) \times (2 \times 1) \times (2 \times 1) = 120$
(i), (ii), (iii)에서 구하는 경우의 수는
$192 + 256 + 120 = 568$

1170 답 해설 참조

$_nP_r = \dfrac{n!}{(n-r)!}$, $_{n-1}P_{r-1} = \dfrac{(n-1)!}{\{(n-1)-(r-1)\}!} = \dfrac{(n-1)!}{(n-r)!}$

이므로
❶

$n \times {}_{n-1}P_{r-1} = \dfrac{n \times (n-1)!}{(n-r)!} = \dfrac{n!}{(n-r)!}$

$\therefore {}_nP_r = n \times {}_{n-1}P_{r-1}$
❷

채점 기준	배점 비율
❶ $_nP_r$, $_{n-1}P_{r-1}$을 n, r의 계승을 이용하여 나타내기	70%
❷ $_nP_r = n \times {}_{n-1}P_{r-1}$임을 보이기	30%

1171 답 33

$12 = 2^2 \times 3$이므로 12와 서로소인 자연수는 2의 배수 또는 3의 배수가 아니다.
❶

1부터 100까지의 자연수 중에서
(i) 2의 배수는
2, 4, 6, $\cdots$, 100의 50개
(ii) 3의 배수는
3, 6, 9, $\cdots$, 99의 33개
(iii) 2의 배수이면서 3의 배수, 즉 6의 배수는
6, 12, 18, $\cdots$, 96의 16개
(i), (ii), (iii)에서 1부터 100까지의 자연수 중에서 12와 서로소가 아닌 자연수의 개수는
$50 + 33 - 16 = 67$
❷

따라서 구하는 경우의 수는
$100 - 67 = 33$
❸

채점 기준	배점 비율
❶ 12와 서로소인 자연수의 조건 알아보기	20%
❷ 1부터 100까지의 자연수 중에서 12와 서로소가 아닌 자연수의 개수 구하기	50%
❸ 조건을 만족시키는 경우의 수 구하기	30%

1172 답 39

(i) A → B → P → C → A로 가는 방법의 수
$4 \times 1 \times 1 \times 3 = 12$
❶

(ii) A → C → B → P → C → A로 가는 방법의 수
$3 \times 3 \times 1 \times 1 \times 3 = 27$ ← 지점 P를 지나지 않고 C → B로 가는 방법의 수
❷

(i), (ii)에서 구하는 방법의 수는
$12 + 27 = 39$
❸

채점 기준	배점 비율
❶ 지점 A에서 지점 B로 바로 갈 때의 방법의 수 구하기	40%
❷ 지점 A에서 지점 C를 거쳐 지점 B로 갈 때의 방법의 수 구하기	40%
❸ 조건을 만족시키는 방법의 수 구하기	20%

1173 답 144

여학생 1명과 남학생 1명이 각각 짝을 이루는 경우의 수는
$3! = 3 \times 2 \times 1 = 6$

❶

이때 민지는 ㉠에 앉아야 하므로 민지가 속하지 않은 2쌍의 학생을 ㉠이 속하지 않은 3쌍의 의자에 배정하는 경우의 수는
$_3P_2 = 3 \times 2 = 6$
이 2쌍의 학생이 서로 자리를 바꾸는 경우의 수는
$2! \times 2! = (2 \times 1) \times (2 \times 1) = 4$
즉, 민지가 속하지 않은 2쌍의 학생이 의자에 앉는 경우의 수는
$6 \times 4 = 24$

❷

따라서 구하는 경우의 수는
$6 \times 24 = 144$

❸

채점 기준	배점 비율
❶ 여학생 1명과 남학생 1명이 각각 짝을 이루는 경우의 수 구하기	30%
❷ 민지가 속하지 않은 2쌍의 학생이 의자에 앉는 경우의 수 구하기	50%
❸ 조건을 만족시키는 경우의 수 구하기	20%

1174 답 24

각 반의 학생들을 한 묶음으로 생각하고 3묶음을 일렬로 나열하는 경우의 수는
$3! = 3 \times 2 \times 1 = 6$

❶

1반 학생 3명 중 회장이 가장 먼저 헌혈을 하는 경우의 수는 회장을 제외한 나머지 2명을 두 번째, 세 번째에 나열하는 경우의 수와 같으므로
$2! = 2 \times 1 = 2$
같은 방법으로 2반 학생 3명 중 회장이 가장 먼저 헌혈을 하는 경우의 수는
2
3반 학생 2명 중 회장이 먼저 헌혈을 하는 경우의 수는
1

❷

따라서 구하는 경우의 수는
$6 \times 2 \times 2 \times 1 = 24$

❸

채점 기준	배점 비율
❶ 1반, 2반, 3반의 학생이 헌혈을 하는 순서의 경우의 수 구하기	30%
❷ 각 반에서 회장이 먼저 헌혈을 하는 경우의 수 각각 구하기	50%
❸ 조건을 만족시키는 경우의 수 구하기	20%

1175 답 40

3의 배수이려면 각 자리의 수의 합이 3의 배수이어야 한다.
0, 1, 2, 3, 4, 5 중 3개의 합이 3의 배수인 경우는
$(0, 1, 2), (0, 1, 5), (0, 2, 4), (0, 4, 5),$
$(1, 2, 3), (1, 3, 5),$
$(2, 3, 4),$
$(3, 4, 5)$

❶

(ⅰ) 3개의 숫자 중 0을 포함하는 경우
$(0, 1, 2)$ 또는 $(0, 1, 5)$ 또는 $(0, 2, 4)$ 또는 $(0, 4, 5)$의 경우이고, 백의 자리에 0이 올 수 없으므로 3개의 숫자로 만들 수 있는 세 자리의 자연수의 개수는 각각
$2 \times 2! = 2 \times (2 \times 1) = 4$
즉, 조건을 만족시키는 3의 배수의 개수는
$4 \times 4 = 16$

❷

(ⅱ) 3개의 숫자 중 0을 포함하지 않는 경우
$(1, 2, 3)$ 또는 $(1, 3, 5)$ 또는 $(2, 3, 4)$ 또는 $(3, 4, 5)$의 경우이고, 3개의 숫자로 만들 수 있는 세 자리의 자연수의 개수는 각각
$3! = 3 \times 2 \times 1 = 6$
즉, 조건을 만족시키는 3의 배수의 개수는
$4 \times 6 = 24$

❸

(ⅰ), (ⅱ)에서 구하는 3의 배수의 개수는
$16 + 24 = 40$

❹

채점 기준	배점 비율
❶ 세 자리의 자연수가 3의 배수일 때의 조건 알기	30%
❷ 0을 포함하는 세 자리의 자연수의 개수 구하기	30%
❸ 0을 포함하지 않는 세 자리의 자연수의 개수 구하기	30%
❹ 조건을 만족시키는 3의 배수의 개수 구하기	10%

11 조합

 STEP 1 개념 체크 본문 192쪽

1176 답 15

$_6C_2 = \dfrac{_6P_2}{2!} = \dfrac{6 \times 5}{2 \times 1} = 15$

1177 답 1

$_4C_0 = 1$

1178 답 1

$_5C_5 = 1$

1179 답 36

$_9C_7 = {}_9C_2 = \dfrac{_9P_2}{2!} = \dfrac{9 \times 8}{2 \times 1} = 36$

1180 답 6

$_nC_3 = \dfrac{_nP_3}{3!} = \dfrac{n(n-1)(n-2)}{3 \times 2 \times 1} = 20$

$n(n-1)(n-2) = 120 = 6 \times 5 \times 4$

$\therefore n = 6$ ← n은 3 이상인 자연수이므로 $n(n-1)(n-2)$는 연속된 세 자연수의 곱이다.

다른 풀이

$n(n-1)(n-2) = 120$, $n^3 - 3n^2 + 2n - 120 = 0$

$(n-6)(n^2 + 3n + 20) = 0$

$\therefore n = 6$ ($\because n \geq 3$) ← $_nC_3$에서 $n \geq 3$

1181 답 11

$_{n+1}C_2 = \dfrac{_{n+1}P_2}{2!} = \dfrac{(n+1)n}{2 \times 1} = 66$

$(n+1)n = 132 = 12 \times 11$ ← n은 1 이상인 자연수이므로 $(n+1)n$은 연속된 두 자연수의 곱이다.

$\therefore n = 11$

다른 풀이

$(n+1)n = 132$, $n^2 + n - 132 = 0$

$(n+12)(n-11) = 0$

$\therefore n = 11$ ($\because n \geq 1$) ← $_{n+1}C_2$에서 $n \geq 1$

1182 답 11

$_nC_4 = {}_nC_{n-4}$이므로 $_nC_{n-4} = {}_nC_7$에서 $n-4 = 7$

$\therefore n = 11$

1183 답 6

(i) $_9C_r = {}_9C_{r-3}$, 즉 $r = r-3$일 때
  $r = r-3$을 만족시키는 r의 값은 존재하지 않는다.

(ii) $_9C_r = {}_9C_{9-r}$이므로 $_9C_{9-r} = {}_9C_{r-3}$, 즉 $9-r = r-3$일 때
  $2r = 12$ $\therefore r = 6$

(i), (ii)에서 $r = 6$

1184 답 10

구하는 경우의 수는 서로 다른 5개에서 2개를 택하는 경우의 수와 같으므로

$_5C_2 = \dfrac{_5P_2}{2!} = \dfrac{5 \times 4}{2 \times 1} = 10$

👨‍🏫 선생님 톡톡

1075번과 비교해 보면 순열과 조합의 차이를 알 수 있어. **1075**번은 대표 2명이 회장, 부회장, 즉 순서가 있는 경우이므로 순열을 이용해야 하고, **1184**번은 순서에 상관없이 대표 2명만 뽑으면 되므로 조합을 이용해야 해.

1185 답 21

구하는 경우의 수는 서로 다른 7개에서 2개를 택하는 경우의 수와 같으므로

$_7C_2 = \dfrac{_7P_2}{2!} = \dfrac{7 \times 6}{2 \times 1} = 21$

1186 답 6

구하는 경우의 수는 서로 다른 4개에서 2개를 택하는 경우의 수와 같으므로

$_4C_2 = \dfrac{_4P_2}{2!} = \dfrac{4 \times 3}{2 \times 1} = 6$

1187 답 84

$_9C_3 = \dfrac{_9P_3}{3!} = \dfrac{9 \times 8 \times 7}{3 \times 2 \times 1} = 84$

1188 답 30

어른 4명 중에서 2명을 뽑는 경우의 수는

$_4C_2 = \dfrac{_4P_2}{2!} = \dfrac{4 \times 3}{2 \times 1} = 6$

어린이 5명 중에서 1명을 뽑는 경우의 수는

$_5C_1 = 5$

따라서 구하는 경우의 수는 $6 \times 5 = 30$

1189 답 40

어른 4명 중에서 3명을 뽑는 경우의 수는

$_4C_3 = {}_4C_1 = 4$

어린이 5명 중에서 2명을 뽑는 경우의 수는

$_5C_2 = \dfrac{_5P_2}{2!} = \dfrac{5 \times 4}{2 \times 1} = 10$

따라서 구하는 경우의 수는 $4 \times 10 = 40$

1190 답 60

$_6C_1 \times {}_5C_2 \times {}_3C_3 = 6 \times \dfrac{5 \times 4}{2 \times 1} \times 1 = 60$

1191 답 15

$_6C_1 \times {}_5C_1 \times {}_4C_4 \times \dfrac{1}{2!} = 6 \times 5 \times 1 \times \dfrac{1}{2 \times 1} = 15$

1192 답 15

$_6C_2 \times {}_4C_2 \times {}_2C_2 \times \dfrac{1}{3!} = \dfrac{6 \times 5}{2 \times 1} \times \dfrac{4 \times 3}{2 \times 1} \times 1 \times \dfrac{1}{3 \times 2 \times 1} = 15$

1193 답 ①

1194 답 ④

$_{n+1}P_2 + 2_nC_2 = _{n+3}P_2$에서

$(n+1)n + 2 \times \dfrac{n(n-1)}{2 \times 1} = (n+3)(n+2)$

$(n^2+n) + (n^2-n) = n^2 + 5n + 6$

$n^2 - 5n - 6 = 0$, $(n+1)(n-6) = 0$

$\therefore n = 6$ ($\because n \geq 2$)
$\underset{\quad\rightarrow _nC_2\text{에서 } n\geq 2}{}$

1195 답 ④

(i) $_{21}C_{r^2} = _{21}C_{r+1}$, 즉 $r^2 = r+1$일 때
   $r^2 - r - 1 = 0$을 만족시키는 자연수 r의 값은 존재하지 않는다.

(ii) $_{21}C_{r^2} = _{21}C_{21-r^2}$이므로 $_{21}C_{21-r^2} = _{21}C_{r+1}$, 즉 $21 - r^2 = r+1$일 때
   $r^2 + r - 20 = 0$, $(r+5)(r-4) = 0$
   $\therefore r = 4$ ($\because r$는 자연수)

(i), (ii)에서 $r = 4$

1196 답 ①

$_nC_r = \dfrac{_nP_r}{r!}$이므로

$56 = \dfrac{336}{r!}$
$\underset{\quad\rightarrow 1\text{부터 } r\text{까지의 자연수의 곱이다.}}{}$

$r! = 6 = 3 \times 2 \times 1$ $\therefore r = 3$

$_nP_3 = 336$이므로 $\underset{\rightarrow _nP_3\text{에서 } n\text{은 3 이상인 자연수이므로 } n(n-1)(n-2)\text{는}}{\underset{\text{연속된 세 자연수의 곱이다.}}{}}$

$n(n-1)(n-2) = 336 = 8 \times 7 \times 6$ $\therefore n = 8$

$\therefore n + r = 8 + 3 = 11$

1197 답 ③

이차방정식 $x^2 - _nC_2 x + _nC_4 = 0$의 두 근이 α, β이므로 근과 계수의 관계에 의하여

$\alpha + \beta = _nC_2$, $\alpha\beta = _nC_4$이고

$\alpha^2 + \beta^2 = (\alpha+\beta)^2 - 2\alpha\beta$이므로

$9_nC_2 = (_nC_2)^2 - 2_nC_4$

$9 \times \dfrac{n(n-1)}{2 \times 1} = \left\{ \dfrac{n(n-1)}{2 \times 1} \right\}^2 - 2 \times \dfrac{n(n-1)(n-2)(n-3)}{4 \times 3 \times 2 \times 1}$

$54 = 3n(n-1) - (n-2)(n-3)$ ($\because n \geq 4$) $\underset{\rightarrow _nC_4\text{에서 } n\geq 4\text{이므로}}{\underset{n(n-1)\text{이 소거된다.}}{}}$

$n^2 + n - 30 = 0$, $(n+6)(n-5) = 0$

$\therefore n = 5$, $\alpha + \beta = _5C_2 = \dfrac{5 \times 4}{2 \times 1} = 10$

$\therefore n + \alpha + \beta = 5 + 10 = 15$

1198 답 ④

1199 답 ③

학생 10명 중에서 복도 청소를 할 3명을 뽑는 방법의 수는

$_{10}C_3 = \dfrac{10 \times 9 \times 8}{3 \times 2 \times 1} = 120$

이때 남은 학생 7명 중에서 교실 청소를 할 5명을 뽑는 방법의 수는

$_7C_5 = _7C_2 = \dfrac{7 \times 6}{2 \times 1} = 21$

따라서 구하는 방법의 수는

$120 \times 21 = 2520$

1200 답 ②

서로 다른 음료 4개 중에서 2개를 선택하는 방법의 수는

$_4C_2 = \dfrac{4 \times 3}{2 \times 1} = 6$

서로 다른 빵 n개 중에서 3개를 선택하는 방법의 수는

$_nC_3 = \dfrac{n(n-1)(n-2)}{3 \times 2 \times 1} = \dfrac{n(n-1)(n-2)}{6}$

이때 음료 2개와 빵 3개를 선택하는 방법의 수가 210이므로

$6 \times \dfrac{n(n-1)(n-2)}{6} = 210$ $\underset{\rightarrow _nC_3\text{에서 } n\text{은 3 이상인 자연수이므로}}{\underset{n(n-1)(n-2)\text{는 연속된 세 자연수의 곱이다.}}{}}$

$n(n-1)(n-2) = 7 \times 6 \times 5$

$\therefore n = 7$

1201 답 ①

4개의 팀 중에서 3개의 팀을 선택하는 경우의 수는

$_4C_3 = _4C_1 = 4$

이 3개의 팀에서 멤버를 각각 1명씩 뽑는 경우의 수는

$_5C_1 \times _5C_1 \times _5C_1 = 5 \times 5 \times 5 = 125$ $\rightarrow$ 각 팀마다 5명의 멤버가 있다.

따라서 구하는 경우의 수는

$4 \times 125 = 500$

1202 답 16

(i) 3종류의 인형을 선택하는 경우
   4종류의 인형 중에서 3종류의 인형을 고르는 경우의 수는
   $_4C_3 = _4C_1 = 4$
   선택한 3종류의 인형 중에서 2개씩 선택할 2종류의 인형을 고르는 경우의 수는
   $_3C_2 = _3C_1 = 3$
   즉, 조건을 만족시키는 경우의 수는
   $4 \times 3 = 12$

(ii) 4종류의 인형을 선택하는 경우
   4종류의 인형 중에서 2개를 선택할 1종류의 인형을 고르는 경우의 수는
   $_4C_1 = 4$

(i), (ii)에서 구하는 경우의 수는 $12 + 4 = 16$

1203 답 ⑤

1204 답 ①

구하는 방법의 수는 1, 2, 3, 11, 12, 13이 적혀 있는 카드를 제외한 7장의 카드 중에서 3장을 뽑는 방법의 수와 같으므로

$_7C_3 = \dfrac{7 \times 6 \times 5}{3 \times 2 \times 1} = 35$ $\underset{\rightarrow \text{이 3장의 카드에 1, 2, 3이 적혀 있는}}{\underset{\text{카드를 포함시킨다.}}{}}$

1205 답 ④

서로 다른 종류의 n개의 과일에 대하여 바나나와 오렌지를 제외한 $(n-2)$개의 과일 중에서 3개를 뽑는 방법의 수가 220이므로

$_{n-2}C_3 = 220$에서 $\underset{\rightarrow \text{이 3개의 과일에 바나나와 오렌지를 추가한다.}}{}$

$\dfrac{(n-2)(n-3)(n-4)}{3 \times 2 \times 1} = 220$

$(n-2)(n-3)(n-4) = 1320 = 12 \times 11 \times 10$

$\therefore n = 14$ $\underset{\rightarrow _{n-2}C_3\text{에서 } n\text{은 5 이상인 자연수이므로}}{\underset{(n-2)(n-3)(n-4)\text{는 연속된 세 자연}}{\underset{\text{수의 곱이다.}}{}}}$

1206 답 ③

A, B, C 중에서 한 곳을 선택하는 방법의 수는

$_3C_1 = 3$

A, B, C를 제외한 7곳의 관광지 중에서 2곳을 선택하는 방법의 수는

$_7C_2 = \dfrac{7 \times 6}{2 \times 1} = 21$ ← 이 2곳의 관광지에 위에서 선택한 A, B, C 중의 한 곳을 추가한다.

따라서 구하는 방법의 수는

$3 \times 21 = 63$

1207 답 ③

10개의 공 중에서 5개를 택할 때 A, a가 적혀 있는 2개의 공은 택해야 하고, 이를 제외한 나머지 8개의 공 중에서 3개를 택할 때 같은 알파벳이 적혀 있는 공은 택하지 않아야 한다. ← 이 3개의 공에 A, a가 적힌 공을 추가한다.

즉, 같은 알파벳끼리 한 묶음으로 생각하면 (B, b), (C, c), (D, d), (E, e)이고, 이 중에서 3묶음을 택한 후 그중 대문자 또는 소문자를 택하면 된다.

4묶음 중에서 3묶음을 택하는 방법의 수는

$_4C_3 = {}_4C_1 = 4$

이 각각에 대하여 대문자와 소문자 중 하나를 택하는 방법의 수는

$2 \times 2 \times 2 = 8$

따라서 구하는 방법의 수는

$4 \times 8 = 32$

1208 답 ②

1209 답 ②

구하는 방법의 수는 9개의 사탕과 초콜릿 중에서 3개를 선택하는 ← 모든 방법의 수
방법의 수에서 사탕 5개 중에서 3개를 선택하는 방법의 수를 뺀 값과 같다. ← 초콜릿을 선택하지 않는 방법의 수

9개 중에서 3개를 선택하는 방법의 수는

$_9C_3 = \dfrac{9 \times 8 \times 7}{3 \times 2 \times 1} = 84$

사탕 5개 중에서 3개를 선택하는 방법의 수는

$_5C_3 = {}_5C_2 = \dfrac{5 \times 4}{2 \times 1} = 10$

따라서 구하는 방법의 수는

$84 - 10 = 74$

1210 답 ③

11명의 학생 중에서 4명을 뽑는 방법의 수는 ← 모든 방법의 수

$_{11}C_4 = \dfrac{11 \times 10 \times 9 \times 8}{4 \times 3 \times 2 \times 1} = 330$

이때 동아리의 2학년 학생 수를 n이라 하면 1학년 학생 수는

$11 - n$

즉, 1학년 학생 중에서 4명을 뽑는 방법의 수는 ← 2학년 학생을 뽑지 않는 방법의 수

$_{11-n}C_4$

2학년 학생이 적어도 1명은 포함되도록 뽑는 방법의 수가 295이 므로

$330 - {}_{11-n}C_4 = 295$

$_{11-n}C_4 = 35$

$\dfrac{(11-n)(10-n)(9-n)(8-n)}{4 \times 3 \times 2 \times 1} = 35$

$(11-n)(10-n)(9-n)(8-n) = 35 \times 24 = 7 \times 6 \times 5 \times 4$

$\therefore n = 4$ ← $_{11-n}C_4$에서 n은 7 이하인 자연수이므로 $(11-n)(10-n)(9-n)(8-n)$은 연속된 네 자연수의 곱이다.

1211 답 ④

서로 다른 4개의 자연수를 곱했을 때 3의 배수가 되려면 4개의 자연수 중에서 적어도 하나는 3의 배수이어야 한다.

15 이하의 자연수 중에서 서로 다른 4개의 자연수를 택하는 경우의 수는 ← 모든 경우의 수

$_{15}C_4 = \dfrac{15 \times 14 \times 13 \times 12}{4 \times 3 \times 2 \times 1} = 1365$

15 이하의 자연수 중에서 3의 배수가 아닌 수는 10개이고, 이 중에서 4를 택하는 경우의 수는 ← 4개 모두 3의 배수가 아닌 수를 택하는 경우의 수

$_{10}C_4 = \dfrac{10 \times 9 \times 8 \times 7}{4 \times 3 \times 2 \times 1} = 210$

따라서 구하는 경우의 수는

$1365 - 210 = 1155$

1212 답 ⑤

구하는 방법의 수는 12자루의 연필과 볼펜 중에서 5자루를 선택 ← 모든 방법의 수
하는 방법의 수에서 연필 또는 볼펜이 하나도 포함되지 않게 5자루를 선택하는 방법의 수를 뺀 값과 같다. ← 연필만 5자루 선택하거나 볼펜만 5자루 선택하는 방법의 수

12자루 중에서 5자루를 선택하는 방법의 수는

$_{12}C_5 = \dfrac{12 \times 11 \times 10 \times 9 \times 8}{5 \times 4 \times 3 \times 2 \times 1} = 792$

한편, 연필 또는 볼펜이 하나도 포함되지 않게 5자루를 선택하는 방법의 수는

(i) 연필만 5자루를 선택하는 경우

$\quad _5C_5 = 1$

(ii) 볼펜만 5자루를 선택하는 경우

$\quad _7C_5 = {}_7C_2 = \dfrac{7 \times 6}{2 \times 1} = 21$

(i), (ii)에서 $1 + 21 = 22$

따라서 구하는 방법의 수는

$792 - 22 = 770$

1213 답 ①

1214 답 ⑤

공통국어, 공통영어, 공통수학 중에서 2과목을 선택하는 방법의 수는

$_3C_2 = {}_3C_1 = 3$

공통과학, 공통사회, 정보, 한국사 중에서 2과목을 선택하는 방법의 수는

$_4C_2 = \dfrac{4 \times 3}{2 \times 1} = 6$

이 4개의 과목을 일렬로 나열하는 방법의 수는

$(2+2)! = 4! = 4 \times 3 \times 2 \times 1 = 24$

따라서 구하는 방법의 수는

$3 \times 6 \times 24 = 432$

1215 답 ③

1부터 n까지의 자연수 중에서 2개를 뽑는 방법의 수는

$_nC_2 = \dfrac{n(n-1)}{2 \times 1} = \dfrac{n(n-1)}{2}$

5개의 문자 a, b, c, d, e 중에서 3개를 뽑는 방법의 수는

$_5C_3 = {}_5C_2 = \dfrac{5 \times 4}{2 \times 1} = 10$

이 5개를 일렬로 나열하는 방법의 수는
$5!=5\times4\times3\times2\times1=120$
비밀번호를 만드는 방법의 수가 12000이므로
$\dfrac{n(n-1)}{2}\times10\times120=12000$, $n(n-1)=20=5\times4$

$_nC_2$에서 n은 2 이상인 자연수이므로
$n(n-1)$은 연속된 두 자연수의 곱이다.

$\therefore n=5$

1216 답 ③
7명 중에서 정우와 은희를 포함한 4명을 뽑는 방법의 수는
$_5C_2=\dfrac{5\times4}{2\times1}=10$ 정우와 은희를 제외한 5명 중에서 2명을 뽑고 정우와 은희를 추가한다.

이때 이 4명을 일렬로 세우는 방법의 수는
$4!=4\times3\times2\times1=24$
한편, 정우와 은희를 이웃하도록 세우는 방법의 수는
$(1+2)!\times2!=(3\times2\times1)\times(2\times1)=12$ 정우와 은희를 한 묶음으로 생각하여 일렬로 세운 후 정우와 은희가 서로 자리를 바꾼다.

따라서 구하는 방법의 수는
$10\times(24-12)=120$

1217 답 ④
다섯 자리의 자연수가 짝수가 되려면 일의 자리 숫자가 2, 4, 6, 8 중에서 하나이어야 한다.
즉, 일의 자리에 올 수 있는 숫자를 뽑는 방법의 수는
$_4C_1=4$
이때 일의 자리를 제외한 나머지 4자리에 오는 숫자를 뽑는 방법의 수는 일의 자리 숫자와 1, 9를 제외한 나머지 6개의 숫자 중에서 3개의 숫자를 뽑는 방법의 수와 같으므로 이 3개의 숫자에 일의 자리 숫자와 1을 추가한다.

$_6C_3=\dfrac{6\times5\times4}{3\times2\times1}=20$
이 4개의 숫자를 일렬로 배열하는 방법의 수는
$4!=4\times3\times2\times1=24$
따라서 구하는 짝수의 개수는
$4\times20\times24=1920$

1218 답 ④

1219 답 ②
정십각형의 어느 세 꼭짓점도 한 직선 위에 있지 않다.
따라서 정십각형에서 대각선의 개수는 10개의 꼭짓점 중에서 2개를 택하는 방법의 수에서 변의 개수를 뺀 것과 같다. $_{10}C_2$

$\therefore {}_{10}C_2-10=\dfrac{10\times9}{2\times1}-10=35$

1220 답 ②
9개의 점 중에서 2개를 택하는 방법의 수는 $_9C_2=\dfrac{9\times8}{2\times1}=36$

(i) 한 직선 위에 있는 3개의 점 중에서 2개를 택하는 방법의 수
$_3C_2=_3C_1=3$ 3개의 직선이 일치한다.

(ii) 한 직선 위에 있는 6개의 점 중에서 2개를 택하는 방법의 수
$_6C_2=\dfrac{6\times5}{2\times1}=15$ 1개의 직선이 일치한다.

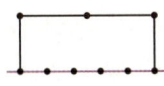

이때 (i), (ii)에서 만들 수 있는 직선은 각각 1개이므로 구하는 직선의 개수는
$36-3-15+1+1=20$ (i), (ii)에서 구한 일치하는 직선 중 하나씩은 세어야 한다.

다른 풀이
(i) 직사각형의 윗변과 아랫변에서 각각 한 점을 택하여 만들 수 있는 직선의 개수
$_3C_1\times_6C_1=3\times6=18$
(ii) 직사각형의 윗변에서 만들 수 있는 직선의 개수는 1
(iii) 직사각형의 아랫변에서 만들 수 있는 직선의 개수는 1
(i), (ii), (iii)에서 $18+1+1=20$

1221 답 ⑤
12개의 점 중에서 2개를 택하는 방법의 수는
$_{12}C_2=\dfrac{12\times11}{2\times1}=66$

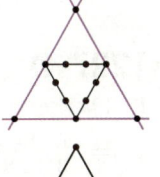

(i) 한 직선 위에 있는 3개의 점 중에서 2개를 택하는 방법의 수
$3\times_3C_2=3\times_3C_1=3\times3=9$ 한 직선 위에 3개의 점이 있는 직선이 3개이다.

(ii) 한 직선 위에 있는 4개의 점 중에서 2개를 택하는 방법의 수
$3\times_4C_2=3\times\dfrac{4\times3}{2\times1}=18$ 한 직선 위에 4개의 점이 있는 직선이 3개이다.

이때 (i), (ii)에서 만들 수 있는 직선은 각각 3개이므로 구하는 직선의 개수는
$66-9-18+3+3=45$ (i), (ii)에서 구한 일치하는 직선 중 하나씩은 세어야 한다.

1222 답 ①
16개의 점 중에서 2개를 택하는 방법의 수는
$_{16}C_2=\dfrac{16\times15}{2\times1}=120$

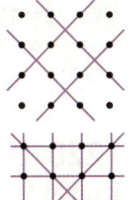

(i) 한 직선 위에 있는 3개의 점 중에서 2개를 택하는 방법의 수 한 직선 위에 3개의 점이 있는 직선이 4개이다.
$4\times_3C_2=4\times_3C_1=4\times3=12$

(ii) 한 직선 위에 있는 4개의 점 중에서 2개를 택하는 방법의 수 한 직선 위에 4개의 점이 있는 직선이 10개이다.
$10\times_4C_2=10\times\dfrac{4\times3}{2\times1}=60$

이때 (i), (ii)에서 만들 수 있는 직선은 각각 4개, 10개이므로 구하는 직선의 개수는
$120-12-60+4+10=62$ (i), (ii)에서 구한 일치하는 직선 중 하나씩은 세어야 한다.

1223 답 ④

1224 답 ②
9개의 점 중에서 3개를 택하는 방법의 수는
$_9C_3=\dfrac{9\times8\times7}{3\times2\times1}=84$

한 직선 위에 있는 4개의 점 중에서 3개를 택하는 방법의 수는 한 직선 위에 4개의 점이 있는 직선이 3개이다.
$3\times_4C_3=3\times_4C_1=3\times4=12$
따라서 구하는 삼각형의 개수는
$84-12=72$

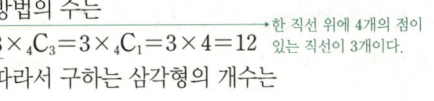
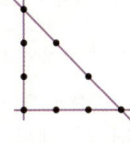

1225 답 ①
7개의 점 중에서 3개를 택하는 방법의 수는
$_7C_3=\dfrac{7\times6\times5}{3\times2\times1}=35$

이때 반원의 지름 위의 4개의 점 중에서 3개를 택하는 방법의 수는
$_4C_3 = _4C_1 = 4$
따라서 구하는 삼각형의 개수는
$35 - 4 = 31$

1226 답 ④

주어진 도형의 선들로 삼각형을 만들기 위해서는 점 A를 지나는 6개의 선분 중에서 2개를 택하고, 직선 BC와 직선 BC와 평행한 3개의 선분, 즉 4개의 선분 중에서 1개를 택해야 한다.
따라서 구하는 삼각형의 개수는
$_6C_2 \times _4C_1 = \dfrac{6 \times 5}{2 \times 1} \times 4 = 60$

1227 답 ①

15개의 점 중에서 3개를 택하는 방법의 수는
$_{15}C_3 = \dfrac{15 \times 14 \times 13}{3 \times 2 \times 1} = 455$

(i) 한 직선 위에 있는 3개의 점 중에서 3개를 택하는 방법의 수
$\underline{13 \times _3C_3} = 13 \times 1 = 13$ ← 한 직선 위에 3개의 점이 있는 직선이 13개이다.

(ii) 한 직선 위에 있는 5개의 점 중에서 3개를 택하는 방법의 수
$\underline{3 \times _5C_3} = 3 \times _5C_2 = 3 \times \dfrac{5 \times 4}{2 \times 1} = 30$ ← 한 직선 위에 5개의 점이 있는 직선이 3개이다.

(i), (ii)에서 한 직선 위에 있는 점 중에서 3개를 택하는 방법의 수는
$13 + 30 = 43$
따라서 구하는 삼각형의 개수는
$455 - 43 = 412$

1228 답 ③

1229 답 ⑤

8개의 점 중에서 4개를 택하는 방법의 수는
$_8C_4 = \dfrac{8 \times 7 \times 6 \times 5}{4 \times 3 \times 2 \times 1} = 70$
한 변 위에 있는 3개의 점 중에서 3개를 택하고 나머지 한 꼭짓점을 택하는 방법의 수는
$\underline{2 \times _3C_3 \times 5} = 2 \times 1 \times 5 = 10$ ← 한 변 위에 3개의 점이 있는 변이 2개
← 이 3개의 점을 제외한 나머지 점의 개수는 5
따라서 구하는 사각형의 개수는
$70 - 10 = 60$

1230 답 ⑤

4개의 점을 꼭짓점으로 하는 사각형을 만들기 위해서는 두 직선 l, m에서 각각 2개의 점을 택해야 한다.
직선 l에서 2개의 점을 택하는 방법의 수는 $_7C_2 = \dfrac{7 \times 6}{2 \times 1} = 21$
직선 m에서 2개의 점을 택하는 방법의 수는 $_4C_2 = \dfrac{4 \times 3}{2 \times 1} = 6$
따라서 구하는 사각형의 개수는
$21 \times 6 = 126$

1231 답 ④

가로로 나열된 6개의 평행한 직선 중에서 2개, 비스듬히 나열된 3개의 평행한 직선 중에서 2개를 택하면 한 개의 평행사변형이 결정된다.

따라서 구하는 평행사변형의 개수는
$_6C_2 \times _3C_2 = _6C_2 \times _3C_1 = \dfrac{6 \times 5}{2 \times 1} \times 3 = 45$

1232 답 ③

오른쪽 그림과 같이 각각의 평행한 직선을 a_i $(i=1, 2, 3, 4, 5)$, b_j $(j=1, 2, 3, 4, 5)$라 하자.

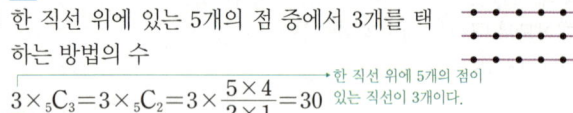

이때 색칠한 부분을 포함한 평행사변형을 만들려면 a_1, a_2 중에서 한 개, a_3, a_4, a_5 중에서 한 개의 직선을 택하고, b_1, b_2에서 한 개, b_3, b_4, b_5 중에서 한 개의 직선을 택해야 하므로 구하는 평행사변형의 개수는
$(_2C_1 \times _3C_1) \times (_2C_1 \times _3C_1) = (2 \times 3) \times (2 \times 3) = 36$

1233 답 ④

1234 답 ⑤

6개의 공을 세 묶음으로 나누는 방법은
1개, 1개, 4개 또는 1개, 2개, 3개 또는 2개, 2개, 2개
(i) 1개, 1개, 4개로 나누는 방법의 수
$_6C_1 \times _5C_1 \times _4C_4 \times \dfrac{1}{2!} = 6 \times 5 \times 1 \times \dfrac{1}{2 \times 1} = 15$
(ii) 1개, 2개, 3개로 나누는 방법의 수
$_6C_1 \times _5C_2 \times _3C_3 = 6 \times \dfrac{5 \times 4}{2 \times 1} \times 1 = 60$
(iii) 2개, 2개, 2개로 나누는 방법의 수
$_6C_2 \times _4C_2 \times _2C_2 \times \dfrac{1}{3!} = \dfrac{6 \times 5}{2 \times 1} \times \dfrac{4 \times 3}{2 \times 1} \times 1 \times \dfrac{1}{3 \times 2 \times 1} = 15$
(i), (ii), (iii)에서 구하는 방법의 수는
$15 + 60 + 15 = 90$

1235 답 ②

9장의 사진을 한 묶음이 5장이 되게 세 묶음으로 나누는 방법은
5장, 3장, 1장 또는 5장, 2장, 2장
(i) 5장, 3장, 1장으로 나누는 방법의 수
$_9C_5 \times _4C_3 \times _1C_1 = _9C_4 \times _4C_1 \times _1C_1 = \dfrac{9 \times 8 \times 7 \times 6}{4 \times 3 \times 2 \times 1} \times 4 \times 1$
$= 504$
(ii) 5장, 2장, 2장으로 나누는 방법의 수
$_9C_5 \times _4C_2 \times _2C_2 \times \dfrac{1}{2!} = _9C_4 \times _4C_2 \times _2C_2 \times \dfrac{1}{2!}$
$= \dfrac{9 \times 8 \times 7 \times 6}{4 \times 3 \times 2 \times 1} \times \dfrac{4 \times 3}{2 \times 1} \times 1 \times \dfrac{1}{2 \times 1}$
$= 378$
(i), (ii)에서 구하는 방법의 수는 $504 + 378 = 882$

1236 답 ④

주어진 경우의 수는 남학생 4명을 3개 모둠으로 나눈 후 각 모둠에 여학생을 1명씩 배정하는 경우의 수와 같다.
남학생 4명을 3개 모둠으로 나누는 경우의 수는
$_4C_2 \times _2C_1 \times _1C_1 \times \dfrac{1}{2!} = \dfrac{4 \times 3}{2 \times 1} \times 2 \times 1 \times \dfrac{1}{2 \times 1} = 6$
나누어진 3개 모둠에 여학생을 1명씩 배정하는 경우의 수는 여학생 3명을 일렬로 나열하는 경우의 수와 같으므로
$3! = 3 \times 2 \times 1 = 6$
따라서 구하는 경우의 수는 $6 \times 6 = 36$

1237  답 ①

8명의 학생을 한 조에 적어도 2명 이상 되게 세 조로 나누는 방법은
2명, 2명, 4명 또는 2명, 3명, 3명

(i) 2명, 2명, 4명으로 나누는 방법의 수

$$_8C_2 \times {_6}C_2 \times {_4}C_4 \times \frac{1}{2!} = \frac{8 \times 7}{2 \times 1} \times \frac{6 \times 5}{2 \times 1} \times 1 \times \frac{1}{2 \times 1} = 210$$

(ii) 2명, 3명, 3명으로 나누는 방법의 수

$$_8C_2 \times {_6}C_3 \times {_3}C_3 \times \frac{1}{2!} = \frac{8 \times 7}{2 \times 1} \times \frac{6 \times 5 \times 4}{3 \times 2 \times 1} \times 1 \times \frac{1}{2 \times 1} = 280$$

(i), (ii)에서 8명의 학생을 세 조로 나누는 방법의 수는
$210 + 280 = 490$

나눈 세 조를 봉사기관 A, B, C에 배정하는 방법의 수는
$3! = 3 \times 2 \times 1 = 6$ ← 봉사기관이 구분된다.

따라서 구하는 방법의 수는 $490 \times 6 = 2940$

1238 답 ⑤

1239 답 ③

6명을 3명, 3명의 두 조로 나누는 방법의 수는

$$_6C_3 \times {_3}C_3 \times \frac{1}{2!} = \frac{6 \times 5 \times 4}{3 \times 2 \times 1} \times 1 \times \frac{1}{2} = 10$$

각 조에서 3명 중 부전승으로 올라가는 1명을 정하는 방법의 수는
각각

$_3C_1 = 3$

따라서 구하는 방법의 수는
$10 \times 3 \times 3 = 90$

1240 답 ④

8명을 4명, 4명의 두 조로 나누는 방법의 수는

$$_8C_4 \times {_4}C_4 \times \frac{1}{2!} = \frac{8 \times 7 \times 6 \times 5}{4 \times 3 \times 2 \times 1} \times 1 \times \frac{1}{2 \times 1} = 35$$

각 조에서 4명을 2명, 2명으로 나누는 방법의 수는 각각

$$_4C_2 \times {_2}C_2 \times \frac{1}{2!} = \frac{4 \times 3}{2 \times 1} \times 1 \times \frac{1}{2 \times 1} = 3$$

따라서 구하는 방법의 수는
$35 \times 3 \times 3 = 315$

1241 답 9

부전승으로 올라가는 2명을 1조라 하고, 나머지 4명을 2조라 하자.

(i) 태호와 민우가 1조일 때의 방법의 수
태호와 민우를 제외한 나머지 4명을 2명, 2명으로 나누는 방법이므로

$$_4C_2 \times {_2}C_2 \times \frac{1}{2!} = \frac{4 \times 3}{2 \times 1} \times 1 \times \frac{1}{2 \times 1} = 3$$

(ii) 태호와 민우가 2조일 때의 방법의 수
태호와 민우를 제외한 나머지 4명 중에서 2명은 1조에, 남은
2명은 2조에 배치해야 하므로

$$_4C_2 \times {_2}C_2 = \frac{4 \times 3}{2 \times 1} \times 1 = 6$$

(i), (ii)에서 구하는 방법의 수는 $3 + 6 = 9$

1242 답 ④

7개의 팀을 3개의 팀, 4개의 팀으로 나누는 방법의 수는

$$_7C_3 \times {_4}C_4 = \frac{7 \times 6 \times 5}{3 \times 2 \times 1} \times 1 = 35$$

나눈 3개의 팀을 1개의 팀, 2개의 팀으로 나누는 방법의 수는
$_3C_1 \times {_2}C_2 = 3 \times 1 = 3$

나눈 4개의 팀을 2개의 팀, 2개의 팀으로 나누는 방법의 수는

$$_4C_2 \times {_2}C_2 \times \frac{1}{2!} = \frac{4 \times 3}{2 \times 1} \times 1 \times \frac{1}{2 \times 1} = 3$$

따라서 구하는 방법의 수는
$35 \times 3 \times 3 = 315$

STEP 3 실전 업
본문 203~206쪽

1243 답 ①

One Point Lesson
먼저 12개 구단이 다른 모든 팀들과 각각 1번씩 경기를 하는 경우의 수를 구한다.

12개 구단이 다른 모든 팀들과 각각 1번씩 경기를 하는 경우의 수는

$$_{12}C_2 = \frac{12 \times 11}{2 \times 1} = 66$$ ← 한 경기에 2개의 팀이 참가한다.

이때 12개 구단이 다른 모든 팀들과 각각 5번씩 경기를 하므로 구하는 전체 경기의 수는
$66 \times 5 = 330$

1244 답 ③

One Point Lesson
원에 내접하는 직각삼각형은 빗변이 원의 지름이다.

원에 내접하는 직각삼각형은 빗변이 원의 지름이다.
직각삼각형의 빗변을 택하는 경우의 수는
5
직각삼각형의 빗변을 이루는 2개의 점을 제외한
8개의 점 중에서 직각삼각형의 나머지 한 꼭짓점
을 택하는 경우의 수는
$_8C_1 = 8$
따라서 구하는 직각삼각형의 개수는
$5 \times 8 = 40$

해설 속 칠판 원주각의 성질

(1) 한 원에서 한 호에 대한 원주각의 크기는 모두 같다.
 ➡ ∠APB = ∠AQB = ∠ARB

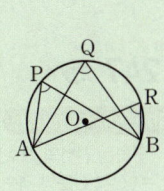

(2) 반원에 대한 원주각의 크기는 90°이다.
 ➡ 선분 AB가 원의 지름이면
 ∠APB = 90°

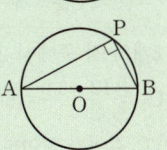

1245 답 ⑤

One Point Lesson
정사각형은 작은 정사각형 1개 또는 4개 또는 9개로 만들 수 있다.

가로 방향의 선분 4개 중에서 2개, 세로 방향의 선분 5개 중에서 2개를 택하면 한 개의 직사각형이 만들어지므로 그 개수는

$${}_4C_2 \times {}_5C_2 = \frac{4 \times 3}{2 \times 1} \times \frac{5 \times 4}{2 \times 1} = 60$$

이때 정사각형의 개수는

(ⅰ) 작은 정사각형 1개로 이루어진 정사각형의 개수

  12

(ⅱ) 작은 정사각형 4개로 이루어진 정사각형의 개수

  한 변의 길이가 두 칸이어야 하므로 가로 방향의 선분 2쌍, 세로 방향의 선분 3쌍 중에서 각각 한 쌍씩 택해야 한다.

  즉, 구하는 정사각형의 개수는

  $${}_2C_1 \times {}_3C_1 = 2 \times 3 = 6$$

(ⅲ) 작은 정사각형 9개로 이루어진 정사각형의 개수

  한 변의 길이가 세 칸이어야 하므로 가로 방향의 선분 1쌍, 세로 방향의 선분 2쌍 중에서 각각 한 쌍씩 택해야 한다.

  즉, 구하는 정사각형의 개수는

  $${}_1C_1 \times {}_2C_1 = 1 \times 2 = 2$$

(ⅰ), (ⅱ), (ⅲ)에서 정사각형의 개수는

$$12 + 6 + 2 = 20$$

따라서 구하는 직사각형의 개수는

$$60 - 20 = 40$$

1246 (답) 30

One Point Lesson

$a < b = c$인 경우와 $a < b < c$인 경우로 나누어 생각한다.

두 조건 (가), (나)에 의하여

$a < b = c$ 또는 $a < b < c$

(ⅰ) $a < b = c$인 경우의 수

  $b \le 5$이므로 1부터 5까지의 5개의 자연수 중에서 서로 다른 2개를 택하면 된다.

  $$\therefore {}_5C_2 = \frac{5 \times 4}{2 \times 1} = 10$$

(ⅱ) $a < b < c$인 경우의 수

  $c \le 6$이므로 1부터 6까지의 6개의 자연수 중에서 서로 다른 3개를 택하면 된다.

  $$\therefore {}_6C_3 = \frac{6 \times 5 \times 4}{3 \times 2 \times 1} = 20$$

(ⅰ), (ⅱ)에서 구하는 순서쌍 (a, b, c)의 개수는

$$10 + 20 = 30$$

1247 (답) 42

One Point Lesson

(구하는 선분의 개수)
= (전체 선분의 개수) − (길이가 2 이하인 선분의 개수)

12개의 점 중에서 2개를 택하는 방법의 수는

$${}_{12}C_2 = \frac{12 \times 11}{2 \times 1} = 66$$

이때 길이가 2 이하인 선분의 개수는

(ⅰ) 길이가 1인 선분의 개수

  $2 \times 5 = 10$ →각 직선에 5개씩 있다.

(ⅱ) 길이가 2인 선분의 개수

  $6 + 2 \times 4 = 14$ →두 직선 사이에 6개가 있고, 각 직선에 4개씩 있다.

(ⅰ), (ⅱ)에서 $10 + 14 = 24$

따라서 구하는 선분의 개수는

$$66 - 24 = 42$$

1248 (답) ④

One Point Lesson

가로줄과 세로줄 중 하나를 기준으로 잡아 계산한다.

3개의 가로줄 중에서 2개의 가로줄을 선택하는 경우의 수는

$${}_3C_2 = {}_3C_1 = 3$$

선택한 2개의 가로줄 중에서 하나의 가로줄에 있는 3개의 숫자 중에서 하나를 선택하는 경우의 수는

$${}_3C_1 = 3$$

선택한 2개의 가로줄 중에서 남은 하나의 가로줄에 있는 3개의 숫자에서 먼저 선택한 숫자와 다른 세로줄에 있는 숫자 2개 중 하나를 선택하는 경우의 수는

$${}_2C_1 = 2$$

따라서 구하는 경우의 수는

$$3 \times 3 \times 2 = 18$$

(다른 풀이)

9개의 숫자 중 하나를 선택하는 경우의 수는

$${}_9C_1 = 9$$

선택한 숫자와 같은 가로줄, 세로줄에 있는 4개의 숫자를 제외하고 남은 4개의 숫자 중에서 하나를 선택하는 경우의 수는

$${}_4C_1 = 4$$

이때 같은 경우가 두 번씩 생기므로 구하는 경우의 수는

$$9 \times 4 \times \frac{1}{2} = 18$$ →예를 들어, 1을 선택한 후 5를 택하는 경우와 5를 선택하고 1을 선택하는 경우

1249 (답) ⑤

One Point Lesson

검은 공 3개를 모두 홀수 번째 또는 짝수 번째 칸에만 넣으면 검은 공과 검은 공 사이에 흰 공이 홀수 개 있다.

(ⅰ) 홀수 번째의 6개의 칸에서 3개의 칸을 택하여 검은 공을 넣고, 남은 칸에 흰 공을 넣는 경우

  6개의 칸에서 3개의 칸을 택하는 경우의 수는

  $${}_6C_3 = \frac{6 \times 5 \times 4}{3 \times 2 \times 1} = 20$$

(ⅱ) 짝수 번째의 5개의 칸에서 3개의 칸을 택하여 검은 공을 넣고, 남은 칸에 흰 공을 넣는 경우

  5개의 칸에서 3개의 칸을 택하는 경우의 수는

  $${}_5C_3 = {}_5C_2 = \frac{5 \times 4}{2 \times 1} = 10$$

(ⅰ), (ⅱ)에서 구하는 경우의 수는 $20 + 10 = 30$

1250 (답) ⑤

One Point Lesson

3개의 빵을 한 명, 두 명, 세 명에게 나누어 주는 경우를 각각 구한다.

(ⅰ) 3개의 빵을 한 명에게 모두 주는 경우

  빵을 받을 한 명을 정하는 경우의 수는

  $${}_4C_1 = 4$$

이때 빵을 받지 않은 3명에게 음료를 1개씩 나누어 주는 경우의 수는

$3!=3\times2\times1=6$

즉, 조건을 만족시키는 경우의 수는

$4\times6=24$

(ii) 3개의 빵을 두 명에게 나누어 주는 경우

빵을 받을 두 명을 정하는 경우의 수는

$_4C_2=\dfrac{4\times3}{2\times1}=6$

3개의 빵을 1개, 2개의 두 묶음으로 나누는 경우의 수는

$_3C_1\times_2C_2=3\times1=3$

이고, 나눈 두 묶음을 두 명에게 나누어 주는 경우의 수는

$2!=2\times1=2$

이므로 3개의 빵을 두 명에게 나누어 주는 경우의 수는

$6\times3\times2=36$

이때 빵을 받지 않은 2명에게 음료를 1개씩 나누어 주는 경우의 수는

$_3P_2=3\times2=6$

즉, 조건을 만족시키는 경우의 수는

$36\times6=216$

(iii) 3개의 빵을 세 명에게 나누어 주는 경우

빵을 받을 세 명을 정하는 경우의 수는

$_4C_3=_4C_1=4$

이 세 명에게 빵을 나누어 주는 경우의 수는

$3!=3\times2\times1=6$

이므로 3개의 빵을 세 명에게 나누어 주는 경우의 수는

$4\times6=24$

이때 빵을 받지 않은 1명에게 음료를 1개 나누어 주는 경우의 수는

$_3C_1=3$

즉, 조건을 만족시키는 경우의 수는

$24\times3=72$

(i), (ii), (iii)에서 구하는 경우의 수는

$24+216+72=312$

1251 답 ③

One Point Lesson

3가지 색을 사용하는 경우와 4가지 색을 사용하는 경우로 나누어 구한다.

(i) 서로 다른 4가지 색 중에서 3가지 색을 사용하는 경우

4가지 색 중에서 3가지 색을 택하는 방법의 수는

$_4C_3=_4C_1=4$

이때 3가지 색 중에서 1가지 색은 한 영역에 칠해야 하고 남은 2가지 색은 두 영역에 칠해야 한다.

1가지 색을 칠할 영역을 택하는 방법의 수는

$_5C_1=5$

이 영역에 칠할 색을 택하는 방법의 수는

$_3C_1=3$

남은 2가지 색으로 남은 4개의 영역에 칠하는 방법의 수는

2 → ©에 1가지 색을 칠했다고 하면, ⊙과 ②, ©과 ⑩에 각각 다른 색을 칠해야 한다.

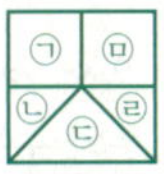

즉, 조건을 만족시키는 방법의 수는

$4\times5\times3\times2=120$

(ii) 서로 다른 4가지 색을 모두 사용하는 경우

4가지 색 중에서 1가지 색은 두 영역에 칠해야 한다.

이 1가지 색을 택하는 방법의 수는

$_4C_1=4$

이 1가지 색으로 두 영역에 칠하는 방법의 수는 $_5C_2$이고, 인접하게 칠하는 방법의 수가 5이므로

인접하지 않게 두 영역에 칠하는 방법의 수는

$_5C_2-5=\dfrac{5\times4}{2\times1}-5=5$

→ ⊙과 ©, ©과 ©, ©과 ②, ②과 ⑩, ⑩과 ⊙

남은 3가지의 색을 남은 세 영역에 칠하는 방법의 수는

$3!=3\times2\times1=6$

즉, 조건을 만족시키는 방법의 수는

$4\times5\times6=120$

(i), (ii)에서 구하는 방법의 수는

$120+120=240$

1252 답 30

One Point Lesson

문자의 변화가 4번 있으려면 시작하는 문자와 끝나는 문자가 서로 같아야 한다.

(i) A로 시작하여 A로 끝나는 경우

오른쪽 그림과 같이 AAAA를 먼저 나열한 후 그 사이사이 중 2곳을 택하여 5의 문자 B를 나누어 넣으면 된다.

$A\vee A\vee A\vee A$

B가 들어갈 3곳 중에서 2곳을 택하는 경우의 수는

$_3C_2=_3C_1=3$

이 2곳에 5개의 문자 B를 2묶음으로 나누는 넣는 경우는

1개, 4개 또는 2개, 3개 또는 3개, 2개 또는 4개, 1개의 4가지

즉, 조건을 만족시키는 방법의 수는

$3\times4=12$

(ii) B로 시작하여 B로 끝나는 경우

오른쪽 그림과 같이 BBBBB를 먼저 나열한 후 그 사이사이 중 2곳을 택하여 4개의 문자 A를 나누어 넣으면 된다.

$B\vee B\vee B\vee B\vee B$

A가 들어갈 4곳 중에서 2곳을 택하는 경우의 수는

$_4C_2=\dfrac{4\times3}{2\times1}=6$

이 2곳에 4개의 문자 A를 2묶음으로 나누는 넣는 경우는

1개, 3개 또는 2개, 2개 또는 3개, 1개의 3가지

즉, 조건을 만족시키는 방법의 수는

$6\times3=18$

(i), (ii)에서 $f(4)$의 값은

$12+18=30$

1253 답 450

One Point Lesson

색깔별로 3개, 1개, 1개 또는 2개, 2개, 1개의 공을 꺼내야 한다.

조건 (나)에 의하여 빨간색 공은 서로 다른 5개의 바구니 중 3개의 바구니에 각각 1개씩 넣어야 한다.

서로 다른 5개의 바구니에 빨간색 공 3개를 1개씩 넣는 경우의 수는

$_5C_3=_5C_2=\dfrac{5\times4}{2\times1}=10$

한편, 조건 (가)에서 각 바구니의 공은 1개 이상으로 넣어야 하므로 빨간색 공을 넣지 않은 2개의 바구니에는 파란색 공을 무조건 1개씩 넣어야 한다.

또한, 조건 (가)에서 각 바구니에 공은 3개 이하로 넣어야 하므로 남은 4개의 파란색 공을 서로 다른 5개의 바구니에 최대 2개씩 더 넣을 수 있다.

(i) 파란색 공을 서로 다른 5개의 바구니 중 2개의 바구니에 각각 2개씩 더 넣는 경우의 수

$$_5C_2=10$$

(ii) 파란색 공을 서로 다른 5개의 바구니 중 3개의 바구니에 각각 2개, 1개, 1개 더 넣는 경우의 수

$$_5C_3 \times _3C_1=10 \times 3=30$$ ← 선택한 바구니 3개 중에서 파란색 공 2개를 넣는 바구니를 선택하는 경우의 수

(iii) 파란색 공을 서로 다른 5개의 바구니 중 4개의 바구니에 각각 1개씩 더 넣는 경우의 수

$$_5C_4=_5C_1=5$$

(i), (ii), (iii)에서 남은 4개의 파란색 공을 서로 다른 5개의 바구니에 최대 2개씩 더 넣는 경우의 수는

$$10+30+5=45$$

따라서 주어진 조건을 만족시키는 경우의 수는

$$10 \times 45=450$$

1254 답 ③

One Point Lesson

우회전을 하는 경우를 1번, 2번, 3번으로 나누어 우회전을 하는 교차로를 지정하여 경로를 구한다.

(i) 우회전을 1번 하는 경우

오른쪽 그림의 색칠된 부분에서는 우회전을 할 수 없으므로 우회전이 가능한 부분은 색칠된 부분을 제외한 교차로이고 이 지점에서만 우회전을 해야 한다.

즉, 구하는 경우의 수는 색칠된 부분을 제외한 가로로 평행한 선분 1개와 세로로 평행한 선분 1개를 택하는 경우의 수와 같으므로

$$_4C_1 \times _5C_1=4 \times 5=20 \qquad \therefore a=20$$

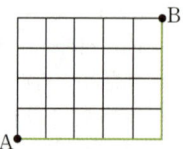

(ii) 우회전을 2번 하는 경우

오른쪽 그림과 같이 우회전을 하는 2개의 지점이 가로와 세로의 같은 줄에 있을 수 없다.

즉, 구하는 경우의 수는 가로로 평행한 선분 2개와 세로로 평행한 선분 2개를 택하는 경우의 수와 같으므로

← (i)과 같이 (i)의 그림에 색칠된 선분을 제외한다.

$$_4C_2 \times _5C_2=\frac{4 \times 3}{2 \times 1} \times \frac{5 \times 4}{2 \times 1}=60 \qquad \therefore b=60$$

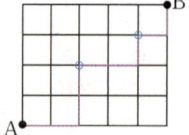

(iii) 우회전을 3번 하는 경우

(ii)와 같은 방법으로 구하는 경우의 수는 가로로 평행한 선분 3개와 세로로 평행한 선분 3개를 택하는 경우의 수와 같으므로

← (i)과 같이 (i)의 그림에 색칠된 선분을 제외한다.

$$_4C_3 \times _5C_3=_4C_1 \times _5C_2=4 \times \frac{5 \times 4}{2 \times 1}=40$$

$$\therefore c=40$$

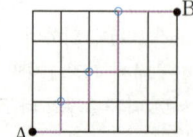

(i), (ii), (iii)에서

$$a+b+c=20+60+40=120$$

1255 답 해설 참조

$$_{n-1}C_r+_{n-1}C_{r-1}$$

$$=\frac{(n-1)!}{r!(n-1-r)!}+\frac{(n-1)!}{(r-1)!\{n-1-(r-1)\}!}$$ ──❶

$$=\frac{(n-1)!}{r!(n-r-1)!}+\frac{(n-1)!}{(r-1)!(n-r)!}$$

$$=\frac{(n-1)!}{r!(n-r-1)!} \times \frac{n-r}{n-r}+\frac{(n-1)!}{(r-1)!(n-r)!} \times \frac{r}{r}$$

$$=\frac{(n-1)!}{r!(n-r)!} \times (n-r+r)$$

$$=\frac{n!}{r!(n-r)!}$$

$$=_nC_r$$ ──❷

채점 기준	배점 비율
❶ $_{n-1}C_r+_{n-1}C_{r-1}$을 n과 r에 대한 식으로 나타내기	20%
❷ 식을 간단히 하여 $_{n-1}C_r+_{n-1}C_{r-1}=_nC_r$임을 보이기	80%

1256 답 224

6명의 학생 중에서 4명을 뽑는 경우의 수는

$$_6C_4=_6C_2=\frac{6 \times 5}{2 \times 1}=15$$

이때 사진을 두 번 찍으므로 6명의 학생 중에서 4명씩 사진을 두 번 찍는 경우의 수는 ← 모든 경우의 수

$$15 \times 15=225$$ ──❶

6명의 학생 중에서 준서와 정희를 제외한 4명 중에서 4명을 뽑는 경우의 수는

$$_4C_4=1$$

이때 사진을 두 번 찍으므로 6명의 학생 중에서 준서와 정희를 제외한 4명이 사진을 두 번 찍는 경우의 수는

$$1 \times 1=1$$ ← 준서와 정희가 두 사진 모두에 찍히지 않는 경우의 수 ──❷

따라서 구하는 경우의 수는

$$225-1=224$$ ──❸

채점 기준	배점 비율
❶ 모든 경우의 수 구하기	40%
❷ 준서와 정희가 두 사진에 찍히지 않는 경우의 수 구하기	40%
❸ 주어진 조건을 만족시키는 경우의 수 구하기	20%

1257 답 8640

맨 앞에 서는 남학생을 뽑는 경우의 수는

$$_6C_1=6$$ ──❶

맨 앞에 서는 남학생 1명을 제외한 남학생 5명 중에서 2명을 뽑는 경우의 수는

$$_5C_2=\frac{5 \times 4}{2 \times 1}=10$$

여학생 4명 중에서 2명을 뽑는 경우의 수는

$$_4C_2=\frac{4\times3}{2\times1}=6$$

이 4명을 일렬로 세우는 경우의 수는

$$4!=4\times3\times2\times1=24$$

❷

따라서 구하는 경우의 수는

$$6\times10\times6\times24=8640$$

❸

채점 기준	배점 비율
❶ 맨 앞에 서는 남학생을 뽑는 경우의 수 구하기	30%
❷ 맨 앞에 서는 남학생을 제외한 남학생 2명과 여학생 2명을 일렬로 세우는 경우의 수 구하기	50%
❸ 조건을 만족시키는 경우의 수 구하기	20%

1258 답 570

세 수의 합이 홀수인 경우는

홀수, 홀수, 홀수 또는 홀수, 짝수, 짝수

를 뽑는 경우이다.

1부터 20까지의 자연수 중에서 홀수는 10개, 짝수는 10개이므로

(i) 홀수, 홀수, 홀수를 뽑는 경우의 수

홀수 10개 중에서 3개를 뽑는 경우의 수와 같으므로

$$_{10}C_3=\frac{10\times9\times8}{3\times2\times1}=120$$

❶

(ii) 홀수, 짝수, 짝수를 뽑는 경우의 수

홀수 10개 중에서 1개, 짝수 10개 중에서 2개를 뽑는 경우의 수와 같으므로

$$_{10}C_1\times_{10}C_2=10\times\frac{10\times9}{2\times1}=450$$

❷

(i), (ii)에서 구하는 경우의 수는

$$120+450=570$$

❸

채점 기준	배점 비율
❶ 홀수, 홀수, 홀수를 뽑는 경우의 수 구하기	45%
❷ 홀수, 짝수, 짝수를 뽑는 경우의 수 구하기	45%
❸ 조건을 만족시키는 경우의 수 구하기	10%

1259 답 99

평행사변형은 마주 보는 두 쌍의 변이 평행해야 하므로 평행한 직선 세 종류 중에서 두 종류를 택한 후 각각 직선 2개씩 택하면 된다.

즉, 평행사변형의 개수는

$$_2C_2\times_3C_2+_3C_2\times_4C_2+_4C_2\times_2C_2=1\times3+3\times\frac{4\times3}{2\times1}+\frac{4\times3}{2\times1}\times1$$
$$=27$$

$$\therefore a=27$$

❶

사다리꼴은 마주 보는 한 쌍의 변이 평행해야 하므로 평행사변형이 아닌 사다리꼴은 한 쌍의 변만 평행해야 한다.

즉, 평행한 직선 세 종류 중에서 한 종류를 선택해 직선 2개를 선택한 후 나머지 두 종류의 직선에서 각각 직선 1개씩 택하면 되므로 평행사변형이 아닌 사다리꼴의 개수는

$$_2C_2\times_3C_1\times_4C_1+_3C_2\times_4C_1\times_2C_1+_4C_2\times_2C_1\times_3C_1$$
$$=1\times3\times4+3\times4\times2+\frac{4\times3}{2\times1}\times2\times3=72$$

$$\therefore b=72$$

❷

$$\therefore a+b=27+72=99$$

❸

채점 기준	배점 비율
❶ a의 값 구하기	45%
❷ b의 값 구하기	45%
❸ $a+b$의 값 구하기	10%

1260 답 448

(i) 분홍색 타일 2개를 작은 정사각형 1개에 놓는 경우

분홍색 타일 2개를 놓는 작은 정사각형 1개를 정하는 경우의 수는 $_4C_1=4$,

분홍색 타일 2개를 놓는 경우의 수는 2

이므로 분홍색 타일 2개를 놓는 경우의 수는

$$4\times2=8$$

흰색 타일 6개를 나머지 영역에 놓는 경우의 수는

$$2\times2\times2=8$$

즉, 이 경우의 수는

$$8\times8=64$$

❶

(ii) 분홍색 타일 2개를 작은 정사각형 2개에 놓는 경우

분홍색 타일 1개를 놓는 작은 정사각형 2개를 정하는 경우의 수는

$$_4C_2=\frac{4\times3}{2\times1}=6,$$

분홍색 타일을 놓는 경우의 수는 각각 4

이므로 분홍색 타일 2개를 놓는 경우의 수는

$$6\times4\times4=96$$

흰색 타일 6개를 나머지 영역에 놓는 경우의 수는

$$1\times1\times2\times2=4$$

즉, 이 경우의 수는

$$96\times4=384$$

❷

(i), (ii)에서 구하는 경우의 수는

$$64+384=448$$

❸

채점 기준	배점 비율
❶ 분홍색 타일 2개를 작은 정사각형 1개에 놓을 때의 경우의 수 구하기	45%
❷ 분홍색 타일 2개를 작은 정사각형 2개에 놓을 때의 경우의 수 구하기	45%
❸ 조건을 만족시키는 경우의 수 구하기	10%

1261 답 2×1 행렬
2개의 행과 1개의 열로 이루어져 있으므로 2×1 행렬이다.

1262 답 1×4 행렬
1개의 행과 4개의 열로 이루어져 있으므로 1×4 행렬이다.

1263 답 3×2 행렬
3개의 행과 2개의 열로 이루어져 있으므로 3×2 행렬이다.

1264 답 3×3 행렬, 삼차정사각행렬
3개의 행과 3개의 열로 이루어져 있으므로 3×3 행렬이고, 삼차정사각행렬이다.

1265 답 2
$(1, 2)$ 성분은 제1행과 제2열이 만나는 위치에 있는 성분이므로 2이다.

1266 답 4
제1행의 모든 성분은 1, 2, 1이므로 그 합은
$1+2+1=4$

1267 답 -1
제2열의 모든 성분은 2, -3이므로 그 합은
$2+(-3)=-1$

1268 답 $a=1$, $b=-3$
두 행렬이 서로 같으면 대응하는 성분이 각각 같으므로
$2=3a-1$에서
$3a=3$ ∴ $a=1$
$b+1=2b+4$에서
$b=-3$

1269 답 $a=2$, $b=-2$
두 행렬이 서로 같으면 대응하는 성분이 각각 같으므로
$-a+1=a-3$에서 $2a=4$ ∴ $a=2$
$b-2=2b$에서 $b=-2$

1270 답 $(4 \ 1)$
$(1 \ 2)+(3 \ -1)=(1+3 \ 2+(-1))=(4 \ 1)$

1271 답 $\begin{pmatrix} 1 \\ 2 \end{pmatrix}$
$\begin{pmatrix} 2 \\ -1 \end{pmatrix}-\begin{pmatrix} 1 \\ -3 \end{pmatrix}=\begin{pmatrix} 2-1 \\ (-1)-(-3) \end{pmatrix}=\begin{pmatrix} 1 \\ 2 \end{pmatrix}$

1272 답 $\begin{pmatrix} 4 & 5 \\ 3 & 1 \end{pmatrix}$
$\begin{pmatrix} 3 & 2 \\ 1 & 2 \end{pmatrix}+\begin{pmatrix} 1 & 3 \\ 2 & -1 \end{pmatrix}=\begin{pmatrix} 3+1 & 2+3 \\ 1+2 & 2+(-1) \end{pmatrix}=\begin{pmatrix} 4 & 5 \\ 3 & 1 \end{pmatrix}$

1273 답 $\begin{pmatrix} 2 & 3 \\ 1 & -1 \\ -3 & 4 \end{pmatrix}$
$\begin{pmatrix} 4 & -1 \\ 2 & -3 \\ -1 & 1 \end{pmatrix}-\begin{pmatrix} 2 & -4 \\ 1 & -2 \\ 2 & -3 \end{pmatrix}=\begin{pmatrix} 4-2 & (-1)-(-4) \\ 2-1 & (-3)-(-2) \\ (-1)-2 & 1-(-3) \end{pmatrix}$
$=\begin{pmatrix} 2 & 3 \\ 1 & -1 \\ -3 & 4 \end{pmatrix}$

1274 답 $\begin{pmatrix} 1 & 1 \\ 1 & 4 \end{pmatrix}$
$A+B=\begin{pmatrix} 1+0 & 2+(-1) \\ (-1)+2 & 1+3 \end{pmatrix}=\begin{pmatrix} 1 & 1 \\ 1 & 4 \end{pmatrix}$

1275 답 $\begin{pmatrix} 1 & 1 \\ 1 & 4 \end{pmatrix}$
$B+A=\begin{pmatrix} 0+1 & (-1)+2 \\ 2+(-1) & 3+1 \end{pmatrix}=\begin{pmatrix} 1 & 1 \\ 1 & 4 \end{pmatrix}$

> 🧑 선생님 톡톡
> **1274**와 **1275**에서 $A+B=B+A$임을 알 수 있어.

1276 답 $\begin{pmatrix} 4 & 0 \\ 1 & 3 \end{pmatrix}$
$A+(B+C)=\begin{pmatrix} 0 & 1 \\ -2 & 3 \end{pmatrix}+\left\{\begin{pmatrix} 1 & -1 \\ 2 & 2 \end{pmatrix}+\begin{pmatrix} 3 & 0 \\ 1 & -2 \end{pmatrix}\right\}$
$=\begin{pmatrix} 0 & 1 \\ -2 & 3 \end{pmatrix}+\begin{pmatrix} 1+3 & (-1)+0 \\ 2+1 & 2+(-2) \end{pmatrix}$
$=\begin{pmatrix} 0 & 1 \\ -2 & 3 \end{pmatrix}+\begin{pmatrix} 4 & -1 \\ 3 & 0 \end{pmatrix}$
$=\begin{pmatrix} 0+4 & 1+(-1) \\ (-2)+3 & 3+0 \end{pmatrix}$
$=\begin{pmatrix} 4 & 0 \\ 1 & 3 \end{pmatrix}$

1277 답 $\begin{pmatrix} 4 & 0 \\ 1 & 3 \end{pmatrix}$
$(A+B)+C=\left\{\begin{pmatrix} 0 & 1 \\ -2 & 3 \end{pmatrix}+\begin{pmatrix} 1 & -1 \\ 2 & 2 \end{pmatrix}\right\}+\begin{pmatrix} 3 & 0 \\ 1 & -2 \end{pmatrix}$
$=\begin{pmatrix} 0+1 & 1+(-1) \\ (-2)+2 & 3+2 \end{pmatrix}+\begin{pmatrix} 3 & 0 \\ 1 & -2 \end{pmatrix}$
$=\begin{pmatrix} 1 & 0 \\ 0 & 5 \end{pmatrix}+\begin{pmatrix} 3 & 0 \\ 1 & -2 \end{pmatrix}=\begin{pmatrix} 1+3 & 0+0 \\ 0+1 & 5+(-2) \end{pmatrix}$
$=\begin{pmatrix} 4 & 0 \\ 1 & 3 \end{pmatrix}$

> 🧑 선생님 톡톡
> **1276**과 **1277**에서 $A+(B+C)=(A+B)+C$임을 알 수 있어.

1278 답 $\begin{pmatrix} 2 & 6 \\ 2 & -4 \end{pmatrix}$

$2A = \begin{pmatrix} 2 \times 1 & 2 \times 3 \\ 2 \times 1 & 2 \times (-2) \end{pmatrix} = \begin{pmatrix} 2 & 6 \\ 2 & -4 \end{pmatrix}$

1279 답 $\begin{pmatrix} -3 & -9 \\ -3 & 6 \end{pmatrix}$

$-3A = \begin{pmatrix} (-3) \times 1 & (-3) \times 3 \\ (-3) \times 1 & (-3) \times (-2) \end{pmatrix} = \begin{pmatrix} -3 & -9 \\ -3 & 6 \end{pmatrix}$

1280 답 $\begin{pmatrix} 0 & 5 \\ -8 & 1 \end{pmatrix}$

$A + 2B = \begin{pmatrix} 2 & 1 \\ -4 & -1 \end{pmatrix} + 2\begin{pmatrix} -1 & 2 \\ -2 & 1 \end{pmatrix}$

$\quad = \begin{pmatrix} 2 & 1 \\ -4 & -1 \end{pmatrix} + \begin{pmatrix} -2 & 4 \\ -4 & 2 \end{pmatrix}$

$\quad = \begin{pmatrix} 0 & 5 \\ -8 & 1 \end{pmatrix}$

1281 답 $\begin{pmatrix} 7 & -4 \\ -2 & -5 \end{pmatrix}$

$2A - 3B = 2\begin{pmatrix} 2 & 1 \\ -4 & -1 \end{pmatrix} - 3\begin{pmatrix} -1 & 2 \\ -2 & 1 \end{pmatrix}$

$\quad = \begin{pmatrix} 4 & 2 \\ -8 & -2 \end{pmatrix} - \begin{pmatrix} -3 & 6 \\ -6 & 3 \end{pmatrix}$

$\quad = \begin{pmatrix} 7 & -4 \\ -2 & -5 \end{pmatrix}$

1282 답 ㄴ, ㄹ

ㄱ. 행렬 A의 열의 개수 3과 행렬 B의 행의 개수 2는 서로 같지 않으므로 행렬 AB는 정의되지 않는다.

ㄴ. 행렬 B의 열의 개수 2와 행렬 A의 행의 개수 2는 서로 같으므로 행렬 BA는 정의되며 2×3 행렬이다.

ㄷ. 행렬 B의 열의 개수 2와 행렬 C의 행의 개수 3은 서로 같지 않으므로 행렬 BC는 정의되지 않는다.

ㄹ. 행렬 C의 열의 개수 2와 행렬 A의 행의 개수 2는 서로 같으므로 행렬 CA는 정의되며 3×3 행렬이다.

따라서 곱이 정의되는 것은 ㄴ, ㄹ이다.

1283 답 $\begin{pmatrix} 2 & -6 \\ 1 & -3 \end{pmatrix}$

$\begin{pmatrix} 2 \\ 1 \end{pmatrix} (1 \ -3) = \begin{pmatrix} 2 \times 1 & 2 \times (-3) \\ 1 \times 1 & 1 \times (-3) \end{pmatrix}$

$\quad = \begin{pmatrix} 2 & -6 \\ 1 & -3 \end{pmatrix}$

1284 답 (4)

$(-1 \ \ 2) \begin{pmatrix} -2 \\ 1 \end{pmatrix} = ((-1) \times (-2) + 2 \times 1)$

$\quad = (4)$

1285 답 $(-4 \ \ -3)$

$(1 \ \ -2) \begin{pmatrix} 2 & -1 \\ 3 & 1 \end{pmatrix} = (1 \times 2 + (-2) \times 3 \ \ 1 \times (-1) + (-2) \times 1)$

$\quad = (-4 \ \ -3)$

1286 답 $\begin{pmatrix} -1 \\ -5 \end{pmatrix}$

$\begin{pmatrix} 0 & 1 \\ -1 & 2 \end{pmatrix} \begin{pmatrix} 3 \\ -1 \end{pmatrix} = \begin{pmatrix} 0 \times 3 + 1 \times (-1) \\ (-1) \times 3 + 2 \times (-1) \end{pmatrix} = \begin{pmatrix} -1 \\ -5 \end{pmatrix}$

1287 답 $\begin{pmatrix} 0 & 5 \\ 3 & 7 \end{pmatrix}$

$\begin{pmatrix} 1 & 2 \\ 2 & 1 \end{pmatrix} \begin{pmatrix} 2 & 3 \\ -1 & 1 \end{pmatrix} = \begin{pmatrix} 1 \times 2 + 2 \times (-1) & 1 \times 3 + 2 \times 1 \\ 2 \times 2 + 1 \times (-1) & 2 \times 3 + 1 \times 1 \end{pmatrix}$

$\quad = \begin{pmatrix} 0 & 5 \\ 3 & 7 \end{pmatrix}$

1288 답 $\begin{pmatrix} 8 & 23 \\ -2 & -5 \end{pmatrix}$

$\begin{pmatrix} 3 & 2 \\ -1 & 0 \end{pmatrix} \begin{pmatrix} 2 & 5 \\ 1 & 4 \end{pmatrix} = \begin{pmatrix} 3 \times 2 + 2 \times 1 & 3 \times 5 + 2 \times 4 \\ (-1) \times 2 + 0 \times 1 & (-1) \times 5 + 0 \times 4 \end{pmatrix}$

$\quad = \begin{pmatrix} 8 & 23 \\ -2 & -5 \end{pmatrix}$

1289 답 $\begin{pmatrix} 2 & 1 \\ 1 & 1 \end{pmatrix}$

$A^2 = AA = \begin{pmatrix} 1 & 1 \\ 1 & 0 \end{pmatrix} \begin{pmatrix} 1 & 1 \\ 1 & 0 \end{pmatrix}$

$\quad = \begin{pmatrix} 1 \times 1 + 1 \times 1 & 1 \times 1 + 1 \times 0 \\ 1 \times 1 + 0 \times 1 & 1 \times 1 + 0 \times 0 \end{pmatrix}$

$\quad = \begin{pmatrix} 2 & 1 \\ 1 & 1 \end{pmatrix}$

1290 답 $\begin{pmatrix} 3 & 2 \\ 2 & 1 \end{pmatrix}$

$A^3 = A^2 A = \begin{pmatrix} 2 & 1 \\ 1 & 1 \end{pmatrix} \begin{pmatrix} 1 & 1 \\ 1 & 0 \end{pmatrix}$ $(\because \textbf{1289})$

$\quad = \begin{pmatrix} 2 \times 1 + 1 \times 1 & 2 \times 1 + 1 \times 0 \\ 1 \times 1 + 1 \times 1 & 1 \times 1 + 1 \times 0 \end{pmatrix} = \begin{pmatrix} 3 & 2 \\ 2 & 1 \end{pmatrix}$

1291 답 $\begin{pmatrix} 0 & 4 \\ 1 & 1 \end{pmatrix}$

$AB = \begin{pmatrix} 2 & 2 \\ 1 & 0 \end{pmatrix} \begin{pmatrix} 1 & 1 \\ -1 & 1 \end{pmatrix}$

$\quad = \begin{pmatrix} 2 \times 1 + 2 \times (-1) & 2 \times 1 + 2 \times 1 \\ 1 \times 1 + 0 \times (-1) & 1 \times 1 + 0 \times 1 \end{pmatrix}$

$\quad = \begin{pmatrix} 0 & 4 \\ 1 & 1 \end{pmatrix}$

1292 답 $\begin{pmatrix} 3 & 2 \\ -1 & -2 \end{pmatrix}$

$BA = \begin{pmatrix} 1 & 1 \\ -1 & 1 \end{pmatrix} \begin{pmatrix} 2 & 2 \\ 1 & 0 \end{pmatrix}$

$\quad = \begin{pmatrix} 1 \times 2 + 1 \times 1 & 1 \times 2 + 1 \times 0 \\ (-1) \times 2 + 1 \times 1 & (-1) \times 2 + 1 \times 0 \end{pmatrix}$

$\quad = \begin{pmatrix} 3 & 2 \\ -1 & -2 \end{pmatrix}$

선생님 톡톡

1291과 **1292**에서 $AB \neq BA$임을 알 수 있어.

1293 답 $\begin{pmatrix} -2 & 2 \\ 1 & 3 \end{pmatrix}$

$A(BC) = \begin{pmatrix} 0 & 2 \\ 1 & 0 \end{pmatrix}\left\{ \begin{pmatrix} -1 & 2 \\ 1 & 0 \end{pmatrix}\begin{pmatrix} -1 & 1 \\ 0 & 2 \end{pmatrix} \right\}$

$= \begin{pmatrix} 0 & 2 \\ 1 & 0 \end{pmatrix}\begin{pmatrix} (-1)\times(-1)+2\times0 & (-1)\times1+2\times2 \\ 1\times(-1)+0\times0 & 1\times1+0\times2 \end{pmatrix}$

$= \begin{pmatrix} 0 & 2 \\ 1 & 0 \end{pmatrix}\begin{pmatrix} 1 & 3 \\ -1 & 1 \end{pmatrix}$

$= \begin{pmatrix} 0\times1+2\times(-1) & 0\times3+2\times1 \\ 1\times1+0\times(-1) & 1\times3+0\times1 \end{pmatrix}$

$= \begin{pmatrix} -2 & 2 \\ 1 & 3 \end{pmatrix}$

1294 답 $\begin{pmatrix} -2 & 2 \\ 1 & 3 \end{pmatrix}$

$(AB)C = \left\{ \begin{pmatrix} 0 & 2 \\ 1 & 0 \end{pmatrix}\begin{pmatrix} -1 & 2 \\ 1 & 0 \end{pmatrix} \right\}\begin{pmatrix} -1 & 1 \\ 0 & 2 \end{pmatrix}$

$= \begin{pmatrix} 0\times(-1)+2\times1 & 0\times2+2\times0 \\ 1\times(-1)+0\times1 & 1\times2+0\times0 \end{pmatrix}\begin{pmatrix} -1 & 1 \\ 0 & 2 \end{pmatrix}$

$= \begin{pmatrix} 2 & 0 \\ -1 & 2 \end{pmatrix}\begin{pmatrix} -1 & 1 \\ 0 & 2 \end{pmatrix}$

$= \begin{pmatrix} 2\times(-1)+0\times0 & 2\times1+0\times2 \\ (-1)\times(-1)+2\times0 & (-1)\times1+2\times2 \end{pmatrix}$

$= \begin{pmatrix} -2 & 2 \\ 1 & 3 \end{pmatrix}$

선생님 톡톡

1293과 **1294**에서 $A(BC)=(AB)C$임을 알 수 있어.

1295 답 $\begin{pmatrix} 2 & 5 \\ -1 & 3 \end{pmatrix}$

$AE = \begin{pmatrix} 2 & 5 \\ -1 & 3 \end{pmatrix}\begin{pmatrix} 1 & 0 \\ 0 & 1 \end{pmatrix}$

$= \begin{pmatrix} 2\times1+5\times0 & 2\times0+5\times1 \\ (-1)\times1+3\times0 & (-1)\times0+3\times1 \end{pmatrix}$

$= \begin{pmatrix} 2 & 5 \\ -1 & 3 \end{pmatrix}$

1296 답 $\begin{pmatrix} 2 & 5 \\ -1 & 3 \end{pmatrix}$

$EA = \begin{pmatrix} 1 & 0 \\ 0 & 1 \end{pmatrix}\begin{pmatrix} 2 & 5 \\ -1 & 3 \end{pmatrix}$

$= \begin{pmatrix} 1\times2+0\times(-1) & 1\times5+0\times3 \\ 0\times2+1\times(-1) & 0\times5+1\times3 \end{pmatrix}$

$= \begin{pmatrix} 2 & 5 \\ -1 & 3 \end{pmatrix}$

선생님 톡톡

1295와 **1296**에서 $AE=EA$임을 알 수 있어.
즉, 행렬은 일반적으로 $AB \neq BA$이지만 단위행렬 E에 대하여 $AE=EA=A$야.

1297 답 $\begin{pmatrix} -1 & 0 \\ 0 & -1 \end{pmatrix}$

$-E = -\begin{pmatrix} 1 & 0 \\ 0 & 1 \end{pmatrix} = \begin{pmatrix} -1 & 0 \\ 0 & -1 \end{pmatrix}$

1298 답 $\begin{pmatrix} 1 & 0 \\ 0 & 1 \end{pmatrix}$

$E^2 = EE = \begin{pmatrix} 1 & 0 \\ 0 & 1 \end{pmatrix}\begin{pmatrix} 1 & 0 \\ 0 & 1 \end{pmatrix}$

$= \begin{pmatrix} 1\times1+0\times0 & 1\times0+0\times1 \\ 0\times1+1\times0 & 0\times0+1\times1 \end{pmatrix}$

$= \begin{pmatrix} 1 & 0 \\ 0 & 1 \end{pmatrix} = E$

$\therefore E^3 = E^2E = EE = E = \begin{pmatrix} 1 & 0 \\ 0 & 1 \end{pmatrix}$

1299 답 $\begin{pmatrix} 1 & 0 \\ 0 & 1 \end{pmatrix}$

$(-E)^4 = (-1)^4E^4 = E^4$

$= E^3E = EE$ ($\because$ **1298**)

$= E = \begin{pmatrix} 1 & 0 \\ 0 & 1 \end{pmatrix}$

1300 답 $\begin{pmatrix} 2 & 0 \\ 0 & 2 \end{pmatrix}$

$E^{10} = E^9E = E^9 = E^8E = E^8 = \cdots = E$

$(-E)^{10} = (-1)^{10}E^{10} = E^{10} = E$

$\therefore E^{10}+(-E)^{10} = E+E = 2E = \begin{pmatrix} 2 & 0 \\ 0 & 2 \end{pmatrix}$

STEP 2 **유형 마스터** 본문 210~225쪽

1301 답 ③

1302 답 ①

주어진 행렬의 제2열의 모든 성분은 0, k, 6이고, 그 합이 1이므로
$0+k+6=1$
$\therefore k=-5$

1303 답 4

(1, 3) 성분은 제1행과 제3열이 만나는 위치에 있는 성분이므로 3이고, (3, 2) 성분은 제3행과 제2열이 만나는 위치에 있는 성분이므로 1이다.
따라서 주어진 행렬의 (1, 3) 성분과 (3, 2) 성분의 합은
$3+1=4$

1304 답 ⑤

① 행렬 A는 3행, 2열로 되어 있으므로 3×2 행렬이다. (참)
② 행렬 A의 (2, 2) 성분은 1이므로
$a_{22}=1$ (참)
③ 행렬 A의 제1열의 모든 성분은 6, -2, 10이므로 그 합은
$6+(-2)+10=14$ (참)
④ 행렬 A의 (1, 2) 성분은 3, (3, 1) 성분은 10이므로 그 곱은
$3\times10=30$ (참)

⑤ 행렬 A의 $(1, 1)$ 성분은 6이므로 $a_{11}=6$,
  $(3, 2)$ 성분은 -6이므로 $a_{32}=-6$
  $\therefore a_{11}-a_{32}=6-(-6)=12$ (거짓)
따라서 옳지 않은 것은 ⑤이다.

1305 답 ②

$a_{11}=-2$, $a_{22}=k$, $a_{23}=1$이므로
$a_{11}-a_{22}+a_{23}=2$에서
$(-2)-k+1=2$
$\therefore k=-3$

1306 답 ④

1307 답 ②

$a_{11}=1\times1-1=0$, $a_{12}=1\times2-1=1$,
$a_{21}=2\times1-1=1$, $a_{22}=2\times2-1=3$,
$a_{31}=3\times1-1=2$, $a_{32}=3\times2-1=5$

$\therefore A=\begin{pmatrix} 0 & 1 \\ 1 & 3 \\ 2 & 5 \end{pmatrix}$

따라서 행렬 A의 모든 성분의 합은
$0+1+1+3+2+5=12$

1308 답 ③

$a_{11}=a_{22}=0$
$a_{12}=a_{13}=a_{21}=a_{23}=k$

$\therefore A=\begin{pmatrix} 0 & k & k \\ k & 0 & k \end{pmatrix}$

이때 행렬 A의 모든 성분의 합이 12이므로
$0+k+k+k+0+k=12$
$4k=12$ $\therefore k=3$

1309 답 ⑤

$a_{31}=1-a_{13}=1-3=-2$
$a_{32}=1-a_{23}=1-3=-2$ 행렬 A가 삼차정사각행렬이고 제3행의 모든 성분을 구해야 하므로 $i=3$, $j=1$, 2, 3만 대입해도 된다.
$a_{33}=3$
따라서 행렬 A의 제3행의 모든 성분의 합은
$a_{31}+a_{32}+a_{33}=(-2)+(-2)+3=-1$

1310 답 ④

$a_{11}=0$, $a_{12}=1$, $a_{13}=0$,
$a_{21}=2$, $a_{22}=0$, $a_{23}=1$,
$a_{31}=1$, $a_{32}=2$, $a_{33}=1$

$\therefore A=\begin{pmatrix} 0 & 1 & 0 \\ 2 & 0 & 1 \\ 1 & 2 & 1 \end{pmatrix}$

이때 $a_{ij}(a_{ij}-2)<0$에서
$0<a_{ij}<2$ $\therefore a_{ij}=1$ → a_{ij}의 값은 자연수이다.
따라서 $a_{ij}=1$을 만족시키는 행렬 A의 성분은
$(1, 2)$, $(2, 3)$, $(3, 1)$, $(3, 3)$의 4개

1311 답 ④

1312 답 ④

주어진 두 행렬의 대응하는 성분이 서로 같아야 하므로
$2a-1=5$ …… ㉠
$-3=a+3b$ …… ㉡
$b+c=-2$ …… ㉢
㉠에서
$2a=6$ $\therefore a=3$
$a=3$을 ㉡에 대입하면
$-3=3+3b$
$3b=-6$ $\therefore b=-2$
$b=-2$를 ㉢에 대입하면
$(-2)+c=-2$ $\therefore c=0$
$\therefore a+b-c=3+(-2)-0=1$

1313 답 30

$P=Q$에서 두 행렬 P, Q의 대응하는 성분이 서로 같아야 하므로
$a+b=-5$ …… ㉠
$c-d=4$ …… ㉡
$1=d$
$3a=2b$ …… ㉢
㉠, ㉢을 연립하여 풀면
$a=-2$, $b=-3$
$d=1$을 ㉡에 대입하면
$c-1=4$ $\therefore c=5$
$\therefore abcd=(-2)\times(-3)\times5\times1=30$

1314 답 ③

$A=B$에서 두 행렬 A, B의 대응하는 성분이 서로 같아야 하므로
$x^2+y^2=15$, $xy=5$
이때
$(x+y)^2=x^2+2xy+y^2$
$\qquad\quad =(x^2+y^2)+2xy$
$\qquad\quad =15+2\times5=25$
이므로
$x+y=5$ ($\because x>0$, $y>0$) → $x+y>0$
$\therefore x^3+y^3=(x+y)^3-3xy(x+y)$
$\qquad\qquad =5^3-3\times5\times5=50$

1315 답 ④

주어진 두 행렬의 대응하는 성분이 서로 같아야 하므로
$x^2+x=2$ …… ㉠
$1=y^2$ …… ㉡
$y^2=y$ …… ㉢
$6=x^2-x$ …… ㉣
㉠에서
$x^2+x-2=0$, $(x+2)(x-1)=0$
$\therefore x=-2$ 또는 $x=1$ …… ㉤
㉣에서
$x^2-x-6=0$, $(x+2)(x-3)=0$
$\therefore x=-2$ 또는 $x=3$ …… ㉥
㉤, ㉥에서 $x=-2$

ⓒ을 ⓔ에 대입하면
$1=y$ $\therefore y=1$
$\therefore xy=(-2)\times 1=-2$

1316 답 ①

1317 답 ⑤

$3(P-2Q)-(2P-3Q)=3P-6Q-2P+3Q$
$$=P-3Q$$
$$=\begin{pmatrix} 3 & 1 \\ -1 & 2 \end{pmatrix}-3\begin{pmatrix} -2 & 0 \\ 5 & 7 \end{pmatrix}$$
$$=\begin{pmatrix} 3 & 1 \\ -1 & 2 \end{pmatrix}-\begin{pmatrix} -6 & 0 \\ 15 & 21 \end{pmatrix}$$
$$=\begin{pmatrix} 9 & 1 \\ -16 & -19 \end{pmatrix}$$

1318 답 ⑤

$2A+B=2\begin{pmatrix} 2 & 1 \\ 0 & 1 \end{pmatrix}+\begin{pmatrix} 1 & 0 \\ 4 & a \end{pmatrix}$
$$=\begin{pmatrix} 4 & 2 \\ 0 & 2 \end{pmatrix}+\begin{pmatrix} 1 & 0 \\ 4 & a \end{pmatrix}$$
$$=\begin{pmatrix} 5 & 2 \\ 4 & 2+a \end{pmatrix}=\begin{pmatrix} 5 & 2 \\ 4 & 7 \end{pmatrix}$$
두 행렬이 서로 같을 조건에 의하여
$2+a=7$ $\therefore a=5$

1319 답 5

$xA+yB=C$에서
$x\begin{pmatrix} -1 & 2 \\ 3 & 1 \end{pmatrix}+y\begin{pmatrix} 4 & -3 \\ 1 & -2 \end{pmatrix}=\begin{pmatrix} 5 & 0 \\ 11 & -1 \end{pmatrix}$
$\begin{pmatrix} -x & 2x \\ 3x & x \end{pmatrix}+\begin{pmatrix} 4y & -3y \\ y & -2y \end{pmatrix}=\begin{pmatrix} 5 & 0 \\ 11 & -1 \end{pmatrix}$
$\begin{pmatrix} -x+4y & 2x-3y \\ 3x+y & x-2y \end{pmatrix}=\begin{pmatrix} 5 & 0 \\ 11 & -1 \end{pmatrix}$
두 행렬이 서로 같을 조건에 의하여
$-x+4y=5,\ x-2y=-1$
위의 두 식을 연립하여 풀면
$x=3,\ y=2$
$\therefore x+y=3+2=5$

> **선생님 톡톡**
> 두 행렬이 서로 같을 조건에 의하여
> $-x+4y=5,\ 2x-3y=0,\ 3x+y=11,\ x-2y=-1$
> 이 성립해.
> 이 중에서 계산하기 쉬운 두 식을 선택해 연립하여 풀면 돼.

1320 답 ⑤

$2(A-X)=-(X+B)$에서
$2A-2X=-X-B$
$\therefore X=2A+B=2A+\dfrac{1}{2}A$
$$=\dfrac{5}{2}A=\dfrac{5}{2}\begin{pmatrix} 4 & -2 \\ 1 & 5 \end{pmatrix}$$
$$=\begin{pmatrix} 10 & -5 \\ \dfrac{5}{2} & \dfrac{25}{2} \end{pmatrix}$$

따라서 행렬 X의 모든 성분의 합은
$10+(-5)+\dfrac{5}{2}+\dfrac{25}{2}=20$

> **다른 풀이**
> $X=\dfrac{5}{2}A$이고, 행렬 A의 모든 성분의 합이
> $4+(-2)+1+5=8$
> 이므로 행렬 X의 모든 성분의 합은
> $\dfrac{5}{2}\times 8=20$

1321 답 8

1322 답 8

$A-B=\begin{pmatrix} 0 & -3 \\ 12 & 2 \end{pmatrix}$ ······ ㉠
$2A+B=\begin{pmatrix} 6 & 3 \\ 9 & 7 \end{pmatrix}$ ······ ㉡
㉠+㉡을 하면
$3A=\begin{pmatrix} 0 & -3 \\ 12 & 2 \end{pmatrix}+\begin{pmatrix} 6 & 3 \\ 9 & 7 \end{pmatrix}=\begin{pmatrix} 6 & 0 \\ 21 & 9 \end{pmatrix}$
$\therefore A=\dfrac{1}{3}\begin{pmatrix} 6 & 0 \\ 21 & 9 \end{pmatrix}=\begin{pmatrix} 2 & 0 \\ 7 & 3 \end{pmatrix}$
㉠에서
$B=A-\begin{pmatrix} 0 & -3 \\ 12 & 2 \end{pmatrix}$
$=\begin{pmatrix} 2 & 0 \\ 7 & 3 \end{pmatrix}-\begin{pmatrix} 0 & -3 \\ 12 & 2 \end{pmatrix}$
$=\begin{pmatrix} 2 & 3 \\ -5 & 1 \end{pmatrix}$
따라서 행렬 A의 $(2,\ 1)$ 성분은 7, 행렬 B의 $(2,\ 2)$ 성분은 1이므로 그 합은
$7+1=8$

> **다른 풀이**
> ㉡$-2\times$㉠을 하면
> $3B=\begin{pmatrix} 6 & 3 \\ 9 & 7 \end{pmatrix}-2\begin{pmatrix} 0 & -3 \\ 12 & 2 \end{pmatrix}=\begin{pmatrix} 6 & 9 \\ -15 & 3 \end{pmatrix}$
> $\therefore B=\dfrac{1}{3}\begin{pmatrix} 6 & 9 \\ -15 & 3 \end{pmatrix}=\begin{pmatrix} 2 & 3 \\ -5 & 1 \end{pmatrix}$

1323 답 ②

$A+3B=\begin{pmatrix} -3 & a \\ 1 & 1 \end{pmatrix}$ ······ ㉠
$2A-B=\begin{pmatrix} 8 & -1 \\ -5 & 9 \end{pmatrix}$ ······ ㉡
㉠+3×㉡을 하면
$7A=\begin{pmatrix} -3 & a \\ 1 & 1 \end{pmatrix}+3\begin{pmatrix} 8 & -1 \\ -5 & 9 \end{pmatrix}=\begin{pmatrix} 21 & a-3 \\ -14 & 28 \end{pmatrix}$
$\therefore A=\dfrac{1}{7}\begin{pmatrix} 21 & a-3 \\ -14 & 28 \end{pmatrix}=\begin{pmatrix} 3 & \dfrac{a-3}{7} \\ -2 & 4 \end{pmatrix}$
행렬 A의 모든 성분의 합이 5이므로
$3+\dfrac{a-3}{7}+(-2)+4=5$

$\dfrac{a-3}{7}=0$ $\quad\therefore a=3$

ⓒ에서

$B=2A-\begin{pmatrix} 8 & -1 \\ -5 & 9 \end{pmatrix}$

$\quad=2\begin{pmatrix} 3 & 0 \\ -2 & 4 \end{pmatrix}-\begin{pmatrix} 8 & -1 \\ -5 & 9 \end{pmatrix}$

$\quad=\begin{pmatrix} -2 & 1 \\ 1 & -1 \end{pmatrix}$

따라서 행렬 B의 모든 성분의 곱은

$(-2)\times1\times1\times(-1)=2$

다른 풀이

$2\times$ⓒ$-$ⓒ을 하면

$7B=2\begin{pmatrix} -3 & 3 \\ 1 & 1 \end{pmatrix}-\begin{pmatrix} 8 & -1 \\ -5 & 9 \end{pmatrix}=\begin{pmatrix} -14 & 7 \\ 7 & -7 \end{pmatrix}$

$\therefore B=\begin{pmatrix} -2 & 1 \\ 1 & -1 \end{pmatrix}$

1324 답 20

$\begin{cases} X+Y=A \\ X-Y=B \end{cases}$에서

$X+Y=\begin{pmatrix} 3 & -1 \\ -2 & 9 \end{pmatrix}$ $\quad\cdots\cdots$ ㉠

$X-Y=\begin{pmatrix} 1 & -1 \\ 0 & 1 \end{pmatrix}$ $\quad\cdots\cdots$ ㉡

㉠$+$㉡을 하면

$2X=\begin{pmatrix} 3 & -1 \\ -2 & 9 \end{pmatrix}+\begin{pmatrix} 1 & -1 \\ 0 & 1 \end{pmatrix}=\begin{pmatrix} 4 & -2 \\ -2 & 10 \end{pmatrix}$

$\therefore X=\dfrac{1}{2}\begin{pmatrix} 4 & -2 \\ -2 & 10 \end{pmatrix}=\begin{pmatrix} 2 & -1 \\ -1 & 5 \end{pmatrix}$

$\therefore p=2+(-1)+(-1)+5=5$

㉡에서

$Y=X-\begin{pmatrix} 1 & -1 \\ 0 & 1 \end{pmatrix}$

$\quad=\begin{pmatrix} 2 & -1 \\ -1 & 5 \end{pmatrix}-\begin{pmatrix} 1 & -1 \\ 0 & 1 \end{pmatrix}$

$\quad=\begin{pmatrix} 1 & 0 \\ -1 & 4 \end{pmatrix}$

$\therefore q=1+0+(-1)+4=4$

$\therefore p\times q=5\times4=20$

다른 풀이

㉠$-$㉡을 하면

$2Y=\begin{pmatrix} 3 & -1 \\ -2 & 9 \end{pmatrix}-\begin{pmatrix} 1 & -1 \\ 0 & 1 \end{pmatrix}=\begin{pmatrix} 2 & 0 \\ -2 & 8 \end{pmatrix}$

$\therefore Y=\dfrac{1}{2}\begin{pmatrix} 2 & 0 \\ -2 & 8 \end{pmatrix}=\begin{pmatrix} 1 & 0 \\ -1 & 4 \end{pmatrix}$

1325 답 ①

$2A-3B=\begin{pmatrix} 5 & a \\ b & 2 \end{pmatrix}$ $\quad\cdots\cdots$ ㉠

$3A-2B=\begin{pmatrix} 0 & b \\ a & 3 \end{pmatrix}$ $\quad\cdots\cdots$ ㉡

㉠$+$㉡을 하면

$5A-5B=\begin{pmatrix} 5 & a \\ b & 2 \end{pmatrix}+\begin{pmatrix} 0 & b \\ a & 3 \end{pmatrix}=\begin{pmatrix} 5 & a+b \\ a+b & 5 \end{pmatrix}$

$\therefore A-B=\dfrac{1}{5}\begin{pmatrix} 5 & a+b \\ a+b & 5 \end{pmatrix}=\begin{pmatrix} 1 & \dfrac{a+b}{5} \\ \dfrac{a+b}{5} & 1 \end{pmatrix}$

이때 $A-B=\begin{pmatrix} a & a \\ a & a \end{pmatrix}$이므로

$\begin{pmatrix} a & a \\ a & a \end{pmatrix}=\begin{pmatrix} 1 & \dfrac{a+b}{5} \\ \dfrac{a+b}{5} & 1 \end{pmatrix}$에서

$a=1,\ a=\dfrac{a+b}{5}$

$\therefore a=1,\ b=4$

㉡$-$㉠을 하면

$A+B=\begin{pmatrix} 0 & 4 \\ 1 & 3 \end{pmatrix}-\begin{pmatrix} 5 & 1 \\ 4 & 2 \end{pmatrix}=\begin{pmatrix} -5 & 3 \\ -3 & 1 \end{pmatrix}$

따라서 행렬 $A+B$의 모든 성분의 합은

$(-5)+3+(-3)+1=-4$

1326 답 ①

1327 답 ③

$AB=O$이므로

$AB=\begin{pmatrix} -3 & 1 \\ 3 & -1 \end{pmatrix}\begin{pmatrix} a & 2 \\ 3 & b \end{pmatrix}=\begin{pmatrix} -3a+3 & b-6 \\ 3a-3 & -b+6 \end{pmatrix}=\begin{pmatrix} 0 & 0 \\ 0 & 0 \end{pmatrix}$

에서 $3a-3=0,\ b-6=0$

$\therefore a=1,\ b=6$

$\therefore BA=\begin{pmatrix} 1 & 2 \\ 3 & 6 \end{pmatrix}\begin{pmatrix} -3 & 1 \\ 3 & -1 \end{pmatrix}=\begin{pmatrix} 3 & -1 \\ 9 & -3 \end{pmatrix}$

따라서 행렬 BA의 모든 성분의 합은

$3+(-1)+9+(-3)=8$

1328 답 ③

$AB=\begin{pmatrix} 4 & a \\ -1 & 1 \end{pmatrix}\begin{pmatrix} b & 2 \\ -1 & -2 \end{pmatrix}=\begin{pmatrix} -a+4b & -2a+8 \\ -b-1 & -4 \end{pmatrix}$

$BA=\begin{pmatrix} b & 2 \\ -1 & -2 \end{pmatrix}\begin{pmatrix} 4 & a \\ -1 & 1 \end{pmatrix}=\begin{pmatrix} 4b-2 & ab+2 \\ -2 & -a-2 \end{pmatrix}$

$AB=BA$이므로

$\begin{pmatrix} -a+4b & -2a+8 \\ -b-1 & -4 \end{pmatrix}=\begin{pmatrix} 4b-2 & ab+2 \\ -2 & -a-2 \end{pmatrix}$에서

$-b-1=-2,\ -4=-a-2$

$\therefore a=2,\ b=1$

$\therefore a+b=2+1=3$

1329 답 13

$a_{ij}=i-j+1\ (i=1,\ 2,\ j=1,\ 2)$이므로

$a_{11}=1-1+1=1,\ a_{12}=1-2+1=0,$

$a_{21}=2-1+1=2,\ a_{22}=2-2+1=1$

$\therefore A=\begin{pmatrix} 1 & 0 \\ 2 & 1 \end{pmatrix}$

$b_{ij}=i+j+1\ (i=1,\ 2,\ j=1,\ 2)$이므로

$b_{11}=1+1+1=3,\ b_{12}=1+2+1=4,$

$b_{21}=2+1+1=4,\ b_{22}=2+2+1=5$

$\therefore B=\begin{pmatrix} 3 & 4 \\ 4 & 5 \end{pmatrix}$

$$\therefore AB = \begin{pmatrix} 1 & 0 \\ 2 & 1 \end{pmatrix}\begin{pmatrix} 3 & 4 \\ 4 & 5 \end{pmatrix} = \begin{pmatrix} 3 & 4 \\ 10 & 13 \end{pmatrix}$$

따라서 행렬 AB의 $(2, 2)$ 성분은 13이다.

> **선생님 톡톡**
>
> 행렬 AB의 $(2, 2)$ 성분은 $a_{21}b_{12}+a_{22}b_{22}$이므로 a_{21}, a_{22}, b_{12}, b_{22}만 구해도 돼.
> $\therefore a_{21}b_{12}+a_{22}b_{22}=2\times4+1\times5=13$

1330 답 ⑤

이차방정식 $x^2-4x-1=0$의 두 실근이 각각 α, β이므로 근과 계수의 관계에 의하여

$\alpha+\beta=4$, $\alpha\beta=-1$

한편,

$$AB = \begin{pmatrix} \alpha & -\beta \\ -\beta & \alpha \end{pmatrix}\begin{pmatrix} \alpha & 0 \\ 0 & -\beta \end{pmatrix} = \begin{pmatrix} \alpha^2 & \beta^2 \\ -\alpha\beta & -\alpha\beta \end{pmatrix},$$

$$BA = \begin{pmatrix} \alpha & 0 \\ 0 & -\beta \end{pmatrix}\begin{pmatrix} \alpha & -\beta \\ -\beta & \alpha \end{pmatrix} = \begin{pmatrix} \alpha^2 & -\alpha\beta \\ \beta^2 & -\alpha\beta \end{pmatrix}$$

이므로 행렬 $AB+BA$의 모든 성분의 합은

$\{\alpha^2+\beta^2+(-\alpha\beta)+(-\alpha\beta)\}+\{\alpha^2+(-\alpha\beta)+\beta^2+(-\alpha\beta)\}$
$=2(\alpha-\beta)^2=2\{(\alpha+\beta)^2-4\alpha\beta\}$
$=2\times\{4^2-4\times(-1)\}=40$

1331 답 ①

1332 답 ②

행렬 $A = \begin{pmatrix} a+1 & 0 \\ a & -1 \end{pmatrix}$에 대하여

$$A^2 = AA = \begin{pmatrix} a+1 & 0 \\ a & -1 \end{pmatrix}\begin{pmatrix} a+1 & 0 \\ a & -1 \end{pmatrix} = \begin{pmatrix} a^2+2a+1 & 0 \\ a^2 & 1 \end{pmatrix}$$

이때 행렬 A^2의 $(1, 1)$ 성분과 $(2, 1)$ 성분의 합이 13이므로

$(a^2+2a+1)+a^2=13$
$2a^2+2a-12=0$, $2(a+3)(a-2)=0$
$\therefore a=2$ $(\because a>0)$

1333 답 ③

행렬 $A = \begin{pmatrix} a & 0 \\ 0 & b \end{pmatrix}$에 대하여

$$A^2 = AA = \begin{pmatrix} a & 0 \\ 0 & b \end{pmatrix}\begin{pmatrix} a & 0 \\ 0 & b \end{pmatrix} = \begin{pmatrix} a^2 & 0 \\ 0 & b^2 \end{pmatrix}$$

행렬 A^2의 1행의 모든 성분의 합이 4이므로

$a^2+0=4$에서 $a=2$ $(\because a>0)$

행렬 A^2의 2행의 모든 성분의 합이 9이므로

$0+b^2=9$에서 $b=3$ $(\because b>0)$

$\therefore a+b=2+3=5$

1334 답 ④

이차방정식 $x^2-7x+3=0$의 두 실근이 각각 α, β이므로 근과 계수의 관계에 의하여

$\alpha+\beta=7$, $\alpha\beta=3$

이때 행렬 $A = \begin{pmatrix} \alpha & 1 \\ 1 & \beta \end{pmatrix}$에 대하여

$$A^2 = AA = \begin{pmatrix} \alpha & 1 \\ 1 & \beta \end{pmatrix}\begin{pmatrix} \alpha & 1 \\ 1 & \beta \end{pmatrix} = \begin{pmatrix} \alpha^2+1 & \alpha+\beta \\ \alpha+\beta & \beta^2+1 \end{pmatrix}$$

따라서 행렬 A^2의 모든 성분의 합은

$(\alpha^2+1)+(\alpha+\beta)+(\alpha+\beta)+(\beta^2+1)$
$=\alpha^2+\beta^2+2(\alpha+\beta)+2$
$=\{(\alpha+\beta)^2-2\alpha\beta\}+2(\alpha+\beta)+2$
$=(7^2-2\times3)+2\times7+2=59$

1335 답 ②

행렬 $A = \begin{pmatrix} x+1 & 0 \\ 0 & y-2 \end{pmatrix}$에 대하여

$$A^2 = AA = \begin{pmatrix} x+1 & 0 \\ 0 & y-2 \end{pmatrix}\begin{pmatrix} x+1 & 0 \\ 0 & y-2 \end{pmatrix} = \begin{pmatrix} (x+1)^2 & 0 \\ 0 & (y-2)^2 \end{pmatrix}$$

이때 행렬 A^2의 모든 성분의 합이 5이므로

$(x+1)^2+(y-2)^2=5$

$(x+1)^2\geq0$, $(y-2)^2\geq0$인 정수이므로

(i) $(x+1)^2=1$, $(y-2)^2=4$인 경우
   $(x+1)^2=1$에서 $x=-2$ 또는 $x=0$
   $(y-2)^2=4$에서 $y=0$ 또는 $y=4$
(ii) $(x+1)^2=4$, $(y-2)^2=1$인 경우
   $(x+1)^2=4$에서 $x=-3$ 또는 $x=1$
   $(y-2)^2=1$에서 $y=1$ 또는 $y=3$

(i), (ii)에서

xy의 최댓값은 $x=1$, $y=3$일 때 3　　$\therefore M=3$

xy의 최솟값은 $x=-3$, $y=3$일 때 -9　　$\therefore m=-9$

$\therefore M+m=3+(-9)=-6$

1336 답 ③

1337 답 ③

$$A^2 = AA = \begin{pmatrix} 1 & 0 \\ -3 & 1 \end{pmatrix}\begin{pmatrix} 1 & 0 \\ -3 & 1 \end{pmatrix} = \begin{pmatrix} 1 & 0 \\ -6 & 1 \end{pmatrix}$$

$$A^3 = A^2A = \begin{pmatrix} 1 & 0 \\ -6 & 1 \end{pmatrix}\begin{pmatrix} 1 & 0 \\ -3 & 1 \end{pmatrix} = \begin{pmatrix} 1 & 0 \\ -9 & 1 \end{pmatrix}$$

$$A^4 = A^3A = \begin{pmatrix} 1 & 0 \\ -9 & 1 \end{pmatrix}\begin{pmatrix} 1 & 0 \\ -3 & 1 \end{pmatrix} = \begin{pmatrix} 1 & 0 \\ -12 & 1 \end{pmatrix}$$

$\vdots$

즉, 자연수 n에 대하여 $A^n = \begin{pmatrix} 1 & 0 \\ -3n & 1 \end{pmatrix}$임을 알 수 있다.

따라서 $A^8 = \begin{pmatrix} 1 & 0 \\ -24 & 1 \end{pmatrix}$이므로 행렬 A^8의 제2행의 모든 성분의 합은

$(-24)+1=-23$

1338 답 ②

$$A^2 = AA = \begin{pmatrix} -1 & 0 \\ 0 & 2 \end{pmatrix}\begin{pmatrix} -1 & 0 \\ 0 & 2 \end{pmatrix} = \begin{pmatrix} 1 & 0 \\ 0 & 4 \end{pmatrix}$$

$$A^3 = A^2A = \begin{pmatrix} 1 & 0 \\ 0 & 4 \end{pmatrix}\begin{pmatrix} -1 & 0 \\ 0 & 2 \end{pmatrix} = \begin{pmatrix} -1 & 0 \\ 0 & 8 \end{pmatrix}$$

$$A^4 = A^3A = \begin{pmatrix} -1 & 0 \\ 0 & 8 \end{pmatrix}\begin{pmatrix} -1 & 0 \\ 0 & 2 \end{pmatrix} = \begin{pmatrix} 1 & 0 \\ 0 & 16 \end{pmatrix}$$

$\vdots$

즉, 자연수 n에 대하여 $A^n = \begin{pmatrix} (-1)^n & 0 \\ 0 & 2^n \end{pmatrix}$임을 알 수 있다.

따라서 $A^9 = \begin{pmatrix} -1 & 0 \\ 0 & 2^9 \end{pmatrix}$이므로

$a=-1$, $d=2^9=512$

$\therefore a+d=(-1)+512=511$

1339 답 ③

$$A^2=AA=\begin{pmatrix}2&2\\0&0\end{pmatrix}\begin{pmatrix}2&2\\0&0\end{pmatrix}=\begin{pmatrix}4&4\\0&0\end{pmatrix}$$

$$A^3=A^2A=\begin{pmatrix}4&4\\0&0\end{pmatrix}\begin{pmatrix}2&2\\0&0\end{pmatrix}=\begin{pmatrix}8&8\\0&0\end{pmatrix}$$

$$A^4=A^3A=\begin{pmatrix}8&8\\0&0\end{pmatrix}\begin{pmatrix}2&2\\0&0\end{pmatrix}=\begin{pmatrix}16&16\\0&0\end{pmatrix}$$

$$\vdots$$

즉, 자연수 n에 대하여 $A^n=\begin{pmatrix}2^n&2^n\\0&0\end{pmatrix}$임을 알 수 있다.

이때 행렬 A^n의 모든 성분의 합은

$$2^n+2^n+0+0=2\times2^n$$
$$=2^{n+1}$$

이고, 이 합이 300 이상이 되려면

$$2^{n+1}\geq300$$

이때 $2^8=256$, $2^9=512$이므로 위의 부등식을 만족시키는 자연수 n의 값의 범위는

$$n+1\geq9 \qquad \therefore n\geq8$$

따라서 구하는 자연수 n의 최솟값은 8이다.

1340 답 ②

$$A^2=AA=\begin{pmatrix}0&a\\0&b\end{pmatrix}\begin{pmatrix}0&a\\0&b\end{pmatrix}=\begin{pmatrix}0&ab\\0&b^2\end{pmatrix}$$

$$A^3=A^2A=\begin{pmatrix}0&ab\\0&b^2\end{pmatrix}\begin{pmatrix}0&a\\0&b\end{pmatrix}=\begin{pmatrix}0&ab^2\\0&b^3\end{pmatrix}$$

$$A^4=A^3A=\begin{pmatrix}0&ab^2\\0&b^3\end{pmatrix}\begin{pmatrix}0&a\\0&b\end{pmatrix}=\begin{pmatrix}0&ab^3\\0&b^4\end{pmatrix}$$

$$\vdots$$

즉, 2 이상의 자연수 n에 대하여 $A^n=\begin{pmatrix}0&ab^{n-1}\\0&b^n\end{pmatrix}$이므로

$$A^8=\begin{pmatrix}0&ab^{8-1}\\0&b^8\end{pmatrix}=\begin{pmatrix}0&ab^7\\0&b^8\end{pmatrix}$$

이때 행렬 A^8의 제2열의 모든 성분의 합이 640이므로

$$ab^7+b^8=640$$
$$(a+b)b^7=640=5\times2^7$$

a, b가 모두 2 이상의 자연수이므로

$$a+b=5, \ b=2$$
$$\therefore a=3, \ b=2$$
$$\therefore a-b=3-2=1$$

1341 답 1

1342 답 ③

$$A+B=\begin{pmatrix}-1&2\\0&1\end{pmatrix}+\begin{pmatrix}1&-3\\1&-1\end{pmatrix}=\begin{pmatrix}0&-1\\1&0\end{pmatrix}$$

이므로

$$A^2+AB+BA+B^2=A(A+B)+B(A+B)$$
$$=(A+B)(A+B)$$
$$=\begin{pmatrix}0&-1\\1&0\end{pmatrix}\begin{pmatrix}0&-1\\1&0\end{pmatrix}$$
$$=\begin{pmatrix}-1&0\\0&-1\end{pmatrix}$$

따라서 행렬 $A^2+AB+BA+B^2$의 모든 성분의 합은

$$(-1)+0+0+(-1)=-2$$

1343 답 ⑤

조건 (나)에서 $AB=BA$이므로

$$A^2-B^2=A^2-AB+AB-B^2$$
$$=A^2-AB+BA-B^2$$
$$=A(A-B)+B(A-B)$$
$$=(A+B)(A-B)$$
$$=\begin{pmatrix}4&-1\\3&5\end{pmatrix}\begin{pmatrix}0&-1\\3&1\end{pmatrix}(\because \text{조건 (가)})$$
$$=\begin{pmatrix}-3&-5\\15&2\end{pmatrix}$$

따라서 행렬 A^2-B^2의 모든 성분의 합은

$$(-3)+(-5)+15+2=9$$

1344 답 ④

$$AB=\begin{pmatrix}a&2\\a&1\end{pmatrix}\begin{pmatrix}1&2\\3&-1\end{pmatrix}=\begin{pmatrix}a+6&2a-2\\a+3&2a-1\end{pmatrix}$$

$$BA=\begin{pmatrix}1&2\\3&-1\end{pmatrix}\begin{pmatrix}a&2\\a&1\end{pmatrix}=\begin{pmatrix}3a&4\\2a&5\end{pmatrix}$$

이때 $AB=BA$이므로

$$a+3=2a \qquad \therefore a=3$$

$$\therefore AB=BA=\begin{pmatrix}9&4\\6&5\end{pmatrix}$$

$$\therefore A^2B^2=AABB=ABAB \ (\because AB=BA)$$
$$=(AB)^2 \xrightarrow{\text{$AB=BA$이므로 지수법칙이 가능하다.}}{}$$
$$\qquad\qquad\qquad \text{즉, $A^2B^2=(AB)^2$임을 바로 알 수 있다.}$$
$$=\begin{pmatrix}9&4\\6&5\end{pmatrix}\begin{pmatrix}9&4\\6&5\end{pmatrix}=\begin{pmatrix}105&56\\84&49\end{pmatrix}$$

따라서 행렬 A^2B^2의 모든 성분의 합은

$$105+56+84+49=294$$

1345 답 ②

$$(A-B)^2+2AB=(A-B)(A-B)+2AB$$
$$=A(A-B)-B(A-B)+2AB$$
$$=A^2-AB-BA+B^2+2AB$$
$$=A^2+AB-BA+B^2$$
$$=A^2+B^2$$

에서 $AB-BA=O$

$$\therefore AB=BA$$

한편, $ax+b=y$라 하면

$$AB=\begin{pmatrix}x&-2\\1&3\end{pmatrix}\begin{pmatrix}3&6\\-3&y\end{pmatrix}=\begin{pmatrix}3x+6&6x-2y\\-6&3y+6\end{pmatrix},$$

$$BA=\begin{pmatrix}3&6\\-3&y\end{pmatrix}\begin{pmatrix}x&-2\\1&3\end{pmatrix}=\begin{pmatrix}3x+6&12\\-3x+y&3y+6\end{pmatrix}$$

이므로 $AB=BA$에서

$$6x-2y=12 \qquad \therefore y=3x-6 \xrightarrow{\text{x에 대한 항등식이다.}}{}$$

따라서 $ax+b=3x-6$에서 $a=3$, $b=-6$이므로

$$a+b=3+(-6)=-3$$

다른 풀이

$$AB=\begin{pmatrix}x&-2\\1&3\end{pmatrix}\begin{pmatrix}3&6\\-3&ax+b\end{pmatrix}=\begin{pmatrix}3x+6&6x-2(ax+b)\\-6&3(ax+b)+6\end{pmatrix},$$

$$BA=\begin{pmatrix}3&6\\-3&ax+b\end{pmatrix}\begin{pmatrix}x&-2\\1&3\end{pmatrix}$$
$$=\begin{pmatrix}3x+6&12\\-3x+ax+b&3(ax+b)+6\end{pmatrix}$$

이므로 $AB=BA$에서
$-6=-3x+ax+b$
$\therefore ax+b=3x-6$
위의 식의 양변에 $x=1$을 대입하면
$a+b=3\times1-6=-3$

1346 답 ④

1347 답 ③

두 실수 a, b에 대하여
$a\binom{3}{-1}+b\binom{-1}{2}=\binom{-4}{3}$이라 하면
$\binom{3a-b}{-a+2b}=\binom{-4}{3}$
$\therefore 3a-b=-4,\ -a+2b=3$
위의 두 식을 연립하여 풀면
$a=-1,\ b=1$
이때
$A\binom{-3}{1}=-\left\{A\binom{3}{-1}\right\}=-\binom{0}{-2}=\binom{0}{2}$,
$A\binom{-1}{2}=\binom{4}{1}$
이므로
$A\binom{-4}{3}=A\binom{(-3)+(-1)}{1+2}=\binom{0+4}{2+1}=\binom{4}{3}$
따라서 구하는 모든 성분의 합은
$4+3=7$

1348 답 ①

$A\binom{a+2c}{b+2d}=\binom{6}{-2}$에서
$A\binom{2c}{2d}=A\left\{\binom{a+2c}{b+2d}-\binom{a}{b}\right\}=\binom{6}{-2}-\binom{-2}{4}=\binom{8}{-6}$
$\therefore A\binom{c}{d}=\frac{1}{2}A\binom{2c}{2d}=\frac{1}{2}\binom{8}{-6}=\binom{4}{-3}$
$\therefore A\binom{a\ \ c}{b\ \ d}=\binom{-2\ \ 4}{4\ -3}$
따라서 구하는 모든 성분의 곱은
$(-2)\times4\times4\times(-3)=96$

1349 답 ②

$A\binom{3}{2}=\binom{1}{3},\ A\binom{2}{1}=\binom{0}{2}$에서
$A\binom{3\ \ 2}{2\ \ 1}=\binom{1\ \ 0}{3\ \ 2}$
$A^2\binom{3\ \ 2}{2\ \ 1}=A\binom{1\ \ 0}{3\ \ 2}$ → 위의 식의 양변의 왼쪽에 행렬 A를 곱한다.
$\binom{3\ -2}{-1\ \ 2}\binom{3\ \ 2}{2\ \ 1}=A\binom{1\ \ 0}{3\ \ 2}$
$\therefore A\binom{1\ \ 0}{3\ \ 2}=\binom{5\ \ 4}{1\ \ 0}$
따라서 행렬 $A\binom{1\ \ 0}{3\ \ 2}$의 제2열의 모든 성분의 합은
$4+0=4$

1350 답 ⑤

두 실수 x, y에 대하여
$x\binom{2a}{b}+y\binom{a}{3b}=\binom{-a}{7b}$라 하면
$2ax+ay=-a$에서
$2x+y=-1\ (\because\ a\neq0)$ ...... ㉠
$bx+3by=7b$에서
$x+3y=7\ (\because\ b\neq0)$ ...... ㉡
㉠, ㉡을 연립하여 풀면
$x=-2,\ y=3$
$\therefore A\binom{-a}{7b}=A\left\{(-2)\times\binom{2a}{b}+3\binom{a}{3b}\right\}$
$=(-2)\times\binom{1}{3}+3\binom{5}{-2}=\binom{13}{-12}$
따라서 $p=13,\ q=-12$이므로
$p-q=13-(-12)=25$

1351 답 18

1352 답 ③

$A+B=4E$의 양변의 왼쪽에 행렬 A를 곱하면
$A^2+AB=4AE$ $\therefore A^2=4A$
$\therefore A^3=A^2A=(4A)A=4A^2=4(4A)=16A$
$A+B=4E$의 양변의 오른쪽에 행렬 B를 곱하면
$AB+B^2=4EB$ $\therefore B^2=4B$
$\therefore B^3=B^2B=(4B)B=4B^2=4(4B)=16B$
$\therefore A^3+B^3=16A+16B=16(A+B)=16\times4E$
$=64E=64\binom{1\ \ 0}{0\ \ 1}=\binom{64\ \ 0}{0\ \ 64}$
따라서 구하는 행렬의 모든 성분의 합은
$64+0+0+64=128$

다른 풀이

$A+B=4E$에서 $A=-B+4E$이므로
$AB=(-B+4E)B=-B^2+4EB=O$ $\therefore B^2=4B$
$A+B=4E$에서 $B=-A+4E$이므로
$AB=A(-A+4E)=-A^2+4AE=O$ $\therefore A^2=4A$

1353 답 97

$2A+3B=O$의 양변의 왼쪽에 행렬 A를 곱하면
$2A^2+3AB=O,\ 2A^2+3\times(-2E)=O$
$2A^2=6E$ $\therefore A^2=3E$
$\therefore A^4=(A^2)^2=(3E)^2=9E^2=9E$
$2A+3B=O$의 양변의 오른쪽에 행렬 B를 곱하면
$2AB+3B^2=O,\ 2\times(-2E)+3B^2=O$
$3B^2=4E$ $\therefore B^2=\frac{4}{3}E$
$\therefore B^4=(B^2)^2=\left(\frac{4}{3}E\right)^2=\frac{16}{9}E^2=\frac{16}{9}E$
$\therefore A^4+B^4=9E+\frac{16}{9}E=\frac{97}{9}E$
따라서 $k=\frac{97}{9}$이므로
$9k=9\times\frac{97}{9}=97$

$2A+3B=O$에서 $A=-\dfrac{3}{2}B$이므로

$AB=\left(-\dfrac{3}{2}B\right)B=-\dfrac{3}{2}B^2=-2E$ $\therefore B^2=\dfrac{4}{3}E$

$2A+3B=O$에서 $B=-\dfrac{2}{3}A$이므로

$AB=A\left(-\dfrac{2}{3}A\right)=-\dfrac{2}{3}A^2=-2E$ $\therefore A^2=3E$

1354 답 ③

$A^2+A=3E$의 양변의 오른쪽에 행렬 B를 곱하면

$A^2B+AB=3EB$

$A^2B=3B-2E$ $(\because AB=2E)$

$A(2E)=3B-2E$ $(\because A^2B=A(AB)=A(2E))$

$3B=2A+2E$

$\therefore B=\dfrac{2}{3}A+\dfrac{2}{3}E$

이때 행렬 A의 모든 성분의 합이 7이고 행렬 E의 모든 성분의 합이 2이므로 행렬 B의 모든 성분의 합은

$\dfrac{2}{3}\times 7+\dfrac{2}{3}\times 2=6$

1355 답 ①

$A+B=5E$의 양변의 왼쪽에 행렬 A를 곱하면

$A^2+AB=5AE$ $\therefore A^2=5A-4E$ $(\because AB=4E)$

$\therefore A^3=A^2A=(5A-4E)A=5A^2-4EA$

     $=5(5A-4E)-4A=21A-20E$

$A+B=5E$의 양변의 오른쪽에 행렬 B를 곱하면

$AB+B^2=5EB$ $\therefore B^2=5B-4E$ $(\because AB=4E)$

$\therefore B^3=B^2B=(5B-4E)B=5B^2-4EB$

     $=5(5B-4E)-4B=21B-20E$

$\therefore A^3-B^3=(21A-20E)-(21B-20E)=21(A-B)$

이때 $A-B$의 모든 성분의 합이 6이므로 A^3-B^3의 모든 성분의 합은

$21\times 6=126$

$A+B=5E$에서 $A=-B+5E$이므로

$AB=(-B+5E)B=-B^2+5EB=4E$

$\therefore B^2=5B-4E$

$A+B=5E$에서 $B=-A+5E$이므로

$AB=A(-A+5E)=-A^2+5AE=4E$

$\therefore A^2=5A-4E$

1356 답 9

1357 답 ③

$\underline{AE=EA=A}$이므로 → 곱셈 공식이 가능하다.

$(A+E)(A^2-A+E)=(A+E)(A^2-A+E^2)$

                  $=A^3+E^3$

                  $=A^3+E$

이때

$A^2=AA=\begin{pmatrix} 1 & 2 \\ 0 & 1 \end{pmatrix}\begin{pmatrix} 1 & 2 \\ 0 & 1 \end{pmatrix}=\begin{pmatrix} 1 & 4 \\ 0 & 1 \end{pmatrix}$,

$A^3=A^2A=\begin{pmatrix} 1 & 4 \\ 0 & 1 \end{pmatrix}\begin{pmatrix} 1 & 2 \\ 0 & 1 \end{pmatrix}=\begin{pmatrix} 1 & 6 \\ 0 & 1 \end{pmatrix}$

이므로

$A^3+E=\begin{pmatrix} 1 & 6 \\ 0 & 1 \end{pmatrix}+\begin{pmatrix} 1 & 0 \\ 0 & 1 \end{pmatrix}=\begin{pmatrix} 2 & 6 \\ 0 & 2 \end{pmatrix}$

따라서 구하는 모든 성분의 합은

$2+6+0+2=10$

1358 답 ⑤

$4A^2=2A-E$에서

$4A^2-2A+E=O$

$4A^2-2A+E^2=O$

$(2A+E)(4A^2-2A+E^2)=O$

$8A^3+E^3=O$ $(\because \underline{AE=EA=A})$

→ 곱셈 공식이 가능하다.

$\therefore A^3=-\dfrac{1}{8}E$

따라서

$A^6=(A^3)^2=\left(-\dfrac{1}{8}E\right)^2=\dfrac{1}{64}E^2=\dfrac{1}{64}E$

     $=\dfrac{1}{64}\begin{pmatrix} 1 & 0 \\ 0 & 1 \end{pmatrix}=\begin{pmatrix} \dfrac{1}{64} & 0 \\ 0 & \dfrac{1}{64} \end{pmatrix}$

이므로 행렬 A^6의 제2열의 모든 성분의 합은

$0+\dfrac{1}{64}=\dfrac{1}{64}$

1359 답 ⑤

$A^2(A-E)=O$에서

$A^3-A^2=O$ $\therefore A^3=A^2$

$\therefore (A+E)(A^2-2A+2E^2)$

   $=(A+E)\{(A^2-A+E^2)+(-A+E)\}$ $(\because E^2=E)$

   $=(A+E)(A^2-A+E^2)-(A+E)(A-E)$

   $=(A^3+E^3)-(A^2-E^2)$ $(\because \underline{AE=EA=A})$

→ 곱셈 공식이 가능하다.

   $=(A^2+E)-(A^2-E)$ $(\because E^3=E^2=E)$

   $=2E=2\begin{pmatrix} 1 & 0 \\ 0 & 1 \end{pmatrix}=\begin{pmatrix} 2 & 0 \\ 0 & 2 \end{pmatrix}$

따라서 구하는 행렬의 모든 성분의 합은

$2+0+0+2=4$

1360 답 ①

$(A+2E)(3E-A)=7E$에서 $-A^2+A+6E^2=7E$

$A^2-A+E=O$ $(\because E^2=E)$

$(A+E)(A^2-A+E)=O$

$A^3+E=O$ $\therefore A^3=-E$

$\therefore (A^4+E)(A^4-2E)$

   $=(A^3A+E)(A^3A-2E)$

   $=\{(-E)A+E\}\{(-E)A-2E\}$

   $=(A-E)(A+2E)$

   $=A^2+A-2E$ $(\because E^2=E)$

   $=(A-E)+A-2E$ $(\because A^2-A+E=O)$

   $=2A-3E$

이때 행렬 A의 모든 성분의 합이 6이고, 행렬 E의 모든 성분의 합이 2이므로 구하는 행렬의 모든 성분의 합은

$2\times 6-3\times 2=6$

1361 답 ①

1362 답 ②

$A=\begin{pmatrix} 1 & -1 \\ 1 & 0 \end{pmatrix}$에서

$A^2=AA=\begin{pmatrix} 1 & -1 \\ 1 & 0 \end{pmatrix}\begin{pmatrix} 1 & -1 \\ 1 & 0 \end{pmatrix}=\begin{pmatrix} 0 & -1 \\ 1 & -1 \end{pmatrix}$

$A^3=A^2A=\begin{pmatrix} 0 & -1 \\ 1 & -1 \end{pmatrix}\begin{pmatrix} 1 & -1 \\ 1 & 0 \end{pmatrix}=\begin{pmatrix} -1 & 0 \\ 0 & -1 \end{pmatrix}=-E$

$\therefore A^2+A^4+A^6+A^8=A^2+A^3A+(A^3)^2+(A^3)^2A^2$

$\qquad\qquad\qquad\qquad\quad =A^2+(-E)A+\underline{(-E)^2}+(-E)^2A^2$ $\quad{\scriptstyle\rightarrow (-1)^2E^2=E}$

$\qquad\qquad\qquad\qquad\quad =A^2-A+E+A^2$

$\qquad\qquad\qquad\qquad\quad =2A^2-A+E$

$\qquad\qquad\qquad\qquad\quad =2\begin{pmatrix} 0 & -1 \\ 1 & -1 \end{pmatrix}-\begin{pmatrix} 1 & -1 \\ 1 & 0 \end{pmatrix}+\begin{pmatrix} 1 & 0 \\ 0 & 1 \end{pmatrix}$

$\qquad\qquad\qquad\qquad\quad =\begin{pmatrix} 0 & -1 \\ 1 & -1 \end{pmatrix}$

따라서 구하는 모든 성분의 합은

$0+(-1)+1+(-1)=-1$

1363 답 ①

$a_{11}=1-1=0,\ a_{12}=1-2=-1,$

$a_{21}=2-1=1,\ a_{22}=2-2=0$

$\therefore A=\begin{pmatrix} 0 & -1 \\ 1 & 0 \end{pmatrix}$

이때

$A^2=AA=\begin{pmatrix} 0 & -1 \\ 1 & 0 \end{pmatrix}\begin{pmatrix} 0 & -1 \\ 1 & 0 \end{pmatrix}=\begin{pmatrix} -1 & 0 \\ 0 & -1 \end{pmatrix}=-E$

이므로 $\qquad{\scriptstyle\rightarrow (-E)^3=(-1)^3E^3=-E}$

$A^6=(A^2)^3=\underline{(-E)^3}=-E$

$\therefore (A^6+2E)^2=\{(-E)+2E\}^2=E^2=E=\begin{pmatrix} 1 & 0 \\ 0 & 1 \end{pmatrix}$

따라서 구하는 행렬의 제2열의 모든 성분의 합은

$0+1=1$

1364 답 128

$A^2=AA=\begin{pmatrix} -1 & 3 \\ -1 & -1 \end{pmatrix}\begin{pmatrix} -1 & 3 \\ -1 & -1 \end{pmatrix}=\begin{pmatrix} -2 & -6 \\ 2 & -2 \end{pmatrix}$

$A^3=A^2A=\begin{pmatrix} -2 & -6 \\ 2 & -2 \end{pmatrix}\begin{pmatrix} -1 & 3 \\ -1 & -1 \end{pmatrix}=\begin{pmatrix} 8 & 0 \\ 0 & 8 \end{pmatrix}=8E$

$\therefore A^6=(A^3)^2=\underline{(8E)^2=64E}\ {\scriptstyle\rightarrow (8E)^2=8^2E^2=64E}$

따라서 $A^6\begin{pmatrix} 1 \\ 1 \end{pmatrix}=\begin{pmatrix} a \\ b \end{pmatrix}$에서

$\begin{pmatrix} a \\ b \end{pmatrix}=64E\begin{pmatrix} 1 \\ 1 \end{pmatrix}=64\begin{pmatrix} 1 \\ 1 \end{pmatrix}=\begin{pmatrix} 64 \\ 64 \end{pmatrix}$

따라서 $a=64,\ b=64$이므로

$a+b=64+64=128$

1365 답 ④

이차방정식 $x^2+x-1=0$의 두 실근이 각각 $\alpha,\ \beta$이므로 근과 계수의 관계에 의하여

$\alpha+\beta=-1,\ \alpha\beta=-1$

$\therefore \alpha^2+\beta^2=(\alpha+\beta)^2-2\alpha\beta$

$\qquad\qquad =(-1)^2-2\times(-1)=3$

$\therefore A=\begin{pmatrix} \alpha+\beta & 0 \\ \alpha\beta+1 & -1 \end{pmatrix}=\begin{pmatrix} -1 & 0 \\ (-1)+1 & -1 \end{pmatrix}=\begin{pmatrix} -1 & 0 \\ 0 & -1 \end{pmatrix}=-E,$

$B=\begin{pmatrix} 1 & \alpha^2+\beta^2 \\ 0 & 1 \end{pmatrix}=\begin{pmatrix} 1 & 3 \\ 0 & 1 \end{pmatrix}$

자연수 n에 대하여

$A=-E,\ A^2=E,\ A^3=-E,\ A^4=E,\ \cdots$

이므로 $A^n=\begin{pmatrix} (-1)^n & 0 \\ 0 & (-1)^n \end{pmatrix}$이고,

$B^2=BB=\begin{pmatrix} 1 & 3 \\ 0 & 1 \end{pmatrix}\begin{pmatrix} 1 & 3 \\ 0 & 1 \end{pmatrix}=\begin{pmatrix} 1 & 6 \\ 0 & 1 \end{pmatrix},$

$B^3=B^2B=\begin{pmatrix} 1 & 6 \\ 0 & 1 \end{pmatrix}\begin{pmatrix} 1 & 3 \\ 0 & 1 \end{pmatrix}=\begin{pmatrix} 1 & 9 \\ 0 & 1 \end{pmatrix}$

$\qquad\qquad\vdots$

이므로 $B^n=\begin{pmatrix} 1 & 3n \\ 0 & 1 \end{pmatrix}$

이때 행렬 A^k의 $(1,\ 2)$ 성분은 0, 행렬 B^k의 $(1,\ 2)$ 성분은 $3k$이고, 이 합이 24이므로

$0+3k=24\qquad \therefore k=8$

따라서

$A^8+B^8=\begin{pmatrix} 1 & 0 \\ 0 & 1 \end{pmatrix}+\begin{pmatrix} 1 & 24 \\ 0 & 1 \end{pmatrix}=\begin{pmatrix} 2 & 24 \\ 0 & 2 \end{pmatrix}$

이므로 행렬 A^k+B^k, 즉 A^8+B^8의 모든 성분의 합은

$2+24+0+2=28$

1366 답 ②

1367 답 ①

ㄱ. $A=O$이므로

$\quad A^2=AA=OO=O$ (참)

ㄴ. $A=\begin{pmatrix} 0 & 1 \\ 0 & 0 \end{pmatrix},\ B=\begin{pmatrix} 1 & 0 \\ 0 & 0 \end{pmatrix}$이라 하면

$\quad AB=\begin{pmatrix} 0 & 1 \\ 0 & 0 \end{pmatrix}\begin{pmatrix} 1 & 0 \\ 0 & 0 \end{pmatrix}=\begin{pmatrix} 0 & 0 \\ 0 & 0 \end{pmatrix}=O$이고 $A\neq O$이지만

$\quad B\neq O$이다. (거짓)

ㄷ. $A=\begin{pmatrix} 0 & 1 \\ 0 & 0 \end{pmatrix},\ B=\begin{pmatrix} 1 & 0 \\ 0 & 0 \end{pmatrix}$이라 하면

$\quad AB=O$이지만

$\quad BA=\begin{pmatrix} 1 & 0 \\ 0 & 0 \end{pmatrix}\begin{pmatrix} 0 & 1 \\ 0 & 0 \end{pmatrix}=\begin{pmatrix} 0 & 1 \\ 0 & 0 \end{pmatrix}\neq O$ (거짓)

따라서 옳은 것은 ㄱ이다.

1368 답 ③

① 행렬 B가 단위행렬, 즉 $B=E$이면 단위행렬의 성질에 의하여 임의의 A에 대하여 $AE=EA$가 성립한다. (참)

② $A=O$이므로 임의의 행렬 B에 대하여 $AB=OB=O$ (참)

③ $A=\begin{pmatrix} 1 & 0 \\ 0 & 0 \end{pmatrix},\ B=\begin{pmatrix} 0 & 0 \\ 0 & 1 \end{pmatrix}$이라 하면

$\quad AB=\begin{pmatrix} 1 & 0 \\ 0 & 0 \end{pmatrix}\begin{pmatrix} 0 & 0 \\ 0 & 1 \end{pmatrix}=\begin{pmatrix} 0 & 0 \\ 0 & 0 \end{pmatrix}=O,$

$\quad BA=\begin{pmatrix} 0 & 0 \\ 0 & 1 \end{pmatrix}\begin{pmatrix} 1 & 0 \\ 0 & 0 \end{pmatrix}=\begin{pmatrix} 0 & 0 \\ 0 & 0 \end{pmatrix}=O$

$\quad$이지만 $A\neq O,\ B\neq O$이다. (거짓)

④ $A+B=O$에서 $A=-B$이므로

$\quad A^2-B^2=(-B)^2-B^2=B^2-B^2=O$ (참)

⑤ 단위행렬의 성질에 의하여 임의의 행렬 A에 대하여
$AE=EA$가 성립한다. (참)
따라서 옳지 않은 것은 ③이다.

1369 답 ②

ㄱ. $A=\begin{pmatrix} 1 & 1 \\ 0 & 0 \end{pmatrix}$, $B=\begin{pmatrix} 1 & 0 \\ 1 & 0 \end{pmatrix}$이라 하면

$AB=\begin{pmatrix} 1 & 1 \\ 0 & 0 \end{pmatrix}\begin{pmatrix} 1 & 0 \\ 1 & 0 \end{pmatrix}=\begin{pmatrix} 2 & 0 \\ 0 & 0 \end{pmatrix}$

$\therefore (AB)^2=(AB)(AB)=\begin{pmatrix} 2 & 0 \\ 0 & 0 \end{pmatrix}\begin{pmatrix} 2 & 0 \\ 0 & 0 \end{pmatrix}=\begin{pmatrix} 4 & 0 \\ 0 & 0 \end{pmatrix}$

$A^2=AA=\begin{pmatrix} 1 & 1 \\ 0 & 0 \end{pmatrix}\begin{pmatrix} 1 & 1 \\ 0 & 0 \end{pmatrix}=\begin{pmatrix} 1 & 1 \\ 0 & 0 \end{pmatrix}$,

$B^2=BB=\begin{pmatrix} 1 & 0 \\ 1 & 0 \end{pmatrix}\begin{pmatrix} 1 & 0 \\ 1 & 0 \end{pmatrix}=\begin{pmatrix} 1 & 0 \\ 1 & 0 \end{pmatrix}$

$\therefore A^2B^2=\begin{pmatrix} 1 & 1 \\ 0 & 0 \end{pmatrix}\begin{pmatrix} 1 & 0 \\ 1 & 0 \end{pmatrix}=\begin{pmatrix} 2 & 0 \\ 0 & 0 \end{pmatrix}$

$\therefore (AB)^2 \neq A^2B^2$ (거짓)

ㄴ. $A+B=E$의 양변의 왼쪽에 행렬 A를 곱하면
$A^2+AB=AE$, $A^2+AB=A$
$\therefore AB=A-A^2$ …… ㉠
$A+B=E$의 양변의 오른쪽에 행렬 A를 곱하면
$A^2+BA=EA$, $A^2+BA=A$
$\therefore BA=A-A^2$ …… ㉡
㉠, ㉡에서
$AB=BA$ (참)

ㄷ. $A=\begin{pmatrix} 1 & 0 \\ 0 & 0 \end{pmatrix}$, $B=\begin{pmatrix} 1 & 0 \\ 0 & 0 \end{pmatrix}$이라 하면

$AB=\begin{pmatrix} 1 & 0 \\ 0 & 0 \end{pmatrix}\begin{pmatrix} 1 & 0 \\ 0 & 0 \end{pmatrix}=\begin{pmatrix} 1 & 0 \\ 0 & 0 \end{pmatrix}=A$이고 $A\neq O$이지만

$B\neq E$이다. (거짓)
따라서 옳은 것은 ㄴ이다.

1370 답 ②

1371 답 ④

1, 2학년 1반의 모든 학생이 일주일 동안 듣는 총 수학 수업 시간은
(1학년 1반의 학생 수)
　　　　×(1학년 학생이 일주일 동안 듣는 수학 수업의 시간)
＋(2학년 1반의 학생 수)
　　　　×(2학년 학생이 일주일 동안 듣는 수학 수업의 시간)
이다.
행렬 A의 제1열이 1, 2학년 1반의 학생 수이므로 행렬 A와 곱하는 행렬은 1, 2학년 학생이 일주일 동안 듣는 수학 수업의 시간을 나타내는 1×2 행렬, 즉 행렬 C이어야 한다.
따라서 1, 2학년 1반의 모든 학생이 일주일 동안 듣는 총 수학 수업 시간을 나타내는 행렬의 성분은 행렬

$CA=\begin{pmatrix} 4 & 6 \end{pmatrix}\begin{pmatrix} 30 & 25 \\ 25 & 20 \end{pmatrix}=\begin{pmatrix} 270 & 220 \end{pmatrix}$

의 $(1, 1)$ 성분이다.

1372 답 28

$A=\begin{pmatrix} 20 & a \\ b & 12 \end{pmatrix}$, $B=\begin{pmatrix} 600 \\ 500 \end{pmatrix}$이라 하면

행렬 AB의 $(1, 1)$ 성분은 P 식당에서 하루에 소비되는 양파와 당근의 총 비용이고, $(2, 1)$ 성분은 Q 식당에서 하루에 소비되는 양파와 당근의 총 비용이므로

$\begin{pmatrix} 20 & a \\ b & 12 \end{pmatrix}\begin{pmatrix} 600 \\ 500 \end{pmatrix}=\begin{pmatrix} 21000 \\ 12000 \end{pmatrix}$

이다.

즉, $\begin{pmatrix} 500a+12000 \\ 600b+6000 \end{pmatrix}=\begin{pmatrix} 21000 \\ 12000 \end{pmatrix}$에서

$500a+12000=21000$, $600b+6000=12000$
$500a+12000=21000$에서 $500a=9000$ $\therefore a=18$
$600b+6000=12000$에서 $600b=6000$ $\therefore b=10$
$\therefore a+b=18+10=28$

1373 답 ①

$A=\begin{pmatrix} 50 & 48 \\ 21 & 20 \end{pmatrix}$, $B=\begin{pmatrix} 100 \\ 50 \end{pmatrix}$이라 하면

행렬 AB의 $(1, 1)$ 성분은 이 제과점에서 사용되는 밀가루의 양 a이고, $(2, 1)$ 성분은 이 제과점에서 사용되는 버터의 양 b이다.

$\therefore \begin{pmatrix} a \\ b \end{pmatrix}=\begin{pmatrix} 50 & 48 \\ 21 & 20 \end{pmatrix}\begin{pmatrix} 100 \\ 50 \end{pmatrix}$

1374 답 ⑤

$AB=\begin{pmatrix} 1000 & 3000 \\ 2000 & 2000 \end{pmatrix}\begin{pmatrix} 5 & 8 \\ 4 & 3 \end{pmatrix}$

$=\begin{pmatrix} 1000\times5+3000\times4 & 1000\times8+3000\times3 \\ 2000\times5+2000\times4 & 2000\times8+2000\times3 \end{pmatrix}$

$=\begin{pmatrix} a & b \\ c & d \end{pmatrix}$

따라서
a는 P 과일 가게에서 상우가 사과와 배를 샀을 때 지불해야 하는 금액,
b는 P 과일 가게에서 지수가 사과와 배를 샀을 때 지불해야 하는 금액,
c는 Q 과일 가게에서 상우가 사과와 배를 샀을 때 지불해야 하는 금액,
d는 Q 과일 가게에서 지수가 사과와 배를 샀을 때 지불해야 하는 금액
이므로 $c+d$가 의미하는 것은 Q 과일 가게에서 상우와 지수가 사과와 배를 샀을 때 지불해야 하는 금액의 합이다.

STEP 3 실전 **업** 본문 226~229쪽

1375 답 ②

One Point Lesson
주어진 행렬의 제2행의 성분의 합과 제3열의 성분의 합이 같으므로 k에 대한 방정식을 세운다.

주어진 행렬의 제2행의 모든 성분의 합은
$k^2+3+(-k)=k^2-k+3$
주어진 행렬의 제3열의 모든 성분의 합은
$k+(-k)+5=5$

이때 제2행의 모든 성분의 합과 제3열의 모든 성분의 합이 서로 같으므로

$k^2-k+3=5$에서

$k^2-k-2=0$

$(k+1)(k-2)=0$

$\therefore k=2 \ (\because k>0)$

1376 답 ④

$A^2=AA=\begin{pmatrix} a & 1 \\ 1 & b \end{pmatrix}\begin{pmatrix} a & 1 \\ 1 & b \end{pmatrix}=\begin{pmatrix} a^2+1 & a+b \\ a+b & b^2+1 \end{pmatrix}$

이때 $p=a^2+1$, $q=b^2+1$이므로 $p-q=12$에서

$(a^2+1)-(b^2+1)=12$

$a^2-b^2=12$

$\therefore (a-b)(a+b)=12$

이때 a, $b \ (a>b)$는 자연수이므로 $a-b$, $a+b$의 값도 자연수이고, $a+b>a-b$이다.

(i) $a-b=1$, $a+b=12$일 때 $\to a=\frac{13}{2}, b=\frac{11}{2}$

위의 두 식을 만족시키는 두 자연수 a, b가 존재하지 않는다.

(ii) $a-b=2$, $a+b=6$일 때

$a=4$, $b=2$

즉, $A^2=\begin{pmatrix} 4^2+1 & 4+2 \\ 4+2 & 2^2+1 \end{pmatrix}=\begin{pmatrix} 17 & 6 \\ 6 & 5 \end{pmatrix}$이므로 행렬 A^2의 모든 성분의 합은

$17+6+6+5=34$

(iii) $a-b=3$, $a+b=4$일 때 $\to a=\frac{7}{2}, b=\frac{1}{2}$

위의 두 식을 만족시키는 두 자연수 a, b가 존재하지 않는다.

(i), (ii), (iii)에서 행렬 A^2의 모든 성분의 합은 34이다.

1377 답 3

$a_{ij}+a_{ji}=0$에서 $a_{ij}=-a_{ji}$이므로

$a_{11}=0$, $a_{12}=-a_{21}$, $a_{22}=0$

$\therefore A=\begin{pmatrix} 0 & a_{12} \\ -a_{12} & 0 \end{pmatrix}$

$b_{ij}-b_{ji}=0$에서 $b_{ij}=b_{ji}$이므로

$b_{12}=b_{21}$

$\therefore B=\begin{pmatrix} b_{11} & b_{12} \\ b_{12} & b_{22} \end{pmatrix}$

이때 $2A-B=\begin{pmatrix} 1 & 2 \\ -2 & 4 \end{pmatrix}$이므로

$2\begin{pmatrix} 0 & a_{12} \\ -a_{12} & 0 \end{pmatrix}-\begin{pmatrix} b_{11} & b_{12} \\ b_{12} & b_{22} \end{pmatrix}=\begin{pmatrix} 1 & 2 \\ -2 & 4 \end{pmatrix}$

$\begin{pmatrix} -b_{11} & 2a_{12}-b_{12} \\ -2a_{12}-b_{12} & -b_{22} \end{pmatrix}=\begin{pmatrix} 1 & 2 \\ -2 & 4 \end{pmatrix}$

$-b_{11}=1$, $\underline{2a_{12}-b_{12}=2}$ ㉠, $\underline{-2a_{12}-b_{12}=-2}$ ㉡, $-b_{22}=4$

$\therefore b_{11}=-1$, $b_{22}=-4$, $\underline{a_{12}=1}$, $\underline{b_{12}=0}$ $\to$ 두 식 ㉠, ㉡을 연립한다.

$\therefore A=\begin{pmatrix} 0 & 1 \\ -1 & 0 \end{pmatrix}$, $B=\begin{pmatrix} -1 & 0 \\ 0 & -4 \end{pmatrix}$

따라서

$A^2-B=\begin{pmatrix} 0 & 1 \\ -1 & 0 \end{pmatrix}\begin{pmatrix} 0 & 1 \\ -1 & 0 \end{pmatrix}-\begin{pmatrix} -1 & 0 \\ 0 & -4 \end{pmatrix}$

$=\begin{pmatrix} -1 & 0 \\ 0 & -1 \end{pmatrix}-\begin{pmatrix} -1 & 0 \\ 0 & -4 \end{pmatrix}=\begin{pmatrix} 0 & 0 \\ 0 & 3 \end{pmatrix}$

이므로 행렬 A^2-B의 $(2, 2)$ 성분은 3이다.

1378 답 6

조건 (나)의 $AX=BX$, 즉 $AX-BX=O$에서

$(A-B)X=O$이므로

$\begin{pmatrix} 1 & -2 \\ -2 & 4 \end{pmatrix}\begin{pmatrix} a & 4b \\ b & a \end{pmatrix}=\begin{pmatrix} 0 & 0 \\ 0 & 0 \end{pmatrix}$

$\begin{pmatrix} a-2b & -2a+4b \\ -2a+4b & 4a-8b \end{pmatrix}=\begin{pmatrix} 0 & 0 \\ 0 & 0 \end{pmatrix}$

$\therefore a-2b=0$ ㉠

행렬 X의 모든 성분의 합이 18이므로

$a+4b+b+a=18$

$\therefore 2a+5b=18$ ㉡

㉠, ㉡을 연립하여 풀면

$a=4$, $b=2$ $\therefore a+b=4+2=6$

1379 답 5

(i) $i=1$, $j=1$일 때

이차함수 $y=(x-1)^2+1$과 직선 $y=2x-2$가 만나는 점의 개수는

$(x-1)^2+1=2x-2$에서 $x^2-2x+2=2x-2$

$\therefore x^2-4x+4=0$ ㉠

이차방정식 ㉠의 판별식을 D_1이라 하면

$\frac{D_1}{4}=(-2)^2-1\times4=0$

즉, 이차방정식 ㉠이 중근을 가지므로

$a_{11}=1$ $\to$ 교점이 1개

(ii) $i=1$, $j=2$일 때

이차함수 $y=(x-1)^2+2$와 직선 $y=2x-2$가 만나는 점의 개수는

$(x-1)^2+2=2x-2$에서 $x^2-2x+3=2x-2$

$\therefore x^2-4x+5=0$ ㉡

이차방정식 ㉡의 판별식을 D_2라 하면

$\frac{D_2}{4}=(-2)^2-1\times5=-1<0$

즉, 이차방정식 ㉡이 허근을 가지므로

$a_{12}=0$ $\to$ 교점이 0개

(iii) $i=2$, $j=1$일 때

이차함수 $y=(x-2)^2+1$과 직선 $y=2x-2$가 만나는 점의 개수는

$(x-2)^2+1=2x-2$에서 $x^2-4x+5=2x-2$

$\therefore x^2-6x+7=0$ ㉢

이차방정식 ㉢의 판별식을 D_3이라 하면

$$\frac{D_3}{4}=(-3)^2-1\times7=2>0$$

즉, 이차방정식 ㉢이 서로 다른 두 실근을 가지므로
$a_{21}=2$
↳교점이 2개

(iv) $i=2$, $j=2$일 때

이차함수 $y=(x-2)^2+2$와 직선 $y=2x-2$가 만나는 점의 개수는

$(x-2)^2+2=2x-2$에서 $x^2-4x+6=2x-2$

$\therefore x^2-6x+8=0$ ······ ㉣라 하면

이차방정식 ㉣의 판별식을 D_4라 하면

$$\frac{D_4}{4}=(-3)^2-1\times8=1>0$$

즉, 이차방정식 ㉣이 서로 다른 두 실근을 가지므로
$a_{22}=2$
↳교점이 2개

(i)~(iv)에서 $A=\begin{pmatrix}1&0\\2&2\end{pmatrix}$이므로 모든 성분의 합은

$1+0+2+2=5$

1380 답 ②

One Point Lesson
두 행렬 A, B를 각각 구한 후 행렬 $B-2A$의 모든 성분의 합을 실수 k에 대한 식으로 나타낸다.

$a_{ij}=i-j+1$에 $i=1$, 2, $j=1$, 2를 각각 대입하면

$a_{11}=1-1+1=1$, $a_{12}=1-2+1=0$,

$a_{21}=2-1+1=2$, $a_{22}=2-2+1=1$

$\therefore A=\begin{pmatrix}1&0\\2&1\end{pmatrix}$

$b_{ij}=(i-1)k^2+jk$에 $i=1$, 2, $j=1$, 2를 각각 대입하면

$b_{11}=(1-1)k^2+k=k$, $b_{12}=(1-1)k^2+2k=2k$,

$b_{21}=(2-1)k^2+k=k^2+k$, $b_{22}=(2-1)k^2+2k=k^2+2k$

$\therefore B=\begin{pmatrix}k&2k\\k^2+k&k^2+2k\end{pmatrix}$

$\therefore B-2A=\begin{pmatrix}k&2k\\k^2+k&k^2+2k\end{pmatrix}-2\begin{pmatrix}1&0\\2&1\end{pmatrix}$

$=\begin{pmatrix}k-2&2k\\k^2+k-4&k^2+2k-2\end{pmatrix}$

따라서 행렬 $B-2A$의 모든 성분의 합은

$(k-2)+2k+(k^2+k-4)+(k^2+2k-2)=2k^2+6k-8$

$=2\left(k+\dfrac{3}{2}\right)^2-\dfrac{25}{2}$

이므로 행렬 $B-2A$의 모든 성분의 합이 최소가 되게 하는 실수 k의 값은 $-\dfrac{3}{2}$이다.

1381 답 ①

One Point Lesson
주어진 등식의 우변을 정리하여 좌변과 비교한다.

$A^2+4B^2=(A+2B)^2-4AB$

$=(A+2B)(A+2B)-4AB$

$=\{A(A+2B)+2B(A+2B)\}-4AB$

$=(A^2+2AB+2BA+4B^2)-4AB$

$=A^2-2AB+2BA+4B^2$

에서 $-2AB+2BA=O$

$\therefore AB=BA$

이때

$AB=\begin{pmatrix}a&-1\\-b&5\end{pmatrix}\begin{pmatrix}b&b\\a&0\end{pmatrix}=\begin{pmatrix}ab-a&ab\\5a-b^2&-b^2\end{pmatrix}$,

$BA=\begin{pmatrix}b&b\\a&0\end{pmatrix}\begin{pmatrix}a&-1\\-b&5\end{pmatrix}=\begin{pmatrix}ab-b^2&4b\\a^2&-a\end{pmatrix}$

에서 $\begin{pmatrix}ab-a&ab\\5a-b^2&-b^2\end{pmatrix}=\begin{pmatrix}ab-b^2&4b\\a^2&-a\end{pmatrix}$

$ab-a=ab-b^2$, $ab=4b$, $5a-b^2=a^2$, $-b^2=-a$

$ab=4b$에서 $a=4$ ($\because ab<0$) → $b\neq0$

$-b^2=-a$에서 $b^2=4$ $\therefore b=-2$ ($\because ab<0$) → $a>0$이므로 $b<0$

$\therefore a+b=4+(-2)=2$

1382 답 ③

One Point Lesson
행렬 B를 $\begin{pmatrix}p&q\\r&s\end{pmatrix}$라 하고 조건 ㈎에서 p, q, r, s 사이의 관계식을 구하여 조건 ㈏에서 a의 값을 구한다.

$B=\begin{pmatrix}p&q\\r&s\end{pmatrix}$라 하면

조건 ㈎에서 $B\begin{pmatrix}1\\-1\end{pmatrix}=\begin{pmatrix}0\\0\end{pmatrix}$이므로

$\begin{pmatrix}p&q\\r&s\end{pmatrix}\begin{pmatrix}1\\-1\end{pmatrix}=\begin{pmatrix}p-q\\r-s\end{pmatrix}=\begin{pmatrix}0\\0\end{pmatrix}$ $\therefore p=q$, $r=s$

$\therefore B=\begin{pmatrix}p&p\\r&r\end{pmatrix}$

이때 조건 ㈏의 $AB=2A$에서

$\begin{pmatrix}1&1\\a&a\end{pmatrix}\begin{pmatrix}p&p\\r&r\end{pmatrix}=2\begin{pmatrix}1&1\\a&a\end{pmatrix}$

$\begin{pmatrix}p+r&p+r\\a(p+r)&a(p+r)\end{pmatrix}=\begin{pmatrix}2&2\\2a&2a\end{pmatrix}$

$\therefore p+r=2$ ······ ㉠

또한, 조건 ㈏의 $BA=4B$에서

$\begin{pmatrix}p&p\\r&r\end{pmatrix}\begin{pmatrix}1&1\\a&a\end{pmatrix}=4\begin{pmatrix}p&p\\r&r\end{pmatrix}$

$\begin{pmatrix}p(1+a)&p(1+a)\\r(1+a)&r(1+a)\end{pmatrix}=\begin{pmatrix}4p&4p\\4r&4r\end{pmatrix}$

$1+a=4$ $\therefore a=3$

따라서

$A+B=\begin{pmatrix}1&1\\3&3\end{pmatrix}+\begin{pmatrix}p&p\\r&r\end{pmatrix}=\begin{pmatrix}1+p&1+p\\3+r&3+r\end{pmatrix}$

이므로 행렬 $A+B$의 $(1, 2)$ 성분과 $(2, 1)$ 성분의 합은

$(1+p)+(3+r)=4+(p+r)$

$=4+2=6$ ($\because$ ㉠)

1383 답 ④

One Point Lesson
행렬 $A\begin{pmatrix}1\\0\end{pmatrix}=\begin{pmatrix}1\\0\end{pmatrix}$에서 행렬 $A^2\begin{pmatrix}1\\0\end{pmatrix}$을 구한 후 행렬 A^2을 구한다. 이때 행렬 A^2의 거듭제곱의 규칙을 이용하여 행렬 A^{16}을 구한다.

$A\begin{pmatrix}1\\0\end{pmatrix}=\begin{pmatrix}1\\0\end{pmatrix}$에서 $A^2\begin{pmatrix}1\\0\end{pmatrix}=A\begin{pmatrix}1\\0\end{pmatrix}=\begin{pmatrix}1\\0\end{pmatrix}$이고, $A^2\begin{pmatrix}0\\1\end{pmatrix}=\begin{pmatrix}0\\2\end{pmatrix}$이므로

$A^2\begin{pmatrix}1&0\\0&1\end{pmatrix}=\begin{pmatrix}1&0\\0&2\end{pmatrix}$

$\therefore A^2=\begin{pmatrix}1&0\\0&2\end{pmatrix}$ $\left(\because A^2\begin{pmatrix}1&0\\0&1\end{pmatrix}=A^2E=A^2\right)$

이때
$$A^4 = A^2 A^2 = \begin{pmatrix} 1 & 0 \\ 0 & 2 \end{pmatrix}\begin{pmatrix} 1 & 0 \\ 0 & 2 \end{pmatrix} = \begin{pmatrix} 1 & 0 \\ 0 & 4 \end{pmatrix},$$
$$A^6 = A^4 A^2 = \begin{pmatrix} 1 & 0 \\ 0 & 4 \end{pmatrix}\begin{pmatrix} 1 & 0 \\ 0 & 2 \end{pmatrix} = \begin{pmatrix} 1 & 0 \\ 0 & 8 \end{pmatrix}$$
$$\vdots$$

이므로 자연수 n에 대하여 $A^{2n} = \begin{pmatrix} 1 & 0 \\ 0 & 2^n \end{pmatrix}$임을 알 수 있다.

따라서 $A^{16} = \begin{pmatrix} 1 & 0 \\ 0 & 2^8 \end{pmatrix}$이므로 행렬 A^{16}의 모든 성분의 합은
$$1 + 0 + 0 + 2^8 = 257$$

1384 답 ③

$$A^2 = AA = \begin{pmatrix} -4 & -3 \\ 7 & 5 \end{pmatrix}\begin{pmatrix} -4 & -3 \\ 7 & 5 \end{pmatrix} = \begin{pmatrix} -5 & -3 \\ 7 & 4 \end{pmatrix}$$
$$A^3 = A^2 A = \begin{pmatrix} -5 & -3 \\ 7 & 4 \end{pmatrix}\begin{pmatrix} -4 & -3 \\ 7 & 5 \end{pmatrix} = \begin{pmatrix} -1 & 0 \\ 0 & -1 \end{pmatrix} = -E$$
$$A^4 = A^3 A = -EA = -A$$
$$A^6 = (A^3)^2 = (-E)^2 = E$$
따라서 $A^6 = A^{12} = A^{18} = \cdots = E$이므로
$$E + A^2 + A^4 + A^6 + \cdots + A^{100}$$
$$= E + A^2 + A^4 + A^6(E + A^2 + A^4) + A^{12}(E + A^2 + A^4) + \cdots$$
$$\qquad\qquad\qquad\qquad\qquad + A^{96}(E + A^2 + A^4)$$
$$= 17(E + A^2 + A^4) = 17(E + A^2 - A)$$
$$= 17\left\{\begin{pmatrix} 1 & 0 \\ 0 & 1 \end{pmatrix} + \begin{pmatrix} -5 & -3 \\ 7 & 4 \end{pmatrix} - \begin{pmatrix} -4 & -3 \\ 7 & 5 \end{pmatrix}\right\} = O$$

1385 답 4

$$X = \begin{pmatrix} x_{11} & x_{12} \\ x_{21} & x_{22} \end{pmatrix} = \begin{pmatrix} 2a_{11} - b_{11} & 2a_{12} - b_{12} \\ 2a_{21} - b_{21} & 2a_{22} - b_{22} \end{pmatrix}$$
$$= 2\begin{pmatrix} a_{11} & a_{12} \\ a_{21} & a_{22} \end{pmatrix} - \begin{pmatrix} b_{11} & b_{12} \\ b_{21} & b_{22} \end{pmatrix}$$
$$\therefore X = 2A - B \qquad \cdots\cdots \text{㉠}$$
$$Y = \begin{pmatrix} y_{11} & y_{12} \\ y_{21} & y_{22} \end{pmatrix} = \begin{pmatrix} a_{11} + 2b_{11} & a_{12} + 2b_{12} \\ a_{21} + 2b_{21} & a_{22} + 2b_{22} \end{pmatrix}$$
$$= \begin{pmatrix} a_{11} & a_{12} \\ a_{21} & a_{22} \end{pmatrix} + 2\begin{pmatrix} b_{11} & b_{12} \\ b_{21} & b_{22} \end{pmatrix}$$
$$\therefore Y = A + 2B \qquad \cdots\cdots \text{㉡}$$
$2 \times$ ㉡ $-$ ㉠을 하면
$$5B = 2Y - X = 2\begin{pmatrix} -1 & k \\ 3 & -4 \end{pmatrix} - \begin{pmatrix} 3 & k \\ 6 & -3 \end{pmatrix} = \begin{pmatrix} -5 & k \\ 0 & -5 \end{pmatrix}$$
$$\therefore B = \frac{1}{5}\begin{pmatrix} -5 & k \\ 0 & -5 \end{pmatrix} = \begin{pmatrix} -1 & \frac{k}{5} \\ 0 & -1 \end{pmatrix}$$

이때 $b_{12} = 1$이므로
$$\frac{k}{5} = 1 \qquad \therefore k = 5$$
㉡에서
$$A = Y - 2B = \begin{pmatrix} -1 & 5 \\ 3 & -4 \end{pmatrix} - 2\begin{pmatrix} -1 & 1 \\ 0 & -1 \end{pmatrix} = \begin{pmatrix} 1 & 3 \\ 3 & -2 \end{pmatrix}$$

따라서
$$A + B = \begin{pmatrix} 1 & 3 \\ 3 & -2 \end{pmatrix} + \begin{pmatrix} -1 & 1 \\ 0 & -1 \end{pmatrix} = \begin{pmatrix} 0 & 4 \\ 3 & -3 \end{pmatrix}$$
이므로 행렬 $A + B$의 모든 성분의 합은
$$0 + 4 + 3 + (-3) = 4$$

다른 풀이

(i) $i = 1$, $j = 1$일 때
$x_{11} = 2a_{11} - b_{11}$, $y_{11} = a_{11} + 2b_{11}$에서
$3 = 2a_{11} - b_{11}$, $-1 = a_{11} + 2b_{11}$
위의 두 식을 연립하여 풀면
$a_{11} = 1$, $b_{11} = -1$

(ii) $i = 1$, $j = 2$일 때
$x_{12} = 2a_{12} - b_{12}$, $y_{12} = a_{12} + 2b_{12}$에서
$k = 2a_{12} - 1$, $k = a_{12} + 2$ $(\because b_{12} = 1)$
위의 두 식을 연립하여 풀면
$a_{12} = 3$, $k = 5$

(iii) $i = 2$, $j = 1$일 때
$x_{21} = 2a_{21} - b_{21}$, $y_{21} = a_{21} + 2b_{21}$에서
$6 = 2a_{21} - b_{21}$, $3 = a_{21} + 2b_{21}$
위의 두 식을 연립하여 풀면
$a_{21} = 3$, $b_{21} = 0$

(iv) $i = 2$, $j = 2$일 때
$x_{22} = 2a_{22} - b_{22}$, $y_{22} = a_{22} + 2b_{22}$에서
$-3 = 2a_{22} - b_{22}$, $-4 = a_{22} + 2b_{22}$
위의 두 식을 연립하여 풀면
$a_{22} = -2$, $b_{22} = -1$

(i)~(iv)에서
$$A = \begin{pmatrix} 1 & 3 \\ 3 & -2 \end{pmatrix}, \ B = \begin{pmatrix} -1 & 1 \\ 0 & -1 \end{pmatrix}$$

1386 답 ④

$$A^2 + A = \begin{pmatrix} 2 & 1 \\ 0 & 1 \end{pmatrix}, \ A^2 + B = \begin{pmatrix} 0 & 1 \\ 0 & -1 \end{pmatrix}$$을 변끼리 빼면
$$(A^2 + A) - (A^2 + B) = \begin{pmatrix} 2 & 1 \\ 0 & 1 \end{pmatrix} - \begin{pmatrix} 0 & 1 \\ 0 & -1 \end{pmatrix}$$
$$\therefore A - B = \begin{pmatrix} 2 & 0 \\ 0 & 2 \end{pmatrix} = 2E \qquad \cdots\cdots \text{㉠}$$
㉠에서 $A = B + 2E$이므로 양변의 왼쪽에 행렬 A를 곱하면
$$A^2 = AB + 2AE = AB + 2A$$
㉠에서 $B = A - 2E$이므로
양변의 오른쪽에 행렬 B를 곱하면
$$B^2 = AB - 2EB = AB - 2B$$
이고, 양변의 왼쪽에 행렬 A를 곱하면
$$AB = A^2 - 2AE = A^2 - 2A$$
$$\therefore A^2 + B^2 + 6A = (AB + 2A) + (AB - 2B) + 6A$$
$$= 2(A - B) + 2AB + 6A$$
$$= 2 \times 2E + 2(A^2 - 2A) + 6A$$
$$= 4E + 2(A^2 + A)$$
$$= \begin{pmatrix} 4 & 0 \\ 0 & 4 \end{pmatrix} + 2\begin{pmatrix} 2 & 1 \\ 0 & 1 \end{pmatrix} = \begin{pmatrix} 8 & 2 \\ 0 & 6 \end{pmatrix}$$

따라서 $a=8$, $d=6$이므로
$ad=8\times6=48$

1387 답 ②

One Point Lesson
두 행렬 A, B를 각각 구하고 구하려는 성분의 의미를 파악한다.

$A=\begin{pmatrix}3&1\\1&2\end{pmatrix}$, $B=\begin{pmatrix}1&3\\0&2\end{pmatrix}$이고 지점 P_1에서 지점 R_2로 이동하는 경우는
$P_1\to Q_1\to R_2$ 또는 $P_1\to Q_2\to R_2$
이때 $P_1\to Q_1$, $P_1\to Q_2$의 값은 차례대로 행렬 A의 제1행의 성분과 같고,
$Q_1\to R_2$, $Q_2\to R_2$의 값은 차례대로 행렬 B의 제2열의 성분과 같다.
따라서 지점 P_1에서 지점 R_2로 이동하는 방법의 수는 행렬 AB의 $(1, 2)$ 성분과 같고
$AB=\begin{pmatrix}3&1\\1&2\end{pmatrix}\begin{pmatrix}1&3\\0&2\end{pmatrix}=\begin{pmatrix}3&11\\1&7\end{pmatrix}$
이므로 행렬 AB의 $(1, 2)$ 성분은 11이다.

1388 답 ③

One Point Lesson
주어진 두 식의 양변의 왼쪽 또는 오른쪽에 행렬 A, 행렬 B를 곱하여 ㄱ, ㄴ, ㄷ의 참, 거짓을 판별한다.

ㄱ. $A+B=E$의 양변의 왼쪽에 행렬 A를 곱하면
$A^2+AB=AE$
$A^2+A=A$ ($\because AB=A,\ AE=A$)
$A^2=O \quad \therefore (AB)^2=A^2=O$ (참)
ㄴ. $A+B=E$의 양변의 오른쪽에 행렬 B를 곱하면
$AB+B^2=EB$
$\therefore B^2=B-AB$ ($\because EB=B$)
$=(E-A)-A$ ($\because A+B=E,\ AB=A$)
$=E-2A$ (참)
ㄷ. $A=\begin{pmatrix}0&0\\1&0\end{pmatrix}$, $B=\begin{pmatrix}1&0\\-1&1\end{pmatrix}$이라 하면
$A+B=\begin{pmatrix}0&0\\1&0\end{pmatrix}+\begin{pmatrix}1&0\\-1&1\end{pmatrix}=\begin{pmatrix}1&0\\0&1\end{pmatrix}=E$,
$AB=\begin{pmatrix}0&0\\1&0\end{pmatrix}\begin{pmatrix}1&0\\-1&1\end{pmatrix}=\begin{pmatrix}0&0\\1&0\end{pmatrix}=A$
이지만
$A-B=\begin{pmatrix}0&0\\1&0\end{pmatrix}-\begin{pmatrix}1&0\\-1&1\end{pmatrix}=\begin{pmatrix}-1&0\\2&-1\end{pmatrix}\neq -E$
이다. (거짓)

→ $A+B=E$, $AB=A$를 만족시키는 두 행렬 A, B를 찾기 힘드므로 $A^2=O$, $A+B=E$를 만족시키는 두 행렬 A, B를 찾아 $AB=A$가 성립하는지 확인한다.

따라서 옳은 것은 ㄱ, ㄴ이다.

선생님 톡톡
$AB=A$에서 $B=E$라 생각하면 안 돼.

1389 답 7

One Point Lesson
12와 n, 10과 n의 각각의 최대공약수에 대하여 주어진 조건을 만족시키는지 확인한다.

$A^{12}=E$, $A^n=E$에서 12와 n의 최대공약수를 k (k는 2 이상의 자연수)라 하면
$12=ak$, $n=bk$ (단, a, b는 서로소인 자연수)
이때 $A^k=E$이면 $A^{ak}=A^{12}=E$, $A^{bk}=A^n=E$이므로
$A^{12}=E$, $A^n=E$를 만족시키려면 n은 12와 서로소이어야 한다.
$\therefore n=5, 7, 11, 13, 17, \cdots$ ...... ㉠
같은 방법으로 $B^{10}=E$, $B^n=E$를 만족시키려면 n은 10과 서로소이어야 한다.
$\therefore n=3, 7, 9, 11, 13, \cdots$ ...... ㉡
이때 ㉠, ㉡의 공통인 수의 최솟값은 7이므로 n의 최솟값은 7이다.

1390 답 ④

One Point Lesson
행렬에서는 다항식의 연산에서 성립하는 성질이 항상 성립하지 않는다는 점에 유의하여 ㄱ, ㄴ, ㄷ의 참, 거짓을 판별한다.

ㄱ. $A^2+A=O$에서 $A(A+E)=O$
이때 항상 $A=O$ 또는 $A+E=O$, 즉 $A=O$ 또는 $A=-E$라고 할 수 없다. (거짓)
ㄴ. $(B+E)^3=B^3+3B^2+3B+E^3$
$=B+3E+3B+E$ ($\because B^2=E,\ E^3=E$)
$=4(B+E)$
$\therefore k=4$ (참)
ㄷ. $A=B$이므로 $A^2=B^2=E$
$A^2+A=O$에서 $E+A=O \quad \therefore A=-E$
$\therefore B=A=-E$ (참)
따라서 옳은 것은 ㄴ, ㄷ이다.

선생님 톡톡
ㄱ에서 $B=A+E$라 하면
'$AB=O$이면 $A=O$ 또는 $B=O$이다.'와 같은 문장으로 해석할 수 있어.
이 문장이 틀린 문장인 것은 **1366**에서 배웠어.
이때 ㄱ을 만족시키지 않는 행렬 A를 찾아보면
$A=\begin{pmatrix}-1&0\\0&0\end{pmatrix}$
즉,
$A(A+E)=\begin{pmatrix}-1&0\\0&0\end{pmatrix}\left\{\begin{pmatrix}-1&0\\0&0\end{pmatrix}+\begin{pmatrix}1&0\\0&1\end{pmatrix}\right\}$
$=\begin{pmatrix}-1&0\\0&0\end{pmatrix}\begin{pmatrix}0&0\\0&1\end{pmatrix}=\begin{pmatrix}0&0\\0&0\end{pmatrix}$
$=O$
이지만 $A\neq O$야.

1391 답 ④

One Point Lesson
$A^n=E$를 만족시키는 가장 작은 자연수 n을 구하여 $A^p+A^q+A^r=O$가 되는 경우를 찾는다.

$A^2=AA=\begin{pmatrix}1&1\\-3&-2\end{pmatrix}\begin{pmatrix}1&1\\-3&-2\end{pmatrix}=\begin{pmatrix}-2&-1\\3&1\end{pmatrix}$
$A^3=A^2A=\begin{pmatrix}-2&-1\\3&1\end{pmatrix}\begin{pmatrix}1&1\\-3&-2\end{pmatrix}=\begin{pmatrix}1&0\\0&1\end{pmatrix}=E$
즉,
$A=A^4=A^7=A^{10}=\begin{pmatrix}1&1\\-3&-2\end{pmatrix}$,

$$A^2=A^5=A^8=\begin{pmatrix} -2 & -1 \\ 3 & 1 \end{pmatrix},$$

$$A^3=A^6=A^9=\begin{pmatrix} 1 & 0 \\ 0 & 1 \end{pmatrix}$$

이고

$$A+A^2+A^3=\begin{pmatrix} 1 & 1 \\ -3 & -2 \end{pmatrix}+\begin{pmatrix} -2 & -1 \\ 3 & 1 \end{pmatrix}+\begin{pmatrix} 1 & 0 \\ 0 & 1 \end{pmatrix}=O$$

이므로 p, q, r에는 3으로 나눈 나머지가 0, 1, 2인 수가 하나씩 존재한다.

따라서 p, q, r 중 3으로 나눈 나머지를 0, 1, 2로 정하는 경우의 수는 $3!=6$,

3으로 나눈 나머지가 0인 경우는 3, 6, 9의 3가지,

3으로 나눈 나머지가 1인 경우는 1, 4, 7, 10의 4가지,

3으로 나눈 나머지가 2인 경우는 2, 5, 8의 3가지

이므로 구하는 순서쌍 (p, q, r)의 개수는

$6\times3\times4\times3=216$

1392 답 2

두 행렬 $A=\begin{pmatrix} x \\ y \end{pmatrix}$, $B=\begin{pmatrix} y^2 \\ x^2 \end{pmatrix}$에 대하여 $A=B$이므로 두 행렬 A, B의 대응하는 성분이 서로 같아야 한다.

즉, $x=y^2$, $y=x^2$이고 ························· ❶

$x=y^2=(x^2)^2=x^4$에서

$x^4-x=0$, $x(x^3-1)=0$, $x(x-1)(x^2+x+1)=0$

$\therefore x=0$ 또는 $x=1$ ($\because x^2+x+1\neq0$)

(i) $x=0$일 때 $y=0$이므로

$x+y=0+0=0$ ← $y=x^2$이므로

(ii) $x=1$일 때 $y=1$이므로

$x+y=1+1=2$ ← $y=x^2$이므로 ························· ❷

(i), (ii)에서 $x+y$의 최댓값은 2이다. ························· ❸

채점 기준	배점 비율
❶ x, y 사이의 관계식 구하기	30 %
❷ 각각의 경우에 따른 $x+y$의 값 구하기	60 %
❸ $x+y$의 최댓값 구하기	10 %

1393 답 8

$2A+B=\begin{pmatrix} 2 & 5 \\ -4 & 5 \end{pmatrix}$ ······ ㉠, $A-2B=\begin{pmatrix} 1 & 0 \\ 3 & 5 \end{pmatrix}$ ······ ㉡

$2\times$㉠$+$㉡을 하면

$5A=2\begin{pmatrix} 2 & 5 \\ -4 & 5 \end{pmatrix}+\begin{pmatrix} 1 & 0 \\ 3 & 5 \end{pmatrix}=\begin{pmatrix} 5 & 10 \\ -5 & 15 \end{pmatrix}$

$\therefore A=\frac{1}{5}\begin{pmatrix} 5 & 10 \\ -5 & 15 \end{pmatrix}=\begin{pmatrix} 1 & 2 \\ -1 & 3 \end{pmatrix}$ ························· ❶

㉠에서

$B=-2A+\begin{pmatrix} 2 & 5 \\ -4 & 5 \end{pmatrix}$

$=-2\begin{pmatrix} 1 & 2 \\ -1 & 3 \end{pmatrix}+\begin{pmatrix} 2 & 5 \\ -4 & 5 \end{pmatrix}$

$=\begin{pmatrix} 0 & 1 \\ -2 & -1 \end{pmatrix}$ ························· ❷

따라서

$A^2+B^2=AA+BB$

$=\begin{pmatrix} 1 & 2 \\ -1 & 3 \end{pmatrix}\begin{pmatrix} 1 & 2 \\ -1 & 3 \end{pmatrix}+\begin{pmatrix} 0 & 1 \\ -2 & -1 \end{pmatrix}\begin{pmatrix} 0 & 1 \\ -2 & -1 \end{pmatrix}$

$=\begin{pmatrix} -1 & 8 \\ -4 & 7 \end{pmatrix}+\begin{pmatrix} -2 & -1 \\ 2 & -1 \end{pmatrix}=\begin{pmatrix} -3 & 7 \\ -2 & 6 \end{pmatrix}$ ························· ❸

이므로 행렬 A^2+B^2의 모든 성분의 합은

$(-3)+7+(-2)+6=8$ ························· ❹

다른 풀이

㉠$-2\times$㉡을 하면

$5B=\begin{pmatrix} 2 & 5 \\ -4 & 5 \end{pmatrix}-2\begin{pmatrix} 1 & 0 \\ 3 & 5 \end{pmatrix}=\begin{pmatrix} 0 & 5 \\ -10 & -5 \end{pmatrix}$

$\therefore B=\frac{1}{5}\begin{pmatrix} 0 & 5 \\ -10 & -5 \end{pmatrix}=\begin{pmatrix} 0 & 1 \\ -2 & -1 \end{pmatrix}$

채점 기준	배점 비율
❶ 행렬 A 구하기	30 %
❷ 행렬 B 구하기	30 %
❸ 행렬 A^2+B^2 구하기	30 %
❹ 행렬 A^2+B^2의 모든 성분의 합 구하기	10 %

1394 답 $\begin{pmatrix} 36 & 0 \\ 0 & 144 \end{pmatrix}$

$A+B=\begin{pmatrix} 2 & 0 \\ 0 & 2 \end{pmatrix}=2E$이므로 $B=2E-A$에서

$B^2=(2E-A)^2=A^2-4EA+4E^2=A^2-4A+4E$ ························· ❶

$\therefore (A^2+B^2+4A)^2=\{A^2+(A^2-4A+4E)+4A\}^2$

$=(2A^2+4E)^2$ ························· ❷

$=\left\{2\begin{pmatrix} 1 & 0 \\ 0 & 4 \end{pmatrix}+4\begin{pmatrix} 1 & 0 \\ 0 & 1 \end{pmatrix}\right\}^2=\begin{pmatrix} 6 & 0 \\ 0 & 12 \end{pmatrix}^2$

$=\begin{pmatrix} 6 & 0 \\ 0 & 12 \end{pmatrix}\begin{pmatrix} 6 & 0 \\ 0 & 12 \end{pmatrix}=\begin{pmatrix} 36 & 0 \\ 0 & 144 \end{pmatrix}$ ························· ❸

채점 기준	배점 비율
❶ B^2을 A에 관한 식으로 나타내기	40 %
❷ $(A^2+B^2+4A)^2$을 A에 관한 식으로 나타내기	30 %
❸ A^2을 대입하여 행렬 구하기	30 %

1395 답 -6

$A=\begin{pmatrix} 2 & a \\ 2 & a \end{pmatrix}$이므로

$A^2=AA=\begin{pmatrix} 2 & a \\ 2 & a \end{pmatrix}\begin{pmatrix} 2 & a \\ 2 & a \end{pmatrix}=\begin{pmatrix} 4+2a & 2a+a^2 \\ 4+2a & 2a+a^2 \end{pmatrix}=(2+a)\begin{pmatrix} 2 & a \\ 2 & a \end{pmatrix}$,

$A^3=A^2A=(2+a)\begin{pmatrix} 2 & a \\ 2 & a \end{pmatrix}\begin{pmatrix} 2 & a \\ 2 & a \end{pmatrix}=(2+a)^2\begin{pmatrix} 2 & a \\ 2 & a \end{pmatrix}$,

$A^4=A^3A=(2+a)^2\begin{pmatrix} 2 & a \\ 2 & a \end{pmatrix}\begin{pmatrix} 2 & a \\ 2 & a \end{pmatrix}=(2+a)^3\begin{pmatrix} 2 & a \\ 2 & a \end{pmatrix}$,

$\vdots$

즉, 2 이상의 자연수 n에 대하여 $A^n=(2+a)^{n-1}\begin{pmatrix} 2 & a \\ 2 & a \end{pmatrix}$이다. ························· ❶

이때 행렬 $A^{10}=(2+a)^9\begin{pmatrix} 2 & a \\ 2 & a \end{pmatrix}$의 모든 성분의 합이 400 이하가

되어야 하므로

$(2+a)^9(2+a+2+a)\leq 400$에서

❷

$2(2+a)^{10}\leq 400$

$(2+a)^{10}\leq 200$

이고, $(-2)^{10}=2^{10}=1024>200$이므로

$2+a=-1$ 또는 $2+a=0$ 또는 $2+a=1$

이어야 한다.

→ a가 정수이므로 $2+a$도 정수이다.

$\therefore a=-3$ 또는 $a=-2$ 또는 $a=-1$

❸

따라서 구하는 모든 정수 a의 값의 합은

$(-3)+(-2)+(-1)=-6$

❹

채점 기준	배점 비율
❶ A^n의 규칙성 찾기	30 %
❷ a에 대한 부등식 세우기	40 %
❸ 정수 a의 값 구하기	20 %
❹ 모든 정수 a의 값의 합 구하기	10 %

1396 답 1

$B=\begin{pmatrix} p & q \\ r & s \end{pmatrix}$라 하면 조건 (가)에서

$\begin{pmatrix} p & q \\ r & s \end{pmatrix}\begin{pmatrix} -1 \\ 1 \end{pmatrix}=\begin{pmatrix} 0 \\ 0 \end{pmatrix}$, $\begin{pmatrix} -p+q \\ -r+s \end{pmatrix}=\begin{pmatrix} 0 \\ 0 \end{pmatrix}$

$\therefore p=q,\ r=s$

❶

조건 (나)의 $AB=A^2$에서

$\begin{pmatrix} a & 1 \\ a & 1 \end{pmatrix}\begin{pmatrix} p & p \\ r & r \end{pmatrix}=\begin{pmatrix} a & 1 \\ a & 1 \end{pmatrix}\begin{pmatrix} a & 1 \\ a & 1 \end{pmatrix}$

$\begin{pmatrix} ap+r & ap+r \\ ap+r & ap+r \end{pmatrix}=\begin{pmatrix} a^2+a & a+1 \\ a^2+a & a+1 \end{pmatrix}$

이고, $ap+r=a^2+a,\ ap+r=a+1$에서

$a^2+a=a+1,\ a^2=1$

$\therefore a=-1$ 또는 $a=1$

❷

(i) $a=-1$일 때

$ap+r=a+1$에서 $-p+r=0$, 즉 $p=r$이므로

$BA=\begin{pmatrix} p & p \\ p & p \end{pmatrix}\begin{pmatrix} -1 & 1 \\ -1 & 1 \end{pmatrix}=\begin{pmatrix} -2p & 2p \\ -2p & 2p \end{pmatrix}$

이때 BA의 모든 성분의 합은

$(-2p)+2p+(-2p)+2p=0$

이므로 조건 (다)를 만족시키지 않는다.

(ii) $a=1$일 때

$ap+r=a+1$에서 $p+r=2$, 즉 $r=2-p$이므로

$BA=\begin{pmatrix} p & p \\ 2-p & 2-p \end{pmatrix}\begin{pmatrix} 1 & 1 \\ 1 & 1 \end{pmatrix}=\begin{pmatrix} 2p & 2p \\ 4-2p & 4-2p \end{pmatrix}$

이때 BA의 모든 성분의 합은

$2p+2p+(4-2p)+(4-2p)=8$

이므로 조건 (다)를 만족시킨다.

(i), (ii)에서 $a=1$

❸

채점 기준	배점 비율
❶ 행렬 B의 성분 사이의 관계 알기	30 %
❷ $AB=A^2$을 만족시키는 실수 a의 값 구하기	30 %
❸ 조건을 만족시키는 실수 a의 값 구하기	40 %

1397 답 $a=330,\ b=370$

$A=\begin{pmatrix} 0.3 & 0.6 \\ 0.7 & 0.4 \end{pmatrix}$, $B=\begin{pmatrix} 400 \\ 300 \end{pmatrix}$이라 하면

행렬 AB의 $(1, 1)$ 성분은 주어진 시행을 한 번 했을 때의 P 용기의 물의 양이고, $(2, 1)$ 성분은 주어진 시행을 한 번 했을 때의 Q 용기의 물의 양이다.

❶

따라서 행렬 A^2B의 $(1, 1)$ 성분은 주어진 시행을 두 번 반복했을 때의 P 용기의 물의 양이고, $(2, 1)$ 성분은 주어진 시행을 두 번 반복했을 때의 Q 용기의 물의 양이다.

❷

$\therefore A^2B=AAB$

$=\begin{pmatrix} 0.3 & 0.6 \\ 0.7 & 0.4 \end{pmatrix}\begin{pmatrix} 0.3 & 0.6 \\ 0.7 & 0.4 \end{pmatrix}\begin{pmatrix} 400 \\ 300 \end{pmatrix}$

$=\begin{pmatrix} 0.51 & 0.42 \\ 0.49 & 0.58 \end{pmatrix}\begin{pmatrix} 400 \\ 300 \end{pmatrix}$

$=\begin{pmatrix} 330 \\ 370 \end{pmatrix}$

$\therefore a=330,\ b=370$

❸

채점 기준	배점 비율
❶ 주어진 표와 처음 두 용기 P, Q에 있는 물의 양을 이용하여 두 행렬 A, B를 각각 정의하고 행렬 AB의 성분의 의미를 파악하기	40 %
❷ A^2B의 성분의 의미 파악하기	40 %
❸ a, b의 값 각각 구하기	20 %

MEMO

메가스터디 (고등학습) 시리즈

수학이 쉬워지는 완벽한 솔루션
완쓸
유형

공통수학1

메가스터디BOOKS
내용 문의 02-6984-6901 | 구입 문의 02-6984-6868,9 | www.megastudybooks.com

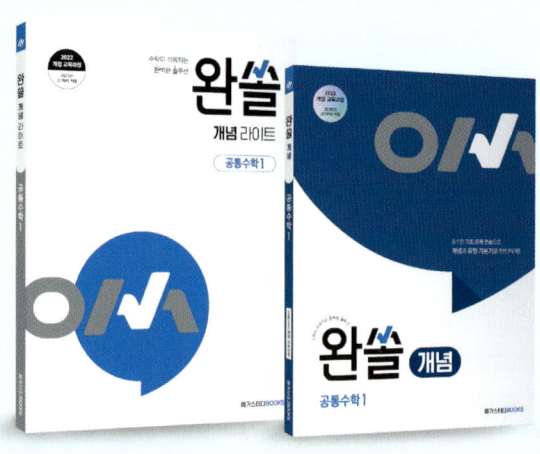